唐徕渠志

《唐徕渠志》编纂委员会 编

TANGLAI QU ZHI

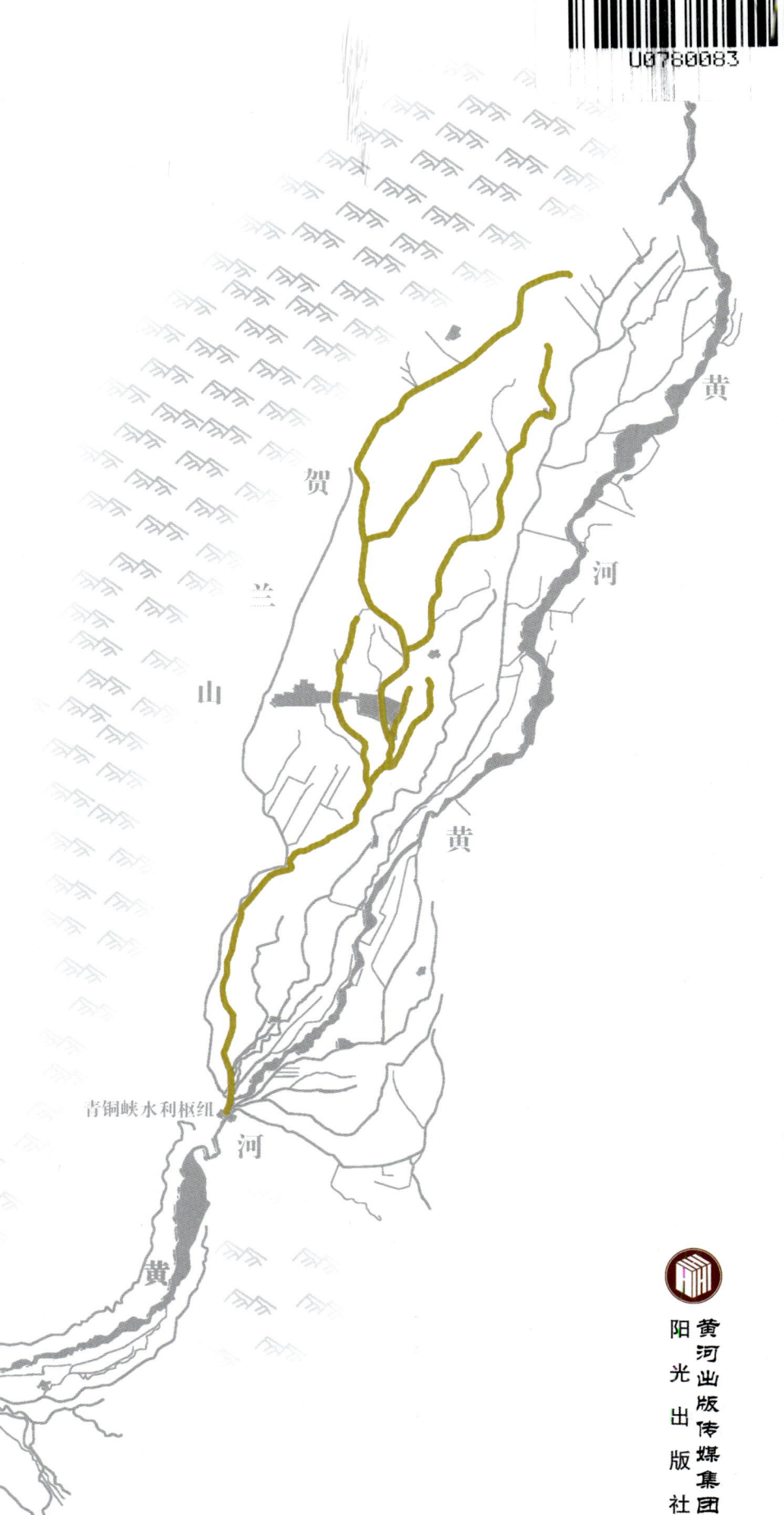

黄河出版传媒集团
阳光出版社

图书在版编目(CIP)数据

唐徕渠志 /《唐徕渠志》编纂委员会编. -- 银川：阳光出版社, 2022.11

ISBN 978-7-5525-6610-9

Ⅰ.①唐… Ⅱ.①唐… Ⅲ.①唐徕渠 – 水利史 Ⅳ.①TV67-092

中国版本图书馆 CIP 数据核字(2022)第 236123 号

| 唐徕渠志 | 《唐徕渠志》编纂委员会　编 |

责任编辑　　胡　鹏　赵维娟　林　薇
封面设计　　马春辉
责任印制　　岳建宁

 黄河出版传媒集团
阳光出版社　出版发行

出 版 人　薛文斌
地　　址　宁夏银川市北京东路 139 号出版大厦(750001)
网　　址　http://www.ygchbs.com
网上书店　http://shop129132959.taobao.com
电子信箱　yangguangchubanshe@163.com
邮购电话　0951-5047283
印刷装订　宁夏凤鸣彩印广告有限公司
印刷委托书号　（宁）0024892
地图审书号　宁 S [2023] 第 002 号

开　　本　889 mm×1194 mm　1/16
印　　张　43.5
字　　数　929 千字
版　　次　2022 年 12 月第 1 版
印　　次　2022 年 12 月第 1 次印刷
书　　号　ISBN 978-7-5525-6610-9
定　　价　418.00 元

版权所有　翻印必究

《唐徕渠志》编纂委员会

主　　任：鲍旺勤
副主任：陶　东　孙立国
委　　员：孙建军　苏　林　尹　婷　桑淑娟　马志峰　徐　辉　姚丽芝　王　莉
　　　　　范燕云　蔡如娟　付中华　李永兵

《唐徕渠志》编纂组

主　　编：陶　东
副 主 编：孙立国　付中华　马志峰　牛晓丽
特邀编审：张明鹏
编　　辑：徐　辉　姚丽芝　王　莉　范燕云　桑淑娟　蔡如娟　王丽宇　马方园
　　　　　朱悦发　康　婷　黄镇坪　苏笑曦　张　园　张剑兰　万珊珊　姚海玲
　　　　　薛里图　张前瑞　高学义　刘嘉琪　田文娟　朱　珠　周　源
编　　务：张建军　杨少波　孟砚岷　沈占宏　王　卫　李永兵　郭大勇　陈姗姗
　　　　　张海亮　黄继军　龚学刚　曹亚宁　张瑞华　王　锋　顾永桥　张　静
　　　　　金大川　吴利军　卫金晟　任天柱　康会玲　张　晶　刘　静　魏　越
　　　　　师　华　柳　婧　哈元辰　马　波　谢卫波　杨小宁　秦志起　李　强

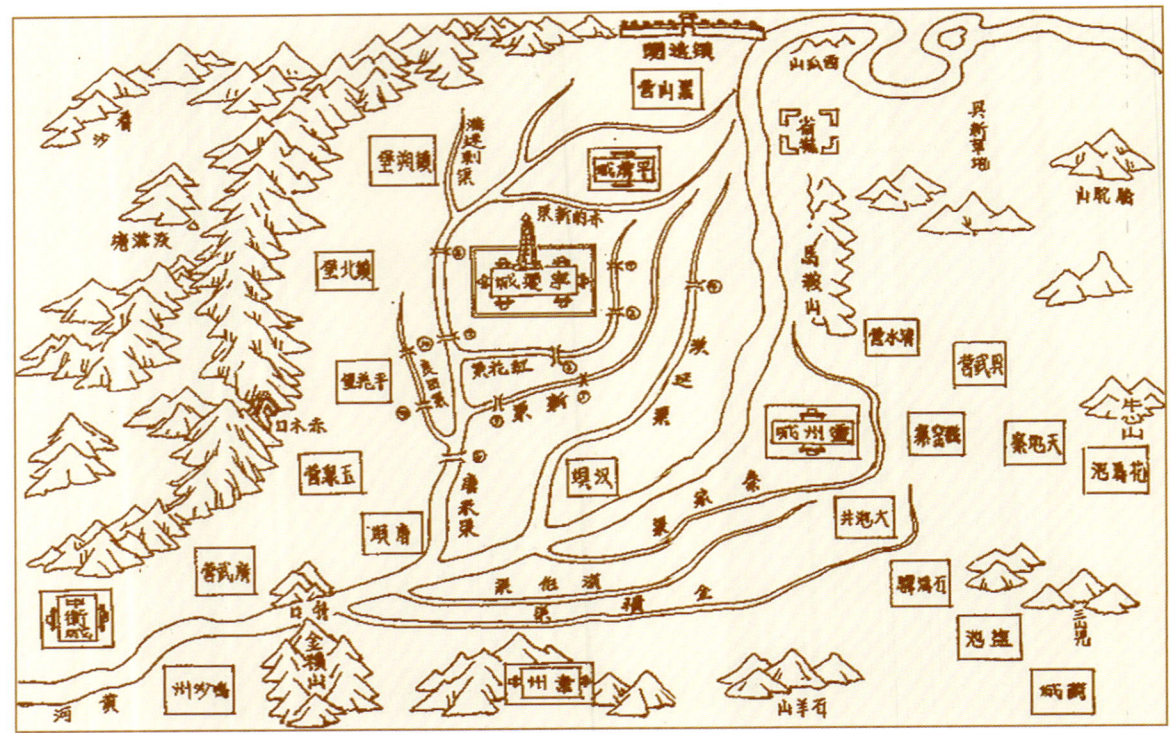

明代宁夏黄河水道渠系布局一览图（引自 弘治宁夏新志）

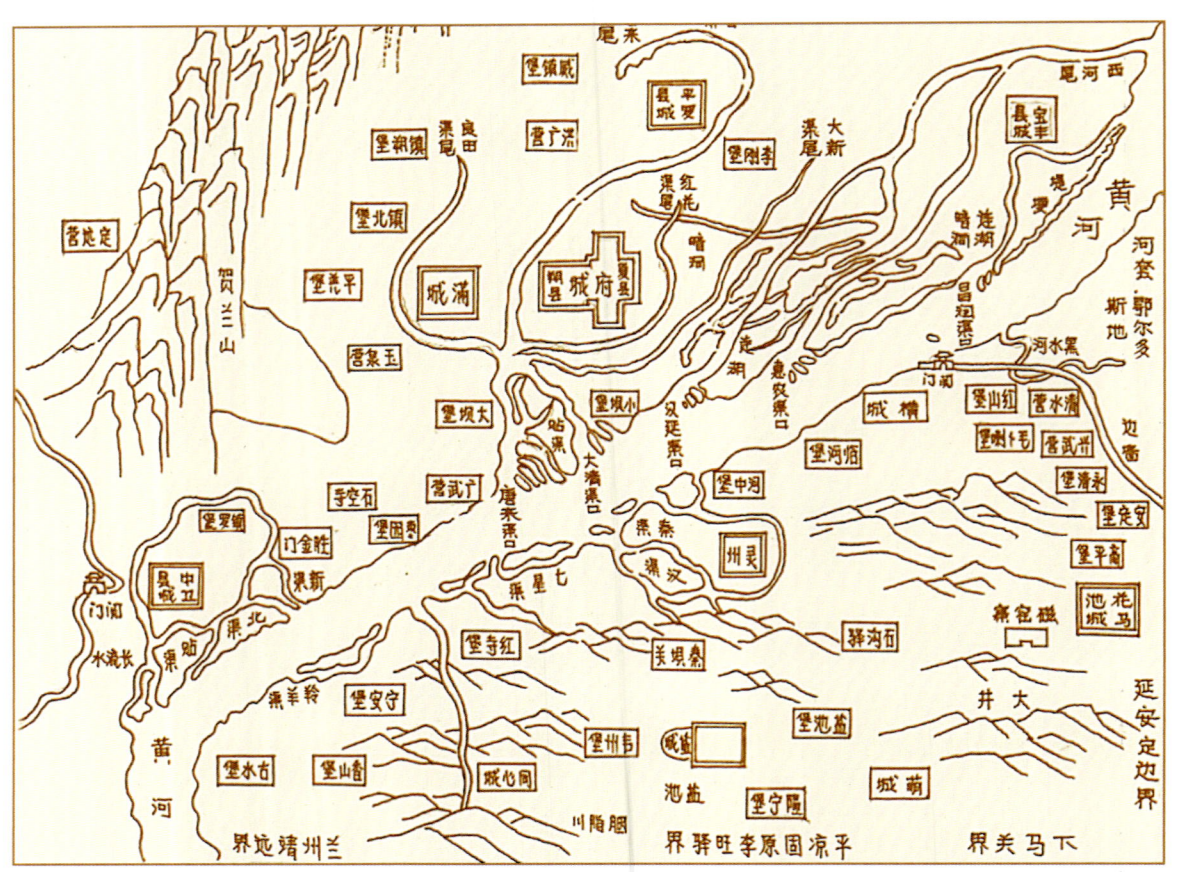

清代宁夏黄河流域及渠口位置图（引自 乾隆宁夏府志）

领导关怀

1994年4月,自治区党委书记黄璜(右二)、自治区政协副主席吴尚贤(右一)、自治区水利厅党委书记王惠瑗(左二)参加绿化唐徕渠活动

1995年3月,自治区水利厅厅长沈也民(左一)检查唐徕渠永二干沟涵洞改造建设

1998年4月,自治区副主席周生贤(左二)在第二农场渠调研春修工程,自治区水利厅厅长刘汉忠(左一)陪同

1998年5月,全国人大农环卫主任杨振怀(左二)、水利部副部长张春园(左五)在唐徕渠考察灌区节水工作,自治区副主席刘仲(前排左四)陪同

2003年11月,水利部副部长敬正书(前排左二)在唐徕渠调研灌区节水续建配套工程建设,自治区人大常委会副主任马昌裔(前排左一)、水利厅厅长肖云刚(右二)陪同

2004年3月25日,水利部部长汪恕诚(前排左三)在唐徕渠考察工作,自治区党委书记陈建国(前排左二),自治区党委常委、秘书长于革胜(前排右二),自治区党委常委、银川市委书记崔波(后排左三),自治区副主席赵廷杰(前排左一),水利厅党委书记、厅长袁进琳(右一)陪同

领导关怀

2005年7月28日,水利部党组成员、中纪委驻部纪检组组长刘光和（前排左二）在唐徕渠管理处调研水利行风建设,自治区副主席赵廷杰（后排中）陪同

2006年3月16日,水利部副部长周英（左二）在唐徕渠调研工作,自治区副主席赵廷杰（左一）、水利厅党委书记、厅长袁进琳（右一）陪同

2007年12月12日,自治区党委书记陈建国（左二）考察唐徕渠跨北塔湖渡槽改造工程,自治区水利厅党委书记、厅长吴洪相（右一）、银川市市长王儒贵（右二）陪同

唐徕渠志
TANGLAI QU ZHI

2008年5月,自治区党委副书记于革胜(左二)、自治区副主席郝林海(右二)调研第二农场渠跨河西总排干沟渡槽改造建设工程,自治区水利厅党委书记、厅长吴洪相(右一)陪同

2012年5月24日,水利部党组书记、部长陈雷(前排左五)在唐徕渠考察工作,自治区党委常委、银川市委书记徐广国(前排左六),自治区副主席郝林海(前排左四),自治区水利厅党委书记、厅长吴洪相(前排左三)陪同,并与管理处职工合影

2015年10月12日,自治区党委副书记崔波(中)在唐徕渠管理处满达桥管理所调研基层党组织建设,区直机关工委书记叶旭(右二)陪同

领导关怀

2021年7月5日,自治区水利厅党委书记、厅长白耀华(前排左三)在唐徕渠管理处检查指导工作

2022年6月20日,自治区水利厅党委书记、厅长朱云(前排左四)在唐徕渠管理处检查指导工作

中华民国时期黄河青铜峡碑

中华民国时期青铜峡黄河口修浚唐徕渠引水堤

中华民国时期黄河青铜峡唐徕渠引水堤

中华民国时期宁夏灌区农民平整稻田

1936年6月,宁夏城附近唐徕渠和桥

中华民国二十年(1931年),宁朔县唐徕渠玉泉(退水)闸标识碑

中华民国时期唐徕渠唐正闸上游

20世纪50年代初期唐徕渠插木杠挡闸

1952年改造前的唐徕渠大坝桥

1954年宁夏贺兰县德胜乡的农民引唐徕渠水灌溉麦田

1958年的唐徕渠进水闸(唐正闸)下游

1958年的唐徕渠退水闸（头闸）下游

1958年的唐徕渠进水闸（唐正闸）上游

1953年，新建的唐徕渠满达桥分水闸

1963年夏，青铜峡县水利局唐徕渠管理所根据灌溉需求调节水闸流量

1974年，唐徕渠满达桥节制闸安装的卷扬式启闭机

1973年,改造建设的唐徕渠跃进桥节制闸

1976年,改造建设的唐徕渠进水闸(唐正闸)

1976年,改造建设的青铜峡河西总干渠潜坝节制闸

沧桑巨变

1976年，改造建设的唐徕渠良田渠口节制闸

1978年，改造建设的姜家桥节制闸

1980年，新建成的唐徕渠银川市保伏桥

1991年,改造前的唐徕渠退水闸(头闸)

沧桑巨变

1982年,唐徕渠银川市新建的西门桥

20世纪80年代,唐徕渠进水闸(唐正闸)与退水闸(头闸)

2002年2月,改造前的唐徕渠满达桥闸下渠道

2014年4月,唐徕渠宁化陡坡跌水工程

2019年,改造建设前的唐徕渠满达桥节制闸

沧桑巨变

2020年6月,黄河青铜峡水利枢纽俯视全景

2011年6月,立于黄河青铜峡一百零八塔下唐徕渠古渠引水口位置标志碑

2003年8月立于唐徕渠银川市西门桥头郭守敬雕像

2004年10月,唐正闸前复制的唐徕渠镇水铁牛

青铜峡市大坝镇唐正闸旁1986年复原的清代(雍正九年)修唐徕渠碑

沧桑巨变

2009年，唐徕渠杨显段渠道改造砌护

2012年，唐正闸改造后安装的自动控制闸门启闭设备

2014年10月，改造建设的唐徕渠宁化陡坡跌水

2012年,改造建设后的唐徕渠进水闸(唐正闸)

2014年,改造建设后的青铜峡河西总干渠潜坝节制闸

沧桑巨变

2017年，新建的唐徕渠姜家桥节制闸

2017年，新建的唐徕渠跃进桥节制闸

2005年，改造建设的唐徕渠银川城市段

2008年，新建的唐徕渠跨北塔湖渡槽

2018年，改造建设的第二农场渠崇岗段渠道

2020年，改造的唐徕渠满达桥节制闸

沧桑巨变

2020年10月，唐徕渠周城管理所八一桥安装的回旋式清污机

2021年8月，第二农场渠分水闸（1954年建设的挡水闸与2011年改造建设的退水闸并存运行）

2021年6月，唐徕渠跃进桥管理所

1958年8月26日,青铜峡水利枢纽工程开工典礼大会

1959年,银川市郊区红花公社北塔管理区第四生产队的社员在平整秧田

1962年春,自治区水电局建设的唐徕渠四二干沟排水涵洞工地

建设掠影

20世纪70年代,永宁县平整田地

20世纪70年代,永宁县机关干部与农民开挖排水沟

1978年10月,自治区水利局技术专家参加银北排水沟建设

1977年,宁夏川区改造盐碱低洼田

1992年5月,唐徕渠杨显大闫沟涵洞决口抢险工地

2001年3月,唐徕渠满达桥光明段改造建设工地

▲2003年3月,唐徕渠银川城市段改造建设工地

◀2006年10月,唐徕渠灌域青铜峡市邵岗镇农田水利建设大会战

▼2008年1月,唐徕渠跨北塔湖渡槽槽壳构件吊装

2009年10月，改造施工中的唐徕渠高荣段渠道工程

2011年4月，暖泉渠砌护改造工程建设

2014年4月，改造建设中的河西总干渠潜坝节制闸

2016年2月,施工中的第二农场渠四二干沟渡槽改造工程

2016年10月,施工中的第二农场渠崇岗段改造工程

2016年10月,施工中的唐徕渠宁化陡坡跌水改造工程

2018年7月22日,第二农场渠向阳闸遭遇贺兰山洪水后修复水毁工程

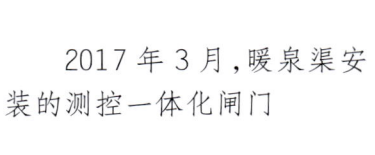

2017年3月,暖泉渠安装的测控一体化闸门

建设掠影

2017年3月,唐徕渠宁化桥节制闸液压翻板闸门设备安装

2019年9月,唐徕渠满达桥节制闸除险加固改造施工中

2022年3月,唐徕渠望远闸(良田渠口节制闸)改造建设工地

2013年7月,青铜峡市河西总干渠大坝唐正闸和汉惠进水闸

2017年4月,黄河青铜峡大峡谷

灌区新貌

2019年7月,黄河青铜峡水利枢纽

2021年5月,世界灌溉工程遗产——宁夏引黄古灌区唐正闸

2009年12月，立于银川市唐徕渠西门桥头"长渠流润"碑

2014年，落成的青铜峡黄河大峡谷大禹文化园

2020年6月，青铜峡水利枢纽上游青铜峡黄河大峡谷

节灌工程

甘肃永昌县沙沟岔村高效节水项目

青海乐都南山绿化工程

甘肃酒泉饲草滴灌项目

绿化工程

宁夏盐池玉米滴灌项目

农田水利设施建设高效节水灌溉项目

中卫硒砂瓜种植项目

PRODUCT CHAPTER

产品篇

QUALITY ASSURANCE

质量为本 满足需求

注重细节 精益求精

01 钢丝网骨架聚乙烯复合管材
STEEL WIRE MESH SKELETON POLYETHYLENE COMPOSITE PIPE

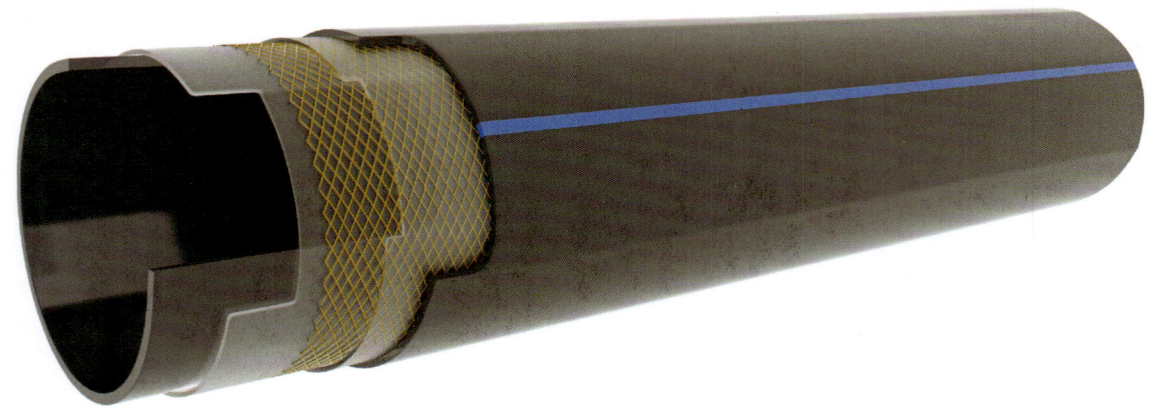

产品介绍 Product introduction

本系列产品是以高强度过塑钢丝为增强体,外层和内层双面复合热塑料的一种新型中、高、低压的复合管材。因为增强体被包覆在连续热塑性塑料之中,所以,这类复合管材既克服了钢管和塑料管各自的缺点,又具有钢管和塑料管的共同优点,是镀锌管被禁用后,解决建筑及市政给水管道的一项革命性技术成果,也是解决石油、化工、制药、食品、矿山、燃气等领域对大口径刚性管的急需管道。钢丝网塑料增强复合管管道系统采用的管件是电热熔管件,连接时,利用管件内部发热体将管材外层塑料与管件内层塑料熔融,把它们可靠的连接在一起。

执行标准:CJ/T189-2007钢丝网骨架塑料(聚乙烯)复合管材及管件、GB/T32439-2015给水用钢丝网增强聚乙烯复合管道、CJJ101-2016埋地聚乙烯给水管道工程技术规程。

应用领域 application area

- **化学工业**
  酸、碱、盐的制造业,石油化工、化肥、农药、制药、化学、矿山、橡胶塑料等行业输送腐蚀性气体、液体、固体粉末的工艺管及排放管。

- **油、气田**
  含油污水、气田混合物、油井回注聚合物溶液的集输管道和二次、三次采油及输送工艺用管。

- **矿山**
  矿浆、尾矿、通风管及工程用管。纺线、印染、造纸业:输送腐蚀性介质的工艺配管及排放管。

- **市政工程**
  城市建筑给排水、饮用水、天然气、燃气输送管道。

- **有色金属**
  用于有色金属冶炼中的腐蚀介质输送。

- **农业**
  深井管、滤水管、暗渠输送管、排水管、灌溉给水用等。

- **海水输送**
  水淡化厂、海边电厂、海港城市的海水输送、海底管线及光缆(电缆)导管等。

- **热电工程**
  工艺用水回水输送、废渣输送。

- **高速公路**
  埋地排水管、电缆疏导管。

性能特点 — Performance characteristics

- 具有超过塑料管强度的较高强度、刚性、抗冲击性。
- 双面防腐，具有与塑料管相同的耐腐蚀性能。
- 使用温度提高，导热系数低，冬季使用外壁不需要保温，夏季使用亦不结露。
- 内壁光洁，不结垢，水头损失比钢管低30%。
- 管道连接采用电热熔连接，技术成熟，电热熔接头抗轴向拉力能力强，管件规格品种多。
- 重量轻，运输及施工方便，管材总体可靠性高。在正常条件下，使用寿命可达50年。
- 成本低廉，卫生无毒，是镀锌管的最佳替代品。

产品尺寸 — Product size

单位：mm

公称外径	公称压力					
	0.8	1.0	1.6	2.0	2.5	3.5
	任意一点壁厚					
50	–	–	5.0	5.5	6.0	6.5
63	–	–	5.5	6.0	6.5	7.0
75	–	–	6.0	6.5	7.0	7.5
90	–	–	6.5	7.0	7.5	8.0
110	–	6.0	7.0	7.5	8.0	8.5
125	–	6.0	7.5	8.0	8.5	9.5
140	–	6.0	8.0	8.5	9.5	10.5
160	–	6.5	9.0	9.5	10.5	11.5
200	–	7.0	9.5	10.5	12.5	13.0
225	–	8.0	10.0	10.5	12.5	–
250	8.0	10.5	12.0	12.0	13.0	–
315	9.5	12.0	12.5	13.0	14.5	–
355	10.0	12.5	14.0	–	–	–
400	10.5	13.0	15.0	–	–	–
450	11.0	14.0	16.0	–	–	–
500	12.5	16.0	18.0	–	–	–
560	17.0	20.0	21.0	–	–	–
630	20.0	22.0	24.0	–	–	–
710	23.0	26.0	–	–	–	–
800	27.0	30.0	–	–	–	–

性能指标 — performance index

项目	指标
爆破压力，20℃	≥3PN
熔体质量流动速率	加工前后PE变化率不超过±25%
氧化诱导时间，200℃	≥20min
剥离强度，100mm/min	平均剥离强度≥15kN/m；单个式样剥离强度≥12kN/m；剥离界面为韧性破坏
静液压强度	20℃，2PN，1h	无破裂、无渗漏
	60℃，1.2PN，165h	无破裂、无渗漏
	60℃，1.1PN，1000h	无破裂、无渗漏

02 给水用高密度聚乙烯（HDPE）管材
HIGH DENSITY POLYETHYLENE (HDPE) PIPES FOR WATER SUPPLY

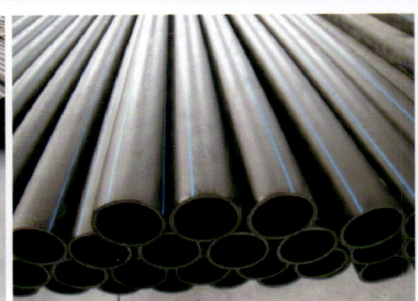

产品介绍 Product introduction

PE给水管采用管材专用原料，引进先进设备生产，具有良好的抗慢速裂纹增长能力和抗快速裂纹传递能力，可用于配水管网和城市、农村水网改造以及农田灌溉用水等。经过实践证明，PE给水管道是取代传统供水管道的优秀产品。

执行标准：GB/T 13663.2-2018 给水用聚乙烯（PE）管道系统 第2部分：管材。

应用领域 application area

- **城镇自来水管网系统**
  大口径PE管卫生无毒，不结垢，更适合城市供水主干管和埋地管，安全，卫生，施工方便。
- **可置换水泥管、铸铁管和钢管**
  用于旧网改造工程，不用大面积开挖，施工方便，造价低，可广泛应用于老城区管网改造。
- **工业原料输送管道**
  化工、化纤、食品、林业、制药、轻工、造纸、冶金等工业原料输送管。
- **园林绿化供水管网**
  园林绿化需大量输水管道，PE管的柔韧性和低成本，使之成为最佳选择。
- **污水排放用管材**
  PE管道具有独特耐腐蚀性能，可用于工业废水，污水排放等、成本及维护费用低。
- **矿砂、泥浆输送**
  PE管道具有高度抗应力和耐磨性，可广泛用于输送矿砂、煤灰及河道清淤泥浆。
- **农用灌溉管道**
  PE管内壁光滑，流量大，可跨道路施工，抗冲击性好，是农用灌溉理想管材。
- **船用管道**
  PE管重量轻，连接方便，可广泛应用于大型船舶内部给排水。
- **海水淡化用管道**
  PE管使用寿命长，性价比高，被广泛应用于海水淡化工程。

性能特点 / Performance characteristics

- 耐腐蚀
- 不泄漏
- 易回收
- 高韧性
- 良好的快速裂纹传递抵抗能力
- 优良的挠性
- 良好的抵抗刮痕能力
- 寿命长

产品尺寸 / Product size

单位：mm

公称外径	公称壁厚en/mm							
	标准尺寸比							
	SDR9	SDR11	SDR13.6	SDR17	SDR21	SDR26	SDR33	SDR41
	PE80级公称压力 Mpa							
	S4	S5	S6.3	S8	S10	S12.5	S16	S20
	PE100级公称压力 Mpa							
	2.0	1.6	12.5	1.0	0.8	0.6	0.5	0.4
16	2.3	—	—	—	—	—	—	—
20	2.3	2.3	—	—	—	—	—	—
25	3.0	2.3	2.3	—	—	—	—	—
32	3.6	3.0	2.4	2.3	—	—	—	—
40	4.5	3.7	3.0	2.4	2.3	—	—	—
50	5.6	4.6	3.7	3.0	2.4	2.3	—	—
63	7.1	5.8	4.7	3.8	3.0	2.5	—	—
75	8.4	6.8	5.6	4.5	3.6	2.9	—	—
90	10.1	8.2	6.7	5.4	4.3	3.5	—	—
110	12.3	10.0	8.1	6.6	5.3	4.2	—	—
125	14.0	11.4	9.2	7.4	6.0	4.8	—	—
140	15.7	12.7	10.3	8.3	6.7	5.4	—	—
160	17.9	14.6	11.8	9.5	7.7	6.2	—	—
180	20.1	16.4	13.3	10.7	8.6	6.9	—	—
200	22.4	18.2	14.7	11.9	9.6	7.7	—	—
225	25.2	20.5	16.6	13.4	10.8	8.6	—	—
250	27.9	22.7	18.4	14.8	11.9	9.6	—	—
280	31.3	25.4	20.6	16.6	13.4	10.7	—	—
315	35.2	28.6	23.2	18.7	15.0	12.1	9.7	7.7
355	39.7	32.2	26.1	21.1	16.9	13.6	10.9	8.7
400	44.7	36.3	29.4	23.7	19.1	15.3	12.3	9.8
450	50.3	40.9	33.1	26.7	21.5	17.2	13.8	11.0
500	55.8	45.4	36.8	29.7	23.9	19.1	15.3	12.3
560	62.5	50.8	41.2	33.2	26.7	21.4	17.2	13.7
630	70.3	57.2	46.3	37.4	30.0	24.1	19.3	15.4
710	79.9	64.5	52.2	42.1	33.9	27.2	21.8	17.4
800	89.3	72.6	58.8	47.4	38.1	30.6	24.5	19.6

性能指标 / performance index

项目		指标
纵向回缩率		≤3%
熔体质量流动速率		加工前后变化率不超过 ±20%
静液压试验	20℃，10h	无破裂、无渗漏
	80℃，165h	无破裂、无渗漏
	80℃，1000h	无破裂、无渗漏
灰分		≤0.1%
氧化诱导时间，210℃		≥20min
炭黑含量		2.0~2.5%
炭黑分散		≤3级
断裂伸长率		≥350%

03 给水用硬聚氯乙烯（PVC-U）管材
UNPLASTICIZED POLYVINYL CHLORIDE (PVC-U) PIPES FOR WATER SUPPLY

产品介绍 Product introduction

　　硬聚氯乙烯（PVC-U）给水管道作为一种发展成熟的供水管材，具有耐酸、耐碱、耐腐蚀性强，耐压性能好，强度高，质轻，价格低，流体阻力小，无二次污染，符合卫生要求，施工操作方便等优越性能。大力推广PVC-U给水管，符合国家建设部、国家经贸委发展化学建材的指导方针，符合人们生活水平提高的发展需要。我公司提供的PVC-U给水管材、管件系列产品采用绿色环保配方，卫生性能完全符合GB/T17219-1998标准要求及国家卫生部相关的卫生安全评价规定。

　　执行标准：GB/T10002.1-2006 给水用硬聚氯乙烯（PVC-U）管材。

应用领域 application area

● 民用建筑、工业建筑的室内供水、中水系统。
● 水处理厂水处理管道系统。
● 居住小区、厂区埋地给水系统。
● 海水养殖业。
● 城市供水管道系统。
● 园林灌溉、凿井等工程及其他工业用管。

性能特点 Performance characteristics

● 质轻，搬运装卸便利—密度较小，搬运、装卸、施工方便。

● 耐腐蚀性优良—具有优异的耐酸、耐碱、耐腐蚀性，对于化学工业之用途甚为适合。

● 流体阻力小—管材内壁光滑，其粗糙系数仅为0.009，流体阻力小，有效地改善了管网的水力条件，减少了系统运行费用。

● 机械强度大—管材具有良好的耐压性能，抗冲击性能和抗拉伸强度性能。

● 施工简易—管道连接施工迅速容易，施工工程费低廉。

● 造价低廉—价格低，而且运输、施工方便，使用寿命长，因此总体造价低廉。

● 不影响水质—由溶解试验证实不影响水质，适宜大面积推广应用。

产品尺寸

Product size

单位：mm

公称外径	公称壁厚						
	PN0.63	PN0.8	PN1.0	PN1.25	PN1.6	PN2.0	PN2.5
20	–	–	–	–	–	2.0	2.3
25	–	–	–	–	2.0	2.3	2.8
32	–	–	–	2.0	2.4	2.9	3.6
40	–	–	2.0	2.4	3.0	3.7	4.5
50	–	2.0	2.4	3.0	3.7	4.6	5.6
63	2.0	2.5	3.0	3.8	4.7	5.8	7.1
75	2.3	2.9	3.6	4.5	56.0	6.9	8.4
90	2.8	3.5	4.3	5.4	6.7	8.2	10.1
110	2.7	3.4	4.2	5.3	6.6	8.1	10.0
125	3.1	3.9	4.8	6.0	7.4	9.2	11.4
140	3.5	4.3	5.4	6.7	8.3	10.3	12.7
160	4.0	4.9	6.2	7.7	9.5	11.8	14.6
180	4.4	5.5	6.9	8.6	10.7	13.3	16.4
200	4.9	6.2	7.7	9.6	11.9	14.7	18.2
225	5.5	6.9	8.6	10.8	13.4	16.6	–
250	6.2	7.7	9.6	11.9	14.8	18.4	–
280	6.9	8.6	10.7	13.4	16.6	20.6	–
315	7.7	9.7	12.1	15.0	18.7	23.2	–
355	8.7	10.9	13.6	16.9	21.1	26.1	–
400	9.8	12.3	15.3	19.1	23.7	29.4	–
450	11.0	13.8	17.2	21.5	26.7	33.1	–
500	12.3	15.3	19.1	23.9	29.7	36.8	–
560	13.7	17.2	21.4	26.7	–	–	–
630	15.4	19.3	24.1	30.0	–	–	–

注：1.给水管材颜色有灰色和白色两种，也可以生产用户要求的其他颜色。

2.管材长度一般为6米或9米，其他长度需定制。

性能指标

performance index

项目		指标
密度，kg/m³		1350~1460
维卡软化温度，℃		≥80
纵向回缩率，%		≤5
二氯甲烷浸渍实验，15℃ 15min		表面变化不劣于4N
落锤冲击实验(0℃) TIR，%		≤5
液压试验	dn<40mm　20℃　36MPa　1h	无破裂，无渗漏
	dn≥40mm　20℃　38MPa　1h	
	20℃　30MPa　100h	
	60℃　10MPa　1000h	
系统适用性试验	连接密封性试验	无破裂，无渗漏
	负压试验	无破裂，无渗漏
	偏角试验	无破裂，无渗漏

注：其他产品性能指标请参看标准

04 给水用抗冲改性聚氯乙烯(PVC-M)管材
IMPACT MODIFIED POLYVINYL CHLORIDE (PVC-M) PIPE

产品介绍 — Product introduction

在基本不降低长期强度的前提下，冲击强度高于PVC-U管材的5~10倍，缺口冲击强度≥30Mpa(20℃)，是UPVC的3倍以上。韧性提高后破坏敏感性降低，管材不容易受伤或受伤程度大大降低，这样对长期强度影响变小。因而设计用安全系数可以采用1.6。尽管吨成本PVC-M高于PVC-U，但由于保险系数取值低，壁厚变薄，因而每米价格不高于UPVC。

执行标准：CJ/T 272-2008 给水用抗冲改性聚氯乙烯（PVC-M）管材及管件；GB/T 32018.1-2015 给水用抗冲改性聚氯乙烯（PVC-M）管道系统 第1部分：管材。

应用领域 — application area

- 民用建筑、工业建筑的室内供水、中水系统。
- 居住小区、厂区埋地给水系统。
- 城市供水管道系统。
- 水处理厂水处理管道系统。
- 海水养殖业。
- 园林灌溉、凿井等工程及其他工业用管。

性能特点 / Performance characteristics

- 高强度，高韧性
- 耐腐蚀性和阻燃性能好
- 电绝缘性能好
- 摩擦阻力小
- 导热系数小，耐候性较好，隔热性能好
- 抗水锤、抗点载荷

产品尺寸 / Product size

单位：mm

公称外径	管材S系列SDR系列和公称压力					
	S25 SDR51 PN0.63	S20 SDR41 PN0.8	S16 SDR33 PN1.0	S12.5 SDR26 PN1.25	S10 SDR21 PN1.6	S8 SDR17 PN2.0
	公称壁厚					
63	–	2.0	2.0	2.5	3.0	3.8
75	–	2.0	2.3	2.9	3.6	4.5
90	2.0	2.2	2.8	3.5	4.3	5.4
110	2.2	2.7	3.4	4.2	5.3	6.6
125	2.5	3.1	3.9	4.8	6.0	7.4
140	2.8	3.5	4.3	5.4	6.7	8.3
160	3.2	4.0	4.9	6.2	7.7	9.5
180	3.6	4.4	5.5	6.9	8.6	10.7
200	3.9	4.9	6.2	7.7	9.6	11.9
225	4.4	5.5	6.9	8.6	10.8	13.4
250	4.9	6.2	7.7	9.6	11.9	14.8
280	5.5	6.9	8.6	10.7	13.4	16.6
315	6.2	7.7	9.7	12.1	15.0	18.7
355	7.0	8.7	10.9	13.6	16.9	21.1
400	7.9	9.8	12.3	15.3	19.1	23.7
450	8.8	11.0	13.8	17.2	21.5	26.7
500	9.8	12.3	15.3	19.1	23.9	29.7
560	11.0	13.7	17.2	21.4	26.7	–
630	12.3	15.4	19.3	24.1	30.0	–
710	13.9	17.4	21.8	27.2	–	–
800	15.7	19.6	24.5	30.6	–	–

性能指标 / performance index

项目		指标
密度		1350-1460kg/m³
纵向回缩率		≤5%
维卡软化温度		≥80℃
静液压试验	20℃，1h	无破裂、无渗漏
	20℃，100h	无破裂、无渗漏
	60℃，1000h	无破裂、无渗漏
灰分		≤0.1%
二氯甲烷浸渍		表面变化不劣于4N
落锤冲击		TIR≤5
高速冲击		不发生脆性破坏

05 聚乙烯（PE）双壁波纹管材
POLYETHYLENE (PE) DOUBLE WALL CORRUGATED PIPE

产品介绍 Product introduction

聚乙烯双壁波纹管是以HDPE为主要原料，采用挤出成型工艺制成的一种内壁光滑平整、外壁为弧形波纹状，内外壁波纹间为中空的塑料管材。适用于长期温度不超过45℃的埋地排水和通讯套管，亦可用于工业排水、排污管。

执行标准：埋地用聚乙烯（PE）结构壁管道系统第1部分：聚乙烯双壁波纹管材。

应用领域 application area

- **市政工程及农村排污工程类**：用作排水、排污管；
- **建筑工程类**：用作建筑物雨水管、地下排水管、排污管、通风管；
- **通讯设备**：用作通讯电缆、光缆的保护管；
- **农业园地工程类**：用于农田、果茶园、以及林带排管；
- **道路工程类**：用作铁路、高速公路的渗、排水管；
- **矿场类**：用作矿井通风、送风、排水管。

性能特点 Performance characteristics

- **环刚度大**

  外壁呈环形波纹状结构，大大增强了管材的环刚度，从而增强了管道对土壤负荷的抵抗力，在这个性能方面，HDPE双壁波纹管与其他管材相比较具有明显的优势。

- **施工方便**

  由于聚乙烯双壁波纹管重量轻，搬运和连接都很方便，所以施工快捷、维护工作简单。

- **良好的耐低温，抗冲击性能**

  埋地用HDPE双壁波纹管的脆化温度是-70℃。一般低温条件下(-30℃以上)施工时不必采取特殊保护措施，冬季施工方便，HDPE双壁波纹管有良好的抗冲击性。

- **使用寿命长**

  在不受阳光紫外线条件下，HDPE的双壁波纹管的使用年限可达50年以上。

- **化学稳定性佳**

  由于HDPE分子没有极性，所以化学稳定性极好。一般使用环境的土壤、电力、酸碱因素都不会使该管道破坏，不滋生细菌，不结垢，其流通面积不会随运行时间增加而减少。

- **优异的耐磨性能**

  德国曾用试验证明，HDPE的耐磨性甚至比钢管还要高几倍。

- **适当的挠曲度**

  一定长度的HDPE双壁波纹管轴向可略为挠曲，不受地面一定程度的不均匀沉降的影响，可以不用管件就直接辅在略为不直的沟槽内等等。

产品尺寸 / Product size

单位：mm

公称环刚度等级							
等级	(SN2)	SN4	(SN6.3)	SN8	(SN10)	SN12.5	SN16
环刚度/(kN/m²)	(2)	4	(6.3)	8	(10)	12.5	16

注：括号内数值为非首选等级

内径系列管材的尺寸					
公称内径 DN/ID	最小平均内径 dim, min	最小层压壁厚 e min	最小内层壁厚 e1, min	最小外层壁厚 e3, min	最小接合长度 A min
100	95	1.0	0.8	0.7	32
125	120	1.2	1.0	0.8	38
150	145	1.3	1.0	0.8	43
200	195	1.5	1.1	0.9	54
225	220	1.7	1.4	0.9	55
250	245	1.8	1.5	1.0	59
300	294	2.0	1.7	1.0	64
400	392	2.5	2.3	1.4	74
500	490	3.0	3.0	1.8	85
600	588	3.5	3.5	2.1	96
800	785	4.5	4.5	2.7	118
1000	985	5.0	5.0	3.0	140
1200	1185	5.0	5.0	3.0	162

性能指标 / performance index

管材的物理力学性能			
项目		要求	试验方法
环刚度/(kN/m²)	SN2[a]	≥2	GB/T9647—2015
	SN4	≥4	
	SN6.3[a]	≥6.3	
	SN8	≥8	
	SN10[a]	≥10	
	SN12.5	≥12.5	
	SN16	≥16	
冲击性能(TIR)/%		≤10	GB/T14152—2001
环柔性		管材无破裂，两壁无脱开，内壁无反向弯曲	ISO 13968:2008
烘箱试验		无分层，无开裂	GB/T19472.1-2019；8.7
密度/(kg/m³)		≤1180	GB/T1033.1—2008
氧化诱导时间(200 ℃)/min		≥20	GB/T19466.6—2009
蠕变比率		≤4	GB/T18042—2000

注：a 为非首选等级。

06 燃气用埋地聚乙烯(PE)管材
BURIED POLYETHYLENE (PE) PIPES FOR GAS

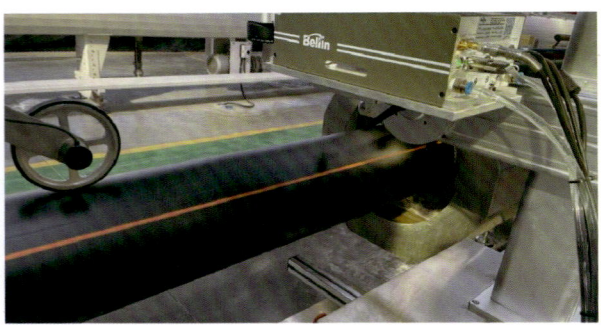

产品介绍 / Product introduction

　　HDPE燃气管专用料，一般的高密度聚乙烯的强度和硬度都要比燃气管专用料要高一些。但对管材来说，随着时间的推移会产生老化现象，其力学性能和物理性能都会发生衰减，管材将由初始的韧性破坏衰减转变为老化后的脆性破坏。对于衰变老化过程，燃气管专用料比一般的HDPE要缓慢很多。因此，目前主要使用HDPE用作燃气管专用料。在有关国际标准ISO 4437-1:2014、ISO4437-2:2014及GB 15558.1标准中低于HDPE燃气管用料都有严格的性能指标要求，以保证在正常情况下使用寿命为50年。

　　原材料性能是制品性能的首要保证，原材料的长期强度高，可以保证燃气管道足够长的使用寿命期间承受足够高的压力。原材料的耐高速开裂扩展能力好，可以保证燃气管道不发生偶然性的灾难事故。这对于安全性要求很高的燃气行业来说，至关重要。快速开裂拓展危险随管材外径增大而增大，它使原材料耐快速开裂的能力成为发展大口径HDPE燃气管的关键力学性能。

　　执行标准：CJJ63-2018聚乙烯燃气管道工程技术标准、GB 15558.1-2015 燃气用埋地聚乙烯（PE）管道系统 第1部分：管材。

应用领域 / application area

　　主要应用于燃气工业、燃气输配领域中，-20℃~40℃人工煤气、液化石油气等工作压力不大于0.8Mpa可燃气体的输送。

性能特点 / Performance characteristics

- 优秀的耐腐蚀性，特别适用于各种燃气介质的输送。
- 流体阻力小，提高了介质输送的效率，降低了运转成本。
- 具有优良的伸长率和韧性，改善了管线对沉降、运转、剪切的承受能力，保证了供气管线的可靠性和适应性。
- 优良的"耐快速开裂"和"耐慢速裂纹增长"性能，与钢管等金属材料比较，有突出的安全性。
- 施工强度小，连接及敷设简便，易掌握，大大提高施工效益。
- 焊接接口严密，泄漏率极低。
- 安全使用寿命长达50年以上。

产品尺寸 / Product size

单位：mm

公称外径	标准尺寸比			
	SDR11	SDR17	SDR21	SDR26
	最小壁厚			
16	3.0	–	–	–
20	3.0	–	–	–
25	3.0	–	–	–
32	3.0	3.0	–	–
40	3.7	3.0	–	–
50	4.6	3.0	3.0	–
63	5.8	3.8	3.0	–
75	6.8	4.5	3.6	3.0
90	8.2	5.4	4.3	3.5
110	10.0	6.6	5.3	4.2
125	11.4	7.4	6.0	4.8
140	12.7	8.3	6.7	5.4
160	14.6	9.5	7.7	6.2
180	16.4	10.7	8.6	6.9
200	18.2	11.9	9.6	7.7
225	20.5	13.4	10.8	8.6
250	22.7	14.8	11.9	9.6
280	25.4	16.6	13.4	10.7
315	28.6	18.7	15.0	12.1
355	32.2	21.1	16.9	13.6
400	36.4	23.7	19.1	15.3
450	40.9	26.7	21.5	17.2
500	45.5	29.7	23.9	19.1
560	50.9	33.2	26.7	21.4
630	57.3	37.4	30.0	24.1

性能指标 / performance index

项目		指标
纵向回缩率，110℃，1h		≤3%
熔体质量流动速率，190℃，5kg		加工前后PE变化率不超过±20%
氧化诱导时间，200℃		≥20min
静液压强度	20℃，100h	无破裂、无渗漏
	80℃，165h	无破裂、无渗漏
	80℃，1000h	无破裂、无渗漏
断裂伸长率		≥350%
耐慢速裂纹增长		<10mm/24h

07 PE-RT Ⅱ型耐热保温复合塑料管材
PE-RT Ⅱ HEAT RESISTANT AND THERMAL INSULATION COMPOSITE PLASTIC PIPE

产品介绍 / Product introduction

耐热聚乙烯（PE-RT Ⅱ）管道也叫高密度聚乙烯外护管聚氨酯发泡预制直埋保温复合塑料管，具有优异的耐热性、耐腐蚀性、耐冲击性，良好的柔韧性及密封性，施工维修方便，使用寿命长达50年以上，适用于集中供热的二次管网系统。二次热力管网是指由热力工厂生产或排放的热蒸汽通过中间换热器的作用，使其转化为80℃以下的热水，并由地埋热力管网输送到家庭或者单位的散热器进行采暖，此热力管网即为二次热力管网。

执行标准：GB/T 40402-2021 聚乙烯外护管预制保温复合塑料管；GB/T 28799.2-2020 冷热水用耐热聚乙烯（PE-RT）管道系统 第2部分：管材。

应用领域 / application area

冷热水管道系统，包括民用与工业建筑的冷热水、饮用水和采暖系统、温泉管道系统和集中供暖二次管网系统等。

性能特点 / Performance characteristics

- 50年使用寿命。根据国际标准ISO9080的标准规定，PE-RT Ⅱ型供热管道在80℃的长期使用寿命可以超过50年。
- 优异的耐低温脆性，PE-RT Ⅱ型供热管道的低温脆化点达-40℃，相对比于PPR管抵抗低温脆性能力更加卓越，在受冻或冲击等更加极端的条件下使用不用担心管道破损问题。
- 管网输送能力强，PE-RT Ⅱ型耐热聚乙烯供热管道内表面光滑，不会发生内壁结垢，流体阻力不到钢管的1/20，相同比摩阻下，管道输送热负荷比钢管至少提高25%。
- 管道保温效果好，热损失小，PE-RT Ⅱ型材料为热的不良导体，导热系数不足钢管的1/10，PE-RT Ⅱ型耐热聚乙烯供热管道比钢管至少降低50%的热损失，每公里热损失不足0.1℃。
- 质量轻，焊接效率高，安装施工成本低，进度快。
- 无补偿自然敷设，设计灵活。
- 管道连接可靠、效率高，采用热熔连接、电熔连接、热熔承插连接以及法兰连接。
- 管道修复安全可靠，PE-RT Ⅱ型耐热聚乙烯供热管道损坏后，可以采用电熔管件进行快速修复，修复质量安全可靠。
- 压扁断水修复复原技术，PE-RT Ⅱ型材料为柔性材料，其耐慢速裂纹增长的性能非常优异，可以采用压扁断水修复技术进行管道断水，修复之后通压，管道由于记忆效应，会自然复原，且复原后的管道性能仍符合长期使用的要求。

管理风采

2021年7月1日,团结、务实、奋进的唐徕渠管理处党委领导班子(左起:孙立国、孙建军、陶东、鲍旺勤、尹婷、苏林)

2021年6月25日,唐徕渠管理处党委组织召开"光荣在党五十年"纪念章发放仪式活动

2021年7月1日，唐徕渠管理处组织干部职工观看庆祝中国共产党成立100周年大会实况

2021年12月8日，唐徕渠管理处抗疫志愿先锋服务队完成任务撤离合影

管理风采

2021年7月27日，唐徕渠管理处召开青年理论学习小组座谈会

2021年8月16日，宁夏农垦集团暖泉农场给崇岗管理所赠送锦旗

2021年11月2日，唐徕渠管理处值班小组安排部署冬灌和抗疫工作

2021年12月24日,《唐徕渠志》编纂工作座谈会合影

2022年5月19日,自治区水利厅召开《唐徕渠志》审查会

2022年6月28日,《唐徕渠志》编纂工作组成员合影

序 一

宁夏位于祖国西北内陆黄河中上游地区,自古因黄河而生,因黄河而兴,因黄河而美。"宁夏得河水溉田之利,其来久矣"。宁夏尽享黄河之利、尽沐黄河之恩,自古就有"天下黄河富宁夏"之说。特别是宁夏中北部的引黄灌区,凭借得天独厚的自流条件,早在秦汉时期就已修渠筑堤、引水灌溉,阡陌纵横、稻麦充盈,塑造了享誉内外的"塞北江南"。2200多年的沧海桑田,形成了较为完整的灌排体系,秦渠、汉渠、唐徕渠等古老渠道千年流淌、润泽宁夏大地。一部宁夏经济社会发展史,就是一部步履铿锵的水利开发建设史。

水是生命之源、生产之要、生态之基。中华人民共和国成立以来,宁夏水利认真贯彻党中央、国务院的决策部署,紧紧围绕自治区经济社会发展和群众生活幸福安康,以愚公移山的奋斗精神、战天斗地的英雄气概、锲而不舍的豪迈干劲,不断探索创新治水观念和治水途径,兴水利、除水害,建成青铜峡、沙坡头水利枢纽及固海扬水、盐环定扬水、扶贫扬黄等一大批事关民生、事关发展、事关长远的基础性、支撑性、战略性水利工程,全区农业灌排水网体系不断完善。

党的十八大以来,在习近平新时代中国特色社会主义思想的指引下,在自治区党委和政府的坚强领导下,宁夏水利以建设黄河流域生态保护和高质量发展先行区为牵引,以黄河大保护大治理为核心,以"小省区也能办大事"的气魄和"跳起来摘桃子"的精神,积极探索中央治水思路"宁夏方案",推动水利事业取得一系列重大突破、发生一系列深刻变革。广大水利干部职工团结奋斗、无私奉献,引黄灌区由千百年人工管理加快向数字智能管控转变,全区水利事业正阔步迈向现代化发展新阶段。2017年,流淌千年的宁夏引黄古灌区在墨西哥成功申遗,被国际灌排委誉为世界灌排工程的典范,成为黄河干流上首个世界灌溉工程遗产,亮出了宁夏"世界级文化金名片"。

唐徕渠开凿年代不详,复浚于唐,经历代开发整治,兴盛于今,是宁夏引黄灌区历史悠久的最大自流干渠,也是宁夏引黄古灌区世界灌溉工程遗产的典范。唐徕渠绵延314公里,自青铜峡由南向北横贯宁夏引黄灌区精华地段,浇灌着银川、石嘴山、吴忠3市9县区120万亩农田,承担着银川东南部水系、西部水系和典农河、沙湖等20万亩湖泊湿地生态补水任务,成为承担全区1/5自流灌溉、75%河湖生态补水重任的"命脉渠"和"生态渠",是造就"塞北粮仓""塞上新天府"的水利大动脉。多年来,在党中央、国务院的亲切关怀下,在自治区党委、政府的坚强领导

下，灌区人民自力更生、艰苦奋斗、砥砺奋进、兴修水利，对古老的干、支渠进行了大规模裁弯取直和配套改造，实施工程除险加固、灌区节水续建配套建设，形成了完备的灌排工程体系，古老灌区在新时代焕发出新的活力。

盛世修志，鉴史资政。编纂《唐徕渠志》，发挥"存史、资治、教化"作用，弘扬文化、资政当代。要在尊重史料、还原事实的同时，着眼于水利物质成果与精神财富相协调，从体例设计到内容取舍，重视对治水理念的挖掘、治水思想的激荡及涉水制度的创新，做到资料来源广泛、事件真实准确、内容丰富完整、反映全面准确。要注重挖掘水利事业发展背后的本质，讲好水利故事、弘扬水利文化，让世人和后人从中深切感悟党和国家以人民为中心的治水立场和情怀。希望唐徕渠管理处坚守使命担当、水利情怀，坚持实事求是、详今明古，将《唐徕渠志》打造成为一部结构合理、体例严谨、内容详实的水利良志佳作，以期为各级领导、水利系统干部职工、社会各界了解和研究水利工作发挥工具书作用，为传承弘扬宁夏引黄灌区水文化、宁夏水利发展提供有益参考。

征途漫漫，惟有奋斗。党的二十大发出了"为全面建设社会主义现代化国家、全面推进中华民族伟大复兴而团结奋斗"的伟大号召，提出了"以中国式现代化全面推进中华民族伟大复兴"的使命任务，这是全党全国各族人民的奋斗方向，更是宁夏水利的奋斗方向。广大水利干部职工务必不忘初心、牢记使命，务必谦虚谨慎、艰苦奋斗，务必敢于斗争、善于斗争，按照党的二十大描绘的宏伟蓝图，沿着习近平总书记指引的前进方向，锚定自治区部署的任务目标，自信自强、守正创新、踔厉奋发、勇毅前行，奋力谱写新阶段水利现代化发展新篇章，交出一份有质量、有份量，经得起历史检验和人民检阅的水利"答卷"。

宁夏回族自治区水利厅
2022 年 11 月

序 二

　　天下黄河富宁夏,祖先遗泽两千年。唐徕渠,习称唐渠,是宁夏最早见于史籍的引黄干渠之一,也是宁夏引黄古灌区世界灌溉工程遗产的典范。先辈秉承农是天下之本、河渠是生民命脉的治水理念,自秦汉时屯垦开凿、隋唐规模复浚、元代更立闸堰以来,总是随着历史的演进不断发展,千古流淌、兴盛于今、润泽塞上。历史上的无坝引水渠首工程,在黄河上中游地区久负盛名,是前人留给后世引黄治水的宝贵财富。一部历经沧桑的唐徕渠开发史,就是一部源远流长的宁夏引黄灌溉发展史。

　　中华人民共和国成立后,唐徕渠进入历史发展新纪元,在党的光辉照耀下、国家的大力支持下,自治区历届党委政府坚持水利是农业的命脉,领导灌区各族人民以敢教日月换新天的豪迈气概,奋发图强,励精图治,团结治水,发展生产,水利事业取得了翻天覆地的辉煌成就。灌区群众和广大水利建设者自力更生、艰苦奋斗、栉风沐雨、攻坚克难,先后开展了大规模渠道裁弯取顺、水闸、涵洞改造扩建、排水沟道开挖、闸门斗口新修、跨沟渠渡槽兴建,随着青铜峡水利枢纽开工建设,结束了两千多年无坝引水的历史,渠系供水得到有效保障,构建了较为完善的灌排工程体系,唐徕渠被誉为"塞上乳管"。灌区呈现阡陌纵横、沟渠如织,沃野千里、湖光潋滟,川辉原润、稻香果甜,旱涝无虞、百业兴盛的锦绣画卷。

　　乘着改革开放的东风,坚持解放思想、与时俱进、夯基固本、大兴水利。唐徕渠先后实施了渠道工程除险加固、大规模农田水利基本建设、灌区续建配套与节水改造、续建配套与现代化改造等项目。特别是党的十八大以来,全面贯彻"节水优先、空间均衡、系统治理、两手发力"新时期治水思路,着力推动民生水利、工程水利、资源水利、生态水利、智慧水利、法治水利建设,大力实施了渠道衬砌改造、病险水闸除险加固、闸门斗口自动化改造,水利科技和信息化技术广泛应用,水利管理法规制度体系日臻完善。渠道工程安全基础进一步夯实,工程防灾减灾能力、水安全保障能力显著提升,现代化灌区建设稳步推进。郭守敬创制的木质闸堰经历代更新改造,实现智能化远程控制,创造了"一闸飞越千年"的奇迹。唐徕渠现已成为保障全区 1/5 自流灌溉供水的"命脉渠"和 75% 河湖生态补水的"命脉渠"。

　　唐徕渠管理处自 1970 年成立以来,在水利厅党委的坚强领导下,历届处党委班子团结带领干部职工守护三百多公里渠道,以上善若水的胸怀担当治水兴水使命、以惠泽苍生的情怀传

承引黄灌溉文明,爱岗敬业、团结奉献,为灌区乡村振兴和经济社会发展提供了坚实的水安全保障,为推进水利现代化建设和"塞上江南"再放异彩贡献了智慧和力量,在塞上大地谱写了兴水为民的绚丽华章。

盛世修志,志载盛世。《唐徕渠志》全面记述了唐徕渠的发展历程,特别是中华人民共和国成立70多年来的发展成就。志书力求结构严谨、体例规范、篇目合理、体裁得当、资料详实,发挥存史资政、教化育人之作用,也使之成为具有重要史料价值和水利管理的工具书。

以史为鉴,映照未来。站在奋力实现中华民族伟大复兴中国梦的新时代,我们将全面贯彻中央治水思路,牢记初心使命,担当治水责任,团结奋斗,勇毅前行,以史明志,以史鉴今,汲取智慧和力量,不断探索创新,推进水治理体系和治理能力现代化建设,在黄河流域生态保护和高质量发展先行区建设中担使命、走在前、作表率,奋力开创新时代水利现代化发展新局面。承前启后,继往开来,接续奋斗,让千年唐徕渠奔流不息、泽被塞上热土,成为新时代造福人民的命脉渠、生态渠、智慧渠、文化渠、幸福渠。

宁夏回族自治区唐徕渠管理处

2022年11月

凡 例

一、《唐徕渠志》（以下简称"本志"）以马克思列宁主义、毛泽东思想、邓小平理论、"三个代表"重要思想、科学发展观、习近平新时代中国特色社会主义思想为指导,运用辩证唯物主义和历史唯物主义观点,本着实事求是和秉笔直书的原则,全面记述唐徕渠工程建设与管理的历史与现状,力求使志书达到思想性、科学性和资料性的有机统一。

二、本志坚持用"述、记、志、图、传、表、录"7种体裁进行综合记述,以志为主。

三、本志书实行小篇制,按照"横排竖写,横不缺要项,纵不断主线""以事系人"的编纂方法,遵照事物基本属性分章、节、目进行记述。

四、本志遵照详今略古的原则,上限依据史料尽量追溯,下限断至2021年12月31日（个别图文等资料收至2022年）,全书共有一册。

五、为统一志书编纂格式,章下写一段无题文字（小序）,节之下不再设无题小序。

六、本志遵循"生不立传"的原则,对历代唐徕渠治水先贤及历史名人（1949年之前）和中华人民共和国成立以来参与唐徕渠工程各时期建设项目负责人、技术负责人,在工程运行管理时期任职的副处级以上干部,工程建设与管理中省部级以上先进工作者、劳动模范、全国技术能手以及工程建设与管理时期获得地厅级及以上奖励的集体和个人等进行收录。人物传记按卒年排序,人物简介按生年排序。

七、本书数字的使用,按《出版物上数字用法》（GB/T 15835—2011）的规定执行;标点符号的使用,按《标点符号用法》（GB/T 15834—2011）的规定执行;计量单位的使用,按照《国际单位制及其应用》（GB 3100—1993）和《有关量、单位和符号的一般原则》（GB 3101—1993）的规定执行。

八、本志采用规范的汉语现代语体文书面语。行文力求朴实、简练、流畅,记事坚持秉笔直书、述而不论。

九、本志大事记采用编年体,辅以纪事本末体,月份不详者,排至年末,用"是年"表示,日期不详者,排至月末,用"是月"表示。是年、是月数事条者,用"△"表示。

十、本志资料大部分来自工程竣工资料、宁夏回族自治区档案馆文档材料、文件、报刊,以及《宁夏年鉴》和其他权威资料,一般不再注明出处。

十一、本志数据以国家统计部门公布的数据为准,统计资料未收入者,采用业务部门提供的数据。

十二、本志艺文收录范围:唐徕渠工程建设与管理中的重要文章,咏颂唐徕渠的诗词、传说、名胜古迹等。收录的艺文中有个别错误的地方做了改动,特此说明。

目　录

概述	/001
大事记	/008
第一章　地理环境	/069
第一节　灌域基情	/069
第二节　地质地貌	/070
第三节　土壤植被	/071
第四节　气候	/073
第五节　水资源	/074
第二章　工程沿革	/077
第一节　中华人民共和国成立以前	/077
第二节　中华人民共和国成立以来	/081
第三章　工程建设	/086
第一节　渠道扩整	/086
第二节　工程续建与节水改造	/106
第三节　灌区续建配套与现代化改造	/124
第四节　跨(临)渠工程	/128

第四章　渠道管理

第一节　工程概况 …… /132

第二节　管理沿革 …… /176

第三节　渠道维修养护 …… /179

第四节　灌区工程标准化规范化管理 …… /188

第五章　灌溉管理

第一节　灌区概况 …… /190

第二节　县区灌域 …… /191

第三节　供用水管理 …… /198

第四节　节水灌溉 …… /219

第六章　安全生产

第一节　安全管理沿革 …… /223

第二节　安全管理机构 …… /224

第三节　安全文化建设 …… /226

第七章　依法治水

第一节　水政监察 …… /232

第二节　法制宣传教育 …… /236

第三节　社会治安综合治理 …… /238

第四节　扫黑除恶专项斗争 …… /240

第八章　科技应用及水利信息化

第一节　通信网络系统建设 …… /242

第二节　信息采集系统建设 …… /244

第三节　测控设施建设 …… /247

　　第四节　调度系统建设 …………………………………………………… /253

　　第五节　新材料新工艺新技术应用 ……………………………………… /254

第九章　经营管理 ……………………………………………………………… /257

　　第一节　财务管理 ………………………………………………………… /257

　　第二节　综合经营 ………………………………………………………… /265

第十章　灌溉效益 ……………………………………………………………… /274

　　第一节　经济效益 ………………………………………………………… /274

　　第二节　生态效益 ………………………………………………………… /276

　　第三节　社会效益 ………………………………………………………… /278

第十一章　组织建设 …………………………………………………………… /280

　　第一节　机构 ……………………………………………………………… /280

　　第二节　人员管理 ………………………………………………………… /303

　　第三节　党群组织 ………………………………………………………… /308

　　第四节　职工教育 ………………………………………………………… /321

　　第五节　劳资管理 ………………………………………………………… /327

　　第六节　党建和精神文明建设 …………………………………………… /332

第十二章　人物 ………………………………………………………………… /359

　　第一节　人物传记 ………………………………………………………… /359

　　第二节　人物简介 ………………………………………………………… /373

第十三章　水文化 ……………………………………………………………… /382

　　第一节　水利美誉 ………………………………………………………… /382

　　第二节　古代拜水文化 …………………………………………………… /388

　　第三节　当代水文化 ……………………………………………………… /389

第四节 文化传承	/393
第五节 申报世界灌溉工程遗产	/402
第六节 唐徕文化	/404
第七节 名胜古迹	/409
第八节 重要报道	/414

第十四章 艺文 /433

第一节 奏谕	/433
第二节 书论	/445
第三节 碑记	/517
第四节 诗词	/529
第五节 轶事传说	/551
第六节 纪实与回忆	/564

附录 /577

附录一 重要文件	/577
附录二 历代唐徕渠相关资料选辑	/597
附录三 宁夏引黄灌溉历史年表	/631
附录四 水利法规	/636
附录五 宁夏引黄灌区习用水利名词释义	/673

参考文献 /675

后记 /677

概 述

一

宁夏是中华文明的重要发祥地之一，地处游牧文明与农耕文明的交错带，在交通、军事、地缘政治等方面都具有极其重要的战略地位，历史上是古"丝绸之路"的要道，也曾是东西部交通贸易的重要通道。宁夏是沿黄九省区唯一全境属于黄河流域的省区，自古以来，依黄河而生存，唯黄河而发展，靠黄河而兴旺。宁夏引黄灌溉历史悠久，早在秦汉时期就已屯垦开渠、引河溉田，劳动人民相继开挖了秦渠、汉渠、汉延渠、唐徕渠，清代又开挖了大清渠、惠农渠等，经历代整治，沿用至今。灌区盛产稻麦，年种年收，素有"塞北江南"之美誉和"天下黄河富宁夏"之说。

中华人民共和国成立后，宁夏的黄河灌溉历史翻开新的一页，黄河青铜峡水利枢纽工程建成，结束了宁夏无坝引水的历史。相继开挖第一与第二农场渠、西干渠、跃进渠、东干渠，建成同心、固海、盐环定、红寺堡等大型扬水工程分布于宁夏北部沿黄河两岸的引黄灌区和中部干旱带的扬黄灌区，现有灌溉面积830多万亩；灌区总干渠和干渠25条、总长2439千米，支渠5300多条、总长12000千米，泵站126座。2017年，流淌千年的宁夏引黄古灌区在墨西哥成功申遗，被国际灌排委誉为世界灌排工程的典范，亮出了宁夏"世界级文化金名片"。

青铜峡灌区位于宁夏中北部，南起黄河青铜峡水利枢纽，北至石嘴山，西抵贺兰山东麓，东接鄂尔多斯台地西缘，东西宽约50千米，南北长约170千米，主体为黄河冲积平原，外缘多系全新晚期洪积物组成的新洪积扇，自流灌区地面高程在1070～1154米之间。黄河纵贯灌区，将灌区分为河东、河西两部分。灌区涉及银川、石嘴山、吴忠三个地级市及青铜峡、利通区、灵武、永宁、兴庆区、金凤区、西夏区、贺兰、大武口、平罗、惠农11个川区县市，13个国营农、林、牧、渔场，总人口245万，自治区首府银川位居其中。青铜峡灌区现有总干渠2条，干渠10条，总长1085千米，引水能力613立方米/秒，建有节制闸、退水闸201座，干渠直开口2400多座。干渠年引水量约60亿立方米（耗水量约24亿立方米），灌溉农田495万亩。灌区现有骨干排水沟道24条，总长660千米，排水能力560立方米/秒，控制排水面积630万亩，年排水量36亿立方米。青铜峡灌区是宁夏引黄灌区的核心区域，也是灌区历史最悠久、渠系最发达的地区，是宁夏

主要粮油产区,也是全国12个商品粮基地之一,被赞誉为"南有都江堰,北有青铜峡"和"塞上新天府"的美名。唐徕渠是宁夏引黄古灌区世界灌溉遗产工程的典范,千年流淌,流润古今,承担着120万亩农田灌溉和20万亩湖泊湿地生态补水。唐徕渠灌域覆盖吴忠市青铜峡市,银川市永宁县、兴庆区、金凤区、西夏区、贺兰县,石嘴山市平罗县、大武口区、惠农区等9个县区及6个国有农牧场的精华地带。唐徕渠是宁夏青铜峡灌区引黄灌溉的大动脉。

二

唐徕渠又名唐梁渠,习称唐渠,始创年代不详,相传唐代对汉代旧渠曾大加疏浚、延长,并招徕户民垦种,遂名唐徕渠。唐徕渠名称在宋代史书中已有记载,西夏时期《天盛改旧新定律令》第十五中的春开渠事、渠水等多处载有对"唐来、汉延及诸大渠"的管理和维护;《宋史·外国二·夏国传》卷四八六记载:"其(西夏)地饶五谷,尤宜稻麦。甘(州治今张掖)凉(州治今武威)之间则以诸河为溉,兴(州治在今银川)灵(州治在今灵武境)则有古渠曰唐来、曰汉源,皆支引黄河……岁无旱涝之虞";《金史·外国上·夏国下》卷一三四记载:"兴州则有古渠曰唐来、曰汉源"。1927年修成的《朔方道志·水利志》中首次将"唐来渠"改为"唐徕渠"。

唐徕渠修浚记载始于元代,《元史·世祖本纪》记载:至元元年(1264年)行省郎中董文用、河渠提举郭守敬因旧谋新、更立闸堰,修浚复通唐徕渠。明代隆庆六年(1572),河西道汪文辉于唐坝堡始建石闸,并定正闸入渠水位。清代顺治十五年(1658年),巡抚黄安图奏请重修;康熙四十八年(1709年),水利同知王全臣大事疏浚,劈黄河1/5为渠口,堆筑石引水挢,受水始得畅通;雍正九年(1731年),侍郎通智领帑重修,延长引水挢、造滚水石坝、增设退水闸,复于正闸梭墩尾及西门桥柱刻画分数、测量水位、兼查淤澄,于渠底布设埋准底石12块,以使后浚者有所遵循;乾隆四年(1739年)及四十二年(1777年),又经宁夏道钮廷彩、王廷赞先后借帑大修。中华民国十六年(1927年)甘肃省主席刘郁芬派水利专员崔桐选来宁整顿水利,彻底疏浚唐徕、汉延渠等,使淤淀多年的渠道输水畅通。

唐徕渠原为贺兰山东麓部位最高的干渠,渠口原在黄河青铜峡出口左岸一百零八塔下200米处的龙王庙附近无坝开口引水,筑有1350米堆石迎水挢,呈喇叭形,进口宽为河道宽度的五分之一。从黄河进水口到大坝营唐徕渠正闸长11.2千米。中间设有腰坝(溢洪侧堰)1处,退水闸3处(由下而上称头闸、二闸、三闸)均为3墩4孔,墩上架设无栏杆木桥。唐徕渠由青铜峡口向北偏西流经青铜峡、永宁、银川、贺兰至平罗县上宝闸堡归入西大沟。旧渠上段多处紧靠沙丘,多为挖方,山洪风沙入渠,清淤繁重,左岸多有湖泊、碱滩,支渠口为调节水位和少进淤沙,多设迎水码头,故渠线弯曲,左右冲淤;中段多系填方,两侧多有湖泊,渠身蜿蜒,左右冲淤,险工百出,决口时有发生;下段断面狭小,弯多水滞,淤积严重。1949年,唐正闸最大进水流量65.5立方米/秒,渠道全长212千米,有各种建筑物590座,其中节制闸、退水闸各4座,桥26座,渡槽4座,跌水1座,斗口551座,灌地46.7万亩,唐徕渠引水量与灌溉面积均居宁夏引黄灌区各干渠之首。

三

唐徕渠是宁夏引黄灌区最大的自流干渠，也是国内大型灌溉渠道之一。史书记载"宁夏得河水溉田之利，其来久矣"（明《正统宁夏志》），唐徕渠历来是宁夏引黄灌溉的重要渠道，唐代复浚汉代古渠、南水北调、招徕户民垦种，成为唐王朝中兴之地。西夏时期"其地饶五谷，尤宜稻麦……皆支引黄河，故灌溉之利，岁无旱涝之虞"（《宋史》），唐徕渠是"资其富强"的大渠。元代郭守敬修浚复通唐徕渠，宁夏引黄灌溉得以恢复。明代是"宁夏恃为重者"的渠，成就了塞北粮仓，"天下屯田积谷，宁夏最多"（《明太宗实录》）。清代奖励开垦，大兴水利，唐徕渠为"宁夏民命攸关"的"宁民命脉"渠。中华民国时期唐徕渠已灌溉全省三分之一地亩，也是西北地区最大的人工渠。

中华人民共和国成立后，持续大规模兴修整治，灌排工程配套，灌区高产稳产，旱涝无虞，唐徕渠被誉为"塞上乳管"。1950年，针对旧渠弊端，改历史上以渠设局为以县分段管理，水费征工全灌区统收统支。唐徕渠先后采取大规模整治旧渠、更新闸门启闭设备、裁弯取顺、疏浚渠槽、培厚堤岸、改建闸桥、衬砌险工段、合并斗口、换装铁斗门、开挖整治排水沟道、合理控制用水等整治措施，灌区工程配套逐年改善，灌排体系改造布局合理，渠道工程输水调控能力显著增强。1953年在唐徕渠满达桥开口建成第二农场渠，提水灌溉和干渠梢段的延伸，扩大了北部下游地区的灌溉面积。1960年青铜峡水利枢纽截流后，唐徕渠正闸以上引水段形成河西总干渠，各干渠引水口由多首变为一首制引水，变无坝引水为有坝引水，提高了渠道供水保障率，彻底省除了灌区人民世代浩繁的渠口岁修工料。

唐徕渠自1951年至1982年实施了四期63处大规模"弃旧更新、另筑新堤"的渠道裁弯取顺工程，新建改造重要建筑物82座，干渠流程缩短46千米，灌区开展大规模农田基本建设，灌溉面积由1949年的46.7万亩扩大到114万亩。唐徕渠在河西总干渠大坝营唐正闸引水，唐干渠长154.6千米，第二农场渠长83千米，大新、良田等支干渠长76.4千米，正闸最大引水流量160立方米/秒，1985年引水14.0亿立方米，灌区粮食产量达20.6万吨，是1949年的3.6倍。

1978年改革开放以来，灌区持续大搞农田基本建设，加快渠道工程改扩建和建筑物除险改造，灌区节水与续建配套改造、现代化生态灌区改造实施，工程配套标准逐步提高，灌排体系日趋完善、工程险工隐患显著减少、输水能力和安全状况有效提升，灌区作物种植结构逐年调整，节水型灌区建设持续推进。从1985年至2021年，唐徕渠除险改造重要水工建筑物127座，实施灌区续建配套与节水改造61项、水权转换改造1项，渠道砌护221千米、砌护率达70.4%，标准化渠堤建设87千米，改造管理所11个、管理段23个。唐徕渠现状干渠及干支渠全长314千米，干渠引水口进水闸设计流量127立方米/秒，所辖建筑物869座，其中供水直开口512座，年行水期185天左右，年均引水量近10亿立方米。2021年灌区遥感调查农业种植面积103万亩，生态湖泊湿地20万亩。

四

　　唐徕渠灌区土壤肥沃、光热充足，水能丰裕，灌排便利。干渠自河西总干渠引水，由南向北延伸，灌区南起青铜峡大坝镇，北至石嘴山市平罗县高庄乡，干渠尾水由高庄乡幸福村排入第三排水沟流回黄河；第二农场渠自唐徕渠贺兰县满达桥分水，由西向北至石嘴山市惠农区，干渠尾水由燕子墩乡西永固村排入第三排水沟。唐徕渠绵延北流，像一条银光闪闪的巨龙自青铜峡由南向北横贯银川平原广袤的沃土良田、穿过一片片美丽的村庄、穿过一座座靓丽的城市、穿过一处处湖泊、湿地，500多条支渠像血脉将黄河水源源不断地输入田间地头，灌区因水而兴，向水而为，以干渠为线，树随渠栽、绿随渠建、林随田织，绿树成荫、渠路成网、平畴沃野、村落相望，一派生机勃勃、欣欣向荣。唐徕渠为保障全区农业"十八连丰"和粮食安全以及灌区生态文明建设提供了坚实的水资源支撑。

　　水利管理在历代地方志中曾有记载。引黄灌区干旱少雨，无水利就无农业。人民视水利为命脉，称渠道为"吃饭碗"。无论朝代如何更替，"民办、公助、官督"和"取之于民、用之于民"的水利管理体制，总是相应沿袭经久不衰。以唐徕渠为典范的引黄灌溉在宁夏历代的引黄治水实践中，积累了丰富的治水、用水、管水经验。在唐徕渠的开发与建设历程中治水技术和管理经验不断传承与创新，汉代的"激河浚渠"，北魏的灌溉制度，西夏的水利法规和卷埽技术，元代的木闸、滚水坝控水，明代的石闸布设、刻字"水则"，清代的飞马报汛、埋设准底石、闸坝砌筑、植柳固堤、上下游"封""俵"轮灌、渠道岁修、插杠挡闸等技术及经验领先于其时代。历代沿用的"民办、公助、官督"的修、管、用方式，先下游后上游的灌溉配水制度，种稻结合放淤的盐碱地改良措施，两年旱作、一年稻作的三段轮作制，经济实用的草土工程（即草土围堰）防冲截流技术在宁夏世代传承、经久不衰。

　　中华人民共和国成立以来，在党中央国务院的亲切关怀下，自治区党委和政府领导灌区人民自力更生、艰苦奋斗、兴修水利，灌区的面貌发生了翻天覆地的变化。青铜峡水利枢纽的建成，河渠分家分治，结束了灌区长期无坝引水的历史，使全灌区形成统一的灌溉系统；现代新技术、新材料、新设备相继应用于水利，灌区大搞农田水利基本建设，对古老的干、支渠进行大规模裁弯取直和改造扩建，兴修第二农场渠等骨干渠道，配套渠系建筑物，实施干渠和水闸工程除险加固、灌区节水续建配套建设，灌区灌排工程体系日趋完善。唐徕渠率先在宁夏引黄灌区实施干渠计划配水管理，干渠裁弯取顺经验在引黄灌区推广应用，下游银北灌区盐碱地治理成效显著，高效节水灌溉技术普遍应用，灌区产业结构和种植结构逐步优化调整，实现全渠系控制断面水位遥测监管、干渠断面自动测流、水闸远程控制、斗口测控一体化、重要水工建筑物安全监测、干渠水量调度系统、水利管理综合业务系统等现代水利信息技术在灌区水利管理中普遍应用，水利法规、管理制度、专管与群管体制基本健全，建立科学发展新机制，水管体制改革持续推进，水利管理事业的发展为灌区的节水改造与水资源优化配置创造了有利条件，建立了系统完善的灌区水安全保障体系，对加快现代化生态节水型灌区建设，改善区域生态与环境，促进地方经济社会的发展与宁夏节水型社会的建设具有重要的作用。

五

宁夏水利机构的设置在宋代以前无文献记载可查。西夏时期设有农田司管理农田水利。元代先复立营田司于宁夏府、管理屯田水利,后立河渠司,专管水利。明代先设宁夏河渠提举司专管水利,兼收屯粮,后改为屯田都司,负责浚渠、均徭、都屯政。清初设水利都司,后改为水利同知,专司汉延、唐徕、大清三渠水利(后连同惠农渠为四渠),又改水利同知为抚民同知,至光绪年间裁同知,归宁夏府监理。中华民国初年宁夏改府为道,道内设水部房,专司河渠水利,后改六房为三课,一课管水利。中华民国十七年(1928年),宁夏裁道后,改设甘肃省宁夏水利总局,设总办。中华民国十八年(1929年)一月宁夏省成立,建设厅设两科一室,一科管水利。青铜峡灌区的河东、河西均按渠设局,卫宁灌区按县设局,负责渠道工程维修和灌溉管理,排水沟设沟洞事务所,黄河治理设河工处,实行分工专管。中华民国二十四年(1935年)十月,改渠、县水利局为水利执行委员会。在宁朔县小坝成立唐徕、汉延、大清、惠农四渠水利联合办公处的宁朔县中心水利局,由建设厅监督指挥。唐徕渠由受水农民选举委员9人,内选常务委员1人,专理渠务,由建设厅监督。中华民国二十六年(1937年),增设宁夏省水利工款稽核委员会,中华民国二十八年(1939年)一月改为省水利监察委员会。划卫宁、河东、河西三区,各区设监察委员会,各县均派驻监察委员1人。中华民国三十年(1941年)一月,宁夏省水利监察委员会改组为省建设厅水利局,各渠、县水利执行委员会又改为渠、县水利局。唐徕渠水利局设局长1人,局以下设总段长1人,全渠共分4段,每段设段长1人。局内和段上人员领有微薄的月薪。水手等人吃用来自军田,军田是历史上免征额粮款的份地(60亩为一份)。行政堡乡有民选渠长1人,负责征收一乡水利夫料。中华民国三十四年(1945年)初,宁夏省改建设厅属水利局为省水利局。1949年7月,宁夏省水利局撤销并入建设厅设水利科。

中华人民共和国成立后,1950年将青铜峡河西河东按渠设局改为按县设局、分段管理,并在原宁朔县(今青铜峡市)小坝设中心水利局,调度管理河西灌区各大干渠渠首工程及水量调配并监管宁朔县水利工作。1954年,宁夏省建制撤销并入甘肃省,设银川水利分局和吴忠水利局,各县局未改变。1958年10月,宁夏回族自治区成立,设自治区水利电力局。1964年5月水电分家,成立自治区水利局。1970年青铜峡河西灌区唐徕渠、汉延渠、惠农渠三大干渠由分县管理改为以渠设管理处,并设渠首管理处,均隶属自治区水利厅直属事业单位。1971年重新成立自治区水利电力局,灌区以渠道成立管理处,灌区水权集中,统一调度。

青铜峡灌区按渠系设置7个渠道管理处,隶属自治区水利厅直接领导。灌区管理实行"统一领导,分级负责,水权集中,均衡受益"原则。灌区水权集中,统一调度,自治区水利厅根据黄河来水情况,向各干渠分配引用水指标,灌区水行政主管部门按核定面积和作物比例将水权指标分配到渠道支斗口,依据灌区水权分配计划,渠道管理处对干渠直开口供水能力进行复核,编制干渠计划供水调度方案。灌区受益单位用水实行"以亩定量,计划用水"的管理办法,干渠

水费以直开口计量收取,灌区内按照农业综合水价标准计量收取。灌区实行的是专管与群管相结合的方式,即干渠、支干渠由各渠道管理处负责,管理处下设管理所、段、点分级管理,干渠直开口以下渠道和建筑物由受益市县、乡、村分别管理。灌区市县设有水利(水务)局,乡(镇)设有水管站,村设有支渠管理小组,各支斗渠配有支斗渠长和管水员,灌区还成立由乡村受益农户组成的用水协会,按照管理权限,分级负责支斗渠的灌溉及工程管理工作。

唐徕渠管理处成立于1970年,属正处级公益二类事业单位,初期核定岗位编制226个(含长期临时工80个),历经调整,2021年核定岗位编制275个。管理处目前设办公室、组织人事科、监察室、水政科、灌溉调度科、工程防汛科、财务审计科7个业务科室以及工会、共青团,下辖11个基层管理所、30个管理段,2021年底有在职职工268人。管理处主要负责青铜峡灌区唐徕渠和第二农场渠及支干渠大新渠、良田渠、暖泉渠的工程管理和灌溉管理,管理干渠及支干渠314千米、建筑物869座、供水直开口512座,承担着宁夏3市(吴忠市、银川市、石嘴山市)9县区(青铜峡市、永宁县、兴庆区、金凤区、西夏区、贺兰县、平罗县、大武口区、惠农区)、34个乡镇175个行政村、6个国有农场120万亩农田及20万亩湖泊湿地的灌溉任务。唐徕渠是保障宁夏引黄灌区五分之一自流灌溉供水、75%河湖生态补水的"命脉渠"。一代代唐徕水利人自觉扛起治水兴水的责任,团结奋进、务实创新、敬业奉献,为宁夏平原粮食丰收、生态平衡健康、人民群众生态宜居提供了水利保障。唐徕渠管理处16个党支部中有3个创建为五星级党支部、6个创建为四星级党支部,满达桥管理所党支部是水利厅系统入选区直机关"党建工作示范名录"的党支部。管理处先后荣获"水利部文明单位""宁夏回族自治区文明单位",2015年率先在宁夏水利系统创建为"全国文明单位"。

六

黄河千古奔流,唐渠生生不息。宁夏水利事业承载着党中央、国务院对宁夏人民的亲切关怀;承载着自治区党委、政府民生至上,力拔穷根的坚定决心;承载着水利建设者攻坚克难、敢教日月换新天的豪情壮志;承载着水利管理者艰苦奋斗、敬业奉献、保障供水、服务人民的使命担当;也承载着灌区人民振兴乡村的美好梦想。唐徕渠承担着全区五分之一的农田灌溉和近五分之四的河湖生态补水任务,水利管理工作在宁夏水利事业的发展中起着举足轻重的作用。在自治区水利厅党委的正确领导下,唐徕渠管理处历届党委班子以服务灌区人民为中心,奋发图强、励精图治,带领干部职工守护三百多千米渠道工程,以树立不负人民的家国情怀传承引黄灌溉、惠泽民生的水利文明,坚守安全行水、保障供水、服务人民的初心与使命,团结奉献、敬业爱岗、修渠护堤、管闸调水、管口配水、水文测验、供水征费、延伸服务、指导灌溉、垦滩植田、植树绿堤、改善环境、发展经济,用智慧和汗水建设美丽渠道,保障干渠安澜,灌区生产旱涝无虞、谷稼殷积、物阜民丰,为推进水利现代化建设和塞上江南再放异彩贡献智慧和力量。

奋进新征程,建功新时代。在水利厅党委的坚强领导下,唐徕渠管理处坚持以习近平新时代中国特色社会主义思想为指导,牢固树立以人民为中心的发展思想,立足新发展阶段、贯彻

新发展理念、构建新发展格局,全面贯彻"节水优先、空间均衡、系统治理、两手发力"的新时代治水思路,坚持系统治水、依法治水、开放治水、数字治水、实干兴水,聚焦灌区乡村全面振兴,全心全意服务"三农";坚持以黄河大保护大治理为核心,以全面落实河湖长制为统揽,以节水型社会建设为主线,扎实推进水资源、水生态、水环境、水灾害"四水同治",不断推进民生水利、工程水利、资源水利、生态水利、智慧水利、法治水利"六大水利"建设,进一步落实水利工作补短板、强监管的目标和任务;以现代化灌区建设为重点,坚持以水定城、以水定地、以水定人、以水定产,强化水资源水生态水环境底线红线意识,深化灌区水权和水价改革,全面落实灌区水安全保障责任,扎扎实实做好水利改革发展各项工作,加快推进灌区水治理体系和治理能力现代化,持续提升水利社会服务能力,在持久水安全、优质水资源、健康水生态、宜居水环境、先进水文化方面取得实效,在黄河流域生态保护和高质量发展先行区建设中走在前、担使命、作表率。

站在新时代,肩负新使命。唐徕渠管理处干部职工,主动适应新常态,服务新发展,展现新作为,踔厉奋发、笃行不怠,团结拼搏,发扬成绩,开拓创新。牢固树立"长渠流润、惠泽民生"的服务宗旨,秉持"忠诚使命、科学求是、创新实干、兴水为民"的服务理念,以只争朝夕、全力跨越的豪迈干劲,以披荆斩棘、雷厉风行的顽强作风,弘扬长征精神,"走好新的长征路"。弘扬"社会主义是干出来的"实干精神,坚决扛起新时代节水、治水、兴水的责任与使命,加快治水理念、治水方式、治水路径向现代化转变,奋力推进水利建设与管理现代化,为灌区全面乡村振兴提供坚实的水安全保障。把唐徕渠建设成为造福塞上江南的"命脉渠、生态渠、智慧渠、文化渠、幸福渠",为全面建设经济繁荣、民族团结、环境优美、人民富裕的社会主义现代化美丽新宁夏而不懈奋斗。

大事记

秦朝

始皇三十二年（公元前215年） 始皇命将军蒙恬，率兵三十万人，北击胡，略取河南地。

西汉

西汉元鼎六年（公元前111年） 上郡、朔方、西河、河西开田官，斥塞卒，六十万人戍田之。

东汉

东汉顺帝永建四年（129年） 尚书仆射虞诩所奏《请复三郡疏》曰："禹贡雍州之域，厥田惟上，且沃野千里，谷稼殷实……因渠以溉，水舂河槽，用功省少，而军粮饶足，故孝武皇帝及光武帝筑朔方，开西河，置上郡皆为此也"，书奏帝乃复三郡（安定、北地、上郡）使谒者郭璜督促徙者各归本县，缮城郭，置侯驿，既而激河浚渠为屯田，省内郡费岁以亿计。

北魏

北魏太平真君五年（444年） 薄骨律镇将刁雍《鉴艾山渠表》曰：以今年四月末到镇，时已夏中，不及冬作，念彼农夫，虽复布野，官渠乏水，不得广殖……夫欲育民丰国，事须大田，此土乏雨，正以引河为用，观旧渠堰，乃是上古所制，非近代也，富平西南三十里，有艾山……今艾山北，河中有洲渚，水分为二，西河狭小，水广百四十步，臣今求来年正月于河西高渠之北八里，分河之下五里，平地凿渠，广十五步，深五尺，筑其两岸，令高一丈，北行四十里，还入古高渠即循高渠而北，复八十里，合百二十里，大有良田……小河之水，尽入新渠，水则充足，溉官私田四万余顷。

唐代

唐代宗大历八年（773年） 吐蕃寇灵州，郭子仪败之于七级渠。唐徕渠又名唐梁渠，习称唐渠，始创年代不详，相传唐代对汉代旧渠曾大加疏浚、延长，并招徕户民垦种，遂名唐徕渠。

唐代宗大历十三年（778年）　吐蕃大将马重英以四万骑攻灵州，塞汉、御史、尚书三渠以扰屯田，为朔方留后常谦光所逐。

宋代

北宋咸平五年（1002年）　夏州旱，保吉（继迁）令民筑堤防引河水溉田，八月大雨，河防决，雨九昼夜不止，河水暴涨，防四决，蕃汉漂溺无数。

唐徕渠的名称首次在史书中出现，《宋史·外国·夏国传》卷四八六载："兴、灵则有古渠曰唐来、曰汉源，皆支引黄河。"《金史·外国上·西夏下》卷一三四也载："兴州则有古渠曰唐来、曰汉源。"西夏《天盛改旧新定律令》第十五多处载有"唐来、汉延及诸大渠"的管理和维护。

元代

唐徕渠修浚记载始于元代。据《元史·郭守敬传》记载"至元元年，郭守敬从张文谦行省西夏。先是，古渠在中兴者，一名唐来，其长四百里，一名汉延，长二百五十里，它州正渠十，皆长二百里，支渠大小六十八，灌田九万余顷。兵乱以来，废坏淤浅。守敬更立闸堰，皆复其旧。"从至元元年（1264年）到至元三年（1266年），行省郎中董文用、河渠提举郭守敬整修疏浚汉廷、唐徕等干渠，更立木闸堰。宁夏平原因避战乱的百姓纷纷返回原籍，宁夏地区经济再次复苏。

明代

洪武三年（1370年）　河州卫指挥使、兼领宁夏卫事宁正"修筑汉唐旧渠，引河水灌田，开屯数万顷，兵饷充足"（《明史》列传二十二宁正）。

嘉靖时期（1522—1566年）　宁夏平原已有大小正渠十八条，全长一千四百里，溉田一百五十六万亩。

隆庆六年（1572年）　河西道佥事汪文辉将河西汉延、唐徕二渠进水闸"易木为石，岁省薪木力役无数"。于渠口下10千米之唐坝堡（即今大坝营）建石正闸1座（6孔），退水闸2座，并定正闸入渠之水位，以五寸为一分，以十五分为限，此为建石闸之始。随后，河东秦、汉等渠闸坝也陆续易木为石。

明代实行军屯，经营屯田，兴修水利，宁夏设河渠提举，专掌水利，兼收屯粮。嘉靖时改为屯田都司，负责浚渠均徭都屯政。

清代

顺治十五年（1658年）　巡抚黄图安奏请重修唐徕渠。

康熙四十七年（1708年）　水利同知王全臣在原贺兰渠基础上扩大延长修成大清渠，渠口在宁朔县大坝堡马关嵯，至宋澄堡归入唐徕渠。

康熙四十八年（1709年）　水利同知王全臣，疏浚唐徕渠，并自观音堂起逆流而上至石灰窑，筑堆石迎水埧（导流堤）一道，长四百五十余丈，劈黄河1/5为渠口，口宽二十余丈，引水始得畅利。同年,青铜峡大山嘴设立报汛水尺,并建立报汛制度,宁夏黄河报汛自此开始。

雍正四年(1726年) 六月大理寺卿通智、单畴书等奉旨开惠农渠,渠口初在宁朔县俞家嘴花家湾,至平罗县西河堡归入西河,渠长二百里。

雍正九年(1731年) 侍郎通智,御史史在甲,宁夏道鄂尔昌,宁夏知府顾尔昌,水利同知石礼图,领帑重修唐徕渠,又延长迎水埽三里零十丈,并于大坝正闸以上约5里处,造滚水石坝三十丈,增设三墩四空退水闸1座,以泄余水(按:此即腰坝,1981年宽劈渠道时在腰坝下发现古闸,遗存较完整,可能就是该闸),复于正闸梭墩尾及西门桥柱刻画分数,测量水位,兼察淤澄,于渠底布埋准底石12块,使后来疏浚者有所遵循。

乾隆四年(1739年)及四十二年(1777年) 宁夏道钮廷彩、王廷赞先后借帑大修唐徕渠。

嘉庆十七年(1812年) 重修《大清一统志》,记载当时宁夏直接由黄河开口引水大小干渠23条,全长1000多千米,灌田210万亩。

咸丰三年(1853年) 黄河发生百年来的最大洪水,雨下三天三夜,洪水淹了芦花台,从大坝到银川,唐徕渠被冲决72处。

光绪二十八年(1902年) 贺兰山发生洪水,白燕墩上水二尺深,大水沟主槽由下庙北倒槽到下庙南(据调查大武口及大王泉沟洪峰流量分别为2070立方米/秒及520立方米/秒)。

宣统元年(1909年) 驻防宁夏满营副都统志锐,为旗民学习农业,请帑由宁朔县靖益堡唐徕渠西埽开湛恩渠一道,浇灌唐徕渠以西荒地,惜为沙所淤,现分段由良田支渠供水。

中华民国

中华民国十六年(1927年) 甘肃省主席刘郁芬派水利专员崔桐选来宁整顿水利,彻底疏浚了唐徕、汉延等渠。1927年修成的《朔方道志·水利志》中首次将"唐来渠"改为"唐徕渠"。

中华民国十八年(1929年) 由建设厅总理水政,各渠县水利管理体制仍沿旧制。

中华民国二十四年(1935年) 为改进渠务,清除水利积弊,变更旧制,改设渠县水利委员会。唐徕渠由受水农民选举委员9人,内选常务委员1人,专理渠务由建设监督。

中华民国二十六年(1937年) 宁夏省用小三角测量,核实全省灌区耕地面积为195万亩。唐徕渠灌地46.78万亩。

中华民国三十年(1941年) 改设渠、县水利局,同时设立夏、朔、平三县沟洞事务所和宁朔县王洪堡(今永宁县望洪乡)河工处。唐徕渠水利局设局长1人,局以下设总段长1人,全渠共分4段,分段设段长1人,内设文案、会计各1人,书记员4人,水警45人,马警4人,渠口水手40人。

中华民国三十四年(1945年) 将建设厅属的水利局改为宁夏省水利局。

中华民国三十五年(1946年) 9月15日,青铜峡洪峰流量6230立方米/秒,是宁夏有水文记载以来最大的洪水,沿河两岸农田受淹面积20多万亩,秦渠、汉延渠均遭决口。

1949年7月1日 将省水利局撤并建设厅,设水利科至1949年。

1949 年

9 月 23 日　成立宁夏省水利局。军事管制委员会下设建设厅辖水利局,局长王茜,有职工 17 人。当即会同灌区各县建设科,组织渠道秋修。

10 月 5 日　宁夏省水利局局长王茜率李景牧、李桂荣等视察各县渠道秋修工程。

11 月 8 日—21 日　宁夏省派王茜、李桂荣参加国家水利部在北京召开的各解放区水利联席会议。傅作义部长在总结中指出,1950 年的工作重点是:受洪水威胁地区应着重防洪排水,宁夏地区应着重开渠灌溉。

12 月 16—20 日　宁夏省人民政府在银川召开水利联席会议,省建设厅副厅长郝玉山主持会议,省人民政府主席潘自力到会讲话,强调水利在恢复和发展农业生产中的重要性。会议传达全国水利联席会议精神,总结冬灌工作,全省灌溉面积 213.3 万亩,冬灌实灌 193 万亩。1950 年计划维修旧有工程,新建河西中干沟。确定以渠养渠,实行水费的统收统支,以现耕地每亩征收水利费黄米 1.5 公斤,人工半个,可以工代米或以米代工(每工折米 3.5 公斤),使用水车(水刮子)浇灌渠水地征粮不征工。宁夏在已有水利条件下灌溉土地 204.1 万亩,占全省总耕地的 8% 左右。

1950 年

1 月　宁夏省改变河西灌区以渠设局的管理体制为以县设局,在河西各大干渠渠首所在的宁朔县小坝设中心水利局,管理唐徕渠、汉延渠、大清渠、惠农渠等各大干渠口工程和进水量,兼管宁朔县水利工作,同时取消各渠的水利警察,改设渠道养护员,岁修、灌溉仍沿用旧制。

3 月　唐徕渠引水段春季进行扩整,在原二闸湾附近出土镇河铁牛,后由宁夏省宣传部运至银川中山公园存放。

4 月 10 日　宁夏省水利局与宁朔县中心水利局召集唐徕渠、汉延渠、惠农渠、大清渠等 4 渠负责人及工程技术人员和水利工作干部会议,研讨有关春工修建工程的各项具体问题,成立河西春工工程委员会,统一领导 1950 年春工水利建设,并废除过去的监工打骂民工的做法,建立民主管理制度。

4 月 30 日　宁夏省人民政府主席潘自力、省委副书记朱敏、省军区副司令员黄罗斌等赴唐徕渠、大清渠、惠农渠、汉延渠等干渠考察春工。

5 月 3 日　宁夏省春工委员会在宁朔县举行唐徕渠、汉延渠、惠农渠、大清渠等 4 大干渠春修工程开水典礼暨庆功大会,参加会议的有经过全体民工、干部分别选出的民工英雄 4 人、模范 10 人、水利工作者模范 10 人及民工代表 200 余人。4 大干渠春修工程自 4 月 10 日起,历时 23 天于 5 月 2 日全部竣工。

5 月 18 日　黄河水利委员会宁绥查勘组一行在耿鸿枢率领下到达银川,实地调查宁夏旧有灌溉工程情况、河道状况、引水方法、引水地点,研究宁夏水利工程的设施。

5月20日 宁夏省人民政府颁布《宁夏省水利渠道养护暂行办法》和《宁夏省各县渠管制水量暂行办法》。规定干渠放水期间各渠养护队一律上渠执行看护任务，各渠进水闸（正闸）以上的泄水闸、溢洪道、堤岸等由水手班负责养护，进水闸以下的渠道两岸由各县养护，每个渠口及险要地段派专人昼夜巡护看管。开灌后各渠道按规定的水量实行封俵轮灌，由下而上，依照惯例，逆流逐段向上移浇，严禁应灌不灌、不应灌抢灌及在禁止种稻地区种稻。

7月20日午夜 唐徕渠在永宁段火石堤弯道中部右岸决口。建设厅副厅长郝玉山，水利局局长张兴赶赴工地与技术人员商定，抛弃决口及旧渠弯道，采用以裁弯取顺、筑新渠堤的修复方案，2000多名军民奋战11天修复。通水后新渠堤坚实稳固，水流平稳，为引黄灌区裁弯取顺整治旧渠堤创出先例。

9月16—21日 宁夏省水利局在银川召开各县水利干部会议，总结二轮水灌溉经验，布置冬灌及秋修工作。

10月27日 宁夏省人民政府颁发《宁夏省1950年征收水利费暂行办法》，规定水利费实行统一收支，凡渠水浇灌的地亩，不分地等、产量，统一规定每亩征收人民币2000元（旧人民币）、人工半个，水刮子地征工不征款，水费征收从11月10日开征，12月15日前结清。

1951年

4月3日 宁朔县提前完成河西区的捲埽工程，截流黄河水，保证唐徕渠、汉延渠、大清渠、惠农渠4大干渠修补工程按时完成。

4月5日 向各县（市）颁发"宁夏省各渠春修工程民工奖惩暂行办法"。

4月18日 宁夏省人民政府主席潘自力等领导到唐徕渠、汉延渠等工地慰问民工，号召开展竞赛，用修好渠道的实际行动迎接"五一"国际劳动节。

是月 全省春工提前5天完成。计补修和新建闸、坝、跳、桥、涵洞、渡槽、码头、护岸等1928处，超计划7处，疏浚渠沟和培堤共作土方350万立方米，超计划60多万立方米，省工14万个。

9月18日 宁夏省召开水利会议，总结二轮水灌溉和布置冬灌。

是月 唐徕渠开始裁弯扩整工程，当年完成上中段姜家桥、太白渠两处114千米的裁弯整修改建工程。

△ 对唐徕渠正闸以上5千米引水段进行扩整，以增加水量，至1952年完工。

10月18日 宁夏人民省政府以省办字第403号令公布了《宁夏省水利费征收暂行办法（草案）》，规定凡是受渠水灌溉有一定收获的田地，不论土地好坏，不论公私经营，一律要交纳水利费。水利费暂定每年每亩征收黄米2公斤，照当地牌价折收人民币。每亩并计征人工半个，水刮子田和水车只征工不征米。

是年 新开河西第一排水沟。沟长15.8千米，排水能力19.6立方米/秒，由李俊西南连湖起，向东北穿汉延渠唐铎洞过惠农渠倒虹洞入黄河，排水面积45万亩，1951年完成沟道大部土方及穿惠农渠和包兰公路的望洪钢筋混凝土倒虹和桥各1座，剩余工程1952年完成。

△ 唐徕渠年引水7.01亿立方米。

1952年

春 征调民工彻底挑挖唐徕渠青铜峡渠首段的石碛子，疏浚唐正闸以上渠段。扩建唐徕渠正闸，对原进水闸及退水闸翻修加固，闸墩改用浆砌石料、缩窄原3米闸墩为1米，并将原闸4孔（每孔宽3米）扩为6孔，废除原插杆闸门为木闸门，并用手摇板牙式6台5吨启闭机，国家投资9万元。进水闸扩建后进水流量由原65立方米/秒增至120立方米/秒。

3月28日 宁夏省人民政府发出"关于做好春工的动员令"，要求各县（市）领导亲自参加春修工程，作好施工前的准备工作，施工中实行评工记分和民主管理并发动妇女清淤支斗渠。全省春修工程历时1月，于5月初完成，计闸、坝、桥、涵等3415处，疏浚淤沙581万立方米，挖卵石16.98万立方米。共用劳力76.10万工日。有近7万名妇女挖支斗渠，较往年提前半月完成支斗渠挑挖任务。

5月15日23时 贺兰县唐徕渠二段因养护失误决口，16日上午省府秘书长葛士英、建设厅厅长郝玉山、水利局局长张兴等共同到现场，动员抢修，19日下午2时修复。

6月 宁夏省水利局测量设计第二农场渠和第三排水沟。

8月5日至9月5日 宁夏省水利局动员民工、军工、劳改工1万人完成唐徕渠16处裁弯，土方110万立方米。

8月11日 宁夏省农林厅发出通报，公布唐徕渠挖渠模范名单，全省共有34人受到奖励。

是月 西北军政委员会农林部组织西北农学院60余名师生组成勘测团到西大滩进行了1个多月的勘测研究，拟定了建场设计任务书，经批准定名为农建一师国营平罗机耕农场。一、二、三团分建3个分场，建场纪念日定为1952年8月1日。当年开荒、平整、灌泡土地12246亩，修建长16千米的八一渠1条、斗渠9条、横跨唐徕渠的八一桥1座，修公路8千米。

△ 省建设厅厅长郝玉山率领水利局局长张兴及工程技术负责人郝季厚、吴尚贤、李茂唐、李桂荣等踏勘第二农场渠灌区，从青铜峡开始，沿贺兰山东麓洪积扇到石嘴山过黄河，经鄂尔多斯高原到陶乐县，历时7天，察勘了黄河两岸在灌区外缘的荒地。

9月10日至10月10日 挑挖唐徕渠青铜峡渠首段工程完工。动员1.5万人，完成渠道疏浚土方220万立方米。整修后渠首进水量由58立方米/秒增加到90立方米/秒。

10月5日 唐徕渠放水冬灌。施工中建设厅厅长郝玉山，水利局局长张兴，在指挥部杨显台子召开紧急会议，纠正设计偏差，使工程如期完成，顺利进行冬灌。

是年 宁夏省人民政府决定在河西灌区建设第二农场渠（先在河东灌区建第一农场渠），为垦殖约50万亩荒原的西大滩供水。

1953年

春 原由黄河引水的大清渠改在唐徕渠跃进桥上开口引水,开新渠6.2千米,5月20日完工。接续完成唐徕渠渠首进、退水闸的扩整与西门桥到满达桥的5处裁弯工程。

4月3日 宁夏省水利工程建设大型项目——第三排水沟开工。参加排水沟开挖工程的近2万民工全部于开工前1天到达工地。第三排水沟全长86千米,修成后可使银川、贺兰、平罗等地30万亩湖田及唐徕渠以西50万亩碱田得到改造。

4月21日 宁夏省水利春修工程委员会向全省民工发出开展迎接"五一"修渠挖沟运动的号召,并对竞赛评比提出了要求。全省春修工程共用工49.7万个,疏浚大小干渠36道、排水沟7道,做土方301.75万立方米,石子方25.75万立方米,整修各种建筑物2882座,疏浚支渠17270道。

5月20日 大清渠改建工程竣工。大清渠原由黄河西河引水,进水保证率低,岁修费用大,1952年秋开工并入唐徕渠作为支干渠,在跃进桥以上建闸引水,开新渠6.2千米。完成土方10.89万立方米,建筑物6座,用劳力2.67万工日,投资5.53万元。

5月26日 宁夏省委和省政府分别发出关于做好灌溉工作的紧急通知和动员令。6月8、9日,水利局召开河西灌区各县(市)长及水利局局长紧急会议,除严格轮灌节约用水的应急措施,秦渠又临时挖开了第三进水口,并采取了改种旱稻外,青铜峡的秦、汉、唐徕和中卫县美利等渠口,都采取了加压引水摒争取多引水的措施,直到6月下旬,黄河水量增大,水荒始告解除。虽然水量少,灌完迟,但夏粮仍获丰收。

是月 黄河出现低水位,青铜峡流量320立方米/秒,连续45天(至6月20日)。唐徕、惠农等干渠水位比往年低落,灌区各县全力组织人员抗旱保灌。平罗县调用630人挖淤渠口,赶制水车浇灌高田,保证夏苗按时灌水。

6月5日 第二农场渠开工兴建,在唐徕渠满达桥建闸引水,设计流量36.8立方米/秒,渠长83千米,灌溉面积46万亩。当年完成满达桥至分水闸20.4千米。9月3日试水成功。

9月30日 宁夏省人民政府颁布修正《宁夏水利费征收暂行办法》,规定凡受渠水灌溉并有生产效益的地亩,不分地等及公私经营均得交纳水利费,水利费征收标准暂定为每年每亩征收黄米2公斤(亦可折收其他粮),并计征人工半个。

11月9日 唐徕渠冬灌结束时,上游又放大水,造成大水漫堤。平罗县人民政府连夜组织1400余名群众和县、区、乡干部,通宵巡逻,打冰护班,扯口散水。梢闸段(今威镇村)淹田900余亩,淹塌周凤鸣等11家、房屋37间,冲毁桥梁3座。

是月 全国水利工作会议在北京召开,宁夏省尚文奎、吴尚贤等参加,会议总结了新中国成立4年来的水利工作,确定今后水利建设方向和任务。

12月 新开第三排水沟基本完成土方和建筑物。这是河西灌区沟线最长、排水面积最大的沟,兼泄唐徕渠以西山洪,全长88.76千米,控制排水面积156.46万亩,设计排水量30.8立方米/秒。

是年 完成唐徕渠进、退水闸及西门桥到满达桥段裁弯5处,到此上中段渠身顺直,流速流量增大,但部分高斗因水位降低而进水不利。

△ 新建河西第二排水沟。沟长32.5千米,由银川市西南向东北直入黄河,排水面积24万亩,1952年春开工完成部分土方和主要建筑物,1953年全部完成。

△ 唐徕渠年引水6.93亿立方米。

1954年

1月30日 勘测唐徕渠进水口埽坝位置,确定坝长160米,宽8米,高2.8米。

2月20日 宁夏省农林厅发布《宁夏省各县水渠春修工程民工朋伙暂行办法(草案)》,规定凡受渠水浇灌的土地,不分公营私营,以60亩地朋伙民工1份,以乡为单位逐户讨论联合朋伙,民主选出积极负责、踏实公正的人担任工长,在岁修时出精壮民工1人参加当地乡的民工队,到达指定工段做工30日。

4月21日 水利部副部长李葆华、张含英率黄河考察团抵宁,考察团有苏联专家高尔乃夫及国内专家多人在省府开座谈会,讨论了老灌区的改造及青铜峡拦河坝的修建。

4月28日 宁夏省水利春工竣工,新修、整修各种建筑物2728座,挖石子38万立方米,清淤培堎土方220万立方米。

5月4日 银川市唐徕渠西门旧桥段因下游裁弯初次放水,出现严重冲刷,加上中山公园渠口漏水,险情危急,惊动全城。经几昼夜抢护,转危为安。

6月5日 宁夏省水利局根据唐徕渠头轮水计划配水的经验,制定唐徕渠二轮水的配水计划。唐徕渠二轮水灌溉面积有稻田164134亩,小麦及胡麻、豌豆等夏作物需浇三水的有15630亩,糜、谷、高粱等秋作物178543亩。

8月7日 宁夏省人民政府第174号公布《宁夏省农田水利渠道养护及临时抢修工程执行办法》。

9月 宁夏省并入甘肃省,原宁夏水利局改为甘肃省水利局银川分局,局长郑治华,同时撤销河东水利工程处,成立吴忠回族自治州水利局。

是年 成立第二农场渠管理处,直属省水利局,在崇岗堡南建设处机关,在东一支渠建暖泉管理所。续建完成第二农场渠20.4~61.6千米段渠道工程,8月试水至十八分沟退水闸,当年冬灌5万亩,为开发平罗县西大滩,建立国营潮湖、简泉、前进农场创造条件。

△ 夏灌试行计划配水,唐徕渠全渠分4段及测水断面,按地亩、定额、总水量,配水交水。

△ 唐徕渠冬灌试行计划用水。全渠分为宁朔、永宁、贺兰、平罗等四段,每段首设一个配水点,按照本段应用水量和向下段应交水量,按期留用及下交,各支斗渠按分配的水量和时间,掌握灌溉。

△ 根据农业部和水利部"关于加强全国灌溉试验"的指示,由水利局与永宁农业试验场

合作,在王太堡开展春小麦、水稻、冬灌等实验项目。

△ 唐徕渠年引水7.48亿立方米。

1955年

3月10—15日 冰凌壅塞唐徕渠、汉延渠等渠闸。黄河冰凌拥进唐正闸以上渠段,严重危及干渠安全。经1000多民工昼夜打冰,炸冰坝39次,才解除险情。头闸北侧闸墩因炸震而移位2厘米。宁朔县水利局会计唐振中在抢险时,从(汉延渠)永庆闸桥上落水身亡。到15日,凌害危险期安全渡过。西门桥段的干砌石护坡,因冰凌损坏严重,当年修复。

4月13日 贺兰山因雪融发生山洪,冲坏第二农场渠和淹埋石场,故决定施测第二农场渠的山洪防治工程。

7月17日 黄河青铜峡洪峰流量4590立方米/秒,河滩洼地大部受淹。

7月18日 青铜峡大沟门发生山洪,淹了唐徕渠西姜家桥一带。

7月26日 唐徕渠腰坝(长130米)泄水239立方米/秒。

8月21日 贺兰山区下暴雨,自插旗口至小风沟洪水较大,山洪冲决第二农场渠150余处,并有10千米的渠道被泥沙淤满,芦花台、潮湖与雁窝池一带淹田数万亩,小风沟冲垮涝坝1座。

10月 第二农场渠竣工放水。当年续建第二农场渠长城以北由61.64千米到83千米一段,穿越鸡窝坑沙丘至雁窝池,取代了原计划由惠农渠引水的第三农场渠,10月份完成。该渠流经贺兰、平罗、惠农3县和芦花台、暖泉、前进、潮湖、简泉等农场,渠道全长83.5千米,可灌溉农田46万多亩。

是年 银川水利分局实有人员达300人,其中局机关34人,勘测设计室20人,供应科7人,小型水利科(包括工作队)20人,工务处89人,测量队54人,第二农场渠管理处31人,银川水文站6人,大坝水文站4人,中宁水文站4人,地下水观测站3人,灌溉试验站6人,河东自治州水利局22人。

△ 全地区水利春修。共作土方315万立方米,石子方16万立方米,整修新修各种建筑物2760处,超额完成计划,共用工58.13万工日,因冰凌损坏工程亦大部分修复。

△ 唐徕渠年引水8.53亿立方米。

1956年

2月27—30日 在银川召开银川水利会议,讨论安排了岁修和管理,调整水利费及征工定额,规定引黄灌区,旱作物田每亩每年征收水利费0.5元,水稻每亩每年征收水利费0.7元,无论水田旱田,1.5亩征用人工1个。

3月 春灌放水,第二农场渠鸡窝桥(现鸡圈斗桥)发生决口,桥墩损坏,崇岗管理所所长撤职。

4月3日 中共银川地委、银川专署和宁朔县党政领导联合组成慰问团,到西河口和唐徕渠口春工工地慰问民工。中共银川地委书记梁大均在慰问大会上讲话,并将两面红旗分别授予西河口和唐徕渠口工地上的民工,银川专署副专员雷启霖在会上向全体民工致谢,随慰问团前往工地的银川剧团还进行了慰问演出。

4月23日 兰州水文站测报,黄河流量560立方米/秒,并有继续下降之势,青铜峡水位较上年低三分之二,干渠渠口进水量减少。

4月28日 唐徕、汉延、惠农三大干渠同时提前开灌,放水后,严格执行计划用水和节约用水,绝大多数夏作物得到适时灌溉。

5月3日 青铜峡工程勘测处成立,主要任务是进行青铜峡水利枢纽工程的坝址钻探、灌区规划、地形测量、作物灌溉试验和渠道输水损失调查等工作。

5月5日—13日 部分地区最低气温降至0℃以下,其中盐池县降至零下3.9℃,宁朔、永宁、贺兰、中宁等地棉花遭到不同程度的霜冻,尤以5月13日最重,棉花出苗六成左右,被冻枯萎的有60%~70%,盐池、灵武、中卫等地作物遭到霜冻。

5月11日 银川专署在《加强灌溉工作领导》的指示中指出,1956年黄河水量偏少,有的乡、社对春灌组织领导不够,大水漫灌,淹滩漫路,灌溉进度缓慢。为确保灌溉工作顺利进行,要求各市县:(一)从现在开始,各级政府和全体农村干部要把灌溉作为中心工作,加强领导,抽派大批干部下乡驻社,组织和帮助农民淌好水;(二)坚决贯彻集中用水和由下而上的灌溉制度,严格批判和防止本位主义及乱开口、乱放水和不按时交水的现象;(三)水利分局要派人到青铜峡协调,争取多进水,更加合理地调配水量,保证灌溉用水。

6月3日 青铜峡灌溉工程开始全面勘测,在南起青铜峡、北至石嘴山约6300平方千米的面积内,大规模进行地下水文观测、水文测验、拦河坝址钻探、灌溉试验、排水洗盐等工作。

7月2日 国家水电部北京勘测设计院土壤调查总队50多人到银川,开始在宁夏引黄灌区进行大规模土壤详查,为青铜峡灌区初步设计提供土壤资料。

是月 在国家水电部设计局局长江国栋的陪同下,苏联专家巴宁、尼古拉耶夫于中下旬在青铜峡灌区视察。

△ 国家水电部和北京水利水电科学研究院邀请苏联水工、地质专家沙基等,到宁夏中卫大柳树及沙坡头进行现场勘查,肯定了大柳树高坝方案的可行性和合理性,并决定在年底前由国家水电部兰州设计院提出大柳树工程开发的初步方案。

8月15日 从陕西省三门峡水库区迁至银川的第一批移民375人到达银川。至26日,有5000多人分批到达,陆续到引黄灌区中宁、宁朔、永宁、贺兰、平罗、惠农和陶乐等县安家。

是年 唐徕渠永宁县宋澄乡新桥马家堤段,水面宽达200米,宽浅漫流,形成陡坡。春季修建浆砌石陡坡一座,并在陡坡以上作对头丁坝束水,丁坝全用沙质草土,坝头围以木桩、草土防冲,共用柴草14.7万公斤。放水后冲刷严重,经一个月抢护,清理丁坝间淤泥后,才形成渠道,也是治理宽、浅渠道之成功实例。

△ 新建第四排水沟。该沟跨越银川、贺兰、平罗三县(市)，全长43.73千米、排水面积34万亩，其中湖泊荒滩9.4万亩，排水量15立方米/秒，1956年完成大部分土方及全部建筑物。

△ 唐徕渠年引水8.95亿立方米。

1957年

3月30日 银川专区由5.2万多人参加的1957年水利春修工程，从当日起陆续开工，共计划完成土方7030470立方米，大小建筑物2300多座。银川专区各市县已有3.9万多人到达工地，已开始的工程主要是进行各渠道岁修和裁弯，修建斗门、退水闸等因天冷准备在4月10日开工。

9月24日 中共中央和国务院发布了关于今冬明春大规模的开展兴修农田水利和积肥运动的决定，制定"小型为主，中型为辅，必要和可能的条件下，兴修大型工程"的水利建设方针，引黄灌区各县(市)开展了以挖沟排水为主的兴修水利运动，并取得显著成果。

9月25—28日 青铜峡勘测处召开第二次技术会议，总结和交流经验，提出青铜峡灌区的勘测规划与设计、青铜峡灌区的典型调查与设计、精密泥沙测验等14个专题报告。

是月 银川专区陆续开工的各项水利工程，除当年秋季新修工程和挑挖支、斗、毛渠以外，对1958年计划修建的工程，提前在1957年秋、冬施工的有：属于基建方面的工程3处，属于渠道整修方面的工程16处，属于群众自行修建的支、斗排水沟567条，全长818千米，属于机械提水的工程2处，共有1581处。

12月 国家水利电力部苏联水工专家波拉优依、地质专家瓦尔克维斯基及水文地质专家巴索娃由国家水利电力部技术委员会主任袁子钧陪同到宁夏，在青铜峡详细检查了地质勘探情况和进行野外勘查，肯定了青铜峡水利枢纽工程的坝高可由9米提高到15米至20米，并对枢纽工程建筑的型式结构作了指导，提出进一步勘探的意见。

是年 改建唐徕渠在平罗县城东北侧的原头、二、三旧提水闸。同时对头闸以下唐干渠进行宽辟并培埝。

△ 贺兰山暴发山洪，第二农场渠十二分沟上干渠东堤决口，管理处主任被撤职。

△ 成立平罗小新墩灌溉试验站，进行小麦和糜子灌溉制度与需水量试验，春小麦大田与小畦灌溉对比试验，土壤吸水速度测定和各种划畦筑埝方式试验。

△ 唐徕渠年引水10.3亿立方米。

1958年

春 在黄河青铜峡唐徕渠引水口下100米处，修建横跨黄河的块石铅丝笼水坝一处，宽45米，高2.5米，长120米，使黄河流量在300～500立方米/秒时，河西各干渠引进流量比往年多一倍以上。

5月15—23日 全地区第一次水利、水土保持工作会议召开，总结和交流了上半年水利、

水土保持工作中的经验,通过摸底算账,批判右倾保守思想,确定下半年和1959年水利、水土保持工作的方针和任务,山区水利,以小型水利和蓄水用水为主,工程和灌溉管理并重;引黄灌区灌、排、洗、淤相结合,以改良土壤为主。中共宁夏工委书记处书记李景林到会讲话。

5月26日 黄河青铜峡水利枢纽工程正式开工建设,是第一个五年计划中的重点建设项目,也是中华人民共和国成立以来黄河梯级第一期开发的大型水利工程之一。

7月2日 《银川日报》报道,国家水利电力部北京勘测设计院土壤队,派出50多名干部在宁夏平原进行大规模土壤详测,勘察范围南起青铜峡,北至石嘴山的黄河东西两岸灌区,面积4000多平方千米。这次详测是该队在1957年概测的基础上进行的(1957年概测面积5000平方千米),已完成调查面积1547平方千米。

8月18—23日 黄河洪水泛滥,自治区水电局紧急通知中卫、中宁、吴忠、永宁、宁朔、平罗、惠农等市县做好准备,全力抗洪,沿河投入防汛工作的有近2万人。

8月19日 由北京水利水电科学研究院土壤改良研究所、宁夏水利局、宁夏农业化学研究所和永宁农业试验场等单位组成的土壤改良试验站,在平罗大兴墩附近的白僵土上试种白皮大稻成功,为宁夏65万多亩白僵土的改良提供了可靠的依据。

8月26日 青铜峡水利枢纽工程举行4000多人参加的开工典礼大会,自治区党政军领导参加,国家水电部基建司司长王森、技术委员会副主任高镜莹、三门峡工程局副局长马兆祥等应邀参加,吴忠回族自治州党政领导机关和银川、金积、中宁、宁朔、吴忠等市县都派代表参加大会。青铜峡工程局局长赵征首先在会上讲话,中共宁夏工委委员、宁夏回族自治区筹委会副主任吴生秀代表中共宁夏工委和宁夏回族自治区筹委会在会上讲了话。为了工程开工,国家有关部门从三门峡调来300多名工程技术人员,全国各地支援了大批机械和建筑器材。

是月 黄河梯级开发之一的青铜峡水利枢纽工程开工建设,抽调民工2万余人参加建设,水电部第三工程局施工,水电部钱正英副部长曾几次来工地视察。枢纽工程的新建将结束古老的青铜峡灌区各大引黄干渠无坝引水的历史。

9月23日 宁夏全区降温,最低气温降到零下2℃。至28日,造成宁夏平原水稻和宁南山区糜谷全部受冻。

9月 北京水利科学研究院的苏联专家齐恰索夫同该院土壤改良研究所的研究人员,到银川考察灌区的土壤改良研究试验工作。

10月25日 宁夏回族自治区正式成立,设水利电力局,局机关编制122人。

12月2日 宁夏回族自治区人民委员会提出宁夏水利化标准:(一)无雨保丰收,引黄灌区和山区要求每人有3亩基本农田;(二)实现五化,排水沟网化、耕地园田化、坡地水平梯田化、沟壑川台化、渠沟道两旁和荒山、荒坡绿化;(三)大力发展小型水电,以实现农村电气化,并逐步做到提水机械化。

△ 青铜峡水利枢纽工程首创中国在大河干流上采用宁夏民间沿用的"草土围堰"拦水方法,在唐徕渠入口处和黄河龙王庙处的激流中,用草土筑起两道高大的围堰。这两道宽12米至

15米,长120米至515米的草土围堰,经受住了2100立方米/秒流量的冲击。

是年 第二农场渠在明水湖农场36千米+64千米处决口,决口宽80米左右。

△ 新开河西第五排水沟。全长66千米,大部分经过盐碱荒地,排水面积95万亩。设计排水量20立方米/秒,提前于1957年10月开工,由下段往上段挖,完成下段23千米,1958年续建完成。

△ 唐徕渠年引水11.3亿立方米。

1959年

2月17日 由国家水电部、自治区水电局及西北设计院组成的工作组到达青铜峡水利枢纽工地,研究解决青铜峡工程在设计和施工中的一些问题,着重讨论截流问题。自治区副主席吴生秀曾带领10名厅局负责人长住工地解决施工问题。

是月 自治区水利电力学会成立,理事长薛池云,副理事长郝季厚、李文,秘书长谭孝沅,学会分设水利、电力两个组。

3月中旬至5月下旬 宁夏川区和山区出现了5级以上大风天气27天(4月26日部分地区10级大风持续8个多小时),并发生寒流和霜冻,最低温度降到-10℃。平罗、惠农、永宁、灵武、中宁、海原、同心等7县遭受大风、霜冻受灾的庄稼13.59万亩。中共宁夏回族自治区委员会第二书记李景林、自治区人民委员会副主席郝玉山在5月23日召开的全区电话会议上作了抗灾救灾的动员,自治区和各市县党政领导带领民政部门组成工作组深入灾区,组织群众生产救灾,安排受灾群众生活。

8月7日 青铜峡水利枢纽工程河东导流明渠工程全面开工,工程采用了半机械化施工,计划于10月建成。

10月5—9日 自治区水利、水土保持工作会议在银川召开,总结一年来工作,部署1960年任务,决定西干渠开工。会后各地开展了由15万人参加的规模壮阔的水利建设群众运动。

10月30日 自治区人民委员会在宁夏人民广播电台举行全面掀起冬季兴修水利高潮广播动员大会,固原、中宁、同心、金积、贺兰、中卫、吴忠等县介绍水利建设中所取得的成就。自治区人民委员会副主席郝玉山在会上讲话。

是月 在河西渠首电站厂址以下唐徕渠腰坝上段新建堆石潜坝和西干渠进水闸。潜坝初为临时性工程,采用块石、卵石、柳枝、铅丝笼分层堆砌而成,顶宽3米。西干渠进水闸共3孔,闸墩为砌石闸墩,孔宽3米。

11月1日 对宁夏工农业生产和整个国民经济的发展有重大意义的青铜峡河西总干渠及西干渠水利工程开工。在宁化桥工地举行的开工誓师大会上,中共宁夏回族自治区委员会第二书记李景林作动员报告,要求引黄灌区各市县动员4万多民工,分段包干完成渠道土方,为争取在1960年"五一"放水灌溉而奋斗。参加施工的银川、吴忠、贺兰、宁朔等9个市县的党政领导机关都召开专门会议进行具体安排和准备。贺兰县5837名民工于2日开赴贺兰山下,参加西干渠水利工程大会战。

12月27日晚 水电部召开电话会议。根据钱正英副部长讲话中提出所有水利工程都要过好7关(冬寒雨雪关、防火安全关、导流截流关、春汛关、质量关、拦洪关、工程配套关)的要求,自治区组织检查组,分赴各水利工地交流经验,推动工作。

是年 初秋,唐徕渠下游平罗县姚伏堡段东堤决口10多米,渠水漫过109国道,淹没灯塔、永胜大队大片农田。

△ 唐徕渠年引水11.7亿立方米。

1960年

1月6日 自治区农业厅在永宁王太堡农场试验场召开1959年引黄灌区水稻丰产总结座谈会,交流水稻丰产经验,并对1960年争取水稻更大丰收提出7条措施:(一)大抓水稻插秧,争取插秧面积达到总播种面积的70%以上;(二)合理密植;(三)秋耕稻田,消灭板茬越冬;(四)开荒种稻,扩大种植面积;(五)扩大稻田绿肥种植面积,解决稻田肥源问题;(六)品种方面继续推广和试种良种;(七)认真整修稻田,推行小畦灌溉。

1月11日 包兰铁路在宁夏境内的第一条铁路支线——吴(吴忠)青(青铜峡)支线青铜峡车站到余家桥一段正式通车。吴青支线青余段全长8.47千米,线路横跨黄河,越过秦渠、汉渠、唐徕渠等3道渠。

2月5—11日 引黄灌区春季水利会议召开。会议对全区1959年冬以来水利建设运动第一战役所取得的成就和经验作了总结,并对第二战役的任务进行安排,要求各地以排水为纲,排灌并重,在1960年内达到保排、保灌、保丰收的目的。会议决定:组织5万人大干40天,整修11条干沟、13条支干沟、1393条支斗沟,新修干沟4条、支干沟2条、支斗沟738条、各种建筑物1000余座,共计土方1179万立方米,并做好渠道春修工程,继续修建园田,年内完成每人1亩园田的任务。自治区党政领导马玉槐、郝玉山在会上讲了话。

2月8日 《宁夏日报》报道,全区自1959年冬季开展水利建设运动以来,第一战役已取得辉煌成就。截至1960年1月20日,共完成土石方2750万立方米,新修和整修大小渠道42.9万多条,排水沟1.5万多条,共增加可灌面积58万亩,完成园田化面积87万亩,排除湖泊洼地积水6.6万亩,控制水土流失面积1729平方千米,为夺取农业大丰收提供了重要保证。

2月12日 《宁夏日报》发表题为《修建完整排水网,改良盐渍土壤》的社论,号召在引黄灌区掀起大规模开沟排水、改良土壤的群众运动,全面完成排水网工程,初步改良94万亩盐渍地,力争年内全部发挥效益。

2月15日 开工新建唐徕渠小弯提水闸,4月20日完成。

2月24日 青铜峡水利枢纽在15时20分截流成功,开创了引黄灌区冰期截流的先例,从此青铜峡灌区河东、河西各干渠进水量,不再受河水涨落的影响,青铜峡灌区结束了无坝引水历史。冬灌结束后,灌浆加固潜坝,建成15孔带闸桥坝,坝顶长84米,过水流量400立方米/秒。西干渠进水闸左侧增加2孔,安装弧形闸门。

5月10日 宁夏河西引黄灌溉重要工程——西干渠简易渠道工程,经过7个月的施工提前完成并正式放水。西干渠自唐徕渠首段潜坝上游左岸引水,工程全长113.7千米,可灌溉农田30万亩以上,开创了引黄灌区冬季大规模施工的先例。

6月22日 《宁夏日报》报道,引黄灌区各地人民公社实行合理灌溉和经济用水,开源节流,千方百计地提高水的利用率,加快水稻播种,积累了许多好经验。

9月17日 银川市唐徕渠西门桥处因堤下施工不慎而发生决口,渠水冲入市内,淹没房屋2600余间,倒塌700多间,受灾群众700余户3000多人。银川市立即组织干部、居民、部队指战员2万多人进行抢险和安置受灾群众。10月16日决堤处完全修复,事故责任人被处罚。

是年 唐徕渠年引水12.4亿立方米。

1961年

1月16—23日 引黄灌区春工岁修和灌溉管理工作会议在银川召开,安排1961年春修工程,并制定渠(沟)管理养护制度。

6月18—19日 西干渠口唐徕渠潜坝误将电站尾水高程1138移用在3千米以下西干渠口,故偏高0.3米,抬高水位,影响电站导墙施工期的安全并妨碍唐徕渠进水,只好在潜坝西头炸开10米宽一个缺口,东头炸开4~5米缺口,以增加唐徕渠进水量。全灌期设人驻守连续抛块石、铅丝笼,防止缺口扩大,以维持西干渠进水量。

10月3—7日 召开全区水利工作会议,布置冬灌,确定1962年灌区修建银北地区的排水和西干渠尾水处理及青铜峡河西河渠分家工程(汉延、惠农二渠改由唐徕渠引水),山区修水库渠道配套工程,采取包任务、包质量、包时间、包投资、包口粮的办法,争取及早完成。

11月1日 开工新建三排上段入四排工程。第三排水沟上段在贺兰县四渠庄附近开一条新沟,经贺兰县常信堡南、立岗堡北,穿过第五排水沟,到惠农渠涵洞以上入第四排水沟,以减轻三排负担,使得2万多亩湖泊干涸。参加施工的银川、贺兰、平罗、石嘴山4县(市)7000多民工,实行包干的办法,超额10.2%完成1961年冬计划的土方(建筑物第二年完成)。

是年 平罗县新建三四支沟抽排站,这是引黄灌区第一座动力抽排站,安装3台各21马力柴油机,排水面积4万亩。

△ 春修中对唐徕渠主要险段陆家弯、张湖弯、周家弯进行片石试砌护坡,全长190米。

△ 唐徕渠年引水10.6亿立方米。

1962年

1月18—30日 全区水利工作会议在银川召开。会上提出"排灌非举,加强管理"的方针,修订了《引黄灌区灌排管理养护办法》、《水库管理办法》和《排灌机械管理办法》,落实当年水利工作任务,探讨了防治灌区土壤盐渍化问题。中共宁夏回族自治区委员会第二书记李景林到会讲了话。

3月21日 青铜峡市两大春修工程之——汉延渠并入唐徕渠引水工程正式开工。

3月27日 中共宁夏回族自治区委员会、自治区人民委员会发出《关于黄河灌溉区水利工作的指示》，指出要把降低地下水位、防止土壤盐渍化作为引黄灌区农田水利工作的头等重要任务，采取有效措施，认真加以解决。

4月20日 青铜峡河西完成汉延渠、惠农渠河渠分家工程。自1961年冬开工，二渠分别并入唐徕渠首段引水，变无坝引水为有坝引水，节省了每年渠首岁修工料，唐徕渠引水段演变为河西总干渠。

6月1日 中共宁夏回族自治区委员会召开全区灌溉工作电话会议，对群众生活及农村政策问题作出安排和规定，宣布成立自治区灌溉指挥部，马玉槐、冯德厚分别任正副指挥。随后，引黄灌区各市、县也成立相应的灌溉指挥部。

7月27日 青铜峡市、永宁县突降30分钟—40分钟冰雹，雹粒铺地3厘米厚，雹粒小的如蚕豆，大的如鸡蛋，农业生产遭受严重损失。青铜峡市7个公社271个生产队受灾面积达7.3万亩，占全年播种面积的20%，粮食作物减产367.5万公斤，油料作物减产10万公斤。

9月9日 自治区人民委员会举行第二十四次行政会议，通过《宁夏回族自治区引黄灌区水利管理试行办法》，规定水利管理机构按行政区域以市县设局，并按辖区情况分段设管理所。渠沟道及其建筑物，每年进行岁修和经常的维修养护，并建立严格的检查制度。农田灌溉，推行计划用水，坚持昼夜轮灌和先下而上、先高后低的轮灌制度。

是年 宁夏回族自治区成立土壤盐渍化防治办公室，属自治区水电局领导，同时恢复平罗盐碱土改良试验站。

△ 建成河渠分家工程，汉延渠改由河西总干渠唐正闸上的头闸引水，"五一"前完成并放水。

△ 唐徕渠年引水11.6亿立方米。

1963年

春 唐徕渠完成砌护永宁县的杨显桥湾、银川市的杨家湾、贺兰县的老洼墩湾共7.4千米，砌护型式多是全坡为混凝土预制板和干砌石。同时在保伏桥上、下进行砌护防渗试验433米。

4月 永宁县完成唐徕渠陡坡至满达桥43千米中的28.6千米险工堤段砌石工程，1965年5月完工。

5月23日 《宁夏日报》报道，引黄灌区夏作物全部淌完头水，由于集中轮灌，用水量大大减少。青铜峡河西灌区总用水量15093万立方米，比1962年减少了27%。

10月16日 在银川以北南梁农场新建的电力排水站主体工程完工，是全区秋季兴建的第三个较大的电力排水站。自1958年开始，全区先后建设排灌站90座，灌溉面积5900多亩，

排水面积6800多亩。5年间,全区机电灌排设备装机总容量增加12倍,灌溉面积扩大近4倍。

10月23日 国家副主席董必武来宁夏视察时,曾赋诗《游青铜峡》:"青铜峡扼黄河喉,约束水从峡里流。导引分渠资灌溉,下游千里保丰收。兴修大坝自需工,发电无妨灌溉功。跃进开头难不倒,任他泥铁笑东风。"

是年 永宁县灌区支渠口开关,开始改草堵为木板闸,唐徕渠有24座,汉延渠有74座,惠农渠有9座,共107座。改造后开关方便,漏水减少,深受欢迎。

△ 平罗县启用混凝土结构建设各类建筑物,修建红星渠跨三排渡槽、小店子4队徐家南渠跨四排渡槽、新丰村小畔渠跨五排渡槽。

△ 唐徕渠年引水12.4亿立方米。

1964年

2月下旬 全区水利工作会议在银川召开,传达全国水利工作会议对建设高产稳产农田的要求,讨论安排全区建设旱涝保收、稳产高产农田的水利措施及1964年水利工作。

3月1日 永宁县唐徕渠险段继续砌护,4月30日竣工。

7月10日至8月10日 宁夏境内黄河发生新中国成立以来未遇过的特大洪水,青铜峡段实测最大流量为5930立方米/秒。全自治区动员10万人防洪抢险,抗御了新中国成立以来最大的洪峰。7月下旬黄河发生洪水。正在施工的青铜峡水利枢纽,打开上下围堰泄洪,下围堰以上河水决口入唐徕渠,危及河西各大干渠首的安全,经奋力抢堵,免除了一场灾难。

8月中旬 自治区水利局组织调查当年黄河大水灾情,由于事先修筑防洪堤280千米,阻止了淹漫范围。沿黄河两岸实际淹地3.69万亩(其中防洪堤内740亩),塌岸150亩,淹房68.5间。青铜峡枢纽到11月才部分复工。

是年 自治区建设稳产高产农田。各地秋收以后,投入劳力16.7万多人,挖沟修渠,平田整地。

△ 唐徕渠年引水11.3亿立方米。

1965年

2月12—18日 全区水利会议在银川召开,安排川区搞排水工程配套,山区搞水土保持及灌溉工程配套。

4月9日 永宁县组织4000多名民工,开始在第一、二排水干沟之间兴建长达20千米的永清沟,至5月18日,完成土方56万立方米,修建渡槽、桥梁、涵洞、倒虹等建筑物15座。工程竣工后可降低10万亩农田的地下水位。

4月21日 《宁夏日报》报道,引黄灌区广大民工和社员学习大寨精神,自力更生兴修水利,从3月中旬起,水利春修工程和水利基建工程陆续开工,4万多民工大搞水利工程。

5月12日 河西第五排水沟扩整完工。结合渠道春工,由贺兰、平罗、石嘴山3县(市)

7500名民工,协力扩整,沟头向上伸长5.5千米,新挖五三支沟27千米。

10月20日 永宁县掀起以大搞农田水利基本建设为中心的比、学、赶、帮、超群众运动新高潮。5天内投入农田建设的劳力由1.4万人增加到2万多人,共整修农沟、农渠3400条,修建配套建筑物5700座,平整机耕条田7.2万亩,铺垫低洼田1万亩。永宁县被评为全国43个农田水利建设先进县之一,该县农田水利建设和改造低洼地经验模型和照片在北京农业展览馆参加展出。

11月14日 《宁夏日报》报道,青铜峡县动员1万人大力兴修小型水利工程,县、社干部和社员群众发扬大寨精神,坚持自力更生,10多天完成土方工程77万多立方米,开挖105条排水支沟,占总任务的67%以上。

11月27日 中共宁夏回族自治区委员会批转自治区农业办公室《关于当前农业生产新高潮情况的简报》,指出全区范围内学大寨、赶古城的比、学、赶、帮、超的群众生产运动方兴未艾,以兴修水利、整地造田和积肥造肥为中心的冬季生产热潮正在蓬勃发展。全区投入农田基本建设的劳动力约40万,占全区农业劳动力的一半,是新中国成立以来最多的一年。

12月12—18日 全区水利工作会议在银川召开,安排川区发展排水工程配套,山区发展水土保持及灌溉工程配套。

是年 永宁县新开永干沟。沟线在第一、二排水干沟之间,直入黄河,全长22.5千米,控制排水面积12万亩,缩短干沟间距,畅利排水。

△ 唐徕渠年引水14.6亿立方米。

1966年

3月8日 全国大寨式农业典型展览和宁夏大寨式农业典型展览在银川市同时展出,出席自治区第二次贫下中农代表大会和农业先进集体、先进生产者代表大会的代表参观了展览。共展出全国大寨式农业典型单位28个,其中有吴忠县古城公社古城大队。宁夏大寨式农业典型展览展示了全区各族人民在党的领导下,发扬艰苦奋斗、自力更生的精神,大搞农田基本建设,狠抓关键性增产措施,在农业生产上取得的伟大成绩。

5月7日 黄河枯水。黄河青铜峡流量340立方米/秒,自治区农办召开电话会议,要求上下游兼顾,高低斗配合,有计划有秩序地集中轮灌。

6月14日 贺兰县人民委员会发布《关于征用三大干渠护树工人的通知》,征用15名护树人员,加强固班护渠,保护良田。

12月 青铜峡水库淹没区的渠口农场的两个生产队迁移到连湖农场,至第二年春共98户,459人,另两个生产队迁移到灵武农场,共163户,745人。

是年 贺兰县农田水利工程开挖渠道291条,长118.836千米;开挖沟道106条,长81.347千米;裁弯取直沟渠27条,长26.4千米;完成园田32901亩,参加人数达12383人。

△ 秋季唐徕渠裁弯取顺永宁县新开口至朱家田弯段,全长600米。

△ 唐徕渠年引水15.1亿立方米。

1967年

12月26日 青铜峡水利枢纽工程第一台水轮发电机组投产发电,后7台机组也相继安装与并网发电,至1978年,8台机组全部投产发电,完成设计装机总容量27.2万千瓦,宁夏有了第一座水力发电站。(1995年利用河西总干渠的灌溉补水,扩建了装机容量3万千瓦的9号机组。)

是年 根据宁夏回族自治区规定,引黄灌区水地每亩征收0.7元水费,旱地每亩征收0.5元水费,1.5亩为1个工的标准,正式开始征费征工。

△ 在贺兰县丰登公社建成永丰电排站,装机容量2台135千瓦,排水面积一万亩,排水入四二干沟。

△ 贺兰县丰登公社建成西新电排站,装机容量3台115千瓦,排水面积0.7万亩,排水入四二干沟。

△ 唐徕渠年引水16.3亿立方米。

1968年

4月 在平罗县原崇岗公社(今崇岗镇)新建镇朔湖电排站和向阳二号沟南、北2座电排站。新建黄土梁一级扬水站1座。改建潮湖二级电灌站。改建二退水闸,建为混凝土平板闸门,手摇螺杆启闭。

11月14日 自治区水利局成立革命领导小组,由杨国贵(军代表)、冯德厚、严丁瑞、李韵功等5人组成(缺1名)。杨、冯任正副组长。

是年 在贺兰县洪广公社建成洪广营电排站,装机容量2台85千瓦,排水面积1.2万亩,排水入三排干沟,投资5.3万元。

△ 唐徕渠年引水16.6亿立方米。

1969年

2月 自治区水利局革命领导小组撤销,职工去干校,水利业务由生产指挥部农业组管理。

是年 唐徕渠全年引水18.4亿立方米。

△ 1969年冬至1970年春,由水电部西北勘测设计院设计、水电部第三工程局施工,投资50万元,新建河西总干渠一号退水闸(1+257)。退水闸为Ⅲ等中型3级水工建筑物,4孔开敞式水闸,闸底板为折线形,中孔净宽5.5米、高5.4米,边孔净宽3.0米、高5.4米,设钢结构平板闸门,设2台25吨和2台50吨卷扬式启闭机。设计退水流量250立方米/秒,闸底高程1134.00米,闸顶高程为1140.00米,消力池底高程为1132.00米,长25.5米,宽24米,池后设有50米海漫防冲工程。

1970 年

1月 改各县分段管理为各大干渠设处管理体制。全区水利会议决定,报经自治区生产指挥部批准,以渠系成立唐徕渠、惠农渠、汉延渠、渠首4个管理处,管理维修干渠及支干渠。各县(市)水电局管理支斗渠及田间灌溉,实行条块结合。

2月 宁夏回族自治区革委会生产指挥部批准筹建唐徕渠管理处,编制干部53人,下设管理所8个、职工173人(长期临时工80人),管理支干渠为良田渠、大清渠、大新渠。同时在银川市西门桥南渠边修建唐徕渠管理处办公住址。刘生跃任唐徕渠管理处第一任处长兼支部书记,副处长有林选、吴启元、王茂林(1976年任)。

是月 青铜峡水库搬迁区的渠口农场职工迁往简泉农场459户,2315人,其中劳动力1094人。

△ 唐徕渠管理处配置第一辆解放牌货车(牌号28-11791)。

10月10日 永宁县新开永二干沟,穿唐徕渠,全长26千米,建筑物共28座,排水能力25立方米/秒,可改善15万亩耕地排水状况。永宁县出动一万余人。到11月10日完成三分之二土方,次年春,又抽调5800人,于4月15日开工,到4月30日完成尾工。建筑物延续到5月底告竣。

10月13日 青铜峡县反帝沟工程开工,穿唐徕渠,于次年5月建成,全长17.2千米、宽20米,排水面积6666.67公顷,全县耕地面积扩大200公顷。

是年 建第二农场渠四二干沟扬水站,增设扬水站点。

△ 唐徕渠年引水16.5亿立方米。

1971 年

4月 平罗县完成第三排水沟清淤工程。

5月24日 永宁县唐徕渠二渠口处决口,经两昼夜修复。

12月 第二农场渠管理处机关由崇岗倒洪洞搬至暖泉车站。

是年秋冬 唐徕渠实施裁弯取顺永宁县胜利乡张湖湾。

△ 全国北方14省区农业会议后掀起基本农田建设新高潮,全区投入劳力近30万人,山区新修水平梯田、洪漫地、水浇地23万亩,川区新修机耕条田18.8万亩。

△ 唐徕渠年引水16.3亿立方米。

1972 年

2月中旬 在银川召开了引黄灌区灌溉管理工作会议,开展群众性科学实验活动,决定灌区今年要比去年减少总引水量10%~15%,逐步做到1立方米/秒灌溉1万亩地的要求。

8月 中共宁夏回族自治区水电局核心小组批复,建立唐徕渠管理处党支部,各管理所建立党小组。

9月 经中共宁夏回族自治区水电局核心小组批准,撤销唐徕渠管理处原政工组、生产组、总务组;设立政工科、生产科、行政科;撤销原各管理所革命领导小组,各管理所设正、副主任。

是年 全区秋冬修建基本农田50多万亩,其中引黄灌区建成高产稳产条田30万亩,山区修成水平梯田、坝地、洪漫地等16万亩,扩大水浇地5万多亩。

△ 唐徕渠年引水16.5亿立方米。

1973年

1月16—24日 在银川召开全区水利工作会议。根据水电部关于加强水利管理,进行工程大检查的通知,布置在全区进行水利工程大检查。

3月 第二农场渠管理处购置第一台飞跃牌黑白电视机。

8月7日 唐徕渠在永宁县大东方桥下200米处东堤发生决口事故,受淹农田达2859亩,估计减产120万斤。

是年 根据中央和自治区水电局的通知,唐徕渠管理处完成"五查四定"工作,"五查":查工程建设和投资使用情况;查工程安全;查工程效益;查综合利用;查管理现状。"四定":定任务;定措施;定计划;定体制。

△ 银川市新建银新干沟,全长33千米,控制排水面积60多万亩。经过两个冬春建成。

△ 自治区成立抗旱打井指挥部,自治区革委会副主任王志强任总指挥,各县(市)相继成立机械打井队。

△ 唐徕渠年引水15.4亿立方米。

1974年

1月31日至2月8日 在银川召开了全区灌溉管理工作会议。加强灌溉管理,推广灵武崇兴公社依靠群众大搞农田基本建设,科学用水,三年粮食亩产过千斤的经验。

4月25日 完成唐徕渠永宁县胜利沟涵洞(原名过江洞)改造工程,投资8.5万元。因干渠底未护砌,填方不密实,险工迭出,当年堵死进出口,维持唐徕渠通水。

10月上旬 自治区革委会在平罗县召开了引黄灌区农田基本建设现场会议,推动灌区各县园田建设。

11月至12月 停水后,第二农场渠管理处处机关全体职工利用冬闲开挖东一支渠洪西涵洞工程基础。

是年 唐徕渠灌区平罗镇朔堡滞洪区建成。围堤高3米,长9800米,蓄水量1027万立方米,集水面积327平方千米。

△ 新开永宁县中干沟。此沟在第一排水沟与永干沟之间,直入黄河,全长18.5千米,控制排水面积13万亩,经过两个冬春建成。

△ 秋冬,唐徕渠管理处组织对良田渠口上下游渠道裁弯。

△ 唐徕渠管理处继续裁顺杨显湾,去年冬开工,今年春完工,全长7千米,消除弯道险工共12处,所有建筑物同时建成。

△ 唐徕渠年引水17.6亿立方米。

1975年

5月4日 第二农场渠第一管理所于祥斗口基础下沉,斗口塌陷,发生干渠决口事故。此次决口虽处于一片沙碱基地,没有淹到农田和居民点,但仍造成很大损失,花费抢险费8029元。

8月5日 贺兰山降雨达212.5毫米,是贺兰山有记录以来最大的一次降雨,大于50毫米的笼罩面积为2440平方千米,小口子以北各沟均发山洪,造成大武口镇、贺兰、平罗、石嘴山等傍山平地水深局部达1.5米左右,沿山大部分厂矿停产三至五天,第二农场渠、西干渠共决口76处(第二农场渠被山洪冲决51处)。决口宽累计1.6千米,渠道淤积8千米,停水15天,淹泡农田2.5万亩,受淹和冲毁房屋2500间,死4人,死牲畜共1500头,桥涵被冲,交通中断,平汝专用铁路被冲坏40处,中断停车163小时,包兰铁路干线也受到洪水威胁。

11月 停水后至次年4月初,第二农场渠管理处机关及各所全体职工吃住在崇岗所向阳大闸处,自己动手拆除旧闸,建新闸。到1976年4月放水前,才各自回到本单位。

是年 唐徕渠杨显渠段裁弯竣工。原渠道绕湖泊而过,填方弯曲,曾多次出险,唐徕渠管理处两冬一春完成裁弯取顺工程。

△ 全区1975年冬有40%~60%的劳力投入农田基本建设,修建各类基本农田128万亩,新修和整修支斗渠沟2.29万条,完成各种配套建筑物1.02万座,完成水利基建骨干工程29项,打机井959眼,新增灌溉面积14万亩,改善灌溉面积94万亩。数量、质量均超过往年。

△ 唐徕渠年引水16亿立方米。

1976年

4月9—14日 在贺兰县召开引黄灌区灌溉管理工作会议,交流加强灌溉管理工作经验,推广崇兴公社省水高产的灌水经验。

9月17—23日 自治区革委会在灵武县召开全区农田基本建设会议。到11月底全区投入农田基本建设的劳力达到总劳力的40%以上,完成各项基本农田50多万亩,新开各种沟渠6000多条,兴建各种水利配套建筑物2000多座。

11月8—12日 刮了3次6~8级西北风,气温猛降到-12℃,13日早,周城管理所管辖的张家墩以下全渠结冰,厚5厘米左右。组织社员打冰,15日冰水流入三排,16—19日气温又升高,再放水冬灌,仍有3.6万亩(含二农场渠)未灌上冬水,工程因冻胀而损坏较多。

是年 自治区水电局决定把唐徕渠管理处管辖的大清渠及管理所从1977年1月起,划归

渠首管理处;第二农场渠管理处于1977年1月撤消,其下属南梁、崇岗、大武口3个管理所归唐徕渠管理处;暖泉管理所(东一支渠)撤消,改为管理段由南梁所管理。

△ 建永宁县李俊接引渠,引唐济清,自唐徕渠大水渠口起经邵岗沙湖村,跨一二支沟到古光村入大清渠梢段,全长7千米,引水3立方米/秒,建筑物24座。

△ 对唐正闸再次改建,将原6孔改建为10孔(均宽3米),其中唐徕渠8孔,大清渠2孔,原木闸门手摇板牙式启闭机改建成钢筋混凝土闸门,使用电动手摇两用10台12吨卷扬机悬吊,改建后唐徕渠进口流量增至160立方米/秒,大清渠为30立方米/秒,工程由渠首管理处设计并施工,投资32万元。

△ 唐徕渠年引水16.1亿立方米。

1977年

1月1日 第二农场渠管理处撤销,其下属南梁、崇岗、大武口3个管理所划归唐徕渠管理处;暖泉管理所撤销,改为管理段,属南梁所管理。大清渠及管理所划归渠首管理处。

2月3—9日 全区水利工作会议在青铜峡县召开,研究安排发挥现有水利工程效益和加强管理的措施。

7月6日 全国农田基本建设会议,由国家计委、建委、农林部、水电部联合召开,历时1月。会后宁夏各地成立了农田基本建设指挥部,全区投入劳力达41.3万人,为1976年同期的1.9倍,到11月底已平整土地34.10万亩,新增水平梯田7.6万亩。永宁县农田基本建设成绩显著,被水电部评为全国先进单位之一,其成果在北京农展馆水利馆展出。

是年秋冬 平罗县大搞农田基本建设,共投入劳力2.5万余人,牲畜7390头,大小胶车7327辆,各种机械96台。共平整机耕条田5万余亩,铺垫低洼地5153亩,新建支、斗渠与支、斗沟91条,新建乡村道路82条,完成各种配套建筑物174座,打机井83眼。

△ 青铜峡县将大清渠口上延,与贴渠合建进水闸,并列与唐徕渠进水闸东侧成为独立干渠,由河西总干渠引水,扩大原贴渠11千米作为大清渠上段,1978年4月20日竣工,由渠首管理处管理。

△ 唐徕渠年引水15.2亿立方米。

1978年

1月25—29日 在贺兰县召开全区水利工作会议,制定管好水、用好水的措施,改变银北低产面貌的水利措施。山区库、井、站配套挖潜,除险加固,建设每人一亩旱涝保收农田,修订了山区水库及引黄灌区水利管理条例等。

1月28日 宁夏回族自治区水利电力局同意撤销暖泉管理所,与南梁管理所合并,设东一支渠管理段。

7月26日 中共宁夏回族自治区水利电力局党组26次会议研究决定:中共唐徕渠管理

处党支部暂由林选、王茂林、魏祥、赵文章、白志俊5人组成,林选代理支部书记,同时主持管理处行政工作。

9月　唐徕渠管理处购置第一台松下彩色电视机。

是月　唐徕渠管理处职工严正才被国家水利电力部统一派往非洲马里国,支援水利工程建设(具体搞草土围堰)。

是年　青铜峡县将大清渠梢段改由唐徕渠支渠双龙渠供水,灌溉面积约3万亩。

△　唐徕渠年引水13.8亿立方米。

1979年

8月6日　第二农场渠被山洪冲决19处。

8月22—31日　全区农田基本建设会议在银川召开,传达全国农田基本建设任务,自治区党委书记李学智、自治区革委会主任马信到会讲话,党委副书记薛宏福作总结讲话。

10月　在贺兰县召开了井排、井灌、井渠结合科研协调会议。从石嘴山市郊区、平罗县、贺兰县、银川市郊区、永宁县的6个大队和南梁农场等7个试验点,取得了以下经验:①井距以500～700米,井深以30～40米为宜。②每年抽水3次,第一次春分到开灌前,第二次伏泡前,第三次冬灌前后,全年约抽水70～90天,以适应农作物生长需要。

11月16日早　唐徕渠(进口闸已关)平罗县城南环公路新桥下左堤,因枯树根决口,淹了县生资门市部仓库,损失17万元。次年对旧渠翻挖、夯填,消除了隐患。

12月6—11日　在银川召开全区打井会,交流经验。

是年　唐徕渠年引水14.4亿立方米。

1980年

2月　林选任唐徕渠管理处党总支书记、主任;魏祥任党总支副书记、副主任;李发奎任副主任。

是月　严正才被自治区人民政府授予自治区农业劳动模范。

5月　中共唐徕渠管理处总支委员会成立,委员由林选、魏祥、李发奎、马学仁、李宗唐、赵文章、陈光祖组成。林选任党总支书记,魏祥任副书记。

10月5日　在银川召开全区抗洪表彰大会,表彰先进集体和637名个人。

12月16—20日　在银川召开全区水利工作会议。

是年　夏灌期间黄河青铜峡入库流量350～450立方米/秒,河西灌区实行大、中流量轮灌,唐徕渠流量140～145立方米/秒15天,70～100立方米/秒8天,停水10天。由于纪律严明,计划用水,节约用水,基本保证了农田的适时灌溉。

△　黄河出现枯水。自治区人民政府于5月21日晚召开电话会议,加强计划用水节约用水,并保证向内蒙古交够应交水量。6月上旬青铜峡段黄河流量下降到300立方米/秒。

△ 永宁县将大清渠尾段又改由唐徕渠支渠——接引渠供水,灌溉面积千余亩。

△ 唐徕渠年引水 15.5 亿立方米。

1981 年

9 月 9 日晚 黄河发大水。自治区人民政府召开黄河防汛紧急会议,11、12 日先后发布防洪抢险第一、二号命令。

9 月 15 日 自治区党委和政府联合发出再接再厉迎战大洪峰的紧急通知。参加抗洪军民由 10 万增加到近 20 万人,加固加高防洪堤 275 千米,新修防洪堤 85 千米,抢收秋粮 36500 亩,迁移低洼地群众 8700 多户、42600 人。

9 月 17 日 黄河青铜峡流量 6040 立方米/秒,是中华人民共和国成立以来的特大洪峰。永宁县防汛指挥部立即调动干部军民 6000 多人和大批机动车辆,加固河堤 22.75 千米,昼夜防守,到 23 日结束。

10 月 自治区根据水电部安排,在 1973 年水利工程大检查(即五查四定)的基础上,对现有水利工程逐项进行"三查三定",即查安全定标准,查效益定措施,查综合经营定发展计划。

是年 改建唐徕渠青铜峡县蒋顶乡姜家桥。

△ 唐徕渠年引水 16.2 亿立方米。

1982 年

1 月 6—13 日 全区水利工作会议在银川召开。

2 月 蒙毓秀任唐徕渠管理处党总支委员、副主任。

6 月 唐徕渠管理处完成"三查三定"工作。即:查安全定标准;查效益定措施;查综合经营定发展计划。

7 月 29 日 国务院总理赵紫阳来宁夏视察青铜峡水利枢纽工程和灌区,了解引黄灌溉及黄河大柳树高坝等工作。

8 月 4 日 贺兰山发山洪,冲垮西干渠后,又将唐徕渠跃进桥所的姜家桥上游左岸冲垮 5 处,山洪入渠流量约 50 立方米/秒,当时渠内输水流量 110 立方米/秒,由于及时减水、散水,未造成右堤决口。

是年 唐徕渠管理处在第二农场渠增设军垦桥管理点。

△ 青铜峡灌区内的秦渠、汉渠、汉延渠、西干渠实行计划配水、计量收费,在节约用水提高效益上取得效果。灌溉面积比上年增加 5%,而用水量有所减少,上下游用水矛盾较以前缓和。

△ 唐徕渠年引水 16.8 亿立方米。

1983 年

1 月 6—11 日 全区水利工作会议在银川召开,总结 1982 年工作,部署开创水利工作新局面的措施。

2月26日 自治区四届人大常委会18次会议批准《宁夏回族自治区水利管理条例》并公布施行。

3月10日 永宁县开工建设唐徕渠罗家洼桥和中干沟黄家圈桥槽,罗家洼桥为工字梁结构,6跨60米,5月10日完工。中干沟黄家圈桥槽为梯形梁4跨32米,4月间完工。

4月27日 灌区发生大风沙暴,唐徕渠管理处10个管理所中有7个所电话线路被刮断,沙丘边的渠道清淤后又被淤塞,影响小麦灌头水。

7月17日 唐徕渠管理处满达桥所在马家湾右堤外发现鼠洞,连夜挖掘,挖出5个洞,灭鼠14只。

11月9日 唐徕渠管理处经研究拟设10所、3科、1室、1车间,即:跃进桥、宁化桥、杨显桥、良田、西门桥、周城、满达桥、南梁、崇岗、大武口10个管理所,器财科、水利管理科、政工科、办公室、机修车间,还需要常年性、季节性合同工。

是年 宁夏引黄灌区水费征收全部改按亩收费为按方计量定价(每立方米0.001元)收费,合理负担,提高效益。

△ 唐徕渠年引水16亿立方米。

1984年

2月 自治区水利厅对直属单位领导班子进行了重新配备,唐徕渠管理处领导班子由党总支书记张安福、处长蒙毓秀、副处长刘柏章、徐凤文、调研员魏祥、李发奎(副处级)组成。

2月8日及24日 自治区水利厅党委会核定唐徕渠管理处人员编制220人。管理处设办公室、政工科、财务器材科和水利管理科。管理处下设10个管理所。

3月8日 永宁县开工砌护唐徕渠李俊接引渠。全长6.35千米,混凝土5000立方米,5月3日完工。

4月 共青团唐徕渠管理处支部委员会成立。支部委员会由刘德祥、刘贤、王卫静、万国平、吴建新组成,刘德祥任书记,刘贤任副书记。

5月 经自治区水利厅党委批准,唐徕渠管理处对各科(室)、管理所干部进行了重新配备。

8月1日 唐徕渠管理处于1973年在机关院内修建的简易油库突然起火。虽经及时抢救,仍造成了很大损失。3吨汽油、5吨罐内存油3894公斤、两小桶机油216公斤、一小桶齿轮油40公斤全部烧光,烧坏已用多年的小油桶6个和油罐,损失费计折价4890.94元。

是月 《唐徕渠灌区扩建改造可行性研究报告(含1985—2000年规划)》完成。

△ 贺兰山暴发洪水,暴雨中心在小口子,降雨197.7毫米,历时5—6小时,最大1小时雨量98.2毫米,山洪冲毁小口子等三条公路56处,贺兰县牧场、西干渠以西一片汪洋,淹泡农田1.5万亩,微波站、汝箕沟有10人被淹死,损失约400万元。

是年 由大武口电厂投资补助二农场渠357.2万元,三年完成石炭井矿务局农场增供水

流量 2 立方米 / 秒。

△ 唐徕渠管理处建成由银川到周城、崇岗、大武口所的无线电通讯网。

△ 唐徕渠管理处办公楼（唐徕渠右岸银川市解放西街西门桥东南）建成并投入使用。

△ 唐徕渠年引水 15 亿立方米。

1985 年

1 月 4 日　唐徕渠管理处增设综合经营科（对外为唐徕渠管理处综合经营公司）实行独立核算，自负盈亏，编制 5 人；科长 1 人，会计 1 人，出纳 1 人，办事员 2 人。

3 月　刘柏章任唐徕渠管理处处长。

是年　唐徕渠管理处建成由银川到跃进桥管理所、宁化桥管理所、杨显桥管理所、满达桥管理所、南梁管理所的无线电通信网。

△ 全区完成重点农田水利工程 98 项，新建配套建筑物 5558 座，渠道改建、防渗砌护 132 条，总长 338 千米，其中塑膜防渗 85.8 千米，新打井 405 眼，建成人畜饮水工程 8 处，打水窖 5600 眼，建小水电站 5 座、装机 421 千瓦，新增灌溉面积 6.92 万亩，改善灌溉面积 32 万亩，解决了 7.1 万人、8.61 万头牲畜的饮水问题。

△ 唐徕渠年引水 15.1 亿立方米。

1986 年

3 月 10 日　经自治区水利厅党委批准，管理处党委成员由张安福、刘柏章、徐凤文、穆志俊、李宗唐 5 人组成，张安福任党委书记。纪律检查委员会由穆志俊、陈光祖、马学仁 3 人组成，穆志俊任纪委书记。

5 月　唐徕渠管理处党委对委员工作进行分工。张安福全面管理党委及工会、共青团、妇女工作；刘柏章分管生产经营、灌溉管理；徐凤文分管宣传教育、文体、保卫、职工生活；穆志俊分管纪律检查和组织建设；李宗唐分管工程技术及职工培训。

6 月 10 日　经自治区水利厅党委批准，成立唐徕渠管理处基层工会委员会。

7 月 11 日　唐徕渠管理处同意自治区民航局在新开渠民航机场南段、西侧建民航候机楼方案，支持民航机场建设。

9 月　唐徕渠管理处第一届工会委员会选举产生，段旭如任工会主席。

是年　唐徕渠年引水 15.6 亿立方米。

1987 年

1 月 26 日　因自治区水利厅机关搬迁，唐徕渠管理处在机关院内东南角，原大库房东侧建简易车库 1 间，在杨召渠管理处库房院内建简易棚 5 间，工程造价 6818.79 元。

3 月 1 日　唐徕渠管理处工程队成立，实行自主承包经营、独立核算、自负盈亏。

10 月 6—8 日　全区水利会议在贺兰县召开，会议传达全国农村水利工作座谈会精神，分析本区水利形势,研究落实今冬明春水利建设任务,布置了冬灌。会议结束前自治区副主席马思忠到会作了重要讲话。

10月17日 自治区政府批转水利厅《关于建立农村劳动积累工制度的暂行规定》。其中规定每个农村劳动力每年要投入农村水利劳动积累工10~20个,农村劳动积累工由各县(市、区)统一管理。

是年 唐徕渠年引水16.7亿立方米。

1988年

4月 引黄灌区各大干渠,开始全部实行计划用水、定额配水、预售水票、凭票供水的办法。

7月 免去穆志俊唐徕渠管理处纪委书记职务。

是年 唐徕渠第二农场渠在大武口平大桥下西四斗处决口。

△ 唐徕渠年引水15.7亿立方米。

1989年

1月 经自治区政府批准,调整引黄灌区农业用水水价。从1月份起引黄灌区农业灌溉用水水费征收标准由每立方米1厘调到2厘,征工每工日由1.5元调到2.1元。

7月 师仰钰任唐徕渠管理处副总工程师(保留副处级待遇)。

11月29日 聘任刘柏章、李宗唐为唐徕渠管理处高级工程师,这是管理处首次聘任高级职称。

10月23日 自治区政府发布《宁夏回族自治区水利工程水费计收、使用和管理办法》。

是年 唐徕渠年引水16.73亿立方米。

1990年

3月19日 自治区水利厅批准,恢复唐徕渠管理处暖泉管理所。

4月29—30日 唐徕渠管理处第二农场渠大武口24斗、暖泉渠白庙高斗先后出现险情,因发现及时,处理得当,未造成严重后果。

7月2日 唐徕渠管理处第二农场渠崇岗左岸四斗上50米处(桩号K59+676)发生决口事故,决口宽7米,渠水直接流入滞洪湖内,没有淹没农田。

是月 《唐徕渠志》经水利厅史志编委会审定,内部发行。

8月 召开共青团唐徕渠管理处第一次代表大会,由尤金萍、李学军、胡银萍、吴国万组成新的团总支委员会,尤金萍当选团总支书记。

10月22日 唐徕渠管理处计划在第二农场渠分水闸(第二农场渠以东,东一支溪以北)开垦荒地360亩,东西长600米,南北长400米,共计24万平方米。土地权归属宁夏农垦局国营暖泉农场。

12月25日 自治区水利厅党委批准,唐徕渠管理处设立保卫科。

是年 整治砌护红花渠,维修桥、闸、斗口等建筑物93座,新建桥闸4座,共做土方94635立方米,砌石639立方米,混凝土2378立方米,用工49300个工日,总投资85万元。

△ 唐徕渠年引水16.84亿立方米。

1991年

3月6日 经自治区水利厅党委批准,李宗唐任唐徕渠管理处总工程师。

3月27日 根据自治区水利厅《关于全部清退计划内临时工的通知》(宁水劳发〔1991〕13号)。唐徕渠管理处16名计划内临时工在3月底全部清退。

6月19日 江泽民总书记视察宁夏并题词"塞上江南 再放异彩。"

7月9日 唐徕渠管理处决定在暖泉分水闸以北、第二农场渠以东开发一片360亩的荒地,建立起以苹果、梨等果树为主的果园。

是年 唐徕渠年引水16.38亿立方米。

1992年

1月22日 唐徕渠管理处获得自治区水利厅1991年度双百分考核优秀单位称号。

1月23—25日 在银川召开全区水利工作会议,总结1991年工作,布置1992年任务,表彰奖励1991年农田水利建设"六盘山杯"竞赛优胜单位。自治区副主席李成玉到会讲话。

1月29日 自治区水利厅党委决定,徐凤文任唐徕渠管理处处长,郭浩任唐徕渠管理处副处长,黄海龙任唐徕渠管理处副处长,张安福任唐徕渠管理处巡视员。崔典礼任中共唐徕渠管理处党委书记,王兴华任中共唐徕渠管理处纪律检查委员会书记。

2月21日 自治区水利厅党委决定授予唐徕渠管理处杨永成、王文孝为1991年度"六个一"社会主义劳动竞赛先进个人。

3月19日 唐徕渠管理处满达桥管理所所长陈光祖被水利部授予"全国水利管理先进工作者"称号。

5月2日 清晨6时30分,唐徕渠位于永宁县胜利乡的过江沟穿渠涵洞因老化坍塌决口,造成东堤决口宽38米。3日下午6时堵口并恢复通水。据调查决口淹没农田1831亩,倒塌房屋27间,造成危房139间,连同抢险堵口,共计损失162万元。

5月11日 唐徕渠管理处西门桥管理所管辖的大新支干渠在永宁县望远乡矿产品材料加工厂附近漫堤造成决口2.7米的责任事故,损失共计21990元。

7月24日 唐徕渠管理处翻建砖混结构食堂5间,建筑面积118平方米,核准投资4.95万元。

7月30日 根据自治区人民政府《关于宁夏回族自治区农业部门兴办经济实体暂行规定》(宁政发(1992)44号),水利厅批准成立唐徕渠管理处工程队。

7月31日 唐徕渠管理处与宁夏农垦国营暖泉农场签订协议,将其位于第二农场分水闸处1499亩荒地转让唐徕渠管理处开发。

10月7日 根据自治区人民政府《关于宁夏回族自治区农业部门兴办经济实体暂行规定》(宁政发〔1992〕44号),水利厅批准管理处兴办唐徕物资贸易公司。

11月2日 唐徕渠永宁县胜利乡大闫沟涵洞垮塌,造成东堤决口38米。渠水约以40立方米/秒的流量顺沟下泄,致使3个乡、1个场、9个村、22个生产队的农作物、农田水利设施、生产生活资料不同程度受损,直接损失约6.59万元。

11月18日 根据《宁夏回族自治区农业部门兴办经济实体暂行规定》,自治区水利厅批准唐徕渠管理处成立唐徕水利水电工程建设安装公司。

是年 唐徕渠管理处被宁夏回族自治区统计局授予"宁夏投入产出调查先进单位"。

△ 自治区河套灌区农业综合开发第一期工程竣工。三年共投资1.8亿元,改造中低产田58.39万亩,开垦宜农荒地27.3万亩。灌区自北向南重建新一代抗"天牛"多树种混交林5.54万亩,在排水沟的防塌治理上成功地总结和实践了"草土柳桩法"。

△ 唐徕渠年引水16.13亿立方米。

1993年

2月1日 唐徕渠管理处第三届工会换届选举,孙兆祺任工会主席。

3月12—15日 全区水利工作会议在中卫召开,学习贯彻党的十四大精神,总结1992年工作,安排1993年任务,表彰1992年度"六盘山杯"竞赛优胜县、先进集体和个人,交流水利改革经验。自治区副主席任启兴到会讲话。

3月26日 共青团唐徕渠管理处总支委员会换届选举,郝文红任团总支书记。

4月 自治区水利厅厅长沈也民检查指导唐徕渠段抢险。

是年 唐徕渠年引水17.35亿立方米。

1994年

4月11日 经自治区水利厅党委决定,张霆任唐徕渠管理处纪委书记。

是月 自治区党委书记黄璜、自治区政协副主席吴尚贤参加水利厅绿化唐徕渠活动。

△ 唐徕渠管理处《唐徕之声》创刊正式编发第1期。

5月12日 9时30分,唐徕渠青铜峡市反帝沟涵洞(桩号K19+450)因老化垮塌,造成右岸决口19.5米,经抢堵于13日下午5时恢复通水。据调查这次决口造成直接经济损失约81万元,涵洞重建费150万元。

6月15日 自治区人民政府批准调整水费征收标准。引黄灌区自流灌溉,每立方米水费由2厘调到6厘,固海等扬水灌溉,每立方米水费由3分调到6分。征工折款,每工日由2.1元调到3.7元。

12月4日至1995年2月8日 唐徕渠在永宁县永二干沟涵洞改造工程中因施工排水，淹浸大新渠下游银川郊区满春乡、贺兰县习岗镇的部分农田和果园，造成直接经济损失23.7万元。

是年 唐徕渠全年引水15.89亿立方米。

1995年

1月 自治区副主席周生贤视察唐徕渠永二干沟涵洞改造建设工程，自治区水利厅厅长沈也民陪同。

年初 唐徕渠青铜峡市大坝乡大坝沟涵洞开工翻建。

8月15日晚 贺兰山一带普降暴雨，沿山一线的西峰沟、大水沟、小水沟、汝箕沟均暴发山洪，西干渠、第二农场渠同时退水，镇朔湖的水位急剧上涨，8月17日凌晨5时镇朔湖西决口数米，一号山洪沟决口20米，直接涉及下庙村8个生产队、410户、1400人的生命财产安全，区、市、县防汛指挥部主要领导到现场指挥抢险，于18日下午4时决口全部封堵，统计险情无人畜死亡，淹没农田损失达400万元。

9月26—30日 自治区水利厅阮廷甫副厅长带队，对1995年渠道重点工程项目进行验收，唐徕渠反帝沟涵洞工程被评为优良工程。

10月15日 成立唐徕渠管理处人民调解委员会。

是年 唐徕渠年引水16.72亿立方米。

1996年

3月15日 自治区水利厅党委决定，吴洪相任唐徕渠管理处处长，徐凤文任唐徕渠管理处巡视员。

6月21日 自治区水利厅水政执法监察大队批准，郭浩任唐徕渠管理处主任水政监察员，马银泉、叶廷平任唐徕渠管理处副主任水政监察员。

10月12日 唐徕渠管理处与宁夏农垦局国营前进农场签订协议，前进农场将其位于农场十三斗梢段处土地使用权转让于唐徕渠管理处，开发建设银北灌溉节水实验点。

12月27日 成立唐徕渠管理处精神文明建设指导委员会及办事机构。指导委员会主任委员：崔典礼（处党委书记）；副主任委员：吴洪相（处党委副书记，处长）、张霆（纪委书记）。

是年 唐徕渠大武口管理所由明水湖农场搬迁到隆湖开发区六站路口办公。

△ 唐徕渠管理处设立南梁管理所军垦桥管理段。

△ 唐徕渠年引水16.78亿立方米。

1997年

4月2日 唐徕渠管理处第四届工会委员会换届选举，孙兆祺任主席。

4月24日 唐徕渠平罗县前进乡前进桥下游（桩号K131+010）和县城南门桥下游（桩号

K133+950)两处同时决口,造成损失为4.5万元。

4月29日 唐徕渠永宁县胜利乡杨显桥下游(桩号 K53+400)跌坎消力池发生大面积渠堤滑塌重大险情,给灌区的农业生产带来一定影响。

5月 全国政协副主席钱正英在唐徕渠满达桥管理所视察工作。

9月2日 成立唐徕渠管理处劳动鉴定委员会。主任:吴洪相;副主任:邰涌泉;委员:孙兆其、张秀芝、尤金萍。

9月4—17日 唐徕渠管理处组织技术骨干 16 人,分别赴山西汾河灌区,安徽淠史杭灌区和湖北漳河灌区参观学习。

9月26日 报经自治区水利厅团委批准,共青团唐徕渠管理处委员会成立,苏笑曦任团委副书记。

是年 唐徕渠年引水 17.637 亿立方米。

1998 年

3月18日 唐徕渠管理处推荐刘汉忠、吴洪相为水利厅出席自治区党代会代表候选人初步人选。

4月2日 唐徕渠管理处的程控交换机与水利厅集群网并网运行。

是月 自治区副主席周生贤在第二农场渠考察春修工程,自治区水利厅厅长刘汉忠陪同。

5月18日 唐徕渠管理处申报设立水利行业特有工种职业技能鉴定站。鉴定等级为初、中、高级渠道维护工和灌区供水工。

5月20日 贺兰山东麓发生特大洪灾,对唐徕渠及附近群众造成损失。

是月 全国人大农环卫主任杨振怀、水利部副部长张春园到唐徕渠考察灌区节水工作。

9月6日 唐徕渠管理处申报银川市级文明单位。

9月12日 自治区水利厅在唐徕渠银川段保伏桥举行"宁夏青铜峡灌区续建与节水改造工程"项目建设开工奠礼仪式。唐徕渠保伏桥下 1.5 千米砌护工程于当日开工,10 月 18 日完工,并投入冬灌运行。

11月26日 成立唐徕渠灌区续建配套改造工程领导小组,组长郭浩,副组长叶廷平、邰涌权,成员张霆、李秀琴、张秀芝、郭兰青。领导小组办公室设在水利管理科。

是年 唐徕渠年引水 17.51 亿立方米。

1999 年

1月4日 自治区水利厅党委决定,刘塞光任唐徕渠管理处处党委书记,郭浩任唐徕渠管理处处长,崔典礼任唐徕渠管理处调研员。

2月6日 唐徕渠管理处党委召开"讲学习、讲政治、讲正气"教育学习动员会。

2月6—7日 唐徕渠管理处党委召开第二次党员代表大会。

3月2日　唐徕渠管理处副处长叶廷平被评为全区水利系统先进个人。

3月23日　自治区水利厅党委批准,同意唐徕渠管理处委员会、纪律检查委员会换届选举结果,唐徕渠管理处党委书记刘塞光,委员刘塞光、郭浩、邰涌权、叶廷平、张霆、马学仁、尤金萍;唐徕渠管理处纪律检查委员书记张霆,委员张霆、刘德祥、孙兆祺。

5月17日　良田渠的支渠新开渠在岳家桥下200米处左堤,因鼠洞危害,造成决口3米。

5月28日　宁夏唐徕渠物资综合经销公司更名为宁夏唐徕综合经营公司。

是年　唐徕渠年引水17.87亿立方米。

2000年

2月20日　唐徕渠管理处第五届工会委员会选举产生,张学广任工会主席。

2月23日　唐徕渠管理处被自治区水利厅党委评为1999年度先进单位,并奖励3万元。

3月　唐徕渠管理处决定实行全面的人事用工制度改革,经处第五次职代会讨论通过,处党委会议审定后出台,由党、政、工、青、妇负责人共同参与的人事用工制度改革领导小组专门负责实施工作。

4月13日　唐徕渠唐正闸开闸放水,春灌正式拉开帷幕。

4月30日　唐徕渠管理处良田渠管理所职工马宏志、张建国在管理段值班时,勇斗4名歹徒,保护了国家财产,受到管理处表彰。

5月　唐徕渠管理处实施双文明达标评选制度(即精神文明达标,物质文明达标),取代过去的双百考核"达标评选"。

6月5日　唐徕渠管理处增挂"宁夏回族自治区唐徕渠管理处水政监察支队"牌子。

7月10—12日　唐徕渠管理处业余龙舟队代表宁夏水利系统参加中国宁夏"沙湖杯"龙舟邀请赛,被组委会授予"沙湖杯"龙舟邀请赛"组织奖"和"体育道德风尚奖"。

8月1日　唐徕渠管理处党委召开领导干部"三讲"教育总结大会,管理处历时两个月的学习教育全面完成。

9月11日　唐徕渠唐正闸关闸停水。夏秋灌安全行水153天。

9月27日　唐徕渠管理处举办职工运动会,运动会共设5个比赛项目,有14个代表队,132名运动员参加。

10月19日　唐徕渠唐正闸冬灌开闸放水。

11月20日　唐徕渠唐正闸关闸停水。干渠安全行水185天,年引水16.163亿立方米。

2001年

2月20日　唐徕渠管理处被自治区水利厅党委评为精神文明建设先进单位,奖励1万元。

3月30日　自治区水利厅党委决定,邰涌权任唐徕渠管理处党委书记。

4月16日　唐徕渠唐正闸开闸放水,春灌正式拉开帷幕。

5月　唐徕渠管理处干渠水位遥测系统安装调试工作结束,175台设备全部安装调试完毕并投入运行。

6月28日　唐徕渠管理处党委召开庆祝中国共产党成立80周年大会。会议表彰了3个先进党支部、12名优秀共产党员和5名优秀党务工作者,6名新党员进行了入党宣誓。管理处80多名党员及入党积极分子参加会议。

7月31日　唐徕渠第二农场渠向阳闸及渡槽改造方案审定。

8月3日　针对灌区支渠承包试点存在的问题,郭浩处长先后来到满达桥所和南梁所与支渠承包人、市县水利局负责人进行座谈。年内,贺兰县及银川郊区对唐徕渠上的66条支斗渠进行承包管理。

8月10日　唐徕渠管理处召开民主评议行风工作动员大会,管理处处长郭浩在大会上作动员讲话。

9月10日　唐徕渠唐正闸关闸停水。夏秋灌安全行水149天。

9月21日　唐徕渠管理处党委在全处开展思想作风、学风整顿工作,至12月中旬活动结束。

10月21日　唐徕渠唐正闸冬灌开闸放水。

11月20日　唐徕渠唐正闸关闸停水。干渠安全行水179天,年引水15.02亿立方米。

12月7日　唐徕渠管理处党委召开党员代表大会,选举任福、邰涌权、郭浩、张霆、尤金萍、谢生勤、刘振银等同志为出席中国共产党宁夏水利厅第二次代表大会的正式代表。

2002年

3月4日　唐徕渠管理处被自治区水利厅评为新技术应用先进单位,并奖励1万元。

3月18日　唐徕渠管理处与宁夏农垦局国营暖泉农场签订土地租种协议,租种土地612.5亩(荒地312.5亩)。

4月14日　唐徕渠唐正闸开闸放水,春灌正式拉开帷幕。

5月13日　唐徕渠支干渠大新渠吴家湾子左堤险工段处发生鼠洞冒水险情,被冒雨巡桥的西门桥所职工汤文军及时发现,并与段长马登海奋勇抢险,有效地控制了险情。

5月15日　唐徕渠管理处处长郭浩参加"水利部中国西部水资源利用赴美培训团",到美国洛杉矶等城市考察学习20天。

5月28日　唐徕渠管理处良田渠管理所于平在良田渠丰盈九队巡护时,救助迷失老人,被救家属送来"解救危难,品德高尚"的锦旗。管理处对其进行通报表扬。

5月31日　唐徕渠管理处在西门桥管理所召开现场表彰会,对及时发现险情并奋勇抢险的汤文军、马登海给予表彰奖励。

6月8日凌晨　贺兰山一带发生山洪,大武口管理所公路桥以下部分段落出现漫堤。6月

10日晚,抢险工程全部完工,干渠正式恢复行水。

8月14日 唐徕渠管理处党委开展领导干部廉洁自律十年"回头看"和树立正确权力观教育活动,并于10月下旬结束。

9月10日 唐徕渠唐正闸关闸停水。夏秋灌安全行水151天。

10月21日 唐徕渠唐正闸冬灌开闸放水。

11月17日 唐徕渠唐正闸关闸停水。干渠安全行水178天,年引水13.9亿立方米。

2003年

1月15—17日 唐徕渠管理处召开五届四次职工代表大会暨工会会员代表大会,并对2002年度先进集体、先进个人、"十个一"文明创建标兵进行表彰奖励,对实现"三无"目标和精神文明达标单位进行兑现奖金。

1月9日 唐徕渠唐正闸开闸放水,春灌正式拉开帷幕。

2月24日 唐徕渠管理处被自治区水利厅评为植树造林先进单位。

3月19日 唐徕渠管理处财务器财科更名为计划财务科。

3月31日 自治区文明办、纠风办联合在自治区国税局召开全区创建文明行业活动总结大会。唐徕渠管理处被命名为自治区"创建文明行业示范点"。

4月3日 唐徕渠管理处干渠水位遥测新系统安装调试完成。

4月6日 唐徕渠管理处在宁夏水利学校举行渠道维护工综合业务理论考试。各基层管理所50岁以下,在渠道维护工岗位上的185名职工参加考试。

4月7日 唐徕渠保伏桥至北二环路桥整治工程、唐徕公园扩建整治二期工程竣工,成为银川市政府2003年为民办的30件"实事"之一。

4月17日 唐徕渠管理处召开专题会议安排部署"非典"疫情防范工作。

6月8日 平罗县境内唐徕渠周城管理所步口桥段黑渠口处发生违法暴力事件。周城管理所6名职工被违法人员殴打致伤,其中4人送往银川市第一人民医院住院治疗。事发后,管理处与平罗县交通局协商处理。

是月 唐徕渠管理处监察室审计员魏黎获水利部"全国水利系统审计先进个人"称号。

8月14日 唐徕渠管理处为进一步对暖泉管理所的东一支渠规范管理和加强保护,决定将其更名为暖泉渠。

8月22日 唐徕渠管理处对第二农场渠山洪分布现状进行仔细调查后,编写《第二农场渠防洪工程可行性研究报告》。

9月12日 唐徕渠唐正闸关闸停水。夏秋灌安全行水158天。

是月 唐徕渠管理处职工吴德被自治区党委组织部、教育厅等四部门评为"2002年度全区支教工作先进个人"。

10月1日 唐徕渠管理处新办公楼在唐徕渠右岸银川市解放西街东北开工建设,当年完成桩基工程。

10月23日 唐徕渠唐正闸冬灌开闸放水。

11月23日 唐徕渠唐正闸关闸停水。干渠安全行水189天,年引水10.459亿立方米。

是月 水利部副部长敬正书在唐徕渠考察灌区节水续建配套工程建设。

12月《唐徕渠管理处工人技术等级聘任管理办法(试行)》实施,标志着管理处在工勤人员管理制度改革中迈出了实质性的一步。

2004年

1月13—14日 唐徕渠管理处召开第六次职工代表大会,选举产生第六届工会委员会。张秀芝任工会主席。

2月3日 唐徕渠管理处被自治区水利厅党委评为2003年度文明单位,并予以表彰奖励。

2月18日 自治区爱国卫生运动委员会决定,授予唐徕渠管理处为"自治区卫生先进单位"光荣称号,颁发奖牌,予以表彰。

3月1日 自治区总工会和自治区安监局决定,授予唐徕渠管理处为2003年度全区"安康杯"竞赛优胜单位。

3月11日 唐徕渠管理处满达桥管理所被授予"全区卫生先进单位"。

3月25日 水利部部长汪恕诚到唐徕渠视察工作,自治区党委书记陈建国,自治区党委常委秘书长于革胜,自治区党委常委、银川市委书记崔波,自治区副主席赵廷杰、自治区水利厅党委书记、厅长袁进琳陪同。

△ 自治区文明办命名唐徕渠管理处满达桥管理所为"自治区级文明先进单位"。

3月30日 自治区厂务公开领导小组决定,授予唐徕渠管理处"全区厂务公开工作先进单位"称号。

4月8日 唐徕渠唐正闸开闸放水,春灌正式拉开帷幕。

4月26日 自治区水利厅团委授予唐徕渠管理处团委"五四红旗团委"。

4月27日 经唐徕渠管理处,国营西湖农场丰登镇人民政府协商,决定成立唐徕渠灌区小达子渠、西湖支渠管理委员会和监督委员会。

6月21日 自治区水利厅党委决定,张元任唐徕渠管理处党委委员、处长。

9月5日 唐徕渠唐正闸关闸停水。夏秋灌安全行水153天。

是月 自治区党委书记陈建国在唐徕渠考察水权转换项目建设,自治区水利厅厅长袁进琳陪同。唐徕渠灌域水权转换项目战马桥至立暖桥砌护工程,砌护渠道2.0千米,改造翻建支渠口3座,支斗渠砌护3条共6.67千米,改造配套建筑物76座。

△ 唐徕渠管理处开展捐资助学献爱心活动,共捐资6310元,资助彭阳县草庙乡石范湾村2名考取大学的学生顺利入学,28名失学儿童重返校园。

10月20日　唐徕渠唐正闸冬灌开闸放水。

11月6日　唐徕渠管理处78人参加机关事业单位工人技术等级晋升考试。

11月10日　唐徕渠管理处被水利部命名为2002—2003年度全国水利系统文明单位。

11月16日　唐徕渠唐正闸关闸停水。干渠安全行水179天,年引水11.78亿立方米。

12月24日　唐徕渠管理处举行新办公楼落成仪式,新办公楼正式投入使用。

2005年

1月5日　唐徕渠管理处机关职工向印尼海啸灾区捐款1090元。

1月13日　唐徕渠管理处尤金萍获"全区水利先进工作者"称号。

1月27日　唐徕渠管理处被自治区水利厅党委评为"全区农村水费改革试点工作先进单位"。

1月28日　唐徕渠管理处党委召开保持共产党员先进性教育活动动员会,全处副科以上干部和机关全体职工参加动员会。

3月3日　唐徕渠管理处姚海峰获"宁夏优秀青年志愿者"称号。

3月20日　青铜峡河西总干渠开闸放水,引水流量70~80立方米/秒。唐徕渠、西干渠春灌较往年提前开闸放水。

4月8日　唐徕渠唐正闸开闸放水,春灌正式拉开帷幕。

4月16—21日　自治区水利厅在平罗县姚伏农民用水协会举办3期农村水费改革培训班。青铜峡、银川、石嘴山等市(县区)水务局负责人和乡(镇)主管领导、农民用水协会会长、农垦系统5个国有农场负责人及管理处处级领导、科级干部、段长、技术员、财会人员等260余人参加培训。

4月20日　自治区水利厅党委决定,陈光华任唐徕渠管理处党委委员、书记。

5月18日　唐徕渠管理处郭兰青被水利部授予"黄河水量统一调度先进个人"称号。

6月28日　自治区公安厅厅长苏德良带队对唐徕渠管理处"四五"普法工作进行了检查、验收。

6月30日　唐徕渠管理处党委召开保持共产党员先进性教育活动总结大会。表彰了先进党支部,优秀共产党员和优秀党务工作者。全处科级以上干部,离退休老干部代表和机关全体工作人员60多人参加了会议。

7月7—9日　唐徕渠管理处党委书记陈光华,处长张元带领11个管理所所长,9个科室负责人及干部25人,到汉延渠、秦汉渠、盐环定扬水、固海扬水、七星渠管理处、红寺堡筹建处沙坡头水利枢纽、宁东水务公司等10个单位观摩学习。

7月28日　水利部党组成员、中纪委驻水利部纪检组组长刘光和一行6人到宁夏调研工作,并在唐徕渠管理处召开水利行风建设调研座谈会。

9月5日　唐徕渠唐正闸关闸停水。夏秋灌安全行水153天。

10月20日　唐徕渠唐正闸冬灌开闸放水。

11月16日　唐徕渠唐正闸关闸停水。干渠安全行水179天，年引水12.433亿立方米。

12月19日　唐徕渠管理处处长张元荣获"全国大型灌区精神文明建设先进个人"。

12月25日　唐徕渠管理处撤销西门桥管理所，设立大新渠管理所。

是年　唐徕渠完成经济桥上、下（85+536～89+648）和四二干沟以下（96+660～96+820）干渠砌护4.272千米，支斗渠砌护6条18.0千米，改造配套建筑物270座。

2006年

3月5日　唐徕渠唐正闸于11：30开闸放水，至12月1日冬灌停水，全年渠道行水232天。农业灌溉引水11.81亿立方米，湖泊湿地补水4360万立方米。

4月3日　唐徕渠管理处第二农场渠平罗县崇岗镇导洪洞处发生险情，自治区水利厅、管理处有关领导及时到现场指挥，4月12日渠道恢复正常供水。

4月15日　建设部在人民大会堂举行表彰大会，授予唐徕渠整治工程"中国人居范例奖"，使银川成为西北5省区30个地级市中，第四个获此殊荣的城市。该项目使银川公共绿地面积增加65公顷，人均绿地面积增加1平方米。

4月28日　唐徕渠支渠良田渠银川市金凤区铁东南街涵洞（新建工程）试水时发生险情，管理处组织紧急抢险。5月1日恢复正常供水。

4月　唐徕渠管理处被宁夏职工职业道德建设指导协调小组评为"宁夏职工职业道德建设先进集体"。

5月1日　银川市委常委、贺兰县委书记王紫云带领县委、人大、政府、政协及有关部门领导到唐徕渠满达桥管理所慰问水利职工。

5月2日　唐徕渠管理处在唐正闸举办"奏响主旋律、安全伴我行、我与唐徕共奋进"系列活动，管理处第14个安全月活动正式启动。

5月12日　银川市城市建设综合开发有限公司在承建金凤区长城路工程中，挖毁良田渠黄渠口（桩号K14+700）渠堤130米（西堤60米、东堤70米）、树木30棵，造成4万亩农田灌溉受阻，管理处紧急抢险。宁夏电视台、《宁夏日报》对此次事件进行了跟踪报道。5月15日11时，良田渠恢复通水。事后，责任单位承担工程维修费10万元。

5月29日　由中宣部、水利部、新华社等有关部委和新闻媒体组成"节水中国行"采访团，到唐徕渠管理处满达桥水权转换项目工地及姚伏用水户协会进行采访、调研。

是月　唐徕渠管理处荣获中国农林水利工会"劳动奖状"。

6月1日　唐徕渠管理处宁化桥管理所新开口段高渠口发生启闭机过梁坠落，致使永宁县胜利乡高渠村一位村民死亡。管理处承担赔偿费22.5万元。

6月20日　唐徕渠管理处被评为"全区水利系统行风建设先进集体"。

6月22日　《唐徕渠管理处关于工程管理岗位定员的通知》下发执行，管理处定员300

人,其中:机关47人,基层管理所253人。

是月 唐徕渠管理处被自治区保持共产党员先进性教育活动领导小组评为"自治区保持共产党员先进性教育活动先进集体"。

7月1日 唐徕渠管理处在沙湖举办"迎七一"活动,对先进党支部和优秀共产党员进行了表彰。

7月6日 唐徕渠管理处对自治区水利厅扶贫点彭阳县交岔乡庙庄村进行走访慰问。

7月14日夜—15日晨 全区普降暴雨,贺兰山沿线暴发50年一遇的特大山洪,汝箕沟洪峰最大流量达410立方米/秒,造成唐徕渠第二农场渠西十沟处右堤被冲决,决口120米,公路桥以下33处漫堤。管理处全力抗洪,确保了重点段落不溃堤和石嘴山市的安全。15日上午,自治区副主席赵廷杰、水利厅及有关厅局领导到西十沟指导抢险工作。管理处及时组织抢险队伍,夜以继日连续奋战,于22日圆满完成抢险任务,保证了干渠正常通水。

7月21日 自治区机构编制委员会审核批准,水利厅印发《宁夏回族自治区唐徕渠管理处机构编制方案》。唐徕渠管理处为自治区水利厅所属正处级事业单位,内设办公室、组织人事科、灌溉管理科、防汛工程科、监察审计室、计划财务科、水政科和11个管理所共18个科级机构。管理处核定自收自支事业编制264名,其中配备专业技术人员编制不少于198名,配备工勤人员的编制不得多于26名。处级干部职数为2正4副,科级干部职数为18正30副。

7月25日 唐徕渠管理处与宁夏耀吉星房地产公司达成协议,对银川市西门桥西北侧、唐徕渠左堤杨召渠家属院进行开发改造。

7月28日 唐徕渠管理处在"八一"建军节前,到武警宁夏总队后勤基地慰问广大武警官兵,并与之结为警民共建单位。

8月5—6日 宁夏社会科学院原副院长、文史专家吴忠礼一行对唐徕渠进行调研。

8月18日 贺兰山突降大雨,青铜峡、永宁等地形成山洪,造成唐徕渠新桥以上左堤决口两处近30米,并使中干沟涵洞、玉泉排洪洞受到不同程度损坏。

9月2日 唐徕渠第二农场渠崇胜退水闸及涵洞联合建筑物改造工程开工建设,翻建退水闸1座、涵洞1座、生产桥1座、沟道砌护61米,10月31日完成全部工程建设任务。

9月8日 唐徕渠唐正闸于8时关闸停水,夏秋灌结束。夏秋灌行水188天,引水量10.104亿立方米。

9月25日 唐徕渠管理处举办学习《江泽民文选》辅导班和党支部书记培训班,自治区党校副教授刘文长应邀作了辅导讲座。

9月27日 自治区水利厅党委决定,李兵任唐徕渠管理处党委委员、书记,免去陈光华党委委员、书记职务。

10月11—12日 宁夏电视台卫视频道"印象宁夏"节目播出2集《唐徕渠史话》专题片。

10月20日 唐徕渠唐正闸于12时15分开闸放水,冬灌正式开始。

10月21日 唐徕渠管理处邀请宁夏社会科学院原副院长、文史专家吴忠礼就"唐徕渠历

史及水文化"作了专题报告,并启动《唐徕史话》编纂工作。

10月26日 唐徕渠管理处引进应用档案管理软件,标志着管理处文档管理实现"一体化"和检索电子化。

10月27日 唐徕渠管理处周城管理所职工任伟峰在巡护中,7时50分发现唐徕渠平罗县城萧公大桥处西堤漏水险情。管理处组织抢险,于当日19:00渠道恢复通水。

10月29日 自治区水利厅党委书记、厅长袁进琳到唐徕渠第二农场渠灌区检查灌溉工作,并到大武口管理所简泉段看望职工。

11月17日 唐徕渠管理处崇岗管理所在土地对外承包中,尝试性地引进"竞标"方式,两宗216亩土地。

11月18日 自治区党委常委崔波和水利厅党委书记、厅长袁进琳对管理处工作作出重要批示。

11月27日 唐徕渠管理处决定将宁化桥管理所新开口段更名为靖益段,崇岗管理所导洪洞段更名为崇胜段。

12月1日 唐徕渠唐正闸于8时30分关闸停水,冬灌结束。冬灌行水45天,引水2.317亿立方米,年引水12.624亿立方米。

12月6日 唐徕渠管理处召开"四五"普法总结暨"五五"普法动员大会。自治区政府法制办副主任洪寅生作了依法行政辅导讲座。

12月19日 唐徕渠管理处被评为"2006年全区防洪抢险先进集体",张元处长被评为"全区防洪抢险先进个人"。

12月26日 唐徕渠管理处党委召开领导班子民主生活会。水利厅副巡视员李洪山、监察专员办公室主任王兴华出席会议。

2007年

1月16日 在全区水利工作会议上,唐徕渠管理处被授予"2006年全区防洪抢险先进集体"和水利厅系统"2006年度先进单位";张元处长被授予"2006年全区防洪抢险先进个人"。

1月19日 唐徕渠管理处2007年职工职业技能竞聘上岗考试在宁夏水利学校举行,197名渠道维护工参加。

1月30—2月2日 唐徕渠管理处分片召开农垦系统、银川市、石嘴山市、青铜峡市唐徕渠灌域抗旱工作座谈会。

2月2日 唐徕渠管理处召开第五次团员代表大会,选举产生了共青团唐徕渠管理处第三届委员会。

2月28日 唐徕渠管理处召开庆"三八"联欢会,表彰13名优秀女职工,110名女职工参加会议。

3月1日 唐正闸于11时30分开闸放水,自治区决定3月1日为引黄灌区放水节。

3月3日 唐徕渠管理处在银川西门桥举行接水仪式。自治区党委副秘书长李刚军,水利厅副厅长杜永发、纪委书记任福以及厅机关和管理处干部职工140余人参加接水仪式。

3月22—26日 唐徕渠管理处先后在银川、平罗、永宁、贺兰和青铜峡等市、县开展第十五届"世界水日"和第二十届"中国水周"宣传活动。管理处领导以及各基层单位180多人参加现场宣传。

3月28日 唐徕渠管理处团委组织30名青年团员到灵武市马鞍山参加"保护母亲河"义务植树活动。

4月6日 自治区水利厅党委书记、厅长袁进琳,纪委书记任福,灌溉管理局局长郭浩一行到管理处检查指导灌溉工作。

5月1日 自治区水利厅副厅长白耀华、副巡视员闫国伟等一行对唐徕渠管理处进行安全检查并慰问一线职工。

5月2日 唐徕渠管理处在大武口星海湖二农场渠边举行庆"五一"迎管理处第15个"安全日"大会,会议表彰模范集体、劳动模范和安全生产先进集体、个人;并分3个慰问组对各管理所干部职工进行慰问。

5月5日 唐徕渠管理处组织"百名党员下基层",深入灌区分片包干,组织灌溉,解决难点问题。

5月15日 星海湖一号口开闸向唐徕渠第二农场渠补水,解决第二农场渠下游大武口灌域用水矛盾。

6月6—8日 银川市兴庆区人民法院开庭审理管理处与白增、白秀等4人土地租赁纠纷案,唐徕渠管理处先后组织机关干部职工及基层管理所负责人43人参加现场庭审。

6月10日 唐徕渠周城管理所人民闸段、姚伏段安装自来水,彻底解决这两段饮水安全问题。

6月16—17日 唐徕渠灌域普降中到大雨,局部突降暴雨,干渠各段水位猛涨。同时,贺兰山苏峪口、大武口沟等处形成山洪进入第二农场渠,管理处防汛抢险工作全面展开。

6月19日 由于连日降雨和干渠紧急减水,唐徕渠姜家桥节制闸下左堤浆砌石护坡滑塌40多米,经紧急抢险施工,于24日下午完成抢险任务,共恢复渠道护坡45米,使用散抛石680立方米、铅丝笼石485立方米、干砌石120立方米。投入资金16.5万元。

7月1日 唐徕渠管理处为预防溺水事故,在渠道沿线制作安装警示牌95面,刷写安全标语220条,印发《致渠道沿线中小学校学生及家长的一封信》2万份。

7月9日 全区组织部部长现场会一行30多人到唐徕渠管理处检查观摩贯彻落实保持共产党员先进性四个长效机制工作。

7月17日 银川市兴庆区委宣传部、文明办组织辖区单位的160多名负责人到唐徕渠管理处观摩文明单位创建工作。

7月19日 唐徕渠管理处杨显桥管理所职工韩玉宝勇救一名12岁溺水儿童。

7月30日 唐徕渠管理处于"八一"建军节前,慰问49名退伍军人职工和宁夏武警后勤基地官兵。

8月23日 唐徕渠管理处被银川市人民政府命名为"园林式单位"。

8月24日 唐徕渠管理处开展"希望工程——圆梦行动一日捐"活动,管理处共捐款6900元。

9月3日 唐徕渠唐正闸于上午9时关闸停水,夏秋灌工作圆满结束,渠道安全运行187天。

△ 唐徕渠跨北塔湖渡槽工程和二农场渠跨河西总排水干沟渡槽工程开工建设。至2008年3月19日,水利厅灌溉局会同相关部门对工程进行通水前验收。

9月7日 平罗县副县长牛龙一行5人为唐徕渠管理处送来"造福灌区,情系百姓"牌匾,并进行座谈。

9月15日 湖北漳河灌区一行13人到唐徕渠管理处考察水费改革工作。

9月24日 在中秋节和"十一"国庆节来临之际,唐徕渠管理处党委书记李兵、处长张元和防汛工程科负责人到工地看望施工一线人员。

10月3日9时 唐徕渠跨北塔湖渡槽工程打下第一根灌注桩,标志着该工程从准备阶段进入了正式施工阶段。

△ 自治区水利厅党委书记、厅长吴洪相检查唐徕渠上海路桥至贺兰山路桥段渠道砌护及跨北塔湖渡槽工程,并对节日期间奋战在施工一线的水利建设者进行了看望和慰问。

10月7日 自治区党委书记陈建国、政府副主席郝林海在自治区发改委、财政厅和水利厅主要负责人的陪同下视察了第二农场渠跨河西总排水干沟渡槽工程工地。陈书记勉励大家继续发扬水利人"敢打硬仗、能打硬仗"的优良作风,把工程建成精品工程、民心工程、形象工程,为自治区50大庆献礼。

10月10日 唐徕渠唐正闸于16时开闸放水,解决典农河和阅海湖缺水问题。

10月15日 唐徕渠管理处组织管理处党员干部职工,分片集中收看党的十七大会议开幕式和胡锦涛总书记代表十六届中央委员会所作的工作报告。

10月19日 自治区文明委副主任邓亚平带领验收组对唐徕渠管理处创建自治区级文明单位进行了检查验收。

10月20日 自治区水利厅副厅长毕廷和、灌溉管理局局长郭浩检查了唐徕渠跨北塔湖渡槽和第二农场渠跨河西总排水干沟渡槽工程采取临时防护措施的进展情况,确保冬灌行水安全。

10月21日 唐徕渠银川砌护工程段(上海路桥—贺兰山路桥)通水,唐徕渠灌区冬灌正式开始。

11月12日 自治区水利厅党委书记、厅长吴洪相,灌溉管理局局长郭浩一行到唐徕渠灌域检查指导冬灌工作。

11月22日　唐徕渠正闸于18时停水,顺利完成了灌域冬季灌溉任务。干渠安全行水230天,年引水11.33亿立方米。

12月3—7日　唐徕渠管理处举办党的十七大精神学习班,副科级以上干部、机关全体工作人员共90余人参加。

12月12日　自治区党委书记陈建国在党委常委、秘书长刘晓滨,水利厅党委书记、厅长吴洪相等领导的陪同下,深入唐徕渠跨北塔湖渡槽施工现场调研并亲切慰问水利工地建设者。

12月17日　由银川市望远工业园管理委员会实施建设的望通路(渠道桩号K61+574)和旺牛路(渠道桩号K60+110)跨越唐徕渠新建桥梁工程时,在未经管理处审批的情况下,擅自开工,造成管理处渠堤70米、142棵树(直径20～30厘米)、1座斗口被毁坏。管理处依法发出责令停止水事违法行为通知,并上报和立案处理。

12月18日　唐徕渠管理处政研会被中国水利职工思想政治工作研究会授予2006年度"水利系统优秀政研会";研究成果《唐徕渠灌区农民用水户协会建设调研报告》获三等奖。

12月21—23日　自治区水利厅党委书记、厅长吴洪相先后两次到唐徕渠跨北塔湖渡槽工地检查指导工作。

12月27日　唐徕渠管理处被评为自治区文明单位。

2008年

1月10日　下午2时40分,唐徕渠跨北塔湖渡槽的160吨的中墙起吊安装,创造了宁夏水利工程单个构件吊装纪录,被称为"宁夏水利第一吊"。

1月22日　自治区监察厅副厅长曾玉强带领自治区政务公开领导小组检查团一行40余人,到唐徕渠管理处检查政务公开工作情况,管理处党委书记李兵作专题汇报。

1月24日　唐徕渠管理处组织200名职工在宁夏水利学校进行岗位技能培训考试。

1月25日　唐徕渠管理处召开了2007年度先进集体优秀职工表彰大会,表彰南梁管理所、崇岗管理所、大武口管理所、组织人事科4个先进集体;满达桥管理所、周城管理所、杨显管理所、灌溉管理科4个"八个争创"活动优胜单位和刘贤等39名优秀职工。

2月5日　自治区水利厅党委书记、厅长吴洪相到唐徕渠工地检查。

2月14日　自治区主席王正伟视察唐徕渠跨北塔湖渡槽工程改造建设工地。

2月18日　在全区思想道德建设工作会上,唐徕渠管理处获得自治区文明单位。

3月5日　唐徕渠灌域的国营简泉农场、惠农区燕子墩乡的简泉村和汪家庄村三家联合办公的农民用水协会在简泉农场正式成立。

3月10日　唐徕渠唐正闸于15时55分开闸放水,拉开2008年春灌的序幕。

3月24日　自治区党委书记陈建国在自治区、银川市领导于革胜、崔波、郝林海、王儒贵及水利厅厅长吴洪相等领导的陪同下,视察唐徕渠跨北塔湖渡槽和第二农场渠跨河西总排水干沟渡槽工程。

3月27日 唐徕渠管理处党委在满达桥管理所隆重举行"百名党员下灌区"活动启动仪式。管理处领导、各党支部书记、机关党员干部、满达桥和南梁管理所全体党员以及受益单位的党组织负责人和协会党员代表共60余人参加了启动仪式。

3月29日 平罗县崇岗镇向阳村十队村民李文军夫妇手携"见义勇为,当代雷锋"锦旗到崇岗管理所崇胜管理段,感谢救命恩人李德宁、勉格云两位水利职工。

是月 全区水利工作会议召开,唐徕渠管理处获得"全区节水灌溉工作先进集体"。

4月21日 唐徕渠管理处党委会议决定宁化桥管理所与杨显桥管理所合并管理。

5月5日 自治区水利厅团委召开"五四"青年节纪念大会,唐徕渠管理处南梁管理所被命名为"2007年度水利厅青年文明号"。

5月6日 水利部副部长胡四一在唐徕渠管理处考察工作。

5月12日 唐徕渠管理处广大干部职工为四川省地震受灾人民捐款22050元。

5月18日 自治区水利厅党委书记、厅长吴洪相与副厅长郭浩带领厅财务处、办公室、灌溉管理局、经济管理局负责人,到唐徕渠银川段至陡坡33千米的渠道工程、平罗灌域井渠结合试点情况进行了检查调研。

5月26日 唐徕渠管理处15个党支部152名共产党员自愿向四川省汶川地震灾区缴纳特殊党费31170元。

是月 自治区党委副书记于革胜、自治区副主席郝林海考察第二农场渠跨河西总排水干沟渡槽改造建设工程。

7月9日 自治区"五五"普法领导小组到唐徕渠管理处对2006—2008年"五五"普法中期工作进行督查考核。

7月17—18日 唐徕渠管理处举办《唐徕渠管理处精细化规程》培训班。全处副科级以上干部和36名段长以及机关全体工作人员100人参加培训。是月《唐徕渠管理处精细化管理规程》正式实施。

7月30日 凌晨4时,贺兰山沿山一带普降中雨,6时许突降暴雨,有12处渠道发生滑坡,四号桥至南沙窝西堤有宽约30~50厘米的雨淋沟6处,南沙窝至导洪洞渠道内坡滑塌16处,西十沟附近西堤被山洪冲开1处,长2.5米左右。唐徕渠管理处立即启动了防汛抢险预案,迅速赶到第二农场渠,组织崇岗管理所干部职工严防固守,提闸散水,安排专人巡堤检查,并及时对第二农场渠减水。自治区水利厅党委副书记、副厅长郭进挺带领经济管理局、防汛抗旱指挥部办公室、水政水资源处负责人到唐徕渠管理处第二农场渠检查指导安全与防汛工作。唐徕渠管理处党委书记李兵带领有关科室负责人,到武警宁夏后勤基地走访和慰问武警官兵。

是月 唐徕渠北塔湖渡槽工程竣工。

8月15日 甘肃省白银市水务局30人一行到唐徕渠管理处满达桥管理所参观,并就水管体制改革、水权转换等进行座谈交流。

9月6日 水利部水管体制改革暨效能督察座谈会在唐徕渠管理处召开。水利部督察组

农水司副司长李远华一行5人以及自治区人事厅、社会保障厅、编办、水利厅有关负责人和西干渠等6个管理处的处长26人出席会议,管理处有12名科所长列席。

△ 唐徕渠唐正闸于16时30分关闭,夏秋灌安全行水160天,引水量9.79亿立方米。

9月12日 唐徕渠管理处组织62名离退休职工参观典农河、自治区国际会展中心等城市新貌。

9月17日 唐徕渠管理处举办由200多名干部职工参加的"迎大庆、颂唐徕"大型演讲、歌咏会,共同庆祝自治区成立50周年。

10月14日 唐徕渠管理处召开深入学习实践科学发展观动员大会,处领导、机关全体工作人员及公司和部分离退休党员共60人参加动员会。

10月25日 唐徕渠北塔西路至贺兰山路渠道砌护工程竣工,砌护渠道425米,铺筑水泥石路面605米。

10月26日 唐徕渠唐正闸于11时开闸,拉开了2008年冬灌的序幕。

11月5日下午 平罗县委、政府给唐徕渠管理处赠送"唐徕吐珠、惠及两岸、物茂粮丰、勤心为民、耕耘大地、构建和谐"锦旗,表达平罗县30万农民对管理处的真诚谢意。

11月11—13日 唐徕渠管理处首届职工技能比武大赛在满达桥管理所拉开序幕。处领导、有关科室负责人、各管理所负责人及各所的技术能手共50余人参加开幕仪式。管理处89名职工在满达桥管理所参加渠道维护工晋级考试。

11月22日 唐徕渠唐正闸于16时关闸停水,圆满结束了2008年冬灌。安全行水185天,年引水11.79亿立方米。

12月18日 唐徕渠管理处党委召开领导班子及党员领导干部民主生活会,水利厅纪委书记崔莉等领导到会指导。

12月25日 唐徕渠管理处职工张建军被评为自治区"孝德之星"。

2009年

1月11日 全区水利工作会议召开,唐徕渠管理处荣获2008年度水利厅"先进单位"。

1月12日 唐徕渠管理处档案管理通过国家二级达标考评验收。

△ 在全国水利政研会上获悉,唐徕渠管理处精细化管理继被水利厅评为"科技进步三等奖"后,又获得全国"创新案例三等奖"。

3月1日 唐徕渠唐正闸于10时开闸放水,标志着唐徕渠2009年春灌工作拉开了序幕。

3月5日 唐徕渠管理处团委组织开展以"改善灌区面貌共建和谐唐徕"为主题的学雷锋纪念活动。

4月12日 水利部农水司副司长李远华在水利厅副厅长郭浩的陪同下,到唐徕渠管理处调研水管体制改革工作。

4月29日 自治区水利厅举行"五四"运动90周年纪念表彰大会,唐徕渠管理处团委被

授予"五四红旗团委"荣誉称号。

5月5日 唐徕渠管理处获得"自治区劳动关系和谐企业"。

5月22日 唐徕渠管理处邀请北京美科公司和美国RDI公司相关专家,举办走航式ADCP流速流量计和固定式ADCP流速流量计、电波辐射面流速仪产品介绍、演示会。管理处及水利厅直属渠道管理单位的技术负责人50余人参加。

7月7日20点40分 唐徕渠灌区普降中到大雨,贺兰山局部突降暴雨,降雨量异常集中,直接引发百年特大山洪,大水沟、小水沟、汝箕沟、大武口沟等主要山洪沟来洪流量异常迅猛,其中汝箕沟最大洪峰流量达665立方米/秒。管理处启动《唐徕渠管理处防汛抢险预案》。

7月16日 水利厅党委副书记、副厅长郭进挺带领防汛办、经济局等单位负责人,到唐徕渠第二农场渠水毁修复工程抢修现场与基层所、段检查指导工作。

7月17日 唐徕渠管理处举行维修养护大队挂牌仪式。自治区编办、发改委、人事厅、财政厅领导和水利厅党委副书记、副厅长郭进挺、副厅长郭浩以及厅属有关单位部门的领导、管理处相关人员共80多人参加。

7月30日 唐徕渠管理处党委书记李兵带队慰问宁夏武警后勤基地的武警官兵,同时对全处离退休职工中的13名退伍军人进行慰问。

9月5日 唐徕渠唐正闸于9时关闸停水,安全行水185天,引水9.64亿立方米。

9月8日 唐徕渠罗渠桥至八一桥段渠道砌护工程开工建设,实施渠道砌护7.3千米,维修改造斗口11座,翻建斗口1座,新建踏步4座。2009年10月18日完工具备通水条件。

9月25日 自治区水利厅副厅长郭浩到唐徕渠罗渠桥至八一桥渠道砌护整治工程工地检查指导工作。

10月13日 唐徕渠管理处开展"宁夏引黄灌区灌溉面积及作物种植结构遥感调查"工作。

10月18日 自治区党委副书记于革胜在水利厅党委书记、厅长吴洪相,副厅长郭浩的陪同下来到唐徕渠罗渠桥至八一桥段续建配套改造工地调研指导工作。

10月25日 唐徕渠唐正闸冬灌开闸放水。

11月5日 唐徕渠管理处组织处机关干部职工在续建配套工程罗渠段至八一桥段渠道砌护段内坡进行植树劳动。

11月20日 唐徕渠唐正闸关闸停水,全年安全行水216天,年引水11.27亿立方米。

2010年

1月9日 唐徕渠管理处选派39名调度人员参加水利厅调度知识考试。

3月1日 唐徕渠唐正闸于11时开闸放水,标志着唐徕渠春灌工作拉开了序幕。

3月2日 自治区水利厅厅长吴洪相、副厅长郭浩带领有关人员,到唐徕渠管理处调研信息化、水文化建设等工作。

3月4日　唐徕渠管理处130多名女职工庆祝"三八"国际劳动妇女节,自治区水利厅纪委书记崔莉参加。

3月5日　因气温骤降,第二农场渠遇到渠道冰凌淤积,造成渠道堆冰14处,最长堆冰长度达2500米。

3月6日　《宁夏引黄灌区唐徕渠灌域2010—2011年灌区续建配套与节水改造工程项目实施方案》报水利厅审定。

3月12日　唐徕渠管理处与新消息报社联合举办"唐徕渠与宁夏"征文活动。

3月24日　中华全国总工会和宁夏总工会赠送管理处图书室2200余册图书、10套书柜、桌子、椅子以及电视、电脑、DVD碟机等。

4月20日　唐徕渠管理处全体干部职工为青海玉树地震受灾区捐款14780元。

5月1日　唐徕渠管理处满达桥管理所翻建落成,投入使用。

5月18日　唐徕渠管理处党委正式命名71名党员为"党员示范岗"。

△　唐徕渠管理处"党员教育手机短信"正式开通。

5月25—31日　自治区农业综合开发办公室与管理处联合举办第一期"唐徕渠灌域农民用水协会测水量水培训班",来自灌域的70名测水量水人员得到培训。

6月12日　唐徕渠管理处图书室被中华全国总工会、自治区总工会命名为"职工书屋"。

6月21日　唐徕渠管理处与自治区水利厅团委在周城管理所举行"真情助困进灌区"活动启动仪式。

7月6日　晚8时许,唐徕渠管理处职工付中华与周围群众在唐徕渠老西门桥下100米处,救起两名不慎落水的女孩。

7月8日　受连续多日降雨天气影响,灌区农业不需要灌溉,唐徕渠唐正闸于22时30分暂时关闭。于7月11日8时,唐正闸再次开闸放水。

7月15日　唐徕渠管理处与宁夏大学土木与水利工程学院签订协议,从9月至2011年1月对本处在职25名职工集中进行脱产培训。

8月6日　在区直机关工委召开的区直机关创建学习型党组织观摩交流大会上,唐徕渠管理处介绍"创建学习型党组织"经验。

8月16日　唐徕渠管理处首次利用GPS核查灌域24条支渠灌溉面积。

9月2日　唐徕渠唐正闸于14时50分关闸停水,夏秋灌安全行水187天,实引水量8.53亿立方米。

9月16日　续建配套基础设施改造项目唐徕渠杨显桥管理所翻建落成并投入使用。

9月20日　自治区水利厅副巡视员陈广宏带领灌溉管理局局长徐光儒、副局长杨海宁到管理处新桥至满达桥渠道整治工程施工现场检查工程进展情况。

10月7日　自治区水利厅副厅长方彦带领厅规划计划处、建设管理处、质检站负责人,到管理处新桥至满达桥渠道整治工程施工现场检查指导工作。

10月22日 唐徕渠唐正闸于10时开闸放水,唐徕渠冬灌工作开始。

10月26日 自治区党委副书记于革胜、自治区副主席郝林海,水利厅厅长吴洪相等领导,视察唐徕渠新桥至满达桥渠道砌护工程。

10月30日 唐徕渠管理处渠道维护工职业技能大赛在满达桥管理所举行。处领导、各所所长及干部职工56人参加。

11月3日 自治区党委书记张毅、副书记于革胜、党委常委崔波、党委常委蔡国英、副主席郝林海、水利厅厅长吴洪相等领导,对灌区续建配套唐徕渠新桥至满达桥渠道砌护工程进行了视察。

11月20日 唐徕渠唐正闸关闸停水,全年安全行水216天,年引水10.47亿立方米。

11月29日 唐徕渠管理处党委召开2010年度领导班子和党员领导干部民主生活会,水利厅党委委员、纪委书记崔莉出席会议。

12月6日 唐徕渠管理处与新消息报社联合举办"唐徕渠与宁夏"征文评选,有22名作者分别获得一、二、三等奖及优秀奖。

12月29日 唐徕渠管理处党委召开2010年度工作总结表彰大会,管理处副科级以上干部和机关全体职工参加会议。

2011年

1月 唐徕渠管理处被中华全国总工会授予"全国工会职工书屋示范点达标单位"。

2月16日 唐徕渠李银桥至高庙桥段、暖泉渠(9+500～18+000)段等灌区续建配套与节水改造工程项目开工建设。

3月2日 唐徕渠管理处获得"第四届全区水利行业职业技能竞赛优秀组织奖",王彦斌获得"全区技术能手"称号。

4月2日 唐徕渠唐正闸开闸放水,春灌正式拉开帷幕。

4月6日 唐徕渠管理处在西门桥东南广场举行清明祭拜郭守敬暨迎水仪式。

4月15日 唐徕渠管理处组织处干部职工86人在唐徕渠新桥至满达桥左右堤开展渠道植树活动。

4月26日 唐徕渠管理处暖泉渠下游发生险情,管理处积极开展抢险,经过8小时抢险,加固渠堤,排除险情,正常通水灌溉。

4月29日 杨志任唐徕渠管理处党委委员、处长。

5月6日 自治区党委书记张毅、副书记于革胜到青铜峡市唐正闸调研青铜峡灌区水利工作。

6月30日 水利厅召开庆祝建党90周年大会,唐徕渠管理处周城管理所党支部被评为先进基层党支部;刘贤、刘德祥、卫金晟被评为优秀党员;付中华被评为优秀基层党务工作者。

7月1日 唐徕渠管理处党委召开以"永葆本色"为主题的庆祝中国共产党成立90周年

大会。全处16个党支部的80名党员干部代表参加庆祝活动。

7月25日 自治区水利厅党委书记、厅长吴洪相调研唐徕渠灌域防汛及灌溉工作。

8月27日 唐徕渠第二农场渠暖泉渠上段渠道节水改造工程开工建设,完成渠道砌护9.5千米,翻建斗口22座,进水闸1座,退水闸1座,节制闸1座,生产桥2座,踏步3座。2012年4月3日完工。

9月2日 唐徕渠唐正闸于9时关闸停水,夏秋灌安全行水155天,引水8.79亿立方米。

9月29日 自治区水利厅在唐徕渠李银桥至宝湖路桥渠道砌护工程现场组织召开全区引黄灌区续建配套工程现场观摩会。

10月7日 自治区水利厅党委书记、厅长吴洪相在副巡视员陈广宏陪同下,到唐徕渠李银桥至宝湖路桥渠道砌护工程秋季续建工程施工现场检查指导工作。

10月13日 引黄灌区续建节水改造唐徕渠平罗县城段渠道综合整治工程完成。

10月21日 唐徕渠管理处召开"六五"普法工作启动大会,全处80余人参加会议。

10月24日 唐徕渠唐正闸于11时冬灌开闸放水。

11月20日 唐徕渠唐正闸关闸停水,全年安全行水182天,年引水10.57亿立方米。

11月29日 唐徕渠管理处顺利通过自治区级文明单位复验。

2012年

1月9日 唐徕渠管理处选拔18名业务骨干,对唐徕渠带状地形图进行实地测量。

1月15日 唐徕渠高庙桥至李银桥段渠道砌护工程开工建设,完成渠道砌护2.529千米,新建踏步8座,翻建斗口1座。同时翻建唐徕渠二排、玉泉、大庙、中干沟涵洞4座,实施小湾桥节制闸除险加固工程。3月31日完成全部工程建设任务,具备通水条件。

2月7日 唐徕渠管理处抽调30余名业务骨干,成立6个续建配套与节水改造工程现场施工管理指挥部。

2月9日 自治区水利厅党委书记、厅长吴洪相、副巡视员陈广宏到灌区续建配套与节水改造工程唐徕渠二排涵洞等工地检查指导工作。

3月6日 唐徕渠管理处举办纪念"三八"国际劳动妇女节活动,表彰奖励15名优秀女职工。

3月12日 唐徕渠管理处为平罗县周城小学10名贫困留守儿童捐赠2000元助学金和价值1500元学习用品。

3月19日 唐徕渠管理处通过"自治区2012—2015年文明单位"复验,并获重新授牌。

3月24日 全区水利系统政风行风建设工作会议召开,唐徕渠管理处荣获先进集体,处长杨志、满达桥所所长贾绍平被评为先进个人。

4月1日 唐徕渠唐正闸于11时开闸放水,标志着唐徕渠春灌工作拉开了序幕。

4月19日 安徽省淠史杭灌区管理总局参观考察团一行22人到唐徕渠管理处参观考察

建设与管理工作。

5月24日 水利部部长陈雷在自治区党委常委、银川市委书记徐广国,自治区副主席郝林海,自治区水利厅党委书记、厅长吴洪相的陪同下,视察唐徕渠新桥至满达桥段续建配套节水改造工程。

6月18日 水利厅党委副书记、副厅长郭进挺带领灌溉局、经济局负责人,到唐徕渠管理处实地检查指导安全生产工作。

6月29日 唐徕渠管理处党委召开庆"七一"暨创先争优活动总结大会。表彰奖励先进党支部4个、优秀共产党员13名、优秀党务工作者2名、创先争优活动先进工作者4名。

7月17日 20时至21时50分,贺兰山汝箕沟普降暴雨49毫米,22时30分,在汝箕沟形成100立方米/秒洪峰,到23时许汝箕沟洪峰高达190立方米/秒。截至24时30分,山洪逐渐减弱。

7月20日 21时许,唐徕渠灌区及贺兰山沿山降中到大雨。22时18分,在贺兰山汝箕沟形成220立方米/秒洪峰,直袭唐徕渠管理处第二农场渠。

7月30日9时 贺兰山汝箕沟形成的45立方米/秒山洪直袭唐徕渠第二农场渠。

9月1日 唐徕渠管理处杨显桥管理所被中国农林水利工会授予全国水利系统"模范职工之家"称号。

△ 第二农场渠五分沟节制闸以下渠道砌护工程开工建设,完成渠道砌护17千米,新建水闸3座、翻建维修斗口21座、涵洞2座、生产桥1座。2012年10月24日完成水下工程建设任务,具备通水条件。

9月2日 唐徕渠唐正闸于13时关闸停水,安全行水156天,引水7.89亿立方米。

9月1—17日 唐徕渠管理处分两批组织37名业务骨干到四川都江堰管理局和江苏太湖管理局参观学习。

9月19日 自治区水利厅副厅长郭浩带领厅水政水资源处、水政监察大队负责人到唐徕渠管理处检查指导水利警务室建设及联合执法工作。

10月19日、24日 宁夏大型灌区续建配套与节水改造2012年渠道砌护工程(第一批)二农场渠砌护改造工程、李银桥—高庙桥砌护工程验收通过,正式通水。

10月22日 唐徕渠唐正闸于9时冬灌开闸放水。

11月6日 自治区水利厅党委书记、厅长吴洪相、副厅长李永春到唐徕渠检查指导冬灌工作。

11月20日 唐正闸于18时关闸停水,全年安全行水185天,年引水9.89亿立方米。

△ 唐徕渠管理处联合银川市兴庆区唐徕回民实验小学,以"我爱唐徕渠"为主题,组织380名小学生实地参观唐徕渠。

是年 唐正闸被列入中型病险水闸除险加固改造项目,再次进行改造。设计流量为120立方米/秒,更换复合钢闸门和启闭设备10套,启闭机型号为QP-250卷扬式启闭机。

2013年

1月24日　唐徕渠管理处召开2012年度总结表彰大会，管理处副科级以上干部、受表彰先进集体代表、先进个人共160余人参加会议。

3月26日　唐徕渠管理处第七届工会委员会选举产生，王青任工会主席。

3月28日　唐徕渠唐正闸于10时开闸放水，春灌工作正式启幕。

4月28日　自治区水利厅总工程师薛塞光带领水资源管理局负责人赴唐徕渠管理处南梁所对基层水利职工进行节前慰问，并就基层有关工作的开展进行调研指导。

5月2日　唐徕渠管理处在大闫沟涵洞以"强化安全基础、推动安全发展"为主题，举行"处训日"教育活动暨"安全生产月"活动启动仪式。水利厅副巡视员陈广宏和经济局相关负责人应邀出席活动。

5月14日　干渠安全输水48天，圆满完成典农河、沙湖、星海湖等28个湖泊湿地的补水任务和灌区小麦头水灌溉。

6月8日　自治区水利厅副厅长、水资源管理局局长李永春到唐徕渠管理处南梁、崇岗和周城三个基层管理所，了解灌溉及防汛准备工作。

6月27日　自治区水利厅党委书记、厅长吴洪相带领水资源管理局相关负责人，深入唐徕渠灌域调研指导安全生产、灌溉、防汛等工作。

9月4日　唐徕渠唐正闸于9时关闸停水，夏秋灌安全行水162天，引水8.22亿立方米。唐徕渠为银川市22个湖泊补水近7000万立方米，全力支持城市生态文明建设。

9月5日　唐徕渠良渠口闸至高庙桥段砌护改造工程开工建设，完成渠道砌护4.641千米，翻建大新渠口1座，新建斗口1座。2014年3月10日完成全部工程建设任务。

9月23日　唐徕渠管理处领导班子成员带队慰问唐徕渠秋季续建二农场渠砌护工程、良渠口至高庙桥砌护工程等4个工程施工现场人员。

10月25日　唐徕渠唐正闸开闸放水，标志着唐徕渠2013年冬灌工作拉开了序幕。

11月20日　唐徕渠唐正闸关闸停水，全年安全行水188天，年引水10.03亿立方米。

2014年

1月21日　唐徕渠管理处荣获"水利厅系统年度先进单位"。

3月27日　唐徕渠管理处召开党风廉政建设先进集体和政风行风建设先进集体和先进个人表彰大会。

4月8日　唐徕渠唐正闸于10时开闸放水，标志着唐徕渠2014年春灌工作拉开了序幕。

6月20日　水利部安全生产检查组一行6人，在自治区水利厅副巡视员、安委会副主任陈广宏的陪同下，到第二农场渠向阳退水闸检查工程安全运行情况。

6月24日　由水利部灌排中心组织的全国农业灌溉水有效利用系数现场观摩会在唐徕

渠管理处杨显桥管理所小湾桥段监测点举行。宁夏水资源局副局长王景山带领观摩团80余人参加了观摩会。

8月14日 自治区水利厅纪委书记崔莉带领厅监察室工作人员到唐徕渠管理处基层管理所,对群众评议机关和干部作风活动进行检查指导。

8月28日 唐徕渠八一桥至前进退水闸段渠道砌护工程开工建设,完成渠道砌护24.4千米,新建节制闸2座、翻建退水闸3座、翻建支斗口117座、新建踏步20座。2015年3月31日完成全部工程建设任务。

9月4日 唐徕渠唐正闸于7时30分关闸停水,夏秋灌安全行水151天,实引水量8.01亿立方米。

10月22日 唐徕渠唐正闸11时开闸放水,标志着唐徕渠2009年冬灌工作拉开了序幕。

11月20日 唐徕渠唐正闸于23时30分关闸停水,全年安全行水216天,年引水9.9亿立方米。

2015年

2月28日 唐徕渠管理处被中央文明委授予"全国文明单位"荣誉称号。

3月4日 唐徕渠管理处组织65名党员、团员和青年职工开展"学雷锋"志愿服务活动。

3月6日 自治区水利厅副厅长白耀华与水利厅副厅长、水资源管理局局长李永春一行到唐徕渠四二干沟涵洞、杨显涵洞检查指导病险工程改造。

3月11日 唐徕渠管理处党委召开全处党员干部大会,对开展"守纪律、讲规矩"主题教育活动进行动员部署,全处副科级以上干部、党员代表共80人参加会议。

4月6日 唐徕渠唐正闸于9时开闸放水,标志着唐徕渠2015年春灌工作拉开了序幕。

6月8—12日 唐徕渠管理处党委按照"星级服务型党支部"标准,对全处17个基层党支部进行评星定级,初步评出"二星"党支部4个,"一星"党支部5个。

6月9日 唐徕渠管理处邀请南方测绘仪器公司测绘专业人员,首次对70余名专业技术人员进行了RTK测量技术培训。

7月4日 唐徕渠管理处组织干部职工在灌区开展"珍爱生命、预防溺水"学生防溺水主题宣传活动。

7月31日 自治区直属机关工委书记叶旭、工委副书记蔡旭东、工委委员副巡视员李永贵带领基层党建工作培训班90个厅局的240多名党支部书记,到唐徕渠管理处满达桥管理所观摩水利基层服务型党组织建设工作,水利厅党委副书记、副厅长白耀华、副巡视员邰涌权、机关党委专职副书记李茂书陪同观摩。

8月14日 自治区水利厅党委副书记、副厅长白耀华到唐徕渠管理处调研指导"数字唐徕"建设工作。

8月28日 自治区水利厅组织厅属各单位党政负责人共60余人到唐徕渠管理处满达桥

管理所观摩党建示范点工作。

△ 唐徕渠大东方桥至良渠口闸段渠道砌护工程开工建设，完成渠道砌护12.784千米，翻建斗口31座，拆除大闫沟涵洞1座。2015年11月30日完成全部工程建设任务。

8月30日 唐徕渠管理处"数字唐徕"接入"智慧宁夏·水利云"平台，"数字唐徕"作为宁夏水利云的一部分在中阿博览会上展示。

8月31日 唐徕渠唐正闸于7时15分关闸停水，夏秋灌安全行水149天，引水8.3亿立方米。

10月12日 自治区党委副书记崔波一行来到唐徕渠管理处满达桥所，调研基层水利单位服务型党组织建设工作。水利厅党委副书记、副厅长白耀华、副巡视员郜涌权陪同。

10月22日 唐徕渠唐正闸于9时20分冬灌开闸放水。

10月29日 自治区召开中信银行杯首届"百孝之星"表彰会，唐徕渠管理处张建军获得"十大孝子"称号。

11月20日 唐徕渠唐正闸关闸停水，全年安全行水178天，年引水10.06亿立方米。

12月4日 唐徕渠管理处联合银川市凤凰北街办事处开展以"弘扬宪法精神，推动创新、协调、绿色、开放、共享发展"为主题的宣传活动。

12月12日 水利部制作的《绽放——宁夏唐徕渠管理处创建全国文明单位纪实》在"共产党员网"首播，成为全国党员干部现代远程教育专题教材之一。

12月19日 自治区水利厅党委书记、厅长吴洪相，副厅长、水资源管理局局长李永春到唐徕渠跃进桥节制闸、姜家桥节制闸检查指导病险水闸除险加固工作。

12月24日 自治区党委宣传部副部长毛录带领自治区、银川市和兴庆区三级文明办人员来到唐徕渠管理处检查指导精神文明创建工作。

12月27日 唐徕渠管理处党委召开"三严三实"专题民主生活会，水利厅党委委员、纪委书记崔莉参会指导。

2016年

1月22日 自治区水利厅吴洪相厅长，副厅长、水资源管理局局长李永春到唐徕渠第二农场渠跨四二干沟渡槽、穿唐徕渠反帝沟涵洞2处冬季施工现场检查指导。

3月2日 唐徕渠管理处组织65名党员、团员和青年职工，在银川西门桥头举行学雷锋志愿服务活动启动仪式。

3月9日 湖北省水利厅副厅长唐俊一行6人到唐徕渠管理处考察交流节水型社会建设、水利改革和信息化建设等工作。

是月 唐徕渠管理处启用税控版水费发票系统，实行网上开票，由地税局及财务科随时监控发票开具及使用情况。

4月11日 水利部文明委对唐徕渠管理处第四届"全国文明单位"进行复审。

4月26日　唐徕渠管理处召开"两学一做"学习教育动员会,传达学习水利厅动员会议精神,安排部署全处学习教育工作,并成立"两学一做"学习教育领导小组、督导小组和宣传小组。

4月28日　中国科学院院士周成虎到唐徕渠管理处调研指导"智慧唐徕"项目建设。

5月18日　自治区水利厅党委书记、厅长吴洪相带领水资源管理局相关负责人,到唐徕渠沿线调研指导灌溉和防汛抗旱工作。

5月24日　自治区纪委驻水利厅纪检组组长王振升带领水利厅"两学一做"学习教育第一督导组到唐徕渠管理处,督查指导"两学一做"学习教育工作。

6月27日　唐徕渠管理处大武口管理所被石嘴山市大武口区授予"文明单位"荣誉称号。

7月29日　唐徕渠管理处通过"自治区文明单位"第三次复验。

7月至10月　唐徕渠管理处在全处党员干部中开展落实中央八项规定精神"回头看"活动,并按照中央八项规定精神和自治区及水利厅相关规定,修订完善财务管理、公务接待等17项制度。

8月21日晚　贺兰山沿山地区突降暴雨,最大降雨量达200多毫米,多处引发山洪。西干渠尾水入第二农场渠使溢流堰严重损坏,第二农场渠西堤5.3千米、东堤1.8千米被冲毁,干渠滑塌淤积9.3千米,洪水冲毁了1号排洪渡槽进口部分和槽身西跨下部支撑,西堤决堤230米。

8月29日　唐徕渠管理处召开2016年续建配套与节水改造工程动员大会,处领导、相关科室、管理所负责人、技术员、各工程参建单位负责人等70余人参加会议。

9月1日　唐徕渠陡坡段砌护改造工程开工建设,砌护渠道3.99千米,翻建陡坡建筑物1座。于10月20日完成水下工程建设任务并通过通水阶段验收。

9月2日　唐徕渠唐正闸关闸停水,夏秋灌安全行水149天,引水7.01亿立方米。

10月20日　自治区水利厅党委书记白耀华、副厅长李永春到唐徕渠陡坡渠道砌护工程现场检查指导。

10月22日　唐徕渠唐正闸于12时冬灌开闸放水。

11月21日　宁夏引黄灌区测量水设备及测控一体化实验观摩会在唐徕渠管理处暖泉所召开,自治区水利厅总工程师薛塞光主持会议,水利灌排中心、水利厅水资源管理局及相关局办、水科院、各设备厂家等40余人参加观摩座谈。

△　唐徕渠唐正闸关闸停水,全年安全行水179天,年引水8.77亿立方米。

12月13日　唐徕渠管理处顺利通过"全区安全文化建设示范企业"验收。

12月28日　中共宁夏回族自治区唐徕渠管理处委员会召开第四次代表大会,58名代表参加会议。

2017年

1月16日至18日　唐徕渠管理处召开水利信息化专题研讨会,邀请区内外水利信息化专家和相关专业技术人员40余人参加研讨交流。

2月25日　唐徕渠第二农场渠一号排洪槽翻建工程开工建设，于4月16日完成全部工程建设任务。

3月21日　唐徕渠管理处组织60多名干部职工，在光明广场开展"节水护水志愿宣传活动"启动仪式。

3月31日　唐徕渠管理处召开第八次职工代表大会，选举产生新一届工会委员会，杨新顺任工会主席。

4月5日　唐徕渠唐正闸于11时开闸放水，春灌拉开序幕。

4月9日　自治区水利厅副厅长朱云到唐徕渠管理处检查指导沙湖补水工作。

5月17日　宁夏医科大学组织党员干部到唐徕渠管理处满达桥管理所参观学习基层党组织建设。

6月2日　水利厅副厅长麦山到唐徕渠检查安全生产、灌溉管理及信息化建设工作。

6月15日　唐徕渠管理处在暖泉渠进水闸和测水点开展职工岗位技能竞赛，11个管理所22名技术骨干参加比赛。

7月18日　自治区水利厅党委书记、厅长白耀华到唐徕渠二农场渠检查指导防汛工作。

7月31日　唐徕渠管理处科研项目《宁夏引黄灌区现代化建设研究与实践》荣获水利厅科技进步二等奖。

8月16日　国家安监总局宣教中心主任何国家带领"安全月活动"督导组到唐徕渠管理处调研指导安全生产宣传教育工作，自治区安监局、水利厅安质局相关领导陪同。

8月17日　自治区水利厅副厅长朱云、李永春带队的美丽渠道建设、水管单位转型升级发展现场观摩团到唐徕渠管理处暖泉渠试验点，对唐徕渠现代化灌区建设、标准化渠道综合整治以及建设管理进行观摩。

9月2日　唐徕渠唐正闸关闸停水，夏秋灌安全行水151天，引水7.36亿立方米。

10月11日　宁夏引黄古灌区成功列入世界灌溉工程遗产名录的发布仪式在唐徕渠唐正闸举行。

10月18日　唐徕渠管理处组织253名职工在17个会场集中收看党的十九大开幕盛况。

10月21日　唐徕渠唐正闸于11时20分冬灌开闸放水。

10月28日　黄河流域（片）农村水利科技创新联盟2017交流会与会人员到唐徕渠管理处考察交流信息化建设工作。

11月21日　唐徕渠唐正闸于18时关闸停水，干渠安全行水183天，年引水9.35亿立方米。

是年　水利厅开展落实中央八项规定"回头看"检查，管理处党委召开专题会议，研究检查反馈问题和整改方案，推进工作整改。

2018年

1月17日　马德仁任唐徕渠管理处党委委员、处长。

4月6日　唐徕渠唐正闸于12时开闸放水，春灌拉开帷幕。

4月10—17日　唐徕渠管理处与金凤区政府在第二农场渠西湖桥周围共建生态林2.2千米。

5月7日　自治区水利厅党委书记、厅长白耀华到唐徕渠简泉所、周城所、大武口所、崇岗所及满达桥所，调研指导灌溉管理、生态补水、安全生产、防汛抢险及信息化建设工作，并慰问基层一线职工。

6月12日　自治区水利厅副厅长麦山一行检查指导唐徕渠管理处安全生产和防汛备汛工作。

6月25日15时左右　大武口区部分地区出现短时强降水，降雨引发贺兰山东麓大武口区的部分沟道发生洪水，唐徕渠管理处采取紧急启动防汛预案，成功处置山洪入渠险情。

7月11日　自治区水利厅党委书记、厅长白耀华到唐徕渠跃进、宁化、杨显桥管理所，现场调研指导灌溉、安全生产、防汛备汛等工作。

7月19日　贺兰山东麓崇岗境内突降中雨引发山洪。唐徕渠管理处第一时间处置山洪入干渠防汛抢险工作，将山洪造成的直接损失降到最低。

7月20日　自治区水利厅副厅长李永春、自治区防办主任张林海到唐徕渠崇岗管理所，实地察看"7·19山洪"渠道水毁工程和行洪沟道被侵占情况，现场指导工程抢修和沟道整治等工作。

7月22日　宁夏贺兰山东麓中北段发生暴雨洪水，暴雨洪水造成斗口8座、渡槽2座、退水闸1座，东堤决口1处，沿渠8.5千米渠道混凝土板砌护不同程度受损。西堤8米以上较大豁口10处，左右堤漫堤48千米，内外坡渠堤滑塌25千米以上，冲刷雨淋坑267处，40千米渠道不同程度淤积。7月30日渠道恢复正常供水。

7月27日　自治区水利厅厅长白耀华到唐徕渠第二农场渠，调研"7·19""7·22"防汛抢险工作。

9月2日　唐徕渠唐正闸于0时关闸停水，夏秋灌安全行水151天，引水7.27亿立方米。

9月13日　唐徕渠管理处党委组织全处58名党员干部前往宁夏国务院直属口"五七"干校博物馆参观学习，开展廉政教育主题党日活动。

9月28—30日　唐徕渠管理处组织53名党员干部职工到延安开展"不忘初心、寻梦梁家河"培训教育活动。

10月18日　唐正闸于13时开闸放水，灌区开始冬灌。

11月25日　唐正闸于11时关闸停水，全年安全行水189天，年引水9.27亿立方米。

2019年

1月31日　王效军任唐徕渠管理处党委委员、处长。

3月6日　唐徕渠管理处工会组织全处80余名女职工，到宁夏水博馆、唐正闸、新建宁化

桥管理所、宁化节水闸等处,实地观摩学习水利发展成就。

3月11日 自治区水利厅副厅长麦山到唐徕渠满达桥管理所检查指导贺兰县现代化生态灌区唐徕渠量测水设施建设工作。

3月13日 唐徕渠管理处召开党建暨党风廉政建设大会,表彰2018年度先进集体和个人,签订党建、党风廉政建设和意识形态工作责任书。

4月1日 唐徕渠唐正闸于12时16分开闸放水,唐徕渠灌域2019年春灌工作正式拉开帷幕。

4月10日 自治区纪委驻水利厅纪检监察组组长路东海到唐徕渠管理处基层所段,调研指导工作。

5月9日 唐徕渠管理处党委开展以"强化廉政教育、坚定理想信念、践行党的宗旨"为主题的党性教育活动。

5月20日 自治区水利厅党委书记、厅长白耀华会同贺兰县委书记赵波以及规划设计部门相关人员,到唐徕渠满达桥管理所,专题调研"水文化主题公园"前期规划工作。

6月11日 唐徕渠管理处党委召开"不忘初心、牢记使命"主题教育动员会,对全处主题教育进行动员部署。水利厅主题教育巡回指导组组长郜涌权出席会议并讲话。

6月12日 唐徕渠管理处组织基层管理所所长、技术员、调度员、测水员等业务骨干60余人在暖泉所开展渠道斗口测控信息化业务培训。

6月14日 宁夏华电供热有限公司赠送唐徕渠管理处"情系民生工程、服务经济发展"锦旗,感谢管理处在东热西送管线跨唐徕渠工程中的优质服务和全力支持配合。

6月18日 自治区水利厅副厅长麦山和生态环境厅、农垦局及水利厅水调中心一行到唐徕渠暖泉渠沙湖补水口、八一渠沙湖补水口、沙湖水质检测站和沙湖沿岸等处,调研指导生态补水工作。

6月26日 唐徕渠管理处在暖泉管理所开展渠道维护工岗位技能大赛,11个管理所33名技术骨干参加比赛。

7月11日 自治区水利厅副巡视员徐宁红带队,自治区发展改革委、工业和信息化厅、财政厅、自然资源厅、生态环境厅、农业农村厅、人力资源和社会保障厅、编制委员会办公室、宁夏水利科学研究院、宁夏大学等单位相关人员,到唐徕渠管理处调研指导"推进现代化生态灌区建设、保障全区水安全"工作。

7月19日 水利部副部长魏山忠一行在水利厅党委书记、厅长白耀华陪同下,到唐徕渠管理处满达桥管理所,调研水文化建设及"宁夏引黄古灌区世界灌溉工程遗产公园"规划工作。

8月18日 自治区党委副书记、银川市委书记姜志刚到唐徕渠满达桥管理所,调研水文化建设及"宁夏引黄古灌区世界灌溉工程遗产公园"规划工作。水利厅党委书记、厅长白耀华陪同调研。

9月2日 唐徕渠唐正闸于8时关闸停水,夏秋灌安全行水154天,引水8.02亿立方米。

9月16日　自治区水利厅党委书记、厅长白耀华到唐徕渠满达桥闸改建工地检查指导工程建设。

9月26日　唐徕渠管理处参加自治区水利厅"庆祝中华人民共和国成立70周年"合唱比赛获得二等奖。

9月30日　唐徕渠管理处9时在机关大院隆重举行升国旗仪式,庆祝中华人民共和国成立70周年,干部职工80人参加。

10月8—14日　唐徕渠管理处组织40名党员干部到井冈山、韶山、甘祖昌将军故居,开展"不忘初心、牢记使命"党性培训教育。

10月20日　唐徕渠唐正闸于12时冬灌开闸放水。

10月23日　唐徕渠八一桥安装3台回旋式清污机(N5×3.5-700)投入运行,是宁夏引黄自流灌区干渠上首次使用机械清污设备。

11月22日　唐徕渠唐正闸于12时关闸停水,全年安全行水188天,年引水10.07亿立方米。

11月27日　河南省陆浑水库管理局、陆浑灌区建管局及河南省水利勘测设计研究有限公司一行8人,到唐徕渠管理处专题调研灌区现代化建设及测量水工作。

2020年

1月8日　河北省水利厅8人到唐徕渠管理处调研大中型灌区规范化标准化管理工作。

1月23日　唐徕渠管理处成立新型冠状病毒肺炎疫情防控领导小组和工作组,安排部署疫情防控工作。

2月18日　唐徕渠管理处党委向全体党员发出缴纳"支持抗击疫情党费"倡议,162名党员自愿缴纳抗击疫情党费27380元。

3月27日　唐徕渠管理处召开2020年党建党风廉政建设工作暨"不忘初心、牢记使命"主题教育总结大会。

3月29日　唐徕渠唐正闸于17时36分开闸放水,春灌拉开帷幕。

是月　唐徕渠管理处通过全国水利文明单位复审。

4月14日　自治区水利厅党委书记、厅长白耀华到唐徕渠管理处调研工作,要求管理处党委要组织全处干部职工深入学习贯彻自治区党委书记、人大常委会主任陈润儿调研重点水利工程规划项目座谈会和在银川市、石嘴山市、吴忠市调研黄河流域生态保护时的讲话精神,破除发展瓶颈,夯实发展基础。

4月20日　唐徕渠管理处举办扫黑除恶专题培训班,邀请凤凰北街派出所唐徕综合警务工作站社区民警进行授课指导,全处43人参加培训。

5月13日　水利厅银川片区"筑梦水利新时代·建设美丽新宁夏"大宣讲活动在唐徕渠管理处举办。唐徕渠管理处、西干渠管理处、惠农渠管理处、汉延渠管理处党员干部90余人参加

学习。

5月15日 水利部灌溉排水发展中心7人到唐徕渠管理处调研自流灌区标准化规范化管理工作,水利厅农水处、灌排中心等领导陪同调研。

6月24日 唐徕渠管理处党委召开以"学习贯彻习近平总书记视察宁夏重要讲话精神推动水利高质量发展"为主题的学习交流会,处领导、各科室及管理所负责人、机关全体党员共50余人参加会议。

6月30日 唐徕渠管理处党委召开庆祝中国共产党成立99周年大会。会议表彰3个先进党支部、8名党务工作者、24名优秀党员,3个优秀党支部做交流发言。

7月15日 唐徕渠管理处召开"努力建设黄河流域生态保护和高质量发展先行区切实推动我处水利高质量发展"研讨交流会,管理处领导及副科级以上干部共50人参加会议。

8月20日 唐徕渠管理处组织党员干部35人到永宁县闽宁镇脱贫攻坚教育基地开展"学习时代楷模、弘扬奋斗精神、创建模范机关"主题党日活动。

9月2日 唐徕渠唐正闸关闸停水。夏秋灌安全行水158天,引水7.87亿立方米。

9月20—25日 唐徕渠管理处组织45名党员干部赴福建省闽西、江西省赣南革命老区参加"干部能力素质提升"专题培训班。

10月16日 唐徕渠管理处在水利厅多功能厅举办《中华人民共和国民法典》普法讲座专题学习班,全处共200余人参加。

10月20日 唐徕渠唐正闸于11时56分开闸放水,冬灌工作拉开帷幕。

11月22日 唐徕渠唐正闸于13时关闸停水。全年安全行水192天,年引水9.91亿立方米,完成供水量8.82亿立方米,商品率86.9%,其中,为湖泊湿地生态补水1.578亿立方米,创历史新高。

2021年

1月12日 宁夏唐徕渠管理处召开党员大会,选举产生了第五届党委委员、纪委委员,自治区水利厅副厅长李永春、组织人事与老干部处副处长郭文军同志及管理处124名党员参加会议。

3月11日 唐徕渠管理处召开党史学习教育动员大会暨2021年党建党风廉政建设工作会议。处领导班子、基层管理所党支部书记及机关全体职工49人参加。

3月15日 唐徕渠唐正闸于11时56分开闸放水,春灌正式拉开帷幕。

3月23日 唐徕渠管理处举办"学党史、强党性、提能力"专题读书班。管理处机关全体党员、党建督导员、处属各党支部书记、委员50人参加。

是月 根据自治区《关于开展工程建设政府采购等领域突出问题整改工作的通知》和水利厅统一部署,唐徕渠管理处成立自查自纠工作小组,制订实施方案,对2017年以来管理处工程建设、政府采购等工作进行全面自查和整改。

4月2日　鲍旺勤任宁夏唐徕渠管理处党委委员、书记,陶东任宁夏唐徕渠管理处党委委员、处长。

4月14日　自治区水利厅副厅长张伟到唐徕渠管理处第二农场渠调研指导灌溉和防汛工作。

4月25日　扬州大学电气与能源动力工程学院党委书记张陟遥、副院长张继勇等4人到唐徕渠管理处调研交流职工培训教育工作。

4月28日　唐徕渠管理处在周城管理所实施建设的39套测控一体化量测水设施正式投入试运行。

5月11日　水利部政策法规司黄河立法调研组到唐徕渠管理处满达桥管理所调研指导水资源管理、河道管理等工作,自治区水利厅麦山副厅长、相关处室负责人及管理处负责人陪同。

6月24日　自治区水利厅召开庆祝中国共产党成立100周年大会,唐徕渠管理处党委获得"水利厅先进基层党委"荣誉。满达桥管理所、杨显桥管理所党支部获得先进基层党支部,曹振军、付中华被评为优秀党务工作者,郭大勇、张自平被评为优秀共产党员。

6月25日　唐徕渠管理处举行"光荣在党50年"纪念章颁发仪式,为14名老党员颁发纪念章。

6月27日　唐徕渠管理处处长陶东被评为"区直机关优秀共产党员",作为优秀共产党员代表在区直机关"两优一先"表彰大会上发言。

7月1日　唐徕渠管理处组织干部职工,集中收看中国共产党成立100周年庆祝大会直播盛况。

7月5日　自治区水利厅党委书记、厅长白耀华到唐徕渠管理处深入基层管理所调研工作。

7月13日—20日　唐徕渠管理处启动跨干渠联合调水,从西干渠尾水闸向第二农场渠补水106万立方米,有效缓解了第二农场渠梢段农田旱情。

7月27日　唐徕渠管理处组织召开第一次青年理论学习小组座谈会。管理处45岁以下青年职工32人参加。

7月29日　唐徕渠管理处组织25名退伍军人到宁夏水利博物馆、唐正闸参观学习,并开展以"赓续红色血脉奋进治水征程"为主题的学党史、庆"八一"活动。

8月　宁夏青铜峡灌区续建配套与现代化改造(一期)项目启动,批复唐徕渠实施项目有砌护改造第二农场渠11.81千米,配套改造渠道建筑物4座,整治唐徕渠满达桥闸段岸坡1处,配套建筑物安全监测设施。其中:第二农场渠运河桥至暖泉节制闸段(桩号K8+619至20+430)砌护改造工程、红旗沟退水闸、26湾节制闸改造工程于2021年9月10日开工建设,10月25日完成全部水下工程建设任务。大坝沟涵洞、良渠口节制闸工程于2021年11月25日开工建设,计划于2022年3月15日完工,具备春灌运行条件。

9月2日　唐徕渠唐正闸于8时关闸停水。夏秋灌安全行水172天,引水7.7亿立方米。

9月24日　唐徕渠管理处召开《唐徕渠志》编纂工作座谈会,启动志书编纂工作,邀请自治区地方志办公室副主任张明鹏培训指导,处领导、各科室负责人参加。

9月28日　唐徕渠管理处党委开展"一支部一特色"党建品牌大比拼及"三会一课"模拟演练活动。处属14个党支部54名党员参加。

10月25日　唐徕渠唐正闸于9时冬灌开闸放水。

10月19—28日　唐徕渠管理处27名党员干部分别在临湖左岸社区、亲水花园、李俊镇李俊社区、大武口东湖社区、安秀社区、青铜峡瞿靖镇蒋西村等8个社区,开展疫情防控志愿工作。唐徕渠管理处党委选派机关12名党员组成"党员志愿先锋队"下沉湖畔嘉苑社区20天,开展疫情防控服务工作。

11月14日　自治区水利厅副厅长麦山,银川市金凤区党委常委、统战部部长黄学忠及湖畔嘉苑社区负责人慰问唐徕志愿服务先锋队,并向唐徕渠管理处赠送了"志愿服务勇担当,疫情当前战一线"锦旗。

11月21日　唐徕渠唐正闸于8时5分关闸停水。干渠安全行水199天,年引水9.32亿立方米,供水8.8亿立方米。

12月24日　唐徕渠管理处召开《唐徕渠志》编纂工作座谈会,介绍志书编纂情况并征求意见,邀请宁夏社科院原副院长吴忠礼、地方志办公室主任张明鹏到会指导,中国水利报宁夏记者站、灌区水务局、农垦系统代表、志书编委会和编纂组成员、退休职工代表共50人参加。

12月30日　唐徕渠管理处宣传片《唐渠流润宁夏川》制作完成,并在中国水利报官网、中国水事等多家网络媒体上线播放。

第一章 地理环境

宁夏回族自治区位于中国西北部的黄河上游地区,是唯一全境属于黄河流域的省区。黄河穿越宁夏中北部地区向北流淌,在宁夏境内总流程达397千米。经过漫长的河流沉积作用,孕育出沃野千里的宁夏平原。唐徕渠灌域位于宁夏平原的引黄灌区北部,黄河青铜峡谷出口左岸,属贺兰山山前倾斜平原高阶地、黄河冲积平原二级阶地和鄂尔多斯台地地貌。唐徕渠开凿走向基本位于贺兰山与现黄河河道的中部,灌域南起青铜峡水利枢纽河西总干渠唐正闸,北抵石嘴山市平罗县、惠农区,西眺贺兰山而毗邻西干渠,东依次毗邻大清渠、汉延渠、惠农渠,渠道由南向北延伸,与第三排水沟连接,同黄河贯通。唐徕渠是宁夏引黄灌区最大的一条渠道,干渠全长314千米,灌区覆盖吴忠市青铜峡市,银川市永宁县、兴庆区、金凤区、西夏区、贺兰县,石嘴山市平罗县、大武口区、惠农区等9个县区及6个国有农牧场,控灌土地面积120万亩,是宁夏经济和社会发展的精华地带。

第一节 灌域基情

唐徕渠灌域位于宁夏引黄灌区银川平原腹地,南起青铜峡,北至惠农区,东经105°57′~106°36′,北纬37°58′~39°08′,东西宽5~30千米,南北长约160千米,控制面积约300万亩。灌域南起青铜峡水利枢纽河西总干渠唐正闸,北抵石嘴山市平罗县、惠农区,西眺贺兰山而毗邻西干渠,东依次毗邻大清渠、汉延渠、惠农渠,渠道由南向北延伸,与第三排水沟连接,同黄河贯通。

唐徕渠渠口旧时在黄河青铜峡左岸一百零八塔下引水。1960年,青铜峡水利枢纽工程截流后,唐徕渠正闸以上渠段形成河西总干渠,原有头道退水闸(关边闸)改作汉延渠进水闸,二道退水闸(安宁闸)废除,三道退水闸(汇昌闸)改作惠农渠进水闸,变渠口多首为一首,变无坝

引水为有坝引水。1953—1955年,在唐徕渠满达桥之上开口新建第二农场渠,最大引水流量为23立方米/秒。第二农场渠自贺兰县满达桥起,流经贺兰县习岗镇、常信乡、洪广镇,平罗县崇岗镇,到石嘴山市的国营简泉农场东侧,梢入第三排水沟,全长83千米。第二农场渠自1955年建成以来,先后建立了南梁、暖泉、前进、潮湖、简泉等国有农场和沿贺兰山东麓各厂矿农场,建有60余处提水灌溉站,开垦种植面积24.7万亩,为开发西大滩提供了水源保证。1978年,大清渠渠口上延合并改造后,唐正闸闸口宽32米、深4.5米,全闸10孔(唐徕渠8孔、大清渠2孔),设计流量220立方米/秒。渠道工程经多次裁弯整治、建筑物改造以及灌区节水续建配套改造,至2021年,唐正闸设计流量127立方米/秒,干渠、支干渠全长314千米,渠道沿线主要建筑物有直开口536座(512座直开口,24座扬水泵),桥梁221座,涵洞41座,水闸50座,渡槽20座,陡坡跌水1座,各类建筑物共计869座。灌区覆盖吴忠市的青铜峡市,银川市的永宁县、兴庆区、金凤区、西夏区、贺兰县,石嘴山市的平罗县、大武口区、惠农区等9个县区、34个乡镇175个行政村和6个国有农场,灌溉面积120万亩,占银川平原的1/4,是宁夏主要的粮食生产基地之一。灌区占引黄灌溉之利,沟渠纵横,湖沼繁多,土地肥沃,素有"塞北江南"之美称。

第二节　地质地貌

唐徕渠灌域处于银川平原的中北部,属于黄河Ⅱ级阶地地貌单元。地形地貌由西向东主要由贺兰山高山地貌、贺兰山东麓冲洪段倾斜平原(包括洪积扇)和黄河冲积平原组成,地势西高东低,南高北低,海拔高度在1097米至1135米之间,地势比较平坦。南北自然坡降1/1500至1/3000之间,其间分布有半固定沙丘,沙丘高度在3米至12米,主要分布在永宁县北部及平罗县南部。东西坡降较南北坡降大,地面坡降在1/500至1/8000。贺兰县以北的区域,地面坡降为1/700左右,形成黄河顶托倒灌,排水困难,盐渍化加重。第二农场渠西邻贺兰山脉,由贺兰山东麓洪积平原和黄河冲积平原组成,属于贺兰山洪积与黄河冲积段过渡带,东西宽7~17千米,海拔高1108~1130米,以1.5%~1.8%的坡度向东倾斜。

高山地貌(贺兰山)南北长220千米,东西宽20~40千米。南段山势较缓,三关口以北的北段山势陡峻,有大量露出地表的断层;贺兰山东西不对称,西侧坡度略缓,东侧地形陡峻,东侧与银川平原垂直落差可达2000米。贺兰山北部以花岗岩为主,由于接近乌兰布和沙漠干旱少雨,所以物理风化强烈。贺兰山主体在贺兰山中部,山势陡峭,山体庞大,海拔较高,一般在2000至3000米之间,主峰敖包圪垯在贺兰山中部,中部东西宽度可达50千米。贺兰山有汝箕沟、大水沟、小水沟、贺兰沟、插旗沟、苏峪口沟、三关口沟等50多条沟谷，沟道成V形，下部较为宽阔，沟底砾石遍布，沟口一般是碎石遍布的洪积扇。

贺兰山前冲洪积扇大致位于西干渠以西，在干旱、半干旱的气候条件下，造成水流在贺兰山前堆积了大量的洪积物，这些洪积物和山坡上面水流所携带下来的坡积物汇合起来，形成宽广平坦的山前倾斜平原。由于山前倾斜平原是由无数个大小不一的洪积扇所组成，因而形成高低起伏的波状地形。地形西高东低，地势由西向东倾斜，地面高程1130米至1300米。

黄河冲积平原位于青铜峡至石嘴山之间，黄河走向大致为西南至东北向。黄河Ⅰ级阶地只在沿河道凹岸处分布，不连续，黄河Ⅱ级阶地则较发育，阶地宽度大于上游的卫宁平原，形成广阔的银川平原。黄河左岸Ⅱ级阶地宽约50余千米，右岸最宽6千米，由南向北阶面高程1092米至1158米。

第三节 土壤植被

一、土壤

唐徕渠灌区农业历史悠久，灌域属黄河河套灌区，经多年的引黄灌溉沉积，灌区土壤在黄河冲积母质上发育而成，土壤颗粒细微均匀，凝聚性差，呈单粒状构造。表层土壤主要以灌淤土为主，部分地区有淡灰钙土、草甸土和盐土，并有白僵土。局部地区有沙丘，属风沙土。灌域内地表由第四系松散堆积物组成，以冲积物、洪积物、风积土为主，岩性主要由轻亚粘土、粉砂、粘土等组成，下部为上更新统冲积相堆积，岩性主要由亚粘土夹粉砂、砂石等组成，层厚均匀，层位稳定。灌区土层较厚，一般为10米左右，土质疏松，是优良耕作土壤。剖面表层呈浅黑色，中部呈灰褐色，质地为壤土或沙壤土，棱块结构，有机质层一般在0.2~400厘米，厚者达500厘米，有机质含量1.85%左右，pH值8.3~8.6。全剖面有碳酸盐反应，机械组成以粉粒为主，约占45%~54%，粘粒含量为15%~19%，空隙度为50%~58%，容重1.2~1.4克/立方厘米。养分含量以全磷、全钾较为丰富，全氮、水解氮较低，速效磷更低。

灌淤土，引黄灌溉区长期耕种形成的农业土壤。灌淤土的主要特征是有一定厚度的灌淤熟化土层。它是引用含有大量泥沙的黄河水进行灌溉，经长期灌水落淤与人为耕作施肥的交叠作用下逐渐形成的。主要特点是全土层均匀，有一定的熟化特征，其厚度均在30厘米以上。剖面自上而下划分为灌淤耕层、灌淤心土层和母质层。灌淤土层经过耕作，沉积层次已消逝，含有人为施肥等活动带进的其他侵入体，其土层均含有一定的有机质和养分，并具有较好的土壤结构和较多的孔隙，比较疏松。灌淤土层含盐量一般较低，小于0.15%；在地下水位高的条件下,可溶盐层经灌溉淋洗下移,但由于毛管作用,盐分会随毛管水上升,移至地表,发生土壤盐化。

淡灰钙土,土壤瘠薄,多为沙壤,有机质很低,土体干燥,有明显的碳酸钙聚积层,地下水位很深,植物覆盖率小。共有3个亚类:普通淡灰钙土、草甸淡灰钙土、淡灰钙土性土。大部为荒地、分布于洪积扇、老阶地。

浅色草甸土,母质多为黄河冲积物或淤积物,含沙量大,地下水位高,心底土由于氧化还原的交替过程,形成明显的锈纹锈斑。表层有一定的腐殖质,含有机质高低不一,熟化土层不足30厘米。如能加以人工改造,可转化为灌淤草甸土、灌淤土。分布于河滩上、冲积平原西部与风沙地交界处,共有5个亚类:普通浅色草甸土、盐化草甸土、灌淤草甸土、盐化灌淤草甸土和耕种草甸土。

盐土,盐化过程强烈、表土大量积盐(含盐量大于1%)、表层可见盐结晶的土壤,仅能生长耐盐植物。分布于低洼地、湖泊、沼泽周围和浸渍严重的渠道两侧,分普通盐土和沼泽盐土两个亚类。普通盐土易于改造,可科学排灌,降低盐分。

风沙土,水性重,含沙量大,有机质少,渗透性强,地表多为凸起的沙丘,少数平铺,仅有少数沙性植物,故植被稀疏。主要分布在机械化林场、泾源吊庄、杨显林场及望远、胜利、增岗等乡西部边缘地带,其他洪积扇地及老阶地中也零星见有。可通过改善灌溉条件,植树造林种草,增加腐殖质,改变其土壤性质。

白僵土,是一种碱性土壤,主要分布在平罗县姚伏镇、城关镇、崇岗镇、高庄乡的边缘地带。

二、植被

唐徕渠灌域主要以禾草植被群落为主,植被覆盖率较高。灌区开垦耕作后,逐步建立起农田防护林体系。到20世纪80年代中期,部分农区植被覆盖率达6%~8%,后因天牛危害,覆盖率显著下降。部分地区地下水位上升,出现草甸植被。进入21世纪,国家加大对植树造林的投入力度,灌区农田防护林体系基本恢复。

灌区作物种植主要以水稻、小麦、玉米为主,2021年灌区遥感调查农业作物种植面积共102.3万亩,生态湿地20万亩。其中,春小麦6.63万亩,占6.5%;水稻26.36万亩,占25.8%;玉米44.07万亩,占43.1%;冬小麦0.23万亩,占0.2%;大地蔬菜7.62万亩,占7.4%;温棚设施2.13万亩,占2.1%;人工林地4.7万亩,占4.6%;人工草地8.66万亩,占8.5%;其他园地0.94万亩,占0.9%;枸杞、葡萄、向日葵等作物0.96万亩,占0.9%。

第四节 气　候

唐徕渠灌域地处西北内陆,远离海洋,暖湿气流受阻,故气候受东南季风影响小且时间短,属典型温带大陆性气候,又由于贺兰山的天然屏障作用,阻挡了西北冷空气的长驱直入。因此,本地区的气候特征是四季分明,冬寒漫长,夏热较短,春迟秋早;冬寒无奇冷,夏热无酷暑,春季多风沙,秋季雨集中;光照充足,热量丰富,雨雪稀少,蒸发强烈,昼夜温差大,无霜期短而多变。

灌区内年平均降水量168.5毫米,降水年内分配不均匀,年际变化大,时空分布不均匀,多集中在6—9月,占全年降水的70%;多年平均水面蒸发量1170毫米,其中夏季蒸发量占年蒸发量的44%~50%;干旱指数6.6;最大降雨强度为25毫米/小时,但是持续时间短;冬春风大沙多,春寒冬霜迟,秋涝降温快,无霜期较短,平均为158天,一般为每年5月初至10月初;年均气温8.5℃(银川气象站,海拔1111.50米),多年平均气压值为890.4百帕;昼夜温差大,月平均气温低于零度的有12月、1月、2月,气温最低为1月,月平均气温最高是7月份,全年气温≥10℃积温3223.6℃以上;日照充足,年平均日照时数3019小时;最大冻土深度109厘米;全年风速平均为3.5米/秒,其中:3月、4月、5月风速偏大,最大风速可达12米/秒,且常常产生沙尘天气,年平均沙尘天气6~7次,最多年份1997年达17次。主要自然灾害有干旱、霜冻、冰雹、大风、风沙、热干风等。

灌区内春季(3—5月)气温回升快,冷空气活动频繁,大风沙尘暴增多,降水逐渐增加。农业上是3月种麦忙,4月树发芽、果树开花艳,5月插秧忙。夏季(6—8月)初夏、夏末气温低,高温出现在盛夏,天气炎热,多雷雨、暴雨,冰雹常出现,降水主要集中在7—8月。夏季是农事大忙季节,如遇上冰雹、大雨、暴雨、连阴雨天气,均可造成严重损失。秋季(9—11月)农谚称:一场秋雨一场凉,气温下降有早霜,雨量减少有冰雹,秋高气爽秋收忙。9月下旬—10月上旬是秋收大忙时期,这时天气晴朗,降水少,利于秋收。冬季(12月—翌年2月)冬季严寒少雪,气候干燥,寒潮大风增多,冰封地冻。

第五节　水资源

一、地表水

(一)黄河

黄河是中国第二长河,在中国中部,古名河,因含沙量大,水色浊黄得名黄河。黄河发源于青海省巴颜喀拉山脉,流经青海、四川、甘肃、宁夏、内蒙古、陕西、山西、河南、山东九个省区,在山东省入渤海。干流长5464千米,流域面积75.2万平方千米,多年平均年径流量659亿立方米。沿岸有汾河、渭河等较大支流。从源头至内蒙古自治区托克托县河口以上为上游,河口镇至河南省郑州桃花峪为中游,郑州桃花峪至入海口为下游。因流经黄土高原,水土流失严重。三门峡平均年来沙量16亿吨,使下游成为"地上河"。

黄河自中卫市沙坡头区南长滩入宁夏回族自治区境,由西向东,于中宁县鸣沙、白马等乡一带流向东北,至石嘴山市头道坎以下麻黄沟出境。流经沙坡头区、中宁县、青铜峡市、利通区、灵武市、永宁县、银川市、贺兰县、平罗县、惠农区、大武口区等宁夏中北部地区11市县(区)。在沙坡头区北长滩(下滩)纳入南来高崖沟水。中宁县有南来清水河于泉眼山、北来红柳沟于鸣沙州分别汇入。苦水河于灵武市新华桥自东南注入。水洞沟和都思兔河分别于平罗县东侧南北两端流入。黄河在宁夏回族自治区境内长397千米,流域面积4.1万平方千米,平均宽2千米,最宽处6千米,最窄处0.5千米。黄河是宁夏最主要的地表水资源,多年平均年入境水量为325亿立方米,年出境水量为301亿立方米。青铜峡水文站实测最大洪峰流量6230立方米/秒(1946年9月6日出现),调查最大洪峰流量7450立方米/秒(1904年7月21日出现)。龙羊峡、青铜峡等水库建成前平均含沙量7.2千克/立方米,年输沙量2.4亿吨,建库后含沙量3.1千克/立方米,年输沙量1亿吨。水质良好,平均矿化度0.4克/升,pH值8.0,饮用、灌溉均宜。平均每年11月24日始凌,12月26日封河,次年3月7日开河,封冻71天。下游先封河,上游先开河,易形成冰坝。河床组成从南长滩至青铜峡为粗砂卵石,青铜峡至石嘴山为粗砂;平均比降:南长滩至青铜峡0.77‰,青铜峡至银川0.39‰,银川至石嘴山0.25‰。河道入境高程1272米,出境高程1071米,总落差201米。大小河心滩约150个。主槽横向摆动频繁,有"三十年河东,三十年河西""小水坐湾,大水走直"之说。水力资源理论蕴藏量约200万千瓦,有大柳树、红毛牛、沙坡头等坝址。1967年建成青铜峡水利枢纽,总库容6亿立方米(已淤积5.4亿立方米),总装机容量27.2万千瓦,年发电量11亿度。2003年建成沙坡头水利枢纽,总库容0.26亿立方米,总装机容量12.03万千瓦,年发电量6亿度。包兰铁路通车前,为水上主要运输线,皮筏、木筏可由甘肃省兰州下行银川,20吨木船可往返于中卫至内蒙古自治区包头间。灌区除其东侧黄河外基本无地表水,农业灌溉主要是引黄河水。黄河从其东部穿过,年平均过境水量325亿立方米,平均水位为1093米。唐徕渠年均行水190天,平均引水量10亿立方米。

(二)贺兰山洪水

贺兰山横亘于宁夏平原北、西部,西起中卫市沙坡头区北部黑山嘴沟,向东至中宁县枣园乡后,折向东北方向,至石嘴山市惠农区麻黄沟,南北长约220千米,是宁夏和内蒙古重要的自然分界,也是护佑宁夏平原免受腾格里沙漠和乌兰布和沙漠侵袭的天然屏障。宁夏平原黄河以西部分,是自治区生产要素和经济活动最为集中的地区,也是宁夏沿黄经济区的核心组成部分。但由于贺兰山东麓自然发育山洪沟道较多,沟短坡陡,暴雨多发,严重的暴雨洪水灾害直接影响区域防洪安全,历来是自治区防汛工作的重中之重。

贺兰山山地植被稀疏,沟道发育,多呈长条形,且垂直于山脊平行排列。有大小山洪沟90余条,山地总面积4989平方千米,各沟集水面积从3平方千米至几百平方千米不等,其中集水面积大于50平方千米的24条,大于30平方千米、小于50平方千米的有33条,大武口沟最大,集水面积574平方千米。各山洪沟道多为季节性河道,少数沟道常年流水,其他沟道除发洪水外,多为干沟。地面径流以暴雨洪水形式出现,难以利用,最北部3条山洪沟直接导洪入黄,其他沟道小洪水呈漫流损失于洪积坡地,大洪水则冲入下部的拦洪库、排洪沟、傍山渠道等。

唐徕渠中上段(满达桥节制闸以上)受洪水威胁较小,来洪经滞洪区调蓄后穿涵洞导出。贺兰山东麓北段大小西伏沟、大水沟、小水沟、汝箕沟、小风沟、大风沟、龟韭沟、大武口沟、套狐沟等10条山洪沟道来洪对唐徕渠第二农场渠中下段渠道影响较大。

唐徕渠干渠来洪情况。唐徕渠上游紧邻西干渠,共有7座穿渠涵洞,其中中干沟、玉泉沟、反帝沟3座涵洞承接西干渠来洪,山洪暴发时,从西干渠渠东的泄洪闸或滞洪区泄退,由唐徕渠上游的穿渠涵洞导出。当涵洞过洪能力不足时,易造成涵洞上游沟道水位急剧壅高,甚至漫过渠堤入渠,对渠道造成危害。

第二农场渠来洪情况。第二农场渠渠道全长83千米,分上下两段:上段从进口闸至分水闸,长20千米渠道的西面有镇北堡拦洪库、金山拦洪库、沙井子滞洪区,其中沙井子滞洪区来洪由金山沟、金马公司沟入第二农场渠(胜利斗、抗旱斗斜对面),危害较为严重。下段从分水闸至渠梢的50多千米渠道傍山而行,其中暖泉退水闸至向阳闸渠段主要受大小西伏沟、大水沟、小水沟等山洪威胁严重。

唐徕渠重点渠段山洪情况。山洪直接入渠:西伏沟来洪从第二农场渠暖泉退水闸处对面西堤入渠,经暖泉退水闸退入南大沟进镇朔湖;套狐沟洪水从十九分沟闸下700米处西堤直接入第二农场渠,经十九分沟闸退入高庙湖拦洪库;大水沟洪水经一、二号山洪槽跨第二农场渠入一、二号沟进镇朔湖,小水沟洪水下穿向阳闸渡槽过第二农场渠进北大沟入镇朔湖。

二、地下水

灌区地下水资源丰富,地下水根据其赋予条件、水利性质及水利特征,可划分为第四系含水层中的空隙潜水、基岩裂隙水及承压水和浅层地下水。承压水厚度为80米,埋深在120米以下。空隙潜水、基岩裂隙水均为大地降水补给,埋深在60米以下;浅层地下水位从东北向西南埋深在0.5~25米之间,并且受季节影响,水位年变化幅度小于10米,年低水位期在2—3月份,高水位期在5—10月份,抽水单井流量150立方米/小时。北部灌区浅层地下水开采条件较好,累计含水层厚度10~20米,地下水位平均埋深20米。

地下水水质优劣受农业灌溉影响比较大,一般4—10月水质好,其挥发酚类、砷、六价铬、汞的检出率均在5%以下,氰化物和六价铬的检出值均不超标,矿化度均低于1%,平均值为635.0毫克/升,根据GB/T-14848-93标准,对地下水所监测的25项指标进行综合评价,灌区地下水为优良水,能够满足人畜饮水和农业灌溉用水对水质的要求。

第二章 工程沿革

宁夏平原引黄河水灌溉始于秦汉时期。宁夏引黄灌区是中国古老的大型灌区之一,距今已有2200多年的历史,早在南北朝时期就有"塞北江南"美誉。汉延渠、唐徕渠等古渠道,经历代修浚、整治、开发,沿用至今。唐徕渠始创年代不详,明代万历《朔方新志》记载"唐徕渠亦汉故渠而复浚于唐者",民间亦有"汉开唐修"之说。相传唐代对汉代旧渠曾大加疏浚、延长,并招徕垦种,遂名唐徕渠。唐徕渠修浚记载始于元代,河渠提举郭守敬整修疏浚、更立木闸堰。明代河西道汪文辉易木为石、修筑石闸。清代巡抚黄图安奏请重修,水利同知王全臣大事疏浚,侍郎通智领帑重修,宁夏道钮廷彩、王廷赞先后借帑大修。中华民国十六年(1927年),甘肃省主席刘郁芬派水利专员崔桐选来宁整顿水利,彻底疏浚了唐徕、汉延等渠。中华人民共和国成立后,大规模整治渠道、改造闸涵工程,灌区持续大搞农田基本建设,形成了排灌配套的工程体系。唐徕渠是宁夏引黄灌区最大的自流干渠,被誉为"塞上乳管"。

第一节 中华人民共和国成立以前

宁夏依黄河而生、因黄河而兴,是中华文明的发祥地之一。据《史记》等史书记载,宁夏平原(黄河西套)在春秋战国时期(前770—前221年)还是"羌戎所居"的游牧民族。

宁夏引黄灌溉的历史可远溯到秦汉,据《史记·匈奴列传》记载,秦朝建立以后,始皇帝三十二年(前215),秦始皇派大将蒙恬"发兵三十万人北击胡,略取河南地(即河套平原)"。公元前214年,在黄河东岸,阴山一带设44县(《史记》作34县),其中在牛首山北麓、吴忠金积镇附近设富平县,并于青铜峡、灵武设神泉、浑怀二障。公元前211年,又"迁北河榆中三万家",置于富平县等地,并分配土地,提供籽种农具,实施军民屯垦,河套地区开启了大规模农田水利建设和农业开发的序幕。从汉武帝以来,水利灌溉随王朝兴衰更替,盛进衰退,但总是不断向前发展,

"人民帜盛,牛马布野"(《后汉书·匈奴传》),被称为"新秦中",成为汉王朝进击匈奴最重要的粮草、军马供应基地。北魏统一中国北方后,水利又得复兴,"官课常足,民亦丰赡"(《魏书·刁雍传》),薄骨律镇是北魏六镇之一,也是一个富庶殷阗地区。隋唐时期,由于大兴水利,谷稼殷积,不烦禾籴之费,无复转输之艰,遂有"塞北江南"之誉(万历《朔方新志》)。

唐徕渠又名唐梁渠,习称唐渠,始创年代不详,据明弘治十四年(1501年)修纂的《宁夏新志》和明万历四十五年(1617年)《朔方新志》记载:"唐渠意亦汉故渠而复浚于唐者,宁夏于唐为怀远县隶灵州,故凡唐言灵州即谓兹镇。"《唐书》"李听为灵州大都督长史,境内有故光禄渠废久,听后开决以灌田,是李听所开即汉故渠也。汉光禄勋徐自为于五原(今定边境,不是内蒙古的五原——编者)筑光禄塞,五原今榆林镇近夏,则夏之光禄渠意亦徐自为所浚。"以上说明唐徕渠的前身是古渠废久,复浚于唐。在宁夏民间亦有"汉开唐修"之说。相传唐代对汉代旧渠曾大加疏浚,延长,并招徕垦种,遂名唐徕渠。

唐徕渠的名称在宋代史书中已有记载。西夏《天盛改旧新定律令》中多处载有"唐来、汉延及诸大渠"的管理和维护。《宋史·外国二·夏国传》卷四八六记载:"其(西夏)地饶五谷,尤宜稻麦。甘(州治今张掖)凉(州治今武威)之间则以诸河为溉,兴(州治今银川)灵(州治今灵武)则有古渠曰唐来、曰汉源,皆支引黄河水。"《金史·外国上·夏国下》卷一三四记载:"兴州则有古渠曰唐来、曰汉源。"1927年修成的《朔方道志·水利志》中首次将"唐来渠"改为"唐徕渠"。

唐徕渠修浚记载始于元代。《元史·世祖本纪》中记载:元世祖至元元年(1264年),行省郎中董文用、随中书左丞张文谦行省西夏的河渠提举郭守敬,对西夏末年历经战乱废坏淤浅的唐徕渠加以整修疏浚,因旧谋新,更立木制闸堰(其作用类似现在的闸坝,能有效控制进渠水量),至此元代在水利工程技术上开始有了新的发展。《元史·郭守敬传》记载:"至元元年,郭守敬从张文谦行省西夏。先是,古渠在中兴者,一名唐来,其长四百里,一名汉延,长二百五十里,它州正渠十,皆长二百里,支渠大小六十八,灌田九万余顷。兵乱以来,废坏淤浅。守敬更立闸堰,皆复其旧"。

明洪武初,明军收复宁夏后,为了稳定西北地区局势,于洪武六年(1373年)大办屯垦,大兴水利。宁夏卫指挥使宁正"至则修筑汉、唐旧渠,令军士屯田,引河水灌田数万余顷,兵食以足"(《明史·食货一》)。成化六年(1470年)四月,又在干渠渠首"展筑唐坝关堡",并将拦水坝由木料改为石料,周围砌上土墙进行保护,又在沿渠山口处和要害地点设立营堡,进行严密防守,从而保障干渠的安全,还把沿渠淤塞段落进行疏通,使渠水得到畅流。

明隆庆六年(1572年),经三边总督戴才奏请,又设立宁夏屯田水利都司官,并动用盐课经费,对唐、汉二坝进行一次改扩建,并将干渠闸口改土为石,"务期坚固,以垂永久"。改扩建工程由宁夏河西佥事汪文辉主持,全部以大条石垒筑。易木为石、修筑石闸,在引水口下20里之唐坝堡(今大坝营)修建石正闸一座,退水闸2座,同时设立水尺,定5市寸为一分,止以15分为率(此为改建石正闸、设立水尺的最早记载)。直到万历元年(1573年),才在继任佥事解学礼、周有光任上全部告成。在唐、汉二渠的进水口处建成12座石闸,附近的渠坝也全部用石块包砌。从此,唐、汉二坝"安如磐石,岁省诸费",河东秦、汉等渠闸坝也陆续易木为石。在工程维修和灌溉管理方面,定有规章,如每岁春三月发军丁、军余(屯田兵士和在役军士的子弟)修治闸坝,挑浚渠道。"四月初开水北流,其分灌之法,自上而下,管为封禁"(《嘉靖宁夏新志》卷一、卷二水利)。

清初,宁夏巡抚黄图安于顺治十二年(1655年)在上奏的《条议宁夏积弊疏》中,提出有关屯垦和水利方面的改革建议,主张改革前明的军卫军垦体制,要求实行"化兵为农""变兵为民",将屯兵转变为交纳田赋的自耕农,大力发展具有巨大潜力的塞上农业生产。清顺治十五年(1658年),巡抚黄图安奏请重修唐徕渠。康熙皇帝在指挥征讨噶尔丹叛乱时,于三十六年来到宁夏。他在这次以军事为目的的宁夏之行中,亲眼看到宁夏引黄灌溉的优越条件,回京以后经常提及此事,对皇族和大臣们产生深刻的影响。

康熙四十八年(1709年),宁夏官民不断向朝廷反映,称"宁夏汉唐两渠历久不修,水泽淤塞",特别是"唐渠地居上流,口高于身,水势不能通畅",并建议"今应引黄河之水、汇入唐渠,其唐渠之口宋澄堡两岸宜加修治。犹恐水不足用,请于唐渠上流逼近黄河之处,开河引水,并酌建木石闸坝,以资蓄泄"(《清圣祖康熙皇帝实录》)。水利同知王全臣大事疏浚,并由观音堂起逆流而上至石灰窑,筑450余丈之堆石迎水埽一道,劈黄河五分之一以为引水口,口宽达20余丈,受水始畅利,今犹利赖之(《皇朝经世文编》水利一)。

雍正初,川陕总督年羹尧亲自到宁夏视察水利后,向朝廷报告河渠失修的情况和整治灌渠发展农业生产的有利条件。朝廷于雍正四年至九年(1726年至1731年),先后派户部侍郎单畴书、御史史在甲和大理卿通智等前往宁夏,专职主持全面整修水利工程。为便于行事,升任通智为盛京工部侍郎。不久又授通智调动军队,行使兵工修渠的权力,再次改任通智为兵部侍郎。宁夏道员鄂昌勒和宁夏知府顾尔昌责成宁夏水利同知石礼图积极配合大力支持,仅用三四年时间,不仅把包括唐徕渠在内的各大干渠修治一新,而且还新修成了惠农、昌润两大干渠(《清世宗雍正皇帝实录》)。

雍正九年(1731年),通智修浚唐徕渠,由口至梢,挖淤培埤,共分十三工,延长迎水埽三里零十丈,并于大坝堡正闸以上约五里处,建造滚水坝三十丈,增建3墩4孔退水闸一座以泄余水(1981年宽劈唐徕渠引水段渠道时在腰坝发现古闸,遗存完整,疑是该闸);并将唐正闸附近之碑亭庙宇,亦加修缮。竣工后,又于唐正闸梭墩尾及西门桥柱刻画分数,测量水位、兼察淤澄。并于西门桥、大渡口等处渠底布埋"准底石"12块,使后来清淤疏浚有标准可循。唐徕渠由青铜峡口向北偏西流至平罗县上闸堡入西河(《朔方道志·水利志》卷六)。

乾隆四年(1739年)及四十二年(1777年),又经宁夏道钮廷彩、王廷赞先后奏请借帑大修。嗣后虽例应岁修,无大记载。

自清初以来,宁夏特设水利同知,专司汉延、唐徕、大清、惠农四大干渠水利。至光绪年间裁水利同知,归宁夏府监理,而修渠料款,仍由受水农民按亩均摊(《宁夏省水利专刊》)。

宣统元年(1909年),宁夏都统志锐为满族兵员从事农业计,请帑由宁朔县靖益堡,于唐渠左岸开湛恩渠,引水灌溉贺兰山坡一带新垦镇朔堡之荒地,惜上段为风沙所淤,无力复修,原渠已废。

中华民国初年,宁夏府缺裁撤,归宁夏道监理。中华民国十七年(1928年)宁夏道缺又裁,改设宁夏水利总局,设总办一,甫经数月。至中华民国十八年(1929年)改建行省,宁夏全省渠务归建设厅兼办,由厅委局长一员,段长四员,总段长一员,以专责成。至中华民国二十四年(1935年),举行第二次省政务大会,对水利制度详加讨论,遂改局长制为委员制,由本渠受水农民选举委员九人,内选常务委员一人,至勘估工料及一切应行兴革事项,仍由省建设厅监督。从此官督、民修的管理方式在渠道实现。

中华民国十六年(1927年),甘肃省主席刘郁芬委派水利专员崔桐选到宁夏全权负责整顿水利。其间唐徕渠得到全面维修,多年的淤塞和诸多的老大难问题得以解决,使唐徕渠旧貌换新颜,渠水得以畅流到梢段,为下游农户带来福音。另外,马福祥、马鸿宾和马鸿逵主政宁夏时期,他们以宁夏为封建割据的地盘,从自身集团利益考虑,也重视水利建设,除了对渠务管理体制和管理方法等方面有所变革外,还对一些大型、艰巨的工程实行"兵工"作业,在一定程度上减轻了民间的负担。期间对全省引黄灌区水系、各大干渠流域和重要水利工程实地勘测、制图和系统总结,形成第一部有关宁夏治水方面的学术性专著《宁夏省水利专刊》(北京中华印书局民国二十五年十二月出版)。

1949年前,唐徕渠全长211.83千米,唐正闸进水量65立方米/秒,共有大小支渠551条,有闸口7处,暗洞12处,桥26座,灌溉宁朔、宁夏、平罗3县42乡农田46.78万余亩,约占全省灌溉面积的三分之一(全省引黄灌溉农田160余万亩),是宁夏省乃至西北地区的第一大渠。但是,由于渠道接近贺兰山东麓,多沙地,淤堵严重,加上渠长、多弯道,输水不畅,一般从渠口进水流至渠梢需要7天7夜时间,平均每小时流程仅有1.2千米。所以,中梢灌区农田淌水困难,经常告急受旱。在民间流传着"常信堡的爷爷洪广营的爹,镇朔堡的孙子跑烂靴"——这就是当时唐徕渠下梢地段用水矛盾的真实写照。

第二节　中华人民共和国成立以来

1949年10月，中共宁夏省委对全省中心工作发出"抓好财经工作，尽快恢复生产，安排好人民的生活"的指示。11月15日，省委再次对冬天的中心工作发出指示，提出"组织好冬季的生产自救和度荒工作，积极安排好人民群众的生活"。12月1日，银川市各界人民代表大会召开，中国人民解放军第十九兵团司令员、银川市军管会主任杨得志在大会上作《银川市接管工作总结及会后的建设方针》的报告。为贯彻落实省委的指示和杨司令员在工作报告中的要求，在省人民政府尚未正式成立之前，就于1949年12月18日，先行召开宁夏解放后全省第一个抓经济建设的业务会议——全省首次水利会议。会议要求保护好原有渠道，首先做好冬灌，为下年农业丰收打好基础，同时要做好今后水利建设的测量与规划准备工作。由于各级人民政府的重视，领导带头深入"春工"第一线，亲自参加修渠劳动，并采取记工、评分和包工的方法，大力表扬劳动模范，使翻身后的农民劳动积极性高涨，改变新中国成立前"春工"时"干不干，月底散""大家的活慢慢地磨"的思想，更没有水霸们"吃工吃料"和"皮鞭子管理"的现象。中华人民共和国成立后第一个"春工"打了一个漂亮仗，为在宁夏大兴水利事业摸索到一些新经验，开了一个好头。

中华人民共和国成立后，宁夏的水利事业得到空前的大发展，在"积极兴办农田水利，以逐步减免各种水旱灾害、保证农业生产增产"的方针指导下，引黄灌区开始大规模整修旧渠沟、建设新渠沟，建立灌区排水系统。

1951年至1952年，针对旧渠弊端，采取裁弯取顺、缩短流程，疏浚渠槽、加固堤岸，改建阻水闸桥、合并渠口等方法，对原唐徕渠上中段进行大力维修扩整，并对唐徕渠进水闸以上5千米渠道进行了大规模整修扩建，以增加引水量。

1951年9月到1952年10月，调集青铜峡灌区8县（市）民工、军工、劳改工2万余人，进行唐徕渠引水口至银川市西门桥104千米的裁弯、疏浚、加拼和改建桥闸、合并斗口等工程，施工期间从省到县、乡各级领导亲临工地组织施工，水利技术干部分段负责。由于上下协力，扩整工程进展顺利，按时完成16处裁弯、疏浚、加填等，完成土方量417.84万立方米，改造建筑物55座，使用劳力122万工日。经过这次整修改建，改变了唐徕渠西门桥以上渠道的残破面貌，并取得改造旧渠的成功经验。

1952年春，扩建唐正闸，对原进水闸及退水闸翻修加固，闸墩改用浆砌石料，缩窄原3米闸墩为1米，并将原闸4孔（每孔宽3米）扩为6孔，废除原插杆闸门为木闸门，并用三摇板牙

式5吨启闭机6台,国家投资9万元。进水闸扩建后进水流量由原65立方米/秒增至120立方米/秒。

1953年春,接续完成唐徕渠渠首进、退水闸的扩整与西门桥到满达桥的5处裁弯工程以后。银川、贺兰、平罗3市县用岁修民工先后裁顺了西门桥段850米渠段,并对满达桥以下至平罗县城的弯段砌块石护坡。同年,将在黄河青铜峡出口西河马关嵯之下3千米引水的大清渠合并于唐徕渠作为支干渠。在跃进桥以上建闸分水,新开干渠6.2千米,完成土方10.89万立方米,建筑物6座,用劳力2.67万工日,投资5.53万元。

1953年6月,在唐徕渠满达桥新建第二农场渠分水闸,1954年8月完成工程2/3,开始放水,1955年全部建成,设计引水流量36立方米/秒,渠长83千米,计划灌地45万亩,为开发西大滩,建立国营潮湖、简泉、前进等农场创造了条件。

1956至1966年,完成第三期裁弯工程,裁弯19处,土方149.2万立方米,用劳力53.9万工日,兴修宁化桥下陡坡。贺兰县由满达桥管理所结合岁修征用民工分别完成三号渠至农场渠口等6处裁弯扩整工程(第23至28弯),土方103.1万立方米,用劳力40.7万工日。平罗县对八一桥以下县城以南的唐干渠裁弯13处(第29至41弯),土方46.1万立方米,使用劳力13.2万工日。

1958年,黄河梯级开发之一的青铜峡水利枢纽工程开工建设。该工程由水电部西北设计院设计,青铜峡水利工程局(即水电部第三工程局)施工,抽调民工2万余人参加建设。工程于1958年8月开工,1960年2月截流,1967年12月第一台机组发电,1978年全部机组安装完毕,是一座以灌溉为主,结合发电、防凌等综合利用的工程。枢纽由混凝土重力坝、河床式电站、溢流坝、泄洪闸、东端土副坝等组成,总长693.75米,最大坝高42.7米。枢纽的8个机组之间,相间布设7个溢流坝段,故称河床式电站。其中右岸8号机组为河东总干渠供水,装机2万千瓦,其余7台机组装机均为3.6万千瓦,电站总装机27.2万千瓦,年发电量为13.5亿千瓦小时。新建的枢纽工程结束了古老的青铜峡灌区各大引黄干渠无坝引水的历史,省去了历史上浩繁的渠首岁修。枢纽工程建成以来运行正常,对宁夏的经济发展发挥了巨大作用。

1959年8月,在平罗县水利局的支持下,由前进公社党委书记孔学礼、社长马永华、副书记贾洪福等组织民工1000余人,将唐徕渠尾段狭窄而弯曲的幸福小渠宽辟深挖、顺直延伸,穿越明长城,横穿幸福村,延长3.8千米,改从唐徕渠受水。从此渠梢幸福村群众得到灌水之惠。

1959年年底,在青铜峡水电站以下唐徕渠引水段,建铅丝笼堆石坝(潜坝)和西干渠进水闸。潜坝初建为临时性工程,为抬高总干渠水位向西干渠供水,配合渠首电站非灌溉期发电,采用块石、卵石、柳枝、铅丝笼分层堆叠而成,因行水期潜于水面以下,故此得名。

1960年2月,青铜峡水利枢纽截流后,将原唐徕渠引水段扩建成河西总干渠。5月过水后,潜坝壅水位略高于水电站导墙的计划水位。当时导墙临河面正在清淤,为使导墙安全,采取在潜坝两端炸缺口降水位的应急措施。冬灌结束后,对原潜坝坝体进行灌浆加固,铺砌混凝土面板,建15孔、孔宽5米的带桥闸坝。其中左岸3孔为深孔闸,建在潜坝左侧炸开缺口处。坝长

84 米,坝顶高程 1137.2 米,过水 400 立方米/秒。

1961 年 1 月 15 日,自治区副主席郝玉山主持召开实施汉(汉延渠)并唐(唐徕渠)与河渠分家工程,采取一次设计、两步施工方案,先并汉延渠后并惠农渠。

1961 年春灌放水后,河西总干渠潜坝 3 个深泄水孔因冬季施工清基不彻底而倒塌。1961 年冬至 1962 年春重建潜坝 3 个深泄水孔,但未安装闸门及启闭机。

1962 年春季,实施汉(汉延渠)并入唐(唐徕渠)工程,从此汉延渠由河西总干渠头闸(今汉惠进水闸)引水;原有唐徕渠头道退水闸(关边闸)改作汉延渠进水闸,二道退水闸(安宁闸)废除,三道退水闸(汇昌闸又称三闸)改作惠农渠进水闸,变渠口多首为一首制,变无坝引水为有坝引水,提高了引水保障。由于汉延渠和惠农渠以前均在西河引水,故此项工程称之为河渠分家,该工程于当年 6 月竣工。

1966 年,由西北勘测设计院设计、水利工程处施工,工程投资 68 万元,将河西总干渠潜坝续建为 15 孔节制闸,调节控制河西总干渠的水位、流量。左岸(西侧)3 孔为深孔,净宽 4.8 米,高 4.1 米;另 12 孔为浅孔,净宽 5 米,闸墩高 3.1 米;设平板钢闸门,5 吨电动吊车启闭。闸底高程浅孔为 1136.20 米,深孔为 1135.20 米,闸顶高程为 1139.20 米,闸上游渠道底高程为 1133.90 米,闸后渠道底高程浅孔为 1131.00 米,深孔为 1129.70 米,消力池底高程为 1133.00 米,长 78 米,宽 83.18 米,设计引水流量 450 立方米/秒。

1968 年加固改造河西总干渠潜坝。对潜坝闸墩进行加长,并安装钢质平板闸门和电动吊车启闭,对坝体和消力池进行了加固改造,坝前做粘土铺盖。

1969 年冬至 1970 年春,由水电部西北勘测设计院设计、水电部第三工程局施工,投资 50 万元,新建河西总干渠一号退水闸(K1+257)。退水闸为Ⅲ等中型 3 级水工建筑物,4 孔开敞式水闸,闸底板为折线形,中孔净宽 5.5 米、高 5.4 米,边孔净宽 3.0 米、高 5.4 米,设钢结构平板闸门,设 2 台 25 吨和 2 台 50 吨卷扬式启闭机。设计退水流量 250 立方米/秒,闸底高程 1134.00 米,闸顶高程为 1140.00 米,消力池底高程为 1132.00 米,长 25.5 米,宽 24 米,池后设有 50 米海漫防冲工程。青铜峡水利枢纽河西渠首电站,原设计在非灌溉期为不运转,为增加出力,将河西一号退水闸和潜坝联合运用,即关闭潜坝闸,开启一号退水闸,渠首电站即可常年运行而不受非灌溉影响。一号退水闸同时也是河西总干渠调节流量、安全度汛和事故退水的必要设施。

1970 年至 1982 年,唐徕渠完成第四期裁弯工程,裁弯 22 处,土方 120.2 万立方米,用劳动力 10.6 万工日,新建改造建筑物 11 座,国家投资 85.8 万元。青铜峡的王家弯子,永宁县的张湖、锅底湖和贺兰县的老洼墩弯 6 处"卡脖子"弯道裁弯取顺(第 42 至 47 弯),完成土方 72.5 万立方米,占地 371 亩,建斗口 11 座。周城管理所在平罗县征用岁修民工裁弯 16 处(第 48 至 63 弯),完成土方 47.7 万立方米,使用劳力 10.6 万工日。

1976 年,河西总干渠潜坝改电动吊车启闭为移动门式启闭,为适时调节河西总干渠水位,保障西干渠水量调配提供便利条件。

对唐正闸再次改建,将原 6 孔改建为 10 孔(均宽 3 米),其中唐徕渠 8 孔,大清渠 2 孔,原

木闸门手摇板牙式启闭机改建成钢筋混凝土闸门,使用10台12吨电动手摇两用卷扬机悬吊。改建后唐正闸设计流量增至220立方米/秒,大清渠为30立方米/秒,工程由渠首管理处设计并施工,投资32万元。

1977年,青铜峡市将大清渠口上延,扩大原贴渠11千米与大清渠合并,并列于唐徕渠进水闸东侧,由河西总干渠引水,1978年4月20日竣工。

唐徕渠原自黄河青铜峡一百零八塔下引水至平罗县惠威村尾闸(梢闸)总长211.83千米。从1960年青铜峡截流后由河西总干渠引水,至1982年,经过四期大规模的裁弯扩整、疏浚渠槽,加培渠堤,新建、扩建支干渠,改造扩建各类建筑物、合并支斗口、砌护险工段等工程的实施,干渠长度减少了57.2千米,干渠上开口的斗口减少200多座,支、斗渠系布置更趋合理,新建、改建、扩建桥、闸等各类建筑物300余座。经过更新改造,渠道顺直,流速加快,输水能力大增,险工隐患显著减少,灌溉面积逐年扩大,安全运行程度提高。

1980年后,在总结20世纪60至70年代渠道砌护经验基础上,采用浆砌石基础,边坡下1/3为浆砌石、上2/3为混凝土预制板的新砌护型式。截至1985年底,唐徕渠干渠及支干渠累计有各种类型砌护长200千米(单堤)。

1986年至1992年,重修加固大坝沟、反帝沟、永二干沟3座穿唐徕渠涵洞,新建红旗沟、四二干沟涵洞及胜利桥、良田退水闸等建筑物183座,其中翻修、新修斗口166座;砌护小弯桥、李银桥等重点段81.45千米。经过更新改造,险工隐患显著减少,输水能力及安全程度相应提高。

1993年冬至1995年7月,兴建河西唐渠电站(习称9号机组)。河西总干渠原设计由青铜峡水利枢纽1号发电机组发电尾水(250立方米/秒)和泄水底孔(灌溉底孔)补水。为了节约水资源,提高用水效率,增加经济效益,由自治区原电力局和青铜峡市等组成经济联合体,筹资兴建河西唐渠电站。该电站从青铜峡水利枢纽坝上左岸引水,开挖明渠400米,土石方41万立方米,浇筑混凝土5.1万立方米,在距大坝下0.5千米处兴建唐渠电站,设计流量223.6立方米/秒,装机3.0万千瓦。发电尾水直接入河西总干渠,自此关闭青铜峡水利枢纽灌溉底孔运行,河西总干渠由1号和9号机组发电尾水供水。同时投资对9号机组以下总干渠渠道进行全断面翻修加固,砌护长度300米,完成混凝土3800立方米,浆砌石4200立方米。

1993年至1998年,重点翻建唐徕渠大阎沟、反帝沟、大坝沟等3座涵洞,加固永二干沟、第二排水沟、中干沟、第二农场渠四二干沟等4座涵洞,新建姜家桥节制闸,改造扩建良田渠丰盈节制闸等。

自1998年开始至2019年,实施灌区续建配套与节水改造工程,唐徕渠累计砌护渠道221千米(含水权转换项目),新建、改建闸、涵、桥、渡槽等74座,斗口改造351座,改造管理所、段34处。唐徕渠水利建设实现历史性跨越,工程总体面貌发生根本转变。

2005年12月6日,唐西总干渠合并上段工程正式开工。该段渠道设计流量143立方米/秒。至2006年5月,共完成上段渠道扩整4.3千米,改造公路桥1座、溢流堰3座、斗口4

座及排水沟尾水工程,项目总投资2543万元。

2012年,唐正闸被列入中型病险水闸除险加固改造项目,再次进行改造,设计流量为127立方米/秒,更换复合钢闸门和启闭设备10套,启闭机型号为QP-250卷扬式启闭机。

2013年12月至2014年5月,实施中型病险水闸除险加固改造工程,翻建河西总干渠一号退水闸,保留闸前下游翼墙、闸墩、消力池、底板及交通桥,拆除排架、闸房、闸前上游挡土墙,更换闸门启闭设备。建成后,水闸共4孔,两侧边孔(高×宽)5.4米×3米,中间2孔(高×宽)5.4米×5.5米,闸前设计水位1137.40米,闸后设计水位1135.10米,水闸设计流量170立方米/秒,加大流量250立方米/秒,更换2台QP-400卷扬式启闭机、2台QP-2×250卷扬式启闭机和复合钢闸门,项目总投资214.3万元。

2014年11月,实施河西总干渠潜坝节制闸重建工程。该闸设计为Ⅲ等中型水闸,建筑物级别为3级,设计烈度8度,为钢筋混凝土整体开敞式结构,闸室总长81.2米,宽15.5米,闸孔数13孔,单孔(高×宽)3.6米×5.0米,闸墩高5.5~4.5米、长15.5米、厚1米,闸后带净宽4米交通桥,上游连接段长190.5米,下游连接段长299.5米,更换升卧式钢闸门和QP型双吊点2×160卷扬式启闭机。改造后水闸设计流量300立方米/秒,加大流量365立方米/秒,闸前设计水位1137.15米。

2017年至2018年,实施河西总干渠三闸、西干渠进水闸、潜坝、一号退水闸等11座水闸69孔闸门现地控制系统和水闸视频监控系统建设,在建设完备的本地安全监测和自动化控制基础上实现了水闸的远方实时在线监测、远程控制和视频监控,项目总投资606.93万元。

至2021年,唐徕渠自青铜峡水利枢纽河西总干渠的唐正闸(即唐徕渠进水闸)引水,流经青铜峡、永宁县、银川市、贺兰县至八一桥进入平罗县;经平罗县姚伏、城关2个镇后绕经平罗县县城,过人民闸于高庄乡幸福村内入第三排水沟。第二农场渠自唐徕渠贺兰县满达桥节制闸引水经贺兰县常信乡、洪广镇、平罗县崇岗镇、大武口区、惠农区燕子墩乡汪家庄村内入第三排水沟。

唐徕渠现由干渠和4条支干渠组成,渠道全长314千米,其中:唐徕渠干渠长154.6千米,第二农场渠长83千米,良田渠长25.8千米,新开渠长9.69千米,大新渠长17.89千米,暖泉渠长28.3千米。渠道沿线主要建筑物有直开口536座(512座直开口,24座扬水泵),桥梁221座,涵洞41座,水闸49座,渡槽20座,陡坡跌水1座,各类建筑物共计868座。随着续建配套与节水改造工程的实施、灌区作物结构的调整、节水灌溉技术应用,唐正闸最大引水量从154立方米/秒降至127立方米/秒,年用水总量从最大的17.74亿立方米降到10亿立方米左右。唐徕渠灌区覆盖吴忠市的青铜峡市、银川市的永宁县、兴庆区、金凤区、西夏区、贺兰县、石嘴山市的平罗县、大武口区、惠农区等9个县区,34个乡镇175个行政村和6个国有农场,灌区作物以玉米、水稻、小麦、蔬菜为主,灌溉面积120万亩,占青铜峡灌区的1/4,是宁夏主要的粮食生产基地之一。灌区占引黄灌溉之利,沟渠纵横,灌排体系完善,沃野千里,村落相望,谷稼殷积,水草丰美,绿树成荫,渠路成网,享有"塞上乳管"美誉。

第三章 工程建设

中华人民共和国成立后,针对旧渠弊端,在唐徕渠先后采取大规模整治旧渠、更新闸门启闭设备、裁弯取顺、疏浚渠槽、培厚堤岸、改建闸桥、衬砌险工段、合并斗口、换装铁斗门、合理控制用水等整治措施,渠系改造布局合理,工程配套改善,渠道输水调控能力显著增强。1953年在唐徕渠满达桥开口建成第二农场渠,提水灌溉和干渠梢段的延伸,扩大灌溉面积。1960年青铜峡水利枢纽截流后,唐正闸以上引水段形成河西总干渠,各干渠引水口由多首变为一首制引水,变无坝引水为有坝引水,提高了供水保障率,省除了世代浩繁的岁修工料。改革开放以来,灌区持续大搞农田基本建设,加快渠道工程改扩建和建筑物除险改造,灌区节水与续建配套改造、现代化生态灌区改造实施,工程配套标准逐步提高,灌排体系日趋完善、工程险工隐患显著减少、输水能力和安全状况有效提升,灌区种植结构和用水结构发生改变,节水效果和水资源利用率明显提高,现代化节水型灌区建设稳步推进。

第一节 渠道扩整

一、干渠整治

(一)渠道裁弯

唐徕渠经历代疏浚整治,至中华人民共和国成立前发展为宁夏乃至西北的第一大灌溉渠道。原干渠直接从黄河引水,引水口在青铜峡出口左岸"百八塔"下200米处的龙王庙附近,筑有1350米堆石迎水㧟,呈喇叭形,进口宽为河道宽度的五分之一。在迎水㧟临河侧及王家河上做有五座"堆石码头(丁坝)",码头前窄后宽,形似猪身。其间泥沙沉淤,加固㧟基,民间喻称"五猪攻天河"。迎水㧟用块石、柴草垒砌,逐年加固,底宽五丈,顶宽一丈,高六尺许。从黄河进水口到大坝营唐徕渠正闸长11.2千米,中间设腰坝(溢洪侧堰)1处,退水闸3处(由下而上称头闸、二闸、三闸),均为3墩4孔,墩上架设无栏杆木桥。唐正闸最大进水流量65.5立方米/秒,渠道全长212千米,有各种建筑物590座,其中节制闸、退水闸各4座,桥26座,渡槽4座,跌水1座,斗口551座,灌地46.7万亩,引水量与灌溉面积均居灌区各干渠之首。

唐徕渠旧渠上段多处紧靠沙丘,风沙入渠,增大了清淤工程量;中段多系填方,两侧多为湖泊,渠身蜿蜒,左右冲淤,凸岸积成大的土堆,凹岸险工百出,防险码头密布渠中,下段输水断面狭小、弯曲多、水流不畅,淤积严重。渠道上冲下淤现象普遍存在。据《乾隆宁夏府志》记述:"渠道弯曲之处,东岸高者西必低,西岸厚者东必薄。高厚者厉逼水势,刷洗对岸也"。凹岸冲塌后对岸必有淤积,致渠身越趋弯曲,是引起决口因素之一。历有"龙行弯道"和"白马拉缰"的掌故。尤其唐徕渠马家瓆(现陡坡上下)最为突出。有长约三千米,主流直冲西岸,原堤冲没后,继续蚕食沙丘,形成一片汪洋。泥沙随水入渠沉淀渠槽,继而进入下游支渠,危害良田。

中华人民共和国成立后,经过大规模的裁弯扩整、疏浚渠槽,缩短流程,加培渠堤、改造扩建各类建筑物、合并支斗口、砌护险工段等工程实施,渠道顺直、流速加快,输水能力大增,灌溉面积逐年扩大,安全运行程度提高。

裁弯取顺工程从1950年开始实施,至1982年结束,经历了四期大规模的裁弯取顺阶段(见表3-1)。

表3-1 唐徕渠裁弯取顺设计纵横断面表

地段 \ 断面	比降	底宽(米)	水深(米)	内坡比	备注
引水渠—正闸	1/3000				11.3千米
正闸—玉泉桥	1/3600	26	2.3~2.2	1:1.5~1:1	
玉泉桥—西门桥	1/5000	18	2.2	1:1.5~1:1	
西门桥—满达桥	1/5000	18~15	2.2~2	1:1.5~1:1	
满达桥以下	1/5000	15~7	1.9~1.4	1:1.5~1:1	

注:裁弯填方段,左堤顶宽3米,右堤顶宽5米;内坡1:3,外坡1:2;超高0.8至1米。

第一期裁弯(1950年至1952年)

1950年至1951年,宁夏省水利局组织力量进行全渠线的勘测、设计。由于灌溉需水不可中断,故采用边勘测、边设计、边扩建的办法,疏浚渠身,裁弯取顺,缩短流程,增大流速,防冲砌护渠槽;改建旧式闸、桥,合并斗口、安装铁斗门,加强灌溉管理。

1950年7月至1952年10月,工程从干渠引水口至唐徕渠正闸挑挖"石碛子",唐徕渠正闸至银川西门桥段裁弯取直、疏浚渠槽、合并斗口、改造扩建闸桥等。

1950年7月20日23时,永宁县火石瓆(永家湖退水闸对面)大弯道中部东岸(右岸)决口,淹坏民房56间,压青苗约2430亩,冲垮渠堤长1.5千米。宁夏省建设厅、水利局、永宁县相关负责人现场研究,采用弃旧更新另筑新堤的方案,裁弯取顺长500米,放弃原弯曲连续的旧

渠。经两千军民奋战 11 天,堤成水通,坚实稳固,水流平稳,渠线缩短约三分之二。此举打破传统旧习,创裁弯改造旧渠之先例,为宁夏引黄灌区裁弯取顺整治旧渠道创出先例。

1951 年秋冬,完成上段第一弯(青铜峡市蒋顶乡李村下)、第二弯(青铜峡市邵岗乡玉泉村玉泉退水闸上)渠道裁弯的部分工程及红花渠口改建等工程。

1952 年春夏,宁夏省建设厅集中近万人,有军工、劳改工和吴忠、灵武、金积、宁朔、永宁、贺兰、平罗、惠农、银川九县(市)民工,在夏灌期间完成裁弯土方工程,待停灌时通新渠堵旧渠,确保了施工、灌溉两不误。

1952 年秋灌停水期间,宁夏省人民政府根据建设厅厅长郝玉山的意见,决定突击施工一个月,裁弯、疏浚、加埂三项工程同时进行,一气呵成,上工人数高达 3 万人。工程设计施工总负责人为郝季厚(水利局技术室主任)、杜瑞瑄(河西工程处处长)、吴尚贤(河西工程处副处长),在 10 天内完成工程的设计任务。施工技术指导由省水利局河西工程处负责。全部工程划分为 3 段,玉泉段负责人麦思信,宁化段负责人李桂荣,永宁段负责人李茂唐。为了便于领导,前线工程指挥部设在杨显台,郝玉山厅长坐镇指挥,张兴(省水利局局长)和李鸿章(河西工程处副处长)均参与施工。裁弯取顺的新渠线段多为填方,取土运距远,有的穿过湖泊洼地,施工难度大。为保证工程质量,填土厚度和夯实遍数均有严格规定,随时检查,不合格者返工。因时间短、战线长、任务大、技术人员少,有些问题考虑欠周,施工中发现:"宁化桥段设计水位低于原水位 1 米多,吴忠市上工人数少,不能按时完成。"李桂荣向郝厅长报告后,当晚召开杨显台紧急会议及时纠正。

1952 年,经河西工程处勘测设计,裁顺宁化桥以上的 6 千米,桥下自和尚渠至朱家埠 8.5 千米、小弯段 2 千米、高庙桥下 4.3 千米的弯段。在建设厅厅长郝玉山的主持下成立施工指挥部,调动军工及劳改队人员、调用灵武、吴忠、金积、青铜峡(宁朔)、永宁、银川、贺兰、平罗八县、市的民工,共 2 万余人,于 9 月 1 日开工,10 月 5 日工程完成,10 日开始冬灌,因质量好未出事故,输水量大增,进口流量由 60 立方米/秒增到 120 立方米/秒,冬灌顺利完成后,在省府礼堂举行了隆重的庆祝盛会,省委书记李景林讲话,表彰有功单位和个人。

唐徕渠一期裁弯共完成 16 处(1 至 16 弯),土方 231.3 万立方米,疏浚、加埂土方 186.5 万立方米,合计 417.8 万立方米,同时新建、改造建筑物 55 座。其中有玉泉桥及宁城退水闸各一座,改造扩建良田、大新、八一渠进口闸各一座;建 9~12 孔的大车木面桥 4 座,合并改造支斗口 46 座(方口 15 座,圆口 27 座,明口 4 座),各闸、斗口都安装了铁斗门和启闭机;共用劳力 122.1 万工日,投资 154.9 万元,其中国家投资 80 万元,地方水费 74.9 万元。工程由宁夏省水利局组织勘测、设计,河西工程处负责施工技术指导,施工中调集引黄灌区民工、军工及劳改工 21.5 万人,完成全部工程的建设任务。

裁顺的 16 个弯道中,第 12 弯(望远桥上)工程量最大。第 11 弯(大东方桥的小弯段)工程最艰巨,工程量也大,原弯呈"之"字形,长 7 千米,裁后缩短 3 千米。裁弯渠线穿过湖泊,芦苇丛生,近处无土可取。由吴忠、宁朔、金积(宁朔、金积县 1963 年分别并到青铜峡和吴忠县)、银川、贺兰县5县(市)民工计5000人承担。先挖掉芦苇根,从300米外运土,分层夯填,奋战近两个月才完成。贺兰县民工撤走后,渠堤普遍下沉约0.8米,宁朔县民工又加高1米,才达到设计高度。

一期裁弯工程完成后(见表3-2),渠水流速加快,渠底大部分变淤为冲,输水能力增大,消除了一些险工段,减少了输水损失,斗口开关方便,为计划配水和扩大灌溉面积创造了条件。但也出现了渠底刷深、渠水位相对降低、有些高斗不上水的问题。新建的良田、红花渠口,因变动位置和进水方向,进沙严重,进水量不足,影响灌溉,只得再用旧口引水。

表3-2 唐徕渠一期裁弯统计表(1951年至1952年)

阶段	年份	名称	地点	施工单位	土方(万 m³)
			总计		417.8
第一期裁弯	1951、1952年	一弯	蒋顶李村下	灵武、宁朔、永宁、贺兰县民工	17.5
	1951年	二弯	玉泉退水闸上	宁朔县民工	8.8
	1952年	三弯	玉泉桥下	吴忠、灵武县民工	1
	1952年	四弯	二旗团庄上	吴忠、灵武县、平罗县民工	8.3
	1952年	五弯	二旗团庄下		
	1952年	六弯	宁化桥上	吴忠、灵武、金积、贺兰县民工	15.9
	1952年	七弯	宁化寨上		
	1952年	八弯	宁化寨下	惠农县民工	5.7
	1952年	九弯	邵家寨上	吴忠、灵武县、平罗县民工	9.6
	1952年	十弯	邵家寨下	灵武县民工	6.3
	1952年	十一弯	大东方桥下	吴忠、宁朔、金积、银川、贺兰县民工	34.5
	1952年	十二弯	望远桥上	永宁、贺兰、平罗县民工、军工、劳改工	74.2
	1952年	十三弯	望远桥下	永宁县民工、劳改支队	3.5
	1952年	十四弯	红花渠口上下	劳改支队、省劳改大队及永宁、银川、贺兰县劳改工	14.7
	1952年	十五弯	社家桥	永宁县民工、劳改支队	4.5
	1952年	十六弯	保伏桥上、下	劳改支队、省劳改大队及永宁、银川、贺兰县劳改工	21.8
			合计		231.3
第一期疏浚	1952年	一段	大坝—玉泉桥	中卫、中宁县民工	74.9
	1952年	二段	玉泉桥—新开渠口	吴忠、金积、灵武、中宁、银川市民工	64.2
	1952年	三段	新开渠口—大新渠口	宁朔、永宁县、银川市民工	13.7
	1952年	四段	大新渠—西门桥	贺兰、平罗县民工	33.7
			合计		186.5

第二期裁弯(1953年至1955年)

1953年至1955年,完成唐徕渠西门桥到满达桥10.8千米的裁弯,对重要建筑物西门老桥进行改建,新建退水闸2座,斗口改造10座,并对冲刷严重、地理位置险要的西门桥上下3.1千米渠道进行砌护。

1953年,为给西大滩新建各国有农场供水,在唐徕渠满达桥处建节制闸、第二农场渠进口闸,新开第二农场渠。完成了从西门桥至满达桥10.8千米的裁弯并斗工程,共裁弯5处(第17至21弯)。4月20日开工,7月底完工(当年未通水),完成建筑物10座(进、退水闸2座,斗口8座),土方74.9万立方米,使用劳力39.7万工日,投资52.1万元。其中国家投资45万元,地方水费7.1万元。同年还将大清渠合并到唐徕渠引水。

1954年,继续完成西门桥至满达桥的尾工,在杨显湖附近左岸增建两孔石墩退水闸1座(杨显退水闸),手摇启动闸门,顶部有桥,泄水入杨显大湖。后因干渠水位降低,闸不进水而停用;新建涵洞1座即二排涵洞,洞长67米,石墩墙拱形,双孔,各宽3米;斗口2座,宁化桥浆砌石护底1处。共完成土方11万立方米,使用劳力5.8万工日,国家投资12.6万元。同年由银川市政府投资,建成银川市西门桥,省水利局马应杰工程师设计施工。

1955年,第17裁弯通水后,西门桥上下冲刷严重,为市区安全需调整比降,又裁顺西门桥弯(第22弯),直线长850米,并对冲刷渠段砌护3.1千米,改建了西门老桥,共完成土方4.6万立方米,使用劳力3万工日,国家投资18.7万元。

本期裁弯6处(17至22弯),新建、改造各类建筑物15座,砌护渠道两处,完成土方90.5万立方米,使用劳动力48.5万工日,投资83.4万元,其中国家投资76.3万元,地方水费7.1万元(见表3-3)。

表3-3 唐徕渠二期裁弯统计表(1953年至1955年)

阶段	年份	名称	地点	施工单位	土方(万m³)
合计					90.5
第二期裁弯	1953年	十七弯至二十一弯	西门桥—满达桥	银川、贺兰县民工	74.9
	1955年	二十二弯	西门桥	银川市民工	4.6
第二期建筑物	1954年	退水闸、斗口、宁化桥浆砌石护底	杨显桥、宁化桥	永宁县、银川市民工	11
	1955年	西门桥改建、西门桥渠段砌护	西门桥	/	/

第三期裁弯(1956年至1967年)

为缓解因前两期渠道裁弯造成的渠道比降增大,渠床冲刷及永宁段高斗高地淌水难的问题,1956年由宁夏省水利局工程处郑忠效工程师负责宁化桥管理所新桥下修建浆砌石陡坡1座,跌差0.8米,过水流量80立方米/秒。同年还将新桥上马家塄段的宽浅渠槽(水面宽200多米),采用两岸对做丁坝(码头)的办法,缩窄渠道,疏浚渠水,丁坝间淤澄泥沙,渠道定型,是治理宽浅渠道的成功实例。

1956 至 1966 年，唐徕渠满达桥到渠梢幸福弯的裁弯取顺工程历经十年完成。贺兰县由满达桥管理所结合岁修征用民工分别完成三号渠至农场渠口等 6 处裁弯扩整工程（第 23 至 28 弯），土方 103.1 万立方米，用劳力 40.7 万工日。平罗县对八一桥以下县城以南的唐干渠进行了大裁弯。由周城所岁修征工裁弯 13 处（第 29 至 41 弯），土方 46.1 万立方米，使用劳力 13.2 万工日。均由岁修民工水费完成。

第三期裁弯工程完成陡坡 1 座，治理宽浅渠槽 1 处，裁弯 19 处，完成土方 149.2 万立方米，用劳力 53.9 万工日（见表 3-4）。

表 3-4　唐徕渠三期裁弯统计表（1956 年至 1967 年）

阶段	年份	名称	地点	施工单位	土方（万 m³）
总计					149.2
贺兰县裁弯	1957 年	二十三弯	三号渠至农场渠口	银川市、贺兰县民工	16.3
	1960 年	二十四弯	宋道渠至尹后渠	银川市、贺兰县民工	3.1
	1958 年	二十五弯	太子渠至吴家二户渠	银川市、贺兰县民工	9.4
	1956 年	二十六弯	新干渠至西安子渠	银川市、贺兰县民工	30.9
	1959 年	二十七弯	新华渠至抱子渠	银川市、贺兰县民工	17.6
	1966 年	二十八弯	抱子渠至丁北小桥	银川市、贺兰县民工	25.8
合计					103.1
平罗县裁弯	1959 年	二十九弯	天字桥弯	平罗县民工	1.5
	1962 年	三十弯	阎家弯子	平罗县民工	2.5
	1963 年	三十一弯	杜家团庄弯	平罗县民工	0.7
	1964 年	三十二弯	樊家弯	平罗县民工	4.8
	1966 年	三十三弯	上桥上弯	平罗县民工	4.4
	1965 年	三十四弯	梅渠弯	平罗县民工	2.2
	1967 年	三十五弯	刘洪教渠弯	平罗县民工	2.5
	1960 年	三十六弯	张家墩弯	平罗县民工	4.8
	1964 年	三十七弯	刘双渠弯	平罗县民工	1.3
	1963 年	三十八弯	黄家灌洞弯	平罗县民工	3.1
	1962 年	三十九弯	张兴渠弯	平罗县民工	3.5
	1962 年	四十弯	前进阎渠弯	平罗县民工	4.2
	1959 年	四十一弯	幸福渠弯	平罗县民工	10.5
合计					46.1

第四期裁弯（1970 年至 1982 年）

随着唐徕渠灌溉面积不断扩大，上、下游农作物灌水时间相对集中，灌区的均衡受益要求渠道输水能力继续加大。前三期裁弯工程取顺了大部分弯曲不畅的渠段，但还有少部分"卡脖子弯"和渠堤单薄的险工段。1970 年，唐徕渠管理处成立后，为提高渠道的输水能力和安全运行程度,继续对青铜峡的王家弯子、永宁县内的张湖、锅底湖和贺兰县的老洼墩弯 6 处弯道裁弯取顺(第 42 至 47 弯),完成土方 72.5 万立方米,占地 371 亩,建斗口 11 座,国家投资 85.8 万元,6 个弯中以杨显桥管理所张湖弯工程量为大,三年始成;以锅底湖弯(大闫渠下)工程最艰巨,虽只作弓弦一堤(待行水淤澄后再作另一堤),但渠线通过湖泊洼地,芦草丛生,草根层厚一米,坚韧能通汽车,采用抽水,用铁耙子打捞杂草,清除腐殖质泥土后,再从 300 米外田内取土填筑。虽比计划增大工程量,延长工期,但保证质量,没发生漏水和滑坡,达到了安全输水的要求。

周城管理所在平罗县征用岁修民工裁弯 16 处(第 48 至 63 弯),完成土方 47.7 万立方米,使用劳力 10.6 万工日。

第四期裁弯工程共裁弯 22 处,完成土方 120.2 万立方米,用劳动力 10.6 万工日,新建改造建筑物 11 座,国家投资 85.8 万元(见表 3-5)。

表 3-5 唐徕渠四期裁弯统计表(1970 年至 1982 年)

阶段	年份	名称	地点	直线长(m)	土方(万 m³)
		合计		25930	120.2
第四期裁弯	1973 年	四十二弯	跃进桥管理所王家弯	900	11.8
	1971 年	四十三弯	杨显桥管理所张湖弯		4.8
	1973 年	四十四弯	杨显桥管理所张湖弯	2700	20.2
	1975 年	四十五弯	杨显桥管理所锅底湖弯	2500	13
	1976 年	四十六弯	杨显桥管理所路家弯	1800	9.4
	1971 年	四十七弯	满达所老洼囤弯	1080	13.3
	1970 年	四十八弯	上桥下	2000	5
	1974 年	四十九弯	段家灌洞上下	600	1.5
	1976 年	五十弯	下桥止中渠口	1000	2.5
	1980 年	五十一弯	肖义渠上、下	600	1.5
	1978 年	五十二弯	大长渠口下	2000	5
	1977 年	五十三弯	银前渠下	2500	6.3
	1977 年	五十四弯	老安渠口下	1500	3.7
	1976 年	五十五弯	大许力口上	400	1
	1982 年	五十六弯	许家桥上弯	950	4.2
	1982 年	五十七弯	李高渠弯	400	1.7
	1980 年	五十八弯	银后渠口下	500	1.3
	1977 年	五十九弯	王家小桥弯	300	1.3
	1979 年	六十弯	平罗城新桥弯	1500	3.8
	1980 年	六十一弯	县水电局下	1000	2.5
	1976 年	六十二弯	家畜病院上下	500	1.2
	1978 年	六十三弯	二闸弯	1200	5.2

1951年9月到1982年,唐徕渠先后四期裁弯63处,完成各类主要建筑物的新建、改造82座,完成土方777.7万立方米,用劳动力235.1万工日,共计投资324.1万元,其中国家投资242.1万元,地方投资82万元。经过四期裁弯取顺整治,渠道长由原来212千米缩短为154.6千米,灌溉面积由1949年的46.8万亩发展为114万亩,引水量由1949年的6.4亿立方米增大到1985年的14.9亿立方米。1981年至1985年,平均年产粮食20.6万吨,较1949年的4.5万吨增加3.6倍。

(二)渠道砌护

唐徕渠旧有渠道防冲多采用草土、芨草、牛毛草堡子、木桩作码头护堤,易朽、耐久忾差。自1958年至1962年,唐徕渠用干砌片石砌护孙家塥、永家塥、陆家塥、蒯家塥等险工段,全长800余米。1962至1963年,采用浆砌石基础、混凝土板(规格0.6米×0.6米×0.08米)护坡的方法,砌护陡坡(靖益陈家田)至满达桥的险工段,长43千米(上述均以单塥计算)。

1963年,唐徕渠砌护7.4千米,其中永宁县内砌护1.6千米,银川3.5千米,贺兰县内2.3千米。1964年砌护宁化桥以上4千米。1965年砌护陡坡以上马家塥长5千米。之后各县先后组织砌护渠道,到1970年累计砌护渠道(单堤)100千米。砌护型式中全坡混凝土预制板的占90%,干砌石占6%,浆砌石占4%。经过多年的运行检查观测,由于冻胀和渠槽冲刷,全坡为混凝土板砌护的渠道滑塌最为严重,干砌石次之,浆砌石最少。特别是在渠道挖方段,混凝土板几乎全部滑入渠底。1980年初,在总结多年渠道砌护经验基础上,采用浆砌石基础、边坡下1/3为浆砌石,上2/3为混凝土预制板的砌护型式,混凝土板与板之间采用二期混凝土填筑宽10厘米,深15厘米,横向通缝,纵向错缝砌筑的方式,经过数年观测运行状况良好,无滑塌现象。

截至1985年底,干渠及支干渠累计有各种类型砌护单堤长200千米,渠底砌护13千米。但是由于20世纪60至70年代砌护标准低,加之渠道拉深、基础外露冻胀破坏严重,砌护工程运行10余年后大部分滑入渠底。到2000年前,原有砌护冻胀破坏仍未有效解决。

1986年至1998年,除重新翻修损坏的部分砌护段外,重点对小弯桥、李银桥、靖益桥、陡坡、大东方桥、高庙桥等重要渠段进行砌护共81.45千米。其中80%为浆砌石混凝土板砌护,同时对一些渠堤单薄、标准低的渠段,加高增厚。至2000年,共加高培厚122.5千米,达到标准堤段81千米。

1971年至1998年,唐徕渠砌护情况见表3-6。

表3-6 唐徕渠砌护情况统计表(1971年至1998年)

序号	砌护地点	年份	长度(km)				国家投资(万元)
			砌石加砼护坡	干砌石护坡	砼护底	塑料膜护底	
1	跃进桥、杨显桥、西门桥、满达桥、周城所护坡	1971	7.8				57.7
2	跃进桥、杨显桥、西门桥、满达桥所护坡	1972	4.4				17.5

续表

序号	砌护地点	年份	长度(km)				国家投资（万元）
			砌石加砼护坡	干砌石护坡	砼护底	塑料膜护底	
3	跃进桥、宁化桥、杨显桥、西门桥、满达桥、周城所护坡	1974	7.2				50.6
4	跃进桥、宁化桥、杨显桥、西门桥、满达桥所护坡	1975	4.6				34.9
5	宁化桥、满达桥、周城所护坡	1976	3.5				29.3
6	跃进桥、宁化桥、杨显桥、西门桥所护坡	1977	2.2				18.4
7	跃进桥、宁化桥、杨显桥、西门桥、满达桥、周城所护坡	1978	4.6				37.1
8	跃进桥、宁化桥、杨显桥、西门桥、满达桥、周城所护坡	1979	2.8				30.4
9	跃进桥、宁化桥、杨显桥、西门桥、满达桥、周城所护坡	1980	2.2				25
10	西门桥铁桥下砼护底	1981		0.8	0.8		19.9
11	西门桥保伏桥下护坡及桥下加拌	1981	0.3				2.4
12	宁化桥管理所玉泉桥及杨显桥管理所小湾桥灌浆	1982					7.2
13	西门桥所桥下砼护底及砌石加预制板护坡	1982	3	0.8	0.8		27.8
14	杨显桥、西门桥、满达桥、周城所护坡、满达桥护底	1984	2.4			0.2	22
15	宁化桥、杨显桥、西门桥、满达桥、周城所护坡护底	1985	13.8			1	51.8
16	满达桥经济桥上下混凝土板砌护	1992	1				13.78
17	西门桥上砌护工程	1992	1				13.65
18	银川段干渠砌护工程	1993	2.3				70.7
19	干渠砌护工程（杨显桥上左堤500m，李银桥上右堤200m，马新渠下右堤400m，烈马渠上1330m）	1996	2.43				123.44
20	南梁四二干沟涵洞干渠砌护	1997	0.48				119.41
21	中干沟涵洞砌护	1997	0.35				
22	杨显桥30斗上干渠砌护	1997	0.72				
23	和平渠上干渠干砌石护坡	1997		0.4			
24	北二环路桥下干渠砌护	1997	0.73				
25	靖益桥上右堤干砌石砌护	1998		0.38			135.98
26	小湾桥下左右堤干渠内坡砌护	1998	0.66				
27	30斗下干渠右堤内坡砌护	1998		0.33			
28	杨显桥跌坎下干渠内坡翻修及渠底维修	1998	0.24				
25	靖益桥上右堤干砌石砌护	1998		0.38			
29	大闫沟洞下游干渠内坡砌护工程	1998	0.3				
30	李银桥上左堤、宁城闸下左堤、杨家湾子右堤内坡砌护3处	1998	0.97				

续表

序号	砌护地点	年份	长度(km)				国家投资(万元)
			砌石加砼护坡	干砌石护坡	砼护底	塑料膜护底	
31	新桥下干渠消能及护坡工程	1998	0.24				135.98
32	李家湾子左堤内坡砌护	1998	0.93				
33	合计		71.15	2.71	1.6	1.2	908.96

(三)建筑物改造

唐徕渠旧有渠道设施简陋是影响渠道正常行水的原因之一。支斗渠口用原木柴草堵塞，启闭困难，漏水难免。每度放水遍地汪洋，淹滩漫路司空见惯，下游缺水更属寻常。支渠多为用户自理，每次修建，只图省工俭料，苟且了事，斗口冲毁时有发生。旧有桥、槽、闸多为木制，也有以桥代闸或飞槽架于桥上的。因桥闸木料细小易朽，结构简陋，经水冲淘倒塌之事屡有发生。暗洞也多用木扣，或用柳枝编制，过水断面狭小，使进口水位壅高，出口消力又不足，一旦冲淘走失，影响通水，延误灌、排时机。

从1950年开始，结合渠道的裁弯整治工程，对唐徕渠裁弯段渠道旧工程进行改建、扩建。1952年春完成唐徕渠正闸的扩建改造，并对正闸以上的3座退水闸——头闸(关边闸)、二闸(安宁闸)、三闸(汇昌闸)进行改造。其中：头闸于1953年将原4孔闸扩建为5孔，闸孔均宽3米，设木闸门、闸台，改用手摇板牙式5台5吨启闭机启闭；1962年春兴建汉(汉延渠)并唐(唐徕渠)工程，将头闸改为汉延渠进口闸，封堵二闸；1963年将三闸从4孔扩为6孔，孔宽3米，混凝土平板闸门，安装6台12吨电动手摇两用式卷扬启闭机，1967年西河口封死后，该闸成为惠农渠的进水闸。1976年，对唐正闸再次改建，将原6孔改建为10孔(均宽3米)，其中唐徕渠8孔，大清渠2孔，原木闸门手摇板牙式启闭机改建成钢筋混凝土闸门，使用电动手摇两用10台12吨卷扬机悬吊启闭。改建后唐正闸设计流量增至220立方米/秒，大清渠为30立方米/秒。先后新建杨显桥、玉泉桥，宁城退水闸，良田渠、大新渠、八一渠进水口，第二农场渠进口闸、节制闸，陡坡工程。新建第二排水沟、宁化沟、杨显沟、永二干沟、过江沟等涵洞，改建西门老桥，斗口合并等工程。共完成各类建筑物的新建、改造扩建82座，其中桥梁6座，退水闸3座，节制闸1座，进水闸5座，涵洞5座，斗口56座。

20世纪70至80年代，加大对渠道配套工程建设及改造力度，新建跃进桥、宁化桥、小湾桥、良渠口以及26弯等5座节制闸，宁化、二排、许家桥、阎湖、梢门、良田渠、永二干沟等7座退水闸，新建、翻建红旗沟退水闸、五分沟退水闸及53千米拉沙闸等工程。闸门多为铅丝网混凝土板闸门，较大的节制闸多采用手电两用卷扬式启闭机，退水闸采用手摇式启闭机。

1986年起，又进行了大量的建筑物改建和扩建，重修加固大坝沟、反帝沟、永二干沟3座穿唐徕渠涵洞，新建红旗沟、四二干沟涵洞及胜利桥、良田退水闸等建筑物183座，其中翻修、

新修斗口166座。经过更新改造,险工隐患显著减少,输水能力及安全程度相应提高。除1994年反帝沟涵洞因工程老化失修,夏灌时涵洞下游出口发生管涌造成渠堤决口外,再未发生大的决口事故。

从1993年起,由自治区水利厅统一安排,从各处的集中水费、基本建设费等渠道筹集部分建设维修资金,对老化病险工程和险工险段进行重点更新改造和维修加固。重点工程的建设项目由管理处组织勘察、立项申报,经水利厅审批同意后,管理处组织工程勘测、设计和预算工作,由管理处下属的工程队利用春秋两季停水期进行施工。管理处成立工程建设领导小组,负责工程项目的立项、申报,审查确定工程施工队伍,检查工程施工质量,控制施工进度,组织工程内部验收等。工程结束后,管理处生产科和技术负责人对施工单位的决算进行审核批复。

1993年至1998年,重点翻建大闫沟、反帝沟、大坝沟涵洞,加固永二干沟、第二排水沟、中干沟、第二农场渠四二干沟等涵洞,维修小湾闸下消力池护坡、杨显跌坎与满达桥所新桥消力池等,还新建姜家桥节制闸、改造扩建良田渠丰盈节制闸等。

自1998年开始实施灌区续建配套与节水改造工程,唐徕渠水利建设实现历史性跨越,水利基础建设投入逐年递增,安全供水保障能力日益强化,大部分老化失修工程得到根本解决,工程总体面貌有了根本改观。截至2021年底,累计砌护渠道215千米,砌护率达到72.4%,新建、改造节制闸、退水闸40余座,病险涵洞全部翻建,斗口翻修400余座,改造率达到80%,工程安全保障率和灌溉调控能力大幅提升。

1990年至1998年,唐徕渠建筑物工程项目见表3-7。

表3-7 唐徕渠建筑物工程项目统计表(1990年至1998年)

序号	管理单位	项目名称	施工单位	建设年代(年)	长度(m)	主要工程量(m³)			资金投入(万元)
						土方	混凝土	浆砌石	干砌石	

序号	管理单位	项目名称	施工单位	建设年代(年)	长度(m)	土方	混凝土	浆砌石	干砌石	资金投入(万元)
1	大武口所	西三斗至铁路桥加培堋	大武口所	1990	5200	20241	316			8.67
2	宁化桥所	沙渠口改建工程	宁化所	1991						1.26
3	暖泉所	兰丰斗翻建工程	暖泉所	1992						1.61
4	周城所	任小口翻建工程	周城所	1992		215	7	55		0.72
5	周城所	官渠翻建工程	周城所	1992		215	7	55		0.72
6	满达桥所	杨家渠翻建工程	满达桥所	1992		250	7	92		1.87
7	满达桥所	大达子渠口翻建工程	满达桥所	1992		580	15	135		2.16
8	南梁所	于祥斗增建斗口工程	南梁所	1993						2.11
9	杨显桥所	过江沟涵洞翻建工程	工程公司	1993			304	115		47.88
10	跃进桥所	姜家桥叠梁闸改建工程	工程公司	1993						36.59

续表

序号	管理单位	项目名称	施工单位	建设年代（年）	长度（m）	主要工程量（m³）			资金投入（万元）
						土方	混凝土	浆砌石	干砌石	
11	西门桥所	二排涵洞加固工程	工程公司	1993						32.64
12	崇岗所	羊圈斗翻建工程	工程公司	1993						
13	大武口所	六分沟上西畔培畔工程	大武口所	1994	510	3660				1.46
14	大武口所	西三斗新建工程	大武口所	1994		135	6.5	65		1.65
15	西门桥所	永二干沟涵洞改造工程		1995						74.07
16	西门桥所	李银桥上下干渠左堤培畔	西门桥所	1995	509	3348				2.54
17	西门桥所	吴家斗上培畔	西门桥所	1995	147	434				0.33
18	南梁所	拉沙闸下左、右堤培畔	南梁所	1995	2550	16030				11.83
19	各管理所	杨显所、西门桥所、满达桥所渠堤加培	各管理所	1995	55670					40.7
20	大武口所	公路桥至八号桥、九号桥至二十四斗渠堤加培工程	大武口所	1995	2600	12500				8.44
21	跃进桥所	大坝沟涵洞翻建工程	工程局	1995		18846	635	680		98.08
22	跃进桥所	反帝沟涵洞翻建工程	工程局	1995		31250	1400	1600		178.15
23	跃进桥所	姜家桥节制闸及叠梁闸工程	工程公司	1995						41.05
24	杨显桥所	永二干沟涵洞加固维修	工程局	1995		21670	760	1020		84.59
25	各管理所	翻建斗口19座	各管理所	1996						57.53
26	杨显桥所	培畔7处	杨显桥所	1996	3023	13494				44.80
27	满达桥所	培畔3处	满达桥所	1996	3837	27733				
28	周城所	许家桥下培畔	周城所	1996	1200	2156				
29	各管理所	翻建斗口6座（杨显、周城、南梁、崇岗、大武口）	杨显桥所	1997						30.15
30	满达桥所	渠顶加培（新干渠至李家小渠左堤、立暖桥至前渠右堤、高渠桥至小高渠左堤）	满达桥所	1997	6940	40789				34.38
31	满达桥所	培畔3处	工程公司	1998	4426	28837				23.33

二、支干渠的新建与扩建

(一)第二农场渠

1952年,宁夏省人民政府决定在河西灌区建设第二农场渠(当地人习称二唐渠),给新建的农垦系统各国有农场供水,开发平罗县西大滩。10月16日,由宁夏省建设厅副厅长郝玉山率领水利局局长张兴及水利技术负责人郝季厚、吴尚贤、李桂荣、李茂唐等勘察西大滩,继由李桂荣工程师领队测量。1953年提出规划后开工。1954年2月,省水利局技术室马应杰主持完成技术设计书,拟开发宜农荒地46万亩,按万亩地供水0.8立方米/秒,确定进口流量为36.8立方米/秒。

第二农场渠进口位于唐徕渠满达桥处,在唐徕渠上新建3孔节制闸,在节制闸西侧布置4孔第二农场渠进口闸,渠道全长83千米,流经贺兰县的习岗镇和常信乡,平罗县的崇岗镇以及石嘴山市大武口区和惠农区,尾水入第三排水沟。渠线沿贺兰山东麓冲积扇地带,与古昊王渠约略平行。灌区多为盐碱荒滩和白僵土,毛面积约139万亩,宜垦地约50万亩,建有西湖、南梁、暖泉、前进、潮湖、简泉等国有农场。

第二农场渠工程于1953年6月5日开工,1955年10月竣工。宁夏省水利局河西工程处组织施工,李桂荣工程师任施工所主任,施工所随工程进展由上而下三次迁移。土方由潮湖农场劳改犯人和农建一师(前进农场)军工担任。土方按核定土质、运距等按方计价。1953年完成由满达桥节制闸至分水闸的20.4千米,1954年完成分水闸至明长城(大武口区新民村)约41.2千米,当年冬灌5万亩。农建一师(前进农场)在1954年内完成全长24.5千米的东一支渠。1955年完成明长城至尾水闸约21.4千米,渠梢入第三排水沟。渠道上的建筑物工程由宁夏省水利局河西工程处组成施工所完成。全渠共完成土方542.2万立方米,闸、桥、渡槽、跌水、斗口、涵洞等建筑物92座,连同建房、通讯设备等共用180万工日,投资331.7万元。

第二农场渠进水闸建于1953年,钢筋混凝土平板闸门4孔(3.3×3.25),过水流量24立方米/秒。暖泉分水闸同年建成,4孔(2×2.5),过水流量20立方米/秒。其余建筑物多系砖石结构。工程实施自建料石场,就地烧石灰,弥补水泥之不足,节省大量工料费,是第二农场渠施工的特点之一。

1955年决定延长第二农场渠下段,将渠线平行向左移动100至200米,变半挖半填为全挖方渠,既取代拟从惠农渠开口引水的第三农场渠,又增加自流灌溉面积,是为有远见的修改。

第二农场渠进水口至南梁台地8千米的高填方段,只夯筑左右渠堤、不填渠底,每隔50米筑隔埂以节省土方。放水初期虽有冲刷,不久便被淤平,是值得推广的经验措施。

因贺兰山东麓洪水排泄和控制水量需要,第二农场渠先后修建退水闸5座,拉沙闸2座,涵洞7座,以及其他小建筑物259座。

排水方面:1954年开挖穿越西大滩的第三排水沟。1955至1956年,在第二农场渠灌区内开挖了三二支沟,长39.2千米,控制面积43.5万亩,连同有关建筑物,国家投资59.7万元。由于灌区地势低洼,自流排水不畅,各场、县在排水沟上修建电排站12处,安装机电29台,计1322千瓦,控制面积10万亩,设人专管。以上排水设施,对灌区泄洪、排水、改良土壤,起到重要作用。

第二农场渠穿越贺兰山洪积扇的山洪沟近20处。因建渠时无水文资料,防洪工程标准偏低,后经调查,按10至20年一遇洪水标准布设了导引、滞洪、泄洪等工程。1956至1958年共完成土方76.8万立方米,建筑物23座,用工19万工日,投资40.4万元。因山洪频繁,防洪工程虽在不断修建,山洪危害仍未根治。

为浇灌高部位土地,1954年曾用煤气机提灌。20世纪60年代后,电力提灌有了较大的发展,亩成本虽高于自流灌,但台地土质肥沃,盐碱轻,产量高于自流灌地,仍然有利。到1985年,提灌有60余处,装机6733千瓦,灌地4.2万亩,占第二农场渠总灌地面积25%。灌区各农场通过开沟排水、种稻洗盐、电力强排、秸秆还田、稻旱轮作、平田整地、造林等措施,减轻了耕地盐碱程度。

1954年,成立第二农场渠管理处,直属宁夏省水利局领导,下设第一管理所(南梁管理所)、第二管理所(崇岗管理所)、第三管理所(大武口管理所)、第四管理所(暖泉渠管理所)4个管理所。1977年,第二农场渠管理处撤销并入唐徕渠管理处,同时撤消第四管理所改为暖泉管理段,归属南梁管理所。

1960年至1970年,对第二农场渠进行砌护,从进口闸到于祥斗、暖泉桥至西汝公路桥,砌护单堤长19.6千米。1983年,大武口电厂需要2立方米/秒的供水,由电厂投资357.2万元对第二农场渠进行砌护,加培埝、修建配套工程。到1985年,第二农场渠有混凝土护底6.4千米,塑料膜护底2.3千米,砌石加混凝土预制板护坡14.1千米,全部混凝土预制板护坡28.1千米,干砌石护坡4.1千米,砌石护坡0.2千米,合计46.5千米。经过多年的运行,冻胀破坏严重,除部分渠底混凝土和塑膜尚在,护坡工程几乎全部滑塌。

1998年开始,宁夏引黄灌区续建配套与节水改造工程实施。首先对第二农场渠进口闸以下8.5千米渠道进行防渗砌护,边坡采用浆砌石加混凝土板的砌护形式,渠堤铺设标准埝8.5千米。

2012年秋季,实施灌区续建配套与节水改造第二农场渠大武口段砌护工程,完成浴山潭大街至平汝铁路桥(桩号K48+050至K61+644)、简泉公路桥至公路桥(桩号K71-600至K75+071)渠道砌护17.65千米,共计新建节制闸1座、拉沙闸1座、翻建斗口3座,维修斗口11座、涵洞2座,翻建桥梁1座。

2013年秋季,重新对第二农场渠进口以下8.5千米渠道进行维修加固。其中(桩号K0+000至K6+000)段为维修段落,(桩号K6+000至K8+550)段为全断面砌护段落,砌护段弧脚均采用现浇混凝土砌护,边坡均采用预制混凝土板砌护,砌护段渠底为预制混凝土板。新建运河退水闸1座,维修扬水站及斗口进水口10余座;对大武口段(桩号K68+600至K71+600)3千米渠道进行全断面砌护,砌护段弧脚均采用现浇混凝土砌护,边坡均采用预制混凝土板砌护,渠底为格宾。翻建斗口2座,扬水站及斗口进水口维修10余座。

2013年至2015年，整合水保专项资金和岁修资金共计730万元，在第二农场渠采取渠、堤、路、林一体化联动的"综合整治模式"，实施了正源街桥至姚汝公路桥段落渠道防风固沙治理工程，累计铺设碎石标准堤37千米，彻底打通了第二农场渠80千米渠堤道路，新增宽幅林带656亩，较好地改善了第二农场渠周边生态环境。

2016年秋季，对第二农场渠（桩号K30+825至K46+983）段渠道进行砌护及建筑物改造，砌护段全长共16.16千米，改造渠系建筑物42座：其中溢流堰1座，尾水4座，扬水泵站进水口3座、斗口22座，新建退水闸2座。

2021年，自治区水利厅批复实施宁夏青铜峡灌区续建配套与现代化改造工程（一期）唐徕渠灌域改造工程，完成第二农场渠河西总排干渡槽至分水闸（桩号K8+619至K20+430）段11.81千米渠道砌护改造工程。砌护渠道为梯形断面，内、外坡坡比为1∶1.5，两侧内边坡采用现浇混凝土砌护，坡顶内沿现浇压顶混凝土台帽。

截至2021年底，第二农场渠全长83千米，现有各类建筑物255座，其中斗口136座，闸19座，涵洞17座，渡槽10座，扬水泵站12座，桥梁61座，担负着灌区50.20万亩（遥感面积）农田的灌溉任务，年引水量达3.8亿立方米。渠道砌护率达77.9%，渠道两侧宜林段绿化率达到90%以上，呈现出"渠堤标准，砌护规则，道路平整，绿树成荫"的新面貌。

第二农场渠山洪沟及防洪工程：

第二农场渠穿越贺兰山东麓的洪积扇地带边缘，每年7—9月份，贺兰山暴雨洪水时有发生。从进口闸至暖泉2号退水闸长31千米渠道的西侧伴行着西干渠，且西干渠两侧分布着镇北堡拦洪库、金山拦洪库、滞洪区等。西干渠和两侧的拦洪库、滞洪区是第二农场渠上游段的第一道防洪屏障。2016年以前，该段渠道主要承泄经过蓄滞后由西干渠沙井子退水闸、胡家圈退水闸和梢闸退泄下来的洪水以及南梁农场和暖泉农场农田汇集的暴雨山洪。这些洪水通过分布在第二农场渠西侧的13条排洪沟直接入渠，其中最大的一条沟道是南梁和暖泉农场交汇处的金山排洪沟，洪水来自西干渠沙井子退水闸和两个农场汇集的暴雨山洪，对第二农场渠的危害较为严重。1955年8月21日，贺兰山山洪冲决第二农场渠150处，淤塞渠道约10千米，芦化台、潮湖、雁窝池一带，数万亩农田被淹。1998年5月20日，山洪造成第二农场渠胜利斗、抗旱斗被冲毁、暖泉渠进口闸进、出口垮塌，造成第二农场停水一周。

第二农场渠从暖泉2号退水闸以下至渠梢的50千米渠道傍山而行，距离贺兰山脚最近处不足2千米。在傍贺兰山的渠道范围内有山洪沟18条，较大的山洪沟有大西峰沟、大水沟、小水沟、汝箕沟、小风沟、大风沟、龟韭沟、王泉沟、大武口沟等，对渠道安全造成极大威胁。由于之前防洪工程布置多数是在渠道建设初期修建的，防洪标准低、配套不全，加之工程老化以及排洪沟道淤积、滞洪区萎缩等因素，使第二农场渠抗御大山洪的能力较低。1998年灌区续建配套工程实施后，新建暖泉1号退水闸，翻建向阳渡槽、退水闸和崇胜涵洞、退水闸防洪工程，防洪工程老化状况得到一定程度的改善，第二农场渠的防洪标准也相应提高。

2016年至2019年，自治区防汛抗旱指挥部陆续实施贺兰山东麓防洪体系改造工程，沿贺兰山东麓修建了大量的拦洪库和滞洪区,如星海湖、沙井子滞洪区等一系列防洪工程,山洪大部分经泄洪工程排入滞洪区,其中大水沟洪水经一、二号山洪槽跨第二农场渠入镇朔湖,小水沟洪水下第二农场渠穿向阳闸渡槽进北大沟入镇朔湖;小风沟、大风沟、龟韭沟、大武口沟来洪直接排入星海湖滞洪区;郑家沟、大芦沟、小黑水沟、枯水沟来洪经跨渠排洪渡槽排入高庙湖拦洪库,大大提高了第二农场渠安全保障能力。目前只有西伏沟来洪从暖泉退水闸处对面西堤入渠经暖泉退水闸退入南大沟进镇朔湖,套狐沟洪水从十九分沟闸下700米处西堤直接入渠,经十九分沟闸退入高庙湖拦洪库。第二农场渠中下段山洪沟及防洪工程见表3-8,第二农场渠中下段拦洪库基本情况见表3-9。

表3-8 第二农场渠中下段山洪沟及防洪工程统计表

分类	导洪沟(条)	县区	过渠工程(座)				流入沟湖
			排洪槽	溢流堰	泄洪闸	涵洞	
西伏沟	1	平罗县			2		镇朔湖
大水沟	1	平罗县	2				镇朔湖
小水沟	1	平罗县			1	1	镇朔湖
汝箕沟	1	大武口			2		星海湖
小风沟	2	大武口				1	星海湖
大风沟							
龟韭沟	2	大武口				2	星海湖
大武口沟							
套狐沟	2	惠农区	1	1	1	1	三三支沟
黑水沟							
王泉沟	1	惠农区	2				三三支沟
合计	11		5	1	6	5	

表3-9 第二农场渠中下段拦洪库基本情况统计表

市	序号	拦洪库名称	汇入沟道	主要技术指标			防洪标准		最大泄洪能力 m³/s	泄水工程名称	退水
				控制流域面积 km²	设计库容 万m³	现状库容 万m³	设计	现状			
石嘴山市	1	镇朔湖拦洪库	大西伏沟、小西伏沟、大水沟、小水沟	376	1399	400	20	10	10	泄水闸	通过三二支沟进第三排水沟
	2	星海湖	小风沟、大风沟、龟韭沟、大武口沟	1062	4020	4167	50	50	15	泄水闸	八、十分沟涵洞以及退水闸退入第三排水沟
	3	高庙湖拦洪库	郑家沟、大芦沟、小黑水沟、枯水沟	92.8	284	197	20	10	10	泄水闸	第三排水沟

(二)暖泉渠

原名为第二农场渠东一支渠,为贺兰县和平罗县部分乡镇供水,2002年因管理需要,将东一支渠更名为暖泉渠。

第二农场渠开挖建设后,由前进农场组织劳改人员完全用人力花了3年时间从第二农场渠分水闸到前进农场三站建成暖泉渠。暖泉渠大部分是高填方渠道,动用土方较多。渠道全长24.5千米,设计渠底宽2~6米,设计流量15.0立方米/秒。目前最大运行6.0立方米/秒,灌溉面积3.6万亩,现有各类建筑物37座,其中斗口18座,水闸4座,桥梁13座,涵洞2座。

1998年5月20日,因特大山洪冲毁暖泉渠进水闸进出口护坡和跌水。1999年春,管理处维修进水闸进出口护坡,做干砌石护坡单坯200米,建T型梁测水桥1座、平板养护桥1座,翻建三二支沟涵洞,修复渠堤单坯300米,清除渠中淤积6.0千米,对进口闸下跌水进行干砌石护底,抵抗水流的冲刷,效果明显。1999年秋季,利用灌区续建配套工程项目对三号桥段房屋进行翻新改造。

2000年以后主要对老化的斗口进行改造,翻建新开二斗、王田九斗、洪南高斗、洪南二斗、洪南六斗、洪西七斗、北庙高斗,新建洪富斗、稻田斗9座斗口。2006年,在洪广镇跨暖泉渠新建中央大道桥一座。

2010年至2011年,利用续建配套与节水改造项目对暖泉渠全段进行砌护改造,砌护长度18千米,砌护型式为全断面预制混凝土板砌护,翻建暖泉渠进水闸、三二支沟退水闸等水闸2座,改造斗口18座,全面提高了渠道的输水效率和安全保障率。

(三)良田渠(含新开渠)

良田渠在明代志书(万历《朔方新志》)已有记载:"在城西而北流"。进水口原在唐徕渠陆家湾,1952年对旧渠口进行扩建。1974年新建唐徕渠良田渠枢纽闸时,将进水口移至闸上,新建单孔钢筋混凝土进水闸。20世纪60年代中期,对渠道进行较大规模的裁弯取直。1966年4月裁烟村墩以上弯道1处,直线长1千米;1967年4月裁顺威羊堡弯,直线长1.3千米;管理所以上弯道,直线长8千米;四清沟上、下弯道,直线长2千米;1968年4月裁顺芦花一队弯,直线1千米。通过三年分期裁弯,渠道流程缩短11.8千米。1984年,将新开渠口下游的跌水改建为2孔节制闸,并新建新开渠口。由于灌溉面积的扩大,渠道输水量增加,2孔节制闸阻水严重,1996年进行扩建,将2孔扩为3孔,并安装手电两用启闭机。2013年,利用续建配套与节水改造项目对进口以下6.467千米渠道进行全断面砌护,配套建筑物12座,其中翻建节制闸1座、渡槽2座、测水断面1座,新建踏步6座,维修进水闸出口1座、永二干沟涵洞1座。

2021年,改建良渠口节制闸,更名为望远闸,良田渠由望远闸左一孔(西孔)供水。现渠长22.95千米,有各类建筑物81座(含新开渠),其中斗口41座、闸4座、桥梁25座、涵洞7座、渡槽4座。

新开渠原为唐徕渠支干渠,在唐徕渠西,由靖益堡陈家田开口,一墩两孔。据记载"宣统元年(1909年)驻防宁夏满营副都统志锐,为满族兵员从事农业,请饬由宁朔县(旧青铜峡县,今永宁县)靖益堡于唐徕渠左岸开湛恩渠一道,引水灌溉贺兰山坡一带荒地"。

据中华民国二十四年(1935年)10月宁夏省政府建设厅地图载,湛恩渠主要灌溉土地为宁朔县西沙窝芦草洼一带(现划为永宁县)。何故又称为新开渠呢?据《宁夏水利志》引自《十年来宁夏省政述要》建设篇载:"湛恩渠开口于靖益堡唐徕渠西岸,后因沙压过甚,水不流畅,居民迁徙。"后来"经于民国二十八年(1939年)春,复于渠口下五里处另开新口,并将渠身宽劈深挖之,遂更名曰:新开渠,从此水流畅通,垦辟田亩日见增"(《宁夏水利志》引自《十年来宁夏省政述要》第五册,建设篇)。

新开渠原开口位于唐徕渠宁化桥管理所新开口段(永宁县原增岗乡靖益村大东方渠口附近)处。原渠流经永宁县原增岗乡金星村、胜利乡先锋村、杨显村、陆坊村、望远镇丰盈村,银川市金凤区(原银川郊区)良田镇魏家桥村以南、烟囱墩村(现盈南村)以南、砖渠村以南、双渠村西南端,又穿过现银川市西夏区的燕宝公司、佳通轮胎橡胶厂、宁光电工厂、银川体育场(老飞机场),原银新乡盈北三队(现在北京中路办事处)、军马场(现贺兰山农牧场)、镇北堡镇(原芦花乡)顾家桥村以西、芦花乡同庄村、南梁农场四队,从芦花乡(现丰登镇)良渠梢村九队又向东方向,绕到南梁台子东南端,西湖(现阅海公园)西北,与现在的第二农场渠在南梁管理所西湖桥段的四二干沟偏西(沟洞部队)处有一个交汇点,后又向北延伸,穿过于祥堡(今贺兰县常信乡王田村、于祥村、谭渠村、五渠村、团结村一带),在于祥火车站偏东与包兰铁路有一个交汇点,在现在的常信乡王田村九队西侧与东一支渠也有一个交汇点。尾段为镇朔堡(今平罗县崇岗镇镇朔村、跃进村、兰丰村一带)。原渠道全长约75千米,灌溉面积不详。

新开渠上段废弃始于1949年以后。废弃原因为新开渠上段淤积严重,每年都要动用大量民工清淤5次以上,费时费力。1960年西干渠通水后,新开征沙渠引水灌溉芦草洼西沙窝土地,故此新开渠上段废弃,接入良田渠引水。新开渠在贺兰县常信乡于祥村,当地人又称为"小新渠"。在1954年第二农场渠建成以后,农田灌溉有了依靠,新开渠的梢段(从南梁农场四队至镇朔堡,长度约20千米)才被废弃。现在的贺兰山农牧场(军马场)、南梁农场四队引西干渠的水灌溉农田,牧一渠、五七渠、牧三渠的梢段仍然在利用新开渠旧渠的一部分(长度约14千米)。1970年,西夏区的镇北堡镇(原芦花乡)良渠梢村引第二农场渠的水灌溉农田。

新开渠在人民公社大集体年代(1960至1980年)只有16千米长(从丰盈节制闸至芦花机砖场),接入良田渠的位置在现在的黄花渠口(距离现在丰盈节制闸下1.0千米),向下30米是永宁县和金凤区(原银川郊区)的县界(渠右岸有一块界碑)。黄花渠口西南旧时是蒲草湖和沙窝,今为丰盈四队和武警宁夏总队后勤基地。新开渠接入良田渠后,进水口用木板拦挡取水,直到1984年建成丰盈节制闸,才结束了新开渠无闸引水的历史。1980年前后,新开渠灌溉的梢段在原银川老飞机场北边,原银川郊区银新乡盈北八队、五队地段,渠道长度约16千米。随着现代银川市城市化、工业化的发展,新开渠长度逐步缩短,灌溉面积也逐步在缩小。1999年银川橡胶厂扩建,新开渠的一段被征用(从北京西路至上海路)。2003年,燕宝公司(西夏建材城)

又征用了新开渠的另一部分(北京西路至四轨铁路、黄河西路)。2005年以前,新开渠的灌溉还在包兰铁路以西,灌溉双渠八、九队的土地。2006年以来,随着银川金凤工业园的建设,土地被征用,新开渠的灌溉面积再次缩小,渠梢上移至岳家桥(砖渠十三队),渠道长度剩4.8千米,灌溉面积剩800亩左右。

(四)大新渠

大新渠,又名新渠,修建年代不详,明代《嘉靖宁夏新志》记载:"新渠,在城南绕东北而流。唐渠之支"。中华民国时期1945年所绘"宁夏青铜峡河西灌区图"中标记有大新渠线路。大新渠现状由望远桥西开口,流经永宁县望远镇、银川市兴庆区大新镇、贺兰县习岗镇,全长28千米,灌溉面积5.2万亩。

20世纪70年代以前的大新渠是"蜿蜒曲折",仅塔桥段就有十多道弯曲,水流较慢,淤泥严重。每年春季四月份组织农民人工清淤一个月,秋天用人工清淤半个月,西侧渠拼被清淤挖上来的土方块堆得高低不平、宽窄不一。渠的两侧土路高低不平,宽窄不一,晴天尘土飞扬,雨天脚陷泥塘。

1974年,大新公社党委申请经银川市政府批准,将大新渠塔桥段4000多米的老渠,组织全公社部分劳动力进行了移线改直,动用男女劳动力1000多人,历时28天,完成全部土方量。全部工程完全用人工开凿,土方转运由人工背筐背,使水流速度加快,淤泥减少,利于灌溉。

2017年,实施大新渠混凝土砌护工程17.2千米,同时兴庆区政府对红花寺以上的渠段两岸进行硬化、绿化、亮化,配备相应的文体娱乐设施,给广大居民创造了休闲、观赏、锻炼身体的好场所。现状渠道由原来的28千米缩短为22.6千米,斗口56座,节制闸2座,退水闸2座,桥梁46座、涵洞2座,年均引水3282万立方米,承担着永宁县望远镇、兴庆区大新镇、贺兰县习岗镇新胜村等6个行政村1.6万余亩农田的灌溉。

(五)重要支渠

铁渠(又称贴渠) 明《正统宁夏志》已有记载:"铁渠、良田渠、满达剌渠、新渠、五道渠,皆唐来、汉延之支渠也"。《嘉靖宁夏新志》记载:"铁渠,城西南,北流与唐坝同口而异闸"。由大拼村经过大坝乡、陈俊乡至清渠减水闸长二十余里灌田一万三千余亩。1977年,青铜峡市将大清渠口上延,与贴渠合建大清渠进水闸,并列于唐徕渠进水闸东侧成为独立干渠,由河西总干渠引水。

红花渠 明《正统宁夏志》已有记载:"红花渠,在城外,自西南转东北而去"。清初顾祖禹所撰《方舆纪要》记载:"城南五里,分唐来渠水东南,长二十八里,溉田七百余顷。复引入城中,民汲甚便"。现状渠口在唐徕渠右岸(桩号K68+284)处,2004年渠长13千米,灌溉原红花乡和满春乡土地近万亩。由于银川市城市建设,红花渠灌溉农田已全部占用,现有渠道5.8千米,仅为兴庆区丽景湖补水。

满达剌渠 明《正统宁夏志》已有记载:"铁渠、良田渠、满达剌渠、新渠、五道渠,皆唐来、汉延之支渠也"。《嘉靖宁夏新志》记载："满达剌渠,在城西,北转流东北。唐渠之支"。1936年《宁夏水利专刊》记载："由满达桥经于祥营至牛毛满,长四十三里,灌田一万二千余亩。"1953年建设第二农场渠上段利用满达剌渠渠口和渠道。

大达子渠 1936年《宁夏省水利专刊》记载："由新桥南西埧经大小礼拜寺入柏家湖,长十四里,灌田七千五百亩。"由于银川市城市建设发展,2013年废弃。

小达子渠 1936年《宁夏省水利专刊》记载："由新桥南李家埧入西湖,长二十里,灌田三千五百亩。"现渠口在唐徕渠左岸（桩号K79+426）处,渠长1千米,主要为典农河补水。

太子渠 1936年《宁夏省水利专刊》记载："由郑家土埧经张亮,李岗二堡至清水堡惠渠支流,长三十里,灌田一万二千六百二十七亩。"现渠口在唐徕渠右岸（桩号K90+475）处,渠长12.8千米,灌溉面积23000亩,贺兰县张亮、兰丰、立岗等村灌溉受益。

新甘渠 1936年《宁夏省水利专刊》记载："由桂家土埧经桂文堡至黄家湖,长十二里,灌田二千四百七十亩。"现渠口在唐徕渠左岸（桩号K93+459）处,渠长2.5千米,灌溉面积3220亩,贺兰县桂文村灌溉受益。

西安子渠 1936年《宁夏省水利专刊》记载："由李家土埧经常信堡至南渠长七里半灌田三千七百亩。"现渠口在唐徕渠左岸（桩号K97+072）处,渠长4.6千米,灌溉面积3500亩,贺兰县新华村灌溉受益。

南渠 1936年《宁夏省水利专刊》记载："由王家土埧经邹家寨至马家湖,长九里半,灌田三千六百八十一亩。"现渠口在唐徕渠左岸（桩号K98+603）处,渠长7.0千米,灌溉面积4000亩,贺兰县新华村、新民村灌溉受益。

边罗渠 1936年《宁夏省水利专刊》记载："由罗家湾经常信堡至牛尾沟,长二十五里,灌田三千五百余亩。"现渠口在唐徕渠左岸（桩号K100+027）处,渠长6.1千米,灌溉面积2200亩,贺兰县新民村灌溉受益。

复兴渠 1936年《宁夏省水利专刊》记载："由新济渠经洪广营至新济渠东土埧,长三十二里,灌田七千三百余亩"。现渠口在唐徕渠左岸（桩号K100+070）处,渠长10.5千米,灌溉面积6900亩,贺兰县新民村、丁义村、金沙村、洪广村、北庙村等灌溉受益。

中渠 1936年《宁夏省水利专刊》记载："由蒋家土埧经丁义堡至谭家湖,长二里半,灌田二百二十五亩。"现渠口在唐徕渠右岸（桩号K100+892）处,渠长2.1千米,灌溉面积961亩,贺兰县丁义村灌溉受益。

大高渠 1936年《宁夏省水利专刊》记载："由徐家土埧经高荣堡至沙窝,长十一里,灌田二千三百三十五亩。"现渠口在唐徕渠左岸（桩号K102+662）处,渠长8.1千米,灌溉面积5561亩,贺兰县高荣村、金沙村等灌溉受益。

第二节 工程续建与节水改造

一、灌区续建配套与节水改造

为贯彻落实中央"把推广节水灌溉作为一项革命性措施来抓"的重要指示，国家决定从1998年开始，在中央预算内农业基本建设非经营性投资中每年安排部分引导资金，专项用于以节水为中心的重点大型灌区续建配套节水改造项目的建设，实现水资源的可持续利用和国民经济的可持续发展。水利部1999年8月26日下发《关于开展大型灌区续建配套与节水改造规划编制工作的通知》（水农〔1999〕459号文件），根据文件精神，自治区水利厅委托宁夏水利水电勘测设计院按照一次规划、分期实施的原则，编制《宁夏青铜峡灌区续建配套与节水改造规划报告》。

唐徕渠是青铜峡灌区一条最大也是最古老的自流灌溉渠道，灌区内水利骨干工程基本配套，农业基础生产条件较好。但是由于灌区主要水利设施多数是二十世纪五六十年代扩建改造而成，工程建设标准低，更新改造投入不足，渠道及建筑物老化失修严重，水资源利用率不高，严重制约着灌区工程效益的发挥和农业生产的可持续发展。因此，唐徕渠的更新改造被水利厅列为青铜峡灌区续建配套与节水改造重点项目之一。

唐徕渠银川段保伏桥以下左、右堤1.5千米砌护工程作为宁夏青铜峡灌区续建配套与节水改造工程的启动项目，于1998年9月12日开工，水利厅在工地现场举行隆重的开工仪式。工程的主要内容是对渠道进行浆砌石与混凝土预制板的砌护，基础采用90厘米×100厘米（宽×深）的75#浆砌石砌筑，边坡在距渠底2.0米长范围为浆砌石砌护，浆砌石底部厚度50厘米，收顶为30厘米，浆砌石以上部位距渠顶4.2米长采用四边形（0.6米×0.6米×0.08米）的混凝土预制板砌护，混凝土板间缝宽10厘米，用二期混凝土填筑。顺水流方向每隔25米设1道伸缩缝，用太阳油膏填筑，每50米设一道浆砌石截墙，尺寸为6.2米×0.5米×0.6米（长×宽×高）。工程通过招投标的形式，由唐徕水利水电工程建设安装公司中标承担施工任务，工程投标价为124.39万元，工程于1998年10月18日完工（注：此项工程后由于唐徕公园二期扩建，对此段渠道进行高标准防冻胀砌护，于2003年春季拆除后重新砌护）。

灌区续建配套工程项目建设主管部门为自治区水利厅，项目法人为自治区水利厅灌溉管理局（2018年机构改革后职能划分至自治区水利调度中心），负责项目的前期工作，组织工程的实施。渠道管理处为本处的续建配套工程项目的二级法人和项目实施单位，配合有关工程建设的征地、交通、施工用水、用电等地方事宜。工程项目实施过程中,严格按照水利工程建设程序进行管理,实行工程建设三项制度,即项目法人责任制、招投标制和建设监理制。1998年以来,灌区续建配套节水改造工程项目的施工现场管理,由唐徕渠管理处成立现场管理领导小组进行管理。

1999年1月至2004年6月,组长:郭浩;副组长:郜涌权;成员:刘福荣、郭兰青、孙学平。

2004年6月至2011年4月,组长:张元;副组长:马朝阳;成员:郭兰青、白长安、计青峰、朱悦发。

2011年4月至2018年1月,组长:杨志;副组长:郭兰青;成员:秦志起、杨伟、朱悦发。

各年度实施的工程项目:

1998年秋季,完成唐徕渠保伏桥以下左、右堤边坡浆砌石混凝土板砌护1.5千米。

1999年实施的工程项目有:

1. 唐徕渠进口闸维修:主要对闸房进行内外装修。

2. 唐徕渠高庙桥下干渠砌护工程:渠堤加固2.2千米,砌护渠道1.17千米,其中500米为干砌石护坡,677米混凝土板浆砌石复合结构砌护,翻建徐家斗口1座。

3. 第二农场渠进口闸维修:对闸房进行内外装修、维修闸出水口消力池、护坡工程。

4. 第二农场渠进口以下8.5千米浆砌石混凝土板砌护,设计砌护断面为梯形,设计流量36立方米/秒,边坡采用浆砌石砌护坡长2米,其上部为四边形混凝土预制板,板的规格为0.6米×0.6米×0.08米。渠底为20世纪80年代初现浇混凝土砌护,因保持完好没有翻建。

5. 新建第二农场渠暖泉退水闸:2孔钢筋混凝土闸,闸门采用钢丝网水泥平面闸门,8吨手电两用启闭机,设计流量20立方米/秒。

2000年实施的工程项目有:

1. 唐徕渠李银桥至保伏桥(桩号K66+660至K70+243)3千米渠道砌护,设计断面为梯形,边坡浆砌石混凝土板结构,板后设0.3毫米土工膜防渗护坡,渠底铺0.3毫米土工膜防渗3.58千米,标准堤单堤铺设3.58千米,翻建红花渠口1座。

2. 唐徕渠银川市内铁桥至保伏桥渠道防渗抗冻胀砌护试验281米。

3. 新建唐徕渠胜利退水闸1座。闸门为钢闸门2.0米×2.2米(宽×高),8吨手电两用螺杆启闭机,设计流量20立方米/秒。

4. 唐徕渠满达桥新桥段双堤垂直铺塑,单堤总长2.117千米。在距渠堤内沿2米处开槽深9米,采用0.3毫米厚的PE膜垂直铺设进行防渗。

2001年实施的工程项目有:

1. 唐徕渠太子渠以下至战马桥(桩号K89+606至K94+606)5千米渠道砌护工程,设计断面为梯形,双堤浆砌石混凝土板结构,板下设0.3毫米土工膜防渗护坡,渠底铺0.3毫米土工膜防渗,标准堤单堤5千米,翻建斗口进口7座。

2. 唐徕渠大东方桥至小湾桥单堤垂直铺塑(桩号K46+113至K47+763),总长1.6千米。在

距渠堤内沿2米处开槽深9米,采用0.3毫米厚的PE膜垂直铺设进行防渗。

3. 唐徕渠新桥下左右堤加培,左堤长1090米,右堤长680米,左右堤各培宽5米、高5米,外坡比1∶2。

2002年实施的工程项目有:

1. 唐徕渠满达桥至高速公路桥下2.3千米(桩号K83+870至K86+170)渠道砌护工程,砌护形式为浆砌石混凝土板护坡结构,渠底铺0.3毫米土工膜防渗,渠道阳坡下铺0.3毫米土工膜防渗,阴坡混凝土板下采用了铺苯板和换填砂砾石料两种防冻胀砌护方法,铺设标准堤2.3千米,维修节制闸消力池1座。

2. 翻建唐徕渠光明段太子渠渠口1座。

3. 新建唐徕渠四二干沟退水闸1座,为2孔开敞式钢筋混凝土闸。设计流量20立方米/秒。

4. 翻建第二农场渠向阳退水闸1座、桥1座、渡槽1座。

2003年实施的工程项目有:

1. 唐徕渠西门桥至赛马桥(原北二环桥)(桩号K72+753至K74+117)全断面砌护1.364千米,翻建斗口2座,安装防护栏杆、硬化渠堤路面1.364千米。

2. 唐徕渠保伏桥至联通桥段(桩号K70+635至K71+617)渠道全断面砌护0.982千米,安装防护栏杆、硬化渠堤路面0.982千米。

2004年实施的工程项目有:

唐徕渠联通桥至西门桥段(桩号K71+617至K72+137)渠道全断面砌护0.52千米,安装防护栏杆、硬化渠堤路面0.52千米。

2005年实施的工程项目有:

1. 唐徕渠银川段电信桥至保伏桥段(桩号K69+18至K70+635)渠道全断面砌护1.446千米。

2. 唐徕渠战马桥翻建1座。

3. 唐徕渠杨显跌坎维修加固,护坡100米,跌梁墩维修2座。

2006年实施的工程项目有:

翻建第二农场渠崇胜退水闸1座、涵洞1座、桥梁1座、斗口1座。

2007年实施的工程项目有:

1. 2007年灌区续建配套工程唐徕渠上海路至贺兰山路桥段扩整改造工程1.3千米。渠道设计流量90立方米/秒,梯形断面,渠道底宽20米,开口宽29米,砌护型式为现浇20厘米厚C20砼底板、铺筑0.3毫米厚土工膜,护坡下部为0.3米厚浆砌石基础,上部为六角预制砼板。

2. 2007年宁夏引黄灌区续建配套项目唐徕渠平罗县城段西门桥至东门桥渠道砌护1千米。

3. 新建唐徕渠北塔湖渡槽1座,新建第二农场渠河西总排干沟渡槽1座。

2009年实施的项目有:

唐徕渠罗渠至八一桥段渠道砌护7.3千米,维修改造斗口11座,翻建斗口1座,新建踏步4座。渠道设计参数:桩号K98+225至K100+500段渠道设计流量24立方米/秒,梯弧形断面,设计水深1.76米,底宽9.8米,开口宽20.2米,渠道砌护型式:边坡为浆砌石,渠底为C20砼板砌护,砼板下为砂浆垫层,垫层下铺设复合土工膜、渠道坡脚为圆弧段;桩号K100+500至K101+641段渠道设计流量24立方米/秒,梯形断面,渠道底宽8.5米,砌护型式为:坡面采用预制C20预制砼板砌护,板厚0.08米,其下铺设土工膜和砂浆垫层,浆砌石坡脚砼宽6.03米,下口厚0.6米、上口厚0.4米,渠底采用预制C20预制砼矩形板砌护;桩号K101+676至K103+600段渠道设计流量22立方米/秒,梯弧形断面,渠道底宽10.5米,开口宽20.6米,砌护型式为:渠底自下而上铺设复合土工膜(一布一膜)或苯板、M5水泥砂浆垫层3厘米、8厘米厚C20砼板砌筑;边坡衬砌方式左右两侧不同,左侧为土工膜防渗、圆弧段现浇20厘米厚C20砼、砼预制板衬砌的复合防渗衬砌结构,右侧为无纺布铺设、砂砾石填筑、铅丝笼扩大基础、浆砌石护坡、6厘米厚苯板、3厘米厚砂浆垫层、C20砼板砌筑;桩号K103+600至K105+550段渠道设计流量22立方米/秒,梯弧形断面,设计水深1.64米,底宽10.5米,开口宽20.6米,渠道砌护型式:边坡为浆砌石,渠底为C20砼板砌护,砼板下为砂浆垫层,垫层下铺设复合土工膜、渠道坡脚为圆弧段。

2010年实施的项目有:

唐徕渠新桥至满达桥段(K75+829至K82+811)6.98千米砌护工程,维修桥梁1座,涵洞1座,翻建斗口9座。渠道设计参数:渠道设计流量75立方米/秒,设计水深2.77米,底宽17米,开口宽32.51米,砌护型式为圆弧坡脚全断面砌护,边坡采用六边形砼板砌护,底板采用矩形砼板砌护。现浇混凝土下铺设0.3毫米土工防渗膜,预制板下铺设3厘米厚M5砂浆垫层,垫层下铺0.3毫米土工防渗膜。

2011年实施的项目有:

1. 唐徕渠李银桥至宝湖路桥段3.1千米渠道砌护工程。渠道设计参数:渠道设计流量76立方米/秒,设计顶宽32.48米,底宽17.65米。砌护型式为:渠底铺设0.3毫米厚土工膜,土工膜上铺筑60毫米厚砼板,坡脚为20厘米厚现浇混凝土圆弧,圆弧以上渠坡采用60毫米厚C20砼预制板铺筑,其下30毫米厚M5砂浆垫层,垫层下为0.3毫米厚土工膜。

2. 暖泉渠砌护改造18千米,翻建暖泉渠进水闸、三二支沟退水闸、洪南节制闸等水闸3座,改造斗口22座,生产桥2座。渠道设计参数:设计流量5立方米/秒,开口宽8.5米,砌护型式:进口以下1.5千米采用土工格栅砌护,其余均为U型断面砼板衬砌,板下铺0.3毫米塑料薄膜,伸缩缝内填聚乙烯PVC802油膏。

3. 唐徕渠周城所平罗县城段砌护1.5千米,改造建筑物9座。渠道设计参数:该段渠道设计流量5.8立方米/秒。砌护型式为:坡面及渠底均采用预制C15砼板砌护,其下铺设30毫米厚M5水泥砂浆和0.3毫米厚土工膜,坡脚为C20现浇混凝土。

2012年实施的项目有:

1. 唐徕渠高庙桥至李银桥渠道砌护1.945千米,新建踏步6座,砂砾石路面全长1945米,翻建DN400支渠引水口1座。渠道设计参数:该段渠道设计底宽17.65m,边坡1∶1.5,设计流

量 76 立方米/秒,C15 砼板预制砌护及 C20 细石砼勾缝,C15 混凝土弧脚。

2. 翻建唐徕渠二排、玉泉、大庙、中干沟涵洞 4 座、小湾桥节制闸除险加固 1 座。

3. 第二农场渠大武口段砌护改造工程(浴山潭大街至平汝铁路桥、简泉公路桥至公路桥)共计 17.65 千米,新建节制闸 1 座、拉沙闸 1 座,翻建斗口 3 座、维修斗口 11 座;十分沟新涵洞进口维修 1 座,排污涵出口维修 1 座,桥梁翻建 1 座。渠道设计参数:该段渠道设计流量 11 立方米/秒,渠道底宽 4.6 米,开口宽 13.084 米。渠道砌护型式为现浇 20 厘米厚 C20 砼渠底及弧脚、坡面铺筑 0.3 毫米厚土工膜及苯板、砼预制板。

2013 年实施的项目有:

1. 唐徕渠良渠口闸至高庙桥段砌护改造 4.641 千米(桩号 K57+214 至 K61+855),翻建大新渠引水口,新建支渠引水口 1 座,新建踏步 18 座,砂砾石路面全长 2.286 千米。渠道设计参数:良渠口以下 2.29 千米渠道设计底宽 27.00 米,其余 2.355 千米渠道设计底宽 16.5 米。设计流量 76 立方米/秒,加大流量 87 立方米/秒,渠道砌护型式:渠底铺筑方形混凝土板,现浇 C20 砼弧脚,边坡为六角砼板砌护。

2. 良田渠进口以下渠道砌护 6.467 千米,配套建筑物 12 座,其中翻建节制闸 1 座、翻建渡槽 2 座、翻建测水断面 1 座、新建踏步 6 座、维修进水闸出口 1 座、永二干沟涵洞 1 座。渠道设计参数:该段渠道设计流量 7 立方米/秒,渠道底宽 4.135 米,开口宽 11.869 米。砌护型式为现浇 20 厘米厚 C20 砼渠底及弧脚、坡面铺筑 0.3 毫米厚土工膜及砼预制板。

3. 第二农场渠进口以下 8.5 千米渠道维修加固,其中(桩号 K0+000 至 K6+000)段为维修段落,(桩号 K6+000 至 K8+550)段为全断面砌护段落,设计流量 30 立方米/秒。新建退水闸 1 座,扬水站引水口维修 16 座,斗口维修 2 座。

4. 第二农场渠大武口段(桩号 K68+600 至 K71+600)渠道砌护工程,维修斗口 8 座,新建斗口 2 座、退水闸 1 座。渠道设计参数:设计流量 5.5 立方米/秒,弧型断面,坡面采用预制 C20 砼板砌护,坡脚弧段现浇 C20 砼,渠底铺板和格宾。砌护板下部铺设土工膜及砂浆垫层。

2014 年实施的项目有:

1. 翻建唐徕渠红旗沟、宁化沟涵洞 2 座。

2. 唐徕渠八一桥下(桩号 K105+543 至 K129+935)砌护 24.4 千米。新建节制闸 2 座、翻建退水闸 3 座、翻建支斗口 117 座、新建踏步 20 座。渠道设计参数:该段渠道设计流量 13～17 立方米/秒,边坡采用预制 C20 砼板砌护,坡脚弧段采用 C20 现浇混凝土,渠底为卵砾石护底。

3. 第二农场渠(桩号 K61+644 至 K65+900)砌护改造 4.3 千米,配套建筑物 16 座:其中翻建支斗口 7 座,维修斗口 6 座,翻建便桥 1 座,测水桥 1 座,涵洞 1 座。渠道设计参数:渠道断面形式为梯弧形,共有两种砌护形式,其中桩号 K61+644 至 K63+254 段渠道设计流量 7.5 立方米/秒,渠底和护脚弧段砼均为现浇 C20 砼,坡面为砼板砌筑;桩号 K63+254 至 K65+950 段渠道设计流量 5.5 立方米/秒。渠底为 30 厘米厚卵砾石,弧段现浇 C20 砼,坡面砌筑砼板。

4. 唐徕渠新开渠砌护工程(桩号 K0+000 至 K2+180)渠道砌护长度 2.18 千米,翻建斗口 7

座,新建踏步 1 座。渠道设计参数:渠道设计流量 1.5 立方米／秒,设计水深 0.79 米,弧形断面,砌护型式为自下而上铺设 0.3 毫米土工膜、30 毫米厚 M5 水泥砂浆垫层、60 毫米厚 C15 砼板砌筑,伸缩缝内填 40 毫米厚聚乙烯油膏。

2015 年实施的项目有:

1. 翻建改造唐徕渠杨显涵洞、丰庆沟涵洞、四二干沟涵洞、暖泉箱涵等 4 座涵洞。

2. 唐徕渠大东方桥至良渠口闸段渠道砌护 12.784 千米。翻建砌护段内斗口 31 座,拆除大闫沟涵洞 1 座。渠道左堤铺设 4 米宽泥结碎石路面。渠道设计参数:设计断面型式为圆弧坡脚梯形断面。渠道边坡采用 60 毫米厚预制砼板,圆弧坡脚采用 20 厘米厚现浇混凝土砌护,渠底中间采用 30 厘米厚卵砾石砌护,下铺一布一膜,渠底两侧紧挨现浇混凝土部位各设 2 米宽格宾护垫。

3. 唐徕渠太子渠至八一桥段(桩号 K88+950 至 K105+493)渠道修复 16.543 千米。渠道设计参数:设计流量为 33 立方米／秒,最大流量为 42 立方米／秒,砌护型式为渠底中间自下而上铺设复合土工膜及 30 厘米厚卵砾石,两侧紧挨现浇砼部位现浇 80 厘米宽 40 厘米厚混凝土,坡脚破损段设浆砌石基础,浆砌石上现浇 20 厘米厚混凝土。

4. 唐徕渠人民闸以下(桩号 K136+293 至 K144+920)渠道砌护 8.627 千米,翻建水闸 3 座、涵洞 2 座、生产桥和测水桥 7 座、斗口 45 座。翻建红旗沟涵洞 1 座。渠道设计参数:设计流量为 3.7～1.2 立方米／秒,采用圆弧坡脚梯形断面和圆弧底梯形断面。其中桩号 K136+293 至 K139+565 段边坡采用 60 毫米厚砼预制板砌护,圆弧坡脚采用 20 厘米厚现浇砼砌护,渠底采用 30 厘米厚卵砾石防冲;桩号 K139+565 至 K144+920 段采用全断面板膜结构砌护。

2016 年实施的项目有:

1. 新建唐徕渠跃进桥、姜家桥、宁化桥节制闸 3 座、北渠退水闸 1 座、新建第二农场渠四二干沟渡槽 1 座,翻建唐徕渠反帝沟、红旗沟涵洞 2 座。

2. 唐徕渠陡坡段渠道砌护改造工程(桩号 K39+840 至 K43+830)砌护渠道 3.99 千米,翻建陡坡建筑物 1 座。渠道设计参数:渠道断面为圆弧坡脚梯形断面,渠底自下而上铺设复合土工膜及 30 厘米厚卵砾石,渠底两侧紧挨现浇砼部位各设 2 米宽格宾护垫,石笼厚 50 厘米,下设土工布,渠道边坡采用 C20 砼预制板 +3 厘米厚 M5 水泥砂浆 + 复合土工膜 +6 厘米厚苯板砌护;圆弧坡脚采用 30 厘米厚 C20 砼 +6 厘米厚苯板砌护。其中桩号 K41+260 至 K41+360 段渠底全部采用 50 厘米厚格宾砌护,下设土工布。

3. 唐徕渠第二农场渠(桩号 K30+825 至 K46+983)段渠道砌护 16.16 千米,渠系建筑物改造 32 座;其中溢流堰 1 座,重建扬水泵站进水口 3 座,斗口 22 座,新建退水闸 2 座。渠道设计参数:设计流量 15.5 立方米／秒,渠底宽 4 米,设计水深 1.65 米,砌护型式为自渠底中心铺筑宽 3 米、厚 50 厘米格宾石笼,石笼两侧浇筑 50 厘米宽、20 厘米厚 C20 砼,石笼下铺筑复合土工膜,渠道内坡脚现浇 20 厘米厚砼,边坡铺筑预制砼板。

4. 唐徕渠大新渠渠道砌护 17.2 千米,改造各类建筑物共 17 座。其中,新建退水闸 1 座、节

制闸 2 座,翻建涵洞 1 座、翻建斗口 52 座。渠道设计参数:桩号 K0+050 至 K11+000 段渠道设计流量 5 立方米/秒。弧脚现浇 20 厘米厚混凝土,护坡铺筑预制砼板。桩号 K11+000 至 K14+678 段渠道设计流量 3 立方米/秒,渠底与弧脚均为 20 厘米厚现浇混凝土,护坡铺筑预制砼板。桩号 K14+678 至 K17+200 段渠道设计流量 1.5 立方米/秒,梯形断面,全断面现浇混凝土砌护。

2017 年实施的项目有:

1. 翻建第二农场渠红旗沟涵洞 1 座、一号排洪槽 1 座。

2. 第二农场渠(桩号 K46+938 至 K48+050)渠道砌护 1.1 千米。渠道设计参数:设计流量 11 立方米/秒,渠底宽 4 米,砌护型式为渠底铺筑厚 30 厘米卵砾石,卵砾石下铺设复合土工膜,内坡脚为弧段砼,边坡为砼板砌筑。

3. 唐徕渠罗渠段至二十六湾段双侧渠堤 6.6 千米外坡加培工程。

2018—2021 年无续建项目。

截至 2021 年底,灌区续建配套与节水改造项目在唐徕渠系上共实施 61 项,完成渠道砌护 195.3 千米;除险加固渠道 15 千米;新建改造各类建筑物 425 余座:其中节制闸 10 座、进口闸 3 座、退水闸 22 座、渡槽 4 座、涵洞 22 座、桥梁 13 座、斗口 351 座,累计完成投资 6.23 亿元。历年持续不断的续建配套与节水改造工程实施,改善渠道运行状况,提高水资源有效利用,为现代化灌区建设打下了坚实基础。

唐徕渠灌区续建配套与节水改造工程见表 3-10。

二、水权转换

唐徕渠灌域向灵武电厂转换部分黄河取水权节水改造工程,是黄河水利委员会在宁夏开展水权转换试点工作三个试点项目之一,也是黄河水利委员会在黄河流域宁蒙两区开展水权转换试点工作五个试点项目之一。

宁夏当地水资源量少质差。经济社会发展用水主要依赖于过境的黄河水。计入国家分配的黄河可耗用 40 亿立方米水量,人均水资源占有量 706 立方米,约为全国平均水平的 1/3。

随着经济社会的发展对水的需求量不断增加,水资源短缺已成为宁夏经济社会可持续发展的主要制约因素。近年来,黄河来水持续偏枯,黄河又是宁夏的唯一水源,在南水北调工程生效之前,国家不能再增加我区黄河干流用水指标。解决发展用水,只能依靠区域自身挖潜,即水权转换,也就是通过灌区大力推行节水,在确保饮水安全、粮食安全和基本生态用水的前提下,改变现有水资源利用格局,引导水资源向高效益、高效率方向转移。农业节水支持工业和城市发展,工业反哺农业,将农业节余的水量有偿转换给工业,为经济社会的可持续发展提供水资源保障。

2003 年 9 月 4 日,黄委会印发《关于在宁夏回族自治区开展黄河取水水权转让试点工作的复函》(黄水调〔2003〕28 号),同意在宁夏回族自治区开展黄河干流水权转换试点,通过对引黄灌区的节水改造,把节约的水量有偿转让给工业项目用水,并要求编制建设项目水资源论证报告书和水权转换可行性研究报告,由自治区水利厅初审后报黄委审查。

2004年1月9日,黄委会以《关于在宁夏灵武电厂开展用水水权转让工作的复函》(黄水调〔2004〕2号文件),同意灵武电厂通过水权有偿转让的形式获得黄河取水指标。本期实施的唐徕渠灌域向灵武发电厂转换水权项目节水改造工程,就是在农业灌溉节水基础上统筹水资源配置,实行农业水权向工业的有偿转换,水权转换的收益用于灌区渠道节水改造,在没有增加用水指标的情况下,通过渠道防渗砌护减少灌溉用水,将节省的灌溉水量用于发展工业,以保证工业项目的顺利实施。

2004年2月,宁夏水文水资源勘测局编制《宁夏青铜峡河西灌区唐徕渠灌域向灵武发电厂工程转让部分黄河取水权可行性研究报告》,报告确定的工程建设主要内容为:

1. 干渠衬砌。砌护段位于高填方且渗漏量大的唐徕渠满达桥节制闸至立暖桥段,总长13.82千米。

2. 支斗渠防渗衬砌。

3. 机井灌区建设。建设机井27眼,进行井渠结合灌溉,灌溉面积0.4万亩。

工程初步设计报告由银川市水电勘测设计院进行编制。水利厅下达《唐徕渠灌域向灵武电厂转换部分水权项目节水改造工程(渠道砌护)初步设计报告的批复》(宁水计发〔2005〕63号)。

唐徕渠灌域水权转换项目于2004年秋季开工建设,2006年6月完成工程建设任务。

2004年,完成唐徕渠战马桥到立暖桥(桩号K94+609至K96+608)干渠砌护工程。砌护工程2.0千米,改造翻建支渠口3座,支斗渠砌护3条6.67千米,改造配套建筑物76座。投资296万元。

2005年,完成唐徕渠经济桥上、下(桩号K85+536至K89+648)和四二干沟以下(桩号K96+660至K96+820)干渠砌护4.272千米,支斗渠砌护6条18.0千米,改造配套建筑物270座,投资956万元。

2006年,完成唐徕渠四二干沟以下(96+820至98+200)1.38千米渠道砌护,改造翻建支渠口4座;砌护支斗渠15条45.97千米,改造配套建筑物831座。建设井渠结合示范区2210亩,维修机井5眼,衬砌斗渠2条0.8千米,农渠13条7千米,完成投资901万元。

三年累计完成投资2153万元,砌护干渠7.651千米,改造支斗口7座,支渠衬砌24条,井渠结合节水改造项目面积2210亩。工程建设的全过程严格按照国家基本建设程序规范管理,全面推行项目法人责任制、工程建设监理制、工程招投标制和合同管理制的"四制"管理。

项目实施后,有效解决了满达桥段渠道内坡滑塌、渗漏、输水卡脖子段落等问题,改善了渠道的老化状况,支斗渠用水周期缩短,灌溉保证率提高,灌区水事纠纷明显减少。支斗渠灌溉用水量减少了1638万立方米,减幅达31%,农民水费支出每年可减少70余万元,成功实现了"投资节水,转换水权"以农业节水支持工业发展,工业反哺农业,政府、企业、农民多赢的良好成效。

表3-10 唐徕渠灌区续建配套与节水改造工程统计表

序号	工程名称	投资（万元）	工程位置桩号	砌护型式/技术参数	主要建设内容	建设单位	设计单位	施工单位	监理单位	建设年代（年）
1	唐徕渠保伏桥至西门桥段渠道砌护工程	256.8	唐徕渠桩号K70+635～K72+100		渠道砌护1.5km	水利厅灌溉管理局	宁夏水利水电勘测设计院	宁夏唐徕水利水电工程建设安装公司	宁夏水利水电工程建设监理中心	1998
2	二农场渠进口闸至西湖桥砌护	523	第二农场渠桩号K0+000～K8+530	梯形断面	渠道砌护8.5km	水利厅灌溉管理局	宁夏水利水电勘测设计院	宁夏唐徕水利水电工程建设安装公司	宁夏水利水电工程建设监理中心	1999
3	高庙桥下干渠砌护工程	189.5815	唐徕渠桩号K61+945～K63+200		砌护渠道1.17km，渠堤加固2.2km，翻建斗口1座	水利厅灌溉管理局	宁夏水利水电勘测设计院	宁夏唐徕水利水电工程建设安装公司	宁夏水利水电工程建设监理中心	1999
4	第一农场进口闸维修	29.7326	唐徕渠桩号K83+869			水利厅灌溉管理局	宁夏水利水电勘测设计院	宁夏唐徕水利水电工程建设安装公司	宁夏水利水电工程建设监理中心	1999
5	第二农场渠暖泉退水闸	67.0281	第二农场渠桩号K31+080		翻建退水闸1座	水利厅灌溉管理局	宁夏水利水电勘测设计院	宁夏唐徕水利水电工程建设安装公司	宁夏水利水电工程建设监理中心	1999
6	新建胜利退水闸工程	80.56	唐徕渠桩号K53+325		翻建退水闸1座	水利厅灌溉管理局	宁夏水利水电勘测设计院	宁夏唐徕水利水电工程建设安装公司	宁夏水利水电工程建设监理中心	1999
7	唐徕渠铁路桥至保伏桥防渗抗冻胀砌护工程	46.945	唐徕渠桩号K70+354～K70+635		砌护渠道281m，双拼浆砌石加砼板后设0.3mm土工膜防渗护坡	水利厅灌溉管理局	宁夏水利水电勘测设计院	宁夏唐徕水利水电工程建设安装公司	宁夏水利水电工程建设监理中心	2000
8	满达桥新段垂直铺塑	107.41	左堤：唐徕渠桩号K74+400～K75+475；右堤：K74+400～K75+442		双堤垂直铺塑，单堤总长2117m，埋深9m	水利厅灌溉管理局	宁夏水利水电勘测设计院	宁夏唐徕水利水电工程建设安装公司	宁夏水利水电工程建设监理中心	2000

第三章 工程建设

续表

序号	工程名称	投资（万元）	工程位置桩号	砌护型式/技术参数	主要建设内容	建设单位	设计单位	施工单位	监理单位	建设年代（年）
9	唐徕渠李银桥至保伏桥干米渠道砌护	135.3622	唐徕渠桩号 K68+900～K70+283	梯形断面	砌护渠道1.3km，标准堤单埂铺设3.58km，翻建斗口1座	水利厅灌溉管理局	宁夏水利水电勘测设计院	宁夏唐徕水利水电工程建设安装公司	宁夏水利水电工程建设监理中心	2000
10	唐徕渠太子渠至站马桥渠道砌护工程	589.8343	唐徕渠桩号 K89+900～K95+000	梯形断面	砌护渠道5.1km，新建标准堤单埂5km，翻建斗口7座	水利厅灌溉管理局	宁夏水利水电勘测设计院	宁夏水利水电工程局，宁夏唐徕建设安装公司，宁夏惠渠水利建筑工程有限公司	宁夏水利水电工程建设监理中心	2001
11	大东方桥至小湾桥单堤垂直铺塑	58.0748	唐徕渠桩号 K46+113～K47+763		长度1.6km	水利厅灌溉管理局	宁夏水利水电勘测设计院	宁夏唐徕水利水电工程建设安装公司	宁夏水利水电工程建设监理中心	2001
12	唐徕渠新桥下渠堤加固工程	85.0524	唐徕渠桩号 K75+829～K76+900	梯形断面	左堤加固1090m，右堤加固680m，堤宽5m，外边坡1:2	水利厅灌溉管理局	宁夏水利水电勘测设计院	宁夏禹水利水电工程公司	宁夏水利水电工程建设监理中心	2001
13	新建唐徕渠四干沟退水闸工程	122.36	唐徕渠桩号 K97+790		双孔退水闸1座12t手电两用启闭机2套，闸房1座	水利厅灌溉管理局	宁夏水利水电勘测设计院	宁夏盐环定水利水电工程有限公司		2001
14	满达桥至高速公路桥下渠堤砌护工程		唐徕渠桩号 K83+870～K86+170		渠道砌护2.3km，铺设标准单埂2.3km，维修节制闸消力池1个，翻建太子渠口1座	水利厅灌溉管理局	宁夏水利水电勘测设计院			2002
15	第二农场渠崇岗段防洪改建工程	221.1392	第二农场渠桩号 K38+750		修建向阳退水闸1座，桥1座，渡槽1座	水利厅灌溉管理局	宁夏水利水电勘测设计院	宁夏唐徕水利水电工程建设安装公司，宁夏水利水电工程局	宁夏水利水电工程建设监理中心	2002
16	唐徕渠西门桥至上海路桥（原北二环桥）砌护工程	421	唐徕渠桩号 K72+753～K74+117	梯形断面	砌护渠道1.364km，翻建斗口2座，安装防护栏打、硬化渠堤路面1.364km	水利厅灌溉管理局	宁夏水利水电勘测设计院	宁夏水利水电工程局，宁夏唐徕建设安装公司，宁夏惠渠水利建筑工程有限公司	宁夏兴禹工程建设监理公司	2003

续表

序号	工程名称	投资（万元）	工程位置桩号	砌护型式/技术参数	主要建设内容	建设单位	设计单位	施工单位	监理单位	建设年代（年）
17	唐徕渠保伏桥至联通桥渠道砌护工程	143.1289	唐徕渠桩号K70+635～K71+617	梯形断面	渠道砌护0.982km，新建2个临水平台，6个踏步	水利厅灌溉管理局	宁夏水利水电勘测设计院	宁夏水利水电工程建设局、唐徕水利水电工程建设安装公司	/	2003
18	唐徕渠联通桥至西门桥渠道砌护工程	/	唐徕渠桩号K71+617～K72+137	梯形断面	全断面砌护520m，新建10个踏步，4个临水平台	水利厅灌溉管理局	宁夏水利水电勘测设计院	宁夏水利水电工程建设局、宁夏惠渠水利建筑工程公司	/	2004
19	唐徕渠电信桥至保伏桥渠道全断面砌护	100	唐徕渠桩号K69+185～K70+635	梯形断面	渠道砌护1.446km	水利厅灌溉管理局	宁夏水利水电勘测设计院	唐徕水利水电工程建设安装公司、宁夏夏禹水利水电工程公司、汉延渠管理处工程队	/	2005
20	崇胜退水闸及涵洞联合建筑物改造工程	95	第二农场渠桩号K41+590～K41+667		渠道砌护50m，翻建退水闸1座、涵洞1座、生产桥1座，12斗1座、沟道砌护61m	水利厅灌溉管理局	宁夏水利水电勘测设计院有限公司	宁夏唐徕水利水电工程建设安装公司	宁夏宏景工程监理有限公司	2006
21	唐徕渠上海路至贺兰山路桥护整改造工程	550	唐徕渠桩号K74+117～K75+310	梯形断面	渠道砌护1.3km	水利厅灌溉管理局	宁夏水利水电勘测设计院有限公司	宁夏盐环定水利水电工程建设安装有限公司、宁夏唐徕建设安装公司、宁夏跃进水利水电工程公司	宁夏宏景工程监理有限公司	2007-2008
22	宁夏引黄灌区续建配套项目唐徕渠平罗县城段西门桥至东门桥渠道砌护工程	129.1848	唐徕渠桩号K132+741～K133+741	圆弧坡脚梯形断面	渠道砌护1km	水利厅灌溉管理局	宁夏水利水电勘测设计院有限公司	平罗县水利工程建筑公司、平罗县陶乐吉兴水利水电工程有限公司	宁夏华正水利水电工程建设监理中心	2007

续表

序号	工程名称	投资（万元）	工程位置桩号	砌护型式/技术参数	主要建设内容	建设单位	设计单位	施工单位	监理单位	建设年代（年）
23	宁夏引黄灌区续建配套项目唐徕渠跨北塔湖渡槽改造工程	907.9798	唐徕渠桩号 K75+500		新建渡槽1座长63m	水利厅灌溉管理局	中水北方勘测设计研究院有限责任公司	宁夏水利水电工程局	宁夏兴禹工程建设监理公司	2007
24	宁夏引黄灌区续建配套工程第二农场渠河西总排干沟渡槽工程	353.6856	第二农场渠桩号 K8+453		新建渡槽1座长66m	水利厅灌溉管理局	银川市水电勘测设计院	宁夏红扬水利水电建设安装工程公司	宁夏宏景工程监理有限公司	2007
25	2009年宁夏引黄灌区续建配套与节水改造工程项目唐徕渠罗家桥至八一桥段渠道砌护工程	1510.8277	唐徕渠桩号 K100+500～K103+600	圆弧坡脚梯形断面	渠道砌护7.3km，维修改造斗口11座，翻建斗口1座，新建踏步4座	宁夏水资源管理局	宁夏水利水电勘测设计研究院有限公司	宁夏红扬水利水电建筑安装工程有限公司，宁夏盐环定水利工程有限公司，宁夏渠首管理处水电工程建设安装公司，宁夏唐延水电工程有限公司	宁夏宏景工程监理有限公司	2009
26	2010年大型灌区续建配套与节水改造项目唐徕渠新桥至满达桥段砌护改造工程	1859.8004	唐徕渠桩号 K75+829～K82+811	圆弧坡脚梯形断面	渠道砌护6.98km，维修桥梁1座，涵洞1座，翻建斗口9座	宁夏水资源管理局	宁夏水利水电勘测设计研究院有限公司	宁夏汉延水电工程有限公司，宁夏秦汉水利工程有限公司，宁夏西干水电建筑安装工程有限公司，宁夏盐环定水利工程有限公司，宁夏红扬水电建设安装有限公司，宁夏唐徕水利水电工程建设安装公司	宁夏宏景工程监理有限公司	2010
27	宁夏引黄灌区续建配套与节水改造项目2010年第二批二标段唐徕渠第二农场渠暖泉渠节水改造工程	351.1893	暖泉渠桩号 K9+500～K13+700	U型断面	渠道砌护4.2km，新建踏步3座，新建斗口9座	宁夏水资源管理局	宁夏水利水电勘测设计研究院有限公司	平罗县水利工程建筑公司	宁夏华正水利水电建设监理中心	2011

续表

序号	工程名称	投资（万元）	工程位置桩号	砌护型式/技术参数	主要建设内容	建设单位	设计单位	施工单位	监理单位	建设年代（年）
28	宁夏引黄灌区续建配套与节水改造项目2010年第二批三标段唐徕渠暖泉渠第二农场渠暖泉渠节水改造工程	328.83	暖泉渠桩号 K13+700～K18+000	U型断面	砌护渠道4.3km，翻建斗口6座，新建节制闸1座	宁夏水资源管理局	宁夏水利水电勘测设计研究院有限公司	宁夏夏禹水利水电工程有限公司	宁夏华正水利水电建设监理中心	2011
29	宁夏大型灌区续建配套与节水改造工程(2011年第一批)九标段唐徕渠第二农场渠暖泉渠节水改造工程	962.6827	暖泉渠桩号 K0+000～K9+500	梯形断面和U型断面	渠道砌护9.5km，其中进口以下1.5km，下段8km为预制栅砌筑，砼板砌护，翻建斗口22座，进水闸1座，退水闸1座，节制闸1座，生产桥2座，踏步3座	宁夏水利厅灌溉管理局	宁夏水利水电勘测设计研究院有限公司	青铜峡市水利建筑工程公司	宁夏宏景工程监理有限公司	2011
30	宁夏大型灌区续建配套与节水改造工程2011年第一批一标段工程	878.0892	唐徕渠桩号 K62+560～K63+750、K64+750～K66+660	梯弧形断面	砌护全长3.1km。新建踏步8座，改造斗口1座	宁夏水资源管理局	宁夏水利水电勘测设计研究院有限公司	宁夏汉延水电工程有限公司	宁夏宏景工程监理有限公司	2011
31	宁夏大型灌区续建配套与节水改造工程2011年第一批唐徕渠平罗县城段改造工程	838.19	唐徕渠	梯形断面	渠道砌护1.5km，翻建斗口4座，封堵斗口4座，封堵退水闸1座。	宁夏水利厅灌溉管理局	宁夏水利水电勘测设计研究院有限公司	宁夏水利水电工程局	宁夏宏景工程监理有限公司	2011
32	宁夏大型灌区续建配套与节水改造工程(2011年第三批)二标段工程		唐徕渠桩号 K66+660～K69+189	梯弧形断面	渠道砌护2.529km。新建踏步8座，翻建斗口1座	宁夏水资源管理局	宁夏水利水电勘测设计研究院有限公司	宁夏汉延水电工程有限公司	宁夏宏景工程监理有限公司	2012

续表

序号	工程名称	投资（万元）	工程位置桩号	砌护型式/技术参数	主要建设内容	建设单位	设计单位	施工单位	监理单位	建设年代（年）
33	宁夏中型病险水闸除险加固工程唐徕渠小湾桥节制闸改造工程	542.87	唐徕渠桩号K47+200		加固闸室，拆除重建启闭机房，改建交通桥，闸房翻建，拆除重建上游连接段156m；下游连接段100m；更新改造闸门,启闭设备，更新供电设施	宁夏水利厅灌溉管理局	宁夏水利水电勘测设计研究院有限公司	宁夏渠首管理处水利工程有限公司	宁夏宏景工程监理有限公司	2012
34	宁夏大型灌区续建配套与节水改造工程2012年（第一批）1标段二农场渠砌护工程	968.2316	第二农场渠桩号K48+050～K52+250	梯弧形断面	渠道砌护4.2km，新建节制闸1座，跌步9座，支渠口翻建2座，支渠口维修4座	宁夏水资源管理局	宁夏水利水电勘测设计研究院有限公司	宁夏惠水利建筑工程有限责任公司	宁夏宏景工程监理有限公司	2012
35	宁夏大型灌区续建配套与节水改造工程2012年（第一批）2标段二农场渠砌护工程	995.1881	第二农场渠桩号K52+250～K56+450	梯弧形断面	渠道砌护4.2km，新建跌步4座，斗口1座，翻建拉沙闸1座，维修斗口5座	宁夏水资源管理局	宁夏水利水电勘测设计研究院有限公司	宁夏西干水利水电建筑安装工程有限公司	宁夏宏景工程监理有限公司	2012
36	宁夏大型灌区续建配套与节水改造工程2012年（第一批）工程3标段二农场渠砌护工程	1636.5803	第二农场渠桩号K56+450～K61+644，K71+600～K75+071	梯弧形断面	砌护渠道8.66km,斗口维修翻建8座，十分沟新涵洞进口维修1座，排污涵出口维修1座，跃进抽水机引水口翻建1座，新建十几分沟退水闸和跃进闸各1座	宁夏水利厅灌溉管理局	宁夏水利水电勘测设计研究院有限公司	宁夏为民实业股份有限公司	宁夏宏景工程监理有限公司	2012
37	宁夏引黄灌区续建配套与节水改造工程Ⅱ标段唐徕渠砌护改造工程	1027.6215	唐徕渠桩号K61+855～K63+800	梯弧形断面	渠道砌护1.945km，新建踏步8座，砂砾石路面全长1945m，DN400支渠引水口1座	宁夏水利厅灌溉管理局	宁夏水利水电勘测设计研究院有限公司	宁夏汉延水电工程有限公司宁夏秦汉水利工程有限公司	宁夏宏景工程监理有限公司	2012

续表

序号	工程名称	投资（万元）	工程位置桩号	砌护型式/技术参数	主要建设内容	建设单位	设计单位	施工单位	监理单位	建设年代（年）
38	宁夏大型灌区续建配套与节水改造工程2013年第一批一标段唐徕渠二农场渠砌护改造工程	1934.078	第二农场渠桩号K0+000~K8+550，K65+900~K68+900	梯弧形断面	渠道砌护5.55km，渠道维修6km，维修斗口8座，新建斗口8座，新建运河退水闸1座，交通桥1座，踏步5座	宁夏水资源管理局	宁夏水利水电勘测设计研究院有限公司	宁夏秦汉水利工程有限公司	宁夏宏景工程监理有限公司	2013
39	宁夏大型灌区续建配套与节水改造项目2013年度工程（第一批）砌护工程5标段唐徕渠新开渠砌护工程	277.2403	新开渠桩号K0+000~K2+180	弧形断面	渠道砌护2.18km，新建踏步1座，翻建斗口7座	宁夏水资源管理局	宁夏水利水电勘测设计研究院有限公司	宁夏唐徕水利水电工程建设安装公司	宁夏宏景工程监理有限公司	2013
40	宁夏大型灌区续建配套与节水改造项目2013年（第一批）砌护工程唐徕渠砌护改造工程	2892.7015	唐徕渠桩号K57+214~K61+855	梯弧形断面	渠道砌护4.641km，翻建大新渠口1座，新建斗口1座，踏步18座	宁夏水资源管理局	宁夏水利水电勘测设计研究院有限公司	宁夏汉延电工程有限公司，宁夏秦汉水利工程有限公司	宁夏宏景工程监理有限公司	2013
41	宁夏大型灌区续建配套与节水改造工程2013年（第一批）二标段良田渠上段砌护改造工程	1080.9086	良田渠桩号K0+000~K6+467	梯弧形断面	渠道砌护6.467km，翻建节制闸1座，渡槽2座，测水断面1座，新建踏步6座，维修进水闸出口1座，永二干沟涵洞1座	宁夏水资源管理局	宁夏水利水电勘测设计研究院有限公司	宁夏惠农水利建筑物工程有限责任公司	宁夏宏景工程监理有限公司	2013
42	宁夏大型灌区续建配套项目2014年（第二批）水改造项目二农场渠一标段砌护工程	663.0155	第二农场渠桩号K61+644~K65+950	梯弧形断面	渠道砌护4.306km，斗口维修6座，翻建7座，涵洞1座，人行便桥1座，测水桥1座	宁夏水资源管理局	宁夏水利水电勘测设计研究院有限公司	宁夏唐徕工程开发有限公司	宁夏宏景工程监理有限公司	2014
43	宁夏大型灌区续建配套与节水改造项目2014年（第二批）渠道砌护工程九标段唐徕渠砌护工程	2363.3997	唐徕渠桩号K105+543~K116+7001	梯弧形断面	渠道砌护11.16km，斗口维修39座，斗口翻建6座，新建人一桥节制闸1座，翻建灯塔退水闸1座	宁夏水资源管理局	宁夏水利水电勘测设计研究院有限公司	宁夏唐徕水利水电工程建设安装公司	宁夏宏景工程监理有限公司	2014

续表

序号	工程名称	投资（万元）	工程位置桩号	砌护型式/技术参数	主要建设内容	建设单位	设计单位	施工单位	监理单位	建设年代（年）
44	宁夏大型灌区续建配套与节水改造项目2014年（第二批）渠道砌护工程十标段	2680.7888	唐徕渠桩号K116+700~K129+935	梯弧形断面	渠道砌护全长13km，新建踏步13座，砂砾石路面全长13.235km，斗口72座，新建红星渠节制闸1座，翻建闸城、灯塔退水闸2座，拱桥2座	宁夏水资源管理局	宁夏水利水电勘测设计研究院有限公司	宁夏汉延水电工程有限公司	宁夏宏景工程监理有限公司	2014
45	宁夏大型灌区续建配套与节水改造项目2014年建筑物改造工程（唐徕渠丰庆沟涵洞翻建）		唐徕渠桩号K82+528	单孔钢筋混凝土箱涵	单孔现浇C25混凝土箱涵，箱涵断面净尺寸为3m×3m（宽×高），长76m，箱涵进出口连接段长20m，采用格宾块石砌护	宁夏水资源管理局	宁夏水利水电勘测设计研究院有限公司	宁夏禹水水利水电工程公司	宁夏兴禹工程建设监理公司	2015
46	宁夏大型灌区续建配套与节水改造项目2014年建筑物改造工程（唐徕渠四二干沟涵洞翻建）	296	唐徕渠桩号K97+950	3孔钢筋混凝土箱涵	3孔现浇C25混凝土箱涵，箱涵断面净尺寸为3m×3m（宽×高），长68m	宁夏水资源管理局	宁夏水利水电勘测设计研究院有限公司	宁夏渠首管理处水利工程公司	宁夏兴禹工程建设监理公司	2015
47	宁夏大型灌区续建配套与节水改造项目2014年建筑物改造工程（第二农场渠暖泉涵洞翻建）		第二农场渠桩号K33+173	单孔现浇C25混凝土箱涵	单孔现浇C25混凝土箱涵，箱涵断面净尺寸为2m×2m（宽×高），长36m	宁夏水资源管理局	宁夏水利水电勘测设计研究院有限公司	宁夏禹水水利水电工程公司	宁夏兴禹工程建设监理公司	2015
48	宁夏大型灌区续建配套与节水改造项目2014年1标段（唐徕渠杨显涵洞翻建工程）	468	唐徕渠桩号K52+337		改造涵洞1座：在原涵洞内衬直径为1.7米的C30钢筋砼圆涵，涵洞总长100m，渠道砌护600m及斗口翻建2座	宁夏水资源管理局	宁夏水利水电勘测设计研究院有限公司	宁夏唐徕水利水电工程建设安装公司	宁夏兴禹工程建设监理公司	2015
49	宁夏大型灌区续建配套与节水改造（43+830~57+214）唐徕渠砌护改造工程	6797.35	唐徕渠桩号K43+830~K57+214		渠道砌护12.784km。斗口翻建31座	宁夏水资源管理局	宁夏水利水电勘测设计研究院有限公司	宁夏盐环水定水利水电工程有限公司，宁夏唐徕水利水电工程建设安装公司	宁夏兴禹工程建设监理公司	2015

续表

序号	工程名称	投资（万元）	工程位置桩号	砌护型式/技术参数	主要建设内容	建设单位	设计单位	施工单位	监理单位	建设年代（年）
50	2015年宁夏大型灌区续建配套与节水改造项目唐徕渠砌护改造工程	1370	唐徕渠桩号K136+293~K144+920	梯弧形断面	渠道砌护8.627km。翻建建筑物57座,其中水闸6座、涵洞2座、生产桥6座、测水桥1座,斗口45座	宁夏水资源管理局	宁夏水利水电勘测设计研究院有限公司	宁夏水利水电工程局	宁夏兴禹工程建设监理公司	2015
51	2015年宁夏灌区砌护改造工程1标段唐徕渠太子渠至八一桥段砌护修复工程	1463.64	唐徕渠桩号K88+950~K105+493		修复砌护16.5km	宁夏水资源管理局	宁夏水利水电勘测设计研究院有限公司	宁夏唐徕水利水电工程建设安装公司	宁夏铸城监理咨询有限公司	2015
52	宁夏中型病险水闸除险加固工程唐徕渠跃进桥节制闸改造工程	680.2	唐徕渠桩号K10+749		迁建节制闸1座	宁夏水资源管理局	宁夏水利水电勘测设计研究院有限公司	宁夏渠首管理处水利工程公司	宁夏宏景工程监理有限公司	2016
53	宁夏中型病险水闸除险加固工程唐徕渠姜家桥节制闸改造	725.549	唐徕渠桩号K18+011		迁建节制闸1座	宁夏水资源管理局	宁夏水利水电勘测设计研究院有限公司	宁夏秦汉水利工程有限公司	宁夏宏景工程监理有限公司	2016
54	中小河流治理项目反帝沟涵洞翻建工程	370	唐徕渠桩号K19+450		翻建涵洞1座	宁夏水资源管理局	宁夏水利水电勘测设计研究院有限公司	宁夏汉延水利工程有限公司	河南华北水电工程监理有限公司	2016
55	宁夏大型灌区续建配套与节水改造项目2015年（第一批）渠道砌护工程1标段第二农场渠四二干沟渡槽工程	478.3686	第二农场渠桩号K7+600		将原四二干沟涵洞改造为矩形断面预制吊装渡槽,总长60m,底宽1.3m	宁夏水资源管理局	宁夏水利水电勘测设计研究院有限公司	宁夏唐徕水利水电工程建设安装公司	宁夏兴禹工程建设监理公司	2015
56	宁夏大型灌区续建配套与节水改造工程青铜峡灌区2016年（第三批）唐徕渠3.99km砌护及建筑物改造工程	27200.0064	唐徕渠桩号K39+840~K43+830	梯弧形断面	渠道砌护3.99km,翻建陡坡1座	宁夏水资源管理局	宁夏水利水电勘测设计研究院有限公司	宁夏唐徕水利水电工程建设安装公司	宁夏兴禹工程建设监理公司	2016

续表

序号	工程名称	投资（万元）	工程位置桩号	砌护型式/技术参数	主要建设内容	建设单位	设计单位	施工单位	监理单位	建设年代（年）
57	宁夏大型灌区续建配套与节水改造青铜峡灌区2016年(第一批)渠道砌护及建筑物改造工程(30+825～46+983)	4962.8431	第二农场渠桩号K30+825～K46+983	梯弧形断面	渠道砌护16.16km,渠系建筑物改造13座;其中溢流堰1座,重建扬水泵站进水口3座,斗口22座,新建退水口3座,水闸2座	宁夏水资源管理局	宁夏水利水电勘测设计研究院有限公司	宁夏回族自治区水利水电工程局,宁夏唐徕工程开发有限公司,宁夏惠渠水利建筑工程有限责任公司	宁夏兴禹工程建设监理公司	2016
58	宁夏大型灌区续建配套与节水改造工程青铜峡灌区2016年(第五批)渠道砌护及建筑物改造工程	2759.4247	大新渠桩号K0+000～K17+200	梯形断面+弧形断面	渠道砌护17.2km,新建退水闸1座,节制闸2座,翻建涵洞1座;翻建斗口52座	宁夏水资源管理局	石嘴山市水利水电勘测设计院有限公司	宁夏回族自治区水利水电工程局,宁夏西干水利建设安装工程	宁夏兴禹工程建设监理公司	2016
59	宁夏大型灌区续建配套与节水改造工程2017年度项目二标段一农场渠砌护及配套建筑物改造工程	581.1438	第二农场渠桩号K46+983～K48+050	梯弧形断面	渠道砌护1.067km,配套建筑物5座,斗口1座,浴山潭大街公路桥防护1座,测水断面1座	宁夏水资源管理局	石嘴山市水利水电勘测设计院有限公司	宁夏唐徕水利水电工程开发有限公司	河南华北水电工程监理有限公司	2017
60	宁夏大型灌区续建配套与节水改造项目第二农场渠一号排洪槽翻建	210.1562	第二农场渠桩号K35+617		翻建排洪槽1座	宁夏水资源管理局	石嘴山市水利水电勘测设计院有限公司	宁夏唐徕水利水电工程建设安装公司	宁夏兴禹工程建设监理公司	2017
61	宁夏大型灌区续建配套与节水改造项目2016年(第一批)渠道砌护及建筑物改造工程Ⅲ标段—红旗沟涵洞翻建工程		第二农场渠桩号K3+950		翻建涵洞1座	宁夏水资源管理局	宁夏水利水电勘测设计研究院有限公司	宁夏回族自治区水利水电工程局	宁夏兴禹工程建设监理公司	2017

第三节 灌区续建配套与现代化改造

一、建设背景

党的十九大提出"从二〇二〇年到二〇三五年,在全面建成小康社会的基础上,再奋斗十五年,基本实现社会主义现代化……从二〇三五年到本世纪中叶,在基本实现现代化的基础上,再奋斗十五年,把我国建成富强民主文明和谐美丽的社会主义现代化强国"的宏伟目标。中共中央、国务院印发的《乡村振兴战略规划(2018—2022年)》提出要开展大中型灌区续建配套节水改造与现代化建设。国家发展和改革委员会与水利部印发的《国家节水行动方案》(发改环资规〔2019〕695号)提出要加快灌区续建配套和现代化改造,分区域规模化推进高效节水灌溉。水利部关于印发《加快推进新时代水利现代化的指导意见的通知》(水规计〔2018〕39号)提出,夯实农业发展水利基础,加快实施大中型灌区续建配套和节水改造,大力发展区域规模化高效节水灌溉,加强灌区用水计量设施配套,积极推进灌区现代化建设和改造。到2020年建成与全面小康社会相适应的水安全保障体系,到2035年基本实现水利现代化,到2050年全面实现水利现代化。

为贯彻落实中央决策部署,围绕水利部"水利工程补短板,水利行业强监管"的工作总基调,水利部于2019年11月开始启动大型灌区续建配套与现代化改造规划的有关前期工作。2020年3月,水利部办公厅和国家发展改革委办公厅联合下发《关于开展"十四五"大型灌区续建配套与现代化改造实施方案编制工作的通知》(办农水〔2020〕56号)和实施方案编制指南,要求相关省区在对"十三五"大中型灌区续建配套节水改造实施情况进行全面总结评估的基础上,筛选提出建议纳入"十四五"实施范围的灌区,以灌区为单元编制"十四五"续建配套与现代化改造实施方案。

青铜峡灌区是宁夏引黄灌区中规模最大的灌区,具有2000多年的引黄灌溉历史,也是中国最古老的特大型灌区之一。自20世纪90年代启动续建配套与节水改造项目以来,灌区严重病险、"卡脖子"工程基本得到改造,骨干工程配套率和设施完好率明显提高,灌排基础设施薄弱、灌溉效益衰减的状况得到改善,管理体制改革深入推进,灌区管理水平与效能得到提升,有力地促进了农业节水增产和农民增收,取得显著的经济、社会和生态效益。但受条件限制,灌区水利基础设施还存在薄弱环节,灌区下游灌水难、盐渍化较重的问题没有得到根本解决,与全国相比用水效率和效益偏低,信息化和管理服务水平不高。按照习近平总书记提出"节水优先、空间均衡、系统治理、两手发力"的治水方针以及黄河流域生态保护和高质量发展的目标任务要求,全面开展青铜峡灌区现代化改造,进一步提高灌区水土资源利用效率和农业综合生产能力,促进乡村振兴与生态文明建设十分必要。

在全面总结评估"十三五"灌区续建配套节水改造实施情况的基础上,自治区水利厅筛选提出将青铜峡灌区纳入"十四五"续建配套现代化改造范围。2020年10月,宁夏水利水电勘测设计研究院有限公司开展青铜峡灌区续建配套与现代化改造工程可行性研究,在全面调查研究和分析论证的基础上,编制完成《宁夏青铜峡灌区续建配套与现代化改造工程(一期)可行性研究报告》,自治区发改委于2021年2月7日以宁发改农经审发〔2021〕8号文批复该可行性研究报告。

宁夏青铜峡灌区续建配套与现代化改造工程(一期)工程范围包括唐徕渠、渠首、汉延渠、秦汉渠灌域部分渠道及建筑物改造,贺兰山东麓葡萄产业供水泵站改造等。工程主要建设内容包括改造骨干病险建筑物29座,改造骨干渠道55.03千米及巡护道路40.23千米,改建泵站2座,配套量测水设施、闸门、启闭机、标识标牌、防护围栏、工程监测、信息化设施设备等。渠道设计流量20~92立方米/秒,泵站设计流量2.7~5.93立方米/秒(见表3-11)。

青铜峡灌区续建配套与现代化改造工程是落实节水优先,为自治区经济社会发展提供水

表3-11 宁夏青铜峡灌区续建配套与现代化改造工程(一期)唐徕渠灌域项目统计表

序号	工程名称	建设内容	砌护改造型式	设计单位	施工单位	监理单位
1	宁夏青铜峡灌区续建配套与现代化改造工程(一期)唐徕渠灌域施工1标段	唐徕渠第二农场渠运河桥至南梁五连段(桩号K8+616~K11+568),砌护长度2.952km,改造直开口1座,满达桥节制闸段岸坡整治300m,重建良渠口节制闸,翻建红旗沟退水闸、大坝沟涵洞	梯形断面,边坡为混凝土砌护,渠底中间铺筑卵砾石,两侧护脚铺筑格宾石笼	宁夏水利水电勘测设计研究院有限公司	宁夏水利水电工程局有限公司	宁夏兴禹工程建设监理有限公司
2	宁夏青铜峡灌区续建配套与现代化改造工程(一期)唐徕渠灌域施工2标段	唐徕渠第二农场渠南梁五连至军垦桥段(桩号K11+568~K14+736),砌护长度3.168km,翻建改造直开口2座;翻建唐徕渠26湾节制闸			宁夏红扬水利水电建筑安装工程公司	
3	宁夏青铜峡灌区续建配套与现代化改造工程(一期)唐徕渠灌域施工3标段	唐徕渠第二农场渠军垦桥至金山退水闸段(桩号K14+736~K17+580),渠道砌护2.844km,改造直开口1座			宁夏西夏水利建设有限公司	甘肃三维水电工程建设监理有限公司
4	宁夏青铜峡灌区续建配套与现代化改造工程(一期)唐徕渠灌域施工4标段	唐徕渠第二农场渠金山退水闸至暖泉节制闸段(桩号K17+580~K20+430),渠道砌护2.85km,翻建直开口3座			宁夏唐徕润泽工程建设有限公司	

安全保障,是工程提档升级改造、保障区域粮食安全、保障区域生态安全、加快推进灌区农业现代化、提升灌区管理服务水平的需要,是促进乡村振兴与生态文明建设、宁夏努力建设黄河流域生态保护和高质量发展先行区的重要举措。

2021年8月18日,自治区水利厅下达《关于宁夏青铜峡灌区续建配套与现代化改造(一期)唐徕渠灌域初步设计报告的批复》(宁水审发〔2021〕156号)。

二、工程任务和规模

工程任务　本期工程的任务是维持第二农场渠总体布局不变,对影响灌区效益发挥、存在病险隐患的骨干工程设施进行配套达标、提升改造,共砌护改造第二农场渠11.81千米,配套改造渠道建筑物4座,整治唐徕渠满达桥闸段岸坡1处,配套建筑物安全监测设施,完善渠道地下水监测和管护设施,提高灌区标准化管理水平,推进现代化灌区建设。

工程规模　第二农场渠(桩号K8+619至K20+430)段控制灌溉面积38.7万亩,设计流量25.0至30.0立方米/秒,加大流量30.9至35.0立方米/秒。唐徕渠良渠口联合闸设计流量76立方米/秒,加大流量86立方米/秒;良田渠进水闸设计流量7立方米/秒,加大流量8.4立方米/秒。大坝沟涵洞设计流量10立方米/秒,红旗沟退水闸设计流量12立方米/秒,26湾节制闸设计流量22立方米/秒。

工程概算投资　该项目总概算投资11400万元。其中建筑工程8362.82万元,机电设备及安装工程495.47万元,金属结构设备及安装工程248.52万元,施工临时工程632.51万元,独立费用1173.28万元。

三、工程布置及建筑物

工程等级和标准　本工程等级为Ⅱ等大(2)型,主要建筑物级别为3~5级,次要建筑物级别为4~5级,设计灌溉保证率为75%。

工程布置　基本维持第二农场渠总体布局,砌护改造第二农场渠,良渠口节制闸向上游移址与良渠口进水闸合建、原址翻建26湾节制闸、红旗沟退水闸、大坝沟涵洞。

主要建筑物

第二农场渠砌护　砌护改造第二农场渠河西总排干渡槽出口运河桥至暖泉节制闸段(桩号K8+619至K20+430),砌护总长度11.81千米。砌护渠道为梯形断面,内、外边坡坡比1∶1.5,两侧内边坡采用现浇砼砌护,渠顶内沿现浇混凝土台帽。

移址重建唐徕渠良渠口联合闸　闸室为二层整体钢筋混凝土结构,底板高程1114.2米,闸室共6孔,其中良渠口节制闸5孔,单孔净宽为5.0米;良田渠进水闸1孔,闸孔净宽3.0米,总宽34米,闸室上游设35米长渐变段、下游设122.5米长的连接段和消力池。闸室基础采用1.5米厚砂砾石换填。安装钢闸门6扇,配套手电两用卷扬启闭机。

翻建大坝沟涵洞　涵洞为两孔箱涵钢筋混凝土结构,进口底板高程1128.5米,单孔净宽3.0米,高1.5米,单节涵洞长10米,共10节,总长100米。涵洞基础采用1.0米厚砂砾石换填。

翻建红旗沟退水闸　闸室为整体钢筋混凝土结构。退水闸底板高程1107.0米，闸室共2孔，单孔净宽2.5米，总宽7.6米，闸室上游设渐变段、下游设消力池、加强砌护段。闸室基础位于原状地基。

翻建26湾节制闸　闸室为二层整体钢筋混凝土结构。节制闸底板高程1104.94米，闸室共3孔，单孔净宽4米，总宽14.4米，闸室上游设15米长渐变段、下游设120米长的消力池和加强砌护段。闸室基础采用1.0米厚砂砾石换填。安装钢闸门3扇，配套手电两用卷扬启闭机。

唐徕渠满达桥节制闸段岸坡整治　结合引黄古灌区遗产展示中心建设，对满达桥节制闸周边渠道岸坡、环境进行综合整治，修建渠道巡护道路，生物措施治理渠道岸坡及周边环境，维修建设巡护管理用房。

安全监测设施　良渠口联合闸、26湾节制闸、红旗沟退水闸布置变形监测、渗流监测、水位监测等设施。配套渠道地下水位监测、管护设施等。

工程建设管理

该项目主管部门为自治区水利厅，负责主持工程竣工验收，自治区水利工程建设中心为项目法人，负责前期工作工程建设管理。工程于2021年9月7日完成招标工作，9月10日开工建设。为切实加强工程建设管理的组织协调，确保工程建设管理顺利推进，唐徕渠管理处于2021年9月13日成立"2021年续建配套与现代化改造工程——唐徕渠灌域工程管理领导小组"，组长为管理处处长陶东，副组长为副处长孙建军、苏林、孙立国，成员有徐辉、姚丽芝、马志峰、范燕云、蔡如娟、王莉、李永兵、曹振军、包福军、沈占宏。领导小组办公室设在防汛工程科，徐辉任办公室主任，具体负责领导小组决策执行及工程施工协调工作。领导小组下设三个工作组：一是质量安全工作组，组长为孙立国，成员有徐辉、王莉、李永兵、曹振军、包福军、沈占宏、朱悦发、哈元辰、康婷、张园、马波；二是信息化工作组，组长为孙建军，成员有姚丽芝、张前瑞、薛里图、柳婧、徐自力、龚学刚、曹亚宁、丁学娟；三是后勤保障工作组，组长为苏林，成员有马志峰、蔡如娟、王莉、范燕云。

第二农场渠运河桥至暖泉节制闸段（桩号K8+619至K20+430）砌护改造工程、红旗沟退水闸、26湾节制闸改造工程于2021年9月10日开工建设，10月25日完成全部水下工程建设任务。大坝沟涵洞、良渠口节制闸工程于2021年11月25日开工建设，主体工程于2022年3月15日完工，具备春灌运行条件。

第四节 跨(临)渠工程

跨(临)渠工程是指在唐徕渠渠道管理范围内,新建、重建或改(扩)建取水排水建筑物、构筑物(包括跨越、穿越及平行(伴行)水利骨干工程的桥梁、涵洞、管道、道路、缆线、塔杆等)及其他非水利建设项目。

唐徕渠全长314千米,其中干渠长154.6千米,支干渠长159.4千米。从青铜峡市由南向北穿越吴忠市的青铜峡市,银川市的永宁县、兴庆区、金凤区、西夏区、贺兰县,石嘴山市的平罗县、大武口区、惠农区等9个县区,34个乡镇175个行政村和6个国有农场,南北横穿宁夏经济发展核心区域。随着经济社会发展,市县城镇规模不断扩大,城镇配套设施多有跨(穿)越唐徕渠以及其支干渠,主要有公路桥梁、给排水管道、供电线路、油(气)管线等。

为了加强跨(临)渠工程建设项目的管理,规范跨(临)渠工程项目管理行为,确保渠道安全,自治区水利厅先后在2008年、2014年、2021年制定《宁夏引黄灌区骨干渠(沟)道涉外工程建设管理办法(试行)》和《宁夏跨(临)水利骨干工程项目建设管理办法(试行)》。唐徕渠管理处严格落实管理办法,积极配合地方经济建设,加强对跨(临)渠工程建设监管和指导,确保渠道工程安全运行。

2000年至2021年,唐徕渠管理处跨(临)渠工程项目共223项,其中新建桥梁88座、跨渠线路及管道89处、穿渠箱涵29座、道路硬化8处、沿渠伴行埋设管线4处、渠道改线5处(见表3-12)。

表 3-12　唐徕渠管理处跨(临)渠重点工程项目统计表（2000—2021 年）

序号	项目名称	申报单位	工程位置	工程建设方式	工程建设规模	建设年代
1	热力管道从银新北路桥上游跨越唐徕渠工程	银川市热电公司	唐徕渠银新北路桥处	唐徕渠银新北路桥上游跨给水管道	渠中设置2个钢筋混凝土支墩，墩顶架设2根管道，管道尺寸DN300	2000年10月15日
2	西夏热电厂一期供热管线穿越良田渠利渠新开渠工程	宁夏电力投资集团有限公司	良田渠（桩号K13+377）	新建箱涵1座穿越渠道	良田渠处管线从箱涵中穿越	2008年10月22日
3	平罗县翰林大街改造工程建设跨唐徕渠建桥涵工程	平罗县建设局	唐徕渠（桩号K136+989）	翻建交通桥一座	单跨钢筋混凝土板桥，长16m，宽20m	2009年10月20日
4	惠银管道穿越唐徕渠渠道工程	中国石油天然气股份有限公司管道建设项目经理部惠安堡-银川管道项目部	唐徕渠（桩号K45+300）	采用定向钻技术从渠底穿越	管道直径为 $\phi427mm$ 的无缝钢管	2010年10月20日
5	新华东街跨大新渠工程	银川市市政建设综合开发有限公司	大新渠（桩号K8+650）	新建桥梁一座	桥梁为单孔跨度10m，宽50m的简支梁板	2010年10月20日
6	大武口八分沟穿第二农场渠泄洪闸涵工程	石嘴山市水务局	第二农场渠（桩号K54+092）	新建力涵	八分沟闸涵洞身总长54m，第一部分为钢筋混凝土双孔方涵，每孔尺寸为2.0m×1.6m，洞身长30m，第二部分为单孔钢筋混凝土方涵，尺寸为4.4m×2.5m，洞身长24m	2011年3月1日
7	银川市六盘山路跨越唐徕渠公路桥工程	银川市市政建设综合开发有限公司	唐徕渠（桩号K66+170）	修建六盘山路跨唐徕渠	新建2~20m预应力混凝土空心板桥，桥总长34.76m，宽73.74m	2011年10月20日
8	穆园路至规划路及排污管道跨唐徕渠桥工程	银川市德胜工业园区委员会	唐徕渠（桩号K84+469）	新建桥梁一座	桥梁为两孔（每孔跨度13m），总长25.44m，宽20.5m的简支板梁	2012年10月10日
9	银川市大连路跨唐徕渠桥梁工程	银川市市政建设综合开发有限公司	唐徕渠（桩号K78+521）	大连路跨唐徕渠桥	桥梁为两跨（每跨20m），总长40m，宽50.28m的简支桥梁	2013年3月25日
10	永宁第二水厂输水管线穿越唐徕渠工程	银川中铁水务集团永宁供水有限公司	唐徕渠（桩号K51+500）	采用钢制桁架管桥敷设方式跨渠	跨渠架设600mm管径的PE供水管道（两跨过），每跨22.75m	2014年4月1日
11	迁建星海湖南域沉砂池及水闸工程	石嘴山市环星海湖开发建设管理委员会	第二农场渠（桩号K50+340）	第二农场渠十五斗下游40m处渠道上新建节制闸1座，左堤新建补水斗口1座	节制闸孔口尺寸为双孔3.5m×2.3m（宽×高），补水斗口为单孔3m×1.6m（宽×高），节制闸上游渠道全断面砌护22m，下游渠道全断面砌护50m	2014年4月1日

续表

序号	项目名称	申报单位	工程位置	工程建设方式	工程建设规模	建设年代
12	唐徕公园六期（永宁段）渠堤道路建设工程	永宁县林业局	唐徕渠（桩号K58+300至K64+300、K59+700至K64+300）	唐徕渠良渠口闸至永二干沟涵洞段东堤6km渠道、望银路至永二干沟涵洞段西堤4.6km渠道，实施渠道路面硬化、栏杆安装工程	实施渠道路面硬化、栏杆安装工程，在渠堤栏杆基础向外2m以外实施路面硬化工程，混凝土压花路面宽4m，每隔300m修建一处宽度为6m~10m的会车带；渠堤内侧修建汉白玉栏杆	2015年4月30日
13	唐徕公园六期（贺兰段）渠堤道路建设工程	贺兰县住房和城乡建设局	唐徕渠（桩号K76+472至K82+980）	唐徕渠贺兰山路至丰庆路6.5km渠道右堤实施渠道路面硬化工程	在距渠堤栏杆基础外侧2m以外实施路面硬化工程，混凝土压花路面宽4m，每隔300m修建一处宽度为6m~10m的会车带	2015年4月30日
14	京藏高速公路跨越唐徕渠桥工程	宁夏公路建设管理局	唐徕渠（桩号K93+800）	采用5m×30m装配式预应力砼连续箱梁立交跨越唐徕渠	桥板底部距渠道堤顶1.5m，桥梁和渠道夹角为51°，下部结构为柱式墩台，基础采用直径1.8m的砼灌注桩	2016年10月10日
15	石银高速公路石嘴山至平罗段跨线桥工程	宁夏公路建设管理局	唐徕渠（桩号K129+050）	石银高速公路石嘴山至平罗段立交跨越唐徕渠桥	采用1m×20m装配式预应力砼（后张）空心板桥，桥梁与渠道平交，桥梁和渠道夹角为105°，下部结构为柱式墩台，基础采用直径1.4m的砼灌注桩	2016年10月14日
16	沈阳路穿良田渠新建渡槽工程	银川市市政建设和综合管廊投资建设管理有限公司	良田渠（桩号K21+518）	沈阳路穿良田渠新建渡槽	路从渠道下方以钢筋砼箱涵穿过，路宽50m，箱涵总高8.3m	2017年10月20日
17	银西高铁跨越唐徕渠大桥工程	银西铁路银川至吴忠客专工程建设指挥部	唐徕渠（桩号K65+300）	银川机场黄河特大桥跨越唐徕渠	一跨64m钢筋混凝土箱涵，箱涵底与渠堤顶高差4.5m，底部为18×13×4钢筋混凝土基础承台，西侧承台下部为12根77m灌注桩桩基，东侧承台下部为12根55m的灌注桩桩基	2017年3月25日
18	芦花洲安置区二项目良田渠改线工程	银川市西夏区国有资产控股有限公司	良田渠（桩号K22+040至K22+900）	良田渠渠道改线	共709m实施渠道改线	2017年9月12日

续表

序号	项目名称	申报单位	工程位置	工程建设方式	工程建设规模	建设年代
19	银川市凤凰北街跨唐徕渠新建桥梁工程	银川市政建设和综合管廊投资建设管理有限公司	唐徕渠(桩号K77+841)	新建桥梁1座	2～22m钢筋混凝土简支板桥,上部为预应力钢筋混凝土桥板,下部结构为柱式桥台,桥宽50m	2018年3月25日
20	银川市建成区水体清污分流项目西线工程下穿良田渠工程	银川市住房和城乡建设局	良田渠(桩号K22+020)	排水管道穿渠	管道为直径1.8m钢筋混凝土圆涵,长40m	2019年4月30日
21	沈阳路快速通道跨唐徕渠桥加宽工程	银川市住房和城乡建设局	唐徕渠(桩号K81+246)	对原沈阳路桥实施桥梁扩宽,新建跨渠管桥及人行通道	在现有唐徕渠桥两侧分别新建2～20m预应力混凝土空心板梁,与现有桥对孔设置。拓宽新建桥总长47.0m,左幅桥面净宽12.0m,右幅桥面净宽16.0m	2019年10月15日
22	华电灵武电厂集中供热(二期)穿越唐徕渠沈阳路工程	宁夏华电供热有限公司	唐徕渠沈阳路桥上(桩号K81+214)	供热管道跨越唐徕渠(沈阳路)	沈阳路供热管道为2根DN1000热力管,采取钢桁架桥方式从唐徕渠沈阳路桥上游跨过,跨度为两跨共40米	2020年3月30日
23	包头至银川铁路－银川至惠农段跨(临)第二农场渠工程	中国铁路兰州局集团银川工程建设指挥部	第二农场渠(桩号K62+083)	第二农场渠跨越	星海湖段跨二农场渠大桥第1000-1003号门式墩在渠道左右岸堤各设一座桥台,1000-1003号门式墩桥台尺寸为8.8m×6.4m	2021年3月30日
24	星海湖内循环输水管道穿越第二农场渠工程	石嘴山市水务局	第二农场渠(桩号K54+837)	星海湖内循环工程输水管道	穿越新建一座钢筋混凝土箱涵,箱涵长75m,尺寸为1.8m×2.4m,壁厚500毫米,箱涵内穿越一根DN1200输水管	2021年4月15日
25	宁夏石化－银川河东机场航煤管道工程穿越唐徕渠	中国石油天然气股份有限公司宁夏石化分公司	唐徕渠胜利退水闸下564m(桩号K53+959)	宁夏石化－银川河东机场航煤管道	新建桁架桥1座,一跨过渠,跨长72.8m	2021年12月30日

第四章　渠道管理

工程管理是保障渠道安全运行和灌区可持续发展的重要基础。渠道历代设专门机构管理,也是宁夏引黄灌溉经久不衰的关键。以唐徕渠为典范的引黄灌溉在宁夏历代的引黄治水实践中,积累了丰富的治水、用水、管水经验。在唐徕渠的开发与建设历程中治水技术和管理经验不断传承与创新。唐徕渠管理处主要负责青铜峡灌区唐徕渠和第二农场渠及支干渠大新渠、良田渠、暖泉渠等骨干工程管理。干渠直开口以下至田间渠道和建筑物及排水工程由灌区受益市县、乡、村分别管理。

第一节　工程概况

中华人民共和国成立前,唐徕渠渠长211.85千米,渠口进水流量65立方米/秒,有桥、闸、斗口等各种建筑物586座,其中节制闸、退水闸各4座,桥26座,渡槽4座,跌水1座,斗口551座,除少数砌石工程外,大部分为草、土、木结构,灌地46.76万亩,引水量与灌溉面积均居宁夏引黄灌区各干渠之首,由黄河青铜峡峡口向北偏西流经青铜峡市(宁朔县)、永宁县、银川市、贺兰县,至平罗县上宝闸堡归入西大沟(西河)。

中华人民共和国成立后,唐徕渠经过大规模的裁弯扩整,新建第二农场渠、改建扩建各类建筑物,砌护渠道,合并斗口,缩短流程,安全程度提高,输水能力增大,灌溉面积逐年扩大。至1985年,渠道经过四期大规模裁弯取直,整治疏浚,后又扩建支干渠,渠道全长变为316.4千米,最大引水流量152立方米/秒。其中干渠长154.6千米,支干渠长161.8千米(包括第二农场渠83千米,东一支渠18千米,良田渠38.2千米,大新渠22.6千米)。干渠流经青铜峡、永宁、银川、贺兰、平罗、石嘴山等市县。主要水工建筑物有:进水闸28座、节制闸10座、涵洞52座、桥160座、渡槽11座、跌水3座、斗口744座。

1998年开始,宁夏引黄灌区续建配套与节水改造工程启动,大规模实施渠道砌护、建筑物翻建改造、除险加固等工程,同时根据灌溉需求新建、封堵部分斗口建筑物,工程情况发生了巨大的变化。截至2021年底,唐徕渠渠道全长314千米,进水闸设计流量103立方米/秒,加大流量127立方米/秒。其中:唐徕渠干渠长154.6千米,良田渠25.8千米,新开渠9.69千米,大新渠17.89千米,第二农场渠83千米,暖泉渠28.3千米。渠道沿线主要建筑物有直开口536座(512座直开口,24座扬水泵),桥梁221座,涵洞41座,水闸49座,渡槽20座,陡坡跌水1座,各类建筑物共计868座。干渠及支干渠砌护累计221千米,砌护率达70.4%。

唐徕渠水闸工程基本参数见表4-1。唐徕渠涵洞工程基本参数见表4-2。唐徕渠渡槽工程基本参数见表4-3。唐徕渠斗口工程基本参数见表4-4。唐徕渠扬水泵站工程基本参数见表4-5。唐徕渠陡坡跌水工程基本参数见表4-6。唐徕渠跨渠桥梁工程基本参数见表4-7。

表4-1 唐徕渠水闸工程基本参数表

序号	干渠、支渠、农渠名称	桩号	水闸	位置		设计流量（m³/s）	孔数	闸门(米)			启闭机(t)			建成年代（年）	隶属管理单位
				经度	纬度			结构	宽×长		型式	启闭力			
1	唐徕渠	K0+000	唐徕渠进水闸			127	8	平板式钢闸门	3.5×3		双吊点卷扬式	25		2012年改建	渠首管理处
2	唐徕渠	K10+649	跃进桥节制闸	105.9926	38.02688	88	7	平卧式钢闸门	5×2.7		双吊点液压式	2×160kN		2015年新建	跃进桥管理所
3	唐徕渠	K17+911	姜家桥节制闸	105.98762	38.08953	88	7	平卧式钢闸门	5×2.7		双吊点液压式	2×160kN		2015年新建	跃进桥管理所
4	唐徕渠	K34+655	宁化节制闸	106.048939	38.219558	100	6	上翻式平板钢闸门	3×5		双吊点集成式液压启闭机	2×20		2016年翻建	宁化桥管理所
5	唐徕渠	K34+065	宁化退水闸	106.045264	38.216114	5	2	铸铁闸门	2.4×3.1		手电两用式	12		1972	宁化桥管理所
6	唐徕渠	K39+990	北塔退水闸	106.098075	38.252843	5	1	铸铁闸门	1.4×1.4		手动	5		2016年翻建	宁化桥管理所
7	唐徕渠	K48+308	小湾桥节制闸	106.100434	38.170539	110	7	钢板闸门	3.0×3.3		电动	9		2012年出险加固	杨显桥管理所
8	唐徕渠	K58+300	望远节制闸	106.134994	38.210517	76	6	钢闸门	/		手电两用螺杆启闭机	/		翻建中	杨显桥管理所
9	唐徕渠	K62+941	大新渠进口闸	106.152892	38.231101	6	2	铸铁板闸门	2.0×2.5		手电两用式	9		2013年翻建	杨显桥管理所
10	唐徕渠	K69+376	宁城闸	106.153548	38.261703	20	3	铸铁平板闸门	2.0×3.3		手电两用式	5		2005	杨显桥管理所
11	唐徕渠	K51+724	永家湖退水闸	106.122789	38.182265	5	1	铸铁平板闸门	3.0×3.2		手摇侧摆式	5		2005	杨显桥管理所
12	唐徕渠	K53+395	胜利退水闸	106.123459	38.184384	20	2	铸铁平板闸门	2.3×2.4		手电两用式	5		2000	杨显桥管理所
13	唐徕渠	K83+869	满达桥节制闸	106.2958	38.5531	69	7	钢结构	3×3		螺杆式	5		2019年翻建	满达桥管理所
14	唐徕渠	K102+695	高荣节制闸（原26湾节制闸）	106.374	38.7001	30	3	钢结构	5×3		螺杆式	5		2021年翻建	满达桥管理所
15	唐徕渠	K89+585	红旗退水闸	106.3405	38.5873	22.2	2	钢结构	2.9×2		螺杆式	5		2021年翻建	满达桥管理所
16	唐徕渠	K97+908	四二干沟退水闸	106.3538	38.6599	20	2	钢闸门	3.0×2.8		手电两用式	5		2002	满达桥管理所
17	唐干渠	K105+606	八一桥节制闸	106.410731	38.71997	17	4	铸铁板闸门	2.5×2.5		手电两用式	4		2014	周城管理所
18	唐干渠	K113+050	灯塔退水闸	106.466722	38.756968	2	1	铸铁板闸门	1.5×2		手电两用式	4		2014年翻建	周城管理所

续表

序号	干渠、支渠、农渠名称	桩号	水闸	位置 经度	位置 纬度	设计流量（m³/s）	闸门（米）孔数	闸门（米）结构	闸门（米）宽×长	启闭机(t) 型式	启闭机(t) 启闭力	建成年代（年）	隶属管理单位
19	唐干渠	K121+860	红星节制闸	106.480757	38.839587	6	2	铸铁板闸门	2.5×2.5	手电两用式	4	2014	周城管理所
20	唐干渠	K119+242	周城退水闸	106.478493	38.804864	1.5	1	铸铁板闸门	1.5×2	手电两用式	4	2014年翻建	周城管理所
21	唐干渠	K128+586	前进退水闸	106.518587	38.889927	1.5	1	铸铁板闸门	1.5×2	手电两用式	4	2014年翻建	周城管理所
22	唐干渠	K137+390	人民节制闸	106.547882	38.925209	3.5	2	铸铁板闸门	2.2×2.5	手摇侧摇式	2.5	2015年翻建	周城管理所
23	唐干渠	K142+622	幸福退水闸	106.549591	38.998323	1.5	1	铸铁板闸门	1.5×1.5	手摇侧摇式	4	2015年翻建	周城管理所
24	唐干渠	K149+324	梢闸	106.54436	38.975125	0.5	1	铸铁板闸门	1.5×1.5	手摇侧摇式	2	2015年翻建	周城管理所
25	第二农场渠	K8+430	运河退水闸	106.242164	38.612754	5	2	弧面钢闸门	2.4×2.2	螺杆电动式启闭机	15	2013	南梁管理所
26	第二农场渠	K20+440	暖泉渠进口闸	106.216852	38.712681	5	2	铸铁闸门	2×2.5	手电两用螺杆式	4	2011年翻建	崇岗管理所
27	第二农场渠	K20+440	暖泉节制闸	106.216893	38.712647	24	4	无	2×2.5	无		1954	崇岗管理所
28	第二农场渠	K31+080	暖泉1#退水闸	106.208015	38.806245	10	2	铸铁闸门	2.5×2.5	电动	5	1999	崇岗管理所
29	第二农场渠	K31+138	暖泉2#退水闸	106.207628	38.806757	10	2	铸铁闸门	2.5×2.5	电动	5	1972	崇岗管理所
30	第二农场渠	K38+750	向阳退水闸	106.228819	38.870128	15	3	铸铁闸门	2.0×2.5	电动	5	2002	崇岗管理所
31	第二农场渠	K41+450	崇胜退水闸	106.248827	38.888909	10.4	2	铸铁闸门	2.0×2.5	手动	5	2006	崇岗管理所
32	第二农场渠	K45+590	五分沟节制闸	106.281818	38.914842	2.5	1	铸铁闸门	1.2×1.2	电动	3	2014年翻建	崇岗管理所
33	第二农场渠	K45+670	五分沟退水闸	106.282673	38.916352	10	2	铸铁闸门	2.0×2.5	电动	5	2013	崇岗管理所
34	第二农场渠	K60+827	双龙闸节制闸	106.430823	38.995345	7.5	2	钢闸门	3×2.6	手电两用式	10	2007	石嘴山市水务局
35	第二农场渠	K60+920	联合闸	106.42621	38.99174	680	7	钢闸门	7×3.5	电动	20	2012	石嘴山市水务局
36	第二农场渠	K61+200	联合闸北闸节制闸	106.529826	39.059658	8	2	钢闸门	2.2×2.5	手电两用式	10	2012	石嘴山市水务局
37	第二农场渠	K72+300	简泉节制闸	106.495088	39.07095	5	1	铸铁平板闸	3.0×1.5	手电两用式	10	2012	大武口管理所
38	第二农场渠	K73+720	十九分沟退水闸	106.503173	39.079108	4.5	1	钢闸门	2×2.2	手摇侧摇式	10	2019年翻建	大武口管理所

续表

序号	干渠、支渠、农渠名称	桩号	水闸	位置 经度	位置 纬度	设计流量（m³/s）	孔数	闸门（米）结构	闸门（米）宽×长	启闭机(t) 型式	启闭机(t) 启闭力	建成年代（年）	隶属管理单位
39	第二农场渠	K80+525	尾水闸	106.576873	39.102119	3	1	钢闸门	2.2×2.5	手摇侧摇式	10	1954	大武口管理所
40	良田渠	K5+820	丰盈节制闸	106.13191	38.24048	6	2	钢丝砼板闸门	2.2×2.8	手摇侧摇式	2	1984	良田渠管理所
41	良田渠	K5+820	新开渠进水闸	106.13191	38.24048	1.5	1	铸铁平板闸门	1.5×1.2	手摇侧摇式	3	1982	良田渠管理所
42	良田渠	K9+440	魏家桥节制闸	106.11487	38.26181	5	2	铸铁平板闸门	2×1.5	手摇侧摇式	10	2014	良田渠管理所
43	良田渠	K22+021	四清沟退水闸	106.162685	38.290457	1	1	铸铁平板闸门	1×1	手摇侧摇式	1	1980	良田渠管理所
44	大新渠	K13+100	温家口退水闸	106.202392	38.283906	1.5	1	铸铁平板闸门	1×1	手摇侧摇式	2	1997	大新渠管理所
45	大新渠	K16+985	新渠梢退水闸	106.201042	38.311137	2	1	铸铁平板闸门	2×1.5	手摇侧摇式	2	2016	大新渠管理所
46	大新渠	K17+093	新渠梢节制闸	106.201042	38.311137	2	1	钢板闸门	2×2.45	手摇侧摇式	2	1999	新渠梢村
47	暖泉渠	K2+525	三二支沟退水闸	106.248867	38.720566	2	1	铸铁钢闸门	1.2×1.2	手摇侧摇式	2	2011	暖泉管理所
48	暖泉渠	K5+209	洪南节制闸	106.273997	38.731711	5	2	铸铁钢闸门	2×2	手电两用式	3	2011	暖泉管理所
49	暖泉渠	K15+000	沙湖退水闸	106.3332	38.8068	3.47	1	铸铁钢闸门	2.5×2.2	手摇侧摇式	3	1967（2019年5月翻建）	暖泉管理所
50	暖泉渠	K9+454	三号桥节制闸	106.29503	38.76628	3	2	铸铁钢闸门	1.5×1.6	手电两用式	3	2018	暖泉管理所

表 4-2 唐徕渠涵洞工程基本参数表

序号	干渠、支渠、农渠名称	桩号	涵洞名称	位置 经度	位置 纬度	结构型式	设计流量（m³/s）	尺寸（米）宽×高	尺寸（米）长度	孔数	建成年代（年）	隶属管理单位
1	唐徕渠	K3+118	大坝沟	105.98779	37.96161	现浇混凝土箱涵	10	3×1.5	100	2	2021年翻建	跃进桥管理所
2	唐徕渠	K8+000	红旗沟	105.99732	38.00436	现浇混凝土箱涵	5	1.2×1.5	120	1	2014	跃进桥管理所
3	唐徕渠	K15+163	中干沟	105.97878	38.06622	现浇混凝土方涵	10	1×1.2	80	3	2012	跃进桥管理所
4	唐徕渠	K19+450	反帝沟	105.98824	38.10241	现浇混凝土方涵	5	1.5×1.8	82.5	3	2015	跃进桥管理所
5	唐徕渠	K22+641	排洪洞	105.9988	38.12936	现浇混凝土方涵	5	1×1.2	90	3	2012	跃进桥管理所
6	唐徕渠	K32+400	大庙涵洞	106.038101	38.204697	钢筋混凝土圆涵	2	0.9×0.9	72	1	2012	宁化桥管理所
7	唐徕渠	K34+135	宁化涵洞	106.045819	38.2165	钢筋混凝土方涵	5.7	1.5×1.5	80	2	2014	宁化桥管理所
8	唐徕渠	K53+415	杨显涵洞	106.124777	38.184621	钢筋混凝土圆涵	5	1.7×1.7	102	1	1965年始建，2015年维修加固	杨显管理所
9	唐徕渠	K64+713	永二干沟涵洞	106.161334	38.240157	钢筋砼方涵	16	2.0×2.5	90	2	1995	杨显管理所
10	唐徕渠	K67+850	二排涵洞	106.161947	38.253308	钢筋砼方涵	15	1.8×1.8	104	2	2012	杨显管理所
11	唐徕渠	K83+577	丰庆沟涵洞	106.2958	38.5504	钢筋混凝土方涵	3	3×3.2	76	1	2015年翻建	满达桥管理所
12	唐徕渠	K89+589	红旗沟涵洞	106.3404	38.5877	钢筋混凝土方涵	3	4×3.5	80	1	2016年翻建	满达桥管理所
13	唐徕渠	K97+938	四二干沟涵洞	106.3537	38.6603	钢筋混凝土箱涵	5	2.7×2.2	60	3	2015年翻建	满达桥管理所
14	唐干渠	K143+652	幸福涵洞	106.54763	38.987122	钢筋砼方涵	0.6	1.5×1.5	24	1	2015年翻建	周城管理所
15	唐干渠	K141+851	惠威涵洞	106.543231	38.971292	钢筋砼方涵	0.4	1.5×1.5	28	1	2015年翻建	周城管理所
16	第一农场渠	K3+950	红旗沟涵洞	106.280207	38.586991	钢筋砼拱涵	8	2.4×2.5	75.5	1	2017年翻建	南梁管理所
17	第一农场渠	K33+158	暖泉箱涵	106.203881	38.823153	钢筋砼方涵	5	2×2	36	1	2015年翻建	崇岗管理所
18	第一农场渠	K41+450	崇胜涵涵	106.248891	38.889143	钢筋砼方涵	5	1.6×1.6	28	2	2006	崇岗管理所
19	第二农场渠	K49+120	六分沟涵洞	106.3135	38.9348	钢筋砼方涵	15	2.25×1.6	60	2	2010	石嘴山市水务局
20	第二农场渠	K54+180	八分沟涵洞	106.3634	38.95495	钢筋砼方涵	15	2.25×1.6	62	2	2010	石嘴山市水务局
21	第二农场渠	K54+600	星海湖内循环穿渠涵洞	106.3715	38.95953	钢筋砼预制方涵内部安装钢筋砼圆管	1.5	2×1.8	60	1	2021	石嘴山市水务局

续表

序号	干渠、支渠、农渠名称	桩号	涵洞名称	位置经度	位置纬度	结构型式	设计流量(m³/s)	尺寸(米)宽×高	尺寸(米)长度	孔数	建成年代(年)	袁属管理单位
22	第二农场渠	K57+050	十分沟涵洞	106.3918	38.96903	钢筋混凝土圆涵	2	1.2×1.2	80	1	2011	石嘴山市水务局
23	第二农场渠	K60+830	十二分沟新涵洞	106.4242	38.99202	钢筋砼方涵	7	1.8×2.2	64	2	2002	石嘴山市水务局
24	第二农场渠	K61+150	排污涵洞	106.4307	38.99518	钢筋混凝土圆涵	2	1.2×1.2	40	1	2004	石嘴山市水务局
25	第二农场渠	K61+791	九号桥涵洞	106.4329	38.99709	钢筋混凝土圆涵	1	1.2×1.2	63	1	2012	大武口管理所
26	第二农场渠	K63+140	明水湖二队涵洞	106.4436	39.00595	钢筋混凝土圆涵	1	1.2×1.2	68	1	2015	大武口管理所
27	第二农场渠	K66+507	新加斗下涵洞	106.4766	39.01903	钢筋混凝土圆涵	1	1×1	28	1	1972	大武口管理所
28	第二农场渠	K67+650	十六分沟涵洞	106.4833	39.02774	钢筋混凝土圆涵	1.5	1.1×1.1	28	1	1973	大武口管理所
29	第二农场渠	K73+700	十九分沟涵洞	106.5027	39.07885	钢筋混凝土圆涵	1	1×1	28	1	1969	大武口管理所
30	第二农场渠	K80+063	汪家庄箱涵	106.5688	39.10184	料石拱型上圆下方涵	8	2.3×2.0	30	1	1996	良田渠管理所
31	良田渠	K7+400	东南水系涵洞	106.1318	38.24045	钢筋混凝土圆涵	1	1.5×1.5	65	1	2011	良田渠管理所
32	良田渠	K2+030	良田永二干涵洞	106.131928	38.240475	钢筋砼方涵	1.5	2×2	14	1	1971	良田渠管理所
33	良田渠	K11+560	迎丰沟涵洞	106.114875	38.26182	钢筋砼方涵	2.5	2×1.9	47	1	1973	良田渠管理所
34	良田渠	K9+400	友谊沟涵洞	106.114835	38.261794	钢筋砼方涵	1	1.5×1.5	40	1	1979	良田渠管理所
35	良田渠	K8+942	洪溢沟涵洞	106.11482	38.24179	钢筋砼方涵	1	1.5×1.5	42	1	1964	良田渠管理所
36	良田渠	K13+590	良田渠四二干沟涵洞	106.162635	38.290427	钢筋砼方涵	2.5	2.0×2.0	44	2	1962	良田渠管理所
37	良田渠	K20+072	四清沟涵洞	106.162645	38.2904	钢筋砼方涵	1.8	1.5×2	36	1	1965	良田渠管理所
38	大新渠	K2+992	永二干沟涵洞	106.294469	38.406363	钢筋砼方涵	10	2×2	36	2	2016年翻建	大新渠管理所
39	大新渠	K13+128	二排涵洞	106.350869	38.484971	料石拱形上圆下方	7.5	4×4	26	1	1953	大新渠管理所
40	暖泉渠	K2+312	三二支沟涵洞	106.249198	38.720479	钢筋砼方涵	4	2×2	34.8	1	1999	暖泉渠管理所
41	暖泉渠		前农五斗涵洞							1		暖泉渠管理所

表4-3 唐徕渠渡槽工程基本参数表

序号	渡槽名称	桩号	位置 经度	位置 纬度	结构型式	设计流量(m³/s)	尺寸(米) 宽	尺寸(米) 长	跨数	建成年代(年)	隶属管理单位	所属干渠、支渠、农渠名称
1	唐西一渡槽	唐徕渠 K6+500	105.99260	38.99124	混凝土排架	1	1.4	94.5	8	1990	青铜峡市水务局	西干渠大坝斗口
2	唐西二渡槽	唐徕渠 K9+680	105.99689	38.01917	混凝土排架	1.2	1.6	100	9	2014	青铜峡市水务局	西干渠蒋顶斗口
3	唐西三渡槽	唐徕渠 K16+000	105.98256	38.07284	混凝土排架	1.2	1.6	100	9	2014	青铜峡市水务局	西干渠山区斗口
4	迎西渠渡槽	唐徕渠 K19+465	105.98824	38.10241	混凝土排架	1.2	1.6	60	5	1998	青铜峡市水务局	西干渠朝阳斗口
5	东洪渠渡槽	唐徕渠 K23+183	105.99912	38.13869	混凝土	1.2	1.6	60	5	2008	青铜峡市水务局	西干渠东洪斗口
6	北塔湖渡槽	唐徕渠 K76+500	106.2572	38.5003	薄壳钢筋预应力矩形渡槽	80	16	93	2	2008	唐徕渠管理处满达所	唐徕渠
7	河西总排水干沟输水渡槽	第二农场渠 K8+534	106.240916	38.613339	钢筋砼管柱矩型	35	8.4	82	3	2007	唐徕渠管理处南梁所	第二农场渠
8	四二干沟渡槽	第二农场渠 K7+500	106.249343	38.608121	钢筋混凝土	34	13	60	5	2015	唐徕渠管理处南梁所	第二农场渠
9	南梁二连输水渡槽	第二农场渠 K16+850	106.213803	38.680551	钢筋柱架 U 型槽	0.9	1.3	34	3	1968	唐徕渠管理处南梁所	南梁二连输水渠
10	一号渡槽	第二农场渠 K35+617	106.2147	38.8436	钢砼排架	10	5.7	22	3	1953	唐徕渠管理处崇岗所	一号山洪沟
11	二号渡槽	第二农场渠 K36+800	106.2199	38.8535	钢筋砼排架	150	25.5	20	2	2012	唐徕渠管理处崇岗所	二号山洪沟
12	向阳闸渡槽	第二农场渠 K38+750	106.2289	38.8705	钢砼排架	15	9	30	4	2002	唐徕渠管理处崇岗所	二农场渠
13	简泉农场三队排洪槽	第二农场渠 K71+757	106.534802	39.095243	钢砼柱架排架矩型	10	21	58	1	1977	石嘴山市惠农区水务局	简泉山洪沟
14	黑水沟渡槽	第二农场渠 K74+775	106.514913	39.086753	钢砼排架矩型	10	6	45	1	1954	石嘴山市惠农区水务局	简泉山洪沟
15	简泉山洪渡槽	第二农场渠 K76+112	106.493632	39.065039	钢砼排架矩型	15	4	21	1	1957	石嘴山市惠农区水务局	黑水沟
16	二排渡槽	第二农场渠 K76+787	106.527528	39.092824	钢砼排架矩型	65	50	54	1	1957	石嘴山市惠农区水务局	简泉山洪沟
17	二排水 U 型槽	良田渠 K5+322	106.131912	38.240475	钢砼柱架 U 型槽	9	6	28	1	2004	唐徕渠管理处良田所	良田渠
18	亲水大街渡槽	良田渠 K9+294	106.11487	38.26184	钢筋混凝土	8	5.5	42	1	2005	唐徕渠管理处良田所	良田渠
19	双渠沟渡槽	良田渠 K15+100	106.162635	38.240422	钢砼管柱矩型槽	7	4.5	39	3	1971	唐徕渠管理处良田所	良田渠
20	四清沟渡槽	良田渠 K22+040	106.162685	38.290457	钢砼管柱矩型槽	4	3.5	28	2	1966	唐徕渠管理处良田所	良田渠

表 4-4　唐徕渠斗口工程基本参数表

序号	所属干渠、支渠、农渠名称	桩号	支渠名称	岸别 左	岸别 右	闸门尺寸（宽×高）	闸门型式	启闭型式	支渠长度（m）	灌溉面积（亩）	设计流量（m³/s）	受益单位	隶属管理单位
1	唐徕渠	K5+000	蒋东泵站	左		1×1	铸铁平板	手动	500	100	0.5	大坝镇立新村	跃进桥管理所
2	唐徕渠	K7+275	树新泵站	左		1×1	铸铁平板	手动	2000	300	0.5	树新林场园艺分场	跃进桥管理所
3	唐徕渠	K9+671	大罗渠		右	2×2	木闸门	手动	3800	1800	1.2	大坝镇将南村、瞿靖镇将顶村	跃进桥管理所
4	唐徕渠	K9+690	大罗渠泵站		右	1×1	铸铁平板	手动			1.05		跃进桥管理所
5	唐徕渠	K10+710	蒋西泵站		右	1×1	铸铁平板	手动	1000	500	0.7	瞿靖镇蒋西村	跃进桥管理所
6	唐徕渠	K10+670	王长渠	左		1×1	铸铁平板	手动	2300	300	0.7	瞿靖镇蒋西村	跃进桥管理所
7	唐徕渠	K11+625	王长渠2	左		1×1	铸铁平板	手动	500	140	0.39	瞿靖镇蒋西村	跃进桥管理所
8	唐徕渠	K10+473	蒋新渠		右	1.45×2	混凝土	手动	6400	20548	5	瞿靖镇将顶村、新民村、银光村、光辉村、玉南村	跃进桥管理所
9	唐徕渠	K12+600	蒋新渠2#泵站		右	1×1.2	铸铁平板	手动			2.1		跃进桥管理所
10	唐徕渠	K15+223	蒋新渠3#泵站		右	1×1	铸铁平板	手动			0.7		跃进桥管理所
11	唐徕渠	K17+439	芦义渠泵站		右	1×1	铸铁平板	手动	5800	945	0.7	瞿靖镇朝阳村	跃进桥管理所
12	唐徕渠	K17+444	芦义渠		右	1×1	铸铁平板	手动			1		跃进桥管理所
13	唐徕渠	K17+447	罗义渠		右	1×1	铸铁平板	手动	5200	2110	1.25	瞿靖镇玉南村	跃进桥管理所
14	唐徕渠	K18+990	朝阳渠		右	1×1	铸铁平板	手动	6000	930	1.2	瞿靖镇朝阳村	跃进桥管理所
15	唐徕渠	K19+480	朝阴泵站		右	1×1	铸铁平板	手动	1500	500	0.7	瞿靖镇朝阳村	跃进桥管理所
16	唐徕渠	K20+193	渔粮渠泵站		右	1×1	铸铁平板	手动	3800	4070	0.78	瞿靖镇朝阳村	跃进桥管理所
17	唐徕渠	K20+198	渔粮渠		右	1×1	铸铁平板	手动			1.2		跃进桥管理所
18	唐徕渠	K21+020	南附设渠		右	1×1	铸铁平板	手动	4800	1026	1	邵刚镇玉泉村	跃进桥管理所
19	唐徕渠	K21+235	双龙渠		右	1.75×2	混凝土	电动	13500	25519	5.8	邵刚镇玉泉村、邵南村、高渠村、邵刚村	跃进桥管理所
20	唐徕渠	K21+643	北附设渠		右	1×1.2	铸铁平板	手动	3100	1122	1	邵刚镇玉泉村	跃进桥管理所

续表

序号	所属干渠、支渠、农渠名称	桩号	支渠名称	岸别左	岸别右	闸门尺寸（宽×高）	闸门型式	启闭型式	支渠长度（m）	灌溉面积（亩）	设计流量（m³/s）	受益单位	隶属管理单位
21	唐徕渠	K22+200	玉泉高口泵站		右	1×1	铸铁平板	手动	1200	70	1	青铜峡市邵刚镇玉泉村	宁化桥管理所
22	唐徕渠	K22+400	营桥高口泵站	左		1×1	铸铁平板	手动	1500	80	1	青铜峡市邵刚镇营桥村	宁化桥管理所
23	唐徕渠	K27+350	五道渠泵站		右	1×1	铸铁平板	手动	2500	1780	1	青铜峡市邵刚镇玉泉村	宁化桥管理所
24	唐徕渠	K30+340	海旺渠		右	1×1	铸铁平板	手动	2500	1337	1	永宁县李俊镇西部村	宁化桥管理所
25	唐徕渠	K30+960	姜渠		右	0.8×0.8	铸铁平板	手动	3100	1600	2	永宁县李俊镇西部村	宁化桥管理所
26	唐徕渠	K31+882	接引渠		右	1.2×1.2	铸铁平板	手动	6500	9337	5	青铜峡市邵刚镇沙湖村,永宁县李俊镇古光村,西部村	宁化桥管理所
27	唐徕渠	K32+693	幸福渠		右	0.6×0.6	铸铁平板	手动	1200	150	0.4	永宁县李俊镇西部村,宁化村	宁化桥管理所
28	唐徕渠	K33+495	石渠		右	0.8×0.8	铸铁平板	手动	1700	2283	2	永宁县李俊镇宁化村	宁化桥管理所
29	唐徕渠	K34+305	上毛渠		右	1.2×1.2	铸铁平板	手动	1700	638	1	永宁县李俊镇宁化村	宁化桥管理所
30	唐徕渠	K34+329	新农渠		右	1×1	铸铁平板	手动	4800	2400	1.5	永宁县李俊镇宁化村,李庄村	宁化桥管理所
31	唐徕渠	K34+950	新农渠补水泵站		右	1×1	铸铁平板	手动	4800	2400	1.5	永宁县李俊镇宁化村,李庄村	宁化桥管理所
32	唐徕渠	K37+024	和尚渠		右	1×1	铸铁平板	手动	3800	1800	2.8	永宁县李俊镇李庄村	宁化桥管理所
33	唐徕渠	K38+500	合作渠		右	0.8×0.8	铸铁平板	手动	2600	800	1.5	永宁县李俊镇李庄村	宁化桥管理所
34	唐徕渠	K38+846	新民渠		右	1.5×1.5	铸铁平板	手动	5700	3400	5	永宁县望洪镇末澄村	宁化桥管理所
35	唐徕渠	K39+104	本世渠		右	1×1	铸铁平板	手动	5500	2407	3	永宁县望洪镇末澄村,史庄村	宁化桥管理所
36	唐徕渠	K39+654	肖申渠		右	1×1	铸铁平板	手动	2500	1602	3	永宁县望洪镇史立村,北渠村	宁化桥管理所
37	唐徕渠	K40+650	南渠		右	1×1	铸铁平板	手动	5600	2130	2.8	永宁县望洪镇史立村,北渠村	宁化桥管理所
38	唐徕渠	K41+690	北渠		右	1×1	铸铁平板	手动	4500	1604	2	永宁县望洪镇北渠村	宁化桥管理所
39	唐徕渠	K41+700	陈渠		右	1×1	铸铁平板	手动	3000	634	2	永宁县望洪镇北渠村	宁化桥管理所
40	唐徕渠	K41+681	姜渠	左		1.2×1.2	铸铁平板闸门	手动	4100	1370	1.5	望洪镇靖益村,永宁水务局	杨显桥管理所

续表

序号	所属干渠、支渠、农渠名称	桩号	支渠名称	岸别 左	岸别 右	闸门尺寸（宽×高）	闸门型式	启闭型式	支渠长度（m）	灌溉面积（亩）	设计流量（m³/s）	受益单位	隶属管理单位
41	唐徕渠	K44+588	四股渠		右	1.0×1.0	铸铁平板闸门	手动	4700	1175	1.5	望洪镇新华村	杨显桥管理所
42	唐徕渠	K45+250	新开渠	左		1.4×1.4	铸铁平板闸门	手动	6700	1555	2.5	望洪镇靖益村,金星村	杨显桥管理所
43	唐徕渠	K45+704	朱渠	左		0.6×0.6	铸铁平板闸门	手动	800	72	0.4	望洪镇靖益村	杨显桥管理所
44	唐徕渠	K45+700	姚渠		右	0.8×0.8	铸铁平板闸门	手动	1700	240	0.6	望洪镇高渠村	杨显桥管理所
45	唐徕渠	K45+809	老新开渠	左		0.8×0.8	铸铁平板闸门	手动	1000	20	0.5	望洪镇金星村	杨显桥管理所
46	唐徕渠	K45+881	高渠		右	0.8×0.8	铸铁平板闸门	手动	3800	1238	2.5	望洪镇金星村,高渠村	杨显桥管理所
47	唐徕渠	K46+227	东方渠	左		0.8×0.8	铸铁平板闸门	手动	1800	609	1	望洪镇金星村,高渠村	杨显桥管理所
48	唐徕渠	K46+870	五苗渠	左		1.0×1.0	铸铁平板闸门	手动	1000	435	0.8	望洪镇金星村	杨显桥管理所
49	唐徕渠	K47+612	老26斗		右	0.6×0.6	铸铁平板闸门	手动	1100	217	0.8	望洪镇金星村	杨显桥管理所
50	唐徕渠	K47+836	26斗	左		1.2×1.2	铸铁平板闸门	手动	3300	3090	1.7	胜利乡先锋村	杨显桥管理所
51	唐徕渠	K48+053	27斗		右	1.0×1.0	铸铁平板闸门	手动	3700	3532	2.3	望洪镇金星村,杨和镇南北全村	杨显桥管理所
52	唐徕渠	K48+159	28斗		右	0.6×0.6	铸铁平板闸门	手动	700	60	0.6	杨和镇南北全村	杨显桥管理所
53	唐徕渠	K48+206	合作渠	左		1.0×1.0	铸铁平板闸门	手动	4800	2880	2	杨和镇南北全村	杨显桥管理所
54	唐徕渠	K48+240	五渠	左		1.3×1.0	铸铁平板闸门	手动	3200	2700	2.5	胜利乡五渠村	杨显桥管理所
55	唐徕渠	K48+254	雷渠	左		1.0×1.0	铸铁平板闸门	手动	8500	2300	2.5	胜利乡五渠村,杨显村	杨显桥管理所
56	唐徕渠	K51+081	和平渠		右	1.0×1.0	铸铁平板闸门	手动	1900	1355	1	杨和镇南北全村	杨显桥管理所
57	唐徕渠	K51+018	黄子渠	左		0.8×0.8	铸铁平板闸门	手动	1200	336	0.5	胜利乡杨显村	杨显桥管理所
58	唐徕渠	K51+585	永家渠	左		1.2×1.2	铸铁平板闸门	手动	1800	850	1.1	胜利乡八渠村	杨显桥管理所
59	唐徕渠	K52+515	30斗		右	0.8×0.8	铸铁平板闸门	手动	3200	1620	1.8	胜利乡八渠村	杨显桥管理所
60	唐徕渠	K52+320	九渠		右	0.8×0.8	铸铁平板闸门	手动	3100	980	1.5	胜利乡杨显村	杨显桥管理所
61	唐徕渠	K52+520	杨涞渠	左		0.8×0.8	铸铁平板闸门	手动	1500	213	0.8	胜利乡杨显村	杨显桥管理所

第四章 渠道管理

续表

序号	所属干渠、支渠、农渠名称	桩号	支渠名称	岸别		闸门尺寸（宽×高）	闸门型式	启闭型式	支渠长度（m）	灌溉面积（亩）	设计流量（m³/s）	受益单位	隶属管理单位
				左	右								
62	唐徕渠	K53+426	大沙渠(张湖段)	左		1.4×1.4	铸铁平板闸门	手动	2300	1300	1	胜利乡杨显村	杨显桥管理所
63	唐徕渠	K53+456	上蒯渠		右	0.8×0.8	铸铁平板闸门	手动	1000	685	0.8	胜利乡八渠村	杨显桥管理所
64	唐徕渠	K55+214	七渠		右	1.2×1.2	铸铁平板闸门	手动	4000	1810	2	胜利乡许旺村	杨显桥管理所
65	唐徕渠	K55+057	小闸渠	左		0.6×0.6	铸铁平板闸门	手动	500	40	0.6	宁夏创业谷实业公司	杨显桥管理所
66	唐徕渠	K55+959	六渠		右	0.8×0.8	铸铁平板闸门	手动	4000	424	1.5	胜利乡许旺村	杨显桥管理所
67	唐徕渠	K56+337	大闸渠	左		1.0×1.0	铸铁平板闸门	手动		0	1	胜利乡陆坊村	杨显桥管理所
68	唐徕渠	K57+160	小新渠		右	1.2×1.2	铸铁平板闸门	手动		0	1.2	胜利乡陆坊村	杨显桥管理所
69	唐徕渠	K57+747	彭渠	左		1.2×1.2	铸铁平板闸门	手动	500	360	1	胜利乡陆坊村	杨显桥管理所
70	唐徕渠	K61+760	郑伏斗	左		0.6×0.6	铸铁平板闸门	手动	500	1000	1	永宁县望远工业园区、银子湖	杨显桥管理所
71	唐徕渠	K65+027	王家广湖斗	左		1.5×1.5	铸铁平板闸门	手动	200	830	2.5	永宁县望远工业园区	杨显桥管理所
72	唐徕渠	K65+084	赵家渠		右	0.6×0.6	铸铁平板闸门	手动	1100	0	0.7	保龙公园	杨显桥管理所
73	唐徕渠	K65+669	沈渠	左		0.8×0.8	铸铁平板闸门	手动	600	40	0.6	良田镇高桥村	杨显桥管理所
74	唐徕渠	K65+850	雁湖斗		右	1.2×1.2	铸铁平板闸门	手动	900	498	1.5	宁夏医科大学	杨显桥管理所
75	唐徕渠	K67+658	老爷渠		右	0.6×0.6	铸铁平板闸门	手动	100	10	0.5	唐徕公园	杨显桥管理所
76	唐徕渠	K68+284	红花渠		右	1.2×1.2	铸铁平板闸门	手动	5800	130	1.2	丽景湖	杨显桥管理所
77	唐徕渠	K71+259	大沙渠(红花渠段)	左		0.8×0.8	铸铁平板闸门	手动	1000	520	0.5	宝湖公园	杨显桥管理所
78	唐徕渠	K73+658	迎水渠		右	0.6×0.6	铸铁平板闸门	手动	1800	450	0.5	中山公园	杨显桥管理所
79	唐徕渠	K79+426	小达子	左		(1.2×1.2)×2	铸铁平板闸门	手动	1000	生态补水	5	阅海养老中心	满达桥管理所
80	唐徕渠	K80+525	北双渠	左		1×1	铸铁平板闸门	手动	3300	3818	3	新丰村、联丰村	满达桥管理所
81	唐徕渠	K82+669	小牛渠		右	0.8×0.8	测控一体闸门	测控一体	6000	1026	1.5	新胜村	满达桥管理所
82	唐徕渠	K83+005	烈马渠	左		1.2×1.2	铸铁平板闸门	手动	7500	6945	3	联丰村、永丰村、新丰村	满达桥管理所

续表

序号	所属干渠、支渠、农渠名称	桩号	支渠名称	岸别左	岸别右	闸门尺寸（宽×高）	闸门型式	启闭型式	支渠长度（m）	灌溉面积（亩）	设计流量（m³/s）	受益单位	隶属管理单位
83	唐徕渠	K89+065	经济渠	左			铸铁平板闸门	手动	1500	168	0.8	经济桥村	满达桥管理所
84	唐徕渠	K89+670	宋道渠	左		0.8×0.8	测控一体闸门	测控一体	4000	1500	0.6	经济桥村、常信乡桂南村	满达桥管理所
85	唐徕渠	K89+824	生产渠		右	1×1	测控一体闸门	测控一体	7500	2810	2	张亮村、区原种场	满达桥管理所
86	唐徕渠	K90+475	太子渠		右	(1.5×1.5)×2	铸铁平板闸门	远程控制	12800	23000	5.5	四十里店村、张亮村、立岗东村、兰星村、兰光村	满达桥管理所
87	唐徕渠	K91+384	马果渠	左		1×1	测控一体闸门	测控一体	3500	3104	1.5	桂南村	满达桥管理所
88	唐徕渠	K91+940	吴家二户渠		右	0.8×0.8	测控一体闸门	测控一体	2000	950	0.8	四十里店村	满达桥管理所
89	唐徕渠	K93+459	新干渠	左		1×1	测控一体闸门	测控一体	2500	3220	2	桂文村	满达桥管理所
90	唐徕渠	K93+800	吉利渠	左		0.6×0.6	测控一体闸门	测控一体	200	300	0.5	桂文村	满达桥管理所
91	唐徕渠	K94+468	王家三户渠		右	0.6×0.6	铸铁平板闸门	电动	1000	665	0.3	四十里店村	满达桥管理所
92	唐徕渠	K95+111	吴家灌洞	左		0.6×0.6	测控一体闸门	测控一体	2000	648	0.3	桂文村	满达桥管理所
93	唐徕渠	K95+107	老酒义渠		右	0.8×0.8	测控一体闸门	测控一体	3500	1510	0.6	四十里店村	满达桥管理所
94	唐徕渠	K95+865	新酒义渠		右	0.8×0.8	测控一体闸门	测控一体	3500	1732	1.8	四十里店村	满达桥管理所
95	唐徕渠	K95+846	李家小口	左		1.2×1.2	测控一体闸门	测控一体	2300	1380	0.6	新华村	满达桥管理所
96	唐徕渠	K96+217	刘子渠	左		1×1	测控一体闸门	测控一体	7000	2950	1.8	旭光村	满达桥管理所
97	唐徕渠	K97+072	西安义渠		右	1×1	测控一体闸门	测控一体	4600	3500	1.5	新华村	满达桥管理所
98	唐徕渠	K97+693	立新渠	左		0.8×0.8	测控一体闸门	测控一体	4600	3900	1.5	旭光村	满达桥管理所
99	唐徕渠	K97+992	新华渠	左		0.8×0.8	测控一体闸门	测控一体	3500	4400	0.6	新华村	满达桥管理所
100	唐徕渠	K98+596	东安户渠		右	1×1	测控一体闸门	测控一体	3000	1203	0.6	丁义村	满达桥管理所
101	唐徕渠	K98+603	南渠	左		1×1	测控一体闸门	测控一体	6100	4000	1.5	新华村、新民村	满达桥管理所
102	唐徕渠	K99+217	卫子渠		右	1×1	测控一体闸门	测控一体	2500	1779	0.8	丁义村	满达桥管理所
103	唐徕渠	K99+270	小北渠	左		0.6×0.6	测控一体闸门	测控一体	1500	559	0.2	新民村	满达桥管理所

续表

序号	所属干渠、支渠、农渠名称	桩号	支渠名称	岸别		闸门尺寸（宽×高）	闸门型式	启闭型式	支渠长度(m)	灌溉面积(亩)	设计流量(m³/s)	受益单位	袁属管理单位
				左	右								
104	唐徕渠	K100+027	边罗渠	左		1.2×1.2	测控一体闸门	测控一体	6100	2200	0.6	新民村,洪广村	满达桥管理所
105	唐徕渠	K100+070	复兴渠	左		(0.8×0.8)×2	测控一体闸门	测控一体	10500	6900	2	洪广村,北庙村,新民村	满达桥管理所
106	唐徕渠	K100+432	前渠		右	1.2×1.2	测控一体闸门	测控一体	4500	1980	1.5	丁义村	满达桥管理所
107	唐徕渠	K100+603	抱子渠	左		0.8×0.8	测控一体闸门	测控一体	8500	1832	0.6	高渠村,金沙村	满达桥管理所
108	唐徕渠	K100+892	中渠		右	0.8×0.8	测控一体闸门	测控一体	2100	962	0.8	丁义村	满达桥管理所
109	唐徕渠	K101+639	后渠	左		1×1	测控一体闸门	测控一体	9000	2200	1.8	高渠村,金沙村	满达桥管理所
110	唐徕渠	K102+462	北支渠		右	1×1	测控一体闸门	测控一体	4400	1650	1.2	高渠村,丁北村	满达桥管理所
111	唐徕渠	K102+518	孝义渠	左		0.8×0.8	测控一体闸门	测控一体	1600	1000	0.8	高渠村,金沙村	满达桥管理所
112	唐徕渠	K102+662	大高渠	左		1.2×1.2	测控一体闸门	测控一体	8100	5561	1.5	高渠村,丁北村	满达桥管理所
113	唐徕渠	K103+439	二渠		右	0.6×0.6	测控一体闸门	测控一体	1500	700	0.2	丁北村	满达桥管理所
114	唐徕渠	K103+450	小高渠	左		0.8×0.8	测控一体闸门	测控一体	120	270	0.2	丁北村,高荣村	满达桥管理所
115	唐徕渠	K105+074	汪家渠		右	0.8×0.8	测控一体闸门	测控一体	2000	480	0.5	丁北村	满达桥管理所
116	唐徕渠	K104+681	汪家灌洞		右	0.8×0.8	测控一体闸门	测控一体	1500	120	0.2	丁北村	满达桥管理所
117	唐徕渠	K105+855	扬家渠		右	0.8×0.8	测控一体闸门	测控一体	2000	193	0.2	丁北村	满达桥管理所
118	唐徕渠	K104+984	林场灌洞	左		0.6×0.6	测控一体闸门	测控一体	2000	200	0.2	丁北村	满达桥管理所
119	唐徕渠	K105+784	丁北林场渠	左		1×1	测控一体闸门	测控一体	2000	1800	0.8	丁北村,欣荣村	满达桥管理所
120	唐徕渠	K105+241	千亩渠	左		1×1	钢闸门	测控一体	1000	2392.5	0.5	高荣村	周城管理所
121	唐徕渠	K105+323	杨家渠（周城所）		右	0.6×0.6	钢闸门	测控一体	2000	635	0.5	丁北村	周城管理所
122	唐徕渠	K105+491	八一渠	左		1×1	钢闸门	测控一体	15000	16484.2	3.5	高荣村,前进农场,前水水产,沙湖	周城管理所
123	唐徕渠	K105+526	民义渠	左		0.6×0.6	铸铁闸门	手动	300	130	0.1	高荣村	周城管理所
124	唐徕渠	K105+846	陆渠（八一桥段）		右	0.6×0.6	钢闸门	测控一体	1000	780	0.8	丁北村	周城管理所

续表

序号	所属干渠、支渠、农渠名称	桩号	支渠名称	岸别 左	岸别 右	闸门尺寸（宽×高）	闸门型式	启闭型式	支渠长度（m）	灌溉面积（亩）	设计流量（m³/s）	受益单位	隶属管理单位
125	唐徕渠	K106+079	小兴渠	左		0.6×0.6	钢闸门	测控一体	200	470	0.2	高荣村	周城管理所
126	唐徕渠	K106+381	小双渠	左		0.6×0.6	铸铁闸门	手动	150	200	0.2	高荣村	周城管理所
127	唐徕渠	K106+607	大双渠	左		1×1	钢闸门	测控一体	5000	2139	0.45	高荣村	周城管理所
128	唐徕渠	K106+740	丁北林场渠	左		0.6×1.6	铸铁闸门	手动	1000	90	0.1	丁北村	周城管理所
129	唐徕渠	K107+143	李渠（八一桥段）		右	1×1	钢闸门	测控一体	1500	630	0.3	丁北村	周城管理所
130	唐徕渠	K107+293	中渠（八一桥段）	左		1×1	钢闸门	测控一体	4000	786.5	0.35	曙光村	周城管理所
131	唐徕渠	K107+693	曙光灌洞		右	0.6×0.6	铸铁闸门	手动	200	46	0.3	曙光村	周城管理所
132	唐徕渠	K107+993	陈灌洞		右	0.8×0.8	铸铁闸门	手动	100	20	0.15	丁北村	周城管理所
133	唐徕渠	K108+043	段灌洞		右	0.8×0.8	铸铁闸门	手动	300	120	0.4	沙渠村	周城管理所
134	唐徕渠	K108+143	沙渠灌洞		右	0.8×0.8	铸铁闸门	手动	200	20	0.2	沙渠村	周城管理所
135	唐徕渠	K108+454	大王渠	左		0.8×0.8	钢闸门	测控一体	2000	360	0.3	曙光村	周城管理所
136	唐徕渠	K108+473	小王渠	左		0.8×0.8	钢闸门	测控一体	1800	390	0.1	沙渠村	周城管理所
137	唐徕渠	K108+657	沙渠		右	1.2×1.2	钢闸门	测控一体	4000	3580	1.5	沙渠村	周城管理所
138	唐徕渠	K108+424	老沙渠		右	0.6×0.6	铸铁闸门	手动	100	60	0.2	曙光村	周城管理所
139	唐徕渠	K109+114	徐灌洞		右	0.6×0.6	铸铁闸门	手动	200	200	0.1	沙渠村	周城管理所
140	唐徕渠	K109+349	闸渠	左		1×1	钢闸门	测控一体	1500	380	0.25	沙渠村	周城管理所
141	唐徕渠	K109+711	朱渠（曙光村）	左		0.6×0.6	钢闸门	测控一体	4000	230	0.3	曙光村	周城管理所
142	唐徕渠	K109+965	闫渠	左		1×1	钢闸门	测控一体	100	280	0.25	沙渠村	周城管理所
143	唐徕渠	K110+308	头渠（姚伏村）	左		0.8×0.8	钢闸门	测控一体	2000	822.6	0.3	姚伏村	周城管理所
144	唐徕渠	K110+342	银渠		右	1×1	钢闸门	测控一体	1500	680	0.2	小店子村	周城管理所
145	唐徕渠	K110+769	花渠		右	0.6×0.6	钢闸门	测控一体	1000	280	0.2	灯塔村	周城管理所
146	唐徕渠	K110+771	李渠（姚伏段）	左		1×1	钢闸门	测控一体	2500	457.9	0.2	姚伏村	周城管理所

续表

序号	所属干渠、支渠、农渠名称	桩号	支渠名称	岸别 左	岸别 右	闸门尺寸（宽×高）	闸门型式	启闭型式	支渠长度（m）	灌溉面积（亩）	设计流量（m³/s）	受益单位	隶属管理单位
147	唐徕渠	K111+112	姚中渠		右	0.6×0.6	钢闸门	测控一体	500	624.1	0.25	灯塔村	周城管理所
148	唐徕渠	K111+166	陈渠（姚伏段）	左		0.6×0.6	铸铁闸门	手动	1000	353.9	0.3	姚伏村	周城管理所
149	唐徕渠	K111+499	姚渠（周城所）	左		0.6×0.6	钢闸门	测控一体	3000	1110	0.3	姚伏村	周城管理所
150	唐徕渠	K112+036	西王渠	左		1×1	钢闸门	测控一体	500	1370	0.1	姚伏村	周城管理所
151	唐徕渠	K112+043	北浮水灌洞		右	0.6×0.6	铸铁闸门	手动	200	40	0.8	姚伏村	周城管理所
152	唐徕渠	K112+504	大伏渠	左		1×1	钢闸门	测控一体	3000	2320	0.35	灯塔村,永胜村	周城管理所
153	唐徕渠	K112+632	头直渠		右	1×1	钢闸门	测控一体	1000	636.8	0.25	姚伏村	周城管理所
154	唐徕渠	K112+813	樊渠	左		0.6×0.6	钢闸门	测控一体	500	510	0.2	灯塔村	周城管理所
155	唐徕渠	K113+246	边渠		右	0.8×0.8	钢闸门	测控一体	200	316.2	0.3	灯塔村	周城管理所
156	唐徕渠	K113+484	北王渠		右	1×1	钢闸门	测控一体	1000	510	0.25	灯塔村	周城管理所
157	唐徕渠	K113+693	张伏渠		右	0.8×0.8	钢闸门	测控一体	2000	530	0.5	上桥村	周城管理所
158	唐徕渠	K113+696	刘子渠（姚伏段）	左		0.8×0.8	铸铁闸门	测控一体	500	150	0.5	周城村	周城管理所
159	唐徕渠	K113+724	朱渠		右	1.2×1.2	钢闸门	手动	1000	230	0.3	上桥村	周城管理所
160	唐徕渠	K114+211	新渠	左		0.8×0.8	钢闸门	测控一体	2000	1100	0.5	周城村	周城管理所
161	唐徕渠	K114+303	老和渠		右	1.2×1.2	钢闸门	测控一体	500	410	0.25	上桥村	周城管理所
162	唐徕渠	K114+414	头渠（上桥村）	左		1.1×1.1	钢闸门	测控一体	3000	822.6	0.7	周城村,团庄村	周城管理所
163	唐徕渠	K114+993	新和渠		右	1×1	钢闸门	测控一体	3000	1078	0.2	上桥村,景观湖	周城管理所
164	唐徕渠	K115+043	周渠	左		1×1	钢闸门	测控一体	1800	630	0.4	周城村	周城管理所
165	唐徕渠	K115+143	任小口（姚伏段）		右	0.6×0.6	钢闸门	测控一体	1000	400	0.35	向前村	周城管理所
166	唐徕渠	K115+761	贾渠	左		1×1	钢闸门	测控一体	2000	950	0.3	周城村	周城管理所
167	唐徕渠	K115+797	地王渠		右	0.8×0.8	铸铁闸门	手动	600	117	0.5	周城村	周城管理所
168	唐徕渠	K115+851	千渠		右	1.2×1.2	钢闸门	测控一体	2500	1391		周城村	周城管理所

续表

序号	所属干渠、支渠、农渠名称	桩号	支渠名称	岸别 左	岸别 右	闸门尺寸（宽×高）	闸门型式	启闭型式	支渠长度(m)	灌溉面积(亩)	设计流量(m³/s)	受益单位	衷属管理单位
169	唐徕渠	K116+197	余渠	左		0.8×0.8	钢闸门	测控一体	800	500	0.3	向前村	周城管理所
170	唐徕渠	K116+388	陆渠(姚伏段)		右	1.2×1.2	钢闸门	测控一体	1500	425	0.6	周城村	周城管理所
171	唐徕渠	K115+817	曹渠		右	0.6×0.6	钢闸门	测控一体	1000	435	0.3	周城村	周城管理所
172	唐徕渠	K115+593	林渠	左		1×1	铸铁闸门	手动	1500	880	0.35	向前村	周城管理所
173	唐徕渠	K116+823	所边渠	左		1×1	铸铁闸门	手动	600	230	0.3	向前村	周城管理所
174	唐徕渠	K116+996	沈高渠	左		1×1	铸铁闸门	手动	2700	1040	0.8	沈渠村	周城管理所
175	唐徕渠	K117+122	童灌洞		右	0.8×0.8	铸铁闸门	手动	700	400	0.3	沈渠村	周城管理所
176	唐徕渠	K117+127	小坝渠	左		1×1	铸铁闸门	手动	1200	800	0.3	梅渠村	周城管理所
177	唐徕渠	K117+176	梅渠	左		1×1	铸铁闸门	手动	2500	1173	0.8	梅渠村	周城管理所
178	唐徕渠	K117+441	斗渠		右	1×1	铸铁闸门	手动	1700	760	0.4	北营子村	周城管理所
179	唐徕渠	K117+610	老开渠	左		0.6×0.6	铸铁闸门	手动	700	807	0.25	高路村	周城管理所
180	唐徕渠	K118+064	王灌洞		右	1×1	铸铁闸门	手动	700	655	0.3	北营子村	周城管理所
181	唐徕渠	K118+185	新开渠(周城所)		右	1×1	铸铁闸门	手动	3000	1904	1	高路村	周城管理所
182	唐徕渠	K118+288	蔡前渠	左		1×1	铸铁闸门	手动	3500	660	0.2	北营子村	周城管理所
183	唐徕渠	K118+499	蔡后渠	左		1×1	铸铁闸门	手动	2700	756	0.2	北营子村	周城管理所
184	唐徕渠	K118+814	谭渠	左		1×1	铸铁闸门	手动	1500		1	丰源公司,劲松公司	周城管理所
185	唐徕渠	K119+193	刘洪渠	左		1×1	铸铁闸门	手动	2500	1482	0.8	高路村,高路四队	周城管理所
186	唐徕渠	K119+634	秦灌洞		右	0.6×0.6	铸铁闸门	手动	350	280	0.3	赵渠村	周城管理所
187	唐徕渠	K119+347	郭灌洞		右	0.6×0.6	铸铁闸门	手动	300	523	0.15	高路村	周城管理所
188	唐徕渠	K119+454	中渠(张家墩段)	左		1×1	铸铁闸门	手动	2000	800	0.45	北营子村	周城管理所
189	唐徕渠	K119+562	高家渠		右	1.2×1.2	铸铁闸门	手动	3000	919	0.4	大兴墩村	周城管理所
190	唐徕渠	K119+599	双渠	左		0.8×0.8	铸铁闸门	手动	1600	360	0.2	北营子村	周城管理所

续表

序号	所属干渠、支渠、农渠名称	桩号	支渠名称	岸别 左	岸别 右	闸门尺寸（宽×高）	闸门型式	启闭型式	支渠长度(m)	灌溉面积(亩)	设计流量(m³/s)	受益单位	隶属管理单位
191	唐徕渠	K119+934	王渠		右	0.6×0.6	铸铁闸门	手动	2700	60	0.4	赵渠村	周城管理所
192	唐徕渠	K120+089	大长渠	左		1×1	铸铁闸门	手动	3700	1030	0.8	北营子村	周城管理所
193	唐徕渠	K120+230	郑家渠		右	1.2×1.2	铸铁闸门	手动	1200	979	0.8	大兴墩村	周城管理所
194	唐徕渠	K120+501	陈渠		右	0.8×0.8	铸铁闸门	手动	3500	1639	0.45	大兴墩村	周城管理所
195	唐徕渠	K120+767	新口子	左		0.8×0.8	铸铁闸门	手动	1800	550	0.45	张家墩村	周城管理所
196	唐徕渠	K120+961	赵新渠		右	1.2×1.2	铸铁闸门	手动	3000	1350	1.2	赵渠村	周城管理所
197	唐徕渠	K121+143	白灌洞		右	0.6×0.6	铸铁闸门	手动	400	220	0.1	赵渠村	周城管理所
198	唐徕渠	K121+254	刘子渠	左		0.6×0.6	铸铁闸门	手动	1700	275	0.2	张家墩村	周城管理所
199	唐徕渠	K121+592	姜子渠	左		0.6×0.6	铸铁闸门	手动	700	408	0.1	张家墩村	周城管理所
200	唐徕渠	K121+652	鱼池渠	左		1×1	铸铁闸门	手动	700	357	0.8	华源公司	周城管理所
201	唐徕渠	K121+871	毛渠		右	0.6×0.6	铸铁闸门	手动	70	400	0.4	孙占福鱼池	周城管理所
202	唐徕渠	K121+913	肖义渠	左		0.8×0.8	铸铁闸门	手动	2600	1010	0.4	张家墩村	周城管理所
203	唐徕渠	K122+286	郑兴渠	左		0.6×0.6	铸铁闸门	手动	500	336	0.2	张家墩村	周城管理所
204	唐徕渠	K122+627	红星渠	左		1×1	铸铁闸门	手动	4300	3495	1.5	张家墩村，翰源公司，万达公司，平罗农牧公司，农牧场	周城管理所
205	唐徕渠	K122+993	北边渠		右	0.6×0.6	铸铁闸门	手动	1500	800	0.4	张家墩村	周城管理所
206	唐徕渠	K123+067	任小口（张家墩段）			0.8×0.8	铸铁闸门	手动	900	910	0.2	张家墩村	周城管理所
207	唐徕渠	K123+287	许灌洞		右	0.6×0.6	铸铁闸门	手动	350	180	0.1	许家桥村	周城管理所
208	唐徕渠	K123+958	大许利		右	1.2×1.2	铸铁闸门	手动	2200	790	0.4	许家桥村	周城管理所
209	唐徕渠	K124+093	老安渠	左		0.8×0.8	铸铁闸门	手动	1000	790	0.3	许家桥村	周城管理所
210	唐徕渠	K124+124	张灌洞（许家桥）	左		0.8×0.8	铸铁闸门	手动	240	300	0.25	许家桥村	周城管理所

续表

序号	所属干渠、支渠、农渠名称	桩号	支渠名称	岸别		闸门尺寸（宽×高）	闸门型式	启闭型式	支渠长度(m)	灌溉面积(亩)	设计流量(m³/s)	受益单位	隶属管理单位
				左	右								
211	唐徕渠	K124+527	庙前渠	左		0.8×0.8	铸铁闸门	手动	1400	1190	0.35	许家桥村	周城管理所
212	唐徕渠	K124+676	小许利		右	0.8×0.8	铸铁闸门	手动	1800	848	0.25	许家桥村	周城管理所
213	唐徕渠	K124+743	张灌洞(张家墩)	左		0.8×0.8	铸铁闸门	手动	1200	250	0.3	张家墩村	周城管理所
214	唐徕渠	K125+349	王小口		右	0.8×0.8	铸铁闸门	手动	400	410	0.15	许家桥村	周城管理所
215	唐徕渠	K125+368	刘双渠		右	1×1	铸铁闸门	手动	3000	1946.5	0.55	小兴墩村,盐改站	周城管理所
216	唐徕渠	K125+379	刘边渠		右	0.6×0.6	铸铁闸门	手动	300	260	0.5	小兴墩村	周城管理所
217	唐徕渠	K125+454	老李高渠	左		1×1	铸铁闸门	手动	800	430	0.3	步口桥村	周城管理所
218	唐徕渠	K125+722	小李高渠	左		0.8×0.8	铸铁闸门	手动	1500	200	0.5	步口桥村	周城管理所
219	唐徕渠	K125+786	新李高渠	左		1×1	铸铁闸门	手动	1200	200	0.4	步口桥村	周城管理所
220	唐徕渠	K126+125	银前渠		右	1×1	铸铁闸门	手动	3000	1820	0.6	小兴墩村,沿河村	周城管理所
221	唐徕渠	K126+193	下银子灌洞		右	0.6×0.6	铸铁闸门	手动	280	100	0.3	前锋村	周城管理所
222	唐徕渠	K126+272	陆小口	左		0.8×0.8	铸铁闸门	手动	400	363	0.2	步口桥村	周城管理所
223	唐徕渠	K126+403	老后渠	左		0.8×0.8	铸铁闸门	手动	1000	600	0.25	前锋村	周城管理所
224	唐徕渠	K126+686	张兴渠	左		1×1	铸铁闸门	手动	1000	550	0.3	步口桥村	周城管理所
225	唐徕渠	K126+879	步口桥灌洞	左		0.8×0.8	铸铁闸门	手动	120	100	0.1	前锋村	周城管理所
226	唐徕渠	K127+138	岩岗渠		右	0.8×0.8	铸铁闸门	手动	300	100	0.3	步口桥村	周城管理所
227	唐徕渠	K127+322	新后渠	左		1.2×1.2	铸铁闸门	手动	3000	1267	0.7	小兴墩村,前锋村,前卫村	周城管理所
228	唐徕渠	K127+532	李毛渠	左		1×1	铸铁闸门	手动	700	400	0.3	前锋村	周城管理所
229	唐徕渠	K127+672	张子渠		右	0.6×0.6	铸铁闸门	手动	1000	110	0.23	步口桥村,饮马湖	周城管理所
230	唐徕渠	K128+042	柳树渠	左		1×1	铸铁闸门	手动	900	401	0.3	步口桥村	周城管理所
231	唐徕渠	K128+205	冯渠	左		0.8×0.8	铸铁闸门	手动	400	633	0.25	前锋村,前进村	周城管理所
232	唐徕渠	K128+443	新虎尾渠		右	1×1	铸铁闸门	手动	1000	261	0.5		周城管理所

续表

序号	所属干渠、支渠、农渠名称	桩号	支渠名称	岸别 左	岸别 右	闸门尺寸（宽×高）	闸门型式	启闭型式	支渠长度(m)	灌溉面积（亩）	设计流量（m³/s）	受益单位	隶属管理单位
233	唐徕渠	K128+557	黄灌洞		右	0.6×0.6	铸铁闸门	手动	600	100	0.2	前进村	周城管理所
234	唐徕渠	K128+941	赵顾渠	左		1×1	铸铁闸门	手动	600	80	0.25	步口桥村	周城管理所
235	唐徕渠	K129+027	老虎尾渠		右	1×1	铸铁闸门	手动	1000	253	0.5	前进村	周城管理所
236	唐徕渠	K129+286	莫小口		右	0.6×0.6	铸铁闸门	手动	600	220	0.3	前进村	周城管理所
237	唐徕渠	K129+633	曹仁渠		右	1×1	铸铁闸门	手动	2500	650	0.8	前进村,前卫村	周城管理所
238	唐徕渠	K129+631	鱼池渠(步口桥段)	左		1×1	铸铁闸门	手动	1500	357	0.8	鱼种场	周城管理所
239	唐徕渠	K129+692	杨高渠(杨昭渠)	左		0.6×0.6	铸铁闸门	手动	500	451	0.25	新民村	周城管理所
240	唐徕渠	K129+703	新关渠	左		0.6×0.6	铸铁闸门	手动	500	276	0.35	新民村	周城管理所
241	唐徕渠	K130+052	新民灌洞			0.6×0.6	铸铁闸门	手动	200	65	0.15	新民村	周城管理所
242	唐徕渠	K130+609	柳浪渠		右	0.8×0.8	铸铁闸门	手动	500	93	0.3	前进村,饮马湖	周城管理所
243	唐徕渠	K132+844	单渠		右	1×1	铸铁闸门	手动	3000	445	0.45	和平村	周城管理所
244	唐徕渠	K133+016	新建渠		右	0.8×0.8	铸铁闸门	手动	2000	317	0.75	和平村,新建村	周城管理所
245	唐徕渠	K133+478	李老渠		右	0.6×0.6	铸铁闸门	手动	2500	760	0.6	星火村	周城管理所
246	唐徕渠	K133+768	东洪渠		右	1×1	铸铁闸门	手动	3500	320	0.4	老户村	周城管理所
247	唐徕渠	K134+389	郭子渠		右	1×1	铸铁闸门	手动	1000	640	0.5	老户村	周城管理所
248	唐徕渠	K134+891	龚高渠		右	0.6×0.6	铸铁闸门	手动	200	70	0.2	二闸村	周城管理所
249	唐徕渠	K134+698	枣子渠		右	1×1	铸铁闸门	手动	4200	2348	0.8	老户村,二闸村,东胜村	周城管理所
250	唐徕渠	K135+981	顾家渠	左		0.6×0.6	铸铁闸门	手动	450	473	0.2	三闸村	周城管理所
251	唐徕渠	K135+674	东风渠		右	1×1	铸铁闸门	手动	5000	3193	1	二闸村,广华村,东风村,东胜村	周城管理所
252	唐徕渠	K135+716	新广华渠		右	0.8×0.8	铸铁闸门	手动	5000	1490	0.6	二闸村,广华村	周城管理所
253	唐徕渠	K136+010	老广华渠		右	0.8×0.8	铸铁闸门	手动	3000	2281	0.45	二闸村	周城管理所
254	唐徕渠	K136+253	五星渠	左		0.6×0.6	铸铁闸门	手动	4000	1466	0.4	三闸村	周城管理所

续表

序号	所属干渠、支渠、农渠名称	桩号	支渠名称	岸别 左	岸别 右	闸门尺寸（宽×高）	闸门型式	启闭型式	支渠长度(m)	灌溉面积(亩)	设计流量（m³/s）	受益单位	隶属管理单位
255	唐徕渠	K136+290	许家渠		右	0.6×0.6	铸铁闸门	手动	200	350	0.4	三闸村	周城管理所
256	唐徕渠	K137+165	李家渠(周城所)		右	0.8×0.8	铸铁闸门	手动	2000	370	0.4	三闸村	周城管理所
257	唐徕渠	K138+051	吴渠(周城)	左		1×1	铸铁闸门	手动	300	540	0.8	威镇村	周城管理所
258	唐徕渠	K138+199	夏家渠		右	1×1	铸铁闸门	手动	200	600	0.35	三闸村	周城管理所
259	唐徕渠	K138+521	徐家渠(周城所)	左		0.8×0.8	铸铁闸门	手动	700	350	0.5	威镇村	周城管理所
260	唐徕渠	K138+720	绫家渠	左		0.6×0.6	铸铁闸门	手动	450	80	0.2	威镇村	周城管理所
261	唐徕渠	K138+222	一陈渠	左		1×1	铸铁闸门	手动	3500	2382	0.8	威镇村	周城管理所
262	唐徕渠	K138+858	二陈渠	左		0.6×0.6	铸铁闸门	手动	1300	370	0.35	威镇村	周城管理所
263	唐徕渠	K139+184	季家渠	左		1×1	铸铁闸门	手动	1500	90	0.35	惠威村	周城管理所
264	唐徕渠	K139+462	贺高口		右	0.6×0.6	铸铁闸门	手动	600	90	0.2	惠威村	周城管理所
265	唐徕渠	K139+624	柴渠		右	0.8×0.8	铸铁闸门	手动	460	210	0.2	惠威村	周城管理所
266	唐徕渠	K139+820	东王渠	左		1.2×1.2	铸铁闸门	手动	600	1280	0.35	惠威村	周城管理所
267	唐徕渠	K139+860	西王渠	左		1.2×1.2	铸铁闸门	手动	3800	526	0.35	惠威村	周城管理所
268	唐徕渠	K141+874	孟家渠		右	0.8×0.8	铸铁闸门	手动	2500	600	0.3	惠威村	周城管理所
269	唐徕渠	K141+879	刘小口		右	0.6×0.6	铸铁闸门	手动	800	330	0.26	惠威村	周城管理所
270	唐徕渠	K142+170	金家渠	左		1×1	铸铁闸门	手动	2000	2113	1	惠威村	周城管理所
271	唐徕渠		幸福支渠		右				2500	6574	3	幸福村	周城管理所
272	二农场渠	K0+369	黎明一斗	左		0.6×0.6	铝合金	测控一体	2500	945	0.8	贺兰县习岗镇黎明村	南梁管理所
273	第二农场渠	K2+059	黎明九斗	左		0.6×0.6	铝合金	测控一体	1500	1200	0.7	贺兰县习岗镇黎明村	南梁管理所
274	第二农场渠	K2+257	黎明二斗		右	0.6×0.8	铸铁闸门	手动	2000	400	0.8	贺兰县习岗镇黎明村	南梁管理所
275	第二农场渠	K2+938	黎明五斗		右	0.6×0.6	铝合金	测控一体	1500	320	0.8	贺兰县习岗镇黎明村	南梁管理所
276	第二农场渠	K4+020	黎明四斗		右	1.2×1.2	铝合金	测控一体	6000	4200	3.3	贺兰县习岗镇黎明村	南梁管理所

续表

序号	所属干渠、支渠、农渠名称	桩号	支渠名称	岸别 左	岸别 右	闸门尺寸（宽×高）	闸门型式	启闭型式	支渠长度(m)	灌溉面积(亩)	设计流量(m³/s)	受益单位	隶属管理单位
277	第二农场渠	K5+502	团结斗		右	1.2×1.2	铝合金	测控一体	8000	5100	3	贺兰县常信乡团结村	南梁管理所
278	第二农场渠	K6+262	永丰斗	左		0.8×0.8	铝合金	测控一体	1000	1000	1	银川市金凤区丰登镇	南梁管理所
279	第二农场渠	K6+472	102斗		右	0.8×0.8	铝合金	测控一体	4000	2500	1.8	贺兰县常信乡开发区	南梁管理所
280	第二农场渠	K8+261	永丰二斗	左		0.6×0.6	铝合金	测控一体	1500	938	0.8	银川市金凤区丰登镇	南梁管理所
281	第二农场渠	K8+305	运河斗		右	1×1	铝合金	测控一体	20000	20500	5.58	贺兰县常信乡五谭干村	南梁管理所
282	第二农场渠	K8+648	永丰三斗	左		0.6×0.6	铝合金	测控一体	1000	180	0.5	银川市金凤区丰登镇	南梁管理所
283	第二农场渠	K9+525	西湖斗	左		1.6×1.6	铝合金	测控一体	6500	3400	3.5	银川市西夏区贺兰山西路街道办事处、金凤区	南梁管理所
284	第二农场渠	K9+675	良渠斗	左		1×1	铝合金	测控一体	3000	3040	1.3	银川市西夏区贺兰山西路办事处、金凤区	南梁管理所
285	第二农场渠	K10+797	农一斗	左		0.4×0.6	铸铁闸门	手动	1000	100	0.3	管理所农田	南梁管理所
286	第二农场渠	K11+761	南梁一斗	左		1.2×1.2	铝合金	测控一体	4500	3559	1.7	宁夏西夏区南梁农场有限公司	南梁管理所
287	第二农场渠	K13+407	南梁二斗	左		1×1	铝合金	测控一体	3500	1304	0.7	宁夏西夏区南梁农场有限公司	南梁管理所
288	第二农场渠	K14+038	农二斗	左		0.5×0.5	铸铁闸门	手动	1000	338	0.4	管理所农田	南梁管理所
289	第二农场渠	K14+046	南梁三斗	左		1.2×1.2	铝合金	测控一体	1500	865	0.8	宁夏西夏区南梁农场有限公司	南梁管理所
290	第二农场渠	K17+375	胜利斗		右	1.4×1.4	铝合金	测控一体	9000	7600	2.1	贺兰县常信乡于祥村	南梁管理所
291	第二农场渠	K20+150	抗旱斗		右	1.4×1.4	铝合金	测控一体	6000	6400	2.2	贺兰县常信乡王田村	南梁管理所
292	第二农场渠	K21+230	暖农二队扬水	左		0.8×0.8	铸铁平板闸门	测控一体	1200	600	0.55	暖泉农场	崇岗管理所
293	第二农场渠	K24+446	暖农新斗		右	0.8×0.8	铸铁平板闸门		9000	3580	1.8	暖泉农场	崇岗管理所
294	第二农场渠	K24+655	八斗		右	0.8×0.8	铸铁平板闸门	测控一体	12000	6022	2.5	暖泉农场	崇岗管理所

续表

序号	所属干渠、支渠、农渠名称	桩号	支渠名称	岸别左	岸别右	闸门尺寸（宽×高）	闸门型式	启闭型式	支渠长度(m)	灌溉面积(亩)	设计流量(m³/s)	受益单位	隶属管理单位
295	第二农场渠	K24+732	十二队扬水		右	0.8×0.8	铸铁平板闸门	测控一体	1500	2200	0.9	暖泉农场	崇岗管理所
296	第二农场渠	K26+382	六队扬水	左		0.8×0.8	铸铁平板闸门	测控一体	1500	1200	0.8	暖泉农场	崇岗管理所
297	第二农场渠	K26+586	猪斗		右	0.8×0.8	铸铁平板闸门	测控一体	14000	1400	1.5	暖泉农场	崇岗管理所
298	第二农场渠	K27+156	羊斗		右	0.6×0.6	铸铁平板闸门	测控一体	6000	1437	1	暖泉农场	崇岗管理所
299	第二农场渠	K27+196	新纪斗		右	0.8×0.8	铸铁平板闸门	测控一体	2000	800	1	崇岗镇（刘继龙）	崇岗管理所
300	第二农场渠	K28+030	九斗		右	0.8×0.8	铸铁平板闸门	测控一体	13000	3349	1.5	暖泉农场	崇岗管理所
301	第二农场渠	K28+754	七队扬水	左		0.8×0.8	铸铁平板闸门	测控一体	1500	1450	0.35	暖泉农场	崇岗管理所
302	第二农场渠	K28+854	新纪扬水		右	1.3×1.3	铸铁平板闸门	测控一体	1000	500	0.5	崇岗镇（陆生荣）	崇岗管理所
303	第二农场渠	K28+904	跃进斗		右	1.0×1.0	铸铁平板闸门	测控一体	15000	6000	2.5	崇岗镇跃进村	崇岗管理所
304	第二农场渠	K28+914	菜斗		右	1.0×1.0	铸铁平板闸门	测控一体	2400	1270	1	暖泉农场	崇岗管理所
305	第二农场渠	K29+703	镇朔斗		右	1.2×1.2	铸铁平板闸门	测控一体	9500	5400	1.8	崇岗镇朔村	崇岗管理所
306	第二农场渠	K29+714	十斗		右	0.8×0.8	铸铁平板闸门	测控一体	3500	1276	1.5	暖泉农场	崇岗管理所
307	第二农场渠	K31+560	暖泉一斗		右	0.8×0.8	铸铁平板闸门	测控一体	1200	500	0.8	崇岗镇暖泉村	崇岗管理所
308	第二农场渠	K32+987	暖泉二斗		右	1.0×1.0	铸铁平板闸门	测控一体	9000	450	0.5	崇岗镇暖泉村	崇岗管理所
309	第二农场渠	K33+276	退水斗				铸铁平板闸门	测控一体	2400	1488	1.2	崇岗镇下庙村	崇岗管理所
310	第二农场渠	K35+040	华丰扬水	左		0.6×0.6	铸铁平板闸门	测控一体	1200	500	0.35	崇岗镇华丰公司	崇岗管理所
311	第二农场渠	K35+440	向阳新斗		右	1.0×1.0	铸铁平板闸门	测控一体	4300	1077	1.2	崇岗镇长青村	崇岗管理所
312	第二农场渠	K35+896	长青扬水	左		0.8×0.8	铸铁平板闸门	测控一体	1600	2700	0.5	崇岗镇长青村	崇岗管理所
313	第二农场渠	K36+250	小灌斗		右	1.0×1.0	铸铁平板闸门	测控一体	3200	1049	1.2	崇岗镇下庙村	崇岗管理所
314	第二农场渠	K37+267	徐家圭子		右		铸铁平板闸门	测控一体	3000	434	1.2	崇岗镇下庙村	崇岗管理所
315	第二农场渠	K37+347	长青小扬水	左		0.6×0.6	铸铁平板闸门	测控一体	800	330	0.2	崇岗镇（周永红）	崇岗管理所
316	第二农场渠	K38+067	大军斗		右	0.8×0.8	铸铁平板闸门	测控一体	4500	910	1.5	崇岗镇下庙村	崇岗管理所

续表

序号	所属干渠、支渠、农渠名称	桩号	支渠名称	岸别左	岸别右	闸门尺寸（宽×高）	闸门型式	启闭型式	支渠长度(m)	灌溉面积(亩)	设计流量(m³/s)	受益单位	隶属管理单位
317	第二农场渠	K39+466	十队扬水	左		0.6×0.6	铸铁平板闸门	测控一体	500	105	0.3	崇岗镇下庙村	崇岗管理所
318	第二农场渠	K39+556	十队斗		右	1.1×1.1	铸铁平板闸门	测控一体	5000	598	1.2	崇岗镇下庙村	崇岗管理所
319	第二农场渠	K40+173	南扬水	左		1.0×1.0	铸铁平板闸门	测控一体	1200	1100	0.25	崇岗镇崇富村	崇岗管理所
320	第二农场渠	K40+590	一队斗		右	1.2×1.2	铸铁平板闸门	测控一体	3500	840	1.5	崇岗镇崇胜村	崇岗管理所
321	第二农场渠	K41+453	十二斗		右	1.5×1.5	铸铁平板闸门	测控一体	12000	20700	4	前进农场	崇岗管理所
322	第二农场渠	K41+739	十三队扬水	左		0.8×0.8	铸铁平板闸门	测控一体	600	180	0.35	崇岗镇崇胜村	崇岗管理所
323	第二农场渠	K41+797	二队斗		右	1.0×1.0	铸铁平板闸门	测控一体	4000	450	0.7	暖泉农场	崇岗管理所
324	第二农场渠	K41+869	三队扬水		右	0.8×0.8	铸铁平板闸门	测控一体	1000	600	0.3	崇岗镇崇岗村	崇岗管理所
325	第二农场渠	K42+673	北扬水	左		0.8×0.8	铸铁平板闸门	测控一体	600	900	0.35	崇岗镇（冯光俊）	崇岗管理所
326	第二农场渠	K43+352	光明斗		右	0.8×0.8	铸铁平板闸门	测控一体	3000	240	1	前进农场（张洪杰等）	崇岗管理所
327	第二农场渠	K43+552	前农新斗		右	1.2×1.2	铸铁平板闸门	测控一体	7000	5000	2.5	前进农场	崇岗管理所
328	第二农场渠	K43+652	发禄斗		右	0.6×0.6	铸铁平板闸门	测控一体	2500	430	1.5	崇岗镇（马新平等）	崇岗管理所
329	第二农场渠	K44+265	十三斗		右	1.0×1.0	铸铁平板闸门	测控一体	8800	5100	1.7	前进农场	崇岗管理所
330	第二农场渠	K45+310	老明斗		右	0.8×0.8	铸铁平板闸门	测控一体	2800	135	1.5	崇岗镇（马新平等）	崇岗管理所
331	第二农场渠	K45+496	小明斗		右	1.2×1.2	铸铁平板闸门	测控一体	8800	5115	1.8	前进农场	崇岗管理所
332	第二农场渠	K45+580	长胜扬水	左		0.8×0.8	铸铁平板闸门	测控一体	1600	2700	0.5	石嘴山大武口区长胜村	崇岗管理所
333	第二农场渠	K46+425	张群		右	0.6×0.8	铸铁平板闸门	手动	500	80	0.1	张群	大武口管理所
334	第二农场渠	K46+780	吊庄斗		右	0.6×0.8	铸铁平板闸门	手动	1500	800	0.6	星海镇	大武口管理所
335	第二农场渠	K47+290	十四斗		右	1.45×1.45	铸铁平板闸门	手动	8000	10000	1.3	星海镇	大武口管理所
336	第二农场渠	K47+795	禄裕斗		右	0.6×0.7	铸铁平板闸门	手动	1000	90	0.4	张国禄	大武口管理所
337	第二农场渠	K49+033	九泉斗	左		1×1.1	铸铁平板闸门	手动	6200	1500	0.5	龙泉村	大武口管理所

续表

序号	所属干渠、支渠、农渠名称	桩号	支渠名称	岸别(左/右)	闸门尺寸(宽×高)	闸门型式	启闭型式	支渠长度(m)	灌溉面积(亩)	设计流量(m³/s)	受益单位	隶属管理单位
338	第二农场渠	K50+300	十五斗	右	1×1	铸铁平板闸门	手动	7000	4000	1	星海镇	大武口管理所
339	第二农场渠	K50+330	十五斗补水口	左	3×2	铸铁平板闸门	手动+电动	200	0	3.5	南域	大武口管理所
340	第二农场渠	K52+430	十六斗	右	1×1	铸铁平板闸门	手动	1000	400	0.65	星海镇	大武口管理所
341	第二农场渠	K53+040	53K闸	左	2×2.5	铸铁平板闸门	手动+电动	50	0	5	南域	大武口管理所
342	第二农场渠	K54+594	十七斗	右	1.3×1.3	铸铁平板闸门	手动	8000	6500	2	星海镇	大武口管理所
343	第二农场渠	K54+594	西一斗	左	1×1	铸铁平板闸门	手动+电动	6500	3900	0.8	潮湖村	大武口管理所
344	第二农场渠	K55+324	十八斗	右	0.8×0.9	铸铁平板闸门	手动	3600	2600	0.8	星海镇	大武口管理所
345	第二农场渠	K55+400	西二斗	左	1.5×1.7	铸铁平板闸门	手动	15	0	4	中域	大武口管理所
346	第二农场渠	K57+287	十九斗(星海镇)	右	0.8×0.8	铸铁平板闸门	手动	2000	1300	1.2	星海镇	大武口管理所
347	第二农场渠	K57+287	十九斗(湖泊)	右	0.8×0.8	铸铁平板闸门	手动	15	0	1.4	新域	大武口管理所
348	第二农场渠	K57+794	西三斗	左	1.25×1.3	铸铁平板闸门	手动	8000	0	0.9	石嘴山市大武口区生态保护管理所	大武口管理所
349	第二农场渠	K59+220	一号斗	左	1.6×0.8	铸铁平板闸门	手动	10	0	4.5	中域	大武口管理所
350	第二农场渠	K59+630	二号斗	左	1.6×0.8	铸铁平板闸门	手动	10	0	4.5	北域	大武口管理所
351	第二农场渠	K60+827	三号斗	左	1.5×1.5	铸铁平板闸门	手动	10	0	2	北域	大武口管理所
352	第二农场渠	K60+807	十二分沟闸	左	2.2×2.5	铸铁平板闸门	手动	8	0	5	东域	大武口管理所
353	第二农场渠	K61+465	兴民村泵站	左	1.8×1.8	铸铁平板闸门	手动	8300	9656	1.5	兴民村	大武口管理所
354	第二农场渠	K61+520	二十一斗	右	1×1	铸铁平板闸门	手动	5000	600	1	新农村渔种场	大武口管理所
355	第二农场渠	K62+145	西六斗	左	1.2×1.2	铸铁平板闸门	手动	3700	4500	1.2	井丰养殖公司	大武口管理所
356	第二农场渠	K62+205	二十二斗	右	1×1	铸铁平板闸门	手动	2000	2000	1	井丰养殖公司	大武口管理所
357	第二农场渠	K63+980	稻田斗	右	0.8×0.8	铸铁平板闸门	手动	800	150	0.5	监狱散户	大武口管理所
358	第二农场渠	K64+010	西七斗	左	0.8×1	铸铁平板闸门	手动	2300	600	0.8	监狱散户	大武口管理所

续表

序号	所属干渠、支渠、农渠名称	桩号	支渠名称	岸别 左	岸别 右	闸门尺寸（宽×高）	闸门型式	启闭型式	支渠长度(m)	灌溉面积(亩)	设计流量(m³/s)	受益单位	隶属管理单位
359	第二农场渠	K64+864	新工地	左		1×1	铸铁平板闸门	手动	1000	300	0.6	监狱散户	大武口管理所
360	第二农场渠	K65+035	农指泵站	左		1.45×2.05	铸铁平板闸门	手动	8000	9300	1.2	石嘴山市大武口区生态保护管理所	大武口管理所
361	第二农场渠	K65+185	电视台		右	0.5×0.5	铸铁平板闸门	手动	500	100	0.2	电视台	大武口管理所
362	第二农场渠	K65+685	润泽斗		右	1×1	铸铁平板闸门	手动	4000	2400	0.8	意林公司	大武口管理所
363	第二农场渠	K65+790	简泉农场斗（23斗）		右	1×1	铸铁平板闸门	手动	5800	6160	0.7	简泉农场	大武口管理所
364	第二农场渠	K66+511	二十四斗		右	1×1	铸铁平板闸门	手动	4500	4760	0.8	简泉农场	大武口管理所
365	第二农场渠												大武口管理所
366	第二农场渠	K66+886	高四斗	左		1.2×1.2	铸铁平板闸门	手动	4000	2300	1.2	简泉农场	大武口管理所
367	第二农场渠												大武口管理所
368	第二农场渠	K67+078	扶贫斗		右	1×1	铸铁平板闸门	手动	8000	6791	1.25	上宝闸村	大武口管理所
369	第二农场渠	K67+969	二十五斗		右	1×1	铸铁平板闸门	手动	3500	1323	0.8	简泉农场、隆泉新村	大武口管理所
370	第二农场渠	K68+183	高五斗	左		1.2×1.2	铸铁平板闸门	手动	3800	3271	0.85	简泉农场	大武口管理所
371	第二农场渠	K69+630	鸡圈斗		右	1×1	铸铁平板闸门	手动	1500	900	0.45	简泉农场	大武口管理所
372	第二农场渠	K68+372	铁管子斗		右	1.3×1.3	铸铁平板闸门	手动	4000	600	0.5	简泉农场	大武口管理所
373	第二农场渠	K70+360	二十六斗		右	0.8×1	铸铁平板闸门	手动	7000	3943	0.7	上宝闸村七队、简泉新村	大武口管理所
374	第二农场渠	K71+150	机库斗		右	1.1×1.1	铸铁平板闸门	手动	2200	800	0.5	简泉农场	大武口管理所
375	第二农场渠	K70+538	高六斗	左		1×1	铸铁平板闸门	手动	3600	1600	1	简泉农场	大武口管理所
376	第二农场渠	K71+840	小高七斗	左		1.1×1.1	铸铁平板闸门	手动	2800	470	0.5	简泉农场	大武口管理所
377	第二农场渠	K72+006	大高七斗	左		1.2×1.2	铸铁平板闸门	手动	2400	1530	0.7	简泉农场	大武口管理所
378	第二农场渠	K71+885	新二十七斗		右	1.1×1.1	铸铁平板闸门	手动	3800	1650	0.9	简泉农场	大武口管理所
379	第二农场渠	K72+225	老二十七斗		右	1×1	铸铁平板闸门	手动	3500	3440	0.6	简泉农场	大武口管理所

续表

序号	所属干渠、支渠、农渠名称	桩号	支渠名称	岸别左	岸别右	闸门尺寸（宽×高）	闸门型式	启闭型式	支渠长度(m)	灌溉面积(亩)	设计流量(m³/s)	受益单位	隶属管理单位
380	第二农场渠	K73+700	十九分沟闸		右	2.2×2	铸铁平板闸门	手动	3000	0	4	简泉农场	大武口管理所
381	第二农场渠	K73+745	三队斗		右	0.9×0.9	铸铁平板闸门	手动	2500	200	0.5	简泉农场	大武口管理所
382	第二农场渠	K73+907	简泉村一队扬水	左		1×1	铸铁平板闸门	手动	2800	1270	0.5	简泉村一队	大武口管理所
383	第二农场渠	K74+756	二十八斗	左		0.8×0.8	铸铁平板闸门	手动	3000	760	0.6	简泉农场	大武口管理所
384	第二农场渠	K75+368	简泉村二队扬水	左		0.8×0.8	铸铁平板闸门	手动	1800	1240	0.8	简泉村二队	大武口管理所
385	第二农场渠	K77+182	干北扬水	左		1×1.4	铸铁平板闸门	手动	2600	200	0.4	简泉农场	大武口管理所
386	第二农场渠	K77+718	二十九斗		右	1×1	铸铁平板闸门	手动	3500	1900	0.7	简泉农场	大武口管理所
387	第二农场渠	K78+463	猪圈斗		右	0.9×0.9	铸铁平板闸门	手动	2500	600	0.8	简泉农场	大武口管理所
388	第二农场渠	K79+940	汪家庄蓄水池	左		1×1	铸铁平板闸门	手动	35	0	0.8	惠农区农牧水务局	大武口管理所
389	第二农场渠	K80+140	三十斗（汪家庄）	左		1×1	铸铁平板闸门	手动	2300	1776.93	0.5	汪家庄村	大武口管理所
390	第二农场渠	K80+285	新加三十斗		右	0.8×1	铸铁平板闸门	手动	2200	0	0.5	汪家庄村	大武口管理所
391	第二农场渠	K80+490	三十一斗		右	0.8×0.8	铸铁平板闸门	手动	1800	0	0.5	汪家庄村	大武口管理所
392	良田渠	K5+820	新开渠	左		1.5×1.2	铸铁平板闸门	手动	5000	800	1.5	盈南村、魏家桥村	良田渠管理所
393	良田渠	K7+450	徐家斗口	左		1.0×1.0	铸铁平板闸门	手动	4000	0	1.5	银川市水务局	良田渠管理所
394	良田渠	K9+450	典农河低口	左		1.0×1.0	铸铁平板闸门	手动	30	0	1	银川市水务局	良田渠管理所
395	良田渠	K9+460	典农河高口	左		1.0×1.0	铸铁平板闸门	手动	30	0	1	银川市水务局	良田渠管理所
396	良田渠	K9+450	新邓家渠	左		0.6×0.6	铸铁平板闸门	手动	2000	450	0.5	魏家桥村	良田渠管理所
397	良田渠	K11+420	烟村墩口	左		0.4×0.4	铸铁平板闸门	手动	1000	268	0.2	盈南村	良田渠管理所
398	良田渠	K10+192	老唐家渠	左		0.6×0.6	铸铁平板闸门	手动	1500	437	0.3	魏家桥村	良田渠管理所
399	良田渠	K12+226	新唐家渠	左		0.6×0.6	铸铁平板闸门	手动	2000	560	0.5	魏家桥村	良田渠管理所
400	良田渠	K10+400	沙滩口		右	0.4×0.4	铸铁平板闸门	手动	1000	100	0.4	盈南村	良田渠管理所
401	良田渠	K10+685	李家一渠	左		0.6×0.6	铸铁平板闸门	手动	1000	423	0.5	魏家桥村	良田渠管理所

续表

序号	所属干渠、支渠、农渠名称	桩号	支渠名称	岸别左	岸别右	闸门尺寸（宽×高）	闸门型式	启闭型式	支渠长度(m)	灌溉面积(亩)	设计流量(m³/s)	受益单位	隶属管理单位
402	良田渠	K10+975	李家二渠	左		0.6×0.6	铸铁平板闸门	手动	2000	200	0.6	盈南村	良田渠管理所
403	良田渠	K11+095	老上双渠		右	0.8×0.8	铸铁平板闸门	手动	2000	260	0.25	盈南村	良田渠管理所
404	良田渠	K12+494	柳护渠	左		0.6×0.6	铸铁平板闸门	手动	1500	312	0.5	盈南村	良田渠管理所
405	良田渠	K10+775	上双渠		右	1.0×1.0	铸铁平板闸门	手动	1700	300	1	盈南村	良田渠管理所
406	良田渠	K11+550	双干渠(盈)	左		0.6×0.6	铸铁平板闸门	手动	1000	200	0.7	盈南村	良田渠管理所
407	良田渠	K11+550	双干渠(砖)	左		0.6×0.6	铸铁平板闸门	手动	2000	300	0.5	砖渠村	良田渠管理所
408	良田渠	K11+858	庙渠	左		0.6×0.6	铸铁平板闸门	手动	2000	200	0.3	砖渠村	良田渠管理所
409	良田渠	K9+772	胡家口子		右	0.4×0.4	铸铁平板闸门	手动	700	83	0.2	魏家桥村	良田渠管理所
410	良田渠	K12+418	岳家高渠	左		0.8×0.8	铸铁平板闸门	手动	1000	150	0.3	砖渠村	良田渠管理所
411	良田渠	K12+494	称杆渠		右	0.6×0.6	铸铁平板闸门	手动	1000	200	0.2	盈南村	良田渠管理所
412	良田渠	K13+300	文渠	左		0.6×0.6	铸铁平板闸门	手动	1500	50	0.2	盈南村	良田渠管理所
413	良田渠	K18+050	火车站广场口		右	0.6×0.6	铸铁平板闸门	手动	10	40	1	火车站公园管理所	良田渠管理所
414	良田渠	K9+438	老邓家渠	左		0.6×0.6	铸铁平板闸门	手动	2000	300	0.3	魏家桥村	良田渠管理所
415	良田渠	K19+533	杨家渠		右	0.4×0.4	铸铁平板闸门	手动	2000	800	0.4	平伏桥村	良田渠管理所
416	良田渠	K4+860	盈南渠		右	0.8×0.8	铸铁平板闸门	手动	1200	343	0.25	盈南村	良田渠管理所
417	良田渠	K12+110	下双渠		右	1.0×1.0	铸铁平板闸门	手动	3400	1200	1	盈南村	良田渠管理所
418	良田渠	K1+620	武警直属支队斗	左		0.4×0.4	铸铁平板闸门	手动	2000	40	0.5	武警直属支队	良田渠管理所
419	良田渠	K22+935	顾家桥四队斗	左		0.8×0.8	铸铁平板闸门	手动	2200	300	0.5	顾家桥村	良田渠管理所
420	良田渠	K1+680	武警斗	左		0.1×0.1	铸铁平板闸门	手动	300	20	0.1	武警后勤训练基地	良田渠管理所
421	良田渠	K1+720	直升机大队斗	左		0.4×0.4	铸铁平板闸门	手动	50	50	0.1	武警直升机大队	良田渠管理所
422	良田渠	K11+650	小庙渠		右	0.6×0.6	铸铁平板闸门	手动	1000	50	0.2	盈南村	良田渠管理所
423	良田渠	K8+520	合古渠	左		0.6×0.6	铸铁平板闸门	手动	100	40	0.2	魏家桥村	良田渠管理所

续表

序号	所属干渠、支渠、农渠名称	桩号	支渠名称	岸别 左	岸别 右	闸门尺寸（宽×高）	闸门型式	启闭型式	支渠长度（m）	灌溉面积（亩）	设计流量（m³/s）	受益单位	隶属管理单位
424	良田渠	K3+450	魏一斗		右	0.6×0.6	铸铁平板闸门	手动	1200	100	0.22	魏家桥村	良田渠管理所
425	良田渠	K3+990	魏二斗		右	0.6×0.6	铸铁平板闸门	手动	1500	147	0.3	魏家桥村	良田渠管理所
426	良田渠	K4+280	魏三斗		右	0.6×0.6	铸铁平板闸门	手动	1400	117	0.25	魏家桥村	良田渠管理所
427	良田渠	K4+620	魏四斗		右	0.6×0.6	铸铁平板闸门	手动	1000	100	0.3	魏家桥村	良田渠管理所
428	良田渠	K4+850	盈南一斗		右	0.6×0.6	铸铁平板闸门	手动	2200	70	0.2	盈南村	良田渠管理所
429	良田渠	K22+950	大沙渠		右	0.6×0.6	铸铁平板闸门	手动	2000	50	1	顾家桥村	良田渠管理所
430	良田渠	K21+691	冯家渠	左		0.4×0.4	铸铁平板闸门	手动	2000	20	0.3	顾家桥村	良田渠管理所
431	良田渠	K19+533	新杨家口子		右	0.6×0.6	铸铁平板闸门	手动	2400	1200	0.3	平伏桥村	良田渠管理所
432	良田渠	K22+930	顾家桥五队斗	左		1.1×1.0	铸铁平板闸门	手动	2000	600	1	顾家桥村	良田渠管理所
433	大新渠	K1+410	南沙渠		右	0.8×0.8	铸铁平板闸门	手动	3000	1600	0.6	望远镇	大新渠管理所
434	大新渠	K2+507	白鸽渠		右	0.8×0.8	铸铁平板闸门	手动	3000	2700	0.8	望远镇	大新渠管理所
435	大新渠	K3+594	冯家渠		右	0.6×0.6	铸铁平板闸门	手动	1000	320	0.6	大新镇	大新渠管理所
436	大新渠	K3+931	洪家渠		右	0.6×0.6	铸铁平板闸门	手动	1500	300	0.6	大新镇	大新渠管理所
437	大新渠	K4+229	朱渠口		右	0.6×0.6	铸铁平板闸门	手动	1500	430	0.5	大新镇	大新渠管理所
438	大新渠	K4+361	袁渠口		右	0.8×0.8	铸铁平板闸门	手动	1700	440	0.3	大新镇	大新渠管理所
439	大新渠	K4+527	小哈沙渠		右	0.6×0.6	铸铁平板闸门	手动	50	20	0.15	大新镇	大新渠管理所
440	大新渠	K4+949	哈沙渠		右	0.6×0.6	铸铁平板闸门	手动	1500	280	0.3	大新镇	大新渠管理所
441	大新渠	K5+290	章子湖补水口		右	1.5×1.3	铸铁平板闸门	手动	1500	1364	2	东部水系	大新渠管理所
442	大新渠	K5+613	塔徕渠		右	0.6×0.6	铸铁平板闸门	手动	1500	475	0.4	大新镇	大新渠管理所
443	大新渠	K5+968	孙渠口		右	0.6×0.6	铸铁平板闸门	手动	1500	300	0.5	大新镇	大新渠管理所
444	大新渠	K7+036	鹅黄渠		右	1.2×1.2	铸铁平板闸门	手动	1500	265	0.5	大新镇	大新渠管理所
445	大新渠	K10+017	锅底湖补水口	左		0.8×0.8	铸铁平板闸门	手动	50	200	0.5	东部水系、大新镇	大新渠管理所

续表

序号	所属干渠、支渠、农渠名称	桩号	支渠名称	岸别左	岸别右	闸门尺寸（宽×高）	闸门型式	启闭型式	支渠长度（m）	灌溉面积（亩）	设计流量（m³/s）	受益单位	隶属管理单位
446	大新渠	K10+317	燕鸽湖补水口		右	0.8×0.8	铸铁平板闸门	手动	300	321	0.3	东部水系	大新渠管理所
447	大新渠	K10+795	小新渠		右	1.0×1.0	铸铁平板闸门	手动	2500	101	0.3	大新镇	大新渠管理所
448	大新渠	K11+007	小张扬渠	左		0.6×0.6	铸铁平板闸门	手动	500	756	0.1	大新镇	大新渠管理所
449	大新渠	K11+640	燕鸽小新渠		右	0.6×0.6	铸铁平板闸门	手动	1500	500	0.3	大新镇	大新渠管理所
450	大新渠	K12+000	小史家口	左		0.6×0.6	铸铁平板闸门	手动	600	150	0.1	大新镇	大新渠管理所
451	大新渠	K12+095	史家东口		右	0.6×0.6	铸铁平板闸门	手动	800	85	0.1	大新镇	大新渠管理所
452	大新渠	K12+294	史家大口	左		0.8×0.8	铸铁平板闸门	手动	2000	500	0.4	大新镇	大新渠管理所
453	大新渠	K12+305	马家小口		右	0.6×0.6	铸铁平板闸门	手动	650	106	0.4	大新镇	大新渠管理所
454	大新渠	K12+532	王平口	左		0.6×0.6	铸铁平板闸门	手动	1500	200	0.2	大新镇	大新渠管理所
455	大新渠	K12+613	小近义渠	左		0.4×0.4	铸铁平板闸门	手动	500	55	0.1	大新镇	大新渠管理所
456	大新渠	K12+649	何家渠		右	0.6×0.6	铸铁平板闸门	手动	1200	350	0.55	大新镇	大新渠管理所
457	大新渠	K12+682	老近义渠	左		0.6×0.6	铸铁平板闸门	手动	1500	150	0.4	大新镇	大新渠管理所
458	大新渠	K12+860	胡家口		右	0.4×0.4	铸铁平板闸门	手动	800	300	0.1	大新镇	大新渠管理所
459	大新渠	K12+909	小马家灌洞		右	0.4×0.4	铸铁平板闸门	手动	270	230	0.1	大新镇	大新渠管理所
460	大新渠	K12+998	小温渠口		右	0.4×0.4	铸铁平板闸门	手动	2500	380	0.2	大新镇	大新渠管理所
461	大新渠	K13+100	温渠口（退水）	左		1.0×1.0	铸铁平板闸门	手动	2000	300	1.5	大新镇	大新渠管理所
462	大新渠	K13+228	鹅目渠		右	0.6×0.6	铸铁平板闸门	手动	2500	230	0.55	大新镇	大新渠管理所
463	大新渠	K13+273	学校渠		右	0.6×0.6	铸铁平板闸门	手动	2500	300	0.5	大新镇	大新渠管理所
464	大新渠	K13+490	王家八口	左		0.8×0.8	铸铁平板闸门	手动	3500	200	0.5	大新镇	大新渠管理所
465	大新渠	K13+517	小张渠		右	0.6×0.6	铸铁平板闸门	手动	2000	220	0.3	大新镇	大新渠管理所
466	大新渠	K13+637	罗渠口		右	0.6×0.6	铸铁平板闸门	手动	2000	35	0.5	大新镇	大新渠管理所
467	大新渠	K13+667	新水四队灌洞	左		0.4×0.4	铸铁平板闸门	手动	620		0.4	大新镇	大新渠管理所

续表

序号	所属干渠、支渠、农渠名称	桩号	支渠名称	岸别		闸门尺寸（宽×高）	闸门型式	启闭型式	支渠长度(m)	灌溉面积（亩）	设计流量(m³/s)	受益单位	隶属管理单位
				左	右								
468	大新渠	K14+037	三道高渠	左		0.6×0.6	铸铁平板闸门	手动	2500	1000	0.4	大新镇	大新渠管理所
469	大新渠	K14+339	新水13队小马家渠		右	0.6×0.6	铸铁平板闸门	手动	600	80	0.5	大新镇	大新渠管理所
470	大新渠	K14+510	腊道渠	左		0.6×0.6	铸铁平板闸门	手动	2500	800	0.4	大新镇	大新渠管理所
471	大新渠	K14+513	新渠13队马家渠		右	0.6×0.6	铸铁平板闸门	手动	250	95	0.5	大新镇	大新渠管理所
472	大新渠	K14+823	新渠2队小灌洞	左		0.4×0.4	铸铁平板闸门	手动	120	25	0.1	大新镇	大新渠管理所
473	大新渠	K14+890	李得半渠	左		0.6×0.6	铸铁平板闸门	手动	2000	800	0.4	大新镇	大新渠管理所
474	大新渠	K14+913	新渠12队小灌洞		右	0.4×0.4	铸铁平板闸门	手动	400	30	0.2	大新镇	大新渠管理所
475	大新渠	K15+059	新渠12队		右	0.6×0.6	铸铁平板闸门	手动	800	66	0.4	大新镇	大新渠管理所
476	大新渠	K15+296	新渠12队灌洞		右	0.4×0.4	铸铁平板闸门	手动	200	25	0.3	大新镇	大新渠管理所
477	大新渠	K15+489	新渠9队灌洞	左		0.4×0.4	铸铁平板闸门	手动	510	30	0.4	大新镇	大新渠管理所
478	大新渠	K15+551	新渠3队二号灌洞	左		0.4×0.4	铸铁平板闸门	手动	500	20	0.2	大新镇	大新渠管理所
479	大新渠	K15+821	新渠9队斗		右	0.8×0.8	铸铁平板闸门	手动	2000	23	0.4	大新镇	大新渠管理所
480	大新渠	K15+992	新渠5队	左		0.8×0.8	铸铁平板闸门	手动	1500	80	0.4	大新镇	大新渠管理所
481	大新渠	K16+022	新渠10队斗		右	0.8×0.8	铸铁平板闸门	手动	1900	118	0.8	大新镇	大新渠管理所
482	大新渠	K16+080	新渠8队口		右	1.0×1.0	铸铁平板闸门	手动	1500	300	0.5	大新镇	大新渠管理所
483	大新渠	K16+221	新渠七队一号灌洞	左		0.8×0.8	铸铁平板闸门	手动	450	210	0.5	大新镇	大新渠管理所
484	大新渠	K16+252	新渠五队一号灌洞	左		0.4×0.4	铸铁平板闸门	手动	520	45	0.5	大新镇	大新渠管理所
485	大新渠	K16+364	新渠五队二号灌洞	左		0.4×0.4	铸铁平板闸门	手动	540	30	0.5	大新镇	大新渠管理所
486	大新渠	K16+334	新渠七队二号口	左		0.6×0.6	铸铁平板闸门	手动	350	106	0.5	大新镇	大新渠管理所
487	大新渠	K16+521	新渠五队三号口	左		0.4×0.4	铸铁平板闸门	手动	1050	40	0.4	大新镇	大新渠管理所
488	大新渠	K16+644	牛圈斗	左		0.8×0.8	铸铁平板闸门	手动	600	260	0.4	大新镇	大新渠管理所
489	大新渠	K16+794	新渠六队一号口	左		0.4×0.4	铸铁平板闸门	手动	550	60	0.4	大新镇	大新渠管理所

续表

序号	所属干渠、支渠、农渠名称	桩号	支渠名称	岸别左	岸别右	闸门尺寸（宽×高）	闸门型式	启闭型式	支渠长度(m)	灌溉面积(亩)	设计流量(m³/s)	受益单位	隶属管理单位
490	大新渠	K16+835	新渠七队三号口	左		0.4×0.4	铸铁平板闸门	手动	500	66	0.2	大新镇	大新渠管理所
491	大新渠	K16+837	新渠六队二号口	左		0.4×0.4	铸铁平板闸门	手动	600	48	0.3	大新镇	大新渠管理所
492	大新渠	K16+985	新渠六队三号口	左		0.4×0.4	铸铁平板闸门	手动	560	50	0.2	大新镇	大新渠管理所
493	大新渠	K17+093	新渠六队四号口		右	0.3×0.3	铸铁平板闸门	手动	1100	58	0.2	大新镇	大新渠管理所
494	大新渠	K17+500	新胜村斗口	左					1000	250	1	新胜村	大新渠管理所
495	暖泉渠	K2+489	新开二斗	左		0.8×0.8	钢闸门	测控一体	2800	850	1	暖泉农场	暖泉渠管理所
496	暖泉渠	K2+965	小农场斗	左		0.8×0.8	钢闸门	测控一体	1200	700	1.2	洪西村	暖泉渠管理所
497	暖泉渠	K3+025	渠富渠	左		0.8×0.8	钢闸门	测控一体	5000	2800	1.2	洪西村	暖泉渠管理所
498	暖泉渠	K3+186	王田九斗		右	1.0×1.0	钢闸门	测控一体	1300	530	1	王田村	暖泉渠管理所
499	暖泉渠	K3+794	洪南一斗		右	0.6×0.6	钢闸门	测控一体	800	500	0.4	洪西村	暖泉渠管理所
500	暖泉渠	K4+048	王田一斗		右	0.8×0.8	钢闸门	测控一体	2400	560	1.2	王田村	暖泉渠管理所
501	暖泉渠	K4+350	洪南六斗		右	1.0×1.0	钢闸门	测控一体	2200	900	1	洪西村	暖泉渠管理所
502	暖泉渠	K5+208	洪南高斗		右	0.8×0.8	钢闸门	测控一体	2300	500	1	洪西村	暖泉渠管理所
503	暖泉渠	K5+208	洪南二斗	左		0.8×0.8	钢闸门	测控一体	2500	430	0.8	洪西村	暖泉渠管理所
504	暖泉渠	K5+750	洪西七斗		右	0.8×0.8	钢闸门	测控一体	500		0.6	宁夏源伟商贸有限公司（贺兰湖泊补水）	暖泉渠管理所
505	暖泉渠	K6+935	洪西大斗	左		0.8×0.8	钢闸门	测控一体	2800	1500	1	洪西村	暖泉渠管理所
506	暖泉渠	K7+520	洪西五斗	左		0.6×0.6	铸铁平板闸门	手动	1500	130	0.6	洪西村	暖泉渠管理所
507	暖泉渠	K7+600	雷祖斗	左		0.8×0.8	钢闸门	测控一体	2500	1080	1	洪西村	暖泉渠管理所
508	暖泉渠	K8+357	北庙高斗		右	0.8×0.8	钢闸门	测控一体	2000	1070	0.8	北庙村	暖泉渠管理所
509	暖泉渠	K8+498	北庙四斗	左		1.0×1.0	钢闸门	测控一体	2500	770	1	北庙村	暖泉渠管理所
510	暖泉渠	K8+521	北庙新斗		右	0.8×0.8	钢闸门	测控一体	2000	1219	0.8	北庙村	暖泉渠管理所
511	暖泉渠	K9+344	兰丰斗	左		1.0×1.0	钢闸门	测控一体	3000	3111	1.3	北庙村	暖泉渠管理所
512	暖泉渠	K9+424	小兰丰斗	左		0.6×0.6	钢闸门	测控一体	500	210	0.6	北庙村	暖泉渠管理所

表4-5 唐徕渠扬水泵站工程基本参数表

序号	所属干渠、支渠、农渠名称	桩号	扬水站名称	岸别(左/右)	型号	台数	装机容量(台×kW)	扬程(m)	设计流量(m³/s)	灌溉面积(亩)	受益管理单位	隶属管理单位
1	唐徕渠	K7+365	树新泵站2	左	混流泵	1	2×15	10	0.19	100	青铜峡树新林场园艺分场	青铜峡树新林场园艺分场
2	唐徕渠	K7+950	树新泵站3	左	混流泵	2	2×15	10	0.23	200	青铜峡树新林场园艺分场	青铜峡树新林场园艺分场
3	唐徕渠	K10+475	蒋新渠1#泵站	右	混流泵	3	3×30	10	1.05	5750	青铜峡市瞿靖镇蒋顶村	青铜峡市瞿靖镇
4	唐徕渠	K29+726	潘渠	右	混流泵	2	2×45	10	0.44	435	永宁县李俊镇西部村	永宁县李俊镇西部村
5	唐徕渠	K36+924	水泵1	右	混流泵	3	2×55+1×30	10	1.1	870	永宁县李俊镇李庄村	永宁县李俊镇李庄村
6	唐徕渠	K38+264	水泵2	右	混流泵	2	2×55	10	1.1	720	永宁县李俊镇李庄村	永宁县李俊镇李庄村
7	唐徕渠	K34+540	渠西高口	左	混流泵	2	2×45	10	0.3	90	永宁县李俊镇宁化村	永宁县李俊镇宁化村
8	唐徕渠	K34+534	规划渠泵站	右	混流泵	2	2×45	10	0.44	100	永宁县李俊镇宁化村	永宁县李俊镇宁化村
9	唐徕渠	K34+142	上毛渠补水泵站	右	混流泵	2	2×45	10	0.44	640	永宁县李俊镇新华村	永宁县李俊镇新华村
10	唐徕渠	K43+982	四腴渠泵站	右	离心泵	1	22	10	0.22	450	永宁县望洪镇新华村	永宁县望洪镇新华村
11	唐徕渠	K53+426	大沙渠泵站(张湖段)	左	离心泵	2	22	10	0.22	460	永宁县胜利乡杨显村	永宁县胜利乡杨显村
12	第二农场渠	K8+628	南梁台子	右	混流式水泵	4	4×110	1	2.217	10000	贺兰县南梁台子管委会铁东村	贺兰县南梁台子管委会铁东村
13	第二农场渠	K009+784	老所泵站	左	300HW混流式水泵	1	1×22		0.22	1042	管理所农田	管理所农田
14	第二农场渠	K11+568	南梁五连	右	400HW-10混流式水泵	3	3×55	994	0.78	2750	银川市金凤区丰登镇和丰村	银川市金凤区丰登镇和丰村
15	第二农场渠	K013+664	铁西扬水	右	250HW-7S混流式水泵	2	2×15	7	0.43	300	贺兰县南梁台子管委会铁西村	贺兰县南梁台子管委会铁西村

续表

序号	所属干渠、支渠、农渠名称	桩号	扬水站名称	岸别 左	岸别 右	型号	台数	装机容量(台×kW)	扬程(m)	设计流量(m³/s)	灌溉面积(亩)	受益单位	隶属管理单位
16	第二农场渠	K013+664	南梁八连		右	混流式水泵	1			0.22	350	国有南梁农场	国有南梁农场
17	第二农场渠	K15+585	铁西蓟斗		右	混流式水泵	4			0.567	3300	贺兰县南梁台子管委会铁西村	贺兰县南梁台子管委会铁西村
18	第二农场渠	K16+834	南梁二连(左)	左		混流式水泵	3			1.1	6670	宁夏西夏区南梁农场有限公司	西夏区南梁农场有限公司
19	第二农场渠	K16+834	南梁二连(右)		右	混流式水泵	2			0.9			西夏区南梁农场有限公司
20	第二农场渠	K17+635	隆源泵站	左		混流式水泵	1			0.278	1870	暖泉移民	贺兰县常信乡
21	第二农场渠	K18+050	铁西三号扬水(北台子)		右	混流式水泵	3			0.87	3400	贺兰县南梁台子管委会铁西村	贺兰县南梁台子管委会铁西村
22	第二农场渠	K18+915	金马公司	左		混流式水泵	2			0.55	2500	宁夏草源养殖发展有限公司	宁夏草源养殖发展有限公司
23	第二农场渠	K19+900	铁西四号扬水		右	500HW-6混流式水泵	2	2×55	6.2	0.55	950	西吉移民	西吉移民
24	第二农场渠	K20+300	医药公司		右	混流式水泵	1			0.07	470	医药公司	医药公司

表4-6 唐徕渠陡坡跌水工程基本参数表

序号	渠系	名称	桩号	位置 经度	位置 纬度	结构型式	过水能力(m³/s)	尺寸(m) 底宽	尺寸(m) 顶宽	尺寸(m) 高	孔数	建成年代(年)	隶属管理单位
1	唐徕渠	陡坡	40+809	106.10518	38.25729	钢筋混凝土	104	29.13	37.83	6		2016	宁化桥管理所

表4-7 唐徕渠跨渠桥梁工程基本参数表

序号	桥梁名称	桩号	结构型式	荷载标准		结构尺寸(m)			建成年代(年)	隶属管理单位	所属干渠、支渠、农渠名称
				设计	校核	宽	长	孔数			
1	109公路桥	K0+740	混凝土现浇	25	25	13	100	4	2018	交管局吴忠分局	唐徕渠
2	南沙窝桥	K6+437	混凝土现浇	15	15	8	95	4	2012	青铜峡市交通局	唐徕渠
3	中庄公路桥	K7+215	混凝土排架	20	20	7.4	80	3	2006	青铜峡市交通局	唐徕渠
4	跃进桥	K10+749	料石墩混凝土板	20	20	5	40	10	1975	青铜峡市交通局	唐徕渠
5	大古铁路桥	K12+500	钢架桥	\	\	6.2	72	3	1992	大坝电厂	唐徕渠
6	梢里桥	K14+665	混凝土排架	25	25	5	38	3	2011	青铜峡市交通局	唐徕渠
7	姜家桥	K18+011	料石墩混凝土板	10	10	5	34	8	1993	青铜峡市交通局	唐徕渠
8	叶甘桥	K19+465	混凝土板	20	20	9.7	60	3	1998	青铜峡市交通局	唐徕渠
9	叶王公路桥	K23+850	砼排架	20	20	7.5	80	4	2004	青铜峡市交通局	唐徕渠
10	叶王桥	K22+700	简支梁板桥	50	50	9	80	4	2005	青铜峡市交通局	唐徕渠
11	草畜路跨桥	K30+852	简支梁板桥	50	50	13	66	3	2015	永宁县交通局	唐徕渠
12	宁化桥	K34+570	简支梁板桥	20	20	9	37.6	8	1966	永宁县交通局	唐徕渠
13	新桥	K40+240	简支梁板桥	50	50	12	72.5	3	2016	永宁县交通局	唐徕渠
14	景观桥	K40+895	简支梁板桥	50	50	30	60	6	2014	永宁县交通局	唐徕渠
15	青桢桥	K41+730	简支梁板桥	50	50	9	47	2	2008	永宁县交通局	唐徕渠
16	靖益桥	K45+850	钢筋砼排架板	20	20	16	64	4	2014	永宁县交通局	唐徕渠
17	大东方桥	K47+156	钢筋混凝土排架拱形	20	20	5	47.87	3	1974	永宁县交通局	唐徕渠
18	太中银铁路桥	K48+096	料石墩钢筋混凝土板	20	20	5	30	1	2006	兰州铁路局银川段	唐徕渠
19	小湾桥	K48+312	钢筋砼排架板	10	10	4.5	30	7	1987	宁夏唐徕渠管理处	唐徕渠
20	快速通道桥	K52+013	钢筋砼排架板	20	20	24	60	2	2011	永宁县交通局	唐徕渠
21	杨显桥	K53+364	钢筋砼排架板	20	20	16	48	3	2012	永宁县交通局	唐徕渠
22	纬三路桥	K56+200	钢筋砼排架板	20	20	47.5	53	3	2014	望远工业园区	唐徕渠

续表

序号	桥梁名称	桩号	结构型式	荷载标准 设计	荷载标准 校核	结构尺寸(m) 宽	结构尺寸(m) 长	结构尺寸(m) 孔数	建成年代(年)	隶属管理单位	所属干渠、支渠、农渠名称
23	永清桥	K57+427	钢筋砼排架板	20	20	25	61	3	2011	望远工业园区	唐徕渠
24	良渠口桥	K58+300	料石墩钢筋混凝土板	20	20	5.8	36.5	4	1975	望远工业园区	唐徕渠
25	望银桥	K60+369	钢筋砼排架板	20	20	25.6	42.5	2	2008	望远工业园区	唐徕渠
26	望通桥	K62+482	钢筋砼排架板	20	20	25.3	45	2	2008	望远工业园区	唐徕渠
27	高庙桥	K63+025	钢筋混凝土圆柱简支梁	10	10	5	37.5	3	1970	永宁县交通局	唐徕渠
28	双庆桥	K63+871	钢筋砼排架板	20	20	24.5	43.2	2	2008	望远工业园区	唐徕渠
29	南环高速路桥	K65+400	钢筋砼排架板	20	20	28	42	2	2004	宁夏交通厅高速公路管理局	唐徕渠
30	兴学桥	K67+144	钢架桥	5	5	1.85	39.2	3	1990	金凤区良田镇高桥村	唐徕渠
31	高桥	K67+750	钢筋砼排架板	20	20	44	65	2	2011	银川市市政工程管理处	唐徕渠
32	杜家桥	K68+074	钢筋砼排架板	20	20	5.3	36	4	1965	金凤区良田镇高桥村	唐徕渠
33	电信桥	K70+287	钢筋砼排架板	20	20	38	40	3	1994	银川市市政工程管理处	唐徕渠
34	铁路桥	K71+450	钢架桥	20	20	5	36.3	3	1964	银川市铁路局	唐徕渠
35	保伏桥	K71+724	钢筋砼排架板	20	20	43	38.2	3	1985	银川市市政工程管理处	唐徕渠
36	联通桥	K72+450	钢筋混凝土排架拱形	20	20	62	36	1	1997	银川市市政工程管理处	唐徕渠
37	新华西桥	K72+780	钢筋混凝土排架	20	20	29	56	2	2013	银川市市政工程管理处	唐徕渠
38	西门桥	K73+235	钢筋混凝土排架	20	20	32	37.6	5	2008	银川市市政工程管理处	唐徕渠
39	老西门桥	K73+584	简支梁板桥	5	5	5.5	31.9	7	1954	银川市铁路局	唐徕渠
40	湖滨西桥	K73+805	钢筋混凝土排架	20	20	30	34	2	2013	银川市市政工程管理处	唐徕渠
41	中房桥	K74+370	钢筋混凝土排架	20	20	32.6	60.7	2	2003	银川市市政管理处	唐徕渠
42	赛马桥	K75+100	钢筋混凝土排架	20	20	36.6	31.7	3	2002	银川市市政工程管理处	唐徕渠
43	贺兰山路桥	K76+649	钢砼结构	50	50	80	50	2	2004	银川市公路局	唐徕渠
44	新桥	K76+884	钢砼结构	15	15	5.6	30	3	1964	不明确	唐徕渠

续表

序号	桥梁名称	桩号	结构型式	荷载标准 设计	荷载标准 校核	结构尺寸(m) 宽	结构尺寸(m) 长	孔数	建成年代(年)	隶属管理单位	所属干渠、支渠、农渠名称
45	大连路桥	K79+464	钢砼结构	50	50	80	30	2	2016	银川市公路局	唐徕渠
46	沈阳路桥	K81+246	钢砼结构	50	50	60	30	2	2009	银川市公路局	唐徕渠
47	贺丰桥	K83+746	钢砼结构	50	50	8	35	3	1977	贺兰县公路局	唐徕渠
48	满达桥	K83+869	钢砼结构	15	15	4.5	50	7	1953	唐徕渠管理处	唐徕渠
49	奥莱路桥	K84+969	钢砼结构	30	30	20	25	2	2013	贺兰县交通局	唐徕渠
50	广电桥	K85+451	钢砼结构	30	30	12	27	2	2004	广电局	唐徕渠
51	北绕城高速桥	K85+951	钢砼结构	50	50	50	60	2	1999	宁夏高速公路局	唐徕渠
52	京藏高速桥	K86+600	钢砼结构	50	50	50	60	2	1999	宁夏高速公路局	唐徕渠
53	经济桥	K87+720	钢砼结构	15	15	5.7	27	2	1980	贺兰县公路局	唐徕渠
54	纬二路桥	K88+971	钢砼结构	40	40	30	25	1	2015	贺兰县交通局	唐徕渠
55	光明桥	K92+584	钢砼结构	5	5	2	22	3	1981	唐徕渠管理处	唐徕渠
56	战马桥	K95+713	钢砼结构	20	20	5	32	2	2004	唐徕渠管理处	唐徕渠
57	立暖桥	K97+219	钢砼结构	30	30	12	24	3	1976	贺兰县公路局	唐徕渠
58	丁南桥	K99+219	钢砼结构	30	30	5.5	20	3	20世纪70年代	丁南村	唐徕渠
59	高渠桥	K101+751	钢砼结构	15	15	4.4	18	3	1978	高渠村	唐徕渠
60	公路桥	K102+470	钢砼结构	30	30	6.2	19	2	20世纪90年代	贺兰县公路局	唐徕渠
61	二十六弯桥	K102+695	钢砼结构	5	5	2	20	3	1971	唐徕渠管理处	唐徕渠
62	水泥桥	K103+051	钢砼结构	15	15	4.2	18	2	1983	丁北村	唐徕渠
63	丁北桥	K104+419	钢砼结构	15	15	4.2	20	2	1980	丁北村	唐徕渠
64	八一桥	K105+506	简支梁板桥	20	20	8	30	3	1953	前进农场	唐徕渠
65	曙光桥	K108+489	简支梁板桥	10	10	5	15	1	2012	平罗县交通局	唐徕渠
66	群英桥	K109+698	简支梁板桥	10	10	7	18	1	2012	平罗县交通局	唐徕渠

续表

序号	桥梁名称	桩号	结构型式	荷载标准 设计	荷载标准 校核	结构尺寸(m) 宽	结构尺寸(m) 长	结构尺寸(m) 孔数	建成年代(年)	隶属管理单位	所属干渠、支渠、农渠名称
67	姚伏桥	K111+929	简支梁板桥	20	20	7	17	1	2013	平罗县交通局	唐徕渠
68	上桥	K114+571	简支梁板桥	20	20	7	17	1	2015	平罗县交通局	唐徕渠
69	周城所小桥	K116+863	钢架桥	1	1	0.8	18	1	2010	唐徕渠管理处	唐徕渠
70	周坡桥	K117+105	简支梁板桥	20	20	6.5	18	1	2011	平罗县交通局	唐徕渠
71	下桥	K119+157	简支梁板桥	5	5	2.5	16	3	1975	平罗县姚伏镇	唐徕渠
72	郑新桥	K120+108	简支梁板桥	5	5	5	18	3	2002	平罗县姚伏镇	唐徕渠
73	金顺桥	K122+444	简支梁板桥	6	6	3	15	3	2004	平罗县姚伏镇	唐徕渠
74	许家桥	K124+570	简支梁板桥	6	6	8	13	1	2012	平罗县姚伏镇	唐徕渠
75	王小桥	K125+209	简支梁板桥	3	3	2.5	15	3	2007	平罗县姚伏镇	唐徕渠
76	新桥（周城）	K126+135	简支梁板桥	10	10	8	12	1	2011	平罗县城管理处	唐徕渠
77	步口桥段小桥	K128+152	钢架桥	1	1	1	12	3	2015	唐徕渠管理处	唐徕渠
78	西环路桥	K128+817	简支梁板桥	20	20	30	19	1	2009	平罗县建设局	唐徕渠
79	新前进桥	K129+750	简支梁板桥	20	20	30	18	1	2014	平罗县建设局	唐徕渠
80	民族团结桥	K130+530	简支梁板桥	60	60	64	18	1	2013	平罗县建设局	唐徕渠
81	萧公大桥	K131+228	简支梁板桥	30	30	72	12	1	2006	平罗县交通局	唐徕渠
82	金水桥	K131+661	简支梁板桥	20	20	11	12	1	2005	平罗县交通局	唐徕渠
83	环城桥	K132+152	简支梁板桥	30	30	34	12	1	2007	平罗县交通局	唐徕渠
84	南门桥	K132+666	简支梁板桥	20	20	17	16	1	2005	平罗县交通局	唐徕渠
85	东风路桥	K133+124	简支梁板桥	5	5	12	11	1	2007	平罗县交通局	唐徕渠
86	盖贵桥	K133+270	简支梁板桥	1	1	1.5	12	3	2002	唐徕渠管理处	唐徕渠
87	东门桥	K133+741	简支梁板桥	10	10	17	14	2	1977	平罗县交通局	唐徕渠
88	团结东路桥	K134+124	简支梁板桥	30	30	50	13	1	2008	平罗县交通局	唐徕渠

续表

序号	桥梁名称	桩号	结构型式	荷载标准 设计	荷载标准 校核	结构尺寸(m) 宽	结构尺寸(m) 长	孔数	建成年代(年)	隶属管理单位	所属干渠、支渠、农场渠名称
89	龚家桥	K134+700	简支梁板桥	8	8	30	15	1	2009	平罗县建设局	唐徕渠
90	北门桥	K135+720	简支梁板桥	5	5	22	15	1	2009	平罗县建设局	唐徕渠
91	团结桥	K137+294	拱桥	5	5	6	8	1	1958	平罗县建设局	唐徕渠
92	北环路桥	K137+476	简支梁板桥	25	25	15	10	1	2009	平罗县交通局	唐徕渠
93	威镇桥	K138+360	拱桥	1	1	4	6	1	2015	威镇村	唐徕渠
94	头石桥	K139+346	简支梁板桥	25	25	18	6	1	2006	平罗县交通局	唐徕渠
95	金家桥	K140+625	简支梁板桥	3	3	4	3	1	2015	惠威村	唐徕渠
96	梢闸桥(幸福第一闸桥)	K141+315	简支梁板桥	5	5	3	4	1	2015	高庄乡	唐徕渠
97	高速路桥	K128+097	简支梁板桥	80	80	26	20	1	2018	宁夏公路管理局	唐徕渠
98	唐宁桥	K1+000	简支梁板桥			21.1	26	2	2011	贺兰县交通运输局	第二农场渠
99	拉沙闸便桥	K6+481	钢架桥			1.4	26.4	3	1965	唐徕渠管理处	第二农场渠
100	北环高速桥	K2+846	钢架桥			29	29	1	2005	银川高速公路管理处	第二农场渠
101	一号桥(南梁)	K3+398	钢架桥			28.1	31.5	2	2010	贺兰县交通运输局	第二农场渠
102	正源桥	K5+142	简支梁板桥			22.5	40	2	2011	贺兰县交通运输局	第二农场渠
103	西湖桥	K9+491	简支梁板桥			6	24	4	1969	唐徕渠管理处	第二农场渠
104	包兰铁路桥(双线)	K12+388	钢架桥			6.4	46	2	1957	银川铁路局	第二农场渠
105	扬水站闸便桥	K7+670	钢架桥			1.4	25.8	3	1973	唐徕渠管理处	第二农场渠
106	运河桥	K8+615	钢架桥			12	22	1	2009	贺兰县水务局	第二农场渠
107	二号桥(南梁)	K12+450	简支梁板桥			8.5	26	2	2011	西夏南梁农场有限公司	第二农场渠
108	军垦桥	K14+700	简支梁板桥			9.5	39.9	2	2017	贺兰县交通局	第二农场渠
109	三号桥(南梁)	K17+267	钢架桥			5.5	22.3	4	1953	西夏南梁农场有限公司	第二农场渠
110	隆源桥	K17+630	简支梁板桥			8.5	30	1	2019	贺兰县交通局	第二农场渠

续表

序号	桥梁名称	桩号	结构型式	荷载标准 设计	荷载标准 校核	结构尺寸(m) 宽	结构尺寸(m) 长	结构尺寸(m) 孔数	建成年代(年)	隶属管理单位	所属干渠、支渠、农渠名称
111	四号桥	K23+080	简支梁板桥	20	20	6.1	22.3	2	2012	暖泉农场	第二农场渠
112	分水闸便桥	K21+140	简支梁板桥	3	3	1	18	1	1975	唐徕渠管理处	第二农场渠
113	银汝公路桥	K32+190	简支梁板桥	40	40	10	25	2	2013	石嘴山公路局	第二农场渠
114	沙湖桥	K33+417	简支梁板桥	15	15	6	12	3	1996	唐徕渠管理处	第二农场渠
115	长青桥	K37+247	简支梁板桥	10	10	5.2	20	2	2009	唐徕渠管理处	第二农场渠
116	向阳十队桥	K39+459	简支梁板桥	5	5	7.2	11	1	1979	唐徕渠管理处	第二农场渠
117	崇胜桥	K41+536	简支梁板桥	15	15	7.2	18	1	2006	唐徕渠管理处	第二农场渠
118	汝西公路桥	K44+258	简支梁板桥	40	40	10	20	3	1996	石嘴山公路局	第二农场渠
119	西线高速公路桥	K46+650	拱桥	100	100	23	20	1	2010	石嘴山市交通局	第二农场渠
120	公路桥测水闸(大武口)	K46+990	拱桥	5	5	0.8	14	1	1979	唐徕渠管理处	第二农场渠
121	浴山潭大街桥(站前路桥)	K47+715	简支梁板桥	55	55	15	82	1	2012	石嘴山市交通局	第二农场渠
122	规划三号路桥	K49+500	简支梁板桥	55	55	16	23	1	2014	石嘴山市交通局	第二农场渠
123	十五斗节制闸工作桥	K50+250	简支梁板桥	10	10	5	16	2	2014	石嘴山市环湖办	第二农场渠
124	沙湖大道桥	K54+597	简支梁板桥	55	55	17	32	1	2004	石嘴山市环湖办	第二农场渠
125	西二斗便桥	K55+400	钢架桥	10	10	5	20	1	2012	石嘴山市交通局	第二农场渠
126	星光大道桥	K57+050	简支梁板桥	55	55	20	60	1	2010	石嘴山市交通局	第二农场渠
127	西三斗便桥	K57+956	拱桥	5	5	0.8	12	1	1976	唐徕渠管理处	第二农场渠
128	山水大道桥(平大桥)	K59+388	简支梁板桥	55	55	14	23	2	2002	石嘴山市水务局	第二农场渠
129	双龙闸便桥	K60+827	钢架桥	10	10	5	13	1	2007	石嘴山市水务局	第二农场渠
130	联合闸北闸闸桥	K61+609	简支梁板桥	10	10	2	8.6	2	2012	石嘴山市水务局	第二农场渠
131	平汝铁路桥	K61+438	简支梁板桥	55	55	17	56	1	1960	铁路局	第二农场渠
132	九号桥	K61+685	简支梁板桥	28	28	7.5	13	1	1954	唐徕渠管理处	第二农场渠

续表

序号	桥梁名称	桩号	结构型式	荷载标准 设计	荷载标准 校核	结构尺寸(m) 宽	结构尺寸(m) 长	孔数	建成年代(年)	隶属管理单位	所属干渠、支渠、农渠名称
133	平石公路桥	K65+042	简支梁板桥	55	55	12	13	1	2002	石嘴山市交通局	第二农场渠
134	平石桥测水桥	K65+208	简支梁板桥	5	5	2	10	1	2014	唐徕渠管理处	第二农场渠
135	二十三斗桥	K65+840	拱桥	15	15	6	7	1	2010	简泉农场	第二农场渠
136	高四斗桥	K66+928	简支梁板桥	28	28	7	7.8	1	2014	唐徕渠管理处	第二农场渠
137	鸡圈斗桥	K69+690	简支梁板桥	55	55	8	9	1	1974	简泉农场	第二农场渠
138	简泉公路桥	K71+349	简支梁板桥	55	55	13.3	26	1	2014	石嘴山市公路局	第二农场渠
139	简泉节制闸工作桥(四队桥)	K72+316	简支梁板桥	10	10	5	7.5	1	2012	唐徕渠管理处	第二农场渠
140	二十八斗桥	K74+790	简支梁板桥	55	55	9	13	2	1979	石嘴山市交通局	第二农场渠
141	十四队便桥	K75+300	简支梁板桥	5	5	4	7.5	1	1978	简泉农场	第二农场渠
142	简泉二队便桥	K76+924	简支梁板桥	10	10	4.5	7.5	1	1960	简泉农场	第二农场渠
143	简泉二队便桥	K77+182	简支梁板桥	20	20	7.5	9	2	1972	简泉农场	第二农场渠
144	猪圈斗便桥	K78+513	拱桥	28	28	6	10	1	1977	石嘴山市交通局	第二农场渠
145	汪家庄桥	K79+804	简支梁板桥	28	28	8	10	1	1979	石嘴山市交通局	第二农场渠
146	南庙桥	K4+602	简支梁板桥	5	5	4.5	15	3	1969	永宁县交通运输局	良田渠
147	陆坊桥	K1+610	简支梁板桥	20	20	16.5	10.5	1	1970	永宁县交通运输局	良田渠
148	望银桥	K2+850	简支梁板桥	20	20	23	25	1	2012	永宁县交通运输局	良田渠
149	迎丰桥	K2+750	简支梁板桥	30	30	17.4	4.4	2	1970	永宁县交通运输局	良田渠
150	丰盈十一队桥	K4+800	简支梁板桥	5	5	14.5	3.4	3	1975	永宁县交通运输局	良田渠
151	永银快速通道桥	K5+850	简支梁板桥	30	30	19.5	36	1	2012	永宁县交通运输局	良田渠
152	丰盈桥	K2+745	简支梁板桥	10	10	4.3	18	2	1990	永宁县交通运输局	良田渠
153	陆坊新桥	K1+250	简支梁板桥	30	30	21	53	1	2014	永宁县交通运输局	良田渠
154	丰盈十队桥	K4+037	简支梁板桥	10	10	3.2	18	2	1970	永宁县交通运输局	良田渠

续表

序号	桥梁名称	桩号	结构型式	荷载标准 设计	荷载标准 校核	结构尺寸(m) 宽	结构尺寸(m) 长	结构尺寸(m) 孔数	建成年代(年)	隶属管理单位	所属干渠、支渠、农渠名称
155	望通桥(良田)	K2+060	简支梁板桥	30	30	26	13	1	2012	永宁县交通运输局	良田渠
156	正源街桥	K7+820	简支梁板桥	30	30	45	10	1	2004	金凤区交通运输局	良田渠
157	烟囱墩桥	K10+794	简支梁板桥	25	25	14	13	1	2010	金凤区交通运输局	良田渠
158	杨伏桥	K9+450	简支梁板桥	20	20	5.6	12	1	2010	金凤区交通运输局	良田渠
159	亲水大街桥	K9+214	简支梁板桥	30	30	42	36.6	1	2005	金凤区交通运输局	良田渠
160	魏家桥	K8+034	简支梁板桥	20	20	7	12	2	1996	金凤区交通运输局	良田渠
161	通达街桥	K14+120	简支梁板桥	35	35	30	10	1	2004	金凤区交通运输局	良田渠
162	长城路桥	K14+850	简支梁板桥	25	25	40	8	1	2007	金凤区交通运输局	良田渠
163	黄河路桥	K15+420	简支梁板桥	30	30	42	8	1	2000	金凤区交通运输局	良田渠
164	北京路桥(良田)	K16+598	简支梁板桥	30	30	34	15	1	1998	金凤区交通运输局	良田渠
165	上海路桥(良田)	K17+250	简支梁板桥	30	30	11	31.8	1	2011	金凤区交通运输局	良田渠
166	六号路桥	K14+350	简支梁板桥	20	20	17	13	1	2013	金凤区交通运输局	良田渠
167	惠北桥	K17+910	简支梁板桥	30	30	30	8	1	2011	金凤区交通运输局	良田渠
168	平伏桥	K19+795	简支梁板桥	10	10	5.5	6	1	2016	金凤区交通运输局	良田渠
169	包兰铁路桥	K20+639	简支梁板桥	30	30	20	8	1	2010	兰州铁路局	良田渠
170	顾家桥	K22+894	简支梁板桥	10	10	5.6	6	1	2017	西夏区交通运输局	良田渠
171	银新桥	K0+089	简支梁板桥	10	10	7.5	16.5	2	1975	永宁县交通局	大新渠
172	望远大道	K0+651	简支梁板桥	55	55	12.5	3	1	2007	永宁县交通局	大新渠
173	望远桥	K1+361	简支梁板桥	55	55	16	37	1	1964	永宁县交通局	大新渠
174	兰花花桥	K1+589	拱桥	10	10	16	18	1	2009	兰花花大酒店	人新渠
175	双庆桥(大新)	K1+739	简支梁板桥	55	55	12.5	31	1	2007	永宁县交通置业有限公司	大新渠
176	四季鲜一号桥	K1+894	简支梁板桥	55	55	16	12	1	2014	四季鲜置业有限公司	大新渠

续表

序号	桥梁名称	桩号	结构型式	荷载标准 设计	荷载标准 校核	结构尺寸(m) 宽	结构尺寸(m) 长	结构尺寸(m) 孔数	建成年代(年)	隶属管理单位	所属干渠、支渠、农渠名称
177	四季鲜二号桥	K2+035	简支梁板桥	55	55	10	13	1	2014	四季鲜置业有限公司	大新渠
178	望远物流1号桥	K2+323	简支梁板桥	40	40	20	38	1	2010	永宁县交通局	大新渠
179	望远物流2号桥	K2+700	简支梁板桥	40	40	22	40	1	2010	永宁县交通局	大新渠
180	白鸽桥	K2+961	简支梁板桥	55	55	22	6	1	2018	永宁县交通局	大新渠
181	南环高速路桥	K3+182	简支梁板桥	55	55	36	17.7	1	1990	宁夏交通厅	大新渠
182	华电3#中继泵站路桥	K3+442	简支梁板桥	55	55	8	13	1	2018	宁夏华电灵武公司	大新渠
183	牛车路桥	K4+508	简支梁板桥	10	10	18	5	2	1975	兴庆区交通局	大新渠
184	塔桥1号桥	K5+493	简支梁板桥	20	20	12.5	5.5	2	1975	兴庆区交通局	大新渠
185	六盘山路桥	K5+999	简支梁板桥	55	55	40	19	1	2014	宁夏交通厅	大新渠
186	塔桥平板桥	K6+092	简支梁板桥	10	10	12	5	2	1975	兴庆区交通局	大新渠
187	塔桥	K6+693	简支梁板桥	10	10	12.5	5.5	2	1975	兴庆区交通局	大新渠
188	宝湖路桥	K7+614	简支梁板桥	55	55	40	13	1	2014	宁夏交通厅	大新渠
189	银古路高速路桥	K7+797	简支梁板桥	55	55	18	39	1	1975	宁夏交通厅	大新渠
190	银横路桥	K8+205	简支梁板桥	55	55	55	15	1	1972	兴庆区交通局	大新渠
191	新华街桥	K9+088	简支梁板桥	55	55	40	12	1	2014	兴庆区交通局	大新渠
192	参议会桥	K9+448	简支梁板桥	10	10	6	11	1	1968	兴庆区交通局	大新渠
193	永泰城维十路桥	K9+606	简支梁板桥	20	20	20	12	1	2015	银川市市政公司	大新渠
194	银通路桥	K9+840	简支梁板桥	20	20	8.5	14	1	1965	兴庆区交通局	大新渠
195	姚叶路桥	K11+519	简支梁板桥	55	55	20	36	1	1998	兴庆区交通局	大新渠
196	北京路桥(大新)	K11+790	简支梁板桥	55	55	35	50	1	2014	银川市交通局	大新渠
197	老史家桥	K12+097	简支梁板桥	4	4	9.5	5	2	1980	兴庆区交通局	大新渠
198	新史家桥	K12+115	简支梁板桥	6	6	10	7.5	1	2009	兴庆区交通局	大新渠

续表

序号	桥梁名称	桩号	结构型式	荷载标准 设计	荷载标准 校核	结构尺寸(m) 宽	结构尺寸(m) 长	孔数	建成年代(年)	隶属管理单位	所属干渠、支渠、农渠名称
199	新水桥	K13+144	简支梁板桥	7	7	6	8	1	1964	兴庆区交通局	大新渠
200	老新水桥	K13+361	简支梁板桥	3	3	6	5	1	1963	大新镇	大新渠
201	新水便桥	K14+287	简支梁板桥	1	1	5	7.5	1	1962	新渠村	大新渠
202	中干路	K14+500	简支梁板桥	20	20	8.5	8.5	1	2018	兴庆区交通局	大新渠
203	新渠3队便桥	K15+561	简支梁板桥	2	2	6.5	5.5	1	1964	兴庆区交通局	大新渠
204	贺兰山路桥	K15+866	简支梁板桥	55	55	22	50	2	2014	宁夏交通厅	大新渠
205	新渠村便桥	K15+964	简支梁板桥	3	3	8	6	1	1968	新渠村	大新渠
206	雷庙路桥	K16+100	简支梁板桥	55	55	30	10	1	2017	兴庆区交通局	大新渠
207	新渠6队便桥	K16+915	简支梁板桥	2	2	3	4	1	1960	新渠村	大新渠
208	新渠村节制闸桥	K17+095	简支梁板桥	2	2	3	2.5	1	1960	新渠村	大新渠
209	进口断面测水桥	K0+100	简支梁板桥			1.03	10.3	1	1999	唐徕渠管理处	暖泉渠
210	跌水便桥	K1+556	简支梁板桥			1.2	8	1	1999	唐徕渠管理处	暖泉渠
211	洪常桥	K3+180	简支梁板桥			8.6	18.7	1	2011	贺兰县交通局	暖泉渠
212	一号桥(暖泉)	K3+834	简支梁板桥			4.5	16.3	2	1953	唐徕渠管理处	暖泉渠
213	铁路桥(暖泉)	K4+030	简支梁板桥			4	18.7	1	2011	铁路局	暖泉渠
214	洪南便桥	K5+209.5	简支梁板桥			3.6	5.5	2	2011	唐徕渠管理处	暖泉渠
215	中央大道桥	K5+670	简支梁板桥			20	10	1	2006	贺兰县交通局	暖泉渠
216	二号桥(暖泉)	K6+351	简支梁板桥			10.4	12.9	4	1967	唐徕渠管理处	暖泉渠
217	银汝公路桥	K6+958	简支梁板桥			8	11.9	2	1980	贺兰县交通局	暖泉渠
218	银汝新桥	K7+158	简支梁板桥			13.1	13	1	2008	贺兰县交通局	暖泉渠
219	北庙桥	K7+900	简支梁板桥			4.5	8.9	2	1973	水务局	暖泉渠
220	三号桥(暖泉)	K9+404	简支梁板桥					1	2021	贺兰县交通局	暖泉渠
221	三号桥断面测水桥	K9+420	简支梁板桥			1	8.4	1	2013	唐徕渠管理处	暖泉渠

第二节 管理沿革

水利管理在历代地方志中曾有水利规章制度的记载。引黄灌区干旱少雨，无水利就无农业。人民视水利为命脉，称渠道为"吃饭碗"。无论朝代如何更替，"民办、公助、官督"和"取之于民、用之于民"的水利管理体制，总是相应沿袭经久不衰。

唐代在尚书省下设有水部，执掌"天下川渎陂池之政令，以导达沟洫，堰决河渠，凡舟楫灌溉之利，咸总而举之"。水部司的长官称郎中，从五品上职官，副长官称员外郎，从六品上，又设有都水监，其长官叫都水使者，设有2人，均为正五品上阶职官，掌管京畿地区的河渠修理和灌溉事宜。唐朝还制定关于水利的法律《水部式》，规定关于河渠、灌溉、舟楫、桥梁以及水运等法令。

西夏时期(1038至1227年)：中央设置农田司(明嘉靖《宁夏新志》卷六，拓跋夏考证)，专管农田灌溉事宜，颁布《天盛改旧新定律令》中涉及水利管理方面的法律条文有"春开渠事""园地苗圃灌溉法""冬草条椽供给""渠水""地水杂罪"等5门40条之多，从开渠、放水、岁修、派示、用料到违章处罚等皆有法可依，形成了一套完整的渠道工程管理制度。

元代(1279至1368年)：从中央到地方建立起水利专管体系，在中央设都水监，地方设河渠司，专管河渠灌溉事务。元至元二十六年(1289年)四月复立营田司于宁夏府，管理屯田水利(《元史》卷十二，世祖纪)。至大元年(1308年)，"宁夏立河渠司，秩五品，官二员，参以二僧为之"(《元史》卷二十二)，专门负责农田水利建设，水利管理制度日趋完善。

明代(1368至1644年)：大兴屯田，为加强水利管理，宣德时期特设水利御史，其职责是"巡视(宁夏)屯田、水利"(《洪武实录》卷一一五)。宣德六年(1431年)九月宁夏设河渠提举司，专管水利，兼收屯粮。嘉靖三十年(1551年)六月改为屯田都司，负责浚渠、均徭、都屯政(明《宣宗实录》及《世宗实录》)。明朝政府还经常组织维修，"岁发千夫浚之，木植劳费，不啻万计"(中华民国张维《陇右金石录》卷十之《汉唐二坝记》)。

清代(1644至1911年)：清初至雍正二年(1724年)，宁夏水利灌溉延续明代建制，设有水利都司，专司修浚(《大清历朝实录》台湾华文书局1968年)。由水利屯田都司综理水利事务，渠道坝岸等岁修，由水利屯田都司督导，率领地方民众疏浚和维修。雍正二年(1724年)九月，裁撤水利都司，十月将原宁夏中路厅改为水利同知，专司宁夏唐徕、汉延、大清等渠水利事务，驻郡城(《雍正朝汉文朱批奏折丛编》第三卷、江苏古籍出版社)，并辅之水利通判、水利县丞，协助水利同知负责水利事务。同治十一年(1872年)正月二十一日将宁夏水利同知改名为抚民同知,驻宁灵厅(灵州金积堡)(《大清历朝实录》台湾华文书局1968年)。至光绪年间裁撤同知,水利事务直接归宁夏府统一管理,而修渠料款仍由受水农民按亩均摊。

中华民国(1912至1949年):中华民国初年,宁夏撤府为道,由甘肃省宁夏道署兼理水利。中华民国十六年(1927年),甘肃省省长薛笃弼将宁夏道署水利改为宁夏区水利总局,专司宁夏水利。大渠设渠局一所,小渠数者并设一所。另外,沟设沟所,河设河防。中华民国十八年(1929年)后,宁夏水利事务归宁夏省建设厅统筹管理。唐徕渠有厅委局长1员、段长4员、总段长1员,以专责成。中华民国二十二年(1933年),水利由省建设厅秘书室及三科管理,另附设水利办公处,专司水利事宜。中华民国二十三年(1934年)裁撤水利办公处,渠务并入省建设厅第二科办理。中华民国二十四年(1935年),举行第二次省政大会,对水利制度详加讨论,遂改水利渠局为县渠水利委员会,凡有河工各县均设河工处,负责修筑。唐徕渠由受水农民选举委员9人,内选常务委员1人,专理渠务,由建设厅监督。中华民国二十四年(1935年)十月,在宁朔县小坝成立唐徕、汉延、大清、惠农四渠水利联合办公处的宁朔县中心水利局,由建设厅监督指挥,与各渠水利委员会是平行单位,负责联合各渠水利委员会统一事权,管理四渠渠口封俵及宁朔县境内灌溉,防范险工,巡护岸坝,督饬渠务,同时负责保管四渠渠口各项公物以及剩余草束物料,指挥四渠渠口水手,开会讨论渠务特别事宜。联合办公处设主任1名、副主任1名、督察员1名、书记1名、马警4名、电话兵1名、伙夫1名,人员经费由四渠分担。

中华民国二十六年(1937年)增设全省水利公款稽核委员会,负责审核河渠工料款。中华民国二十八年(1939年)将水利公款稽核委员会取消,分设各县水利检查委员会。中华民国二十九年(1940年)合并各监委会为宁夏省水利监察委员会,各县分设驻县监察委员1人,增设水利工程设计组。中华民国三十年(1941年)元月一日,将各县渠水利委员会改为县渠水利局,省水利监察委员会改为省水利局。县局、渠局、沟洞所、河工处为平行单位。中华民国三十四年(1945年)初,宁夏改建设厅属水利局为省水利局。

中华民国三十八年(1949年)七月,宁夏省水利厅撤销并入建设厅,设水利科。各渠、县水利局和沟洞事务所仍旧。唐徕渠水利局设局长1人,局以下设总段长1人,全渠共分4段,每段设段长1人。内设文牍、会计各1人,书记员4人,水警45人,马警4人,渠口水手40人。局内和段上人员领有微薄的月薪。水手等人吃用来自军田,军田是历史上免征额粮款的份地(60亩为一份)。行政堡乡有民选渠长1人,负责征收一乡水利夫料。每支渠有民选支渠长1人,负责支渠养护、岁修、灌溉及支渠口上、下干渠的养护,大支渠有看丁,责任与支渠长相同。渠长、支渠长、看丁的报酬由受益户负担。岁修春工期间,各段选派委管1人,维修段内工程一个月,只给一份夫的待遇。

中华人民共和国成立后,将河西灌区改为以县设局,渠道分段管理,并在原宁朔县小坝设中心水利局,调度管理河西灌区各大干渠渠首工程及水量调配并监管宁朔县水利工作。1950年,将青铜峡河西河东按渠设局改为按县设局(河东秦、汉二渠分别归灵武、金积两县水利局管理),卫宁灌区仍按县设局。

1954年9月,宁夏省建制撤销并入甘肃省,设银川水利分局和吴忠回族自治州水利局,各县局未改变。

1958年10月,宁夏回族自治区成立,设自治区水利电力局。

1964年5月水电分家,成立自治区水利局。1964年7月成立青铜峡河东秦汉渠管理处,属自治区水利局。同年将西干渠交由农五师管理。

1969年2月,自治区水利局被撤销,水利业务由生产指挥部管理。

1970年2月,自治区革命委员会生产指挥部通知,为解决以县分段管理中存在的因分散管理造成上下游供水矛盾突出问题,将青铜峡河西灌区唐徕渠、汉延渠、惠农渠三大干渠由分县管理改为以渠设管理处,并设渠首管理处,均隶属自治区水利厅直属事业单位。干渠、直开口以下及县内灌排工程由受益县、社、队分别负责管理。

1970年2月12日,经宁夏回族自治区革命委员会批准(宁发〔70〕12号文件),成立唐徕渠管理处,编制干部20人,下设管理所8个,职工143人、长期临时工80人,管理唐徕渠干渠以及良田渠、大清渠和大新渠3条支干渠。同时在银川市西门桥以南渠边建起唐徕渠管理处办公住址。主要职责:宣传贯彻执行国家和自治区水利方针、政策法规、法令;负责干渠、支干渠的维护、安全输水运行;将干渠、支干渠水量分配到受益的直开口,并供水到直开口;协助、指导受益单位搞好农田灌溉管理。

1971年重新成立自治区水利电力局。灌区以渠道成立管理处,开始统一调配水量,克服分散管理的弊病,上下游供水矛盾有所缓和。

1972年9月,唐徕渠管理处经中共宁夏区委水电局核心小组批准(宁水电党发〔72〕18号文件),撤销原政工组、生产组、总务组,设立政工科、生产科、行政科;撤销原各管理所革命领导小组,各管理所设正、副所主任,下设7个管理所。渠道管理业务由生产科负责。

1977年,大清渠与贴渠合并,在河西总干渠唐正闸东侧扩大原贴渠口引水,归渠首管理处管理。

1977年3月,第二农场渠管理处合并到唐徕渠管理处,将第二农场渠管理处4个管理所中的南梁、崇岗和大武口3个管理所保留设置,撤消暖泉管理所,改为段归属南梁所。同年因永宁县北全所地段过长由一所分为宁化桥和杨显桥两个管理所。

1984年2月,经自治区水利厅党委批准(宁水党发〔84〕24号文件),唐徕渠管理处机关设办公室、政工科、财务器材科和水利管理科。管理处下设10个管理所,全处职工220人。渠道管理由水利管理科负责。

1985年3月,唐徕渠管理处工程队成立,承担渠道工程维修任务。

1970年至1992年5月,全区水利工程建设业务由自治区水利厅水利管理处负责。1992年5月至2012年12月,全区渠道工程建设业务由自治区水利厅灌溉管理局负责。

1990年2月,经水利厅批准(宁水发〔1990〕18号文件),同意恢复唐徕渠管理处暖泉管理所。7月3日,经水利厅批准(宁水组字〔90〕6号文件),设立监察室。1991年2月,经水利厅批准(宁水组字〔91〕7号文件),设立保卫科。

2005年12月,撤销西门桥管理所,设立大新渠管理所。

2006年8月,根据自治区机构编制委员会审核批准的《宁夏回族自治区唐徕渠管理处机构编制方案》(宁编发〔2006〕369号文件),管理处下设7个职能科室(办公室、组织人事科、计划财务科、灌溉管理科、水政科、防汛工程科和监察审计室)和11个基层管理所(36个管理段,7个管理点)。原水利管理科更名为灌溉管理科,专管灌溉管理工作。由防汛工程科负责渠道安全,承担渠道工程巡养护管理、渠道抢险任务等工作。

2013年1月至2017年9月,全区渠道工程建设业务由自治区水资源局负责。

2017年9月至今,全区渠道工程建设业务由自治区水利厅农村水利处负责。

第三节　渠道维修养护

一、维修养护体系

宁夏引黄灌区每年对渠道工程有计划地进行维修和养护习称"岁修"。明代对渠道工程岁修和灌溉管理方面已定有规章。据《嘉靖宁夏新志》记载:"汉延渠、唐来渠,拓拔氏据西夏已有此二渠,资其富强"。每年春三月,发军丁、军余(屯田兵士和在役军士的子弟),修治闸坝,挑浚渠道,并有明确的分工地点、参加人数。"四月初,开水北流,其分灌之法,自上而下,官为封禁"。

清代对渠道岁修时间、要求、出夫、出料以及开水后的封俵轮灌制度都有规定,违者严究。如雍正九年(1731年)春通智修浚唐徕渠时,于正闸梭墩尾及西门桥柱上刻画分数,标测水位、兼察淤澄,并于正闸以下的西门桥、大渡口等处渠底布埋准底石十二块,使后来清淤疏浚有标准可循。其后其他大干渠也埋设底石。

1936年《宁夏省水利专刊》载:旧例每年冬至节前后,官府率同各渠、县士绅,勘估各类水利工程下年度所需的物料、人工和费用,以决定征收水费标准。选定各级管水人员,朋伙架工夫份,分配定购各种物料款,称"估工会"。一般年份春工费用5万余元银币,劳力22万工日,柴草30万公斤及毛石、木桩、闸木(司闸孔启闭之木杆,状似檩条,长4米以上)等。所需工料按在册地亩摊派,一般两亩地出一工日,每亩出草一束(6公斤),坝料费0.13元。计划呈建设厅核准报省府备案后,即开始计征。所出民工、草束近者直接出工、出料名曰"本色",远者按价收款名曰"折色"。田少者几家朋一份,谓之朋夫(朋工),30个工日为一份。由于工地夫料分散,"吃夫吃料"的弊端时有发生,每年建设厅于施工前加派委员若干名,逐段查点夫、料,以防舞弊,但难以杜绝。

各渠每年利用冬季农闲,将各种物料于来年2月底前备到工地。3月下旬春分节到4月上

旬清明节,用部分民工,以草土封堵渠口(称卷埽坝)涸干渠水,清明节开始春修。卷埽堵口的时间很早以前曾在冬灌后进行,因黄河封冻解冻时,常遭冰凌毁坝,同时渠道引水口又不固定,早封口将增加坝前淤积的卵石,后改为当年春分节开始卷埽堵口,不误清明节开始的全面岁修,立夏(5月初)节前完工放水才不误农时。大修的闸、涵等工程,于冬水停后即进行挖拆,以争取工期。一年一度的春工岁修,时间紧,任务重,农民和管水人员全力以赴,全灌区充满了"一年之计在于春"的繁忙景象。

渠道每年春工进口段要挖石碛子(挑挖淤积石子),全线清淤疏浚,加高、培厚渠埢,作草土护岸,翻修斗口、闸、桥,工程繁重。有的年份资金少,组织不力,挑挖深度不够,进水量少,灌地不及时,农业欠收,故历代都重视岁修。所用工料,由受益农户按亩分摊。这种"取之于民,用之于渠,民办公助,官方督促"的制度,是唐徕渠灌溉事业发展的基础。

岁修之苦,莫过于唐徕渠、惠农渠渠首工地。中华人民共和国成立前,沿渠各县民工要赴西河口、唐渠口石碛子等处做工,工地上没有民工住房。这两渠三千多民工在开工前一天到达,就地挖坑,上盖柴草做住房(叫茅屋),每个茅屋内住四、五人。散工后,一个个急急忙忙拾柴做饭,有时饭没做熟,上工的号角响了,只好饿着肚子上工,迟到就要挨打。遇到风雨无法做饭,嚼几口干炒面挨饿上工。

渠道进口段打石碛子(挑挖淤积石子)是全渠的首要工程。每年4月渠口封堵后,即掏挖渠道进口段淤积的卵石,俗称"打石结子"。为使渠口能多引进水量,把渠首段淤积的卵石子尽力挑挖。扒打石碛子的民工最苦,有的用尖镢刨扒,有的用犁铧犁,二人在前拉绳,一人在后扶,把淤积的石子犁起来,再背到埢外。一背斗石子重六七十斤,背走上坡路。背少了,走慢了,还要挨打,平均每工日0.5立方米左右。背斗里的水顺着脊背往下流,衣裤湿淋淋的,劳动条件极为恶劣。工地上经常听到民工们边干活边哼着悲酸的小调:"走大坝,过小坝,西河口上拉犁铧,稀哩哩,哗啦啦,无奈何拉犁铧,有奈何不拉它。稀哩哩,哗啦啦,无奈何拉犁铧。"那时工地上没有医药,民工生病,听天由命,每年春工期间,常有民工死于工地。

干渠口每岁春分节开始"卷埽(草土围堰)"截流,封堵渠口及腰坝者叫"场夫"。清明至立夏节为"春工期",自引水口至三闸的石碛子,工程量最大亦最重要。工完拆除"卷埽"谓之"斩埽",放河水入渠。弯道冲刷的填岸,须做草土护岸,外钉木桩围护。全渠需清除沙撇子(渠内淤沙)等,维修桥、闸、斗口等建筑物。修补引水堤、滚水坝多在放水后,以船载石,抛掷加固。秋工工程量比春工少。支渠岁修由会首集合受水民众,按亩摊夫挑挖。因渠务直接关系到农民生计,故称渠道为"吃饭碗""金饭碗"。百姓对出工、出料、出款认为是"骨头里的差事",历来不抗。

中华人民共和国成立后,渠道岁修较前彻底。1960年2月青铜峡大坝截流后,干渠由无坝引水变为有坝引水,渠道岁修工程量极大减少,随着裁弯取顺、砌护除险、改建桥、闸,合并斗口等工程的实施,20世纪80年代以来干渠很少清淤。

1983年,随着计量收费、分级管理制度的贯彻执行,将干渠和支干渠划分为33个段,每段有专职员工负责看守养护。管理处每年从水费收入中按一定比例列支,自行安排以保证渠道当年安全运行、水流畅通,以及小规模基础设施维修、改造所必须进行的工程维修。

各管理所每年在夏秋灌和冬灌停水后,对渠道进行一次全面检查,提出影响渠道安全运行的维修工程项目报管理处生产科。生产科组织有关人员到现场察看,确定维修工程项目和维修方案,由管理所报工程维修设计图和预算,经生产科、技术负责人对工程设计图纸、预算审核后下达批复。管理所负责组织实施,多数工程通过承包形式发包给承包人组织施工,管理所指定主管副所长和技术员为工程项目负责人和技术负责人,现场指定有施工经验的段长或职工进行质量监督。少部分工程由管理所自己组织职工完成施工任务。管理处工程责任人在各所施工过程中经常到工地检查施工质量和进度,确保工程保质、保量完成。工程完工后,先由管理所组织进行工程初步验收,管理处生产科组织工程验收小组人员进行竣工验收,填写工程验收单,对各管理所上报的工程决算进行审核,下达决算批复。

2006年8月,唐徕渠管理处成立防汛工程科,负责渠道安全,承担管理处维修养护职责、渠道抢险等工作任务。自此干渠岁修管理进一步规范,制定《唐徕渠管理处岁修工程建设管理办法》,成立工程建设领导小组、工程验收领导小组,工程建设全过程开始步入制度化、规范化。

2012年,水利管理单位实行收支两条线政策后,渠道维修养护资金得到保障。由水利管理单位规划、设计、储备工程,按要求提交维修养护方案,由水利厅统一安排拨付资金维修。

2014年,自治区水利厅和财政厅联合制定《宁夏回族自治区直属水管单位水利工程维修养护项目管理暂行办法》(宁水财发〔2014〕19号),指导水管单位开展渠道维修养护管理工作。2018年,自治区水利厅印发《宁夏回族自治区直属水管单位水利工程维修养护项目管理实施细则》(宁水财发〔2018〕38号)。2021年,为进一步加强水管单位水利维修养护项目管理,规范维修养护资金使用,确保水利工程安全运行和效益发挥,自治区水利厅又一次重新修订印发《宁夏回族自治区直属水管单位水利工程维修养护项目管理办法》(宁水农发〔2021〕20号)。

为进一步规范和适应新的管理标准、要求,保障水利工程及各类水工建筑物的运行安全管理维护,管理处先后制定《唐徕渠管理处水利工程维修养护项目管理实施细则》《唐徕渠管理处工程维修养护购买服务实施方案(试行)》《唐徕渠管理处渠道安全管理制度》《唐徕渠管理处树木管理制度》《唐徕渠管理处工程设备集中采购管理办法》等5项制度,对管理处水利工程及其管护范围的日常维修养护进行详细规定,为工程维修管理提供有力的制度保障。同时,在工程建设实施方面引入设计、招标、监理、审计等环节,严格执行《宁夏回族自治区招标投标管理办法》《宁夏回族自治区水利建筑工程预算定额》《宁夏回族自治区水利工程维修养护预算定额(试行)》等各项规范和制度,工程建设管理逐步走向科学化、标准化。

渠道维修养护工程建设管理程序如下:由各管理所每年在夏秋灌和冬灌停水后,对渠道进行一次全面检查,提出影响渠道安全运行的维修工程项目报管理处防汛工程科。防汛工程科组织有关人员到现场察看,确定维修养护项目,上报管理处会议研究审议后,选择有资质有能力的设计单位编制年度维修养护实施方案。经管理处审查后,根据自治区水利厅下达年度计划。维修工程施工主要通过委托或招标的方式选择专业的施工企业负责实施,管理处工程管理责任人在施工过程中不定期到工地检查施工质量和进度,负责工程监管。各管理所承担工程现场管理职责,指定所长或主管副所长、技术员以及有施工经验的段长或职工为工程项目现场管理责任人和现场技术负责人,对工程质量、进度、安全等进行监督管理。对质量和技术要求较高的工程,管理处选择资质能力兼备的监理企业负责现场质量管理,确保工程质量。工程完工后,先由工程施工单位进行工程初步验收,后由管理处防汛工程科组织工程验收小组人员进行竣工验收,编制工程验收鉴定书,委托第三方咨询公司对各施工单位上报的工程结算书进行审核,审核结果经管理处处务会审议通过后下达结算批复。至此,初步形成了管理处拟定项目计划、设计单位编制实施方案、招标选择施工单位、监理及各管理所现场监管、工程验收领导小组验收、审计单位结算审核的管理模式。

二、维修养护内容

1970年唐徕渠管理处成立后,渠道工程维修养护统一管理,工程岁修主要是草埽护岸、渠道清淤、渠堤加固、水工建筑物除险加固,闸门和斗口设备维护、通讯设施维护等。1982年唐徕渠经过四期大规模的裁弯取顺后,运行状况发生较大变化:过去上游段挖方渠道不再淤积,水流流速加快。但也出现新的问题:渠堤滑塌较为严重;中游段渠道以填方为主,渠堤单薄土质较差,渗漏水浸水严重,渠道安全运行无保障;下游渠道流速缓慢,水流不畅,淤积严重;渠道沿线大部分斗口状况较差,无斗门或安装简易的木斗门,跑冒滴漏也十分严重等。针对以上情况,岁修工程安排的主要项目有草土、草埽护堤、浆砌石、混凝土板护坡维修,渠堤局部加培,外坡渗水作反滤工程,斗口、建筑物维修改造,安装斗门启闭机,渠道清淤,测量水设施的更新改造以及所、段房屋维修改造等工程。

随着灌区续建配套与节水改造工程的实施,唐徕渠水利建设实现历史性跨越,水利基础建设投入逐年递增,安全供水保障能力日益强化,大部分老化失修工程得到根本解决,工程总体面貌发生根本转变。因此,岁修工程也由整治、改造向维修养护方面转变,主要实施渠道及建筑物局部维修加固、水毁混凝土板维修、闸斗启闭设施保养、生物固堤、渠道清淤清障、环境整治、渠道安全标准化建设、通讯自动化设施维护、大闸自动化改造、所段生产生活设施维修改造、防汛物资储备等方面。

1970年至1988年,管理处各类工程共投入1195.64万元,平均年投入62.93万元,见表4-8。从1989年至2021年,共完成各类岁修工程3216项,完成投资12420.55万元,见表4-9。

草土护岸工程

2000年以前,渠道多为土渠。渠道岁修运用草土、草埽工程较多,尤其是上、中游渠段,以跃进桥、宁化桥、杨显桥、满达桥管理所为主。草土草埽工程可以起到防冲固堤的作用,挖方渠道效果更好,其特点是:经济耐用、制作过程简单,与树枝结合使用可以延长工程的运行年限。

草土工程制作过程:首先根据渠道现状,清除表面上的杂草修正坡面,按自然坡在坡角处放好基线,挖60厘米宽,50厘米深的基槽,在基槽内放一排整捆草,一个紧靠一个,不解开草

表4-8 唐徕渠各类工程建设投资统计表(1970—1988年)

单位:万元

分类 年份	基建	农田水利	防汛抢险	岁修	合计	分类 年份	基建	农田水利	防汛抢险	岁修	合计
1970年	0.9	0.5		3.2	4.6	1981年	24	8.4	6.9	1.3	40.6
1971年	83	16.4	1.1	9.9	110.4	1982年	33	20.7	5.2	20.2	79.1
1972年	40.2	6	2.3	14.8	63.3	1983年	11	6	1.13	3.97	22.1
1973年	28.6	8.2	8	30.3	75.1	1984年	34.03	4.28		12.18	50.49
1974年	108.4	4.8	2.2	13.4	128.8	1985年		0.48	0.55		1.03
1975年	164.8	7	2.2	8.3	182.3	1986年	34.45		11	18.9	64.35
1976年	44.3	6.5	2.1	11.7	64.6	1987年	9.3		2.56	9.47	21.33
1977年	38.9	15	3.8	6.7	64.4	1988年	11.39		2.54	17.51	31.44
1978年	50.1	10	2.6	1.5	64.2	总计	776.47	143.56	73.78	201.83	1195.64
1979年	35.1	12.7	11	9.2	68	年平均	40.87	7.56	3.88	10.62	62.93
1980年	25	16.6	8.6	9.3	59.5						

表4-9 唐徕渠岁修工程统计表(1989—2021年)

序号	年份(年)	投资(万元)	项目数量(项)	建设内容及工程量
1	1989	40.14		完成草土44924m³,土方91131m³,砌石2103m³,混凝土323m³,钢材2.5t,木材6.2m³,麦草454759kg,投入技工1724工日,普工62231工日
2	1991	42.9		完成土方77203m³,草土39045m³,砌石2215.8m³,混凝土211.1m³,标准堤13.56km。加培堤土方24686m³,维修斗口166座,更换启闭机39台,新建测水桥15座,量水槽2座
3	1992	50.43		完成草土25102m³,土方82893m³,石膏947.5m³,混凝土35.2m³
4	1993	204.43		完成草土护岸18829m³,斗口维修25座,建筑物维修18座,清淤土方47701m³,加培土方10010m³
5	1994	32.38	71	草土护坡、清淤、斗口维修、各类建筑物维修
6	1995	70	85	完成浆砌石371m³,干砌石102m³,砼板34m³,草土4.06km,加培堤632m,斗口启闭机维修55座,斗口翻建2座
7	1996	84.12	75	完成涵洞、桥闸维修加固16座,维修斗口175座,更换启闭机18套;修建草石码头19座,草土护坡6.47km,草埽840m,清淤渠道8.65km
8	1997	155.5	70	完成支斗口维修89座,测量水设施维修99处,整修通讯线路7.7km,清除渠、沟道淤积15.6km
9	1998	172.51	143	完成土方44752m³,混凝土439m³,砌石4224m³,草土护坡7082m³,草埽固坡399m
10	1999	211.82	111	完成草土护坡29820m³,草埽固坡580m,土方95399m³,混凝土487m³,砌石5433m³,铺筑碎石路面8.55km

续表

序号	年份（年）	投资（万元）	项目数量(项)	建设内容及工程量
11	2000	230.76	142	完成斗口翻建维修33座，加培渠堤7.475km，浆砌石护坡翻修1.74km，草土护坡8.84km，渠道清淤44.2km，支斗渠测水断面砌护118条。渠堤碎石路面铺筑2.1km，安装启闭机防盗箱50套
12	2001	186.58	138	斗口翻建5座，砌石、砼板护坡1359m，草土护坡8791m，草石护坡1774m，加培渠堤4475m，清淤36.3km，共计完成土方192309m^3，草土护坡26652m^3，混凝土492m^3，浆砌石2642m^3，干砌石护坡1515m^3，铅丝笼块石278m^3
13	2002	194.23	190	完成斗口翻建8座，砌石、砼板护坡2030m，斗口维修27座，草土护坡9529m，加培渠堤6300m，渠道清淤26.355km，更换启闭机76台，新建扬水泵站1座，共计完成土方134934m^3，草土护坡19797m^3，混凝土1123m^3，浆砌石4940m^3，干砌石护坡630m^3
14	2003	82.12	105	斗口翻建6座，桥、闸、斗口维修80座，涵洞抽水检查15座，安装启闭机防盗保护箱88套，更换闸门启闭机19套，草土护坡3400m，清淤21.65km，砌石护坡65m，所段点房屋维修421m^2，沙丘治理2处，共计完成土方132178m^3，草土护坡9203m^3，混凝土124m^3，浆砌石3815m^3，干砌石护坡138m^3
15	2004	88.89	91	完成草土护坡1680m，斗口翻建5座，维修测水断面14处，砌石护坡280m，涵洞抽水检查8座，建筑物维修30座，更换闸门41套，启闭机95套，清淤30.6km，安装启闭机防盗保护箱88套，所段点房屋维修802m^2，共计完成土方50056m^3，草土护坡5413m^3，混凝土288m^3，浆砌石700m^3，干砌石护坡22m^3
16	2005	221	170	翻建改造斗口8座，更换闸门启闭机135套，渠道清淤5km，完成浆砌石485m^3，土方6000m^3
17	2006	71.1	94	完成草土护坡2614.5m^2，土方11324m^3，混凝土417.14m^3，浆砌石666.5m^3，干砌石301.3m^3，斗门启闭机更换61套
18	2007	80	76	更换闸门启闭机46套，改造斗口2座，对渠道部分绿化空白段进行植树造林
19	2008	174.39	74	维修支渠测流断面8个;渠道及建筑物维修44项，包括渠道清淤25.01km，渠道加堤4.57km，做草土护坡310m，建筑物局部维修27处，新建草土石码头1座;管理所段房屋改造维修4项;管理所、段线路改造2项;水闸机电设备维修保养8座;涵洞抽水检查12座，水位遥测设施维修4套
20	2009	465		完成满达桥管理所主体工程改造，渠道加堤10.85km，清淤31.14km，建设标准堤1.4km，维修建筑物40座
21	2010	629.27	193	对部分病险段落、建筑物进行了维修;对干渠空白段落补栽了树木，对渠道树木全部进行了修剪，拆除危桥6座，硬化渠堤9km
22	2011	572.64	198	翻建斗口2座，干渠清淤16.495km，干渠加培堤1km，干渠培二台3.296km，更换闸门10套、启闭机35套，草土护坡795m，建筑物维修76项，干渠测水断面维修1处，支渠测水断面维修20处，涵洞抽水检查11座,闸室线路维修11座，水位遥测及通讯1项，渠道绿化植树5项

续表

序号	年份（年）	投资（万元）	项目数量（项）	建设内容及工程量
23	2012	571.34	142	斗口翻建3座,干渠清淤15.73km,干渠培堤2.67m,草土护坡430m,更换闸门、启闭机45套,制作安装启闭机保护箱44套,涵洞抽水检查19座,新建石码头16座,建筑物维修78项,干、支渠测水断面维修6处,维修测水船1艘,制作检查船2艘,新建陡坡测水断面1处,修筑标准化渠堤15km,闸室电气设备改造维修13处,水位遥测及通讯设施维修
24	2013	926	193	新建管理点房屋1座,新建石码头2座,翻建斗口2座,建筑物维修104项,翻修渠堤护坡、护底2.2km,加培土方7400m^3,干渠清淤28.95km,新建草土护坡700m,渠堤鼠洞整治50m,渠堤顶整治3.7km,更换斗门15套、启闭机41套,制作安装启闭机保护箱44套,涵洞抽水检查22座,修筑标准化渠堤15km,闸室电气设备改造维修3套,更换退水闸闸门5套,制作检查船1艘,维修测水船2艘,维修13个管理所段点老化线路,检查维护全处遥测通讯设备
25	2014	1029	132	新建节制闸1座,修筑标准渠堤9.3km,翻建斗口2座,修缮退水闸4座,加培渠堤4.1km,更换启闭机25台、闸门4套,生物措施治理渠道10km,涵洞抽水检查11座,涵洞安全评估鉴定4座,维修遥测通讯设备60部,安装闸门自动控制系统3套,新栽树木3250棵,臭椿树木沟眶象病虫害综合防治53189棵
26	2015	950	134	渠道清淤33.4km,修筑标准化渠堤5km,斗口翻建5座,斗口封堵4座,八字墙维修22座,新建石码头4座,渠堤加培5.94km,树木修剪8000棵,砼板维修202m^3,测流设施改造1项,更换闸门10套、启闭机25套,水闸安全防护设施设置的改造与更新等其他各类渠道建筑物维修65项
27	2016	917	124	渠道清淤32.2km,修筑标准化渠堤10.4km,渠堤整治9km,干渠砌护维修5km,病险斗口翻建2座,老化涵洞翻建1座,更换退水闸闸门2套、启闭机15台,植树7800棵,修剪树木1.7万棵,管理段绿化改造2个、水电线路改造5处
28	2017	545	95	翻建斗口2座,所段院落绿化2处,渠道绿化植树4593株,渠堤维护加固6.2km,碎石路面铺筑及维护18.3km,更换闸门3套、启闭机12台,涵洞抽水检查10座,水闸机电设备维修保养18座,其他各类渠道建筑物维修养护80余座
29	2018	953	50	渠道清淤32km、渠道砌护工程水毁维修6300m^2,涵洞抽水检查6座,水毁工程维修加固6座,维修保养各类渠道建筑物80余座,更换闸门6套、启闭机23台,所段混凝土路面硬化8000m^2,2个管理所、8个管理段院落绿化工程
30	2019	859	125	清淤渠道11.94km,维修砌护3450m^2,维修各类建筑物30余座,清理渠道垃圾3200m^3,硬化路面300m^2,完成了4个所段基础设施改造及7个管理段的厕所旱改水工程,翻建1座退水闸,新建2座丁坝
31	2020	995	150	完成大武口所、红花渠、新盈段维修改造工程,实施小达子生态补水口工程等。衬砌混凝土板修补5700m^2,渠道垃圾清淤4.65万m^3,水闸斗口启闭机保养533台,涵洞抽水检查9座,渠道树木病虫害防治及浇水管护3.8万株

续表

序号	年份(年)	投资(万元)	项目数量(项)	建设内容及工程量
32	2021	615	153	完成渠道砼板衬砌修复4341m²,渠道损毁维修2处,渠道清淤土方3.73万m³,渠道杂草清理5.88万m²,渠堤培土加固1.41万m³,渠堤路面硬化4163m²,建筑物维修保养497座,渠道附属设施的维护更新19处,全处所段绿化管护2.53万m²,生态绿化树木管护40497株,生产管理设施维修改造23处,通讯及自动化工程建设9处,安全设施及灌区标准化工程26处
	合计	12420.55	3216	

绳,然后在整捆草上顺水流方向每隔20厘米铺一根树枝,最后在草和树枝上铺15厘米厚的粘土进行夯实(夯3遍)。第二层铺草厚度为25厘米,其他与第一层相同,也进行夯实,以后各层与第二层相同,上一层与下一层水平方向适当向后错开,形成坡度,坡比根据现场情况确定,一般要大于0.5,草土护坡高度通常做过大水位50厘米即可,用粘土封顶夯实。

草埽可以和草土结合制作,草土间每隔5到10米可以放一个立埽,可以起到很好的整体作用,草埽分立埽和卧埽两种,卧埽可做草土护坡基础使用,埽前用木桩固定。草埽制作过程:先用湿稻草拧成粗3厘米左右4.5米长的草绳,草埽直径一般是60厘米到80厘米便于移动。将拧好的草绳铺在一平整的地方,草绳间距30厘米,铺好草绳后,在上面均匀地铺上一些带叶子的树枝(直径约为2.5厘米),然后在树枝上均匀地铺15厘米厚的草,最后在草上均匀铺土(起压重作用),最后一道工序就是卷起卷埽,要求多人同时拿起一端的草绳,用力同时向内侧压紧树枝,将草绳、树枝、草一同卷起向前滚动,到绳的另一端时,将绳头拉起扎紧即可,把卷好的草埽移到先前选好的位置,用铁丝木桩进行加固。草土草埽工程还可结合植树造林等生物工程,可以使草土草埽工程维护3年左右的时间。

渠堤加培

渠堤加培主要在以填方段为主的杨显桥、满达桥、南梁等管理所,在渗漏水严重渠段,外坡有明显的浸水部位,清除坡面上的草皮、浮土,就近取土,要求土质为黄土或壤土,水分含量适中。培埧时,从外坡角向外铺宽2~3米,以1:2的坡比向上一层一层填筑,一般为履带式推土机碾压,土层厚度为20~30厘米,填筑高度至干渠大水位或超高浸润线溢出点50厘米左右。培土后,在渠堤外坡形成二台并植树,起到很好地稳固渠堤主体、延长渗径的作用。培埧工程根据浸水情况,可以长距离培土,也可以局部培土,工程造价低、施工简单、受渠道行水影响小,是填方渠道防治渠堤渗透变形的行之有效安全措施。

斗口改造

斗口是唐徕渠渠道上数量最多的建筑物。旧时斗口建设标准低、老化失修、无斗门或安装简便的木斗门,造成渠道安全隐患多、跑冒滴漏损失严重。从20世纪80年代初,岁修工程每年都安排斗口的翻建改造工程以及安装或更换铸铁闸门、启闭机。翻建的斗口以钢筋混凝土方涵为主，少部分为圆涵，闸门和启闭机以河北省黄骅市五一机械有限公司（原名河北省黄骅市五一机械厂）生产的为主，部分使用原宁夏水利机械修造厂生产的产品。启闭机以直两手推式和侧摇式螺杆启闭机为主，闸门为铸铁平板式闸门。1997年以后，全部改用新式的闸门和启闭设备。这种闸门材质优良、密封性能好，产品质量过关，经久耐用而且密不漏水，启闭设备具有防盗功能，安装使用简便，易于操作，耐久性强。2018年以来，自治区为开展引黄灌区现代化建设试点推进工作，对唐徕渠第二农场渠大干渠直开口进行测控设备改造，累计安装测控一体化闸门137套，为管理处推进现代化灌区建设打下了基础。

1997年至2021年，管理处共购置更换闸门330套、启闭机901套，见表4-10。2006年4月7日，唐徕渠管理处历史上最后一台木制闸门——第二农场渠西湖斗闸门（宽×高：2米×2.5米）被更换为拱形平面铸铁闸门（宽×高：2米×1.5米），标志着唐徕渠斗口木制闸门历史的结束。

表4-10　唐徕渠更换闸门、启闭机统计表（1997年至2021年）

年度	闸门（套）	启闭机（套）	合计（套）	年度	闸门（套）	启闭机（套）	合计（套）
1997年	49	57	106	2012年	11	31	42
1998年	9	89	98	2013年	15	41	56
1999年	17	59	76	2014年	4	25	29
2000年	7	77	84	2015年	10	25	35
2001年	5	58	63	2016年	4	15	19
2002年	5	21	26	2017年	3	12	15
2003年	33	66	99	2018年	6	23	29
2004年	43	96	139	2019年	1	1	2
2005年	55	71	126	2020年	1	1	2
2006年	26	50	76	2021年	0	2	2
2007年	16	46	62	合计	330	901	1231
2011年	10	35	45				

渠道清淤

干渠下游渠道和支干渠的清淤是岁修工程的又一个重点项目。黄河水泥沙含量高，干渠下游、支干渠比降缓，渠道不畅，流速缓慢以及穿过沙丘地带风沙造成渠道淤积严重。唐徕渠八一桥以下、第二农场渠15斗以下、良田渠、大新渠是清淤的重点，每年或隔年都要安排进行清淤，以保证下游的供水。近年来随着城市化进程加速以及渠道砌护率的提高，渠道清淤资金投入又有新的变化，一方面是唐徕渠干渠及第二农场渠梢段多处于小流量运行状态，良田渠、大新渠灌溉面积萎缩，引水量减小，造成渠道淤积严重，需定期进行清淤；另一方面由于城市段新建跨渠桥梁逐年增多,桥墩容易淤积柴草垃圾,且按照近年来文明城市创建要求,穿城渠段渠内垃圾也需及时清理,造成每年渠道清淤及打捞柴草费用加剧。

唐徕渠渠道两侧村庄、树木较多,行水期渠道内各类树枝柴草、生活垃圾、漂浮物等逐年增多,尤其是唐徕渠六盘山路至贺兰山路段和良田渠、大新渠部分段落以及周城、大武口管理所梢段的渠道,在行水期柴草淤积堵塞渠道,严重影响渠道的安全运行和城市环境美观。管理处每年都需投入大量人力、物力和财力多次打捞清理,人工打捞不仅效率低、强度大,且人身安全无法保障。为有效解决这一问题,切实保障渠道的供水畅通和行水安全,于2019年利用渠道维修养护资金,在唐徕渠八一桥处安装3台回转式清污机。工程于2019年9月初开工建设,历时近50天完成,经调试后正常投入运行,自此开启了自流灌区在渠道使用机械打捞柴草的先河。

第四节　灌区工程标准化规范化管理

2020年以来,唐徕渠管理处按照自治区水利厅工作要求,开展灌区工程标准化规范化管理方面的基础资料收集整理和业务骨干培训,参与灌区工程标准化规范化管理试点工作方案的调研、修订等工作。2021年,管理处按照《宁夏回族自治区大中型灌区、泵站工程标准化规范化管理考核标准(试行)》《宁夏大中型灌区工程标准化规范化管理工作指南(试行)》要求,立足实际,按照先试点建设、再全面推行,先易后难、先重要后一般的步骤,通过完善标准、编制手册、修订制度、建立平台、落实责任、严格操作等措施,积极推行工程管理责任明细化、管理工作制度化、管理人员专业化、管理范围界定化、管理运行安全化、管理经费预算化、管理活动日常化、管理过程信息化、管理环境美观化、管理考核标准化的"十化"建设目标管理,逐步形成"标准成为习惯、习惯合乎标准"的工作模式。管理处成立由处长为组长,分管业务副处长任副组长,主要业务科室负责人为成员的灌区标准化规范化管理创建工作领导小组,以建设"节水高效、设施完善、管理科学、生态良好"的现代化灌区为目标,制定《唐徕渠管理处灌区标准化规范化管理试点创建方案》,加强组织领导、培训宣传、督查考核等措施,将灌区标准化规范化管理的组织管理、安全管理、工程管理(水闸工程和灌区工程)、供用水管理、经济管理等五个方面36大项189小项考核任务清单分解到具体岗位,稳步推进灌区标准化规范化管理创建工作。

灌区标准化规范化管理的主要内容:根据"事－岗－人"相对应原则,组织技术力量分工分类编制渠道、水闸、渡槽、涵洞、水泵等工程建筑物、设施设备运行管理维护技术标准和操作流程,形成技术操作手册,建立完善标准化规范化制度体系。按照"单位组织实施、职工全员参与"的原则,明确各类工程设施的监督责任、管理责任、维护任务,制订一一对应的标准化规范化管理"事－岗－人"工作清单，压实管护责任，统筹绩效考核，发挥好监管和考核作用。按照渠道、重要建筑物及其附属设施、信息化设施和各类标识标牌等运维标准，开展日常维修养护和运行管理工作。推行工作记录、资料档案电子化管理，对照标准化规范化管理工作标准，提升工程运行管理水平；充分应用水利安全生产监管信息系统、"巡渠通"APP等信息化工具，结合标准化建设工作，加强渠道、各类建筑物、设施设备安全运行日常巡查（每天）、定期检查（月、旬）和专项检查（灌前、汛期）等安全生产巡检工作，及时消除安全隐患，畅通信息报送，规范完善巡检工作电子档案。根据水利厅《工作指南》和相关规范、标准制作完善水利工程简介牌、公告牌、警示牌、提示牌、流程图等各类标识标牌，做到各类标识标牌设置规范合理，整齐美观。充分挖掘工程文化资源，提升形象面貌，展示水景观，丰富水文化。在完成工程划界的基础上，绘制工程管理范围、保护范围界限图，设置界桩、公告牌等设施，推进工程确权工作，加快工程管理范围界定化。提高水利工程管理和养护水平，积极推行水利工程运行管理业务、人员和维修养护业务、人员分离，降低运行成本，逐步实现维修养护专业化、市场化运作。

2021年，管理处制定灌区标准化规范化管理试点创建工作方案，在杨显桥管理所、满达桥管理所、南梁管理所和崇岗管理所4个硬件基础较好的基层管理所率先开展创建工作，同时规范建设管理处调度中心和11个管理所调度室，以及规范建设各单位党建、工团阵地，开展试点培训、学习交流，评估考核。2022年，管理处计划实施跃进桥管理所、宁化桥管理所、暖泉渠管理所、周城管理所、大武口管理所等5个管理所创建工作，在全处进一步推行灌区标准化规范化管理，制定年度工作实施方案，落实岗位任务清单管理，开展全员培训、学习交流，加强督查考核，总结经验、树立典型。2023年，管理处计划实施大新渠管理所和良田渠管理所创建工作，完成唐徕渠管理处灌区标准化规范化管理的全面实施。

第五章 灌溉管理

灌溉管理是让灌区水资源合理调配和运用,以促进农业稳产高产为目的的科学管理工作。引黄灌区灌溉用水按照"统一领导、分级管理、水权集中、均衡受益"原则,实行专管与群管相结合。渠道管理处及下设管理所、段、点负责干渠、支干渠以上的直开渠口等骨干工程的(以下简称"直开口")水量调度管理。干渠直开口以下至田间的渠道用水管理由灌区受益市县、乡、村分别管理,灌区市县设有水利(水务)局,乡设有水管站,村设有支渠管理小组,灌区还成立由乡村受益农户组成的用水协会,按照管理权限,分级负责支斗渠的灌溉及工程管理工作。

第一节 灌区概况

宁夏引黄灌区历史悠久,是中国古老的大型灌区之一。唐徕渠开凿年代不详复浚于唐,自元代郭守敬修浚复通,经历代整治开发兴盛于今,是宁夏引黄灌区水利工程之典范。唐徕渠灌区位于宁夏青铜峡灌区的中北部,现干渠进口设计引水流量103立方米/秒,加大流量127立方米/秒,干渠全长314千米。灌区覆盖吴忠、银川、石嘴山3市的青铜峡市、永宁县、兴庆区、金凤区、西夏区、贺兰县、平罗县、大武口区、惠农区等9个县区的34乡镇175个行政村和6个国有农场的120万亩农田灌溉供水以及典农河、沙湖、大武口湿地等35个主要湖泊20万亩湖泊湿地的生态补水任务。干渠年行水185天左右,年均引水量10亿立方米,供水量8.5亿立方米,占全区引黄自流灌溉水量的1/5,其中生态供水量1.53亿立方米左右,占全区河湖生态补水的75%。唐徕渠灌区是宁夏粮食主产区之一,也是宁夏经济社会发展的精华地区,为宁夏经济社会发展及生态文明建设提供了可靠的水资源支撑。

唐徕渠灌区位于东经105°57′至1 106°36′,北纬37°58′至39°08′,东西宽5至30千米,南北长约160千米,控制面积300万亩。灌区境内地势南高北低,西高东低,海拔均在

1097 米至 1134.5 米之间,地势较为平坦。灌区属干旱与半干旱气候过渡带,大陆性气候特征明显,干旱少雨,蒸发强烈,雨少风大等特点,多年平均降水量 180 至 220 毫米,蒸发量 1000 至 1550 毫米,是典型的没有灌溉就没有农业的地区。灌区水源主要依靠过境黄河水,地下水源极少,利用率低,约占用水量的 1%。

唐徕渠灌区农作物种类以春小麦、水稻、玉米为主,种植蔬菜、饲草、经果林等经济作物,灌溉特点季节性强、灌溉用水较集中。近年来,灌区年度灌溉用水高峰主要在 6 月中下旬至 7 月中旬,是玉米头水、水稻打药施肥、小麦三水及饲草等经济作物用水叠加以及生态用水的刚性需求。2020 年,灌区遥感灌溉面积为 102.29 万亩,种植结构分别为:春小麦 6.63 万亩,水稻 26.36 万亩,玉米 44.07 万亩,冬小麦 0.23 万亩,大地蔬菜 7.62 万亩,温棚设施 2.13 万亩,人工林地 4.7 万亩,人工草地 8.66 万亩,其他园地 0.94 万亩,枸杞、葡萄、向日葵等作物 0.96 万亩。

第二节　县区灌域

一、青铜峡灌域

青铜峡市隶属宁夏回族自治区吴忠市,位于黄河上游的宁夏平原中部。东隔黄河与灵武市、吴忠市利通区相望,南以牛首山为界与中卫市中宁县接壤,西依明长城同内蒙古自治区阿拉善左旗为邻,北与永宁县相连。青铜峡市距吴忠市政府驻地利通区 30 千米,距自治区首府银川市 54 千米,总面积 2525 平方千米,占全区总面积的 3.8%,耕地面积 72 万亩。其中:粮食功能区面积 40 万亩,葡萄种植面积 11.9 万亩,瓜菜种植面积 15 万亩,高效节水灌溉面积 20 万亩。辖 8 镇 2 场 1 街道,84 个行政村、22 个社区居民委员会,全市常住人口 24.4 万人。

唐徕渠自青铜峡市大坝镇韦桥村唐正闸(里程桩号 K0+000)流入至青铜峡邵岗镇二旗村(里程桩号 K29+676)流出,在青铜峡境内流经 29.67 千米,承担着青铜峡市大坝镇、瞿靖镇、邵刚镇 3 个乡镇 17 个行政村及树新林场 1 个分场共计 7.74 万亩农田的灌溉任务。其中供港蔬菜等节水灌溉面积约为 1.69 万亩,玉米种植面积 5.6 万亩,水稻种植 0.35 万亩,年用水 5500 万立方米,有直开口 19 座。唐徕渠青铜峡市灌域设置有跃进桥管理所。

二、永宁县灌域

永宁县隶属银川市,地处宁夏银川平原引黄灌区中部,东临黄河、西靠贺兰山,是宁夏回族自治区首府银川市的郊县,距银川市区 20 千米,总面积 934 平方千米,占全区总面积的

1.4%,耕地面积72.52万亩。其中：粮食功能区面积39.45万亩,葡萄种植面积11.3万亩,瓜菜种植面积15万亩,高效节水灌溉面积23万亩。辖5镇、1乡、1个街道办事处,总人口32.16万人。

唐徕渠自二旗村(里程桩号K29+676)流入永宁县李俊镇西邵村,至永宁县望远镇新盈村永二干沟涵洞(里程桩号K64+664)出县境,在永宁县境内流经35千米,承担着永宁县李俊镇、望洪镇、杨和镇、胜利乡、望远镇5个乡镇共计18个行政村12.7万亩农田灌溉任务和王家广湖、银子湖、张湖、典农河上段等4个主要湖泊湿地0.62万亩的生态绿化供水任务,其中水稻1.18万亩,小麦0.43万亩,设施温棚0.5万亩,玉米7.2万亩,蔬菜1.89万亩。年用水7300万立方米,在唐徕渠干渠受益的直开口有54座(其中自流44座、扬水10座)。唐徕渠永宁县灌域内设置有宁化桥管理所和杨显桥管理所。

三、兴庆区灌域

兴庆区是宁夏回族自治区首府银川市的政治、经济、科技、文化、教育、金融和商贸中心,是银川市的老城区,位于银川市东部。东与内蒙古自治区鄂托克前旗接壤,北邻贺兰县,西至唐徕渠邻金凤区,南邻永宁县。总面积828平方千米,占全区总面积的1.2%,耕地面积22.8万亩。其中：粮食功能区面积6.03万亩、瓜菜种植面积3.2万亩,高效节水灌溉面积0.3万亩。下辖2乡2镇、11个街道办事处、35个行政村和105个社区,总人口80.8万。

唐徕渠从永二干沟涵洞(里程桩号K64+664)进入银川市兴庆区大新镇上前城村,至唐徕渠兴庆区贺兰山路桥(里程桩号K76+884)流出银川市,在市区境内流经12.22千米。其中唐徕渠以东为兴庆区灌域,年用水1800万立方米,有干渠直开口12条,主要承担着银川市兴庆区丽景湖、唐徕公园、中山公园、小雁湖等5个主要湖泊0.2万亩生态绿化的供水任务。

兴庆区境内有唐徕渠支干渠——大新渠从永二干沟涵洞(里程桩号大新渠K3+189)进入兴庆区,至大新镇新渠梢退水闸(里程桩号大新渠K17+290)流出银川市兴庆区,承担着辖区大新镇的5个行政村(塔桥村、燕鸽村、大新村、新水村、新渠梢村)53条直开口1.39万亩农田的灌溉任务和东部水系0.2万亩湖泊湿地及绿化的供水任务。其中人工林带0.56万亩,设施蔬菜0.53万亩,玉米0.13万亩。唐徕渠在兴庆区境内设置有大新渠管理所。

四、金凤区灌域

金凤区于2002年11月1日成立,是宁夏回族自治区首府银川市的市辖区之一,位于市区中部,东到唐徕渠,西到包兰铁路,南接永宁县,北临贺兰县,总面积353平方千米,占全区总面积的0.5%,耕地面积9.2万亩。其中：粮食功能区面积6.2万亩,林地面积1.38万亩,园地面积0.83万亩,高效节水灌溉面积3.5万亩。辖2镇、5个街道办事处、63个社区、20个行政村,常住人口64.4万人。辖区基础设施完善,"六纵十二横"路网阡陌交错,12千米典农河纵贯南北,阅海、宝湖、七子连湖等湖泊湿地星罗棋布,湖泊湿地总面积达6.78万亩,形成了江南水乡、塞上湖城靓丽城市景观。

唐徕渠从永二干沟涵洞（里程桩号 K64+664）进入银川市，至唐徕渠上的直开口——烈马渠（里程桩号 K82+989）流出金凤区，在金凤区境内流经 18.33 千米。其中唐徕渠以西为金凤区灌域，担负着银川市金凤区丰登镇、黄河东路办事处、满城北街办事处 1 镇 2 街道共计 8 个行政村 3.14 万亩农田灌溉任务和宝湖、典农河等近 6 万亩湖泊湿地及绿化用水的供水任务。其中种植水稻 0.64 万亩，玉米 0.56 万亩，人工林带 0.8 万亩，人工草地 1.13 万亩。金凤区年均用水 9500 万立方米，有支干渠（良田渠）1 条，干渠直开口 11 座。

金凤区境内有唐徕渠支干渠——良田渠穿区而过，至包兰铁路桥（里程桩号良田渠 K19+800）处出金凤区。良田渠在金凤区境内流经 13.9 千米，有直开口 32 条，承担着金凤区 0.6 万亩农田的灌溉任务和 0.6 万亩湖泊湿地的补水任务。金凤区灌域内设置有良田渠管理所。

唐徕渠第二农场渠自正源街桥（里程桩号二农 K5+490）处入金凤区丰登镇永丰村境内，至第二农场渠铁路桥（里程桩号二农 K12+388）出金凤区，在金凤区境内流经 6.9 千米，有直开口 5 座，承担着金凤区 0.8 万亩的农田灌溉任务。

五、西夏区灌域

西夏区地处银川平原西部、贺兰山东麓，东起包兰铁路，西至贺兰山口轴线，南临永宁县，北接贺兰县，是银川市面积最大的市辖区，总面积 1129.3 平方千米，占全区总面积的 1.7%，耕地面积 9.81 万亩。其中：粮食功能区面积 6.2 万亩，瓜果面积 1.38 万亩，经果林面积 0.83 万亩，高效节水灌溉面积 0.7 万亩。下辖 2 镇 7 个街道办事处，17 个行政村、61 个社区，常住人口约 45 万人。

唐徕渠承担着西夏区贺兰山西路街道办事处、镇北堡镇的 2 个行政村、1 个农场共计 1.94 万亩农田的灌溉任务，其中种植水稻 0.6 万亩，玉米 0.77 万亩，枸杞 0.16 万亩，年用水 1900 万立方米。唐徕渠支干渠良田渠自包兰铁路桥（里程桩号良田渠 K19+800）处进入西夏区贺兰山西路办事处的顾家桥村，至顾家桥村的大沙渠（里程桩号良田渠 K22+700）入农田，在西夏区境内流经 2.9 千米，承担着贺兰山西路办事处顾家桥村 0.32 万亩农田的灌溉任务，有直开口 5 座。

唐徕渠第二农场渠自铁路桥（里程桩号二农 K12+388）入西夏区至金山沟处（里程桩号二农 K17+450）出西夏区，在西夏区境内流经 5.06 千米，承担着镇北堡镇良渠村和南梁农场共计 1.59 万亩农田的灌溉任务，有直开口 7 座。

六、贺兰县灌域

贺兰县隶属于宁夏回族自治区首府银川市，位于银川平原青铜峡引黄灌区中部，东临黄河与石嘴山市平罗县陶乐镇隔河相望，西倚贺兰山分水岭与内蒙古自治区阿拉善左旗接壤，南与银川市兴庆区毗邻，北接石嘴山市平罗县。县城距银川市中心 10 千米。辖区总面积 1204.71 平方千米，约占宁夏回族自治区总面积的 1.81%；拥有耕地 58 万亩，98% 为黄河自流灌溉，粮食种植 31.11 万亩，常住人口 34.15 万人。共辖 4 镇 1 乡 2 个农牧场 2 个工业园区，66 个行政村，1 个街道办事处，15 个社区居委会。

唐徕渠、第二农场渠、暖泉渠三条干渠、支干渠穿越贺兰县灌域。唐徕渠自德胜工业园区贺兰山路桥（桩号 K76+884）入贺兰，至常信乡丁北村八一桥（桩号 K106+036）出县境，在贺兰县境内流经 29.15 千米；第二农场渠自习岗镇黎明村进口闸（里程桩号 K0+000）入贺兰，至暖泉农场和常信乡分水闸（里程桩号 K20+400）出县境，在贺兰县境内流经 29.4 千米；暖泉渠自常信乡进口闸（里程桩号 K0+000）入贺兰，至洪广镇北庙村三号桥（里程桩号 K9+404）出县境，在贺兰县境内流经 9.4 千米。承担着贺兰县常信乡、洪广镇、立岗镇、习岗镇 4 个乡镇以及南梁台子管委会、南梁移民和宁夏原种场的 23 个行政村，共计 26.54 万亩（以 2020 年遥感面积计）农田灌溉任务。年均用水量 2.1 亿立方米，受益直开口 88 座。唐徕渠贺兰县灌域设置有满达桥管理所、南梁管理所、暖泉管理所。

七、平罗县灌域

平罗县隶属于宁夏回族自治区石嘴山市，位于宁夏银川平原青铜峡引黄灌区北部，东临黄河与内蒙古自治区鄂尔多斯市接壤，西与大武口区毗邻，南接银川市贺兰县，北接惠农区。县城距石嘴山市中心 30 千米。辖区总面积 2060 平方千米，约占宁夏回族自治区总面积 3.1%；拥有耕地 82.18 万亩，林地 11.4 万亩，水域面积 34.6 万亩，牧草地 71.9 万亩。总人口 31.6 万人，辖 13 个乡镇 144 个行政村。

唐徕渠、第二农场渠、暖泉渠三条干渠、支干渠穿越平罗县灌域。唐徕渠自常信乡丁北村八一桥（里程桩号 K106+036）入平罗，渠梢（里程桩号 K142+731）入高庄乡幸福村内，在平罗县境内流经 36.7 千米；第二农场渠自暖泉农场分水闸（里程桩号 K20+400）入平罗，至长胜街道办事处长胜村公路桥（里程桩号 K46+990）出县境，在平罗县境内流经 26.59 千米；暖泉渠自洪广镇北庙村三号桥（里程桩号 K9+404）入平罗，梢段入前进农场沙湖补水口（里程桩号 K18+460），在平罗县境内流经 9.06 千米。承担着平罗县城关镇、崇岗镇、高庄乡、通伏乡、姚伏镇 5 个乡镇 48 个行政村，共计 23.34 万亩（以 2020 年遥感面积计）农田灌溉任务，年均用水量 1.52 亿立方米，受益直开口 170 座。唐徕渠平罗县灌域设置有周城管理所、崇岗管理所。

八、大武口区灌域

大武口区是石嘴山市政治、经济、文化中心，位于宁夏银川平原青铜峡引黄灌区北部，东至包兰铁路，西至贺兰山，南接平罗县，北邻惠农区。区域面积 1008 平方千米，约占宁夏回族自治区总面积的 1.5%；拥有耕地 9.82 万亩。常住人口 29.83 万人，下辖 1 个国家级经济开发区、1 个镇、10 个街道办事处、53 个社区、12 个行政村。

唐徕渠第二农场渠自长胜街道办事处长胜村公路桥（里程桩号 K46+990）入大武口区，至石炭井沟口办事处平石桥（里程桩号 K65+042）出境，在大武口区境内流经 18.05 千米。承担着隆湖经济开发区、长胜街道办事处、长兴街道办事处、石嘴山监狱、沟口矿务局农场、安置农场、

12个行政村,共计6.7万亩(以2020年遥感面积计)农田灌溉任务。灌溉方式有自流灌溉和多级扬水灌溉,扬水灌溉和自流灌溉都有相对独立的灌溉系统。年均用水量3675万立方米,受益直开口19座。唐徕渠大武口区灌域设置有大武口管理所。

九、惠农区灌域

惠农区隶属于宁夏回族自治区石嘴山市,位于宁夏回族自治区最北端,东临黄河,西依贺兰山,南与大武口区相邻,北与内蒙古自治区乌海市接壤,是宁夏的北大门。县城距石嘴山市中心30千米,区域面积1254平方千米,约占宁夏回族自治区总面积的1.89%;拥有耕种土地面积88.87万亩。总人口20万,下辖3乡3镇、6个街道办事处。

唐徕渠第二农场渠自石炭井沟口办事处平石桥(里程桩号K65+042)入惠农区,渠梢没入燕子墩乡简泉村(里程桩号K83+040),在惠农区境内流经18千米,承担着燕子墩乡5个行政村1.39万亩(以2020年遥感面积计)农田灌溉任务;年均用水量1097万立方米,受益直开口25座。

十、宁夏农垦南梁农场

南梁农场创建于1953年,农场领导体制经历了宁夏园艺试验场到农建十三师五团,到国营南梁农场,再到宁夏农垦南梁农场有限公司等9次变更。农场土质较差、白僵土面积大,建场后土壤次生盐碱化严重,生产基础较差,经营管理薄弱,生产水平较低。改革开放以来,南梁农场对产业结构做了较大的调整,总结出"大坑穴栽,多施农肥,加强管理"的措施种植枸杞,扩大枸杞种植面积。南梁农场富硒枸杞种植基地,是宁夏乃至全国最大的富硒枸杞种植基地,被国家标准委员会列为第五批国家级农业标准化环保示范区项目。积极探索白僵土水稻栽培技术,水稻面积迅速扩大,亩产大幅度提高,总产由1979年的38.8万公斤,增至1988年的353万公斤,亩产由126公斤增至418公斤,进入全系统的先进行列。

南梁农场位于银川火车站北19千米,东至贺兰县铁西村,西至乌玛高速,南至银川市西夏区芦花村,北至贺兰县隆源村,土地面积4.98万亩,其中耕地面积3.63万亩(截至2020年底),总人口3919人,职工894人。唐徕渠第二农场渠承担着南梁农场1.32万亩(以2020年遥感面积计)农田灌溉任务,由南梁管理所负责灌溉供水;受益直开口5座,年均用水量970万立方米。自2020年起自治区水利厅规定,农垦用水权、用水量统一划归属地管理,南梁农场供、用水相关业务由银川市西夏区管理。

十一、宁夏农垦暖泉农场

暖泉农场创建于1955年5月,农建一师的100多名官兵来到这里开荒造田,1974年恢复为暖泉农场,土地面积22.83万亩。暖泉农场一直重视农田基本建设、科学种田、在全区最早推广锌肥、尿素秋施、新垦稻田翻压麦秆、低洼田连种水稻栽培技术等,引进"中单2号"玉米品种,是农垦系统农作物稳产高产、经济效益较好的单位之一,对加速农垦系统中低产田改造有很大意义。

暖泉农场位于贺兰县西北部35千米的贺兰山东麓,东至贺兰县洪广镇三二支沟,西至110国道,南至贺兰县洪广镇金山村,北至平罗县崇岗镇暖泉村,土地面积14.68万亩,总人口4443人,职工583人。唐徕渠第二农场渠承担着暖泉农场4.63万亩(以2020年遥感面积计)农田灌溉任务,由暖泉管理所、崇岗管理所负责灌溉供水;受益直开口12座,年均用水量2900万立方米。自2020年起自治区水利厅规定,农垦用水权、用水量统一划归属地管理,暖泉农场供、用水相关业务由贺兰县管理。

十二、宁夏农垦前进农场

前进农场创建于1952年2月,管辖西大滩土地32.95万亩。全场地势平坦低洼,地下水位高,排水不利,土壤类型复杂,被一些土壤学家称为盐碱土的天然标本库,仅龟裂碱土(白僵土)就占总面积的26%,开荒改良极其困难。从20世纪50年代起,进行化学、生物、物理的方法改良白僵土的试验,取得在盐碱白僵土上大面积连续种植水稻丰产的成功经验。革新的IYJ-3.7型环形镇压器、水稻旱播保苗技术,对宁夏农垦水稻栽培水平的提高起很大作用。还创造在芨芨墩上种沙枣、盐碱地上种红柳的经验,改变了西大滩荒凉的面貌。

前进农场位于平罗县西南约17千米的西大滩,东至京藏高速,西至乌玛高速向南延伸至兰丰沟,南至典农河(南距银川约63千米),北至乌玛高速与京藏高速连接线向西延伸至五分沟,土地面积27.3万亩,总人口6777人,职工462人。唐徕渠和第二农场渠承担着前进农场9.26万亩(以2020年遥感面积计)农田灌溉任务,由周城管理所、暖泉管理所和崇岗管理所负责灌溉供水;受益直开口6座,年均用水量7500万立方米。自2020年起自治区水利厅规定,农垦用水权、用水量统一划归属地管理,前进农场供、用水相关业务由平罗县管理。

十三、宁夏农垦简泉农场

简泉农场前身是1953年春建立的劳改农场,1973年8月划归农垦局管理。位于第二农场渠末梢,灌溉用水困难,因受地形地势的影响,风沙大、冰雹多、自然灾害频繁。20世纪70年代末,农田防护林带遭受邻近地区天牛传播的毁灭性危害,风灾更加严重,使生产经营处于较困难的境地。在自然条件较差的情况下,全场职工经过艰苦努力,特别是党的十一届三中全会以后,在改革、开放、搞活的新形势下,通过扩大井灌面积,调整产业结构,注重栽培技术措施的改进,扩大水稻种植面积,使粮食总产有较快的增长,小麦、玉米、高粱的亩产高出全系统平均水平,有的进入全系统先进行列。2004年因压粮扩经,粮食种植面积和产量减少,而经济效益大幅提高。

简泉农场位于大武口区东北约10千米处的贺兰山脚下,距石嘴山市9千米,东至第三排水沟,西至贺兰山边,南至301省道,北与惠农区红果子镇交界处,与大武口区、惠农区、平罗县等周边城镇接壤,土地面积9.87万亩,总人口2480人,职工96人。唐徕渠第二农场渠承担着简泉农场3.78万亩(以2020年遥感面积计)农田灌溉任务,由大武口管理所负责灌溉供水;受益直开口1座,年均用水量2500万立方米。自2020年起自治区水利厅规定,农垦用水权、用水量统一划归属地管理,简泉农场供、用水相关业务由惠农区管理。

十四、宁夏沙湖

宁夏沙湖旅游股份有限公司成立于2000年12月29日,由宁夏农垦集团控股管理。沙湖旅游区1989年8月开发建设,1990年5月1日开始接待游客。沙湖总面积30.12平方千米,其中湖面22.42平方千米,平均水深2.2米,沙漠22.5平方千米,湿地沼泽30平方千米,绿地5.2平方千米。数年来,沙湖旅游区在保护、改造、提升原自然景点的基础上,不断提高旅游文化品位,首批荣获全国"AAAA级生态旅游区"。1994年被国家旅游局列为全国35个王牌旅游景点之一。2000年9月被中央文明办、建设部、国家旅游局评定为"全国文明风景旅游区示范点"。

沙湖旅游区位于前进农场境内,地处银川和石嘴山两市之间,距银川市56千米。唐徕渠和第二农场渠承担着沙湖旅游区补水任务,由周城管理所和暖泉管理所负责生态供水;受益直开口2座,年均用水量4000万立方米。自2020年起自治区水利厅规定,农垦用水权、用水量统一划归属地管理,沙湖旅游公司供、用水相关业务由平罗县管理。

十五、西湖农场

西湖农场原来隶属于宁夏农垦局,它的前身是军垦农场,后来又变成劳改农场。场部在银川市西北面8千米处,位于包兰铁路以东、三一支沟两侧,与贺兰县丰登村和原银川郊区芦花台毗邻,土地面积2.98万亩。2004年总人口2267人,职工811人,耕地0.86万亩;唐徕渠第二农场渠承担着西湖农场农田灌溉任务,由南梁管理所负责灌溉供水。

2008年自治区决定将西湖农场从农垦系统分割出来整建制划归银川市金凤区。西湖农场依据3万多亩集沼泽、苇湖、草甸为一体的湿地优势,在自治区党委、政府的直接重视支持下,经专家考察、论证和规划,投资6400万元,建设"阅海公园"。银川湖城的特色也因此进一步彰显。

第三节 供用水管理

一、专管机构

1970年至1992年5月,自治区水利厅水利管理处负责全区水利工程建设、灌溉管理。

1982年9月至1992年,设自治区水利厅水利调度中心负责灌区水利调度、灌溉管理、渠道工程建设。

1992年5月至2012年12月,自治区水利厅灌溉管理局统一管理灌区干渠水利调度、灌溉管理、渠道工程建设。

2013年1月至2017年9月,自治区水资源管理局统一管理灌区干渠水量调度、灌溉管理、全区水资源管理、渠道工程建设。

2017年9月至今,自治区水利厅水利调度中心统一管理全区干渠水量调度,自治区水利厅农村水利处负责全区灌溉管理,水资源处负责全区水资源管理。

1970年2月,唐徕渠管理处成立。主要职责:宣传、贯彻执行国家和自治区水利方针、政策、法规、法令;负责干渠、支干渠的维护、安全输水运行;将干渠、支干渠水量分配到受益的直开口,并供水到直开口;协助、指导受益单位搞好农田灌溉管理。管理处成立时下设管理所8个,负责灌区灌溉管理的职能部门为唐徕渠管理处生产组。1972年9月,经中共宁夏回族自治区委员会水电局核心小组批准,唐徕渠管理处下设7个管理所,生产组更名为生产科。

1984年2月,经自治区水利厅党委批准,管理处下设10个管理所,生产科更名为水利管理科。随着灌区节水续建配套工程的逐年建设,渠道状况发生很大的改观,管理点逐渐并入管理段,唐徕渠干渠银川市空流段落的西门桥管理所于2006年8月并入杨显桥管理所统一管理。唐徕渠自上而下实行处、所、段三级管理体系,直开口以下由市县水务部门及农民用水者协会负责管理。

2006年8月,自治区机构编制委员会审核批准唐徕渠管理处下设7个职能科室、11个基层管理所(30个管理段),水利管理科更名为灌溉管理科。

二、群管组织

灌区村级管理委员会为用水管理群管组织。主要职责:负责宣传、贯彻执行有关水利方针、政策、法规、法令;负责支斗渠的安全运行管理、灌区农田灌溉及收取水费。

1970年唐徕渠管理处成立以后,灌区社、队、场等用水单位逐步成立管理委员会,设专职支、斗渠长，专门负责支斗渠的用水管理。灌区公社、大队选派有管水经验、有文化的农民担任支渠长（看口员或接水员），直接参与支斗渠的管水工作。灌溉时管水，停水后回生产队干农活，报酬由公社或大队负担。管理所给支渠长补助工资每年45元。

自2000年开始，灌区农业供水管理体制进行改革。唐徕渠管理处协助贺兰县选择南双渠率先实行支渠承包管理改革试点。2001年3月，自治区人民政府下发《关于推进小型水利工程产权制度改革的意见》后，各地市县进一步加大改革力度，有组织地引导农民参与用水管理。各市县水利主管部门牵头，各乡镇负责，水管单位参与指导，根据支斗渠的供水指标、灌溉管理、水费征收、渠道维修等任务指标，通过召开村民代表大会进行公开招标，选择有一定经济实力、管理经验丰富、热心为群众服务的新型农民走上支渠管水的岗位。2001年，管理处协助银川、贺兰、永宁选择66条支渠进行承包管理，覆盖灌溉面积8.3万亩。管理处先后投资30多万元对120条支渠测水断面进行标准砌护，购置测水仪器42台，实行双方测流签字制度，公开水情；加强水量调度，优化水资源配置，每月将各市县用水量定期公布，引导和督促各地增强节约用水的紧迫感。承包管理后，责、权、利明确，管理加强，节水效果明显。同时，大多数承包人认真负责、昼夜巡渠、精心维护，灌溉秩序大有好转，保证了群众均衡受益，减少了争水抢水纠纷。

农民用水者协会组织是沟通管水单位和灌区群众供用水双方之间的桥梁和纽带，具有不可替代的重要作用。它是按照一定的章程组织起来的自主经营、自我管理的群众性管水组织。

2004年5月，自治区政府印发《关于宁夏引黄灌区农业供水管理体制及水价形成机制改革指导意见》；6月，自治区水费改革指导委员会印发《宁夏引黄灌区农业供水管理体制及水价形成机制改革实施方案》；自治区水利厅、物价局印发了《关于自流灌区农业供水价格与水费计收管理试行办法》。自治区政府召开农村水费改革工作会议，标志着引黄灌区农村水费改革工作全面启动。在自治区水利厅及有关部门的支持下，灌区各市县和水利部门遵循自治区水费改革工作总体部署安排，创新思路，大胆探索，积极开展水费改革试点工作。

2004年，唐徕渠管理处首先在平罗县姚伏镇、青铜峡市渔粮村、西湖农场成立3个试点组织试运行。

2005年，唐徕渠灌域市县、乡镇组建各级农民用水者协会177家。其中，以乡（镇、场）为单元成立的农民用水者协会16家，以村为单元成立的农民用水者协会142家，以支渠为单元成立的农民用水者协会19家。

三、灌溉管理

宁夏引黄灌区干旱少雨，无水利就是无农业。当地人民视水利为命脉，称渠道为"吃饭碗"。无论朝代如何更替，"民办、公助、官督"和"取之于民，用之于民"的水利管理体制总是相应沿袭，经久不衰。

宁夏引黄灌溉制度最早的史料记载见于北魏时期《魏书》，"一旬之间，则水一遍，水凡四溉，谷得成实"。宋夏时期已有明确的管理律令，在以西夏王朝为中心的宁夏平原上，继承并发扬汉代以来的农业管理经验,《天盛改旧新定律令》是中国历史上保存完整、最接近现行法律,并且具有浓厚人性化色彩的综合性法典。其中涉及到水利建设的就有5门40条之多,即《天盛改旧新定律令》中的《春开渠事门》《园地苗圃灌溉法门》《灌溉门》《桥到门》和《地水杂罪门》。《天盛改旧新定律令》中对于各级管护人员的职责和失职处罚做了明确的规定,如要求从中央到地方的各级长吏都要亲自过问水利灌溉,每年春天开渠大事,先由局分处提议,伕事小监、诸司级转运司大人、承旨、前官侍等"于宰相面前定之,当派胜任之人,自口局分当好好开渠,修造垫板,使之坚固"(《天盛改旧新定律令》卷15《催租罪功门》)。尤其对渠道灌溉、维护与管理方面的法律条文更为严厉,规定每岁修渠。西夏专设农田水利管理机构,在中央有农田司,地方为水利局。水利局分设大人、承旨,司吏、伕事小监、渠水巡检、渠主、渠头,专门负责一州一县或一渠一沟的分水配水及渠系设施的维修管护。西夏时期建立的农田水利开发和管理制度,即使在今天也有借鉴意义。

明代实行军屯,经营屯田,兴修水利,在工程维修和灌溉管理方面定有规章,每年春季3月发动屯田兵士和在役军士的子弟维修闸坝,挑浚渠道,四月初开闸放水。河西道汪文辉在大坝营建石正闸,并于正闸立一木杆上刻尺度,以测水势,以五十寸为一分,以十二分为率。唐徕渠西门桥有测水木尺,并严定测水分数,以防水小不能到梢,水大涨裂渠身之弊。雍正九年春(1731年)侍郎通智、御史史在甲、宁夏道鄂尔昌、宁夏知府顾尔昌、水利同知石礼图领帑重修唐徕渠,又延长迎水堤3里零10丈,并在大坝正闸以上约5里处,造滚水石坝30丈,增设3墩4孔退水闸1座,用以调泄多余水量,又在正闸的梭墩尾和西门桥柱上刻画分数,标测水位,兼察淤澄,并在西门桥、大渡口等处渠底布埋准底石12块,作为后来疏浚的标准。对于渠道岁修的时间、要求、出夫、出料以及开水后的封俵轮灌制度都有规定,违者严究。乾隆四年(1739年)及四十二年(1777年)又经宁夏道钮廷彩、王廷赞先后借帑大修。宣统元年(1909年)驻防宁夏满营副都统志锐,为旗民学习农业,请帑由宁朔县靖益堡唐徕渠西堤开湛恩渠一道,浇灌唐徕渠以西的荒地,只可惜渠道中泥沙淤积严重,现在一部分段落由良田渠供水。

中华人民共和国成立后,自治区人民政府明确规定,国家投资建设的水利工程属国家所有,由国家管理;民办公助或社队自筹资金修建的水利工程属集体所有,由集体管理,并建立由受益地区、单位组成的各级管理委员会,实行上下监督的民主管理体制。20世纪50年代灌溉是五月初放水以后,必须将上、中段支斗渠口"严封实闸、逼水到梢",等到梢段灌完水,上、中段才能由下而上、先高后低开口灌水,送水达梢,就称之为"封水"。与此同时,对上、中段灌溉农田较多的大支渠,或者高斗高地酌情分给一定水量,让它与大干渠渠梢同时灌完,称之为"俵水"。"封俵"不合适的时候,灌溉则难以顺利完成。因此就有"封俵如号脉"之说,每轮灌溉封俵工作十分重要。上一段要给下一段交够水,若梢段平罗的灌水没有按预定的时间灌完,取不到"梢结"(即威震、惠威两村灌水完毕,当地农民代表十余人出具证明签名盖章,后来改为木质梢结牌,交给管水人员上报,作为考核梢结的证据),交上段或上一级的水利机构负责人要受处分,以致撤职、管押或判刑。若梢段灌溉及时,农民就交口称赞。各轮水由下而上的封俵灌溉制度由来已久。头轮水到夏至节灌完,二轮水到白露节灌完,关闭唐正闸停水一月,进行秋修,俗称为秋工,为渠道冬灌安全放水做好准备。唐徕渠战线长、灌溉面积大,冬灌于霜降(每年的10月20—25日)前放水冬灌,又称三轮水,于小雪节前(每年11月20—22日)灌满,全年灌溉至此结束。

1960年,开始按照灌溉面积、种植作物的用水量和时间自下而上编报用水计划,由上而下审批执行。如需调整计划,必须于1—3日前上报批准。

1962年9月,自治区人民委员会举行第二十四次行政会议,通过《宁夏回族自治区引黄灌区水利管理试行办法》,规定水利管理机构按行政区界以市县设局,并按辖区情况分段设管理所。渠、沟道及其建筑物,每年进行岁修和经常维修养护,并建立严格的检查制度。农田灌溉推行计划用水,坚持昼夜轮灌和先下而上、先高后低的轮灌制度。

1983年,经自治区人民政府批准,灌区实行按方计量收费的办法,使灌溉管理向前推进了一大步。到1985年,灌溉管理已形成较完备的制度,形成《宁夏回族自治区水利管理条例》。灌区696个直开口中采用各种形式测水量水的直开口占54%。其中建筑物量水的占24%,无喉槽量水的占12%,流速仪测水的占11%,用抽水机测水的占2%,不易测水的小口占5%,水费参照附近相似土质之水量议定。唐徕渠梢及良田渠、大新渠、第二农场渠梢的直开口不单独量水,分段测出总水量平摊的占46%。

1990年到2000年期间,实行定额管理,以需定供,漫灌是灌区的常态化灌溉模式。2000年以前,唐正闸开灌在4月底到5月初,9月下旬(20—25日)秋灌结束,停水1个月左右,10月下旬到11月20日进行冬灌,干渠全年行水期180天左右。灌区内南部气温比北部稍高,排水条件较好,各种作物的灌水次数较多,灌水量也由南向北呈递减趋势。唐徕渠灌区银川以南小麦生长期灌水3~4次,用水量190~250立方米/亩;银川以北灌水2~3次,用水量180~210立方米/亩。水稻从播种到成熟灌水10~30次,用水量600~2000立方米/亩。2000年以后唐正闸开灌在4月初(个别年份还有3月1—15日开闸)放水,首先满足灌域内各生态湖泊湿地补水,其次在农业灌溉中改变以往的按需定供的灌溉模式为以供定需,实行总量控制、定额管理相结合的方式,各县区及各管理所的配用水量随唐正闸的引水同比例丰增枯减。灌区受益乡村每年春季上报种植结构,按照上报的水作、旱作种植面积由支渠管理人员上报3—5日用水需求,管理段汇总后将用水需求上报管理所;管理所汇总各管理段用水需求后形成管理所3—5日的用水需求上报管理处。管理处结合唐正闸的实引流量同比例分配各管理所次日用水量。管理所交界断面之间每天实行交接水制度,确保上下游均衡受益。

2004年5月,自治区水费改革指导委员会印发《宁夏引黄灌区农业供水管理体制及水价形成机制改革实施方案》,自治区水利厅、物价局印发《关于自流灌区农业供水价格与水费计收管理试行办法》,标志着引黄灌区农村水费改革工作全面启动。在自治区水利厅及有关部门的支持下,灌区各市县和水利部门遵循自治区水费改革工作总体部署安排,积极开展水费改革试点工作。

2005年,自治区政府对水价进行改革,实行"一价制"水价制度,即合并收费项目,将干渠水费、征工折款、维管费三费合一,规范了水费收缴方式。实行供水单位统一开票到户,农民用水者协会收费到户的"一费开票到户、一费收票到户"制度,农民见票付款,做到票款两清。同时,在灌区大力推行"农民+用水者协会(支渠长)+水管单位"三位一体供用水管理体制。乡村大力调整种植结构,科学用水灌溉,积极推行"一把锹"淌水制度。随着灌区续建配套工程建设、灌区作物种植结构调整、灌区城镇化的推进、黄河来水量逐年减少等因素影响,干渠引水量减幅较大,唐正闸从20世纪90年代的年均17亿立方米的引水量减少至现在的年均10亿立方米左右。干渠从上游到下游作物结构、耕作制度、灌水季节等大同小异。灌区内水稻和旱地一般实行轮作,即一年种水稻,一年种旱作;或两年种水稻,一年种旱作。2007年,宁夏回族自治区农牧厅和水利厅联合发出《关于印发〈水稻种植优化布局与发展规划〉的通知》(宁农(种)发〔2007〕(19)号)文件中明确规定唐徕渠梢段的八一桥以下、第二农场渠的五分沟以下为禁稻区,禁止种植水稻。

2015年开始,黄河上游水情偏枯的趋势进一步加剧,分配给唐徕渠的黄河引用水量不断减少。针对引水指标减少、灌区种植结构大幅度调整、沙湖、典农河生态补水量突增、供用水矛盾日益增多,管理处积极应对,科学研判,坚持"月计划、周安排、日分析",严格执行领导带班、交接班例会、阳光水务等制度,采取编组轮灌、多水源联合调度、错峰生态补水等措施,保障灌区农业适时灌溉和湖泊湿地生态补水。唐徕渠引水量自1986年至2021年逐年呈递减趋势。

四、测流量水

灌区各干渠水位观测,始于明代隆庆年间,河西道汪文辉在今大坝营建石正闸,并于正闸立一木杆上刻尺度,以测水势,以五十寸为一分,以十二分为率。唐徕渠西门桥有测水木尺,并严定测水分数,以防水小不能到梢,水大涨裂渠身之弊。这种方法一直沿用到1940年。

1940年7月,由原宁夏省建设厅在唐徕渠上设观测点,巡回进行水位、流量、含沙量水文测验工作。1945年,由前黄河水利委员会设立唐徕渠大坝堡水文观测站。

1949年以前,灌区只在唐正闸、西门桥等主要渠段的桥柱上安装水尺,刻以五市寸为一分的水位标尺,当地称"水刻字"。根据多年经验,定出各渠段最高水位线的位置数值,用来掌握水情,控制灌溉。如唐徕渠的西门桥设15分为率,低于此水位则不能满足下游的灌溉用水,高于此数值则容易出现险情。以前的管水员,凭历年灌溉用水经验,判定若干分水,几天之内即可灌完应灌的作物。各渠段在灌溉会议上,商量确定分水之后,制定交接水分表,大家均要遵照执行,违者受罚。

中华人民共和国成立初期仍沿用旧的水分制,封俵控制灌溉。1954年,宁夏省水利局充实灌溉管理的技术人员,配备一些测流仪器,重新整修测流断面,设立以米计量的新水位尺,同时记载新、旧水位尺数与斗口封俵控制灌溉的时间、水量等,并在王太农场进行灌溉试验,实测各种作物的用水量及用水时间。通过以上准备工作,于1955年干渠取消了旧的"水刻字",设立新的流量测验断面,在唐徕渠使用粗略的配水计划,参与灌溉封俵制度执行。自此以后推广到其他各渠道管理处。

1960年开始,干渠先后开始执行计划用水。

1970年,以干渠成立管理处,调整管理所的管辖地段,增加测水断面,配备流速仪,实行测水断面每4小时上报一次水位,8点及16点测流量,绘制干渠断面水位流量曲线,使交接水有了准确的水位、流量控制数据。干渠沿线管理所、管理段实行"以亩定量、配水到口"的管理方式。灌溉期间为达到上下游均衡受益,实行先下游后上游、先高口后低口、先大口后小口、先急后缓的配用水制度。

1983年,经自治区人民政府批准,灌区实行按方计量收费的办法,使灌溉管理向前推进一大步,但计量工作只是在支斗口量水,而支渠口以下仍旧按亩计费。灌区自1983年改按亩收费为按方计量收费后,唐徕渠管理处逐步出台引配水制度、干渠断面交接水制度、量测水管理制度等,各管理所严格执行,逐步理顺灌区从南到北的管理体制和灌溉模式。干渠八一桥及第二农场渠平石桥以上的斗口均量水到斗口,各支干渠及八一桥以下和平石桥以下的斗口量水采取大断面分摊的方式计量。随着灌区精细化管理的稳步推进,各支干渠及八一桥以下和平石桥以下有条件的支渠逐步开始细化量水单元到斗口,不具备单独量测水条件的仍实行断面核减支斗口水量后再分摊的方式量水。唐徕渠灌区现有直开口513座,实施按直开口计量的317座,灌溉面积55万亩,以大断面测流分摊计量的有9个测流断面,灌溉面积18万亩,涉及支渠196条。

干渠、支干渠交接水测流断面有三棵树、玉泉、陡坡、良田渠、大新渠、新桥、八一桥、第二农场渠进口、暖泉渠、分水闸、公路桥。唐徕渠进口(三棵树)断面的测流自2000年至2018年由渠首管理处负责施测,2019年改为宁夏回族自治区水文水资源勘测预警中心负责,渠首管理处负责唐正闸的水量调配。各管理所之间实行断面交接水制度,接水管理所负责测流断面的测流及管理工作,交、接水测水员互相监督,密切协作。每年测流断面水尺的安装、高程的校测、过流断面的测量由上下游两个管理所的技术员、测流员共同施测确定。测流资料由下游管理所负责计算、保管和上报,上游管理所负责校核。各管理所技术员负责指导本所测流技术及审核、校测、检查测流资料,绘制或修订水位流量关系曲线。灌溉管理科负责解决管理处测流技术问题及复核测流资料,核定测流曲线。随着干渠断面维修改造的不断推进,干渠测流断面均为砌护的标准断面,水位—流量关系曲线基本稳定。干渠断面主要以复测校核为主,每年复核校测不少于30次,其中夏秋灌不少于20次,冬灌不少于10次。

支渠的量水主要以流速仪量水和建筑物量水为主,对于不具备流速仪测流、也没有条件按照建筑物量水的支渠,实行以大断面量水进行分摊的方式计量。实行建筑物量水的支渠须符合下列条件:支渠口完整、无变形,不漏水,无淤积及阻塞现象;闸门启闭不漏水;符合水力计算的要求,水头损失不少于5厘米,水流呈潜流状态时,其潜没度(下游水深与上游水深之比)不大于0.95;斗口不允许漫水。唐徕渠实行建筑物量水的支渠有51条。支渠测量水工作主要由各管

理所的管理段承担,一般每个管理段设 1~2 名测水员,配备 1~2 台流速仪,主要负责管辖段落内的干渠大断面和所管支渠的测流工作。测量水工作实行按斗计量,日清日结,并严格履行供需双方签字手续。各管理所每天晚上校核各支斗渠供水量并上报,管理处灌溉科按照市县区域汇总后于当日 22:00 前上报水利厅调度中心。各所技术员每旬审核各段供水证及测流资料,每月 3 日前将审核后支斗渠供水量汇总上报管理处。每月 5 日前将上月供水量公布到受益单位。管理处每两年统一收取各种型号的流速仪,送仪器检测率定单位进行校正、保养、维护。2009 年,管理处购买了走航式 ADCP 流速流量剖面仪。通过运用走航式 ADCP 对全处干渠断面进行校测、修正,并将干渠大型直开口流量曲线进行校测修订,提高了测量水工作的效率和精度,提升了科学管水的水平,为全处后续引进超声波、雷达、视频监测等新型测流设备提供了经验。

五、灌溉定额

为加强灌区农业用水管理,实行"总量控制与定额管理",科学指导灌溉,提高灌溉水利用效率,宁夏引黄灌区先后开展作物灌溉试验,多次修订发布用水定额,为灌区农业用水和配水计划编制提供依据。唐徕渠灌区主要作物灌溉用水定额,执行自治区水利厅历年颁布的引黄灌区农业用水干渠直开口配水定额,见表 5-1、表 5-2、表 5-3、表 5-4、表 5-5、表 5-6。

表 5-1 引黄灌区支斗渠配水定额(1985 年)

单位:m³/亩

县区	5000 亩以上支渠		5000 亩以下支渠	
	水稻	旱作	水稻	旱作
青铜峡	2600	800	2400	700
永宁县	2400	750	2300	700
银川市	2200	700	2100	650
贺兰县	2000	700	1900	650
平罗县	1800	650	1700	600
石嘴山	1800	650	1700	600

表 5-2 自流灌区农业用水干渠直开口配水定额(2004 年)

单位:m³/亩

县区	支斗渠口毛配水定额					
	水稻			旱作		
	大于 5 千亩	1~5 千亩	小于 1 千亩	大于 5 千亩	1~5 千亩	小于 1 千亩
青铜峡	2200	2100	2000	800	750	700
永宁县	2100	2000	1900	750	700	650
银川	2000	1900	1800	700	650	600
贺兰	1900	1800	1700	700	650	600

续表

县区	支斗渠口毛配水定额					
	水稻			旱作		
	大于5千亩	1~5千亩	小于1千亩	大于5千亩	1~5千亩	小于1千亩
平罗	1800	1700	1600	650	600	550
石嘴山二农	1700	1600	1500	650	600	550
西干渠	1500	1400	1300	600	550	500

备注：此配水定额取自《关于自流灌区农业供水价格改革与水费计收管理试行办法的通知》（宁价商发〔2004〕79号文），自2004年4月1日执行。

表5-3 自流灌区农业用水干渠直开口配水定额（2005年）

单位：m³/亩

县区	夏秋灌						冬灌
	水稻			旱作			
	大于5千亩	1~5千亩	小于1千亩	大于5千亩	1~5千亩	小于1千亩	
青铜峡	2050	1930	1840	730	690	650	150
永宁县	2000	1900	1800	720	660	620	150
银川	1900	1800	1710	660	620	570	150
贺兰	1800	1710	1620	680	630	580	150
平罗	1750	1650	1550	650	600	550	150
石嘴山二农	1700	1600	1500	650	600	550	150
西干渠	1500	1400	1300	600	550	500	150

备注：此配水定额取自《关于自流灌区农业供水价格改革与水费计收管理试行办法的通知》（宁价商发〔2005〕10号文），自2005年1月1日执行。

表5-4 自流灌区农业用水干渠直开口配水定额（2009年）

单位：m³/亩

区域	水稻			旱作			冬灌
	大于5千亩	1~5千亩	小于1千亩	大于5千亩	1~5千亩	小于1千亩	
青铜峡	2000	1900	1840	730	690	650	150
永宁县	1950	1850	1800	720	660	620	150
银川	1900	1800	1710	660	620	570	150
贺兰	1800	1710	1620	680	630	580	150
平罗	1750	1650	1550	650	600	550	150
石嘴山二农	1700	1600	1500	650	600	550	150
西干渠	1500	1400	1300	600	550	500	150

备注：此配水定额取自《关于调整引黄灌区水利工程供水价格的通知》（宁价商发〔2008〕54号文），自2009年1月1日执行，一直沿用至今。

表 5-5 农业灌溉用水定额表(2017 年)

单位:m³/亩

编号	作物名称	灌溉方式		北部引黄灌区				
				卫宁沙坡头灌区	青铜峡河东灌区	青铜峡河西银南灌区	青铜峡河西银北灌区	周边小扬水灌区
1	春小麦	畦灌	生育期	250	250	240	230	240
			冬灌	60	60	60	60	60
			小计	310	310	300	290	300
2	麦套玉米	畦灌	生育期	370	370	360	330	360
			冬灌	60	60	60	60	60
			小计	430	430	420	390	420
3	玉米	畦灌	播前灌	60	60	60	60	60
			生育期	230	230	220	210	220
			小计	290	290	280	270	280
		沟灌	播前灌	60	60	60	60	60
			生育期	160	160	160	145	150
			小计	220	220	220	205	210
		膜下滴灌		140	140	140	140	140
4	水稻	控制灌溉	生育期	830	830	830	790	—
			冬灌	—	—	—	—	—
			小计	830	830	830	790	—
		常规灌溉	生育期	1100	1100	1050	1050	—
			冬灌	—	—	—	—	—
			小计	1100	1100	1100	1050	—
5	冬小麦	畦灌	播前灌	60	60	60	60	60
			生育期	240	240	240	210	220
			小计	300	300	300	270	280
6	枸杞	畦灌	生育期	440	440	440	400	430
			冬灌	60	60	60	60	60
			小计	500	500	500	460	490
		沟灌	生育期	320	320	320	290	310
			冬灌	60	60	60	60	60
			小计	380	380	380	350	370
		微灌	生育期	240	240	240	230	230
			冬灌	60	60	60	60	40
			小计	300	300	300	290	270

续表

编号	作物名称	灌溉方式		北部引黄灌区				
				卫宁沙坡头灌区	青铜峡河东灌区	青铜峡河西银南灌区	青铜峡河西银北灌区	周边小扬水灌区
7	葡萄	沟灌	生育期	290	290	290	260	280
			冬灌	60	60	60	60	60
			小计	350	350	350	320	340
		微灌		280	280	280	280	280
8	红枣	畦灌	生育期	220	230	220	210	220
			冬灌	60	60	60	60	60
			小计	280	290	280	270	280
		沟灌	生育期	190	200	190	180	190
			冬灌	60	60	60	60	60
			小计	250	260	250	240	250
		微灌		210	210	210	210	210
9	果树（苹果、梨等）	畦灌	生育期	240	240	230	220	230
			冬灌	60	60	60	60	60
			小计	300	300	290	280	290
		沟灌	生育期	150	150	140	135	135
			冬灌	60	60	60	60	60
			小计	210	210	200	195	195
		微灌		150	150	150	150	150
10	牧草	畦灌	生育期	230	230	230	220	210
			冬灌	60	60	60	60	60
			小计	290	290	290	280	270
		喷灌		—	—	—	—	240
11	油葵	畦灌	播前灌	60	60	60	60	60
			生育期	180	180	180	150	160
			小计	240	240	240	210	220
12	温室蔬菜	膜下滴灌		360	360	360	360	340
13	拱棚蔬菜	膜下滴灌		260	260	260	260	260
14	露地蔬菜（1茬）	沟灌	播前灌	60	60	60	60	60
			生育期	360	360	360	360	360
			小计	420	420	420	420	420
		滴灌		300	300	300	300	300

续表

编号	作物名称	灌溉方式		北部引黄灌区				
				卫宁沙坡头灌区	青铜峡河东灌区	青铜峡河西银南灌区	青铜峡河西银北灌区	周边小扬水灌区
15	外销蔬菜(4~6茬)	喷灌	生育期	600	600	600	600	530
			冬灌	60	60	60	60	60
			小计	660	660	660	660	590
16	马铃薯	沟灌	生育期	120	120	120	120	120
			冬灌	60	60	60	60	60
			小计	180	180	180	180	180
		滴灌		95	95	95	95	95
		喷灌		—	—	—	—	—
17	露地西(甜)瓜	沟灌	播前灌	60	60	60	60	—
			生育期	120	120	120	110	—
			小计	180	180	180	170	—
		滴灌		120	120	120	120	120
18	防护林	微灌		140	140	140	140	140

备注：

1. 本次修订的作物灌溉定额系指农作物在播前(含冬灌)及全生育期内的灌溉净定额，各级渠道的毛灌溉用水定额，可用净定额除以相应的田间水及渠系水利用系数来确定。

2. 由于各区域的水源和灌溉条件差异，制定的灌溉定额灌溉保证率也不尽相同。其中引、扬黄灌区为灌溉保证率75%条件下的灌溉定额；南部库井灌区为灌溉保证率50%条件下的灌溉定额。滴灌、喷灌等高效节水灌溉为灌溉保证率85%条件下的灌溉定额。

3. 引黄自流灌区种植小麦(含小麦套种玉米)、多年生作物(果树、牧草、药材)和运用保墒旱直播技术的水稻种植区域需进行冬灌。对于玉米和冬小麦，除生长期用水外，以种植前灌水(播前灌)为宜。一般情况下，如果头年进行冬灌，原则上第二年不考虑播前灌。

4. 对于枣树微灌种植，北部引黄灌区枣树微灌灌溉定额为210m³/亩，种植密度为110株/亩左右；中部干旱带枣树微灌灌溉定额为90m³/亩，种植密度为37株/亩左右。

5. 外销蔬菜一般指菜心、白菜、菠菜、油菜、芥蓝、雪豆、旺菜、上海青等，年种植4~6茬。露地蔬菜主要指西红柿、辣椒、西芹、南瓜、大白菜、萝卜、甘兰等，年种植1茬。

表 5-6　农业灌溉用水定额表（2020年）

单位：m³/亩

编号	作物名称	灌溉方式		北部引黄灌区				
				卫宁灌区	青铜峡河东灌区	青铜峡河西银南灌区	青铜峡河西银北灌区	周边小扬水灌区
1	水稻	控制灌溉	生育期	830	830	830	790	—
			冬灌	—	—	—	—	—
			小计	830	830	830	790	—
		常规灌溉	生育期	1050	1050	1100	1000	—
			冬灌	—	—	—	—	—
			小计	1050	1050	1100	1000	—
2	春小麦	畦灌	生育期	250	250	240	230	240
			冬灌	60	60	60	60	60
			小计	310	310	300	290	300
3	冬小麦	畦灌	播前灌	60	60	60	60	60
			生育期	240	240	240	210	220
			小计	300	300	300	270	280
4	玉米	露地滴灌		180	200	200	180	210
		膜下滴灌		140	140	140	140	140
5	油葵	畦灌		210	210	210	190	210
		滴灌		120	120	120	120	120
6	马铃薯	沟灌		160	160	160	160	160
		滴灌		95	95	95	95	95
		喷灌		—	—	—	—	—
7	温室蔬菜	膜下滴灌		360	360	360	360	340
8	拱棚蔬菜	膜下滴灌		260	260	260	260	260
9	露地蔬菜	沟灌	播前灌	60	60	60	60	60
			生育期	320	320	320	320	320
			小计	380	380	380	380	380
		滴灌		300	300	300	300	300
10	外销蔬菜	喷灌		600	600	600	600	600
11	露地西甜瓜	沟灌	播前灌	60	60	60	60	—
			生育期	120	120	120	110	—
			小计	180	180	180	170	—
		滴灌		120	120	120	120	120

续表

编号	作物名称	灌溉方式		北部引黄灌区				
				卫宁灌区	青铜峡河东灌区	青铜峡河西银南灌区	青铜峡河西银北灌区	周边小扬水灌区
12	红枣	畦灌	生育期	220	230	220	210	220
			冬灌	60	60	60	60	60
			小计	280	290	280	270	280
		沟灌	生育期	190	200	190	180	190
			冬灌	60	60	60	60	60
			小计	250	260	250	240	250
		滴灌		210	210	210	210	210
13	果树（苹果、梨、杏等）	畦灌	生育期	240	240	230	220	230
			冬灌	60	60	60	60	60
			小计	300	300	290	280	290
		沟灌	生育期	150	150	140	135	135
			冬灌	60	60	60	60	60
			小计	210	210	200	195	195
		滴灌		200	200	190	190	190
14	葡萄	沟灌	生育期	290	290	290	260	280
			冬灌	60	60	60	60	60
			小计	350	350	350	320	340
		滴灌		280	280	280	280	280
15	枸杞	畦灌	生育期	440	440	440	400	430
			冬灌	60	60	60	60	60
			小计	500	500	500	460	490
		滴灌	生育期	240	240	240	230	230
			冬灌	40	40	40	40	40
			小计	280	280	280	270	270
16	牧草	畦灌	生育期	230	230	230	220	210
			冬灌	60	60	60	60	60
			小计	290	290	290	280	270
		喷灌		240	240	240	240	240
17	优质高产苜蓿	格田灌溉		560	560	560	560	560
		喷灌		450	450	450	450	450
18	防护林	滴灌		140	140	140	140	140

备注：
1. 本次修订的作物灌溉定额系指农作物在播前（含冬灌）及全生育期内，单位灌溉面积上的灌溉水量，即净灌溉定额。各级渠道的毛灌定额，可用净定额除以灌区田间水利用系数及相应的渠系水利用系数来确定。
2. 由于灌溉条件差异，制定的灌溉定额保证率也不尽相同。其中，地面灌溉为灌溉保证率75%条件下的灌溉定额；滴灌、喷灌等高效节水灌溉为灌溉保证率85%条件下的灌溉定额。
3. 对于枣树滴灌种植，北部引黄灌区枣树滴灌灌溉定额为210立方米/亩，种植密度110株/亩左右；中部干旱带枣树滴灌灌溉定额为90立方米/亩，种植密度为37株/亩左右。
4. 外销蔬菜一般指菜心、白菜、菠菜、油菜、芥蓝、雪豆、旺菜、上海青等；露地蔬菜主要指西红柿、辣椒、西芹、南瓜、大白菜、萝卜、甘兰等。
5. 牧草主要指在土壤地力等级不高，具有一定灌溉条件地区种植的苜蓿、苏丹草、黑麦草、燕麦草等多年生豆科或一年生禾本科牧草；优质高产苜蓿指干草亩产量1000千克以上、质量达到国家二级草品质以上、品质指标符合《苜蓿干草捆（NY/T1170—2020）》的苜蓿。
6. 本定额中畦灌灌溉定额均是在对田块进行激光平地作业后的灌溉定额；冬灌定额是在田地深松翻、磨精或旋耕作业后的灌溉定额。

六、水费计收

宁夏引黄灌溉自秦汉以来，经历代开发整治得以完善和发展。灌区水利工程的维修、管护所需费用，历代虽不相同，但大部分以水费或征收物料的形式进行筹集，从而使灌区水利不断发展。

明代以前主要是"军屯"，渠道岁修费用由在役军士的子弟或军丁（军士）承担。清朝及中华民国期间改为"以渠养渠，官督民修公助"的办法，基本上由灌区受益者承担，灌区内各渠各年间也不尽相同。唐徕渠规定60亩地为1份（不足60亩者，数户合朋1份），出夫1名，做工1月。有的渠100亩为1份，或75亩为1份，视当年工程而定。每亩出草1束（重6公斤左右），还有随份夫带征沙椿若干根。距渠道工地近者，直接送草、运石料到指定工地，称为"本色"。其他工料如芨芨草、白茨、石灰、胶泥、木料等"坝料"，均以现款交纳。距工地远者征收现金，称为"折色"。昔有"七本三折"之分，即七成征实物，三成征现金；也有"六本四折"的。全部物料按价总计需款数，确定当年每亩应征水费若干。一般年亩征收水费1角稍多，最高2角。

1934—1936年，在清丈地亩后，水费全省实行统一标准征收。规定每亩地征收水费4角，草1~2捆（每捆重8公斤），每亩地征工两个半，后因货币贬值，水费改收黄米15市斤。1939年以后，每年由中央政府补助30万元用于水利建设经费。1941年以渠设局管理，全省核算，量出定入。

中华人民共和国成立后改为按县分段管理，水费和征工由省（区）统筹统支，余缺互济，多出工者抵下半年征工。

1950年，宁夏省人民政府颁布《宁夏省1950年征收水利费暂行办法》，规定"依据以渠养渠和取之于民用之于民"的原则，实行水利费统收统支，凡以渠水灌溉的地亩，不分地带、产量，统一规定每亩地征收水费人民币2角，人工半个，水刮子（盐碱化）地征工不征款。

1951年10月，宁夏省政府以省办字第403号令公布《宁夏省水利费征收暂行办法（草案）》，规定凡是受渠水灌溉有一定收入的田地，不论土地好坏，不论公私经营，一律要交纳水利费。水利费暂定每年每亩征收黄米2公斤，按照当地牌价折收人民币。每亩并计征人工半个，水刮子田和水车只征工不征米。

1953年，为集中人力、物力、财力整修旧渠沟，并建新渠新沟，省人民政府又颁布《宁夏省修正水利费征收暂行办法》，规定"水利费征收标准暂定每年每亩征收黄米4市斤（亦可折收其他粮），并征人工半个"。

1956年，由于旧渠改建，工程繁多，费用增大且水稻、旱作物用水量悬殊，改为旱作物地每亩每年征收水利费0.50元，水稻地每亩每年征水利费0.70元，不分稻旱田每1.5亩地征工一个。

1964年7月，自治区水电局要求："水费征收工作仍由各县水电局负责，管理所积极协助按期完成"，自此至1969年，水费征收按照实际灌溉面积和征费征工标准由自治区水电局收缴。每年分夏、秋两次征收，全年征收任务于9月底前完成60%，11月底全部完成。

1970年，以干渠成立管理处后，水费和征工折款沿用1956年水费征收标准，按水旱田面积以亩征收水利费。此办法一直沿用到1982年。

1983年，经自治区人民政府批准全灌区实行计量收费，在额定供水量内，每立方米水收费0.001元，超定额实行加价收费。征工按每工日1.50元折收现金。计量收费后，用户的惜水观念增强，漏水弃水现象减少，节约用水初见成效。用水高峰时，上下游矛盾较前缓和，用水纠纷大减。

1988年，根据自治区水利厅宁水发〔1988〕4号文件的规定，水利征工收费标准由每个工日1.50元调整为2.10元。

1989年10月，自治区人民政府颁布《宁夏回族自治区水利工程水费计收、使用和管理办法》（宁政发〔1989〕115号文件）规定：农业用水包括粮食作物、经济作物和林草用地，以支斗渠进水口为计量点，实行按方计量，平均每立方米水收费2厘，水产养殖业用水平均每立方米收费5厘。超计划用水20%~40%，超用水部分每立方米加收2厘，超用40%以上用水部分每立方米加收4厘，征工款每亩1.4元。

1994年1月，自治区物价局和水利厅联合下发《关于调整引黄灌区供水水价的通知》（宁价（重）发〔1994〕90号文件）规定：从1994年1月1日起将渠道维修用工及折价款以亩征收。农民愿出工的出工，不愿出工的以资代劳，由每亩1.4元调整为每亩2.5元。从1994年6月15日起调整水费，自流灌区农业用水以支渠进水口为计量点，由每立方米2厘调整为每立方米6厘，超计划用水30%以上用水部分每立方米加收4厘。

2000年4月，自治区物价局和水利厅联合下发《关于调整我区引黄灌区供水价格的通知》（宁价（重）发〔2000〕42号文件）规定：农业用水以干渠直开口为计量点，农业用水每立方米0.6分调整为1.2分，超计划用水30%以上用水部分每立方米加收0.5分。征工折款由每亩2.5元调整为每亩4元。

2003年，自治区物价局和水利厅联合下发《关于调整2003年自流灌区农业配水定额、超定额用水加价标准及有关事项的通知》(宁价商发〔2003〕58号文件)规定：原配水定额降低15%；取消超配水定额30%以内不加价的规定，超配额用水收费由原来的每立方米加价0.5分提高到1.2分。

2004年，自治区物价局和水利厅联合下发《关于自流灌区农业供水价格改革与水费计收管理试行办法的通知》(宁价商发〔2004〕79号)规定：自流灌区试点渠道农业供水试行"一价制"水价，将现行的干渠水价、征工折款和支斗渠维护管理费"三价"合一，统一实行按方计量收费，分别以干渠直开口或支渠直开口为计量点实行计量收费。从2004年4月1日起试行，试行期一年。

2005年，自治区物价局和水利厅联合下发《关于引黄灌区农业用水全面实行"一价制"水费计收管理办法的通知》(宁价商发〔2005〕10号)规定：从2005年起灌区水费收缴管理原则上一律实行"一费开票到户"和"一票收费到户"制度。自流灌区农业供水全面实行"一价制"水价。将现行的干渠水价、征工折款和支斗渠维护管理费"三费"合一，统一实行按方计量收费，以干渠直开口或支渠直开口为计量点实行计量收费，农业用水1.95分/立方米，其中：干渠1.5分/立方米，干渠以下0.45分/立方米；水产养殖业用水2.3分/立方米，其中：干渠1.8分/立方米，干渠以下0.5分/立方米；其他用水4.0分/立方米，其中：干渠2.5分/立方米，干渠以下1.5分/立方米。超定额用水加价1.2分/立方米。水费的管理使用实行统一收取、分级使用的管理办法，即干渠直开口以上水费由水管单位管理使用，干渠直开口以下水费全额返还给农民用水者协会，干渠直开口以下水费中用于渠道维修费用的比例一般不低于30%。原征工折款继续执行返还市县的规定，每立方米返还市县0.045分。返还市县的征工折款用于沟渠清淤及表彰奖励农民用水者协会。从2005年1月1日起执行。

2007年，自治区物价局和水利厅联合下发《关于调整引黄自流灌区供水价格的通知》(宁价商发〔2007〕38号)规定：自流灌区供水价格由干渠供水价格、支渠供水价格构成，以支渠进水口为计量点计价。农业用水由现行的1.95分/立方米调整到2.45分/立方米，其中：干渠水价由1.5分/立方米调整到2.0分/立方米，支渠水价仍维持0.45分/立方米标准不变；水产养殖业、生态用水由2.30分/立方米调整到2.80分/立方米，其中：干渠水价由1.8分/立方米调整到2.3分/立方米，支渠水价仍维持0.50分/立方米标准不变；旅游、城镇和工矿企业用水由4.00分/立方米调整到5.35分/立方米，其中：干渠水价3.84分/立方米，支渠水价1.51分/立方米。超定额用水加价由1.2分/立方米调整到1.70分/立方米。自2007年春灌起执行。

2008年，自治区物价局和水利厅联合下发《关于调整我区引黄灌区水利工程供水价格的通知》(宁价商发〔2008〕54号)规定：自流灌区供水价格由干渠供水价格、支渠供水价格构成。以支渠进水口为计量点计价，农业灌溉用水、为农村人畜饮水工程供水由现行水价2.45分/立方米调整到3.05分/立方米，其中：干渠水价由2.00分/立方米调整到2.50分/立方米，支渠

水价由0.45分/立方米调整到0.55分/立方米;水产养殖业、生态用水由现行水价2.80分/立方米调整到3.40分/立方米,其中:干渠水价由2.30分/立方米调整到2.80分/立方米,支渠水价由0.50分/立方米调整到0.60分/立方米;旅游、城镇和工矿企业用水由现行水价5.35分/立方米调整到5.95分/立方米,其中:干渠水价由3.84分/立方米调整到4.34分/立方米,支渠水价由1.51分/立方米调整到1.61分/立方米。自流灌区农业用水超定额加价由1.7分/立方米提高到2.0分/立方米;水产、生态超定额用水加价由1.7分/立方米提高到4分/立方米;旅游、城镇、工矿企业超定额用水加价到8分/立方米。自2009年1月1日起执行,一直沿用至今。

唐徕渠主要干渠测流断面测流技术参数表见表5-7,唐徕渠灌区历年引水量与供水量表(1980年至2021年)见表5-8,青铜峡灌区各大干渠年径流量汇总表(1951年至2021年)见表5-9。

表5-7 唐徕渠主要干渠测流断面测流技术参数表

断面名称	位置	桩号	断面形式	开口宽(m)	底宽(m)	渠深(m)	设计水深(m)	设计流量(m³/s)	加大水深(m)	加大流量(m³/s)	流速(m/s)
三棵树	青铜峡市大坝镇韦桥村	K3+237	梯形	66.7	56	3.26	1.52	103	2.63	127	1.3
玉泉	青铜峡市邵岗镇二旗村	K23+744	梯形	60	36	3.8	2.47	98	2.68	115	0.76
陡坡	永宁县望洪镇史庄村	K41+419	梯弧形	44.57	25.3	3.7	2.45	80	2.73	97	0.9
良田	永宁县胜利乡陆坊村	良田渠K0+467	梯弧形	11.65	4.135	1.8	1.13	7	1.25	8	0.8
大新	永宁县望远镇红旗村	K62+069	梯弧形	10.64	3	1.7	1.05	5	1.19	6.25	0.8
新桥	银川市贺兰山路北侧50m	K76+884	梯形	32.53	17	3.08	2.77	75	2.98	88	1.15
八一桥	贺兰县常信乡高荣村	K105+506	梯弧形	20	11	2.5	1.7	22	1.83	25	0.9
二农口	银川市金凤区丰庆西路	唐徕渠K83+869	梯形	23.4	15.9	2.8	1.9	36	2.05	38	0.95
分水闸	贺兰县暖泉农场	第二农场渠K23+028	梯形	19	7	3	1.74	20	1.91	24	1.17
暖泉渠	贺兰县暖泉农场	第二农场渠K23+026	梯形	9.5	3.98	1.83	1.3	5	1.45	6.25	0.97
公路桥	大武口区长胜村	第二农场渠K46+426	梯弧形	18.52	5	2.8	1.5	14.2	1.7	17.8	0.8

第五章　灌溉管理

表 5-8　唐徕渠灌区历年引水量与供水量表（1980 年至 2021 年）

年份（年）	全年引水量（亿 m³） 总引水量	夏秋灌	冬灌	第二农场渠（亿 m³） 总引水量	夏秋灌	冬灌	全年供水量（亿 m³） 年供水量	夏秋灌	冬灌	商品率（%）	第二农场渠（亿 m³） 总供水量	夏秋灌	冬灌	商品率（%）
1980	15.50	13.32	2.18											
1981	16.20	14.00	2.20											
1982	16.80	14.68	2.12											
1983	16.00	13.84	2.16				11.15	9.63	1.52	0.70				
1984	15.00	12.90	2.10				11.17	9.53	1.64	0.74				
1985	15.10	12.96	2.14				11.34	9.63	1.71	0.75				
1986	15.60	13.57	2.03				11.30	9.69	1.61	0.72				
1987	16.70	14.26	2.44				12.43	10.57	1.86	0.74				
1988	15.70	13.16	2.54				12.21	10.28	1.93	0.78				
1989	16.73	14.82	1.91				12.45	10.77	1.68	0.74				
1990	16.84	14.57	2.27	2.89	2.48	0.41	13.14	11.42	1.72	0.78	2.82	2.44	0.38	0.98
1991	16.38	13.73	2.65	3.04	2.56	0.48	13.15	11.25	1.90	0.80	2.97	2.51	0.46	0.98
1992	16.13	13.75	2.38	3.56	2.60	0.96	12.91	10.85	2.06	0.80	3.12	2.65	0.47	0.88
1993	17.35	14.91	2.44	4.06	3.23	0.83	15.06	12.87	2.19	0.87	3.48	3.00	0.48	0.86
1994	15.89	13.33	2.56	3.07	2.56	0.51	13.18	11.02	2.16	0.83	2.85	2.38	0.47	0.93
1995	16.72	14.10	2.62	3.34	2.80	0.54	13.79	11.56	2.23	0.82	3.11	2.60	0.51	0.93
1996	16.78	14.35	2.43	3.51	2.97	0.54	14.94	12.48	2.46	0.89	3.44	2.80	0.64	0.98
1997	17.63	14.98	2.65	3.86	3.23	0.63	15.75	13.29	2.46	0.89	3.67	3.12	0.55	0.95
1998	17.51	14.84	2.67	3.67	3.13	0.54	15.97	13.54	2.43	0.91	3.63	3.07	0.56	0.99
1999	17.87	15.20	2.67	4.10	3.50	0.59	15.98	13.57	2.41	0.89	3.78	3.25	0.54	0.92
2000	16.16	13.18	2.98	3.93	3.34	0.60	13.35	11.16	2.19	0.83	3.39	2.86	0.53	0.86

续表

年份（年）	全年引水量（亿 m³）			第二农场渠（亿 m³）				全年供水量（亿 m³）			商品率 %	第二农场渠（亿 m³）			商品率 %
	总引水量	夏秋灌	冬灌	总引水量	夏秋灌	冬灌		年供水量	夏秋灌	冬灌		总供水量	夏秋灌	冬灌	
2001	15.02	12.92	2.10	3.75	3.29	0.46		12.84	10.90	1.94	0.86	3.30	2.86	0.44	0.88
2002	13.91	11.90	2.01	3.64	3.10	0.54		12.14	10.14	2.00	0.87	3.20	2.69	0.52	0.88
2003	10.45	7.90	2.55	2.90	2.21	0.70		8.82	6.81	2.01	0.84	2.47	1.92	0.55	0.85
2004	11.78	9.36	2.42	3.67	2.95	0.72		10.18	8.06	2.12	0.86	3.08	2.46	0.62	0.84
2005	12.43	9.99	2.44	3.94	3.31	0.63		10.57	8.48	2.09	0.85	3.37	2.81	0.56	0.86
2006	12.62	10.30	2.32	4.02	3.37	0.65		10.41	8.33	2.09	0.82	3.51	2.87	0.64	0.87
2007	11.33	9.12	2.22	3.82	3.23	0.59		9.43	7.57	1.86	0.83	3.31	2.79	0.52	0.87
2008	11.79	9.79	2.00	3.95	3.41	0.54		9.33	7.65	1.68	0.79	3.24	2.81	0.43	0.82
2009	11.27	9.29	1.98	4.04	3.48	0.56		9.45	7.80	1.65	0.84	3.38	2.93	0.45	0.83
2010	10.47	8.53	1.94	3.96	3.39	0.58		9.42	7.70	1.72	0.90	3.42	2.91	0.51	0.86
2011	10.57	8.79	1.78	3.83	3.35	0.48		9.32	7.79	1.53	0.88	3.44	3.01	0.43	0.90
2012	9.89	7.89	2.00	3.70	3.12	0.58		8.67	6.93	1.73	0.88	3.20	2.69	0.51	0.86
2013	10.03	8.22	1.82	4.34	3.75	0.59		9.07	7.42	1.65	0.90	3.60	3.11	0.49	0.83
2014	9.90	8.01	1.89	4.09	3.65	0.43		8.69	7.04	1.64	0.88	3.57	3.06	0.51	0.87
2015	10.06	8.30	1.76	4.49	3.91	0.58		8.85	7.31	1.54	0.88	3.68	3.21	0.47	0.82
2016	8.77	7.01	1.76	3.78	3.19	0.60		8.18	6.55	1.63	0.93	3.39	2.88	0.50	0.90
2017	9.35	7.36	1.99	3.87	3.29	0.57		8.48	6.73	1.74	0.91	3.45	2.97	0.48	0.89
2018	9.27	7.25	2.02	3.40	2.83	0.57		8.22	6.33	1.88	0.89	3.35	2.79	0.56	0.98
2019	10.07	8.02	2.05	3.88	3.27	0.61		8.62	6.87	1.75	0.86	3.62	3.10	0.52	0.93
2020	9.91	7.87	2.04	4.10	3.57	0.53		8.83	7.01	1.82	0.89	3.78	3.26	0.52	0.92
2021	9.32	7.69	1.63	4.12	3.62	0.50		8.81	7.24	1.56	0.94	3.82	3.36	0.46	0.93

表 5-9 青铜峡灌区各大干渠年径流量汇总表(1951 年至 2021 年)

年份(年)	东干渠	汉渠	马莲渠	秦渠	西干渠	唐徕渠	惠农渠	汉延渠	大清渠	泰民渠	全年径流量(亿 m³)
1951						7.010					7.010
1952						6.970					6.970
1953						6.930					6.930
1954						7.480					7.480
1955						8.530					8.530
1956						8.950	4.150				13.100
1957						10.300	5.610	6.250			22.160
1958						11.300	6.400	6.090			23.790
1959		3.050		3.980		11.700	6.270	6.230			31.230
1960		3.380			1.440	12.400	7.250	6.180			30.650
1961				3.980	1.770	10.600	6.000	6.600			28.950
1962				4.300	1.550	11.600	6.770	5.870			30.090
1963				4.350	1.480	12.400	6.900	5.640			30.770
1964				4.560	1.160	11.300	6.030	6.240			29.290
1965				5.210	1.650	14.600	8.210	7.430			37.100
1966				5.220	1.810	15.100	8.050	7.650			37.830
1967				6.350	1.740	16.300	9.430	8.500			42.320
1968				6.440	1.970	16.600	9.260	8.600		1.870	44.740
1969		4.390	2.330	6.780	2.840	18.400	11.000	9.740		2.300	57.780
1970		4.140	2.030	6.510	2.940	16.500	9.350	9.950		2.100	53.520
1971		4.200	1.950	6.400	2.860	16.300	9.270	9.720		2.030	52.730
1972		3.780	1.730	5.970	3.170	16.500	9.250	9.450		1.870	51.720
1973		3.360	1.450	5.790	3.100	15.400	7.720	9.230		1.910	47.960
1974		3.360	1.360	5.590	3.150	17.600	8.500	8.910		1.860	50.330
1975	1.380	3.120	1.370	6.440	3.230	16.000	8.070	7.960		1.700	49.270
1976	1.710	3.040	1.500	6.050	3.040	16.100	7.880	8.210		1.680	49.210
1977	1.960	2.700	1.530	6.220	3.140	15.200	8.140	7.830		1.540	48.260
1978	2.290	2.740	1.610	6.430	3.230	13.800	7.140	7.660	2.370	1.410	48.680
1979	2.220	3.210	1.840	6.760	3.120	14.400	7.810	8.240	3.150	1.570	52.320
1980	2.510	3.120	1.670	6.730	3.930	15.500	8.320	8.370	2.570	1.640	54.360
1981	2.560	2.650	1.390	5.940	3.780	16.200	8.440	8.800	2.440	1.700	53.900
1982	2.320	2.870	1.480	6.100	3.840	16.800	8.430	9.030	2.440	1.860	55.170
1983	2.660	2.600	1.400	6.560	3.910	16.000	9.230	8.650	2.510	1.710	55.230
1984	2.560	2.750	1.750	6.490	3.550	15.000	8.740	8.220	2.480	1.800	53.340
1985	2.980	2.680	1.680	6.580	3.720	15.100	9.450	7.910	2.410	1.550	54.060

续表

年份(年)	东干渠	汉渠	马莲渠	秦渠	西干渠	唐徕渠	惠农渠	汉延渠	大清渠	泰民渠	全年径流量(亿m³)
1986	2.980	3.100	1.760	7.070	4.360	15.600	9.800	8.230	4.860	1.540	59.300
1987	3.280	3.060	1.720	6.950	4.590	16.700	10.400	8.330	2.570	1.530	59.130
1988	3.280	3.080	1.600	7.240	4.660	15.700	9.650	7.930	2.500	1.460	57.100
1989	3.424	3.653	1.738	7.741	4.642	16.730	10.590	8.247	2.807	1.744	61.316
1990	3.578	3.090	1.786	6.519	5.338	16.840	10.120	8.469	2.550	1.306	59.596
1991	3.719	3.309	1.934	6.852	5.434	16.380	10.540	7.673	2.418	1.268	59.527
1992	4.013	3.227	1.849	6.828	5.790	16.130	10.160	8.066	2.756	1.621	60.440
1993	4.299	3.268	1.982	7.650	6.286	17.350	10.700	8.809	2.770	1.732	64.846
1994	4.246	3.377	1.751	7.305	6.145	15.890	10.460	8.100	2.618	1.813	61.705
1995	4.630	3.001	1.890	6.608	6.140	16.720	10.490	8.428	2.485	1.876	62.268
1996	4.769	2.918	1.713	6.453	6.394	16.780	10.760	8.682	2.498	1.771	62.738
1997	5.136	3.351	1.726	7.127	7.258	17.637	11.562	8.791	2.406	1.776	66.770
1998	5.017	3.353	1.605	6.807	7.068	17.513	11.547	8.976	2.383	1.780	66.049
1999	5.176	3.395	1.697	6.823	7.532	17.870	11.708	9.381	2.472	1.790	67.844
2000	4.772	2.744	1.484	5.715	7.193	16.163	11.281	8.022	1.936	1.542	60.852
2001	4.650	2.600	1.414	5.386	6.761	15.024	10.491	7.242	1.814	1.491	56.873
2002	4.705	2.426	1.388	5.437	6.236	13.906	10.455	7.254	1.920	1.517	55.244
2003	3.390	1.693	1.003	3.830	4.872	10.459	7.621	5.245	1.309	1.213	40.635
2004	4.368	2.428	1.087	4.780	5.648	11.782	9.539	5.634	1.721	1.388	48.375
2005	4.856	2.491	1.244	5.036	6.658	12.433	9.871	6.231	1.665	1.305	51.790
2006	4.931	2.552	1.200	4.719	5.939	12.624	9.454	5.974	1.595	1.269	50.257
2007	4.335	1.999	0.892	4.347	5.946	11.333	9.361	5.671	1.456	1.173	46.513
2008	4.772	2.317	0.993	4.456	6.208	11.790	9.548	5.605	1.518	1.179	48.386
2009	4.554	2.134	0.726	4.397	5.972	11.271	8.916	5.237	1.455	1.118	45.780
2010	4.633	2.242	0.795	4.182	5.920	10.478	8.906	5.163	1.454	0.849	44.622
2011	4.856	2.320	0.817	4.080	6.082	10.570	9.127	5.166	1.436	0.818	45.272
2012	4.244	2.156	0.733	4.012	5.507	9.892	8.729	4.726	1.473	0.778	42.250
2013	4.835	2.051	0.675	3.758	5.770	10.034	9.070	4.851	1.463	0.660	43.167
2014	4.678	2.040	0.701	3.842	5.837	9.900	8.761	4.417	1.265	0.730	42.171
2015	5.140	2.051	0.696	3.634	5.795	10.060	8.964	4.591	1.420	0.626	42.977
2016	4.299	1.839	0.580	2.908	4.828	8.766	7.401	3.901	1.284	0.554	36.360
2017	4.695	1.607	0.589	3.148	4.583	9.353	7.397	3.814	1.292	0.547	37.025
2018	4.904	1.665	0.627	3.483	5.010	9.269	7.681	3.493	1.289	0.565	37.986
2019	5.195	1.585	0.659	3.384	4.985	10.070	8.026	3.801	1.300	0.571	39.576
2020	4.275	1.275	0.526	3.441	4.939	9.909	7.770	3.459	1.234	0.571	37.397
2021	4.108	1.003	0.529	3.201	5.314	9.321	7.320	3.357	1.039	0.498	35.691

第四节　节水灌溉

一、工程节水改造

自1998年实施大型灌区续建配套和节水改造项目建设，唐徕渠更新改造骨干工程和量测水设施，砌护渠道累计达221千米，改造建筑物235座，干渠砌护率由原来的33.8%提高到70.4%，病险老化工程的改造率由原来的39.4%提高到62.9%，为渠道输水安全提供有力支撑，灌区均衡受益、灌溉水利用系数逐步提高。2018年起，开展大中型灌区现代化改造试点，灌区内平罗县、贺兰县灌域先后进行现代化生态灌区建设测控一体化改造工程。2021年，管理处实现处、所、段全网络覆盖，有51处干渠断面水位在线监测，72处视频监控实时监控，7座大闸远程控制，6个管理所（南梁、崇岗、暖泉、满达桥、周城等）133个直开口，安装测控一体化闸门137套，控制灌溉面积40万亩，实现节水效益、渠道安全保障率"双提升"。

二、农田基本建设

20世纪50至60年代，灌区开展沟、渠、路配套的机耕条田建设规划和试点。条田规划要求长300至500米，宽36米，田块大小1至2亩。配套沟、渠、路规划要求，旱作区"一渠两地、边带田埂，每间隔6档条田边带斗沟和生产路"，水稻区"一渠两地、边带田埂，每间隔6档条田边带斗沟和生产路"。

20世纪60至70年代，灌区开展农田水利建设，修建园田，渠、沟、田、林、路、庄统一布局，综合治理，达到了沟渠纵横、有灌有排、田平埂直、集中连片，初步实现园田化和机耕条田化，不仅有利于灌溉排水和耕作，还扩大了耕地面积15%左右，农、林、牧、副、渔全面发展，粮食产量稳步上升。自1980年后，随着农村各种联产承包生产责任制的实行，灌区继续组织农民投入春秋两季农田大会战，修建完善灌溉渠系与排水沟相交叉的渡槽、涵洞、交通道路跨沟渠上的桥梁、支斗渠上的闸和斗农渠以及排水沟上的尾水等农田水利配套建筑物。20世纪末，灌区以改土治水、增肥地力为中心，以清淤沟渠、整治道路、深翻灭茬、秋施化肥、秸秆还田、林木管护为重点，加强领导、精心组织、强化措施，大搞农田水利基本建设，形成农田园林和农田配套灌排体系，国营农场开始大面积推广激光平地技术，有力地推动农业和农村工作发展。

2003年以来，灌区实施高标准基本农田建设48万亩，整治沟、渠、路，完成清淤沟道297千米，实行大网格、宽幅带造林模式，激光平地广泛应用达90%以上，玉米滴灌、蔬菜喷灌等高效节水逐步推广，建成了"田成方、林成网、渠相通、路相连、涝能排、旱能灌"的旱涝保收的现代优势特色产业区。昔日的芦苇湖、盐碱地、低洼地变成高产田、稳产田。

三、作物结构调整

20世纪80年代灌区稻旱轮作，主要种植作物以小麦、水稻为主，约占总面积的68.2%，其中小麦占44.5%，水稻占23.7%，其他作物有玉米、经济作物（油料、瓜菜和枸杞等）。

2000年灌区主要作物为春小麦、水稻、玉米，约占总面积的87%，其中小麦占42%，水稻占30%，玉米占15%，其他作物有油葵、瓜菜、水果、枸杞、苜蓿等。灌区土地复（套）种指数达70%以上，作物种植结构变化极大；优化水稻种植布局，逐步退出稻旱轮作模式，种植经果林、蔬菜或其他节水高效作物。灌区全面推广应用井渠结合、水稻控制灌溉、小畦灌溉、喷灌、滴灌等12种节水技术。

2009年，灌区遥感种植面积113.9万亩，其中：春小麦46.9万亩，水稻38.7万亩，玉米13.8万亩，其他谷物0.2万亩，蔬菜1.8万亩，设施农业4.8万亩，枸杞、葡萄、果园等作物4.3万亩，林地2.5万亩，油料、药材等经济作物0.5万亩，饲草0.4万亩。

2020年，灌区遥感种植面积102.29万亩，其中：玉米44.07万亩（滴灌5.2万亩），水稻26.36万亩，春小麦6.63万亩，冬小麦0.23万亩，蔬菜7.62万亩（喷灌6.1万亩），设施温棚2.13万亩，人工林地4.7万亩，人工草地8.66万亩，其他园地0.94万亩，枸杞、葡萄、向日葵等作物0.96万亩。

2021年，灌区的20万亩水稻，80%实行了节水控灌，灌水次数由传统方式的42次减少到28次，每亩可节约用水400立方米，比长期淹灌亩均节水30%以上。玉米滴灌7万亩，蔬菜喷灌7万亩，设施温棚3万亩。

四、节水管理

2000年，灌区开始引提结合、井渠结合灌溉，沟井站结合排水改良盐碱，继续压减水稻用水，全面推广小畦灌溉。自治区2000年、2005年、2007年三次调整农业灌溉供水价格，扭转灌区用水观念，遏制大水漫灌等浪费习惯。灌区推广水稻控灌技术与旱育稀植技术相结合，玉米覆膜保墒、玉米滴灌、蔬菜喷灌、温棚滴灌等方式，旱地采用小畦灌溉、深耕松翻、秸秆覆盖。严格执行计划用水，优化调度，严格用水总量控制和定额管理，实行干渠、大支渠轮灌制度，坚持"月计划、周安排、日分析"，科学研判，灵活调配。规范供水管理，实施节水目标责任考核，结合灌溉面积遥感详查成果制定调度计划，将年供水指标细化到支渠，核算引供水指标到管理所。开展延伸供水服务，指导农民用水者协会的规范管理，建立健全规章制度，强化组织管理，宣传节水知识，挖掘节水潜力，推行"一把锹"淌水制度，杜绝大水漫灌、纵水入沟等浪费水现象。

从2013年起，唐徕渠管理处按照水利厅统一部署及《农业灌溉水有效利用系数测算技术导则》要求，在灌区的上、中、下游，分别布设监测点位，在每一监测点位、同一作物布置监测田块3个，灌区布设监测田块48个，进行农业灌溉水有效利用系数测算，掌握灌区农田灌溉水利用现状。通过选择典型代表灌区作为典型样点，对灌溉水利用情况开展全面布控、测试、分析、研究，测量灌区春夏季、冬季灌溉引水量，综合土壤脱盐、土壤储水和土壤结构变化等情况，分析研究灌溉水的消耗途径,明确春夏季、冬季灌溉水有效灌水量的计算方法,计算灌区灌溉水有效利用系数(见表5-10,表5-11)。

表5-10 唐徕渠灌区(大型样点灌区)监测点位布置

片区	行政区划	监测区编号	监测田块名称及编号	测试编号	执行单位
上游	青铜峡市	1	11	水稻1	青铜峡市水务局
	青铜峡市		12	水稻2	青铜峡市水务局
	青铜峡市		13	水稻3	青铜峡市水务局
	青铜峡市	2	21	玉米1	青铜峡市水务局
	青铜峡市		22	玉米2	青铜峡市水务局
	青铜峡市		23	玉米3	青铜峡市水务局
	永宁县	3	31	小麦1	唐徕渠管理处
	永宁县		32	小麦2	唐徕渠管理处
	永宁县		33	小麦3	唐徕渠管理处
	永宁县	4	41	玉米1	唐徕渠管理处
	永宁县		42	玉米2	唐徕渠管理处
	永宁县		43	玉米3	唐徕渠管理处
	永宁县	5	51	水稻1	唐徕渠管理处
	永宁县		52	水稻2	唐徕渠管理处
	永宁县		53	水稻3	唐徕渠管理处
中游	贺兰县	6	61	玉米1	唐徕渠管理处
	贺兰县		62	玉米2	唐徕渠管理处
	贺兰县		63	玉米3	唐徕渠管理处
	贺兰县	7	71	小麦1	唐徕渠管理处
	贺兰县		72	小麦2	唐徕渠管理处
	金凤区		73	小麦3	金凤区水务局
	贺兰县	8	81	水稻1	唐徕渠管理处
	金凤区		82	水稻2	金凤区水务局
	金凤区		83	水稻3	金凤区水务局
	金凤区	9	91	林草地1	金凤区水务局
	金凤区		92	林草地2	金凤区水务局
	金凤区		93	林草地3	金凤区水务局
下游	大武口区	10	101	玉米1	大武口区水务局
	大武口区		102	玉米2	大武口区水务局
	大武口区		103	玉米3	大武口区水务局
	大武口区	11	111	小麦1	大武口区水务局
	大武口区		112	小麦2	大武口区水务局
	大武口区		113	小麦3	大武口区水务局
	大武口区		114	小麦4	大武口区水务局

续表

片区	行政区划	监测区编号	监测田块名称及编号	测试编号	执行单位
下游	平罗县	12	121	小麦1	平罗县水务局
	平罗县		122	小麦2	平罗县水务局
	平罗县	13	131	水稻1	平罗县水务局
	平罗县		132	水稻2	平罗县水务局
	平罗县		133	水稻3	平罗县水务局
	平罗县	14	141	玉米1	平罗县水务局
	平罗县		142	玉米2	平罗县水务局
	平罗县		143	玉米3	平罗县水务局
	惠农区	177	1771	玉米1	简泉农场
	惠农区		1772	玉米2	简泉农场
	惠农区		1773	玉米3	简泉农场
	惠农区	178	1781	苜蓿1	简泉农场
	惠农区		1782	苜蓿2	简泉农场
	惠农区		1783	苜蓿3	简泉农场

表5-11 唐徕渠灌区灌溉水有效利用系数(2009—2021年)

年份	2009年	2010年	2011年	2012年	2013年	2014年	2015年
系数	0.419	0.420	0.428	0.443	0.443	0.447	0.488
年份	2016年	2017年	2018年	2019年	2020年	2021年	
系数	0.502	0.519	0.537	0.543	0.545	0.545	

五、"十四五"灌区节水展望

按照现代化生态灌区示范区建设要求,到2025年,唐徕渠将实现灌溉供水安全保障服务能力显著提升,水旱灾害防御能力明显提高,水网体系建设水流贯通,水量管理向水权管理转变,协作配合好灌区内"四水四定""水权改革"等方面建设,使灌区水资源、水生态、水环境、水灾害的区域空间循环呈良性发展。干渠渠道砌护率从72%上升到85%,病险工程除险加固率达到100%,水旱灾害预警预报体系覆盖率达到90%,灌溉水利用系数(2021年的0.545)提升到0.58,解决唐徕渠和第二农场渠渠道输水过程中"卡脖子""肠梗阻"的困难,持续推进渠沟联通、渠湖连蓄、渠系联调的灌区水网建设,加快现代化节水型灌区建设,为推进节水型社会建设提供坚实的供水保障。

第六章 安全生产

水利安全生产事关灌区人民安康幸福，事关灌区经济社会发展，是水利管理的重要工作。唐徕渠管理处始终坚持"安全第一、预防为主、综合治理"的方针，成立安全生产领导小组，负责全处安全生产工作，履行安全生产监督管理职责，落实各级安全生产责任，建立管理处、所、段三级安全生产责任体系，加强全员安全生产培训教育，积极推进安全生产文化建设，初步形成水利安全生产"统一管理、分工协作、全员参与"的良好工作格局。

第一节 安全管理沿革

1949年至1970年，渠道安全生产管理由灌区各县水电局按辖区属地管理。唐徕渠管理处成立后，安全生产工作由管理处生产科负责。

1973年3月至12月，根据水电部和自治区水利厅关于加强水利管理工作要求，管理处组织开展"五查四定"（即查工程建设和投资使用情况、查工程安全、查工程效益、查综合利用、查管理现状，定任务、定措施、定计划、定体制）。

1981年10月，根据水电部和自治区水利厅的要求，在1973年水利工程大检查（"五查四定"）的基础上，对现有水利工程逐项进行"三查三定"（即查安全定标准、查效益定措施、查综合经营定发展计划），建立工程卡片及设备管理状况登记表和成果说明书。

1983年2月，自治区第四届人民代表大会常务委员会第十八次会议通过《宁夏回族自治区水利管理条例》，规定各类水利工程的保护范围，其中大中型灌区的干渠、支干渠的外坡脚以外30米保护范围内的土地，由水利单位负责管理。管理条例还规定，禁止在工程保护范围内打井、埋葬、取土、建窑、挖沙、建筑、放牧、铲草、挖池养鱼、种植芦苇和水稻以及进行其他危及安全的活动。

1984年5月,根据自治区经委、劳动人事厅、卫生厅、公安厅等6部门联合下发的《关于开展全区"安全月"活动的通知》文件要求,开始推行行业安全生产工作。

1991年,唐徕渠管理处设立保卫科,保卫科负责安全保卫工作。

1992年5月2日,唐徕渠大闫沟洞附近,渠道东堤决口38米,造成3个乡9个村22个生产队的农田水利设施和农作物不同程度受灾,经济损失6.59万元。为牢记历史、警示教育,管理处将5月2日定为"安全生产警示日",5月为管理处"安全生产月"。每年在5月2日组织开展安全生产警示教育活动,从严管理,保障安全。

1997年1月,唐徕渠管理处在政工科设置专职安全员,安全员负责组织实施全处安全生产工作。

2002年11月,自治区人民政府颁布《宁夏回族自治区水工程管理条例》,废止1983年2月颁布的《宁夏回族自治区水利管理条例》,其中"工程管理"规定的各类水利工程的保护范围和禁止危害水工程安全的内容使用至今。

2006年以前,唐徕渠管理处安全生产管理工作由政工科主管,以"生产必须安全,安全为了生产"为目标,实行行政管理和群众(工会)监督相结合的工作体制。2006年8月,管理处科室职能调整,安全生产管理工作由防汛工程科负责。

2017年11月,根据《水利厅安全生产委员会关于深入推进全区水利安全生产标准化建设的通知》要求,管理处开展水利安全生产标准化二级达标工作。2018年1月,管理处通过自治区水利厅安全生产标准化达标评审,获得宁夏水利安全生产标准化二级单位等级证书。2021年7月,管理处通过水利安全生产标准化二级达标复审。

第二节　安全管理机构

根据"管行业必须管安全、管业务必须管安全、管生产经营必须管安全"的工作原则,唐徕渠管理处成立安全生产领导小组,安全生产领导小组负责全处安全生产工作、履行安全生产监督管理职责、落实各级安全生产责任(见表6-1)。安全生产领导小组下设安全生产领导小组办公室,安全生产领导小组办公室负责落实安全生产工作领导小组各项决策部署,组织实施安全生产工作,落实相关的安全生产法律法规要求和管理处日常安全管理工作,并监督各科室、各管理所和岗位人员安全生产责任的落实。

2006年以前,管理处安全生产工作由政工科负责。2006年8月,根据《宁夏回族自治区唐徕渠管理处机构编制方案》调整科级机构设置,设立办公室、组织人事科、计划财务科、灌溉管

第六章 安全生产

理科、水政科、防汛工程科、监察审计室等7个职能科室,明确防汛工程科负责渠道安全,承担管理处维修养护、渠道抢险任务等事项。

2007年以来,管理处每年年初根据工作实际调整安全生产领导小组机构人员,由处长任组长,副处长任副组长,成员由办公室、防汛工程科、灌溉管理科、财务审计科、水政科、组织人事科、监察室、工会等科室组成。领导小组办公室设在防汛工程科,全处设置专(兼)职安全员13名,形成处、所、段三级安全生产责任制体系,全面落实全员安全生产责任制。管理处每季度召开安全专题会议,分析本单位的安全生产情况,研究解决重大安全生产工作事项。

表6-1 唐徕渠管理处安全生产领导小组机构人员

时间	组长	副组长	成员						
1996年3月	吴洪相		郭 浩 梁振武	叶廷平	郜涌权	张学广	高金平	马银泉	王兴华 孙兆祺
1999年1月	郭 浩		刘文秀 马银泉	窦元之 王兴华	郜涌权 孙兆祺	周跃华 张秀芝	叶廷平	张学广	尤金萍 吴国万
2004年6月	张 元		马朝阳 李学军	夏进喜 张学广	朱保荣	尤金萍	张秀芝	吴国万	陈 刚 郭兰青
2005年5月	张 元		马朝阳 李学军	夏进喜 张学广	朱保荣 姚海峰	陈 刚 张秀芝	尤金萍	杨新顺	白长安 郭兰青
2006年5月	张 元	刘文秀	马朝阳 付中华	夏进喜 丁学岐	朱保荣	杨晓玲	尤金萍	张秀芝	郭兰青 李 伟
2007年7月	马朝阳	杨晓玲 白长安	郭兰青	李学军	姜 峰	张秀芝	付中华		
2008年	张 元	马朝阳	白长安 姚海峰	郭兰青	姜 峰	付中华	杨新顺	李学军	史发明 张秀芝
2009年5月	张 元	马朝阳	杨晓玲 杨新顺	郭兰青 朱悦发	白长安	刘 岳	杨晓宁	史发明	姜 峰 付中华
2010年4月	张 元	马朝阳 杨晓玲	李学军 马文涛	董治仪	姜 峰	郭兰青	付中华	杨新顺	刘 贤 张秀芝
2011年5月	杨 志	马朝阳 朱保荣	杨晓玲 张秀芝	李学军 秦志起	杨 伟 张承泉	付中华 马文涛	姜 峰	杨新顺	郭兰青 刘 贤
2013年4月	杨 志	郭兰青	朱保荣 周 鹏	李宗会 张承泉	秦志起	杨 伟	姜 峰	马文涛	谢生伟 杨新顺
2014年8月	杨 志	高建国 郭兰青	朱保荣 周 鹏	李宗会 张承泉	秦志起	杨 伟	姜 峰	马文涛	谢生伟 杨新顺
2015年1月	杨 志	高建国 吴晓峰	朱保荣 杨新顺	李宗会 周 鹏	郭兰青 张承泉	秦志起	杨 伟	姜 峰	马文涛 谢生伟
2016年8月	杨 志	高建国 吴晓峰	李宗会 杨新顺	郭兰青 周 鹏	殷 锋 史发明	秦志起 冯红军	杨 伟	范燕云	张承泉 谢生伟
2017年7月	杨 志	高建国 孙建军	吴晓峰 谢生伟	李宗会 史发明	殷 锋 姚丽芝	董治仪 王丽宇	秦志起 沙海兵	范燕云	王 莉 杨新顺

续表

时间	组长	副组长	成员							
2018年1月	马德仁	孙建军	吴晓峰 蔡如娟	李宗会 王 莉	殷 锋 杨新顺	董治仪 谢生伟	付中华	姚丽芝	秦志起	范燕云
2019年1月	王效军	吴晓峰	哈 斌 蔡如娟	孙建军 王 莉	尹 婷 付中华	孙立国	马志峰	桑淑娟	姚丽芝	徐 辉
2021年4月	陶 东	孙立国	鲍旺勤 蔡如娟	孙建军 王 莉	苏 林 付中华	尹 婷	马志峰	桑淑娟	姚丽芝	徐 辉

第三节 安全文化建设

一、任务与目标

唐徕渠管理处深入贯彻落实习近平总书记关于安全生产重要论述，全面落实自治区水利厅关于安全生产各项决策部署，建立健全各项安全生产管理规章制度，积极开展"安全生产月""安全生产万里行""水利安全生产专项整治三年行动"、水利安全网络知识答题等活动，持续开展安全生产知识培训讲座，有序推进危险源辨识和隐患排查治理。2018年1月，管理处通过自治区水利厅安全生产标准化二级达标评审；2022年5月，管理处通过自治区水利厅安全生产标准化二级达标单位复审，获得自治区水利厅安全生产标准化二级达标单位等级证书。

安全生产事关人民幸福，事关国家社会发展。唐徕渠管理处始终坚持"安全第一、预防为主、综合治理"的方针，建立管理处、所、段三级安全生产责任体系，加强全员安全生产培训教育，积极推进安全生产文化建设，初步形成水利安全生产"统一管理、分工协作、全员参与"的良好工作格局。

"十四五"期间，管理处将坚守安全发展理念，实施安全生产精准治理，着力破解瓶颈性、根源性、本质性问题，全力防范化解水利工程安全风险，坚决防范各类生产安全事故发生。持续开展安全生产标准化建设，推进水利安全生产治理体系和治理能力现代化，切实发挥安全文化对安全管理的引领和推动作用，为水利安全生产形势持续稳定向好、水利高质量发展提供安全保障。

二、20世纪80年代的"安全月"活动

1980年4月，国务院批准建立"安全月"制度，决定从当年开始，每年5月为"全国安全月"，在全国开展安全活动，组织安全检查，进行全民性的安全宣传教育。1980年4月29日，国家经委、国家建委、国防工办、国务院财贸小组、国家农委、公安部、卫生部、国家劳动总局、中华

全国总工会、中央广播事业局等10个部委联合在人民大会堂召开首个"全国安全月"广播电视大会。国务院副总理康世恩到会并讲话,全国各地均组织厂矿企业职工收听、收看了大会实况。1983年4月28日,以国务院名义在中南海怀仁堂召开第四次"全国安全月"活动动员大会。国务委员、国家经委主任、全国"安全月"领导小组组长张劲夫作动员讲话。

1984年4月27日,全国第五次"安全月"活动动员会上,"全国安全月"领导小组要求各级政府和经济部门的领导要牢固树立"安全第一,预防为主"的思想。1984年5月23日,全国"安全月"办公室发出通知,对全国121个安全文明生产先进单位进行表彰。1984年11月26日,国务院批准"全国安全月"领导小组《关于今年安全月活动的情况和今后意见的报告》,同意"全国安全月"领导小组提出的成立全国安全生产委员会的建议。

1985年4月26日,连续5年开展"全国安全月"活动后,全国安全生产委员会发出《关于开展安全活动的通知》,明确今后不再搞全国性的"安全月"活动,但各地区、各部门要从各自实际出发,在本地区、本行业领域组织开展形式多样、富有成效的安全生产宣传教育和群众性活动。

三、1991年开始的"安全生产周"活动

1991年,全国安全生产委员会决定,在每年5月的某一周开展"安全生产周"活动,这项活动一直进行到2001年,共开展11次。11年间,通过开展"安全生产周"活动,职工群众的安全生产意识不断增强,全社会的安全生产状况有了一定程度的改善。唐徕渠管理处结合全国活动要求,组织开展安全检查和安全宣传教育培训,全处干部职工初步树立安全生产工作理念,安全素质进一步提高,见表6-2。

表6-2 "安全生产周"活动主题一览表

序号	时间	活动主题
第1个	1991年6月17—23日	安全就是效益和提高职工安全意识
第2个	1992年5月11—17日	国营大中型企业创造良好的安全生产环境和提高全社会的安全生产意识
第3个	1993年5月24—30日	遵章守纪　杜绝三违
第4个	1994年5月16—22日	勿忘安全　珍惜生命
第5个	1995年5月15—21日	治理隐患　保障安全
第6个	1996年5月	遵章守纪　保障安全
第7个	1997年5月12—18日	加强管理　保障安全
第8个	1998年5月	落实责任　保障安全
第9个	1999年5月	安全　生命　稳定　发展
第10个	2000年5月14—20日	掌握安全知识　迎接新的世纪
第11个	2001年5月13—19日	落实安全规章制度　强化安全防范措施

四、全国"安全生产月"活动

"全国安全月"从 1980 年持续到 1984 年。在"全国安全月"活动期间,我国着重加强安全生产的宣传教育工作,使安全意识深入人心。从 1991 年开始,全国安委会开始在全国组织开展"安全生产周"活动。2001 年全国结束了历经 11 年的"安全生产周"活动。自 2002 年始,我国将安全生产周改为安全生产月,确定每年 6 月为全国"安全生产月",由国务院安委办确定一个主题在全国统一开展活动。自 2002 年开始,唐徕渠管理处每年 6 月组织开展安全生产月活动,围绕安全月主题,深入宣传贯彻党中央、国务院关于安全生产的方针政策和法律法规,强化安全发展理念,推动安全生产责任落实,提高从业人员安全意识,大力营造"关爱生命、关注安全"的社会氛围,推动安全生产重点工作落实,在思想保证、精神动力和舆论支持方面为全区水利安全生产形势的持续稳定向好提供了重要支撑,见表 6-3。

表 6-3 "安全生产月"活动主题一览表

序号	时间	活动主题
第 1 个	2002 年 6 月	安全生产责任重于泰山
第 2 个	2003 年 6 月	实施安全生产法 人人事事保安全
第 3 个	2004 年 6 月	以人为本 安全第一
第 4 个	2005 年 6 月	遵章守法 关爱生命
第 5 个	2006 年 6 月	安全发展 国泰民安
第 6 个	2007 年 6 月	综合治理 保障平安
第 7 个	2008 年 6 月	治理隐患 防范事故
第 8 个	2009 年 6 月	关爱生命 安全发展
第 9 个	2010 年 6 月	安全生产责任 重在落实
第 10 个	2011 年 6 月	安全发展 预防为主
第 11 个	2012 年 6 月	科学发展 安全发展
第 12 个	2013 年 6 月	强化安全基础 推动安全发展
第 13 个	2014 年 6 月	强化红线意识 促进安全发展
第 14 个	2015 年 6 月	加强安全法治 保障安全生产
第 15 个	2016 年 6 月	强化安全发展观念 提升全民安全素质
第 16 个	2017 年 6 月	全民落实企业安全生产主体责任
第 17 个	2018 年 6 月	生命至上 安全法治
第 18 个	2019 年 6 月	防风险 除隐患 遏事故
第 19 个	2020 年 6 月	消除事故隐患 筑牢安全防线
第 20 个	2021 年 6 月	落实安全责任 推动安全发展

五、安全生产事件

唐徕渠由于渠道工程基础薄弱、建设标准低、工程配套不足、灌溉面积不断增大、长期高水位大流量运行以及树根、鼠洞等安全隐患，加之管理不到位、养护巡护不及时、调度失当等因素，20世纪90年代以前渠道决口事故频发。20世纪：50年代决口10次，60年代决口13次，70年代决口6次，80年代决口3次，90年代决口7次。21世纪以来决口及重大险情9次。

1950年7月20日午夜，在距唐徕渠首70千米的永宁县段火石堆大湾道中部右（东）堤发生决口。该段渠堤高达4米，湾道呈凹形，长2000余米，直线距离长400余米。湾之左（西）岸为靖益乡，地势略高，右（东）岸为王全乡，地形偏低。当时正值夏收后复种伏泡、水稻孕穗等秋作物用水紧张时期，渠首引水量约50立方米/秒，决口段的流量在30立方米/秒以上。省建设厅副厅长郝玉山，水利局局长张兴赶赴工地与技术人员商定，抛弃决口及旧渠弯道，采用以裁弯取顺筑新渠堤的修复方案，2000多名军民奋战11天修复。通水后新渠堤坚实稳固，水流平稳，为引黄灌区裁弯取顺整治旧渠堤提供新方案。

1952年5月15日23时，贺兰县唐徕渠二段因养护失误决口，16日上午省委秘书长葛士英、建设厅厅长郝玉山、水利局局长张兴等到现场，动员抢修，19日下午2时修复。

1954年5月4日，唐徕渠西门桥段因下游裁弯流速增大，冲刷严重，公园渠口漏水，险情危急，惊动全城，经组织抢救，转危为安。

1954年10月下旬，唐徕渠满达桥管理所王道渠口下左岸发生决口事故，淹没社员房屋等。

1955年3月10至15日，黄河冰凌塞进唐徕渠正闸以上渠段，严重危及干渠安全。经1000多民工昼夜打冰，炸冰坝39次，才解除险情。头闸北侧闸墩因炸震而位移2厘米。宁朔县水利局会计唐振中在抢险时，从永庆闸桥上落水身亡。西门桥段的干砌石护坡，因冰凌损坏严重，当年修复。

1955年4月13日，贺兰山因雪融发生山洪，冲坏第二农场渠和淹埋石场，故决定施测第二农场渠的山洪防治工程。

1955年8月21日，贺兰山山洪冲决第二农场渠堤150处，淤塞渠道约10千米，芦花台、潮湖、雁窝池一带数万亩农田被淹。

1958年，第二农场渠明水湖农场处决口，决口宽80米左右。

1959年冬灌，唐徕渠周城管理所姚伏桥上右岸土渠树根腐朽导致决口10米。

1960年9月17日中午，渠道行水期间，银川市水电局在唐徕渠西门桥上游右岸，因建斗口措施不当，挖堤决口，水淹银川市西街，停水15天后修复放水。

1961年5月，唐徕渠满达桥管理所红旗沟涵洞上右岸退水闸冲垮决口。

1961年夏灌，唐徕渠周城管理所三闸大队上左岸填方树根腐朽导致渠道决口10米宽。

1961年11月，唐徕渠满达桥管理所前渠口右岸填方渠决口，导致干渠停水7天。

1962年夏灌，唐徕渠周城管理所罗浮渠口右岸斗口决口10米宽。

1962年8月,唐徕渠杨显桥管理所姜渠口左岸斗口决口,影响秋灌。

1962年冬灌,唐徕渠周城管理所中渠下左岸填方渠堤决口6米宽。

1964年夏灌,唐徕渠周城管理所阎岗渠下右岸渠底钻洞决口10米宽。

1964年冬灌,唐徕渠周城管理所拉沙闸下右岸漫堤,决口宽5米。

1964年冬灌,唐徕渠周城管理所冯兴渠口下左岸枯树根导致决口5米宽。

1966年冬灌,唐徕渠周城管理所关渠闸左岸闸底钻洞,导致拉沙闸冲坏。

1967年夏灌,唐徕渠周城管理所二闸灌洞左岸新老渠连接处决口3米宽。

1968年冬灌,唐徕渠周城管理所黄獾洞附近右岸新老渠连接处决口6米宽。

1971年5月24日,第二农场渠渠口处决口,经两昼夜修复。

1973年8月7日,唐徕渠在永宁县大东方桥下200米处东堤发生决口事故,渠水泄入大马湖,停水7天,调集青铜峡、永宁两县民工1500人封堵,受淹农田达2859亩。

1975年5月4日,第二农场渠第一管理所于祥斗口基础下沉,斗口塌陷,发生干渠决口事故。此次决口因处于一片沙碱基地,没有淹到农田和居民点。

1975年8月5日,第二农场渠被山洪冲决51处。

1979年8月6日,第二农场渠被山洪冲决19处。

1979年11月16日,唐徕渠(进口闸已关)周城管理所渠道平罗县城南环公路新桥下左堤,因枯树根和坟穴决口,平罗县生资门市部仓库被淹。

1982年8月4日,贺兰山突发山洪,在跃进桥管理所的蒋家桥上,冲垮西干渠后,又将唐徕渠左岸冲垮5处,入渠流量约50立方米/秒,当时渠内流量约110立方米/秒,由于及时减水、散水,未造成决口。

1983年4月27日,大风沙暴致使全处有7个管理所的电话线路被刮断,沙漠边的渠道清淤后又被淤塞,影响小麦灌头水。

1988年,第二农场渠平大桥下西四斗处决口。

1990年7月2日,第二农场渠西四斗上50米处(桩号K59+676)发生决口事故,决口宽7米,渠水直接流入滞洪湖内,没有淹没农田。

1992年5月2日,唐徕渠大闫沟洞塌陷东堤决口38米,3日下午6时堵复通水。据调查决口淹没农田1831亩,倒塌房屋27间,造成危房139间。

1994年5月12日,唐徕渠因反帝沟涵洞倒塌,导致东堤决口19.5米,经抢堵于13日下午5时恢复通水。决口事故主要原因是工程老化失修所致,造成损失达86.07万元。

1997年4月24日,唐徕渠周城管理所前进桥下游(桩号K131+010)和南门桥下游(桩号K133+950)两处几乎同时决口,造成损失4.5万元。

1997年4月29日,唐徕渠处杨显桥下游跌坎消力池处发生大面积渠堤滑塌的重大险情,给灌区农业生产造成一定影响。

1998年5月20日,贺兰山东麓银川以北地区遭受特大暴雨洪水袭击,特大洪灾不仅给唐徕渠造成损失,也给附近群众造成较大损失。

1999年5月17日,因鼠洞危害,良田渠管理所新开渠岳家桥下200米处左堤决口3米。

2002年6月8日凌晨,因贺兰山山洪,第二农场渠大武口管理所公路桥以下部分段落出现漫堤。6月10日晚,干渠正式恢复行水。

2006年4月3日,第二农场渠崇岗管理所导洪洞处发生险情,水利厅、管理处有关领导及时到现场指挥处理,4月12日渠道恢复正常供水。

2006年6月1日,唐徕渠宁化桥管理所新开口段高渠口发生启闭机过梁坠落致人死亡事故。

2006年7月14日,贺兰山沿线发生50年一遇的山洪,第二农场渠西十沟处右堤被冲决,决口120米。管理处组织抢险队伍在最短的时间修复决口,保证干渠正常通水。

2006年8月11日,贺兰山沿线发生洪水,唐徕渠青铜峡市新桥以上左堤决口2处近30米,管理处组织人员利用两天时间恢复渠堤,确保干渠正常通水。8月18日西干渠退入干渠洪水10~20立方米/秒,造成陡坡以下干渠渠堤决口2处,陡坡以上涵洞进出口均被淹没。

2006年10月27日,唐徕渠周城管理所萧公大桥天然气管道处西堤出现重大漏水险情,管理处组织人员进行抢险。

2007年6月19日,由于连日降雨,唐徕渠姜家桥节制闸下左堤浆砌石护坡滑塌40多米,经紧急抢险,于24日下午排除险情恢复通水。

2011年4月26日,由于穿暖泉渠乌海至银川焦炉煤气输气工程线路管道顶管施工,导致渠道(桩号K7+750)左堤决口10米。经过8小时的抢险,于当日20:30分恢复渠堤,27日5时恢复通水。

2016年8月21日,贺兰山中北段出现强降雨,西夏区、贺兰县、平罗县突降暴雨,山洪造成第二农场渠西堤5.3千米、东堤1.8千米冲毁,干渠滑塌淤积9.3千米,大水沟一号排洪槽进口部分和槽身西跨下部支撑结构冲毁,西堤决堤230米。管理处干部职工冒雨沿渠不间断进行巡查,根据洪水入渠情况有序泄洪。8月26日渠道恢复正常供水。

2018年7月22日,贺兰山东麓中北段发生暴雨洪水,造成斗口8座、渡槽2座、退水闸1座不同程度损坏,东堤决口1处,西堤8米以上较大豁口10处,左右堤漫堤48千米,为外坡渠堤滑塌25千米以上,冲刷雨淋坑267处,40千米渠道不同程度淤积,沿渠8.5千米渠道混凝土板砌护不同程度受损。7月30日渠道恢复正常供水。

第七章 依法治水

依法治水是科学治水的保障,也是水利可持续发展的根本保证。管理处依照水利法律、法规和规章的规定履行职责,在工程管理范围内和本单位依法开展水政监察、法制宣传教育、社会治安综合治理、扫黑除恶专项斗争等活动,增强灌区群众和职工的水利法律意识和水法制观念,有力维护灌区社会稳定,促进平安单位建设,为水利改革发展营造良好法治环境。

第一节 水政监察

一、法规依据

主要法规依据:《中华人民共和国水法》《中华人民共和国防洪法》《中华人民共和国水土保持法》《中华人民共和国水污染防治法》《中华人民共和国行政处罚法》《宁夏回族自治区实施〈中华人民共和国水法〉办法》《宁夏回族自治区实施〈中华人民共和国水土保持法〉办法》《宁夏回族自治区水污染防治条例》《农田水利条例》《宁夏回族自治区实施〈农田水利条例〉办法》《宁夏回族自治区水工程管理条例》《宁夏回族自治区水资源管理条例》《宁夏回族自治区河湖管理保护条例》《宁夏回族自治区节约用水条例》《宁夏回族自治区节约用水奖惩暂行办法》《宁夏回族自治区引黄古灌区世界灌溉工程遗产保护条例》等。

二、工作职责

根据自治区编办核定的职责,管理处水政执法由水政科负责,负责范围包括唐徕渠水工程管理保护区域,负责宣传贯彻水利法律、法规和规章,对工程管理范围内水事活动进行监督检查;维护正常的水事秩序;配合和协助公安及司法部门查处有关水事治安和刑事案件;依照水利法律、法规和规章的规定履行职责;承办全处社会治安综合治理,承担职工普法教育和全处

"五防"(防火、防电、防盗、防冻、防煤气)工作。

三、队伍建设

1996年6月21日,经自治区水利厅水政执法监察大队批准,郭浩任唐徕渠管理处主任水政监察员,马银泉、叶廷平任副主任水政监察员,李学军、姜峰等10人任水政监察员。

2000年6月5日,根据自治区机构编制委员会办公室《关于自治区水利厅及有关单位增挂宁夏回族自治区水政监察机构的通知》(宁编办发〔2000〕08号文件),同意唐徕渠管理处增挂"宁夏回族自治区唐徕渠管理处水政监察支队"牌子。2006年8月,根据自治区机构编制委员会审核批准的《宁夏回族自治区唐徕渠管理处机构编制方案》,将保卫科更名为水政科。

2005年4月,聘请宁夏永合律师事务所开始为管理处提供法律服务,服务范围包括代为承让、放弃、变更诉讼请求,调查取证、诉讼保全、上诉,和解、调解,合同审核和法律、法规讲解培训。在提供法律服务期间,法律顾问费用随着管理处法律事务的增加而相应适当周增。

2012年7月,为深入贯彻中央《关于加快水利改革发展的决定》、国务院《关于实施最严格水资源管理制度的决定》和自治区促进水利改革与发展的系列政策精神,进一步推进依法治水进程,提升行政执法能力,构建依法治水警务建设长效机制,结合社会治安综合治理工作实际,唐徕渠管理处积极建立水利警务室平台,推动水行政执法工作规范有效开展,确保建立联合执法机制发挥最大效益,保障渠道安全行水和社会治安稳定。先后在平罗县、贺兰县、永宁县公安局的支持下,在周城管理所、南梁管理所、满达桥管理所、杨显桥管理所设立警务室4个,警民联系点7个,水利警务室警务人员18名,与地方派出所建立联防和培训机制,配备水政执法装备、器材、服装等。

截至2021年12月,管理处共有持自治区人民政府颁发的行政执法证的兼职水政执法人员15名。管理处定期对水政执法人员进行培训,提升水政执法人员的能力和素质。

四、法规宣传

唐徕渠管理处坚持开展"世界水日"和"中国水周"纪念宣传活动和"12·4"国家宪法日暨"宪法宣传周"活动。管理处充分利用"世界水日""中国水周"、重要纪念日大力开展水利法治宣传活动,积极参与"助力脱贫攻坚和乡村振兴法治宣传"等系列主题实践活动,积极推进水利法律法规进机关、进乡村、进社区、进学校、进企业、进单位、进库区、进网络、进工地、进灌区,提升社会公众的水法治观念,引导灌区群众养成尊法守法、爱水惜水的行为习惯。在工程明显位置设立水利法规宣传牌、警示标志、警言警句等,促进依法治水和依法保护水资源,提高全社会对水安全的认识。

历年"世界水日"主题

1996年的主题是"依法治水,科学管水,强化节水"。

1997年的主题是"水与发展"。

1998年的主题是"依法治水——促进水资源可持续利用"。

1999年的主题是"江河治理是防洪之本"。

2000年的主题是"加强节约和保护,实现水资源的可持续利用"。

2001年的主题是"建设节水型社会,实现可持续发展"。

2002年的主题是"以水资源的可持续利用支持经济社会的可持续发展"。

2003年的主题是"依法治水,实现水资源可持续利用"。

2004年的主题是"人水和谐"。

2005年的主题是"保障饮水安全,维护生命健康"。

2006年的主题是"转变用水观念,创新发展模式"。

2007年的主题是"水利发展与和谐社会"。

2008年的主题是"发展水利,改善民生"。

2009年的主题是"落实科学发展观,节约保护水资源"。

2010年的主题是"严格水资源管理,保障可持续发展"。

2011年的主题是"严格管理水资源、推进水利新跨越"。

2012年的主题是"大力加强农田水利,保障国家粮食安全"。

2013年的主题是"节约保护水资源,大力建设生态文明"。

2014年的主题是"加强河湖管理,建设水生态文明"。

2015年的主题是"节约水资源,保障水安全"。

2016年的主题是"落实五大发展理念,推进最严格水资源管理"。

2017年的主题是"落实绿色发展理念,全面推行河长制"。

2018年的主题是"实施国家节水行动,建设节水型社会"。

2019年的主题是"坚持节水优先,强化水资源管理"。

2020年的主题是"坚持节水优先,建设幸福河湖"。

2021年的主题是"深入贯彻新发展理念,推进水资源集约安全利用"。

历年"法制宣传日"主题

2001年的主题是"增强宪法观念,推进依法治国"。

2002年的主题是"学习宣传宪法,推进民主法制建设"。

2003年的主题是"依法治国,执政为民"。

2004年的主题是"弘扬宪法精神,增强法制观念"。

2005年的主题是"弘扬宪法精神,构建和谐社会"。

2006年的主题是"落实'五五'普法规划,促进和谐社会建设"。

2007年的主题是"弘扬法治精神,推进依法治国"。

2008年的主题是"弘扬法治精神,服务科学发展"。

2009年的主题是"加强法制宣传教育,服务经济社会发展"。

2010年的主题是"弘扬法治精神,促进社会和谐"。

2011年的主题是"深入学习宣传宪法,大力弘扬法治精神"。

2012年的主题是"弘扬宪法精神,服务科学发展"。

2013年的主题是"大力弘扬法治精神,共筑伟大中国梦"。

历年"国家宪法日"宣传主题

2014年的主题是"弘扬宪法精神,建设法治中国"。

2015年的主题是"弘扬宪法精神,推动创新、协调、绿色、开放、共享发展"。

2016年的主题是"加强法制宣传教育,服务经济社会发展"。

2017年的主题是"弘扬宪法精神,维护宪法权威"。

2018年的主题是"尊崇宪法、学习宪法、遵守宪法、维护宪法、运用宪法"。

2019年的主题是"弘扬宪法精神,推进国家治理体系和治理能力现代化"。

2020年的主题是"深入学习宣传习近平总书记全面依法治国新理念新思想新战略　大力弘扬宪法精神"。

2021年的主题是"以习近平法治思想为指导,坚定不移走中国特色社会主义法治道路"。

五、典型水事违法案件查处

2006年5月12日,宁夏银川市城市建设综合开发有限公司在承建金凤区长城路工程中,强行挖毁唐徕渠支干渠良田渠黄渠口(桩号K14+700)渠堤130米(西堤60米、东堤70米)、树木30棵,造成4万亩农田灌溉受阻。宁夏电视台、《宁夏日报》对此次事件进行跟踪报道。管理处紧急抢险,5月15日11时良田渠恢复通水。责任单位承担工程维修费10万元。

2007年12月17日,由银川市望远工业园管理委员会实施建设的望通路(桩号K61+574)和望牛路(桩号K60+110)跨越唐徕渠新建桥梁工程时,在未经管理处审批的情况下擅自开工,造成唐徕渠该处渠堤70米、142棵树木(直径20~30厘米)、1座斗口被毁坏。管理处依法发出责令停止水事违法行为通知书,并上报水利厅水政监察大队立案处理。

2018年10月7日和10月21日,唐徕渠管理处良田渠管理所职工在渠道巡护时,发现银川市市政建设和综合管廊投资建设有限公司未经水行政主管部门审批同意下,擅自在长城路唐徕渠桥和良田渠四清沟开挖渠道实施工程。巡护人员发现后当场制止违法行为,并及时上报管理所、管理处。案件发生后,管理处立即组织水政执法人员及工程防汛、灌溉等部门到达现场。经水政执法人员现场取证,第一起案件:渠底横向开挖长27米,深度达1.2米,开挖土方量约97.2立方米;第二起案件:渠道横向开挖长40米,深度达5米,开挖土方量600立方米。水政监察人员责令违法建设单位立即停止违法行为,依据水利厅制订的《宁夏回族自治区水行政执法文书》,按照所涉及水行政处罚类文书第三十二项,对该违法建设单位进行水行政处罚。其中,擅自在长城路唐徕渠桥头建设开挖渠底实施供热管线工程处以1万元行政处罚,擅自在唐徕渠支渠良田渠四清沟开挖渠道实施排水工程处以4.9万元行政处罚。随后管理处组织对现场毁坏开挖渠道进行土方回填夯实,恢复渠堤原状,确保渠道灌溉正常行水。管理处本次首例

依据水利厅制订的《宁夏回族自治区水行政执法文书》进行水事违法案件依法查处,规范执法程序,提高了水政执法人员依法行政能力,保护了单位合法权益。

第二节　法制宣传教育

1986年至2000年,开展"一五""二五""三五"普法宣传教育,制定管理处《"一五""二五""三五"普法规划》,配发《社会主义法制建设基本知识》《法律知识三百题》《法律法规文件选编》等普法教育学习书籍,投入普法经费5万余元。采取多种形式进行宣传,开展法律知识竞赛,组织干部职工收看电视、录像专题28场次,刷写标语5000多条,办专栏600期,办展板70块,持续抓好各级干部的法律知识教育。

2001年至2005年,开展"四五"普法宣传教育,督促好干部学法用法,配发《干部法律读本》《水利法规汇编》等普法教材356册,印制《干部学法用法手册》和干部学法笔记,保证干部每年学法40学时以上,每人做学习笔记5000余字、撰写心得体会2篇,组织参加全区法律统一考试,参考率100%,合格率100%。2005年6月,自治区司法厅、法制办先后对唐徕渠管理处"四五"普法工作进行检查、验收,并给予充分肯定。

2006年至2010年,开展"五五"普法宣传教育。坚持党委中心组集体学法和干部职工日常学法制度,加强《宪法》等基本法、《水法》等行业法的普及教育,坚持开展每月一次的集体学法,每半年一次中心组学法活动,投入经费8万余元,购置普法书籍、教材100余册,职工法律集中学习60多场次,组织法律知识考试6次,法律培训教育覆盖率达100%。2006年11月制定印发《唐徕渠管理处法制宣传教育第五个五年规划》,18名水政监察员参加自治区政府部门、直属机构及中央驻宁单位行政执法人员培训班学习,邀请自治区政府法制办副主任洪寅生作依法行政辅导讲座。

2011年至2015年,开展"六五"普法宣传教育。深入开展"六五"普法实施年、法治文化建设年宣传教育活动,坚持职工集中学法制度、领导及专家授课制度、干部职工定期培训制度,加强《宪法》等法律法规的普及教育,印制干部职工"六五"普法专用学习笔记,配发《"六五"普法党员干部读本》等教材,举办普法宣传月活动40场次,组织观看《人·水·法》《大理寺》《警示片》等普法教育宣传片50场次,办黑板报500期、宣传栏100期,在《法治新报》发表《实施依法治水,构建人水和谐》专刊文章1篇,印制水法宣传纪念纸杯24万个,散发水法纪念环保手袋3000个、环保围裙3000个;印刷和张贴各种标语5万余条,悬挂宣传横幅60条,制作摆放宣传展板70块,印刷发放各类法制宣传材料20万份,散发水法宣传图画1600张,订阅《世界水日·中国水周》宣传特刊400份,设立法律咨询台55处,受教育人数达8万余人。联合各县水务部门利用受益乡(镇)集市在街头设点开展法律咨询100场次,解答群众现场提问800多条,参加宣传活动人数达300余人,普法宣传活动投入资金达20余万元。共依法查处各类水事违法案件182起,协调处理水事纠纷案件40起,配合法律顾问承办民事诉讼案件9起,依法拆除违章建筑16起,清理渠道乱堆乱放14起,取得了查处一件、教育一片的效果,提高灌区群众遵守《水法》的自觉性,推进依法治水工作,为水利改革发展稳定营造良好的外部法治环境。管理处被水利厅评为"六五普法"先进集体,杨志、马志峰荣获"六五"普法先进个人。

2017年3月,全面启动"七五"普法工作。制定管理处法治宣传教育第七个五年规划,深入学习宣传习近平总书记关于全面依法治国的重要论述,宣传中国特色社会主义法治体系,制定《唐徕渠管理处水事纠纷预防调处预案》《水政执法案件办理制度》《突发性水污染案件应急预案》《唐徕渠管理处合同管理办法》等应急体系建设预案和制度,深入开展"助力脱贫攻坚和乡村振兴""防控疫情、法治同行""扫黑除恶专项法治宣传教育工作""国家宪法日"、宪法宣传周等主题实践活动,积极开展送法进机关、进企业、进所段、进乡村、进协会、进学校、进工地、进家庭"法律八进"活动。围绕水利改革发展中心工作,以深化"法律八进",服务水利发展法制宣传教育载体,坚持面向基层开展法制宣传教育,深入基层、深入群众,组织开展形式多样的送法下乡活动。把水法宣传到乡村、协会作为整个宣传活动的重点来抓,印刷1500本《水法规汇编》发放到所段乡村协会人员手中,让学法用法成为常态化工作。全处统一印制水法宣传纪念纸杯5万个,制作宣传主题横幅144条,订阅《世界水日·中国水周》宣传特刊2200份,向群众发放水法宣传资料16万份,制作宣传展板130余块,发放水法宣传挂画1400张,举办普法讲座30期,办黑板报416期,解答现场群众问题800多条,深入农民用水者协会及各市县水务局联系了解灌区水情旱情进行座谈420余次,组织干部职工观看节水公益广告和法制录像40场次。配发普法笔记本,法律学习读本。在"七五"普法期间,依托法律顾问,通过水行政审批的涉外工程项目多达102项,现场协调处理水事纠纷64起,审定涉外工程、土地租赁、房屋租赁、乔迁补偿安置协议等各类合同400多份,承办民事诉讼法律案件3起。被水利厅评为"七五"普法先进集体,王莉、曹振军荣获"七五"普法先进个人。

2021年8月,高标准做好"八五"普法规划与启动工作。科学把握新时代法治宣传教育工作的形势任务,主动对标自治区、水利厅"八五"普法实施纲要,认真总结管理处"七五"普法好经验好做法,坚持开门搞普法,广泛听取人民群众与基层职工对管理处"八五"普法规划的意见建议,通过法治培训开启"八五"普法教育,引导党员领导干部当好学习宣传贯彻习近平法治思想的带头人,严格按照《自治区水利厅领导干部学法用法管理办法(试行)》要求,在学习中率先垂范,推动习近平法治思想作为全处干部职工日常学习必修课,不断强化全处干部职工对宪法和中国特色社会主义制度的政治认同、思想认同、法治认同、情感认同和事实认同,阐释好新时代依宪治国、依宪执政的内涵和意义。结合《中华人民共和国民法典》颁布一周年,开展"美好生活·民法典相伴"主题教育实践活动。积极参与"乡村振兴法治同行"等系列主题实践活动,积极

推进水利法律法规进机关、进乡村、进社区、进学校、进企业、进单位、进库区、进网络、进工地、进灌区，提升社会公众的水法治观念。进一步规范水行政执法人员行为，严格实行执法人员持证上岗和资格管理制度。严格按照法律法规的要求，规范执法、文明执法、和谐执法，确保水法律法规的有效实施，认真履行水法规赋予的责任。印发《唐徕渠管理处第八个五年法治宣传教育实施方案（2021—2025年）》《2021年水利普法依法治理工作实施方案》《常态化开展扫黑除恶斗争深化水利行业突出问题专项整治实施方案》，为全处在职人员配发"八五"普法笔记本，严格落实普法责任制"四清单一办法"，为"八五"普法开好头、起好步奠定坚实的基础，为建设黄河流域生态保护和高质量发展先行区、推动新时代水利高质量发展、建设经济繁荣、民族团结、环境优美、人民富裕的美丽新宁夏营造良好的法治环境。

第三节　社会治安综合治理

唐徕渠管理处高度重视社会治安综合治理工作，健全社会治安综合治理组织体系。根据"谁主管、谁负责"的原则，成立社会治安综合治理领导小组、水事纠纷预防调处领导小组，形成党、政、工、团齐抓共管的综治及水事纠纷预防调处工作格局。按照"年度有计划、阶段有部署、年内有检查"要求，每年年初制定年度综合治理工作计划、开展水事纠纷集中排查和调处化解工作，将水事纠纷预防调处工作纳入综合治理工作一并考核。实行社会治安综合治理一票否决制和第一责任人制，落实社会治安综合治理目标责任制，建立奖罚激励机制，做到有布置、有落实、有督促、有考核、有总结。同时为开展社会治安综合治理经费提供保障，并列入单位财务计划。坚持运用各种有效手段预防违法，制定《一票否决制度》《发案报告制度》《检查监督制度》《发案曝光制度》《表彰奖励制度》等综合治理五项制度和《唐徕渠管理处水事纠纷预防调处预案》，使管理处社会治安综合治理工作建立了长效机制，杜绝犯罪，确保一方稳定，以安定的环境保证各项工作顺利完成。

1996年1月，被银川市城区社会治安综合治理委员会评为治安模范单位。

1998年10月，被银川市社会治安综合治理委员会评为银川市治安模范单位。

2002年5月28日，良田渠管理所职工于平在良田渠丰盈九队巡护时，热心救助迷失老人，被救家属得知此事后，送来一面"解救危难，品德高尚"的锦旗，为管理处树立了良好形象。管理处对其进行通报表扬，并号召全处职工学习于平热心救人的高尚品质。

2003年6月8日，在平罗县内周城管理所步口桥段黑渠口处发生暴力水事违法事件。周城所6名职工被违法人员殴打致伤，其中4人送往银川市第一人民医院住院治疗。事发后，唐徕渠管理处与平罗县交通局对此事达成处理意见。

2004年,开展"平安单位"创建活动。唐徕渠管理处党委将平安创建列入年度重要议事日程,开展矛盾纠纷排查调处和信访维稳工作,解决管理处人事制度改革、灌溉管理、工程建设、人员管理等工作中关系职工切身利益的问题,从源头上预防和减少矛盾纠纷。加强处、所、段三级治安管理,加强治安硬件建设。2004年1月,被银川市兴庆区富宁街街道党工委办事处评为2003年度社会治安综合治理先进单位。2005年1月,被宁夏回族自治区社会治安综合治理委员会评为宁夏回族自治区平安模范单位。2008年1月,被兴庆区凤凰北街街道党工委评为2007年度社会治安综合治理先进集体。2009年1月,被兴庆区凤凰北街街道党工委评为2008年度社会治安综合治理先进集体。2011年3月,被兴庆区凤凰北街街道党工委评为2010年度社会治安综合治理先进集体。2012年先后在管理处办公楼安装红外报警装置和视频监控设备,开展警民进社区活动。加强与当地派出所联系,在周城、南梁、杨显桥、满达桥四个管理所建立水利警务室,由管理处、所和属地派出所共同开展工作,由基层管理所水政执法人员担任警务工作人员。主要职责:水利工程沿线水政执法监察、调处水事矛盾纠纷、查处水事治安案件,开展法制宣传教育工作。水利警务室的建设,通过联合执法,解决多年来水利部门单家执法存在的执法难及执法弱等问题,为水政执法提供警力支撑,增强水利基层单位应对突发事件和风险的能力。抓好基层平安创建工作,制定考核验收标准,规范综治工作制度和台账,11个基层单位通过管理处的验收。

2001年至2021年,管理处高度重视综合治理工作,成立综合治理工作领导小组,制定各类管理制度,建立考核机制,层层落实责任,认真开展防火、防盗、防黄赌毒等预防工作,狠抓各种矛盾纠纷和不稳定因素的排查、调解和处理工作,创建平安单位,推进依法治水。每年与11个管理所签订社会治安综合治理目标责任书,严格落实"谁主管、谁负责"和"系统治理、综合治理、依法治理、源头治理"原则。2012年至2017年连续被中共兴庆区凤凰北街街道工作委员会评为平安建设工作先进单位。

第四节 扫黑除恶专项斗争

2018年以来,为全面落实党中央、自治区和水利厅扫黑除恶专项斗争精神,管理处切实履行扫黑除恶主体责任,把扫黑除恶专项斗争和依法治水、社会治安综合治理工作紧密结合起来,成立扫黑除恶专项斗争领导小组,制定下发《唐徕渠管理处扫黑除恶专项斗争工作要点》《唐徕渠管理处开展重点领域扫黑除恶专项整治行动实施方案》等文件。在全处各单位、农民用水者协会、重点水利设施、施工工地等场所悬挂横幅60余条,制作宣传展板12块,印制扫黑除恶应知应会宣传册300本、宣传画册1000余份,设立线索举报箱40个,落实部门职责。2018年10月25日,按照自治区水利厅扫黑除恶专项斗争工作文件要求,管理处安排部署扫黑除恶专项斗争工作,组织全处干部职工及基层党组织再动员再部署,并与开展渠道专项执法工作紧密结合,进一步明确工作措施,成立完善组织机构,落实专项人员,广泛宣传发动,深入开展线索摸排,取得积极成效。2018年11月至年底,按照有黑扫黑、有恶除恶、有乱治乱的要求,深入推进打击整治行动,开展对煽动闹事、非法侵占渠道,擅自开挖、非法取水、违法涉渠建设、暴力抗法、破坏水利工程等重点领域的涉黑涉恶线索集中摸排工作,切实摸清底数、掌握实情。积极配合公安、纪检等机关开展打击行动,扫除一批黑恶势力、查处一批突出案件。开展正面宣传,发动群众积极参与专项斗争,踊跃举报问题线索,形成对水利行业黑恶势力"零容忍"和人人喊打的良好氛围。2019年,对全处水利行业摸排核查出的重点案件、重点问题进行集中攻坚,对涉及水利行业已侦破的案件循线深挖、逐一见底,摧毁水利行业黑恶势力的经济基础,深挖背后"保护伞",强化水利基层组织建设;全面梳理典型案件,分析水利行业黑恶势力特点,彻底铲除黑恶势力在水利行业赖以滋生的土壤。2020年,对管理处扫黑除恶专项斗争经验做法进行总结,巩固专项斗争的成果,提升水利基层队伍的能力和水平,建立健全遏制水利行业黑恶势力和各类突出水事违法犯罪滋生蔓延的长效机制。2021年,徐辉、姜峰荣获水利厅扫黑除恶先进个人。

自2019年5月,通过开展扫黑除恶线索排查,全处共排查到1条线索。该线索为南梁管理所周边种植户,未经水行政主管部门审批同意,强行占用南梁管理所管理的国有土地进行开垦种植。管理处将此涉黑涉恶线索上报水利厅法规与水资源处后,对接银川市水务局调查情况,并由银川市水务局向银川市扫黑办上报核查情况。随后,违法线索案件人将管理处诉讼至法院,诉讼案件名称为侵权责任纠纷。2019年4月12日,由银川市金凤区西湖法庭立案受理后,依法适用简易程序,于2019年5月17日公开开庭审理本案,经审理发现不适宜简易程序,裁定转为普通程序,并于2019年9月24日再次公开开庭审理本案。2019年10月28日,向宁夏回族自治区银川市金凤区人民法院下达《民事判决书》，法院认为被告唐徕渠管理处具有该宗土地权属，原告"抢种抢收"没有事实和法律依据，判决驳回原告的诉讼请求。管理处胜诉，此案件线索办结，非法侵占国有土地问题得到有效遏制，为水利工程建设、供水管理提供了安全支撑。

扫黑除恶专项斗争主要宣传标语：

1. 全民动员、人人参与，打一场扫黑除恶的人民战争。
2. 充分发动和依靠群众，打一场扫黑除恶的人民战争。
3. 坚决向黑恶势力宣战，打一场扫黑除恶的人民战争。
4. 举报黑恶犯罪有功，包庇黑恶势力违法。
5. 检举揭发黑恶势力违法犯罪是每个公民应尽的义务。
6. 主动参与扫黑除恶工作，积极举报涉黑涉恶线索。
7. 全民积极行动起来，坚决同黑恶势力违法行为作斗争。
8. 开展扫黑除恶专项斗争，创造安全稳定的社会环境。
9. 发挥党组织战斗堡垒作用，坚决铲除黑恶势力滋生土壤。
10. 坚决铲除黑恶势力，坚决维护人民群众合法利益。

第八章　科技应用及水利信息化

科技应用与水利信息化是水利事业发展的主要动力与基础。在长期的灌区水利建设与管理实践中,新知识、新材料、新技术不断应用,推动唐徕渠水利事业的向前发展。管理处以标准化、规范化、自动化、信息化为目标,持续推进"云、网、端、台"建设,逐步实现水利管理方式从传统人工到智能自动转变、工作模式从流程复制到流程优化转变、服务方式从被动响应到主动应对转变,努力提升灌区信息化、自动化建设与管理水平,以水利信息化驱动唐徕渠现代化生态灌区建设。

第一节　通信网络系统建设

一、通信系统

唐徕渠管理处的通讯设施建设经历人工传达、磁石有线电话、单工无线通信、移动网络通信四个阶段的变化。

1960年以前,传递水情信息主要靠步行、骑马和自行车接力传递。1960年开始,逐步架设专用磁石有线电话线路305.8千米,管理处和各管理所的调水室配有磁石电话交换机,管理处配有电话员及车辆,负责干线的管理养护维修,支线由各所管理。这种通讯网络通话质量不高,线路遍布渠道,维修困难,通话保证率较低,尤其遇恶劣天气通讯难以保证。

20世纪80年代,无线电通讯逐步应用于水利管理。1984至1985年,自治区水利厅和管理处共同投资建成管理处第一代150MHz超短波无线电通讯网,使管理处和各管理所之间初步形成有线电话、无线通讯为一体的通讯网络。

20世纪90年代初,管理处投资购置"健伍"400MHz半双工超短波无线电设备组建通讯网,安装在管理处调水室和11个管理所调水室,但所、段之间仍旧采用老式的磁石有线电话通信。为彻底解决各管理所、段的通讯问题,1992至1995年开始逐步对第二农场渠的大武口、崇岗、南梁、暖泉等管理所、段进行通讯改造,拆除原有的磁石有线通讯线路,全部改为150MHz单工超短波无线电话。1996—2002年又对跃进桥、宁化桥、杨显桥、周城、满达桥管理所、段进行无线通讯改造,实现从磁石有线电话到无线电通讯时代。

1998年,结合宁夏防汛水量调度通讯网更新改造工程,管理处引进安装第三代800MHz集群无线通讯网,实现处、所双向通话(即双方可同时说话)。同年,管理处统一为11个管理所办理安装电信程控电话,全处通讯调度有两套设备保证,大大提高通讯保证率。当年,终止第二代400MHz半双工无线电通讯网的使用。

2003年以来,管理处利用中国移动的技术平台建设移动通讯网络,开办中国移动宁夏唐徕渠虚拟网业务,将管理处和11个管理所、33个管理段点全部改为移动无线固话业务,使处、所、段、灌区收益单位之间实现通讯一体化的全新方式。全处移动用户与所、段实现网内免费通话业务。管理处自建的400MHz、150MHz无线电话退出使用,虚拟网业务既提高通讯保障率,也节省管理成本,年均节约通讯维护费5万多元。

二、网络系统

1988年,唐徕渠管理处购买第一台长城0520型计算机。水利管理科开始第一次使用计算机对水利工程和测量水资料进行计算并建立数据库,测流曲线绘制由手工向计算机过渡。

1995年,管理处办公室配置计算机和打印机,实现办公文件由手工处理转变为计算机处理的跨越。

1996年,财务科配备计算机,同年管理处实现财务电算化。

1998年,管理处干渠水位遥测系统建成,当年管理处购买2台联想奔月电脑,主要为遥测系统服务。

1999年,管理处建设小型内部局域网,当时只联接5台计算机,主要为管理处业务科室了解水情信息使用。同年为政工科配备1台计算机,用于人事档案管理。

2000年以后,管理处开始逐步为各科室和管理所配备计算机办公。计算机的性能也从最初的奔腾486逐步升级到奔腾4。截至2021年底,管理处共配备计算机136台,基本实现两人1台计算机。

2004年年底,管理处搬入新办公楼后,各办公室全部配备计算机,并以科室为单位接入电信ADSL互联网,建立科室电子邮箱。基层11个管理所全部配备2台以上计算机,财务、水账为独立的专用计算机,办公、遥测各一台专用计算机,对有条件上网的管理所全部接入互联网,建立各所的电子邮箱。

2007年,初步建立唐徕渠系工程电子档案,利用卫星照片和GPS绘制电子版的灌区现状图,对灌区部分面积进行核实;组织人员编写《唐徕渠管理处信息化试点申报材料》,被水利厅确定为全区水利信息化试点单位之一。

2013至2018年,结合自治区水利厅实施灌区信息化,对唐徕渠管理处的网络系统进行整体规划和重新建设。管理处建设机房网络设备、服务器、PC终端、会商设备等IT基础设备,配有防火墙、防毒墙、入侵检测、上网行为管理、网络准入控制系统等网络安全设备。同时利用自治区电子政务网完成并实现厅、处、所、段四级网络全覆盖,实现管理处电子政务一张网。

到2021年,以构建唐徕渠现代化生态灌区标准化、规范化、自动化、信息化为目标,持续推进"云、网、端、台"建设,逐步提升灌区信息化自动化建设与管理水平。管理处机关、11个管理所、32个管理段全部接入宁夏电子政务网(包括互联网＋云平台＋水利专网),其中管理处网络带宽50M,管理所网络带宽20M,管理段网络带宽10M。

第二节　信息采集系统建设

一、水位遥测系统

20世纪80年代中期,唐徕渠管理处开始试验性地引进干渠水位超警戒报警系统。1988年,管理处安装2套宁夏水利科学研究所研制的水位报警系统(有线),用于渠道断面水位的观测工作。经过几年的试运行,管理人员初步掌握一定的水位遥测技术。

1998年,管理处投资30多万元,安装河海大学水文自动化研究所研制的干渠自动水位遥测系统,建成中心站1个,遥测站9个,成为宁夏水利系统第一个成功引入水位遥测系统的管理处,并在使用中推广到全区水利系统。水位遥测系统可遥测水位、降雨量等相关数据,是山洪预警、预报和水位水量调度管理的一项工程设施,也是监控水情变化的重要手段。

1998至2006年,管理处遥测系统经过续建、改造和完善,已经初步形成集水位遥测、雨量观测、涵洞监测和斗口量水为一体的渠道灌溉信息化应用体系。

截至2007年,管理处共有各类遥测设备52套,其中水位遥测中心站1处,分中心站3处,水位遥测站26处,遥测中继站3处,降雨量观测站8处,涵洞监测设备3套,斗口自记量水设备8套。水位遥测系统累计投入资金89.6万元,分别安装在管理处11个交接水大断面和15个险工地段。

2015年,借助宁夏青铜峡灌区信息化工程对原有52个遥测站进行重建并加密补充。重建后的遥测全部采用GPRS网络将数据传输至水利厅水文遥测平台进行数据分发。处、所、段通过web网页即可浏览到渠道断面的水位数据,改变以往管理和观测方式,实现水情数据的互联互通和共享。

遥测系统的应用使调度人员能随时了解干渠水情,变被动为主动,达到"先知先觉",且在观测水位、预防事故、查找事故原因、防止渠道水位大起大落、灌区均衡受益等方面起到了积极作用。尤其是在1998年5月20日、2002年6月11日、2003年8月20日等特大山洪期间,安装在傍山渠道的测站准确地将洪水入渠情况传输到管理处,调度人员根据雨情、水情以及洪水数据科学决策下达分洪指令,为处置山洪赢得了时间,从而最大限度地减少洪灾带来的损失。同时遥测系统的使用杜绝了渠道水位的大起大落,为科学调度奠定基础,将过去沿用几十年的断面观测两所制变一所管理,缓解了巡护人员紧张的局面。

二、雨量遥测系统

1999年,管理处购置10套自记式雨量计,安装在干渠沿线。雨量站的建立对雨后不同地区农作物的需水情况可以做到"心中有数"。2007年以后,由于管理处和气象部门的信息共享机制,雨量遥测系统停止使用。

三、水工建筑物监测系统

2002年,管理处投资10万元引入3套涵洞形变监测系统,在老化的玉泉、宁化、丰庆沟涵洞共安装16个探头,通过物体发生的形变判断是否发生位移确定涵洞隐患。经过几年的试运行,管理处初步掌握涵洞运行状况的基本资料,为分析涵洞的除险加固打下了基础。

2004至2015年,随着灌区续建配套工程的大面积改造,对原有的老化涵洞进行拆除翻建,系统停止使用。

唐徕渠干渠信息采集设施统计表见表8-1。

表8-1 唐徕渠干渠信息采集设施统计表

序号	隶属管理所	采集点名称	桩号	所属地	功能	建设年代（年）
1	跃进桥管理所	三棵树	K3+241	青铜峡市瞿靖镇蒋西村	处引水断面	2015
2		跃进桥上	K10+967	青铜峡市瞿靖镇蒋西村	控制断面	2015
3		跃进桥下	K11+013	青铜峡市瞿靖镇蒋西村	控制断面	2015
4		玉泉断面	K23+163	青铜峡市邵岗镇	所界交水断面	2015
5	宁化桥管理所	二旗断面	K29+311	青铜峡市邵岗镇二旗村	县界交水断面	2015
6		宁化桥断面	K34+045	永宁县李俊镇宁化村	控制断面	2015
7		新民渠断面	K38+816	永宁县望洪镇宋澄村	段界交水断面	2015
8	杨显桥管理所	陡坡断面	K41+433	永宁县望洪镇北渠村	所界交水断面	2015
9		小湾桥断面	K47+330	永宁县杨和乡南北全村	段界交水断面	2015
10		杨显桥断面	K53+325	永宁县胜利乡许旺村	段界交水断面	2015
11		良渠口断面	K58+252	永宁县胜利乡陆坊村	段界交水断面	2015
12		高庙桥断面	K62+805	永宁县胜利乡陆坊村	段界交水断面	2015
13		红花渠测水断面	K68+224	兴庆区苗木场	段界交水断面	2015

续表

序号	隶属管理所	采集点名称	桩号	所属地	功能	建设年代（年）
14	良田渠管理所	良田渠进口断面	K0+150	永宁县胜利乡陆坊村	所界交水断面	2015
15		丰盈断面	K6+172	永宁县望远镇丰盈村	段界交水断面	2015
16		烟村墩	K10+794	金凤区黄河中路办事处魏家桥村	段界交水断面	2015
17		良田管理所	K16+598	金凤区黄河中路办事处双渠口村	段界交水断面	2015
18		顾家桥断面	K20+462	西夏区镇北堡镇顾家桥村	段界交水断面	2015
19	大新渠管理所	大新渠进口断面	K62+850	永宁县望远镇望远村	所界交水断面	2015
20		望远断面	K62+805	永宁县望远镇望远村	段界交水断面	2015
21		蝗虫庙	K8+450	兴庆区燕宝公司	段界交水断面	2015
22		新水桥	K13+564	兴庆区新水桥村	段界交水断面	2015
23	满达桥管理所	新桥断面	K78+894	兴庆区	所界交水断面	2015
24		满达桥闸前	K83+860	贺兰县习岗镇黎明村	控制断面	2015
25		满达桥进口断面	K83+950	贺兰县习岗镇黎明村	控制断面	2015
26		光明断面	K92+584	贺兰县常信乡光明村	段界交水断面	2015
27		罗渠断面	K99+219	贺兰县常信乡新华村	段界交水断面	2015
28		二十六湾段	K102+695	贺兰县常信乡丁北村	控制断面	2015
29	周城管理所	八一桥断面	K106+252	贺兰县常信乡丁北村	所界交水断面	2015
30		姚伏段	K111+179	平罗县姚伏镇姚伏村	段界交水断面	2015
31		周城管理所	K116+196	平罗县周城镇周城村	段界交水断面	2015
32		张家墩	K121+750	平罗县周城镇张家墩村	段界交水断面	2015
33	周城管理所	王小桥断面	K126+135	平罗县城关镇徐家桥村	段界交水断面	2015
34		步口桥	K127+067	平罗县城关镇	段界交水断面	2015
35		南门桥断面	K133+951	平罗县城关镇和平村	段界交水断面	2015
36		人民闸	K137+371	平罗县高庄乡光华村	段界交水断面	2015
37		幸福断面	K141+659	平罗县姚伏镇惠威村	段界交水断面	2015
38	南梁管理所	二农进口断面	K0+000	贺兰县习岗镇黎明村	所界交水断面	2015
39		一号桥断面	K3+450	贺兰县习岗镇黎明村	段界交水断面	2015
40		西湖桥断面	K9+600	贺兰县南台子铁东村	段界交水断面	2015
41		军垦桥断面	K14+660	贺兰县南梁农场	段界交水断面	2015
42	暖泉管理所	暖泉渠进口	K0+100	贺兰县常信乡王田村	所界交水断面	2015
43		三号桥断面	K9+500	贺兰县洪广镇北庙村	段界交水断面	2015

续表

序号	隶属管理所	采集点名称	桩号	所属地	功能	建设年代（年）
44	崇岗管理所	分水闸断面	K21+150	贺兰县常信乡王田村	所界交水断面	2015
45	崇岗管理所	四号桥断面	K24+170	暖泉农场	段界交水断面	2015
46	崇岗管理所	南沙窝断面	K32+490	平罗县崇岗镇	段界交水断面	2015
47	崇岗管理所	崇胜断面	K41+450	平罗县崇岗镇	段界交水断面	2015
48	崇岗管理所	五分沟断面	K45+032	平罗县崇岗镇	段界交水断面	2015
49	大武口管理所	公路桥断面	K47+303	大武口区星海镇	所界交水断面	2015
50	大武口管理所	星海湖断面	K60+388	大武口区星海镇	段界交水断面	2015
51	大武口管理所	简泉段面	K66+625	惠农区燕子墩乡	段界交水断面	2015
52	大武口管理所	高四斗	K66+886	惠农区燕子墩乡	段界交水断面	2015

第三节 测控设施建设

一、干渠量测水设施建设

1946年5月，黄河水利委员会建立唐徕渠大坝营水文站。唐徕渠从1954年开始改水刻子为公制水尺观测水位，同年试行计划配水和用水，将全渠分为几段，设测水断面，水量调配始有定量数据。

1970年唐徕渠管理处成立后，调整管理所的管理地段，增加流速仪测水的断面，每4小时上报一次水位，8点及16点测定流量，绘制各测点水位、流量曲线图，使交、接水有较准确的定量数据。唐徕渠管理处现有县界断面11处，乡村界断面33处，流速仪测流方式一直延续至今仍在使用。

2003年，在唐徕渠三棵树断面首次采用南京水文自动化研究所的水文测验自动缆道系统进行测流，标志着自动缆道测流技术开始在渠道量测水工作中应用。

2016年，管理处结合宁夏引黄灌区测量水设备比测引选项目的研究，在第二农场渠进口断面采用底流式ADCP方式测流，通过太阳能供电、4G通信实现干渠断面测流的自动采集。

2018年，在第二农场渠分水闸、公路桥、简泉断面采用面流速雷达波方式测流，实现水位流量的采集、传输、计算、显示自动化。

2021年9月，在唐徕渠陡坡、满达桥、周城所周城乡3处干渠断面使用AI视频监测技术，实现干渠水位、流速、流量监测，在获取有效数据的同时可远程看到现场的情况，并第一视角传送至处所两级调度中心进行监视管理,填补灌区自动化视频测流空白。

2021年10月,在唐徕渠八一桥测水断面,采用自动控制双体测船(浮体),远程运行控制方式完成全自动断面循环ADCP综合测控流量测验系统,实现网页、手机APP对断面的远程测控计算,远程查阅数据,成果数据自动汇集和整理显示、打印、转储功能,填补灌区自动ADCP精准测流空白。

二、水闸控制系统建设

唐徕渠水闸自动化控制建设分为三个阶段。

20世纪60年代,引黄灌区开始使用电动闸门,主要有卷扬式和螺杆式启闭机。20世纪80年代前,干渠各类水闸的控制采用现地操作控制。操作时两人在场,一人操作一人监护。

20世纪90年代,水闸控制引入现地自动控制操作,管理人员通过现场的控制柜设定开度值由控制柜自动给出启闭指令,达到开启闸门的工作。此过程中若闸门超出上下移动范围立刻终止电动机运作,保护闸门不被损坏。

2015至2016年,结合《数字唐徕信息化试点工程设计实施方案》、宁夏引黄灌区测量水设备比测引选项目,管理处在杨显桥管理所典农河、满达桥节制闸、暖泉渠进水闸建设闸门远程自动控制及监控系统。

2017至2021年,结合宁夏中型病险水闸加固项目、唐徕渠干渠量测水项目、唐徕渠管理处岁修等项目,陆续对干渠上的7座节制闸、6座退水闸、5座进水闸进行远程自动控制及监控改造。至此,管理处大闸自动化控制系统框架建设完成,实现现地手动、现地自动、远程控制的三级控制模式。系统采用水利专网、4G进行远程控制监测,闸前后及闸室配备视频监控,对电动执行机构和室内外实时监控,现场配套PLC控制柜,采集启闭机运行、停止、故障、远控等信号。改造后的闸控系统摒弃传统的螺杆式启闭机控制,采用先进可靠的伺服电机控制系统,改变了传统闸控复杂的控制方式,实现闸门启、停、关的新控制模式,通过软件菜单、控制按钮、专人专控、短信验证码验证四级菜单达到闸控远程自动安全控制。远控的投入使用减轻了职工的劳动强度,实现不定期巡视、少人值守,达到减员增效的目的,为渠道的联合调度提供完善的基础保障,满足水量调度精细化管理的需求。

三、干渠直开口测控设施建设

20世纪50年代,试行田间量水,1975年试验斗口量水,1980年推广无喉槽量水。1985年全灌区696个斗口中采用各种形式测水量水,有建筑物量水、无喉槽量水、流速仪测水、抽水机测水,唐徕渠梢及良田、大新、第二农场渠梢的斗口不单独量水,分段测出总水量平摊。这些测量水方式现一直沿用。进入21世纪,随着科学技术的不断发展,特别是新技术和新材料在各行各业的应用,新的测流设备也在不断地推陈出新,电磁流量计、雷达流量计、超声波水位计、雷达水位计等先进自动测量水仪器逐渐被应用于农业灌溉量测水中。

2016年9月,管理处开始宁夏引黄灌区自动化测量水设备比测引选项目的研究。此次研究针对4种不同流量级别的渠道进行自动测流设备比测,经过8个月的设备比测及结果分析,筛选出适用于干渠及干渠直开口渠道的自动化测量水仪器,用于电动闸门测控的"闸门测控仪"和适合手动闸门测控的"遥测终端机",并通过水利部水文仪器及岩土工程仪器质量监督检验测试中心的型式检验。

2017年,唐徕渠管理处《宁夏引黄灌区测量水设备比测引选及测控一体化系统研究》项目获得宁夏水利科学技术进步三等奖,实现灌区水情数据采集、传输、存储、分析,优化水资源配置,提高灌溉自动化水平,推进管理科学化、规范化。

2018年,贺兰县现代化生态灌区量测水设施建设开始实施。水利厅将项目区内涉及唐徕渠第二农场渠的自动量测水项目交由管理处实施。9月,管理处根据水利厅批复开始对第二农场渠桩号K8+000~K46+000段进行改造,安装自动化闸门和计量设备,实现直开口、扬水站和测水断面自动化测控。项目涉及唐徕渠第二农场渠的南梁所部分、暖泉所全部、崇岗所全部的干渠直开口,共建设测控一体化及电磁流量计量测水设施74处,其中干渠直开口27座,扬水站26座,暖泉渠直开口17座,测水断面3处,新建节制闸1座。

2019年3月,唐徕渠满达桥所全部及南梁所大部分直开口一律采用测控一体化量水设施,共建设测控量测水设施51处,实现直开口远程控制和自动量水。

2020年,管理处按照宁夏现代化灌区和智慧水利建设规划,对唐徕渠周城所平罗县姚伏镇内干渠直开口、水闸和测水断面进行自动化量测水设施改造,涉及直开口37座、水闸3座(八一桥节制闸、灯塔退水闸、周城退水闸)、测水断面1处。

2019年11月至2021年11月,根据自治区水利厅要求,唐徕渠管理处委托宁夏水利科学研究院作为第三方,开展贺兰县现代化生态灌区量测水设施项目(唐徕渠灌域)、灌区农业综合水价改革项目(唐徕渠平罗县姚伏镇)156套测控一体化闸门及5套雷达测流精度的比测工作。通过对渠道水位、闸门淤积、不同水流流态等情况进行现场观测试验,对观测数据进行分析研究,提出不同工况对量测精度的影响,为项目的验收提供数据支撑。

至2021年底,管理处建设干渠直开口自动化测控一体量水设施137座、电磁流量计量设施23处,分体式控制闸门21套。其中满达桥所测控一体化闸门36座、自动控制闸门5座;周城管理所测控一体化闸门38座;南梁管理所测控一体化闸门21座;崇岗管理所测控一体化闸门25座、自动控制闸门16座;暖泉渠测控一体化闸门17座。建成后的量测水设施实现全渠道量测控制以及干渠联动控制,分别从县乡和渠系维度对测流断面、测控一体化闸门、节制闸、退水闸、渠道水位、视频监控等内容进行统一的管理和监控,基于一张图进行所有工程元素叠加和监测数据动态实时管理,结合配水计划及断面流量、直开口用水流量,实时生成干渠大闸联合调度方案。同时实现测量水工作的流程化、记录无纸化、水量计算电子化、用户服务规范化、业务申请标准化、直开口管理远程化,省去人为量水的环节和弊端,促进农业用水计量精确化,提高灌溉渠系调水、控水和优化配水的能力,大大减少水量浪费,有效提高灌溉水的利用率,实现干渠与田间用水管理之间的联调联控管理,从本质上改变了灌区管理和运行的现状体制与机制,对改善灌区灌溉条件,缓解灌区供用水矛盾,促进节水灌溉和发展节水农业具有重要的意义,为唐徕渠向现代化、数字化灌区转型夯实基础。

四、渠道及安防视频监控系统建设

2005年5月,管理处在跃进桥管理所跃进节制闸,利用电信ADSL设置视频监测点一处,对节制闸闸前水位和渠道安全进行监控。管理处和跃进桥管理所利用共享软件各自在调水室掌握监控情况。

2015年,水利厅实施《宁夏灌区信息化建设信息采集系统2013—2014年度建设项目》,在第二农场渠崇岗管理所利用水利互联专网,安装3套视频监控设备,用于监控山洪入渠情况(即山洪过渠渡槽、退水闸)。同年结合"数字唐徕"试点项目,又在宁城闸、第二农场渠进口、满达桥闸下、红旗沟涵洞等5处安装8套视频监控设备,用于监控断面水位、闸控安全以及涵洞过流情况。

2016至2021年,管理处根据水利厅"十三五""十四五"水利信息化的规划和工作要求,结合自身的需求,充分利用宁夏中型病险水闸加固、现代化生态灌区量测水、管理处岁修项目,对渠道上的视频监控点进行加密布设,形成断面、闸、山洪、涵洞、所段安防、渠道生态等6大类型26处的全方位视频监控体系。

2019年,结合灌区安全标准化建设,对11个管理所33个管理段进行段点安防视频监控建设,实现人员和财产安全的双达标。

唐徕渠管理处借助水利视频云平台,建成唐徕渠视频监控系统,整合原有不同类型的视频监控设备,形成统一管理、统一规划、统一建设的三统一模式。厅、处、所三级机构通过视频系统即可远程监视渠道工程设施和所段安全,改变管理模式,实现管理可视化、少人化、标准化,确保防汛、灌溉、所段人员安全。

唐徕渠干渠量测水设施统计见表8-2。唐徕渠水闸控制设施统计见表8-3。唐徕渠视频监控设施统计见表8-4。

表8-2 唐徕渠干渠量测水设施统计表

序号	隶属管理所	断面名称	桩号	断面类型	断面测流方式	自动测流建设年代(年)
1	跃进桥管理所	三棵树	K3+241	管理处引水断面	雷达波自动测流	2019
2	宁化桥管理所	陡坡	K43+900	所界交水断面	视频自动测流	2020
3	满达桥管理所	满达桥节制闸下	K86+865	控制型断面	视频自动测流	2020
4	周城管理所	八一桥	K106+252	所界交水断面	ADCP远程自动缆道测流	2020
5	周城管理所	周城	K116+196	乡界断面	视频自动测流	2020
6	南梁管理所	第二农场渠进口	K0+100	所界交水断面	ADCP自动测流	2016

续表

序号	隶属管理所	断面名称	桩号	断面类型	断面测流方式	自动测流建设年代（年）
7	崇岗管理所	分水闸	K20+740	所界交水断面	雷达波自动测流	2018
8	大武口管理所	公路桥	K46+990	所界交水断面	雷达波自动测流	2018
9		简泉	K66+610	控制型断面	雷达波自动测流	2018

表 8-3 唐徕渠水闸控制设施统计表

序号	隶属管理所	建筑物名称	桩号	水闸类型	闸孔数（n）	闸门尺寸（宽m×高m）	启闭控制方式	建设年代（年）	自动化改造年代（年）
1	跃进桥管理所	唐徕渠进水闸	K0+000	进水闸	8	3×3.5	远程+现地+手动	不详	2012
2	杨显桥管理所	小湾桥节制闸	K48+308	节制闸	7	3.1×3.4	远程+现地+手动	1987	2017
3		良渠口节制闸	K58+281	节制闸	2	3.3×3.5	远程+现地+手动	1974	2020
4	满达桥管理所	满达桥节制闸	K83+869	节制闸	3	3×3.5	远程+现地+手动	1953	2019
5		二十六湾节制闸	K102+695	节制闸	2	2.5×2.6	远程+现地+手动	1971	2020
6	周城管理所	八一桥节制闸	K105+606	节制闸	4	2.5×2.5	远程+现地+手动	2014	2020
7		红星节制闸	K121+860	节制闸	2	2.5×2.5	远程+现地+手动	2014	2020
8	暖泉管理所	三号桥节制闸	暖K9+420	节制闸	2		远程+现地+手动	2018	2018
9	杨显桥管理所	良田渠进口闸	K58+281	进水闸	2	3.3×3.5	远程+现地+手动	1974	2020
10		典农河进口闸	K69+376	进水闸	3	3.3×2	远程+现地+手动	2005	2020
11	满达桥管理所	第二农场渠进口闸	农K83+869	进水闸	4	3×3.5	远程+现地+手动	1953	2019
12	崇岗管理所	暖泉渠进口闸	农K20+150	进水闸	2	2×2.5	远程+现地+手动	1954	2020
13	杨显桥管理所	胜利退水闸	K53+395	退水闸	2	2.3×2.4	远程+现地+手动	2000	2020
14	满达桥管理所	红旗沟退水闸	K89+585	退水闸	2	2.5×3	远程+现地+手动	1985	2020
15	周城管理所	灯塔退水闸	K113+050	退水闸	1	1.5×2	远程+现地+手动	1978	2020
16		周城退水闸	K119+242	退水闸	1	1.5×2	远程+现地+手动	1984	2020
17	崇岗管理所	暖泉2#退水闸	农K31+138	退水闸	2	2.5×2.5	远程+现地+手动	1972	2020
18		暖泉1#退水闸	农K31+125	退水闸	2	2.5×2.5	远程+现地+手动	1972	2020

表 8-4 唐徕渠视频监控设施统计表

序号	隶属管理所	视频名称	桩号	视频安装位置	视频功能	建设年代（年）
1	跃进桥管理所	新跃进闸	K10+479	闸前、闸后	安全	2017
2		新蒋家桥闸	K17+812	闸前、闸后	安全	2017
3	宁化桥管理所	陡坡	K43+900	测流断面	水位、流量	2021
4	杨显桥管理所	小湾桥节制闸	K48+200	闸前、闸后、闸室	安全、水位	2017
5		胜利退水闸	K53+395	闸前、闸后、闸室	安全、水位	2021
6		典农河进水闸	K68+746	闸前、闸后、闸室	安全、水位	2015
7	满达桥管理所	满达桥节制闸	K83+869	闸前、闸后、闸室	安全、水位	2020
8		满达桥闸下	K83+991	断面	水位	2020
9		贺兰电视发射基地	K84+964	断面	水位、流量	2021
10	周城管理所	八一桥断面	K106+252	断面	水位	2021
11		八一桥清污机	K106+326	清污机前	安全	2020
12		八一桥节制闸	K107+021	闸前、闸后、闸室	安全、水位	2021
13		灯塔退水闸	K113+050	闸前、闸后、闸室	安全、水位	2021
14		周城退水闸	K119+242	闸前、闸后、闸室	安全、水位	2021
15		周城所断面	K116+196	断面	水位、流量	2021
16		红星节制闸	K121+860	闸前、闸后、闸室	安全、水位	2021
17	南梁管理所	二农口断面	K0+200	断面	水位	2020
18	暖泉管理所	暖泉渠进口	K0+100	闸前、闸后、闸室	水位、安全	2018
19	崇岗管理所	分水闸断面	K21+150	断面	水位、安全	2018
20		暖泉1号退水闸	K31+080	闸前、闸后、闸室	防汛	2018
21		山洪渡槽1	K35+617	断面	防汛	2015
22		山洪渡槽2	K36+800	断面	防汛	2015
23		向阳闸	K38+750	闸前	防汛	2015
24	大武口管理所	公路桥断面	K47+303	断面	水位	2018
25		星海湖补水口	K53+040	出水口	水位	2017
26		沙湖补水口	K15+000	出水口	水位	2017

第四节 调度系统建设

一、综合业务应用平台建设

2015年,唐徕渠管理处根据水利厅《关于开展全区水利信息化试点工作的通知》《数字唐徕信息化试点工程设计实施方案》的批复,结合信息化现状以及业务需求,确定"数字唐徕"试点项目。"数字唐徕"信息化管理平台是以六个"1"为核心的整体架构,展示唐徕渠现代化建设的核心理念,以"数字地图"为入口,基于物联网技术的超大规模数据采集和大数据分析挖掘为核心的智能分析引擎,实现智能化灌区专家辅助和分析查询平台,并结合"互联网+"的模式,实现"掌上唐徕"移动信息平台。具体包括:"数字唐徕"电子地图决策指挥、数据智能分析查询、业务管理支撑平台(包括灌溉管理、工程管理、安全生产和防汛管理四大核心功能)。

2017年,"数字唐徕"管理系统获得国家版权局计算机软件著作权。同年以数字唐徕系统为构架的《宁夏唐徕渠灌区智能化管理关键技术研究与示范应用》获得水利厅水利科学技术进步奖二等奖,并被《宁夏引黄灌区现代化建设研究与实际》一书作为成果引用。

2018年,结合唐徕渠干渠量测水项目,将"数字唐徕"系统升级为唐徕综合业务应用平台。升级后的平台统一部署在水利云,通过宁政通进行单点登录,实现"一人一页"管理模式,同时优化灌溉统计分析、灌溉调度、计量收费、工程管理、防汛应急管理、水权交易、闸门控制系统、系统管理8个模块,开发两个手机APP,分别用于用户服务和巡护管理。升级后的系统实现了各项用水业务线上服务,简化流程,提高管理效率,灌溉调度实现规范化、标准化和可视化;灌区量水实现测控、计量一体化、自动化,工程巡检实现智能化、专业化。

二、管理处调度中心及管理所分中心建设

2009年,管理处建成调度中心大屏显示系统,安装2×3DLP大屏,显示面积4.50平方米,可在多屏处理器的支持下实现各种水情信息信号直接显示。显示大屏通过渠道各视频监视点的视频信息、沿渠各闸门控制点闸门开启高度信息、各水位点水位信息,对灌区的供水、用水进行调度。

2015年,管理处增加网络设备、数据服务器、PC终端、会商设备等IT基础设备,实现和水利厅数据中心及各业务平台的互联互通,达到业务应用无缝衔接,线上服务线上办公的新管理模式。

2018至2020年,唐徕渠管理处通过量测水设施建设项目,对满达桥、南梁、崇岗、暖泉和大武口、周城6个管理所建设所级标准化管控中心,安装网络设备、大闸及测控闸门服务器、管

理终端、调度大屏等 IT 和显示设备,实现远程闸控、视频监控、网上办公、管理、服务的功能,初步达到现代化灌区管理水平。

2021 年底,唐徕渠管理处共建成并运行一个平台六个系统:唐徕渠综合业务应用平台、唐徕渠通信网络系统、唐徕渠信息采集系统、唐徕渠干渠量测水设施系统、唐徕渠水闸控制系统、唐徕渠干渠直开口测控系统、唐徕渠渠道及安防视频监控系统、唐徕渠管理处调度中心及管理所调度室建设。

第五节　新材料新工艺新技术应用

在宁夏引黄灌溉历史上,干渠工程建设技术创新层出不穷,草埽护坡、石闸及干砌石护坡、浆砌石混凝土板砌护等技术广泛应用,起到较好的预防险情、减少渗漏的作用。

草埽护岸:在宁夏引黄灌溉悠久的历史中,草埽护岸、草土围堰、草埽堵口技术世代传承。在青铜峡水利枢纽建成以前即 1960 年以前,灌区各干渠均系无坝引水,以草土工程堵口防冲广为应用。千百年来,唐徕渠每年春季维修时,用草土封堵渠口,涸干渠水,进行修浚,并用草土修筑渠河护岸,桥、涵、闸、斗的护坡,堵复决口及临时性的拦水坝等工程,一直延续使用到 20 世纪中叶。用草土封堵渠口、坝口(龙口),俗称"埽坝",又称"卷埽",今名"草土围堰",是劳动人民长期与黄河水作斗争积累下来的宝贵经验。它具有就地取材、造价低、技术简便、施工快、防水防冲效能大、拆除容易等优点。

木质闸:木质闸在元代已普遍使用,《元史》中世祖本纪载:元世祖至元元年(1264 年),行省郎中董文用、随中书左丞张文谦行省西夏的河渠提举郭守敬,对西夏末年历经战乱废坏淤浅的唐徕渠加以整修疏浚,因旧谋新,更立木制闸堰,在水利工程技术上开始有新的发展。2006 年 4 月 7 日,唐徕渠管理处最后一套木制闸门——第二农场渠西湖斗闸门被更换为宽 2 米,高 1.5 米的拱形平面铸铁闸门,标志着唐徕渠木制闸门历史的结束。

石坝:石坝始于明代成化六年(1470 年),在干渠渠首"展筑唐坝关堡",并将拦水坝由木料改为石料,周围砌上土墙进行保护,又在沿渠山口处和要害地点设立营堡,进行严密防守,从而保障干渠的安全。还把沿渠淤塞段落进行疏通,使渠水得到畅流。

石闸及干砌石护坡:石闸始于明代隆庆六年(1572 年),经三边总督戴才奏请,设立宁夏屯田水利都司官,动用盐课经费,对唐、汉二坝进行改扩建,并将干渠闸口改土为石,"务期坚固,以垂永久"。改扩建工程由宁夏河西佥事汪文辉主持,全部以大条石垒筑。易木为石、修筑石闸,在引水口下 20 里之唐坝堡(今大坝)修建 6 孔石正闸一座,退水闸 2 座,同时设立水尺,定 5 市寸为一分,止以15分为限(此为改建石正闸、设立水尺之最早记载)。这项大型水利工程历时六载,直到万历元年(1573年)才在继任佥事解学礼、周有光任上全部告成。在唐、汉二渠的进水口处建成12座石闸,附近的渠坝也全部用石块包砌。从此,唐、汉二坝"安如磐石,岁省诸费"。

浆砌石、铁闸门:1951年开始对旧渠扩建、改建,主要在渠口至银川西门桥长达100千米的上段进行,疏浚渠身、加培堤岸、改造阻水的桥闸,裁顺渠弯20多处,增加渠道输水量;重点衬砌渠槽,加固险段,减少渗漏;合并支、斗口,采用水泥、白灰、片石结构,改木闸板为铁斗门,以加强灌溉管理,合理控制用水。

水泥(洋灰):在中华人民共和国成立以前,宁夏古灌区还普遍"用碎石桩柴镶砌",鲜见水泥的踪影。宁夏水利工程到底是什么时间启用水泥的具体不可考证。宁夏闸坝工程推广使用水泥,在中华民国二十五年的《宁夏省水利专刊·各渠考述·唐徕渠》中记载,由于"宁夏各大桥闸,俱有条石、胶泥、石灰。条石每块以六立方尺之体积,以离山甚近之本渠,亦需四元之多。石灰粘力薄弱,年年补休,所费实大"。"查洋灰最利于河渠工程,一则施工迅速;再则经久不朽。今后宜渐渐试用洋灰,虽不敢断言年省几何,然绝无年年修补之烦累也。""以后渠工应改用洋灰"。

浆砌石混凝土板砌护:从20世纪50年代开始采用干渠砌护下1/3为浆砌石、上2/3为混凝土预制板的型式,浆砌石坚固,防冲抗冻性强。到1985年唐徕渠干渠累计砌护达145.91千米(单堤),占全渠47.5%,其中混凝土预制板护坡120.6千米,干砌块石21.12千米,浆砌石4.69千米。支干渠砌护32.68千米,其中混凝土板护坡28.78千米,干砌石护坡3.8千米,砌护渠道多为消除险工、增加安全的防冲护堤。因受冻胀和渠底冲深影响,破坏较为严重,但砌护下1/3为浆砌石、上2/3为混凝土预制板的型式较好,浆砌石坚固,防冲抗冻性强。(按:将预制板间距放宽为10厘米,缝深增为15厘米,深于板厚一倍,二期碎石混凝土浇筑,缝与缝连接成框架,省去构缝和伸缩缝,较为坚固耐用,经济美观。用此法翻修旧混凝土板护坡,使用三年仍然完好。)

混凝土、钢筋混凝土:1952年起陆续在唐徕渠整治使用,代表了钢筋混凝土结构开始在渠道建设中应用。

手摇式启闭机:1952年春改建唐正闸及退水闸,废除插杠改为木闸门,安装手摇齿牙式6台5吨启闭机;1953年改建杨显退水闸,一墩两孔,使用手摇启动闸门;1963年春建宁化退水闸,闸宽2米,石砌墩墙,顶部有5米宽桥面,装有手摇启闭闸门。可泄渠水入宁化沟北渠、马大湖的两座退水闸建于1966年,均为1.2米×1.2米方涵,配有闸门。宁城闸位于王家头,于1973年由唐徕渠管理处新建,泄水入王家广湖。

防渗土工膜:1998年宁夏引黄灌区续建配套与节水改造第二农场渠砌护工程中开始使用防渗土工膜。

垂直铺塑技术:2000年,从山东引进垂直铺塑技术在唐徕渠新桥以上试验铺筑1.6千米。2001年管理处购买一台垂直铺塑机,在小湾闸上铺塑680米。由于垂直铺塑对地质要求较高,机械设备笨重,行走靠卷扬机拖行比较困难。2001年后再无使用。

格栅石笼:2000年宁夏引黄灌区续建配套与节水改造工程暖泉渠上段1.5千米砌护工程首次使用格栅石笼。

防渗复合土工膜:2011年唐徕渠砌护工程开始使用防渗复合土工膜。

抗冻聚乙烯板:2013年宁夏引黄灌区续建配套与节水改造工程唐徕渠K57+214~K61+855段砌护工程首次使用抗冻聚乙烯板。

格宾石笼:2016年宁夏引黄灌区续建配套与节水改造工程唐徕渠陡坡下4千米砌护工程和第二农场渠K30+825~46+983段砌护工程首次使用格宾石笼。

聚脲涂层:2018年宁夏引黄灌区引入涂层用于渡槽防护,2021年第二农场渠向阳渡槽槽壳涂层防护。

1963年春,砌护唐徕渠永宁县杨显桥弯、银川市的杨家弯、贺兰县的老洼墩弯共7.4千米,砌护型式多是全坡为混凝土预制板和干砌石。同时在保伏桥上下进行砌护防渗试验433米。

20世纪80年代,自治区水利厅建立渠道防渗抗冻试验基地,开展渠道防抗冻、渠道基土冻胀预报和塑膜衬砌防渗试验研究。1986年,由自治区水利厅安排,自治区水科所与西北水科所共同负责设计,对大新渠进行防渗抗冻胀试验。试验段选取在大新渠桩号K0+470~K2+870处,长度2400米。该渠段全部为填方段,共有斗口8座、桥2座。工程由唐徕渠管理处负责施工。设计的主要内容是对选取的2400米渠道,分设10个小试验段。此项研究主要是针对宁夏引黄灌区渠道防渗衬砌工程冻胀破坏严重的问题,从摸清渠道基土的冻结、冻胀规律入手,深入研究渠道衬砌冻胀破坏成因。通过3年对14种不同衬砌型式的冬季野外原型观测、观察试验,取得143万个试验数据,经分析计算,提出适合宁夏引黄灌区渠道防渗衬砌工程采用的衬砌型式,总结出适合宁夏灌区支斗渠防冻胀衬砌模式。该成果在支斗渠建设中被广泛采用。

2007年,唐徕渠管理处组织技术人员到唐徕渠和第二农场渠渡槽工地学习后张法预应力混凝土、大型混凝土预制件吊装等施工工艺,为今后施工积累经验。

2011年,唐徕渠管理处投资175万元,先后购置水泵自闭阀44套、电磁流量计1套;在秋季暖泉渠续建工程中,首次使用土工格栅;推广DLP监控系统ADCP流速仪、GPS等新设备、新技术的应用。

2015年,唐徕渠管理处在杨显涵洞翻建中首次应用隧洞内衬法浇筑混凝土技术,成功解决模板支撑、混凝土入仓、振捣等施工难点,为涵洞除险加固类工程探索了新的施工方法。

第九章 经营管理

水利经营管理是水利管理的重要组成部分。水费是水利工程运行单位的主要收入来源,也是水利工程运行的经济基础保障。经营管理是促进水利工程良性运行的关键管理任务,水利工程经营管理成效是工程取得良好的经济效益和社会效益的重要体现,对增强水管单位经济实力,提高水利职工收入,推动水利事业持续健康发展发挥着基础性的支撑作用。

第一节 财务管理

一、管理沿革

中华人民共和国成立以前,宁夏引黄灌区以渠设局管理,全省核算,量出定入。中华人民共和国成立后改为按县分段管理,水费和征工由省(区)统筹统支,余缺互济,多出工者抵下半年征工。

1950年,宁夏省人民政府颁布第一个征收水费暂行办法《宁夏省1950年征收水利费暂行办法》,按照"以渠养渠"和"取之于民用之于民"的原则,实行水利费统收统支,凡以渠水灌溉的地亩,不分地带、产量,统一规定每亩地征收水费人民币2角,人工半个,水刮子(盐碱化)地征工不征款。

1970年以前,渠道以县分段管理,春秋修工程由各县勘查计划,报宁夏回族自治区水电局核准实施。大型水利工程项目由自治区水电局设计并拨款,由县级部门组织施工。

1970年,渠道以县分段管理改为按渠系设处统一管理。水费和征工标准仍沿用旧制。1970年2月,唐徕渠管理处成立,隶属于宁夏回族自治区水电局的正处级事业单位。管理处设立政工科、生产科、行政科,未单独设立财务科。财务核算职能归于生产科,执行《行政事业单位会计制度》。水费和征工折款仍然沿用1956年水费征收标准,以亩计收,按水旱面积征收水利费,此

办法一直沿用至1982年。1970年,水费收入34.2万元,征工款2.9万元,其他收入0.1万元。

1982年,唐徕渠管理处根据财务管理制度,首次建立固定资产表,年末盘点固定资产1694.42万元。当年水费收入52.3万元,征工款收入83.9万元,其他收入7万元,综合经营收入2万元。同年,引黄灌区试行计量收费扩大到秦渠、汉渠、汉延渠、西干渠等大干渠,每立方米水计征水费0.0005元,征工数额仍依旧制。

1985年,实行管理所独立核算制,由报账制改革为处、所两级核算,年初一次性下达包干计划,年终进行考核,制定水费征收包干责任制,完成情况良好。当年,水费收入134.62万元,征工款49.58万元,其他收入3.7万元,综合经营收入20.6万元。年末固定资产1758.90万元。

1988年,根据自治区水利厅(宁水发〔1988〕4号文件)规定,水利征工收费标准由每个工日1.50元调整为2.10元。当年,水费收入128.32万元,征工款93.6万元,综合经营收入38.3万元,年末固定资产7928.99万元。

1989年10月,自治区人民政府颁布《宁夏回族自治区水利工程水费计收、使用和管理办法》(宁政发〔1989〕115号)规定"农业用水包括粮食作物、经济作物和林草地用水,以支斗渠进水口为计量点,实行按方计量,收费标准为0.2分/立方米;水产养殖业用水平均收费0.5分/立方米。超计划用水20%～40%的超用部分加收0.2分/立方米,超用40%以上部分加收0.4分/立方米"。当年,水费收入251.03万元,征工款101.94万元,综合经营收入48.62万元。年末固定资产7906.37万元。

1993年,全国推行会计电算化,管理处组织财务业务骨干积极参加培训。当年,水费收入356.82万元,征工款88.74万元,综合经营收入124.69万元,年末固定资产4103.19万元。

1995年,开始执行财政部、水利部颁发的《水利工程管理单位财务会计制度》。水费收入958.2万元,征工款191.4万元,综合经营收入286.4万元,本年度资产重估增值15484.19万元,年末固定资产19673.55元。

1999年,管理处通过宁夏回族自治区财政厅电算化验收,自1月1日起,启用计算机电算化操作程序,结束手工记账历史,极大提高财务工作效率。当年,水费收入1141万元,征工款185万元,综合经营收入799.3万元,年末固定资产20833.97万元。

2001年,为规范干渠以下渠道维护管理费的收费行为,宁夏回族自治区物价局出台《关于制定我区引黄灌区渠道维护管理费收取标准的通知》(宁价商发〔2001〕133号)文件,规定"干渠直开口以下渠道及建筑物等维护管理费的收费标准为每亩不超过6元"。同年,开始使用由宁夏回族自治区国税局印制的"宁夏回族自治区水利工程供水专用发票"。当年,水费收入1646万元,征工款299万元,综合经营收入634万元,年末固定资产20700.30万元。

2003年,自治区物价局和自治区水利厅《关于调整2003年自流灌区农业配水定额、超定额用水加价标准及有关事项的通知》(宁价商发〔2003〕58号)规定"将原配水定额降低15%,取消超配水定额用水30%以内不加价的规定,超配水定额用水一律按新标准加价收费,超配水定额用水由原来的加价0.5分/立方米提高到1.2分/立方米"。协调银行为职工办理存折,为次年工资上存折做好准备工作。当年，水费收入1359万元，征工款269万元，综合经营收入799万元，年末固定资产20501.99万元。

2004年，自治区物价局和自治区水利厅《关于自流灌区农业供水价格改革与水费计收管理试行办法的通知》（宁价商发〔2004〕79号）规定"自流灌区试点渠道农业供水试行'一价制'水价，将现行的干渠水价、征工折款和支斗渠维护管理费'三价'合一，统一实行按方计量收费，分别以干渠直开口或支渠直开口为计量点实行计量收费（1982年至2004年，水费由供水水费和征工款两部分组成）。水费的管理使用实行统一收缴、分级使用的管理办法，即干渠直开口以上水费收入由水管单位管理使用，干渠直开口以下水费全额返还给直接管理支斗渠的乡村农民用水组织。干渠直开口以下水费中用于渠道维修费用的比例一般不低于30%。当年，水费收入1532万元，征工款290万元，综合经营收入941万元，年末固定资产20560.81万元。当年，开始以存折形式发放工资，实现无现金支付工资模式。

2005年，自治区物价局和自治区水利厅《关于引黄灌区农业用水全面实行"一价制"水费计收管理办法的通知》（宁价商发〔2005〕10号）规定"从2005年起灌区水费收缴管理原则上一律实行'一费开票到户'和'一票收费到户'制度。自流灌区农业供水全面实行'一价制'水价。将干渠水价、征工折款和支斗渠维护管理费'三费'合一，统一实行按方计量收费，以干渠直开口或支渠直开口为计量点实行计量收费。同年，实行水费征收"一票到户"，上线水费计收专用系统，收集录入农户信息，打印水费明白卡。当年，水费收入1855万元，综合经营收入679万元，年末固定资产20789.23万元。

2009年，执行自治区物价局和自治区水利厅《关于调整我区引黄灌区水利工程供水价格的通知》（宁价商发〔2008〕54号）规定，采用新征收标准实行收费。当年，水费收入3262万元，综合经营收入3178万元，本年第三方对管理处固定资产重新评估，评估增值18476.63万元，年末固定资产45005.05万元。

2010年，停止使用水费手工发票，启用机打发票；实行财务人员全员公开竞聘上岗。对管理处2004年以来财务收支进行自查，进一步加强财务基础工作规范性。当年，水费收入3280万元，综合经营收入3851万元，年末固定资产45257.27万元。

2011年，管理处及所属企业开展"小金库"专项治理工作。开通网上银行，为职工办理银行卡，采用工资卡及存折发放工资。建立水费收入登记制度、每月登记表报告制度、每周亘统计制度。明确基层管理所财务主管由副职担任，进一步落实内部控制管理制约措施。当年，水费收入3234万元，综合经营收入4312万元，年末固定资产45343.22万元。

2013年，根据《自治区人民政府批转财政厅等四部门关于自治区直属水管单位经费实行收支两条线实施意见的通知》（宁政发〔2012〕94号），经费收支实行"收支两条线"管理，管理处收入足额上缴财政，维修养护费、公用经费、职工工资及"五险一金"全面得到落实。为全面提高水利资金管理水平，开展为期一年的"水利资金提高年"活动。当年，水费收入3139万元，综合经营收入113万元，财政补助收入873万元，年末固定资产50223.97万元。

2014年，开展资产全面清查工作，建立资产电子档案，严格贯彻中央八项规定精神。当年，水费收入3186万元，财政补助收入1390万元，综合经营收入163万元，年末固定资产50322.20万元。

2016年，开展第六次全国性行政事业单位国有资产清查，制定印发《唐徕渠管理处2016年资产清查工作方案》，并取得国有资产产权登记证书。"营改增"实行后，水费收缴开始使用国家税务总局监制的"宁夏增值税普通发票"。当年，水费收入2948万元，财政补助收入2941万元，综合经营收入250万元，年末固定资产50800.67万元。

2017年，制定《唐徕渠管理处内部控制建设实施方案》，内部控制管理体系全面建设，全员内控初步建立。按照《国有资源有偿使用收入管理办法》规定，实施所有权管理，综合经营收入更名为国有资源有偿使用收入。当年，水费收入3117万元，财政补助收入2293万元，国有资源有偿使用收入202万元，年末固定资产51055.57万元。

2018年，自治区水利厅行政事业单位内部控制管理系统全面建成，管理处结束手工审核时代，开启线上审批。为防止国有资源流失，国有土地实行公开招租，建立土地电子查询系统。当年，水费收入3131万元，财政补助收入3468万元，国有资源有偿使用收入255万元，年末固定资产51227.29万元。

2019年，按照财政部要求，自1月1日起执行《政府会计制度——行政事业单位会计科目和报表》，使用了23年的《水利工程管理单位会计制度》废止。同年，财政一体化信息系统开始运行，开设零余额账户，所有经济业务均通过财政一体化系统支付，实行绩效目标管理。当年，水费收入3316万元，财政补助收入1435万元，国有资源有偿使用收入440万元，年末固定资产19081.64万元，水利公共基础设施33687.35万元。

2020年，建立预算绩效考评制度，合理设定绩效目标及考评指标。根据《自治区水利厅关于开展厅属事业单位所属企业经营及产权状况调查核实的通知》，指导协助已改制企业核实资产属性，明确资产划转范围，清理债权债务及呆账坏账。对管理处及各基层所段2400余项固定资产贴标，使固定资产首次有了电子"身份证"和二维码，实现对国有资产入口和出口的全程跟踪管理。当年，水费收入3127万元，财政补助收入3015万元，国有资源有偿使用收入227万元，年末固定资产19836.19万元，水利公共基础设施33909.45万元。

2021年，对管理处银行账户进行全面摸底调查，撤销11个基层管理所账户。推进唐徕工程开发有限公司注销进程，清理化解债权债务，于12月完成唐徕开发有限公司注销。当年，水费收入3099万元，财政补助收入3279万元，国有资源有偿使用收入189万元，年末固定资产4795万元，水利公共基础设施52134万元。

唐徕渠管理处历年收支情况统计见表9-1。

第九章 经营管理

表 9-1 唐徕渠管理处历年收支情况统计表（1970 年至 2021 年）

单位：万元

时间	水费收入	征工款	其他收入	多种经营	财政补贴收入	收入总额	支出总额
1970 年	34.2	2.9	0.1			37.2	13.7
1971 年	36.9	5.6	0.8			43.3	134.7
1972 年	33.7	9.9	1.7			45.3	98.4
1973 年	37.6	3.1	0.7			41.4	101
1974 年	35.2	15.5	0.8			51.5	154.7
1975 年	29.2	19.1	1.1			49.4	208.5
1976 年	33	4.7	0.1			37.8	98.8
1977 年	38.2	14	1.3			53.5	112.3
1978 年	39.4	10.8	7.4			57.6	108.6
1979 年	31.6	6.8	7.7			46.1	112.3
1980 年	40.8	12.5	3.6			56.9	100.4
1981 年	50.6	12.4	1.1	2		66.1	80.3
1982 年	52.3	83.9	7	1.5		144.7	113.7
1983 年				6.6		179.8	116.4
1984 年						196.2	117.9
1985 年				20.6		208.5	181
1986 年	118.19	58.11		19.3		195.6	130.16
1987 年	126.31	61.47		30.37		218.15	171.74
1988 年	128.32	93.6		38.3		260.22	197.3
1989 年	251.03	101.94		48.62		401.59	339.11
1990 年	306.97	88.72		103.93		499.62	445.03
1991 年	295.33	90.8		63.92		447.38	415.15
1992 年	315.9	88.29		124.69		528.88	524.44
1993 年	356.82	88.74		253.27		698.83	670.66
1994 年	700.18	151.31		128.24		979.73	948.06
1995 年	958.2	191.4		286.4		1436	1474.9
1996 年	1018.2	193.5		166.82		1378.52	1385.7
1997 年	1054.12	187.41		186.82		1428.35	1579.66
1998 年	1082.57	186.71		515		1784.28	1956.5
1999 年	1141	185		799.3		2125.3	2528.7
2000 年	1678	296		679		2653	2769
2001 年	1646	299		634		2579	2901
2002 年	1517	293		899		2709	3015

续表

时间	水费收入	征工款	其他收入	多种经营	财政补贴收入	收入总额	支出总额
2003 年	1359	269		799		2431	2796
2004 年	1532	290		941		2463	3331
2005 年	1855			1474		3329	4084
2006 年	1931			2139		4081	4470
2007 年	2288			2791		5079	5408
2008 年	2677			1547		4224	3422
2009 年	3262			3178		6440	4638
2010 年	3280			3851		7131	4871
2011 年	3234			4312		7546	5880
2012 年	2924			134	720	3778	5883
2013 年	3139			113	873	4125	6215
2014 年	3186			163	1390	4739	6562
2015 年	3297			225	1359	4881	6780
2016 年	2948			250	2941	6139	7581
2017 年	3117			202	2293	5612	7412
2018 年	3131			255	3468	6854	7118
2019 年	3316			440	1435	5191	7051
2020 年	3127			227	3015	6369	7959
2021 年	3099			189	3279	6567	8124

二、管理制度

1970年管理处成立,开始执行《行政事业单位会计制度》。

1981年,根据《水利工程管理会计制度》,制定管理处《财会管理制度》,内容涉及财务管理、会计科目、材料供应、固定资产及生活物资管理等。

1988年,管理处实行"百分考核制度",财务考核细则开始实施。

1999年,制定《唐徕渠管理处电算化管理制度》。

2000年,制定《唐徕渠管理处加强财务管理内部控制的具体规定》。

2003年,在完善《唐徕渠管理处加强财务管理内部控制的具体规定》基础上,制定《加强财务管理内部控制的补充规定》。

2004年,制定《唐徕渠管理处担保规程》《用水协会财务管理办法》《用水协会收费管理办法》等。

2005年,制定《煤气费核报办法》《车辆管理办法》《财产物资管理办法》《差旅费核报管理办法》等办法。

2008年,制定《唐徕渠管理处水费收缴奖励办法》。

2009年,修订《唐徕渠管理处行政经费管理办法》。

2011年,修订《唐徕渠管理处水费收缴管理办法》,重新修订《财务管理办法》《综合经营收入管理办法》。

2012年,制定《唐徕渠管理处科室管理办法》,编制《财务管理廉政风险防控手册》。

2013年,根据《自治区人民政府批转财政厅等四部门关于自治区直属水管单位经费实行收支两条线实施意见的通知》(宁政发〔2012〕94号),自治区直属水管单位经费"收支两条线"政策全面实施。"收支两条线"施行后,单位收入(包括水费收入、国有资源有偿使用收入及其他收入)足额上缴自治区本级财政国库,支出由自治区财政厅核拨,并纳入预算管理。

2014年,制定《唐徕渠管理处财务管理办法》《唐徕渠管理处"三公经费"管理暂行办法》《唐徕渠管理处出差管理暂行规定》《唐徕渠管理处维修费管理办法》。

2017年,制定《唐徕渠管理处内部控制制度》《唐徕渠管理处经费报销指南》,重新修订《唐徕渠管理处内部控制管理办法》《唐徕渠管理处17项制度管理暂行办法》《唐徕渠管理处关于进一步加强报销管理办法》。

2018年,制定《唐徕渠管理处国有资源管理办法实施细则》。

2020年,修订《唐徕渠管理处财务制度》《唐徕渠管理处采购管理制度》《唐徕渠管理处水费收缴管理办法》《唐徕渠管理处水利工程维修养护资金管理办法》《唐徕渠管理处处属企业管理规定》,制定《唐徕渠管理处物业费管理办法》《唐徕渠管理处差旅伙食费和市内交通费报销管理实施细则》。

三、业务管理

本着"量入为出、量力而行、确保重点、收支平衡"的原则,结合管理处工作实际,由财务审计科编制全年经费预算。

核算管理。会计核算以实际发生的经济业务为依据,形成符合标准的会计信息,体现会计核算的真实性和客观性。

凭证管理。参照《会计基础工作规范》的要求执行。2019年1月1日起执行《政府会计制度——行政事业单位会计科目和报表》,编制财务会计及预算会计双分录凭证。

现金管理。严格执行《现金管理条例》规定,并接受开户银行的监督。

往来款项管理。购置材料、设备等货物发生的预付款项,根据预算、合同规定的比例办理预付款。

工程款项管理。工程维修项目在工程完工后,由管理处组织验收,财务审计科依据经审核的工程结算批复文件、工程验收报告、工程合同和工程结算单结算。专项资金工程项目实行合同管理,严格按照国家专项资金管理有关规定和要求使用资金。

发票和票据管理。按规定水费发票使用税务机关监制的统一发票,其他非税收入使用财政监制的非税收入统一票据;与外单位往来结算使用财政部门监制的"宁夏回族自治区行政事业单位资金往来结算票据";单位内部往来结算使用普通收款收据。发票和票据由专人开具,开票时加盖收费单位财务专用章。财务审计科设专人负责票据的保管、领用、存档等事项管理,设置专门的票据登记簿,按票据种类和使用票据的单位如实记载领用和填写,并按财政部门和税务部门有关规定报送报表。水费发票和票据销毁处理按财政、税务部门颁发的票据管理办法和处理规定执行。

水费收缴管理。严格执行非税收入管理规定,常抓水费收缴不放松,制定下达水费收入计划,签订目标责任书,实行收入与考核挂钩制度,确保应收尽收。加强收缴环节管理,严格水费收缴程序和手续,坚持核对、回访制度,杜绝截留、挤占、挪用、白条收费等违规违纪现象的发生。严肃水价执行和水费结算,查常规,督重点,促难点,确保各项收入安全足额上缴财政国库。

内部控制管理。2017年,根据水利厅《行政事业单位内部控制建设实施方案》(宁水财发〔2017〕11号),管理处以流程梳理、机制建设、风险防范、资金绩效管理为重点,以预算管理、收入管理、支出管理、采购管理、合同管理、资产管理等为主要内容,建立单位层面及六大经济业务层面决策、执行和监督等内部控制制度,推进内部控制建设和财务信息化工作,规范单位经济和业务活动。2018年初,内控管理系统上线运行,经济业务均通过内控审核报销,上线率100%,进一步推进财务规范化、科学化、信息化,提升单位内部管理水平。

资产物资管理、固定资产管理。固定资产一般划分为水工建筑物、房屋及其他建筑物、设备及传导设施、工具及仪器、防护林及经济林木、其他等类。根据分类统一编号,建立固定资产账、卡等,每年对管理处及基层所(段)的固定资产进行全面清查盘点,固定资产实行标识化管理。

低值易耗品管理。单位价值在100元以上,按规定不能构成固定资产的仪表、仪器、工具、器皿、量具以及办公用具等,纳入低值易耗品管理。低值易耗品每年全面清查两次,由办公室管理,设专职保管员,各基层单位设兼职保管员。

内部审计管理。制定《唐徕渠管理处内部审计制度》,2010年将审计职能由监察室调整到财务审计科,配备1名专职内审人员。内部审计对象为处属各单位及各单位行政主要负责人,按内容分财务收支审计、经济责任审计、经济效益审计、专项资金审计等。

基层财务管理。供水生产经费实行"定额包干、预算控制"的原则,年初下达经费预算,每月按时报账。基层所设置会计,负责所(段)供水生产经费支出、财产物资管理等。

内部财务控制规范。单位负责人对本单位内部财务控制规范的建立健全和有效实施负责。财务收支预算由管理处统一编制和上报,根据批复下达预算实施监管。各基层所发生的财务收支、经营成果纳入管理处统一进行核算管理,公用经费实行"定额包干、预算控制、超支不补"的原则。财务审计科根据每年水利厅下达的财务预算和本处实际收支情况制定包干经费预算,并提交处务会议研究批准后,下达各科室及各基层单位执行。对上级拨入的专项拨款,即专项资金坚持"专款专用"和绩效管理的原则,严格按照批准的项目建设内容、资金计划、绩效目标,编制预算,合理使用。

第二节 综合经营

一、发展历程

唐徕渠管理处在抓好工程建设、灌溉管理的同时,依托水土资源等优势,发展农、林、牧、工、运输等综合经营,弥补维修养护经费不足,改善职工生产生活条件,稳定职工队伍。

1981年前,管理处综合经营的项目仅有种粮、种菜、育苗、栽植林果树、养猪养羊等小规模的种养殖业,主要目的是自给自足。1981年,综合经营获利2万元。

1982年后,管理处把农、牧业生产列入财务计划,实行定额上交,利润分成。当年综合经营获利1.5万元。

1985年,根据水利部提出的水利工作要"全面服务、转轨变型"以及搞活水利管理的关键是"两个支柱,一把钥匙"(即把水费和综合经营并列为水管单位的两大经济支柱,把实现经济责任制作为搞活水利管理的一把钥匙)的要求,管理处向水利厅请示增设了综合经营科(对外为唐徕渠管理处综合经营公司),由副处长徐凤文同志暂兼任科长,同时制定了综合经营发展规划和责任管理目标。从成立综合经营科以后,综合经营开始步入快速发展轨道。当年综合经营获利9.8万元。

1987年,管理处利用工程、设备、人员及技术优势组建工程队。1993年6月11日,正式成立宁夏唐徕水利水电工程建设安装公司,注册资本87.23万元,对内、对外承揽水利、土地治理等工程。本着巩固、发展、提高、增效的方针,转换经营机制,公司实行独立核算、自负盈亏的管理方式。

2005年5月,根据水利部水管体制改革精神,管理处将综合经营科撤销,其业务转入新成立的防汛工程科。

2006年,根据水利部水管体制改革的精神,管理处成立渠道养护公司,即宁夏唐徕工程开发有限公司,注册资本727万元。

2007年7月,综合经营收入及业务并入管理处计划财务科,并设综合经营专干进行管理。

2009年10月,成立宁夏唐徕工程监理有限公司,注册资本100万元,企业资质为水利工程监理乙级企业,实行独立核算、自主经营、自负盈亏。

2013年,管理处重新修订《综合经营目标责任书》,将各项综合经营指标下达到基层,签订目标责任书,把综合经营任务完成情况同目标兑现挂钩。

2015年,修订《综合经营管理办法》,对土地管理、项目立项、资金管理、奖罚等进行明确规定,为综合经营发展注入活力。同年,对全处经营土地面积进行全面清查,摸清土地面积、权属、种植情况、土地增减变化等,建立土地核查档案,增加土地储备。同年投资29万元,在跃进桥、南梁、周城、暖泉、崇岗等管理所开发土地120亩;投入37万元,对综合经营土地的田间配套设施进行维修、改造;投入41万元,用于小种植小养殖基础设施的改造,为后续发展奠定基础。为进一步提高经营管理水平,加强对经营管理人员的技术培训,邀请永宁县农业技术推广中心、畜牧局的专家就蔬菜种植及家禽家畜养殖疾病预防进行培训,并且针对实际情况,编写《唐徕渠管理处小种植小养殖技术手册》。

2018年,水利厅委托自治区土地勘测规划院对管理处经营性土地和部分未取得土地证的自用土地进行勘测定界,采用数字化成图方法绘制勘测定界图,查清经营性地块的位置、经营租赁情况、界线、权利人状况、面积等,并编制相关地籍权属资料和图件,录入水利厅经营性土地管理系统5105亩。修订《唐徕渠管理处国有资源管理办法》,细化土地台账,20亩以上连片土地公开竞租,50亩以上土地必须公开招租。

2019年,管理处对符合拍租条件的33宗共4337.28亩土地在公开媒体上进行公开拍租,土地收益大幅提升。按规定将全处经营性土地等国有资源有偿使用收益全额上缴自治区财政。

二、土地开发及经营

1980年,管理处各管理所都有零星土地用于各所职工自己耕种,改善职工的生活条件,还有一部分房前屋后的零星土地,职工用于种植蔬菜。到1985年,管理所职工种地350亩,年产粮食、蔬菜5万公斤、油料0.5万公斤。1988年,在南梁管理所投资11万元,开垦土地200多亩。1990年,管理处采取开发沿渠、沿路、沿街的"三沿"经济举措,鼓励各管理所发动职工开发干渠两侧及房前屋后的土地。管理处分别于1992年和1996年投入资金租赁暖泉、前进农场荒地、沙滩地,创建分水闸园林场和银北试验站两个生产基地。1998年,全处已有综合经营土地面积7430亩,其中:可耕种面积3890亩,可开垦的荒地面积3030亩,其余为水域养殖面积和果林面积。新成立的银北试验站已开发种植800多亩。1998年,全处粮食总产量达到99.1万斤。

2002年,管理处与暖泉农场签订土地租种协议,租种暖泉农场位于第二农场渠暖泉退水闸附近土地612.5亩,其中荒地312.5亩,租期20年。该地已于2021年12月移交暖泉农场。

2004年,管理处综合经营土地面积7661.5亩,其中耕地6682.9亩,果园482.7亩,鱼池495.9亩。加强土地开发管理,特别是南梁管理所土地增幅较大,由2003年447亩增至2007年1174亩。

2012年,管理处开发土地12.7亩,2013年开发土地451亩,2014年开发土地119亩。

2015年,管理处开发土地120亩。暖泉管理所将院外原有46亩鱼池重新进行整治规划,与原有房屋一并出租,既盘活房屋资源又收到了好的经济效益。大新渠管理所将3000多平方米的土地重新整治,变为场地租赁,充分挖掘土地效益。2016年开发土地102亩。2018年管理处投入7.6万元,对唐徕渠宁化桥管理所陡坡15亩土地进行开发;投入59万元,对各管理所田间工程进行挖沟清淤、环境整治、果树修剪等配套改造。

2009至2021年土地出租经营收入情况见表9-2。

表9-2 土地出租经营收入情况表(2009至2021年)

年份(年)	土地面积(亩)	场地(平方米)	房屋(平方米)	收入(万元)
2009	12806			117.8
2010	11862			114.7
2011	9817			107.9
2012	7979	7570	319	150
2013	7829	20497	1540	199
2014	7838	18304	770.4	193.6
2015	7638	24145	880	196
2016	6587	20677	770	167
2017	7588	20332	1093	169
2018	8358	23112	1395	190
2019	8324	8989	383	188
2020	8334	8989	323	191
2021	7630	9004.5		184

(一)分水闸园林场

1992年7月,唐徕渠管理处与暖泉农场签署荒地转让开发协议,暖泉农场在第二农场渠分水闸处1平方千米荒地转让给管理处开发,租期30年。管理处租种该地后建成分水闸园林场,设立专门机构进行开发管理经营。该荒地原状为没有可耕种面积的连片沙丘,接手后管理处投入大量人力、物力、财力对土地进行开垦改良,配套斗农渠,栽种树木防风固沙。1996年分水闸园林场已开垦土地500亩,种植果树255亩,建起了四周的防风林带。到2007年,分水闸园林场已成为集农、林、果、牧为一体的生产基地,开发改良土地1397亩(旱地451亩,水地826亩,经果林120亩),圈舍424平方米。1992年至2006年,为土地开垦改良投入阶段,种植的果树没有效益。从2007年起,开始对外租种才始有收入,当年出租收入11万元。1992年至1999年,投入开发资金167万元,至2017年累计投入成本464万元。截至2021年12月出租土地面积1504亩,收取承包费近32万元。管理处于2021年12月将此块土地移交暖泉农场。

(二)银北试验站

1996年10月,唐徕渠管理处与前进农场签署协议,租种前进农场一站十三斗梢段荒地,租期为30年。该片土地控制面积4500亩,原貌为盐碱地。管理处租种该地后,建立银北节水灌溉试验站,设置专门机构经营耕种改良,投入大量人力、物力、财力,累计投入成本约300万元。1997年和1998年为集中开发改良阶段,投入开发资金97万元。1997年已有1100亩土地改良为耕地,当年种植水稻,产粮12万斤。1998年自种面积400亩,亩产700余斤,产粮27.7万斤。1999年自种面积351亩,产粮30.3万斤。除自种面积外,其余已开发出来的耕地采取对外承包方式,1999年收取承包费3.4万元。2003年出租耕地799亩,承包费收入10万元;自种48亩,亩均产粮840斤,收入2.21万元。2018年因修路及沙湖星海湖水系连通工程占地273.2亩,赔偿91.8万元全额上缴财政。截至2021年12月,银北试验站已开发改良土地2151.3亩,收取承包费38.4万元。管理处于2021年12月将此块土地移交前进农场。

三、林果业

从1970年开始,管理处部分管理所分别种植了一些果树,有苹果、李子、梨、桃树等,但因栽植较早,果树品种不好,所产的果品主要分发给职工。原西门桥管理所(已撤销)红花渠段在20世纪70年代开发果园15亩,跃进桥管理所三棵树段在20世纪80年代开垦种植果园10.6亩,宁化桥管理所玉泉段于1980年开垦果园12.5亩,杨显桥管理所在1978年开垦果园23.7亩。

1996年,分水闸园林场栽植果树255亩,以后果林面积陆续开发达到458亩,主栽树种为苹果,品种较杂。全园有苹果树140亩7197棵,李子树11.3亩560棵;梨树61.2亩3269棵。由于地理位置和地质条件较差,技术措施跟不上,除了梨和李子有一定产量外,苹果树产出不多,园林投入大于产出,处于亏损经营状态。1999年产苹果36125斤、李子19845斤、梨30711斤。2003年出租承包果园323亩,收取承包费4.3万元,出售树苗款6.4万元。2005年淘汰大部分品种较差的苹果树和梨树,经过更新品种后留有苹果树105亩4023棵,李子树13亩428棵,枣树2亩138棵。

2011年,在满达桥、南梁管理所开发土地200亩,引进种植冬枣60亩。2017年投资26万元,在宁化桥管理所陡坡东堤、杨显桥管理所外围种植经果林14.5亩,栽植果树1000余棵。2018年投入3.5万元,建设玉泉段葡萄长廊和光明段葡萄长廊;投入3万元,建设满达桥管理所经果林,种植果树190棵。

截至2021年12月底,杨显桥管理所共有苗圃20亩,种植柳树约5万棵;果园15亩,各类果树(杏树、苹果树、李子树、桃树)约430棵。

四、养殖业

唐徕渠管理处的养殖业因资金、市场、技术的原因,没有形成规模养殖。各管理所每年都养殖鸡鸭等,主要用于改善职工生活。

1993年至2005年,部分管理所养殖肉牛。1993年至1997年,大武口管理所养殖秦川黄牛,最多时达到46头。1996年崇岗管理所养牛14头,周城管理所养牛3头。1985年至1997年,宁化桥管理所养殖秦川黄牛,最多时达到12头。1998年全处共养牛46头。2005年暖泉管理所养牛2头。

1984年至2004年,管理处除西门桥、良田渠管理所外,其他9个管理所都不同程度养殖过羊。1995年跃进桥管理所养羊150只。1984年至1999年,宁化桥管理所每年养羊80只左右。1989年至2002年,大武口管理所每年养羊100只左右,后因封山禁牧停止养殖;2002年南梁管理所养羊120只。

1990年后,各管理所都不同程度地养殖过生猪。在跃进桥管理所和分水闸园林场建立两个百头养猪基地,共建猪舍650平方米。1998年,全处养猪达到609头。1994年至1999年,跃进桥管理所基地每年都有三批生猪出栏,最高时每批有150头。2000年以后,因为生猪价格跌落,饲料价格提高,养殖成本加大,出现亏损,至2002年停养。1994年管理处在分水闸园林场建起一处养殖基地,利用土地上的农作物秸秆进行生猪养殖,连续几年逐步扩大,到1999年增加到110头,至2000年停养。

1999年4月、7月,南梁管理所分两批引进350对白羽王肉鸽,投入资金进行种鸽的繁育养殖,对饲养管理、疾病防治、乳鸽孵化等都制定详细的规定,养殖高峰时超过1500对。但由于缺乏管理经验和养殖技术,加之饲料价格提高,种鸽价格较低等因素,养殖一直处于亏损状态。2001年,停止种鸽繁育养殖。截至2002年,共投入资金11.27万元,收回资金3.50万元,亏损7.77万元。

1994年,管理处在暖泉管理所投资开挖50亩鱼池,由管理所自己养鱼。从2003年开始全部对外承包。

管理处支持基层管理所发展庭院经济,引导各管理所因地制宜发展养殖业。2014年共养鱼27亩,养家禽2000只;2015年共养鱼37亩,养家禽2930只,家畜102头。2016年养鱼27亩,家禽3210只,家畜115头,大部分所段职工吃上了自养的"放心肉"。

五、"四小"工程

为改善职工行水期生活条件,管理处支持鼓励基层单位实施"四小工程"建设(小菜园、小环境、小养殖、小食堂)。2014年投资16万元,为11个管理所搭建小拱棚30座,投资9万元在杨显桥管理所建立8亩蔬菜基地,年产时令蔬菜5万多斤,各所段基本实现春夏秋三季蔬菜自给。2015年投入19万元,新建蔬菜小拱棚31座,3月份就开始种植十几个品种的蔬菜,比大地蔬菜提前将近一个月采摘。全处人均种植蔬菜0.14亩,品种多样,实现自给自足还有富余。各管理所、段利用房前屋后土地,积极发展庭院经济,全处共栽植枣树、梨树、李子树、杏树、桃树等果树2000多棵。2016年全处共种植蔬菜35亩、苗圃58亩、果园324亩。各管理所将院内外土地重新整治规划,养鸡、养鱼,栽种果树。跃进桥管理所在养殖业方面采取鸡、鸭、鱼、兔立体养殖模式,种植苜蓿喂养鸡鸭,鸡鸭粪便又用于养鱼,既环保卫生又节约养殖成本。"四小"工程的建设既美化环境,又改善职工伙食,也丰富职工生活。

六、经济实体

(一)宁夏唐徕润泽工程有限公司(工程公司)

管理处于1987年成立"唐徕渠管理处工程队",主要承担管理处重点岁修工程、抢险工程、锅炉的检修和冬季为水利厅办公楼、管理处办公楼及家属楼供暖的任务。1993年6月,注册成立宁夏唐徕水利水电工程建设安装公司,注册资本87.23万元,后续增加注册资本3次,分别是2001年10月增资135.13万元,2002年4月增资207.35万元,2004年6月增资202.5万元,总计注册资本632.21万元。2004年8月,公司取得水利水电工程三级施工总承包资质(证书编号A30510640010203)。经营范围为:水利建筑工程三级,农田水利及民用建筑维修,机械租赁,打字复印,建筑材料的销售。

多年以来,工程公司按照"质量求生存,信誉求发展"的经营理念,紧抓水利大发展的良好形势,坚持以经营促发展,以质量求生存,以安全促效益,主要从事区内各种类型中、小型水利工程建设、维修以及其他(市政、园林、交通等)工程建设。公司成立后即承担了唐徕渠反帝沟和大闫沟涵洞决口的抢险和翻建工程。成立时管理处调拨一台推土机、三台发电机,1994年发动职工集资购置一台挖掘机,购买两辆农用车。从1998年起,逐步参加到全区引黄灌区续建配套工程、水权转换工程、湖泊湿地、水库改造工程中,共承揽351项工程,见表9-3。2005年至2021年6月累计完成产值5.4亿元。2018年11月,按照水管单位"管办分离、事企分开"的改革要求,有5人将事业身份转换为企业身份,设置新公司组织架构。2019年9月,公司名称变更为宁夏唐徕润泽工程有限公司,注册资金增加到1000万元,正式职工6人,其中:高级工程师1人,工程师1人,助理工程师1人;取得水利专业二级建造师3人,市政专业二级建造师2人,建筑专业二级建造师1人。

公司自成立以来,积极承揽工程项目,先后完成银川市北二环唐徕渠桥、南熏西路唐徕渠桥、胜利退水闸、永清沟涵洞、第二农场渠8.53千米砌护、唐徕渠上海路至贺兰山路桥段扩整改造工程Ⅱ标、唐徕渠满达桥Ⅱ、Ⅲ标砌护、水权转换项目唐徕渠灌域工程Ⅰ、Ⅵ标砌护、西门桥砌护Ⅰ、Ⅱ、Ⅲ、Ⅴ标和惠农渠、盐环定扬黄渠道砌护等各类工程60多项。获得优良工程项目主要有:第二农场渠5.53千米砌护、胜利退水闸、大银河节制闸、上海路唐徕渠桥、银川市大小西湖水道Ⅱ标工程、唐徕渠战马桥、唐徕渠渠道整治等。

按照自治区党委办公厅人民政府办公厅《关于推进区直党政机关领导和事业单位经营性国有资产集中统一监管的实施方案》的要求,宁夏唐徕润泽工程有限公司已于2021年6月底完成事企脱钩,划转至宁夏国有资本运营集团公司。

表 9-3 工程公司收入利润统计表(2005 年至 2021 年)

单位:万元

年度	收入	利润	备注	年度	收入	利润	备注
2005 年	1473.28	7.71		2014 年	4628.23	3.97	
2006 年	2019.07	1.13		2015 年	5445.81	5.17	
2007 年	2695.45	2.39		2016 年	6173.59	8.60	
2008 年	1400.76	0.79		2017 年	2241.69	2.04	
2009 年	3060.21	1.02		2018 年	1388.14	10.81	
2010 年	3607.89	1.39		2019 年	2523.96	13.18	
2011 年	3705.86	2.64		2020 年	2558.55	15.43	
2012 年	4994.99	2.84		2021 年(1—6 月)	614.54	-1.50	
2013 年	5479.37	2.68		合计	54011.39	80.29	

(二)宁夏唐徕工程开发有限公司(开发公司)

2006 年,为落实水利部水管体制改革实行"管养分离"的有关精神,管理处率先在水利厅成立养护公司即宁夏唐徕工程开发有限公司,属股份制企业,注册资本 727 万元。

2006 年 4 月开发公司成立时,共有两家出资单位,其中:唐徕渠管理处出资 707.00 万元,占出资比例 97.25%;宁夏银水房地产开发有限责任公司出资 20.00 万元,占出资比例 2.75%。2010 年,宁夏银水房地产开发有限责任公司与唐徕渠管理处签订股权转让协议,将其拥有的 2.75%的股权转让给唐徕渠管理处。2007 年 3 月,公司取得水利水电工程三级施工总承包资质(证书编号 A3054064010207),经营范围为水利工程开发、建筑材料、钢材、水泥及制品、农副产品、蓝碳、五金交电、办公用品、物资的销售;城市道路照明设施安装调试、代理销售、机电设备安装、工艺亮化制作、LED 光电产品、电器元件、配电柜、厨房设备销售。公司成立时有各类注册人员 44 人(高级工程师 6 人,中级工程师 12 人,助理工程师 15 人,造价工程师 4 人,项目经理 7 人),人员中持有 A 类安全员证 3 人、B 类安全员证 6 人、C 类安全员证 13 人、特种工 8 人。

开发公司自成立以来,始终坚持"诚信为本,铸就品牌,优质服务,赢得市场"的宗旨,追求为客户提供满意服务。2013 年至 2014 年被评为银川市守合同、重信用企业,2014 年至 2015 年被评为宁夏回族自治区守合同、重信用企业。开发公司成立以来共承揽工程 143 项,合同价 1.72 亿元。其中:宁夏水利建设中心清水河整治工程 2 项,中标合同金额 1364 万元;宁夏水资源管理局续建配套工程 8 项,中标合同金额达 3500 万余元,主要包括 2014 年唐徕渠第二农场渠砌护工程、2016 年唐徕渠第二农场渠砌护工程、2017 年唐徕渠第二农场渠砌护工程等;承接跨渠工程 9 项,中标合同金额 2297 万元,主要包括闽宁大道跨良田渠砌护工程、宁夏水利厅调度中心围墙改造工程、银川八水厂跨第二农场渠砌护工程、青铜峡大坝电厂供热管道跨唐徕渠砌护工程等。

公司成立以来,累计实现收入1.65亿元,净利润61.14万元,见表9-4。

根据国有企业改制工作实施意见,管理处于2018年5月决定注销开发公司,同时成立清算小组。2021年11月底完成全部债权债务清理,于2021年12月3日完成清税、注销。

表9-4　唐徕工程开发有限公司收入利润统计表(2006年至2021年)

单位:万元

年度	收入	利润	备注	年度	收入	利润	备注
2006年	359.71	-1.01		2015年	1846.62	4.10	
2007年	737.27	0.70		2016年	1846.62	3.98	
2008年	1658.75	0.86		2017年	776.65	1.78	
2009年	776.18	1.32		2018年	95.43	7.05	
2010年	2001.44	1.55		2019年	257.52	39.47	
2011年	770.35	2.08		2020年	76.13	6.98	
2012年	1263.41	1.52		2021年11月	0.00	-13.13	
2013年	1731.73	1.35		合计	16567.79	61.14	
2014年	2369.98	2.54					

(三)宁夏唐徕工程监理有限公司(监理公司)

2009年10月,成立宁夏唐徕工程监理有限公司,属有限责任公司,注册资本100万元。成立时为五个自然人注资成立,2015年自然人全部退资。2015年12月,经管理处同意开发公司持有监理有限公司100%股份(宁唐发〔2015〕63号《关于宁夏唐徕工程开发有限公司对宁夏唐徕工程监理有限公司进行增资的批复》)。2018年5月,因宁夏唐徕工程开发有限公司进入注销程序,股东变更为唐徕渠管理处。

2014年,公司企业资质晋升为水利工程监理乙级,主要经营范围为从事Ⅲ级(堤防3级)及以下各等级水利工程的施工监理业务。公司成立时注册人数17人,其中:监理工程师10人,监理员7人。2018年11月,按照水管单位"管办分离、事企分开"的改革要求,4人将事业编制转换为企业身份,设置新公司组织架构。

监理公司成立以来,为应对各种机遇和挑战,坚持"创优质品牌,保用户满意"的方针,确立"顽强拼搏、锐意进取、艰苦创业、驰誉宁夏"的企业精神和与之相适应的"以市场为导向,扎根宁夏,辐射全国,主攻水利项目工程,全方位拓展工程建设监理"的经营战略。

监理公司承担的主要监理项目有:平罗县第四排水沟和第五排水沟二期治理工程,宁夏农科院枸杞研究所土地整治工程,红寺堡区朝阳、周新农村饮水安全工程,2015年红寺堡区规模化节水灌溉增效示范项目工程,青铜峡市红旗沟、大岱沟治理工程,灵武市沙沟治理工程,清水河综合治理项目海原段2019年建设工程,宁夏中卫市沙坡头兴仁中型灌区节水配套改造项目。

公司自成立以来共实现监理收入4055.59万元,实现利润171.82万元,见表9-5。

宁夏唐徕工程监理有限公司已于2021年6月底完成事企脱钩,划转至宁夏国有资本运营集团公司。

表9-5 监理公司收入利润统计表(2010年至2021年)

单位:万元

序号	年度(年)	收入	利润	备注	序号	年度(年)	收入	利润	备注
1	2010	128.26	-14.99		8	2017	350.64	11.79	
2	2011	496.42	47.80		9	2018	222.94	1.83	
3	2012	427.60	-14.67		10	2019	279.15	0.48	
4	2013	491.66	68.88		11	2020	282.11	0.44	
5	2014	369.63	20.27		12	2021(1—6月)	88.63	5.15	
6	2015	442.38	23.97			小计	4055.59	171.82	
7	2016	476.17	20.87						

第十章 灌溉效益

宁夏引黄灌溉历史悠久,历经沧桑巨变从未中断。千年古渠流淌至今,润泽宁夏大地。唐徕渠是宁夏引黄古灌区世界灌溉工程遗产之典范,从南到北横贯宁夏引黄灌区的精华地带,自古以来都是宁夏农业发展的命脉渠。中华人民共和国成立后,灌区人民在党的领导下,兴修水利、团结治水、科学管理,为保障自治区供水安全、粮食安全,构建灌区生态安全屏障,建设黄河流域生态保护和高质量发展先行区发挥着重要作用。

第一节 经济效益

唐徕渠开凿年代不详,复浚于唐,自元代郭守敬修浚复通,经历代开发整治,千年流淌,兴盛于今,润泽宁夏大地,是宁夏引黄灌区最大的自流干渠。渠道自南向北横贯宁夏引黄灌区精华地段,被誉为"塞上乳管"。

中华人民共和国成立前,唐徕渠全长211千米又829米,正闸进水量65立方米/秒,共有大小支渠551条,灌溉宁朔、永宁、银川市、贺兰和平罗县1市3县42乡农田46.78余万亩,约占宁夏全省引黄灌溉面积的三分之一(全省引黄灌溉面积农田160余万亩),是宁夏省乃至西北地区的第一大渠。由于帝国主义侵略和军阀混战,社会动荡,引黄灌溉渠道年久失修,淤塞严重,各种水利设施十分简陋,因采用无坝引水,一遇天旱和枯水季节,灌溉难以保证,遇到洪水季节,简陋的水利设施又无法控制水势,洪水对灌区威胁巨大。加之灌区基本是有灌无排,农田灌溉积水、渠道退水和山洪排水无法排泄,形成大大小小的湖泊,日益扩大的湖泊湿地侵占农田,地下水位上涨,土地盐渍化日益严重。灌区人民更是要承担各种苛捐杂税,仅每年"岁修"工程就耗费料米多达300万斤、人工90万个。灌区生产力发展水平不高,比较好的地方,水稻亩产也只有100~150公斤,小麦和杂粮亩产只有50多公斤。灌区整体农业生产力发展水平不高,经济发展长期徘徊不前。

中华人民共和国成立后,在中国共产党的领导下,人民当家作主,兴修水利,团结治水,引黄灌溉事业得到空前的大发展。针对旧渠弊端,改历史上的以渠设局为以县分段管理,水费征工全灌区统收统支,灌区水权集中统一调度,并且采取干渠裁弯取顺,疏浚渠槽,改造闸桥,衬砌险工段,开挖整治排水沟道等措施大规模整治旧渠。1953年,在唐徕渠满达桥开口建设第二农场渠,开发建设平罗西大滩46万亩沙荒地,干渠提水灌溉和梢段的延伸,扩大了北部唐徕渠下游地区的灌溉面积。1960年青铜峡水利枢纽截留后,唐徕渠正闸以上形成河西总干渠,河西各干渠引水口由多首变为一首制引水,干渠无坝引水变为有坝引水,提高渠道供水保障率,彻底省除了灌区人民世代浩繁的岁修工料。唐徕渠自1951年至1982年实施四期63处大规模"弃旧更新、另筑新堤"的渠道裁弯取顺工程,新建改造重要建筑物82座,干渠流程缩短46千米,唐徕渠在河西总干渠大坝营唐正闸引水,唐干渠长154.6千米,第二农场渠长83千米,大新、良田等支干渠长76.4千米,正闸最大引水流量160立方米/秒。灌区开展大规模农田基本建设,灌溉面积由1949年的46.7万亩扩大到114万亩。

1958年后,灌区先后开展了大规模农田水利建设,对灌区骨干渠道进行除险加固,更新改造老化带病运行的险工险段和重要建筑物,配套完善支、斗、农沟渠工程设施,减轻灌区土壤盐碱化,灌区基础生产条件得到提升改善,灌区主要县市经济发生了天翻地覆的变化。银北灌区大部分为灰钙土及盐碱滩、沙荒地,通过沟渠配套、建电排站改善排水条件,平田整地,种稻改良土壤,改进耕作和施肥技术,植树改土等综合措施,经过多年的改土治碱,1985年西大滩各农场已是道路畅通、沟渠纵横、林网密布、条田如面,盛夏麦浪翻滚,金秋稻谷飘香,鱼翔池底,燕飞田上,渠水汩汩,机声隆隆,一派江南景象。1985年唐徕渠引水14.0亿立方米,灌区粮食总产达20.6万吨,是1949年的3.6倍,灌区主要粮食亩均产量在290公斤左右。1988年,唐徕渠年引水量达到14.9亿立方米,灌域耕地面积121.78万亩,占宁夏自流灌区灌溉面积的20%,其中稻地29.58万亩,小麦田76.93万亩,杂粮7.48万亩,瓜菜0.84万亩,鱼池面积6.95万亩。唐徕渠灌区粮食总产量达到35万吨,灌区主要粮食平均亩产达到342公斤,农民纯收入达到815.84元/年。

1998年以来,灌区实施续建配套与节水改造,灌溉工程系统配套进一步完善,工程调控能力增强,供水保障率大幅提升。2003年以来,灌区实施高标准农田基本建设,随着农业农村综合改革的稳步推进,税费改革取得历史性突破,农牧业税的免除、粮食综合直补等惠农政策出台,农业、农村经济进入了发展的新阶段。2003年唐徕渠灌区粮食总产量突破60万吨。2010年遥感调查,唐徕渠灌溉面积为113.9万亩,主要作物为小麦、水稻、玉米等,占宁夏引黄灌区种植总面积的30%,灌区农业总产值在19.22亿元,灌区粮食平均亩产达到391.6公斤/亩,灌区农业人均纯收入达到1619.4元/年。

2020年遥感调查,唐徕渠灌区灌溉面积103万亩,主要作物有玉米、水稻、大地蔬菜、小麦、人工草地等,其中玉米种植44.07万亩,占比43.07%;水稻种植为26.36万亩,占比

25.75%；饲草种植8.66万亩，占比8.46%；大地蔬菜种植7.62万亩，占比7.44%；小麦种植6.86万亩，占比6.70%；温棚设施2.13万亩，占比2.14%；其他包括枸杞、瓜果、马铃薯、葡萄等作物种植1.89万亩，占比1.85%。灌区主要粮食总产56.03万吨，瓜果蔬菜总产32.76万吨，饲草总产2.93万吨，灌区农业产值达到6.14亿元，农民人均收入达15282元/年，农村居民可支配收入14859.1元/年。（2019年全区粮食总产373.2万吨/年，人均占有量达542公斤，高于全国平均水平。）

"一渠流水千家分，玉带如身润万民"。唐徕渠从南到北横贯宁夏引黄灌区的精华地带，承担着宁夏吴忠、银川、石嘴山3市9县区、34个乡镇175个行政村、6个国营农场103万亩农田及20万亩湖泊湿地的灌溉任务。唐徕渠是造就"塞北粮仓"、"塞上新天府"的大动脉，更是保障宁夏引黄灌区农业灌溉和生态健康的"命脉渠"。

第二节　生态效益

宁夏平原地处西北内陆，东、西、北三面分别被毛乌素、腾格里、乌兰布和三大沙漠包围，干旱少雨，风大沙多，自然禀赋差。自秦汉以来，凭借得天独厚的引黄自流条件，各族人民屯垦修渠，引水溉田，共同建设美丽的塞北江南。宁夏引黄灌区不仅造就了人与自然和谐相处的一块绿洲，也是全国的重要生态节点、重要生态屏障、重要生态通道，阻挡沙尘东进、捍卫华北乃至全国生态安全，创造了良好的生态环境和人与自然的协调关系。唐徕渠自青铜峡108塔一路向北流淌，穿过贺兰山脚下沃土良田，穿过一座座美丽村庄、穿过塞上湖城银川，汩汩流淌的黄河水，把银川平原戈壁荒野变成绿洲沃野。

"塞北桃源何处觅，古渠盛世好风光"。唐徕渠不仅为灌区3市9县区103万亩农田送来致富水和幸福水，更是承担着银川东南和西北水系、典农河、宝湖、阅海、沙湖等灌区内20万亩湖泊湿地生态补水任务。2006年，唐徕渠为湖泊湿地生态补水3908万立方米。2013年，唐徕渠为灌区湖泊湿地生态补水达到1.01亿立方米。2020年，唐徕渠为湖泊湿地生态补水量达到1.58亿立方米，占自治区湖泊湿地生态补水总量的75%。自1998年以来，唐徕渠持续为银川东南和西北水系、典农河、沙湖、宝湖、阅海湿地公园等35个湖泊、12个湿地、5个公园等20万亩的湖泊湿地生态补水，累计达16亿立方米，滋润的20万亩湖泊湿地个个"出落"得如西湖般清爽明媚。25年来，唐徕渠在全区河湖湿地生态补水中发挥了无可替代的重要作用，干渠沿线一渠渠汩汩清流，为灌区水生态环境修复、山水林田湖草沙系统治理带来无限生机和活力，为建设"水清河畅、锦鳞逐波、岸绿景美、鸟语花香、人水和谐"的塞上家园，注入碧波荡漾的源头活水。

"唐渠浓墨写湖城,妙笔丹青水韵生"。唐徕渠这条绿洲"血脉",从古城银川穿城而过,为塞上湖城注入无限生机与活力。银川市依赖唐徕渠生态补水形成以典农河为主线,辐射东部燕鸽湖、西部芦草洼、南部银子湖、北部元宝湖的四大水系等较为完善的"调、补、蓄、排"水生态体系。典农河承担着银川、石嘴山两市6县区的重要水生态功能,串联七子连湖、华雁湖、西湖、阅海、北塔湖、沙湖等湖泊湿地。通过水系连通、生态补水、黑臭水体整治等措施,最大限度再现了"七十二连湖"的盛景,曾经围湖造田、侵占湿地的现象也逐步淡出人们视野,取而代之的是"湖在城中"的城市风貌。银川市现有自然湖泊湿地200多个,面积530多平方千米,曾先后荣获全国文明城市、国家生态园林城市、中国最具幸福感城市、全国环保模范城市、国家卫生城市等称号,市区湿地率达到10.65%,湿地保护率达到78.5%。1983年开始修建的唐徕公园,经过六期建设,从永宁县望远镇的望通路到贺兰县园艺产业园,全长73千米,公园种植各种树木、绿植、花卉,铺设沿渠湖滨道路,修建亭、廊、园林小品、小广场,安装渠栏杆、座椅、健身器等,唐徕渠两侧,绿水成荫,苍树青林、柳槐飘香,鲜花缤纷,亭台楼阁,芳草绿树连天碧、小桥流水似江南。唐徕渠畔是银川市民惬意休闲、锻炼活动的场所,具备生态、游览、休闲、锻炼等多种功能,与唐徕渠及周边的湖泊湿地景致,休戚与共、相依相契,形成银川市条状开放式的自然生态滨水公园。沿唐徕渠远眺,城市流光溢彩,蓝天碧水,行人悠闲,垂柳依依,一线绿色长廊悠然远去,从2000多年前的时光深处来到银川,散发着前所未有的活力,让塞上湖城魅力无限。唐徕渠已经成为塞上银川的文化符号和和谐音符。唐徕渠水蜿蜒而来,滔滔不绝,浇灌着百万农田,也泽润着几十万城市人的心灵,成为城市的血液。

宁夏银川北部石嘴山市的平罗县城和大武口市区,地处唐徕渠和第二农场渠下游,经过多年的渠道整治改造,不仅提升渠道的输水能力,还优化周边环境。随着生态湖泊补水工作的不断推进,宁夏王牌旅游景点沙湖在黄河水补给下,水质彻底开始好转,沙湖重新恢复往日碧波荡漾、飞鸟翔集、绿树掩映、水美鱼肥的塞上江南水乡美景。依唐徕渠畔建设的带状公园(平罗段公园南北贯穿4.3千米、大武口段公园南北贯穿11.2千米),渠水悠悠,繁花似锦,芳香扑鼻,空气清新、鸟儿啁啾,成为集农田灌溉、调节气候、旅游观光、健身休闲的生态园,一派"春村野甸鸣鸠唤,夏色凉畦浴鹭过"景象。

"十三五"期间,唐徕渠管理处积极践行"绿水青山就是金山银山"理念,持之以恒推进山水林田湖草沙综合治理,打响新时代黄河保卫战,不断强化水资源调度和管理、提升水资源优化配置能力,把宝贵的水资源管好用好,精准施策、精心服务,让一渠碧水滋润塞上,守护"塞上江南"生态环境生命线,助力水润塞上生态优,为先行区建设水生态环境更优注入不竭动力。"塞上湖城"银川市、"山水园林"石嘴山市成功创建全国水生态文明试点城市,典农河成功入选全国水果茶与水文化有机融合典型案例,唐徕渠居功至伟。

第三节 社会效益

宁夏属于黄河流域，自古因黄河而生、因黄河而兴，因黄河而美。自秦汉以来，凭借得天独厚的引黄灌溉条件，各族人民屯垦修渠、引水溉田，共同建设了美丽的"塞北江南"。目前，宁夏得益于黄河水的土地面积近5万平方千米，近90%的水资源来自黄河，59%的耕地浇灌的是黄河水，78%的人口喝的是黄河水，沿黄核心地带集中了自治区66%的人口、80%的城镇，创造了90%的经济总量、94%的财政收入、74%的粮食。宁夏经济社会发展史就是一部流淌的水利开发史。

"稻花千里莫疑猜，塞北江南水利开"。唐徕渠历来是宁夏引黄灌溉的重要渠道。唐代复浚汉代古渠、招徕户民垦种。西夏时期是"资其富强"的大渠，元代郭守敬修浚复通"人蒙其利"、宁夏引黄灌溉得以恢复。明代是"宁夏恃为重者"的渠、成就了塞北粮仓，清代为"宁夏民命攸关"的"宁民命脉"渠。中华民国时期已灌溉全省三分之一地亩，也是西北地区最大的人工渠。

中华人民共和国成立后，在中国共产党的领导下，灌区人民当家做主，大规模修浚整治唐徕渠，大搞农田基本建设，各族人民团结治水，灌区高产稳产，旱涝无虑，灌区面貌发生翻天覆地变化，人民群众过上了幸福生活，唐徕渠被誉为"塞上乳管"。1998年以来，加快渠道工程改扩建和建筑物除险改造，灌区节水与续建配套改造、高标准基本农田建设、现代化生态灌区改造实施，工程配套标准逐步提高，灌排体系日趋完善，工程调控能力和安全状况有效提升，灌区作物种植结构逐年调整，节水型灌区建设持续推进，千年古渠生机盎然，灌区经济社会发展步入快车道。

20世纪50年代初，北距银川约63千米的西大滩，南北长约30千米，东西宽约20千米，总面积48万亩，地势平坦低洼，排水不便，土壤类型复杂，被一些土壤学家称为盐碱土的天然标本库，仅龟裂碱土（白疆土）就占总面积的26%，开荒改良极其困难。1952年，宁夏省人民政府决定，在河西灌区从唐徕渠开口建设第二农场渠，为垦殖荒原的西大滩供水，沿渠建有西湖、南梁、暖泉、前进、潮湖、简泉等国有农场。此时农建军团开展大生产运动，在渺无人烟的盐碱荒滩上修渠挖沟，开荒平田。灌区各农场以及地方政府通过开沟排水、种稻洗盐、电力强排、秸秆还田、稻旱轮作、平田整地、造林等措施，减轻了耕地盐碱程度，经过几十年的开发治理，使昔日"山洪风沙既盐碱，黄羊驰骋无人烟"的"西大滩"蜕变成现如今阡陌纵横、绿树成荫、稻谷飘香、水美鱼肥的米粮川，成为山水园林城市石嘴山市的旅游王牌景点"打卡"地、现代农业集约化生产示范区和生态文明建设的新高地。

20世纪80年代起，唐徕渠灌区的各市县区陆续开始设立吊庄，安置西海固等地的群众脱贫移民,经过几十年的发展,灌区现有大的脱贫集中移民安置区4处,安置移民达到7万多人。从"贫瘠甲天下"的西海固搬迁到引黄灌区移民群众,安家落户在近水、沿路、靠城的自流灌区,住上砖瓦房,用上自来水,种水浇地,走柏油马路,村民的日子一天比一天红火,收入一年比一年高;挪出穷窝、改变穷貌、拔掉穷根,摆脱祖祖辈辈"一方水土养不活一方人"的困境,走向了不愁吃穿、学有所教、病有所医、住有所居的幸福路。灌区移民吊庄群众生产生活发生了翻天覆地的巨变,从此摆脱世代靠天吃饭的困局,彻底摆脱贫困,建设新的家园,脱贫致富奔小康,灌区脱贫攻坚成果丰硕,社会主义新农村建设和乡村振兴事业生机勃勃、欣欣向荣。

贺兰县南梁台子,原是个沙海连天的地方。1984年,贺兰县为安置黄河改道受灾的群众开发南梁台子,1988年按照"以川济山、山川共济"的方针,开始安置海原、西吉、彭阳县等县的吊庄移民群众。经过30多年的建设,南梁台子由开发初期面积不足4.67平方千米、人口不足千人的小村落,发展成总面积22.2平方千米,总户数2659户,人口11967人的乡镇。宁夏隆湖扶贫经济开发区(星海镇),前身为1983年设立的隆德县吊庄移民地,1983年成立之初,移民人口仅有几千人,人均每年收入不足百元的贫困吊庄移民,通过近30年的建设,移民生产生活得到了极大改善,到2012年,改造成为总人口达5.5万、耕地面积2.3万亩、辖8个村、3个社区的城镇,人均每年收入达12000元。"十三五"期间,属于唐徕渠灌区的银川市金凤区丰登镇润丰村安置327户1338名村民,贺兰县隆源村安置的488户2141人,大武口隆泉村安置的355户1164人,大武口海燕村安置的1072户4959人,通过各级政府的支持、引黄灌溉的优势及村民们自力更生,到2017年灌区吊庄移民全部实现脱贫,群众过上了小康生活。

党的十八大以来,水利发展以农业灌溉为重点,坚持总量控制、各业兼顾,统筹全区生活、生产和生态用水需求,保障灌区120万亩农田均衡受益,促进了沙湖、典农河等湖泊水体水质明显改善。灌区农业综合生产能力的增强,农产品产量的大幅提高,为农业由支持温饱型消费需求向支持小康型消费需求转变提供了强力支撑。灌区水利调控保障能力大幅提升,保障了灌区农业供水和河湖湿地生态补水,为自治区粮食生产"十八连丰"做出了重要贡献。2021年,灌区农业产值达6.14亿元,农民每年人均纯收入9000元。

唐徕渠随着改革开放和社会主义现代化建设的快速发展,与时代同步,它的功用也发生很大的变化,成为农业灌溉、生态补水、景观休闲一体的生命线、环保线、旅游线,渠湖相依,形成了塞上湖城的美丽画卷。唐徕渠绵延314千米,像一条银光闪闪的巨龙自青铜峡由南向北横贯银川平原广袤的沃土良田,穿过一片片美丽的村庄,穿过一座座靓丽的城市,穿过一处处湖泊、湿地,513条支渠像血脉将黄河水源源不断地输入田间地头。灌区因水而兴,向水而为,以干渠为线,树随渠栽,林随田织,绿树成荫、渠路成网、平畴沃野、村落相望,一派派生机勃勃、欣欣向荣。唐徕渠横贯自治区政治、经济、文化的精华地段的核心区,为保障自治区粮食安全、生态文明建设、经济社会发展提供坚实的水资源支撑,灌区社会主义新农村建设快马加鞭,乡村振兴事业日新月异,在黄河流域生态保护和高质量发展先行区建设中,唐徕渠是推动现代化美丽新宁夏建设的"幸福渠"。

第十一章 组织建设

唐徕渠管理处1970年成立以来，水利管理机构经历了建立、改革与不断发展完善的过程。经过50多年的发展，管理处不断健全完善组织机构，建立灌溉管理、工程建设、综合经营、财务管理、组织管理等专业门类齐全、功能完善、布局合理的机构体系。积极探索现代管理方式，深化水利改革，强化制度建设，管理工作由传统的粗放型逐步向规范化、精细化推进。不断创新人才工作机制，加强人才队伍建设，在专业类别、队伍结构、业务素质、专业能力、掌握现代技术、适应水利发展以及开拓水利建设新领域等方面均有快速的发展，为水利改革发展起到了重要的支撑和保障作用。坚持党要管党、全面从严治党，推进党的建设新的伟大工程，全面加强党的思想建设、组织建设、作风建设、反腐倡廉建设、制度建设，努力建设学习型、服务型、创新型党组织，为水利发展提供了强大的组织保障和智力支持。

第一节 机 构

一、机构沿革

宁夏引黄灌区历史悠久，是中国古老的大型灌区之一。无论朝代如何更替，"民办、公助、官督"和"取之于民、用之于民"的水利管理体制总是相应沿袭、经久不衰。

宁夏水利管理体制，宋代以前没有相关记录。

西夏（1038至1227年）设农田司管理农田水利（明嘉靖《宁夏新志》卷六，拓跋夏考证）。

元代（1271至1368年）元世祖二十六年四月，立营田司于宁夏府，管理屯田水利（《元史》卷十二，世祖纪）。武宗至大二年（1309年）八月，宁夏立河渠司专管水利（《元史》卷二十三，武宗纪）。

明代（1368至1644年）宣德六年（1431年）九月，宁夏设河渠提举司，专管水利，兼收屯粮。

嘉靖三十年（1551年）六月改为屯田都司，负责浚渠、均徭，都屯政（明宣宗实录及世宗实录）。

清代（1644至1911年）清初设水利都司，雍正三年（1725年）改为水利同知，专司唐徕、汉延、惠农、大清四渠水利。同治十一年（1872年）又改为抚民同知（《朔方道志》卷十二，职官志）。至光绪年间裁同知，水利直接归宁夏府监理。

中华民国初年裁府设道，道内设水部房，专司河渠水利，后改六房为三课，一课管水利。民国十七年（1928年）又裁道设水利总局，设总办。民国十八年（1929年）宁夏省成立，渠务归建设厅兼办，由厅委局长1人，总段长1员，段长4员，以专责成。民国二十四年（1935年）改局长为委员制，唐徕渠由受水农民选举委员9人，内选常务委员1人，专理渠务，由建设厅监督。1941年1月又改委员制为局长负责制，同时改省水利监察委员会为省建设厅属水利局。唐徕渠与全灌区各干渠均以渠设局。

中华民国时期，唐徕渠水利局内设文书、会计各1人，书记员4人，水利警察5人，马警4人，渠口水手40人。水手等人吃用来自军田。军田是历史上免征额粮款的份地（60亩为一份）。局以下设总段长1人，全渠共分4段，每段设段长1人。局内和段上人员领有微薄的月薪。行政堡乡有民选渠长1人，负责征收一乡水利夫料。每支渠有民选支渠长1人，负责支渠养护、岁修、灌溉及支渠口上、下干渠的养护，大支渠有看丁，责任与支渠长相同。渠长、支渠长、看丁的报酬由受益户负担。岁修春工期间，各段选派委管1人，维修段内工程一个月，只给一份夫的待遇。

中华人民共和国成立前历任唐徕渠局长见表11-1。

中华人民共和国成立后，改历史上以渠设局为以县分段管理，各县段设管理所，水费征工全灌区统收统支，河西设有中心水利局，管理各大干渠之渠首工程及水量调配。1952年秋，宁夏省政府决定开挖第二农场渠，1955年成立第二农场渠管理处。

1970年1月，宁夏回族自治区决定改各县分段管理为各大干渠以渠系成立管理处的管理体制，宁夏回族自治区革命委员会生产指挥部批准筹建唐徕渠管理处。

1970年2月，经宁夏回族自治区革命委员会批准（宁发〔70〕12号文件），成立唐徕渠管理处。全处职工共226人，其中干部53人，工人173人，工人中长期临时工80人，下设8个管理所，管理唐徕渠干渠以及良田渠、大清渠和大新渠3条支干渠。同时在银川市西门桥以南渠边建起唐徕渠管理处办公住址。主要职责：宣传贯彻执行国家和自治区水利方针、政策法规、法令；负责干渠、支干渠的维护、安全输水运行；将干渠、支干渠水量分配到受益的直开口，并供水到直开口；协助、指导受益单位搞好农田灌溉管理。

1972年9月，根据中共宁夏区委水电局核心小组《关于唐徕渠管理处机构改革和干部配备的通知》（宁水电党发〔72〕18号文件），唐徕渠管理处撤销原政工组、生产组、总务组，设立政工科、生产科、行政科；撤销原各管理所革命领导小组，各管理所设正、副所主任，下设7个管理所。

1977年，大清渠及管理所人员与贴渠合并，在河西总干渠唐正闸东侧扩大原贴渠口引水，归渠首管理处管理。

1977年3月，第二农场渠管理处合并到唐徕渠管理处，将第二农场渠管理处4个管理所

中的南梁、崇岗和大武口3个管理所保留设置,撤消暖泉管理所,改为段归属南梁管理所。同年因永宁县北全所地段过长,由一所分为宁化和杨显两个管理所。

1984年2月,根据自治区水利厅党委《关于唐徕渠管理处机构设置及人员编制的批复》(宁水党发〔84〕24号)文件精神,唐徕渠管理处机关设办公室、政工科、财务器材科和水利管理科。管理处下设10个管理所,全处职工220人。

1985年1月,为贯彻中央"关于经济体制改革的决定",增设综合经营科(对外为唐徕渠管理处综合经营公司),实行独立核算,自负盈亏,编制5人(科长1人,会计1人,出纳1人,办事员2人)。3月,唐徕渠管理处工程队成立。

1990年2月,自治区水利厅《关于恢复唐徕渠管理处暖泉管理所的批复》(宁水发〔1990〕18号文件),恢复唐徕渠管理处暖泉管理所。7月,经水利厅《关于组建行政监察机构的通知》(宁水党发〔89〕14号文件),设立监察室。

1991年2月,根据自治区水利厅《关于唐徕渠管理处等单位设置保卫科的通知》(宁水发〔1990〕77号)文件,设立保卫科。

2005年12月,撤销西门桥管理所,设立大新渠管理所。

2006年8月,根据自治区机构编制委员会审核批准的《宁夏回族自治区唐徕渠管理处机构编制方案》(宁编发〔2006〕369号文件),管理处下设7个职能科室(办公室、组织人事科、计划财务科、灌溉管理科、水政科、防汛工程科和监察审计室)和11个基层管理所(36个管理段,7个管理点)。原水利管理科更名为灌溉管理科,专管灌溉管理及巡养护管理工作。由防汛工程科负责渠道安全,承担管理处养护职责、渠道抢险任务等工作。

1970年以来唐徕渠管理处历任领导见表11-2。

表11-1　中华人民共和国成立前历任唐徕渠局长一览表

姓名	性别	职务	任职年限	姓名	性别	职务	任职年限
蔡乐善	男	局长	至1927年	陈 温	男	常委	
徐宗儒	男	局长	1928年	马周堂	男	常委、局长	1935至1945年
赵占彪	男	局长		陈 润	男	局长	
范振东	男	局长		魏进烈	男	局长	1946至1949年
赵孟成	男	常委		薛生华	男	副局长	1946至1949年

表11-2　1970年以来唐徕渠管理处历任领导一览表

时间	姓名	职务	任职时间
1970年2月至1978年5月	刘生跃	革命委员会主任、党支部书记	1970年2月任革委会主任 1972年8月任党支部书记
	吴启元	副主任	1970年2月—1972年8月
	王茂林	副主任	1976年—1980年3月
	林 选	副主任	1970年2月—1980年2月

续表

时间	姓名	职务	任职时间
1980年2月至 1983年12月	林　选	党总支书记、主任	1980年2月—1983年12月
	魏　祥	副主任、党总支副书记	1980年2月任副主任、党总支副书记 1984年2月任调研员
	李发奎	副主任	1980年2月—1982年2月 1984年2月任调研员
	蒙毓秀	副主任	1982年2月—1984年2月
1984年2月至 1985年3月	蒙毓秀	处　长	1984年2月—1985年3月
	李发奎	副处长	1980年2月—1982年2月 1984年2月任调研员
	刘柏章	副处长	1984年2月—1985年3月
	徐凤文	副处长	1984年2月—1992年1月
1985年3月至 1992年1月	刘柏章	处　长	1985年3月—1992年1月
	徐凤文	副处长、党委委员	1984年2月—1992年1月
1992年1月至 1996年3月	徐凤文	处长、党委委员	1992年1月—1996年3月
	郭　浩	副处长、党委委员	1992年1月—1999年1月
	黄海龙	副处长、党委委员	1992年1月—1996年3月
1996年3月至 1998年6月	吴洪相	党委副书记、处长	1996年3月—1998年6月
	郭　浩	副处长、党委委员	1992年1月—1999年1月
	邰涌权	副处长、党委委员	1998年10月—2001年3月
	叶廷平	副处长、党委委员	1998年10月—2005年10月
1999年1月至 2004年6月	郭　浩	处长、党委委员	1999年1月—2004年6月
	邰涌权	副处长、党委委员	1998年10月—2001年3月
	刘文秀	副处长、党委委员	2001年2月—2007年9月
	窦元之	副处长、党委委员	2002年6月—2004年12月
	周跃华	副处长、党委委员	2003年11月—2008年1月
2004年6月至 2011年4月	张　元	处长、党委委员	2004年6月—2011年4月
	马朝阳	副处长、党委委员	2005年10月—2012年3月
	周跃华	副处长、党委委员	2003年11月—2008年1月
	夏进喜	副处长、党委委员	2004年12月—2010年3月
	朱保荣	副处长、党委委员	2010年2月—2016年5月
2011年4月至 2018年1月	杨　志	处长、党委委员	2011年4月—2018年1月
	吴晓峰	副处长、党委委员	2014年12月—2021年3月
	郭兰青	副处长、党委委员	2012年3月—2017年7月

续表

时间	姓名	职务	任职时间
2011年4月至 2018年1月	朱保荣	副处长、党委委员	2010年2月—2016年5月
	殷 锋	副处长、党委委员	2015年12月—2019年7月
	孙建军	副处长、党委委员	2017年7月—2018年1月
2018年1月至 2019年1月	马德仁	处长、党委委员	2018年1月—2019年1月
	孙建军	副处长、党委委员	2017年7月至今
	吴晓峰	副处长、党委委员	2014年12月—2021年3月
	殷 锋	副处长、党委委员	2015年12月—2019年7月
2019年1月至 2021年4月	王效军	处长、党委委员	2019年1月—2021年4月
	孙建军	副处长、党委委员	2017年7月至今
	吴晓峰	副处长、党委委员	2014年12月—2021年3月
	殷 锋	副处长、党委委员	2015年12月—2019年7月
	孙立国	副处长、党委委员	2019年8月至今
2021年4月至今	陶 东	处长、党委委员	2021年4月至今
	孙建军	副处长、党委委员	2017年7月至今
	苏 林	副处长、党委委员	2021年4月至今
	孙立国	副处长、党委委员	2019年8月至今

二、机关科室

(一)办公室

1. 机构职责

组织处务会、处长办公会等各种行政会议;负责管理处文件的收发、传阅、立卷归档及材料印发工作,管理行政印章;负责行政事务督察督办及政务公开工作;负责水利宣传及信息报送;负责内外事务接待,处理日常的群众来信来访工作;负责办公设备日常维护和管理工作;负责办公用品的购置、发放,搞好后勤服务和机动车辆管理工作;组织管理处机关职工参加各项活动或劳动;负责机关基本设施的建设和房屋维修、管理等,抓好全处环境卫生建设;负责全处合同管理归档工作;负责新闻相关工作;完成领导交办的其他工作。

2. 机构沿革

1970年管理处成立初期名为"行政组"。1972年9月,撤销"行政组"设立"行政科"。1983年11月,更名为"办公室"。

3. 机构负责人沿革

办公室历任负责人见表11-3。

表11-3 办公室历任负责人一览表

名称	时间	主任	副主任	名称	时间	主任	副主任
行政科	1972年9月	林选	周生德	办公室	1996年1月	张学广	白长安
行政科	1977年2月	杨志荣	夏生荣	办公室	1999年2月	陈刚	高学义、丁连根
行政科	1980年1月	周生德		办公室	2005年7月	陈刚	付中华
行政科	1982年12月	杨永财		办公室	2006年7月	付中华	王莉
办公室	1983年11月	杨永财		办公室	2010年6月	刘贤	王莉
办公室	1985年3月	刘新英	刘德祥	办公室	2012年9月		马文涛(主持工作)、王莉
办公室	1989年4月	郜涌权(办公室与政工科合署办公)	刘德祥	办公室	2013年2月	马文涛	王莉
办公室	1990年3月	王连生	胡维国	办公室	2016年6月	张承泉	王莉
办公室	1991年3月	孙兆祺	胡维国	办公室	2018年3月	付中华	
办公室	1993年3月	胡维国		办公室	2020年2月	马志峰	
办公室	1995年2月	胡维国	白长安				

(二)组织人事科

1. 机构职责

按管理处党委部署负责管理处党务工作;负责全处精神文明建设和思想政治工作;负责职工教育及培训工作;负责人事管理、职称评聘、劳动工资、技能鉴定、年度考核等工作;负责离退休职工的管理工作;完成领导交办的其他工作。

2. 机构沿革

1970年管理处成立初期名为"政工组"。1972年9月,撤销"政工组"设立"政工科"。2006年8月更名为"组织人事科"。

3. 机构负责人沿革

组织人事科历任负责人见表11-4。

表11-4 组织人事科历任负责人一览表

名称	时间	科长	副科长	名称	时间	科长	副科长
政工科	1972年9月	吴启元	廖芳来	组织人事科	2010年6月	付中华	马文涛
政工科	1980年5月	穆志俊		组织人事科	2011年4月	付中华	蔡如娟
政工科	1982年6月	穆志俊	刘新英	组织人事科	2013年3月	付中华	高学义、姚海玲
政工科	1989年3月	郜涌权	尤金萍	组织人事科	2016年3月		高学义(主持工作)、姚海玲
政工科	1999年2月	尤金萍	赵刚	组织人事科	2016年8月	董治仪	高学义、姚海玲
政工科	2002年4月	尤金萍	付中华	组织人事科	2019年8月		桑淑娟(主持工作)、高学义、姚海玲
政工科	2005年7月	尤金萍	刘贤	组织人事科	2020年2月		桑淑娟(主持工作)、高学义
组织人事科	2006年8月	姜峰	姚海峰	组织人事科	2020年8月	桑淑娟	高学义
组织人事科	2006年11月	姜峰	王青	组织人事科	2021年2月	桑淑娟	高学义、田文娟
组织人事科	2009年3月	姜峰	马文涛				

(三)灌溉管理科

1. 机构职责

负责干渠输水安全及灌域均衡收益;负责干渠水量的调度、分配,用水计划的编制和执行;负责全处测量水工作和测水仪器的管理和送验工作;负责水量核定汇总和水费的计算汇总;负责水务公开工作;负责农村水费改革工作;负责督促管理所按阶段完成水费收缴工作;负责延伸服务、推行节水灌溉,实现科学用水、节约用水;负责核算全处水的商品率;制定、落实、检查、演练防汛工作计划,形成当年防汛应急预案;完成领导交办的其他工作。

2. 机构沿革

1970年管理处成立初期名为"生产组"。1972年9月,撤销"生产组"设立"生产科",1983年11月更名为"水利管理科",2006年8月更名为"灌溉管理科"。

3. 机构负责人沿革

灌溉管理科历任负责人见表11-5。

表11-5　灌溉管理科历任负责人一览表

名称	时间	科长	副科长	名称	时间	科长	副科长
生产科	1972年9月	沈也民	李宗唐	水利管理科	2002年4月	郭兰青	孙学平
生产科	1977年2月	沈也民	朱树人	水利管理科	2005年8月	郭兰青	丁学岐
生产科	1980年1月	沈也民	王林智	灌溉管理科	2006年8月	郭兰青	孙学平
生产科	1980年12月	李宗唐	王林智　刘柏章	灌溉管理科	2009年6月	董治仪	姚丽芝
水利管理科	1989年3月	黄海龙	白耀华	灌溉管理科	2011年2月	杨　伟	徐　辉　姚丽芝
水利管理科	1992年10月	叶廷平	郭兰青	灌溉管理科	2016年7月	周　鹏	姚丽芝
水利管理科	2000年2月	刘福荣	郭兰青　赵新琪	灌溉管理科	2011年3月		姚丽芝(主持工作)
水利管理科	2001年4月	郭兰青	赵新琪	灌溉管理科	2019年9月	姚丽芝	

(四)防汛工程科

1. 机构职责

计划和落实管理处安全管理工作;负责水利工程立项、预算、批复、施工、质检、验收、结算工作;计划、落实、总结、评比、检查、验收绿化工作;检查落实灌溉期间安全巡护;制定、落实、检查"安全月"活动安排;落实水利厅关于工程、安全、防汛工作的精神;提出防汛物资储备计划;检查各管理所工程管理、建立完善工程电子档案管理;对申请在管理处管辖渠道范围内建设的项目依法进行审批;完成领导交办的其他工作。

2. 机构沿革

2006年8月,根据自治区机构编制委员会批准的《宁夏回族自治区唐徕渠管理处机构编制方案》(宁编发〔2006〕369号),设置"防汛工程科",承担工程、防汛、安全生产等职能。

3. 机构负责人沿革

防汛工程科历任负责人见表11-6。

表 11-6　防汛工程科历任负责人一览表

名称	时间	科长	副科长
防汛工程科	2006 年 8 月	白长安	计青锋　朱悦发
	2008 年 11 月	李学军	
	2011 年 2 月	李学军	马文涛
	2011 年 11 月	秦志起	马文涛　朱悦发
	2012 年 9 月	秦志起	朱悦发
	2019 年 8 月	徐　辉	朱悦发

(五)财务审计科

1.机构职责

负责管理处财务管理、会计核算、财务审计工作,编制监督执行管理处各项财务预算、决算;健全财务管理制度,负责全处水费、各类费用征收管理、专项资金等方面管理,负责内部控制制度建立健全、绩效目标评价及执行财务人员教育培训、业务考核等工作。

2.机构沿革

1970年,唐徕渠管理处成立,未单独设立财务科,财务核算职能归于生产科。管理处统一核算,各基层所为报账单位。1980年,成立财务器材科。1985年,将核算形式由原来的管理处核算改为处、所两级核算,实行财务包干管理。管理所配置专职会计、出纳(兼保管)人员。2003年3月,将财务器材科更名为计划财务科,增加计划职能,配备工程技术人员进行管理处的工程预(决)算审核。2009年6月,将计划财务科更名为"财务审计科",与水利厅财务审计处保持一致,同时将原监察审计室审计职能并入财务审计科。2021年,为规范账户管理,将基层11个管理所账户注销,管理处1个专用账户注销,保留基本账户1个、零余额账户1个、工会专户1个、党费专户1个。

3.机构负责人沿革

财务审计科历任负责人见表11-7。

表 11-7　财务审计科历任负责人一览表

名称	时间	科长	副科长	名称	时间	科长	副科长
生产科	1970 年	林　选	李生祥	计划财务科	2005 年 4 月	杨新顺	
	1978 年	夏生荣	周生德		2007 年 6 月	杨新顺	计青锋
财务器材科	1980 年	周生德	贾瑞刚	财务审计科	2009 年 6 月	杨新顺	徐　辉
	1984 年 5 月	段绪儒	贾瑞刚		2010 年 6 月	姜　峰	徐　辉
计划财务科	1988 年 5 月	贾瑞刚			2011 年 2 月	姜　峰	王丽萍
	1989 年 4 月	徐凤文			2012 年 3 月	姜　峰	范燕云
	1990 年 5 月	梁振武	张秀芝		2015 年 4 月		范燕云(主持工作)
	1997 年 2 月	张秀芝	杨新顺		2016 年 11 月	范燕云	
	2003 年 4 月		杨新顺(主持工作)				

(六)水政科

1. 机构职责

负责全处职工法律知识的学习、培训及法制宣传工作;负责全处水政监察人员的培训、考核;负责全处综合治理工作;负责依法对管理处所辖渠道管理范围内的水事活动进行监督检查,对违犯水法律法规的行为依法作出行政裁定和处罚;负责管理处所辖灌域管理范围内的水事纠纷的调解及水事违法案件的查处;负责对全处普法、综合治理、水政监察工作进行检查、考核;负责全处的司法诉讼工作;负责渠道管理范围的认定;负责土地置换赔偿工作;完成领导交办的其他事项。

2. 机构沿革

1990年以前,管理处水事纠纷案件管理职能由工程灌溉部门履行,主要依靠当地政府协调和事发地公安部门查处。1990年12月管理处设立"保卫科",负责内部治安保卫和民事纠纷调解。2000年将水政监察等职能划入"保卫科",更名为"水政保卫科",2006年8月更名为"水政科"。

3. 机构负责人沿革

水政科历任负责人见表11-8。

表11-8 水政科历任负责人一览表

名称	时间	科长	副科长	名称	时间	科长	副科长
保卫科	1991年3月	马银泉	赵 刚	水政科	2012年9月		谢生伟(主持工作)
水政保卫科	2000年2月	李学军			2013年4月	谢生伟	
水政科	2006年8月	李学军			2016年8月		王 莉(主持工作)
	2006年11月	李学军	张承泉		2019年9月	王 莉	姚海玲
	2009年6月	郭兰青					

(七)监察室

1. 机构职责

承办唐徕渠管理处党委安排的党风廉政建设任务;监督各单位及党员干部、职工遵守和贯彻执行党纪党规、法律法规及其他规定方面的情况;受理和负责本处党员及党员干部违纪违法行为的检举控告和查处;受理被处分党员干部、职工不服处分决定的申诉;督促检查被监察对象提高服务质量和工作效率的情况;纠正损害群众利益的不正之风;完成上级纪检监察机关和处党委、处纪委交办的其他工作。

2. 机构沿革

1989年7月,根据自治区水利厅党委《关于组建行政监察机构的通知》(宁水党发〔89〕14号),唐徕渠管理处组建监察室,履行行政监察职能。1991年9月,监察室增加财务审计职能,负责监察和财务审计工作。2006年7月,监察室更名为"监察审计室"。2009年6月,监察审计室更名为"监察室",财务审计工作纳入财务审计科。

3. 机构负责人沿革

监察室历任负责人见表11-9。

表 11-9 监察室历任负责人一览表

名称	时间	主任	副主任	名称	时间	主任	副主任
监察室	1990年7月	王兴华		监察室	2010年7月	杨新顺	
	1992年4月		刘德祥（主持工作）		2012年3月	王 青	
	2003年1月	刘德祥			2013年3月		蔡如娟（主持工作）
	2003年4月	张学广			2016年9月	蔡如娟	
监察审计室	2006年8月	刘 贤					

三、基层单位(11个管理所和3个实体公司)

(一)跃进桥管理所

跃进桥管理所位于唐徕渠上游，也称唐一所，地处青铜峡市瞿靖镇蒋西村内唐徕渠右岸（桩号 K10+934），青铜峡市米来生物有限公司（原青铜峡市糖厂）西北侧。管理所下设跃进桥、玉泉2个管理段，现有职工17人，管辖范围自青铜峡市大坝镇109公路桥（桩号 K0+740）至青铜峡市叶玉公路桥（桩号 K23+850），全长23.11千米，其中公路桥6座、生产桥2座、跨渠管道桁架2座、渡槽5座、涵洞5座、节制闸4座、斗口15座。主要承担着青铜峡市大坝、瞿靖、邵岗3个乡镇18个行政村及树新林场5.98万余亩农田的灌溉任务。跃进桥管理所历任党政负责人见表11-10。

表 11-10 跃进桥管理所历任党政负责人一览表

时间	党支部负责人		行政负责人	
	支部书记	副书记	所 长	副所长
1975年5月			刘文学	
1980年1月			刘文学	哈 科
1980年6月	刘文学		刘文学	哈 科
1980年12月	刘文学		刘文学	哈 科 师仰珏
1982年8月	张创业		刘文学	哈 科 师仰珏
1984年5月	哈 科		哈 科	师仰珏
1984年5月	哈 科		哈 科	魏东山
1989年4月	哈 科		哈 科	吴建新
1990年3月	哈 科		哈 科	刘福荣
1991年2月	张万成		哈 科	刘福荣
1991年5月	张万成		刘福荣	李彦臻
1993年2月	张万成		李彦臻	刘振银
1995年2月	张万成		刘振银	王文孝
1996年3月	尤金萍		刘振银	王文孝

续表

时间	党支部负责人		行政负责人	
	支部书记	副书记	所 长	副所长
1997年2月	尤金萍		刘振银	包福军
2000年2月	杨 伟		杨 伟	吴建新
2003年4月	杨 伟	董治仪	杨 伟	吴建新
2004年4月	杨 伟		董治仪	吴建新
2004年5月		吴建新	董治仪	吴建新
2005年4月	吴建新		孙学平	吴建新
2006年3月	吴建新	曹振军	孙学平	王学智
2006年7月	孙学平		曹振军	王学智
2006年8月	孙学平		曹振军	马 峰
2007年4月	孙学平		吴建新	马 峰
2007年7月	孙学平	曹振军	曹振军	马 峰
2008年4月	吴建新		吴建新	王学智 马 峰
2011年2月	曹振军		曹振军	王学智
2012年3月	曹振军		曹振军	郝学文 王学智
2017年2月		李永兵		李永兵（主持） 郝学文
2019年9月	李永兵		李永兵	郝学文

（二）宁化桥管理所

宁化桥管理所位于唐徕渠上中游，地处永宁县李俊镇宁化中心村西侧唐徕渠右岸（桩号K34+065）。管理所下设宁化、新民渠2个管理段，现有职工13人。管辖范围自青铜峡市叶玉公路桥（桩号K23+850）至永宁县望洪镇北渠村陈家田泵站（桩号K41+730），全长19.93千米。其中节制闸2座、退水闸2座、涵洞2座、抽水泵站10座、斗口13座、跨渠桥梁5座。主要承担着青铜峡市邵岗、永宁县李俊、望洪镇3个乡镇11个行政村3.35万余亩农田的灌溉任务。宁化桥管理所历任党政负责人见表11-11。

表11-11 宁化桥管理所历任党政负责人一览表

时间	党支部负责人		行政负责人	
	支部书记	副书记	所 长	副所长
1972年11月			钱大明	范光玉
1975年5月			钱大明	范光玉 尹昌孝
1980年1月			范光玉	尹昌孝
1980年6月	张世贤		范光玉	尹昌孝
1988年3月	张世贤		范光玉	刘振银
1989年4月	张世贤		刘振银	李金海

续表

时间	党支部负责人		行政负责人	
	支部书记	副书记	所长	副所长
1990年2月	张世贤		刘贤	邓亿 李金海
1991年3月	李德庆		贺维玉	李金海
1993年2月	李德庆		李金海	王文孝
1993年3月	李德庆		李金海	王文孝
1995年2月	李德庆		李金海	马宁
1995年6月	李金海		李金海	马宁
1998年2月	姜峰		姜峰	孙学平
2000年2月	孙学平		孙学平	曹振军
2001年7月	李彦臻		孙学平	曹振军
2005年3月	李彦臻		李彦臻	曹振军
2006年3月	李彦臻		李彦臻	李广仁
2006年7月	李海军		吴建新	李广仁
2008年4月	曹振军		曹振军	李广仁
2012年3月	王立新		王立新	柏喜
2015年4月	郭大勇		郭大勇	柏喜
2021年5月		马峰	马峰(主持)	柏喜

(三)杨显桥管理所

杨显桥管理所原名北全管理所,位于唐徕渠中上游,地处永宁县胜利乡杨显桥唐徕渠右岸(桩号K53+600)。管理所下设小湾桥、张湖、高庙桥、红花渠4个管理段,现有职工26人。管辖范围自永宁县望洪镇北渠村陈家田泵站(桩号K43+141)至银川市上海路桥(桩号K75-100),全长32千米,其中节制闸2座、退水闸3座、涵洞3座、斗口56座。主要承担着永宁县望洪镇、杨和镇、胜利乡、望远镇4个乡镇、11个行政村3.23万余亩农田的灌溉任务。杨显桥管理所历任党政负责人见表11-12。

表11-12 杨显桥管理所历任党政负责人一览表

时间	党支部负责人		行政负责人	
	支部书记	副书记	所长	副所长
1972年11月			刘泽	张世贤
1980年6月	张世贤		刘泽	张世贤
1984年5月	张世贤		师仰珏	贺维玉
1989年4月	张世贤		贺维玉	
1990年3月	张世贤		贺维玉	史苏寅
1991年3月	李德庆		李德庆	史苏寅

续表

时间	党支部负责人		行政负责人	
	支部书记	副书记	所长	副所长
1992年10月	李德庆		李德庆	任立新
1993年3月	李德庆		李德庆	姜　峰
1997年2月	李德庆		李德庆	沈永武
1998年2月	李金海		刘　岳	沈永武
1999年2月	高金平		李金海	沈永武
2001年7月	高金平		李金海	杨小宁
2006年3月	包福军		李金海	杨小宁
2006年7月	包福军		李金海	王学智
2008年4月	李金海		李金海	曹振军
2008年5月	李金海		李金海	曹振军　柏　喜
2009年2月	王立新		王立新	曹振军　柏　喜
2009年3月	王立新		王立新	曹振军　柏　喜　龚学刚
2011年3月	王立新		王立新	龚学刚　柏　喜　李广仁
2012年4月	徐　辉		徐　辉	龚学刚　李广仁
2017年2月	曹振军		曹振军	龚学刚　李广仁
2020年4月	曹振军		曹振军	龚学刚　徐　磊

(四)西门桥管理所

西门桥管理所位于唐徕渠中游,地处银川市兴庆区西桥巷西侧唐徕渠右岸（桩号K73+235),管理所下设高庙桥、红花渠、新桥、大新渠4个管理段,原管辖范围自唐徕渠高庙桥大新渠口(桩号K63+050)至贺兰山路桥(桩号K76+649),管理干渠14千米、支干渠大新渠19千米,灌溉面积5万亩,干渠斗口25座、大新渠斗口54座。随着银川市城市建设,干渠灌溉面积所剩无几。2005年12月,管理处重新划分管理段落,将西门桥管理所撤销,所辖干渠段划归杨显桥管理所和满达桥管理所管理,并于2006年1月,新成立大新渠管理所。西门桥管理所历任党政负责人见表11-13。

表11-13　西门桥管理所历任党政负责人一览表

时间	党支部负责人		行政负责人	
	支部书记	副书记	所长	副所长
1972年11月			白志军	米来积
1974年10月			白志军	李　英　米来积
1978年1月			黄海龙	米来积
1980年6月	白志军	米来积	黄海龙	米来积
1980年12月	白志军	米来积	黄海龙	米来积　徐凤文

续表

时间	党支部负责人		行政负责人	
	支部书记	副书记	所长	副所长
1981年6月	徐凤文		黄海龙	徐凤文
1982年8月	白志军	马学仁	黄海龙	徐凤文
1984年5月	徐凤文		黄海龙	马学仁
1989年4月	马学仁		马学仁	
1990年3月	马学仁		马学仁	韩素珍
1996年2月	马学仁		马学仁	姚丽芝
2001年5月	马学仁	马银泉	马学仁	姚丽芝
2004年3月	谢正云		马学仁	姚丽芝
2005年3月	谢正云		谢正云	贾绍平

(五)良田渠管理所

良田渠管理所于1968年成立,位于良田渠支干渠右堤处(支干渠桩号K16+598),金凤区黄河路275号,原金凤区双渠村(现黄河东路街道办事处)内。管理所下设新盈、烟村墩、雷渠口3个管理段,现有职工17人。管辖范围自永宁县胜利乡陆坊村良田渠进口闸(干渠桩号K58+281,支干渠桩号K0+000)至银川市西夏区顾家桥村(支干渠桩号K22+950),全长27.75千米(其中良田干渠22.95千米,新开渠4.8千米)。其中涵洞9座,渡槽4座,节制闸2座,退水闸2座,桥梁34座。主要承担着永宁县望远镇丰盈村、金凤区黄河东路和满城街道办事处、西夏区贺兰山西路街道办事处等4个乡镇(办事处)5个行政村1.2万余亩农田的灌溉任务和典农河的补水任务。良田渠管理所历任党政负责人见表11-14。

表11-14 良田渠管理所历任党政负责人一览表

时间	党支部负责人		行政负责人	
	支部书记	副书记	所长	副所长
1972年11月			杨志荣	李英
1976年5月			杨志荣	马永其 李英
1980年5月			白进保	李英
1982年8月	白进保		白进保	李英
1984年5月	白进保		马永其	王银成
1989年4月	白进保		范光玉	王银成
1990年7月	马永其		范光玉	王银成
1992年5月	叶廷平		叶廷平	王银成
1992年8月	叶廷平		叶廷平	沈永武
1992年10月	叶廷平		叶廷平	张学广 沈永武

续表

时间	党支部负责人		行政负责人	
	支部书记	副书记	所长	副所长
1994年3月	张学广		张学广	沈永武
1996年3月	张学广		沈永武	刘栋
1997年2月	陈刚		陈刚	刘岳
1998年2月	陈刚		陈刚	李海军
1999年2月	孙兆祺		孙兆祺	李海军
2003年4月	孙兆祺		谢正云	刘贤
2004年5月	孙兆祺		杨伟	刘贤
2005年4月	高学义		杨伟	徐辉 刘贤
2007年3月	高学义		杨伟	吴德
2007年7月	高学义		秦志起	吴德
2008年2月	秦志起		秦志起	吴德
2008年4月	秦志起		秦志起	包福军 吴德
2009年6月	秦志起		秦志起	吴德 马宁
2010年10月	刘岳		刘岳	吴德
2013年3月	杨小宁		杨小宁	吴德
2014年12月	杨小宁		杨小宁	吴德 桑淑娟
2015年4月	姜峰		姜峰	吴德 桑淑娟
2019年8月		吴德		吴德(主持)
2020年4月	吴德		吴德	

(六)大新渠管理所

大新渠由原西门桥管理所管辖。2005年12月,管理处重新划分管理段,将西门桥管理所撤消,于2006年1月成立大新渠管理所。大新渠管理所位于大新渠上游,地处兴庆区大新镇上前城社区大新渠左岸(支干渠桩号 K3+286),下设蝗虫庙、新水桥2个管理段,现有职工13人。大新渠属唐徕渠支干渠,管辖范围自永宁县望远镇大新渠进口闸(干渠桩号 K62+941,支干渠桩号 K0+000)至贺兰县习岗镇新胜村庙儿渠(支干渠桩号 K17+890),渠道全长17.8千米。其中斗口55座、涵洞2座、水闸4座(退水闸2座、节制闸2座)、桥梁37座。主要承担着永宁县望远镇、兴庆区大新镇及贺兰县习岗镇共7个行政村的1.86万余亩农田灌溉任务及兴庆区农业农村和水务局管辖的章子湖、阁第湖、燕鸽湖部分东部水系共2800亩的湖泊湿地生态补水任务。大新渠管理所历任党政负责人见表11-15。

表 11-15　大新渠管理所历任党政负责人一览表

时间	党支部负责人		行政负责人	
	支部书记	副书记	所长	副所长
2006年1月	谢正云		谢正云	贾绍平
2006年7月	李彦臻		谢正云	贾绍平
2007年7月	李彦臻		谢正云	郭大勇
2009年2月	李彦臻		贾绍平	郭大勇
2009年3月	李彦臻		贾绍平	李广仁
2009年6月	贾绍平		贾绍平	李彦臻　李广仁
2011年2月	吴建新		吴建新	李彦臻
2012年9月		马志峰		马志峰（主持）　李彦臻
2013年3月	马志峰		马志峰	李彦臻
2016年8月	马志峰		马志峰	田文娟
2019年8月	马志峰		马志峰	田文娟　刘岳
2020年2月		李广仁		李广仁（主持）　田文娟
2021年3月	李广仁		李广仁	

（七）满达桥管理所

满达桥管理所位于唐徕渠中下游，地处贺兰县习岗镇黎明村唐徕渠右岸桩号（K83+869）。管理所下设新桥、光明、罗渠3个管理段，现有职工26人。管辖渠道自银川市上海路桥（桩号K75+100）至贺兰县常信乡丁北村八一桥（桩号K106+262），全长31.5千米，其中直开口41座，涵洞3座，渡槽一座，节制闸2座，退水闸2座，桥梁20座。主要承担着银川市金凤区丰登镇、贺兰县习岗镇、常信乡、洪广镇25个行政村及自治区原种场等受益单位10.4万余亩农田灌溉任务，同时为银川市典农河、唐徕公园贺兰城市段、贺兰如意湖生态补水，年供水量1.38亿立方米左右。满达桥管理所历任党政负责人见表11-16。

表 11-16　满达桥管理所历任党政负责人一览表

时间	党支部负责人		行政负责人	
	支部书记	副书记	所长	副所长
1972年11月			陈光祖	徐兆成
1980年6月	陈光祖		陈光祖	徐兆成
1980年12月	陈光祖		陈光祖	徐兆成　尹昌孝
1984年5月	陈光祖		陈光祖	王宗师
1990年3月	陈光祖		陈光祖	李学军
1991年3月	陈光祖		陈光祖	李学军　谢正云
1995年2月	陈光祖		李学军	姚丽芝　王宗师

续表

时间	党支部负责人		行政负责人	
	支部书记	副书记	所长	副所长
1995年6月	李学军		李学军	姚丽芝 王宗师
1996年2月	李学军		李学军	王宗师 王金林
2000年2月	刘振银		刘振银	周小生 王宗师
2003年4月	刘振银		刘振银	李海军
2004年5月	刘振银		刘振银	秦志起
2005年4月	刘振银		刘振银	沈占宏
2007年7月	刘振银		杨伟	沈占宏
2008年2月	杨伟		杨伟	沈占宏
2009年6月	杨伟		杨伟	马志峰
2010年5月	杨伟		杨伟	马峰 马志峰
2011年2月	贾绍平		贾绍平	马峰 马志峰
2012年9月	贾绍平		贾绍平	马峰 任刚
2017年2月	沈占宏		沈占宏	马峰 任刚
2021年5月	沈占宏		沈占宏	任刚

(八)周城管理所

周城管理所位于唐徕渠干渠下游,地处平罗县姚伏镇向前村唐徕渠左岸(桩号K117+876)。管理所下设八一桥、姚伏、张家墩、步口桥、人民闸5个管理段,现有职工24人。管辖渠道自贺兰县常信乡丁北村八一桥(桩号K105+135)至高庄乡幸福村尾闸(桩号K149+324),全长42千米。其中干渠直开斗口156座、退水闸5座、节制闸3座、涵洞2座。主要承担着贺兰县常信乡、平罗县姚伏镇、城关镇、高庄乡4个乡镇40个行政村及前进农场灌溉任务,灌溉面积13.6万余亩。周城管理所历任党政负责人见表11-17。

表11-17 周城管理所历任党政负责人一览表

时间	党支部负责人		行政负责人	
	支部书记	副书记	所长	副所长
1972年11月			赵文章	王国俊
1975年5月			赵文章	王伏林
1980年6月	赵文章		赵文章	王伏林
1984年5月	赵文章		赵文章	卫志高
1991年3月	赵文章		赵文章	王永珍 卫志高
1992年10月	许东升		许东升	王金林 王永珍
1996年2月	许东升		许东升	王永珍 杨伟

续表

时间	党支部负责人		行政负责人	
	支部书记	副书记	所长	副所长
1998年2月	李德庆		杨伟	付中华
2000年2月	李伟		李伟	包福军
2005年3月	董治仪	包福军	董治仪	包福军
2006年3月	曹振军		董治仪	吴德
2006年7月	曹振军		董治仪	杨小宁 吴德
2006年8月	杨小宁		董治仪	杨小宁 吴德
2007年3月	杨小宁		董治仪	杨小宁 李永兵
2008年2月	张万龙		张万龙	张敬明
2009年3月	张万龙		张万龙	张敬明 蔡如娟
2011年3月	张万龙		张万龙	王彦斌
2013年8月	郭大勇		张万龙	王彦斌
2017年2月	贾绍平		贾绍平	王彦斌
2019年3月	贾绍平		贾绍平	冯红军

（九）南梁管理所

南梁管理所自第二农场渠建成后，称为"第一管理所"，1975年第二农场渠管理处合并到唐徕渠管理处后改称为南梁管理所。南梁管理所位于第二农场渠上游，地处贺兰县习岗镇黎明村第二农场渠左岸（桩号K3+537），管理所下设一号桥、西湖桥、军垦桥3个管理段，现有职工23人。管辖渠道自唐徕渠满达桥节制闸（桩号K083+869）至第二农场渠分水闸（桩号K20+400），渠道全长20.4千米。其中斗口34座（自流23座，扬水11座），进口闸1座、渡槽3座、涵洞3座、桥梁13座。主要承担着贺兰县习岗镇、常信乡、南梁台子管委会、银川市金凤区丰登镇、银川市西夏区镇北堡镇5个乡（镇）13个行政村和宁夏南梁农场有限公司的灌溉任务，灌溉面积9.76万余亩。南梁管理所历任党政负责人见表11-18。

表11-18 南梁管理所历任党政负责人一览表

时间	党支部负责人		行政负责人	
	支部书记	副书记	所长	副所长
1972年9月			李茂荣	杨永才
1975年1月			杨永才	罗成福
1978年1月			杨永才	罗成福 李心荣
1980年6月	杨永才		杨永才	罗成福 李心荣
1982年12月	杨永才		杨永才	肖光明
1984年5月	许东升		许东升	肖光明

续表

时间	党支部负责人		行政负责人	
	支部书记	副书记	所长	副所长
1988年4月	许东升		许东升	
1989年4月	许东升		许东升	崔青华
1990年3月	王宗师		王宗师	崔青华
1993年2月	王宗师		王宗师	赵　龙
1995年2月	谢正云		谢正云	刘　岳
1997年2月	谢正云		谢正云	李彦臻
2001年7月	谢正云		谢正云	周　文
2003年4月		周小生	周小生	周　文
2005年3月	周　文		周小生	周　文
2007年3月	周小生		周小生	马志峰
2007年7月	周小生		周小生	马志峰　谢生伟
2009年3月	李金海		李金海	任　刚　马志峰
2012年3月	李金海		李金海	任　刚　李永兵
2012年9月	吴建新		董治仪	李永兵
2016年3月	董治仪		董治仪	李永兵　包福军
2017年2月	徐　辉		徐　辉	包福军
2019年8月		包福军		包福军（主持）
2020年4月	包福军		包福军	
2020年7月	包福军		包福军	刘　岳

（十）暖泉管理所

1977年第二农场渠管理处撤销并入唐徕渠管理处后，暖泉管理所（东一支渠）撤销，改为暖泉管理段划归南梁管理所。1990年3月，恢复暖泉管理所。管理所位于第二农场渠暖泉渠中游，地处贺兰县洪广镇洪西村暖泉渠左岸（支干渠桩号K3+286）。管理所下设铁桥、三号桥2个管理段，现有职工13人。管辖渠道自暖泉渠进口闸（干渠桩号K20+400，支干渠桩号K0+000）至暖泉渠渠梢，全长20.28千米。其中斗口22座（测控一体化7座，自流斗口5座）、涵洞2座、节制闸2座、交通桥10座。主要承担着暖泉农场、前进农场和贺兰县常信乡、洪广镇2个乡镇3个行政村4.9万余亩农田灌溉任务，同时还承担着沙湖的生态补水。暖泉管理所历任党政负责人见表11-19。

表 11-19　暖泉管理所历任党政负责人一览表

时间	党支部负责人		行政负责人	
	支部书记	副书记	所长	副所长
1990 年 3 月			陈　刚	李德庆
1991 年 3 月	陈　刚		陈　刚	李德庆
1995 年 2 月	陈　刚		陈　刚	赵　龙
1997 年 3 月	姜　峰		姜　峰	赵　龙
1998 年 2 月	许东升		许东升	王立新
1999 年 2 月	刘　岳		刘　岳	王立新
2001 年 7 月	刘　岳		刘　岳	贾绍平
2005 年 8 月	刘　岳		刘　岳	张敬明
2006 年 3 月	高金平		高金平	张敬明
2008 年 2 月	高金平		高金平	谢生伟
2012 年 9 月	高金平		高金平	刘继辉
2015 年 4 月	杨小宁		杨小宁	刘继辉
2019 年 4 月	杨小宁		杨小宁	王彦斌　刘继辉
2020 年 8 月	杨小宁		杨小宁	王彦斌

（十一）崇岗管理所

崇岗管理所位于第二农场渠中游，地处平罗县崇岗镇长青村唐徕渠左岸（桩号 K37+170），下设四号桥、南沙窝、崇胜 3 个管理段，现有职工 20 人。管辖范围自第二农场渠分水闸（桩号 K20+400）至第二农场渠公路桥下（桩号 K46+990），全长 26.5 千米。其中扬水斗口 14 座、自流斗口 28 座，渡槽 1 座、排洪槽 2 座、水闸 7 座（其中节制闸 2 座、退水闸 5 座）、涵洞 3 座、桥梁 7 座。主要承担着暖泉农场、崇岗镇 8 个行政村、前进农场一站、大武口区长胜村的灌溉管理任务，灌溉面积 15 万余亩。崇岗管理所历任党政负责人见表 11-20。

表 11-20　崇岗管理所历任党政负责人一览表

时间	党支部负责人		行政负责人	
	支部书记	副书记	所长	副所长
1972 年 9 月				肖光明
1975 年 1 月			肖光明	王勋予
1980 年 5 月			肖光明	李心荣
1980 年 12 月	王万金		肖光明	李心荣
1982 年 12 月	王万金		吴国清	李心荣
1984 年 5 月	王万金		王万金	李心荣
1988 年 5 月	李心荣		李心荣	谢国良

续表

时间	党支部负责人		行政负责人	
	支部书记	副书记	所长	副所长
1993年2月	李心荣		李心荣	顾自江
1994年1月	张彦林		张彦林	顾自江
1997年2月	张彦林		张彦林	付中华
1998年2月	张彦林		张彦林	李 伟
2000年2月	张彦林		张彦林	张万龙
2005年3月	计青锋		张彦林	吴 德
2006年3月	张彦林		刘 岳	冯红军
2007年7月	贾绍平		刘 岳	冯红军 马 宁
2008年2月	贾绍平		刘 岳	李永兵 马 宁
2009年6月	包福军		刘 岳	李永兵 包福军
2010年5月	包福军		沈占宏	李永兵 包福军
2012年3月	包福军		沈占宏	包福军 卫金晟
2013年4月	包福军		沈占宏	包福军 王瑞林
2017年2月	张万龙		张万龙	王瑞林
2021年5月	郭大勇		郭大勇	王瑞林

(十二)大武口管理所

大武口管理所位于第二农场渠下游,地处大武口隆湖经济开发区六站唐徕渠右岸(桩号K46+650),下设潮湖、简泉2个管理段,现有职工14人。管辖渠道范围自第二农场渠公路桥下(桩号K46+990)至第二农场渠尾水闸(桩号K80+525),全长32.5千米。其中斗口62座、桥梁3座、涵洞13座、节制闸5座、渡槽4座。主要承担大武口区长胜街道办事处、隆湖经济开发区、石嘴山监狱、沟口街道办事处、简泉农场、燕子墩乡15个行政村的灌溉管理任务,农业灌溉面积10.3万余亩,承担森林公园、星海湖等生态湿地面积3万余亩补水任务。大武口管理所历任党政负责人见表11-21。

表11-21 大武口管理所历任党政负责人一览表

时间	党支部负责人		行政负责人	
	支部书记	副书记	所长	副所长
1970年1月				肖光明
1972年9月				吴国清
1981年6月				张彦林 吴国清
1984年5月			吴国清	祖万铭
1986年4月			吴国清	高金平
1989年4月			高金平	张彦林

续表

时间	党支部负责人		行政负责人	
	支部书记	副书记	所长	副所长
1990年3月			张彦林	顾自江
1991年3月	张彦林		张彦林	顾自江
1994年3月	邓万才		邓万才	李心荣
1996年1月	邓万才		邓万才	张万龙
2000年2月	邓万才		邓万才	崔青华
2001年4月	邓万才		邓万才	王立新
2004年5月		张万龙	王立新	张万龙
2006年3月	张万龙		王立新	张万龙
2006年7月	张万龙		王立新	王 卫　张万龙
2008年2月	杨小宁		王立新	王 卫
2009年6月	杨小宁		杨小宁	王 卫
2013年3月	王 卫		王 卫	卫金晟

（十三）宁夏唐徕润泽工程建设有限公司

1993年，管理处成立唐徕水利水电工程建设安装公司（简称唐徕工程公司），注册资本金632万元，具有水利施工总承包三级资质。2018年7月，改制更名为宁夏唐徕润泽工程建设有限公司，2021年6月划转到宁夏水利发展集团。

公司成立以来主要从事区内各种类型中、小型水利工程的建设、维修以及其他市政、园林、交通等工程建设，先后承担自治区内各种类型的多项水利工程施工，取得较好的效益。完成的第二农场渠5.53千米砌护、胜利退水闸、大银河节制闸、上海路唐徕渠桥、银川市大小西湖水道Ⅱ标工程、唐徕渠战马桥等项目被评定为优良工程。2005年至2021年6月，累计完成产值5.4亿元，实现利润80.29万元。唐徕工程公司历任党政负责人见表11-22。

表11-22　唐徕工程公司历任党政负责人一览表

时间	党支部负责人		行政负责人	
	支部书记	副书记	经理	副经理
1993年2月	刘福荣			段长松
1995年12月	刘福荣		段长松	刘福荣
1996年1月	刘福荣		段长松	刘福荣　崔青华
1997年1月	刘福荣		刘福荣	崔青华
1998年3月	刘福荣		刘福荣	崔青华　计青锋
2000年2月	姜 峰		姜 峰	朱悦发　计青锋
2005年3月	姜 峰		李 伟	史发明　朱悦发

续表

时间	党支部负责人		行政负责人	
	支部书记	副书记	经理	副经理
2006年8月	姜 峰	史发明	李 伟	史发明
2007年3月	史发明		李 伟	徐 辉
2008年2月	史发明		史发明	徐 辉
2009年2月	张承泉		史发明	徐 辉 张承泉
2010年5月	刘 岳		史发明	刘 岳
2010年10月	史发明		秦志起	朱悦发
2011年11月	史发明			周 鹏(主持)
2013年9月	史发明			周 鹏(主持) 潘 娟
2016年11月	杨 伟			潘 娟(主持)
2017年2月	杨 伟			沙海兵(主持) 潘 娟
2018年7月	杨 伟		张承泉	沙海兵
2019年3月	张承泉		张承泉	沙海兵

(十四)宁夏唐徕工程开发有限公司

宁夏唐徕工程开发有限公司成立于2006年,由宁夏唐徕渠管理处出资,注册资本金727万元,具有水利施工总承包三级、市政工程施工三级、安全防范工程设计施工二级资质。2017年8月停业清算,2021年12月正式注销。

自公司成立以来,主要承担各种类型的水利和市政工程,累计完成产值1.65亿元,实现利润61.14万元。2015年被评为"自治区守合同重信用企业"。唐徕开发公司历任党政负责人见表11-23。

表11-23 唐徕开发公司历任党政负责人一览表

时间	党支部负责人		行政负责人	
	支部书记	副书记	经理	副经理
2006年4月			白长安	
2007年11月			白长安	徐自力
2009年6月			白长安	徐自力 朱悦发
2012年2月	杨新顺		杨新顺	王丽萍 冯红军
2016年3月	付中华		杨新顺	冯红军 王丽萍
2016年8月	付中华		谢生伟	冯红军 王丽萍
2018年3月	谢生伟		谢生伟	冯红军 王丽萍
2019年3月	张承泉		谢生伟	

(十五)宁夏唐徕工程监理有限公司

宁夏唐徕工程监理有限公司成立于2009年10月,由唐徕渠管理处出资,注册资本金

100万元,具有水利工程监理乙级资质。2018年7月改制,2021年6月划转到宁夏水利发展集团。

公司成立以来,坚持"创优质品牌,保用户满意"的质量方针,主攻水利工程项目,积极拓展各种类型的工程监理业务,取得良好经济效益,实现监理收入4055.59万元,实现利润171.82万元。唐徕监理公司历任党政负责人见表11-24。

表11-24 唐徕监理公司历任党政负责人一览表

时间	党支部负责人		行政负责人	
	支部书记	副书记	经理	副经理
2010年2月	张承泉		张承泉	徐自力
2013年10月	刘岳		张承泉	徐自力 张敬明
2016年6月	刘岳		史发明	徐自力 张敬明
2020年12月	张承泉		张承泉	张敬明

第二节 人员管理

一、管理沿革

自清初以来,宁夏府特设水利同知,专司各渠水务。光绪年间裁同知,归宁夏府监理。中华民国初年裁府设道,归宁夏道管理。1928年又裁道设水利总局。

1929年,渠务归省建设厅兼办,由厅委任局长1人,总段长1人,段长4人,以专责成。1935年改局长为委员制,由唐徕渠受水农民选举委员9人,内选常务委员1人,专理渠务,由省建设厅监督。

1941年1月,又改委员制为局长负责制,唐徕渠水利局内设文书、会计各1人,书记员4人,水利警察45人,马警4人,渠口水手40人。同时改水利监察委员会为宁夏省建设厅属水利局。

1950年1月至1969年12月,各渠道按属地由各县水电局管理。

1970年2月,宁夏回族自治区革委会生产指挥部批准筹建唐徕渠管理处,职工总人数226人,其中男职工223人,女职工3人,处机关干部13人,工人1人,下设管理所8个。管理所职工213人,其中干部41人,工人172人,工人中长期临时工80人。

1984年2月,唐徕渠管理处人员编制220人。

2006年8月,根据《宁夏回族自治区唐徕渠管理处机构编制方案》(宁编办发〔2006〕369

号)文件,人员编制 264 人。

2016 年 8 月,根据《关于调整自治区水利厅部分所属事业单位编制的通知》(宁编办发〔2016〕235 号)文件,人员编制增加为 294 人。

2017 年 10 月,根据《关于调整自治区水利厅部分所属事业单位编制的通知》(宁编办发〔2017〕260 号)文件,人员编制为 284 人。

2019 年 2 月,根据《关于核减自治区水利厅部分所属事业单位编制的通知》(宁编办发〔2019〕24 号)文件,人员编制为 282 人。

2020 年 4 月,根据《关于调整自治区水利厅部分所属事业单位编制的通知》(宁编办发〔2020〕45 号)文件,人员编制为 282 人,聘用编制 2 人。

2021 年 4 月,根据《关于核减自治区水利厅部分所属事业单位编制的通知》(宁编办发〔2021〕39 号)文件,人员编制为 275 人,聘用编制 2 人。截至 2021 年 12 月,管理处实有在编职工 266 人,聘用编制 1 人。唐徕渠管理处在编人员见表 11-25。

表 11-25 唐徕渠管理处在编人员一览表(2021 年 12 月)

单位	人数	单位	人数
处领导	6	跃进桥管理所	17
非领导职责五级职员	2	宁化桥管理所	13
办公室	14	杨显桥管理所	26
组织人事科	9	良田渠管理所	17
灌溉管理科	10	大新渠管理所	13
防汛工程科	6	满达桥管理所	26
财务审计科	7	周城管理所	24
水政科	2	南梁管理所	23
监察室	2	暖泉管理所	13
工会	2	崇岗管理所	20
团委		大武口管理所	14

二、宁夏唐徕渠管理处职工名录(2021 年 12 月)

(一)在职职工

管理处机关(60 人)

鲍旺勤	陶 东	孙建军	尹 婷	苏 林	孙立国	哈 斌	王效军	马志峰
桑淑娟	姚丽芝	徐 辉	范燕云	王 莉	蔡如娟	付中华	高学义	田文娟
朱悦发	姚海玲	牛晓丽	王丽宇	陈姗姗	张建军	顾永桥	田勇涛	吴万国
王建才	张 静	马方园	撒世宁	郑 燕	王立娟	刘嘉琪	张瑞华	朱 珠
周 源	胡建华	张前瑞	苏笑曦	黄镇坪	魏 越	柳 婧	师 华	薛里图

秦志起　罗永春　哈元辰　张　园　康　婷　杨晓玲　马静梅　汪亚虹　万珊珊
张剑兰　刘　娟　马小荣　康会玲　化　梦　刘　静

跃进桥管理所(17人)
李永兵　郝学文　詹丽华　王　宏　张燕芳　马立军　魏学军　吴少波　柳学云
黄建平　黄自立　王学芬　蒋学良　吴利军　王新明　王学智　张兴明

宁化桥管理所(13人)
马　峰　柏　喜　吴　超　杨伟琴　朱　芳　韩玉宝　孟云龙　黄学军　陶　磊
沈　军　李德新　王　环　马　宁

杨显桥管理所(26人)
曹振军　龚学刚　徐　磊　陶晓燕　钱大山　屈　涛　刘　勇　缪立军　于　平
王小兵　茆家兵　刘　辉　王　东　刘福宁　胡金慧　张国华　张　磊　黑富君
刘学军　李金海　王立新　计青锋　李翠荣　鲁菲菲　哈少兵　邢建波

良田渠管理所(17人)
吴　德　杨　伟　姜　峰　沈永武　徐志垠　李艳玲　林永生　马洪志　赵　龙
王昭丽　沈　建　靳　睿　陡玉龙　赵玉霞　谷建英　崔青华　王　锋

大新渠管理所(13人)
李广仁　张学平　李彦臻　卫金芳　谢卫波　李　武　白学明　张剑明　张　晶
张月琴　刘　倩　王丽萍　桂　娟

满达桥管理所(26人)
沈占宏　任　刚　张海亮　吴凤萍　张　萍　丁学娟　杨新顺　胡　鹏　陈学刚
张连军　李卫兵　汤文军　李　国　谢　辉　胡静红　马宗华　金海艳　冉丽欣
牛红宁　雍红茹　沈　程　王瑞萍　蔡　胜　李　强　周　文　付　玲

周城管理所(24人)
贾绍平　冯红军　吴保政　马少萍　马　波　梁小伟　张　力　张银川　陈　冲
耿玉莲　谢玉霞　任伟锋　邢占忠　贾红喜　马明有　李小华　马玉林　吴　刚
焦会霞　徐海俊　刘光杰　周萍萍　李　萍　谷建龙

南梁管理所(23人)
包福军　严立东　刘　岳　王金林　孔庆梅　丁丽娟　田丽娜　欧月玲　陈学红
范淑红　许志涛　马　辉　刘　阳　张建国　赵新晓　王　艳　沈　贤　王新忠
曹亚宁　肖红玲　吴建新　高师杰　黄建民

暖泉管理所(13人)
杨小宁　王彦斌　蔡如意　马思平　欧　仁　张丽娟　胡少平　张荣娟　张国瑞
沈海俊　陈学存　刘建国　陈　鹏

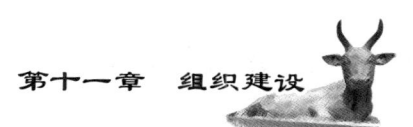

崇岗管理所（20人）

郭大勇	王瑞林	徐自力	宋元清	李玉萍	李华山	蔡新华	崔永平	盛光文
姚冬梅	任天柱	李洪东	赵自礼	陈淑红	盛光军	王明学	马开国	张福清
刘东红	吴建国							

大武口管理所（14人）

王　卫	卫金晟	李玉玲	邓秀萍	张自平	冯金明	卫金萍	毛玉宁	邓秀芳
王进利	刘炳刚	林永茂	李长虹	黄　岚				

（二）管理处退休人员（按退休时间排序）

盛永珍	蔡生荣	欧春华	邢伏保	茚鹤松	化文明	范平年	沈明经	方婉君
赵文章	穆志俊	刘学文	杨洪胜	李宗唐	魏东山	王万金	冯　海	范光玉
肖光明	王彩萍	张登科	师仰珏	黄海龙	冯国珍	吴保国	崔典礼	贾瑞刚
王海龙	童建民	沈　泽	周廷彦	李心荣	王新仁	白付贵	马学龙	王学礼
张宁莲	丁松根	谢思爱	欧春栋	苏登山	姚安仁	贾生云	郁桂莲	郑凤英
王银成	张进忠	耿丁山	王宗章	许东升	李德庆	邓万才	毋海风	王卫静
王宗师	赵国忠	张　霆	梅世民	丁连根	顾自江	钱梅娟	樊崇荣	靳丽萍
冯润莲	陈学龙	路贵荣	陈秀珍	冯梅莲	杨淑霞	丁煜岭	李秀风	牛　建
谢生勤	马登海	王　霞	赵　军	魏　黎	穆卫红	祖万明	张国民	化光辉
马玉霞	马银泉	段长松	秦廷会	王　中	陈　刚	李银华	王彩需	蔡　花
米淑琴	刘　栋	巴育英	张彦林	刘正兴	王文孝	詹怀文	王建明	刘振银
杨小凤	张　国	刘福荣	张　红	马朝阳	徐志宁	张学广	赵玉琴	王亚萍
万国平	张丽萍	包永正	王来喜	穆卫东	贺维玉	谢正云	李雪梅	王建设
勉格云	张秀芝	田淑琴	周国斌	白彦东	郑　丽	王　青	高建国	李德良
李爱冬	刘　静	张德军	金丽芳	刘　贤	高金平	张淑琴	赵秀玲	范宁兰
刘学义	吴东梅	赵玉芳	丁丽丽	杨晓红	段浩清	胡银萍	李玉琴	张　丹
浦惠荣|							

（三）管理处离退休离世人员（按姓氏笔画排名）

于秀兰	马万玉	马文德	马永岐	马成贵	马金元	马学仁	马学礼	马宗礼
王　存	王万岐	王生发	王永珍	王西林	王有谋	王林智	王学兴	王致忠
王斌胜	尤天仁	毛占斌	邓　亿	叶生芳	田长兴	田生金	付中才	白进宝
白志军	包秉心	吕庆阳	朱占科	任廷祥	刘　泽	刘万平	刘生录	刘光先
刘跃楠	刘新英	刘德祥	米来绩	孙兆祺	孙维强	严正才	李　兵	李　英
李　喜	李　锋	李中成	李发奎	李茂荣	杨永成	杨永财	杨志荣	杨宝库
吴　义	吴生银	吴守业	吴志玉	吴国民	吴国清1	吴国清2	吴彦彪	余天喜
谷　云	沈万金	沈金仁	宋生水	张　义	张　发	张　孝	张　信	张　焕

张万成	张光耀	张廷榜	张华成	张安福	张丽敏	张佃中	张应宗	张国柱
张国福	张金明	张继贞	张凳玉	张凳福	陈　让	陈　忠	陈　振	陈　智
陈光祖	陈宝银	陈洪训	林　选	周万金	周生德	周有信	郑安礼	屈生江
赵永发	赵新琪	柳生柱	哈　科	段绪儒	勉积德	秦金明	柴明轩	钱有光
徐凤文	徐占魁	徐兆成	徐忠义	谈学文	黄有福	黄光荣	黄进才	曹天玉
蒋万义	韩万寿	韩素珍	谢克俭	谢怀礼	蒙毓秀	雷文斌	詹如魁	樊应华
薛占英	魏　祥							

(四)唐徕渠管理处调出人员

1974年　吴启元

1978年　刘生跃　沈也民

1980年　王茂林

1986年　秦立军　李学峰

1987年　杨彦和　卢建国　徐生祥

1988年　台佩锁　白彦田　马天仁　茆家洪　李金宁

1989年　李自龙

1990年　白耀华　王连生　汤文英

1991年　刘向东　苏　琼　张　斌

1992年　刘柏章　李　斌　谢良国　撒玉红

1993年　苏爱平

1994年　王兴华　刘中华

1995年　杜　芳

1996年　张　怀

1998年　吴洪相　胡静宁

2000年　李秀琴　龚建民

2001年　刘赛光　刘福荣　顾　炜

2002年　刘文秀

2003年　郜涌权　伏海中

2004年　郭　浩　杨克胜　杨建新

2005年　窦元之　吴国万　叶廷平　黄继军

2006年　尤金萍　陈光华

2007年　苏立宁

2008年　周跃华　张　庶　李　伟　张　荣　丁艳艳　郭文峰

2009年　刘文秀　姚海峰　周小生

2010年　夏进喜　丁学岐　李海军

2011年　张　元　孙学平　李学军　邓立新
2012年　海天相　王　苗
2013年　王文刚
2014年　王克伟
2016年　朱保荣　王芳馨
2017年　郭兰青　马文涛
2018年　杨　志
2019年　马德仁　李宗会　殷　锋　董治仪　李　翔
2020年　刘继辉
2021年　吴晓峰　张万龙　谢生伟　马　伟

（五）管理处在职离世人员（按姓氏笔画排名）

马志勇　叶安云　米树宁　李建军　李德宁　张　仁　张　铁　张宁香　陈洪进
胡维国　黄　磊　蒋爱霞　蒲志峰　魏学才　魏新民

第三节　党群组织

一、管理处党组织

（一）中共唐徕渠管理处支部委员会（1970年—1980年5月）

1970年，宁夏唐徕渠管理处成立，全处共有党员30名，其中预备党员1名。

1972年8月，中共宁夏回族自治区水利电力局核心小组决定，建立中共唐徕渠管理处党支部。支部委员会由刘生跃、吴启元、林选、朱光泰、赵文章5人组成，刘生跃任党支部书记，吴启元任副书记。各管理所建立党小组。管理处共有党员24名。（《关于中共唐徕渠支部成立的复函》宁水电党发〔72〕32号）。

1978年7月，中共宁夏回族自治区水利电力局核心小组决定，中共唐徕渠管理处党支部暂由林选、王茂林、魏祥、赵文章、白志俊组成，林选代理党支部书记。（《关于唐徕渠管理处支部的函》宁水电党发〔78〕82号）。

（二）中共唐徕渠管理处总支委员会（1980年5月—1986年1月）

1980年5月，经中共宁夏水利局党组决定，同意成立中共唐徕渠管理处总支委员会，由林选、魏祥、李发奎、马学仁、李宗唐、赵文章、陈光祖7人组成，林选任党总支书记，魏祥任党总支副书记。管理处共有党员38名。（《关于中共唐徕渠管理处总支委员会的批复》宁水党发〔80〕74号）。

1984年3月,自治区水利厅党委决定,中共唐徕渠管理处总支委员会由张安福、蒙毓秀、穆志俊、李宗唐、陈光祖组成,张安福任总支书记。(《关于唐徕渠管理处党总支组成人员的通知》宁水党发〔84〕55号)。

(三)中共唐徕渠管理处委员会(1986年1月—至今)

1986年1月,自治区水利厅党委决定,成立中共唐徕渠管理处委员会,张安福任党委书记。党委由张安福、刘柏章、徐凤文、穆志俊、李宗唐、陈光祖6人组成,管理处共有党员67名。(《关于唐徕渠管理处等单位设立党委、总支的批复》宁水党发〔86〕3号)。

1992年7月,自治区水利厅党委决定,崔典礼任唐徕渠管理处党委书记,党委由:崔典礼、徐凤文、郭浩、黄海龙、王兴华、郜涌权、马学仁7人组成。管理处党员发展到90名。(《关于中共唐徕渠管理处委员会、纪律检查委员会换届选举结果的批复》宁水党字〔1992〕31号)。

1997年全处党员122名,正式党员117名,预备党员5名。

1998年全处党员128名,正式党员121名,预备党员7名。

1999年1月,自治区水利厅党委决定,刘赛光任唐徕渠管理处党委书记。

1999年3月,中共唐徕渠管理处委员会由刘赛光、郭浩、郜涌权、叶廷平、张霆、马学仁、尤金萍组成。全处党员133名,正式党员129名,预备党员4名。

2001年3月,自治区水利厅党委决定,郜涌权任唐徕渠管理处党委书记。全处党员144名,正式党员139名,在职党员105名,预备党员5名。

2005年4月,自治区水利厅党委决定,陈光华任唐徕渠管理处党委委员、书记。管理处党员人数发展到159名。

2006年10月,自治区水利厅党委决定,李兵任唐徕渠管理处党委委员、书记。管理处党员人数发展到165名。

2007年7月,管理处党员达到172人。其中,在职职工中党员127名,占在职职工总人数的33.4%。

2012年11月,自治区水利厅党委决定,高建国任唐徕渠管理处党委委员、书记。

2019年5月,自治区水利厅党委决定,哈斌任唐徕渠管理处党委委员、书记。管理处党员人数发展到183名。

2021年4月,自治区水利厅党委决定,鲍旺勤任唐徕渠管理处党委委员、书记。管理处党员176名,其中在职党员124名,占在职职工总人数的46.7%。

中共唐徕渠管理处支部委员会历任见表11-26,中共唐徕渠管理处总支委员会历任见表11-27,中共唐徕渠管理处党委历届组成见表11-28。

表11-26 中共唐徕渠管理处支部委员会历任一览表

书记		副书记		支部委员
姓名	任职时间	姓名	任职时间	
刘生跃	1972.8	吴启元	1972.8	刘生跃、吴启元、林选、朱光泰、赵文章
林 选	1978.7(代理)			林选、王茂林、魏祥、赵文章、白志俊

表 11-27　中共唐徕渠管理处总支委员会历任组成一览表

书记		副书记		支部委员
姓名	任职时间	姓名	任职时间	
林 选	1980.5	魏 祥	1980.5	林选、魏祥、李发奎、马学仁、李宗唐、赵文章、陈光祖
张安福	1984.3			张安福、蒙毓秀、穆志俊、李宗唐、陈光祖

表 11-28　中共唐徕渠管理处党委历届组成一览表

届次	书记		党委委员
	姓名	任职时间	
第一届	张安福	1986.1	张安福、刘柏章、徐凤文、穆志俊、李宗唐
第二届	崔典礼	1992.1	崔典礼、王兴华、徐凤文、邰涌权、郭浩、黄海龙、马学仁
	崔典礼	1996.3	崔典礼、吴洪相、邰涌权、郭浩、张霆、黄海龙、马学仁
	刘赛光	1999.1	刘赛光、吴洪相、邰涌权、郭浩、张霆、黄海龙、马学仁
第三届	刘赛光	1999.2	刘赛光、郭浩、邰涌权、叶廷平、张霆、马学仁、尤金萍
	邰涌权	2001.3	邰涌权、郭浩、叶廷平、张霆、马学仁、尤金萍
	杨克胜（副书记主持工作）	2003.2	杨克胜、郭浩、窦元之、叶廷平、张霆、马学仁、尤金萍
	陈光华	2005.4	陈光华、张元、叶廷平、张霆、夏进喜、周跃华
	李 兵	2006.10	李兵、张元、夏进喜、海天相、马朝阳、周跃华
		2011.4	李兵、杨志、王文刚、朱保荣、夏进喜、海天相
	高建国	2012.11	高建国、杨志、王文刚、朱保荣、李宗会、郭兰青
第四届	高建国	2016.12	高建国、杨志、李宗会、吴晓峰、殷锋、郭兰青、董治仪
		2018.1	高建国、马德仁、李宗会、吴晓峰、殷锋、孙建军、董治仪
	哈 斌	2019.5	哈斌、王效军、孙建军、吴晓峰、尹婷、孙立国
第五届	哈 斌	2021.1	哈斌、王效军、孙建军、吴晓峰、尹婷、孙立国
	鲍旺勤	2021.4	鲍旺勤、陶东、孙建军、尹婷、孙立国
		2021.5	鲍旺勤、陶东、孙建军、尹婷、苏林、孙立国

（四）历届党代会（党员大会）

1986年3月10日，中共宁夏回族自治区唐徕渠管理处第一届委员会选举产生，刘柏章、张安福、李宗唐、徐凤文、穆志俊（以姓氏笔画为序）5位同志当选委员，张安福当选党委书记。

1992年7月2—4日召开党员代表大会，应到代表36人，实到代表36人，马学仁、王兴华、邰涌权、徐凤文、郭浩、崔典礼、黄海龙（以姓氏笔画为序）7位同志当选管理处党委第二届委员会委员，崔典礼当选党委书记。王兴华、刘德祥、张彦林（以姓氏笔画为序）3位同志当选新一届纪律检查委员会委员，王兴华当选纪委书记。

1999年2月5日召开党员代表大会，应到代表49人，实到代表49人，马学仁、尤金萍、叶廷平、刘赛光、张霆、邰涌权、郭浩（以姓氏笔画为序）7位同志当选管理处党委第三届委员会委员,刘赛光当选党委书记。孙兆琪、刘德祥、张霆(以姓氏笔画为序)3 位同志当选新一届纪律检查委员会委员,张霆当选纪委书记。

2016 年 12 月 28 日召开党员代表大会,应到代表 58 人,实到代表 58 人,杨志、李宗会、吴晓峰、郭兰青、高建国、殷锋、董治仪(以姓氏笔画为序)7 位同志当选管理处党委第四届委员会委员,高建国当选党委书记。李宗会、杨新顺、范燕云、姜峰、蔡如娟(以姓氏笔画为序)5 位同志当选新一届纪律检查委员会委员,李宗会当选纪委书记。

2021 年 1 月 12 日召开党员大会,应到党员 129 人,实到党员 124 人,王效军、尹婷、孙立国、孙建军、吴晓峰、哈斌(以姓氏笔画为序)6 位同志当选管理处党委第五届委员会委员,哈斌当选党委书记。马志峰、尹婷、张万龙、范燕云、蔡如娟(以姓氏笔画为序)5 位同志当选新一届纪律检查委员会委员,尹婷当选纪委书记。

(五)基层党组织

1980 年 5 月,唐徕渠管理处党总支委员会决定成立西门桥、满达桥、周城、崇岗管理所及处机关 5 个党支部。

1986 年 1 月,成立大武口管理所党支部,管理处党委下设 6 个党支部。

1988 年 3 月,成立南梁管理所党支部,党支部达到 7 个。

1990 年,成立南梁、暖泉管理所联合党支部,支部数 7 个。

1991 年 2 月,成立跃进桥管理所党支部。3 月,成立杨显桥、宁化桥管理所联合党支部,支部数达到 9 个。

1992 年 10 月,成立良田渠管理所党支部,支部数达到 10 个。

1993 年 3 月,成立工程公司党支部,撤销南梁、暖泉管理所联合党支部,分设南梁和暖泉管理所党支部,支部数达到 12 个。

1995 年 6 月,撤销杨显桥、宁化桥管理所联合党支部,分设杨显桥、宁化桥管理所党支部,机关设党群、行政 2 个党支部。至此,管理处下属各单位全部设立党支部,共 14 个党支部。

1999 年 4 月,管理处机关设 4 个党支部:机关一支部、机关二支部、机关三支部和老干部支部,管理处党支部达到 16 个。

2006 年 9 月,管理处党委将机关各支部根据科室党员人数重新划分,机关一支部为组织人事科、监察审计室及分管这 2 个科室的处领导;机关二支部为计划财务科和防汛工程科及分管这 2 个科室的处领导;机关三支部为办公室、水政科、灌溉管理科及分管这 3 个科室的处领导。

2007 年 7 月,管理处党委将机关二、三支部重新划分。机关一支部仍为组织人事科和监察室及分管处领导;机关二支部为计划财务科和办公室、服务中心及分管处领导;机关三支部为防汛工程科和水政科、灌溉管理科及分管处领导。

2008 年 4 月,因管理处机构改革,撤销宁化桥管理所党支部,所属党员编入杨显桥管理所党支部。

2009 年 6 月,成立维修养护大队党支部。管理处党支部达到 16 个。

2010年3月,成立唐徕工程监理有限公司党支部。工程公司与维修养护大队党支部合并。处属党支部共16个。

2012年3月,成立宁夏唐徕工程开发有限公司党支部,原维修养护大队党支部党员编入开发公司党支部。恢复宁化桥管理所党支部。管理处党支部达到18个。

2019年4月,因处属企业脱钩改革,撤销宁夏唐徕工程开发有限公司党支部,所属党员编入宁夏唐徕水利水电工程建设安装公司党支部。

2021年3月,工程公司和监理公司合并设立联合党支部,撤销原来工程公司党支部和监理公司党支部。

2022年1月,优化管理处机关党支部设置,增设机关第四和第五党支部,调整后机关第一支部由组织人事科及1个处领导组成,机关第二支部由防汛工程科、水政科人员及1个分管处领导组成,机关第三支部由办公室人员及1个处领导组成,机关第四支部由灌溉管理科人员及1个分管处领导组成,机关第五支部由财务审计科、监察室人员及2个分管处领导组成。桑淑娟任机关第一支部书记,徐辉任机关第二支部书记,马志峰任机关第三支部书记,李永兵任机关第四支部书记,范燕云任机关第五支部书记。

二、纪检监察组织

(一)机构职责

负责监督、执纪、问责,经常性对党员进行遵守纪律的教育,做出关于维护执纪的决定;对党的组织和党员干部履行职责行使权力进行监督,受理处置党员群众检举举报,开展谈话提醒和约谈函询;检查和处理党的组织和党员违反党的章程和其他党内法规的比较重要或复杂的案件,决定或取消对这些案件中的党员的处分;进行问责或提出责任追究的建议;受理党员的控告和申诉;保障党员的权利。

(二)机构沿革

1986年3月,经中共宁夏回族自治区水利厅委员会批准,中共唐徕渠管理处纪律检查委员会由穆志俊、陈光祖、马学仁组成,穆志俊任纪委书记。

1990年7月,经中共宁夏回族自治区水利厅委员会批准,王兴华任中共唐徕渠管理处纪律检查委员会副书记兼监察室主任(正科级)。1992年1月,中共唐徕渠管理处纪律检查委员会委员由王兴华、刘德祥、张彦林组成,王兴华任书记。1992年4月,刘德祥同志任中共唐徕渠管理处纪律检查委员会专职检查员(副科级)。

1994年4月,张霆任唐徕渠管理处纪委书记。1999年3月,中共唐徕渠管理处纪律检查委员会换届选举,委员会由张霆、刘德祥、孙兆祺组成,张霆任书记。

2006年7月,海天相任唐徕渠管理处纪委书记。

2012年3月,李宗会任唐徕渠管理处纪委书记。2016年10月,中共唐徕渠管理处纪律检查委员会换届选举,委员会由李宗会、蔡如娟、姜峰、杨新顺、范燕云组成,李宗会任纪委书记。

2019年8月,尹婷任唐徕渠管理处纪委书记。2021年1月,中共唐徕渠管理处纪律检查委员会换届选举,委员会由尹婷、蔡如娟、范燕云、马志峰、张万龙组成,尹婷任纪委书记。

(三)机构负责人沿革

中共唐徕渠管理处纪律检查委员会历任负责人见表11-29。

表11-29 中共唐徕渠管理处纪律检查委员会历任负责人一览表

届次	换届时间	职务	姓名	任职时间	纪委委员
第一届	1986年3月	党委委员	穆志俊	1986年1月	负责纪委工作
		纪委书记	穆志俊	1986年3月	陈光祖　马学仁
		纪委副书记	王兴华	1990年7月	
		纪委书记	王兴华	1992年1月	
第二届	1992年7月	纪委书记	王兴华	1992年7月	刘德祥　张彦林
		纪委书记	张霆	1994年4月	刘德祥　张彦林
第三届	1999年3月	纪委书记	张霆	1999年3月	刘德祥　孙兆祺
		纪委书记	海天相	2006年7月	
		纪委书记	李宗会	2012年3月	
第四届	2016年10月	纪委书记	李宗会	2016年10月	蔡如娟　姜峰　杨新顺　范燕云
		纪委书记	尹婷	2019年8月	
第五届	2021年1月	纪委书记	尹婷	2021年1月	蔡如娟　范燕云　马志峰　张万龙

三、工会组织

(一)机构职责

依照《中华人民共和国工会法》和《中国工会章程》,负责职工(工会会员)代表大会日常工作,执行大会各项决议决定;参加本单位民主管理和民主监督,维护职工合法权益;开展劳动技能竞赛,做好劳动模范的培养、推荐和服务工作;管好、用好工会经费,开展走访谈心和困难帮扶,办好工会文化、教育、体育活动。

(二)机构沿革

唐徕渠管理处工会于1986年6月开始筹建,成立12个工会小组。同年9月,第一届工会委员会产生。1990年3月,第二届工会委员会产生。1993年1月,第三届工会委员会产生。1997年4月,第四届工会委员会产生,同时成立经费审查委员会和女工委员会2个专门委员会。2000年2月,第五届工会委员会产生,同时设立经费审查委员会和女工委员会2个专门委员会。2004年1月,第六届工会委员会产生,同时设立经费审查委员会和女工委员会2个专门委员会。2013年3月,第七届工会委员会产生,同时设立经费审查委员会和女工委员会2个专门委员会。2017年3月,第八届工会委员会产生,同时设立经费审查委员会和女工委员会2个专门委员会。

唐徕渠管理处工会委员会历届组成人员见表11-30,唐徕渠管理处工会专门委员会组成人员见表11-31。

表 11-30　唐徕渠管理处工会委员会历届组成人员一览表

届次	产生时间	主席	委员
第一届	1986年9月	段旭如	段旭如、黄海龙、段长松、王学礼、刘富荣、邓亿、郑凤英
第二届	1990年3月	段旭如	段旭如、邓亿、刘富荣、李德庆、谢生勤、柳生柱、张银川、耿丁山、吴建新
第三届	1993年1月	孙兆祺	尤金萍、赵军、杨永成、孙兆祺、谢生勤、祖万铭、吴建新、王忠
第四届	1997年4月	孙兆祺	孙兆祺、苏笑曦、马登海、郭兰青、吴建新、杨伟、王立新
第四届	1999年2月	张学广	孙兆祺、苏笑曦、马登海、郭兰青、吴建新、杨伟、王立新
第五届	2000年2月	张学广	张学广、郭兰青、赵龙、杨新顺、吴建新、贾绍平、谢生勤、刘栋、孔学义、马登海、柏喜
第五届	2003年3月	张秀芝	张学广、郭兰青、赵龙、杨新顺、吴建新、贾绍平、谢生勤、刘栋、孔学义、马登海、柏喜
第六届	2004年1月	张秀芝	卫金晟、邹伟、马志峰、邓立新、李玉琴、苏笑曦、沈建、柏喜、张秀芝、金丽芳、姚海峰、贾绍平、谢生勤
第七届	2013年3月	王青	王青、付中华、邢建波、李玉玲、宋元清、吴保政、沈海俊、范燕云、姚丽芝、柏喜、徐志垠
第七届	2016年3月	杨新顺	王青、付中华、邢建波、李玉玲、宋元清、吴保政、沈海俊、范燕云、姚丽芝、柏喜、徐志垠
第八届	2017年3月	杨新顺	马峰、付中华、邢建波、李玉玲、吴保政、沈海俊、杨新顺、范燕云、蔡如娟
第八届	2020年3月	付中华	马峰、付中华、邢建波、李玉玲、吴保政、沈海俊、杨新顺、范燕云、蔡如娟

表 11-31　唐徕渠管理处工会专门委员会组成人员一览表

届次	产生时间	主任	委员
第四届	女工委员会	苏笑曦	苏笑曦、尤金萍、郁桂莲、姚丽芝、康会玲
第四届	经费审查委员会	杨新顺	杨新顺、沈建、靳丽萍
第五届	女工委员会	郭兰青	郭兰青、姚丽芝、康会玲、樊崇荣、黄镇坪
第五届	经费审查委员会	杨新顺	杨新顺、靳丽萍、蒲志峰
第六届	女工委员会	姚丽芝	姚丽芝、张秀芝、黄镇坪、康会玲、樊崇荣
第六届	经费审查委员会	范燕云	范燕云、靳丽萍、蒲志峰
第七届	女工委员会	姚丽芝	王青、李玉玲、李翠荣、姚丽芝、康会玲
第七届	经费审查委员会	范燕云	范燕云、徐志垠、蔡如娟
第八届	女工委员会	蔡如娟	李玉玲、苏笑曦、张萍、张瑞华、蔡如娟
第八届	经费审查委员会	范燕云	范燕云、王宏、徐志垠

（三）工会建设

1. 阵地建设

水利渠道管理基层单位点多线长、地处偏僻、条件艰苦，职工文化生活单调。1992年3月，管理处成立"职工之家建设领导小组"，按照中华全国总工会《关于继续深入开展建设职工之家活动的决定》和宁夏水利工会《职工之家建设实施意见》的要求，制定职工之家建设标准和实施方案，全面推进基层职工之家建设活动。多年来，管理处行政和工会持续投入资金，不断更新办公场所和职工之家设施，设置职工书屋1处、流动书箱11个，图书3490余册，篮球架7幅、乒乒球台13个、台球桌3副、照相机9架、户外健身器材3套、投影仪7部,还不断为各基层单位更新配备了液晶电视、电脑、影音播放机、功放、麦克风以及球类、棋牌等文体娱乐器材,最大程度地保证职工活动开展。2007年,宁夏水利工会对管理处10个职工之家进行复验,处机关和跃进桥、宁化桥、杨显桥、满达桥、南梁、大武口等管理所先后被授予"宁夏水利厅模范职工小家"。2008年,管理处工会被自治区总工会授予"自治区模范职工之家",满达桥管理所被中华全国总工会授予"全国模范职工小家",南梁管理所南梁段被自治区农林水财工会命名为"工人先锋号"。2010年3月,中华全国总工会和宁夏总工会给管理处图书室赠送图书2000册、书柜10套以及电视、电脑、DVD碟机等设备。2011年1月,被中华全国总工会授予"职工书屋示范点达标单位"。2012年,杨显桥管理所被中国农林水利工会授予"全国水利系统模范职工小家"。

2. 民主管理

民主管理是职工参与生产管理和决策,行使监督权力的具体体现。管理处工会成立以来,制定了《唐徕渠管理处职代会工作制度》《唐徕渠管理处职工代表提案办理细则》等制度,每年召开一次职工暨工会会员代表大会,听取和审议行政、财务预决算和工会工作报告,审定年度工作目标和改革发展重大事项、重要制度,成为职工民主管理、民主决策的重要平台。1990年,建立处所两级民主管理小组。1995年10月,在原调解领导小组的基础上成立管理处职工矛盾纠纷调解委员会。1997年9月,成立管理处职业技能鉴定委员会。1999年9月,管理处全面推行政务公开,设立处所两级政务公开小组,建立了党委统一领导、工会组织实施、纪检监察监督的工作机构,在处机关和各管理所、公司设置政务公开栏13块、水务公开栏43块,定期公开内容为16大项42小项,主动接受职工监督。2004年3月,获得自治区"厂务公开工作先进单位"。2012年12月,根据上级文件精神,制定出台《唐徕渠管理处深化政务公开 加强政务服务实施方案》和《唐徕渠管理处政务公开管理办法》,重新调整政务公开职责为办公室组织实施、工会负责监督,并对事项公开作了细化,进一步保障了职工的知情权、参与权、监督权。2001年,被自治区总工会评为"工会财务工作先进集体"。2006年9月,被宁夏农林水财工会列为"全区贯彻《企业工会工作条例》试点单位"。2009年4月,被宁夏总工会等五部门联合授予"自治区劳动关系和谐单位"。

3. 劳动竞赛

1990年以来,管理处在职工中广泛开展"六个一"、"双增双节"、"五小"、"五比一创"、"八个创建"等劳动竞赛活动,很好地促进了安全生产、经济效益和管理工作。1992年2月,杨永才、王文孝被授予1991年度水利厅"六个一"社会主义劳动竞赛先进个人。2001年起,结合全国"安康杯"竞赛,在全处持续开展"查隐患、保安全、促生产、增效益"劳动竞赛。2002年3月,获得2001年度水利厅"新技术应用先进单位"。2004年3月,自治区总工会和安监局授予2003年度全区"安康杯"竞赛优胜单位。2006年4月,获得"宁夏职工职业道德建设先进单位"。同年5月,荣获中国农林水工会"劳动奖状"。2008年11月,管理处第一届职工技能比武大赛在满达桥管理所举行,共10个单位32名选手参赛。2008至2019年,管理处共举办技能

竞赛和大比武活动4次,选拔职工参加了4届全区水利行业渠道维护工职业技能大赛,获得第二届和第四届"优秀组织奖"。2010年2月,被宁夏水利工会评为"学习型组织先进集体"和"先进女工组织"。2010年12月,在第四届全区水利行业技能竞赛中,王彦斌获得"渠道维护工"比赛第一名,被授予"全区技术能手"称号。2012年10月,在湖北仙桃市举行的全国水利职业技能比赛中,王彦斌获得渠道维护工项目第19名。2015年11月,获得全国水利安全知识网络竞赛集体奖。2017年3月,管理处灌溉管理科被宁夏水利工会授予"巾帼建功先进集体"。

4. 帮扶送温暖

工会认真执行《中国工会章程》,在参与生产管理、维护职工合法权益的同时,制定《走访慰问职工办法》《"五必访、八必谈"工作制度》《职工健康体检制度》,主动办好职工福利。从1986年至2021年期间,翻建了管理处办公大楼和11个管理所、21个管理段,为基层单位更新配置了电脑、空调、净水机、热水器、洗衣机、灶具、消毒柜、微波炉等一批设施,11个管理所建成水冲式厕所,所段全部接通自来水和网络,职工生产生活条件有了质的提升。每年春节、五一、中秋等重要节日,筹措资金统一采购米面油等物品,对困难职工及一线职工进行走访慰问。2005年,经多方协调,管理处职工住房补贴获得自治区批准,筹资243万元为106名离退休人员发放住房补贴。2006年,筹资29.6万元,为332名职工发放2005年度的住房补贴,以后每年按规定报批发放。2006年至2007年,利用"村村通工程",为偏远管理所、段安装有线电视接收器21台。2008年起,以管理所为单位开展小食堂、小环境、小菜园为主要内容的"三小"工程建设,自力更生,美化工作环境,改善职工生活,被银川市命名为"园林式单位"。2009年,依据自治区总工会文件精神,建立管理处困难职工档案,并推荐加入宁夏水利工会和自治区总工会困难职工信息库,实行动态管理,每年帮扶慰问。2010年至2021年,共为33名职工申请发放大病救助金21.64万元;金秋助学112人次,发放助学金5.81万元。2018年,《宁夏回族自治区基层工会经费收支管理实施细则》颁布后,工会经费管理使用更加明确规范,帮扶送温暖活动持续开展。扶危济困献爱心。2005年全处职工向印度洋海啸灾区及扶贫捐款1.53万元。2008年向四川省地震灾区捐款5.52万元。2010年向青海省玉树地震灾区及甘肃省舟曲灾区捐款1.5万元。2019和2020年向本处身患重病职工捐款5.06万元。

5. 文体活动

工会充分利用"职工之家"阵地,因地制宜、适时组织职工开展各类丰富多彩的文化体育活动。自1986年以来,每年管理处和管理所均在停水间隙,举办拔河、跳绳、棋牌、春秋游、登山等群众性文体活动,利用"元旦""三八"等节日举办唱歌、跳舞等联欢联谊活动,并积极参加水利厅文体比赛,活跃职工文化生活。

1993年9月,举办纪念毛泽东同志诞辰100周年文艺汇演,全处13个单位参演。11月,组队参加水利厅文艺汇演。1996年9月,组队参加水利厅第二届羽毛球比赛,获得团体总分第五名,并有4个单项获得前四名。1999年7月,组建60人的"唐徕渠腰鼓队",当年分别在银川南门广场、水利学校等地汇报表演。9月,参加水利厅第六届篮球运动会,获女子组第二名。2000

年 7 月,组建业余龙舟队,并代表宁夏水利厅参加了中国宁夏"沙湖杯"龙舟邀请赛,获得"组织奖"和"体育道德风尚奖"。9 月,举办管理处职工运动会,共设 5 个比赛项目,有 14 个代表队、132 名运动员参加。2002 年 8 月,管理处举办第三届职工篮球运动会,共有 13 支队参赛,处机关、大武口、宁化桥管理所分获一、二、三名。9 月,参加水利厅第七届篮球运动会,获女子组第二名。2003 年 8 月,举办"我身边人身边事"先进事迹报告会和"热爱祖国热爱党"卡拉 OK 演唱会。2004 年 4 月,参加水利厅第一届乒乓球赛,获女团第一名,男团第三名。2005 年 9 月,举办"大众广播操"比赛,有 13 个代表队、190 名队员参加,跃进桥所、满达桥所、南梁所获前三名。2006 年 9 月,组队参加水利厅"银水杯"职工篮球运动会,获得男子组第五名。2007 年 7 月,在水利厅举办的"我与祖国共奋进、我与水利同发展"演讲比赛中,张月琴、王卫分获一、二等奖。同年 6 月,举办管理处第一届乒乓球比赛。同年 7 月,参加水利厅第二届"宁东杯"乒乓球比赛,获得男团、女团第二名,李兵获得男子处级以上领导组第一名,张秀芝获得女子第一名,穆志俊获得退休职工组男子第一名。2007 年 9 月,举办"全民健身与奥运同行"职工趣味运动会和"我运动我健康我快乐"卡拉 OK 歌会,全处 210 名职工参加。同月,在水利厅"银水杯"青年歌手大奖赛中,张月琴、沈海俊分获二、三等奖。2008 年 9 月,举办"迎大庆、颂唐徕"演讲和歌咏会,200 多名职工参加,共同庆祝自治区成立 50 周年。2009 年 9 月,参加水利厅第九届篮球运动会,进入决赛并获得第二名,为管理处男子篮球比赛历年最好成绩。同月,在水利厅庆祝中华人民共和国成立 60 周年歌咏比赛中获得三等奖。2010 年 9 月,参加水利厅第三届乒乓球比赛,获得女团第一名、男团第三名,许潮和张秀芝分别获得女子第二、三名。2011 年 1 月,在全区水利职工文艺汇演中获得三等奖。同年 6 月,参加水利厅庆祝建党 90 周年红歌合唱比赛获得优秀奖。10 月,参加全区水利系统"颂歌献给党"职工文艺汇演荣获二等奖。2013 年 10 月,参加水利厅第四届乒乓球比赛,获得女团第一名、男团第三名。2015 年 10 月,参加水利厅第九套广播体操比赛获得一等奖。2016 年 7 月,参加水利厅庆祝建党 95 周年歌咏比赛获得二等奖。同年 9 月参加水利厅第五届乒乓球比赛,获得男团第一、女团第一、男单第一、女单第一和第三名。2017 年 9 月,举办第一届职工厨艺大赛,共有 17 个单位 34 名选手参赛。2018 年 10 月,参加水利厅第六届乒乓球比赛,获得女团第一、男单第一、女单第一、混双第一、男团第六、领导干部单打第六的好成绩。唐徕渠管理处工会获得优秀组织奖。2019 年,参加水利厅春节团拜会文艺汇演获得三等奖。7 月,举办管理处"庆祝建党 98 周年,喜迎建国 70 周年"演讲比赛,全处 16 个党支部选派 20 名选手参加。9 月,参加水利厅"庆祝中华人民共和国成立 70 周年"合唱比赛获得二等奖。10 月,参加水利厅第七届职工羽毛球及跳绳比赛,获得羽毛球混双亚军、女单亚军、集体跳绳第三名。2020 年 9 月,举办第二届职工乒乓球赛,有 14 支代表队 45 名选手参赛,管理处机关二支部、机关一支部、机关三支部和杨显桥所分获混合团体一、二、三名和优秀组织奖;王效军、王东、孙立国、严立东、贾绍平、孙建军分获男子单打一至六名;许潮、苏笑曦、丁学娟、张萍分获女子单打一至四名。同年 10 月,参加水利厅第七届乒乓球暨象棋比赛,获得优秀组织奖。2021 年 6 月,排练《丹心向党》舞蹈并参加水利厅庆祝建党 100 周年文艺汇演。参加

"共产党好黄河水甜"演讲比赛,获得优秀奖。

四、共青团组织

(一)机构职责

负责共青团组织的管理和优秀团员入党的推荐等工作,完成党委和上级团委的工作部署和要求。

(二)机构沿革

1984年4月,唐徕渠管理处团总支成立,总支委员会由刘德祥、刘贤、王卫静、万国平、吴建新5人组成,刘德祥任书记,刘贤任副书记。(《关于对唐徕渠管理处成立团总支报告的批复》宁水团〔84〕02号)

1986年2月,郜涌权任唐徕渠管理处团总支书记。

1990年8月,召开共青团唐徕渠管理处第一届代表大会,应到代表25人,实到22人,会议改选产生新的总支委员会,尤金萍、李学军、胡银萍、吴国万4位同志组成新一届团总支委员会,尤金萍当选为团总支书记。

1993年3月,共青团唐徕渠管理处总支委员会换届,选举郝文红、付中华、计青锋、姚丽芝、欧仁5位同志组成新一届总支委员会,郝文红任团总支书记。(《关于共青团唐徕渠管理处总支委员会组成人员的批复》宁水团发〔1993〕05号)

1995年2月—1997年2月,付中华任团总支书记。

1997年9月,自治区水利厅同意将共青团唐徕渠管理处总支委员会改设为共青团唐徕渠管理处委员会。苏笑曦任团委副书记,委员由苏笑曦、沈占宏、卫金芳、董治仪、付中华组成。团支部11个,团员82名。

1999年2月,董治仪任管理处团委副书记。

2006年3月,姚海峰任管理处团委书记。

2007年2月,召开共青团唐徕渠管理处第五次代表大会,应到代表50名,实到44名,选举姚海峰、袁媛、郝学文、蔡如娟、张园、李广仁、丁学娟7人为共青团唐徕渠管理处第三届委员会委员,姚海峰当选团委书记。2007年10月,唐徕渠管理处党委公开选拔团委副书记,经自治区水利厅团委《关于唐徕渠管理处党委公开选拔团委副书记结果的复函》同意,马文涛任管理处团委副书记。

2011年4月,蔡如娟任管理处团委副书记。

2013年3月,姚海玲任管理处团委副书记。

2021年7月,管理处党委会研究决定,田文娟任管理处团组织负责人,并成立青年理论学习小组,全处共下设10个小组。

2022年3月,根据人员调整和岗位变动,青年理论学习小组调整为11个。

共青团唐徕渠管理处总支委员会见表11-32,共青团唐徕渠管理处委员会见表11-33。

表 11-32　共青团唐徕渠管理处总支委员会

时间	书记	副书记	委员
1984.4	刘德祥	刘 贤	刘德祥　刘 贤　王卫静　万国平　吴建新
1986.2	邰涌权		邰涌权　刘 贤　王卫静　万国平　吴建新
1990.8	尤金萍		尤金萍　李学军　胡银萍　吴国万
1993.3	郝文红		郝文红　付中华　计青锋　姚丽芝　欧 仁
1995.2	付中华		付中华　计青锋　姚丽芝　欧 仁

表 11-33　共青团唐徕渠管理处委员会

届次	书记		副书记		委员
	姓名	任职时间	姓名	任职时间	
第一届委员会			苏笑曦	1997.9	苏笑曦　沈占宏　卫金芳　董治仪　付中华
			董治仪	1999.2	
第二届委员会	姚海峰	2003.4			姚海峰　周 鹏　郭大勇　黄镇坪　王 卫　王克伟　丁学娟
第三届委员会	姚海峰	2007.2			姚海峰　袁 媛　郝学文　蔡如娟　张 园　李广仁　丁学娟
			马文涛	2007.10	马文涛　任 刚　郝学文　袁 媛　蔡如娟　李广仁　丁学娟
			蔡如娟	2011.4	
			姚海玲	2013.3	

(三)共青团重要活动

1998 年,举办"满怀豪情跨世纪演讲比赛"及巡回演讲活动,讴歌水利事业的蓬勃发展和水利职工的精神风貌。5 名优秀演讲者在全处 13 个基层单位进行巡回演讲。8 月 28—29 日举行"沙漠之行"团日活动。104 名团员青年缴纳特别团费 3075 元支援灾区抗洪抢险。

2010 年,开展"创新工作思路、争创一流业绩"主题学习实践活动,通过报告座谈会、主题团日、实践交流等形式,引导团员青年深刻理解新时期治水思路和发展理念。4 月 10 日,组织团员代表参加"中日青年鸭子荡水库生态绿化示范林三期工程"的启动揭碑仪式。6 月 21 日,管理处与水利厅团委在周城管理所举行"真情助困进灌区"活动启动仪式。

2011 年,开展纪念"五·四运动"92 周年庆祝活动,展现管理处团员青年风采。10 月 28 日,召开团员及青年代表大会,成立青年工作部。11 月 18 日,唐徕渠管理处团委与平罗县城关镇团委联合开展"灌区青年手拉手,创先争优一起走"为主题的团建联建创先争优活动。

2021 年 5 月,在满达桥管理所开展"学党史、强信念、跟党走"主题青年座谈会,43 人参加座谈,通过学文件、看视频、参观满达桥节制闸、集体宣誓、听黄河宁夏故事,12 人围绕主题进行交流发言,引导教育青年以党史为青年同志们铸魂补钙、涵养精神,促进管理处青年"青"心

向党,坚定理想信念;"勤"学苦练,凝聚奋进力量;在扎实开展好党史学习教育中,接好水利事业迅猛发展的接力棒,跑出更好的成绩。7月27日,按照水利厅党委实施青年提升工程的要求,成立10个青年理论学习小组,同时召开"传承红色基因担起治水使命"青年理论学习小组座谈会,12名青年代表围绕主题积极发言,就"如何找准自身定位,提升个人素质,切实履行工作职责",畅谈参加水利工作以来的成长变化,并结合工作实践,交流工作体会和思考感悟,对唐徕渠今后的发展提出独到见解。

2022年3月,唐徕渠管理处团委组织开展"担当治水使命 展现青春力量"青年座谈会,青年党员干部职工通过座谈初心感悟、实地参观水利建设,在了解水利工程施工新技术新工艺中感受唐徕渠现代化改造带来的显著变化,进一步强化对水利事业高质量发展的认识。

自2009年以来,唐徕渠管理处团委坚持每年3月围绕"改善灌区面貌、共建和谐唐徕""继承优良传统、弘扬雷锋精神""保护生态环境、建设美丽唐徕"等主题,组织开展法律交通宣传咨询、帮扶孤寡老人、清扫社区杂物、义务维修家电、不文明交通行为劝导等志愿服务。2022年3月4日,在管理处举行"学雷锋志愿服务月"启动仪式,倡导处所两级团组织开展形式多样学雷锋志愿服务活动,以实际行动践行雷锋精神。管理处团委联合凤凰街街道办、唐徕回民小学共150多人,在唐徕渠西门桥至上海路桥2千米渠道上开展"保护生态环境、建设美丽唐徕"学雷锋志愿服务活动,清理树枝树叶、烟头和渠道垃圾杂物80多编织袋。同时全处各单位团员青年积极开展防疫宣传、法律咨询、帮扶孤老、卫生清扫、交通劝导、义务维修等丰富的志愿服务活动,受到驻地群众一致好评。

(四)共青团建设取得的荣誉

满达桥管理所团支部在1998年荣获水利厅"青年文明号"。

唐徕渠管理处团委在2004年荣获水利厅"五四红旗团委"。

良田渠管理所团支部在2004年荣获水利厅"五四红旗团支部"。

南梁管理所被评为2007年度水利厅"青年文明号"。

唐徕渠管理处机关团支部在2007年荣获水利厅"五四红旗团支部"。

周城管理所团支部在2009年荣获水利厅"五四红旗团支部"。

杨显桥管理所团支部在2010年荣获水利厅"五四红旗团支部"。

崇岗管理所被评为2009年度水利厅青年安全生产示范岗。

周城管理所团支部荣获2009—2010年度水利厅"青年文明号"。

杨显桥管理所团支部在2012年荣获水利厅"五四红旗团支部"。

(五)杰出青年、岗位标兵

董治仪 付 玲　　1998年荣获水利厅"优秀团干部"称号。

赵玉霞　　　　　1998年出席自治区第八次团代会。

姚海玲　　　　　2004年荣获水利厅"优秀共青团干部"称号。

张兴明 王 卫　　2004年荣获水利厅"优秀共青团员"称号。

袁　媛	2007年荣获水利厅"优秀团干部"称号。
徐　磊	2007年荣获水利厅"优秀共青团员"称号。
张　园	2009年荣获水利厅"优秀共青团干部"称号。
张文翰	2009年荣获水利厅"优秀共青团员"称号。
秦志起	2009年荣获水利厅"青年安全生产标兵"。
张海亮	2010年荣获水利厅"优秀共青团干部"称号。
田丽娜	2010年荣获水利厅"优秀共青团员"称号。
张海亮	2012年荣获水利厅"优秀共青团员"称号。
李　翔	2013年荣获水利厅"优秀共青团员"称号。

第四节　职工教育

一、教育管理

1970年以来，唐徕渠管理处结合水利行业实际不断加强职工队伍的政治、思想、道德、文化、业务和技能教育，以建设一支专业结构合理、技术水平高、覆盖面广的专业技术队伍，造就一支以中高级技术为主、工种岗位配套、技术等级结构合理的职工队伍。

1986年成立管理处职工教育领导小组，1988年成立管理处职称聘任领导小组，日常工作由政工科（现组织人事科）负责。各管理所按照管理处的安排，成立以各党支部书记任组长的职工教育工作小组。1990年以后，职工教育健全制度，明确责任，制定目标和发展规划。20世纪90年代，职工教育场地主要划片分散在各管理所，购置一些简单必需的设施，没有专门的教育场地。进入21世纪以后，按照水利厅的要求，每年的职工教育经费按职工年度工资总额1.5%提取，并于2007年建造"职工活动之家"，使职工教育的经费和场地有了保障。

二、学历教育

1970年至1976年期间，管理处干部职工的文化程度普遍较低。1974年全处职工145人，具有大专文化程度的5人，占职工总数3.5%；中专毕业的7人，占职工总数4.9%；初中以下文化程度102人，占职工总数70.4%。

1987年至1991年，管理处共组织举办14期文化补习班，有85人参加文化补习并取得合格证书。

1991年以后，管理处每年利用冬季停水期安排文化补习，并鼓励支持职工个人通过参加"五大"（函授、电大、夜大、自考、脱产教育）类学历等教育，拓宽受教育途径。

1992年,管理处对67名初中以下文化程度职工进行文化补课。

1994年,管理处有38人参加各类成人自学教育,共扫除文盲14人,初中文化考试合格76人,高中文化考试合格69人。

1995年,管理处对小学、初中、高中(中技)文化程度(45岁以下)162名职工进行文化考试,并制定《唐徕渠管理处职工成人教育管理暂行规定》和《关于加强成人学历教育管理的补充规定》,对52名自学者登记备案。

1997年至1998年,管理处重点推进职工高中学历教育,70人参加文化补习并取得证书。

1999年,13人取得在职成人大专学历,28人取得高中学历。

截至2004年,共有15人取得成人本科学历,120人取得成人大专学历,10人取得成人中专学历,占全处职工总数的35.5%。

从2005年起,职工教育由学历教育向技能教育转变。

2006年,管理处修订《职工教育五年规划》,对全处203名渠道维护工进行培训。

2007年,全处共有本科学历63人,大专学历139人,中专学历30人,高中学历128人。

2014年12月,招录全日制本科学历23人。

2015年12月,招录全日制本科学历6人。

2020年12月,招录全日制研究生学历2人。

2021年12月,招录全日制研究生学历2人。全处共有研究生学历7人(含在职),本科学历(含在职)83人,大专(含在职)100人,中专及以下78人。

三、职业技能鉴定

1999年,经水利部批准,唐徕渠管理处成立渠道维护工职业技能鉴定站。2000年至2002年,管理处技能鉴定站对全区水利行业的353人进行了职业技能鉴定。其中,对管理处130名高、中、初级工进行鉴定,合格率为99%。此外还承办水利厅第一、三届渠道维护工职业技能大赛。

2002年,管理处职业技能鉴定站对78名宁夏水利学校农田水利专业毕业生进行渠道维护工技能鉴定考核。

2005年,管理处开展渠道维护工职业技能竞赛,全处215名职工参加预赛,6名优胜者参加全区水利行业职业技能竞赛,2名职工获得优秀奖。

2006年,管理处技能鉴定站编印渠道维护工习题集,对150名职工进行岗位技能培训。

2007年9月,管理处技能鉴定站通过水利部复验。

2013年5月,管理处技能鉴定站取消。

四、教育培训

1970年以来,管理处持续开展职工教育培训,通过座谈讨论、举办学习班、开展干部轮训、选送人员脱产学习等方式开展形式多样的职工教育培训。管理处成立时,有大中专院校毕业的专业技术人员6名,占职工总数的3.8%,均在业务部门担任技术员。

1972年,管理处制定学习制度,处机关每周星期五上午为集体学习时间;管理所每周一天为集体学习时间。

1974年5月,管理处集中举办6期以学习《毛泽东选集》重点篇目、毛泽东等中央领导的重要讲话和党的方针、政策为主要内容的政治理论学习班,160人参加学习,占职工总数的95%。

1978年11月,管理处选派20名专业技术人员(以科级干部为主),分两批参加自治区水利局举办的水利管理业务技术学习班。

1980年12月,管理处举办以测流和水准仪测量为主要内容为期20天的培训学习班,共65人参加并全部取得合格证书。

1982年,管理处开展"五讲四美三热爱"系列教育活动,以办班培训和自学等方式,开展四项基本原则和党的路线、方针、政策教育。

1983年后,管理处加大专业技术人员的引进力度,每年接收5名以上大中专毕业生,逐步改善技术力量,扩大专业技术队伍。每年有计划地选派工程管理、灌溉技术、通讯技术、经营管理、会计等专业技术人员到外地脱产学习。

1989年,管理处党委集中举办为期4天的副科级以上党员干部学习班,重点学习中共中央委员会总书记江泽民同志的重要讲话和中共十三届四中、五中全会精神。各党支部举办了为期一个月的职工政治理论学习。

1990年,管理处职工政治理论学习和各种文化学习逐步走上正规,进一步完善各种学习制度,利用停水时间进行职工培训的制度逐步形成。全处大中专学历人员达到48人。

1991年,管理处组织职工文化知识教育和业务培训,参加学习88人次,其中7人参加会计证考试辅导学习班,13人参加电工学习班,1人外出参加四川举办的劳动安全技术学习班,1人参加国家统计局举办的统计学习班,13人参加水利厅举办的水政人员学习班,16人参加党务工作学习班,1人参加职工教育与统计学习班,其他人参加管理处举办的测水量水学习班。

1992年,管理处举办财务、灌溉管理、测量量水、工程施工、劳动工资、水政、党团员等学习班共9期,262人次参加学习,全年职工教育开支2.8万元。设立职工教育奖励基金(人均提出50元)按考核、考试成绩兑现,奖优罚劣,促进职工学文化、学科技、学业务知识。建立专业技术人员继续教育手册、卡片和登记制度。

1992年以后,管理处修订完善职工学习继续教育等制度,职工培训教育包括思想政治教育、理论学习、业务学习、文化补习、专业技术培训和技能教育等各方面。共派35名科、所干部到自治区党校集中轮训,并制定管理处培养科级后备干部、少数民族干部和妇女干部的规划。

1994年,管理处举办文化补习、段长岗位培训、测水量水、安全、法制等各类培训班40期,760人参加学习,测流量水培训考试合格50人。

1996年,管理处成立工程专业技术人员考核领导小组,对全处工程专业技术人员进行业务考核。举办为期1个月的工人技术等级考核培训班,共有初、中、高级工185人参加,全部合格。

1997年,管理处举办财务、工程、档案等培训班,有26人参加。举办党的十五大精神学习班,300余人次参加。

1998年,管理处开展邓小平理论学习,下发《关于进一步认真组织学习理论的通知》。

1999年,管理处结合"三讲"教育,就如何学好邓小平理论先后召开专题研究会议2次,深入学习邓小平理论及国家有关方针、政策。

2000年,管理处举办安全、业务、普法、警示教育及宣传员学习班,共145人次参加学习。

2002年9月,管理处在第二届全区水利行业职业技能竞赛中获得优秀组织奖。

2003年4月,管理处组织基层管理所50岁以下185名渠道维护工在宁夏水利学校参加渠道维护工综合业务理论考试,作为职工持证上岗的主要依据。考试内容主要为安全知识、工程管理、灌溉管理以及水法规知识等。

2005年,管理处开展渠道维护工职业技能选拔竞赛,选拔6名优胜者参加第三届全区水利行业职业技能竞赛。组织各类辅导讲座、学习培训13次,受教干部职工达500余人次。开展全员岗位练兵和"技能大比武"活动,215名中、高级技术人员参加业务培训和考核。

2006年,管理处在全处开展渠道维护工职业技能竞赛,中级工以上在岗技术工人参加,选出2个优秀组织奖、3名技术能手。

2007年,管理处在全处开展党的十七大及自治区第十次党代会精神学习,以集中办班、封闭学习的形式,组织全处副科级以上干部深入学习十七大报告,结合本处实际,提出新的水利发展思路。组建十七大精神宣传队,到西干渠和汉延渠宣讲2次,500余人现场听讲。2007年起,全面启动专业技术人员素质教育,加强业务知识和计算机应用技术的学习,鼓励高学历人员考取各种资格证书。截至当年,有36人通过国家计算机考试,18人考取会计师、建造师等资格证书。管理处改进职工教育管理方式,从学历教育转向技能教育,全年组织各类辅导讲座、学习培训16场次,700余人次参加培训。

2008年,管理处采取在岗与离岗、内培与外培、学习与实践相结合的方法,对职工进行业务技能、政策理论培训,举办职工技能实际操作大赛,通过岗位练兵、劳动竞赛、技术练功,增强职工的创新力、创造力、竞争力和自我发展能力。11月,管理处第一届职工技能比武大赛在满达桥管理所举行,共10个单位32名选手参赛。

2014年,管理处举办政治理论及业务知识培训班5期,邀请水利、公安、气象等各行业专家辅导讲座4次,参加培训职工230余人次。

2015年,管理处举办灌溉管理、安全生产、工程建设管理、信息化建设、电子政务以及财务管理、水行政执法等9个专题培训班,集中培训职工360余人次。

2016年,管理处举办为期7天的业务培训班,邀请自治区党校教授、财务审计事务所专家和水利厅相关处室的4位业务骨干讲授水利信息化及数字唐徕建设、灌溉管理、工程管理、安全生产、财务管理、党建及党风廉政等方面的内容,共180余人次参加培训。

2018年,管理处举办党务业务培训班13期,培训人员340人次;组织人员外出参观学习

80人次。管理处组织53名党员干部职工到红色革命圣地延安,开展"不忘初心、寻梦梁家河"培训教育活动。

2019年,管理处举办意识形态工作、水惠通应用、公文处理、灌溉管理等12期春季业务培训班,共650人次参加培训。

2008至2019年,管理处共举办技能竞赛和大比武活动4次,选拔职工参加4届全区水利行业渠道维护工职业技能大赛,获得第二届和第四届"优秀组织奖"。

2020年,管理处举办灌区信息化应用及测控一体化闸门操作、公文写作及应用、财务内控、工程管理、工会业务、灌区标准化规范化建设等各类培训班10期,培训干部职工1500余人次。9月,组织45名副科级以上干部到福建古田参加干部能力素质提升培训班,40名优秀党员和先进工作者分别赴江西井冈山、湖南韶山、河南红旗渠等红色教育基地参加培训。

2021年,管理处举办财务管理、灌溉管理、工程管理、公文网络安全、消防卫生、法制教育、党史学习教育、意识形态及廉政教育等各类培训班17期,参培861人次。处机关每周二"周周学"学习教育16期,参学560余人次。4名领导干部赴贵州遵义参加水利厅举办的2021年高质量发展先行区干部能力素质提升培训班。

截至2021年12月,全处共有各类专业技术在聘人员84人,占职工总数31.69%。其中,高级工程师16名,工程师16名,助理工程师22名;政工师1名;高级会计师2名,会计师6名,助理会计师6名;高级经济师1名,经济师5名,助理经济师2名;统计师1名,农艺师1名,助理档案馆员3名。

唐徕渠管理处在职高级职称和高级技师人员见表11-34。

表11-34 唐徕渠管理处在职高级职称和高级技师人员表

(截至2021年12月)

序号	姓名	职称资格	取得时间
一、工程系列			
1	孙建军	水利工程系列正高职高级工程师	2011.01
2	哈 斌	水利工程系列正高职高级工程师	2016.10
3	陶 东	水利工程系列正高职高级工程师	2021.12
4	杨晓玲	水利工程系列高级工程师	2000.12
5	王丽萍	水利工程系列高级工程师	2001.11
6	计青锋	水利工程系列高级工程师	2001.12
7	苏 林	水利工程系列高级工程师	2004.08
8	尹 婷	水利工程系列高级工程师	2006.12
9	徐 辉	水利工程系列高级工程师	2013.07
10	秦志起	水利工程系列高级工程师	2013.07
11	苏笑曦	水利工程系列高级工程师	2013.07

续表

序号	姓名	职称资格	取得时间
12	徐自力	水利工程系列高级工程师	2013.07
13	姚丽芝	水利工程系列高级工程师	2014.09
14	黄镇坪	水利工程系列高级工程师	2014.09
15	朱悦发	水利工程系列高级工程师	2015.11
16	郭大勇	水利工程系列高级工程师	2015.11
17	刘 岳	水利工程系列高级工程师	2017.12
18	包福军	水利工程系列高级工程师	2017.12
19	薛里图	通信与信息专业高级工程师	2019.10
20	张 园	水利工程系列高级工程师	2019.12
21	任天柱	水利工程系列高级工程师	2020.12
二、经济系列			
22	康会玲	经济系列高级经济师	2012.07
23	马静梅	经济系列高级经济师	2013.11
三、会计系列			
24	范燕云	会计系列高级会计师	2004.05
25	汪亚虹	会计系列高级会计师	2013.06
26	马静梅	会计系列高级会计师	2015.06
四、政工系列			
27	王效军	思想政治研究员	2016.12
28	鲍旺勤	高级政工师	2009.12
29	高学义	高级政工师	2013.12
30	付中华	高级政工师	2014.12
五、高级技师			
31	刘 阳	高级技师	2020.05

（注：按职称等级及取得时间排序）

第五节 劳资管理

一、工资结构调整

1998年工资构成见表11-35,2002年工资构成见表11-36,2007年工资构成见表11-37,2011年工资构成见表11-38,2015年工资构成见表11-39。

表11-35 1998年工资构成

基础职务工资	津贴	知识分子津贴	物价补贴	保留奖金	风沙费	误餐费	交通费	水电补贴	首府津贴

表11-36 2002年工资构成

基础工资	艰苦津贴	风沙费	误餐费	30%至40%津贴	交通费	保留奖金	物价补贴	首府津贴	知识分子津贴

表11-37 2007年工资构成

基础工资	职务工资	薪级工资	绩效工资	艰边津贴	保留工资	生活补贴	月度奖金

表11-38 2011年工资构成

岗位工资	薪级工资	绩效工资	艰边津贴	特岗津贴	生活津贴	保留工资	节假日津贴

表11-39 2015年工资构成

岗位工资	薪级工资	艰边津贴	特岗津贴	基础性绩效	浮动工资	奖励性绩效

二、劳动工资管理

1970年管理处成立初期,干部工资分为两种,一种是参照国家行政管理人员工资,一种是参照水利专业技术人员的技术工资;工人工资执行渠道养护工工资,由宁夏水利电力局审批,建立工资基金计划表。

1981年8月起,职工工资划归宁夏水利局管理审批。

1998年至2001年,职工工资由水利厅劳动工资处管理审批,2002年由水利厅组织人事处管理审批,2009年由水利厅组织人事与老干部处管理审批。自2006年工资库建立运行之后,工资的批复工作最终由自治区人事厅工资处进行审核批复。

三、工资的调整

1984年,工资改革根据(宁劳人薪〔84〕25号)文件,管理处有265人按照新工资标准套改,按照(宁党办〔1984〕124号)文件规定,有75名离退休人员也按新工资套改。

1985年,按自治区(宁党发〔1985〕27号)文件规定,为符合条件的职工增加知识分子津贴。

1987年,管理处按(宁劳人薪〔87〕143号)文件规定,为87人调整工资,人均月增资8.2元。

1989年9月,在国家进行的工资普调中,根据(宁劳人薪〔89〕82号)文件规定,管理处234人参加工资调整。其中,管理人员38人,专业技术人员45人,工人151人。总调资1779.5元,人均月增资7.6元。为74名离退休人员增加离退休费679.1元,人均月增资9.2元。

1991年,管理处根据(宁劳人薪〔1990〕441号)和(宁劳人薪〔1991〕015号)文件规定,为81名在职职工增加工资。

1993年,管理处按照国务院《关于机关和事业单位工作人员工资制度改革的通知》(国办发〔93〕79号文件)进行全处工资套改工作。全处有职工303人,其中,按管理人员套改工资的29人,按专业技术人员套改工资61人,按工人套改工资213人,人均月增资93元,同时为76名离退休人员人均月增加离退休费70元。以后每连续两年考核为基本合格以上的职工和离退休人员晋升一级工资。

1994年,管理处根据(宁劳人薪〔94〕380号)文件规定,对242名在职职工执行了提高8%的津贴标准。

1995年,管理处根据(宁水劳发〔1996〕32号)文件规定,对符合年晋级条件的238名职工进行调资增资额为13653元,人均月增资48元。并为98名离退休人员增加离退休费2005元,人均月增资20.5元。1996年,管理处给符合双年晋级条件10名职工晋升工资,人均月增资22.5元。

1997年,按国家政策对管理处341名职工进行工资调整和执行艰苦边远地区津贴,人均月增资56.6元。同时,有254人按政策规定正常晋级,人均月增资37元。其中执行8%津贴的职工有289人。同时为103名离退休人员调整了标准增加离退休费共7616元,人均月增资74元。

1998年,管理处按政策给职工发放防汛费(1999年因政策取消而停发),并为双年正常晋级的24名职工增加工资。

1999年,按国家调资政策,管理处为351名职工进行工资调整,人均月增资161元,为267人正常晋级,人均月增资52元。同时为100名离退休人员增加离退休费14000元,人均月增资140元。

2000年,管理处按自治区政府政策给在职职工每人每月发放200元的首府津贴,给离退休人员每人每月发放100元首府津贴。同年为49名在职职工晋级工资,人均月增资33元。

2001年起，管理处按照自治区政府政策，对年度考核合格的354名在职职工，发放年终一次性奖金，标准为当年12月份基本工资。同年，按宁政办发〔2001〕191号文件规定，给符合条件的359名在职职工进行工资调整和艰苦边远地区津贴发放，人均月增资184元，同时为符合单年晋级条件的283人正常晋级工资，人均月增资47元，为109名离退休人员增加离退休费16568元，人均月增资152元。

2002年，为59名符合双年晋级条件的职工进行正常晋级，人均月增资39元。

2003年，按宁政办发〔2003〕225号文件规定，管理处为371名在职职工调整工资标准，人均月增资67元，并为符合单年晋级条件的285名职工增加晋级工资，人均增资52元。同时为109名离退休人员增加离退休费8330元，人均月增资76元。

2004年，为73名符合双年晋级条件的职工进行正常晋级，人均月增资36元。

2005年，按宁人发〔2005〕119号文件规定，为符合单年晋级条件的286人正常晋级工资，人均月增资52元。为107名离退休职工增加离退休费2606元，人均月增资24元。

自工资制度建立以来，管理处按自治区政府政策共为141名取得大中专学历的职工审批知识分子津贴。

2006年7月，管理处按照宁政发〔2006〕138号文件规定，对379名在职职工进行了工资套改，全处月增资101646元，人均月增资268元。其中管理人员52人，人均月增资452元。专业技术人员82人，人均月增资259元。工人245人，人均月增资232元。为110名离退休职工增加离退休费，人均每月增资267元。

从2006年7月起，根据《自治区人民政府关于印发宁夏回族自治区2006年机关事业单位工资收入分配制度改革四个实施意见的通知》（宁政发〔2006〕138号）调整工资，对2006年年度考核合格的375人晋升薪级工资，人均月增资23元。

从2007年1月起，每年为年度考核合格以上人员增加一级薪级工资。

2010年12月，根据《自治区人民政府办公厅转发人力资源和社会保障厅财政厅关于其他事业单位实施绩效工资的意见的通知》（宁政办发〔2010〕86号）和《自治区人力资源和社会保障厅财政厅关于印发自治区直属事业单位实施绩效工资办法的通知》（宁人社发〔2010〕536号），自2010年1月起实施绩效工资。实施绩效工资后，事业单位年终一次性奖金纳入绩效工资总量，不再另行发放。绩效工资分为基础性绩效工资和奖励性绩效工资。基础性绩效工资由基础津贴和保留地区补贴两项构成。

2014年10月，管理处转为自治区机关事业单位养老保险，在职职工除缴纳基本养老保险外，开始缴纳职业年金。

2015年5月，根据《关于调整区直事业单位绩效工资标准有关事项的通知》（宁人社发〔2014〕159号文件），从2015年5月起调整绩效工资标准并补发2015年1月至4月差额。

2015年6月，根据（宁水薪级字〔2015〕7号）批复，从2015年6月起调整奖励绩效工资标准，并补发2015年1月至5月增加30%奖励绩效工资差额。

2015年8月,根据《自治区人民政府办公厅转发人力资源社会保障厅财政厅关于调整机关事业单位工作人员基本工资标准和增加机关事业单位离退休人员离退休费等三个实施方案的通知》(宁政办发〔2015〕80号),自2014年10月起,调整事业单位工作人员基本工资标准,同时将部分绩效工资纳入基本工资。

2016年11月,根据《自治区人民政府办公厅转发人力资源社会保障厅财政厅关于调整机关事业单位工作人员基本工资标准和增加机关事业单位离退休人员离退休费三个实施方案的通知》(宁政办发〔2016〕160号),从2016年7月起调整事业单位工作人员基本工资标准,同时将部分绩效工资纳入基本工资。

2018年12月,根据《自治区人民政府办公厅转发人力资源社会保障厅财政厅关于调整机关事业单位工作人员基本工资标准和增加机关事业单位离退休人员离退休费三个实施方案的通知》(宁政办发〔2018〕133号),从2018年7月起调整事业单位工作人员基本工资标准、增加机关事业单位离休人员离休费。

2019年7月,管理处参加银川市失业保险,为全处在职职工办理失业保险参保手续。

2020年1月,事业单位工作人员增加平时考核奖,以个人季度考核结果为依据,确定"好、较好、一般、差"四个等次,分别按照3600元、3000元、2400元、0元标准进行发放。

2020年1月,根据自治区对驻地在乡镇的工作单位发放乡镇补贴的政策,为161名符合发放条件的职工核发乡镇补贴。

2020年11月,根据自治区对获得全国、自治区、市三级文明单位发放文明单位奖的政策,按全国文明单位奖项级别,为271名在职职工发放2倍月工资,为141名离退休职工发放1倍月养老金。

2021年6月,接自治区水利厅组织人事与老干部处通知,暂停发放乡镇补贴、季度考核奖及文明单位奖。

四、艰苦边远地区津贴

从2006年7月起,调整艰苦边远地区津贴标准,执行文件《人事部财政部关于印发〈完善艰苦边远地区津贴制度实施方案〉的通知》(国人部发〔2006〕61号)。管理处按一类区进行调整。

从2011年7月起调整艰苦边远地区津贴标准,执行文件《自治区人力资源和社会保障厅财政厅关于调整艰苦边远地区津贴一至三类区标准的通知》(宁人社发〔2011〕237号)。管理处2011年11月进行调整,并补发2011年7月至10月差额。

从2012年10月起调整艰苦边远地区津贴标准,执行文件《自治区人力资源和社会保障厅财政厅关于调整艰苦边远地区津贴一至三类区标准的通知》(宁人社发〔2012〕237号)。管理处2013年1月进行调整,并补发2012年10月至12月差额。

从2015年1月起调整艰苦边远地区津贴标准,执行文件《自治区人力资源和社会保障厅财政厅关于调整艰苦边远地区津贴一至三类区标准的通知》(宁人社发〔2016〕29号)。管理处2016年4月进行调整,并补发2015年1月至2016年3月差额。

从2017年1月起调整艰苦边远地区津贴标准,执行文件《自治区人力资源和社会保障厅财政厅关于调整艰苦边远地区津贴一至三类区标准的通知》(宁人社发〔2018〕43号)。管理处2018年5月进行调整,并补发2017年1月至2018年4月差额。

五、卫生保健费

自2002年3月起,执行女职工每人每月6元的标准。

从2011年5月起,根据《自治区财政厅人力资源和社会保障厅总工会关于提高女职工卫生保健费标准的通知》(宁财行发〔2011〕488号),执行女职工每人每月25元的标准。

从2016年10月起,根据《自治区财政厅自治区人社厅自治区总工会关于提高女职工卫生保健费的通知》(宁财行发〔2017〕169号),执行女职工每人每月35元的标准。

六、民族团结和谐奖

2012年至2013年每人每年5000元。2014年至2021年每人每年6000元。

七、政府效能奖

2008年至2010年每人每年3000元。2011年至2012年每人每年5000元。2013年每人每年6300元。2014年至2016年每人每年6200元。2017年每人每年8000元。2018年每人每年8000元。2019年至2021年每人每年9600元。

八、人员退休管理

内部退养。2005年至2006年,管理处根据自治区党委组织部、人事厅有关事业单位人事制度改革文件精神,结合实际情况,开始执行内部退养政策。有19名职工从2005年1月1日起内部退养,7名职工自2006年1月1日起内部退养,15名职工自2006年3月3日起内部退养,11名职工自2006年3月13日起内部退养,11名职工自2006年3月22日起内部退养。

1998年至2016年11月,退休人员工资由财政厅拨款,管理处发放。2016年12月养老保险改革,将退休人员工资移交到自治区社保局机关事业单位养老保险管理处进行核发,管理处负责退休职工每年养老认证工作。自2016年12月退休工资移交自治区社保局后,连续4年增资,管理处及时核对调资信息,定期与社保局沟通,保证退休人员待遇及时发放。截至2021年12月31日,管理处退休职工149人,其中男100人,女49人。

2014年10月1日之前退休人员简称为"老人",2014年10月1日之后退休人员简称为"中人",2014年10月1日之后参加工作人员简称为"新人"。养老清算(2014年10月至2016年6月为养老改革准备期)工作于2019年10月结束,11月1日正式核发中人正式退休工资,对部分中人的养老金待遇差额进行多退少补。

1994年至2021年,唐徕渠管理处历年退休人数见表11-40。

表 11-40　唐徕渠管理处历年退休人数（1994年至2021年）

年度	退休人数	男	女	年度	退休人数	男	女	年度	退休人数	男	女	年度	退休人数	男	女
1994	6	6		2001	5	5		2008	2	1	1	2015	12	8	4
1995	3	3		2002	5	5		2009	4	4		2016	8	5	3
1996	6	5	1	2003	5	4	1	2010	5	1	4	2017	9	5	4
1997	1	1		2004	4	4		2011	6	3	3	2018	5	3	2
1998	6	5	1	2005	7	5	2	2012	10	6	4	2019	6	3	3
1999	2	2		2006	4	4		2013	10	7	3	2020	11	4	7
2000	4	4		2007	5	4	1	2014	4	3	1	2021	8	2	6

第六节　党建和精神文明建设

一、党建重要活动

唐徕渠管理处成立以来，在水利厅党委的正确领导下，历届党组织坚持以马克思列宁主义、毛泽东思想、邓小平理论、"三个代表"重要思想、科学发展观、习近平新时代中国特色社会主义思想为指导，紧紧围绕水利中心工作，坚定不移加强政治建设，坚持不懈深化思想建设，持之以恒推动组织建设，凝心聚力抓好干部人才队伍建设，驰而不息强化作风建设，一以贯之推进党风廉政建设，全面提升组织力、执行力和服务力，充分发挥了基层党组织战斗堡垒作用和党员先锋模范作用，为管理处水利事业持续健康发展提供了坚强的政治和组织保障。

（一）整党活动

1983年至1987年，唐徕渠管理处党委按照《关于整顿党的基层组织工作的安排意见》的要求，在全处开展整顿党的基层组织工作。这次整党的任务是：统一思想，整顿作风，加强纪律，纯洁组织。结合管理处党组织和党员队伍实际，坚持以思想整顿为主、重在教育提高的方针，通过开展批评与自我批评，揭露和解决党性不纯、党风不正、闹不团结和涣散软弱等问题，纠正一切同新时期、新任务不相适应的错误思想和作风，以整党促改革，切实促进党员干部政治素质的提高。1986年，对党员干部进行政治理论教育和爱国主义、集体主义以及党的优良传统、党的基本知识和形势等方面的教育，增强党员干部对国情和形势变化的认识。

（二）"双基"教育

1990年11月至1991年3月，根据水利厅党委的安排，在全处职工中普遍进行一次基本国情与基本路线的"双基"教育。这是一次系统性的思想政治教育,重点突出"历史与国情、建设与改革、传统与使命"教育,234人参加教育学习,占全处职工的92.8%。处党委成立领导小组,党委书记任组长、处长任副组长,协调各科室统筹安排全处学习教育活动。11月28日—12月3日举办为期7天的"双基"教育骨干培训班,处领导、党支部书记、团支部书记、科所长共64人参加培训。举办智力竞赛2场,演讲2场,专题考试3场,学习园地15期,专栏3期,黑板报7期,简报11期,使职工在寓教于文、寓教于乐中互相提高,激发工作活力和激情。

(三)"三基本"教育

1991年,按照水利厅党委的安排部署,在全体党员和重点培养的入党积极分子中普遍开展"马克思主义基本理论、党的基本路线和党的基本知识"的"三基本"教育。成立党委书记任组长、处长任副组长的7人领导小组,制定切实可行的学习教育措施,配发学习教材和学习用品。先后在11月29日—12月9日和12月7—11日分别举办为期10天和5天的"三基本"教育学习班,采取集中授课、专题辅导和分组交流研讨相结合的形式进行,对个人因病或工作无法集中的同志,派人送学上门及时补课,做到全处党员干部和入党积极分子培训全覆盖。

(四)"三讲"教育

2000年6月至7月,管理处党委开展以"讲学习、讲政治、讲正气"为主要内容的党性党风教育活动。活动分为4个阶段、17个步骤、10个环节。领导班子及领导干部普遍发扬理论联系实际的学风,紧密联系水利实际,结合各自负责的工作,大兴调研之风,就"如何改进和发展"进行深刻的思考,在广泛征求干部职工意见的基础上,制订理论学习、干部选拔、党风廉政、老干部工作等13项整改措施,并及时下发实施。增设处长接待日、会客室、基层来信来访答复单等,立足于为基层服务,受到基层职工及其他单位的一致好评。

2001年3月开始,开展为期1个月的"三讲"教育"回头看"活动和9月份开始的思想作风、学风整顿以及历时五个月的民主评议行风工作,不但巩固扩大"三讲"教育成果,还带动中层干部和广大职工作风转变,以作风促行风,营造出一种积极向上、清新和谐、文明高效的服务环境。

(五)"三个代表"重要思想学习教育活动

2001年,按照中央、自治区和水利厅党委总体安排,在全处开展"三个代表"重要思想学习教育活动。突出抓好处党委中心组的学习,严格学习质量和次数,采取机关集中学习和下基层实地学习的形式,带着问题深入基层,带动基层掀起学习热潮。通过举办理论培训班,集中交流研讨、撰写心得体会,提高了党员干部的思想政治素质,改进学风和工作作风。

(六)保持共产党员先进性教育活动

2005年,根据水利厅党委总体安排部署,管理处党委精心组织,认真实施,通过学习动员、分析评议、整改提高三个阶段有序推进,以工作实绩来检验教育活动成果。4月下旬,全处各级党组织通过召开专题民主生活会和组织生活会,达到消除隔阂、沟通思想、解开疙瘩、增进团结、促进工作的目的,使党员真正经受一次党性锻炼。

(七)社会主义荣辱观教育

2006年,管理处党委开展社会主义荣辱观教育活动,以"八荣八耻"为主要内容,通过举办学习班、看优秀影片、辅导讲座、撰写心得等形式,引导职工深刻理解社会主义荣辱观的重大意义、科学内涵、精神实质和基本要求,营造浓厚的学习氛围,打造知荣辱、讲正气、树新风、促和谐的文明风尚,为构建和谐灌区打牢思想道德基础。

(八)深入学习实践科学发展观活动

2008年,按照水利厅党委的统一安排和要求,管理处党委紧密结合实际,抓住关键问题,把握重点环节,做到思想认识、组织安排、管理措施、督查考核"四到位"。学习活动中,全处140多名党员及入党积极分子参加4天的封闭学习,集中学习时间超过45小时,收看理论电教片、纪实电影14场,处领导作辅导报告8场,分组讨论4次。组建科学发展观宣传队,在本处巡回宣讲3场。全年中心组集中学习13次,人均作笔记2.5万字以上。活动中,坚持把学习贯穿始终,建立处级干部联系点制度,处党委班子成员按照分工,坚持边学习边调研,每人撰写调研报告,充分发挥中心组学习示范带头作用。对照"五查五看"扎实开展"回头看",群众满意度测评达100%。

(九)创先争优活动

2010年,管理处党委按照"推动科学发展、促进社会和谐、服务人民群众、加强基层组织"的总要求,围绕先进基层党组织建设"五个好"标准和优秀共产党员"五带头"基本要求,深入开展创先争优活动。通过创建先进基层党组织、争做优秀共产党员以及"讲党性、重品行、做表率""百名党员联系点"等载体形式,选设71个"党员示范岗",全年107名在岗党员深入灌区650多人次,强化了党员责任意识、先锋意识、服务意识,凝聚了力量,切实解决了难点问题,在水利建设和服务中充分体现党的先进性。

(十)党的群众路线教育实践活动

2013年,按照"照镜子、正衣冠、洗洗澡、治治病"的总要求,以"为民、务实、清廉"为主要内容,管理处党委坚持把学习教育、领导带头、边查边改贯穿始终,紧贴实际,突出主题,精心实施,组织专题集中学习6次,撰写学习心得5篇、调研报告5篇,报送专题活动简报27期;以纠正"四风"问题为重点,诚心征求群众意见,发放《征求意见表》76份、《群众评议表》115份,下基层调研座谈13次,谈话60多人次,征求原始意见、建议71条,查摆问题13个。在专题民主生活会上,班子成员认真开展批评和自我批评,深入剖析问题根源,制订切实可行的整改方案,并且坚持边学边改、真查实改、立说立行,解决具体问题12项,修订制度9项。通过活动,达到了党员干部受教育、解决问题重实际、健全制度管长远的效果。党员干部切实增强了群众观念和宗旨意识,转变作风,以实际行动践行了为民务实清廉的要求。

(十一)"三严三实"专题教育

2015年,以处级领导班子、领导干部为重点,在全处党员干部中开展了严以修身、严以用权、严以律己;谋事要实、创业要实、做人要实的"三严三实"专题教育,并作为党的群众路线教育实践活动的延展和深化,以党委书记"讲党课"开局起势,6名党委成员深入各基层联系党支部讲党课、作指导,全程督导"三严三实"活动;班子成员讲党课4场、科级领导干部讲党课12场,召开理论研讨会2场,组织全体党员书面答卷2次,科级以上干部撰写学习心得56篇,集中排查梳理"不严不实"问题,形成问题清单和整改措施。通过"三严三实"专题教育,进一步提升"严"和"实"的工作作风。

(十二)"两学一做"学习教育

2016年,管理处党委开展"学党章党规、学系列讲话,做合格党员"学习教育,作为贯彻落实全面从严治党、夯实管理基础、提升组织活力的重要抓手,融入党员教育管理新常态,念好"学、做、改"三字经,严格按照要求扎实推进各个环节的工作。一是通过个人自学、集中学习、交流讨论、送学上门等多种方式学习党章党规和习近平总书记重要讲话精神。集中学习设置交流讨论环节,每名党员畅所欲言,发表学习感悟和心得,在交流中取长补短、深化认识。二是设计"线上"学习载体,推行"指尖上"阅读、"掌上交流"等,建立18个"微信群",制作"微信短片"4集,推送微信党课18篇,利用"微资讯",定期发布"两学一做"必学篇目,方便广大党员自行下载学习,做到党员学习"一个不少",上级精神指示"一条不漏"。三是对于离退休行动不便的党员,采取送学上门的方式,将学习资料发放到他们手中,确保学习教育全覆盖。四是召开"两学一做"学习教育交流及服务型党组织建设推进会,交流学习经验和创新做法,为各党支部提供借鉴;各党支部立足岗位,相互开展交流学习,学习兄弟单位长处,查找本单位不足,增强看齐意识。五是创新学习方法,开展"践行两学一做,争当时代先锋"大讲堂,唱爱国歌曲、诵经典讲话、看模范短片、讲身边故事,促使党员洗涤心灵、增强党性。有些支部采取三个"十分钟"学习法(即,领学十分钟,讲学十分钟,讨论十分钟)组织学习,把集中时间高效利用起来,促使党员由被动参学变主动讲学,变理论学习"独角戏"为互动讲堂,很好地调动学习积极性和主动性。六是统一印制《"两学一做"学做笔记》,让党员把读、写、悟、做详细记录,有效地压实学习任务。在"两学一做"学习教育中,全处党员人均撰写学习心得3篇,人均记笔记10000字以上,讲党课40场次,开展专题大讨论52场次,组织党章党规、系列讲话知识测试3次,参加知识测试的党员130人。"两学一做"为党员干部补"钙"加"油",提振精气神,推动水利改革发展。

(十三)"不忘初心、牢记使命"主题教育

2019年6月至9月,管理处党委开展"不忘初心、牢记使命"主题教育活动,以"守初心、担使命,找差距、抓落实"为总要求,严格将"学习教育、调查研究、检视问题、整改落实"贯穿始终,切实做到抓思想认识到位、抓检视问题到位、抓整改落实到位、抓组织领导到位,保证主题教育扎实有序开展。一是紧跟上级精神,坚持步调一致,制订《主题教育实施方案》和《主题教育主要工作安排表》,从时间安排、学习内容、方法步骤、学习计划、学习要求等方面作出具体安排,提出工作计划、任务清单,确保组织到位,措施到位,落实到位。6月19日,组织召开主题教育工作会议,对管理处深入开展主题教育工作进行安排部署,提出工作要求。二是紧扣主题主线,坚持学深学透。把学习贯彻习近平新时代中国特色社会主义思想作为主线,推动学习教育往深里

走、往心里走、往实里走。制定双周学习计划和专题学习计划，并安排1周时间，采取党委理论学习中心组学习、专题交流研讨、观看视频等方式，把学习任务落到实处。三是紧贴工作实际，坚持深入调研。把解决问题、推动工作作为调查研究的出发点和落脚点，针对水利改革发展中存在的问题，围绕全面从严治党、理想信念、宗旨性质、担当作为、政治纪律、政治规矩、党性修养、廉洁自律等方面制订出10个交流研讨专题，推动党员干部带着问题学习思考、围绕问题交流研讨、针对问题整改落实，班子成员完成5篇调研报告。四是紧抓检视问题，坚持深挖细查。坚持开门搞教育，采取个别访谈、召开座谈会、设立意见箱、发放征求意见表等多种方式，征集服务对象、基层党员群众意见建议。召开检视问题专题会，进一步明确整改方向和重点。召开对照党章党规找差距专题会议，组织党员干部紧扣"18个是否"逐一对照检查，并将其列入问题清单和整改台账。五是紧推整改整治，坚持真抓真改，做到即知即改、立行立改。坚持把"改"字贯穿始终，认真抓好11个方面突出问题专项整治和整改落实"回头看"，对学习调研发现以及检视出的10个问题，明确整治责任和时限，立行立改6个，正在整改和长期坚持整改的4个。通过活动开展，干部作风明显转变，党员党性观念明显增强，服务群众的意识明显提升，切实解决了一些实际问题，基层职工和灌区群众给予充分肯定。

（十四）党史学习教育

2021年3月，按照"学党史、悟思想、办实事、开新局"的总要求，在全处开展党史学习教育活动，及时为全体党员配发《中国共产党简史》等党史学习指定书籍，以支部为单位组织党员学习。为全处职工及离退休党员制作下发《党史学习教育口袋书》300本。以"共产党好 黄河水甜"为主题，广泛开展入党宣誓、祭扫英烈、参观践学、知识竞赛、诵读家书、联学联建、"光荣在党50年"纪念章颁发、向党致信、诗歌颂党、党旗在基层一线高高飘扬和退伍军人、退休老职工、巾帼学党史等内容丰富、特色鲜明的活动60场次，撰写心得体会471篇。举办专题读书班2期39学时，集中培训党员236人次，分专题交流研讨62场次，交流发言党员403人次，其中处级领导干部发言23人次，学习教育覆盖率达100%。利用管理处微信公众号，刊发党史学习知识80余条，宣发本处党史学习教育进展情况、典型经验和特色亮点40余条。通过学习教育，全处党员干部筑牢了党性意识、信仰之基，强化了群众观念，激发了发展动能，达到了学史明理、学史增信、学史崇德、学史力行的效果。

（十五）建党100周年庆祝活动

2021年是中国共产党成立100周年，为积极营造浓厚的庆祝氛围，全处制作宣传展板31块，悬挂横幅、标语、电子屏61条。组织集中收看中国共产党成立100周年庆祝大会实况16场次，参会党员135人次，其中离退休党员19人次。掀起学习"七一"重要讲话的热潮，中心组学习2次，交流3人次，各党支部专题学习15次，交流发言30人次，撰写心得体会113篇。召开"光荣在党50年纪念章"颁发仪式，杨永才、张万成、王万金、王志中、赵文章、魏东山、穆志俊、化文明、肖光明、邓万才、吴国清、欧春栋、王海龙、李心荣等14名同志为管理处"光荣在党50年纪念章"的首批获得者。做好"两优一先"推荐工作，管理处党委荣获"水利厅先进基层党委"

荣誉,满达桥管理所、杨显桥管理所党支部荣获水利厅"先进基层党组织"称号,陶东同志荣获区直机关"优秀共产党员"称号,曹振军、付中华荣获水利厅"优秀党务工作者"称号,郭大勇、张自平荣获水利厅"优秀共产党员"称号。"七一"前夕,组织党员领导干部、支部书记讲专题党课26人次,其中处领导讲党课7人次,走访慰问离退休老党员35人次。通过系列庆祝活动,在全处掀起了庆祝建党百年高潮,进一步坚定了永远跟党走的理想信念,激励党员干部职工在全面建设社会主义现代化国家新征程上满怀信心、奋发前进。

二、党风廉政建设

1986年,唐徕渠管理处党委、纪委成立。在水利厅党委的坚强领导下,管理处党委认真贯彻落实党要管党、全面从严治党方针,严格落实党风廉政建设责任制,从教育、监督、预防、惩治四个方面抓起,持之以恒落实中央八项规定精神,坚决纠治"四风",进一步增强党风廉政建设和反腐败工作合力,涵养了风清气正的政治生态。

近年党风廉政建设重要活动

2002年8月,在管理处正科级以上干部中开展党员干部廉洁自律十年"回头看"和树立正确权力观教育活动。对照检查1993年8月以来,中央和自治区制定的领导干部廉洁自律各项规定的落实情况。活动分学习、查找问题深入剖析和整改三个阶段开展,要求处级和正科级干部要重视学习,开展批评与自我批评,达到改进不足、共同提高的目的。

2004年8月至9月,在管理处副科级以上党员干部中开展严格遵守"四大纪律、八项要求"主题教育活动,通过集中学习、座谈讨论、交流心得等形式推进活动开展,党员干部依法行政和廉洁从政的能力进一步增强。

2004年10月,在管理处范围内开展"严肃查处党员和干部参与赌博"整治活动,将整治活动与学习党的十六届四中全会精神结合起来,明确党员干部参与赌博的危害性,切实加强对党员和干部的教育、监督和管理,确保党员和干部不参与赌博活动。

2005年8月至9月,在管理处全体党员中开展贯彻落实《实施纲要》,增强廉政意识教育活动,组织开展《实施纲要》知识竞答活动,把反腐倡廉教育贯穿于党员干部的培养、选拔、任用等各个方面,坚持教育与管理、自律与他律相结合,督促党员干部加强党性修养,廉洁自律,牢记"两个务必",做到"八个坚持,八个反对",自觉经受住社会主义市场经济和改革开放条件下长期执政的考验。

2006年3月,在管理处纪检监察干部中开展"做党的忠诚卫士,当群众贴心人"主题实践活动,组织纪检监察干部认真学习领会文件精神,深入灌区及时掌握职工思想动态,了解灌溉难点,带头履职尽责,做职工群众贴心人。

2006年5月至11月,在全处范围内开展治理商业贿赂工作,成立以党委书记为组长的治理商业贿赂专项工作领导小组,抓治理商业贿赂宣传动员,全年共召开宣传会议12场次,受教育干部职工380人次。

2007年,持续开展治理商业贿赂专项工作。9月,印发了《唐徕渠管理处党委2007年治理商业贿赂专项工作的实施方案》,治理重点是工程承包、土地经营管理、大宗物资采购、灌溉管理四个方面,分步实施,整体推进治理商业贿赂工作。

2007年5月至7月,在管理处党员干部中开展"加强作风建设,促进廉洁从政"主题教育活动。以邓小平理论、"三个代表"重要思想和胡锦涛总书记在十六届中央纪委第七次全体会议上的讲话为指导,在全处副科级以上党员干部中广泛开展"四查""五根治"活动。四查,即查自身素质、查服务态度、查制度落实、查不正之风;五根治,即根治思维转换慢、适应形势慢、应对反应慢、工作节奏慢、解决问题慢,进一步加强和促进干部在思想作风、学风、领导作风、工作作风和生活作风等方面切实转变,弘扬新风正气,抵制歪风邪气。

2008年7月,唐徕渠管理处纪委开展"做党的忠诚卫士,当群众的贴心人"主题实践活动。

2009年5月上旬至年底,管理处开展"小金库"专项治理工作,制订印发《唐徕渠管理处"小金库"专项治理工作实施方案》,广泛宣传动员,自查自纠,坚决查处和纠正各种形式的"小金库",规范经济秩序,强化财务监督,进一步建立健全惩治和预防腐败体系,加强反腐倡廉建设。

2009年6月,根据中央、自治区、水利厅纪委关于认真贯彻落实厉行节约八项要求,管理处开展贯彻落实厉行节约八项要求活动,制订《唐徕渠管理处行政经费管理办法》《唐徕渠管理处公务接待用餐管理办法》《唐徕渠管理处支出审批制度》三项经费管理办法,为贯彻落实厉行节约八项要求提供制度保证。

2010年4月至9月,在管理处副科级以上干部中开展"学《党员领导干部廉洁从政若干准则》,促廉洁从政"主题教育活动,着力解决党员干部在党性党风党纪方面存在的突出问题,进一步规范党员干部从政从业行为。

2010年6月,管理处召开廉政风险防范管理工作动员会,制订《唐徕渠管理处廉政风险防范管理实施办法》,全处156名党员干部职工积极参与风险排查,制订防范措施,进一步规范党员干部职工的廉洁从政从业行为。

2010年8月,管理处积极推进廉政文化"六进"活动,采取"内化于心、外化于行、实化于效"的形式,投入专项资金8万余元,建立廉政教育室,打造廉政文化宣传墙、发出廉政倡议书、编印《廉政文化建设读本》等,使廉政文化充实科室、深入基层、融入家庭、面向社会,形成具有唐徕特色的廉政文化品牌。

2011年9月至12月,在管理处党员干部中开展"读廉书、思廉政、促廉洁"主题廉政教育活动。组织党员干部认真学习廉书廉文,严格执行《中国共产党员领导干部廉洁自律若干准则》,在《唐徕之声》小报设立"廉政大家谈"栏目、利用QQ群及短信平台,引领全处党员干部职工自觉投入廉政教育活动中,进一步增强廉政教育的覆盖面、渗透力、影响力。

2012年5月,管理处着力加强廉政风险防控工作,修订《唐徕渠管理处"三重一大"廉政风险防控管理办法》等制度,公开工作流程图,编印《唐徕渠管理处廉政风险防控手册》,强化源头治理,规范党员干部廉洁从政行为。

2013年,管理处开展"效能建设年"活动,着力推行"当天事当天办,紧急事马上办,重要事优先办,复杂事梳理办,琐碎事抽空办,分外事协助办,个人事下班办,困难事想法办,限时事限时办,利民事认真办"新引擎,突出"实、真、廉",强化"三力",助推全处各项工作提速增效。

2013年3月至5月,在管理处全体党员中开展"学党章、守纪律"集中教育活动。集中教育活动坚持"两重一看"原则,分三个阶段开展,进一步强化党章意识和纪律意识,增强党组织凝聚力和战斗力,发挥战斗堡垒作用。

2014年1月,出台《唐徕渠管理处反对"四风"十项规定》,进一步改进工作作风,反对形式主义、官僚主义、享乐主义和奢靡之风,推进厉行节约反对浪费,密切联系群众,优化服务环境,全面提升管理处工作效能。

2014年2月,管理处规范建立科级干部廉政档案,进一步完善党员干部监督管理机制,强化了干部日常监督。

2014年2月,出台《唐徕渠管理处构建惩治和预防腐败体系2013—2017年实施细则》,立足长远规划,明确工作重点,细化工作措施,在教育、制度、监督和惩处四个关键环节上下功夫,构建完善具有水利特色的惩治和预防腐败体系,确保干部、工程和资金安全。

2014年4月,在全处范围内开展提升党风廉政建设制度执行力活动,印发《唐徕渠管理处开展提升党风廉政建设制度执行力活动实施方案》,通过健全完善制度,着力解决制度不健全不配套、科学性和可操作性不强等问题;通过强化监督检查,着力解决监督不到位和制度执行不力、虚设空转等问题;通过严格执纪问责,着力解决个别党员领导干部不畏法、不畏纪、不畏制度等问题。

2015年3月,管理处组织全处53名副科级以上干部到宁夏廉政警示教育中心参观,接受反腐倡廉警示教育,提高党员干部的廉洁自律意识。

2015年8月,管理处投资5.4万元,建立廉政文化宣传室,分为党纪法规篇、制度流程篇、警示案例篇、行为准则篇和廉政教育电子平台(电子触屏一体机)五部分,并在全处职工中开展廉政书画作品征集活动,共遴选出30幅优秀廉政文化宣传作品进行展示,增强廉政文化展室的功能性,使廉政文化更具感染力、渗透力和影响力,营造崇廉尚廉的良好氛围。编撰10份《廉政荐文月月读》电子文档供党员干部参阅,发挥廉政文化引领、凝聚和激励作用。

2015年3月至6月,在管理处纪检干部和各党支部纪检委员中落实"三严三实"要求,开展"五查五解决五树立"活动,通过宣传发动、征求意见和边查边改等环节,教育全处纪检监察干部树立忠诚、担当、干净的形象,做党和人民的忠诚卫士。

2015年5月,管理处开展"三严三实"专题教育,"三严三实"专题教育以处级领导干部为重点,科级干部及全体党员同步参与。专题教育的总体要求是:把握教育主题、突出问题导向、贯彻从严要求、坚持以上率下、注重讲究实效,重点是切实解决"不严不实"问题。"三严三实"专题教育不分批次、不划阶段、不设环节,通过深化学习教育,专题研讨、下基层实践、召开班子民主生活会等方法措施,推动专题教育走深走实。

2015年10月至12月,制定下发《唐徕渠管理处党委关于开展深化"三严三实"专题教育,着力解决基层干部不作为乱作为等损害群众利益问题的通知》,针对党员干部不作为、乱作为、贪腐谋私和执法不公四个问题进行全面排查和专项整治,与管理处"从严从实抓落实,大干实干100天"活动相结合,确保全处既定目标任务按期保质保量完成。

2016年8月,管理处在全处党组织和党员干部中开展"三不为"专项整治活动,将"三不为"整治作为"三查三树"的重要内容,对照具体表现,在"两学一做"学习教育中,组织开展"三不为"大讨论,查找存在的问题,制定问题清单,提出整改措施,加强考评管理,进一步强化党员干部宗旨意识,规范言行,真正做一名合格共产党员。

2016年7月至10月,管理处在全处党员干部中开展落实中央八项规定精神"回头看",按照中央八项规定精神和自治区相关规定,修订完善《唐徕渠管理处关于改进工作作风密切联系群众厉行勤俭节约的实施细则》《唐徕渠管理处财务管理补充规定》《唐徕渠管理处公务接待管理办法》《唐徕渠管理处车辆管理办法》《唐徕渠管理处大宗物资采购办法》等制度,为落实中央八项规定精神提供制度保证。

2016年9月,管理处纪委编印《唐徕渠管理处廉洁锦囊36计》宣传教育手册,对干部职工落实中央八项规定精神关注度高的36个问题,以漫画的形式进行解读,为干部职工答疑解惑,方便干部职工学习掌握,起到提醒、警示作用。

2017年4月,水利厅纪检组、组织人事处组成检查组,对宁夏唐徕水利水电工程建设安装公司(以下简称工程公司)和宁夏唐徕开发有限公司(以下简称开发公司)进行落实中央八项规定精神"回头看"检查,对检查发现的问题,唐徕渠管理处党委高度重视,要求对工程公司和开发公司2013年以来所有凭证全面进行检查,对发现的问题先行自行自查自纠,严格落实整改,形成了《唐徕渠管理处党委关于下属企业八项规定"回头看"检查问题整改情况的报告》,上报水利厅党委。

2017年6月,出台《唐徕渠管理处党委关于印发贯彻落实全面从严治党实施方案的通知》,完善处党委书记负总责,处党委班子成员分工负责,组织人事科、监察室推进落实,党支部主要负责人"一岗双责"的党建工作责任体系,健全落实全面从严治党要求的工作格局。

2017年8月,在管理处范围内开展违规公款购买高档消费白酒问题集中排查整治工作。8月8日至11日,管理处调集各单位财会人员对公务接待发票明细逐笔进行核查。排查整治工作深化落实中央八项规定精神,严防违规公款吃喝等"四风"问题反弹,进一步巩固纠正"四风"工作成果。

2018年3月至10月,在全处范围内开展形式主义官僚主义等"四风"问题集中整治工作,下发《唐徕渠管理处关于开展形式主义官僚主义等"四风"问题集中整治工作方案》,分动员部署、整治行动、汇总分析和建章立制四个环节进行,着力解决贯彻落实党的十九大精神和党中央重大决策部署、防范化解重大风险,落实中央八项规定精神、服务群众等方面存在的表态响、调门高、行动少、落实差等突出问题。

2018年5月,在全处范围内开展违反中央八项规定精神突出问题专项治理,在全面贯彻执行中央八项规定及其实施细则精神和自治区第十二届党委《关于深入贯彻中央八项规定精神,进一步加强和改进自治区党委常委会作风建设的若干意见》的基础上,重点专项治理超标准公务接待、违规公款吃喝、违规公款送礼、外出公款旅游、超标准配备使用办公用房、超标准超数量办会发文、违规使用公务用车、违规发放津补贴等8个方面的突出问题。进一步深入自查自纠,从严从重查处,正风肃纪,切实推动中央八项规定精神落地生根。

2018年10月,管理处纪委编印《唐徕渠管理处贯彻落实中央八项规定精神廉政新规》,收集《中国共产党廉洁自律准则》《中国共产党纪律处分条例》等党纪党规和《宁夏回族自治区党风廉政建设主体责任和监督责任追究办法(试行)》等自治区出台的规范性文件,以及有关落实中央八项规定精神及其实施细则有关问题解读等内容,教育引导党员干部进一步坚定理想信念、严守纪律规矩。

2019年5月,在全处范围内开展排查整治"天价烟"背后"四风"问题有关工作,管理处纪委印发工作通知,组织处属各科室、各单位重点排查党的十九大以来,是否存在用公款购买"天价烟""高档香烟"情况;是否存在公职人员违规收送"天价烟""高档香烟"情况,以及其他"四风"问题的自查,财务科、办公室开展专项检查。经排查,2013年以来没有发生购买烟酒方面经费支出,没有公款购买、收送"天价烟""高档香烟"情况。

2019年5月,管理处党委在全处范围内开展深化形式主义、官僚主义突出问题集中整治工作,下发《唐徕渠管理处党委关于深化形式主义、官僚主义突出问题集中整治的通知》,聚焦"五个有的"突出问题,结合工作实际,查找到7个方面18条具体问题并制定整改措施,坚持边查边改、立行立改,确保集中整治工作取得成绩。

2019年7月,管理处纪委编印《唐徕渠管理处贯彻落实中央八项规定精神廉政新规(二)》,收录《公职人员政务处分暂行规定》《住房城乡建设部办公厅等关于开展工程建设领域专业技术人员职业资格"挂证"等违法违规行为专项整治的通知》《宁夏回族自治区公务接待费管理暂行规定》等中央、自治区下发的规范性文件,以及纠正"四风"和扫黑除恶相关问题解读等内容,便于党员干部职工系统学习落实中央八项规定精神相关规定,进行对照检查,具有较强的针对性、实用性和指导性。

2019年9月,为推进"不忘初心、牢记使命"主题教育和酒驾醉驾专项整治工作,由处纪委书记尹婷、副处长孙立国及监察室、组织人事科有关人员组成的警示教育督查组,深入全处11个管理所、2个公司开展全方位警示教育大学习大督查活动。

2019年10月,在全处范围内开展贯彻习近平总书记重要指示精神,深入落实中央八项规定精神的突出问题专项整治工作,以"不忘初心、牢记使命"主题教育为契机,深入贯彻落实习近平总书记重要指示精神,紧紧围绕11个方面突出问题专项治理"回头看"和制度执行情况"回头看"开展专项整治,不断检视存在的突出问题,把落实中央八项规定精神、整治"四风"工作做深做实,破除顽瘴痼疾、形成发展合力。

2020年,管理处积极探索廉政宣教新方式,倾力打造廉政文化新品牌,重新规划建设"廉政文化室",内容共分五个板块,分别是决策篇、正气篇、案例篇、制度篇、唐徕篇。截至12月3日,"廉政文化室"改造布展项目竣工并进行验收。

2020年7月,为进一步加强科级干部廉政档案规范化管理,对全处47名科级干部廉政档案进行重新整理,进一步健全资料,规范管理,实现动态监管。

2021年2月,管理处开展"天价茶"有关问题的排查整治工作,认真排查整治"天价茶""天价烟""高档酒"等"四风"问题。

2021年3月,管理处开展酒驾醉驾案件专题警示教育活动,全处专题警示教育集中学习26场次,典型案例通报43起,发短信提醒44次,个别提醒谈话22场次,签订《酒驾警示教育知晓承诺书》273份。

2021年3月,管理处党委将"廉政警示教育周"活动与"党史学习教育读书班"活动相结合,以落实"九个一"活动为抓手(即开展一次中心组专题学习、召开一次廉政警示教育大会、用好一批反面典型"活教材"、组织一次主题党日活动、举办一次专题讲座、开展一次廉政谈话、排查一次廉政风险点、组织一次党史党纪党规知识测试、用好一个廉政警示教育基地),聚焦"以案示警、以案促改、以案正风、以案肃纪",教育引导党员干部严守党纪国法。

2021年6月,管理处组织41名党员干部到宁夏廉政警示教育中心开展廉政警示和党性教育活动,推动党史学习教育走心走实。

2021年7月至11月,管理处严格落实自治区党委加强作风建设"八条禁令"和区直机关工委"十项严禁",开展违规吃喝隐形变异问题、群众身边腐败和不正之风问题专项整治工作。

三、思想政治工作

多年来,唐徕渠管理处党委以"创建和谐灌区,再创唐徕辉煌"为目标,发挥思想政治工作的优势,在培育和谐单位、和谐灌区建设上不断探索,逐步构建以水文化为主线的和谐绿色通道,始终坚持以人为本,把劳动关系和谐贯穿于灌区的各项工作之中,取得良好成效。

建立强有力思想政治工作格局。坚持"两手抓、两手都要硬"的方针,始终把思想政治工作纳入重要议事日程,成立专门的领导小组,定期研究工作开展情况,每年召开思想政治工作交流会,并结合水管单位实际,制定切实可行的长期规划和年度工作方案,明确各阶段工作目标,党政工团、齐抓共管,分工明确,各负其责,做到思想政治工作有计划、有安排、有检查、有落实,形成事事有人管、件件有落实的工作格局,保证思想政治工作扎实推进,务求实效。

坚持用正确的理论武装职工头脑。按照各个时期的重点,先后组织全处职工认真学习"三个代表"重要思想、"八荣八耻"、科学发展观、六个为什么、党员先进性教育读本、西部大开发、党史学习教育、党和国家领导人重要讲话精神以及中央和自治区、水利厅党委新的治水思路,建立"政治工作融入服务保障安全体系",广泛开展"八个争创"和社会主义荣辱观等主题教育活动。引导广大党员干部职工在政治上、思想上、行动上始终与党中央和水利厅党委保持一致,为水利发展奠定坚实的思想基础。

在水利建设中体现人生价值。在抓好政治理论学习的同时,管理处结合水利改革发展的新特点、新要求,有针对性地提出从学历教育向实用技能教育转型的理念,重点提高职工队伍业务素质和服务水平。举办专题学习班、全处性知识竞赛、业务考试和技术比武、"三学两推一实践"(即学理论、学业务、学典型,推进学习型党组织建设、推进学习型单位建设,工程施工实践)、基层管理所"每日一题、每周一课、每月一考"等学习活动,有效提高队伍整体素质,为水利科学发展提供人才保证。

提升思想政治工作效能。处党委深入调研,结合水利工作实际和单位人员状况,不断创新思想政治工作方式方法,把思想政治工作融入各项活动载体中,寓教于行。加强民主管理,构建和谐人文环境。在构建和谐单位的过程中,始终坚持单位重大事项必须集体讨论决策的原则,完善领导班子民主决策机制和议事规则,充分发扬民主,不搞"一言堂",定期召开领导班子民主生活会,开展批评与自我批评,及时剖析民主管理的薄弱环节,不断提高单位管理工作的透明度,切实增强班子整体工作合力。在政务(水务)公开工作创新方面,做到"五到位",即思想认识到位、工作制度到位、公开形式到位、责任分工到位、活动经费到位。

将思想政治工作融入安全管理,构建和谐安全环境。建立以理念渗透、规范行为、提升品位为主要内容的安全文化建设规划,坚持遵循安全工作规律,以完善安全管理机制为手段,以人性化管理为核心,以培育管理所、段安全文化为重点,开展让"标准成为习惯"为主题的安全格言、警句征集等活动,干部职工在思考安全灌溉正反两方面经验教训的基础上,总结安全格言和安全警句共116条,增强职工对安全的理性认识和思考。通过主题教育"我身边的人身边的事"巡回宣讲等活动,使干部职工更深地理解让"标准成为习惯"的内涵。坚持每年选树"安全之星""技术能手""优质服务岗"等先进典型,在物质上给予奖励的同时进行大力宣传,并在评先、提职上向他们倾斜,起到示范引领作用。通过思想政治工作,凝心聚力,内强素质、外树形象,全面提高干部职工的思想道德素质和业务工作水平,促进水利事业持续健康发展。

四、精神文明建设

唐徕渠管理处党委坚持物质文明和精神文明建设两手抓两手硬,大力推进水利精神文明创建活动,不断培育和践行社会主义核心价值观,着力提升干部职工思想觉悟、道德水准、文明素养,加强文化建设,内强素质、外树形象,取得丰硕的成果。唐徕渠管理处1995年荣获"银川市城区级文明单位",1998年荣获宁夏银川市"市级文明单位",1999年荣获宁夏水利厅"双文明建设先进单位",2000年荣获宁夏水利厅系统"精神文明创建先进单位",2002年被自治区政府命名为"创建文明行业示范点",2004年荣获水利部"全国水利系统文明单位",2008年荣获"宁夏回族自治区文明单位",2015年荣获"全国文明单位"。管理处下属11个基层管理所中,有1个管理所荣获自治区级"文明单位",有8个管理所先后获得驻地市、县(区)级文明单位。

弘扬水文化,传承水文明。1970年唐徕渠管理处成立后,唐徕文化得到进一步重视和挖掘

创新,以水利实践为载体,弘扬水文化传统,凝聚水利人力量;把社会主义核心价值观融入水利各项工作之中,全面提升全处干部职工整体文明素养,持续开展文明评选,选树先进典型,涌现出自治区百孝之星"十大孝子"张建军、"十大孝婿"李华山和自治区"最美家庭"张自平等一批道德模范。改善职工生产生活环境,维修改造所段基础建设,大力推进花园、果园、菜园、田园"四园"建设,创造拴心留人的良好环境;始终把职工和群众的冷暖挂在心上,定期开展春学雷锋、夏送清凉、金秋助学、冬送温暖活动,让职工群众感受到党组织的关怀和温暖;持续开展"道德讲堂""光盘行动""文明餐桌""文明交通"等讲文明、有公信、守秩序、树新风活动,经常性开展寓教于乐、健康有益、丰富多彩的文体活动,不断满足干部职工的精神文化需求,不断推动精神文明建设向纵深发展。2007年,确定"长渠流润、广布善泽"的唐徕服务宗旨,谱写《唐徕之歌》,创制处徽,形成"爱岗敬业、高度负责、艰苦奋斗、献身水利、求真务实、积极进取、开拓创新、服务社会"的服务理念。2021年底至2022年初,经全处干部职工集思广益、积极研讨,形成"长渠流润、惠泽民生"新的唐徕服务宗旨和"忠诚使命、科学求实、创新实干、兴水为民"新时代唐徕服务理念。

精神文明建设活动

1990年以来,唐徕渠管理处在职工中广泛开展"六个一""双增双节""五小""五比一创""八个创建"等劳动竞赛活动。

1991年,管理处印发《岗位责任制》,包括处机关科室两个文明建设考核内容、评分标准,各科室岗位责任制等。组织开展"奉献在岗位,团旗在心中"为主题的大团日活动,进行新团员宣誓、书法竞赛、体育比赛、参观渠道,请老工人讲传统、旅游沙湖等。

1992年,管理处印发《唐徕渠管理处机关工作制度》,包括日常办公制度、考勤制度、出差制度,使机关工作制度化、系统化、规范化。

1993年,管理处遵照两个文明建设"双百分"考核的要求,全面发动广大干部职工的积极性,努力拼搏进取,圆满完成两个文明建设的各项任务。印发《唐徕渠管理处岗位责任制》,明确各个科室及岗位的职责。

1994年,管理处印发《唐徕渠管理处两个文明建设双百分考核办法》,通过半年、年终考核,确定各单位的档次,评出西门桥管理所为优秀单位,周城管理所、水利管理科为先进单位,16个良好单位,2个合格单位。9月,举办纪念毛泽东同志诞辰100周年文艺汇演,全处13个单位参演。11月,组队参加水利厅文艺汇演。管理处积极开展"学习十杰精神,争当行业标兵"活动,在全处团员中开展"爱国主义知识答题"竞赛,制定了《唐徕渠管理处爱国主义教育实施规划》。开展"争当行业标兵""查隐患、堵漏洞、保安全""树群体意识,为唐徕增辉""迎国庆青年职工读书演讲比赛"等活动。

1995年,管理处建立和完善规章制度。开展建立基层单位"职工之家"活动,在宁化桥管理所、良田渠管理所、南梁管理所、崇岗管理所开展建立"职工之家"并给予1万元资金补助,开展基层工会"职工之家"考核工作。

1996年,管理处成立精神文明建设指导委员会,由处党、政主要领导担任主任委员,落实办事机构与人员,工、青、妇等组织积极参与,形成齐抓共管合力突出的工作体制。制定《唐徕渠管理处两个文明建设"九五"发展规划》。9月,组队参加水利厅第二届羽毛球比赛,获得团体总分第五名,并有4个单项获得前四名。开展"争当安全标兵,争创优秀青年"双争活动,以处党委提出的"讲政治、讲纪律、讲安全、讲奉献、讲文明、讲团结"为评选条件,各团支部坚持一月一评一小结;在红军长征胜利60周年之际,团总支组织团员骨干和青年先进工作者,开展"延安之行"大团日活动。

1997年,管理处评选出文明单位2个,文明科室1个,文明段点6个,文明办公室10个,文明宿舍10个,文明职工10个,此项活动被《银川晚报》予以报道。积极探索精神文明建设新载体,制定《唐徕渠管理处文明职工"三字经"》《唐徕渠管理处职工语言行为规范》和《唐徕渠管理处美化、优化环境达标建设规定》等,组织实施"八个一"创建活动,促进全处"讲文明、树新风、学先进、比贡献"的社会主义新风尚形成。("八个一"即:评比1个文明单位,1个文明科室,1个文明家属区,10个文明段点,4个文明办公室,10个文明宿舍,10个文明家庭,10个文明职工。)开展"爱香港、爱祖国、洗国耻、迎回归"学习宣传活动,召开迎香港回归专题座谈会,发动干部职工写诗作画评比展览,举办知识竞赛,开展"迎香港回归职工签名活动",全处有300多名在职和离退休职工参加。

1998年,管理处为迎接自治区成立40周年,举办"热爱宁夏、奉献唐徕"知识竞赛和"跨世纪,颂中华"主题演讲比赛。

1999年,管理处深入开展精神文明"八个一"工程创建活动,形成人人讲文明、个个赶先进的良好风气,涌现出一批文明集体和文明个人。7月,组建60人的"唐徕渠腰鼓队",分别在银川南门广场、宁夏水利学校等地汇报表演。9月,参加水利厅第六届篮球运动会,获女子组第二名。

2000年,在全处范围内广泛开展精神文明"十个一工程"创建活动,广大干部职工以"内强素质、外树形象"为目标,争当行业服务文明标兵,有力得促进"双文明"建设健康有序协调发展。年度评选出1个文明单位,1个文明科室,1个文明职工之家,1个文明食堂,1个文明家属区,10个文明段点,10个文明职工,10个文明家庭,10个文明办公室,10个文明宿舍。管理处先后举办"职工运动会""青年读书演讲比赛""爱国主义座谈会""青工技能大赛""职工子女书画大赛"以及迎"五四""七一""十一"等一批有影响力的全处性活动。7月,组建业余龙舟队,并代表宁夏水利厅参加中国宁夏"沙湖杯"龙舟邀请赛,获得"组织奖"和"体育道德风尚奖"。

2001年,管理处持续开展"十个一工程"创建活动和"优美家园"评选活动,并进行挂牌和表彰。举办"知黄河、爱水利"大团日活动、"青年读书演讲比赛""青工技能大赛""庆六一,爱唐徕"儿童联欢、乒乓球比赛、钓鱼比赛以及迎"五四""十一"系列文体活动。为配合全国第一届"安全生产周"活动,工会、团委联合开展"签上我的名,安全见行动"签名活动。结合"安康杯"活动,党支部、工会、团委组织开展"八个一"活动,即:举办一次安全知识竞赛,学习安全知识;召

开一次安全座谈会,为搞好安全生产献计献策;办一次学习班,提高安全生产和业务技能;开展一次安全互查,进行换位思考;举办一次安全演讲,现身说法话安全;举办一次测量水比赛,强化业务技能;搞一次防汛抢险演习,提高实际应变能力;树立一个安全标兵,发挥示范作用。

2002年8月,管理处举办第三届职工篮球运动会,共有13支队伍参赛,处机关、大武口管理所、宁化桥管理所分获一、二、三名。9月,参加水利厅第七届篮球运动会,获女子组第二名。

2003年8月,管理处举办"我身边人身边事"先进事迹报告会和"热爱祖国热爱党"卡拉OK演唱会。

2004年,管理处重视爱国卫生工作,列入日常和年终考核内容,建立制度、落实责任,经银川市爱国卫生运动委员会推荐,自治区爱国卫生运动委员会组织考核验收,授予管理处"自治区卫生先进单位"称号。3月,管理处荣获"水利厅文明单位"称号。4月,参加水利厅第一届乒乓球赛,获女团第一名,男团第三名。6月开展"中华民族精神大家谈"活动,先后有13位同志以讲故事、诗词朗诵、座谈、演讲、歌唱等形式,把弘扬和培育伟大中华民族精神与水利职工的工作、学习、生活紧密结合,推动管理处精神文明建设,使中华民族精神在管理处的精神文明建设工作中得以体现和发扬。11月,管理处荣获"全国水利系统文明单位"称号。

2005年,印度洋海啸灾情,管理处职工共捐款1.53万元。9月,举办"大众广播操"比赛,有13个代表队、190名队员参加,跃进桥管理所、满达桥管理所、南梁管理所获前三名。

2006年,管理处政研会开展构建社会主义和谐社会理论研讨活动。9月,组队参加水利厅"银水杯"职工篮球运动会,获得男子组第五名。

2007年,在水利厅举办的"我与祖国共奋进、我与水利同发展"演讲比赛中,张月琴、王卫分别获一、二等奖。6月,管理处举办第一届乒乓球比赛。7月,参加水利厅第二届"宁东杯"乒乓球比赛,获得男团、女团第二名,李兵获得男子处级以上领导组第一名,张秀芝获得女子组第一名,穆志俊获得退休职工组男子第一名。9月,举办"全民健身与奥运同行"职工趣味运动会和"我运动我健康我快乐"卡拉OK歌会,全处210名职工参加。同月,在水利厅"银水杯"青年歌手大奖赛中,张月琴、沈海俊分别获二、三等奖。开展"八个争创"系列活动,加强水文化建设,征集唐徕标志,提炼唐徕精神,谱写唐徕之歌,收集170多件水文化实物,积极开展军民建设、灌区共建活动。12月,管理处荣获"自治区文明单位"称号。

2008年,管理处以"创建学习型组织,争做知识型职工"活动为载体,坚持在职工中进行科学发展观、社会主义荣辱观和政策形式教育,深入贯彻《公民道德建设实施纲要》。以管理所为单位开展小食堂、小环境、小菜园为主要内容的"三小"工程建设。全处干部职工向四川地震灾区捐款5.52万元。9月,举办"迎大庆、颂唐徕"大型演讲和歌咏会,200多名职工参加,共同庆祝自治区成立50周年。

2009年9月,管理处参加水利厅第九届篮球运动会,进入决赛并获得第二名。同月,在水利厅庆祝中华人民共和国成立60周年歌咏比赛中获得三等奖。

2010年,管理处干部职工向青海玉树地震灾区及舟曲灾区捐款1.5万元。9月,参加水利厅第三届乒乓球比赛,获得女团第一名、男团第三名,许潮和张秀芝分别获得女子第二、三名。2010年12月,在第四届全区水利行业技能竞赛中,王彦斌获得"渠道维护工"比赛第一名,被授予"全区技术能手"称号。

2011年1月,管理处在全区水利职工文艺汇演中获得三等奖。同年6月,参加水利厅庆祝建党90周年红歌合唱比赛获优秀奖。同年10月,参加全区水利系统"颂歌献给党"职工文艺汇演荣获二等奖。

2013年10月,参加水利厅第四届乒乓球比赛,获得女团第一名、男团第三名。

2014年,组织干部职工学习践行社会主义核心价值观的同时,创新教育活动载体,加强典型引导,通过自下而上的方式,评选推荐6名不同岗位的"四德"干部职工代表,举办"践行社会主义核心价值观,身边人讲身边事"巡回宣讲活动3场次,广泛宣传先进事迹,传播正能量,真实展现新时期基层水利职工良好的精神风貌和优秀品德。

2015年2月,管理处荣获"全国文明单位"称号。为宣传好水利改革发展的进展和成效,编印《唐徕渠管理处党建暨精神文明建设成果选编》,收录55篇干部职工在党建、思想政治工作、精神文明建设和践行社会主义核心价值观方面的研究成果和体会。10月,参加水利厅第九套广播体操比赛获得一等奖。

2016年4月,水利部文明委对管理处"全国水利文明单位"进行复审,对管理处文明创建工作给予充分肯定。管理处精神文明建设工作入编《2016—2017年宁夏精神文明建设年鉴》。7月,参加水利厅庆祝建党95周年歌咏比赛获得二等奖。9月,参加水利厅第五届乒乓球比赛,获得男团第一、女团第一、男单第一、女单第一和第三名。

2017年,管理处在唐徕渠微信公众号上设立"e德堂",扩大"掌上"宣传和教育大度。评出文明单位2个、文明科室1个、文明工地1个、文明职工10个、文明家庭5个。开展"好家庭好家风好家训"座谈会和征集活动,举办职业道德讲座和"传承家风家训,弘扬传统美德"专题讲座各1次。9月,举办第一届职工厨艺大赛,共有17个单位34名选手参赛。

2018年,管理处以弘扬社会主义核心价值观为主线,在唐徕渠微信公众号"e德堂"上适时推送"六个一"活动,细化《唐徕渠管理处文明单位、文明职工、文明家庭、文明食堂、文明工地评选活动方案》,坚持每月开展文明评选,开展"最美水利人"推荐活动。8月,组织精干力量,历经三个月编写《唐徕渠管理处岗位行为规范》,正式向水利部精神文明建设指导委员会办公室提交并组织实施。认真做好全国文明单位网上评审系统日常维护和复验工作,管理处被中央文明委复查确认继续保留全国文明单位荣誉称号。10月开展"诵读经典、书香唐徕"主题党日活动。同月,参加水利厅第六届乒乓球比赛,获得女团第一、男单第一、女单第一、混双第一、男团第六、领导干部单打第六的好成绩,唐徕渠管理处工会获得优秀组织奖。

2019年,管理处持续深化"全国文明单位"创建,认真宣传贯彻新时代水利精神,引导水利干部职工将新时代水利精神根植于心。积极开展"志愿服务主题月"活动,开展水法宣传、走访慰问、垃圾清扫等志愿服务180人次,配合辖区开展"创城"志愿服务95人次。坚持开展文明单位、文明职工、文明家庭评选,推动文明创建常态化。并完成自治区文明单位、全国水利文明单位复审的资料报送工作。7月,管理处举办"庆祝建党98周年,喜迎建国70周年"演讲比赛,全处16个党支部选派20名选手参加演讲比赛。9月,参加水利厅"庆祝中华人民共和国成立70周年"合唱比赛获二等奖。10月,参加水利厅第七届职工羽毛球及跳绳比赛获得羽毛球混双亚军、女单亚军、集体跳绳第三名。

2020年,管理处以弘扬社会主义核心价值观为主线,大力宣传新时代水利精神,坚持开展文明单位、文明职工、文明家庭评选,积极创建无烟机关、节约型机关,组织"学雷锋"等志愿服务200多人次,配合辖区开展"创城"志愿服务90人次,职工张自平荣获2020年自治区"最美家庭"称号。2020年初,全处党员为新型冠状病毒肺炎疫情共捐出27680元的特殊党费。管理处通过全国文明单位网上复验。9月,举办第二届职工乒乓球赛,有14支代表队45名选手参赛。10月,参加水利厅第七届乒乓球暨象棋比赛,获优秀组织奖。

2021年,管理处深入开展"四个创建""四园建设""四送温暖""四个同建"活动。开展《节约用水行为规范》主题实践,注册成立160人的水利志愿服务队,号召党员团员按照"工作在单位、服务在社区、奉献双岗位"的要求,到所居住社区党组织报到,积极参与文明城市创建和疫情防控工作。6月,排练《丹心向党》舞蹈并参加水利厅庆祝建党100周年文艺汇演。参加"共产党好、黄河水甜"演讲比赛,获得优秀奖。10月末,67名党员职工志愿服务参与新型冠状病毒肺炎疫情防控工作,共服务8个社区20个新型冠状病毒肺炎疫情防控点。管理处党委被水利厅评为"先进基层党委"。

唐徕渠管理处文明单位创建情况见表11-41,唐徕渠管理处获得荣誉称号及奖项见表11-42,唐徕渠管理处下属单位获得荣誉称号及奖项见表11-43,唐徕渠管理处个人获得荣誉称号及奖项见表11-44。

表11-41 唐徕渠管理处文明单位创建情况表

创建单位	创建名称	授予单位	获得时间（年）
唐徕渠管理处	城区文明单位	中共城区党委、城区人民政府	1995
唐徕渠管理处	市级文明单位	中共银川市委员会、银川市人民政府	1998
唐徕渠管理处	双文明建设先进单位	宁夏回族自治区水利厅	1999
唐徕渠管理处	精神文明创建先进单位	宁夏回族自治区水利厅	2000
唐徕渠管理处	创建文明行业示范点	宁夏回族自治区人民政府	2002
唐徕渠管理处	水利厅文明单位	中共宁夏回族自治区水利厅委员会、宁夏回族自治区水利厅	2004
唐徕渠管理处	全国水利系统文明单位	中华人民共和国水利部	2004
唐徕渠管理处	自治区文明单位	宁夏回族自治区精神文明建设指导委员会	2008
唐徕渠管理处	全国文明单位	中央精神文明建设指导委员会	2015
跃进桥管理所	县级文明单位	青铜峡市	2004

续表

创建单位	创建名称	授予单位	获得时间(年)
杨显桥管理所	县级文明单位	永宁县	2002
周城管理所	县级文明单位	平罗县	2001
南梁管理所	县级文明单位	贺兰县	2001
暖泉管理所	县级文明单位	贺兰县	2000
满达桥管理所	县级文明单位	贺兰县	2000
满达桥管理所	市级文明单位	银川市	2002
满达桥管理所	自治区文明单位	自治区	2004
崇岗管理所	县级文明单位	平罗县	2003
大武口管理所	县级文明单位	大武口区	2002

（注：按单位及获得时间排序）

表11-42　唐徕渠管理处获得荣誉称号及奖项

奖项	颁发单位	获得时间（年）
宁夏引黄灌溉农业合理结构与发展规模研究三等奖	宁夏回族自治区人民政府	1990
卫生先进单位	银川市爱国卫生运动委员会	1991
一九九二年宁夏投入产出调查先进集体	宁夏回族自治区统计局	1994
城区文明单位	中共城区党委、城区人民政府	1995
宁夏回族自治区银川市城区治安模范单位	城区社会治安综合治理委员会	1996
会计工作达标单位	宁夏回族自治区水利厅	1996
水利行业职工教育先进单位	水利部人事劳动教育司	1996
银川市文明单位	中共银川市委员会、银川市人民政府	1998
卫生先进单位	银川市爱国卫生运动委员会	1998
治安模范单位	银川市社会治安综合治理委员会	1998
双文明建设先进单位	宁夏回族自治区水利厅	1999
"迎回归、颂祖国、爱水利、跨世纪"知识竞赛优秀组织奖	共青团宁夏回族自治区水利厅委员会	1999
全区水利系统先进集体	宁夏回族自治区水利厅、宁夏回族自治区人事劳动厅	2000
精神文明创建先进单位	宁夏回族自治区水利厅	2000
1999年度渠道管理先进单位	中共宁夏回族自治区水利厅委员会、宁夏回族自治区水利厅	2000
全区工会财务工作先进集体	宁夏回族自治区总工会	2001
2000年度精神文明建设先进单位	中共宁夏回族自治区水利厅委员会、宁夏回族自治区水利厅	2001
自治区水利系统民主评议水利行风工作先进集体	自治区水利系统民主评议水利行风建设工作领导小组	2001

续表

奖项	颁发单位	获得时间（年）
创建文明行业示范点	宁夏回族自治区人民政府	2002
2001年度新技术应用先进单位	宁夏回族自治区水利厅	2002
第二届全区水利行业职业技能竞赛优秀组织奖	第二届全区水利行业职业技能竞赛组织委员会	2002
创建文明行业活动示范点	宁夏回族自治区精神文明建设指导委员会办公室、宁夏回族自治区纠风办	2002
2002年度植树造林先进单位	宁夏回族自治区水利厅	2003
自治区"安康杯"竞赛优胜企业	宁夏回族自治区总工会、宁夏回族自治区安全生产监督管理局	2003
2003年引黄灌区抗旱工作先进集体	宁夏引黄灌区抗旱工作领导小组	2003
卫生先进单位	宁夏回族自治区爱国卫生运动委员会	2004
2003年度全区"安康杯"竞赛"优胜企业"称号	宁夏回族自治区总工会、宁夏回族自治区安全生产监督管理局	2004
2003年度文明单位	中共宁夏回族自治区水利厅委员会、宁夏回族自治区水利厅	2004
全区厂务公开工作先进单位	宁夏回族自治区厂务公开领导小组	2004
五四红旗团委	共青团宁夏回族自治区水利厅委员会、宁夏回族自治区水利厅组织人事处	2004
绿化达标单位	宁夏银川市兴庆区绿化委员会	2004
全国水利系统文明单位	中华人民共和国水利部	2004
2003—2004年度先进工会	宁夏水利工会	2005
宁夏回族自治区平安模范单位	中共宁夏回族自治区社会治安综合治理委员会	2005
全区农村水费改革试点工作先进单位	中共宁夏回族自治区水利厅委员会	2005
2003—2005年度全国水利系统优秀政研会	中国水利职工思想政治工作研究会	2006
2005年度宁夏职工职业道德建设十佳单位	宁夏回族自治区职工职业道德建设指导协调小组	2006
宁夏职工职业道德建设先进单位	宁夏回族自治区职工职业道德建设指导协调小组	2006
劳动奖状	中国农林水利工会全国委员会	2006
宁夏回族自治区水利系统行风建设先进单位	全区水利系统行风建设领导小组	2006
宁夏回族自治区保持共产党员先进性教育活动先进集体	宁夏回族自治区先进性教育活动领导小组	2006
2006年全区防洪抢险先进集体	宁夏回族自治区防汛抗旱指挥部、宁夏回族自治区人事厅、宁夏军区政治部	2006
2006年度先进单位	中共宁夏回族自治区水利厅委员会、宁夏回族自治区水利厅	2007
精神文明建设工作先进集体	中共银川市兴庆区委员会、银川市兴庆区人民政府	2007

续表

奖项	颁发单位	获得时间（年）
园林式单位	银川市人民政府、首府绿化委员会	2007
2006—2007年度全国水利系统优秀政研会单位	中国水利职工思想政治工作研究会	2007
2007年度工会工作目标考核先进单位	宁夏回族自治区农林水财工会	2008
自治区文明单位	宁夏回族自治区精神文明建设指导委员会	2008
全区节水灌溉工作先进集体	宁夏回族自治区水利厅	2008
2007年度全区水利宣传信息工作先进集体	宁夏回族自治区水利厅	2008
水利厅五四红旗团支部	共青团宁夏回族自治区水利厅委员会、宁夏回族自治区水利厅组织人事处	2008
全国水利职工思想政治工作创新案例三等奖	中国水利职工思想政治工作研究会	2008
2008年度先进单位	中共宁夏回族自治区水利厅委员会、宁夏回族自治区水利厅	2009
自治区劳动关系和谐企业	宁夏回族自治区总工会、人力资源和社会保障厅、工商业联合会、企业家联合会、私营企业协会	2009
水利厅五四红旗团委	共青团宁夏回族自治区水利厅委员会、宁夏回族自治区水利厅组织人事处	2009
宁夏水利厅第九届职工篮球运动会男篮第二名	宁夏水利文体协会、宁夏水利工会	2009
庆祝中华人民共和国成立60周年歌咏比赛三等奖	宁夏回族自治区水利厅	2009
水管体制改革先进单位	宁夏回族自治区水利厅	2010
学习型组织先进集体	宁夏水利工会	2010
先进女工组织	宁夏水利工会	2010
全国水利工程管理体制改革先进集体	中华人民共和国水利部	2010
2009年度全区水利宣传信息工作先进集体	宁夏回族自治区水利厅	2010
第四届全区水利行业职业技能竞赛优秀组织奖	第四届全区水利行业职业技能竞赛组织委员会	2010
全国工会职工书屋示范点	中华全国总工会	2011
2009—2010年度全区水利财务工作先进集体	宁夏回族自治区水利厅	2011
2011年度灌溉管理先进单位	宁夏回族自治区水利厅	2012
全厅组织人事工作先进集体	宁夏回族自治区水利厅	2012
2011年度社会治安综合治理工作先进集体	宁夏银川市兴庆区凤凰北街街道党工委、兴庆区凤凰北街街道办事处	2012
全区水利系统2010—2011年度政风行风建设先进集体	宁夏回族自治区水利厅	2012
全国水利系统模范职工小家	中国农林水利工会全国委员会	2012

续表

奖项	颁发单位	获得时间（年）
2011年度全区水利企业决算评比一等奖	宁夏回族自治区水利厅	2012
2012年度先进单位	中共宁夏回族自治区水利厅委员会、宁夏回族自治区水利厅	2013
2012年全区农业灌溉节约用水一等奖	宁夏回族自治区财政厅、宁夏回族自治区水利厅	2013
2012年度社会治安综合治理工作先进集体	宁夏银川市兴庆区凤凰北街街道党工委、兴庆区凤凰北街街道办事处	2013
2013年度先进单位	中共宁夏回族自治区水利厅党委、宁夏回族自治区水利厅	2014
2003年度社会治安综合治理先进单位	宁夏银川市兴庆区富宁街街道党工委办事处	2014
全国文明单位	中央精神文明建设指导委员会	2015
2014年度先进单位	中共宁夏回族自治区水利厅委员会、宁夏回族自治区水利厅	2015
2014年度先进单位	中共宁夏回族自治区水利厅委员会、宁夏回族自治区水利厅	2015
2015年全国水利安全生产知识网络竞赛优秀组织奖	宁夏回族自治区水利厅安全生产委员会	2015
2015年全国水利安全生产知识网络竞赛集体奖	中华人民共和国水利部安全监督司	2015
全区水利系统"六五"普法先进集体	宁夏回族自治区水利厅	2016
2015年度先进集体	中共宁夏回族自治区水利厅委员会、宁夏回族自治区水利厅	2016
2015年度全区水利安全生产先进单位	宁夏回族自治区水利厅	2016
全区水利学会工作先进集体	宁夏回族自治区水利学会	2017
巾帼建功先进集体	宁夏水利工会	2017
水利安全生产标准化二级单位	宁夏回族自治区水利厅	2018
模范工会之家	宁夏水利工会	2018
全区水利学会工作先进集体	宁夏回族自治区水利学会	2018
2018年度先进单位	中共宁夏回族自治区水利厅委员会、宁夏回族自治区水利厅	2019
庆祝中华人民共和国成立70周年水利职工合唱大赛二等奖	宁夏回族自治区水利厅	2019
2019年度先进集体	宁夏回族自治区水利学会	2020
先进基层党委	中共宁夏回族自治区水利厅委员会	2021
"七五"普法先进集体	中共宁夏回族自治区水利厅委员会	2021

（注：按获得时间排序）

表 11-43　唐徕渠管理处下属单位获得荣誉称号及奖项

单位	奖项	颁发单位	获得时间（年）
满达桥管理所	自治区水利局先进集体	宁夏回族自治区水利局党委办公室	1983
宁化桥管理所党支部	先进党支部	中共宁夏回族自治区水利厅委员会	1986
满达桥管理所	1994年度渠道绿化先进单位—先进所（站）	宁夏回族自治区水利厅	1995
满达桥管理所二十六湾段	1994年度渠道绿化先进单位—先进段（组）	宁夏回族自治区水利厅	1995
崇岗管理所	全区抗洪抢险先进集体	中共宁夏回族自治区委员会、宁夏回族自治区人民政府	1998
跃进桥管理所	安全生产先进管理所	宁夏回族自治区水利厅	1999
满达桥管理所光明段	1998年安全生产先进管理段	宁夏回族自治区水利厅	1999
跃进桥管理所	1998年安全生产先进管理所	宁夏回族自治区水利厅	1999
满达桥管理所光明段	1998年安全生产先进管理段	宁夏回族自治区水利厅	1999
满达桥管理所	文明单位	中共贺兰县委员会、贺兰县人民政府	2000
暖泉管理所	文明单位	中共贺兰县委员会、贺兰县人民政府	2000
周城管理所	文明单位标兵	平罗县精神文明建设指导委员会	2001
南梁管理所	文明单位	中共贺兰县委员会、贺兰县人民政府	2001
跃进桥管理所	卫生先进单位	吴忠市爱国卫生运动委员会	2001
周城管理所	五四红旗团支部	宁夏回族自治区水利厅组织人事处、共青团宁夏水利厅委员会	2001
周城管理所	先进党支部	中共宁夏回族自治区水利厅委员会	2001
跃进桥管理所	治安模范单位	中共青铜峡市委员会、青铜峡市人民政府	2002
跃进桥管理所	标兵单位	中共青铜峡市委员会、青铜峡市人民政府	2002
杨显桥管理所	文明单位	中共永宁县委员会、永宁县人民政府	2002
暖泉管理所	模范职工小家	宁夏水利工会	2002
满达桥管理所	文明单位	中共银川市委员会、银川市人民政府	2002
大武口管理所	文明单位标兵	大武口区精神文明建设指导委员会	2002
满达桥管理所	模范职工小家	宁夏回族自治区总工会	2003
崇岗管理所	县级文明单位	平罗县精神文明建设指导委员会	2003
良田渠管理所	五四红旗团支部	青年团宁夏回族自治区水利厅委员会	2004
跃进桥管理所	文明单位	中共青铜峡市委员会、青铜峡市人民政府	2004
满达桥管理所	文明单位	中共宁夏回族自治区委员会、宁夏回族自治区人民政府	2004
周城管理所	2004年度办理县人代会议案代表意见建设先进单位	平罗县人大常委会	2005

续表

单位	奖项	颁发单位	获得时间（年）
跃进桥管理所	水利厅五四红旗团支部	共青团宁夏回族自治区水利厅委员会、宁夏回族自治区水利厅组织人事与老干部处	2005
杨显桥管理所	平安单位	银川市社会治安综合治理委员会	2006
跃进桥管理所	先进党支部	中共宁夏回族自治区水利厅委员会	2006
暖泉管理所	平安单位	银川市社会治安综合治理委员会	2006
南梁管理所	青年文明号	共青团宁夏回族自治区水利厅委员会	2006
管理处组织人事科	全国水利人事劳动教育统计工作先进集体	中华人民共和国水利部	2006
暖泉管理所	模范职工小家	宁夏水利工会	2007
跃进桥管理所	模范职工小家	宁夏水利工会	2008
满达桥管理所	全国模范职工小家	中华全国总工会	2008
周城管理所	先进党支部	中共宁夏回族自治区水利厅委员会	2009
周城管理所	全区水利行业先进基层单位	宁夏回族自治区水利厅	2010
周城管理所	学习型组织先进集体	宁夏水利工会	2010
周城管理所	水利厅五四红旗团支部	共青团宁夏回族自治区水利厅委员会、宁夏回族自治区水利厅组织人事与老干部处	2010
满达桥管理所	2010年度先进女工组织	宁夏水利工会	2011
周城管理所	先进党支部	中共宁夏回族自治区水利厅委员会	2011
跃进桥管理所	2011年度青年安全生产示范岗	共青团宁夏回族自治区水利厅委员会、宁夏回族自治区水利厅安全生产委员会办公室	2012
杨显桥管理所	全国水利系统模范职工小家	中国农林水利工会全国委员会	2012
杨显桥管理所	水利厅五四红旗团支部	共青团宁夏回族自治区水利厅委员会、宁夏回族自治区水利厅组织人事与老干部处	2013
杨显桥管理所	先进党支部	中共宁夏回族自治区水利厅委员会	2014
周城管理所	2016—2017文明单位	平罗县精神文明建设工作委员会	2016
满达桥管理所党支部	庆祝建党九十五周年区直机关先进基层党组织	中共宁夏回族自治区直属机关工作委员会	2016
杨显桥管理所	先进党支部	中共宁夏回族自治区水利厅委员会	2016
灌溉管理科	巾帼建功先进集体	宁夏水利工会	2017
满达桥管理所	2018—2021年度自治区文明单位	中共宁夏回族自治区精神文明建设指导委员会	2018
暖泉管理所	模范职工小家	宁夏水利工会	2018
杨显桥管理所	先进基层党支部	中共宁夏回族自治区水利厅委员会	2018
满达桥管理所	先进基层党支部	中共宁夏回族自治区水利厅委员会	2021
杨显桥管理所	先进基层党支部	中共宁夏回族自治区水利厅委员会	2021

（注：按获得时间排序）

第十一章 组织建设

表11-44 唐徕渠管理处个人获得荣誉称号及奖项

奖项	获奖人	颁发单位	获得时间（年）
学大寨、学大庆先进个人	严正才	宁夏回族自治区水电局	1976
全国水利管理战线学大寨、学大庆先进个人	严正才	中华人民共和国水利电力部	1978
1979年度马里先进工作者	严正才	中国驻马里大使馆	1980
农业劳动模范	严正才	宁夏回族自治区人民政府	1980
自治区水利局先进个人	马学仁 刘振银 赵永发 马学龙	自治区水利局党委办公室	1983
宁夏水利科学技术进步奖二等奖：进一步发挥引黄灌区灌溉排水设施的经济效益	刘柏章	宁夏回族自治区科学技术委员会	1985
全国职工体育先进个人	李兵	中华全国总工会、中华人民共和国国家体育运动委员会	1985
优秀共产党员	张创业 马学仁	中共宁夏回族自治区水利厅委员会	1986
宁夏回族自治区成立三十周年民族团结进步先进个人	马学仁	中共宁夏回族自治区委员会、宁夏回族自治区人民政府	1988
全国水利系统劳动模范	马学仁	中华人民共和国水利部	1989
先进生产工作者	张自平	中共宁夏回族自治区水利厅委员会、宁夏回族自治区水利厅	1989
优秀共产党员	陈光祖	中共宁夏回族自治区委员会、宁夏回族自治区人民政府	1990
宁夏水利科学技术进步奖三等奖：宁夏引黄灌区农业合理结构与发展规划研究	刘伯章	宁夏回族自治区科学技术委员会、宁夏回族自治区人民政府	1990
全国首届珠算科技知识竞赛第一赛程优胜奖	吴建国	中国珠算协会	1991
水利管理先进工作者	陈光祖	中华人民共和国水利部	1992
1991年度"六个一"社会主义劳动竞赛先进个人	杨永成 王文孝	宁夏回族自治区水利厅	1992
投入产出调查先进个人	孙维强	宁夏回族自治区人民政府	1994
水利厅十大杰出青年	田淑琴	青年团宁夏回族自治区水利厅委员会、宁夏水利工会、宁夏回族自治区水利厅组织宣传处	1994
1994年度渠道绿化先进个人	杨永成	宁夏回族自治区水利厅	1995
十佳女职工	田淑琴	宁夏水利工会	1998
全区水利系统先进个人	叶廷平	宁夏回族自治区水利厅、人事劳动厅	1999

续表

奖项	获奖人	颁发单位	获得时间（年）
第二届全区水利行业职业技能竞赛"全区水利技术能手"	王彦斌	宁夏回族自治区水利厅、劳动和社会保障厅	2002
抗旱工作先进个人	徐建东	宁夏回族自治区水利厅	2003
防"非典"优秀团员	王克伟	共青团宁夏回族自治区委员会	2003
抗旱工作先进个人	郭 浩	水利部黄河水利委员会	2003
全国大型灌区精神文明建设先进个人	郭 浩	中华人民共和国水利部	2003
水政工作先进个人	李学军	中华人民共和国水利部	2003
审计工作先进个人	魏 丽	中华人民共和国水利部	2003
全区水利系统财会工作先进个人	冯润莲	宁夏回族自治区水利厅	2003
2002年全区支援基层教育工作"优秀支教队员"	吴 德	中共宁夏区委组织部、宁夏回族自治区教育厅、宁夏回族自治区人事厅、宁夏回族自治区财政厅	2003
渠道管理单位水管工作"服务明星"	王学智 焦会霞	宁夏水利工会、宁夏回族自治区水利厅灌溉管理局	2003
优秀共青团员	姚海玲 王 卫 张兴明	青年团宁夏回族自治区水利厅委员会	2004
优秀共产党员	王学智 李 伟	中共宁夏回族自治区水利厅委员会	2005
优秀党务工作者	尤金萍	中共宁夏回族自治区水利厅委员会	2005
全区水利系统先进工作者	尤金萍	宁夏回族自治区人事厅、宁夏回族自治区水利厅	2005
第三届宁夏水利厅"十杰青年"	董治仪	共青团宁夏回族自治区水利厅委员会、宁夏回族自治区水利厅组织人事处	2005
黄河水量统一调度先进个人	郭兰青	中华人民共和国水利部	2005
宁夏优秀青年志愿者	姚海峰	宁夏回族自治区党委组织部、党委宣传部、文明办、团委、教育厅、财政厅、人事厅、科技厅、扶贫办	2005
全国大型灌区精神文明建设先进个人	张 元	中华人民共和国水利部农村水利司、任教司、精神文明建设指导委员会办公室	2005
2006年全区防洪抢险先进个人	张 元	宁夏回族自治区防汛抗旱指挥部、人事厅、宁夏军区政治部	2006
优秀共产党员	李 伟	中共宁夏回族自治区水利厅委员会	2007
2007年度全区水利宣传信息工作先进个人	康会玲	宁夏回族自治区水利厅	2008

续表

奖项	获奖人	颁发单位	获得时间（年）
全区节水灌溉工作先进工作者	郭兰青	宁夏回族自治区水利厅	2008
优秀共产党员	王学智	中共宁夏回族自治区水利厅委员会	2008
从事水利工作40年以上为宁夏水利事业做出贡献水利工作者荣誉	肖光明 欧春栋	宁夏回族自治区水利厅	2008
全国水利系统职工文化工作先进个人	张秀芝	中国农林水工会委员会	2008
2008年度"我推荐我评议身边好人"活动"孝德之星"	张建军	宁夏回族自治区精神文明建设指导委员会	2008
北京奥运会、残奥会宁夏赛会志愿者先进个人	苏笑曦	共青团宁夏回族自治区委员会、宁夏志愿者协会	2008
2008年度宁夏水利科学技术进步奖三等奖：宁夏唐徕渠管理处精细化管理规程	张 元 海天相 刘 贤 姜 峰	宁夏回族自治区水利厅	2009
优秀共产党员	姜 峰	中共宁夏回族自治区水利厅委员会	2009
第四届全区水利行业职业技能竞赛"全区技术能手"	王彦斌	宁夏回族自治区劳动和社会保障厅、宁夏回族自治区水利厅	2010
2010年度水利厅优秀共青团干部	张海亮	宁夏回族自治区水利厅组织人事与老干部处、共青团宁夏回族自治区水利厅委员会	2011
2008—2010年度全区水利财务工作先进个人	马静梅	宁夏回族自治区水利厅	2011
优秀党务工作者	付中华	中共宁夏回族自治区水利厅委员会	2011
全区水利工作先进个人	杨小宁	宁夏回族自治区水利厅	2012
三八红旗手	姚丽芝	宁夏水利工会	2012
全区水利系统2010—2011年度政风行风建设先进个人	贾绍平	宁夏回族自治区水利厅	2012
2012年度水利厅优秀共青团干部	马少萍 张海亮	共青团宁夏回族自治区水利厅委员会、宁夏回族自治区水利厅组织人事与老干部处	2013
优秀党务工作者	付中华	中共宁夏回族自治区水利厅委员会	2014
2014年度水利厅优秀共青团干部	张国瑞 张海亮	宁夏回族自治区水利厅团委	2015
"中信银行杯"首届自治区"百孝之星""十大孝子"	张建军	自治区"百孝之星"评选工作委员会	2015
全区水利系统"六五"普法先进个人	马志峰	宁夏回族自治区水利厅	2016
安全生产先进个人	秦志起	宁夏回族自治区水利厅	2016
2015年全区政务服务工作先进个人	康会玲	宁夏回族自治区人民政府办公厅	2016

续表

奖项	获奖人	颁发单位	获得时间（年）
自治区水利厅优秀党务工作者	贾绍平	中共宁夏回族自治区水利厅委员会	2016
自治区百孝之星十大孝婿	李华山	宁夏回族自治区"百孝之星"评选工作委员会	2016
巾帼建功标兵	范燕云 穆卫东	宁夏水利工会	2017
2016年度宁夏水利科学技术进步奖二等奖：宁夏唐徕渠灌区智能化管理关键技术研究与示范应用	杨志 吴晓峰 郭兰青 马文涛 杨伟 朱悦发 姚丽芝 王丽宇 郭红康 薛里图 苏笑曦 段浩清 秦志起 哈元辰	宁夏回族自治区水利厅	2017
2017年全国水利安全生产知识网络竞赛三等奖	朱珠	中华人民共和国水利部安全监督司	2017
自治区水利行业技术能手	严立东	宁夏回族自治区水利厅	2017
2017年度全区水利安全生产先进个人	曹振军	宁夏回族自治区水利厅	2018
优秀工会工作者	张海亮	宁夏水利工会	2018
优秀党务工作者	李宗会	中共宁夏回族自治区水利厅委员会	2018
优秀共产党员	沈占宏 张自平	中共宁夏回族自治区水利厅委员会	2018
2017年度宁夏水利科学技术进步奖三等奖：宁夏引黄灌区测量水设备比测引选及测控一体化系统研究	杨志 吴晓峰 郭兰青 苏笑曦 张前瑞 姚丽芝	宁夏回族自治区水利厅	2019
2020年全国水利安全生产知识网络竞赛三等奖	朱珠	中华人民共和国水利部安全监督司	2020
自治区"最美家庭"	张自平	宁夏回族自治区妇女联合会	2020
优秀党务工作者	付中华 曹振军	中共宁夏回族自治区水利厅委员会	2021
优秀共产党员	陶东	中共宁夏回族自治区直属机关工作委员会	2021
优秀共产党员	郭大勇 张自平	中共宁夏回族自治区水利厅委员会	2021
优秀退役军人	马辉 李卫兵 顾永桥 王东 李华山	中共宁夏回族自治区水利厅委员会	2021
"七五"普法先进个人	王莉 曹振军	中共宁夏回族自治区水利厅委员会	2021
扫黑除恶专项斗争先进个人	姜峰 徐辉	中共宁夏回族自治区水利厅委员会	2021

（注：按获奖时间非序）

第十二章 人 物

宁夏引黄灌区人杰地灵,在悠久的引黄治水历史实践中,不但积累了丰厚的治水经验,而且造就了众多的治水先贤和历史人物。他们和灌区广大人民群众一起,共同创造了经久不衰的引黄灌溉历史。本章以人物传记、人物简介的方式,收录与唐徕渠水利事业关联的历代治水先贤、治水名人及新中国成立以来各时期参与唐徕渠建设和管理的重要人物。

第一节 人物传记

蒙 恬 (?至前210年)秦朝将领。公元前215年,秦始皇派蒙恬率大军三十万北伐匈奴,收复河南地(今内蒙古和宁夏河套一带)。沿黄河共建三十四县。接着,蒙恬又率军北渡河(今乌加河),夺取高阙(今内蒙古乌拉特中后联合旗西南)、陶山、北假中(今内蒙古河套以北)、阴山以南地区),首次在黄河以北"筑亭障以逐戎人,徙谪,实之初县。"为了巩固北方的边防,蒙恬即率军民在北国边境大修长城,并在长城之外利用黄河天堑,进一步修筑一批前沿防御设施,并派军驻守,徙民屯戍。今宁夏吴忠市境内牛首山下的神泉障和陶乐县南黄河岸边的浑怀障,就是其中有名的军事要塞。由于蒙恬在北边筑长城,建县城,修道路,置亭障,驻军队,徙民戍等一系列措施,既加强了对匈奴的防御,也是对今宁夏地区历史上较大规模开发的起始。蒙恬治边十余年,威震匈奴,功绩卓著,深受秦始皇信任,而且对蒙氏家族亦是"甚尊宠蒙氏"。秦二世时,蒙恬被逼自杀。

虞 诩 (?至137年)字升卿,陈国武平县(今河南鹿邑县)人,东汉时期名臣。最初被太尉张禹召为郎中,历任朝歌县长、怀县令,平定朝歌叛乱。任武都太守,以增灶计大破羌军,安定一郡,治理武都政绩卓然,深受爱戴。后任司隶校尉、尚书仆射、尚书令等职,为官清正廉明,刚正

不阿,多次得罪权贵。顺帝永建四年(129年),虞诩在尚书令任间,曾上著名的《请复三郡疏》。他认为,京都西北原安定、北地、上郡三郡地区,自古即系"《禹贡》雍州之域,厥田惟上。且沃野千里,谷稼殷积,又有龟兹盐池以为民利。水草丰美,土宜产牧,牛马衔尾,群羊塞道。北阻山河,乘厄据险。因渠以溉,水舂河漕。用功省少,而军粮饶足。故孝武皇帝及光武筑朔方,开西河,置上郡,皆为此也。"近二十多年,因羌胡内侵,战乱频仍,才"弃沃壤之饶,损自然之财""守无险之处,难以为固""三郡未复,园陵单外"。他力主,无论从经济和军事方面考虑,都要重新恢复三郡建置。顺帝刘保接受他的建议,令谒者郭璜督办恢复事宜。虞诩提倡开发的区域广大,受益面积几近今西北全境(除新疆),实为西北大开发的倡导者。

徐自为 (生卒年月不详)西汉边将,光禄塞的营造者。武帝元鼎六年(公元前111年),与李息率十万大军,兵分两路夹击羌人。为对付强大的匈奴,汉武帝在西北边陲实行大规模的军屯和移民实边政策。仅移民实边,先后将100多万内地居民,迁徙到五原、朔方(两郡都在河套一带)、酒泉、张掖(两郡都在河西走廊一带)北地等西北边郡。北地郡的宁夏平原,由于百姓、军队大幅度增加,一时建起了许多民政、军政机构。秦朝时,这里增设灵武(治所在今银川市北)、廉县(治所在今银川市西)等县。与这些变化相适应,两汉时宁夏平原上的灌溉工程也增多和扩大。在河东,相传汉武帝时开了一条新渠,即后人称呼的汉渠或汉伯渠。这条渠道的引水口在秦渠渠首上方,它绕过秦渠的南面和东面,到富平北面回注黄河。在河西,东汉时凿了两条很长的灌渠,一条叫汉延渠,东汉顺帝永建四年(公元129年),由郭璜主持穿凿。相传它是在原来北地西渠的基础上延展而成。另一条由徐自为主持穿凿,它在汉延渠西面,与汉延渠并行向北延伸。因为徐自为官居光禄勋,所以人们又称这条新渠为光禄渠。

刁 雍 (390年至484年)北魏大臣,字淑和,渤海饶安(今河北省盐山县西南)人。家世为官,刁雍历任建义将军,青(今山东省益都县)、徐(今江苏省徐州市)、豫(今河南省淮阳县)三州刺史,都督将军,封东安伯。太平真君五年(444年),以都督将军改任薄骨律镇(今宁夏灵武西南)镇将。其职责为"总统诸军""总勒戎马""督练诸屯",为边防筹供军粮。他于四月末到镇,看到当时辖境之灵州灌区(今宁夏河东灌区)、会州灌区(今宁夏卫宁灌区)和怀远郡灌区(今宁夏银川平原灌区)等地,均因东晋十六国时代长期战乱破坏,渠塞田荒,"官渠乏水,不得广殖",农业生产遭到严重破坏,造成"功不充课,兵人口累,率皆饥俭"的困难局面。为了恢复河套灌区昔日发达的农业生产旧貌,他在境内进行反复实地勘察后发现,在富平县(今宁夏吴忠市西南)西南三十里近黄河的艾山之下有汉代修古渠一道(有可能是今唐徕渠前身),因河床淤积已高出河水二丈多,加之渠系崩颓废毁,受水田亩亦荒旱抛弃。他决定修复这条古渠,在表请魏武帝批准后,即行开工。他还观察到黄河在山下枝裂为东西两股,西枝河小势弱,便于施工,于是便在次年春枯水季节,于西河下方五里处打坎截流,抬高水位,迫河水全部进入古高渠口,由于渠道已被清淤,河水无阻而下,古渠复活了。用工不过四千人,费时六十日,新渠告成,可灌溉农田四万余顷。另外在农田水利灌溉方法上,经过他的实际摸索,总结出"一旬之间,则水一遍,水凡四溉,谷得成实"的节水灌溉经验。七年(446年),朝廷下令要薄骨律镇和高平(今宁夏固原)、安定(今甘肃省泾川县北)、统万(今陕西省横山县北)四镇,出车五千乘,限期向沃野镇(今内蒙古五原县境内)运送军粮五十万斛(相当于五十万担,折五千万斤)。他向朝廷建议改车运为水运,计划从牵屯山(在今宁夏固原北)伐木,从清水河放木至黄河岸,滨河起场,打造船只二百艘,两船为舫,每只船可装粮二千斛,一次可运粮二十万斛,一舫需十人操作,计须一千人,下流五日而至,返程十日,往返航程约两个月,从三月至九月三个来回,既可完成五十万斛粮食的运输任务,同时还可节省大批劳力和畜力。魏武帝同意刁雍的计划,并认为"非但一运,自可永以为式"。这也是中国历史上有文字记载以来,对黄河进行水运开发之始。

李　听　(?至839年)唐朝将领。亦作昕,字正思,洮州临潭(今甘肃省临潭县)人,名将李晟之子。幼随父在军旅,初荫授太常寺协律郎,迁神策行营兵马使、安州(今浙江省德清县境内)刺史等职。元和十四年(819年)五月,以功授检校左散骑常侍、夏州刺史、夏绥银宥节度使。元和十五年(820年)六月,任灵州大都督府长使、灵盐节度使。境内有引黄灌渠名光禄渠,已废塞多年。《旧唐书·李晟传》记载,元和十五年(820年)李听曾疏浚过光禄渠,得以灌溉良田千余顷,发展了屯田,节省从内地向边关转饷的开支与劳苦,"后世赖其饶",记功加授检校工部尚书。

张文谦　(1214年至1282年)元朝大臣。字仲谦。邢州沙河(今河北省邢台市)人。经太保刘秉忠推荐为元世祖所重用,升为中书省左丞。至元元年(1264年),以中书左丞行省西夏中兴等路,在任三年,整治官吏,疏浚兴州(今银川)古唐徕、汉延二渠及夏、灵、应理、鸣沙四州正渠十,支渠大小六十八,灌田九万余顷,人蒙其利。他居官清正,以安国便民为己任,权奸忌之。后任文馆大学士,潜心天文、术算。至元十九年(1282年),任枢密副使,同年末,卒于任。被追封魏国公,谥忠宣。

董文用　(1223年至1297年)元朝大臣。蒙古太宗乃马真后二年(1243年),从宪宗征云南大理,后教授皇子经典。元宪宗九年(1259年),跟随兄长文炳伐宋。翌年,世祖忽必烈即皇帝位,董文用为左右司郎中。中统二年(1261年),以兵部郎中参与都元帅府事。后从元帅阔阔平山东济南李擅叛乱。至元元年(1264年),召为西夏中兴等路行省郎中,开浚古唐徕、汉延、秦家等渠,垦水田若干,于是民之归者户四五万,悉授田奖励垦种,并颁给农具。与郭守敬同佐张文谦经就其功。

郭守敬　(1231年至1316年)字若思,顺德邢台(今河北邢台)人。元朝著名的天文学家、数学家、水利工程专家,在天文、历法、水利和数学等方面都取得了卓越的成就。创制和改进简仪、圭表、候极仪、浑天象、仰仪、立运仪、景符、窥几等十几件天文仪器仪表;主持制定《授时历》,为中国历史上一部精良的历法,比当今世界各国通用的阳历(即格里高利历)早300年。郭守敬一生治理河渠沟堰几百所,尤其以修复宁夏引黄灌区和规划沟通京杭大运河最为人著称。公元1271年,郭守敬升任都水监,掌管全国水利建设。中统三年(1262年)授提举诸路河渠,四年加授银符,副河渠使。1264年,忽必烈任命大臣张文谦中书左丞西夏中兴等路,建西夏中兴等路行中书省。即今宁夏、甘肃的陇东及河西地区。河渠堤举郭守敬随张文谦一同到任。宁夏

境内古渠很多,唐徕渠和汉延渠因战争多淤塞废弃。郭守敬通过勘测各渠状况,重点修复疏通旧有渠道,在宁夏修复黄河灌区唐徕、汉延及其他 12 条干渠、68 条支渠,溉田 9 万余顷,采用推广新的工程技术,修筑渠、堰、陂、塘,使用调节水量的牌堰,即水坝和水闸,起到控制水流动的作用,旱则开闸引水入田,以收灌溉之利,涝则关闭闸门,以避泛滥之灾,宁夏平原的农业生产得到恢复,百姓建祠祀之。1266 年,他还在应理州(今中卫市)引黄河水浚美利渠,灌溉中卫地区近 3000 亩农田。郭守敬兴修水利采用的坝闸技术,设计细致,质量坚固,时至当代这种坝闸节制水量的办法还在使用。郭守敬从兴修、疏通水渠到建筑水坝和水闸,实现了人类由储水到控水的能力,这是人工灌溉史上的进步。郭守敬尊重科学、因法而治,勇于担当奉献,注重实地勘察,在原有水利基础上不断创新,一生在水利事业上成就斐然,不仅为宁夏的水利事业做出了贡献,还建议宁夏发展航运事业,在今银川至内蒙古托克托两地沿河通漕运只需四昼夜,被忽必烈采纳。郭守敬编撰有《推步》《立成》《历议拟稿》《仪象法式》《上中下三历注式》和《修历源流》等十四种天文历法著作,共 105 卷。为纪念郭守敬的功绩,人们将月球背面的一环形山命名为"郭守敬环形山",将小行星 2012 命名为"郭守敬星"。

宁　正　(1338 年至 1396 年)凤阳府寿州(今安徽寿县)人,明朝开国功臣,军事将领,官至正一品大员。性格沉着有胆略,加入朱元璋义军征讨四方,跟随徐达、常遇春、沐英等明代开国功臣立下不少战功。并屯田数万顷,兵农饶足,曾任右军都督府左都督,后官至四川都指挥使,后守云南。洪武三年(1370 年),授河州卫指挥使兼领宁夏卫事。修筑汉、唐旧渠,引河水溉田,开屯数万顷,兵食饶足。

王　珣　(生卒年不详)字德润。山东曹县人,明成化五年(1469 年)进士。弘治十一年(1498 年)十月,以都察院右副都御史巡抚宁夏,兼理军务。弘治十三年二月,王珣上奏朝廷,指出:宁夏旧有古渠三道,东为汉延渠,中为唐徕渠,西为昊王渠。汉、唐二渠现通水利,可为守御。位于贺兰山下李王渠(即西夏元昊废渠),首尾 300 余里,渠西岸高峻,中阔 20 余丈,故道虽存,但已多淤塞,"请发士卒相度地势,循故渠疏凿成河,引水下流,修筑东岸,积土如山,斩削如墙,山口要害各设营堡,即挈各军马于沿河堡内按伏,以遏贼冲,保障地方。令军民耕种其中,稍赋之,以益边储。"此奏经兵部复议,明孝宗准之,于第二年动工,王珣亲自主持,开凿疏浚李王渠,并更名为靖虏渠,以绝虏寇,兴水利。

罗凤翔　(? 年至 1580 年)字高翰。明山西蒲州(今永济县蒲州镇)举人。万历元年(1573 年)四月,以都察院右佥都御史巡抚宁夏。万历五年(1577 年)二月,升都察院右副都史,仍巡抚宁夏。万历八年(1580 年)九月,卒于宁夏巡抚任。据志书记载,罗凤翔任宁夏巡抚期间,"体恤民隐,苏息商困,奏止入卫兵马,修理城池"。其他如招垦屯田,编修宁夏志,以及"石砌闸坝,筑控夷堡,修胜金关、建庙兴学,疆理之功,不可殚述"。汉延渠和唐徕渠,是宁夏平原最主要的水利灌溉渠道,多年失修,渠道淤塞。罗凤翔任宁夏巡抚以后,招募军民大规模修筑两渠闸坝,万历五年(1577 年)四月两渠修筑工程竣工。

汪文辉　(1534 年至 1584 年)明朝大臣,隆庆四年(1570 年)改工部主事御史,后出为宁夏佥事。隆庆六年（公元1572年），经三边总督戴才奏请，设立宁夏屯田水利都司官，并动用盐课经费，对唐、汉二坝进行一次改扩建，并将干渠闸口改土为石，"务期坚固，以垂永久"。改扩建工程由宁夏河西佥事汪文辉主持，全部以大条石垒筑。这项大型水利工程，历时六载，直到万历元年（公元1573年），才在继任佥事解学礼、周有光任上全部告成。在唐、汉二渠的进水口处建成12座石闸，附近的渠坝也全部用石块包砌。从此，唐、汉二坝"安如磐石，岁省诸费"。二坝之旁均置减水闸共十孔，中塘底塘和东西厢、南北厢各以石，上跨以桥，桥上穿廊轩宇，可谓塞上一奇观，此后石闸砌筑在宁夏灌区逐渐应用。

黄图安 （？年至1659年）字四维，明末清初官员，山东承宣布政使司东昌府堂邑县（今山东省聊城市东昌府区人）。明崇祯十年（1637年）中进士，授推官，历保定府推官、庐江知县，迁吏部主事、吏部员外郎。其后，改任易州道。清军入关，他率部归降，仍任原职。顺治九年（1652年）因范文程力请，以佥都御史再任宁夏巡抚。顺治十二年（1655年）在上奏的《条议宁夏积弊疏》中，提出有关屯垦和水利方面的改革建议。他力主改革前明的军卫军垦体制，要求实行"化兵为农""变兵为民"，将屯兵转变为交纳田赋的自耕农，大力发展具有巨大潜力的塞上农业生产。发展农业生产，当然就要把水利建设提到首要的地位。清顺治十五年（1658年），黄图安主持疏浚唐徕渠和汉延渠，清除整治宁夏水利中的积弊，对明末清初群众的轻徭薄赋和经济发展修复起了积极主动的功效。

王全臣 （生卒年月不详）字仲山，清代湖北钟祥人，康熙三十三年（1694年）进士。历任汲县知县、河州知府、宁夏府水利同知、平凉知府、安西兵备道。任职期间，勤于务职，均粮免赋，卓有政绩。康熙四十七年（1708年）春，出任宁夏水利同知，时值宁夏各灌渠春工之际，经实地巡察，他发现主干渠唐徕渠存在三大弊病：其一为渠口壅遏，受水困难；其二为地渠（涵洞）不能通水；其三为渠身远供水不足。为了解决这些问题，他与水利都司王应龙到现场勘查，发现在汉延渠口之上有一条名曰"贺兰渠"的小渠，渠口低，渠身小，灌溉不利，形同废渠。王全臣决定改造贺兰渠，以助汉、唐大渠水力之不足。遂在原渠口之上三四里的宁朔县唐坝堡所属刚家咀地方开新口，直引黄河水至马家庄地方，并入贺兰渠，水行三四里至陈俊堡与汉坝堡交界地处，即弃贺兰渠，向西于汉、唐两渠间，择高地另开新渠道，新渠道行至宋澄堡再汇入唐徕渠。新渠定名为"大清渠"，全长约75里，使宁朔县陈俊、蒋鼎、汉坝、林皋、瞿靖、邵岗、玉泉、李俊、宋澄等九堡，计约1000余顷荒地俱成沃壤。唐徕渠既省了原输供九堡的水量，又接受了大清渠尾水的注入，水力大增，加之增筑迎水堤一道，唐徕渠的以上三弊基本根除。1714年，又开清塞渠，长六十七里，受唐徕渠水，灌平罗县田一千八百余亩。王全臣在任间，又建造汉延渠魏信、王澄涵洞两处，并对各支渠渠道普遍进行疏通，还改革春工用人办法。王全臣在宁夏主持水利，开渠治水，为宁夏水利事业作出卓越贡献，宁夏士民为感谢其恩泽，特于府城东立生祠纪念他。

通智 （生卒年月不详）满洲正黄旗人，历任内阁侍读学士、大理寺卿、盛京工部侍郎、兵部左侍郎及尚书等职。雍正年间奉旨来宁夏开惠农、昌润渠，并整修唐徕、汉延、大清渠，在宁夏水利发展史上做出贡献。雍正四年（1726年）二月，雍正皇帝根据总理朝政大臣隆科多和甘肃巡抚石文焯等人,关于在宁夏查汉托护(今宁夏银北地区沿黄河一带)地方开渠招垦的奏请,派时任大理寺卿通智赴宁,与陕甘总督岳钟琪共同勘实奏报。后经勘查,即命通智留宁主持此项大型水利建设工程。通智在单畴书、史在甲等人的协助下,完成以下工程:(一)新修大渠一条。新渠于雍正四年七月开工,从宁朔县叶升堡(今青铜峡市叶盛镇)东南陶家嘴南花家湾开进水口,渠身走向并汉延渠而东北行,至平罗县西河堡(今宁夏惠农区庙台乡、尾闸乡一带)引水入西河流归黄河。全长300余里,灌溉面积两万余顷。新渠由雍正皇帝钦定名曰"惠农渠"。(二)改修旧渠一条。通智在勘查新渠工程时,发现惠农渠北梢以东地方旧有名为"六羊河"一道,因失修不畅。他决定在修筑新渠的同时,"改六羊河为渠","以佐大渠(惠农渠)之不及。"该渠接引惠农渠之水,渠长136里,灌溉近黄河滩地(埂外)1000余亩。渠成由雍正钦定名曰"昌润渠"。(三)整修唐徕渠。"唐徕"古渠源自秦汉,是宁夏河西的主要灌溉大渠,由于年久未经大修,功能大减。雍正八年(1730年)三月,清廷命通智继续留宁主持对唐徕、汉延、大清三条大渠进行彻底疏浚。通智首先选择最重要的唐徕渠进行全面整修。工程从雍正九年(1731年)二月二十日开始,至四月十四日工竣放水,历时五十三天。改造工程包括:加固引水口,加高迎水埽,新建滚水石坝一道,展筑四墩五空石闸一座,对所有正闸、贴渠、底塘、梭墩、石墙进行加固或重修,对全渠埽岸进行裁弯取直和改造险薄之处,使水畅流至尾闸,并顺引流归黄河。维修旧桥17座,添建新桥两座。在整修工程中,通智还对生产工具有所改造,把多人从渠底向上以锹传抛沙土方法,改用以当地盛产的柳树枝条编为背斗运土,其一人的负土量,顶十数人的运土效率。他还在全渠底部分布底石十二块,石块上刻"准底"二字,每年春工浚渠时,凡挖见底石者即达到标准,保证了全渠统一深度,使渠水得以畅流至梢。唐徕渠整修后,又在正闸、府城西门桥等处立柱,刻划分数、形势,以察水量和淤澄情况。在维修工程完成之后,通智亲笔撰写一篇《修唐徕渠碑记》。通智在大兴宁夏水利工程之时,所用铁、石、煤炭多尽量采用本地所出,这又带动了地方采煤、采石、采矿与冶铁业和磁窑业的兴办。通智对宁夏农业和工商业的恢复与发展都有较大贡献。通智因治水之功,升任盛京工部侍郎,转兵部侍郎。但因西部军兴,通智没有完成汉延、大清二渠的整修工程,于雍正十年(1732年)被诏回京。据传后因有人诬告他在宁夏修渠招垦中,对于新垦区村落命名时,多以"通"字冠以新立堡寨,如"通昌""通贵""通成""通伏""通宁""通润"等,把圣恩据为己有,居心叵测。雍正轻信谗言,以图谋不轨罪,杀了通智。直到乾隆年间才给通智平反。而宁夏人民却尊他为四渠(唐徕、汉延、惠农、大清)总龙王,并在惠农渠正闸桥旁为他建庙塑像,每年春开水时,必先祭奠总龙王,以表示对通智治水利民的肯定与怀念。

钮廷彩 (生卒年月不详)清朝官吏。镶白旗汉军籍。雍正五年(1727年)任甘肃宁夏府知府。十年(1732年)升任分巡宁夏道观察使。上任伊始,即对宁夏主要干渠唐徕渠进行全面整修改造。第二年,又亲自指挥水利同知石礼图,对汉延渠进行首尾疏浚和全灌区整治,对该渠的大型建筑物正闸、退水闸、尾闸和桥梁以及坡堤、陡口全部进行维修加固。第四年,以同样方式对大清渠进行全面维修。数年后,于乾隆四年(1739年),他又主持对宁夏各大干渠再次进行全面彻底大修一次。除此之外,他还在鸣沙堡(今中宁县鸣沙镇)七星渠梢段建造石质涵洞五孔,以泄山水入河,上架飞槽,以导渠水浇灌白马滩至张恩堡农田30000余亩。还于沙草滩下,增筑石砌正闸一座,"既逼山水,又畅渠流",使大片荒地得到灌溉,许多饥民迁入七星渠新灌区,使这里"人民云集,庐舍星罗。万年荒地,尽成沃壤"。钮廷彩主修宁夏水利,能做到亲身实地勘查,"亲率属员,栉风沐雨,劳不乘暑"。他为宁夏的水利事业,多年来"殚心积虑,须鬓皆白"。宁夏人民感谢他,在七星渠红柳沟处为他修建祠以祀之。

王廷赞 (1715年至1781年)字翼公,号用宾,辽宁葫芦岛人。曾任甘肃布政使。在甘肃为官三十多年,在平反冤狱、振兴文教、兴修水制、剿匪安民、筹集军饷等方面,都留下了政绩,但最后因贪污犯罪而被处死。乾隆四十年(1775年)至乾隆四十二年(1777年),王廷赞先后任宁夏知府、甘凉道及宁夏道道台。宁夏平原,地形平坦,是主要的农业区,旧有汉延、唐徕、惠农等灌渠,对发展农业生产曾起过很大作用,但由于年久失修,渠道严重淤塞。王廷赞上任伊始,即以发展生产为首务,奏请朝廷疏浚河渠。他的建议得到采纳,朝廷批准拨发库银,并授命他负责整个工程。王廷赞从授命之日起,即全身心地投入工作,他不辞辛劳,事必躬亲,从水文地质勘测,到排水、清沙、挑淤及运石,处处亲自指点。经过两年多的努力,河渠工程于乾隆四十二年(1777年)4月告竣。竣工之日,他的同僚赋诗表示祝贺,一诗中有"三年治水鬓成丝"的句子,可算是他这一时期宦绩的写照。宁夏平原的瘠土碱地,尽变成肥田沃野,这里自有王廷赞倾洒的许多心血。是年5月,王廷赞因政绩卓著而被提升为甘肃布政使司布政使。

赵维熙 (生卒年不详)光绪三十年(1904年)由翰林出守宁夏,汉延、唐徕、大清、惠农四渠尤为宁郡要政,每年疏浚,他都亲自督导。旗民田在靖益堡唐渠西岸开口引水,以灌溉田万亩。他见贺兰山边空地宽敞,如果开辟荒地,可增加数万亩农田,遂与都统志锐商量,设立招垦局,开湛恩渠,将贺兰山沿山一带开垦出来供旗民学习农业。宁夏县河忠堡隔在河东,常苦无水,他又与灵州知州陈必淮商量,接引灵州清水沟通水开渠,由新接堡绕达河忠堡,民甚德之。

崔桐选 (生卒年不详)民国甘肃省水利专员,1927年春,奉省主席刘郁芬委派整顿宁夏水利。在宁期间,他主持实施了彻底扒打唐徕、汉延两大干渠首段的石碛子工程,高荣裁弯,主要疏通唐徕渠与汉延渠。宁夏水利历来由豪绅污吏把持,粗估冒算,分肥营私,沿习已久。1928年在浇二轮水时,当他巡视唐徕渠灌溉情况到四道罗渠口时,复兴渠支渠长周万花告状要水,并面诉镇朔堡赖以淌水的复兴渠,被中段洪广营的豪绅黄厚坤把持,下游常年告旱。查知黄厚坤给唐徕渠蔡乐善局长行贿霸水等劣迹,遂将二人一并枪决。任命为人正直、热心地方事业的徐宗儒担任唐徕渠局长。1928年春工时,因徐对下属督率不严,春工工程未按要求完成,崔以徐督工不力论处,徐自套铁绳,沿渠带罪督修,风气为之大正。汉延渠局长蔡之弼因延误灌期,又未在限期送水至下游,也被崔就地枪决。各渠段口委管工作不力,也均受处惩。他这种雷厉风行的工作作风深得人心,广为传颂。

马周堂 (?年至1957年)宁夏贺兰县人。1935年至1945年任唐徕渠水利局局长。在任期间,每年春工亲自督导,疏浚渠道,整治闸坝。开灌后,每轮水均由口到梢亲自分配水量,使渠梢能及时灌溉,并由过去夏灌两次水增加到三次,渠梢人民感其治水功绩,联名赠匾"泽及梢民",悬挂于平罗县城南门唐徕渠桥亭上。马周堂工作作风强硬,为了百姓利益和渠道改造敢于与抢灌地主、省城高官抗争,被群众称为"马大胆"。他对全渠工程、灌溉非常了解,为了便于管理和养护,他发挥大家的管水积极性,邀请代表监督灌溉用水,并选派年青事务员学习渠务,培养后备队伍。1942年冬灌,唐徕渠放水,适逢大风,在保伏桥决口,建设厅长李翰园在决口宣布要枪毙段长吴让,马周堂坚决要求自己负责,堵口民工也下跪求情,吴让得救。中华人民共和国成立后仍从事水利工作,参加过唐徕渠的扩整和红花渠口的迁建工程。

刘发兴 (1874年至1960年)宁夏青铜峡大坝堡人。中华民国时期曾任唐徕渠水手班班长10年,工作认真,勤于思考,当时无测水仪器,只能以水位高低掌握。根据多年观察水位的经验,能以水声的洪亮有力和微弱沉细断定黄河水位的涨降,以此调整水位,既能保证灌溉用水,又能防止超量河水入渠而发生漫堤决口事故,被人称为"水手老总"。

于光和 (1906年至1960年)宁夏永宁县王太堡人,清廷贡生,治水专家。先后任宁夏省建设厅秘书、科长,后调任惠农渠水利局局长。1932年起先后任宁夏省建设厅水利科科长、水利督导专员、省水利局局长、建设厅厅长和"国大"代表等职。他出身水利世家,自学先进的水利科学技术,对疏浚渠沟,治理黄河护岸等兴革事宜,提出很多建议。多次对年久失修,发生漏水和裂缝的汉延渠、林皋沟和惠农渠永固等涵洞进行拆修,确保各干渠的输水安全。1940年曾建议将汉延渠口由原九道沟上移至河西口,同惠农、大清三大渠同一口引黄河水,加速各渠道流量,减轻灾情。1949年春,主持新开中卫县扶农渠(今北干渠)。在从事水利工作期间,走遍宁夏黄河段各渠道、排水沟,开渠引水,造福桑梓。1936年,任《宁夏水利专刊》编辑时,亲自采访耆旧,补遗正误,搜集遗闻逸事,编撰宁夏水利规章制度、暂行办法等。宁夏地亩清丈后,宁夏省政府要收回各渠首水手承种的水手田(不纳粮差),于光和多次呈诉利弊,为他们争得一半农田,使水手赖以糊口,安心在渠服役。他不仅致力于宁夏的水利建设,而且还同情支持革命进步运动。1949年9月,他作为宁夏省和平委员会常务委员与徐宗儒、马全良、姚启贤等人亲赴中宁县与人民解放军十九兵团司令员杨得志等领导举行和平谈判,为宁夏的和平解放作出贡献。

李翰园 (1902年至1974年)曾用名李林、李毅,甘肃省临夏(今甘肃省临夏回族自治州临夏县)人。任宁夏省建设厅厅长9年间,"工矿并抓,林木并举,水利尤为重点",对宁夏的地方建设和经济发展做了许多有益的工作。第一次对全省的矿产资源、森林资源和水利资源进行较全面地普查,在此基础上开办了一些炼铁厂、小煤矿等企业。尤其是在水利建设方面付出的努力最多。首先,注意科技管理。他从陕西武功农学院水利系请来技术人员王三祝、孟昭质等人,对全省的水利治理改进制定出全面勘测规划,在建设厅设"水利研究组",置水利督导专员,配备技正(工程师)、技工(技术员)等,指导水利建设,倡导注重科学治水。其次,严格水政管理。规定每年冬季召开一次全省水利工作会议,为来年春工和岁修作出计划,责成专员、科长、各渠长、各排水沟所长、河工工头和技术人员,按计划作准备并执行。他还要求所有水管工作人员都要参加水利训练所学习,不学习不准上岗。各基层单位都要订立渠、沟养护办法,严格执行"灌、封、俵"规程。凡违规者要视情处以枪决、罚款、游乡示众等不同处分。再次,改进财物管理。经管水利,历来被视为肥差,"吃工""吃料"的积弊很深,人民深恶痛绝。他采取的对策是先对受水土地进行清丈造册,按亩平均负担人工与物料费,在施工时,又组建"春工夫料点验队"到现场督察;公推有名望,办事公道的人为首,组成"水利经费审核委员会""水利监察委员会",并向各地派出"水利视察员"进行监督。同时,他大抓水利工程建设。其较大工程是合并大清、汉延、惠农三渠,统一于西河口引水,并疏通西河阻水地段,扩大渠道引水量,减少三渠各自设口引水的岁修人工和物料。其较小者,有整修排水沟,重修河东秦渠山河沟涵洞等。李翰园对宁夏水利的治理,成绩明显,成效颇显。中华人民共和国成立后历任甘肃省人民政府委员、省政协秘书长、省民政厅副厅长、厅长,当选第二、三届全国人大代表。

郝季厚 (1906年至1984年)河北新安县人。1933年毕业于天津北洋工学院土木建筑系,曾任陕西水利管理局局长,兼总工程师。1950年调宁夏,先后任省水利局设计室主任、银川水利分局副局长、自治区水利局副局长、副总工程师、自治区科协主席。参与并主持引黄灌区各大干渠的更新改造和排水沟的开挖,在灌溉管理与防治盐碱方面成果突出。撰写了《改进引黄灌溉管理防治土壤盐渍化》《我区引黄灌区水利上存在的问题及解决的意见》《宁夏水利建设的评估和今后设想》等论文。临终遗言"把骨灰撒到唐徕渠里,渠里无水就撒到黄河里",表达出他对宁夏水利事业的关心。

赵连璧 (1903年至1986年)民间水利专家。宁夏永宁县人。其父曾任唐徕渠管水员,受父启迪和熏陶,自幼对水利产生浓厚兴趣,常参加水利抢险、护渠等,后有了较丰富的治水经验。1940年被委任为唐徕渠委管,后历任唐徕渠段长、大清渠渠道管理局局长、河西排水沟管理所所长等职。在长期治水施工中,赵连璧发展创造了草土围堰施工技术,凡干渠各险要工段的草土护岸、做软码头、修堵决口等工程,经他组织施工后,即使受大水急流冲刷也不裂缝,不下陷,使用期可达两三年之久,使宁夏引黄灌区的农民受益颇多。中华人民共和国成立后,惠农渠黄渠桥下游西岸发生决口,省建设厅水利局派他去堵修决口,他亲自动手压捆草、铺散草,指挥压土、夯实,很快堵住决口,保障了农田冬灌。1950年被任命为永宁县水利局副局长。

郑　广 (1909年至1987年)宁夏贺兰县四十里店乡光明村六队农民。1955年开始在唐徕渠、汉延渠从事水利工作。1960年起,先后任唐徕渠支渠太子渠支渠长、太子渠支管会专职副主任。多年的水管工作使他积累了丰富的经验,每到开闸放水季节,他不分昼夜亲自组织维护渠道,检查灌溉。他敢于坚持原则,在灌溉用水方面有一套自己的土办法,使农田灌溉井然有序,上下游均衡受益,被百姓称为信得过的人。在他的管理下,太子渠连年被评为先进支渠,他本人也多次荣获五好干部、春修工程先进工作者、水利管理先进工作者以及县、乡劳动模范荣誉称号。

蒙毓秀 (1927年至1987年)甘肃省庄浪县人,中共党员。1949年8月参加革命,曾任平罗中学学生会主席、共青团组织委员、支部书记、甘肃庄浪第一完小校长、庄浪县人民政府科员、第三区区长与水利部西安设计院一、二、三测量队副队长、队长、指导员，宁夏水利工程处技术员、工程师、工务科科长；1982年2月任宁夏唐徕渠管理处副主任；1984年2月至1985年3月任宁夏唐徕渠管理处处长。

冯德厚 （1916年1月至1989年6月）陕西子长县人。1958年调来宁夏，历任自治区水电局党委书记、局长，自治区党委农办副主任，自治区顾问委员会常委等职，从事水利水电工作18年。1964年倡办在秦汉渠试行以渠系管理试点工作，1971年在灵武县崇兴公社搞机耕条田建设和灌溉管理试验。他是同心扬水和固海扬水工程的倡议和组织者，力排众议，主张发展电力提灌工程，扬黄河水解决西海固地区人畜饮水困难、发展农业灌溉，从根本上解决当地群众吃水、吃粮、脱贫问题。

李鸿章 （1921年12月至1992年4月）陕西省靖边县人，中共党员。1940年在靖边县参加工作，历任乡长、区长；1949年在宁夏省中卫县任科长；1951年至1955年任宁夏省水利局河西工程处第一副处长、处长，积极参与了第二农场渠的建设；1956年任甘肃省水利厅处长；1958年任甘肃省引洮工程工程局处长；1962年任甘肃省林业局处长；1964年任甘肃省河西建委处长；1969年至1981年先后在甘肃省九公里五七干校、甘肃省物资局431处、甘肃省机械设备成套公司工作。

陈光祖 （1933年5月至1994年）宁夏贺兰人，中共党员。1951年参加工作，1972年11月至1994年1月一直任宁夏唐徕渠管理处满达桥管理所党支部书记、所长。1994年退休后病故。1990年被自治区党委授予优秀共产党员，1991年被水利部授予全国水利管理先进工作者。

王茂林 （1929年12月至1996年2月）宁夏银川人，中共党员。1951年10月至1958年5月先后在乡、区、市委、银川地委工作；1958年6月起先后在永宁县人委、惠农渠管理处工作；1976年任宁夏唐徕渠管理处革命委员会副主任，积极参与了水利工程建设和管理；1980年3月任宁夏水利学校校长；1984年2月至1985年3月任宁夏水利技工学校党支部书记。

张安福 （1934年2月至1996年4月）宁夏中宁人，中共党员。1952年10月至1953年12月在宁夏干校学习；1953年12月至1956年6月在银川百货公司纺织公司批发部工作；1956年6月起历任青铜峡勘测处人事干事、自治区水电局人保处干事、自治区水利工程处办公室副主任、自治区水利设计工程处科长；1969年6月起先后任自治区水利工程处科长、队长、副处长；1981年5月任水利机械修造厂党支部书记；1984年2月任宁夏唐徕渠管理处党总支书记；1986年3月至1992年1月任宁夏唐徕渠管理处党委书记。为人作风朴实，团结同志，为唐徕渠党的建设和精神文明建设做出了贡献。

林选 （1923年12月至2000年7月），山西左云县人，中共党员。1946年10月至1951年4月在解放军三旅七团当通讯员、班长、排长、副连长；1951年4月至1959年10月在一军一师一团一连任连长；1959年10月至1971年10月在水电局任股长、人保处负责人、供电所所长;1970年2月任宁夏唐徕渠管理处副主任;1980年2月至1983年11月任宁夏唐徕渠管理处党总支书记、主任。为人正直,作风严谨,坚持原则,为唐徕渠水利建设发展做出了贡献。

薛池云 (1910年8月至2001年8月)陕西定边县人,中共党员。曾任吴忠市委书记、市长,吴忠自治州副州长。1954年起开始从事水利工作,曾任宁夏水利局副局长。他亲自参与主要工程的查勘施工和渠道决口的堵复以及水利管理工作。曾担任山区水利工作组组长,常驻张家湾水库工地,与技术负责人吴尚贤一起巡视指导水库建设,终于建成第一批13座大、中、小型水库,造福了山区的农业建设。1960年西干渠二旗沟处决口,他与技术人员克服困难堵住决口,并完成西干渠二期工程建设。20世纪70年代初期担任同心扬水工程副指挥,他制定方案,坚持施工质量,使工程如期建成,该项目得到国家水电部的表扬。在负责固海扬水工程建设时,虽已年逾古稀,但仍坚持在工地一线,发现质量问题,坚决返工。从事水利工作28年中,他亲自参与主要工程的查勘施工和渠道决口的堵复以及水利管理工作,他治事勤恳,钻研水利业务,成为有治水经验的领导者。

吴尚贤 (1920年10月至2001年3月)宁夏青铜峡市人,中共党员。1946年毕业于重庆中央大学水利系,任黄河水利委员会宁夏工程总队助理工程师,1951年由甘肃水利局调任宁夏青铜峡河东、河西与干渠工程处副处长,先后任工程师、宁夏水利局副局长、副总工程师、宁夏政协副主席等职。从事水利建设工作近40年,被誉为宁夏水利的"活字典"。1993年享受国务院颁发的政府特殊津贴。在整修改建引黄灌区中,他倡导以"裁弯取顺"的方式整治旧渠道;以导、蓄、汇的方法防治山洪;在银北自流排水困难的低洼地区,提倡建短沟水站,井排井灌,降低地下水位、改良盐碱地;采用木架附重四面体,防治黄河塌岸;在干旱山区,大力提倡种柠条,修筑隔坡梯田和打井打窖等一系列治理措施,在实践中得到显著成效。1952年秋宁夏省政府决定开挖建设第二农场渠,1953年开工,吴尚贤任技术总负责,1955年建成。长期的实践和研究,使他积累了丰富的治水经验,对宁夏的水利建设作出了卓越的贡献。他一生还创作百余首诗文,再现了宁夏水利半个多世纪的沧桑巨变。晚年曾被聘为宁夏地方志编委会顾问,主持编修《宁夏水利志》《宁夏农业地理》等书。

郭文举 (1918年至2003年12月)宁夏盐池县人,中共党员。1936年6月,红军西征解放盐池,其积极参加革命活动;1937年5月参加革命工作,在边区盐池县完全小学当教员;后入陕甘宁边区党校学习;历任盐池县政府四科科员、建设科和财政科科长,盐池县委组织部部长、副书记、书记等职;中华人民共和国成立后,继任盐池县委书记;1953年1月任宁夏省会银川市市长;1955年7月任银川专员公署第二副专员;1956年2月任银川地委常委兼副专员;1958年8月任银川市委书记兼副市长;1961年4月调任自治区物资局局长;1970年2月历任石嘴山市党的核心小组副组长、市革委会第一副主任、核心小组组长、银南地区党的核心小组组长兼革委会主任,银南地委书记兼革委会主任;1974年任同心扬水工程建设指挥部副总指挥,1977年11月任石嘴山市党的核心小组组长兼革委会筹备组长;1978年7月任自治区水利局党组书记、局长,团结带领水利干部职工为宁夏水利事业做出贡献;1983年4月至1988年6月任自治区人大常委会副主任。

严正才 (1927年5月至2004年6月)宁夏青铜峡人。1952年至1970年初在青铜峡水电局当工人,1970年至1981年1月在宁夏唐徕渠管理处跃进桥管理所当工人。严正才同志在青铜峡水利枢纽工程及宁夏河西灌区黄河涨水筑坝以及渠道岁修抢险工程中学习并熟练掌握了草土围堰技能,先后参加了青铜峡水利枢纽工程、甘肃省玉中、白银市、西固、陶河、靖台、靖远等水利工程,1976年被自治区水电局评为学大寨、学大庆先进个人,1978年被水利电力部评为全国水利管理战线学大寨、学大庆先进个人。1978年下半年被水利电力部派往出国搞草土围堰工程,1980年1月被中国驻马里大使馆授予1979年度马里先进工作者荣誉称号;1980年2月,严正才被自治区人民政府授予自治区农业劳动模范。

郝玉山 (1916年5月至2005年8月)陕西米脂人,中共党员。自1949年9月宁夏解放时,接管农业水利至1953年8月调离宁夏的4年中,任建设厅(后改农林厅)副厅长、厅长。1958年宁夏回族自治区成立时任自治区副主席,1962年调离。在宁夏前后9年中,他注意延揽水利人才,重用和爱护有技术经验的水利职工,对宁夏引黄灌区古老渠道的扩建、改建,新干渠和排水干沟的兴建,山区水库的创建等关键工程,都亲身参与查勘规划,并身体力行地付诸实施。在1950年主持唐徕渠火石珜决口的修复中,排除众议,改变堵复原决口的老办法,创用以裁弯取顺的方式,成功地修复决口,整顺旧渠,为整治旧渠道创出新路。同年将青铜峡灌区历来以渠设局、单独核算的管理体制,改为以县设局分段管护;水费、征工款统收统支,均一负担。郝玉山工作深入,处事果断,为宁夏引黄灌区和山区水利的发展开创局面奠定基础,贡献卓越,受人称颂。

沈也明 (1935年4月至2007年10月)江苏省东台县人,中共党员。1953年8月参加工作,先后任水利局测量队队员、工程处指导员、党办副主任、代理支书;1965年任第二农场渠技术员;1972年9月任宁夏唐徕渠管理处生产科科长;1978年3月任自治区水利厅水利处副处长、处长;1991年3月至1997年3月任自治区水利厅厅长。50多年来,他把毕生精力和心血都献给了宁夏水利事业,任自治区水利厅厅长期间,情系百姓,情系水利,用忠诚和担当为宁夏水利建设工作和农业农村发展作出了应有的贡献。尤其在兴建固海扬水、盐环定扬水、扶贫扬黄水利工程等一批重点工程中,他都发挥了主要领导作用,作出了积极贡献。

徐凤文 (1939年1月至2009年4月)河北省乐亭县人,中共党员,水利工程师。1956年3月至1959年8月先后在宁夏青铜峡勘测处、宁夏水利局农水处、银川市水电局工作;1959年8月至1962年5月在陕西武功水利学校上学;1962年5月历任银川市水电局技术员、宁夏唐徕渠管理处技术员、副所长、科长;1984年2月任宁夏唐徕渠管理处副处长;1992年1月至1996年3月任宁夏唐徕渠管理处处长。为人诚恳,作风朴实,坚持原则,为唐徕渠水利建设和经济发展做出了贡献。

李发奎 (1932年5月至2012年7月)甘肃省永登县人,中共党员。1949年10月为宁夏省中卫县独立军战士、农建一师三团二营文化教员;1957年4月为甘肃省公安厅三支队中队长;1960年6月任新疆生产建设兵团农七师工程股长、水管所长、工程科长;1966年3月为西干渠管理处干部;1971年8月为银川水电局干部;1980年2月任宁夏唐徕渠管理处副处长;1982年2月任跃进渠管理处副处长;1984年2月任宁夏唐徕渠管理处调研员,1992年5月退休。

张 元 (1963年11月至2014年8月)宁夏海原人,中共党员,高级工程师。1981年11月从黄河水利学校毕业,分配至固海扬水管理处工作,1984年5月至1992年4月先后任固海扬水管理处灌溉调度科科长、副处长;1995年3月历任盐环定扬水管理处副处长、宁夏七星渠管理处处长、宁夏水利勘测设计院党委书记、副院长、自治区水利厅经济管理局党支部书记、水利水电工程局党委书记;2004年6月任宁夏唐徕渠管理处处长,2011年4月任自治区水文水资源勘测局党委书记;2014年8月因病去世。任宁夏唐徕渠管理处处长期间,尽忠诚和担当为唐徕渠建设与管理、水管体制改革作出了应有的贡献。2008年,主持编辑出版《长渠流润——唐徕渠历史与新貌》《唐徕渠管理处精细化管理规程》,设计确立唐徕处徽,谱写《唐徕之歌》,凝练唐徕精神,对唐徕渠标准化管理、水文化拓展传播作出了贡献。

魏 祥 (1929年2月至2015年3月)宁夏同心人,中共党员。1949年10月在同心县下马关区小队工作;1950年11月历任同心县下马关区文书、下马关新庄华区区长、宁夏水利局测量队指导员、宁夏水电设计院党团办公室副主任、宁夏水利工程处工程队队长(兼指导员);1975年1月任宁夏唐徕渠管理处政工科长;1980年2月任宁夏唐徕渠管理处党总支副书记、副主任;1984年2月任宁夏唐徕渠管理处调研员;1990年9月离休。他有强烈的事业心、责任感,在党的建设和组织管理工作上做出了不懈的努力。

马学仁 (1945年12月至2017年5月)宁夏银川人,中共党员。1965年参加工作,先后在宁夏唐徕渠管理处西门桥管理所任会计、段长、副所长、所长、处党委委员等职。1988年被自治区党委、人民政府授予自治区成立三十周年民族团结进步先进个人。1989年被水利部授予全国水利系统劳动模范。

刘生跃 (1924年8月至2018年1月)陕西定边人,中共党员。1942年2月参加革命工作,先后任陕西定边四区委秘书、副区长、区长、区委书记,宁夏盐池县区长、团委书记,灵武县团委书记、水利局局长,吴忠市自治洲水土保持站站长、水利局局长,金积县农林水利部部长,西干渠工程处副处长,宁夏水电局副局长、农水处副处长;1970年2月任宁夏唐徕渠管理处革命委员会主任;1972年8月任宁夏唐徕渠管理处党支部书记、主任;1978年5月任自治区水电局水利处处长;1980年任自治区水利厅纪委书记。为人豁达,作风扎实,在唐徕渠水利建设、建章立制、规范管理方面做了卓有成效的贡献。

王守信 (1937年5月至2020年1月)陕西省长安县人,中共党员。1958年7月参加工作,1958年8月在宁夏水电局工作;1965年11月至1970年8月任宁夏第二农场渠管理处负责人、支部书记、主任,为管理处发展和灌区农业丰收做出了贡献;1970年8月任宁夏银川化肥厂革委会副主任兼政治处主任;1972年8月任宁夏惠农渠管理处党总支副书记、副处长;1980年2月任宁夏水科所支部副书记、副所长。1996年3月退休。

李 兵 (1956年1月至2020年3月)北京人,中共党员,高级工程师。1976年在自治区水利厅抗旱打井办公室任技术员;1980年在自治区水利厅机电排灌处任助理工程师;1985年任自治区水利厅农田水利处工程师;1995年任自治区防汛抗旱指挥部办公室副主任;2006年10月至2012年11月任宁夏唐徕渠管理处党委书记。为人随和,关心群众,在唐徕渠精神文明建设、水文化建设方面做出积极贡献。

苏尚礼 (1933年2月至2020年8月)宁夏同心人,中共党员。1949年9月参加工作,先后任宁夏同心县韦州区文教助理员、韦州区武装小队文书、韦州区团委副书记、同心县团委宣传部部长、平罗县团委宣传部部长、同心县团委副书记、同心县报副主编、同心县广播站站长、同心县政府办公室副主任;1975年任同心扬水工程指挥部汽车队队长、物资供应处负责人;1978年任宁夏水利制管厂厂长;1983年3月任自治区水利厅党委副书记;1985年任自治区水利厅党委书记;1988年8月任自治区总工会党组书记、主席,政协宁夏回族自治区法治委员会主任委员;1998年7月离休。曾当选为中国共产党宁夏回族自治区六届委员会委员、政协宁夏回族自治区六届委员会常委、中华全国总工会十一届委员。

张振武 (1906年8月至?)陕西省靖边县人,中共党员。1935年8月先后任靖边县政府科员、副科长;1945年1月先后任靖边县城区副区长、管理员;1948年8月在延安西北党校学习;1949年8月任宁夏水利局科长;1955年4月至1965年任水利局第二农场渠管理处处长,为第二农场渠建设与管理做出了贡献。

张 兴 (1912年至?)陕西横山县人,中共党员。1950年4月至1952年6月任宁夏省建设厅水利局局长,1952年6月至1953年2月任宁夏省农林厅水利局局长,1953年2月任宁夏省农林厅副厅长。他负责全省水利工作时,亲自参与旧渠道的岁修、抢险和新修工程的查勘。在任务重人员少的情况下,除组织留用有经验的旧水利人员和技术人员外,向外省延揽水利技术人员和技工,并大力培训当地干部和工人。所有水利从业人员在灌溉季节集中管理;冬季进行勘测设计、办技术培训班;结合春秋的岁修全力以赴地施工;从实践中培养锻炼了干部、工人。他尊重知识、重视人才,深入实际、除旧布新,对宁夏水利事业的发展起了承前启后的作用。

吴启元 (1931年12月至?),湖南省临澧县人,中共党员。1949年11月参加工作,先后任临澧县武工队员、区公安助理、公安局侦察员、中队长、副大队长、站长等职;1970年2月任宁夏唐徕渠管理处革委会副主任;1972年8月任宁夏唐徕渠管理处党支部副书记;1972年9月至1975年1月兼任宁夏唐徕渠管理处政工科科长;1978年12月在宁夏水利局工作;1980年2月任宁夏惠农渠管理处副主任;1984年2月任宁夏惠农渠管理处党总支书记、处长。

马应杰 (生卒年不详)山西河津县人。1950年毕业于武功农学院水利系。中华人民共和国成立初期,因宁夏没有专攻水利的大学生,为了尽快恢复宁夏水利设施,宁夏省建设厅厅长郝玉山专程到武功农学院要来马应杰等同志担任工程师。1954年2月,在雀水利局技术室工作的马应杰主持完成了第二农场渠技术设计书。在水利建设设计施工中,他采用推广新技术,身体力行为人称道,如排水沟的倒虹、七星渠红柳沟大渡槽、唐徕渠西门桥、河西总干渠首等工程的设计施工,均开当地先例,为宁夏旧渠改造、新灌区开发做出了贡献。

哈彦章 （生卒年不详）银川市芦花乡人。1950年从事水利工作,任唐徕渠一段段长。1952年在永宁农校学习水利工程测量、施工技术。1976年起先后任贺兰县水电局工程股股长、副局长。担任贺兰县第八、九、十届人大代表,县政协第一、二届委员。他常年负责贺兰县水利工程的测量、设计和施工。对唐徕渠干支渠的裁弯、砌护和干支沟的开挖、清淤,电排站、扬水站的设计施工,金山防洪堤、黄河防洪堤的设计施工,农田水利工程的规划、测量等做了大量的工作。

第二节　人物简介

化文明　1929年11月出生,宁夏贺兰县人,中共党员。1950年5月参加工作,先后在贺兰县二区十乡任文书、贺兰县政府卫生干事、贺兰县政府党委监察员;1955年9月在贺兰县检察院、银川专署监察处工作;1958年6月历任宁夏水电局党委办公室干事、银川水利学校负责人、水利工程处副组长、政治处副主任;1977年2月任宁夏水利机械修造厂厂长;1986年4月任宁夏唐徕渠管理处调研员;1989年11月退休。

穆志俊　1933年10月出生,陕西蓝田人,中共党员,1953年7月参加工作,先后在宁夏水利局河东工程处任技术员、站长;1958年8月在宁夏水电局水文总站任技术员;1962年8月在宁夏水电局设计院党办任人保干事、负责人;1965年8月在宁夏水利局设计院（工程处）地质队任指导员;1969年3月任宁夏水利工程处测量队负责人;1971年10月任宁夏水电局落实政策办公室副主任;1976年9月在宁夏水利科学研究所任主任、党支部书记;1978年2月任自治区同心教育工作队副队长;1980年5月任宁夏唐徕渠管理处政工科科长;1984年2月至1988年7月任宁夏唐徕渠管理处纪委书记;1993年10月退休。

李宗唐　1934年8月出生,河南开封人,中共党员,高级工程师。1958年7月毕业于华东水利学院,1958年7月参加工作,在丹江口水库工作,任技术员,1960年4月在宁夏水利设计院任技术员,1961年11月在永宁县水利局任股长、局长,1970年3月调至宁夏唐徕渠管理处工作,1972年8月任生产科副科长,1980年12月任生产科科长,1991年3月任宁夏唐徕渠管理处总工程师;1994年10月退休。

刘柏章 1939年7月出生,湖北汉阳人,中共党员,高级工程师。1962年7月至1970年任自治区水科所技术员;1970年到宁夏唐徕渠管理处工作,历任技术员、副科长职务;1984年2月任宁夏唐徕渠管理处副处长;1985年3月任宁夏唐徕渠管理处处长;1992年3月任自治区水利厅大柳树水利枢纽工程前期工作办公室副主任;1999年1月任自治区水利厅大柳树水利枢纽工程前期工作办公室调研员。

师仰钰 1939年11月出生,山东济南人,中共党员,高级工程师。1960年7月任宁夏水电局工程队技术员;1961年11月任青铜峡水电局唐徕渠一所技术员;1970年4月至1985年3月先后任宁夏唐徕渠管理处管理所技术员、副主任、所长;1985年3月任宁夏渠首管理处副处长;1989年7月任宁夏唐徕渠管理处副总工程师(副处级)。1999年11月退休。

黄海龙 1940年6月出生,辽宁沈阳人,中共党员。1960年9月至1976年12月任宁夏水电局第二农场渠管理处技术员;1977年1月至1992年10月历任宁夏唐徕渠管理处西门桥管理所所长、水管科长;1992年10月任宁夏唐徕渠管理处副处长。2000年6月退休。

崔典礼 1941年2月出生,宁夏中宁人,中共党员,政工师。1958年11月至1959年11月在宁夏吴忠水利技术学校读书;1959年12月先后在宁夏中宁水电局、七星渠、跃进渠当技工;1969年12月起历任宁夏秦汉渠管理处文书、革委会副主任;1984年2月任宁夏秦汉渠管理处副处长;1989年4月任宁夏秦汉渠管理处党委书记;1992年1月至1999年1月任宁夏唐徕渠管理处党委书记。2001年6月退休。

刘汉忠 1941年8月出生,四川资阳人,中共党员,正高职高级工程师。1965年从陕西工业大学水利工程系毕业分配到宁夏工作,历任宁夏水利设计院副院长、院长,宁夏回族自治区水利厅副厅长、党委书记、厅长,沙坡头水利枢纽有限责任公司常务副董事长;参与同心扬水工程勘测设计和施工;1976年7月至1978年10月负责中卫南山台子扬水工程泵站的设计和施工,在固海扬水工程勘测设计中担任主设计;1977年被评为全区先进工作者;1984年3月负责盐环定扬黄工程的设计工作;1991年9月负责盐环定扬黄工程指挥部指挥;1997年3月至2000年5月任自治区水利厅党委书记、厅长。2000年5月退休。

陈光华 1949年4月出生,浙江镇海人,中共党员,高级政工师。1968年5月参加工作,1968年5月在银川石油勘探指挥部工作,1971年7月到宁夏水利工程处工作;1987年9月至1989年7月在银川市党校学习;1989年7月任宁夏水利综合经营总站副站长;1995年6月任宁夏正泰工贸有限公司副总经理;2001年12月任自治区水利厅经济管理局局长;2005年4月至2006年9月任宁夏唐徕渠管理处党委书记。2009年4月退休。

张 霆 1949年4月出生,北京人,中共党员。1970年12月至1976年3月在宁夏军区独立师服役;1976年3月起先后任宁夏水利工程处保卫科副科长、科长;1985年6月在盐环定扬水工程指挥部工作,1986年7月任宁夏水利开发公司副经理;1991年10月任宁夏水利经营总站副站长;1994年4月至2006年4月任宁夏唐徕渠管理处纪委书记。2009年4月退休。

王兴华 1949年11月出生,宁夏中宁人,中共党员。1968年12月起先后在固原地区冷库、商业车队、固原地区中宁石空石油运转站、宁夏跃进渠管理处、自治区水利厅劳资处、宁夏水利工程处劳资科工作;1988年7月借调自治区水利厅纪委工作;1990年7月任宁夏唐徕渠管理处纪委副书记、监察室主任、纪委书记;1994年5月任自治区水利厅劳资处副处长、自治区监察厅派驻水利厅监察专员办公室主任;2001年3月任自治区水利厅纪委副书记。2009年11月退休。

刘赛光 1953年出生,陕西子长人,中共党员,高级工程师。1971年至1973年在青铜峡教育局工作;1973年至1976年在长春地质学院学习;1976年在宁夏地质局工作;1987年在自治区水利厅水保站工作;1994年任宁夏彭阳县政府副县长;1997年任自治区水利厅水保局副局长;1999年1月任宁夏唐徕渠管理处党委书记;2001年3月任宁夏水文水资源勘测局局长。2013年4月退休。

肖云刚 1956年1月出生,湖北沔阳人,中共党员,高级工程师。1982年2月毕业于武汉水利电力学院农田水利专业并参加工作,历任宁夏固海扬水管理处副处长、自治区水利厅水利管理处副处长、处长;1995年8月任自治区水利厅党委委员、副厅长;1998年3月任自治区水利厅党委委员、副厅长、宁夏扶贫扬黄工程建设总指挥部党组成员、副总指挥;2000年5月任自治区水利厅党委副书记、厅长;2002年10月任自治区水利厅党委书记、厅长,兼任宁夏扶贫扬黄工程建设总指挥部党组书记;2003年12月任吴忠市委书记、市人大常委会主任;2007年9月任自治区第十届人大常委会副秘书长(正厅级)、秘书长、人大常委会机关党组书记;2013年1月至2018年1月任自治区第十一届人大常委会副主任。

吴洪相 1956年6月出生,宁夏中宁人,中共党员,水利工程学研究员,高级工程师。1980年2月毕业于宁夏农学院水利系农田水利专业、华北水电学院水利系农田水利专业;1982年7月先后任宁夏农学院教师、院团委书记(副处级)、宁夏七星渠管理处党支部副书记、书记、副处长、处长;1996年3月任宁夏唐徕渠管理处党委副书记、处长;1998年6月任自治区水利厅党委委员、副厅长;2002年10月任自治区水利厅党委副书记、宁夏扶贫扬黄工程建设总指挥部党组副书记、总指挥;2005年5月任宁夏农林科学院党委书记、院长;2007年4月任自治区水利厅党委书记、厅长,水利水电工程建设管理局(扶贫扬黄指挥部)党委(党组)书记;2016年10月任自治区政府参事、大柳树水利枢纽工程领导小组副组长。

袁进琳 1956年10月出生,宁夏海原人,中共党员,高级农经师,第十届全国人大代表。1979年7月毕业于宁夏大学机械系机械制造专业,同年8月参加工作,历任海原县副县长、自治区农建委山区处副处长、银川镇北堡林草试验场场长、自治区农建委主任;1998年9月任宁夏扶贫扬黄工程建设总指挥部党组成员、副总指挥;2002年1月先后任自治区水利厅党委副书记(正厅级)、书记、副厅长、厅长,2004年2月兼任宁夏扶贫扬黄工程建设总指挥部(水利水电工程建设管理局)党委(党组)书记;2007年4月任自治区发展和改革委员会党组书记、主任;2013年1月任自治区第十一届人大常委会秘书长;2015年1月至2018年1月任自治区第十一届人大常委会副主任。

马朝阳 1956年10月出生,宁夏平罗县人,中共党员,高级工程师。1979年8月毕业于原西北农学院水利系农田水利专业,1979年9月参加工作,在宁夏农垦局勘测设计队工作,1985年2月任勘测设计队队长;1992年10月任宁夏农垦农业综合开发办公室副主任,兼勘测队队长;1997年8月任宁夏西干渠管理处党委委员、副处长;2005年10月至2012年3月任宁夏唐徕渠管理处党委委员、副处长。2016年10月退休。

叶廷平 1957年7月出生,宁夏青铜峡人,中共党员,高级工程师。1982年8月毕业于宁夏农学院水利专业,1982年8月参加工作,任宁夏青铜峡市水电局副局长;1992年5月至1998年10月先后任宁夏唐徕渠管理处良田渠管理所所长、水管科科长;1998年10月任宁夏唐徕渠管理处党委委员、副处长;2005年10月任西干渠管理处党委委员、副处长;2008年1月任西干渠管理处党委委员、处长;2013年12月任西干渠管理处党委书记。2017年7月退休。

高建国 1959年9月出生,河南偃师人,中共党员。1977年3月至1979年3月在宁夏水电局技工学校农田水利专业学习;1979年3月至2004年11月在宁夏七星渠管理处工作,先后任政工科长、党总支副书记、党总支书记、党委书记;2007年2月任宁夏水利学校党委书记;2012年11月至2019年4月任宁夏唐徕渠管理处党委书记。2019年9月退休。

郭 浩 1960年2月出生,吉林双阳人,中共党员,正高职高级工程师。1977年7月参加工作,1978年9月至1982年7月在宁夏农学院水利系农田水利专业学习;1982年7月先后任固海扬水管理处技术员、副科长、副处长;1992年1月任宁夏唐徕渠管理处党委委员、副处长;1999年1月任宁夏唐徕渠管理处党委委员、处长;2004年6月任自治区水利厅灌溉管理局党支部书记、局长;2007年10月任自治区水利厅副巡视员、灌溉管理局党支部书记、局长;2008年1月任自治区水利厅党委委员、副厅长;2018年11月任自治区水利厅巡视员。2020年2月退休。

杨克胜 1960年2月出生,甘肃皋兰人,中共党员,思想政治工作研究员。1978年2月至1994年9月在解放军空军86405部队服役;1994年10月在自治区水利厅组织宣传处工作;1998年10月任宁夏汉延渠管理处党委副书记;2003年2月至2004年10月任宁夏唐徕渠管理处党委副书记(主持党委工作);2004年11月任宁夏盐环定扬水管理处党委书记;2009年8月任宁夏水利学校党委书记;2020年2月退休。

邰涌权 1962年5月出生,内蒙古包头人,中共党员,高级政工师。1981年11月参加工作,先后任宁夏固海扬水管理处团委副书记、宁夏唐徕渠管理处政工科副科长、科长(兼办公室主任);1998年10月任宁夏唐徕渠管理处副处长;2001年3月任宁夏唐徕渠管理处党委书记;2003年1月任自治区水利厅机关党委专职副书记、水利工会主席;2006年9月任自治区水利厅组织人事处处长;2008年12月任自治区水利厅党委委员;2009年6月任自治区水利厅党委委员、组织人事与老干部处处长;2015年2月任自治区水利厅党委委员、副巡视员、组织人事与老干部处处长;2016年5月任自治区水利厅党委委员、副巡视员;2019年6月至今任自治区水利厅党委委员、二级巡视员。

王效军 1962年7月出生，宁夏西吉人，思想政治工作研究员。1977年7月在西吉县硝河乡插队锻炼，民办老师；1978年9月先后在西吉县人武部、广播电视局、农村社教办工作；曾任西吉县硝河乡党委副书记、平峰乡党委书记、城郊乡党委书记、扶贫扬黄工程建设指挥部办公室党支部书记、主任、宁夏扶贫扬黄工程建设总指挥部保卫处副处长、办公室副主任、自治区水利厅红寺堡扬水筹建处副处长、惠农渠管理处党委副书记、宁夏新海水务公司总经理；2013年12月任宁夏固海扬水管理处党委书记、处长；2019年1月至2021年4月任宁夏唐徕渠管理处党委委员、处长。

白耀华 1962年12月出生，宁夏中卫市人，中共党员，在职研究生学历、工学博士，正高职高级工程师。1979年9月至1983年7月在武汉水利电力学院农田水利专业学习；1983年7月任宁夏唐徕渠管理处技术员；1986年2月历任宁夏唐徕渠管理处水利管理科副科长、自治区水利厅水利管理处主任科员；1995年9月先后任自治区水利厅灌溉管理局副局长、计划基建处副处长；1999年5月任自治区水利厅渠首管理处党委副书记、处长，自治区水利厅建设与科技教育处处长；2004年11月任自治区水利厅宁东水务有限责任公司党总支书记、董事长；2006年6月任自治区水利厅副厅长、党委委员；2007年9月任石嘴山市委常委、副市长；2008年4月任自治区建设厅党组成员、宁夏建工集团党委书记、董事长；2013年1月任自治区住房和城乡建设厅副厅长、党组副书记（正厅级）；2015年2月任自治区水利厅党委副书记（正厅级）、副厅长；2016年10月任自治区水利厅党委书记、副厅长；2016年11月至2022年1月任自治区水利厅党委书记、厅长；2022年1月任自治区人大常委会环境与资源保护工作委员会主任。

郭兰青 女，1963年8月出生，山东昌乐人，中共党员，高级工程师。1981年9月至1984年1月在宁夏水利学校农田水利专业学习；1984年1月在唐徕渠管理处工作，先后任灌溉管理科副科长、科长、水政科科长；2012年3月任宁夏唐徕渠管理处党委委员、副处长；2017年7月至2021年4月任宁夏惠农渠管理处党委委员、副处长。

苏立宁 1963年9月出生，甘肃省定西县人，正高职高级工程师。1981年9月至1986年7月在清华大学水利工程系水资源工程专业学习；1986年7月在宁夏水利水电勘测设计院工作，先后任副主任、主任工程师、规划处处长（正科级）；2005年10月任宁夏唐徕渠管理处总工程师（未到职）；2007年1月任自治区水利厅规划计划处副调研员；2007年9月任自治区水利厅规划计划处副处长；2010年9月任自治区水利厅规划计划处调研员、副处长；2011年5月任自治区水利厅水政水资源处处长；2014年12月任自治区水利厅副总工程师、水政水资源处处长；2015年1月任自治区水利厅副总工程师；2019年9月任自治区水利厅副总工程师、规划计划处一级调研员；2021年4月任自治区水利厅二级巡视员、副总工程师；2021年5月至今任自治区水利厅二级巡视员。

哈斌 1963年9月出生，宁夏平罗县人，中共党员，正高职高级工程师。1982年9月至

1985年1月在宁夏水利学校农田水利专业学习；1985年1月到宁夏惠农渠管理处工作；2003年11月任宁夏惠农渠管理处总工程师；2010年2月任宁夏秦汉渠管理处党委委员、副处长；2012年12月任宁夏渠首管理处党委委员、处长；2019年5月至2021年3月任宁夏唐徕渠管理处党委书记。

周跃华 1963年10月出生，山东金乡县人，高级工程师。1986年7月毕业于陕西机械学院水利工程专业并在宁夏水利水电勘察设计院参加工作，1997年7月担任宁夏水利工程建设管理局规划设计科科长、施工管理科科长；2002年5月任宁夏汉延渠管理处副处长；2003年11月任宁夏唐徕渠管理处副处长；2008年1月任盐环定扬水管理处党委委员、副处长；2012年4月任宁夏西干渠管理处党委委员、副处长；2015年10月任宁夏防汛抗旱指挥部办公室督察专员；2019年4月至今任宁夏水旱灾害防御中心副主任。

刘文秀 1964年11月出生，宁夏隆德人，中共党员，高级工程师。1986年1月至1991年2月任宁夏秦汉渠管理处秦二所技术员；1991年2月任宁夏秦汉渠管理处工程队副队长；1995年3月任宁夏秦汉渠管理处工程公司经理；1998年10月任宁夏秦汉渠管理处副处长；2001年2月至2007年9月任宁夏唐徕渠管理处党委委员、副处长，期间2002年4月至2005年10月任宁夏银水房产公司总经理；2007年5月先后任宁夏建工集团房地产开发公司董事长、宁夏建工集团有限公司党委委员、副总经理。

孙建军 1965年1月出生，宁夏灵武人，中共党员，正高职高级工程师。1984年9月至1988年7月在宁夏农学院水利系农田水利工程专业学习；1988年7月在陕甘宁盐环定扬黄工程指挥部工作；1996年10月在宁夏水利工程建设管理局工作，先后担任规划设计科副科长、科长；2002年5月任宁夏秦汉渠管理处副处长；2003年11月任宁夏秦汉渠管理处党委委员；2004年9月任宁夏水利工程建设管理局党支部委员、副局长；2005年11月任宁夏水利工程建设管理局党总支委员、副局长；2017年7月至今任宁夏唐徕渠管理处党委委员、副处长。

孙立国 1965年4月出生，宁夏贺兰县人，中共党员，大专学历，工程师。1985年1月毕业于宁夏水利学校农田水利专业并参加工作，先后在惠农渠管理处二所、办公室、经营办工作；1995年3月任宁夏惠农渠管理处综合经营办副主任；1997年3月任宁夏惠农渠管理处二所所长；1999年4月历任宁夏惠农渠管理处监察室主任、办公室主任、组织人事科科长；2013年12月任宁夏西干渠管理处党委委员、纪委书记；2019年8月至今任宁夏唐徕渠管理处党委委员、副处长。

窦元之 1965年5月出生，山东禹城县人，中共党员，高级工程师。1986年1月毕业于宁夏水利学校，先后任宁夏惠农渠管理处综合经营办公室副主任、综合经营办公室主任兼工程公司经理；2002年6月任宁夏唐徕渠管理处党委委员、副处长；2004年12月任自治区水利厅机关服务中心副主任；2009年9月任盐环定扬水管理处党委委员、书记；2012年11月任宁夏水利建设中心党支部书记、主任；2019年1月任自治区水旱灾害防御中心党支部书记、主任。

陶 东 1966年1月出生，宁夏青铜峡人，中共党员，正高职高级工程师。1988年1月于宁夏水利学校农田水利工程专业毕业，1988年1月至2008年1月在宁夏渠首管理处工作，先后担任调度员、工程技术员、综合经营科副科长、科长、劳动服务公司经理（兼）、工程公司经理（兼）、水利管理科科长、灌溉调度科科长；2008年1月至2016年5月任宁夏固海扬水管理处党委委员、副处长；2016年5月至2019年1月任宁夏盐环定扬水管理处党委委员、处长；2019年1月任宁夏固海扬水管理处党委书记、处长；2021年4月至今任宁夏唐徕渠管理处党委委员、处长。

朱　云　1966年3月出生，宁夏永宁人，中共党员。1988年7月参加工作，大学本科学历，工学硕士，高级工程师。1984年9月至1988年7月在武汉水利电力学院农田水利工程系农田水利工程专业学习；1988年7月至1993年4月在宁夏水利科学研究所工作；1993年4月至1998年10月在自治区防汛抗旱指挥部办公室工作；1998年10月任自治区黄河整治工程指挥部办公室副主任（副处级）；2003年12月任自治区防汛抗旱指挥部办公室副主任（正处级）；2010年5月任自治区防汛抗旱指挥部办公室主任（副厅级）；2013年7月任自治区水利厅党委委员、副厅长（其间：2016年3月至2017年1月在水利部挂职）；2017年11月任吴忠市委副书记、政法委书记，市委党校校长；2020年12月任自治区政府驻北京办事处党组书记；2021年2月任自治区政府驻北京办事处党组书记、主任；2022年1月至今任自治区水利厅党委书记、厅长。

苏　林　1966年11月出生，宁夏永宁县人，中共党员，高级工程师。1985年9月至1989年7月在宁夏农学院水利系农田水利工程专业学习；1989年7月到宁夏汉延渠管理处工作，先后担任红星实验站站长，第二管理所、第五管理所所长；2012年3月任宁夏渠首管理处党委委员、副处长；2013年12月任宁夏秦汉渠管理处党委委员、副处长；2021年5月至今任宁夏唐徕渠管理处党委委员、副处长。

杨　志　1967年7月出生，宁夏中宁人，中共党员，正高职高级工程师。1985年9月至1989年7月在宁夏农学院水利系农田水利工程专业学习；1989年7月到宁夏汉延渠管理处工作；1998年10月任宁夏汉延渠管理处党委委员、副处长；2008年1月任盐环定扬水管理处党委委员、处长；2011年4月任宁夏唐徕渠管理处党委委员、处长；2018年1月至今任宁夏水土保持监测总站党支部书记、站长。

夏进喜　1967年8月出生，宁夏青铜峡人，中共党员，高级工程师。1989年7月毕业于宁夏农学院农田水利专业，1989年7月在宁夏渠首管理处工作，先后任办公室副主任、主任、综合经营科科长、工程公司经理；2004年12月任宁夏唐徕渠管理处党委委员、副处长；2010年3月任宁夏太阳山水务有限责任公司党总支委员、副总经理；2013年12月任宁夏水投红寺堡水务公司党总支副书记、执行董事、总经理；2016年2月至今任宁夏太阳山水务有限责任公司党总支副书记、总经理。

马德仁　1968年3月出生，宁夏海原人，中共党员，正高职高级工程师。1986年9月至1990年7月在宁夏农学院水利系农田水利工程专业学习；1990年7月到自治区水利厅中心调

度所工作;1995年8月到自治区水利厅灌溉管理局工作;2003年9月任自治区水利厅办公室副主任;2009年9月任宁夏惠农渠管理处党委委员、处长;2018年1月任宁夏唐徕渠管理处党委委员、处长;2019年1月任自治区水利厅法规与资源处处长;2021年5月至今任自治区水利厅水资源管理处处长。

吴晓峰 1968年11月出生,湖北武汉人,中共党员,高级工程师。1988年9月至1992年7月在新疆石河子农学院水利系农田水利工程专业学习;1992年7月到宁夏西干渠管理处工作;2003年10月任西干渠管理处总工程师;2008年11月任宁夏西干渠管理处党委委员、总工程师;2010年2月任宁夏西干渠管理处党委委员、副处长;2014年12月任宁夏唐徕渠管理处党委委员、副处长;2021年3月至今任自治区水利调度中心党总支委员、副主任。

李宗会 1968年11月出生,陕西乾县人,中共党员。1987年10月至2006年1月服兵役;2006年1月到自治区水利厅监察专员办公室工作;2011年5月任自治区水利厅监察室副调研员;2012年3月任宁夏唐徕渠管理处党委委员、纪委书记;2019年3月任自治区水文水资源监测局党委委员、纪委书记;2021年1月至今任自治区水文水资源监测预警中心党委委员、纪委书记。

殷 锋 1969年2月出生,宁夏中宁人,中共党员,政工师。1987年9月至1990年7月在宁夏农学院食品科学系食品专业学习;1990年7月在中宁县工作;2000年7月在宁夏红寺堡扬水工程筹建处工作;2007年3月到宁夏水利科学研究院工作;2015年12月任宁夏唐徕渠管理处党委委员、副处长;2019年7月至今任宁夏西干渠管理处党委委员、纪委书记。

朱保荣 1969年4月出生,宁夏中宁人,中共党员,高级工程师。1988年9月至1992年7月在宁夏农学院水利系农田水利工程专业学习;1992年7月在中宁县水利水保局工作;1998年4月在宁夏扶贫扬黄灌溉工程建设总指挥部工作;2004年12月任宁夏扶贫扬黄灌溉工程建设总指挥部工程管理处副处长;2006年5月任宁夏红寺堡扬水工程筹建处党委委员、副处长;2008年1月任宁夏红寺堡扬水管理处党委委员、副处长;2010年2月任宁夏唐徕渠管理处党委委员、副处长;2016年5月至今任宁夏银水房地产开发有限责任公司党支部委员、总经理。

海天相 1969年12月出生,宁夏彭阳县人,中共党员,高级政工师。1991年毕业于西北民族学院政治系,1991年在宁夏西干渠管理处工作,先后任宣传干事、副主任、党支部书记、党委办公室主任;2005年3月任宁夏西干渠管理处党委副书记兼纪委书记;2006年7月任宁夏唐徕渠管理处党委委员、纪委书记;2012年3月任宁夏水利电力工程学校党委副书记兼纪委书记;2019年3月至今任惠农渠管理处党委委员、副处长。

鲍旺勤 1971年9月出生,宁夏隆德人,中共党员,高级政工师。1993年9月至1996年7月在宁夏大学中文系文秘专业学习;1996年7月在宁夏七星渠管理处工作;2013年3月任宁夏水利博物馆馆长(副处级)、渠首管理处副处长(其间:2014.04—2016.11挂职自治区水利厅办公室副主任);2016年11月任自治区水利厅办公室副主任;2019年5月任自治区水利厅办公室调研员;2019年6月任自治区水利厅办公室二级调研员;2021年3月至今任宁夏唐徕渠管理处党委书记。

尹　婷　女,1972年6月出生,宁夏同心人,中共党员,高级工程师。1990年9月至1994年7月在宁夏农学院水利系农田水利工程专业学习;1994年7月到2011年6月在盐环定扬水管理处工作,先后任灌溉调度科副科长、监察室主任;2011年6月任宁夏渠首管理处党委委员、纪委书记;2016年1月任宁夏秦汉渠管理处党委委员、纪委书记;2019年7月至今任宁夏唐徕渠管理处党委委员、纪委书记。

王文刚　1974年10月出生,宁夏青铜峡人,中共党员。1991年9月至1995年7月在宁夏水利学校农田水利工程专业学习;1995年7月至2009年12月在宁夏渠首管理处工作;2009年12月任宁夏唐徕渠管理处党委委员、副处长;2013年3月任自治区水利厅组织人事与老干部处副处长;2016年5月任自治区水利厅组织人事与老干部处处长;2019年10月任自治区水利厅组织人事与老干部处处长、一级调研员;2021年7月至今任自治区水利厅组织人事与老干部处处长、一级调研员,水利厅机关党委委员、专职副书记,机关纪委委员、书记。

第十三章 水文化

水不仅是生命之源,也是文化之源。宁夏引黄灌溉文明发展史,也是一部水文化发展史,在悠久的引黄灌溉历史发展过程中日积月累形成了人们关于如何认识水、利用水、治理水、爱护水、欣赏水的物质和精神财富方面的文化财产。水文化主要包括与水有关的政治、道德、文学、哲学等方面的知识,也包括人们的风俗习惯等,水文化是中华文化的重要组成部分。

第一节 水利美誉

一、塞北江南

宁夏引黄灌区被誉为"塞北江南"。唐代诗人韦蟾《送卢藩尚书之灵武》中有"贺兰山下果园成,塞北江南旧有名"之句。可见在唐代以前,"塞北江南"就闻名于世。北宋时的《太平御览》卷一六四·州郡部十记载:"据隋《图经》曰:北周宣政二年(579年)破陈将吴明彻,迁其人于灵州,江左之人崇礼好学,习俗皆化,因谓之'塞北江南'"。由此得知,"塞北江南"这一称呼出现于隋朝(杨坚于吴明彻及其众迁居灵州的第三年即581年取代北周建立隋朝),迄今已有1400余年。开始是以灵州的习俗礼仪与江南相似而言,后来则逐渐专指宁夏平原优越的灌溉系统造就的自然环境与江南相似。《宋史·夏国传》称:这里是"其地饶五谷,尤宜稻麦……兴灵则有古渠曰唐来曰汉源,皆支引黄河,故灌溉之利,岁无旱涝之虞"。明弘治《宁夏新志·序》亦称:"宁夏地方千里……左黄河右贺兰,山川形胜,鱼盐水利,在在有之,人生其间,豪杰挺出、后先相望者济济。诚今昔胜概之地,塞北一小江南也"。清乾隆《宁夏府志》"形势总论"亦称:"宁夏之境、贺兰环于西北,黄河绕于东南,地方五百里,山川险固,土田肥美,沟渠数十处皆引河以资灌溉,岁用丰穰"。清代乾隆年间杨应琚在《浚渠条款》中也写道:"宁夏郡,古之朔方,其地乃不毛之区,缘有黄河环绕于东南,可资其利,昔人相其形势,开渠引流,以灌田亩,遂能变斥卤为沃壤,而民以饶裕,此其所以有塞北江南之称也"。

二、天下黄河富宁夏

黄河由甘肃流入宁夏的中卫市,然后沿贺兰山东麓转而向北,至内蒙古的临河县受阴山阻挡折而向东,到托克托县突然掉头,沿吕梁山南下,绕了一个马鞍形的大弯。这个特有的"几"字形大弯曲,好比套在宁蒙平原上的一个大型套马索,所以人们就称这一带为"河套"。"黄河百害,唯富一套"指的就是这里。大河套平原西起贺兰山、大青山,东到呼和浩特和林格尔,南达鄂尔多斯高原,北抵狼山、大青山。总面积约为25000平方千米,纵贯宁夏、内蒙古两个自治区。宁夏部分被称为宁夏平原或银川平原,由银(川)吴(忠)平原、(中)卫(中)宁平原组成,以青铜峡水利枢纽为分界。河套又分为前套和后套。前套牧草青青,是一个很好的天然大牧场,后套盛产小麦、水稻、谷、大豆、高粱、玉米、甜菜等农作物。所以,古人又说"天下黄河富河套,富了前套富后套"。

"天下黄河富宁夏"的由来要从"黄河百害,唯富一套"说起,秦始皇统一六国后,派蒙恬驱逐匈奴,河套迁入3万户,并设云中、九原两知郡(位于现在包头市的西方)。汉代大修水利,在朔方郡(位于现在巴彦淖尔市磴口县保尔套勒盖灌区)兴建灌溉工程(今遗址尚存)。由于水利设施的兴建,再加上河套地区独特的地理优势,使得河套地区旱涝保收。此时开始有"黄河百害、唯富一套"的说法。汉朝时期,汉武帝派遣名将卫青挥师击败匈奴楼烦、白羊二王,再次占领河套地区。唐朝名将李靖率军从河套地区出发,把唐朝国境线向北推到今天的贝加尔湖一带,从此后中原王朝和北方游牧民族经常在河套地区展开拉锯战,河套地区成为中原王朝的缓冲地带。正因为如此,明朝史学家顾祖禹在《读史方舆纪要》说:"河套南望关中,控天下之头项,得河套者行天下,失河套者失天下,河套安,天下安,河套乱,天下乱。"

明万历三年(1575年),宁夏庆王府长吏孙汝汇在《汉唐二坝记》中写道:"黄河由昆仑、积石入峡口,绕宁夏东西,直流而北。东作渠引流曰:汉渠;汉之西曰:唐徕。自董文用、郭守敬开导授民,其利远矣。迄今渠久浸淤,岁发千夫浚之,木植劳费,不啻万计。昔谓黄河独利于夏,兹困也孰甚?"明代王业曾在《美利渠记》中写道:"……昔夏人凿渠引河水溉田、世享其利。人言黄河独利于夏,职此之由也。""黄河独利于夏"的共识在明代以前已经形成。明清时期,统治者对有河渠之利的宁夏河套地区更为重视,宁夏引黄灌区也走向高峰。这一时期形成以大清、惠农、昌润、唐徕、汉延等渠组成的河西五大渠。使得宁夏成为中国西北一大粮仓。

"天下黄河富宁夏"谚语最早出现在中华民国时期。1932年11月至1933年5月,知识女性林鹏侠对陕、甘、宁、青进行考察,其考察记录集《西北行》出版。1933年4月28日,林鹏侠在宁夏考察时写道:"……黄河入宁夏省之青铜峡,占居高临下之势,既入平原,其流遂缓。西汉时,开渠引水,农利大兴,边境绕足,永无旱灾,俗有'天下黄河富宁夏',又'南京北京都不收,黄河两岸报春秋'之谚语,亦可见其利益矣。"之后,1936年出版的《宁夏水利专刊》一书中再次出现该谚语:"夫宁夏,古朔方也。土地平旷,素为不毛;且大半尽属沙碱,必得河水乃润,必得浊泥

乃沃,自资渠流以灌溉,遂变斥卤为膏腴,农业即兴,而民以饶裕,故有'天下黄河富宁夏'之谚也。惟河道变迁,水时消长,安澜蒙泽,泛滥成灾。复因河水入渠,挟泥过重,澄淀极速,民苦岁修,矧一岁所浚,不敌一岁所淤,而利害相随,逐为治理至要政焉。"

三、塞上明珠

青铜峡水利枢纽工程于1958年8月开工建设,位于黄河中游宁夏回族自治区青铜峡峡谷出口处,是西北地区主要的水电基地之一。1960年2月,青铜峡水利枢纽工程截流,实现设计任务规定的灌溉工程的"控制水量,减少泥沙,达到经济用水和减少岁修费用的要求"。1967年12月,第一台机组投产发电,土建竣工,以后随着宁夏地区电力负荷的增长,逐年安装机组,到1976年8台机组投产并网发电。

1974年9月16日,《宁夏日报》头版刊发新华社通讯《英雄战黄河 塞上添明珠——记黄河青铜峡水利枢纽的建设》,青铜峡水利枢纽在新华社通讯中首次被誉为"塞上明珠"。主要内容为宁夏各族人民自力更生、奋发图强,建设青铜峡水利枢纽的光辉事迹:"我们伟大祖国的古老黄河,从巴颜喀拉山源头奔腾而下,几经迂回,进入西北黄土高原,经兰州折向东北而去,在巍峨的贺兰山和鄂尔多斯高原之间,被青铜峡谷紧紧夹住。在这里,一座混凝土拦河大坝屹立在滚滚波涛之中,迫使湍急的河水按照人们的意志,进入一座座电站,发出强大的电流,泄向一条条渠道,灌溉着良田沃土……宁夏各族劳动人民喜看'塞上江南'添明珠,沙漠荒滩造银河,纵情欢呼……"1974年9月17日,《人民日报》(第三版)刊发新华社通讯稿《英雄战黄河 塞上添明珠——记黄河青铜峡水利枢纽的建设》,青铜峡水利枢纽工程被誉为"塞上明珠"。此后,甘肃省高中试用课本·语文第三册将这篇通讯收录其中,进一步提高了"塞上明珠青铜峡"的美誉度。自20世纪70年代开始,青铜峡水利枢纽所在地的青铜峡市,被人们赋予"天下黄河富宁夏、塞上明珠青铜峡"的美誉。

四、塞上乳管

唐徕渠是宁夏平原著名的引黄灌溉古渠道,也是宁夏引黄古灌区世界灌溉遗产工程的典范,浇灌着吴忠、银川、石嘴山3市9县区的精华地带。1959年9月25日《宁夏日报》发表了咸兆瑞的《"塞上乳管"唐徕渠》专题报道,反映了在中国共产党的领导下,灌区人民当家做主,修浚整治唐徕渠,团结治水的辉煌成就,灌区面貌发生翻天覆地变化,人民群众过上了幸福生活。从此,唐徕渠"塞上乳管"的美誉传遍宁夏大地。

唐徕渠又名唐梁渠,习称唐渠,始创年代不详,相传唐代对汉代旧渠大加疏浚、延长,并招徕户民垦种,遂名唐徕渠。据有关专家综合史料推测,唐徕渠开凿于西汉武帝时期。后经东汉、北魏、唐、宋等朝代疏浚而逐渐形成大渠。与历史上汉代的古高渠、北魏的艾山渠、唐代的御史渠有承因关系。唐徕渠名称在宋代史书中已有记载,西夏《天盛改旧新定律令》中多处载有对"唐徕、汉延及诸大渠"的管理和维护。《宋史·外国二·夏国传》卷四八六记载"其(西夏)地饶五谷,尤宜稻麦。甘(州治今张掖)凉(州治今武威)之间则以诸河为溉,兴(州治在今银川)灵(州治在今灵武境)则有古渠曰唐来、曰汉源,皆支引黄河……岁无旱涝之虞。"《金史·外国上·夏国下》卷一三四记载"兴州则有古渠曰唐来、曰汉源"。1927年修成的《朔方道志·水利志》中首次将"唐来渠"改为"唐徕渠"。

唐徕渠修浚记载始于元代,元世祖至元三年(1266年)河渠提举郭守敬"行视西夏河渠","因旧谋新,更立闸堰",修浚复通唐徕渠等12条干渠。明代隆庆六年(1572年)宁夏佥事汪文辉"易木为石"建唐徕渠石正闸、退水闸等控水石闸堰、刻画水则,此为宁夏引黄灌区建石闸之始。清代多次修浚,雍正九年(1731年)侍郎通智重修,延长引水挥、造滚水石坝、增设退水闸,在正闸、西门桥柱刻画水则兼查淤澄、埋设底石以使后浚者有所遵循。中华民国十六年(1927年)甘肃省主席刘郁芬派崔桐选来宁整顿水利,彻底疏浚了唐徕、汉延等渠,使淤淀多年的渠道输水畅通。中华民国二十五年(1936年)《宁夏省水利专刊》记载"唐徕渠全长211公里又829公尺,正闸引水量65立方米/秒,共有大小支渠551道,灌溉农田四十六万七千八百余亩"。

中华人民共和国成立后,针对旧渠弊端,改历史上以渠设局为以县分段管理,水费征工全灌区统收统支。1970年开始以渠系设处管理,灌区水权集中,统一调度。先后采取干渠裁弯取顺,疏浚渠槽,改造闸桥,衬砌险工段,开挖整治排水沟道等措施大规模整治旧渠。1952年后在唐徕渠满达桥开口建设第二农场渠,提水灌溉和干渠梢段的延伸,扩大了北部下游地区的灌溉面积。1960年青铜峡水利枢纽截留后,唐徕渠正闸以上形成河西总干渠,各干渠引水口由多首变为一首制引水,提高了渠道供水保障率,彻底省除了灌区人民世代浩繁的岁修工料。唐徕渠自1951年至1982年实施了四期63处大规模"弃旧更新、另筑新堤"的渠道裁弯取顺工程,新建改造重要建筑物82座,干渠流程缩短46公里,灌区开展大规模农田基本建设,灌溉面积由1949年的46.8万亩扩大到114万亩。唐徕渠在河西总干渠大坝营唐正闸引水,庢干渠长154.6公里,第二农场渠长83公里,大新、良田等支干渠长76.4公里,正闸最大引水流量160立方米/秒,1985年引水14.0亿立方米,灌区粮食产量达20.6万吨,是1949年的3.6倍。

1978年改革开放以来,灌区持续大搞农田基本建设,加快渠道工程改扩建和建筑物除险改造,灌区节水与续建配套改造、现代化生态灌区改造实施,工程配套标准逐步提高,灌排体系日趋完善、工程调控能力和安全状况有效提升,灌区作物种植结构逐年调整,节水型灌区建设持续推进,千年古渠生机盎然。从1985年至2021年,唐徕渠除险改造重要水工建筑物127座,渠道砌护率达到71%。唐徕渠现状干渠全长314公里,进口闸设计流量127立方米/秒,所辖建筑物868座,其中供水直开口512座,年行水期185天左右,年均引水量近10亿立方米。2021年灌区遥感调查农业种植面积102万亩,生态湖泊湿地20万亩。唐徕渠像一条巨龙,黄波滚滚自青铜峡由南向北蜿蜒流淌至石嘴山,横贯宁夏平原广袤的沃土良田、穿过一片片美丽的村庄、穿过一座座靓丽的城市,五百多条支渠像流动的血脉将黄河水源源不断地输入田间地头和湖泊湿地。

唐徕渠千年流淌,润泽古今,在一代代水利人的辛勤守护下,渠水所到之处"东西处处人栽树,远近家家水灌田""田开沃野千渠润,屯列平原百井稠""万顷腴田凭灌溉,千家禾黍足耕

锄",塞北江南风光无限。千年古渠流过凤城银川,造就了"渠畔龙宫枕大堤,春风夹岸柳梢齐""何处春风淑景饶,依依杨柳荫西桥"的宁夏胜景。唐徕渠流润宁夏川,灌区旱涝无虞,生机勃勃,欣欣向荣,"塞上乳管"唐徕渠,不负美誉。

五、唐渠流玉

"天下黄河富一方,唐渠自古水流长"。唐徕渠是宁夏平原最大的引黄干渠,始凿不详,复浚于唐,自元代郭守敬修浚复通,经历代开发整治,兴盛于今。唐徕渠从黄河青铜峡河西总干渠引水,宛如一条流动的玉带,浸润着千年历史风韵,镶嵌在宁夏大地,穿越乡村,怀抱城市,一路北流穿越银川平原,蜿蜒314公里,让黄河水注入宁夏腹地,浇灌着吴忠、银川、石嘴山3市9县区的精华地带120万亩农田,充盈20万亩湖泊湿地,赋予沿岸一片绿色和无限生机。

"一渠流水千家分,玉带如身润万民"。唐徕渠生生不息,千年流淌,润泽古今,承担着全区五分之一的自流灌溉和75%的生态补水任务,保障了灌区供水安全、生态安全,支持乡村振兴和经济社会各项事业高质量发展。灌区阡陌纵横,草木葱茏,稻香鱼美、鸟语花香,不是江南、胜似江南。沿途百姓因水而居,因水而兴,依恋唐徕渠这条流淌的"生命水脉",万物共生,欣欣向荣。"渠道汉唐依旧是,山川形胜总生成。"随着黄河流域生态保护治理逐渐深入,天蓝、地绿、水美、山青,唐徕渠将继续汲取着黄河的营养与精华,持续书写"生命的脉动",让黄河流域生态展现最美的容颜,是担当,更是使命。"塞北江南"川辉原润,风光无限,唐渠流玉,名不虚传。

六、一闸越千年

"闸分天上水,工自古人奇"。修筑闸坝引黄灌溉,在宁夏悠久的引黄灌溉历史进程中由来已久,闸坝控水技术的应用是引黄灌溉发展进步的重要标志。

唐正闸的闸和坝配套布设是闸坝控水技术的应用典范,千年流淌、润泽古今的唐徕渠,见证了闸坝控水的演化历史。引黄闸坝控水在历代史书中都有记载,《朔方道志》水利志下·渠工则例记载:"在渠上先有滚水坝(今名跳水坝)……以消其势。过此有退水闸,或二或三,水小则闭之,使尽入渠,水大则酌量启之,使泄入河。又过此为正闸,则渠之咽喉也"。闸坝控水技术在引黄灌溉工程中的应用是"塞北江南"的丰饶与日俱增。

唐徕渠修浚记载始于元代,元世祖至元元年(1264年)河渠提举郭守敬,对西夏末年历经战乱废坏淤浅的唐徕渠加以整修疏浚,因旧谋新,更立木制控水闸堰,元代在水利工程闸坝控水技术上有了新的发展。

明代大办屯垦,大兴水利。明成化六年(公元1470年)四月,宁夏卫指挥使宁正"展筑唐坝关堡",并将拦水坝由木料改为石料,周围砌上土墙进行保护,从而保障干渠的安全。明隆庆六年(公元1572年),宁夏佥事汪文辉主持,易木为石、修筑石闸,全部以大条石垒筑,在黄河引水口下20里之唐坝堡(今大坝营)修建石正闸一座,退水闸2座,同时设立水尺。直到万历元年(公元1573年),在唐、汉二渠的进水口处建成12座石闸,附近的渠坝也全部用石块包砌。从此，唐、汉二坝"安如磐石，岁省诸费"，石闸堰控水技术广泛应用。

清初，奖励开垦，兴修水利。康熙四十八年（公元1709年），水利同知王全臣由观音堂起逆流而上至石灰窑，筑450余丈之堆石迎水一道，劈黄河五分之一以为引水口。雍正九年（1731年），侍郎通智由唐徕渠口至梢，挖淤培，延长迎水三里零十丈，并于大坝堡正闸以上约五里处，建造滚水坝三十丈，增建3墩4孔退水闸一座以泄余水。工峻后，又于唐正闸梭墩尾及西门桥柱刻画分数，测量水位、兼察淤澄。并于西门桥、大渡口等处渠底布埋"准底石"12块，使后来清淤疏浚有标准可循。

中华民国十六年（1927年）甘肃省主席刘郁芬委派水利专员崔桐选到宁夏全权负责整顿水利，唐徕渠得到全面修浚，渠水得以畅流到梢段。《宁夏省水利专刊》各渠考述·唐徕渠中记载，由于"宁夏各大桥闸，俱有条石、胶泥、石灰。条石每块以六立方尺之体积，以离山甚近之本渠，亦需四元之多。石灰粘力薄弱，年年补休，所费实大"。当时的闸坝普遍"月碎石桩柴镶砌"，还鲜见水泥的踪影。

中华人民共和国成立后，宁夏引黄灌溉历史翻开新的一页。1952年春，扩建唐正闸，对原进水闸及退水闸翻修加固，闸墩改用水泥砂浆砌筑石料，将原闸4孔扩为6孔，废除原插杆闸门为木闸门，并用手摇板牙式6台5吨启闭机。1976年改建唐正闸，将原6孔改建为10孔，其中唐徕渠8孔，大清渠2孔。原木闸门改建为钢筋混凝土闸门，手摇板牙式启闭机改为电动手摇两用式卷扬式启闭机。2006年4月，第二农场渠西湖斗更换为拱形平面铸铁闸门，标志着唐徕渠木制闸门历史的结束。2012年，唐正闸实施中型病险水闸除险加固改造，外观设计采用汉唐风格，保留闸墩、交通桥、上下游翼墙、上游护坡，更换复合钢闸门，更新卷扬式启闭机，实现闸门远程自动控制，唐正闸一越千年，面貌焕然一新。

"唐正闸门提日月，乾坤一指庆丰年"。随着现代水利科技的发展，新材料、新技术、新设备在水利工程中的广泛应用，古老的闸坝虽已退出历史舞台，但闸坝控水技术的灌溉文明也深深融进黄河文化中。一闸越千年，唐正闸正为当今和未来讲述沧桑巨变。

第二节 古代拜水文化

一、明朝以前拜水文化

中国古代放水节起源于北宋太平兴国三年(978年)。官方将清明节这一天定为"放水节",到了清代又被称为"氿水",中华民国后恢复了"放水节"这一称谓。宁夏举办的放水节,史无明文记载,已无从查考。历史上,每年的开灌季节都举行隆重的放水大典,以预祝当年农业丰收,这是宁夏引黄灌区源远流长的传统习俗。

西夏时期

西夏时期有两种拜水文化,一是祭祀三龙神。《莎罗模龙王祠碑记》中载:此去西不三舍信,有所谓莎罗模山焉,下有三泉涌出地中,雷鸣电迅,莹绿澄清,其深叵测,而为莎罗模、祈答剌模、失哈剌模三龙王之蛰窟。于祷旱涝雨旸辄应,一方赖之。昔有其祠,毁于元季,今存瓦砾而已。莎罗模龙王祠建于西夏,毁于元,明代重修。由此可见,西夏祭祀三龙神,明代延续祭祀三龙神之传统,用牛首及酒祭之。二是建镇水塔。一百零八塔位于古代唐徕渠的渠口位置,唐徕渠之名最早见于西夏《天盛改旧新定律令》。《天盛改旧新定律令》对宁夏平原引黄灌溉区的水利工程维护、灌溉管理作出严格规定,每年春天开渠名为"大事"。位于黄河青铜峡唐徕渠引水口处的一百零八塔,主要是镇水塔,祈求农业丰收、减少水患。

明代禁河

明天顺八年(1464年),由于朝廷腐败,污吏横行,广武城灾害频繁,民不聊生。入夏以来,河水猛涨,淹没良田,漫及广武城墙,妇孺号啕。许多人烧香磕头,乞求龙王降福,然河水继续猛涨;后又请巫神祈祷,围城击鼓一周,河水还是有涨无落。危急中,有人建议以火攻水,于是人们连续向河中投掷火把,随之雨果然停了,水也降了。从此,人们信奉火为逢凶化吉的法宝,定为每年农历七月十五放河灯。后来,演变为正月十五闹花灯。

生祠祭拜

明代,宁夏本地人为一些治水有功的人建立生祠,经常祭祀,成为拜水文化的一种典型代表,明代著名的生祠有王公祠(王全臣)、汪公祠(汪文辉)、钮公祠(钮廷彩)、三贤祠(杨一清、王琼、张九德)等,士民感其恩德,立祠建庙,世代祭祀。

二、清及民国拜水文化

清初,宁夏引黄灌区地方政府祭祀的多为河渠龙神,祭祀的目的和仪式均与河渠的兴修和利用有关。唐徕渠上祭祀龙神在张金城主编的《宁夏府志》中记载："庙既成,释奠且有日,每岁四月立夏,邑之文武官吏,俨然造焉,凡邑之力农而服田者,咸盂酒豚蹄而从之,名曰'迎水之祭'。秋收报赛,邑之文武官吏又俨然造焉,邑之士庶,亦庾亿仓盈,含鼓而从之,名曰'谢水'之祭"。清代初期,对龙神分两次祭祀,即四月立夏的"迎水之祭",是开渠灌溉时的祭祀,还有秋收时的"谢水之祭",是渠首封口时的祭祀。

雍正以后,宁夏引黄灌区出现新的祭祀形式。通智于雍正九年(1731年)开浚大清渠,并浚修唐徕渠、汉延渠后,在各渠正闸设龙王庙,庙内供设"宁渠普利龙王之神"牌,规定四渠每年春天开水之时,首先祭奠总龙王,然后放水。而且还规定"文官到此下轿,武官到此下马",进庙祭奠,以示尊敬。中华民国时期沿用清代祭祀龙神的习俗。

引黄灌区最初的纪念活动始于中华人民共和国成立前,大坝营唐徕渠正闸右堤上,建有L型厅堂一座,砖木结构四面出厦,扎柱走廊,名曰"接水厅"。头闸左近土台上,有两层六角亭台,角上挂有十二只铁铃,风吹铃响颇为壮观。每年春开闸放水时,中华民国政府官员及水利要员等在此地举行隆重的放水仪式,祈求风调雨顺,五谷丰登。旧时,放水大典通常由高级官员主持。主要活动包括,众人祭典"祀水";朗诵《迎神辞》。奏乐;迎神位还神;授花;唱纪念歌;进席,献帛;晋爵,献爵;进食,献食,祭礼,鸣炮,放水。

第三节 当代水文化

一、放水节

宁夏引黄灌区恢复放水节于2007年。当年黄河上游降水和来水均比常年偏少三成。各大干渠将长时间处于中低水位运行,导致灌区下游时段性断流及上游高口高地引水困难。为应对严重缺水的局面,自治区人民政府决定,青铜峡河西灌区于3月1日提前开闸放水,以提前解决灌区的林草地和冬小麦及湖泊湿地用水,避免与春灌作物"争水",以缓解灌溉高峰期压力。同时,为了弘扬民族文化,延续和光大两千多年的塞上水文化,自治区决定恢复放水节活动,将每年3月1日确定为"宁夏引黄灌区放水节"。

"放水节"活动场地设在引黄灌区青铜峡唐正闸处。如今放水节活动所在地已成为"国家水利风景区",活动包括祈水、感恩、巡游、表演、鸣炮、开闸祭礼、放水。放水节期间,唐徕闸水利风景区举行一系列还原历史文化及民俗特色的文化演出活动,如"郡守巡游"千年古渠、仙姿古韵、青城狮子舞、舞龙迎宾送祝福等经典节目。同时搭台举办戏曲表演、"春和景玥"水利美术书画作品展、"春水东流"古渠水利展,受到了游客的普遍好评,称赞放水节是富有民族特色和文

化内涵的"塞上水利天府第一盛会"。

唐徕闸水利风景区,恢复唐代"镇河牛"、清代通智碑、明代石狮、清朝龙王庙、清代大坝营寨、农耕文化、黄河文化、龙王庙等设施。

2007年3月1日上午,宁夏引黄灌区首届"放水节"暨春灌启闸放水仪式在青铜峡市大坝镇唐正闸隆重举行。这也是宁夏引黄灌区有历史记载以来开闸放水最早的一次。同时,为延续和扩大两千多年的塞上水文化,自治区将每年3月1日确定为"放水节"。近年来,青铜峡市积极打造全域旅游示范市,以办好"放水节"为切入点,大力传承水利史、弘扬水文化,打响"南有都江堰、北有青铜峡"的宣传旗号,在每年放水节都举行大型民俗活动和民俗展演,为"塞上明珠、黄河金岸"增添活力。

二、感恩母亲河活动

第三届中国(宁夏)国际文化艺术旅游暨首届感恩母亲河庆典活动

2011年5月8日,由文化部、国家民委、水利部、国家广电总局、国家旅游局、中国人民对外友好协会与宁夏回族自治区政府共同主办的第三届中国(宁夏)国际文化艺术旅游博览会感恩母亲河庆典活动在青铜峡金沙湾内黄河坛隆重举行,万余名嘉宾和群众齐聚黄河坛,感恩哺育世代中华儿女的母亲河——黄河。

上午8时45分,9只羊皮筏子从黄河上游缓缓划来,筏子上载着取自黄河源头水的沿黄9省区代表。羊皮筏子抵达码头后,一位世代居住在黄河岸边的90岁老人接过装有黄河水的皮囊,将水分别倒至9对少年抬着的9只桶内,来自各地的嘉宾用黄河水种下感恩树,用苍松翠柏为母亲河披上保护的绿装,感谢母亲河对黄河儿女的哺育。取水仪式后,自治区党委书记张毅致辞:"中华儿女,同根同源;江河两岸,血脉相连。继承传统文明,弘扬黄河文化,是所有中华儿女的共同心愿和神圣职责。"

随后自治区主席王正伟宣读《黄河颂文》:"九曲黄河,万里龙蟠,乾坤流转,意气飞扬。携百川之流,卷千重之浪,奠中华民族之基,启华夏文明之光……"颂文读毕,所有人员面向母亲河三鞠躬,感谢黄河母亲。其后,中国国家交响乐团合唱团演员在感恩广场唱响《黄河大合唱》,观众在倾听中感受着母亲河的品格、精神。庆典仪式后,举行"感恩母亲河"音乐会,唐国强、孙砾等艺术家表演精彩节目,区内外嘉宾参观黄河金岸成就展、黄河金岸艺术摄影展和"美丽宁夏"书画展。《宁夏日报》发表《感恩母亲河·开创美好未来》社论。

第四届中国(宁夏)国际文化艺术旅游博览会暨第二届感恩母亲河活动

由文化部、国家民族事务委员会、国家广播电影电视总局、国家新闻出版总署、国家旅游局、中国人民对外友好协会、水利部黄河水利委员会和宁夏回族自治区人民政府共同举办的第四届中国(宁夏)国际文化艺术旅游博览会暨第二届感恩母亲河活动在黄河坛开幕。上午9点20分,全国政协副主席陈奎元,全国政协文史和学习委员会副主任陈光林,全国政协常委、中国思想政治工作研究会常务副会长高俊良,水利部原部长、中华环保联合会名誉主席杨振怀,文化部党组成员、部长助理高树勋和自治区领导张毅、王正伟、项宗西、崔波、蔡国英、昌业廷、马秀芬、屈冬玉、马国权、蔡万源一同和300名学生在黄河坛入口广场前种植感恩林,用取自母亲河源头的黄河水浇灌感恩林,让苍松翠柏为母亲河畔披翠染绿。上午10时,第四届中国(宁夏)国际文化艺术旅游博览会暨第二届感恩母亲河活动开幕式正式开始。全国政协副主席陈奎元宣布第四届中国(宁夏)国际文化艺术旅游博览会暨第二届感恩母亲河活动开幕。随后,全场所有人员面向黄河鞠躬致礼,感谢黄河母亲的慈爱之情、哺育之恩。4名中学生朗诵《18岁的誓言》,随后3300名青少年代表举行成人仪式,集体宣誓。众学生在18岁成年之际,面对母亲河,庄严宣誓:我立志成为有理想、有道德、有文化、有纪律的社会主义公民。自治区党委书记、人大常委会主任张毅为青少年代表颁发成人纪念书。自治区主席王正伟在开幕式上致辞说,黄河是中华民族的摇篮,是中华儿女的母亲河,千百年来,黄河滋养着一代又一代中华儿女,每一滴黄河水都浓缩着黄河文化的坚韧厚重,每一个中华儿女都演绎着中华精神的华彩乐章。黄河流经宁夏397千米,宛如一条玉带,哺育着宁夏平原。宁夏平原享黄河之利、沐黄河之惠,古有"塞北江南"之美誉,今有"十大新天府"的好评。王正伟说,今天的宁夏,经济繁荣、社会进步、民族团结、政治稳定、文化灿烂、人民安居乐业,呈现出一派生机勃勃的景象。饮水思源,知恩报德。今天我们怀着赤子之心,隆重举行感恩母亲河活动,礼赞伟大的黄河母亲,礼赞伟大的祖国和人民,礼赞伟大的中国共产党的无限恩情。王正伟希望通过这一活动的持续举办,集中向世人展示黄河文化的博大精深和宁夏人民的美好风采。文化部党组成员、部长助理高树勋在致辞中说,第四届中国(宁夏)国际文化艺术旅游博览会暨感恩母亲河活动的举办,是推动文化旅游深度融合发展的一次盛会,是中华儿女感恩母亲河的创新之举,对西部培育壮大孵化旅游产业、传承发展中华优秀传统文化,弘扬社会主义核心价值体系,具有积极的推动作用。高树勋说,今后文化部愿积极与宁夏精诚合作,以文艺旅博会等重大品牌活动和项目为带动,不断推动宁夏文化旅游产业做强做大。自治区副主席屈冬玉主持开幕式。全国政协委员王连生、石峰、张柏和水利部原副部长张春元、水利部黄河水利委员会原主任亢崇仁出席开幕式。开幕式结束后,国家部委领导和区内外嘉宾在感恩广场观看《黄河之约》演唱会。宁夏红枸杞产业集团等10家企业现场为"黄河善谷"捐赠1620万元善款。最后,区内外嘉宾参观黄河金岸成就展和宁夏非物质文化遗产展。

此后,每年母亲节,黄河坛景区都会举办感恩母亲河活动,开展增殖放流、植树造林等活动,感恩中华民族的母亲河黄河。

三、拜水盛典

为了更好传承和弘扬宁夏悠久厚重的水历史文化,促进水利发展、带动全域旅游、提升"塞北江南"的知名度和影响力。

2017年4月29日,宁夏引黄灌区古渠系"申遗"万人签名暨黄河拜水盛典实景演出活动在黄河楼隆重举行。自治区党委常委、副主席马顺清,自治区党委常委、宣传部部长赵永清,自

治区人大常委会副主任袁进琳,自治区政协副主席张学武,自治区水利厅厅长白耀华、旅游发展委员会主任徐晓平,吴忠市和青铜峡市领导石瑞林、兰德明、买霞、马中勇、曹玉华、金永灵、姬文泽、王洋与现场万名群众共同参与活动。

整台拜水盛典实景演出,以青铜峡为腹地,展现黄河之水的由来和灌溉,黄河之水养育宁夏一方人民,有了母亲河的灌溉才有了这塞上明珠的美誉。

盛典通过黄河古谣、激河浚渠、祭祀放水、塞上江南、感恩母亲5个篇章,以开山、祭祀、放水、农耕和感恩这几个版块进行展现青铜峡市的山和水。

黄河古谣:以黄河谣开场,随之大禹人物的形象出现,接下来鼓声渐起,50人一起敲鼓,打响开山的阵势。鼓声浩瀚,代表着先人们对于水的渴望和期盼;祭天祭山,用音乐的大背景烘托起宏大热烈的气氛。

激河浚渠:一群汉代百姓坐在树下议论着开渠,一名男子号召大家行动起来,振臂一呼大家积极响应,鼓声响起,雄壮有力的节奏为开渠的人们加油鼓劲。随着锄头一下下入土,渠开了,水灌溉了良田,人们欢呼雀跃……

祭祀放水:先民们像潮水一般涌现出来,开始出现在祭拜的路上,他们分为4组,从台阶两侧慢慢地尾随而下,行成长龙一般,一步步地前行,在前行中加入参拜,动作有顿挫感,一步一撮,左右拜会;远处飘来对黄河的祝文,所有人听闻相互交流跪拜。宣武门的水闸开启,壮观的黄河之水从天上滚滚涌来。

塞上江南:农耕出现,人们从主舞台往二层流动,表现人们在有了天水的到来,开始了生活劳作场景,整个篇章以农作和打闹戏耍为主,在台阶造型。一组唯美的塞上江南美女舞出现,在主舞台中以汤瓶舞或者翎子舞的形式出现,一段5分钟的美女群舞,动作婀娜多姿,体现塞上江南女人们的风貌。最后,等到舞蹈结束农耕慢慢在劳作中流动下场。

感恩母亲:该段运用大旗来展现浩荡的黄河之水,旗阵的整齐动作和上下穿流的队形变化,让母亲之河川流不息。同时在平台两侧2人一组跑绸子,做上下起伏变化,随后船工号子在中间拉动着缰绳,铿锵有力地喊着号子原地舞动着。在宣武门开始启动一条大大的黄色绸子,寓意黄河之水天上来,感恩黄河,最后所有人一起唱响黄河谣结束拜水盛典。

第四节 文化传承

一、宁夏水利博物馆

宁夏水利博物馆坐落于水文化资源、自然资源、人文景观资源丰富的青铜峡镇、青铜峡水利枢纽工程下黄河右岸。是自治区党委、政府为贯彻落实党中央关于文化强国、弘扬黄河文明及建设沿黄经济带战略部署,展示宁夏2000余年源远流长的水利发展史,由自治区水利厅兴建的重要工程。

宁夏水利博物馆于2010年3月开工建设,2011年9月建成,分上下两层,总建筑面积4085平方米,布展面积300平方米,投资400万元。水利博物馆建筑设计采用秦汉时期的高台式建筑风格,馆顶为青铜扭面顶,周围衬托景观水系和微缩黄河地面景观,与北面的九渠广场、青铜古镇遥相呼应。形象揭示宁夏水利的秦风汉韵。外墙运用线刻之术,以浪花和祥云贯穿,行云流水般勾勒秦汉移民屯垦开渠、太宗大会百王、西夏王朝雄风、塞上水利新貌等线雕,全面展示宁夏经济社会发展史就是一部波澜壮阔的水利开发建设史。

宁夏水利博物馆馆内设序厅,千秋流韵、盛世伟业、水利未来、水利文化、水利人物6大部分23个单元,展陈汉代五角形陶质水管、宋代灰陶水管、民国渠绅碑、汉渠碑首、钮公德政生祠碑等文物(实物)537件,展示蒙恬、刁雍、李元昊、郭守敬等治水人物雕像6具,塑造昊王开渠、塞北江南等场景沙盘多处,全面展示2000多年来宁夏深厚的水文化积淀和千秋流韵的治水历史,全面反映中华人民共和国成立以来宁夏水利建设取得的辉煌成就。宁夏水利博物馆的建成,填补宁夏行业博览馆建设空白,丰富了中国水文化建设载体。

二、唐徕闸水利风景区

青铜峡灌区作为中国特大型古老灌区之一,黄河水得天独厚的灌溉条件造就青铜峡"鱼米之乡"。唐徕闸水利风景区位于青铜峡市内大坝镇古渠首,景区毗邻黄河,距离青铜峡水利枢纽约6千米,与黄河大峡谷、青铜古镇遥遥相望,是宁夏青铜峡灌区内规模最大、水文化历史底蕴厚重的水文化景区,更是一处水文化与水工程高度融合的水利综合景区。

2000余年的古老渠道,古老渠道的宽阔水域与唐徕渠进水闸、惠汉渠进水闸及周边的树木、建筑相映生辉,是景区主要的特色景观。

唐代"镇河牛",该牛于1950年春在整修唐徕渠原二闸湾时被挖掘出土,名曰"镇河牛",后立于银川市中山公园。据考证,铁牛的作用是防止河流改道,护佑河渠安澜,现复制立于唐正闸前右岸。

清代通智碑，该碑原立于雍正九年（1731年），碑文记载了雍正年间工部侍郎通智奉皇帝旨意与地方官员和百姓开惠农、昌润二渠，复修唐徕、汉延等渠的过程。现复制立于唐正闸前左岸。

明代石狮，为原水利衙门之物，这对生动形象的明代石狮曾流失，经多方协调，终于物归原主，现立于大坝水利管理所门前，以威严之势守护着这片古老的土地。

清朝龙王庙，正闸前，唐徕渠与西贴渠之间建有龙王庙一座，正殿、配房四合大院，院门对正闸，与古渠遥相呼应，别具特色。灌区百姓用于祈求上苍风调雨顺，护佑黎民五谷丰登，安居乐业。

大坝营寨，又名"锁阳城"，建于明代、用于驻扎军队，抵御外敌。通过大坝营遗址，依稀可见全体将士抗击外敌和军民联合开辟渠道的宏伟场景。

接水厅，中华民国时期宁朔县，大坝营正闸右岸建有L形厅堂一座，砖木结构，四面出厦，扎著走廊，名曰"接水厅"。每年春开闸放水时，中华民国政府官员及水利要员在该地举行放水仪式。

古老的农耕文化，这些具有悠久历史的石碾、石磨、石磙等农耕用具主要用于农田耕种、加工稻谷，凝聚了塞上儿女的聪明才智，记载着宁夏农业发展的历程。

百年古柳，唐正闸旁两棵古柳树虽木朽心空、但枝叶却依旧繁茂，据林业部门鉴定此树为1904年植，并被青铜峡相关部门列入古树保护范围。

水文化长廊，根据历代名人咏颂黄河的诗词文章，邀请文人墨客创作水文化书法作品60余幅，丰富了景区的文化品位。

宁夏水系及水工程沙盘，较为全面地展示流经宁夏的黄河、苦水河、清水河、葫芦河、祖历河等各条水系及青铜峡水利枢纽、沙坡头水利枢纽等水利工程的基本情况，使游览者能更为清晰直观地了解宁夏水利建设、发展全貌。

石碾青龙雕塑，融和黄河、石碾与龙的传说，利用引黄灌区农耕用具青石碾拼接成"二龙戏珠"吉祥造型，立于古老的唐正闸前，实现水文化与观赏性的有机结合。

古老水车，又名"天车""翻车""老虎车"，已有470余年的历史，复制水车直径9.9米（寓意黄河九十九道弯），无须电动、全凭水流冲力驱动，造型美观、高大雄伟，极具视觉冲击力和观赏价值。

三、禹王庙与大禹文化园

青铜峡流传着这样一首民谣："禹练十年功，铸斧开青铜"。《康熙朔方广武志》中《神禹洞鼎建殿宇圣像碑记》载："历传神禹疏河，经宿此洞，虽无方策可考，而土人世代相闻，若或有所见而云然也……余承先命，经始于丙申春初，鸠工筑基，觅匠庀材，接连洞口，建竖大殿三楹，阶下翼以斋宿，僧舍六间。庄严圣像，致美黻冕于上，侧侍敕符"。由此可知，康熙五十五年（1716年），俞汝钦秉承父命建禹王庙。中卫县志载：禹王神洞，在"洗心泉（杨柳泉）"黄河对岸。大致于乾隆五十二年至五十六年(1787—1791年),大将军福嘉勇捐资重修,杨芳灿在《峡口禹庙碑》中记叙该事。1968年青铜峡水利枢纽工程竣工后蓄水,禹王庙被淹没。

为了歌颂大禹的千秋功业,弘扬大禹治水的精神,大禹文化园2014年竣工。园区总建筑面积13190平方米,建筑高差31.05米,为汉代殿宇风格,总体布局分为"一核""一轴""两翼"。"一核"为水路交通转换核;"一轴"为建筑景观中轴线,这一轴线上建有码头、广场、牌楼、入口大门、钟楼、鼓楼、明堂、大殿;"两翼"建有河图洛书、九州苑、大禹雕像。整体建筑高度由西向东逐级增高。禹王殿建筑面积7467平方米,殿内有一尊高为36米的大禹坐像,由青铜铸造。禹王殿分成"两层、一庙、两堂、三厅、一长廊"的展示空间。包括中心禹王庙,一层大禹生平堂、大禹精神堂,二层大禹治水厅、大禹神话厅、大禹政绩厅、大禹文化长廊,各厅疏密有致,肃穆大气,聚合得体。整体建筑以象征华夏黄河的黄色,以及橙、绿等色彩为主色,材质则采用木、石、青铜、汉简等。整体设计格调古朴典雅,大气磅礴,集礼仪性、资料性为一体,从而使整个文化园空间宽广,令人耳目一新。大禹文化园设计为国内首创,实现"以庙传神、通史鉴今、资物育人"的展陈理念,全方位立体化展现大禹所蕴含的深厚文明与内在精神,成功打造成为黄河金岸独具特色的旅游文化圣地。

四、宁夏引黄古灌区世界灌溉工程遗产展示中心

为深入贯彻习近平总书记黄河流域生态保护和高质量发展座谈会上重要讲话精神、来宁视察时重要讲话精神,自治区党委出台《关于建设黄河流域生态保护和高质量发展先行区的实施意见》,其中明确"建设黄河文化传承彰显区"和实施"引黄古灌区世界灌溉工程遗产公园项目",向世界展示宁夏黄河文化,宣传中华民族的文化价值观念,增强文化自信与自豪。

宁夏引黄古灌区世界灌溉工程遗产展示中心是宁夏引黄古灌区世界灌溉工程遗产公园项目的重要组成部分,该建设项目选址位于银川市贺兰县丰庆西路以北,唐徕渠以东,总占地面积4.947万平方米,总建筑面积9901平方米,建筑平均高度18.225米,最高点高度28.85米,结构形式为框架结构,使用功能为陈列展览区、教育区、设施服务区、业务区、行政区等;共设一个序厅、六个展厅,分别布置在一至二层,通过公共交通走廊串联参观流线,室外设置展示、道路、停车场、绿化等。建设项目遵循"一点一心两轴六区"的公园规划格局,展示中心作为其中的"一心",系统全面地宣传展示宁夏引黄灌溉悠久厚重的发展历史和辉煌灿烂的建设成就。

宁夏引黄古灌区世界灌溉工程遗产展示中心承担着河流文明互鉴的"窗口"、讲述宁夏特色黄河故事、黄河文化交流与传播的"客厅"等重要职能作用,是系统全面宣传宁夏黄河文化悠久历史和引黄灌溉辉煌成就的核心区域。未来建成后不仅是古灌区文物收藏中心和专业人员研究辅助场所,还是水利知识普及与青少年科学文化素质教育基地,更是大众游览、观赏、休闲、娱乐的理想去处。

唐徕渠满达桥节制闸浮雕

千年唐徕

滔滔黄河,亘古流淌,自黑山峡奔涌而出,水势变得平缓多姿,为居住于此的宁夏远古先民带来了赖以生存的水源,他们在此开垦耕种,繁衍生息,代代相传。

浮雕上部所反映的是为了更好地利用自然所给予的馈赠,使黄河得以浇灌更多的田地,宁夏平原的远古先民们想出了激河浚渠的引水办法,也被称为"白马拉缰",还流传了一段美丽的神话传说:勤劳的石匠为了找到理想的引水渠口,连续走了三天三夜,体力不支昏睡在河滩之上。睡梦中,他见到一位仙女,骑着白马自河中出现,策马扬鞭,顺着黄河北岸飞奔而过,留下一道长长的白印。石匠醒来时,白印犹存,河边崖上留有两行大字:"渠口从印而过,河水长流不断。"于是石匠带人沿印修渠,克服种种困难,历时一年,筑起了一道十里长堤,引黄河水入渠。后来,为纪念石匠,人们将长堤命名为"为农堤",也称为"白马拉缰"。"白马拉缰"通过无坝引水,保障了农田的灌溉,是当地人民治理黄河的一大重要工程。奔腾的黄河受到牵引,当地居民得到了稳定的灌溉水源,足以保障每年收成,人民在此安居乐业,世代相传。其后历史更迭,人们对黄河的了解越来越深,治理方式也愈加丰富。

浮雕中部所反映的是在雄浑的汉阙之下,汉武帝带领劳动人民,在河中抛石筑堤、开渠引水。西汉时期,宁夏水利建设进入到一个新的历史阶段。铁制工具广泛使用,使大面积的开垦荒地和从事农业生产成为可能,也为兴建大规模的水利工程提供了重要的条件。汉武帝雄才大略,派大将卫青、霍去病三次大规模出击匈奴,收复宁夏等河套地区,夺取河西走廊,打通西域,迫使匈奴远走漠北,基本解决了自西汉初期以来匈奴对中原的威胁,北方地区从此摆脱袭扰,进入稳定发展阶段。汉武帝堵塞黄河瓠子决口后,"用事者争言水利。朔方、西河、河西、酒泉皆引河及川谷以溉田",这里的西河,指的便是宁夏。在统治者的重视下,宁夏的水利又得到了长足发展。东汉顺帝永建四年,"复三郡(朔方、西河、上郡),激河浚渠为屯田",再一次对宁夏引黄古灌区进行规模开发。宁夏平原开凿了古渠、古高渠、汉渠、汉延渠等渠道,银川平原的河东、河西灌区已见雏形,北部边疆出现了"谷稼殷实,牛羊衔尾,群羊塞道"的兴旺景象。

浮雕下部展现大柳树旁横卧着的唐代镇渠铁牛,铁牛右侧所反映的便是唐代人民在黄河两岸开垦耕种的情形。1950年春天在青铜峡大坝原二闸湾修整唐徕渠时,工作人员从渠底挖出了这尊铁牛,其耳朵下方镌刻着"铁牛铁牛,水向东流"字样,其身下还发现了数十斤的唐代开元通宝和五铢钱。经专家鉴定,这尊铁牛是唐代疏浚唐徕渠时铸的镇渠"神牛",相传古唐徕渠闸口常被河水冲坏,渠常决口或改道,为保唐渠坚固及水流通畅,特敬铸此牛。但铁牛真身在"文化大革命"时被砸毁。1978年,依照"镇河铁牛"的样式重新铸造了一尊铁牛,将其安放在银川市中山公园中湖西畔,至今,这尊铁牛伴随几代老银川人度过了难忘的童年时光。宁夏水利博物馆建馆之时,也复制了这尊铁牛,作为宁夏水利建设的见证展出。唐代统治者对宁夏的水利发展更为看重,史书记载,唐太宗"灵州会盟"后,在灵州设廨舍,专管屯田相关事宜,突厥等少数民族内迁于灵州等地,出现民族融合、边防稳定的盛景。为了保证当地人口旱涝无虞,重新疏浚渠道,这也是铁牛下部浮雕景象所展现的盛况:人们齐心协力,将古老的渠道挑挖展宽,截弯取直。水流顺着渠道奔淌,使荒地变为沃土,养育着周围被招徕垦种的民户。而这条被重新疏通的渠道,也因唐代进行了大规模疏浚整修,并招徕大量垦户,遂被命名为"唐徕渠"。唐徕渠又称唐梁渠、唐槐渠,俗称唐渠。建于唐武则天年间,是银川平原河西垦区的古渠,也是宁夏引黄灌区最大的一条灌溉干渠。原古渠口开于青铜峡出口"一百零八塔"下。《宋史》夏国下记载"兴、灵则有古渠曰唐来,曰汉源,皆支引黄河。"《万历朔方新志》水利记载"唐渠,意亦汉故渠,而后复浚于唐者"。中华民国十六年(1927年),新修成的《朔方道志》出版,该志在《水利志》中,首次将"唐来渠"改写成"唐徕渠"。清朝时,王全臣、通智曾进行过大修。唐徕渠自青铜峡108塔下引水,通过长达16里的引水大堤,引黄河水入渠,渠口20丈,可引黄河五分之一或四分之一的水量,渠口后方筑有功能相当于溢流堰的"大跳"和三道退水闸以及一座正闸,正闸石墩上刻画分数,标测水位,观察淤积情况。引水大堤是将卵石装入筐内在水中堆积而成,中间填充柴草加固。闸门则通过在石闸墩中间"插杠子"的方式来调节水量,需水量大时,向中间多插入几根杠子以阻挡过水,需水量小时,则把木杠子排列稀疏一些。

浮雕底部是贺兰山下,大漠之中,满载货物的一行商旅驼队由远至近缓缓走来,展现了宁夏是历史上丝绸之路的重要驿站,是中西方政治、经济、民族、文化等交汇融合的重要枢纽,体现了宁夏是西北边关重镇。

更立闸堰

悠悠岁月,青史浩然。作为宁夏的历代地方官员,都把治水作为为政之要,十分重视发展水利事业。为此出台了许多的灌溉管理律令、制度、措施,北魏时期的"十六字灌溉制度"、西夏时期的《天盛律令》等都体现了依法治水的科学理念,还有各个朝代兴建、维修水利工程后刻立的渠碑、碑亭,都是宁夏治水先贤们带领民众兴水利、除水害伟大事迹的有力佐证。

浮雕上部展示的是西夏文和汉文对照的4块石碑,反映的正是宋夏时期的著名法典《天盛改旧新定律令》,作为中国少数民族第一部成文法典,修订颁布于西夏第五位皇帝仁宗天盛年间(1149—1169),为西夏文刻本,一共20卷,法律条文1463条,近20万字。律令中载第十五卷专门阐述了灌溉管理相关制度,严格规定了维修水利设施和灌溉用水的方法,条文中有"春开渠事""园地苗圃灌溉法""冬草条椽供给""灌溉"和"地水杂罪"等5门40条之多,从开渠、放水、岁修、派式、用料到违章处罚等皆有法可依,已形成一套完整的管理制度,开创依法管水用水先河。这些石碑最前方的便是律令中的"春开渠事门",碑首雕有双龙环绕,碑文为汉文与西夏文对照,整块石碑由负屃驮起,威严雄浑,以彰法律之严。

浮雕中部右侧所反映的便是元代著名治水功臣、河渠提举郭守敬正欣慰地看着刚刚修筑的唐徕渠木制正闸发挥控水功能,体现了郭守敬来到宁夏全力组织疏浚渠道、修筑木制闸堰,让宁夏引黄古灌区再次焕发生机的卓著功绩。元代,国家的大一统促进了多民族的发展,但连年战乱也破坏了宁夏引黄古灌区的诸多古渠,原有的灌溉系统已损毁殆尽。至元元年(1264年),担任中书左丞的张文谦向元世祖忽必烈推荐了郭守敬。郭守敬上陈了治水六条建议,深得

世祖赏识,便被授予提举诸路河渠的职务,为了休养生息,恢复宁夏平原灌溉农业,忽必烈令郭守敬为河渠副使,跟随中书左丞张文谦"行省西夏",督责地方官员率民众限期"兴复滨河诸渠",即对宁夏引黄灌区前代旧渠进行全面考察,制定修复方案。郭守敬在经过实地勘查后,发现宁夏平原"兵乱以来,废坏淤浅",为此他提出"因旧谋新,更立闸堰"的办法,在对旧渠进行全面疏浚的基础上开挖新渠,并建设滚水坝以减弱水势,在渠道引水处筑堰以提高水位,建渠首进水闸以保证渠道有充足水量,建退水闸以调节流量。在不到一年的时间里,修复并改进了数万顷农田的灌溉系统,恢复了"塞上江南"的繁荣景象。郭守敬设计的木闸堰、滚水坝,使枯水时渠口进水得到保证,洪水时可防渠道漫溢,实现了人类由储水到控水的转变,这是人工灌溉史上的进步。他既是中国水利的功臣,也是宁夏古代水利建设的功臣。《元史》中这样评价"当时之善言水利,如太史郭守敬等,盖亦未尝无其人焉。一代之事功,所以为不可泯也。"

浮雕中部所反映的是《明史》中记载"黄河在天下皆为害,独宁夏为利",明朝的宁夏水利建设规模逐步扩大,地方官员励精图治、不遗余力投身水利建设,引黄灌溉的基础设施十分牢固,以汪文辉为代表的王珣、张九德等治水官员都是宁夏水利建设有功之臣。汪文辉,江西婺源县人,是嘉靖四十四年进士。于明隆庆五年(1571),担任宁夏佥事。他将汉延、唐徕二渠木制进水闸改建为石闸,开创了宁夏引黄渠道口由木闸改为石闸、并建立退水闸的历史。此项工程直到1573年在继任解学礼、周有光任上才全部完工。从此,汉唐二坝安如磐石。《汉唐二坝记》《汪公生祠碑记》等碑记中都详细记述了工程修建过程。此处反映正是汪文辉督率众人修建唐徕渠石正闸,石制闸墩上还雕塑了龙首样式,体现修筑引黄渠道水工建筑乃官府行为、地位颇高,同时还安排水工进行卷埽护岸、设置志桩的情形。卷埽是发明于西夏时期的一项水利技术。埽体是用秸、苇料或梢料加土及石料,分层铺匀,卷成埽捆,连接若干个埽捆可以修筑护岸或堵截决口,这是中国古代河工技术的一项重大发明,闪现着宁夏劳动人民的聪明和智慧。据史料记载,公元1344年5月,黄河在今山东曹县白茅堤决口,6月又北决金堤,"方数三千里,民被其害"。至正十一年(1351年),贾鲁奉元顺帝之命,发全国13路百姓15万人、军队2万人堵塞白茅堤决口未果,最终是从宁夏征调来的西夏水工,以麻绳和稻草为原料的"卷埽法"河工技术,制伏了泛滥长达7年之久的黄河决口,此举受到元顺帝的恩赏。埽工技术影响深远,沿用至今,在水利建设中被广泛运用。志桩则是一种刻上尺度的木桩,用以测量水位之高低。唐徕渠进水闸的"闸门"则通过在石闸墩中间"插木杠子"的方式来调节水量,需水量大时,向中间多插入几根杠子以阻挡过水,需水量小时,则把木杠子排列稀疏一些,通过水志桩和插杠子可以较为精确地调节渠道用水量。

浮雕下部刻画的简牍、书册和碑刻所反映的是宋元明时期的灌溉管理制度。在一代代水利人的开拓创新、砥砺奋进中,宁夏引黄古灌区的治水制度、技术不断进步,推动了宁夏经济社会的持续稳步发展,逐步形成了今日沟渠纵横、阡陌相连的"塞北江南",养育了无数宁夏人民。

康乾大修

清初推行"地丁合一"制度,奖励开垦,大兴水利,宁夏平原旧渠改造声势浩大,新渠开发规模空前,引黄灌区设施和管理进一步完善,治水技术进一步成熟。清嘉庆时期,引黄灌溉区灌溉面积接近220万亩。

浮雕上部所反映的便是清代宁夏劳动人民在青铜峡唐徕渠引水口周边田地的垦种情况。黄河流出青铜峡后水势舒缓,河滩上牛羊成群,人们可以悠闲放牧。唐徕渠引水堤深入峡谷劈河引水、滚水坝依次分布、错落有致,一百零八塔下水工驾船载石、修筑河中的引水渠堤,保障河水顺利引入唐徕渠渠道,一派悠然自得、安居乐业的盛世之景。

浮雕中部反映的是在水利建设中做出突出贡献的清代治水功臣代表通智督率民众修筑渠道的场景,有人赶着牛车、有人肩挑背扛拉运石料,砌筑唐正闸、大清渠进水闸及镇守的兵寨,贴渠、古柳、龙王庙、大坝营、碑亭、关边闸等环布四周。通智于雍正年间奉旨来宁夏开惠农、昌润渠,并整修唐徕、汉延、大清渠。为了节制渠水流量,他在惠农渠上建进水正闸一座,在渠东建护堤一道,沿渠两岸种植杨柳树十万余株。通智在勘察新渠工程时,发现惠农渠北梢以东"六羊河"旧河道年久失修。遂进行扩建,改名为昌润渠,扩大了灌溉面积。通智开惠农渠后,沿渠设堡寨,均以"通"字命名,有人借此向雍正皇帝奏本说通智把开渠的功德据为己有,是贪天之功,图谋不轨。雍正听信谗言,降旨把通智斩于惠农渠正闸桥处。通智蒙冤被杀,尸身不倒,监斩官回奏,皇帝也觉奇怪,不是冤案,焉有此怪象,遂封通智为唐徕、汉延、大清、惠农4渠总龙王,并在被杀处建庙塑像,规定四渠每年开水时先要到此祭奠总龙王,以慰忠魂。建庙祭祀确有其事。但考证历史,通智开惠农、昌润二渠后,又整修了唐徕等渠,雍正十三年八月由兵部侍郎升为兵部尚书,并无冤杀之事。

惠农、昌润二渠工程告竣后,通智又奉旨同光禄寺卿史在雍正八年五月勘查大清、汉延、唐徕3渠水利事务。见三渠应当修浚的地方均很多,但唐徕渠损毁情况尤其严重,便上书雍正皇帝,请求先行修浚唐徕渠。通智等人共耗时两月将唐徕渠全部修浚疏通,砌石加固迎水坪三里十丈,增建滚水石坝三十丈,改建退水闸三座,添木补修渠上桥十七座,新建桥两座,并彻底浚修渠身,泥沙淤积之处尽数挖平,堤岸薄处一律加厚,低矮处加高,渠道狭窄处展宽,将尾水引入西河,渠道内水流平顺。通智又在唐徕渠正闸梭墩尾及西门桥柱上刻画分数,以便测量水位。整修后的唐徕渠规模一新,渠流通畅,高下地亩均得浇灌。此外,钮廷彩和王廷赞等人也先后对唐徕渠进行过大修。

浮雕下部所反映的则是清代劳动人员修浚渠道的盛况,他们利用铁锹和背篓,将淤积的泥土清出并背负至河堤,以便加高堤岸。由于黄河含泥沙较多,每年灌溉之后渠道都要清淤,但过去当地人民取土只用铁锹转送,一锹之土需要多人转送才能到达堤岸,耗时耗力。通智便让改用背篓,由一个人负责背负送土。背篓的使用使得他们可以独自完成繁重的淤泥搬运工作,解放了生产力,大大提高了生产效率,能够更快地疏通渠道。先民劳动图下是一块底石。这是通智发明的渠道修浚制度。他选用一平正石块,上刻"底石"二字,埋置于渠道进水闸下和各段有代表性的桥柱处,作为渠道清淤的标准,每年清淤以见到底石为准。由于渠道清淤彻底,水足流畅,使得唐徕渠上中下游灌溉普及。此外,明清时期的"封俵"轮灌制度也值得一提。为保障渠道灌溉均衡受水,每次放水后,须先将上中游和下游上半部分的支渠斗口封闭,逼水到梢,叫"封水"。在封的同时根据干渠进水量情况,对于中上游灌溉多和田高灌水较难的支斗渠,酌请分配给适当的水量,使与梢段同时灌溉,叫"俵水"。每轮水的分俵工作十分重要,有"封俵如号脉"之说。

浮雕底部的底石之下,展现了清代的唐徕渠渠系图。唐徕渠渠口直迎水势,为无坝引水的天然渠口,经过全线挖淤培圹和局部裁弯取直、加宽渠身后,渠水从渠口分黄河水入渠,安然由大坝堡分流,与汉延渠位置上基本平行,经宁朔县至府城西侧,再至平罗县上宝闸堡归入黄河,灌溉宁朔、宁夏、平罗三县沿贺兰山一带33堡农田。中华人民共和国成立前,渠长211.85千米,有桥、闸、陡口等各种建筑物590座,除少数砌石工程外,大部为草、土、木结构。旧唐徕渠是贺兰山东麓部位最高的干渠,上段为躲避山洪风沙侵袭,左岸多有湖泊、碱滩,支斗渠口为调节水位和少进淤沙,多设有迎水码头,故渠线弯曲,左右冲淤。上段又多是挖方,山洪风沙多处入渠,宽窄悬殊,宽处百余米,太白、新桥以上,渠中有滩,似天然河流。

盛世伟业

宁夏引黄灌区最大的干渠唐徕渠,在中华人民共和国成立后得到了大规模修缮,青铜峡水利枢纽截流后,唐徕渠正闸以上引水段改建为河西总干渠,给河西灌区各大干渠供水。从20世纪50年代开始,对干渠高填方渠段及险工险段进行全断面砌护,减少干渠直开斗口,改建、扩建各类水工建筑物,新建第二农场渠,古老的唐徕渠焕发出新的光彩。

浮雕上部为满达桥节制闸。该闸建于1958年,最初于1953年由苏联援建,苏联专家撤离后,由中国水利专家设计建造,闸墩由条石砌成,结实敦厚,尤其是闸墩前后的迎背水桥墩条石,都是人工凿成半圆形石块用白灰浆堆砌而成,彰显古朴的建筑风格,共7孔,其中西边4孔是第二农场渠进水闸,东边3孔是唐徕渠进水闸。关于满达桥名的来历,大致为蒙语兴旺之意,据《乾隆银川小志》记载,已有满达刺渠的存在,位置临近满达桥。满达桥节制闸在《贺兰县志》中称满达桥黎明提水闸,是唐徕渠中下游的输水中枢,一直承担着调节唐徕渠与第二农场渠水量的任务。它旁边的满达桥,在20世纪50年代前,始终是贺兰县居民跨过唐徕渠的唯一通道。唐徕渠在满达桥节制闸处分岔,渠水从南向北边流经此闸,被分成"Y"字形的两条渠,一条流向东北为唐徕渠干渠下段,另一条流向西北为第二农场渠。第二农场渠是唐徕渠最大的一条支干渠。1952年,宁夏省人民政府决定:为建立军垦和劳改农场,在河西灌区开发第二农场渠。1953年提出规划后开工,1955年建成。第二农场渠经贺兰县、平罗县、石嘴山市入第三排水沟。渠线穿经贺兰山东麓冲积扇地带,渠长83千米。

浮雕中部反映的是当时修建农场渠的情况。因为缺少机械设备,工程队的工作人员只能使用手推车、水准仪、拖拉机等设备进行水利建设,许多开挖土石仍然依靠肩挑手推才能进行运输。当时的土方工程主要由潮湖农场的劳改犯人和前进农场的军工承担,这在当时也是一个新的创举。建筑物工程由河西工程处的施工组施工,负责质量、数量、材料供应等工作。当时缺少水泥,建筑物多以圬工为主,工程处沿贺兰山各沟口拉运大卵石和净砂,坚实耐用。并就地取材烧制石灰,弥补水泥不足,这也是第二农场渠施工的一大特点。随着科技的发展进步,大规模机械生产设备开始被使用。第二农场渠灌溉的沃土之上,使用大型时针式节水喷灌机浇灌农作物,联合收割机在田野上收割庄稼,一片欣欣向荣的丰收景象。2016年,宁夏水利厅启动了"互联网+水利"行动,着力打造"智慧水利",开展智能水网和水生态文明建设管理系统建设,全面推进水资源管理信息化、远程测控一体化,实现水资源由粗放管理向动态管理、定量管理、精细管理和科学管理转变。建设了水利工程运行管理系统、水利工程建设安全质量监督系统,推行"一工程一档案"终身数字管理,通过实施各类水利工程建设及运行全过程的信息化管理,大幅提高水利工程建设、运行及管理水平。浮雕上的新一代水利工作者正在按照调度指令,远程操控支干渠、支渠提闸放水,并可同步测量出过闸水量。

浮雕下部形象刻画了宁东供水工程的金水源泵站、鸭子荡水库和宁东能源化工基地用水企业。主要反映了2000年以来,为有效解决工业需水难题,自治区转变治水思路,通过水权转换、搭建投融资平台,采取市场和资本运作手段,以现代企业管理方式成功建设和运营了宁东、太阳山、海原新区等一大批事关发展全局的工业和城市供水工程,为自治区经济社会高质量发展提供了有力水资源保障。宁东供水工程是宁东能源化工基地重要的基础工程之一,通过唐徕渠水权转换形式获得水权,担负着基地生产、生活供水等任务。由水源工程和净配水工程组成,水源工程从银川黄河大桥下取水,经两级泵站,送至鸭子荡水库,总扬程175米,水库库容2400万立方米,净配水工程包括一座水处理厂和42千米供水管网。工程于2003年12月开工建设,2006年11月全部完工,总投资7.9亿元,是宁东能源化工基地发展的"命脉"工程。

现今,唐徕渠畔高楼林立、绿树成荫,古老的唐徕渠焕发出了新的勃勃生机。我们将贯彻习近平总书记"一张蓝图绘到底,一茬一茬接着干"的重要指示,大力传承、保护、弘扬黄河文化,扎实做好黄河文化遗产的保护管理工作。

五、黄河文化展示平台

黄河坛是黄河金岸的标志性建筑,为了礼敬黄河、感恩黄河而建,于2010年5月开工建设,2011年4月底建成。黄河坛长999米,宽200米,建筑面积6.5万平方米,背靠贺兰山山脉,隔河屹立牛首山,左傍万里黄河臂弯,右依青铜峡峡口。黄河坛创造性地采用青铜铸造,以表达华夏民族饮水思源、感恩戴德,崇敬吟诵黄河母亲。在建筑布局上按三区(思恩区、礼恩区、感恩区)、五牌楼(黄河坛大牌楼、思恩牌楼、礼恩牌楼、感恩牌楼、文渊牌楼)、三大道(碑林大道、农耕大道、文华大道)、三大殿(中华人文始祖殿、慈孝懿范殿、百家姓祠堂)、一广场(黄河广场)一坛(黄河坛)、一院(黄河文化研究院)而建。

黄河楼为弘扬传统文化,创造中华民族共建、共有、共享之精神家园,为感恩母亲河,宁夏特于青铜峡市建设地标性建筑——黄河楼与黄河文化园,它全方位展示了黄河五千年的灿烂文明,成为黄河文化在宁夏的重要载体。

黄河楼位于黄河西岸、青铜峡市滨河大道东侧,总建筑面积23600平方米,高108米。建筑风格为仿明清古建筑。黄河楼主楼共十一层,地上九层(包括两层夹层),地下两层。地下一层为3D·VR艺术馆。地上一层至二层主题是黄河颂、黄河情,为黄河文化体系展示区;三至七层主题是黄河风,容纳甲骨、青铜、陶瓷、玉石和非物质文化遗产等文化精粹,以器载道挥洒中华黄河文明之典雅风范;八层主题是黄河心,为游客观光层。

第五节　申报世界灌溉工程遗产

一、申报世界灌溉工程遗产工作

(一)成立申遗领导小组和办公室

2016年10月,自治区水利厅成立申遗领导小组和办公室,水利厅党委副书记、副厅长白耀华任组长,李远华、郆涌权任副组长,渠首管理处党委书记兼水利博物馆馆长刘建勇任申遗办主任,副馆长陆超和其他工作人员。申遗领导小组随即向自治区政府上报申遗请示文件,并得到批准。随后,提出宁夏引黄灌区申遗方案。此时,国际灌排委副主席、中国国家灌排委秘书长丁昆仑带5名博士赴宁夏专门开展引黄古灌区申遗调研,自治区副主席王和山接见丁昆仑一行,决定以"宁夏引黄古灌区"名称申遗。

(二)搜集整理物证史料

决定以"宁夏引黄古灌区"名称申遗后,中国水科院总工程师、国际灌排委前任主席高占义带专家抵宁正式调研。专家们逐一确认各条古老渠道开挖时代、主导人员、经费来源、施工时段、技术手段、规模效益及历史变迁等,申遗组人员足迹遍及国家历史博物馆、中国水科院、黄河博物馆、宁夏档案馆、社科院、文史馆、农科院、宁夏大学、北方民族大学、水博馆等。经近一年努力,整理碑文近百篇,诗文数百篇,轶闻传说几十部,收集到腰铁、木涵、碑头、陶管等一批珍贵文物。申遗组人员先后4次陪同国家专家实地察看核实西河古道、明长城北岔口泄洪口,秦渠、汉渠、唐徕渠取水口和汉延渠等渠道,潜坝、唐正闸、满达桥闸以及青铜峡拦河大坝等工程现状,艾山渠、吴王渠等古渠遗址。国家灌排委专家、教授谭徐明带领8名专家经过系统考察认为:汉代的激河之法、潜坝引水,西夏卷埽,元代插堰、木闸,明代石闸,清代准底石、水位尺等技术领先于同时代;北魏节水灌溉("十六字"法),西夏天盛律令治水法律,明代分灌封俵制度等领先于同时代。申遗组拍摄制作《宁夏引黄古灌区》专题片,并编译成英文篇提交国家灌排委。国家灌排委专家称赞该专题片历史线条清晰、物证史料有力、内容丰富充实,就像一幅"中华刺绣"长卷。

(三)提交"申遗"申报书

2017年4月29日,青铜峡市在黄河楼举行盛大拜水庆典活动,近万人参加申遗签名活动。8月下旬,申遗进入最后冲刺阶段。与此同时,水文化主题公园规划与灌溉工程遗产保护规划正式启动。申遗组会同国家灌排委共同制作向国际灌排委提交的文书《2017年世界灌溉工程遗产宁夏引黄古灌区申报书》,涵盖灌溉工程综述、历代工程发挥效益、遗产价值评估、遗产清单等资料。国家灌排委专家称,宁夏引黄古灌区历史之悠久、内容之丰富、资料之浩瀚,在国际灌排申遗史上绝无仅有。7月15日,自治区向国家灌排委提交修订后的中英文对照的《世界灌溉工程遗产宁夏引黄古灌区申报书》《宁夏引黄古灌区申报世界灌溉工程遗产专题片》《工程图片、影像支撑材料》等文书。8月20日,国家灌排委电告宁夏引黄古灌区申遗通过国际灌排委专家初评。申遗组人员继续投入紧张工作,将碑文、艺文、论文、图片、影像资料进行确认、整理、汇编,编辑《新商务周刊》宁夏引黄古灌区申遗专刊,中阿博览会——中国(宁夏)国际节水展、第十二届中国水博会同期叠加,申遗组布设350平方米文化展区,宣传展示宁夏引黄古灌区历史文化,塞上江南将走向世界。

二、列入世界灌溉工程遗产名录

世界灌溉工程遗产是国际灌溉排水委员会(ICID)主持评选的文化遗产保护项目,从2014年开始评选,旨在更好地保护和利用古代灌溉工程,挖掘和宣传灌溉工程发展史及其对世界文明进程的影响,学习古人可持续性灌溉的智慧,保护珍贵的历史文化遗产。

北京时间2017年10月10日23时,第二十三届国际灌排大会在墨西哥首都墨西哥城举行,全世界30多个国家1000余人参加大会。墨西哥总统涅托出席大会开幕式,并发表致辞。大会最后一项议程正式公布第四批世界灌溉工程遗产。宁夏引黄古灌区与陕西汉中三堰、福建黄鞠灌溉工程3处古代水利工程,被确认世界灌溉工程遗产并授牌。至此,宁夏引黄古灌区正式列入世界灌溉工程遗产名录。

此时,为北京时间23时50分。拥有2000余年历史的宁夏引黄古灌区,经历代整治沿用至今,稻、麦丰盛,"塞上江南"实至名归,引黄古灌区实现从"新秦中"到"新天府"的转变。

三、庆祝"申遗"成功

世界灌溉工程遗产与世界文化遗产、世界自然遗产、世界农业遗产等并称为世界遗产。宁夏引黄古灌区申遗成功,"塞上江南"有了文化之魂。宁夏引黄古灌区成功列入世界灌溉工程遗产名录,实现自治区世界遗产零的突破,也是黄河流域主干道上第一处世界灌溉工程遗产。国际灌溉排水委员会认为:宁夏引黄古灌区是宁夏平原2000余年来农业发展的里程碑,具有独特的、创新的、科学的引水工程结构。2017年10月11日10时,在"九渠之首"青铜峡市,人们聚集在唐正闸畔,欢庆这一历史时刻。宁夏引黄古灌区申遗成功,央视一套从午夜开始全天新闻连续滚动播出。国际灌排委副主席丁昆仑高度评价宁夏申遗:"宁夏申遗宣传十分精彩,十分成功,不仅宣传了宁夏,还帮助国际灌排委提升了影响力。以后灌溉工程申遗宣传应该以宁夏

这次申遗宣传为范本"。自治区党委书记石泰峰在宁夏引黄古灌区申遗成功的专题报告中批示:"可喜可贺,要加大遗产保护力度,传承弘扬历史文化,并做好广泛宣传"。自治区主席咸辉批示:"值得祝贺,共享喜悦。水利部门做了大量工作,应予充分肯定。请水利等相关部门认真做好保护和科学利用工作,宣传部门大张旗鼓进行宣传"。

第六节 唐徕文化

服务宗旨

长渠流润,惠泽民生

内涵诠释:天下黄河富宁夏,祖先遗泽两千年。在宁夏引黄古灌区由传统向现代发展的历史进程中,唐徕渠得益于黄河母亲哺育,自青铜峡引水溉田以来,向北川流三百多公里,对当地由游牧文明向农耕文明深刻演进发挥了重要作用,为宁夏平原沧桑巨变做出了历史贡献,在塞上大地书写了因渠而生、因渠而兴的不朽诗篇。诗人曾用"长渠流润"的诗名抒发兴渠为民的感怀,也用"依依杨柳荫西桥"的诗句描绘塞上江南的风光胜景。几千年来,唐徕渠像命脉一样已深深流淌在人们的血脉中。在奋进逐梦的新时代,我们要不忘昨天的苦难辉煌,无愧今天的使命担当,不负明天的伟大梦想,秉承"上善若水,水善利万物而不争"的品格,让千年古渠奔流不息、泽被这片热土,成为新时代造福人民、造福塞上的命脉渠、生态渠、智慧渠、文化渠和幸福渠。

服务理念

忠诚使命 科学求是 创新实干 兴水为民

内涵诠释:唐徕渠是宁夏引黄古灌区第一大渠,也是宁夏世界灌溉工程遗产的典范。自秦汉以来,前人秉承着"河渠是宁夏生民之命脉,其事最要""水利是衣食稼穑之源,水利弗生,民何以赖"的朴素治水理念,与当地群众一道屯垦开渠,造就了"长渠活活泻苍波""屯列平原百井稠"的塞北风光,为我们留下了流淌千年至今仍在造福人民的宝贵财富,也使开渠兴渠利民的精神深深融入我们的血脉之中。在奋进逐梦第二个百年奋斗目标的壮丽征程上,我们一定要为继续"建设美丽新宁夏共圆伟大中国梦"做出新的更大贡献。

忠诚使命:忠诚是水利党员干部的第一品格。为中国人民谋幸福、为中华民族谋复兴,是党员干部坚定不移、终生笃行的使命担当。水利人要始终以党的旗帜为旗帜、以党的方向为方向、以党的意志为意志,做到捍卫核心、忠诚于党、忠诚于国、忠诚于民、忠于水利事业,胸怀"国之大者",情系灌区民生,致力于人民群众对水安全和良好水生态环境的美好生活向往,用知重负重实际行动、振兴唐徕卓越成绩,承担起新时代兴渠为民的光荣使命。

科学求是:科学是水利事业发展的本质特征,也是治水兴水必须要持有的态度。求是就是一切从实际出发,研究探讨事物的发展规律。水利人要以科学求实的态度、破解发展难题的勇气,遵循自然规律、经济规律、生态规律,坚持问题导向,坚持按规律办事,抓住治水兴渠存在的主要矛盾和工作的主要方面,深入落实黄河保护治理重大国家战略,不断提高推进水利高质量发展的科学化、规范化、标准化、现代化的治理能力和服务水平。

创新实干:创新是引领水利事业发展的灵魂和第一动力。实干是职责要求和从事本分,就是要"实"字当头、"干"字为先。水利发展无止境,水利创新也要与时俱进。水利人要紧紧围绕新时代治水兴水新要求,解放思想、开拓进取,全面推进理念创新、制度创新、管理创新、工作创新,发扬脚踏实地、真抓实干的作风,以抓铁有痕、踏石留印的韧劲,以时不我待、只争朝夕的精神,善始善终、善作善成、守正创新、奋斗实干,统筹解决好供水服务存在的问题,走出一条具有唐徕特色的水利现代化发展之路。

兴水为民:兴水利除水害历来是治国安邦之大计。兴水为民的本质要求与全心全意为人民服务的宗旨要求一脉相承,也是一切水利工作的出发点和落脚点。水利人要树牢以人民为中心的发展思想,厚植兴水为民情怀,发扬艰苦奋斗作风,扛起兴渠为民责任,善于向灌区群众求策问计,聚力解决好百姓的急难愁盼,以风清气正、干净做事的良好形象,真情真心兴水利民惠民,不断增强灌区群众的安全感、幸福感、获得感,答好新时代水利发展的唐徕答卷。

唐徕徽标

徽标由 ⚛ 镶嵌在一个圆角矩形底框中构成, ⚛ 是古代篆体"水"字。唐徕渠有着两千多年的历史,而篆体字同样有着悠久的历史,两者同样都是中国悠久历史的见证。

⚛ 形中的 ⚛ 为"唐"字汉语拼音第一个大写字母"T", ⚛ 为"徕"字汉语拼音第一个大写字母"L", ⚛ 形象为渠同时与底框构成了一个"渠"字的汉语拼音第1个字母"Q",组成了"唐徕渠"三个字的艺术形象;底部背景为黄土地;下面"NXTLQ"为"宁夏唐徕渠"汉语拼音的第一个字母组合。

发展目标

走进新时代,唐徕人坚守长渠流润、惠泽民生的初心和使命,贯彻落实党中央"节水优先、空间均衡、两手发力,系统治理"新时期治水思路,秉持忠诚使命、科学求是、创新实干、兴水为民的服务理念,踔厉奋发、笃行不怠,聚焦乡村全面振兴,全心全意服务"三农",奋力推进水利现代化建设与管理,把唐徕渠建设成为造福塞上江南的命脉渠、生态渠、智慧渠、文化渠、幸福渠。

加快建设"命脉渠"。坚持推进高质量发展这个根本要求,扛起守护"塞上江南"永续发展的历史责任,坚持以水定城、以水定地、以水定人、以水定产,统筹生产、生态、生活用水需求,统筹引水、配水、节水、用水,推进珍贵的黄河水资源节约集约利用。抢抓国家水网建设战略机遇,实施青铜峡灌区续建配套与现代化改造,全面提升唐徕渠安全输配水能力和防汛抗旱能力,构建沟渠贯通、河湖联通、灌排畅通、蓄泄兼筹的现代水脉。坚持节水优先、科学调配、高效利用、水兴百业,大力助力推进节水型生态农业、涵水型生态林业、保水型生态牧业发展,保障灌区产业供水安全,为我区粮食安全、乡村振兴、产业兴旺、经济发展做出新贡献。

加快建设"生态渠"。牢固树立绿水青山就是金山银山的理念,扛起守护河湖湿地生命健康的历史责任,将唐徕渠打造成"一渠碧水、两岸成荫、百里连绵、千里蓬勃"的生态渠道。坚持生态优先、绿色发展,落实河湖长制这项生态文明建设的创新制度,形成上下齐心、协同联动的大保护大治理格局,发挥唐徕渠在全区河湖湿地生态补水中无可替代的重要作用,推进水生态环境修复、山水林田湖草沙系统治理,建设"水清河畅、锦鳞逐波、岸绿景美、鸟语花香、人水和谐"的塞上家园,为建设美丽新宁夏、构建西北生态安全屏障作出新贡献。

加快建设"智慧渠"。坚持科技是第一生产力、人才是第一资源、创新是引领发展的第一动力,按照建设网络强国、数字中国是智慧社会的总体部署,推进先进科技和测控设备引进应用,充分运用5G、大数据、云计算、人工智能、区块链等创新技术,以"云、网、端、台"为基础,以现代生态灌区建设为主线,大力推进智慧唐徕建设,构建安全实用、先进可靠、支撑有力、联调联配、共建共享的数字治水新业态和应用新场景,实现全渠道远程测控,干渠与支渠协调联配,推动水管单位质量变革、效益变革、动力变革,以水利信息化带动引黄渠道、引黄灌区发展现代化。

加快建设"文化渠"。坚持文化兴水强水,始终以社会主义核心价值观引领水文化建设,大力弘扬新时代水利精神,筑牢共同信仰信念信心之基,广泛开展水利精神文明创建活动,筑牢治水兴水思想基础。大力保护、传承、弘扬黄河文化,守好老祖宗留给我们宝贵的引黄古灌区世界灌溉工程遗产,共同保护好乡村灌溉工程遗产,深入挖掘黄河文化蕴含的时代价值,大力弘扬宁夏治水历史文化,借助宁夏引黄古灌区世界灌溉工程遗产展示中心,把唐徕渠满达桥所建成全国水文化及水情教育主要基地,讲好"唐徕故事""黄河故事",延续历史文脉,坚定文化自信,汇聚治水兴渠磅礴力量。

加快建设"幸福渠"。不断实现人民群众对美好生活向往,贯彻习近平总书记发出的"让黄河成为造福人民的幸福河"的伟大号召,发挥唐徕渠独特作用,协同推进水资源、水生态、水污染、水灾害治理,保障供水安全、生态安全、防洪安全,努力增进良好水生态环境这个人民群众关心普惠的民生福祉。大力推进人的全面发展,落实教育强国、人才强国、健康中国、网络强国战略,大力推进"厕所革命",实现住宿环境公寓化,调度监控监测环境一体智能化,着力提高职工健康水平、教育水平、待遇水平、生活水平,大力提升生产生活条件品质。显著增强水利职工和人民群众的获得感、幸福感、安全感。

文明职工"三字经"

好职工,有礼貌,讲公德,要记牢。
不吐痰,不扔屑,尊老人,爱幼小。
遇亲友,先问好,见熟人,招呼到。
黄毒赌,恶习除,碰坏人,要报告。
为人民,保安全,对社会,有贡献。
在岗位,职德高,爱清洁,常洗扫。
室内外,要整洁,环境美,种花草。
干工作,要勤劳,节奏快,效率高。
守纪律,多出勤,不串岗,不生非。
学业务,练技能,规范化,能胜任。
处理事,讲公道,办实事,求实效。
倡廉洁,自律好,不谋私,不吃要。
讲团结,同心干,爱岗位,做贡献。
家庭里,美德好,要致富,靠勤劳。
孝父母,敬公婆,育子女,都有责。
家务活,都承担,相尊敬,夫妻欢。
不酗酒,不赌博,邻里睦,全家和。
创文明,人有责,能坚持,成效卓。
易旧俗,树新风,人称赞,喜盈盈。

第七节　名胜古迹

一百零八塔

位于宁夏吴忠青铜峡市，是始建于西夏时期的实心塔群，是中国现存最大且排列最整齐的塔群之一，总面积6980平方米。一百零八塔，塔群随山势凿石分阶而建，共分十二阶梯式平台，由下而上逐层增高，依山势自上而下，按1、3、3、5、5、7、9……的奇数排列成十二行，形成总体平面呈三角形的巨大塔群，总计一百零八座，因塔数而得名。是世上稀有的大型塔阵，以其独特的建筑格局、神秘的西夏历史和深远的佛教文化闻名遐迩。1963年2月，一百零八塔被宁夏回族自治区公布为第一批重点文物保护单位。1988年，被国务院公布为第三批全国重点文物保护单位。唐徕渠原引水口位于黄河青铜峡一百零八塔下方。

中山公园铁牛

位于中山公园中湖西畔的铁牛，系1978年3月根据"文化大革命"中山公园被毁的原古代镇河渠"宝牛"重铸。1950年春，青铜峡大坝二闸处修浚唐徕渠时，在堤边土中挖出，当时铁牛已锈得十分厉害，但牛之形态很精神，造形雅致，在牛耳下有两行能辨认的内容为"铁牛铁牛，水向东流"的字迹，据说此物为唐徕渠镇河之牛，为防黄河河床改道而立，根据有关人士当时判断，此铁牛可能是唐代之产物。1951年秋运入中山公园，暂放于中山公园农事试验场西。1958年7月宁夏回族自治区成立前夕此铁牛展立于现玉带桥东头（原木桥头东侧），1966年7月被砸碎。1978年9月，在无原造型图片的条件下，重铸此铁牛，现重展立于公园原荷花湖西岸。

水电部青铜峡"五七"干校旧址

位于青铜峡水利枢纽工程下游黄河两岸。1969年3月，水电部在青铜峡工程局开垦的营门滩、五大台、中滩等农场基础上建立起了"五七"干校，全国水电部门来青铜峡"五七"干校劳动锻炼的干部先后约有2000人，其中包括水利部原部长汪恕诚，国务院核电领导小组办公室原主任、教授级高级工程师陈增庆，中国著名地质专家李捷，著名水利专家李鹗鼎、崔宗培等同志。1971年10月，"五七"干校学员从青铜峡陆续撤走。2008年12月，青铜峡市人民政府将其列为第三批青铜峡市文物保护单位。

国务院直属机关（石嘴山"五七"干校）遗址

位于宁夏石嘴山市大武口区隆湖一站，占地面积8520平方米。该干校成立于1968年10月，撤销于1972年4月，历时四年多。是在国务院直属口五七学校原址上规划建设的一座再现"文化大革命"期间国务院直属口千名机关干部、家属、子女劳动、工作、学习经历的历史博物馆,2008年8月29日正式开馆,并向社会各界免费开放。

青铜峡水利枢纽

位于宁夏回族自治区青铜峡市黄河中游青铜峡段峡谷出口处。枢纽以上流域面积275004平方千米。建于1958—1978年。电站是该枢纽的主体部分,以河床闸墩式,带有排沙底孔布置,由8台机组和7个溢流坝相间组成,以土坝、混凝土重力坝与两岸相连,厂房布置在溢流坝闸墩内,总装机容量27.2万千瓦。年发电13.5亿千瓦时。灌溉主要由河西总干渠、河东总干渠和东干渠出水,与灌区内大小渠道连接成灌溉网,实灌面积25万公顷。

青铜峡风景区

位于宁夏回族自治区中部,牛首山西麓。包括青铜峡市南部、中宁县北部的黄河青铜峡水库及其周围地区。总面积约55平方千米。自北向南依次有拦河大坝、水电站、一百零八塔、三十里长峡、睡佛山、鸟岛、牛首山西寺庙群等景区、景点。

青铜峡鸟岛

青铜峡鸟岛面积有3万亩,南北长10余千米,东西宽3千米。其中有5000多亩的天然林,2万多亩的天鹅湖、中心湖、西湖。鸟岛西靠109国道,东沿黄河与一百零八塔、宁夏八景之一"牛首慈云"、大小西天寺庙、黄河流域著名水利枢纽工程等人文景观有机结合。鸟岛是青铜峡水库内面积最大发育最全的淤积岛屿。1993年以前,在20多年的淤积过程中,形成了宁夏最大的黄河滩涂湿地生态系统。滩涂中鸟岛里湖泊、沼泽、河叉广布,构成了丰富多彩的自然次生湿地生态景观。根据当时粗略调查,鱼类30种以上,鸟类约300余种,年容量数十万只。

唐徕闸水利风景区

青铜峡灌区始建于秦代,距今已有2200多年历史。河西总干渠自上而下分布着泰民渠、西干渠、惠农渠、汉延渠、唐徕渠和大清渠共6大干渠。自2004年以来,唐徕闸水利风景区曾先后被水利部、教育部和当地政府部门命名为"国家级重点水利风景区""全国节水教育示范基地""宁夏大学教学实习基地"和"爱国主义教育基地",是我区沿黄旅游的主要水利风景区,也是集中体现宁夏灌溉水文化历史和现代水利科技成就的最具有代表性的看点之一。在景区内设有黄河石碾龙、古代农耕用具、黄河水车、镇河牛、古石碑等实物供大家了解宁夏引黄古灌区悠久的灌溉与农耕文化。

唐渠古柳

引黄灌区自古以来就有在渠道两岸广植杨柳固堤护渠的传统。同时造就了"官桥柳色""西桥烟柳""唐徕翠柳"的景观。现存百年古柳在唐徕渠青铜峡市内依然可见。其中唐正闸上游右岸古柳树龄已达140年(2019年鉴定),唐徕渠姜家桥上游右岸一颗古柳树龄已达128年(2019年鉴定)。附近树龄在70年以上的还存有30棵以上。

典农河

典农河原为青铜峡灌区河西总排水干沟,位于宁夏回族自治区,南起永宁县内的新桥滞洪区,北至石嘴山市惠农区园艺镇石嘴子公园的滨河广场处流入黄河,横跨永宁县、兴庆区、金凤区、贺兰县、平罗县、惠农区等6县(区),全长180.5千米。每年由唐徕渠补水近8000万立方米。

"典农"二字,取自银川建城始于西汉元鼎五年(前112年),名曰典农城(或北典农城),距今2100余年。2018年9月自治区依据汉代在典农城管理屯田事务,标志宁夏灌区大规模开发,开启了灌溉管理,正式更名为"典农河"。典农河这一地名,既反映了宁夏平原的农业开发历史悠久,也体现了黄河文化、移民文化、塞北江南农耕文化的多元文化特色。

阅海湖国家湿地公园

位于银川市金凤区,西依巍巍贺兰山、东临滔滔黄河水,距市中心仅3千米,总面积近2667公顷。湿地气候湿润、风景秀丽、水域广阔,是中国西部干旱带重要的湖泊湿地类型,同时也是银川市面积最大、原始地貌保存最完整的一块湿地,生态系统完整,享有"银川之肾""城市绿肺"美誉,同时作为东亚—澳大利亚和中亚—印度鸟类迁徙路线重叠区,每年113种鸟类,数十万只候鸟在此迁徙繁衍。

宝湖公园

位于银川市金凤区宝湖中路,占地面积近1300多亩,其中水面500余亩。因形似元宝和湖中有金马驹的传说而得名,呈椭圆形。是银川市的城中湖,与大小西湖连成一片,湖面宽阔,湖水较深,最深2米多,水色淡蓝,湖与岛四周芦苇环绕,苇荡相连。每年十月底到十一月,都可以观赏到红嘴鸥。每年经唐徕渠补水50万立方米左右。

中山公园

位于银川市兴庆区西部,南临湖滨西街,西临凤凰北街,北临北京中路,正门位于公园东南角,面向光明广场。银川中山公园占地面积约32公顷,其中水面6.7公顷。中山公园始建于1929年,是宁夏历史最悠久的公园,也是银川最大的综合性公园。每年由唐徕渠补水50万立方米左右。公园的动物园展出珍禽异兽70种500余只。园内设有温室5座,可供四季观赏的花卉和盆景8000余种,各种娱乐场所和设施齐全。

唐徕公园

位于银川市金凤区凤凰南街,1983年,银川市政府在西门桥至保伏桥段渠东侧建设了唐徕公园,是围绕唐徕渠建设的一个开放式带状滨水公园,根据唐徕渠得名。公园沿河渠流向由南至北分为三个景区,充分显示塞北江南、西夏古都多姿多彩的文化形态,使它同时具备生态、游览、休闲、锻炼等多种功能。每年经唐徕渠补水200万立方米左右。2006年11月29日,国家建设部授予"唐徕渠环境综合整治工程"、银川市"湖泊湿地恢复与保护项目"为"中国人居环境范例奖",并于2007年9月27日命名表彰。

海宝公园

位于银川市兴庆区上海路与进宁北街交叉口。占地2000亩,湖畔的海宝寺塔是宁夏始建年代最古老的塔建筑。素有"古塔凌霄"之誉。2008年3月唐徕渠跨北塔湖渡槽建成竣工,使北塔湖与典农河连通,由唐徕渠补水,蓄水量约140万立方米。

丽景湖公园

位于银川市兴庆区丽景街东侧,是在原小沙湖休闲中心的基础上扩建。面积约 330 亩。公园于 2003 年 6 月 28 日动工建设,当年 9 月竣工。坐落于丽景公园丽景湖畔的"西北第一喷泉"是可以向上喷射 120 米水柱的激光喷泉。每年唐徕渠补水 10 万立方米左右。

银川森林公园

位于金凤区,东至亲水大街、西至满城南街、南至黄河东路、北至北京中路,占地面积 183 公顷,2003 年开始建设,2008 年 5 月建成向市民开放,是银川市总体规划中的"绿色心脏"。银川森林公园和唐徕公园遥相呼应,成为银川市保护环境、改善空气质量的两大"肺叶"。

星海湖

位于贺兰山东麓,拦洪库位于石嘴山市大武口区城区东部,山水大道穿湖而过。总面积 43 平方千米,湖水面积 10.55 平方千米,规划为第二农场渠的调节水库,年补供调节水量 500 万立方米。

沙湖

位于石嘴山市平罗县内,是以自然景观为主体,沙、水、苇、鸟、山五大景源有机结合构成的国家 5A 级旅游景区,被誉为"世间少有"的文化旅游胜地。宁夏沙湖生态旅游区是一处融合江南水乡之灵秀与塞北大漠之雄浑为一体的"丝路驿站"上的旅游明珠。2000 年被中央精神文明办公室、国家建设部、国家旅游局确定为"全国文明旅游风景区",2018 年中国黄河旅游大会上被评为"中国黄河 50 景",2018 年度《中国国家旅游》最佳生态旅游目的地。唐徕渠每年所供水量 3000 万立方米以上。

石嘴山森林公园

位于宁夏石嘴山大武口区西北部,背依贺兰山,怀抱大武口市区,建设面积 667 公顷,集观赏、游乐、餐饮、休闲于一体,被游人誉为"戈壁绿洲""世外桃源"。石嘴山森林公园每年由唐徕渠补水大约 300 万立方米。

宁夏简泉湖国家湿地公园

位于简泉农场,是宁夏北部最重要的湿地之一。2006 年 3 月,简泉湖湿地被自治区人民政府公布为首批自治区级保护区之一。湿地水源主要由二农场渠补水和接蓄洪水、农田退水,年蓄水量约 700 万立方米。2019 年 12 月 25 日,通过国家林业和草原局 2019 年试点国家湿地公园验收,正式成为"国家湿地公园"。

贺兰县稻渔空间生态观光园

位于贺兰县常信乡四十里店村,面积 3600 亩,主要建设有稻田景观图案观赏区,稻田养鸭、鱼、蟹、虾等农事活动观赏和体验区,有机瓜果采摘园,休闲娱乐及垂钓餐饮区,农耕文化展示及科普教育长廊,有机水稻认购及土地托管,农业生产物联网及产品质量可追溯信息平台等农业生态景观。

宁夏水利博物馆

位于青铜峡峡口地区,青铜峡水利枢纽下黄河右岸。于2010年3月建设,2011年9月建成。分上下两层,总建筑面积4085平方米,布展面积3000平方米,规划投资4000万元。水利博物馆建筑设计独特,采用秦汉时期的高台式建筑风格,馆顶为青铜扭面顶,周围衬托景观水系和微缩黄河地面景观,与北面的九渠广场、青铜古镇遥相呼应,形象揭示了宁夏水利的秦风汉韵。宁夏水利博物馆馆内共设序厅、千秋流韵、盛世伟业、水利未来、水利文化、水利人物六大部分23个单元,全面展示了2000多年来宁夏深厚的水文化积淀和千秋流韵的治水历史,全面反映了中华人民共和国成立60多年来宁夏水利建设取得的辉煌成就。

大禹文化园

位于吴忠市青铜峡黄河大峡谷景区东岸4.5千米处,108塔的对面,总建筑面积13190平方米,整体建筑风格为仿汉代建筑,建筑高差31.05米,为汉代殿宇风格,总体布局分为"一核""一轴""两翼"。禹王殿建筑面积7467平方米,殿内有一尊高为36米的大禹坐像,由青铜铸造。大禹文化园设计为国内首创,实现"以庙传神、通史鉴今、资物育人"的展陈理念,全方位立体化展现大禹所蕴含的深厚文明与内在精神,成功打造成为黄河金岸独具特色的旅游文化圣地。

宁夏引黄古灌区世界灌溉工程遗产展示中心

宁夏引黄古灌区世界灌溉工程遗产展示中心是宁夏引黄古灌区世界灌溉工程遗产公园项目的重要组成部分,位于银川市贺兰县丰庆西路以北,唐徕渠以东,总占地面积4.947万平方米,总建筑面积9901平方米,建筑平均高度18.225米,最高点高度28.85米。共设一个序厅、六个展厅,展示中心作为其中的"一心",系统全面地宣传展示宁夏引黄灌溉悠久厚重的发展历史和辉煌灿烂的建设成就。

农垦博物馆

位于沙湖景区的宁夏农垦博物馆于2008年建成开馆,作为宁夏农垦的历史缩影,馆藏以农垦历史、领导关怀、辉煌成就和展望未来4个板块为展示主线,全面反映宁夏农垦生活、生产和社会经济发展。该馆先后被授予"自治区爱国主义教育基地""宁夏廉政教育基地""爱国拥军模范单位""宁夏科普教育基地""宁夏社会科学普及教育基地"等牌匾。

第八节 重要报道

永宁唐徕渠决口三千军民投入抢修
应纠正水利管理上的本位主义　积极领导灾区群众导水抢庄稼

【本报讯】　永宁一区境内唐徕渠火石坝于七月二十日夜十一时决口，冲坏渠埂约二百多丈（破口处约二十余丈），淹田一万多亩，造成严重水灾。受灾面积东至东魏信堡、望远桥附近长约二十华里，南北由许旺堡至西魏信堡宽约七、八华里；受灾较重的为三区二、四、八三个乡及一区五、八两乡的大部。关于庄稼、房屋及其他财物的损失，正在调查统计中。

事后该县及时组成抢救委员会，由刘俊谦县长及省水利局李景牧科长任正副主任，动员民工与驻军共三千人，于七月二十四日下午开始抢修。省府副秘书长葛士英、建设厅副厅长郝玉山及省水利局局长张兴等在二十二日亲到出事地点实地勘察，召集各水利干部及当地群众指示抢救办法。

该区渠埂为一凹字形，渠身弯度很大，若遇渠水猛涨，水流过急，就容易出事。据当地老乡谈，在五十年前，该处曾决口一次。

为了以后防止再出事，决定在破口上端另作新埂。计长二百公尺，宽二十四公尺，需土方五万五千个，需工二万余。工程委员会决定各工程队实行突击办法，采取日夜轮班制，每队配备行政干部与技术员各一人领导，争取五、六天内全部完工，以保证唐徕渠二轮水补水灌溉任务的完成。

关于此次决口的原因，据本报记者初步了解：（一）上下渠段联系不够。掌握该渠水量的大坝进水闸，平时对于河水涨落情况从不直接向下通知，而下段的水位情况也不直接向上报告（大坝）；而要水、撤水又都得通过省水利局，所以掌握情况上做得很是不够。（二）工作上存在着本位主义。由于联系不够，各段负责同志不能掌握全面情况，形成在工作上各顾各的现象。上面的水下来了，下面还不知道，下面的水大了，上段也不清楚；大家在心理上都存在着"只要我这一段不出事就算啦。"缺乏整体观念，不能随时处理紧急情况。（三）渠水陡涨，准备不及。该段（永宁、宁朔两县交界之新开渠口）十七日水位为十五分四，十八日为十六分，十九日下午水涨至十六分三，超过最高规定水量一寸，超过经常水量三寸。当时该段曾向省水利局报告并请求大坝落水，至二十日中午水位下降二寸。及至晚饭以后渠水忽然猛涨至十七分二，情况来得很急，该段水利干部与群众虽竭力抢救，但因水势过猛，人力单薄，而造成此次水灾。

（原载于：《宁夏日报》1950年7月28日）

给今年农业丰产运动打好根底 唐徕渠口疏浚工程扩大完成后将扩大灌溉面积二十万亩

为今年的农业丰产打好基础！唐徕渠口疏浚工程扩大。唐徕渠是咱省最大的一道干渠，渠身全长二百一十多公里，灌溉面积约占全省耕地面积的四分之一（六十多万亩）。由渠口到大坝正闸（长约七六四一公尺），被泥沙和碎石淤淀起五道石结。这些石结的最高处（如腰坝结子）约超出渠底标准（四千分之一的坡度）一点零二公尺，最低处也超出渠底标准一公寸，严重地影响了水量的入口，往往在黄河水位降落时，该渠下游的数十万亩耕地就要受到荒旱。因此，疏浚这一段（渠口至大坝正闸）渠道的工程，是非常重要的。

今年春修工程开始时，宁朔县中心水利局原决定渠底标准按照三千分之一的坡度（就是由渠口计算起，每三千公尺降低一公尺）疏浚（按：正闸底不动，渠口按中水位设计），计划全段共打石结子三万公方。最近，省人民政府为了增加该渠水量，扩大灌溉面积，又从新分派技术人员精确查勘后，发现原设计只能在黄河水位中平时，渠中才能进入六十个水（就是每秒钟内，渠中的入水量都为六十公方）；如果河水降至最低水位时，渠中水量还不敷应用。所以又变更原计划，决定渠底标准按照四千分之一的坡度疏浚（按：正闸底不动，渠口按低水位设计），计划全段共打石结子四万七千公方。为了及时完工、不误灌溉起见，宁朔春工委员会特于本月十五、六两日，又由各工段拨交该段民工一千名（内有雇工四百名），与原有民工（六百五十名）合力赶修这一段工程。

省水利局某工程人员谈：这段工程完工后，即便河水降至最低水位，渠中也可以保持六十个水量（较原先增加二十个水量），不但不会影响唐徕渠流域现有耕地的灌溉，并且可以扩大灌溉面积二十万亩。

（原载于：《宁夏日报》1952年4月22日　记者：牛耕）

唐徕渠头轮水试行计划配水

本省灌溉水地区的农民多年来有大水深灌的习惯，结果闹得到处都是湖泊，地下水位增高，使土壤普遍盐碱化，为了逐步改良土壤，提高单位面积产量，改进灌溉工作是一件十分重要的工作。省农林厅水利局计划今年在河西的唐徕渠和河东的秦渠淌头轮水期间，试行计划配水。

配水的有利条件和困难。按照本省的渠道情况，试行计划配水的有利条件是：第一，有足够的河源供给水量，各渠道除头轮水是枯水期外，就唐徕渠来说，一般引水量在四十秒公方以上；第二，河水含沙量不大，一般含沙量只有百分之一到二，最大也不超过百分之七到八，含沙不影响灌溉用水；第三，关于资料方面，有初步的水文记载，主要作物如小麦的需水量，根据省农业

试验场三年来实验的结果,灌溉定额初步可确定为二百四十公方水;第四,经过去年各地向水荒作斗争,并结合过去的灌溉经验,各县水利局基本上掌握了当地的渠道输水情况,有了以上这些有利条件,再加上各级干部的努力和各级党政领导的重视,只要细心、精确的计算,试行计划配水是可以搞好的。

但是,计划配水工作中也有困难。计划配水是一个极细致的科学工作,以本省渠道来说,对水文资料还掌握得不全面,灌溉定额还不精确,作物面积也没作系统的计算,干部业务技术水平不高、经验不够。此外,再加上在小农经济的基础上,灌溉户的零星分散,他们多年来大水深灌的旧习惯不是一下所能改变的,因此就造成了计划配水的客观困难。针对这些困难,在试行计划配水工作中,必须认真地积累和掌握全面的水文资料,进一步统计各个渠道的灌溉面积,并在具体工作中加强对干部的教育,提高业务和技术水平,为今后进一步实行计划配水打好根基。

唐徕渠试行计划配水的具体要求。今年要在唐徕渠按照作物面积、需水量、各县界过水量等作有计划的配水,总的目的是既不浪费水量又要把作物灌溉好。根据唐徕渠所经各县、市初步统计,夏田灌溉面积共三十一万七千六百多亩地,这是头轮水灌溉的主要对象。为了克服过去心中无数的给水偏向,依照过去群众的习惯,暂时规定西门桥以下浇两次水,以上浇三次水(大新、良田、新开等三道支渠的下段暂配给两次水)。并按照省农业试验场三年所得的资料和水利局在去年枯水期的记载,暂时规定灌两次水的每次给水深度一点三五公寸(即每亩九十公方水);灌三次水的地,每次给水一点二公寸(即每亩八十公方水)。浇灌日期是:第一次水在五月二十一日以前结束(小满前);第二次水在五月底以前结束(芒种前);第三次水争取在"芒种"前淌完一部分,下余部分配合浪稻时期补灌,以满足小麦灌浆时期的用水。

建立并健全计划配水的组织领导制度,省水利局负责整个渠道的进水量并给各县、市统一配水;县水利局和水利段领导,按照本县渠道情况和水量,统一配给各个支、斗渠水量,县、段级水利干部和灌溉区的区、乡行政领导以及支渠管理委员会,应按照县水利局分配的水量具体领导群众灌溉。其次,水量分配的顺序和灌溉的顺序。仍按过去由上而下交水,并坚持由下而上、先高后低、集中水量、间断配水的灌溉制度。如黄河水位降低不足配水时,上县段必须延迟浇灌日期,继续供给下县段的水量;下县段得依照临时指示,减少用水量,保证公平合理的灌溉。

在计划配水过程中,各县段应按每次水量(包括接到、下交、当地需用)、灌溉面积、浇完日期和水位流量关系曲线等,详细列表记载,以便给今后进一步实行配水提供资料。因为当前一切配水条件还不十分成熟,为了不误农事按时灌完,决定用渠首段的全部储水,来机动配给,保证作物按时灌完。

试行计划配水应注意的几个问题。计划配水是一个新工作,在试行当中不能过分死板,主要应当根据灌溉的实际情况的变化,随时互通情报,对灌溉日期、水量大小等都应灵活掌握。在一般情况下,要注意以下几个问题:第一,是克服本位主义和主观主义偏向,加强对上下县的联系,加强对实际工作的检查,坚持由上到下的交水和由下向上、先高后低的轮灌制度;第二,如遇有大雨影响到渠道安全时,在高水位的县段,应斟酌情况开口灌溉,减低水位二到三市寸,雨后即关闸,继续保证供给下县段足够水量;第三,各县界之水位流量记载,每天最少要按日出、日落记载两次,为了保证记载的真实,必须对记载人员抓紧思想教育,使他认识到记载工作的重要,坚决反对漏记和假记事件发生;第四,加强养护工作。

为了保证配水计划的执行,省水利局组织了巡回检查组到各地进行抽查,并具体协助执行计划配水工作。

(原载于:《宁夏日报》1954年5月13日)

西河口唐徕渠埽坝工程完工　汉、唐两渠打石碛子工程即将开始

一年一次规模巨大的水利春修工程,在宁朔县已开始进行。

宁朔县今年的春修工程任务主要有:西河口、唐徕渠埽坝和打石碛子工程,汉延、唐徕(包括大清渠)两渠的引水塀、堵水坝、拦河坝、草土石护岸和草土护岸等工程。所有工程分两期进行。第一期为埽坝和排水工程,第二期为打石碛子等工程。

西河口、唐徕渠两处的埽坝工程,在三月二十日开始动工,参加的民工有一千一百八十四人,并分别在三月二十三日和二十四日合拢完工;现在民工们正积极进行排水工作,到四月二日即可结束。更大规模的将有三千七百多民工参加的打石碛子等工程,四月三日开始。为了保证按规定时间(四月二十九日)开水,将增加七百多民工,参加春修工程。

宁朔县领导为了顺利完成水利春修工作,在三月上旬作出了春修工程计划,并指示各乡、农场和各管理所作好抽调民工和物料准备工作,到三月二十五日各项准备工作都已就绪。

今年,有些社员认为工作时间长、苦重,不愿意上渠作工;也有些农业社怕耽误社里的生产,不愿意把好劳动力派出去作工。各乡党政领导和工作组针对这种思想,广泛地进行了思想动员工作,并号召党团员起带头作用。为了打消社员的思想顾虑,安心做工,今年劳动报酬也由去年的一元三角增加到一元五角;对渠工家庭困难的,也进行了适当的照顾。因此,社员们都能愉快地参加工地劳动。

为了加强春修工程的领导,还成立了以县党政领导同志为首的水利春工委员会。县委宣传部还编写了宣传提纲,并将组织二十多名报告员,到各工地作报告,提高民工的思想觉悟,保证提前完成工程任务。

(原载于:《宁夏日报》1957年4月1日　记者:李廷潘、李景牧、冒海瑜)

塞上乳管——写在唐徕渠畔

凡是到过宁夏回族自治区的人,都为这里纵横交错的渠道所迷恋。

一位来过这里的同志,曾用下面的诗篇来歌颂宁夏的富饶:

宁夏是个好地方,人称塞外小天堂;

黄河两岸一片绿,水渠好似蜘蛛网;

河水肥,土质强,播下种子就打粮;

果子树,排成行,山坡处处是牛羊;

天下黄河富宁夏,宁夏是个好地方。

诗歌描绘出"塞上江南"的绚丽风光。当莽莽黄河冲出西北著名的水利枢纽工程工地——青铜峡以后,展现在人们眼前的是一片辽阔无垠的黄河冲积平原。在峡口上,从黄河里分出的几条古老渠道,仿佛是几条巨大的银色乳管,把黄河水引得老远老远,哺育着两岸数百万亩良田。

初秋,登上巍峨的贺兰山,极目四望,平原上山山水水,村舍农田,远处近处,渠道纵横交错,稻田阡陌相连,到处万紫千红。浩瀚荫郁的树海,把大地遮盖得一片绿色。好一幅迷人的景色!我不禁想起当年古代诗人"俯看黄河槛外流,万象阡陌望中收,天生石峡富宁夏,地接金汤卜有秋"的诗句。

在这千条渠万条渠当中,最大的还要算唐徕渠。唐徕渠是古老的二十条大干渠中的一条,是目前全国有名的大渠之一。相传在遥远的年代,宁夏平原还是一片茫茫大海,大禹治水时用他那把"神斧"劈开了青铜峡以后,滚滚黄河才畅通无阻,宁夏平原也变成了一片沃土良田。从那以后,人们就在这里开渠种地。唐徕渠就是在公元前一百零二年汉武帝时代修建的,距今已有两千零六十一年的历史。这条古老的渠道,从青铜峡口西岸沿着贺兰山东麓,流经宁朔、永宁、银川、贺兰、平罗五个县市,直向东北方流去,全长三百二十华里,灌溉着一百万亩良田。渠道两岸分布着大大小小三百多条支渠和数以万计的毛渠,构成了一张巨大的灌溉网。渠道上建筑的进水闸、泄水闸、尾闸、拦河坝、潜坝、桥梁、涵洞等四百多座建筑物,和晶莹的珍珠一样,镶嵌在一条条银色玉带上,灿烂夺目。

解放前,这条渠道的工程非常简陋,破烂不堪。在修渠中,为了要躲开地主豪绅的一小块田地,往往要绕一个大弯子,渠道弯弯曲曲,流水不畅。每当春夏庄稼需要水的时候,黄河水位陡降,渠水几乎枯竭,大片农田遭受旱灾;当秋季黄河水位暴涨时,洪水汹涌而入,渠道到处决口,造成严重水灾。据历史资料记载,1940年每五天就有三次大决口,不知淹没了多少良田和村庄。

更严重的是在国民党军阀马鸿逵统治宁夏的年代,唐徕渠遭受了更加严重的破坏。那时,渠道全部操纵在军阀、地主、豪绅手里,成为他们搜刮敲榨农民的工具,农民年年缴钱纳税,但唐徕渠仍然是千疮百孔,满身毒瘤。再加上没有排水设备,大片良田变成了湖沼和碱滩。河东有七十二连湖,河西也有七十二连湖,"天下黄河富宁夏"的美誉,就被这些丧心病狂的军阀豪绅们污辱尽净了。

　　人们知道,靠反动统治者把渠道治好,要比在大海里捞针还难!所以只有把希望寄托在"龙王爷"身上。从渠口到渠梢,到处修建龙王庙,一旦遇上旱灾和水灾,农民们便磕头烧香,祈求龙王保佑。事实,迷信是无用的,"龙王"既管不了洪水为害,也管不了干旱逞凶,年复一年,只是白白地浪费香火钱。唐徕渠两岸的回汉人民,从心灵深处发出了不少悲痛的恨歌:

　　官员吃夫又吃料,渠成官富民越穷,清水满渠人流泪,穷人淌水贵如油。

　　宁夏川,两头尖,东靠黄河西靠山,年种年收水浇田,百姓没吃穿,不能怨老天!

　　唐徕渠就这样走过了它漫长的两千零五十一年。两千零五十一年,多么漫长的辛酸岁月啊!这是一部用回汉人民的血泪写成的历史!

　　终于,唐徕渠重见光明了。

　　十年前的今天,当春雷响彻六盘山麓的时候,当红旗插上贺兰山顶峰的时候,当马鸿逵的封建王朝被革命的洪流冲得崩溃了的时候,唐徕渠复活了,唐徕渠重新归到了人民的手里。

　　唐徕渠两岸,是个地处沙漠边缘的内陆区,气候非常干燥,雨量稀少,每年降雨量平均只有二百公厘,而蒸发量却达一千到二千三百公厘,人们说,"无水利即无农业"。水,对这里的农民,是何等宝贵!"水就是生命!""水就是粮食!"1952年,党提出要彻底根治唐徕渠,让它为回汉人民的子孙万代造福。党的这个伟大召唤,像一声春雷,震撼着贺兰山岗!从青铜峡到石嘴山,从贺兰山到黄河两岸,顿时沸腾起来了,两万多回汉农民,战斗在蜿蜒三百多华里的渠堤上,裁弯取直,加固渠堤,修建水闸。在马鸿逵匪帮统治的年代,唐徕渠上的闸门、桥梁,没有用过一斤水泥、一斤钢铁。党,把大批水泥和钢铁运到唐徕渠上,又从外地源源运来了修建现代化水闸的启闭机。看看现在,想想从前,这些,像一股股热流一样,冲进了回汉人民的心坎,工地上从早到晚歌声嘹亮:

　　宁夏变成幸福川,党领导我们建家园。

　　唐徕渠啊,唐徕渠,过去你是"豆腐渠",如今变成了幸福泉;

　　不怕旱来不怕涝,千年万代浇良田;

　　唐渠归到人民手,子子孙孙幸福无边!

　　随着愉快歌声的荡漾,人们鼓起了革命干劲,一条条蜿蜒二三公里的弯子裁直了,低洼的湖泊沼泽填平了,渠道里千百年来淤积的卵石和淤泥清除了,唐徕渠两岸筑成了坚固的两道巨型长堤。

　　从那年起,人们经过几年辛勤而又愉快的劳动,唐徕渠彻底变了样:反动统治时代遗留下来的三十多道大弯子裁直了,渠道变成了一条四十米宽的笔直"乳管";从渠口到渠梢,建起了五座现代化的闸门;在引水口的黄河里,筑起了一道三华里长的引水堤;又在贺兰县满达桥引出了一条一百六十六华里长的支干渠——第二农场渠,直通贺兰山下的西大滩,唤醒了沉睡了数千年的数十万亩处女地,建起了前进、潮湖、西湖、简泉等六个机耕农场,无数台拖拉机和康拜因收割机在这里施展开威力,第一次奔驰在宁夏平原上。

经过几个冬春,人们在唐徕渠上开挖和填补了数千万公方土石方,改变了渠道面貌。但是,由于黄河水位低,输水量仍不能满足粮食增产的需要。1958年春天,党提出要在渠道引水口的黄河河心修筑两道拦河潜坝,以提高黄河水位,加大渠道流量。在惊涛骇浪中修筑这样的拦河潜坝,没有水利专家、没有现代化设备、没有钢筋水泥,简直是不可想象的。但是,当人们解放了思想以后,当人们回忆起痛苦的过去和向往美好的未来的时候,发出了无穷智慧和排除万难的精神。这条巨型拦河潜坝恰恰是在没有专家、没有现代化设备、没有钢筋水泥的条件下,由一群"土"专家用草、土、片石、铅丝笼筑成的。

在修筑以前,有人站在引水坝上,瞭望河心,多么艰险啊!湍急的黄河水冲出青铜峡以后,数丈高的巨浪,甭说修坝,就是站在这里都要使人毛骨悚然。但是,人们却发出了豪言壮语:艰险吓不倒向往幸福生活的回汉农民!他们在靠近引水埧的地方,先做了一道"草土围堰",做为立脚的地方,然后把六千多斤重的铅丝笼装上片石抬到河里。几千斤重的铅丝笼一到汹涌澎湃的黄河里,轻得像一根木柴一样,人们望着河水直发愣。后来,他们想出了办法,把几十只大木船一排排先停在河里,截住去路,然后把铅丝笼编成十五米长,装上六万斤片石,等把一百四十米长、四十五米宽的拦河潜坝筑起以后,再把木船撑走。经过两个月的搏斗,一条提高水位的潜坝横卧在黄河中心了,提高了黄河水位零点三五米。唐徕渠的进水量也达到一百二十秒公方,相当于两千年来流量的两倍半以上,灌溉面积由解放前的四十万亩扩大到一百万亩,将来还可扩灌到一百五十万亩以上。

如今,唐徕渠已成了一条幸福的渠道。两岸的农业生产获得了飞跃发展,粮食亩产量由解放前的不到一百斤跃增到四百斤以上,突破了历史上的最高纪录。正当鱼肥稻香的季节,我们站在渠埧上举目远望,昔日的大小湖泊和干涸已久的荒滩,都变成了金光闪闪的稻海,渠埧上一排排柳树和白杨,青翠欲滴。公社社员告诉我们,今年已是唐徕渠畔的第十个丰收年了。一天,我们来到了回族聚居的良渠梢村,是唐徕渠畔无数村庄中的一个,它的过去是无数村庄的过去,它的现在又是无数村庄的现在。这个村庄居住着九十四户回民。解放前,这里是旱涝无常。人们记忆最深的是1929年。那年,正当春夏需要水的时候,渠水干涸了,全村小麦颗粒未收,人们只好把希望寄托在秋田上。但是,正当糜谷快要成熟的时候,满渠的洪水和村东七十二连湖的碱水全部涌进了村庄,顿时,全村变成了一片汪洋湖泊,灾害使人们家破人亡。从此人们把这个村庄叫"三死"地方(旱死、淹死、饿死)。柳万益,这个在外流浪了十五年的贫农,就是在这以后不久逃亡的。那年他才十九岁,带着四岁和八岁的小弟弟,离开了父母,到外面流浪乞讨。一直到解放以后他才回到家乡,父母早已去世,房屋坍塌了,农田荒芜了。和柳万益同样遭遇的人,全村很多。到解放那年,全村七八十户人家逃亡得只剩下三十多户了。解放以后,出外逃荒的人都回来了,人们在共产党的领导下,重整家园,日夜开渠浇田,挖沟排水,良渠梢村也随着变成了一个"不怕涝、不怕旱,年种年收赛江南"的鱼米之乡了。现在,从唐徕渠分出的一条长达六十华里的支渠横贯全村。登上渠坝向东看,昔日的一个一千多亩大的碱湖变成了稻海。再往东看,过去危害最大的七十二连湖,如今,已是国营西湖机耕农场。向南望,是一片片瓜菜园。向西看,是横贯全村的一条十米宽的排水沟,把大小湖泊的积水一直引向远方,当年荒芜的土地变成了米粮川。生产队长刘万祥同志告诉我,过去,在雨水好的年份里,这里平均亩产不超过一百斤,如今,产量高得出奇:水稻平均亩产(以下同)四百斤,糜子五百斤,谷子五百四十斤,高粱六百六十斤。粮食产量提高以后,社员们的生活得到了很大提高。人们称赞他们的生活是"家家住新房,人人穿新衣,户户有新被;鸡鸭成群,牛羊满圈,瓜菜满园"。我们走进社员柳正荣家,这个过去穷得穿烂羊皮、盖麻袋的贫农,如今住着五间崭新的房屋,玻璃窗子亮得闪闪发光,他和他母亲的房子里,都整齐地叠着三四床花被子,地下放着擦得油亮的红漆桌柜和箱子。他母亲叫马玉花,今年已经五十多岁了,我们请她谈谈唐徕渠的变化情况,老人笑着说,唐徕渠呀,现在不但把水引到了田里,也把爱情带进了村里。原来,解放前旱涝灾害使这里变成不毛之地,外村的姑娘都不愿嫁给这里,人们说:"良渠梢,真凄惨,不是涝来就是旱,人人穷得精光蛋,要想娶妻难上难。"人们要想结婚,只得用自己的女儿和姐妹去换外村的姑娘(群众叫"换头亲")。马玉花以前用自己的姑娘给儿子换了个媳妇,但当女儿过门以后,对方说啥也不愿到这里来,儿子没办法,只好打光棍。解放以后,唐徕渠根治了,良渠梢变成了富饶的鱼米之乡,外村的姑娘们都热爱上了它,来这里与良渠梢人结成美满的婚姻,马玉花现在的儿媳妇王月英就是自愿嫁到这里的。接着,远隔百多里外的惠农县黄渠桥的寡妇杨秀枝母女俩也在这里找到了对象。人们说,唐徕渠又成了一条引渡幸福爱情的渠道。

随着唐徕渠的变化,两岸的回汉民族的关系得到了空前团结。解放前的唐徕渠,是引起民族纠纷的祸根! 回汉民族为了争水,往往聚众斗殴,成了冤家。贺兰县立岗公社谢家桥村的回族人民和渠道上游张梁堡村的汉族人民,就是无数闹纠纷中的一个。这两个村生过去为争水打过三十年官司。解放以后,党和人民摧毁了旧制度,把千万颗民族团结的种子撒在两岸,回汉民族团结得好象(像)一家人。农业合作化以来,张梁堡村专门派了一个有淌水经验的社员给谢家桥村传授水利技术,并给他们培养了一批水利技术人员。今年,张梁堡村正在给小麦灌水的时候,谢家桥村急需用水,张梁堡村的群众听到后,立刻把水先让给谢家桥村淌。张梁堡村有一次一条渠道决开了口,谢家桥村马上派出一百五十多个回族社员,连夜出动抢救,使庄稼没有受到任何损失。这种深厚的民族友谊和互相团结、互相支援的事例,促使唐徕渠畔回汉两族人民年年获得了大丰收! 我们每到一地,都为民族团结和大丰收的事例所鼓舞,一支秃笔是写不尽的!

唐徕渠啊,你是塞上的乳管,幸福生活的源泉,回汉人民在你的哺育下,生活过得多么辉煌灿烂,你的浪花把我们的锦绣山河装饰得更美丽!

(原载于:《宁夏日报》1959 年 9 月 25 日 记者:咸兆瑞)

长渠流润　广布善泽　努力谱写兴水惠民新篇章

——写在宁夏唐徕渠管理处成立45周年之际

党的十八大以来,中央和自治区做出了一系列重大治水兴水决策部署,我区水利改革发展迎来了前所未有的历史机遇。为全面落实习近平同志关于"节水优先、空间均衡、系统治理、两手发力"的新时期治水新思路,贯彻落实自治区党委、政府《关于深化改革保障水安全的意见》等文件精神,唐徕渠管理处在自治区水利厅党委的坚强领导下,以自治区治水思路为引领,坚持以节水型社会建设为统揽,以民生水利为根本,着力加大投入保安全,强化管理保运行,竭力优化配置保供水,大力实施基础设施改造,全力推进科学化、标准化、精细化管理,构建了平安唐徕、节水唐徕、廉洁唐徕、智慧唐徕、美丽唐徕、人文唐徕"六位一体"的发展格局,供水保障能力和服务水平大幅提升,实现了"渠道安全运行、引水不超指标、灌区均衡受益、粮食连年丰收"的目标,为灌区经济社会发展、生态文明建设以及各业提供了可靠的水资源保障。

在狠抓业务建设的同时,唐徕渠管理处高度重视精神文明建设,在水利系统文明委和区直机关文明办的关心和指导下,坚持物质文明和精神文明建设"两手抓、两手都要硬"的战略方针,以培育和践行社会主义核心价值观为根本,以文明单位创建和行业文化建设为平台,大力提升干部职工文明素质,提振干事创业精神,凝聚发展能量,形成了水利建设与文明建设两促进,双丰收的良好局面。管理处先后荣获"全国水管体制改革先进集体""水利部文明单位""宁夏回族自治区文明单位"等称号,自2012年以来连续三年被评为全区水利工作先进单位,2015年2月28日,管理处荣获第四届"全国文明单位"称号。

正如自治区水利厅党委书记、厅长吴洪相所说:"唐徕渠管理处获得全国文明单位称号,是多年来水利管理水平和服务能力的提升,标志着宁夏水利系统文明创建工作取得了历史性突破"。

长渠流润　水泽沃野

唐徕渠,宁夏乃至黄河古道上最古老的渠道之一,它开源于秦汉、盛流于隋唐、开拓于西夏、延续于明清、发展于当今,自流灌溉着今天宁夏整个引黄灌溉区总灌溉面积1/5以上的肥沃土地,素有"中国水利博物馆"之美称。全长314公里,流经青铜峡、永宁、银川、贺兰、平罗、惠农6个市县,灌溉着23个乡镇、175个行政村、6个国营农场的120多万亩农田,并补给典农河、阅海湖、沙湖、星海湖等20万亩湖泊湿地水源,占全区湖泊生态补水量的60%。享有"塞上乳管"之美誉。

集农田灌溉、防洪设施、水生态、水文化功能为一体,是宁夏发展历史文化的见证、是一部流淌着的历史——唐徕渠,引水口原在黄河青铜峡出口处左岸的"一百零八塔"下,随着青铜峡大坝水利枢纽的建成,变无坝引水为有坝引水。再经20世纪60年代的扩建改造,70年代大规模的裁弯、砌护,输水能力得到了很大提高。到80年代中期,最大引水流量已达152立方米/秒,灌溉面积由解放前的50万亩扩大到如今的120余万亩。灌区沟、渠、路、林配套整齐,布局合理,如今呈现出"沟渠纵横、灌排配套、麦海翻浪、稻香鱼肥、瓜果满园"的江南景色。

人寻水而居,城因水而活,渠因城而名四海!银川古城、唐徕古渠,相互依存,相得益彰。今日的唐徕渠所流经的银川市、平罗县、惠农区,城市两岸,群楼错落有致,林间小道绿树成荫,湿地湖泊水色涟漪,处处充满着生机与活力,吸引了越来越多的创业者在这里投资、置业。

水在城中,印证着唐徕渠发展的力度;城在水中,体现着唐徕渠发展的美度;人水和谐,诠释着唐徕渠发展的高度。

适应新常态　肩负新使命　厚积薄发正当时

党的十八大以来,中央和自治区做出了一系列重大治水兴水决策部署,水利改革发展迎来了前所未有的历史机遇。面对新常态、新要求,宁夏水利工作全面贯彻中央和自治区的治水新思路,推进"北部节水、中部调水、南部开源"分区治水的决策部署。谋而后动,唐徕渠管理处紧紧围绕自治区水利厅中心工作大局,以打造现代高效节水型灌区为目标,进一步加强安全生产管理,加快基础设施的改造力度,提高用水效率和用水效益,不断优化和延伸供水服务,构建与全面小康社会相适应的水安全保障体系。

塞上大地凝聚共识谋发展,唐徕古渠碧波荡漾入画来。一首《长渠流润》,画骨透情缩影了唐徕渠亘古至今宁夏农耕文明和宁夏水利发展的辉煌。今天,唐徕人将以"献身、负责、求实"的水利精神,以提高水的利用效率和效益为中心,以深化水利改革为动力,以依法治水为保障,坚持节水型社会建设不动摇,兴水惠民,服务民生,以更加澎湃的激情书写改革奋进的"水变"华章,以更加铿锵有力的脚步迈向新的征程,创造现代水利的辉煌。

（原载于:《宁夏日报》2015 年 3 月 12 日）

前方有你,后方有我——抗疫供水两不误

10 月 17 日,一例新冠肺炎确诊病例打破了金秋塞上凤城的宁静。小区被封控、全民核酸、学校暂行线下教学……不断扩散的疫情,将原本正常的生活按下"暂停键"。

危难时刻践初心

疫情面前显担当,危难时刻践初心。10 月 19 日开始,陆续有跃进桥管理所、宁化桥管理所、南梁管理所、崇岗管理所、大武口管理所等基层党支部的 27 名党员职工,自发加入驻地 8 个社区志愿服务队伍,主动认领任务,积极配合社区工作人员,冲在了疫情防控第一线。大武口管理所第一时间与驻地东湖社区建立了抗疫联合党支部,所长王卫说:"抗疫是全民的大事,虽然大武口暂时没有病例,但每天关注宁夏确诊病例,大家心都悬着呢,必须提前行动,积极服务,才能众志成城。"

封控小区不断增加。区直机关号召各级党组织和广大党员干部下沉社区和基层一线开展

疫情防控工作。处党委闻令而动,坚持"社区吹哨、党员报道",第一时间联系社区、认领任务,选派机关12名党员组成"党员志愿先锋队""红马甲志愿队"下沉到湖畔嘉苑社区,将鲜红的党旗立在防疫一线,为疫情防控贡献唐徕水利人的力量。12名志愿者中,张建军、田勇涛、马静梅不是党员,张建军和其他三位男同志是夜班搭档,从晚上10点到次日8点。张建军说"我虽然不是党员,但要以党员的标准要求自己,危难时刻要有大局意识、不分你我"……

截至今日,原本下沉12名志愿者的队伍已经增加至17人。一大批党员领导干部利用工作之余,主动投身疫情志愿服务中。从"水利蓝"到"红马甲",变化的是色彩,不变的是初心使命。

以行动践行担当

10月25日,唐正闸开闸放水,一渠碧水迎流而行。没有了往年的接水仪式,突然的"冷清"却没有阻断水利人火热的奉献精神。今年唐徕渠冬灌计划引水1.61亿立方米,较前三年均值少22%,因放水时间较往年推迟了5天,加之人员隔离,冬灌任务更加紧迫。为保障顺利完成冬灌供水任务,基层各所段200余名干部职工10月20日连夜到岗,提前进入24小时值班值守状态。

当闸门打开,渠水汇入后,直逼尾梢,314公里的唐徕渠沿线,有节制闸和桥梁219座,每到一处柴草垃圾淤积严重,给渠道安全运行带来了极大的安全隐患。为确保水流顺畅,沿线各所段密切配合、接续迎水、送水。从接到水头开始,陆续拉开了"清淤战"。27日凌晨5时,水头到达崇岗管理所,所长郭大勇带领职工已经等候在分水闸,开始打捞柴草,一直到早晨10点多才打捞完。他说:分水闸是柴草堆积的"卡脖子"处,往年水位小的时候,都是职工下水打捞,今年水位大、天气寒冷,我们配合机械,职工每天除了调度、测量,就是定时打捞柴草垃圾。周城所安装了捞草机,所长贾绍平带领职工一路沿着各个节制闸,及时清除垃圾杂草,送水到最梢段。28日凌晨0:36,大武口所职工开始打捞柴草,5名女职工和男同志一道,一直坚守到清晨5点多打捞结束,毫无怨言。所长王卫说:"这就是水利人的责任、担当和坚守,默默奉献就是我们的职责"。

前方有你,后方有我。留守机关的处长陶东自己家和儿子家都被封控隔离,单位成了他和同事们的"第三个家",一住就是半个月。他说"特殊时期特殊对待,党员的先锋模范就要在这个时候体现"。调度人员黄镇坪,火急火燎来办公室开进出小区的证明,"我们已经被封了两个调度人员了,我明天接班,一定要开好证明,不能耽搁冬灌的大事"……

随着冬灌进入高峰阶段,渠道全线开灌,大水位大流量运行,疫情、水情、灌情多重考验。11月3日,党委书记鲍旺勤、处长陶东率先垂范,带领相关科室负责人,从上游一路驱车,一天行程100多公里,走进田间地头、看望坚守一线的水利职工,对疫情防控及冬灌工作进行了详细检查指导,悉心叮咛。"冬灌和疫情要两个战场同作战,力争取得双丰收",鲍旺勤斩钉截铁地说。

星光不负赶路人

为保障全区1/5自流灌溉供水、75%河湖生态补水,唐徕渠管理处坚持推进水资源集约节约利用、科学管理、严格配水、提升服务,奋战酷暑,在高耗水作物未减少、持续干旱、农业生态供水全面保障的情况下,实现节水5%,高质量完成夏秋灌抗旱保灌攻坚战。灌区群众送来的

一面面锦旗,成为唐徕渠管理处职工为民办实事的最高赞誉。

有水百业旺,一渠碧水,滋润着千万家的小康愿景。没有一滴水能独自成为大海,也没有一个春天不拥有万紫千红。"'我在'是一个沉重的字眼,因为它寄寓于每一个负重的存在之中。所谓'我在',是'我在场',是我在看、在听、在感受、在坚持,历史流经我们,我们就要打上印记。"

治水有我,请党放心。经历了酷暑,又迎来严寒。我们比任何时候都更加深切体会到铸牢中华民族共同体意识的意义,唐徕人将继续乘风破浪,以黄河流域保护和高质量发展为重任,自觉扛起守护千年古渠的历史责任,阔步推进水利高质量发展,为经济社会发展、乡村振兴提供强有力的水安全保障。

(原载于:宁夏新闻网 2021 年 11 月 12 日　作者:牛晓丽)

唐渠流润宁夏川

天下黄河富宁夏,塞北江南旧有名。

宁夏引黄灌溉历史悠久,自秦汉时期就已屯垦开渠、引河溉田,历经沧桑巨变从未中断,千年古渠流淌至今,润泽塞上。

唐徕渠又称唐梁渠,俗称唐渠,是宁夏平原最大的引黄干渠,始凿于汉,复浚于唐,自元代郭守敬修浚复通,经历代开发整治,兴盛于今,为宁夏引黄灌溉工程遗产之典范。

唐徕渠从黄河青铜峡河西总干渠引水,北流穿越银川平原,这条 314 公里的生命水脉,浇灌着吴忠、银川、石嘴山 3 市 9 县区的精华地带,滋养着一方风物和四方百姓,而今,在一代代水利人的守护和建设中,生机勃勃,光彩焕发。

兴水为民百业旺。唐徕渠管理处扛起保障供水安全的时代重任,真情服务乡村振兴,加快供水服务能力和服务体系现代化建设。坚持依法治水、安全发展,筑牢干渠安全输水基础。推进现代化生态灌区建设,实施标准化规范化管理,精准施策,科学调度,优化配置,节约集约高效利用水资源,年均引水 10 亿立方米,全力保障 120 万亩农田均衡灌溉,为全区粮食生产实现"十八连丰"做出重要贡献。

构建生态安全屏障显担当。唐徕渠管理处牢固树立绿水青山就是金山银山理念,有力保障全区 20 万亩湖泊湿地生态补水,精心维护河湖生命健康,为宁夏生态文明建设贡献了唐徕力量。

建设先行区,水利走在前。唐徕渠管理处以水为业,为水奉献,深入践行新时代水利精神,党组织的战斗堡垒作用和党员的先锋模范作用得到充分发挥,自治区文明单位、水利部文明单位、全国文明单位等荣誉熠熠生辉,铭刻着敬业奉献、砥砺奋进的发展足迹,凝聚着实干兴水、接续奋斗的精气神。

黄河千古奔流,唐渠生生不息。在建设美丽新宁夏,共圆伟大中国梦的壮丽征程上,"塞上江南"川辉原润,风光无限。唐徕人不忘初心、牢记使命,在全面推进水利现代化建设中创新发展、再创佳绩。

奋进新征程,建功新时代。在黄河流域生态保护和高质量发展先行区建设中,"命脉渠、生态渠、智慧渠、文化渠、幸福渠"的美丽画卷正徐徐展开。

(原载于:中国水事 2021 年 12 月 30 日 作者:鲍旺勤、陶东、牛晓丽)

宁夏:古渠流润,巾帼担当

长渠流润,塞上生辉。宁夏回族自治区粮食十八连丰的佳绩里,浸含着水利人心血和汗水,同样有她们的奋斗和奉献。

迎着朝阳,搭乘农村公交,15 公里后在立暖桥站点下车。再步行 10 来分钟便道,9 点前赶到罗渠段。这几天,巡护渠道重点是检查穿渠施工安全、环境整洁。早晨带来的包子,放在电暖气上"热一下"就是午饭。

17 年来,这条"两点一线"的上班路程,冉丽欣早已安之若素了。冉丽欣身兼值班员、炊事员、巡护员、测量水员等多个岗位。"感觉自己就像上了发条的陀螺一样围着围裙在值班室、厨房和渠道之间穿梭。"干一行爱一行,脚踏实地完成好每一项工作任务。

每次上班都是一次心离别与不舍,在听说孩子或父母生病时却不能照顾的无助与煎熬,可是每当看着渠畔美丽的园林,硕果累累的庄稼地和灌区农户脸上洋溢的丰收喜悦,冉丽欣觉得一切付出与努力都是值得的。

从 1991 年毕业后算起,姚丽芝在唐徕渠畔工作了 30 多载无悔春秋。2017 年,担任灌溉管理科负责人后,她找差距、补短板、强管理,制定了配水应急方案、抗旱调度预案以及断面交水目标奖罚办法等一批新方案,紧盯阶段性用水问题,科学应对、灵活处置,采取了编组轮灌、以沟补渠、多水源联合调度等有效措施,与各所一道全力保证了 120 万亩农田适时灌溉、均衡受益。

安全行水是保障灌溉的前提。灌溉科的女职工较多,姚丽芝发挥她们细心、耐心、嘴勤、手勤的特点,做好值班期间的灌溉调度。尤其在灌溉高峰期干渠水位高、流量大,还要时刻关注防汛预报如渠道沿线降雨量、水位变化,快速准确判断。2018 年唐徕渠 8 次山洪入渠,8 公里渠堤漫堤,多处渠道砌护冲毁。她坚守值班室 30 小时,做好防汛调度工作,及时汇报、沟通,积极做好水量处置,迅速准确下达调度指令,减轻了山洪灾害损失。

姚丽芝先后被评为水利厅"三八红旗手"、管理处先进工作者、优秀党员,灌溉管理科也被评为水利厅"巾帼示范岗",连续 4 年管理处"先进科室"。

春节刚过,南梁管理所职工忙"充电"。一周的培训时间里,曹亚宁讲解安全制度、信息化操作维护等课程,让同事们"解了渴"。

在南梁管理所，曹亚宁年龄最小、学历最高。刚参加工作，她为基层水利艰苦与坚守深深感动。同事们舍小家保大家常年驻守在乡村基层管理所，24小时驻岗工作，守护着千年古渠，无论夏季烈日炎炎，还是冬日白雪皑皑。

渠道地处偏僻，没有路灯，凌晨四点，必须上报监测水位。曹亚宁拿手电筒，壮起胆子观看监测断面水位。如今，工程信息化改造，自动采集、传输、存储与数据处理分析技术运用，实现灌溉供水测控一体化，坐在调度室就能实时观测水位，启闭闸门。

七年来，她见证着供水管理的改革发展，也目睹了灌区的巨大变化，把青春年华和才华从"课堂"搬到了水利一线"热土"，她一路成长和收获着。

唐徕渠如今成为银川平原农业灌溉、生态补水、景观休闲一体的重要生态渠、风景线。女职工们与水利同奋进、与时代同步伐，在渠水流润中绽放人生精彩，在灌溉服务里谱写"巾帼不让须眉"时代篇章。

（原载于：中国水利网站2022年3月6日 记者：孟砚岷）

千年唐渠谱写塞上水脉新篇

——党的十八大以来宁夏回族自治区唐徕渠管理处水利发展综述

唐徕渠开凿于汉、复浚于唐，经历代整治开发，兴盛于今，是宁夏引黄灌区最大的自流干渠，被誉为"塞上乳管"。唐徕渠干渠全长314公里，流经宁夏吴忠、银川、石嘴山3市9县区，浇灌着宁夏平原的精华地带，年均引水量近10亿立方米，是保障全区1/5的自流灌溉供水、75%河湖生态补水的"命脉渠"。

真情服务，十年答卷，古渠长润宁夏川。党的十八大以来，宁夏唐徕渠管理处深入贯彻中央治水思路，以新发展理念为根本遵循，以高质量发展为根本要求，以现代生态灌区为主线，坚持兴渠为民、兴渠利民、兴渠惠民、兴渠富民，为灌区粮食安全、河湖生态再现芳华、乡村振兴做出了唐徕贡献。

治水兴渠，高质量发展开启新征程

盛世兴水，润泽塞上。在水利事业取得历史性成就、发生历史性变革的新征程上，宁夏唐徕渠管理处牢牢把握发展第一要务，紧扣"六大水利"建设要求，深入贯彻习近平总书记"节水优先、空间均衡、系统治理、两手发力"的治水思路，主动服务黄河流域生态保护和高质量发展重大国家战略，推进"四水"同治战略部署，学史力行开新局，凝结形成了"长渠流润，惠泽民生"的唐徕渠服务宗旨和"忠诚使命、科学求是、创新实干、兴水为民"的管理理念，奋力建设"命脉渠、生态渠、智慧渠、文化渠、幸福渠"。

水利是农业的命脉。十年间，管理处加快推进一批重点工程水利基础设施和信息化建设。

工程建设投资7.79亿元,实施了唐徕渠银川段、第二农场渠中上段、满达桥节制闸改造等灌区续建配套与节水改造、续建配套与现代化改造工程,砌护干渠232公里,新建改造各类病险建筑物425座,建成自动化远程控制水闸20座、干渠自动化量测水断面10处、遥测水位监控52处、测控一体化量水设施157处、安全视频监控78处、水情视频监控站96处。渠道砌护率由26.4%提升至73.8%,病险工程改造率由30.6%提升至80%,干渠40%的大闸实现远程控制,县界交水断面100%自动监测,60%的斗口实现测控一体化量测水结算。渠道病险及"卡脖子"等突出问题基本得到解决,工程供水保障能力显著提升,工程建设实现历史性跨越。为保障粮食安全、推进乡村振兴提供了水利支撑。

提升依法治水管水能力,强化水利法制体系建设,全员学法懂法用法意识整体提高,管理处被水利厅评为"六五普法""七五普法"先进集体。管理处党委《党委会议议事规则》《水行政执法案件办理制度》等69项制度基本健全,水资源调度、抗旱保灌、防汛减灾、疫情防控、水污染防治、消防安全等制度机制不断完善,渠道应急防御体系初步构建。水利、公安联合执法创新推进,水事秩序和谐稳定。企事业单位脱钩改革如期完成。工程维修建设实现社会化服务,工程运行和渠道管护更加标准化、规范化。"安全生产三年行动"和"水利行业领域"两个专项整治行动广泛开展,安全发展理念牢固树立。十年安全生产无事故。

兴渠为民,筑牢幸福塞上水安全保障

粮食安全是国家安全的基本保证,水安全是粮食安全的基础。在新时代治水方针的指引下,唐徕渠管理处贯彻"四水四定"原则,主动适应用水权改革新形势,节水优先,科学管控,优化调度,精准量测。输配水效率和灌溉保证率不断提高,农田灌溉水有效利用系数从2012年的0.443提高到0.545。实现了从粗放用水向节约集约用水、供水管理向需水管理的转变。

十年来唐徕渠引水96亿立方米,占全区引水总量的1/6。首次探索实施跨渠道、跨沟道、跨县区的"三跨步"水网联调供水,有力保障了经济社会发展用水,为灌区粮食生产"十九连丰"做出唐徕贡献。

管理处按照"互联网+"建设"数字唐徕",使干渠35%的直开口、40%的大闸实现远程控制,建立了唐徕渠水资源水生态环境信息化综合平台,初步构建了干渠监控、局域测控一体化系统,主要生产业务全部线上运行,用水实现100%网上申报,智慧唐徕"四预"建设迈出新步伐,新型供用水关系初步建立,实现了"数据多跑路,群众少跑腿"。

不负绿水青山,方得金山银山。管理处坚定不移协同推进山水林田湖草沙系统治理、综合治理、源头治理,唱响黄河保护治理大合唱。十年来,唐徕渠为银川东南水系、西北水系、典农河、宝湖、沙湖等全区35个湖泊近20万亩生态湿地补水12亿立方米。自1998年以来,25年向河湖生态补水量达16亿立方米,为全区近75%的河湖湿地注入了源头活水,使灌区水清岸绿、河畅景美,到处生机盎然。

党建引领,"红色引擎"激发澎湃动力

走进办公大楼和各基层所段,办公环境干净整洁,花园式庭院鸟语花香,文明标语随处可见,干部职工展现出积极乐观、朝气蓬勃的良好的精神面貌……这是唐徕渠管理处贯彻新时代党的建设总要求,奋进新征程、建功新时代的精气神焕然一新,群众性精神文明建设蓬勃开展、硕果累累的外在表现。

十年来,管理处汲取百年党史丰厚滋养,坚持学史力行践行初心,思想铸魂固本培元,厚植基础筑牢堡垒,廉洁从政风清气正,推动全面从严治党向纵深发展,为兴渠为民、服务灌区发展提供了坚强组织保障。

管理处党委 2019 年创建为四星级党组织,2021 年被水利厅评为"先进基层党委",2 个党支部荣获"先进基层党组织",现有五星级党支部 3 个,四星级党支部 6 个,其中满达桥党支部是水利厅唯一入选区直机关"党建工作示范名录"的党支部。

2020 年评为自治区水利行业节水机关达标单位,2021 年创建为自治区级"无烟机关"。管理处涌现出了自治区百孝之星"十大孝子"张建军、"十大孝婿"李华山、"最美家庭"张自平等一批道德模范。十年来,管理处 6 次获得水利厅年度先进单位,先后荣获自治区、水利部文明单位称号,2015 年率先创建为"全国文明单位"。管理处水利党员先锋队、青年先锋队在灌区志愿服务和疫情防控中展现了"水利蓝"和"志愿红"的精神风采。

站在新的历史起点上,唐徕渠管理处担当新时代治水使命,完整、准确、全面贯彻新发展理念,团结兴渠、踔厉奋发、实干苦干、勇毅前行,奋力答好新时代兴水惠民答卷,以优异成绩迎接党的二十大胜利召开。

(原载于:中国水利报 2022 年 10 月 12 日　作者:鲍旺勤、陕东、牛晓丽)

唐徕渠重要报道目录见表 13-1。

表 13-1　唐徕渠重要报道目录

序号	标题	作者	时间	刊物名称
1	永宁唐徕渠决口三千军民投入抢修应纠正水利管理上的本位主义积极领导灾区群众导水抢庄稼		1950 年 7 月 28 日	宁夏日报
2	给今年农业丰产运动打好根底　唐徕渠口疏浚工程扩大　完成后将扩大灌溉面积二十万亩	牛耕	1952 年 4 月 22 日	宁夏日报
3	贺兰县境内唐徕渠二段决口		1952 年 5 月 24 日	宁夏日报
4	整修疏浚唐徕渠		1952 年 8 月 8 日	宁夏日报
5	唐徕渠整修工程全面开工,万余民工劳动热情洋溢	米瑞和	1952 年 8 月 22 日	宁夏日报
6	展开修渠竞赛运动		1952 年 8 月 30 日	宁夏日报
7	唐徕渠工地一日		1952 年 9 月 1 日	宁夏日报
8	唐徕渠整修工程紧张进行		1952 年 9 月 6 日	宁夏日报
9	唐徕渠裁弯(快板)		1952 年 9 月 11 日	宁夏日报
10	唐徕渠裁弯工程胜利完成		1952 年 9 月 12 日	宁夏日报
11	省人民政府农林厅公布唐徕渠挖渠模范名单		1952 年 9 月 12 日	宁夏日报

续表

序号	标题	作者	时间	刊物名称
12	唐徕渠疏浚工程全面开工		1952年9月17日	宁夏日报
13	唐徕渠新式进退水闸开工		1953年4月2日	宁夏日报
14	唐徕渠进退水闸提前完工		1953年4月22日	宁夏日报
15	唐徕渠头轮水试行计划配水		1954年5月13日	宁夏日报
16	唐徕渠裁弯工程做得不好 工地领导应及时设法改进		1956年4月13日	宁夏日报
17	西河口唐徕渠埽坝工程完工 汉、唐两渠打石碴子工程即将结束	李廷潘 李景牧 冒海瑜	1957年4月1日	宁夏日报
18	塞上乳管——写在唐徕渠畔	咸兆瑞	1959年9月25日	宁夏日报
19	唐徕渠畔赞英雄		1960年9月21日	宁夏日报
20	银川市唐徕渠灌溉管理所总结经验安排用水高峰期工作		1962年7月26日	宁夏日报
21	贺兰县唐徕渠管理所学习平罗顾全大局的风格 给下游交水工作有改进	杨艳真	1963年6月9日	宁夏日报
22	汉延渠并唐徕渠工程发挥效益	钱 进	1963年11月23日	宁夏日报
23	畏洪水冲击渠 稳如山 增加供水量扩大灌溉面积		1963年11月23日	宁夏日报
24	严格责任制灌溉管理好		1964年6月6日	宁夏日报
25	古渠新貌	区水利局通讯组	1965年10月17日	宁夏日报
26	唐徕渠畔的大寨花		1973年10月21日	宁夏日报
27	唐徕渠杨显裁弯工程竣工		1976年1月10日	宁夏日报
28	人生在唐徕渠畔闪光——记优秀共产党员陈光祖同志		1990年4月28日	
29	唐徕渠又添新绿 自治区领导参加义务植树	赵 英	1993年4月11日	宁夏日报
30	漫步唐徕渠畔(二首)		1996年6月15日	宁夏日报
31	唐徕情思	爱 琴	1998年5月8日	宁夏日报
32	啊！七十二莲湖	马忠清	1998年12月25日	宁夏日报
33	唐徕渠惊险之举		2000年8月5日	宁夏日报
34	鹏振双翼始冲天——唐徕渠管理处双文明建设纪实		2000年9月9日	宁夏日报
35	唐徕渠畔春灌忙		2001年5月6日	宁夏日报
36	唐徕渠管理处民主管水群众满意		2001年8月3日	宁夏日报
37	唐徕渠整体扩建工程启动凤城渐现"塞上江南"美景		2001年8月17日	宁夏日报
38	唐徕渠旁施工忙		2003年3月27日	宁夏日报
39	唐徕渠畔看春灌		2003年4月13日	宁夏日报
40	唐徕渠永宁段及时排除一重大险情		2004年5月7日	宁夏日报
41	当险情袭来的时候	张 恭	2004年5月14日	中国水利网
42	宁夏唐徕渠与西干渠上段合并工程开工	张 恭	2005年12月11日	中国水利网

续表

序号	标题	作者	时间	刊物名称
43	唐徕渠综治工程获中国人居环境范例奖		2006年4月16日	新消息报
44	唐徕渠环境综合整治工程获"中国人居环境范例奖"		2006年4月17日	宁夏日报
45	面积增加65公顷人均绿地面积增加1平方米	记者冯涛 实习生 马文燕	2006年4月17日	宁夏日报
46	国庆期间,在唐徕渠管理处二农场渠崇胜联合建筑物改造工程工地上一支敢打敢拼的水利施工队伍		2006年10月9日	宁夏日报
47	宁夏唐徕渠管理处职工盼新居	马和亮	2006年11月26日	宁夏日报
48	大年初一唐徕渠渡槽施工现场速记		2008年2月10日	宁夏日报
49	唐徕渠和大银川		2010年4月19日	新消息报
50	唐徕渠趣事		2010年8月12日	新消息报
51	自治区水利厅团委与唐徕渠管理处在近日共同举办的"真情助困进灌区"活动中		2010年6月24日	宁夏日报
52	唐徕渠印象	千云	2010年10月12日	新消息报
53	春回大地绿满唐徕渠		2012年4月26日	新消息报
54	宁夏唐徕渠牵手155家农民用水协会促灌溉	刘贤	2012年5月16日	中国水利网站
55	银川"血脉"——唐徕渠		2012年5月21日	银川日报
56	宁夏唐徕渠标准化渠堤建设完成	刘贤	2012年6月12日	中国水利网站
57	传承孝德之风——记全区道德模范——孝德之星张建军	付中华	2013年5月	兴水英才
58	长渠流润 广布善泽 努力谱写兴水惠民新篇章——写在宁夏唐徕渠管理处成立45周年之际	杨志 牛晓丽 付中华	2015年3月12日	宁夏日报
59	大河之恩	吴洪相	2015年4期	新商务周刊
60	文明之花绽放唐徕渠畔	付中华	2015年第4期	中国水文化
61	宁夏唐徕渠管理处把"三严三实"课堂放在田间地头	刘祖国	2015年8月31日	中国水利网站
62	宽窄唐徕渠		2016年8月22日	新消息报
63	宁夏唐徕渠管理处:迅速抢修洪水损毁水利工程	马方园	2016年8月27日	中国水利网站
64	宁夏引黄灌溉古渠系申报世界灌溉工程遗产包括秦渠、汉渠、汉延渠、唐徕渠等12条古渠		2017年4月21日	新消息报
65	2018年宁夏引黄灌区第一笔水权交易协议在唐徕渠灌域达成	马和亮	2018年4月12日	中国水利网站
66	世界灌溉工程遗产系列介绍——唐徕渠今昔		2018年9月10日	宁夏日报
67	背影——满达桥闸,唐徕渠上耀眼的"馆藏品"		2019年12月20日	宁夏日报
68	银川唐徕渠畔树木有了身份证	徐佳敏	2020年6月24日	宁夏新闻网
69	用心缔造最美家庭——唐徕渠管理处张自平"最美家庭"事迹材料	付中华	2020年10月23日	宁夏水利厅网站

续表

序号	标题	作者	时间	刊物名称
70	唐徕渠满达桥节制闸除险加固工程项目完工	杨泠然	2020年11月11日	宁夏新闻网
71	两千年兴水塞上七十载铸就辉煌	杨泠然	2021年2月23日	宁夏日报
72	生态补水扮靓"塞上江南"	孟砚岷	2021年4月28日	中国水利网站
73	宁夏:防疫一线闪耀"水利蓝"	孟砚岷	2021年11月2日	中国水利网站
74	前方有你,后方有我——抗疫供水两不误	牛晓丽	2021年11月12日	宁夏新闻网
75	建联合工作机制做活"水"文章银川全力打造最美水生态环境	吴春霖	2021年12月13日	银川日报
76	唐渠流润宁夏川	鲍旺勤 陶 东 牛晓丽	2021年12月30日	中国水事
77	唐渠流润惠泽民生	陶 东 牛晓丽 马志峰	2021年	中国水利年鉴
78	宁夏:古渠流润,巾帼担当	孟砚岷	2022年3月6日	中国水利网站
79	一部引黄灌溉史也是宁夏水利发展史	刘旭卓	2022年3月7日	银川晚报
80	宁夏引黄灌区春灌启幕	裴云云	2022年3月16日	宁夏日报
81	唐徕渠补水绿两岸	郎 凯	2022年3月18日	银川新闻网
82	唐徕渠放水	任爱中	2022年3月18日	新消息报
83	为春灌用水保驾护航唐徕渠清淤进行中	吴春霖	2022年3月22日	银川日报
84	今春典农河预计补水5910万立方米	任爱中	2022年3月23日	银川日报
85	唐徕渠春季生态补水进行时	杨泠然	2022年3月26日	宁夏新闻网
86	宁夏:生态补水润湖城	孟砚岷	2022年4月13日	中国水利
87	跨县区水网调水解民忧纾民困	杨泠然	2022年4月19日	宁夏新闻网
88	宁夏唐徕渠管理处联学联建凝聚新认知 多方探索普法新途径	姚海玲	2022年4月19日	宁夏机关党建网
89	8000亩农田等水播种!唐徕渠水"三跨步"支援惠农渠灌域	裴云云	2022年4月19日	宁夏日报
90	宁夏三名水利职工救了落水女孩后,悄悄离开……	裴云云	2022年4月3日	宁夏日报
91	约114个西湖的水量!唐徕渠25年生态湿地补水16亿立方米	裴云云	2022年5月23日	宁夏日报
92	宁夏来了6.02亿立方米生态水系列报道③|唐徕渠有个甜蜜的"负担"	裴云云	2022年5月23日	宁夏日报
93	唐徕渠:25年累计生态补水16亿立方米 让河湖"靓"起来	吴春霖	2022年6月6日	今日头条
94	唐徕渠:三月春来到 灌溉正当时	张瑞华	2022年3月16日	宁夏水利
95	千年唐渠谱写塞上水脉新篇 ——党的十八大以来宁夏回族自治区唐徕渠管理处水利发展综述	鲍旺勤 陶 东 牛晓丽	2022年10月12日	中国水利报

第十四章 艺 文

第一节 奏 谕

钦差兵部右侍郎通智等奏报修筑唐渠及竣工缘由折

雍正九年五月初六日

臣通智、臣史在甲谨奏：为钦奉上谕事。

窃臣等奉命修理大清、汉、唐三渠，因一岁之中，三渠之工不能并举，将先修唐渠事宜具奏。

蒙皇上谕允臣等查访，向来渠工、额草、柳椿俱系水利同知①监收，大半折色②，上下其手，有名无实，以致堤岸不坚。每岁虽有分五工八，段齐夫浚修一月之名，水利同知不过名色查看一次，尚不周徧③，其委管④士民⑤皆折夫肥己，雇工人民非老即幼，搪塞一月，散工俱用铁锹转土及填溜沟，以致渠内淤澄二三尺以致七八尺不等。闸座偶有冲损处所，墙石即用木支撑，底塘则填草铺石，蒙混从事，以致闸座日坏一日。臣等自上冬，沿渠冲要处，以至渠口迎水石堤⑥，委员采买麦草、柳椿，并分收额征⑦草料堆储，又於滩中砍取白茨、红柳、芌吉、大椿，灵州⑧石场采打大石，就近峡口⑨烧造石灰。各项材料备办已齐，择於二月二十日吉辰恭祭动工。率领效力官员、协办道府、州县兴工。自渠口至尾梢分为十四工，委员凌修。其迎水石堤甚属低薄，兼多冲坏，臣等船用峡口大小碎石，加帮五百二十丈。渠口内倒流河向东冲决甚宽，水即东注就下，难以挽之使上，且旁近安澜退水闸⑩，底高水背，石多倾颓。臣等相度地势，循唐渠旧址，自上流开渠身一百三十八丈，顺引而下，在旧冲开处建滚水石坝⑪二十五丈，两岸夹造柴草长坝一百六十五丈，又将安澜闸下湍急处，添石展建四墩五空石闸一座，水平则归渠，水大则自滚水坝并安澜闸内东洩归河，以杀其势。其大小双闸，底高空窄，退水不畅，臣等稍移而南，建三墩四空⑫石闸一座，其宁安闸⑬底固太高，南面码头又突，臣等落底展修，建三墩四空石闸一座。其关边闸⑭出水虽利，与正闸后底塘、梭墩、石墙俱皆倾圮，臣等添石重修正闸，上覆以桥房，旁列碑亭。闸北为

龙神庙,因旧制重修。凡退水下流皆一出闸尾即折流东南,水势汹涌,任其淘坑冲刷,以致闸座不坚。臣等俱顺引入河前各闸退水,远流归於倒流河,引大河漾水冲刷。唐渠东岸不特⑮渠塀日亦险薄,即附近田亩亦时遭侵泡,臣等因截其远流,横口加筑挡水坝,顺引入河,不但塀岸坚固而旁地悉可耕种。

　　唐渠两岸多沙,渠内水缓则沙壅,多至淤澄徧坡,臣等用红柳背筐⑯将渠内淤澄三四尺以至八九尺之处,尽情挑挖,悉令加帮。於低薄塀岸上下,又择斜射冲刷之势,布设码头,使沙无停滞,则水自畅流,向来尾梢即淤,余水泄於诺素湖内,常至泛涨。臣等因循故迹,挑浚十二里余,将尾水引入西河,水得归宿,旁地亦成膏腴。前放水之时,必将退水闸口筑坝,使水漾起,始能有七八分进正闸,又将大小支渠斗口封塞,尚得十数日到稍。臣等疏浚即毕,於四月十四日吉辰,恭祭龙神,启坝放水,臣等乘舟查看而下,自宁安、关边二道退水闸退出八九分,尚有十一分进正闸,水势畅满,高下田禾侵渥沾足,宁郡士民夹岸欢呼,咸歌帝德之高深。臣等率领效力官弁上下防险至二十二日。托皇上天福,一切闸座、塀岸共庆安澜,随交於属水利同知石礼图经管。至於唐渠有些须水外未完石工,俟今冬河冻运石,明春修汉渠⑰之时代为补修外。臣等分派官弁归于城工、堤工,及时办理,俟三渠工竣之后,臣等将渠务内应行应除事宜,详细开行宁夏道、府、厅、县,永远定行,庶於三渠大有裨益矣。为此,缮折具奏,仰祈皇上睿鉴,施行谨奏。

　　朱批:实力为之,务期言行相符可也。

〔说明:出自中国第一历史档案馆　选自《宁夏水利历代艺文集》〕

注:①水利同知:清代专司水利的官员。
②折色:是将应收物料折收现金,多征自距工地较远的民户,有"六本四折"或"七本三折"的计征方式。
③周徧:周全、全面。
④委管:分段督修渠工的人员。
⑤士民:泛指人民、百姓。
⑥迎水石塀:用于渠首引水的石堤。
⑦额征:指应征税赋数。
⑧灵州:明为宁夏卫灵州守御千户所,雍正二年改所为灵州直隶州,隶属甘肃省宁夏府,原辖堡寨三十六,相当于今宁夏灵武、同心、盐池三市县全部和吴忠市利通区部分地区。
⑨峡口:黄河青铜峡峡谷出口。
⑩安澜退水闸:今宁夏河西总干渠"三闸"。
⑪滚水石坝:一种高度较低的拦水建筑物,当涨水时,多余的水可以自由溢流向下游。
⑫空:同"孔"。
⑬宁安闸:原为宁夏河西总干渠"二道退水闸",1960年实施河渠分家工程后废弃。
⑭关边闸:今宁夏河西总集"汉惠进水闸"。
⑮不特:不仅的意思。
⑯红柳背筐:用红柳编制的筐,用以清淤,以改历代使用锹转土的形式,提高清淤转土效率。
⑰汉渠:指汉延渠。

第十四章 艺 文

钦差兵部右侍郎通智等奏报宁夏得雨及唐渠放水情形折

雍正九年五月初六日

臣通智、臣史在甲谨奏：为奏闻事。

宁夏上岁冬间雪大，今岁春间无雨，米价稍觉腾贵①。四月十一日至十二日丑时大雨。臣等於十四日吉辰恭祭龙神，开放唐渠之水，甚是畅流。十四、十五两日并二十四日又雨兼之。各渠水势充足，今岁水陆田禾托赖皇上天福，可望大收，为此缮折具奏。伏祈皇上睿鉴。施行谨奏。

朱批：深慰朕念。

〔说明：出自中国第一历史档案馆　选自《宁夏水利历代艺文集》〕

注：①腾贵：物价上涨，昂贵。

钦差兵部右侍郎通智等奏报访察踏看唐渠患情折

雍正九年五月初六日

臣通智、臣史在甲谨奏：为奏闻事。

窃臣等浚修唐渠，仰赖皇上天恩，水流充满，田禾沾足。访察踏看唐渠之患有二：一在正闸外倒流河之冲决，臣等今筑滚水坝，展修安澜退水闸，水小则蓄聚入渠，水大则自坝上滚出，自闸内退出可无太过不及之患矣。一在倒沙湖、杜家嘴、月牙湖以及玉泉桥一带，唐渠两岸滩田约有二三百顷，俱为旁近土豪、玉泉营①兵占住偷种，恐填斗口支渠，即要升科②，水大之时偷扒堋岸，饱灌私田，托言冲开。必须关塞正闸至十余日方能打住，而下段田亩俱不得水，且正闸一闭，自闸前直淤至渠口，而冲决之处，水向外流，缓水漫下又淤澄下段，实为唐渠之患。

臣等移咨宁夏总兵官③李绳武并行宁夏道鄂昌④严行禁止，且令招户开垦，有恳设斗口⑤、开支渠者准其开挖，将来村庄星布，居民稠密，各自看守渠堋，积弊可自除矣。为此缮折俱奏，仰祈皇上睿鉴。实行谨奏。

朱批：览。

〔说明：出自中国第一历史档案馆　选自《宁夏水利历代艺文集》〕

注：①玉泉营：在今宁夏青铜峡市邵岗镇玉泉村附近。
②升科：明清时期开垦荒地，满规定年限（水田六年，旱田十年）后，就按照普通田地收税条例征收钱粮。
③总兵官：清代总兵为绿营兵正，官阶正二品，受提督统辖，掌理本镇军务，又称"总镇"。
④鄂昌：西林觉罗氏，满洲镶蓝旗人，大学士鄂尔泰从子。雍正二年以举人授户部主事，七年超擢陕西宁夏道，十年迁甘肃布政使，十一年署陕西巡抚，旋授四川巡抚，因"办事乖张，颠倒国法，性情狂妄，糊涂昏愦"，十三年正月解职。乾隆二年授直隶通永道，六年授甘肃按察使迁广西布政使，十一年四月署广西巡抚，十三年正月闰七月改江苏巡抚，历任四川、甘肃、江西巡抚，十七年十月解职，十九年五月复任甘肃巡抚。乾隆二十年在广西任内因"与胡中藻唱和，党逆负恩"罪，于五月十七日令自尽。
⑤斗口：支渠口。

钦差兵部右侍郎通智等奏请每逢春秋二季将大清汉唐三渠龙神合祭等情形折

雍正九年五月初六日

臣通智、臣史在甲谨奏：为恭请天恩事。

窃臣等伏查，大清、汉、唐三渠俱有龙神庙。大清渠①乃原任宁夏监牧同知②王全臣③，在汉唐二渠之间开渠一道，长六十余里，以补两渠之不及。因我朝彼时未曾开修大渠，是以将此渠名为"大清渠"，地势祸狭，龙神庙止一间。唐渠龙神庙在正闸桥房后，有正殿三间、小房六间，俱皆朽坏，虽地势窄小，重加修理，对闸临水格局尚属可观。至于汉渠正闸东岸有龙神庙一所，亦皆朽坏。但渠闸规模宏大，水势充畅，即在闸旁面渠修葺可壮观瞻。前臣等所建惠农、昌润二渠，龙神庙在宁夏新渠二县地方，蒙皇上天恩加封龙神并春秋二祀，着宁夏、新渠二县知县致祭。

今三渠龙神庙相去不过一二十里，且俱在宁朔县④地方。恭请圣恩，俱照惠农、昌润二渠龙神庙供设"宁渠普利龙王之神⑤"牌。每逢春秋二季将三渠龙神合祭於汉渠龙神庙内，即令宁朔县知县照例致祭，使神有凭依，而民知敬奉，为此缮折具奏，仰祈皇上睿鉴。施行谨奏。

朱批：具题奏。

〔说明：出自中国第一历史档案馆　选自《宁夏水利历代艺文集》〕

注：①大清渠：初名贺兰渠，为清顺治年间，宁夏道管竭忠据民所请创开，自黄河青铜峡出口西河马关嵯下3公里处开口引水。清康熙四十七年，宁夏水利同知王全臣，于旧贺兰渠口以上马关嵯附近新开渠口，扩延渠道至宋澄堡，因该渠始建于清初，故以"大清"命名。雍正十二年、乾隆四年及乾隆四十二年先后重修。光绪十三年重修涵洞。民国二十九年在尚家桥下戴家车门附近，新建石涵洞一座。中华人民共和国成立后，1953年在唐徕渠跃进桥以上建闸分水，新开渠6公里，作为唐徕渠支干渠。1977年将大清渠口上延与贴渠合建进水闸。现干渠全长23.5公里，设计流量20立方米每秒，灌溉面积6万亩。

②同知：明清时期的官名。同知为知府的副职，正五品，因事而设，每府设一二人，无定员。

③王全臣：字仲山，湖北钟祥人。清康熙三十三年（1694年）进士，任汲县知县、河州知府、宁夏水利同知、平凉知府、安西兵备道。任职宁夏时，主持开凿大清渠，广灌田亩，建造汉延渠魏信、王澄、唐锋涵洞，并对各渠道普遍进行疏通，改革春工用人办法，宁夏府城绅民感其业绩，建生祠以祀之，其余不详。

④宁朔县：明代设宁夏右屯卫，清雍正二年以宁夏右卫改县，隶属宁夏府，辖今兴庆区、永宁县、青铜峡市、贺兰县部分地区。

⑤宁渠普利龙王之神：雍正七年清朝特赐宁夏龙神名号。

奏为奉旨将未完渠工事宜交代清楚即行回京事

雍正十年三月初二日

臣通智、臣史在甲谨奏：为钦奉上谕事。

雍正十年二月二十三日，准甘肃巡抚臣许容咨开：雍正十年二月十六日准吏部咨，雍正十年正月二十日内阁交出奉上谕，宁夏为甘省①要地，渠工乃水利攸关万姓资生之策，莫先於此。

第十四章 艺 文

是以朕特遣大臣督率官员等开浚惠农、昌润二渠,又命修理大清、汉、唐三渠,以溥万民之利。年来惠昌二渠及唐渠工程渐次告竣,於民田大有裨益,其大清渠、汉渠虽未竣工,然闻连年加谨堵叠,极力挑浚,水泽已可敷用,不过埤岸闸座有应行修补之处,可以从容经理,非比唐渠之必应及时速成也。目今甘省军兴之际,挽运兵粮正需车辆,若因修理渠工有钦差官员在彼催赶工程,有复雇车运送物料,恐小民承应公事力难兼顾,有悮②春耕,所当酌量变通,以体恤民隐者。查宁夏有专司水利之同知,着将未竣之渠工交与该员,照通智、史在甲等所料估之处,於每岁春工内分年陆续修理,再令宁夏道鄂昌勤加督率,不时稽查,务期工程坚固利济有资,使民田永沾膏泽。通智、史在甲将各件与鄂昌交代清楚即行回京,其在工效力之文武官弁交与该署督查郎阿,计其在工之久,暂访其奉职之勤惰,量其办事之能否,应留陕题补③委用者,留陕题補④委用。应咨部请旨者,咨部⑤请旨。应发回本地者,发回本地。其现任武弁及兵丁等派拨渠工效力者,俱令各归营汛。在工夫役等交与鄂昌,将附近者令归南亩,远来者酌量遣回。特谕。钦此。为此合咨前去,钦遵查照施行。等因。准此相应移咨,烦请查照部文内奉上谕事理,钦遵施行。等因。到臣等工所,臣等伏读上谕,仰见我皇上爱养民生之意,有加无已。所有修理大清渠、汉渠需用各项物料,臣等於上冬农闲之时陆续采办十之八九,至唐渠未完石工,俟修理汉渠之时代为修补。等因。臣等已经具奏在案。所用石块、石灰等料,上冬亦已采运齐全,今奉上谕未竣渠工交于水利同知,於每岁春工内分年陆续修理,并令臣等将各件与宁夏道鄂昌交代清楚,即行回京。臣等钦遵谕旨,将存库银两并各工堆贮物料交於宁夏道收管。令经手各员造册申送,臣等汇造交代清册行知宁夏道,并移咨督抚,送部查核外。查臣等所办惠农、昌润二渠,新渠、宝丰两县城工,以及西河长堤,贺兰山后定远营城工,修浚唐渠八项工程俱已全竣,所有采办物料、雇见人夫、用过银两,项款甚多,在工效力之文武官弁俱有经手钱粮之责,现在逐件清查销算,俟图册造完之日,臣等即钦遵谕旨,赴京具奏,恭呈御览。将应咨送文武官弁移交署督臣查郎阿,其现任武弁及兵丁等派拨渠工效力者,臣等遵旨现在移咨宁夏总兵官臣李绳武,令其各归营汛。迄至今春,尚未动工并无在工夫役,合并声明。为此缮折具奏,仰祈皇上睿鉴。施行谨奏。

朱批:览。

〔说明:出自中国第一历史档案馆 选自《宁夏水利历代艺文集》〕

注:①甘省:甘肃省。
②悮:同"误"。
③题补:清朝官员选拔制度,有关机构有官缺时,长官于应补或应升此缺人员中拣选,奏请补用,称题补。
④補:同"补"。
⑤咨部:请求指示性请示。

奏为宁夏被震摇塌三道大渠修筑工程告竣事

乾隆四年四月十八日

川陕总督①臣鄂弥达②谨奏：为敬陈渠工告竣，仰慰圣怀事。

窃查宁夏大清、汉、唐③三渠引黄河之水灌溉三县田地，原为宁民命脉，迺於上年十一月二十四日地震，三道大渠及各支渠多被摇塌，致渠水不能流通，灌溉无资。先经大学士④臣查郎阿等以急需重修，奈工程浩大、民力维艰，奏请动支帑银修筑，荷蒙圣恩俞允在案。臣到宁夏接印，即亲加查勘，催督各委员上紧修筑，无误立夏放水之期。今据报各处渠工俱已修竣，毫无渗漏，於三月二十六日放水，分流到地，足资耕作，且与往年立夏放水之时候无异。宁民咸欢欣鼓舞，感戴皇上天高地厚之恩，赐帑兴修，故大工得速告成，将来永远乐利。除饬取工料，确册送部查核外，理合恭申奏报，伏祈皇上睿鉴，谨奏。

朱批：览。

〔说明：出自中国第一历史档案馆　选自《宁夏水利历代艺文集》〕

注：①川陕总督：清代官名，从一品，管辖四川、陕西、甘肃军政事务。

②鄂弥达：满洲正白旗人，鄂济氏，初任户部笔帖式，吏部主事，郎中。雍正六年授贵州布政使，八年五月迁广东巡抚，十年授广东总督，十三年改两广总督。乾隆三年七月调川陕总督，五年三月授兵部侍郎改吉林将军、荆州将军，九年授湖广总督，十五年授吏部侍郎兼镶蓝旗汉军都统，二十年迁刑部尚书，二十一年授协办大学士，二十二年加太子少保。乾隆二十六年七月卒，谥文恭。

③大清、汉、唐三渠：指宁夏引黄灌区大清渠、汉延渠、唐徕渠。

④大学士：清代官职名，正一品。

奏报宁夏道钮廷彩等员办赈出力请奖叙事

乾隆四年十二月初二日

川陕总督臣鄂弥达、甘肃巡抚臣元展成①谨奏：为具奏请旨事。

窃查乾隆三年十二月，接准部议，赈恤条例内，开嗣后办赈各员，如果有实心实力，使被灾黎民，庶不致失所者，许该督抚，持行保题②，其抚绥得宜，办事妥协，应行议叙者，令该督抚题请酌量议叙，以示鼓励。等因。奉旨依议，钦遵在案。伏查宁夏、宁朔、平罗、新渠、宝丰等县，上年十一月陡遭震灾，旋被火焚、水溺，又摇坏三渠堤埧，损塌老堰。荷蒙皇上疴瘵念切③，动帑百余万，特遣大臣驰驿会商，抚恤亿万灾黎，均沐天恩再造。因地方辽阔，户口繁多，即委官分理，更须大员董率④，经臣元展成与前督臣查郎阿，先於所属现任并候补试用，及臣元展成於上年奏明废员中留甘差委试看各员内，先后遴往分头办理，复经会同侍郎臣班第⑤、前督臣查郎阿、令宁夏道钮廷彩⑥、宁夏府知府臧珊⑦总理赈务，又因臧珊熟悉水利，专任督理渠工、老堰⑧。各员俱能仰体皇仁，实力急工，今赈务已竣，实在无滥，无遗民皆得所。三渠各工亦皆及时修理，水利通畅,得资灌溉,民乐有收,而老埝修筑坚固。夏间夏、朔、平⑨三县得免水患。所有总理赈务之宁夏道今调肃州道,钮廷彩总理赈务兼专督渠工、老埝之。宁夏府臧珊并分办各员,其兼办赈务渠工者,则有裁缺新渠⑩水利通判刘炆、陇西县⑪县丞高峕、试用州同何世宠、试用州同赵锡榖、试用州同钱孟扬、原任金县⑫知县杨駧、原任西和县⑬知县李寿涉、原任金县知县刘元藻、原任西和县知县马履忠。其专办一事者,则有宁夏水利同知费楷,监捕通判朱享衍,静宁州⑭知州杨国瓉,固原州⑮知州陈世芳,泾州⑯知州许宗崍,靖远县⑰知县石观,礼县⑱知县程鹏远,镇远县⑲知县钱应荣,原任宁夏州知州黄炎,原任宁夏水利同知李琰、丁夏,宁夏县知县武梓,候补知州丁士鸿,川陕督标千总张鼎,把总潘仙境、李国宗,甘肃府标守备马魁,把总谢荣,甘提标把总韩正榜,宁夏镇标把总单奎、路仕,河州镇标千总黄辅时,以上文武各员应否遵例题请邀恩议叙,以示鼓励之处,伏祈皇上训示遵行。至办理城工各员应俟工程完竣之日,臣等分别勤劳再行具奏,为此谨奏。

朱批:知道了,有旨谕部。

〔说明:出自中国第一历史档案馆　选自《宁夏水利历代艺文集》〕

注:①元展成:字允修,直隶静海人,初任云南粮道。雍正六年授云南按察使改广西按察使,迁广西布政使,十年十二月授贵州巡抚,因对苗民政策不当致苗民大起义,十三年十一月革。乾隆元年九月授陕西按察使,二年九月迁甘肃巡抚,六年因"匿灾不报",九月革职。乾隆九年卒。

②保题:向上推荐,以使其得到提拔任用。

③痌瘝念切:意指皇上对民间疾苦的深切忧虑如疾痛在身。

④董率:统率,领导。

⑤班弟:蒙古镶黄旗人,雍正二年授内阁学士,十年授理藩院侍郎。乾隆二年任军机大臣,改兵部侍郎,四年调湖广总督,六年三月授兵部尚书,十三年加太子少保,后因进军无功,降工部侍郎,十四年予副都统任西宁办事大臣,十六年授都统衔,十七年授正红旗汉军都统,十八年署两广总督,十九年复授兵部尚书,领侍卫大臣,二十年讨伐准格尔殉难,追谥"襄阳"。

⑥钮廷彩:镶白旗包衣汉军尼马拉佐领下人,康熙六十年三月选广西合浦县知县,雍正四年七月巡抚杨文乾调潮州饶平县知县,雍正五年二月奉旨补授宁夏府知府,雍正十年任宁夏道观察使。在任宁夏期间,相继主持对唐徕渠、汉延渠、七星渠等干集进行全面大修。

⑦臧珊:东诸城人,字声佩,曾任昆阳州知州、姚安知府、西宁知府、宁夏知府等职。

⑧老埝:指惠农渠护渠长堤。

⑨夏、朔、平:指清代宁夏县、宁朔县、平罗县。

⑩新渠:指新渠县。

⑪陇西县:位于甘肃省东南部,定西市中部,是古丝绸之路和新亚欧大陆桥的必经之地,历史悠久,一直为历代郡、州、府治所在地。

⑫金县:今甘肃榆中县。

⑬西和县:隶属于甘肃省陇南市,因古西和州而得县名。

⑭静宁州:中国古代行政区划名,元初改德顺州,治今甘肃省静宁县,辖境相当今甘肃省静宁、庄浪及宁夏隆德等县地。明初改属平凉府。嘉靖三十八年所领隆德县改属平凉府,辖境仅有今静宁、庄浪二县地。清乾隆四十三年置庄浪县,地属隆德县,辖境仅当今静宁县地。

⑮固原州:古州名,清初属甘肃省。同治十二年升固原州为直隶州,领海城(今宁夏海原县)、平远(今宁夏同心县)二县。1913年废固原直隶州,改置为固原县,属甘肃省泾源道,后又改属甘肃省平凉专区。现为宁夏固原市原州区。

⑯泾州:古州名,因泾水而得名,清初属陕西省。清康熙八年泾州改属甘肃省。清乾隆四十二年升泾州为直隶州,辖灵台、崇信、镇原三县。民国元年以泾州置泾县,因与安徽泾县重名,民国三年改为泾川县,沿用至今。

⑰靖远县：位于黄河上游，地处甘肃省中部。
⑱礼县：隶属于甘肃省陇南市，县名源于地名"李店"，地处甘肃省东南部，陇南市北部。
⑲镇远县：地处甘肃省东部，庆阳市西南部。

为勘明宁夏府渠坝应修各情形事

乾隆五十年十一月十八日

甘肃布政使①奴才福宁②跪奏：为勘明渠坝应修各情形，恭折奏闻事。

窃查宁夏府属汉延、唐徕、大清、惠农四渠，攸关农田水利，必须一律深通庶足，以资浇溉。本年夏间，因上游雨水稍多，黄河泛涨，将该四渠堋岸冲开，浊流灌入渠内，淤沙高垫，先经督臣福康安③，委员督率民夫将堋岸冲口堵筑。

其渠身淤高之处，奏明饬令奴才，俟臬司④陈淮⑤及署督臣庆桂⑥莅任，后诣勘筹办，嗣臬司、署督臣先后莅任。奴才即於十月十八日驰赴宁郡，查勘得汉、唐、大清、惠农四渠，向系户民按田之多寡，自备夫料，於清明日起至立夏日止，修浚一月，责成水利同知董率经理，由该管道、府确勘，开水入渠，分支俵散，听民浇灌。乾隆四十二年，各渠多有损坏，曾经借项修筑，渠水获以畅流。本年夏间，因黄河泛涨，挟带泥沙冲灌渠内，以致受淤至数尺不等。水小之时，即虑不敷分溉田禾，而水大之时尤恐不能容纳转有漫溢之虞，且淤沙工段绵长，断非岁修所能完善，应请大加兴修，俾资乐利。又靖远县糜子滩堤埂⑦一道，实为保护田畴⑧之要工，亦於夏间被河水冲塌，此外尚有水冲渠洞、堤埂、底塘均关紧要，应一并分别修筑。惟户民适当被灾之后，力量未能宽裕，而工程又觉浩繁，应循照四十二年借项大修之例办理，分年征还。又灵州横城堡⑨地方原筑堵水梭坝⑩三道、石防风三道，系为保护城墙而设，本年夏间亦因山水骤发，河流异涨，将头道梭坝全行冲坏，二道、三道梭坝及石防风俱各冲损，现在河水相距城墙仅止丈余，若不亟为办理，诚恐刷及城根，所关匪细，应照向例动项，赶紧修整，以资巩固。除分别核实确估，详请督臣酌核具奏外，所有奴才勘过宁郡渠、坝应修各情形，理合，恭折奏闻。伏祈皇上睿鉴，谨奏。

朱批：知道了。

〔说明：出自中国第一历史档案馆 选自《宁夏水利历代艺文集》〕

注：①布政使：清代官名，从二品，负责掌管一省的财政、民政。
②福宁：字康斋，满洲镶蓝旗人，任兵部笔帖式，工部郎中，甘肃平庆道。乾隆四十六年授甘肃按察使，四十八年改安徽、湖南按察使，五十年七月迁甘肃布政使，五十四年改陕西布政使，五十五年九月迁湖北巡抚，五十八年九月改山东巡抚，五十九年八月调河南巡抚，同月迁湖广总督，六十年正月调两江总督。嘉庆元年六月改四川总督，加太子少保，二年以剿贼不利免职，三年予副都统衔治四川军需，五年予三等侍卫赴西藏办事，八年任驻藏办事大臣，九年召回授正白旗蒙古都统，十一年以三品衔休致。十九年因在西藏擅借库帑及在湖广总督任内滥用军需而下狱，同年十二月卒。
③福康安：字瑶林，满洲镶黄旗人，保和殿大学士傅恒之子，初任三等侍卫、头等侍卫。乾隆三十六年授户部侍郎，四十一年封三等男，四十二年改吉林将军，盛京将军，四十五年授云贵总督改四川总督，四十七年加太子太保，四十九年改陕甘总督封一等候转户部尚书、吏部尚书，五十一年授协办大学士留陕甘总督任，五十二年十一月晋封一等公，五十三

年改闽浙总督、两广总督,五十七年八月授武英殿大学士留广督任,加赐一等轻车都尉,五十八年改四川、云贵、闽浙总督,六十年晋封贝子衔。嘉庆元年五月十三日卒于湖南军营,追封嘉勇郡王,谥号文襄,配享太庙。

④臬司:又称臬台,正式官称为提刑按察使,其主要职责是负责刑名等法律事务。

⑤陈淮:字望之,乾隆十八年拔贡生,任兰州道,五十年授甘肃按察使迁湖北布政使,五十六年十一月授贵州巡抚,五十七年六月改江西巡抚。因伙同南昌知县徐午串通舞弊,嘉庆元年十二月革职,嘉庆十五年九月卒。

⑥庆桂:字依之,满洲镶黄旗,雍正十三年十一月生,文华殿大学士尹继善之子,以荫生授户部员外郎。乾隆三十年超擢内阁学士,充库伦办事大臣,三十二年迁理藩院侍郎,四十二年改吏部侍郎,四十五年授定边左副将军,历盛京将军、吉林将军、福州将军,四十九年授工部尚书,七月改兵部尚书、军机大臣。嘉庆四年正月改刑部尚书,授协办大学士,二月晋升太子太保,三月迁文渊阁大学士,晋太子太傅,七年予骑都尉世职,九年授领侍卫内大臣,十四年晋太子太师,十七年加太保,十八年九月休致。嘉庆二十一年六月二十六日卒。

⑦堤埂:用泥土筑成的较矮的堤。

⑧田畴:田地的意思。

⑨横城堡:明清时期临黄河修筑的兵营,今宁夏灵武市临河镇横城以北。

⑩梭坝:因形似织布工具"梭",故名。又称"挑流坝""丁坝",是与河岸正交或斜交伸入河道中的河道整治建筑物。

报宁夏满营开垦马厂荒地现在渠工告成请撤局改屯并请奖在事出力人员事

宣统元年十月二十四日

奴才台布①、志锐②跪奏:为宁夏满营③开垦马厂荒地,现在渠工告成,拟请撤局改屯田,由旗经理并将在事出力人员择尤保奖。吁恳恩施,恭折仰祈圣鉴事。

窃奴才等於光绪三十三年八月钦奉谕旨,饬令妥筹旗丁归农。办法嗣勘得满城西北有冲口、镇朔④等堡,旧属马厂官荒,土脉膏腴,面积宽广,深合归农之用。当於三十四年九月初五日电,奏请派甘肃宁夏府知府赵惟熙⑤总办其事。十月二十四日又会奏设局开办情形并现行章程,先后奉旨允准各在案。查办垦须从渠工入手,前折业已详陈。自上年九月十一日开局以后,即行从事工作,十三阅月始克蕆⑥事,谨将办理成效,为我皇上缕晰陈之。

查宁夏夙擅黄河水利,水泽所至,斥碱悉化膏腴,故垦地必以开渠为不二办法。黄河自兰州东来,道中卫县以入青铜峡,改而北趋。府属⑦之唐、清、汉、惠四渠,实利用其天然之势,故进水畅而得水奕丰。今新渠既借资於唐渠,即不得不先治唐渠正身,以裕其淳潴⑧之地计。自口门至阳羡堡⑨,都百有二十六里,淤者瀹⑩之,浅者深之,狭者舒之,湾者直之,堤岸薄者土石以厚之,卑者柴草以崇之,率增高与浚深各二三尺不等,而容水之量遂以大增,不患取求之不给矣,是曰正渠工。

自靖益堡⑪之马礅驿地方,劈开支口,引水西北,行百四十八里而入之。沟凿之地以成渠,舆土以叠堋。砌石成闸以时其蓄洩,积膏作坝以约其奔腾。渠深自五尺逮於七尺,堋高自六尺逮於八尺。水面与底互乘,宽三丈而强合。全渠计之可容水七京⑫九兆⑬九亿二万立方尺,足敷二十万亩平田灌溉之用,是曰新渠工。

一水中流,嫌其末由旁达也,酾⑭而分之,则脉络贯通无远弗居矣。沿渠列小口四十道,扶水以归诸田，迩者⑮二里，遐者⑯十三里，宽若深咸，如其吐纳之量，若树干之有枝，合抱之才荫，乃逮百亩也，是曰支渠工。

宁夏以水利著称，雇利兴害，恒相为反比例，农民失教不识所谓公德也。每种稻时，辄用澄浑撤清旧法，放水横流，下游恒应其害，严行禁之乃弗能遏以，是夏秋之际，唐渠以西沦为泽国，田土荒废亦职此之由。非沟以宣之，不惟旗垦，大受损伤，即在汉民亦罹浩劫。爰自靖益堡之杏子湖起穿沟足二百八十三里，至石嘴山以入黄河，宽量由一丈以达二丈，深量由四尺以达七尺，沟工即成，积潦⑰咸消沮洳⑱之区悉成膏沃，陷溺遗黎均鼓腹，以颂皇仁矣，是曰沟工。

虑盛涨之无时也，则石闸以剂之。虑交流之为患也，则暗洞以通之。虑正溜之难编也，则木口、石口以析之。虑周道之顿阻也，则舆梁徒杠以达之。凡成大小石闸、木闸四十二座，成暗洞一座，成大小石桥、木桥三十三座。叠石钉桩佐以石、胶泥、白茨之属，即固且牢，可支久远，是曰闸工、洞工、桥工。

以上七工，计经始於上年九月至本年八月底而告成。凡役、官、弁、绅、董百数十人，工头散夫至万余人，汗雨插云，踵趾相属⑲，亘三百里而成市也。

奴才台布、志锐更番间出巡，工恒信宿於荒烟野蔓之间，或旬日乃归署治事督率，总办赵惟熙等川流监视。故历时逾十三月，跨地过四百里而用款仅及十八万五千三十三两五钱四分。论者咸谓：以许大工程而开支乃如是之节省，实为近年办理官工者所罕见。虽有奴才等懔遵，毋得稍涉虚浮之谕旨。遇事认真得以滴滴归公，毫无妄费，而在事诸员、绅之勤苦，从公力求撙节，其微劳亦未可尽没也。

奴才等诹⑳吉於九月初二日，率领员、绅亲赴新渠口门，上祭开水，闸木即启，洪流直注渠身，雪浪银涛，如千马奔腾，有瞬息百里之势。一时，乡农之聚观者，咸舞蹈欢欣，竟呼万岁。祝斯渠之亦禔永赖，当舆国祚同此无疆之休，盖缘地势，即占形腾高等建瓴，而渠身亦极巩固，同信具有支持永久之能力。故也，此渠为朝廷特赏款项，所称拟名曰"湛恩渠㉑"。所以识水泽之丰盈，与圣泽同其汪濊㉒，至可耕之地几及四千顷，但恐水力不逮，然二十万亩之腴田，固有可操券而获者矣。

奴才等伏查此次新垦所在，虽名内地，实系穷边，冬则雪窖冰天，夏则炎风毒雾。黄沙奔腾，弥望平芜，竟无一木可以息阴，一橡可以庇雨。在事员、绅悉支帐荒原，鹿豕㉓同居，如蠖斯屈，故感受瘴疠㉔，以殒其生者满员二、汉员一、绅董夫役乃至数十，即生存者亦靡不肌肤，如腊足瘃手，皲㉕其劳瘁情形，有难以千言罄者。查从前如奉天将军增祺㉖之於大凌河马厂，绥远将军贻穀之於东西旗蒙地，不过清丈放垦，并未从事於畚锸㉗，然每次必胪保多人，均蒙朝廷俯允，此次事繁时久，而员绅等咸能踊跃从事，艰苦不辞。奴才等鉴於滥保至非，大加删减，非实有劳绩者不录，虽用人过百，谨拟酌保，异常劳绩八员，寻常劳绩五员，用慰勤劳而资鼓励。除垦务总办，甘肃宁夏知府赵维熙，呈明受恩深重不敢再邀奖叙，并其次处理人员即由奴才等分别给予外奖外，所有会办以此各员二品顶戴，卓异记名协领。常连允该局会办，始终其事。茂著勤劳二品顶戴。协领绰哈泰收料收工，核实不浮，均属异常出力，应乞天恩赏加。副都统衔分省试用通判高攀斗,总司通渠挥工核算,丈尺毫无贻误。甘肃试用县丞段大进总司通渠、监工、修拼、调拨夫役,毫无偷减,不论双单月。候选县丞欧元亮,本为唐渠帮办委员,总司唐渠、新渠各工,点夫、点料各差处处认真。州同职衔赵沅监修二段沙拼,工坚料实,尽夜在工。廪生张廷弼采买各项石、木、草、束、灰、泥、苇、蔴,运用到工并无贻误。候选从九㉘王文焕稽核各工夫役,树木支应各工所领器具工竣收回,并无偷减遗失指出。以上六员实系著有微劳,堪列异常之举。高攀斗请免补本班,以知州分省补用。段大进、欧元亮均请免补本班,知县分省补用。赵沅请以州同,不论双单月选用㉙。张廷弼请以县丞,不论双单月选用。王文焕请免补本班,以县丞,不论双单月选用。其次出力堪列寻常劳绩者数员,甘肃宁夏理事同知文陛,总司支发、稽核切实,请以知府,在任后补。甘肃试用县丞魏永礼、试用府经历湛雪涛,监工发审均较其余员弁勤奋耐劳,均请俟补缺后,以知县后补。管带宁夏镇標续备中旗马队花翎甘肃灵武营参将侯明俊,驻扎平罗一带,凡旗营马队於百里外不等兼顾之处皆派该参将带队弹压,并无薪水,颇称得力,应请赏加副将衔。尽先把总罗德玉,自陆军部派来充宁夏洋操教习,甚为得力,渠道派队赴渠,一面弹压一面随同挖渠,而三六九日仍照旧走队,习操事无偏废,樸实耐劳,请以俟补把总后,以千总即补。以上诸员均实系始终其事,薄著微勋㉚。经奴才等核减再三,列荐牍者。谨此十三员,固已损之又损矣。合无仰恳,特恩俯准,照拟给奖用资,观感悉出,逾格鸿慈。至渠工即成,应请将垦局裁撤,关防销毁,以节糜费,即由营员督率兵丁自信耕垦,俾渐习其事,则人力健而地利亦兴,并请将所余之款一万四千九百六十六两四钱六分,即留作芦舍、牛具、籽种诸用,现在已在赵家圈地方筑造庄园,预购牝马、犉牛㉛百三十头,先办屯田,以从事於种植、畜牧诸实业一俟变通。旗制处订有准章,再行分别遵照班里,用仰副我圣主子,惠旗丁妥筹生计之至意。届时如屯垦不敷,尚需再乞天恩,赐拨以济其事。查归农诏下时阅三年而见诸邸钞者祇,察哈尔都统㉜诚勋㉝请帑开荒一案,余尚寂寂无闻焉,宁夏以素称僻陋苦瘠之区,乃竟能先事告成,固由圣朝,格外加恩而群僚之趋事赴工,其勤劳亦有足录者可否再乞天恩将此折明降谕旨宣示中外,以昭激劝而示来兹之处,恭候圣裁,所有渠工告成撤局改屯并酌保人员各缘由,除将地图并遵照原奏,将一切工料用项开具清单,赍送㉞军机处代呈御览,其各员履历分咨吏部、陆军部查核外,理合恭折驰陈,伏乞皇上圣鉴训示。再开办之始,与陕甘总督臣升允㉟合词具奏,现在逢时竣事,升允已开缺回京,长庚㊱甫经到任,於此事之原委概未周知。奴才等即未会其后衔,以免循例会衔致蹈欺饰,合并声明,谨奏。

朱批:该部议奏。

〔说明:出自中国第一历史档案馆 选自《宁夏水利历代艺文集》〕

注:①台布:时任宁夏将军。

②志锐:时任伊犁将军。

③宁夏满营:清雍正(公元1723—1735年)时期,一支由满洲八旗子弟组成的约5000人的骑兵奉命来宁夏府城(今银川)戍边。他们在府城外东北5里处另筑一围城为军营,名为宁夏满营。乾隆三年十一月二十四日,宁夏发生剧烈地震,满营所在地墙倒屋塌,次年,清廷耗银15.6万余两在今宁夏银川市西夏区重建新满城。

④镇朔:指镇朔堡,今宁夏平罗县崇岗乡镇朔村。

⑤赵惟熙：字芝珊，江西省南丰县人，光绪十六年巳丑科进士。授翰林院编修，后任会试同考官、国史馆总纂、陕西学政、贵州学政。1900年后任甘肃省宁夏知府，甘肃省巡警道，代理甘肃布政使。1912年3月，署甘肃省都督兼民政长，主持甘肃军政。1912年10月9日加陆军上将衔。1914年3月，袁世凯派亲信张广建督甘，赵惟熙调为参政院参政、约法会议议员。1917年12月30日逝世。

⑥克蒇：完成，解决。

⑦府属：指宁夏府。

⑧渟潴：指水积聚处，蓄水塘。

⑨阳羡堡：今宁夏永宁县胜利乡杨显村。

⑩渝：疏导。

⑪靖益堡：今宁夏永宁县增岗乡靖益村。

⑫京：表示数量的数词。

⑬兆：表示数量的数词。

⑭酾：分流，疏导。

⑮迩者：距离近。

⑯遐者：距离远。

⑰积潦：指成灾的积水。

⑱沮洳：低湿之地。

⑲踵趾相属：形容人数众多，接连不断。

⑳谞：在一起商量事情。

㉑湛恩渠：现为唐徕渠支渠，老新开渠。

㉒汪濊：水盛多的意思。

㉓鹿豕：比喻好群聚的人们。

㉔瘴疠：受瘴气而生的疾病。

㉕皲：皮肤因寒冷或干燥而裂开。

㉖增祺：字瑞堂，伊拉里氏，满洲镶白旗人，清代将领，地方官员。曾任齐齐哈尔副都统，擢福州将军，充船政大臣，兼署闽浙总督，任盛京将军、宁夏将军、广州将军，后兼署两广总督，宣统三年为奕劻皇族内阁弼德院顾问，旋去职。越八年，卒。

㉗畚锸：泛指挖运泥土的用具。

㉘从九：清代最低一级官职。

㉙双单月选用：称做月选之法，是清代候选官员的一种，即在单双月时如果有巡检出缺，可以参加候选。清代规定，内外官员出缺，由吏部铨选，每月开选一次，称为月选。每年的二、四、六、八、十、十二月为双月，一、三、五、七、九、十一月为单月，每当有官位出缺，双月选应双月补缺注册之员，单月选应单月补缺注册之员。

㉚徽劬：过分劳苦，勤劳。

㉛牝马、牸牛：母马、母牛。

㉜察哈尔都统：清朝初设，管辖察哈尔八旗、四牧群，治所在今张家口。

㉝诚勋：字果泉，满洲正红旗人。荫生，任浙江宁绍台道，光绪二十六年授江苏按察使迁浙江布政使，二十八年十二月迁安徽巡抚，二十九年八月到任，三十二年改任江宁将军，十月调广州将军，三十三年正月改察哈尔都统。宣统元年八月改热河都统，三年闰六月任弼德院顾问大臣。辛亥革命去职，民国四年五月初十日卒。

㉞贲送：怀抱着，带着。

㉟升允：字吉甫，号素庵，八旗蒙古镶黄旗人。光绪八年举人，任陕西储粮道，二十六年四月授山西按察使迁甘肃布政使，改山西、陕西布政使，二十七年四月迁陕西巡抚，三十年十一月改察哈尔都统，三十一年正月授闽浙总督未任，三月改陕甘总督。宣统元年五月免职。民国二十年七月卒。

㊱长庚：字少白，满洲正黄旗人，任知县、道员、巴彦岱领队大臣，伊犁副都统。光绪十四年授驻藏大臣，十六年五月调伊犁将军，二十二年兼镶蓝旗汉军都统，三十年十月授兵部尚书，三十一年六月复授伊犁将军。宣统元年五月授陕甘总督，宣统三年九月辛亥革命后去职。

第二节 书 论

上抚军言渠务书

清·王全臣

　　唐、汉两渠，宁夏民命攸关。康熙四十八年正月内，蒙饬水利都司王应龙尽力春工，而令职全赞理其事，幸睹成效。兹蒙以各渠情形及修浚利弊下询，谨详陈之：

　　宁夏，古朔方也。黄河绕於东，贺兰峙於西，相距四五十里，远者亦不过百余里；南至唐坝堡之分守岭，北至威镇堡之边墙，仅二百七十五里，延袤不甚宽广。而所属宁夏卫并左右二卫及平罗所，共辖五十二堡，约计田地九千八百二十九顷有余。其正供除麦馔等项，纳银二千六百五十两有零外，田土之赋，计纳粮九万八千三百八十余石，纳七筋谷草并年例秋青草，共三十八万三百余束零，纳坝草六十一万零，纳地亩银八百六十余两，其湖滩又纳潮碱银一千五百九十两，赋亦綦重①矣。况地大半尽属沙碱，必得河水乃润，必得浊泥乃沃，古人於黄河西岸，开浚唐、汉两渠，诚万世利也。

　　四十七年春，职全莅任之时，值春工方兴，随本道鞠宸咨②亲诣各渠细勘。窃查黄河自南而北，其入宁夏之处，两岸俱系石山，名曰峡口。河初向东，北流入峡，微折注於西北，不一二里，即仍向东北出峡，峡之尽处，有一观音堂，古人於此傍石山之麓，开唐渠一道。渠口宽十八丈，深七尺。至明代，宁夏道汪文辉於右卫之唐坝堡，距渠口二十里，建石正闸一座，闸之外建石退水闸四座，正闸下入渠之水，以五寸为一分，止以十分为率③，水小则闭塞退水各闸，使水入渠、水大则开退水，以泄其势。其正闸系六空，西四空为唐渠，东两空为贴渠，每空各宽一丈。唐渠自闸以下，西北至玉泉桥，名曰上上段，宽八丈，深三五尺，长五十里。自玉泉桥向东北流，复微转西至良田渠口，名曰上段，宽七丈，深五六尺，长七十里。自良田渠口西北至西门桥，名曰上中段，宽六丈，深七尺，长四十里。自西门桥西北至站马桥，名曰下中段，宽六丈，深七尺，长六十里。自站马桥北至威镇堡梢止名曰下段，宽三丈，深三四尺，长一百三里。合计共长三百二十三里。其贴渠一道，宽三丈五尺，深六尺，至郭家寺地方分为两梢：一至汉坝堡梢止，而四十里，名曰旧贴渠。一至蒋鼎堡梢止，长五十里，名曰新贴渠。此因唐渠正闸之东岸，地土甚高，故引此渠，虽闸分两派，而实与唐渠同口，盖唐渠之附庸也。渠两岸之堤，及堵水之坝，俱名曰㧞。沿㧞居民，挖小渠以引水入田，名曰枝渠，大者或百里，小者或数十里，及七八里不一。各於坝上建小木闸，以便蓄泄，名曰陡口。唐渠东西两岸，共陡口四百三十六道。旧例百姓有田一分者，岁出夫一名，计力役三十日；又纳草一分，计四十八束，每束重十六斤；又纳柳桩十五根，每根长三尺，此输将定额也。其或需用红柳、白茨、艾吉则於草内折收，每草一分，折红柳四十八束，又或折白茨，或折艾吉各四十八束，每束重七斤，总名曰颜料。或石灰亦於草内折银烧造，每草一束，折银一分。其草曰坝草，以备於险要处和土筑挦，及启闭各闸，堵叠渠口也。椿曰沙桩，或钉闸底，或针挦岸，使土坚固也。渠内水冲之处，必用土草筑一墩以逼水，而外用红柳、白茨护之，更钉以沙椿，名曰马头④。艾吉则绳缆之具也，或修理闸底，亦必用红柳、白茨铺垫，而以沙桩钉之，乃盖以石条，使无冲动之患也。每岁河冻之时，将渠口用草闭塞，名曰卷埽。至清明日，派拨夫役，赴工挑浚，各官分段督催，以一月为期，名曰春工。至立夏日，掣去所卷之埽，放水入渠，名曰开水。开水之后，田地浇灌，其法先委官闭塞上流各陡口，以逼水至梢，其名曰封。封之际，各陡口仍酌量留水一二分，其名曰俵（俗作表）。迨⑤水已至梢，乃开上流各陡口，任其浇灌，既足，又逼令至梢。封与俵周而复始，上流下梢皆浇灌及时也。唐渠、贴渠，原灌宁左右三卫，及平罗所，共三十四堡，田地六千二顷有余，卫所各官分段封俵，一岁须轮灌数次，乃获丰收。至於汉渠，在唐渠之下左卫陈俊堡四道河口地方，距唐渠口三十里，地形低洼，直迎河流，水势易入，其渠口宽三十一丈，深七尺五寸。明汪文辉於汉坝堡距渠口十二里，建石正闸一座，计四空，每空宽一丈，闸外建石退水闸三座，自正闸北至唐铎桥，名曰上段，宽五丈，深六七尺，长六十五里。自唐铎桥西北至张政桥，名曰中段，宽四丈五尺，深六七尺，长七十五里。自张政桥北至殷家夹道梢止，名曰下段，宽三丈，深五六尺，梢末宽一丈，长九十八里。共长二百三十八里。渠之东西两岸，共陡口三百六十九道，原灌溉宁夏左右三卫所属十八堡田地，共三千八百二十七顷有余。后因开导西河，水势变迁，何忠堡竟隔在河中，各自开引小渠，灌田三十余顷。今汉渠止灌溉十七堡田地共三千七百九十七顷有余，其挑挖封俵，与唐渠一例。此渠得水甚易，而又稍短田少，所以通利如故。比年以来，惟唐渠淤塞过甚，濒於废弃。居民虽纷纷借助於汉渠，不过梢分余沥，地之高者竟屡年荒芜，而汉渠亦因以受困。

职全细按唐渠之大病有三：一苦於渠口之不能受水也。相传先年唐渠口下河中，有一石子沙滩，障水之势以入渠。厥后滩渐消没，河流偏注於东，而渠口竟与河相背，其入渠者不过旁溢之水耳。水之入渠无力，遂往往有澄淤之患。一苦於地渠之不能通水也。唐坝以下，自杜家嘴至玉泉营，尽系淤沙，每大风起，辄行堆积。唐渠经由於此，实为咽喉，向者以风沙不时，旋去旋积，遂相与名曰地渠，盖因两岸无挦，与平地等，故名之也。此处自来不在挑浚之例，因循既久，竟致渠底与两岸田地齐平，甚有渠底高於两岸田地者，较唐坝闸底约高三四尺。河水泛涨时，入渠之水，非不有余，乃自入闸以来，至此阻梗，由是旁灌月牙、倒沙两湖。迨两湖既满，然后溢於渠内，徐徐前行，不知费几许水力，经几许时日，乃得过玉泉桥也。况有此阻梗，水势纡回，水未前行，而挟入之浊泥已淤积闸底数尺矣。一苦於渠身之过远也。水之入口者，原自无多，而又苦於咽喉之不利，以有限之水，流三百余里，供数百陡口之分泄，其势自难以遍给。若遇河水减落，则束手无策矣。唐渠有此三大病，而又加以年年挑浚失法，积弊多端。如渠夫渠草，除绅衿优免外，豪衿、地棍及奸胥猾吏，肆意侵蚀，每将百姓应纳草束、沙桩，折收银钱，代为买办输纳，名曰包纳。

草则多系朽烂,桩则尽属短小,又巧立名色,隐射规避。若桥梁,若陡口,倘有损坏,俱属官修,乃借称须人看守,每处免夫草一二分,名曰看丁,又曰坐免。甚至徒杠亦有坐免,有力尽为看丁,即曰陡口须人启闭,未闻天下桥梁俱须人看守也。是渠夫、渠草,只为奸滑之利窟,而渠工已受病实多矣。每年兴工之时,并不查明某处淤塞,某处阻梗,量度工程之轻重,酌用夫役之多寡。唐渠自口至梢,止分三工五段,汉渠自口至梢,止分两工三段,如某工旧例用夫五百名,年年拨给五百,某段旧例用夫三百名,年年拨给三百。工轻之处,夫多怠玩;工重之处,夫实短少。且催纳颜料之役,必故为迟延,及时至工迫。各段督工者,即令挑渠之夫役采取颜料,两岸园林庄柳,任其砍伐。微论止,半供渠工,半充私橐,额征颜料,尽被干没,而所拨三百、五百之夫,亦止虚有其数而已。渠道弯曲之处,东岸高者西必低,西岸厚者东必薄,以高厚者力逼水势,刷洗对岸也。每年挑浚之法,如夫一百名,止有三四十名在渠内取土,余五六十名俱排列高厚岸上,递相转运,一锹之土,经七八人之手。而对面低薄之岸,必不肯加帮尺寸,谓低薄岸底,必有刷洗深沟,恐因加帮撒土填塞,以致高厚者愈增,低薄者愈减。是以每年有冲崩之虞,或水由埽底钻溃,或水由埽上漫倒,皆不肯加帮低薄所致也。至渠夫则止由卫所经承派拨,名曰安渠。贿嘱者派之,路近而工轻,贫穷者派之,路远而工重,且将一段之夫,杂派数十堡之人,听其自赴工所,管工者莫知谁何。中有逃者,报官查册拘提,往返动至半月。而一堡之夫,又派数处,必远至百里或二百里以外,使之奔走不遑。更将拨夫单内,故意填写错乱,使之赴各工段自行查问,总欲令民不得不致迟误,以便定取罚工。又各工段设立委管渠长等役,各五六人或七八人,每人免去一二分,彼俱系用贿钻营充当者,一到工所,每人包折夫役一二十名不等。更有豪衿、地棍,指称旁枝小渠,请讨人夫,多至五六十名,少亦二三十名,官必如数拨给,实无一名赴彼所请之处,伊等竟所折钱分肥。是以额夫虽一万一千有零,而在渠挑浚者仅可得半,又率以老弱充数。官司查渠,止走大路,沿途问夫在何处,就彼查点,委管、渠长人等探知,即雇附近庄农应名,点后即散。甚且预知官司到来,令人夫於渠内挖土堆积如塔形,以堆土之高,诈为挑挖之深,使高低莫辨。官司一见,便夸称工好,并不问及上段如何、下段如何。官司去后,夫役仍将所堆之土,摊平渠内,其运上高岸者,不过数十锹。八段之内,官司必由之处,或挑挖数里,其僻远不到之处,亦夫役足迹之所不到也。总因两渠分为八段,每段必远至数十里,无一定之责成,无一定之程式,而奸棍折去,夫役因循,延至一月,遂相率而散。其未经挑挖者虽有十之六七,只谓工多夫少,付之无可如何。渠道之淤塞,实由於此。

　　职全於莅任之初,巡视渠工,见汉渠口之上,有一小渠,名曰贺兰渠,宽数尺,长十余里。乃前任宁夏道管竭忠据居民所请开浚者,别引黄河之水,灌田数顷。职上下相度,见河水直冲渠口,而第苦於口低身小,导引不得其方,莫能远达。乃谋诸司水王应龙,请於本道,欲借此渠形势,另开一渠,以助汉、唐水力之所不逮。本道谓此渠曾奉前抚宪,据士民呈请饬委惠安堡盐捕通判王惠民勘验形势,甚有裨益。后以工程浩大,约计用夫万余,一月尚不能竣,又虑修理闸坝,需费不赀,遂尔中止。吾有志久矣。汝第力行之,职全谓用夫不得其法,虽数里亦觉艰巨,若量土以计工,量工以计夫,此数十里之渠计日可成,渠若告成,闸坝自易易也。本道乃令职全与都司役用额夫,距旧贺兰渠口之上三里许,直迎水势,另开一口,至马家庄地方,引入旧渠,而扩之使宽。行三四里至陈俊、汉坝两堡之交,即弃旧渠而西,引水由高处行,以达於唐渠。虽远至数十里,而庄园坟墓,皆绕以避之,毫无所伤。其所损田亩,尽为除厥差谣,居民莫不欢欣乐役。於四十七年九月初七兴工,至十三日渠成,十五日本道亲诣渠口开水,不崇朝而徧注田间,自来高亢之地,一旦水盈阡陌,妇女孩童,咸出聚观,惊喜之状,若有意外之获。其渠口上距唐渠口二十五里,下距汉渠口五里,乃右卫唐坝堡所属刚家嘴地方,口宽八丈,深五尺,渠身长七十五里二分。上三十里,宽四丈,深六七尺。下三十里宽三丈五尺,深五六尺。梢末十五里二分,宽一丈六尺,深五尺。东西共陡口一百六十七道,灌溉陈俊、蒋鼎、汉坝、林皋、瞿靖、邵岗、玉泉、李俊、宋澄九堡田地,共一千二百一十三顷有余,至宋澄堡地方,仍汇入唐渠。本道以此渠阅十数年聚议止为道旁之筑者,今告成於七日,且相度形势,较王惠民向所勘验,引水更易。不觉喜形於色,谓移此用夫之法,以修唐、汉两渠,不难坐令各渠疏通也。於是於四十八年,竟以此渠闻之宪台,当蒙倡捐俸资,於陈俊堡地方,建石闸一座,计两空,每空宽一丈,闸外建石退水闸三座。工既成,蒙命其闸曰"大清闸",渠曰"大清渠",职全复於闸上建桥房五间,左侧建游亭一所,其规模竟与汉、唐两坝鼎峙矣。

此建闸之处,乃旧贴渠经由之地,贴渠较清渠高六尺有余,竟为清渠截断。职全乃造木笕⑥,置诸闸后两旁石墙之上,中更用大木架之,傍桥房之栏,以渡贴渠之水。自西而东,笕宽四尺,长三丈,名曰过水。此不特贴渠无伤,而闸上闸下,水流交错,波声互应,风景殊有可观也。彼陈俊等九堡田地,乃素用唐渠之水者,清渠既成,则不须唐渠灌溉。其入唐渠之水,可使之直趋而下,而所省灌溉九堡之水,实足以补唐渠水利之不足,不患渠身之过远矣。况清渠余水汇入唐渠者,又能大助其势也,而唐渠之病去其一。

至於唐渠口,则於黄河内筑迎水掑一道,用柳囤数千,内贮石子,排列两行,中间用石块、柴草填塞,上复用石草加叠,过於水面,更用大石块衬其根基。其掑宽一二丈,高一丈六七尺不等,自观音堂起至石灰窑止,共长四百五十余丈,逆流而上,直入峡内,中劈黄河五分之一,以为渠口。口宽至二十余丈,较旧渠口约高数尺,挽河流东注之势,逼令西折入渠,是迎水掑之力,已能逆水使之高,束水使之急,吞噬洪流,势若建瓴,不患澄淤矣。而口又加宽,受水实多,渠内之水,赖以倍增,唐渠之病又去其一。

历年不挑之地,渠则多用夫役挑浚,使之低於闸底,以通水路。两旁复立高厚掑岸,使渠流至此,得以疾趋,不致绕道於湖,水行既疾,则沙随水走,莫能淤积,唐渠之病又去其一。

由是口内洋溢,咽喉无阻,向之唐渠以有限之水,灌溉三十四堡田地,常虑不足者,今以有余之水,又省九堡之分泄,止灌溉二十五堡,自无不充裕矣,不须借助於汉渠,而汉渠亦并受其益矣。

至若奉委协助都司挑浚各渠,则革尽从前积弊,唯以新渠用夫之法为例。於清明兴工前一月,将汉、唐各渠,自口至梢,逐细查丈,更用水平量其高低,如某处渠道淤塞,应挖深若干、宽若干;某处掑岸低薄,应筑高若干、厚若干;某处工重应用夫若干,某处工轻应用夫若干,预造一工程册。乃以额夫核算,除修理闸坝迎水及各大支渠用夫若干外,计挑挖唐、汉、大清各渠,实止夫若干,於是量土派夫,每夫一日,以挖方一丈、深三尺为率。夫数既定,乃自下而上,挨堡顺序至分界处,如威镇堡在唐渠之梢,该堡额夫若干名,以土核算,应挖若干里,即定以里数,分立界限,开明宽、深丈尺,今从梢末挖起,至分界处接连,即用平罗堡之夫,又接连即用周澄堡之夫,余俱逐堡顺派,以近就近,各照分定界限挑挖,其夫即用本堡长督率,每工开一丈尺细单,务挑挖如式,挑挖之土,俱令加叠低薄塝岸,高厚之处不许妄排多人,致妨正工。其枝渠之大者,但度量工程,拨给夫役,但往岁於各堡中混派,今则止令受水之民自行挑挖,夫数或稍减於旧额,而用工则不啻数倍。至十余里及三五里之小枝渠,即算入正渠工程之内,一并挑挖,不另拨夫役,以杜隐射包折之弊。

职全复每日於渠身内往返巡查,如某堡分工几里,其挑挖不合单开丈尺,致渠底不平,或低薄之岸,叠筑不坚,即责究堡长。工程无包折之弊,夫役无远涉之劳,而逐段皆有责成,皆有程式,自相率尽力,不敢怠玩。况兴工之后,复蒙宪台遣標下守戎王捷,督察其工,又蒙廉察坝草六十一万,不无侵渔,特对半减免三十万有余。民间有田一分,旧例纳草四十八束者,今止纳二十四束。以是宁民踊跃趋事,争先恐后,各渠疏通无阻,塝岸又极坚固。所以立夏开水之日,黄河水不加增,而每年开水月余,水不能到梢者,今不过四五日,梢末即浇灌遍足矣。镇城以北,往年不沾涓滴者,今且遍种稻稗矣。宁镇各渠之情形及修浚之利弊如此,此皆差员王捷所目击者。

独是职权革弊太尽,立法太严,委管、渠长尽遭革除,豪衿、地棍势难包折,隐射之弊俱为清出,枝渠之夫不能分肥,而奸胥、滑吏岁岁恃渠工以填溪壑者,今且无所施其巧。是数万生灵虽云受利,而积年奸宄未免侧目矣。窃思古人之於渠务,额设有夫,力役有期,物料有备,分五工八段,使各尽其力,立法何尝不善。迄於今非徒无益,而又害之。总皆趋利之辈,作弊於所忽,坏法於不觉,竟使利民者,反以累民,古人立法之美意,泯没殆尽,职权亦何人斯,安保其所立之法,不即坏於旋踵耶?伏乞严饬司水利者,每年以去岁春工为例,而再为神明变通於其间,不使已效之法复致更张,已通之渠复致淤塞,宪恩直与河流并永矣。

选自《宁夏水利历代艺文集》

作者简介:王全臣,字仲山,湖北钟祥人。清康熙三十三年(1694年)进士,任汲县知县、河州知府、宁夏水利同知、平凉知府、安西兵备道。任职宁夏时,主持开凿大清渠,广灌田亩,建造汉延渠魏信、王澄、唐铎涵洞,并对各渠道普遍进行疏通,改革春工用人办法,宁夏府城绅民感其业绩,建生祠以祀之,其余不详。

注:①綦重:极重。
②鞠宸咨:于康熙初中第,后任宁夏道,历任陕西按察使升甘肃布政使。
③率:标准,限度。
④马头:同"码头"。
⑤迨:等到,达到。
⑥笕:连接起来引水用的长竹管。

宁夏水利

清·张金城

　　河渠为宁夏生民命脉,其事最要。然人知宁夏有渠之美,而不知宁夏办渠之难。何者?他处水利,或凿渠,或筑堰,大抵劳费在一时,而民享其利远者百年,近者亦数十年,然后议补葺①修茸耳。

　　今宁夏之渠,岁需修浚,民间所输物料率数十万,工夫率数万。然河水一石,其泥六斗,一岁所浚,且不能敌一岁所淤。往往渠高流浅,灌溉难周,枯旱立见。梢民②赴诉喧阗③,官吏奔走不暇,上下交病,未如之何。

　　尝考历世河渠制度,可谓尽善矣!古人论治渠利弊,亦可谓详矣!金城承乏斯郡以来,於今三历岁修,与僚吏各殚心力。幸值借帑大修,后又连年河流颇盛,雨泽及时,五渠④田亩,灌溉粗给。然求其大要,大概疏浚、封俵二者兼资。疏浚得法,则渠道深通,受水既多,封俵固易为力。封俵得法,则渠流宣泄,沙随水刷,来岁疏浚亦易为功。

　　疏浚之要,首在足夫料。夫足而后淤滞可去,料足而后埽岸可坚。若夫料不足,虽有智力,不能为无米之炊,聊草涂饰,放水稍多,即虞冲决。一经冲决,退水修渠,动辄经旬,浇灌失时,喧争愈急。农亩之歉收,官司之劳攘,殆无以善其后矣。诚能於春浚时,一切淀淤尽为挑挖,闸坝埽岸各令坚固,则渠口之水可尽数开放。当盛夏初秋,惟虑灌溉不周,断不至受水无地耳。此疏浚得失,关一岁利害,诚不可不亟讲也!

　　至於封俵之说,由来已久。况今土田日高,垦辟日广,唐、汉二渠之水,若非官为封俵,大抵终岁不能及中段,何况下梢。但前人立法,自下而上,原恐上游据水,淤灌湖滩闲地,或致下梢有偏枯之害。若定拘成法,有封无俵,及至梢田灌足,官吏并撤,上流一齐开放,则中段立涸。逮上流足后,则下梢又须封二轮水矣。中段之民,若尽遵法静听,一岁中将无浇灌之期。此所以冒法偷水,贿役买水,百弊丛生。虽有"严封逼梢,自下而上"之说,而其实上、中段未尝不偷买浇灌,到梢之期亦未见迅速。官法愈峻,则水价越昂。灌溉不匀,蠹役⑤乘机,贫民滋困。此封水之积弊,不可不察也。

　　大抵开水之初,田苗需水尚不甚急,上游陡口,大者酌与分数,小者竟令开放;如水不足,於渠口尽数加添。数日后,以次封闭,入中、下段。初修之埽岸既可免疏虞,而下流得水时,上、中段浇灌者已多,再为补给亦不费事。如此封俵兼行,上下兼济,稍变通乎前法,究无碍於到梢取结之期也。至二轮、三轮水,不必俟下梢告水时,然后严封实闸。当头轮水足后即与中、上段,酌限时日令其浇灌,过某日则封某段,至某段。其渠长田多者,再就中酌俵数日。三轮水亦然。如此则各段得水有限,偷买之患自可少,即欲封梢,其势亦易矣。

　　夫以黄河万里之流,灌宁夏不盈千里之地,其势宜无不给。田高梢远,小民往往抱向隅之叹,盖各渠周道数百里,当封俵时,司事者势不能遍履身亲。工夫⑥、物料⑦动数十万,疏浚征收时,亦不能不假手吏役。舞弊者多,则官民并累。然则欲使夫料皆足,蓄泄有备,封俵得法,调济有方,亦惟躬亲巡视,严为防范,但除积弊,自利生民矣!宁夏虽称沃壤,而田止一熟,实少盖藏。国家於水利既设专官,又董以本路监司,每渠浇灌既足,例必呈报,或通日久淀淤,更加官修。诚以一方利赖,万姓生资,实藉於此。金城究览前规,采酌舆论,就所见闻利弊附志於后,庶为后来从事者聊效一得云。

选自《宁夏水利历代艺文集》

作者简介:张金城,清代直隶渤海(今河北河间县)人。乾隆四十一年(1776年)任宁夏知府。於乾隆四十三年至四十五年(1778—1780年)主持修纂了《宁夏府志》,该志为明清以来宁夏地区最详备的志书,全书约五十万字。

注:①补苴:弥补缺陷。
②梢民:渠道尾梢段民众。
③喧阗:喧哗。
④五渠:指唐徕渠、惠农渠、汉延渠、大清渠、昌润渠。
⑤蠹役:为害民的差役。
⑥工夫:做事所费的人力。
⑦物料:维修渠道所用的材料。

言渠务利弊书

清·董凝极

窃惟宁夏古制,清、唐、汉、惠农、昌润五渠①,普润宁夏、宁朔、平罗三县,乃遥郡民命所关也。乾隆四十七年夏四月,奉委署理宁夏水利同知事务。抵任,适当俵封头轮水泽,即刻意经营不遑宁处,历夏秋冬三轮俵水,幸仰赖宪台②洪庥③,各渠普畅浇灌,十数年不得涓滴之高田,皆挹注④通彻,万民莫不欢忻鼓腹焉。而一年之内,所阅各渠情形及修浚利弊,期间法之所由⑤,良弊之所由,革窃颇能得其大略焉,兹谨为我宪台详细陈之。

宁夏古朔方也,黄河绕於东,贺兰峙於西,相距或四五十里,或八九十里,远者一百余里,南自大坝堡⑥之分守岑⑦,北至威镇堡⑧之边墙⑨,仅二百七十五里,延袤不甚宽广,而中间所属宁夏、宁朔、平罗共受水民一百一十二堡。宁郡田户以六十亩为一分,新户以百亩为一分,一分即一顷也,共田一万六千五百十二分。乃其地土大半尽属沙碱,必得河水乃润,必得浊泥乃沃,否则,霖雨虽多,而潮碱易起。

古人於黄河两岸开浚唐、汉二渠,迨至我朝,复於唐、汉渠而下,开浚大清、惠农两渠,又附之昌润一渠,诚万世之利也。其制从黄河旁,各作迎水埂一道,或三五十丈,七八十丈不等,以石作埂迎水入渠口,距一二十里各建正闸一座,闸内入渠之水,以五寸为一分,止以十二分为率,闸之上各建退水闸，河水小则闭塞退水各闸，使水入渠，河水大则开退水闸，以泄其势。其闸架石成梁，各四孔，每孔各宽一丈。两岸堵水成渠，以草筑土，名曰㘵岸。而闸外中腰作滚水坝一道，长六七十丈，以石堆垒低於草㘵数尺，河水泛涨，则从此而滚出外河，正闸之水，止循分寸水入渠内。沿㘵居民，挖小渠引水入田者，名曰支渠。大者或百余里，小者数十里及七八里不一。各於㘵岸上建小木闸，以便灌田，名曰陡口。有受此渠之高田，相隔彼渠而不能得水者，则架木为槽引水而过，名曰飞槽。渠水灌田复从稻田澄出，归入洼下之湖。唐徕渠之东岸曰解面湖、曰杨家湖、曰陈家湖、曰洛洛湖，汉渠之西岸，曰平列湖、曰老鹳湖、曰双塔湖，清渠之东岸曰姚家湖、曰苇子湖、曰张喇湖，汉渠之东岸曰明水湖、曰龙太湖，惠农渠之西岸曰黑渠湖、曰塔桥湖，坎坎相连名曰十二连湖外，又有草湖、黄沙湖、明水张喇小湖，皆所以蓄田水也，盈科后进入西河，而仍入归黄河。有被大渠所阻者，则渠底架石，筑出水洞以通之，名曰暗洞⑩，所以泄水也。旧例，每岁冬至，民间除田赋正供而外，按田一分输纳草四十八束，每束重十六斤，桩十五根，每桩长三尺作一分，共纳草六十一万，水利都司经办。康熙四十八年，宁夏道廉察其中不无侵渔，物对半减兔三十余万，今止以草二十四束，桩十五根作一分，共草桩一万六千五百十二分，夫役一万六千四百余名，遂为输将定额。然犹必需用红柳、白茨、芨芨、石块、木条、草捆等物，总名曰料。则於草桩内折色⑪，三分采买支用，实收本色⑫草桩七分，其草曰坝草，以备於险处和土筑㘵，及启闭各闸堵垒渠口也。桩曰沙桩，或钉闸底，或钉㘵岸，使土坚固也。渠内水冲之处，必用土草筑一墩以逼水，而外用红柳、白茨护之，更钉以沙桩，名曰码头。芨苇则以为绳缆也，或修闸底亦必需红柳、白茨铺垫，而以沙桩钉之，仍盖以石条，使无冲动之患也。每岁冬余河冻之时，将渠口用草闭塞，名曰卷埽。至清明日，派拨额夫，赴渠挑挖，加垒㘵岸，官司亲临，董率⑬委派绅士六七十名，分段监督工程，力役三十天，名曰春工。至立夏日，掣去所卷之埽，放水入渠，名曰开水。开水之后，田地正须浇灌，其法将上段各陡口闭塞，先行赶水到梢，取民间浇灌满足甘结⑭，名曰封水。又防水大冲决渠口，一面将大口开放一二分水，名曰俵水。迨水已至梢，乃开上流各陡口，任其浇灌，既足，又逼令至梢。封与俵周而复始，上下段皆须浇灌及时，到夏至日止，以长夏禾，名曰头轮水。立秋日起，封俵之法亦如之，至寒露日止，以长秋禾，名曰二轮水。立冬日起，封俵亦如之，至小雪日，以备春耕，名曰三轮冬水。大抵头轮总以立夏后十日内外，得水为佳，秋田年前不浇冬水，俟新水浇灌乃可下种，故二轮水尤最要，冬水至立冬须淌遍，缓则结冻无及，夏秋两禾，得水四次者大获，三次亦丰收，二次减半，一次或过迟，皆无济矣，此宁夏渠务利弊之大概情形也。

选自《宁夏水利历代艺文集》

作者简介：董凝极，字定元，号乐山，平定人（今山西省平定县）。清乾隆四十四年（1779年）中举。先在宁夏府任同知，重视发展农业，积极举办水利，修筑清、唐、汉、惠四大渠，后补任甘肃礼县。因他刚直清廉，不肖奉迎，后被贬为永宁州学正。不久，丁忧守制，起复后调任阳城县教谕，直至逝世。

注：①清、唐、汉、惠农、昌润五渠：指大清渠、唐徕渠、汉延渠、惠农渠、昌润渠。
②宪台：对上级官员的尊称。

③洪庥：释义是洪福庇荫。
④挹注：把液体盛出来再注入。
⑤所由：所经历的道路。
⑥大坝堡：今宁夏青铜峡市大坝镇。
⑦岑：小而高的山。
⑧咸镇堡：今宁夏平罗县二闸乡咸镇村。
⑨边墙：指明长城，是明朝在北部地区修筑的军事防御工程。
⑩暗洞：今之涵洞。
⑪折色：指将应收物料折收现金，多征自距工地较远的民户，有"六本四折"或"七本三折"的计征方式。
⑫本色：受益户民就近将应出物料直接送到工地，称之为"本色"。
⑬董率：统率、领导。
⑭甘结：旧时交给官府的一种画押字据，多为保证某事。

言渠务利弊书

民国·吴复安

宁夏古朔方郡，地杂沙漠，居民鲜少，旧属碱卤不毛之区耳。自水利肇兴，开渠引流，灌田数千万顷，居民利赖，遂变斥卤为沃壤，此所以有天下黄河富宁夏之谚也。

然渠工之利既兴，而治渠之方不可不备，於是设有委员①，首事②以董其事。设为委管③，渠长④以分其责。其催征坝料也，则有书差。其购买物料也，则有采买。惧其水势之时涨时落也，设为闸坝以蓄泄之；惧其上下流之浇灌不均也，设为封俵之法以调剂之；又惧其岁久淤塞而冲刷之，每岁又派夫料以修浚之；前人之设法可谓曲详且尽矣。无如沿习既久，上下视为具文，司事者不能实心任事精勤以图治，而局员与局绅亦祗奉行故事敷衍了局，甚则反因以为利，遂至上慢下欺弊端百出，日甚一日积重难返。昔谓黄河独利於宁夏者，而兹之民困也实甚。谨举渠务之积弊约略言之。

一曰冗费之弊。向例督办渠务，特设水利同知以专其责，自各渠改设委员以来，渠工之费愈大而弊愈甚，其名目有提调委员、稽核委员、查点委员、封梢委员、正办委员。之外，又有帮办委员，本局书差之外，又有总局书差，员愈多而愈费，差愈繁而愈累，其实於渠工有何裨益？不过藉以分润而已。每岁兴修，各员车驾所至，事事供张，跟随各役均有规费，官吏取之於委员，委员又取之於民夫，层层剥蚀何所底止？至於各渠罚夫、底子⑤两项，每年所收为数不赀，名为存公以备修补各渠之用，究亦耗费无何有之乡矣。

一曰购料之弊。每年各渠估计物料钱均在数千串之外，其归工实用者不及其半，而其半尽隐折分肥，如各渠每年本色草束均按亩科派，除输交渠口之外，其余强行折价，加倍征收，一任委员首事东涂西抹以供无名之费。每年各渠迎水埽滚水坝估计毛石或六七十船，或百余船不等，其入水实用者甚属寥寥，不过借堵压之名为侵渔之计。其他各种颜料若石灰、柳椿、芨芨、闸木,均皆估多而用少,至於发给物料钱委员有分中之折扣,有分外之需索,以万民之脂膏,供一二人之挥霍,良可惜已。

一曰修浚之弊。夫以渠身疏通则水自流畅,渠堸高坚则溃决无虞,委员於春工时视为利薮⑥,故狡猾之揽头⑦预将民夫包揽在身,至各工贿通委管为之隐饰,平常衹是敷衍了事,一遇官吏查点,非雇名应役,即指鹿为马,其所应役之夫,除伙头相夫不任事之外,认真出力者能有几人哉?而各工段草埽,各堡渠长,购买原不足数,值用柴之时不过总管为之包庇粉饰而已。是夫不足而渠身安能疏通,料不足而堸岸安能高坚,所以一遇水势浩大,即不免有溃决之虞矣。

一曰封水之弊。汉、唐二渠绵亘数百里,非严封不能达梢,故有自下而上之说,当封水之时,号令煌煌,吏役得假声势到处严封各支流陡口,名为逼水到梢,实则封闭愈严水价愈昂,而上中段田苗值浇灌之期,小民望水若渴,欲私放而不敢,欲听旱而不忍,势不得不纳贿於吏役,梢求余泽。凡各渠大小口道均有规费,故民间有,有钱有水,无钱无水之谣。若规费不备,虽有有余之水,藉口梢结未得,故为严闭,不能得及时之润,是封水各役又为小民附骨之疽矣。司事者於其严封,实开吏役盗买之门,何如封俵兼行,使上下均得润其泽也。

一曰报销之弊。各渠委管於工浚报销之时,故为迟延多候时日,凡误名夫户有贿托者即削其名,无贿托者始填於册,至底无可待然后造册转於房书,而房书又为之移星换斗,挪首摘尾,凡奇零之数,房书又从而胺削之,一册之呈案不知在经几番剥蚀矣。至若通渠费项值岁终报销之时,首事多方补苴,百计弥缝以期塞白而已。其有费出无名难以列报者,委员又为指导以明之,多方以饰之,其浮冒之弊更不堪言矣。

一曰估工之弊。渠水之汹刷原自无定,工程之险易亦递为变迁,司其事者必亲趾查勘,然后知何者为要工,何者为平工,今徒於岁终估工之时,传集众绅,凭空臆度,聚讼盈庭,莫衷一是,故有要工应加夫料而反减者,平工应减夫料而反增者,险夷不均,贻误匪浅,至若派充春工委管,不问客之何能,惟以情面是徇,举保各渠首事,不问人之谙练与否,惟以贿赂是尚。一首事之派委几非百余金不能达到目的,既以财进身,岂能以廉律已,种种弊端几於罄竹难书矣,夫渠工民命攸关,其任不可谓不巨矣,小民每年出夫出料,其赋不可谓不重矣。一遇冲决,近者被灾,远者告旱,既劳其民又伤其财,如彼涸辙之鲋,未得涓涓之润,而反索之枯鱼之肆,以有尽之民膏,填无穷之溪壑,良可悲悯,是渠工之法坏至今日而已极渠工之积弊至今日而更甚,欲剔除而整理之,是不能不有望於负渠务之责者。

选自《宁夏水利历代艺文集》

作者简介:吴复安,公元1872—1920年,晚清、民初宁夏学者,宁夏府宁朔县大坝堡(今青铜峡市大坝镇)人。光绪十九年(1893年)举人。光绪二十九年(1903年),赴京会试不第,回乡后积极倡导新学,三十二年(1906年)参与创办宁夏府中学堂(今银川一中前身),担任学堂监督。民国二年(1913年),宁夏临时议会组成,被推举为议长,后因意见不合,居家赋闲。中华民国六年(1917年)秋,应宁夏护军使马福祥聘请,主修《朔方道志》。中华民国九年(1920年)因病殁於志馆奎星楼。

注:①委员:协助办理渠道岁修事宜的地方士绅。

②首事:指管理渠道相关银钱的负责人。
③委管:分段督修渠工的人员。
④渠长:清代各渠负责催夫、征料的人员。
⑤底子:少量的残剩物。
⑥利薮:财利的聚集处。
⑦揽头:包揽某项事务的头目。

宁夏全省渠流概况

民国·宁夏省建设厅

黄河自昆仑至积石,历石门大小峡以入宁夏;再北经绥、晋,绕流秦、豫、鲁、冀,而注於海。九曲万里源远流长,灌溉溥资,运输宏济,仰见神禹疏凿之功,与夫天地并存而罔极也。

当河入宁属中卫之境,岸束流急,势若建瓴。过此河面渐阔,水遂平铺。自元、明、清三代以还,各利形势,开渠灌田,平壤荒芜,於焉尽垦。河之北:有美利、太平、新北、旧北、复盛、新生、中济、长永、丰乐等渠,河之南:有七星、羚羊角①、羚羊寿②、羚羊夹③、柳青、通济等渠。渠长不一,各视所需,大者百余里,小亦数十里,故卫、宁两县,得水利为最多也。

河东北行二百余里,入青铜峡,峡中石山对峙,尤为天然渠口,峡东有二渠,其来甚古。一开於秦,名秦渠,长百四十余里。一开於汉,名汉渠,长约百里。两渠退水,复接引一渠,名天水,长三十余里,分灌灵武、金积两县之田。峡口西岸,有唐徕渠,为汉光禄废渠,而复浚於唐者,长三百五十余里,下有汉延渠,开於汉,长二百三十里,两渠之间有大清渠,长七十四里。汉渠之下有惠农渠,长三百零六里,同开於清初。是为宁夏四大渠。惠渠以东,经本省主席马公少云④於民国二十三、四年新开云亭渠。长百二十里。以上五渠之尾,均北至平罗入於河。共灌宁朔、宁夏、平罗三县之田。平罗又有渠,名昌润,长百三十六里,其下有滂渠、永惠、永润、西官、东官等渠长各数十里,亦开於清,以灌县属北境田。

上列各渠,两埠复有支渠,多至千余道,或数百道;长亦数十百里,尤难记其名称。是以渠流纵横,田畴相望,不赖天雨,岁获丰收,虽地处边陲,而农作物之便极矣。

夫宁夏,古朔方也。土地平旷,素为不毛;且大半尽属沙碱,必得河水乃润,必得浊泥乃沃。自资渠流以灌溉,遂变斥卤为膏腴,农业即兴,而民以饶裕,故有"天下黄河富宁夏"之谚也。惟河道变迁,水时消长,安澜蒙泽,泛滥成灾。复因河水入渠,挟泥过重,澄淀极速,民苦岁修;矧一岁所浚,不敌一岁所淤,而利害相随,遂为治理之要政焉。

尝考历代渠工制度,实为尽善。因河流直行,而渠口入水无力也,乃於各口之上,劈河面四分之一垒石为长埠以迎之。虑其水无限度,而有溃决之患也,乃距渠口十余里地,建石正闸一座,以节制之。入渠之水,定以五寸为分,止以十二分为率。欲水入渠,而有蓄泄也,乃於闸之上,修退水闸,水小闭之,使水入渠,水大启之,以泄其势。防水过大,而致壅塞也,乃於闸之外,筑滚

水坝，遇水泛涨，则从此滚出河外，必使正闸之水，止循分寸而入渠。此外尚有提水闸、尾闸、堤埂及湖沼、桥梁之类也。

各渠两岸，以草筑土堵水成渠者，名曰"埧"。沿埧居民，挖小渠引水入田者，名曰"支渠"，又於埧上建小木闸者名曰"陡口"。有高田受水彼渠，而隔在此渠不能得水者，则於渠上架木为槽以渡之，名曰"飞槽"。有退水闸入湖，或泄水於河，而被大渠所阻者，则於渠底架石为洞以通之，名曰"暗洞"。

人民岁除田赋正供外，复按田纳额草、木桩及红柳、白茨、芨芨、石块等物於渠工，总名曰"料"。其草曰"坝草"，以备险处和土筑埧，与闭闸堵口也。桩曰"沙桩"用钉闸底及埧岸，使土坚固也。渠身被水冲处，必用土草筑墩以逼水，而外护柳茨沙桩，名曰"码头"。芨芨则以为绳缆也。或修闸底，亦必铺以柳茨，钉以沙桩，上复盖以石条，使无冲动之患也。

每岁於河冻之时，以草闭塞渠口，名曰"卷埽"。至清明征派民夫，挑渠垒埧官司监工，力役一月，名曰"春工"。至夏至掣去所卷之埽，放水入渠，名曰"开水"。开水之时，必闭塞上段陡口，赶水到梢，名曰"封水"。又防水大冲决，一面将陡口开放一二分，名曰"俵水"。

迨水已至梢，乃开上流各陡口，任期浇灌，既足又逼令至梢。封与俵，周而得始，上下段，灌须及时，至夏至日止，以长夏禾，名曰：头轮水。立秋日起，封俵之法如之，至寒露日止，以长秋禾，名曰"二轮水"。立冬日起，封俵亦如之，至小雪日，以备春耕，名曰"三轮冬水"。

大抵头轮水，以立夏后十日内外得水为佳。秋田年前不浇冬水，俟新水浇灌，乃可下种，故二轮水为最要。冬水至立冬须淌遍，缓则结冻无及。夏秋两禾，得水四次者大获，三次亦丰收，二次减半，一次或过迟，皆无济矣。此全省各渠之概况也。

选自《宁夏水利历代艺文集》

注：①羚羊角渠：明代称常乐堡渠，原开口于中卫黄河南岸上河沿，尾水于常乐堡枣林子入黄河，沙坡头水利枢纽建成后同羚羊寿渠合并组成沙坡头南干渠。

②羚羊寿渠：明代称羚羊殿渠，原开口于中卫黄河南岸，永康堡西燕子窝滩，尾水入羚羊夹渠，沙坡头水利枢纽建成后同羚羊寿渠合并组成沙坡头南干渠。

③羚羊夹渠：因明代渠道上段为夹河，故名。原同羚羊寿渠同为一渠，康熙十五年（1676年）自永康堡黄北寨子开口引水，尾水入清水河。1973年将羚羊夹渠渠口改建为七星渠进水闸，扩征羚羊夹渠作为七星渠上段，自此羚羊夹渠合并至七星渠。

④马公少云：指马鸿逵。

宁夏沟洞疏浚之纪略

民国·宁夏省建设厅

宁夏水利，沟渠并重，渠则引流以溉田，沟则退水而入河，犹如人身之血脉，必须周流通畅，方免疲弱瘤疾之忧，而各渠既灌之余水，全赖沟道渲泄，使无停蓄漫淹之患，是以平畴水泽，终岁环流,灌溉攸资,民生永利,所谓一本散为万殊,万殊仍归一本也。本省河西各大渠之形势,皆自南而北,凡各大沟,多自西南而东北,沟道为渠所阻者,则凿渠底以通之,名曰"洞",又因其引流潜行,亦名之曰"暗洞",故沟渠遍地,纵横交织,利用相依,关系至切设使有渠无沟,是水惟有来源而无出路,不但湖沼低田,固常受其淹没,即较高之平原公路,亦难免同被泛滥,若是,则沟渠并重,而未可偏废者明矣。历至每年春工,官民重修渠道,而必及于沟者,以其淤塞为害甚烈也。不知者以为宁夏之水利,专重于渠,而昧于沟,是唯见水利之半面,未见其水利之全面,亦犹管中窥豹而已。查各大沟之起点,发源于各渠之上部者,曰东沟,曰西沟,曰永洪沟。发源于各渠之中部者:曰黑阳沟,曰黄阳沟。发源于省城之左右者:曰北大沟,小中沟。发源于唐渠以西者:曰西中沟,西大沟。此宁夏河西各沟之位置与名称也。兹再将其流域及经过之"暗洞",逐一分述于后:

(一)东沟

在唐徕渠东,大清渠西,发源于大坝乡北界,引流历蒋顶、陈俊至汉坝乡界,遂向东转,穿过大清渠底,名曰永庆洞,再经瞿靖、林皋乡界,穿过汉延渠底,名曰林皋洞,仍向东汇归于惠农渠口,而入于河,长约三十余里,共泄以上七乡之余水。

(二)西沟

亦在唐徕渠东,大清渠西,发源于瞿靖乡西,经玉泉、邵岗、宁化至宋澄乡南界,向东穿过代山渠下,名曰永安洞,再至唐铎乡西南,向北有分水闸,分去一沟,名曰黑阴沟,又向东五里许,由汉延渠底穿过,名曰唐铎洞,仍向东历望洪乡界,至惠农渠底穿过,名曰望洪洞,东流入河,长约五十余里,共泄以上七乡之余水。

(三)永洪沟

发源于瞿靖乡北。介于汉清两渠之间,东历马站、李俊乡界,西历邵岗乡界,由两方稻田退水,汇聚于各连湖,往北至李俊乡西入沟,复向北五里入于西沟,是沟系西沟之支沟,长三十余里,虽仅排泄四乡余水,而水势甚大,因四乡纯为稻田故也。

(四)黑阴沟

在唐徕渠东,汉延渠西,发源于西沟,由唐铎乡西北及分水闸而下,历曾岗、王全、许旺、西魏信乡界,向北有分水闸分去一沟,名曰黄阳沟,再向东穿过汉延渠底,名曰魏信洞,再向东经河西寨、李祥乡交界,至惠农渠底穿过,名曰永宁洞,复由河滩东北,经过云亭渠东北入河,长约五十余里,共泄以上六乡之余水。

(五)黄阳沟

是沟旧道,系发源于西魏信乡、由黑阴沟分水闸而下,依次汇入汪家大湖、马家大湖、史家湖、杨家湖各水,自汽车道头道沟桥以下,又汇入秦家湖、孙家湖、韩家湖各水,至谢谷俊界,往北历掌政乡长湖套界,向南东转,由三合支渠下穿过,复穿过汉延渠底,名曰张政洞,直向东五里许,汇入该地左右各湖之水甚多,再穿过惠农渠底,名曰永固洞,复向东北十余里入河,长约四十余里,共泄以上八乡之湖水,但多年废弛,尚未疏通。

（六）小中沟

发源于新渠西，红花渠东，自望远桥北，历二道墩、头道墩，依次穿过支渠五道：一湖泄退一湖，至省城东南，汇入于高台寺前，盐池滩沟口，接连往北，历邵必、更名乡界，至谢保乡马家大湖，汇入于北大沟，此沟系大沟之支沟，长约三十余里。

（七）北大沟

其流域介于唐徕渠东，红花渠西，排泄省城南各湖之水，由东西城壕，汇入于北塔湖，复由北塔湖北，接连沟口，向北十五里许，汇入马家大湖，小中沟，仍向北十五里许，至王澄乡穿过汉延渠底，名曰永丰洞，汇入王澄塔湖，再由塔湖东复接沟口，行五里许，穿过惠农渠底，名曰永济洞，经通吉乡东北，汇归于河，长约五十余里，此沟与小中沟，共退近城十余乡之余水。

（八）西中沟

发源于良渠口以下，凡属唐徕渠西，自良渠口北至省城南，良渠东，新城南，如盈上，宁城及盈南各乡余水，由数十连湖，依次排泄，汇总于新城西大道之碱湖，又因沟桥洞下排泄，经过向家沟桥，往北退入于杨信乡之池子湖，复由池子湖入于西大沟。

（九）西大沟

发源于靖益乡之海子湖，历杨显各湖，至盈上孙家庄接连沟口，向北经盈南、盈北、杨信、于祥、洪广、镇朔等乡，往北入于雁窝池，终流至石嘴山而入于黄河，长约二百五六十里，共泄退宁夏县十余乡之余水，但西靠山坡，地多沙漠，废弛淤塞，急待疏通。

选自《宁夏省水利专刊》

明清与民国时期宁夏引黄灌溉演变情况

卢德明　李景牧

宁夏引黄灌溉至今已有两千多年的历史。但明代以前对灌区的渠道名称、灌地亩数等，记述简略不全。由明代起记述渐趋详备，为使人们清楚了解明代以来至民国六百年间引黄灌溉事业的发展变化情况，根据有关史志记载将主要数字及沿革按时期整理汇编成表。其中：表14-1依据明嘉靖《宁夏新志》卷一、三的水利部分，参阅弘治《宁夏新志》卷一、三及万历《朔方新志》卷一中的水利部分，校勘整编；表14-2依据清嘉庆重修《大清一统志》，参阅乾隆《宁夏府志》卷八水利及卷十九、二十艺文记，校勘整编；表14-3依据民国三十二年（1943年）编印的《十年来宁夏省政述要》第五册建设篇，参阅民国二十五年（1936年）《宁夏省水利专刊》中的各渠考述与《朔方道志》卷六、七水利志校勘整编。

一、明嘉靖时

表 14-1　宁夏引黄灌区渠道名称灌溉情况一览表

地区	编号	渠名	岸别	长度(km)	灌溉面积(万亩)	附注
一、宁夏总镇				325.9	118.27	相当于今青铜峡河西灌区
	1	汉延	左	12.5		
	2	唐徕	左	200.0	118.27	
	3	铁渠	左			与唐徕渠同口异闸
二、灵州守御千户所				145.0	16.30	相当于今青铜峡河东灌区
	4	汉伯	右	47.5	7.30	
	5	秦家	右	37.5	9.00	
	6	金积	右	60.0		未成
三、中卫				287.5	21.54	相当于今卫宁灌区
	7	蜘蛛	左	29.0	3.00	嘉靖壬戌年(公元1562年)毛鹏重修,改名为美利渠
	8	中渠	左	18.0	1.20	
	9	白渠	左	21.0	1.70	
	10	胜水	左	42.5	1.50	
	11	石空	左	36.5	1.70	
	12	枣园	左	17.5	0.90	
	13	羚羊角	右	24.0	0.40	
	14	羚羊店	右	22.5	2.60	
	15	夹河	右	13.5	1.40	
	16	七星	右	21.5	2.10	
	17	贴渠	右	24.0	2.20	
	18	柳青	右	17.5	2.84	
	总计			758.4	156.11	

二、清嘉庆时

表 14-2　宁夏引黄灌区渠道名称灌溉情况一览表

地区	编号	渠名	岸别	长度(km)	灌溉面积(万亩)	附注
	1	汉延	左	115.0	38.9	
	2	唐徕	左	160.0	48.0	
	3	贴渠	左	总40.0		即明时的贴渠,分新旧两贴渠,灌地3.12万亩,包括在唐徕溟灌地亩数内
	4	大清	左	37.5	11.20	
	5	惠农	左	150.0	45.00	

续表

地区	编号	渠名	岸别	长度(km)	灌溉面积(万亩)	附注
	6	昌润	左	50.0	10.00	
	7	汉伯	右	40.0	13.00	
	8	秦渠	右	60.0	13.00	
	9	美利	左	60.0	5.65	即明蜘蛛渠
	10	贴渠	左	35	2.69	即明时的中渠
	11	北渠	左	25.0	1.18	即明时的白渠,在镇靖堡
	12	新北	左	15.0	1.21	在镇房堡,即今镇罗堡
	13	胜水	左	25.0	2.00	在胜金关下,灌石空寺、永兴、张义三堡田
	14	石空	左	36.5	0.60	
	15	顺水	左	35.0	0.37	即明时的枣园渠
	16	新顺水	左		2.26	在枣园堡
	17	长永	左	15.0	0.49	在铁桶堡
	18	石灰	左	28.5	1.20	在广武堡
	19	羚羊角	右	14.0	0.18	在常乐堡
	20	羚羊店	右	20.0	1.29	在永康堡
	21	羚羊夹	右	20.0	2.00	即明时的夹河渠,在宣和堡
	22	七星	右	50.0	7.91	
	23	柳青	右	20.0	1.68	在宁安堡
	24	通济	右	5.0	0.49	在彰恩堡
总计				1056.5	210.30	1~6 在青铜峡河西灌区灌地 153.10 万亩。7~8 在青铜峡河东灌区,灌地 26.00 万亩,9~24 在卫宁灌区灌地 31.20 万亩

表 14-3　宁夏引黄灌区渠道名称灌溉情况一览表

地区	编号	渠名	岸别	长度(km)	灌溉面积(万亩)	附注
总计				1432	211.4	1~10 在青铜峡河西灌区,灌地 128.1 万亩
	1	汉延	左	120	34.58	11~13 在青铜峡河东灌区,灌地 34.59 万亩
	2	唐徕	左	210	46.78	14 在中滩,灌地 0.23 万亩
	3	大清	左	37	5.97	15~37 在卫宁灌区,灌地 47.05 万亩
	4	惠农	左	184	28.32	38~39 在陶乐,灌地 1.4 万亩
	5	昌润	左	85	7.52	
	6	滂渠	左	30	1.7	
	7	永惠	左	24	0.47	在平罗县境内

续表

地区	编号	渠名	岸别	长度(km)	灌溉面积(万亩)	附注
	8	永润	左	20	1.11	在平罗县境内
	9	西官	左	24	1.45	在平罗县境内
	10	东官	左	16	0.23	在平罗县境内
	11	汉渠	右	49	13.36	即汉伯渠
	12	秦渠	右	72	18.63	即秦家渠
	13	天水	右	18	2.6	
	14	马家滩		12	0.23	在中滩
	15	美利	左	77	10	
	16	太平	左	33	4.2	即清时的贴渠、明时的中渠
	17	旧北	左	20	1.73	即清时的北渠、明时的白渠
	18	复胜	左	13	0.48	在镇罗堡
	19	新生	左	38	3.0	即清时的胜水渠
	20	中济	左	32	2.4	即清时的顺水渠、明时的枣园渠
	21	长永	左	8	0.6	在枣园堡
	22	丰乐	左	37	1.97	即清时的石灰渠,在广武
	23	新渠	左	7	0.1	在广武
	24	羚羊角	右	15	1.45	
	25	羚羊寿	右	19	1.4	即清时的羚羊店渠
	26	羚羊夹	右	24	3.1	即清时的羚羊渠
	27	七星	右	68	8.45	
	28	柳青	右	20	2.98	
	29	李家滩	右	3	0.17	
	30	大滩	右	7	0.35	
	31	孔家滩	右	3	0.12	
	32	田家滩	右	5	0.44	
	33	康家滩	右	12	1.1	
	34	新北	右	8	0.4	北河子南岸开口
	35	新南	右	6	0.53	南河子北岸开口
	36	黄辛滩	右	10	1.6	
	37	通济	右	16	0.48	
	38	利民	右	20	0.4	
	39	惠民	右	30	1.0	

民国时期的宁夏水利

卢德明　李景牧

民国元年（1912年），宁夏府改称朔方道，次年又改称宁夏道，属甘肃省管辖。1929年1月，宁夏建省，至1949年9月解放，辖有16个市县旗，即银川、同心、盐池、灵武、金积、中卫、中宁、宁朔、永宁、贺兰、平罗、惠农、陶乐、磴口共14个市县，另有阿拉善、额济纳两蒙旗。其中盐池、同心和两蒙旗系干旱山区，群众自发修建塘坝涝池、打井筑窖等小型水利工程，解决人畜饮水，浇灌小片菜地果园。其余市县都是引黄河水自流灌区，自古就有"塞上江南，鱼米之乡"之美称。境内黄河水利工程建设经历两千年时盛时衰逐步发展的过程，到中华人民共和国成立前夕，引黄灌溉面积约200万亩，是全国大型古老灌区之一。

现就民国期间宁夏的水利规划、水政建设、水法制定、工程建设和治水人物方面内容简述如下。

一、水利规划

民国时期，宁夏灌区渠系紊乱，多口无坝引水，渠口引进水量常受黄河水位高低所支配，低则望水兴叹，高则毁渠成灾。排水设施差，干沟少，坡降小，弯曲多，更无支毛沟配套，排水不畅。灌区内湖泊沼泽星罗棋布，土壤盐渍化有增无减，农田低产。黄河护岸措施，沿河县市各自为政，头痛治头，脚痛医脚。

1934年9月，中国水利专家李仪祉先生视察宁夏水利后，曾提出在黄河青铜峡建造跨河铁桥，桥孔之间设活动堰以蓄高河水，河东、河西两岸之灌溉渠统由此节制管理。堰后淤积则由中泓排泄之，如此各渠养护之费用可以大省，宁夏灌区可增至300万亩。但由于宁夏马氏家族军阀集团割据，贪婪腐败，铁桥设想无法实现。1944年，国民党行政院水利委员会拟于抗日战争胜利后，在宁夏灌区安排屯垦，令前治理黄河委员会成立宁夏工程总队，由严恺主持进行了灌区的万分之一地形图的测绘。测图面积6631平方公里，绘图83幅，还测量黄河大断面567个，渠道断面1337个，并于1947年做了青铜峡闸坝、渠首及干渠工程的设计，因时近解放事亦中断。

新中国成立后，在中国共产党和人民政府的领导下，青铜峡水利枢纽工程于20世纪60年代已全部建成，李仪祉前辈的设想、严恺先生的设计均已实现，灌溉渠、排水沟均已系统化，宁夏引黄灌区真似江南又胜江南。

二、水政建设

宁夏水利历史悠久，历代设有专职人员和专管机构，官督民办公助。宁夏道时期，对一渠跨越数县的唐徕、汉延、惠农等大干渠，以渠设水利局管理。对一县一渠和一县多渠的中卫、灵武、金积等县由建设科办理渠务。1929年宁夏省建立后，由建设厅总理水政，各渠县水利管理体制仍沿旧制。1935年为改进渠务，清除水利积弊，变更旧制，改设渠县水利委员会，于1941年又改为渠、县水利局,同时设立夏、朔、平三县沟洞事务所和宁朔县王洪堡(今永宁县望洪乡)河工处。1945年,将建设厅属的水利局改为宁夏省水利局。1949年7月1日,复将省水利局撤并建设厅,设水利科至1949年宁夏解放。

各渠、县水利局依据事务繁简设有文牍、会计、司书各一人,办理局内事务。事务员一至三人,协助段长工作。水利警察分马警、步警,少者三五人,多者三四十人,其工作徐催征渠工坝料(水利费)外,渠道放水后,专责养护渠道安全,管理支斗口开关,封闭渠水,监督看口巡渠人员有无偷懒等情况,日夜不离渠摊,专设水房食宿在渠。马警还负责传递讯息等工作。干渠分段设首事即段长一至五人,大支渠亦设有段长一至二人,局、段人员的工资均由水利费内开支。管理渠水的基层组织:每一受益乡(堡)设有渠长一人,一乡受两渠水者,设渠长二人,负责催征水利费等,其待遇除顶免渠夫一份(30个工日)外,在秋收后,向本堡受水户要粮(俗称"打秋风"),每户给粮数斤至数十斤。各支渠长一至二人(大支渠上、下段各一人),小支渠数道合设一人,随同干渠岁修时间,自费修竣本渠工程,并督促灌水和养护干渠指定的地段等。渠长每年由本支渠种田较多的富户轮流担任,没有待遇。各大干渠渠首段(进水闸以上)设水手数人至数十人,专责管理并开关渠首进退闸,稳定入渠水位,养护坝(引水坝)堰(滚水坝,又叫跳水坝)及险要工段的安全;冬季渠道停水后,验收保管渠口卷埽坝所用的大量柴草(大干渠,用草多达三四十万公斤),并负责卷埽坝堵口施工技术等工作。水手待遇,青铜峡灌区给水手压100亩(1938年减为60亩),一般是水手们自耕自享,也有的交他人耕种。例定水手田不纳粮款等差,收获粮食多少即为水手全年工资和因公伤亡的抚恤费。卫宁灌区各干渠水手每人每年顶免渠工45天至120天,没有水手田。其工作除管理各水闸的开关外,并封俵渠水、养护干渠等。各干渠在行水期间的养护管理工作除有专职人员养护外,并组织就近受水户日夜轮流在划定渠段上巡护,白天一人,夜间二至四人。每道支渠斗口的看管工作,由全支渠按田亩均摊雇一专人住吃在斗口水房,日夜看护斗口的开关和传递讯息等。规定每道斗口盖有水房一至二间,供管渠人员休息,并规定每一斗口备有闸口柴草30到100束和照明抢险工具等器材。

水渠是解决人们温饱的设施,农民说:"渠是咱的吃饭碗"。故制定有水利岁修(分春、秋岁修工程)制度。原定于每年冬灌结束渠道停水后,即用柴草封堵引水河口。经多年实践,总结遭受黄河封、解冻时冰封威胁之经验教训后,遂改定于每年春分节令(3月21日)开始卷埽封堵河口,称卷埽坝,工期半月,涸干渠水,为全面春工岁修做好准备。到清明(4月5日)进行渠、沟各项建筑物的整修清淤和加倍堤摊等工程。到立夏(5月5日)前一日,挖掉河口埽坝,放水灌溉。为使渠水适时普泽均衡受益,定有封俵渠水办法,即将上、中游支渠斗口全部关闭,逼水达梢。由下而上、逆鳞浇灌称封水。在封的同时,对于上、中游灌水需时较长的支渠,酌情留给一定水量,使其能与干渠梢同时灌完,称俵水。封俵失宜,水泽难周,遂有封俵如号脉之说。从立夏开始至小满(5月21日)止,全渠夏季作物——春小麦等的头次水和部分秋作物的安苗水,均须按时按节灌完,称头轮水。小满后到夏至(6月21日)前,供给春小麦等二、三次水和播种水稻用水,称头轮补水。夏至后到立秋(8月7日)前,进行秋作物和夏作物收割前后复种小日月秋

作物、秋菜、翻晒茬地、伏泡洗盐等灌水,称二轮水。立秋前后至白露(9月7日)前,灌溉晚秋作物、蔬菜、沤麻、制作土坯等,称二轮补水。白露节后停水,进行渠道工程秋季维修,主要是清淤和部分草土护岸,为冬灌做好准备,所需工料,动用本年结余或预支下年度水利费。霜降(10月23日)后,各渠陆续放水冬灌,是为三轮水,又称冬水。为预防气候骤变,渠水结冰堵坝,冬水限期定于小雪前(11月23日)3～5天全部灌完停水。到此全年灌溉结束。每轮水都要在限定的时节内全部灌完,取渠梢绅民灌完水的结状(称梢结)上报考核,各大支渠同此。

千年古老渠道,由于充分发挥人的主动作用,克服工程简陋存在的不利因素,使其经久未废,说明管理工作的重要性和必要性。经营管理制度,以渠养渠,量需计征水利费,工料兼收。每年冬至(12月22日)时,由官府召集各渠士绅,对下年度水利兴修工程所需的人工物料,逐工踏勘估算。确定后,各按本渠受水田亩平均摊派,各渠轻重不一。1938年,实行统一征收水利费,不分农作物和地等,每亩征收水利费四角,每"2亩田"出一个工日,60亩地为一份,出1人在渠做工30天。各干渠重要工程,如引水挢、溢流间堰、退水闸、进水闸、防护外河淘冲的险要地段等,都在干渠首段备足所需工料数量的百分之七八十,主要是柴草。因之征收水利费的办法是:邻近渠首之受水乡(堡)征收柴草,以柴草折价顶水利费;距离较远者征收现金,作为采购石、木、铁料、石灰、胶泥、芨芨、白茨等材料和管理经费的开支,遂有"近征本色"——实物,"远征折色"——现金和"六本四折""七本三折"之规定。各种工料备齐的时间,统定于立春(2月4日)前三天和后四天,利用地冻冰封的农闲时间全部备到各工地,尤其是卷埽坝堵口的大量柴草,更要利用冰桥按时备足。各段护岸工程所用的柴草,于工地附近的乡、村予以定购,到时现用现交,经上级点验后方能动用。

水利岁修工程施工技术员称为委管,每年由各段段长在受水乡(堡)物色技术较优、经验丰富、热心水利的人士,报渠局核委,或由各乡(堡)绅民保荐充任,其待遇顶免渠夫一份(30～45个工日)。治渠管水人员虽择优录用,廉洁奉公守法者居多,但封建势力霸占水利渠务多年,局长中仍有吃缺(人员空缺)、吞饷(扣发或少发员工工资)、以权谋私(派渠夫,调工料建房修宅)等事。段长中也有采购物料以少报多、以劣充优,从中全利的;水利警察有的受贿卖水。当时人们讽刺水利人员是"吃夫吃料"者,喻之为吃麸皮豆料的牲畜。

三、水法制定

民国时期,在前代治水法规的基础上,根据当时各县、渠水利设施和各级水利人员在工作中发生的各种问题,制定出一批水法,据1936年出版的《宁夏省水利专刊》载,有下列法规:宁夏省各县、渠水利委员会通则24条;宁夏省各县、渠水利委员会委员选举条例19条;宁夏省各县、渠水利人员奖惩条例14条;宁夏省各县、渠估工办法10条;宁夏省建设厅科罚各渠春工误夫办法15条;宁夏省政府建设厅暂行规定唐、汉、惠、清四渠浪稻办法5条;宁夏省水利暂行拘罚条例12条。

除上述条例办法外,后期又制定:水利春工夫料点验办法;渠夫朋伙办法;各沟、渠养护管理办法。

以上规章制度,在维护水利设施、遴选水利人员、搞好灌溉管理等方面都起了积极作用。

四、工程建设

民国时期,宁夏主要建设7项水利工程。

1. 1913年

宁夏护军使马福祥会同满营将军常连、宁夏道台赵维熙为解决被遣散满营官兵生计问题,于1914年在唐徕渠左(西)岸靖益堡陈家田附近设分水口,新开长达50余公里的大支渠一道,名湛恩渠,俾化旗为民的满营官民自食其力,以免冻馁而养身家。后因风沙淤渠,输水不利又下移1.5公里另开渠口,改名新开渠。

2. 1914年

汉延渠口引水口原在马关嵯西岔,但河道西趋,引水不多。1914年,渠绅于熔请准于九道沟另开新口。到1939年,西河来水不能满足汉延、惠农、大清3大干渠分用,经建设厅长李翰园、水利专员于光和等决定将3大干渠引水口上移到西河口同口引水。直到1960年青铜峡水利枢纽工程截流后才弃而不用。

3. 1917年

中宁县七星渠渠绅王祯自筹料款,于七星渠鹰石嘴进水闸上2000米处,临河并列修建料石拱形涵洞(渠口进水涵洞)3孔,长85米,单宽3米、高2.5米。工成不久,山洪暴发冲毁洞顶挡洪"刚石墙",渠被泥淤。1919年又经渠绅王汝霖、张从善修复,使用到1958年才予改建。

4. 1934年

宁夏省政府主席马鸿逵请准南京政府经济委员会委员长宋子文拨款20万银元,用兵工自原宁朔县王太堡(今永宁县杨和乡王太村十队)惠农渠东岸设分口,开挖长达60余公里的一条大支渠。马为纪念其父马福祥(字云亭),命名云亭渠,今改名为民生渠。

5. 1940年

宁夏建设厅新建大清渠瞿靖堡戴家车门附近的永涵洞一座,排泄大清渠西瞿靖堡等处湖水。

6. 1941年

黄河王洪堡段塌多年,形成一大弯道,威胁宁兰公路和惠农渠的安全,护岸工程年修年坏。1941年省建设厅长李翰国经勘查决定,由黄河任春渡口(今仁存渡口)错下东岸开挖一引河,截弯取顺,河道东趋,多年的河患遂靠消除,公路交通和干渠输水暂获安全。

7. 1949年春

宁夏省水利局长于光和在中卫县美利渠迎水桥下段左(西)岸开口,新挖一道长10000米的扶农渠,工程未完成,宁夏宣告解放。1950年人民政府继续完成全部工程,即今中卫县北干渠。

上述水利建设工程是在形势逼人、为民所请的情况下办的。至于干旱山区的水利建设,则由当地群众自发修建管理使用。

五、治水人物

在整顿宁夏渠务方面,工作比较突出。

1. 1927年

甘肃省主席刘郁芬委任崔桐选为宁夏水利专员。

2. 1937年冬

李翰园由省民政厅厅长调任建设厅长后,为使渠道不决口,农民不上告要水,清除水利积弊,首先对把持渠务多年的老水利人员予以更新,录用一批有知识的青年人充任建设厅水利视察员和渠、县水利局段副职,令其边工作、边学习、边监督,逐步取而代之。同时建立健全基层管理组织,加强渠道养护工作,对前人多年行之有效的灌溉制度和封俵渠水办法,要求认真照办,严格执行,对失职人员重法惩处。1940年,汉延渠梢段农民向省政府主席马鸿逵告状要水,李即将该渠局长黄金镛镣押80多天。为了清除宁夏水利人员"吃夫吃料"的积弊,李于1939年派大员并聘请地方上有声望的公正士绅和热心水利事业的知识青年,组织庞大的水利春工夫料点验队,后又请准马鸿逵派军官佐会同建设厅派出人员,对全灌区水利春工夫料进行认真的点验,并严令各支渠斗口准备抢险器材、照明工具、闸口柴草、看口水房等,要求白天黑夜渠道上都要有人巡逻看水。这些措施短期内曾起到渠少决口、弊绝风清之效。

3. 1935—1945年

马周堂任唐徕渠管理局长期间,每年春工亲自督导疏浚渠道,整治闸坝,开灌后每轮水都由口到梢亲自封俵水量,使渠梢能及时灌溉,并由过去灌两次水增加到灌三次水,渠梢人民感其治水功绩,联名赠匾"泽及梢民"四个字,悬挂于平罗县城南门桥楼上。中华人民共和国成立后,马继续从事水利工作,凭着多年的治水经验,参加了唐徕渠的扩整和支渠红花渠口的迁建工作,都取得了较好的成绩。

选自《黄河与宁夏水利》

宁夏引黄灌溉水利述要

吴尚贤

一、前言

宁夏引黄河水灌溉,历史悠久。但以古史记载简略不全,始于秦代之说,多系推断传闻,有待证实之处甚多。就已查到的史书记载,可以认定的是,在南北朝以前,就已开始引黄河水灌溉(后魏刁雍传有本区渠道的记述,并说古已有之)。千百年来,虽历经兴衰,但总是在不断地改进扩大中。延续至今,宁夏灌区成为国内有数的古老灌区之一,除有得天独厚的自然条件(如黄河水量充沛,河床水位稳定,泥沙较少,黑山峡、青铜峡出口后有开阔的平整灌区等)之外,还须归功于历代劳动人民,在引用黄河水的灌溉实践中,积累了丰富的治水、用水、管水经验。

"黄河百害,唯富一套"和"天下黄河富宁夏"的流传评说,都是对宁夏黄河灌区的确当评价。而更确切的理解应当是,这片灌区得黄河之利,也得黄河泥之益。由于引用黄河水与泥的淤灌,致使渠水所到之处,阡陌纵横,土质肥沃,无旱无涝,年种年收,被誉为"塞上江南,鱼米之乡"。因本灌区在古长城之内,故称为"塞上"是名副其实的。地质上称本灌区为宁夏"地堑"也是有道理的。

本灌区处于贺兰山与鄂尔多斯台地之间。贺兰山及其余脉之西有腾格里沙漠与乌兰布和沙漠,黄河之东有毛乌素沙漠。受大批沙漠包围的本灌区,年平均降雨量仅 200 毫米,年蒸发量近 1000 毫米(按 E601 型蒸发 4 折算)。无霜期 120～150 天。自流灌区的海拔高程在 1234～1090 米之间,即自中卫沙坡头至石嘴山第三排水沟之间黄河正常水位的高程。灌区内共有 11 个县(市),20 个国营农林牧场,全灌区内,宜麦宜稻,高产稳产,是全国 12 片商品粮基地之一。

正因为有了保证率较高的引黄河灌溉,所以出现了天旱丰收的美好景象。灌区的现有耕地面积,仅占全自治区耕地的 1/4,而粮食产量,则占全自治区的 3/4 以上。家畜的畜养量及人工林的面积和菜园苗圃都占有主要地位。随着大农业的实现,以水利为先导的引黄灌区的发展前途广阔,效益显著。

二、渠道沿革概况

现有的秦渠、汉渠、汉延、唐徕、美利、七星等渠的开创年代,虽有人作过一些考证,但语焉不详。古有记述而今已不存在的渠道,如光禄、御史、尚书、高渠、七级、特进、艾山等渠,更有待考定。西夏开挖的"昊王渠"也叫"李王渠",经明代复修后,改名"靖虏渠"(见明嘉靖年间的《宁夏新志》),至今遗迹显在,但荒废已久。今就记述较详实的资料,如 1920 年的《河套水利考察报告》,1936 年的《宁夏水利专刊》,1943 年的《宁夏省政述要》等有关著述和近期的记载,可以看出,各渠道的规模,即引水、供水能力和灌溉面积,都在逐年增长。以 1946 年以来有渠道引水流量实测资料的唐徕、惠农二渠为例,其引水能力的增长情况如表 14-4。

表 14-4 唐徕渠惠农渠引水能力增长情况一览表

(单位:m³/s)

渠名 \ 年代	1946	1953	1957	1965	1981
唐徕渠	65.5	90.6	109	133	153
	6.4	6.92	10.3	14.6	16.8
惠农渠	36	48.4	54.8	76.2	80.2
	2.41	4.15	5.61	8.21	8.4

在渠道规模逐年增大的过程中,出现了裁并分散引水渠口的实例。1936 年全灌区由黄河直接开口引水的渠道有 39 条,到 1981 年只有 14 条,如中卫的太平、新北、旧北、复盛等原有黄河引水的渠道,均并入美利渠。中宁的新生、中济、丰乐、长永等渠,均并入跃进渠,跃进渠是新

生渠的扩大延伸而形成的一条主干渠。青铜峡以下,早在1951年,就将河东的天水渠并入新开的第一农场渠(由秦渠供水)。1953年将河西的大清渠并入唐徕渠。昌润渠、涝渠并入惠农渠。青铜峡水利枢纽建成后,河东的秦、汉渠由电站的8号发电机组尾水供水,河西各大干渠,由电站的1号机组发电尾水及灌溉孔供水。这种变无坝为有坝,变多口为一口的引、供水方式,是本灌区史无前例的最大改进,效果至为显著。

以朝代命渠名之沿革,由来已久,如秦渠、汉渠、汉延渠、唐徕渠、大清渠等。证诸史书及遗迹,继唐代之后,宋代有西夏的"昊王渠",传有"金子渠"(中宁泉眼山有遗迹);元代有郭守敬修浚西夏濒河一带河渠的记述;明代开挖了通济、羚羊等渠,并有因"昊王渠"旧址而修复的"靖虏渠",规模宏伟,但荒废已久。明代更开创了以石建闸的先例。清代有大清渠、皇渠(今惠农渠)、天水渠、昌润渠等10余条。民国有湛恩渠(今新开渠,系唐徕支渠),云亭渠(今民生渠,系惠农渠支渠),扶农渠(今中卫的北干渠,系美利渠支渠)。

1949年中华人民共和国成立以来,新开的自流渠道,依建成年代顺序,计有第一农场渠(秦渠的支干渠,1951年开),第二农场渠(唐徕渠的支干渠,群众称"二唐渠",1954年开),中宁跃进渠(扩大延长新生渠而形成的一条主干渠,1959年开),西干渠(与"昊王渠"或"靖虏渠"约略平行,是河西灌区最高的一条主干渠,1960年开),中卫北干渠(系美利渠支干渠,1964年开),东干渠(青铜峡坝上引宁高支渠(系七星渠支渠,1977年开)。

从渠道的发展历史看,修建大干渠的次序都是后来者居上,即由引水较易的低部位渠道,向引水难度较大的高部位发展。试看河东,汉渠在秦渠之上,由青铜峡坝上引水的东干渠,更在汉渠之上。河西灌区的唐徕渠在汉延渠之上,西干渠更在唐徕渠之上。这与治水知识经验的累积,工具材料的改进,人力、财力的增长,生产力的发展,社会的兴衰分不开。水利事业的进退,历来是朝代兴衰的有力佐证。

在1952年,汉延渠唐铎在一次决口事故中,被冲出了一个直立的横剖面。通过这个横剖面可以明显地看到,当年的汉延渠是一条底宽1米左右的小渠,而现在的汉延渠低宽4米左右,是一条过水近70立方米/秒的渠道,它是伴随着灌水淤高而逐步扩大的。由此可以看出,古代遗存的渠道,都经历了由低到高、由小到大、由短到长的演进过程。预计今后,随着沙坡头、大柳树等黄河梯级水利工程的建设,更高更大的新渠道,将显现于未来。

综上所述,增开渠道,历有兴办,盛进衰退,总在前进。

三、灌区及面积

本灌区依自然地形,由以下两个片区组成。

1. 中卫、中宁灌区(简称卫宁灌区)

是傍黄河两岸的狭长灌区黄河出黑山峡,由中卫下河沿至青铜峡水利枢纽工程长123千米,河水流向,在中卫县境内是东西走向,到中宁的鸣沙后转向北,河道比降为1/1040,接近青铜峡水库区的白马以下为1/8500。

这段河道坡陡流急,因而灌溉引水与排水均较畅利。历来就是农业的高产稳产区。

卫宁灌区的总面积约1000平方千米,其中自流渠道与河边包罗的面积为658平方千米,黄河河道占有236平方千米,现有实灌面积为72.3万亩,系渠道配水面积,上报数为57.4万亩。灌区边缘的提水灌溉面积,包括同心及南山台子扬水,已近16万亩,还正在发展中。

2. 青铜峡灌区

黄河出青铜峡后,两岸地势开阔,形成河东(右岸)、河西(左岸)两灌区,至石嘴山(自流灌区的末端),河道长194千米。河道比降,叶升大桥以上为1/1430,永宁东升至石嘴山为1/6100~1/9900。地面坡度,由南向北,逐渐变缓,故渠道引水,多在青铜峡出口处。银川以南的排水,大都能直入黄河,而银川以北,受地坡平缓的限制和黄河大水的顶托,出流不利,致使地下水充斥成灾,土壤盐渍化相应地加重。

本区内,自流渠道与河流边线包罗的面积,河东为935平方千米(内有陶乐县的147平方千米),现有渠道配水的面积约86.5万亩(上报数为64.2万亩)。河西为4197平方千米,现有渠道配水面积为254万亩(上报数约为202万亩)。灌区边缘的提水灌溉近30万亩。

中华人民共和国成立以后,全灌区的实灌面积,有了空前的发展。据记载截至1949年的最高灌溉面积曾达196万亩,到1949年中华人民共和国成立时全灌区的征收水费面积只有154万亩。到1981年,全灌区的渠道配水面积、包括灌区边缘提水灌溉的44.46万亩在内,共达412.7万亩,比上报数的323.17万亩,多出89万亩,但仍小于实有的灌水面积。根据平罗、贺兰等县的土壤普查资料证实,实灌面积为上报面积的1.4倍。据此推断,全灌区的实灌面积,当在450万亩以上。灌区内插花分布的盐碱荒地的改造利用和灌区边缘的提水灌溉正在逐年扩大,灌溉面积的年增长数在5万~8万亩。

全灌区现有自流渠道包罗的面积(不包括黄河河道)为6667平方千米,加上提水灌区,共在8000平方千米左右。近期的自流灌溉面积达到600万亩,提水灌溉面积达到100万亩,共700万亩的实灌面积是可以现实的。

随着黄河梯级开发的实现,即高出现灌区的渠道将会出现,灌溉面积还会增大。如黄河黑山峡、大柳树高坝一级开发方案的实现,将使本灌区的自流灌溉面积增大1倍以上。

四、旧渠系的扩整和改建

从1950年开始,除结合本灌区每年进行岁修的优良传统,维护原有的工程设施外,还应用了"裁弯取顺"和扩建、改建、增建闸、桥、槽、涵、斗口等工程,使旧渠道的引、输水能力不断增大。以汉延渠为例,旧渠长119千米。裁弯取顺后的渠长为88千米,渠身缩短31千米。这就增大了渠水的流速,根除了过去年挖年淤,挖不胜挖的繁重负担。灌区的各大干渠和支干渠,都经历了类似的改建,取得了良好的效果。但也因为渠道顺直,渠坡与流量增大,而出现了各大干渠上游冲、下游淤的状况,这是有待今后调整解决的一项新课题。实践证明,对扩整旧渠道,应用"裁弯取顺"的想法和作法,是甚为可取的,比过去习惯用的"裁弯取直"更为确切合用。

五、排水系统的形成

古老的旧灌区内,湖泊、沼泽、盐碱荒滩星罗棋布,地下水充斥成灾。河东、河西都有

"七十二连湖"之说，其实湖泊的总数，远多于72个。前人也曾认识到排水的重要，但受工程材料和技术的限制，旧有的排水沟如中卫的油粮沟（今之第一排水沟），中宁的南、北河子，河东的清水沟，河西的林皋（东沟）、王洪（西沟）、黑阴、黄阳、北大、西大等沟，都是过水断面狭小，沟身弯曲，淤塞严重，出流不畅，大都未能真正起到排除积水的作用。积涝浸淹灾害范围，时有扩大。

自1950年起，在整治旧渠道的同时，就开始了排水沟道的新建和改建。到20世纪70年代中期，全灌区的自流排水系统，已基本形成。到1980年全灌区排水干支沟总长达900千米，计有33条，排水能力近600立方米/秒。盐碱危害较大的银北，排水干支沟的长度与灌水干支渠的长度基本相等。在已涸干的湖沼地上，新建立的国营农场，计有河东的巴浪湖、关马湖、灵武；河西的连湖、西湖、潮湖、明水湖等，可以说，老灌区的新生，如耕地面积的扩大，单产的提高，都与排水的作用直接相关。再加上20世纪60年代始建的电排及70年代始建的机井，使银北及灌区的低产田改造和低洼盐碱荒地的改造利用，有了现实可行的手段和途径。

排水沟的挖深和维护，普遍受到流沙的制约，当地下水位高过纯沙地层时，沙随地下水移动，塌坡冒底，无法深挖。降低地下水位能制服流沙，但还不能广泛应用。机械清淤，能在水下挖土，防流沙塌坡，颇见成效。

六、青铜峡水利枢纽的建成

以灌溉为主的黄河青铜峡水利枢纽，除有水电装机容量27.2万千瓦，年发电10亿度左右外，更其重要的是，结束了青铜峡灌区无坝引水的历史。不仅省除了年以百万斤计的柴草、坝料和数十万人工的渠口岁修，而且提高了供水保证率，更为高部位的渠道的兴建创设了条件，西干渠和东干渠的出现，就是枢纽工程抬高水位控制水量以后的产物。同时解除了黄河枯水期渠道引水不足的困难；也解除了黄河大水对干渠道首段的威胁；并实现了旧渠道首段的合理改建，使原由黄河直接引水的唐徕、汉延、惠农、秦渠、汉渠等，改由电站尾水供水，利益至为显著。电站尾水段的黄河，有10多千米，冬季不结冻，为河道两岸的防冲护岸设施，免除了冰凌的危害。虽因淤积，有效库容不大，但仍能起到削减洪峰和短期调节水量的作用。至于因拦河坝隔断推移质的影响，有待继续观察研究。

七、灌区边缘的提水灌溉逐年发展

20世纪50年代开始的提灌工程，经历了使用锅驼机（蒸汽机）、煤气机、柴油机为动力的过程。到20世纪60年代变为电力提水以来，提水灌溉的规模和高程，都在逐年扩大，特别在一些严重干旱缺水和地少人多的地带，发展较快。已建成的黄羊滩、同心、中卫南台子等较大的提灌工程，均已见到成效。正在兴建的提灌工程有固海、吴忠扁担沟、青铜峡干城子等处。陶乐县因自流引灌黄河水条件差，全部改为电力提灌以来，面积产量都有显著增长。目前有些提灌区出现的地下水位上升和盐碱露头的现象，值得注意。全灌区已有提灌站405座，总灌溉面积约46万亩。据初步规划，近期的提灌面积可达150万亩，包括林草的毛面积近3000平方千米。

八、防治盐碱，当务之急

引黄灌区的盐碱危害，古已有之，今有好转，但未根除。当前已灌面积中，尚有盐碱较重的低产"拉腿田"约120万亩，插花分布的盐碱湖荒地约130万亩以上，全灌区都有分布，以地坡平缓排水不畅的银北最多，"碱地生效，开沟种稻"，是当地老农从多年生产实践中得出的成功经验和总结。盐碱危害严重的银北地区，曾归纳出治理盐碱的经验：排、稻、灌、洗、淤、平（平整土地）、肥、翻（伏翻伏泡、打干田）、轮（稻旱轮作以两年种旱作一年种稻的三段轮作最为可取）、松（松土减蒸发）、种（抗盐品种）、换（换土铺沙、垫高地面）。实践证明，这12项措施都是行之有效的，其中起主导作用的是排水。

在自流排水系统已基本形成的灌区内，排水对农业生产所起的作用，不次于灌溉，或有胜于灌溉，这是由于引进水量过多，导致地下水充斥成灾，出现了排不胜排的被动局面。灌区内在自流排水出流不畅的低洼地和地坡平缓的土地上应用电力强排，包括排灌结合的短沟小站和井排井灌，都起到了降低地下水位，治理盐碱的良好作用，结合种稻洗盐放淤，更能加速碱土的改良利用，并能做到当年受益。

30多年的实践经验证明，本灌区的地下水，主要来自渠灌，排与灌是一件事物的两个方面，要排的合理，首先要灌的合理。要根治盐碱的危害，变低产为高产，开发利用盐碱荒地，就须压减过多的引进水量，畅利排水出路，既要排出明水，更要降低过高的地下水位，有效地降低和控制地下水位，是防制盐碱的根本所在，可以说是"釜底抽薪"，实为上策。

大引大排是本灌区内存在已久的一个老大难题。从近25年引进和排出水量来看，自1957—1969年引进水量由43.6亿立方米增大到77.5亿立方米，相应的排水量由10亿立方米，增大到39.4亿立方米，实际的田间耗水量增加不多。1970年以来引、排水量有所下降，但年引水量仍在60亿立方米以上，排水量也在30亿立方米左右，这是黄河水所挟带的泥沙，对本灌区利益至大，把宁夏引黄灌区说成是黄河泥沙的产物，亦不为过。据近25年的实测资料统计，这是每年亟待解决的一件大事。

淤存在本灌区的泥沙平均为2530万吨。至今，"澈清澄浑"的灌稻方式，仍为群众所习用、所乐用。因泥沙淤积，须经常进行各级灌溉渠道和排水沟道的清淤，及田间进水口处的清淤，群众谓之"田嘴子"平整，都已习以为常。低洼盐碱地和贫瘠沙地的改造利用都需要黄河的泥沙，稻旱三段轮作的良好耕作制度，既充分有效地利用了泥沙肥田，也冲洗了耕作土层中累计的盐分，更能消灭杂草。

从这个意义上讲，合理地多引黄河水和泥，即超过作物生长需要的适当水量，还是必要的。但过多地引进大水就造成了人为的灾害。如前所述，当前灌区内的排不胜排和有些地方的地下水充斥成灾，就是引水过量的直接结果。

由于多年的淤积，使所有的古老渠道和灌区，都相对地高出不灌水或少灌水的地面，现有

古老的城堡、坟墓、道路都处于相对低洼部位,也可证明因灌淤作用,使灌区的地面逐年升高,把灌区的土壤定名为"灌淤土"是名实相符的。同时淤高的土地,土层厚,地下水位相对低,所以高田就是好田。

九、河洪与山洪的防治

黄河在宁夏境内全长397千米,在全灌区内的318千米中,正常水位均在两岸地面以下,但以沙土河床的游移不定和变化无常,致有流传已久的"三十年河东,三十年河西"的沧桑慨叹。也存在黄河大水淹漫两岸滩地的灾害,从1964年和1981年的两次大洪水来看,洪峰流量接近6000立方米/秒,相当于二十年一遇的几率。用筑顺河堤防的办法,防止淹漫很见成效。而防冲淘塌岸的护岸码头和挑流丁坝,耗用大量的柴草、石料,仅能见一时之功,但未能从根本上稳定河身。多年来的治河,处于见冲就防,防不胜防的被动局面,迄未好转。

近年来,在给黄河行洪留有足够过水断面,并保持河道合理顺直的要求下,在兼顾上下游、左右岸的规划原则和指导思想下,制定了整治黄河的规划,该守的要加力维护,寸土不让,不该守的虽冲不防。在治河的方法上,应该坚持使用草、土、石混合的埽工外,用混凝土四面体防冲护岸比铅丝笼牢固,可靠而耐久。用人工扶助裁顺急曲河弯的试办,已在永宁县的东升取得了显著的成效。

东升的河弯长6.4千米,裁弯长2.4千米,人工裁顺后,经1981年9月上旬的大洪考验获得成功。尊重客观实际的,统筹兼顾的治河规划是必不可少的,也是上下左右必须共同信守的。再次证明"勿曲防""不与河争地""塞支强干""保岸蚀滩""束水攻沙"等治河名言是确切可信的。

山洪即灌区边缘的沟壑和洪积扇的暴雨洪水,对傍山渠道、农田、村庄、道路的威胁,随着灌区的扩大和较高部位渠道农田的出现,越来越突击。古人采用大干渠远离山洪沟口的对待办法是成功的,但受条件限制,不能广泛采用。实践证明,用"导、蓄、泄"的方式防治山洪的危害,甚为可取。针对本区山洪具有沟短、植被差、洪峰高、历时短、洪水总量不大的特点,采用以滞洪区或库将山洪沟和坡面水拦蓄导引入滞洪区,变猛洪为细流的蓄泄方式收到了较好的效果。特别在山洪流经农田、沟渠、村庄、道路等较多的地段。更不宜采接洪峰流量安排过洪道的方法泄除洪水。只要有条件用蓄泄方式解决的,就可省除多处设防的被动局面,同时能结合沟坡治理如洪漫,植树等,变洪害为洪利。但以财力、物力所限,防治山洪的设施,历有增加,而应修未修的工程仍多,已修的工程,抗洪标准偏低,管护甚差,这些都是亟待解决的问题。同时必须认识到所有的山洪沟和洪积扇,都在逐年淤高和扩大中,这种淤高和扩大的过程,是与山洪沟的反复改道过程相一致的。因此要以变应变地对待山洪,才能取得良好效果。试看荒废已久而遗迹显在的"昊王渠",凡山洪经过之处,渠迹无存,可见山洪是毁坏该渠的主因之一。当前的傍山渠道,因暴雨山洪而出现的冲决、淤塞现象,屡见不鲜。防治山洪的工作、任重道远,有待努力之处与时俱增。

十、前人治水、用水的成功事例七则

1. 草土埽工即今之"草土围堰"

草土围堰是草土埽工的今称,始用年代不详。今仍习用的草土埽工用于堵口截流,防冲护岸,施工导流的围堰,具有水中施工,就地取材,费省效宏的优点,已在国内的水利水电建设中广泛使用,援外的水利建设中也已多次应用。层草层土或草土石的混合体,以飘浮下沉的方式,配合卷埽,可在水深7米左右,流速为每秒5~7米的情况下,人在水面以上操作,逐层逐段地飘浮延伸下沉截断流水,形成围堰,也能防止冲淘,起到护岸固堤的作用。因为是草土的混合结构,故具有良好的整体性、防渗性和柔韧性,所以适应变形,稳固可靠,也便于拆除(当地叫斩埽)。草土工程的做法,有散草、捆柴、卷埽三种。散草是唐徕渠习用的方法,即由一岸的水边起,层草层土的向对岸堆筑。用带铁尖的细木杆插入水中,间距约2米,一人把持一杆,挡着草土的散失,延伸时拔出木杆前移继进,飘浮的草土体,逐层加高,徐徐下沉,前沉后继。虽每次延伸的距离约0.5米左右,而层次之间仍能互相联系。这种以草抗击,以土固草的联合作用,就是草土工程制胜流水的关键所在。

"捆柴"是汉渠所习用的方法,是用一根长约7~10米,径粗约5厘米的稻草绳(无稻草地区、麦柴亦可用),将每束重8千克左右的两束麦柴捆在一起,按需要宽度,先平放一排,把草绳的一端埋压在已完成的草土体内,其上铺散草一层,以防捆草之间孔隙漏土,其上铺土层约10~12厘米,土上再加捆柴散土和铺土,逐层堆起至草土下沉到底。延伸时捆柴须搭接柴束长的一半。捆柴的优点是整体性和抗冲击性都比"散草"为好,在水流深急之处,更为适用。

当草土体进入到水深急流的部位,如堵口合龙的狭深龙口,"散草""捆柴"都抵御不了高速水流的冲刷时,就须使用"卷埽"。单埽的直径在2米左右,长在10米左右,其大小长短视需要而定。具体做法是在龙口近旁,修整出一块前低后高的卷埽推埽场地。按埽的长短大小把长15~18米、直径5~7厘米的草绳,根根靠紧,纵向铺在地上,然后再用草绳或麻绳,横向把纵向草绳每两根或三四根,编织成网形,横向绳的间距1~1.5米。草绳上先铺一层柳枝或芦苇柴后,再铺散草,草上铺土厚约10厘米,有时为增大体重散放一些小石块。并在开始卷起的一端,即距龙口较远的一端,放入一根直径约5厘米的麻绳,或芨芨草制作的直径约10厘米的龙绳,龙绳长度视下沉的深浅和固定位置的远近而定,一般的长度为20米左右。并将每根草绳都系结在龙绳上。然后以龙绳为中心由一端卷起,越卷越大,卷到草绳的末端,将每根草绳头都挽结在埽的草绳上的成为一个庞大的草土圆柱体。利用场地的斜坡推滚至水边时,将龙绳两端各系在事先预埋的地锚或三根交叉的木桩上。然后推埽下水。随着埽的下沉,放松龙绳,以防止埽捆悬空、绳断、远走或下移。埽身过长时,还须系腰绳1~2道。埽出水后,在埽上用散草或捆柴加高。水深时常用几个至十几个埽进占强堵,可以由一方向前推进,也可以两端并进。当龙口甚狭时,也可能用一捆大埽,就达到截流的目的。这个习用已久的方法,是前人的创造发明,在古今的水利建设上,都显现了它的奇迹般的作用。

2. 可资借鉴的治水、管水和水费收支办法

过去的渠道,都是以官督民办为主。可以概括地说是以渠养渠,自收自用,量出定入,浮动水价,工料兼收,岁清年结。管工理水人员择优委聘,待遇优厚,失职罚重,灌区群众把水利负担的工料说成是"骨头里的差事",乐于输捐。水利收支体现了"取之于民,用之于民"的原则。所以能使水利事业,不因朝代的更替而延续发展下来,不能不说是管用得宜的后果。

各渠道每年冬季,进行一次估工,决定翌年岁修所需的人工物料,连同人员杂费的开支,一并按亩摊派到受益家户,发出通知,由渠长催征交纳,按时不交的加倍罚处;用棚工的办法,征集民工,一般60亩田算一份,即出工30天,一家种田不足或超过60亩的,就几户拼凑足60亩,拿出应出工日的钱粮,选定1人上渠做工1个月。出工之外还交纳坝料。所谓坝料就是工程所需的草、石、白灰、闸木、人工杂费等,也是按亩分摊。人工坝料的负担,有多有少,各渠不同。中华人民共和国成立前,各渠水费征收办法有:"本色""折色"之分。所谓"本色"只征柴草,以柴草价折顶水费,不再征款;所谓"折色",不征实物,只征现金,作为采购石料、木料、白灰、胶泥等物料和管理人员的经费开支。

前人有"近征本,远征折""六本四折"的规定。中华人民共和国成立后,实行水费统筹统支,每二亩地出一个工日,每亩出现款约合银元五角。同时按县段分管大干渠,条块结合,负担均一是其优点,但也出现水权分散,调配不灵的缺点。

3. "刻字"水则即今之水尺

各干渠都设有水尺,古时以五市寸为一分,每一市寸为一刻,故称水尺为"刻字",将刻画水则的竖木立于渠边或桥柱水中固定的基石上,基石是经过验证的水则标志,是清淤和观察水位的准期。又据清官档案资料,自清乾隆至中华民国初年,有黄河(青铜峡)段的报汛记载,也是以分刻作为水尺标志的。

4. 旧闸的做法

前人用白灰、胶泥(细黏土)作为砌石的黏结材料,用猪血和白灰勾缝的方法,修建过水能力达100立方米/秒以上的闸墩、闸墙,以长约0.5米的密集小木桩处理底塘,小木桩之上铺白茨一层。其上用胶泥、白灰镶砌单层长三横二厚一市尺的大块料石,石缝之间用木楔逼紧,也有用生铁水灌固的。用这一方法修建的闸基和急流段的护底,能胜任单宽流量5立方米/秒左右的急流通过,不能不说是一项奇迹般的成就。1982年在唐徕渠的腰坝附近,发现了一座未见记述的旧闸遗迹,仍可看出上述的做法。此闸已加以保存(闸址上距腰坝300米,闸底板高程距今总干渠高1.2米,闸宽已发现被水冲出约20米,其上游翼墙伸入总干渠5~7米)。为了保留古建筑遗迹,1982年春工,特为保留此翼墙作了一个磨盘码头,并保留闸底板砌石数块。

5. 干渠的防洪

大干渠远离山洪沟的布局是前人的高明之处。河东汉渠从谭桥以下到渠梢,干渠都与洪积扇或山洪沟出口保持1000米以上到间距。唐徕渠的北涝坝(大坝车站正东)、玉泉营湖、七星渠的王家水坑等处,都起到了以滞洪区防山洪的重大作用。不具备远离山洪条件的渠道,常因山

洪的干扰,年修年坏,多雨年份的时修时坏,曾多次出现。

6. 适应河水大小的引退设施和布局

引(迎)水坝、跳(溢水侧堰)、进退水闸,是所有旧渠在无坝引水条件下的一套成功设施。

迎(引)水坝是以抛石修筑与河平行的傍河长堤,其顶高稍高于渠道所需水位,以争取水头,使河水小时有足够的水量入渠,河水大时,河渠不分,防止大水进渠。像河东汉渠的十里长坝,秦、唐徕、惠农、汉延等渠都有迎水坝,有拦河坝后均已废弃或淹没。中卫美利渠和羚羊渠的引水坝今仍使用。

溢洪侧堰(当地叫"跳")和进退水闸,是防止大水入渠及控制干渠水量必不可少的设施。因受河水坡度的限制,一般在自流进水的喇叭口以下10千米左右设固定的过退水闸,在闸以上设溢流堰一至数处,就能有效地防止大水对渠道的为害。自青铜峡枢纽建成后,河东河西各干渠的跳水已经全部废除,退水闸也减少。但其历史上起到的作用,值得推崇,故仍有一述的必要。

7. 由下而上的"封""俵"轮灌

过去的旧渠灌溉,都是"立夏"节前开口放水,放水后都采用"严封实闸,逼水到梢"的办法,即将上中段的斗口一律封堵不许放水,待水到渠梢后,下段全面即将灌完时,中上段开始"俵"水。所谓"俵"就是有节制、有秩序地开口灌水。为达到均衡受益,封俵均须适时适量,故有"封俵如号脉"之说("号脉"是中医以脉搏诊病的术语),因为俵水、封水与当时当地的作物长势、气候条件、河渠水量,渠道状况都密切相关,过犹不及均非所宜。

开灌后的"头轮水"紧接着的"二轮水"和冬灌,都须送水到梢,由下而上的轮灌。当下游灌水完毕时,还须取得当地受水群众代表的"梢结",即灌水完毕的证明文件,渠梢方可断流,叫"收水",这时上中段集中轮灌(唐徕渠的"撬梢坝",是当封水人员向上游撤走,下游停水渠段,群众自由抢用余水)。

在农作物不需要水的秋季,一般在白露后,停水40天左右,进行渠道的秋修,习称"秋工",这是为保证冬灌的一次必要岁修。冬灌在小雪节前5天全渠灌完停水,以防渠道结冰堵塞。冬灌后全年灌水结束。

这些灌水的方法,在今天的配水计划中仍然沿用,可见其符合自然规律,故历久不废。

(1982年4月初稿,1984年6月再稿。选自《黄河与宁夏水利》)

作者简介: 吴尚贤(1920.10—2001.3),宁夏青铜峡市大坝乡人。1946年毕业于重庆中央大学水利系。1949年10月前,历任甘肃省高台马尾湖水库工程处副处长,甘肃省临泽沙河堡地下水工程处处长。中华人民共和国成立后,历任甘肃省水利局武威黄羊河工程处副处长,宁夏省农林厅水利局河东工程处副处长,宁夏回族自治区水利工程、设计处副处长,宁夏回族自治区水利局副总工程师、副局长、政协宁夏回族自治区委员会第四、五、六届副主席,兼任全国农田水利学会委员、宁夏地方志编审委员会顾问。

宁夏引黄灌溉事业经久不衰

卢德明

一、黄河造就了宁夏平原

黄河在宁夏段是西南、东北走向,全长397千米,纵贯宁夏平原,这里山舒水缓,沃野千里,河面稍低于地面,无决口泛滥之患,有引水灌溉之利,因而有"天下黄河富宁夏"之说。

通观全黄河,千百年来它既促进了中华民族的繁衍发展,又多次给沿河人民(主要是下游)造成过深重的灾难。但是在宁夏平原上,除了朝代的更迭和战乱的破坏而外,黄河不曾有过重大的灾害,因而又有"黄河百害,唯富一套"的说法(宁夏属黄河西套)。

宁夏平原在地质构造上讲,称为银川地堑。它属于贺兰构造带内次一级构造单位。在贺兰构造带深部存在深断裂,这一深断裂,在漫长的地史发展过程中,不断地显现出它的活动性。到了侏罗纪末期,即大约在13000万年以前,贺兰山地区结束了长期沉降的历史。由于我国东西两大断块(东侧为陕甘宁地块,西侧为阿拉善地块),沿深断裂作相向运动而引起挤压,形成了雄伟的贺兰山脉,奠定了现今面貌的轮廓。到了燕山运动的晚期,新生代初,距今6000多万年左右,原来的侧向挤压应力已消失。东侧陕甘宁地块,相对于西侧阿拉善地块开始向右旋转扭动。这样,原来与贺兰山区在白垩纪以前属于相互联通的同一沉积水体的宁夏平原部位,因受张力作用而陷落,形成了银川地堑。目前,贺兰山脉还在不断上升,银川地堑仍在缓慢下降。地堑最深处第三纪沉积可达7500米,而第四纪沉积最深也有1600米。

地质学家说,黄河基本上发育在主要由古老的变质岩系组成的走向近于东西的秦岭和阴山之间。中生代末期的地质构造运动和长期的外力作用,基本上奠定了我国现代地貌轮廓地基础,秦岭和阴山已经隆起,一些大大小小的构造盆地和山间盆地已经形成。新生代第三纪时,地壳在继续运动,山脉不断隆起,盆地持续下降,已经形成的地貌雏形继续发展,陕甘宁盆地和华北盆地成为两个面积最大的,以沉降为主,接受沉积的盆地。进入第四纪时期,主要在陕甘宁盆地以及邻近的一些面积较小的构造盆地和山间盆地中,堆积了厚度可达100~200米的黄土及黄土类土。之后地壳抬升,陕甘宁盆地成为黄土高原,河流下切,遭受侵蚀。原来流向这些盆地的河流,长期的侵蚀作用先后勾通相邻盆地,逐渐串联贯通。切过以地质构造为骨架的我国大陆地势上自西向东,由高及低的3个阶梯,注入渤海,成为黄河。

可见黄河的形成,从地质年代讲是第四纪以来的事。黄河没有贯通之前,各个大大小小的构造盆地已经出现,并都自成水系,形成内陆河。喜马拉雅运动末期,我国大陆地势自西向东,由高及低,逐渐形成并加强,各自独立的水系互相贯通而形成黄河。

黄河流域由于气候干旱,降雨稀少,但秋季多暴雨,水土流失严重,大量泥沙随水下泄,遇到湖泊洼地,即行沉淀,银川地堑遂被淤积成平原,黄河对宁夏平原的形成作出过不可磨灭的贡献。至今仍然以充沛的水源,肥沃的泥沙哺育着这块土地。

今日宁夏平原,西南起于中卫县西的沙坡头,东北止于惠农北的石嘴山,包括中卫、中宁、青铜峡、吴忠、灵武、永宁、银川、贺兰、平罗、惠农和陶乐等11个县(市),长达320千米,最窄处5千米,最宽处45千米,总面积8000平方千米,其中现今灌区面积约6600平方千米。宁夏平原西靠贺兰山,南依香山,东邻鄂尔多斯高原,北接内蒙古后套平原,地势南高北低,两岸向河床倾斜,海拔高度在1090～1230米之间,青铜峡屹立于中部,将平原分成南北两块,形似葫芦。南块比较窄而短称卫宁平原,北块比较宽而长,称银(银川)吴(吴忠)平原。黄河由西偏南而来,至中宁转向北而偏东,纵贯整个平原。既享河水之利,又得泥沙之益,且溉且粪,宜麦宜稻,年种年收,稳产高产,是祖国西北的一块塞外绿洲。

二、水资源与水旱灾害

宁夏位于祖国北部,东经104°17′～107°39′,北纬25°14′～39°23′,东西宽50～250千米,南北长约465千米,总面积5.18万平方千米(行政区划面积6.64万平方千米),地处西北内陆,属半干旱与干旱气候的过渡地带,雨少风多,蒸发强烈,具有春暖快、夏热短、秋凉早、冬寒长的特点。年平均气温由南向北递增,南部固原地区5℃～6℃,中部同心、盐池7℃～8℃,北部引黄灌区8℃～9℃,蒸发量亦由南向北递增,变幅在800～1600毫米之间,全区多年平均降水量305毫米,由南向北递减,变化在800～180毫米之间,降水集中于7、8、9月,一般占年降水的70%左右,冬季雨雪稀少,仅占全年降水的6%～7%。水是人类赖以生存和发展的物质基础。查清水资源的数量、质量及其时空变化规律,对综合评价与合理利用水资源,具有十分重要的作用。宁夏全区的水资源是北部丰富南部欠缺,北部虽属干旱区,因有黄河流过,年径流量300亿立方米以上,而中部和南部干旱和半干旱区,虽有清水河、葫芦河、泾河等黄河支流,年径流量仅8.33亿立方米,其中矿化度小于2克/升的淡水量为5.81亿立方米,地下水北部引黄灌区25.75亿立方米,中部和南部山区4.1亿立方米,且部分水质苦咸,不宜人畜饮用和农田灌溉。

宁夏各河流水资源,除黄河干流外,以泾河最多,清水河次之,葫芦河第三,其他各河沟甚少。

黄河为宁夏主要过境水资源,年均水量按1956—1995年平均计,下河沿站入境水量317亿立方米,石嘴山站出境水量294亿立方米。黄河水量有丰枯交替特点,据青铜峡水文站多年资料分析,每周期7年左右。黄河泥沙,青铜峡枢纽修建前平均含沙量7.24千克每立方米,年输沙量2.37亿吨,1967年枢纽建成蓄水后,含沙量减少为3.12千克每立方米,年输沙量0.98亿吨。青铜峡水库设计库容6.06亿立方米,1967年蓄水后到1971年5年共淤积泥沙5.4亿立方米。自1972年改为排沙冲沙运用后,库区泥沙冲淤基本平衡。

清水河是宁夏直接流入黄河的一级支流,流域面积14481平方千米(其中宁夏13511平方千米,甘肃970平方千米),河长320千米,南北流向,水文特点是水少沙多水质差,年降水量由上游的600毫米递减至下游的200毫米,年降水总量50.5亿立方米,天然年径流量最大值与

最小值相差5倍多。年平均径流量2.05亿立方米,韩府湾以上面积4742平方千米,占全河1/3,年径流量1.39亿立方米,占全河2/3。因此,上游地区丰水年份能基本自给,其他年份仍缺水,中、下游地区每年少水或干涸。清水河流域内苦水分布广,含盐量上游固原站年平均矿化度0.65克/升,中游韩府湾站3.76克/升,下游泉眼山站5.54克/升。苦水量0.7亿立方米,约占全河32%。

葫芦河为渭河上游一级支流,位于六盘山西麓,宁夏境内面积3281平方千米。水文特点是:东侧水量较丰、水质好、泥沙少,西侧水量少、水质差、泥沙多。流域内平均年降水量466毫米,降水总量16.1亿立方米,天然年径流量最大最小相差5倍。年平均径流量1.59亿立方米,除沿六盘山区的隆德县外,大部分地区水少,水质干流右岸为矿化度2~5克/升的咸水,水量0.43亿立方米,占总水量27%,面积则占流域38%。矿化度小于2克/升的淡水水量1.16亿立方米,占总水量73%,面积占流域62%。

泾河位于六盘山东麓,宁夏境内面积4955平方千米,主要水文特征是水质好、水量多,流域平均年降水量510毫米,降水总量24.6亿立方米,天然年径流量最大最小相差4倍,年平均径流量3.38亿立方米。流域内的水质,除盐池县内的环江为矿化度大于5克/升的苦水外,大部分地区为矿化度小于2克/升的淡水,面积占流域61%,水量占总水量的90%。

其他河沟如祖历河、苦水河、红柳沟等,年径流量合计1.31亿立方米。其水文特点都是干旱、径流少、水质差、泥沙大,能利用者少。水旱灾害,南部山区的自然灾害有旱、雹、冻、虫、病、涝、风等7种,其中以旱灾为主,约占受灾农田面积的1/2。据历史记载,自公元前104年到1949年的2053年间,固原地区就发生大旱50次,平均8年一次。随着人口的增多,耕地的扩大,林草面积的缩小,水土流失的加重,旱灾发生的频率由每8年一次缩至每5年一次。干旱山区群众有"三年两头旱,五年一大旱"之说。北部引黄灌区水旱灾害,主要是黄河洪枯水,据历史记载,黄河宁夏段洪水,最早见于唐代,明代以后洪水记载逐渐增多。清康熙四十八年(公元1709年)在青铜峡大山嘴设立报汛水尺以后,洪水逐年有记载。1939年5月前黄河水利委员会在青铜峡设水文站以来,洪水有了实测记载。自1939—1988年,这50年间,共发生4000立方米/秒以上洪水18次,其中5000立方米/秒以上大洪水5次,平均10年一次。据青铜峡水文站实测资料统计,1939—1986年的48年中,春灌期间(5—6月)在500立方米/秒以下,出现10天以上的有8年,平均6年一次。自1986年黄河龙羊峡水库建成蓄水,龙羊峡和刘家峡两座大型水库联合调度运行以来,黄河宁夏段没有出现4000立方米/秒以上洪水,春灌期间黄河青铜峡流量保持在500立方米/秒以上。人为调控黄河水量,使水旱从人。

三、秦皇、汉武移民戍边——开创了宁夏引黄灌溉

宁夏引黄河水灌溉的创始,与移民戍边密切相关,河套平原移民戍边始于秦代,盛于汉代。宁夏引黄河水灌溉究竟始于何时,有两种说法,一说始于秦始皇时,一说始于汉武帝时,据《史记》《汉书》等记载,宁夏河套平原在春秋战国时期(公元前770—221年)还是"羌戎所居"的游

牧地区,与秦国为邻,彼此间经常发生争城夺地之战。公元前221年,秦始皇统一六国后,北方的匈奴仍在边境为患。公元前215年,秦始皇派将军蒙恬率领30万大军击败匈奴,略取河南地(今宁夏和内蒙古河套平原以及伊克昭盟地区)。第二年又斥逐匈奴,自榆中并河以东,直到阴山的广大地区内设置了34县(《汉书》作44县),其中有富平县(今吴忠、灵武地区)和神泉(一说在青铜峡附近、一说在盐池铁柱泉),浑怀(今陶乐境内)两个亭障。沿河筑城为塞,把内地罪人迁徙到这些初设之县居住,以后又迁徙内地居民三万户到北河榆中(今内蒙古河套和鄂尔多斯东部高原)。当时这一地区,驻有大军防守,又从内地谪发有罪之人和迁徙居民来此居住,粮食给养数量很大,从内地运送千里迢迢,途中耗费特大,所谓"踵粮以行,重不及事","率三十钟而致一石"。一钟为六石四斗,即起运近200石粮食,经沿途消耗损失,到目的地只有一石了。虽有夸大,但沿途消耗损失巨大却是实情。要及时而有效地解决给养问题,只有就地垦种,生产粮食。宁夏引黄灌溉始于秦代者认为:"在秦始皇统一六国以前,早已创建了无坝引水灌溉的都江堰和有坝引水灌溉的郑国渠。"河套平原处于我国的半干旱地带,蒸发量大,降雨量小,如果没有较为稳定的灌溉条件,农作物是难以生长的,而这一地带的土质较好,日照充足,附近的黄河含沙不多,富有"且溉且粪"之效,对发展灌溉、开发耕地、改良土壤都非常有利。"秦始皇完成统一大业以后,全力经营朔方,移民充实边区,变牧地为耕地,达到自给自足,而利用累积的水利技术经验,引黄河水流,开渠灌溉,发展农业是必然之举。但当时的引黄灌溉不是大规模的,史籍上对一般较小工程是不会记载的,即使有私家记载,经过秦末的战乱也会散失"。此说有其道理,但因缺乏可靠的文献记载或考古依据,只能作为"相传"。史书有记载的是宁夏引黄灌溉始于汉代武帝时。史书记载,公元前210年秦始皇死,三年后秦亡,以前所徙适边者又都回去了,于是匈奴复稍渡河南,与中国界于故塞。秦末,楚汉战争后楚败汉胜,刘邦建立汉王朝。汉初因战争创伤尚未恢复,国力较弱,采取和亲之策,与匈奴友善,而匈奴仍不断入侵汉边境,掳掠人畜财物。到武帝时,经七八十年的休养生息,国力强盛,遂于元朔二年(公元前127年)派大将军卫青、李息等"击胡之楼烦、白羊王于河南,得胡首虏数千,牛羊百余万,于是汉遂取河南地,筑朔方,复缮故秦时蒙恬所为塞,因河而为固"。武帝还采纳主父偃的建议,立朔方郡,"募民徙者十万口,从事屯垦,以省转输"元狩四年(公元前119年)"关东大水,民多饥乏,不能相救,乃徙贫民于关以西,及充朔方以南新秦中七十余万口"。元狩五年(公元前118年),又将天下奸猾吏民迁徙到北部边疆。元鼎六年(公元前111年),"上郡、朔方、西河、河西开田官,斥塞卒,六十万人戍田之"。武帝时连续几次大规模地移民实边,从事垦种,并实行军屯,大力经营。"是后匈奴远遁,而幕南无王庭,汉渡河自朔方以西至令居,往往通渠,置田官吏卒五六万人"。说明今包头以西至兰州附近之间的黄河沿岸冲积平原上都在开渠引黄河水灌溉。元封二年(公元前109年),武帝率群臣百姓堵塞黄河瓠子(今河南濮阳以南河堤)决口后,"用事者争言水利,朔方、西河、河西、酒泉皆引河及川谷以溉田",这里所说的西河,据唐朝人杜佑考证,是指今宁夏灵武至内蒙古五原这一段黄河,不是指西河郡。汉武帝时形成以黄河流域为主的全国兴修水利高潮。

1954年修建第二农场渠到平罗县暖泉至夏庙间,发现一铸铁刁斗,内装一铁犁头,地面发现有古铜钱、铜箭头、陶器残片等,据考证为汉朝廉县遗迹。在吴忠、灵武等地发现的汉城、汉墓群遗址也证实了宁夏平原在汉代确有过相当规模的开渠屯垦活动,今之秦(秦家)、汉延、唐徕等大干渠的原始渠道,可能就开凿于汉武帝时。

东汉前期(公元25—88年),宁夏平原的水利灌溉在秦和西汉开创形成的基础上又有发展。到安帝时(公元107—125年),由于西羌强盛,入侵边郡,战乱频繁,为避战祸,官吏、人民纷纷内迁,边塞空虚,水利废弛。到顺帝时,西羌北徙,边郡又趋安宁,永建四年(公元129年),尚书仆射虞诩上书安定、北地、上郡是"厥田惟上,且沃野千里,谷稼殷积……因渠以溉,水舂河漕,用功省少,而军粮饶足,故孝武皇帝及光武帝筑朔方,开西河,置上郡皆为此也"。书奏帝乃复三郡,使谒者(汉时官名,主管水利)郭璜督促徙者各归本县,缮城郭,置候驿。既而激河浚渠为屯田,省内郡费,岁以亿计。宁夏平原的水利灌溉遂得恢复,在工程上还有提高,已能做"激河"工程。激河之法,是以船载石在河中落石下沉,形成潜坝,以抬高渠口水位,增大入渠水量。若无一定技术,很难沉到预定位置,所谓"使水流下孰费能治;激而上之,非巧不能"。宁夏无坝引水的主要渠道,都采用此法引水,群众称之为"引水垟",又名"迎水垟"。

以农为本的中国,自传说中的大禹以下,治水常是治国安邦的大计,水利事业的进退,历来是朝代兴衰的有力佐证。宁夏平原的水利、从汉武帝时开创以来,随着封建王朝的兴衰更替,也是盛进衰退,总在前进着。

东汉以后,历经三国、西晋和东晋的200年间,宁夏平原为羌、匈奴和鲜卑等游牧民族占据,战乱频仍,水利事业衰退。到北魏统一中国北方后,才有了一个安定的局面。水利事业又得复兴。太平真君五年(公元444年)刁雍任薄骨律镇将(镇治在宁夏灵武县西南),四月末,到任后见"官渠乏水,不得广殖"。于是上表"请开艾山渠,遂在河西古高渠之北八里,沙洲分河之下五里处平地开凿新渠,北行四十里复入于古高渠,再北行八十里,共长一百二十里"。为保证新建渠口的进水量,又在西河(黄河支岔)上,由东南向西北斜筑拦河坝一道,将西河断绝,"使西河之水尽入新渠,水则充足,溉官私田四万余顷(按:120里长的干渠溉田四万余顷,似不可能,疑记载有误或传抄错误)","官课常充,民亦丰赡"。

当时的灌水制度是"一旬之间,则水一遍,水凡四溉,谷得成实"。还有薄骨律渠溉田一千余顷,可能也是刁雍主持开修的。

隋、唐时期,由于国家的统一和强盛,宁夏平原的引黄灌溉又有新的发展。当时这里是重要边镇之一,不仅整修了原有渠道,并且开有新渠。元和十五年(公元820年)李听任灵盐节度使时,境内有"光禄渠,久废,听始复屯田,以省转饷,即引渠,溉塞下地千顷,后赖其饶"。长庆四年(公元824年)秋七月,辛酉疏(又一说是诏开)灵州特进渠、置官田六百顷。并且还开了御史渠和尚书渠。据史书记载唐时宁夏平原上的渠道有薄骨律、七级、特进、光禄、汉、御史、尚书、胡、百家等。由于大兴水利,谷稼殷积,河套地区虽有重兵驻守,粮草给养甚巨,却是"不烦禾籴之费,无复转输之艰",宁夏平原那时已被称为"塞北江南"。

宋初以前,河套一带就被夏和西夏占据了200余年。西夏主李元昊雄才勇略,凭借这里优越的水利条件,称雄割据,与宋抗衡。元昊时期,不只旧有各渠维持灌田而且还有发展,青铜峡河西灌区吴王渠遗迹犹在,全长150多千米,卫宁灌区黄河南岸也有条古渠遗迹,群众称为李王渠。相传为元昊时所开。"西夏濒河五州,皆有古渠,其在中兴州者,一名唐渠,长四百里,一名汉渠,长二百五十里。其余四州又有古渠十,长各二百里。支渠大小共六十八条。计溉田九万余顷(按:九万余顷显然太大,现在尚未达到,记载有误)。"由于有这些水利设施,使这里成为"其地饶五谷,尤宜稻麦……故灌溉之利,岁无旱涝之虞"的富饶地区。《唐古特史纲》(唐古特即西夏)中说,西夏文《天盛年改定新律令》载有夏国的灌溉制度,并严格规定了使用水利设施和使用水的方法,西夏中央设有农田司,专管农田水利事宜。

夏末元初,历经兵乱,宁夏平原的渠道多被淤塞毁坏。元世祖至元元年(公元1264年),河渠提举郭守敬随中书左丞张文谦行省西夏期间,对废坏淤浅的汉延、唐徕、秦家等渠予以修复,并"因旧谋新,更立闸堰"。闸堰是古代控制水流的工程,其作用类似现在的闸坝,设置木质闸堰能以有效地控制进渠水量,说明元代在工程技术上又有新的发展。元代在宁夏平原实行屯田,世祖至元二十六年(公元1289年)四月复立营田司于宁夏府。武宗至大二年(公元1309年)八月宁夏立河渠司管理屯田水利。

明代宁夏平原是九边重镇之一,驻有重兵防守,并实行规模庞大的军屯。洪武三年(公元1370年),河州卫指挥使,兼领宁夏卫事的宁正"修筑汉唐旧渠引河水溉田,开屯数万顷,兵食饶足"。明代还开了一些新渠,多数在卫宁灌区,规模较小。在青铜峡灌区的靖虏渠和金积渠,规模宏大。但因"石坚不可凿,沙深不可浚"困难太大而没有成功。明代在这里大力经营屯田,兴修水利。镇守宁夏总兵官下设屯田都司,负责浚渠均徭都屯政。到嘉靖时(公元1522—1566年)已有大小正渠18条(不包括未建成的),全长700千米,溉田156万亩(这是宁夏引黄灌溉史上第一次记载较全面而确切的数字)。隆庆六年(公元1572年)佥事汪文辉将汉延,唐徕二渠进水闸易木为石,岁省薪木力役无数,随后秦、汉等渠闸坝也陆续易木为石。在工程维修和灌溉管理方面,明代也有较为明确具体的规章,如"每岁春三月发军丁,军余(按:军余指屯田兵士和在役军士的子弟)修治闸坝,挑浚渠道","四月初开水北流,其分灌之法,自下而上,官为封禁"。

清代,宁夏平原的引黄灌溉,无论在工程建设与灌溉管理上都有发展和提高。除对原有渠道彻底整修外,还开了一批新渠。其中规模较大的大清渠是康熙四十七年(公元1708年),在原贺兰渠的基础上扩大延长而修成的。渠长36千米,引黄河水溉田65700亩;惠农、昌润二渠是雍正四年(公元1726年)七月到雍正七年(公元1729年)五月开成的。惠农渠长100公里,溉田271700亩,昌润渠长68公里,溉田约101800亩。雍正九年春(公元1731年)侍郎通智整修唐徕渠时,于正闸梭墩尾及西门桥柱上刻画分数,标测水位,兼察淤澄。并于正闸(渠道正式进水闸)下及主要桥渡,如西门桥、大渡口等处渠底布埋准底石12块,使后来疏浚,知所准则。此后,汉延、惠农、大清等大干渠也先后埋设了底石。宁夏府设水利同知,专司水利。嘉庆重修《大清一统志》记载,当时直接由黄河开口引水的大小干渠有23条,溉田210.3万亩,创空前纪录。宁夏平原已成为"川辉原润千村聚,野绿禾青一望同"的秀丽富饶之区。

清末和民国初期,因帝国主义侵略和军阀混战,社会动荡,宁夏引黄灌溉基本处于维持现况的状态。由于近代科学技术的发展和应用,在水利技术方面也有所创新。民国二十六年(1937年)用小三角测量,核实耕地面积为195万亩。民国三十四年(1945年)、三十五年形图83幅、测图面积6631平方公里,还测量黄河大断面567个。渠道断面1337个。至此,宁夏灌区才有了一份较为精确的地形图。在工程管理方面:渠道设管理局、排水沟设沟洞事务所,黄河治理设河工处,实行分工管理。对于管理人员亦订有严格的奖惩制度和法令。民国时期还开了云亭渠(惠农渠支渠)、湛恩渠(唐徕渠支渠)和一些滩渠。中华人民共和国成立前夕,共有大小干渠39道,灌溉面积192万亩。

中华人民共和国成立以来,宁夏引黄灌溉事业有了空前的大发展。最初,主要采取"裁弯取顺"的办法,扩整原有渠道,应用近代科学技术和新型材料,改建新建闸、桥、槽、涵等主要建筑物。增大了旧渠之引水输水能力和安全程度,并增开支干渠、扩大了耕地面积。与此同时,疏浚扩整原有沟道,增大排水能力,并大力开挖新沟,排除湖泊积水,降低地下水位,为进一步扩大耕地和提高产量创造条件。20世纪50年代后期,开始新建引黄干渠,向老灌区外围发展,1958年兴建的中宁跃进渠,全长85公里,引水能力30立方米/秒,可灌地约20万亩,截至目前已灌地13.4万亩,于1959年冬季开工,1960年春通水的西干渠,全长113公里,引水能力36立方米/秒,可灌地约40万亩,扩整后现已灌地60余万亩。20世纪60年代开始在灌区内不能自流排水的低洼地方,修建了一批电力排水站,实行强排。青铜峡水利枢纽的建成(1958年开工,1967年建成),结束了青铜峡河西、河东灌区各大干渠无坝引水的历史,使渠道供水保证率大为提高,又为高部位渠道的兴建创造了条件。枢纽装机容量27.2万千瓦,年发电量10亿度左右,有力地促进了工农业生产的发展,被誉为"塞上明珠"。利用青铜峡枢纽发出的电力,20世纪70年代中期,开始又兴建了一批扬水工程,引水上台地、到山区。已建成的规模较大的有同心扬水工程、中卫南山台子扬水工程、固海扬水工程、盐环定扬水工程,正在建设的宁夏扶贫扬黄灌溉工程,已发展山区水浇地近百万亩,并解决了渠道沿途30万人和百万牲畜的饮水问题。从1964年开始修筑顺河防洪堤,防止黄河洪水漫淹两岸农田、村镇也颇见成效。现已建成防洪堤448公里(单堤),可防御黄河青铜峡流量6000立方米/秒。

在管理方面,不断完善规章制度,提高管理水平。有效地纠正了大水漫灌,纵水入沟,昼灌夜不灌等积习。1983年以来改以往按亩为按用水量计收水费,进一步提高了水的利用率,又合理了负担,增加了收入,使管理工作出现了一个新局面。现有渠道引水能力750立方米/秒,年引水量70亿立方米以上,灌溉面积600多万亩,比中华人民共和国成立前增长2倍。现有沟道排水能力576立方米/秒,年排水量35亿立方米以上。控制排水面积630万亩,根本改变了历史上有灌少排的状况。如今引黄灌区水旱无虞,"塞上江南"更加富饶。

选自《黄河与宁夏水利》

作者简介: 卢德明(1929.10—),陕西省长安县人,中共党员,离休干部。在宁夏从事水利工作近40年,在省部级报刊上发表论文数十篇,20余万字。80年代任水利厅史志编辑室主任,兼任中国水利史研究会理事;宁夏国史学会理事,主要编纂成果有《宁夏水利志》(常务副主编、荣获全国新编地方志优秀成果一等奖),参与编纂《黄河防洪志》与《宁夏科技志》。专著有《宁夏引黄灌溉小史》与《话说宁夏水利》,被收入中国当代方志工作者辞典。先后从事《宁夏水利新志》与《宁夏通志·农业卷》水利篇的编纂工作。

中华人民共和国成立前宁夏引黄灌区渠道的管和用

毛震宇

宁夏引黄灌区是我国有名的古老灌区之一,千百年来就凭着对渠道有效的管和用,而使滔滔河水不停地为农业生产服务,为人民生活造福。水是流体,有不舍分秒向前奔流的性格,在两条堤埽的紧束下,令它流到指定的地方造福于人民。但若弄不好,它会夺堤而为苦。宁夏引黄灌区渠道的管和用,千百年来,随着渠道工程的演进及群众用水实践的总结,逐步形成一套比较成熟的管理办法和制度。管理本身就包含着管理工程,若无工程保证,用水是无从谈起的。

引黄灌区各大干渠,从汉代创建至清代盛修以至民国,从工程建筑物的质量讲,先以草木制闸坝,然后才易木为石。据《朔方新志卷四·艺文·汉唐二坝记》载,明代隆庆六年(公元1572年)佥事汪文辉将汉、唐二坝"易木为石,安如磐石,岁省诸费。以后各干、支、斗口,皆相继改为石制",一直沿用到中华人民共和国成立前。迎水渠口的部位,由于黄河河槽的逐渐刷深,河流的左右摆动,又创建了迎水埽,来提高进水口水位。《灵州志迹·水利源流》载:"汉渠自青铜峡秦渠上流开口……其后河势偏西,常若无水。康熙四十五年,中路同知祖良贞,改深闸底,又增长迎水埽,水乃足用……"其他如闸、坝、堤、埽、飞槽、暗洞等,皆为保证灌溉用水而建的必要建筑物,这些古老的建筑物,在很长的历史时期内,充分发挥了它应有的效益,其关键在于渠道工程的维护管理。

一、岁修

又称春工,是指每年春分至立夏前(开水前)所维修的灌溉工程。包括埽工、闸坝、堤埽、挖淤、修斗口、护岸码头等全部工程。宁夏引黄灌区,春工非常重要,是关键性的工程,全灌区地方司政首脑,渠道官吏,和受益农民都要全力以赴。以卷埽开始,即用草土堵塞渠口(名曰卷埽),防备春化时,河水溢入,使渠身干涸,便于修浚。在全渠工程竣工后,才清除所卷之埽(名曰斩埽),引水入渠。其次是闸坝。各渠引河水入渠后,为削减水势,渠旁侧建有滚水坝(溢洪堰),每岁春,须用块石卷柴镶砌。为调节正常灌溉引进水量,滚水坝下所建的退水闸(1~3个),要在春初修护好。再次是堤和埽。为防范河水泛涨,冲决渠埽,沿河筑堤防护。黄河内的引水长埽,也必须以块石加护。其他如各渠道清除渠首段石结子(淤积的卵石)、渠埽、斗口等工程,都要在春季修护好。故灌区的水利工料款的绝大部分,用在岁修春工上。须要特别指出的是清淤工程,其量最大、线最长、用工最多，是干、支、斗各级渠道的普遍工程。为了清淤彻底，在清朝雍正年间，侍郎通智大修唐徕渠。据碑文记载："不但淤者去之使平，薄者加之使厚，低者培之使高，窄者展之使宽……又于正闸梭墩尾及西门桥柱刻划分数，测量水位兼察淤澄，渠底布埋准底石十二块，使后来疏浚知所则效……"后来清淤，皆以此为准，并进一步对各渠段都规定应挖的宽度和深度。

二、工料款的负担额定及使用办法

灌区历史上是采用"以渠养渠""官督民办"的办法。各按本渠所灌地亩，征收渠工物料，因之轻重不一，各个历史时期也不尽相同。一般地说，灌地多的干渠，受益户负担较轻，反之较重。如唐徕渠灌地多，工程少，年亩出水费1~2角。其他渠道则3~5角不等。渠口卷埽和护岸用柴草，唐徕渠每亩地额柴草1~2束（每束约8千克）。大清渠每亩高达75束。卫宁灌区一般只"二至三亩地出柴草一束"。岁修所需物料，除柴草外，还有石料、柳椽、白茨、芨芨等。这些物料，距渠首近的受益户，直接送料到渠首工地，称为"本色"。距工地太远的受益户，则折款代物，称为"折色"。这些折色，随当年情况而定，历代均不化一。岁修渠工的负担，也是轻重不一，一般每亩地出工0.5~1个。也有"二至三亩地出工一个"的。马鸿逵据宁期间，于1934—1936年，清丈土地后，统一征收水费标准，规定每亩地4角，后因货币贬值，改征黄米7.5千克。民工以60亩地朋为1份，出夫1人，做工30天。每年冬至后，各渠负责者及地方绅士，会集省城，赴各渠道踏勘估工，商议下年各渠工程，所需工料数目，议定各级人选，并进行夫份朋搭。不足60亩地与他人合朋一份，名在前者为"夫头"，后继上者为"接夫"。张贴长单（渠单）令各知晓。于清明节三日，必须到达指定工段，违者计日倍罚，自备粮食工具，称为"正夫"。在春分节三日开始卷埽，埽工必须如期到达，称为"埽夫"。

三、灌溉制度

封俵方法与养护抢险。每岁立夏前三天，春修工程结束后，即行开闸放水（所灌作物时间见表14-5）。

水入渠后，即按沿用的封俵制度，自下而上，先高后低，集中用水，间段轮灌。所谓封，就是将上中游斗口封闭，驱水到梢。所谓俵，就是在封的同时，对斗口较高，灌地多，流程长的渠道酌给适当水量灌溉。

表 14-5　立夏前灌溉作物时间表

轮次	时间	灌溉作物	备注
头轮水	立夏—夏至	小麦、大麦、莞扁豆、播种水稻、胡麻、高粱、瓜菜等作物的各次用水	在卫宁灌区，因气温较高开水时间比青铜峡灌区略有提前。作物灌水次数，也较青铜峡灌区增多
二轮水	夏至—白露	麻、谷、高粱、玉米、水稻、夏田搓地，是一次作物普遍用水，以及洗盐改土等。水量最大，时间最长的一次	
三轮水	霜降—小雪	土壤封冻前，所有耕地皆进行冬灌	

各交水段界，都订设水刻子（水尺），"每五市寸为一分"，以此为掌握水位高低和流量大小。有"封水如号脉"之说。要保证渠道输水安全，又有按时使全渠灌完。下段用水，上段要保证。如唐徕渠梢段平罗县的小麦，在小满前如不送上"梢结"（灌溉结束的结据），上段或更上一级的水利委员会，要受到严肃处分，甚或管押、撤职、法办等。

在弯弯曲曲数十里或数百里的古老渠道上，鼠穴、獾洞、死树根等隐患到处都有。若没有严密的组织、熟练的技术、认真的巡护，那涛涛一渠流水，很难进行安全灌溉。尤其在伸手不见五指和狂风骤雨的黑夜，水利警察或是站段管水人员，总要提着一盏油灯，小心翼翼地巡护岸，并不时地发出"噢—"的长喊声，紧接的就是两声或更多的应声。这应是巡护和看口人员的回答，包含有"我没睡觉，我在巡，渠道安全等。巡护人员总是扛着直径6厘米上下的一根木橼，一头是木叉，一头是铁钩，用来絷口和开口，以此来调节水位高低和流量大小。在冲刷严重的岸处，管水人员只要打几根木桩，挂上几束树枝就可以化险为夷，安全输水。渠道如发生险情，则用锣声传达。听到锣声，就近居民，丢下一切农活，背着柴草，扛着铁锹，即迅速奔向锣鼓响处进行抢救。

陈旧的古渠道如管理、巡护不好，渠堤就会发生决口。除了大的决口，采取断流堵修外，一般的决口，是在正常送水情况下堵的。先把麦草以两束一捆捆成许多（每捆都用草绳拴牢），即开始堵口，堵口者先用一根长木杆，向水中一戳，把束捆的麦草挡定，不让流水冲走，又来两束往前挪压，再两束往上压，草绳紧紧携牢在后续草拥上，恰似连环索，接续是拥土、压柴，往前延伸，又是拥土、压柴，往前延伸……前排稍压沉在水中，后续已压沉于水底，好似水中被压了尾巴的长龙，伸出头来向前蠕动，很快就把破口堵塞好。堵塞的路线总是弯形的，比原退让几米，成凹形。水到此处，流速减慢，稍有回旋，泥沙下澄，过一段时间，破口处为沉沙淤起，极为牢固。这是宁夏有名的"草土工程"。

四、渠系组织机构

宁夏引黄灌区的水利事业，是民生的命脉，农民群众非常关心和重视。层层负责人员，由农民直接选举，每条支渠选有"会首"一人（后叫支渠长），负责支渠的灌溉和养护工作。行水期间，每户轮流夜间看口巡。各渠还有巡护牌，每天交替。各支渠口还贮有柴草、工具等备用抢险。按行政乡（堡）选有渠长1名，又叫水利管理员，管理一堡的水费坝料征收，及派催临时渠道抢险所起的"热夫"等工作。段长负责干渠渠段的水量封俵和渠道安全工作，这要有一定的管水经验，一般由渠管局委派，拿微薄的月工资。委管专负春修工程，只给1份夫的待遇，但要有修做水利工程的一定技术，也是由民选局委。所负渠段工程，保证在第一轮水内不出问题，否则要受罚。卫宁灌区的委管，既管岁修也管灌水，群众称为"委爷"，很受尊重。大的工段，委管多至5人，分别担任埽工、石工、闸工、草土工、沙工等的施工员。每工段还有字夫1人，负责上工点名，加盖误卯戳。有号夫1人，掌握上下工的时间。看料名的称场夫等等。这些由委管指定，一般是亲友或受贿指派的，不动。工满后要给渠夫填发"满注子"凭证。误工的上报渠局罚款（一天罚两天，受贿免除）。罚款由渠长征交。各干渠进水闸处，设有水手班（技术员）负责各闸启闭，调整进

水量,报告河渠水情等。各渠水手人数不一,唐徕渠48人,汉延渠40人,惠农渠24人,秦、汉渠各20人,美利、七星等渠5~10人。其待遇,每人顶免夫2~4份。青铜峡灌区还给均田60亩。均田不交纳粮草和水利费,作为工资待遇和因公伤亡的赔偿。但均田每亩要负担小麦(或米)7.5千克,作为上级官员来临吃喝的"踏费"开支。渠道最高一级组织是渠水利管理局(一时期叫水利委员会)。中卫、中宁等县,因渠流程不出县境,均以县设局,或归建设科管理。其他灌区均按渠设局。每渠下设段长2~5人。排水沟,设有河西沟洞事务所,下设段长1~2人。各县渠局设局长2人,文书会计各1人,事务员1~3人,并设有水利警察、分马警(报紧急情况用)步警共数十人。渠局所属人员均为工资制。从整个渠系组织机构来看,是上下系统、协调、精练,能把几百里长,百万亩灌地的渠道在水利事业人员不多的情况下办好,真非易事。

五、各种积弊及条例办法

中华人民共和国成立前的水利事业在兴办中,弊端甚多,如局长吃空名缺额,折料变价,私用民夫,段长贪污物料,水利警察受贿卖水,委管吃夫吃料,等等。因是官督民办,自收自用,规定以渠养渠,量出定入,岁清年结,择优委聘,失职罚重等制度的约束,总的说来还是好的居多。从事水利工作的人员,一般有较高的声誉,所以能使水利事业,不因朝代更替、战乱干扰,而延续发展下来,不能不说是管用得宜的结果。

选自《黄河与宁夏水利》

作者简介:毛震宇(1919.12—),宁夏贺兰县人。1950年参加工作,曾在宁夏省水利局、盐改站、水科所、南梁农场工作。历任站长、畜牧队长、生产站长。1979年退休后参加《宁夏水利志》的编纂工作。

中华人民共和国成立后的宁夏水利

卢焕章

一、水利建设成就与发展历程

中华人民共和国成立以来,宁夏引黄灌区通过整修旧渠、旧沟和建设新的水利工程,现有干渠15条。总长1158公里,年引水量70亿~80亿立方米;有干沟28条,总长805公里,年排水量30亿立方米以上,控制排水面积,改变了过去有灌少排、地下水位高、土壤盐碱重的状况,灌溉面积达到550万亩,比1949年时的192万亩扩大了1.85倍。南部山区通过打井、挖掘地下水、修渠、打坝、建水库以及兴建扬黄灌溉工程,现有大、中、小型水库193座,总库容9亿立方米。其中,配套机电井2490余眼,装机3.12万千瓦,固海扬水工程扬水25立方米/秒。这些工程灌溉面积百万亩,比1949年增加了83.3倍。固原、彭阳、西吉、隆德、海原、同心等昔日缺水干旱的南部山区各县,如今已有万亩灌区20处。

中华人民共和国成立以来，宁夏水利建设经历了曲折的发展过程。

1. 中华人民共和国成立初期(1950—1957年)

此时期，宁夏水利建设在"积极兴办农田水利，以逐步减少各种水旱灾害，保证农业增产"的方针指导下，引黄灌溉以整修旧渠沟、建设新渠沟和新排水系统为主。1950年，宁夏首先整修河东山水沟，将原由灵武县城西北漫流入黄河的山水沟下段改道由张口堰流入黄河，为成立国营灵武农场创造了条件。1951年春，扩整秦渠渠口至郭家桥段30公里，增加了引水量，并在郭家桥新建第一农场渠分水闸。该渠于1951年4月开工，11月建成通水冬灌，渠长31.6公里，设计引水18立方米/秒(实为22立方米/秒)，计划灌地约17万亩，已灌地20万亩。1951年9月—1952年10月，政府调集青铜峡灌区8县(市)的民工、军工等2万余人，对唐徕渠口至银川西门桥104公里的渠道进行裁弯、疏浚，改建桥闸与合并斗口，完成16处裁弯及疏浚，加土坪土方418万立方米，建筑物55座，共用122万工日。经过这次整修扩建，改变了唐徕渠西门桥以上渠道的残破面貌，并取得了改造旧渠的成功经验。1953年6月，在满达桥新建第二农场渠分水闸，1954年8月完成工程2/3时开始放水灌溉，1955年全部建成。渠长83公里，引水36立方米/秒，计划灌地约46万亩，已灌地28万亩，为开发西大滩和建立国营潮湖、简泉、前进等农场创造了条件。青铜峡河西灌区还新开了4个四排水沟及其支沟。河东灌区整修了清水沟，新开了清水支沟8条和灵武东、西两排水沟。卫宁灌区建成单、双阴洞沟及红柳沟钢筋混凝土矩形渡槽三座，解除了历史上对七星渠危害严重的山洪危害。南部山区以发展小型水利为主，新建了固原县城阳渠、清惠渠、乃河渠，西吉县葫芦河渠、永丰渠，隆德县屯丰渠、清凉渠，海原县园子河东、西干渠，泾源县香水河渠等无坝自流引水渠道，还打了一批沿河井，安装水车提灌，当年即见成效。

这一时期的宁夏水利建设，按急需先办的原则，坚持先勘测设计再施工的基建程序，施工中重视质量，经济效益显著，深受群众欢迎。

2. "第二个五年计划"和国民经济调整时期(1958—1965年)

水利建设在1958年"大跃进"形势下，兴建了一批骨干工程。以灌溉为主，结合发电的青铜峡水利枢纽工程于1958年8月开工，从引黄灌溉各县市抽调民工2万余人，配合水利部第三工程局(后改为青铜峡水利工程局)施工。1960年2月24日截流，开始发挥灌溉效益。该枢纽工程的兴建，结束了青铜峡灌区各大干渠无坝引水的历史。枢纽抬高水位18米，为在高部位增开新渠创造了条件。

中宁跃进渠于1958年4月开工，组织中宁、中卫、宁朔、永宁、银川等地劳力2.4万人，突击60天，完成全长85公里、土方443万立方米、各种建筑物94座的渠道工程，当年通水灌地。其干劲之大，进度之快，实属罕见。

西干渠于1959年10月开工，调集引黄灌区10县(市)民工5万余人，采取分段包干的办法，于1960年4月完成，渠长113公里，引水能力30立方米/秒，当年灌溉土地约5万亩。西干渠的建成，开创了引黄灌溉冬季大规模施工的先例。堪称宁夏水利史上一大成就。

南部山区从1958年年初至1960年年底,先后开工并建成同心县张家湾,固原县沈家河、海子峡、寺口子,海原县石峡口,西吉县黄家川、马莲川,隆德县三里店,中宁县长山头,盐池县李家大湾,泾源县西峡,灵武县边沟等大、中、小型水库20座,总库容4.36亿立方米,共做土方1504万立方米,混凝土8990立方米,使用劳力1696.4万工日,投资3441.4万元(包括退赔费)。工程规模之大,投入人力、物力、财力之多,在南部山区水利史上均属空前。

后期调整阶段,在"巩固提高,加强管理,积极配套,重点兴建,为进一步发展创造条件"的水利建设方针指导下,引黄灌区与南部山区都着重搞了已建工程及其灌区的配套建设,使其及时发挥灌溉效益。引黄灌区还兴建了河西第五排水沟、四二干沟、大坝沟、吴忠南干沟、永宁四清沟等,整修了中卫北沙沟(油粮沟),中宁南、北河子沟。至此,引黄灌区自流排水体系基本形成。

这一时期修建的工程之多前所未有,为扩大水浇地面积,促进农业生产发挥了积极作用。但由于多处开工,勘测设计工作跟不上,施工中又求快,质量较差,造成一些损失浪费。如隆德南峰、北峰两条引水上山渠道,因水源严重不足,工程又十分艰巨不得不半途而废;西吉县兴隆水库(中型)坝址选择不当,将造泥河包在库内,1960年9月建成,1963年汛前库内淤积面已与溢洪道底持平,为防止溃坝灾害,于1963年汛前扒坝放弃;中卫寺口子、西吉黄家川、盐池李家大湾3座水库建成后一直蓄不上水,无灌溉效益,但增大了坝下地下水源。

3."文化大革命"时期(1966—1976年)

在"文革"初期,因停产闹革命,各级水利机构瘫痪,工作迟滞,建设缓慢。1970年,全国北方14省(区)农业会议后情况有所好转,水利建设在"小型为主,配套为主,社队自办为主"的方针指导下,川区中卫河北灌区将美利渠扩建为总干渠,将原来由黄河开口引水的太平、新北、旧北、复盛等渠并入作为支干渠,实现了引水一首制,并新开了北支干渠(原扶农渠)。青铜峡水利枢纽工程建成,1968年2月13日第一台机组发电,1978年12月8台机组全部安装完毕,总装机容量27.2万千瓦,年发电量约10亿度,被誉为"塞上明珠"。自治区第一条用混凝土全断面砌护的东干渠于1976年建成,全长54公里,引水54立方米/秒,最大引水70立方米/秒,可灌地54万亩,对解决河东灌区人多地少的矛盾、发展农业起到了重要作用。

在排水方面,河西灌区又开挖了青铜峡反帝沟、永二干沟、银新沟,使排水系统更趋完善。同时在银北地区兴建了一批电排站和排水机井,形成沟、站、井相结合的排水系统。

山区兴建了固原县二营、上店子、冬至河,西吉县夏寨、东坡、张家嘴头,隆德县桃山、张银,海原县张湾等140多座中、小型水库,还打了一批抗旱机井,发展井灌,建成多处千亩、万亩井灌区。泾源县建成龙潭水电站,装机容量1120千瓦(2台),年发电量180万~200万度。陶乐县废除岁修繁重、进水保证率低的惠民、利民二渠,改为电力提水灌溉,使灌溉面积由6.8万亩扩大到8.2万亩。

这一时期水利建设规模不小,问题也不少。如西干渠银川段24公里全断面砌护,耗资90多万元,因地下水出渗和冻融影响,几乎全部垮塌;盐池县喷灌耗资近百万元,也以失败告终。

4. 社会主义建设新时期（1977年以后）

中共十一届三中全会以后，拨乱反正，恢复实事求是的作风，各项建设讲求经济效益。在"加强经营管理，讲究经济效益"的方针指导下，水利工作重点由建设转向建设与管理并重，重视发挥已有工程效益，同时兴建了一批扬水工程，规模较大的有中卫南山台子、吴忠扁担沟、青铜峡干城子、同心、固海、盐环定等扬水灌溉及人畜饮水工程。其中同心与固海两扬水工程（后合并为固海扬水工程）规模最大，共安装机泵107台，总装机容量7.84万千瓦，干渠长150公里，支干渠长51公里，共11级扬水，总扬程382.47米，有17个泵站，扬水25立方米/秒，计划灌溉清水河两岸川台地约50万亩，并解决沿途人畜饮水问题。该工程采用"骨干与配套同步进行，建成一段受益一片"的方法，到1986年工程全部建成时，灌溉面积已达约20万亩，占设计灌溉面积的40%，受到自治区的嘉奖。盐环定扬水工程，可解决宁夏盐池、同心、甘肃环县、陕西定边4县36万人、127万头牲畜饮水问题，并可灌溉沿途约32万亩旱地，是亚洲规模最大的人畜饮水工程，装机容量6.13万千瓦（97台），扬水11立方米/秒，11级扬水，总扬程452米，总干渠全长97公里，1996年9月共用工程完成，交付使用。李鹏总理为工程纪念碑题写碑名"陕甘宁盐环定扬黄工程"。

这一时期水利管理工作明显加强，灌溉面积增长较快，长期存在的重建设轻管理、重工程轻效益的偏向有所扭转，但也有失误。如海原县兴仁、徐套、蒿川人畜饮水工程，由"三西"建设委员会投资915万元，历时5年，于1990年2月建成，由于管道长，管理难，水价高而基本停用。

二、治理河道与防治河洪、山洪

1. 治理河道

黄河宁夏段流程397公里，除去流经深山峡谷的79公里外，流经平原的有318公里，河岸多系淤积土壤，河床游荡摆动，对两岸农田、村庄、渠口、道路的危害自古有之。中华人民共和国成立以来，在河道整治上主要采取以下措施。

（1）塞支强干，保岸蚀滩，消除河心滩，导顺斜河横流，卫宁河段多用此法。

（2）裁弯取顺，消除险工，永宁东升处将6.4公里弯道险段裁顺成2.4公里河道，使为害多年的河患消除。

（3）在塌岸较长地段，用块石筑丁坝、草土筑顺堤相结合的方法，行之有效。

（4）淤临淤背，加固河堤，形成地下河道。经过多年整治，卫宁段河道系沙砾河床，现已基本形成600~800米宽的顺直河床。青铜峡以下河道系沙土河床，河面又宽，最宽处达4公里，河中多滩，有斜河横流，治理工程量大，现正按《黄河河道整治规划》进行整治。

在治河技术上，20世纪50年代限于技术和财物，仍用传统的草土埽捆护岸抗冲，其形式因地制宜，有码头、顺水坝、挑水丁坝等多种。由于柴草易腐，年修年坏，不能持久。20世纪60年代改用块石铅丝笼戗护草土埽捆根脚和裹头，加强了抗冲击能力，其耐久性较好。但铅丝在水中易腐蚀或经冰凌撞击，丝断笼破，亦难维持久远。80年代在中卫、永宁等处试办灌冲水泥

桩护岸,桩长20米,直径0.5米,每9根为一组,将桩顶部分联结为整体,其抗冲挑流效果较好,但仍不能有效地防止淘刷土岸和冰凌撞击。20世纪90年代采用木架负重四面体护岸防冲,效果较好。

2. 防治河洪

黄河流经引黄灌区为318公里(由中卫下河沿水文站至石嘴山水文站间),水流平稳,两岸地区一般高出正常水位1~3米不等,虽无决口之患,却有淹漫之灾。当流量超过4000立方米/秒时,开始淹漫两岸滩地,流量越大淹漫越多。

中华人民共和国成立以来,宁夏段黄河出现过两次大洪峰,第一次在1964年7月10日—8月10日,历时1月。实测青铜峡最大流量5930立方米/秒(7月29日)。当时动员了10万军民防汛抗洪。第二次在1981年9月7日—10月4日,历时28天。实测青铜峡最大流量6040立方米/秒(9月17日)。动员了近20万军民抗洪抢险。这两次大水均由于事先有所准备,修筑了顺河长堤,汛期又动员军民上堤防守,发现决口,及时堵复,并及时搬迁了受洪水威胁的群众,抢收了将被洪水淹没的庄稼,使损失大大减轻。第一次受淹面积为约3.69万亩,大部分为河滩地,堤内农田仅约740亩。第二次受淹面积为约8.72万亩,其中减产三成以上的成灾面积为3.9万亩,淹房4498间,冲坏码头300余座。1982年在中央拨款支持下,将原堤防顺直,加高培厚,并在该筑堤之处全部筑起新堤,使堤防全长达到524公里,其中主要堤防有447公里,堤顶一律高出1981年大水位1~1.2米,堤顶宽4~7米,并建有穿堤建筑物。防洪堤防御洪水能力达到青铜峡流量6000立方米/秒而不淹漫两岸农田村庄,相当于五十年一遇的防洪标准。

3. 防治山洪

山洪对傍山渠道、农田、村庄和道路的危害由来已久。随着引黄灌区的扩大和高部位渠道、农田的出现,山洪的威胁越来越突出。根据地形条件,卫宁灌区多采用修建山洪渡槽或渠底涵洞等工程处理山洪,青铜峡灌区则多利用有滞蓄条件的洼地修建滞洪水库,将分散漫流的洪水引入滞洪库削峰,沉泥后再从泄洪涵洞排入河、渠、沟或者就地利用。青铜峡河西、河东两灌区建成滞洪库(区)20个,有效库容6480万立方米,对防洪拦泥,保护灌区和包兰铁路的安全起着重要的作用。实践证明,采取导、蓄、泄相结合的方法,能有效地滞洪削峰,减轻以至消除山洪危害。

三、结束语

1983年2月26日,自治区人大常委会会议通过了《宁夏回族自治区水利管理条例》。1988年6月18日,自治区人民政府根据《中华人民共和国水法》又制定并公布了《宁夏回族自治区水利管理办法》,以法规来保证宁夏水利事业的健康发展。

中华人民共和国成立以来,宁夏的水利建设事业成绩斐然。展望未来,任重道远。例如,在宁夏引黄灌区内尚有约130万亩插花盐碱荒地等待改良利用,自流灌区边缘还有扬程百米以下的干旱土地150万亩尚待提水灌溉。广大山区也需要高扬远送黄河水灌溉农田、林地和解决人畜饮水问题。黄河梯级开发之一的大柳树水利枢纽第一工程——宁夏扬黄扶贫灌溉工程正在继续扩建。

总之,我们要不断总结经验,克服困难,团结奋进,把宁夏的水利建设事业搞得更好!

选自《黄河与宁夏水利》

作者简介:卢焕章(1929—),离休干部,在宁夏从事水利工作数十年,对山川水利工程建设过程和效益发挥情况比较了解,在地方报刊上发表过多篇论文与报道。

宁夏引黄灌区渠口的变迁

——淤积的前因与后果

吴尚贤

所有江河由峡谷出口流入开阔平原的淤积规律,类似于洪积扇的形成过程,随着与水俱下的推移质卵石粗沙与悬移质细沙、泥的堆存淤积,洪积扇的椎顶在升高,扇面在扩大。因为风化不会停止,以水为动力的运营力不会停止,所以洪积扇的堆高与扩大就不会终止。而洪积扇的堆高扩大的规律,又是以行水道反复改道的过程而进行并累积的,洪水与所挟带的推移质及悬移质按流速的大小,将大颗粒堆积在山口附近,愈向下颗粒愈小,由山口向边缘,依次累积堆集,当堆积物使坡面延伸坡度变缓,导致坡顶和行水道升高到相对高于两侧地面时,如同悬河,就改道就低,改道初期,因坡陡水急,表现为挟带力强的剧烈冲刷,改道后的堆积淤积。一如既往。当堆集到高于前次堆积的故道时,再次改道就低。这种有序而不断的反复改道因洪水量与挟带物的不同,时段有长有短。但总的发展趋势,是随时间的延续而不停地在进行中,可以说洪积扇的堆高扩大,古今皆然,概莫能外。

以黄河出黑山峡、青铜峡的堆积和淤积规律来认识并理解宁夏引黄灌区和渠口变化,颇为确切可信。

黄河在青铜峡的出口处,自古为各大干渠的引水口所在。就有关渠口的历史记述和现势看,河道东移趋低之势,早在北魏刁雍(公元447年)前已出现。一千多年来还未终止。但趋势似已减弱。《魏书·刁雍传》记载的堵西河给高渠供水一事,就说明高渠古已有之,河水主流因淤积阻塞逐步东移趋低而造成渠道引水困难,故有截堵西河、开新引水乘数十里供高渠水之举。明代王珣因袭西夏昊王渠(李王渠)所开的"靖虏渠"距今约400年,就其现存遗迹看,渠口高出现有河水常水位1.5米左右。可见开靖虏渠的黄河出峡口水位较现时为高。因黄河出峡口的原主流道受推移石子的堆积阻塞,逐渐东移趋低,渠口遂高悬不得进水。

现时青铜峡灌区的东西边缘存有许多古河道冲成的陡坎,如河西白涝坝(大坝火车站)、稍里桥、宁化桥、西新桥(唐渠陡坡)一带;河东的鹰嘴码头、猪嘴码头、王六家湾、秦坝关、枣园、古城一带。可见古时的黄河,出青铜峡口后,曾是紧沿贺兰山东麓的洪积扇边缘流过的,后因淤积堆集,逐步改道向东,据此推断,古时的河东灌区面积较现时为大,所以灵州、灵武和有历史记载的许多古渠,最早出现在河东是有其原因的。

又据明代嘉靖《宁夏新志》附图,省嵬城在河东而今在河西。石嘴山的雁窝池也是明显的黄河古道。据老人说光绪三十年(1904)黄河大水之前,黄河还有一支流经西边的溜边河或柳边河。可见明代以后,黄河东移的现象尚在继续。

河东汉渠口、河西唐徕渠口一再向峡内延伸,都证明河水主流东移趋低的现象早已出现。河东汉渠原口于乾隆年间改为秦渠上口,汉渠引水口旁河向峡内延伸5千米长拜至野马墩山神庙附近。唐徕渠口也由大山嘴上延至百八塔下,延伸约3千米。汉延渠、惠农渠引水口也曾多次向上延伸。这一现象与灌区地面因灌淤升高有关,但主要是河道主流趋低所使然,唐徕渠与惠农渠汉延渠引水段的清淤石子(当地叫打石结子)过去年约5万立方米,就说明随河水俱来的推移石子量,甚为可观。

峡口东岸防冲工程出现于近代,也是河主流东移的证明。始建于明天启三年(1623年)的猪嘴码头,几遭冲坏。清道光29年(1849年)曾大修,历经维护至青铜峡枢纽建成之前,峡口东岸的防冲河工,迄未中断。时至今日,峡口河东的细腰子拜、上、下蒋家湾,蔡家河口,秦坝关仍为防冲的重点河工。可见河水主流东趋之势,还在继续。

古曾有之,今已不存在的金积、七级、尚书、御史等渠,据理推断亦与河水东移之变化有关。灵武城曾三次迁移,银川城两次迁移,都因河道摆动而使然。青铜峡枢纽施工时,基岩以上的石子覆盖层厚达14米左右。石子出峡口后的推移距离多在距峡口30千米的仁存渡口以上。随河水挟带而来的不规则圆形卵石与白色沙粒,就是黄河曾经流过的证明。今天峡口河西岸积存的卵石滩,高于现河水位3~5米不等,可见古代的黄河高于现时。峡口东岸五大台一带的堆积物,高于现河水位20米左右,这可能是更古老的河道遗存。

自青铜峡枢纽建成以来,隔断了推移质的下移,曾一度出现更剧烈的冲刷。如细腰子拜防冲工程的一再出险,可以理解的是因无推移石子的后续补充,是河道冲深扩大的过程所使然。从近几年的河道变化看,冲刷趋势在逐年下移,但悬移质(细沙)的淤积规律,仍一如既往。

古代黄河出黑山峡后,曾沿腾格里沙漠的边缘绕胜金关而下泄,现时存在于这一带的连续湖泊,就是古黄河河床的遗留。试看由上而下盐碱湖、荒草湖、马场湖、高墩湖、龙宫湖、八塘湖、九塘湖和钓鱼台等突出的石山嘴,以及河卵石遍布的现灌区,都是曾为古黄河道的有力证明。由于河卵石的堆积淤高和沙漠侵袭的双重影响,淤高阻塞了原河道,使河道向右岸(南岸)摆动,形成南山台子高达百余米的陡坎。从南山台子的陡坎上,可以明显地看出,南山台子原为香山的洪积扇,坎子的剖面都是角砾洪积物的交错淤积,没有一处黄河推移质物即圆卵石出现。由此可见,古代的中卫灌区,至少在明代以前,河右岸面积大于左岸,中卫现有的渠道记载,明代居多,不无原因。现在泉眼山下见到的古渠遗迹、有说是"昊王渠",有说是"金子渠",留待考证。这条古渠高出现河水位近20米,就现势看,不可能引上水。如追溯到黄河靠左岸沙漠边缘流经时,南山台子未被冲成陡坎的古时,这条渠沿香山洪积扇边缘开渠,利用这一带河坡较陡的有利条件,是完全有可能引上水的。

中卫沙坡头童家园子以下黄河左岸的河卵石台地,就证明黄河曾在此流过,并高出现河水位5米以上,右岸上河沿大石头以上的陡坎与下段的南山台子类似。这一带的河床有几处岩石裸露,河水小时,有明显的跌差,这就说明黄河主流因卵石堆积阻塞而向右岸迁移就低,遂将原河道置于高处,形成现时的台地。这一论断,由中卫县的水利历史记载中也可得到证实。古代的中卫,河南岸(右岸)大于北岸,元代以后,主河南移,北岸才出现了大片灌区,近代河南岸形成的旁河狭长灌区,有羚羊三渠之布设,既证明河主流南移的实况,也证明河道南移之势已减弱,就此认为河主流又在逐步向北移动之说亦属可能,唯速度慢时间长,非短时间所能定见,姑妄言之。

河道因随水挟带石子泥沙的淤积,日久阻塞了河道的畅流,于是出现了改道就低的左右递变,故"三十年河东,三十年河西"之说,实为多泥沙河道在开阔地带流态的自然规律,事属无常,但以长的时段和趋势而言,确实存在淤高、改道、再淤高、再改道的必然规律,其物理机制与洪积扇的形成与发展相一致。河心滩之形成,江河入海处三角洲的出现,水库淤积的"翘尾巴"现象,黄河入海的多次改道,亦应作如是解。同理,用以认识理解宁夏引黄灌区变迁的历史渊源,甚为确切可信。事属从事水利多年来的体会与心得。不当之处,勿吝指正,是所至盼。

选自《宁夏水利志》

引黄灌区干渠灌溉有待解决的问题

吴尚贤

宁夏引黄河水灌溉农田的历史悠久,成效显著。干渠的兴修、改进从未终止。中华人民共和国成立以来的扩建、改建、兴建更属历史空前。干渠灌溉有待解决的问题,尚有以下数端。

一、干渠的上冲下淤,要早做调整

各大干、支渠的上段冲刷,下段淤积的现象由来已久。自20世纪50年代以"裁弯取顺"方式扩整旧渠以来,由于渠身缩短,渠坡增大,流速加快,流量增大,干渠上段冲刷更为加剧,中、下游的淤积也因引水量增大而加快。历史上干渠上、中段利用桥、闸抬高水位,减缓流速,缓解冲刷的实例很多。如惠农渠,每十华里左右建有约束水流的桥,各桥下都有冲淘形成的大消力坑。两次扩整惠农渠时,以桥带闸或跌水,消除了桥下的消力坑,但冲淘现象仍未终止。原因是未能及时抬高干渠,以消除冲刷。各大干渠都存在类似问题。因此:

1. 干渠上段的逐年加高,势在必行,事在必办

引用黄河水灌溉,使田面逐年淤高,旱作农田年淤高一厘米左右,水稻田则达四厘米左右。试看引黄灌区老的城堡、道路、坟墓都成了沼泽地。农民建房时,地基垫高一米多,过不了四五

十年,就须翻建再升高。这种习以为常的现象,足以说明灌区田面的升高须相应地升高干渠。

无坝引水的各大干渠,为争取提高水位,渠口一再向河上游延伸的史实,班班俱在。河东汉渠的十里长堋,河西唐徕渠的引水堋,延至百八塔下,惠农渠口,由方家巷到史家河,再到西河口。这一历史趋势,是灌区灌淤的必然结果。

2. 逐年加高干渠的方法和步骤

首先利用已有的桥、闸、陡坡、潜坝增高固定底坎的方式逐年加高,加高培厚干渠渠堤。有些冲刷严重的干渠段,须一次加高到减慢流速的需要,也有必要增建潜坝或陡坡。对已有的桥、闸、陡坡、潜坝应加高加固,新建的要留有加高余地。不必一次加高,因为田面的升高是逐年累积的,干渠渠堤和水位的抬高,应与田面的升高相适应。如以20年为期,逐年加高到50厘米可满足要求。

二、排灌结合,渠、沟、井水并用

引黄灌区的灌溉,每届用水高峰时,所有渠梢和部分高田都难以及时灌水,争水抢水之事多有发生。解决这一问题的有效措施,莫过于排灌结合,渠、沟、井水并用。排灌结合,既能缓解渠道供水不足的矛盾,又能降低地下水位。事实证明,应用井灌和沟水灌的地方,都达到了灌水及时的效果,也减轻了渠道超负荷引水的不安全困境。据此:

1. 井灌井排,以井水补渠水之不足与不及时,实现井渠双保险的灌排方式极为可取

汉延渠梢的贺兰、大新渠梢的银川以及城镇的菜地温棚,都是以渠、井并用的方式,达到稳产高产之目的、经济效益非常明显。

井的布局应靠近斗、农渠边,使井水通过斗、农渠入田,在斗、农渠普遍衬砌的情况下,斗、农渠形同井口涝坝,既可小聚大放地灌田,也可群井汇流补渠水之不足。井距以不少于500米为宜。为便于安装潜水泵,无砂混凝土井管内径以不小于30厘米为宜。打井工具以水冲钻最为适用,银北的平罗、惠农等县应用多年,不用粘土糊壁,省除洗井工序,优于冲击钻。每日可成井1~2口,井深30米左右,经济适用,应坚持使用。

2. 改造已在运转的电排站为排灌并用的排灌站

过去已建成一百多座只排不灌的电排站,应全部改为排、灌两用站,已改建的都收到良好效果。同时新建排、灌并用的短沟小站仍有必要。

3. 用沟水补渠水之不足

此事灌区内已多处出现,都收到了及时灌水的效果,是一项节水适用面易行的措施,应广泛采用。流动的临时抽沟水灌溉方式,亦属可取。须知灌区开灌后的沟水全盐含量在0.7%左右,是适宜的灌溉用水,旱时堵截沟水的抗旱措施曾多次多处用过,收效良好。因此,农毛沟应能涝时排、旱时灌,较为合用。

三、干渠空流段的减除,要分步实现

引黄灌区各大干渠,在无坝引水的历史条件下,都有与黄河平行的很长的空流段,方能引水上岸,浇灌农田。自20世纪60年代青铜峡枢纽建成后,原无坝引水变为有坝引水,河东、河

西各形成一条总干渠,这就为干渠空流段的裁并创设了有利条件。

河东总干渠将秦渠于家桥以上的空流段并入汉渠,在于家桥建闸,向汉渠、秦渠、马莲渠分水,既节省了水量,少占土地,更便于引灌农田。河西总干渠,利用原唐徕渠正闸以上段,将原由西河口引水的惠农渠,改由唐徕三闸供水,汉延渠改由唐渠头闸供水,大清渠改由与唐徕渠并口的贴渠供水,初步实现了"河渠分家"。省除了大量的渠首岁修工料,提高了供水保证率,但渠首空流段减除甚少。河西大干渠的合理改造,应在不影响及时灌水的条件下,因势利导地先逐步减除空流段,切实可行的改造方案是:河西总干渠上段为西干渠,中段为唐徕渠,下段为惠农渠。具体实施方法与步骤如下:

1. 河西总干渠首段

由青铜峡枢纽一号机组至西干渠滑石沟以南,长约23千米。其中利用原河西总干渠潜坝以上3千米和扩大西干渠口以下约20千米。从滑石沟南开新道约10千米,送水到唐徕渠跃进桥闸后,继续向东开新渠,约略沿1953年大清渠并入唐徕渠故道,经林皋桥向汉延渠供水,尾水入惠农渠,由龙门桥退水入黄河。大清渠并与不并,须待论证。原唐徕正闸以上二渠仍保留向惠农渠、太民渠和贴渠供水。如此,可截去唐徕渠空流段约15千米。截去汉延渠空流段近40千米,这是河西渠系改造最应先行的第一步。

2. 河西总干渠中段

为扩大唐徕渠跃进桥闸到杨显分水闸(良田渠口),长约45千米。由杨显退水闸向东开新渠约10千米,送水至惠农渠双庙桥,裁去惠农渠上段空流段近60千米,这是第二步。

3. 河西总干渠下段应为惠农渠

由唐徕渠杨显分水闸到惠农渠阮桥分水闸,或水治闸(官泗渠分水闸),长约60千米,退水可由阮桥退水闸退入黄河。

经此改造,河西总干渠全长约130千米,既裁去了唐、汉、惠各大干渠空流段,并充分利用了已有设施,如退水入黄河的4座闸(一号退水闸、龙门桥退水闸、水昌闸、成桥退水闸)在不打乱已有灌溉系统的基础上,又为今后发展留有余地。这是我自1946年参加黄河水利委员会宁夏工程总队时,严恺主持的青铜峡闸坝和渠系改造规划设计,执行1956年青铜峡勘测设计的渠系改造中,实际体验的现实可行而又合理的实施方案,几千年的古老灌区,因灌淤而形成古渠成为条状高地,银北灌区地形东西无比降。故灌、排系统均须按地形地势布段,几何图形式的设想不切实际,难以实现。

4. 河西灌区的干渠渠系改造至此基本完成

渠道的管护机构,也须相应的调整,届时设河西水利局,仿河东秦汉管理处模式,将河西的灌溉、排水、防洪、治碱统一管护,分渠核算,并将一县专用的干渠梢段和大支渠,即无向下游供水的渠段,交由所在县管护,如汉延渠尾段交贺兰县,唐徕渠尾段交平罗县,惠农渠尾段交惠农县。交由各县管用的干渠尾段和支渠,每年应按所用水量向河西水利局上交应负担的干渠养护费用和工料。

卫宁灌区的干渠改造,须与黄河沙坡头水利枢纽兴建时一并考虑,当前只能局部改建,不宜大动。

选自《宁夏水利》2000年第4期

秦、汉、唐三渠沿革考述

卢德明

秦、汉、唐三渠是宁夏平原上引黄灌溉渠道中历史悠久,规模较大的渠道。由于引黄河水灌溉,使灌区地面逐年淤垫升高。(据水文总站观测,年均淤垫一厘米),三渠都经历着由小到大、由短到长的演进过程,以致形成今日之规模。下面对其历史沿革就已收集到的资料,择要记述,对其中记载有争议之处并于考辨。

1. 秦渠,又名秦家渠

开口于青铜峡出口黄河东岸,是宁夏平原河东灌区最早最大的干渠。秦家渠之名最早见于元大德七年(1303年)虞集《翰林学士承旨董公行状》,"开唐徕、汉延、秦家等渠",《元史》董俊传(附董文用传)有同样记载。其实秦家渠的创建早在元代以前,究为何代?明、清时的志籍无明确记载,只称其为古渠。如明弘治《宁夏新志》卷三,灵州水利记载"秦家渠,古渠名也。自黄河开口,长七十五里,灌田九百余顷"。清乾隆《大清一统志》卷二〇四宁夏府记载:"秦家渠在灵州东,亦曰秦渠,古渠也。""秦家渠相传始于秦"之说,最早见于清人吴广成编著的《西夏书事》。民国十五年成书的《朔方道志》有同样记载。民国二十五年十二月刊印的《宁夏省水利专刊》在照引此说之后,又说"至秦代何年,无从考究"。秦渠创始于秦之说,因无权威性的文献依据或实物佐证而有争议。笔者认为《史记》始皇本纪载,秦始皇统一六国后于三十二年(公元前215年)派将军蒙恬率三十万大军,击败匈奴,取得河南地(今内蒙古河套及伊克昭盟地区),设县移民(史记作34县,汉书作44县)驻军防守,号曰新秦。其中在今宁夏河东灌区设有富平县,并在县南设神泉障,在县北设浑怀障。根据秦在统一六国前,已在四川修建了都江堰,引岷江水灌溉成都平原,在陕西修建了郑国渠,引泾河水浇灌渭北高原,已有兴修大型水利工程的能力和技术。再结合宁夏平原地形开阔平坦,黄河水流平稳、易于开渠灌溉发展农业生产的实情。秦时在这里开渠引灌黄流是极可能的,但无有力佐证而难以肯定。如说"相传"创始于秦,似较客观。"相传"一词的含义是虽不能完全肯定,但确有此可能。

秦家渠与唐宋时的七级渠有因承沿革关系,《新唐书》代宗本纪载,大历八年(773年)八月"吐蕃寇灵州,郭子仪败之于七级渠"。《宋史》刘昌和高遵裕传均记载,元丰四年(1081年)奉诏讨夏国,围灵州城十八日不能下,夏人决七级渠以灌营,遂以溃归。清嘉庆重修《大清一统志》宁夏府亦记载,"七级渠在灵州南"。可知唐宋时灵州城附近有七级渠,其地理位置与元明时以至现今的秦渠流经线路大致相同。秦渠的维修整治情况亦始见于元初,董文用曾修复过秦渠。明万历十八年(1590年)监察御史周宏礿阅视宁夏边务时言"河东有秦、汉二坝,请依河西汉、唐坝筑以石"语可。以后渠口进水不利,巡抚崔景荣令砌以石,水始通流,灌田九百余顷,天启三年(1623年)河东道张九德于渠口下筑长堤数百丈,逼水中流,并于长堤下数里筑一猪嘴码头(挑水堤),才免除了河水对秦渠渠口至秦坝关二十余里渠身的威胁,渠口原系土底,清康熙时参将李山砌以石底,口乃坚固。乾隆三十八年(1773年)利用汉渠废口接引为上口,原口称为下口,从此秦渠有上下两口,进水才得畅利,道光二十九年(1849年)猪嘴码头冲坏,当时因地方战乱,未能修复,此后险工迭出,河水东侵,沿河崩塌。光绪三十四年(1908年)春,灵州知州陈必淮修复猪嘴码头,以石堆筑,宽十八丈,长八十余丈,斜插河中,使河水复归故道。并于堤上植树,盘根固堤,民国时秦渠由峡口北流至灵武县城北门外,尾水入山水沟,渠长71.5千米,引水能力30立方米/秒,有大小陡口220个,灌田14.5万亩。

中华人民共和国成立后,对秦渠全面扩整,并翻修改建了所有建筑物,增大流量,延长尾段。1952年于郭家桥建分水闸,给新开的第一农场渠供水,以取代原由汉渠退水清水沟引水的天水渠。1960年春,青铜峡枢纽截流后,秦汉二渠合并为一口,由八号机组尾水供水,并在余桥建分水闸,秦渠进水量70立方米/秒,今日渠长60千米,有支渠145条,灌地40万亩,是中华人民共和国成立前的2.7倍。灌区宜麦宜稻,高产稳产。

2. 汉延渠,又名汉源渠,亦曰汉渠

开口于青铜峡出口黄河西岸,是宁夏平原河西灌区古老的干渠之一。渠名汉延或汉源者,乃是古汉渠延长或源本汉渠之意。其创建年代,据《大修汉渠碑记》称"汉之有斯渠,殆元封、太初间"(公元前110—101年),元封、太初是汉武帝的年号。又据明万历《朔方新志》卷一水利记载:"汉武时夏已有渠矣,特未详其人"。又说,"浚汉渠者虞诩,郭璜也"。可见西汉时已有此渠,东汉时又加疏浚。《元和郡县志》卷四关内道,灵武县记载:"汉渠在县南五十里(唐时灵武县治在今永宁县南)溉田五百余顷"。元世祖至元元年(1264年)西夏中兴等路行省郎中董文用复开汉延渠(此为汉延渠名之始)寻以兵乱,渠复淤塞。三年(1266年)副河渠使郭守敬"因旧谋新,更立堋堰"渠复通。明洪武三年(1370年)河州卫指挥使兼领宁夏卫事的宁正,又修筑汉唐等渠,引河水灌田,开屯数万顷。隆庆年间河西道汪文辉于距渠口十二里之汉坝堡(今之小坝)建石正闸一座(四孔),康熙五十一年(1712年)水利同知王全臣重修各暗洞,并砌以石。乾隆四十二年(1777年)宁夏道王廷赞请帑大修。光绪二十九年(公元1903年)和民国三年(1914年)曾两次改移渠口,民国十六年(1927年)春水利专员崔桐选严督修浚,始将多年淤浅之渠道疏浚通畅。民国二十七年(1938年)宁夏省建设厅厅长李翰园采纳众议,将渠口由陈俊堡之九道沟上移于西河口,从此渠口进水较前有保证。汉延渠由峡口向北偏西流至宁夏县(今贺兰县)王澄堡,尾水归入西河,民国时渠长120千米,引水能力40立方米/秒,有大小陡口442个,灌田25.64万亩。

中华人民共和国成立后,对汉延渠进行了裁弯取直,更新建筑物,合并支斗口,原由西河引水,西河水小时要拦河堵坝,费工费料。1962年改由唐徕渠头闸引水,灌溉水量得到保证,渠口引水量增至80立方米/秒,现今渠长85.5千米(从小坝至尾闸)有支渠255条,灌地57万亩。是中华人民共和国成立前的2.2倍,据1998年调查,灌区平均水稻亩产627公斤,小麦亩产352公斤,已涌现出一批吨粮田。

唐徕渠,又名唐梁渠,亦称唐渠。渠口在青铜峡下口内百八塔寺之下,是宁夏平原规模最大的引黄灌溉渠道。据明万历《朔方新志》卷一水利记载"唐徕渠亦汉故渠而复浚于唐者"。父老传闻,唐代对汉代旧渠曾大加疏浚、延长,招徕户民垦种,遂名唐徕渠,亦曰唐渠。《元史·世祖本纪》,《郭守敬传》均记载,至元元年(1264年)行省郎中董文用,河渠提举郭守敬,曾修复过唐徕渠,并更立木质堋堰。明隆庆年间河西道汪文辉于距渠口二十里之唐坝堡(今之大坝)建石正闸一座(6孔)退水闸二座,并定正闸入渠之水位以五市寸为一分,止以十五分为限,此为建石闸之始。康熙四十八年(1709年)水利同知王全臣大事挑浚,并自观音堂起至石灰窑止,逆流而上,筑迎水堋(导水堤)一道,长四百五十余丈,劈黄河五分之一为渠口,口宽至二十余丈,受水才得畅利。雍正九年(1731年)侍郎通智等领帑重修,又延长迎水堋三里另十丈,并于大坝以上约五里处造滚水石坝三十丈,名曰腰坝,增设三墩四孔退水闸一座,以泄余水。复于正闸梭墩尾及西门桥柱刻画分数,测量水位兼察淤澄。于渠底布埋准底石十二块,使后来疏浚者有所遵循。乾隆四年(1739年)及四十二年(1777年)又经宁夏道钮廷彩、王廷赞先后奏请借帑大修。民国十六年(1927年)春水利专员崔桐选整顿水利,彻底疏浚唐徕渠,使淤淀多年的渠道输水畅利,唐徕渠由峡口向北偏西流至平罗县上宝闸堡,尾水归入西河。民国时渠长212千米,渠口进水75立方米/秒,有大小陡口551个,灌田46.76万亩。

中华人民共和国成立后,于1951年、1952年以"裁弯取顺"的方式,对唐徕渠上、中段大力整修,而后又对下段"裁弯取顺"并延长尾段。共计裁弯63处,与延长尾段5千米相抵后仍缩短渠长46千米。1953年于满达桥建分水闸,给新开的第二农场渠供水36立方米/秒,灌溉新开垦的西大滩盐碱荒地。1960年春青铜峡枢纽截流后,将唐徕渠原引水段扩建为河西总干渠,由坝下引水,结束了无坝引水的历史。1963年开始用混凝土板和块石砌护险工地段内坡,部分地段还砌护了渠底。已砌护227.36千米(单堋),占干渠总长73%,渠道安全程度显著提高。现今唐徕渠全长154.6千米(从大坝至渠梢),渠口进水量150立方米/秒,灌地120万亩,占宁夏平原引黄灌区面积的四分之一,被誉为"塞上乳管"。

选自《宁夏水利新志》

以科学发展理念指导宁夏水利事业

吴洪相

曾经苦甲天下的西海固地区,十年九旱,水贵如油。如今是国家集中连片扶贫攻坚的主战场。

2006年以来,解决城乡居民饮水安全每年都是宁夏党委、政府10项民生计划中的实事之首。建成了中部干旱带固原东部、西吉西部和海原南部等7项重点供水工程,建设了永宁南部、平罗北部、中宁南部六乡镇等一批可供5万人的集中供水工程,220万群众喝上了安全洁净水。

11月4日,宁夏固原地区城乡饮水安全水源工程开工建设。这项历经40年"四上三下"、水利人矢志不渝、倾注无数心血与汗水的民心工程,建成后,地处六盘山集中连片贫困地区的固原市原州区、彭阳县、西吉县和中卫市海原县部分地区44个乡镇、609个自然村饮水安全问题将得到彻底解决,总投资17.22亿元,是宁夏目前投资最大的人饮工程。110万城乡受益群众将见证这一历史性的改变。

"十六大"以来的宁夏水利事业,是抢抓中央和自治区加快水利改革发展重大机遇,全面奏响盛世兴水新篇章的十年。

集全行业之智,聚全社会之力,以为宁夏经济社会发展提供有力水利支撑为目标,宁夏水利工作呈现出投资加大、管理加强、发展加快、改革加速的良好态势,水利的内涵不断丰富、功能逐步拓展。

秉承科学发展的理念,宁夏水利进入了大发展、快发展的新时期。这是宁夏跨越发展的缩影,是中国水利现代化的西部探索,是国家对西部欠发达民族地区施政理念的集中体现。

大水利理念——立足宁夏区情、水情,从区域经济社会的宏观视角,从战略和全局的高度,适度前瞻、深度切入、广泛参与,跳出水利干水利,进一步明确新时期宁夏水利发展的战略定位。

生命之源。不难发现,是水的分布决定了宁夏的基本色彩。对宁夏这样降水量严重不足,蒸发量高的干旱半干旱地区来说,水作为生命之源,是群众最大的期盼。分区治水、人饮安全、移民搬迁,追寻的是水的轨迹,铺陈展开的,是事关宁夏各族群众生存发展的最大关切。

生产之要。要在2020年与全国共同实现小康社会,发展是宁夏这个欠发达西部地区的第一要务。如何在水资源短缺的前提下保障新型工业化、城市化和农业现代化对供水要求的不断提升?如何发挥农业这一宁夏最突出的优势,切实增加农民收入?水权转换、农田水利建设、黄河堤防建设,围绕着宁夏经济社会的核心需求,宁夏水利践行了一系列的探索。

生态之基。宁夏地处西北内陆,生态环境十分脆弱。被沙漠包围的宁夏,通过综合利用洪水、沟水、中水及湖泊湿地资源,塞上湖城——银川,山水园林城市——石嘴山,滨河水韵——

吴忠、浪漫沙都——中卫构成别具一格的黄河金岸胜景。十年来，宁夏新增水面和湿地近40万亩，为重塑"塞上江南"风光、造就"十大新天府"作出了重大贡献。水土保持、退耕还林、封山禁牧，减少亿吨泥沙入河，共同成就了西部生态屏障。

"十一五"期间，投入宁夏水利的"真金白银"达到96.3亿元，是"十五"投入53亿元的1.8倍。近三年投入达108.8亿元，接近中华人民共和国成立60年水利投入的总和。

十年间，扶贫扬黄灌溉一期、沙坡头水利枢纽、宁东和太阳山供水、桃山和东山坡引水等重点工程，依势就水，纵横南北，搭建起宁夏发展的生命脉络，水利的公益性、基础性、战略性得以彰显。

人水和谐理念——十八大报告中首次单篇论述"生态文明"，从人定胜天，转向尊重自然。宁夏确立了"北部节水、中部调水和南部开源"的分区治水思路，牢固树立人水和谐理念，实施以保护水生态为中心的可持续发展战略，科学合理开发利用水资源，既满足经济社会发展合理需求，也有效保护水生态的基本需求。

生态环境问题在宁夏与贫困问题表现为互为制约、互为因果的关系，移民对恢复和保护生态环境具有重要作用，对生态脆弱的西部意义重大。2010年以来，全力保障生态移民用水，千方百计解决35万生态移民用水指标，保障了2011年6万搬迁移民的社会生产用水，为移民"搬得出、稳得住、逐步能致富"奠定了最重要的水利基础。

传统水利以兴利和除害为主要内容，在建设中只强调对水资源功能的开发，忽视了对其环境、生态功能的开发和保护。新世纪水利建设方向重点调整人与自然的关系；调整人与生物圈的关系；调整人与水的关系。宁夏退耕还林、封山禁牧、生态修复、水源保护，维系水源涵养和水生态安全、移民建镇等重要方针，也充分体现了人与自然关系的重大调整。

未来社会对水域景观、水生态等提出更高要求，以密切人与水关系为背景的水文化将成为人类文化的重要内涵，宁夏沿黄经济区建设将成为这一理念的现实载体。

民生水利理念——对宁夏这个西部欠发达民族地区，水资源供需矛盾突出仍然是经济可持续发展的主要瓶颈，民生水利更是攸关百姓幸福的最大的期待。

保障和改善民生既是水利工作的出发点和落脚点，也是水利又好又快发展的内在动力。坚持把大力发展民生水利作为践行可持续发展治水思路的着力点和突破口，宁夏做了如下探索：

在农田水利方面，以保障国家粮食安全为目标，以小型农田水利重点县建设为抓手，以灌区续建配套与节水改造为重点，以提高农业综合生产能力和防灾减灾能力为核心，从根本上扭转农业主要"靠天吃饭"的局面。

在防洪保安方面，重点加强河流治理、小型病险水库和病险水闸除险加固以及山洪地质灾害防治，使防洪减灾体系的突出薄弱环节得到基本解决，建成黄河标准化堤防402千米，完成54座重点小型水库除险加固任务，新列入国家规划的200座小型病险水库全面开工。年均治理水土流失面积1000平方公里，每年少输入黄河泥沙4000万吨。

在供水保障方面，解决城乡居民饮水安全被自治区连续多年列为全区十项民生计划30项实事之首,建成农村饮水工程244处,累计解决了110万人饮水困难和220万人饮水不安全问题,全区农村饮水安全率达78%,自来水入户率达64%。历经40年"四上三下"的固原地区城乡饮水安全水源工程国家已全面启动实施。

从长远看,随着工业化、城市化的加快推进,宁夏对水的需求量将大幅度增加,预计到2015年,宁夏年用水缺口将达到5亿立方米,到2020年将增至10亿立方米,用水形势将更加严峻。宁夏调整经济结构,筹划、争取重大项目,也往往受制于水资源。

党的"十八大"明确提出居民收入倍增目标,这是需要一系列部门共同努力才能完成的极其艰巨的任务!大力弘扬"献身、负责、求实"的水利行业精神,一心一意谋发展,心无旁骛抓落实。宁夏水利,任重而道远。

原载于:中国经济时报2012年11月14日

奋力书写治黄兴水富民强区新篇章

白耀华

天下黄河富宁夏。宁夏是唯一全境属于黄河流域的省份,自古以来因黄河而生、因黄河而兴、因黄河而美。宁夏近90%的水资源来自黄河,60%的耕地用的是黄河水,78%的人口喝的是黄河水。沿黄生态经济带目前集中了全区66%的人口、80%的城镇,创造了全区85%的经济总量、94%的财政收入,生产了74%的粮食。保护治理黄河始终是一件牵动社会各界的大事。

一、牢记嘱托,切实担负起建设先行区的历史重任

2020年6月8日至10日,习近平总书记赴宁夏视察指导工作,为新时代宁夏发展擘画了宏伟蓝图、指明了前进方向、注入了强大动力。总书记特别强调,要"努力建设黄河流域生态保护和高质量发展先行区",赋予了宁夏新时代重任。习近平总书记的重要指示,为宁夏加强黄河流域生态保护、促进黄河流域高质量发展、保障黄河长治久安指明了清晰的方向、凝聚起再出发的信心与决心。

建设先行区是切实保障我国国家生态安全的历史责任,是促进整个黄河流域协同治理的客观要求,是走出宁夏高质量发展新路子的必然选择。自治区党委十二届十一次全会通过的《中共宁夏回族自治区委员会关于深入学习贯彻习近平总书记视察宁夏重要讲话精神继续建设经济繁荣民族团结环境优美人民富裕的美丽新宁夏的决定》和《关于建设黄河流域生态保护和高质量发展先行区的实施意见》,明确了建设先行区的重大意义、总体要求、重点任务和保障措施,规划建设河段堤防安全标准区、生态保护修复示范区、环境污染防治率先区、经济转型发展创新区、黄河文化传承彰显区,为黄河流域生态保护和高质量发展作出示范、创造经验、打造样板,为守好生命线、建好先行区、护好母亲河提供了指南。

二、推进"四水同治",实现治黄兴水富民强区

水是建设先行区的基础性、先导性、战略性要素,水利是建设先行区的关键和主线,水利部门要勇担使命、负重前行,坚持理念先行、制度先行、行动先行,充分发挥水资源在生活生态生产中的基础性、先导性、战略性作用,在"努力建设黄河流域生态保护和高质量发展先行区"上担使命、走在前、做表率,更加珍惜黄河、精心呵护黄河,大力实施"四水同治",努力让黄河成为造福人民的幸福河。

1.落实生态优先,推进系统治理,着力构筑西北及至全国的生态安全屏障

生态兴则文明兴,生态衰则文明衰。生态问题实质上是发展方式的问题,要坚持生态优先、绿色发展理念,始终将生态作为黄河流域唯一的底色,把黄河流域生态保护摆在优先位置,把系统治理贯穿于严格保护始终,全面加强黄河流域水生态环境保护与修复。

宁夏作为西部内陆省区,既有河套平原和山间河谷,又有沙漠戈壁和黄土高原,还有贺兰山、六盘山生态屏障,是黄河流域典型的生态脆弱区。要牢固树立绿色发展理念,坚持治山、治水、治林、治田、治荒、治沙一体谋划、整体推进,强化山水林田湖草沙系统治理,大力推广彭阳小流域综合治理和隆德渝河治理经验,按照"自然恢复为主、人工修复为辅"的原则,以水土流失区为重点,以清水河等重点流域为骨架,以小流域为单元,坚持工程、生物和管理措施并举、乔灌草齐抓,实施淤地坝除险加固、坡耕地综合整治等水土保持生态建设和水土流失综合治理,加快形成完善的水土流失综合防治体系,改善水土流失状况,有效提升水源涵养能力,维护六盘山黄土高原"水塔"功能,增强贺兰山防风防沙能力,切实为宁蒙河段"悬河"减压减负。到2025年,实现年均减少入黄泥沙200万吨,宜治理水土流失面积得到有效治理,人为水土流失得到全面控制,有力筑牢西北重要生态安全屏障。

黄河是世界上含沙最多的河流之一,所谓黄河百难,唯沙为首,治黄必先治沙。紧紧抓住黄河水沙关系调节这个"牛鼻子",统筹实施源头控制和节点突破,保障黄河长治久安。黄河黑山峡河段位于甘肃、宁夏交界的峡谷地区,是黄河上游最后一个可建高坝大库的河段。黑山峡水利枢纽是保障黄河长治久安的关键工程,是黄河流域生态保护的战略工程,是支撑黄河"几"字弯都市圈高质量发展的龙头工程。宁夏将积极配合水利部和黄委会等推进黑山峡水利枢纽工程前期工作,力争尽快开工建设,通过协调黄河"几"字弯生活、生产、生态用水关系,实施"小开发大保护"模式,发展绿洲生态农业,防止周边荒漠扩张,提高环境容量,为新时代推进西部大开发形成发展新格局创造条件。同时,借助黑山峡水利枢纽高坝大库优势,与上下游骨干水利枢纽构建起全河水沙调控体系,遏制宁蒙河段"悬河"发展,大幅度提高河段防洪标准,切实发挥治黄关键工程作用,有力维护黄河生命健康。

2.落实重在保护,推进协同治理,着力打造造福人民的幸福河湖

全力落实好河湖长制这项生态文明建设的创新制度,实施好《黄河宁夏段生态保护治理规划》,在最大限度满足人民需求的基础上保护河湖自然生态。抓住制定"黄河法"契机,将河湖长制上升为法律制度,对造成水污染问题、水生态环境损害的,严肃追究责任。推动各级河长履职

尽责,鼓励社会力量做"河湖守护者",形成全民共治共享格局。

实施最严格黄河岸线保护制度和河湖水域岸线用途管制,建立健全生态流量监测预警机制,严控开发利用强度。强化水域岸线空间管控与保护,持续推进河湖"清四乱"常态化,将"清四乱"向农村河湖延伸,组织市县进行全覆盖、拉网式排查,实行边查边改、规范整改,实现"四乱"问题动态清零。继续实施河湖水系连通、农村水系综合整治工程,启动河道清淤疏浚治理项目,促进河湖自然水体生物恢复再造,提升河湖水体自净能力,确保河湖水域面积不缩小,行洪蓄洪能力不降低,生态环境功能不削弱,让湖连起来、水流起来、生态活起来。坚持源头治理、过程改善、终端达标,制定沿黄产业发展负面清单,限制高耗水高污染产业。建立生态补偿机制,明确沿黄各市县断面水质标准,落实管控责任和管理措施,倒逼市县提升入黄排水水质。开展美丽河湖创建,让宜居水环境点亮城市乡村。到2025年,全区河湖健康度达到90%、河湖岸线监管率达到100%、河湖"四乱"整治率达到99%。

坚决贯彻落实习近平总书记"切实把确保人民生命安全放在第一位落到实处"的重要指示,按照习近平总书记视察宁夏提出的"统筹推进堤防建设、河道整治、滩区治理、生态修复等重大工程"的要求,针对黄河宁夏段标准化堤防总体达标、局部未建、存在薄弱环节的现状,按照"一河双线三带四区"布局,统筹上游下游、岸上岸下,分区分类对黄河宁夏段进行一体保护治理。力争尽快开工建设黄河宁夏段综合治理项目,实施堤防达标、河道整治、环境治理、生态绿化、数字监管等工程建设。通过重点加固、全线贯通、消除隐患、整体美化、全面提升,实现黄河宁夏段标准化堤防全闭合,沿黄城市段防洪标准达到100年一遇,其他段达到50年一遇。实施贺兰山东麓防洪体系建设,加大六盘山、罗山沟道治理力度,对中南部清水河、苦水河等主要支流以及中小河流、山洪沟进行提标治理,进一步完善以"三山"为关键的山洪防御体系,银川市防洪标准达200年一遇,其余城市达100年一遇,县城达50年一遇,保障人民生命财产安全。到2025年,重点支流重要堤防(护岸)达标率达到85%、重点河段治理率达到60%。

3. 落实节水为重,推进节约集约,着力打造全国节水型社会建设示范区

水是黄河的命脉,也是制约自治区发展的最大瓶颈。必须把节水作为破解水瓶颈的唯一出路来抓。坚持以水定城、以水定地、以水定人、以水定产,合理规划人口、城市和产业发展,把水资源作为最大的刚性约束贯穿于生产生活生态各领域,把节水作为革命性战略性方向性的措施常抓不懈,强化源头严控、过程严管、结果严评,构建全程全面全民节水新格局,促进经济社会发展与水资源承载力相适应。

严格水资源源头管控。坚持严控总量、优化结构、管控用途,建立"政府主导、部门监管、市场配置、全民节约"的水资源统一管理机制。开展水资源承载力综合评估,细化"四定"举措,建立分类分区管控体系,健全用水总量、水耗标准、地下水水位管控等约束指标体系,严格项目水资源评价制度,对水资源超载地区实行用水和项目"双限批",暂停水资源超载地区新增取水许可。加快推进重点用水户在线监测和控制系统全覆盖,坚决纠正超量取用水、超采地下水等行为,实现超采区地下水水位止降回升。严格城乡饮用水水源地保护,推进城市集中水源地达标

建设和安全风险管控。严控引黄灌区规模在1000万亩以内。到2025年,生活取水由5.4%提高到8%,生态补水由3.5%提高到3.8%,农业取水由84.8%下降到79.2%,工业取水由6.3%提高到9%。

大力推进全面节水。大力实施深度节水控水行动,建立节水定额标准体系、节水监督管理体系和节水工程技术体系,完善节水考核评价体系,进一步规范取用水行为,从严叫停节水评价未通过的规划和建设项目,倒逼产业结构、产能结构、产品结构优化调整。大力推进农业节水,以"农业产出高效、资源利用集约、灌区生态均衡"为目标,加大现代化灌区试点建设,控制高耗水作物种植面积,助推大力发展节水型生态农业、涵水型生态林业、保水型生态牧业,探索建立以市场经济为基础的水资源可持续高效利用体系,力争到2025年左右把宁夏引黄灌区打造成全国高效节水现代化生态灌区的示范区,年均实现农业节水5.6亿立方米,农田灌溉水利用系数达到0.6以上。通过实施水权交易鼓励农业节水向工业、城镇用水转移,为全区城乡生活、工业发展提供有力水资源保障。

深挖工业节水潜力。加快实施高耗水行业节水改造,推广国家鼓励的先进节水工艺、技术和设备,严控高耗水产业发展,倒逼高耗水项目和产业有序退出。扩大城镇节水成果,深入推进公共领域节水,大力开展县域、机关、高校节水达标建设,推广分布式节水治污技术,提高污水资源化利用水平,降低新鲜水消耗强度。提升节水监管能力,加大用水节奖超罚力度,引入合同节水模式,推广分布式节水治污一体化,实行非常规水配额制,实施超用水地区水量削减措施,加强中水回用、污水循环利用,不断提高各业生产用水效率效益。到2025年,万元GDP用水量比2020年下降20%,工业用水重复利用率达到90%,城市再生水回用率达到25%。

推动用水方式由粗放向节约集约转变,满足城乡生活用水量。按照城乡居民日益增长的生活用水需求,持续调整生活用水定额,落实阶梯水价制度,合理计算城乡生活用水量,作为水资源管理优先保证的上限。坚持全区统一规划,以县为城乡供水基本单元,推动区域供水单元最大化,实施城乡供水管网改造和水质提标工程、工业园区供水工程,不断提升供水保证和服务水平,推进全区城乡供水服务一体化均等化,让全区城乡居民喝上"放心水"。到2025年,全区城乡供水工程供水保证率达到99%。

留足绿洲生态水量。科学计算维持绿洲生命的生态用水量(以地下水合理水位、土壤合理含水量、河湖合理水位、地表合理植被为标志),作为水生态管理不可突破的底线。加大引黄灌区灌排体系改造,保障河湖渠沟互联畅通,精准调控生态绿洲用水需求,同时,明确全区河湖水体和断面水质指标,严控湖泊湿地生态补水,作为水环境管理不可突破的底线。大力实施河湖调蓄、水系连通、水源替换等工程,科学调度洪水滞蓄,稳步推进雨洪水、苦咸水资源化利用。到2025年,全区主要河流生态基流保证率达到100%、洪水资源化率达到50%。

4. 落实项目驱动,推进城乡一体,着力构建兴利除害的现代水网体系

坚持水资源、水生态、水环境、水灾害"四水同治",以保护黄河、治理黄河为核心,以骨干供水工程为重点,统筹治水、兴水、用水、节水,加快构建河湖库坝连通、沟渠管网贯通、城乡山川

覆盖、旱引汛蓄涝排、灌排通畅可控的现代水网体系。针对水利基础设施薄弱依然是最大短板和区域发展不平衡不充分的根本制约的实际，坚持规划引领，强化项目支撑，加快完善工程水网、建设信息水网、补齐服务水网，建设大水源、升级大水网、推进大转型，大幅度提升水资源调控保障能力和服务水平。

补缺提标，加快完善工程水网。加快建设银川都市圈西线东线、清水河流域城乡供水等国家重大水利工程，实施城乡应急水源、农村集中饮水安全巩固提升项目，推进陕甘宁革命老区供水工程前期工作，打造高质量"供水圈"。围绕乡村振兴和现代农业发展，实施青铜峡、沙坡头、固海扬水、红寺堡扬水和盐环定扬水等5大灌区续建配套与现代化改造。加快推进固海扩灌扬水更新改造、中部干旱带海原西安供水、惠农渠节水改造、贺兰山东麓葡萄长廊供水提升、固原市水资源高效利用工程。因地制宜建设"五小水利"工程，解决好用水"最后一公里"问题，探索"投建管服"一体化新模式，推进农业灌溉向生态型、集约型、高效型转变，不断提升农业用水保障能力。到2025年，《宁夏水利基础设施补短板实施方案》中7大类48项规划总投资1800亿元的重大水利项目滚动推进，现代水网体系基本形成，水利基础设施现代化水平进一步增强。

深度融合，加快构建信息水网。启动"宁夏黄河云"建设，加大智慧水利数字化升级改造，着力发挥信息化在系统治水中的关键作用，大力拓展互联网、大数据、人工智能等技术手段在治水领域的应用广度和深度，实施水利大数据中心、水慧通平台和信息网提升工程，建设完善黄河（河湖）监管、水资源监控调度、水土流失监测、山洪预警预报、工程建管、城乡供水管理服务等应用系统，推动信息化与治水深度融合，构建完善、可靠、高效的水联网体系，加快转变现代治水方式，实现治水管理变革、效率变革、动力变革，有效提升治水科学化水平，探索形成公平与效率更加统一的现代水治理新形态。到2025年，全区数字治水应用上云率达到80%、数据汇集率达到80%、互联网覆盖度达到95%、采集端在线率达到95%、业务应用协同率达到50%。

统筹城乡，加快补齐服务水网。按照"政府主导、市场运作、权责明确、监管有力、协调有序、运行高效"的供水一体化管理服务模式，根据城乡居民日益增长美好生活的用水需求，以全国"互联网＋城乡供水"示范区和现代化灌区试点建设为牵引，加快供水管理服务数字化转型，应用信息化新技术，组合购买服务、市场运作等机制改革，实施供水工程统一管理，加强专业管理队伍建设，建成高标准水务一体化管理服务网，通过专业化、市场化、社会化运营，逐步缩小城乡涉水公共服务差距，确保城乡居民喝上"放心水"。到2025年，全区自来水普及率达到95%、水质合格率达到90%，全区城乡供水受益群众满意度达到97%、供水工程自动化率达到98%，全区22个县区全部实行城乡一体化管理。

5. 落实文化兴水，加大遗产保护，着力传承弘扬黄河文化

依托宁夏引黄古灌区世界灌溉工程遗产"金名片"，筑牢宁夏人的精神家园，坚持在保护中传承，在传承中创新，让黄河文化生生不息，成为造福人民群众的精神力量。

保护好黄河遗产。出台《宁夏引黄古灌区世界灌溉工程遗产保护管理条例》,印发《宁夏引黄古灌区保护规划(2018—2035年)》,做好遗产挖掘、保护、修缮工作,守好老祖宗留给我们的宝贵遗产。促进黄河文化与全域旅游深度融合发展,打造宁夏特色黄河文化品牌,让"塞上江南"再放异彩。

传播好黄河声音。推进引黄古灌区世界灌溉工程遗产公园、展示中心等载体建设,打造宁夏黄河文化重要惠民工程、传承阵地、交流平台。统筹做好出版传媒、文博科普、舆论引导、水情教育等工作,大力传播节水治水兴水正能量,让黄河文化家喻户晓、深入人心。

原载于《中国水利》2020年第19期

宁夏引黄灌区经久不衰的原因探析

宁夏引黄灌区地处宁夏平原,是河套灌区的一部分,古谚有"黄河百害,唯富一套"和"天下黄河富宁夏"之说。所谓"河套",包括宁夏、内蒙古、陕西三省区的引黄灌区,总称为河套灌区。宁夏灌区称为"西套"或"前套",内蒙古灌区称为"后套"。河套从宁夏中卫市沙坡头起,至内蒙古清水河喇嘛湾止,总面积大约3.4万平方公里。黄河在这里形成一个马鞍式的"几"字形大弯曲,犹如"套马索"。这里自古农业灌溉发达,沟渠纵横,素称"塞北江南",是中国重要的商品粮基地。宁夏引黄灌区,沿黄河两岸分布,长达320公里,总面积8000平方公里,其中灌区面积约6000平方公里。地势南高北低,两岸向河床倾斜,海拔高度在1090~1230米,青铜峡屹立于中部,将宁夏引黄灌区分成南北两大块,南称卫宁平原灌区,北称银川平原(又称银吴平原)灌区。银川平原灌区又分为河东、河西灌区。

一、宁夏引黄灌区开发的历史回顾

宁夏引黄灌区在春秋战国时期还是"羌戎所居"的游牧地区。秦朝建立以后,始皇三十二年(前215年),命大将军蒙恬率30万军北逐匈奴,夺取"河南地"(大体上即河套平原),徙关东贫民"因河为塞,筑四十四县城临河,徙适戍以充之",至此,河套地区开启了大规模农田水利建设和农业开发的序幕。秦末天下大乱、屯垦军民纷纷逃散,农业开发仅昙花一现而已。到汉代武帝刘彻继位后,他对匈奴连续用兵、重新夺回"河南地",并设朔方、北地、五原等郡,大规模移民到河套地区进行农业开发,于"上郡、朔方、西河、河西开官田、斥塞卒六十万人戍田之"。宁夏地区一些著名的古灌渠,如汉伯渠、汉延渠、唐徕渠等,大多开凿于这一时期。

宁夏引黄灌区是秦汉时期中央政府把农业经济向北边扩展的桥头堡和最早进行农业开发的地区之一。因此,也可以看作中央政府开发西北边疆的先声和试验区。秦时在宁夏引黄灌区设置的第一县——富平县(今吴忠市境内),就位于最早进行引黄灌溉的宁夏河东地区。由于河套地区经济发展迅速,这里又被誉为"新秦中",意即可与富甲天下的秦朝京畿关中地区相媲美,或曰:再造一个"八百里秦川"的新"关中"地区的意思。

从东汉末期到隋朝统一近400年间,宁夏引黄灌区再次成为北方各游牧民族频繁交替和相互融合的基地。入居宁夏的各游牧民族在先进农业文化的影响下,纷纷进行农业开发,使宁夏引黄灌区的农业发展有了进一步发展。特别是北魏时期,薄骨律镇将刁雍曾在宁夏黄河灌区大兴水利,重修艾山渠,并且提出了"一旬之间,则水一遍,水凡四溉,谷得成实"的节水灌溉制度,使宁夏成为继秦汉之后,农业发展的又一个高峰期,变缺粮区为余粮区,一次就调出"河西屯谷五十万斛"。北周宣政元年(578年),又将俘获南朝陈国的三万余"江东"人,迁于灵州屯垦,据《太平寰宇记·灵州》记载:"江左之人崇礼好学习俗相化、因谓之塞北江南。"这是宁夏引黄灌区被称为"塞北江南"的最早记载。

唐时,宁夏引黄灌区是全国33处灌溉面积千顷(一顷为一百亩)以上大灌区之一。宁夏在唐代是重要的边镇地区,唐王朝很重视在宁夏河套平原屯田、太宗李世民于贞观二十年(646年)巡幸灵州、令建廨舍(即"屯田办事机构")。武则天时,曾因娄师德在灵、夏地区史志篇屯田有功,升迁其为宰相。当时不仅全面整修了原有各渠、而且新开了一批渠道、如御史渠、光禄渠、特进渠、七级渠、尚书渠等,总计灌溉面积创历史纪录。

西夏时期,党项族奴隶主贵族依靠富庶的引黄灌区得以立国,并与宋、辽、金鼎立近二百年之久。据史料记载,西夏时期共有干渠12条,大小支渠68条、总计灌溉面积在百万亩以上。《宋史·夏国传》称"其地饶五谷,尤宜稻麦","兴、灵则有古渠曰唐来、汉源,皆支引黄河故有灌溉之利,岁无旱涝之虞"。

元时,世祖忽必烈为了恢复宁夏引黄灌区的农业经济,派水利专家郭守敬赴宁夏兴修水利,发展农业。郭守敬在宁夏政绩卓著,"因旧谋新,更立闸堰,役不逾时而渠皆通利,夏人共为立生祠于渠上"元初宁夏古引黄灌渠得以全部修复,成为全国重要的移民屯垦产粮大区。

明代宁夏平原是九边重镇之一,驻有重兵防守,并实行全民皆兵的军卫制管理体制,凡驻军十分之七屯种,十分之三军事。操种、屯卫兼顾。明代宁夏引黄灌区大小正渠共18条,总长1479公里,共溉田157.34万亩,这是宁夏引黄灌区灌溉史上第一次记载比较全面而确切的数字。形成了"一方之赋,尽出于屯,屯田之利,藉以水利"的富饶景象。

清代是宁夏水利史上继汉、唐之后的第三次水利开发高潮,据嘉庆重修《大清一统志·宁夏府》记载宁夏全境有引水干渠23条,全长2198里,总计溉田210余万亩,创宁夏水利灌溉史新高。

民国时期,由于外资的经济侵略和国内的军阀混战、宁夏引黄灌区的农业发展有所减退,但同时亦因近代科学技术的引进和应用,在水利技术方面还是有所进步的。民国二十六年(1937年)用先进的小三角测量法,核实可垦耕地面积为195万亩。中华人民共和国成立前、共有大小干渠39条,灌溉面积192万亩。

历史资料说明,宁夏引黄灌区的历史发展不是时断时续、乍兴乍衰,而是一直在不断向前发展进步。仅从引黄灌区田亩的数据变化就可以鲜明地感受到这一点。根据《(弘治)宁夏新志》

《(嘉靖)宁夏新志》《(乾隆)宁夏府志》《大清一统志》和《(民国)宁夏水利专刊》等史志资料的记载,宁夏引黄灌区从秦汉至元初发展到约100万亩,到明嘉靖年间发展到150余万亩,清乾隆年间发展到古代的顶峰,达到255万余亩,经过清末民初的战乱回落到民国时期的不到200万亩。引黄灌区也从秦代自流灌溉条件最好的河东地区,向河西地区甚至盐碱程度最严重的银北地区扩展,都说明宁夏引黄灌区在不断扩大,不断发展。因此宁夏引黄灌区在古代无论从农业耕作技术、水利设施建设、农业区域范围还是农作物品种都在不断优化、扩大、进步,向着更好的目标发展。

二、宁夏引黄灌区经久不衰探因

1. 中央政府对宁夏农业发展历来都非常重视

自秦、汉在宁夏引黄灌区进行农业开发以来,中央政府就一直采取重农抑商的基本国策。早在战国商鞅变法时,秦国就"内立法度,务耕织,修守战之备"。秦始皇统一六国后,进一步加强"重农"国策,"天下已定,法令出一,百姓当家则力农工"。汉武帝时期,包括宁夏引黄灌区的"河南地"再次得到大开发,宁夏引黄灌区的农业开发成绩尤为突出,当时银川平原沿黄河两岸,已形成河东、河西两大垦区,分设富平县、灵州县、灵武县、廉县以及朐衍县(不属引黄灌区),5县均上隶于北地郡,人口约10万。由于这些移民多来自内地。具有丰富的农耕经验和较高的农业生产技术,加之推行当时先进的"代田法"等,农业产量大大提高,使得宁夏引黄灌区与整个河套新垦区一样,成为"饶谷多畜"、富甲天下的"新秦中",等于再造了一个新的关中"天府"。以后历朝历代都坚持秦、汉的重农政策,使宁夏引黄灌区的发展得到中央政府的全力支持,这说明中央王朝一贯的重农政策是宁夏引黄灌区得以持续发展的重要保障。

2. 宁夏引黄灌区发展农业生产有着得天独厚的地理条件

宁夏引黄灌区是发展灌溉农业的理想地方,黄河宁夏段地势开阔,水流平缓、河道比降由上而下为1/1100～1/6000,河面低于地面1～3米,属于地下河,无决口之患,有灌溉之利,且引水方便、河槽稳定。引黄灌区可灌面积近千万亩,土层深厚,质地均匀,介于沙土与黏土之间的灌淤土,是黄河冲积与贺兰山山洪交错淤积发展而成,沉积物厚熟化程度较高,矿质营养丰富。气温较高,光热资源丰富,年日照时数达3000小时,无霜期(140～162天)和生长期能满足多种作物生长需要。昼夜温差较大,一般为12℃～15℃,更宜于果类生长。引黄灌区年降水量虽只有200毫米左右,而蒸发量达1200～1500毫米,虽然有干旱少雨,土壤中盐碱含量较重的缺点,但因黄河有"斗水泥七升"的特点,引含泥沙适度(5%～7%)的黄河水灌溉后,使得这一缺点得以弥补。早在明代,宁夏人民就认识到灌区耕地随地势而呈"上者砂砾、下者斥卤,膏腴之壤,实不及半"的分布特点,"必得河水乃润。必得浊泥乃沃"的灌溉、放淤、洗盐的改良方法,有效地利用黄河多泥沙的特点来防治土壤的盐碱化。

3. 宁夏独特的区位决定中央政府必须在宁夏发展农业生产

宁夏区域地理位置十分重要,古代中原王朝一般建都于关中地区。宁夏位于中央政权京畿地区的北大门,古时北方游牧民族的"轻骑一日一夜可以至秦中",成为中原王朝的严重威胁。

宁夏地区不仅是农牧业的分界线,也是民族交往、融合、冲突的重要地区。所以历朝历代都视宁夏引黄灌区为北边巨防,不仅要派遣重兵驻守,还要进行移民实边的农业开发,以解决兵源问题,同时还使国防经费和物资供应得以就地供给。原先北边的军粮和物资供给主要是从山东"琅琊负海之郡、转输北河,率三十钟而至一石"。自从宁夏引黄灌区农业开发成功后,从内地转运的人力、物力和途中消耗都省去了,给百姓解决了沉重的经济负担及劳役之苦,也给国家财政节省了大量经费。汉武帝时期,大臣主父偃曾称赞蒙恬取河南地"内省转输戍漕,广中国,灭胡之本也"。移民宁夏进行农业开发成为中原王朝的基本国策。移民们在边地也能过上安居乐业的生活。公私两利,官民皆大欢喜。

4. 宁夏引黄灌区人民长期以来积累了丰富的治水经验

宁夏平原引黄灌区人民在长期的农业实践中,不断探索适合宁夏区情的水利开发技术和治黄经验,使宁夏引黄灌区的水利设施不断完善。为适应无坝自流引水,宁夏人民创造了一整套相应的工程设施比如修筑迎水入渠的"迎水埽",即用块石镶砌,修筑与河平行的傍河长堤,堤长数百米到数千米不等。堤顶稍高于渠道所需水位,利用黄河比降较陡的有利条件,争取较高水头,使河水小时有足够水量入渠,河水大时也可溢出,防止水溢坏渠。为了能够有效地调节干渠水量在迎水埽以下渠段临河一面的渠堤上设置退水闸一至数处,水小则关闸,水大则开闸,使得水量为人所控制,灌溉之水得以满足,多余之水泄入河中。为控制渠道所需水量,在退水闸以下渠道上修建进水闸(俗称"正闸")一座,各支渠口都设有石闸或木闸,从干渠分水,斗渠口亦设闸从支渠分水,宁夏方言称之为"渠口子"。宁夏引黄灌区各干渠都是顺河方向,自上而下,次第开口,并列而行,有因此渠水位低,乘便接引其他高水位渠水,来灌溉本区内高田的,则置木槽跨渠上以通疏,名曰"渡槽"或"飞槽"。为畅利排水,凡入河之排水沟,往往与渠道交叉穿,沟被渠阻,则于渠下建洞通流,名曰"暗洞"或"芦洞"。为防止山洪对傍山渠道的危害,在山洪沟口处设置排洪闸排泄山洪或做过沟渡槽或做过沟涵洞来通流。这些工程设施相互配合,运用自如,显示出宁夏古代劳动人民的高超智慧。宁夏古代劳动人民除了水利工程设施方面的巨大成就外,还积累了许多治水、用水、管水的先进经验,制定出相应的科学制度,甚至沿用至今,长盛不衰。宁夏治渠管水,历代都设有专管机构和专职人员。历任地方官都视渠务为要务。坚持"民办、公助、官督"的方针,修、管、用相结合,充分发挥农民积极性。黄河水虽带来灌溉之利,但泥沙较多,常淤塞河道。故每年灌溉之后,必须组织人力对渠道进行清淤、以保证当年灌溉之需。因此每年的春分节后立夏节前都要组织农民进行"岁修"。岁修工程及工料的确定,在每年冬灌结束后,冬至节时由官府召集士绅对下年应浚应修各项工程及所需人工物料进行踏勘估算。岁修工料由本渠受水户民按亩均摊。岁修用工一般是2亩田出一个工日,60亩地为1份,出1人在渠上做工30天。岁修用料,主要是柴草,距渠道近的交纳物料,以折抵水费,距渠道远的交纳现金,以采购材料和开支管理经费。农民视渠道"岁修"为农业灌溉之本,故家家踊跃,户户支持。灌溉用水。实行封俵轮灌制度。即放水后采取"严防实闸,逼水到梢"的办法,将上中游支渠斗口一律封闭,逼水到梢,再由下而上,逆鳞浇灌,称"封水"。在封水的同时,对于上中游灌水需时较长和高田灌水难的支渠,酌情留给一定水量,使其能与下游同时灌完,称"俵水"。所谓封俵,就是有节制、有秩序地开口放水,封俵失宜,水泽难周。干渠长者数百里,短者数十里,必须由水利官员为之封俵,故有头轮水(夏灌)、二轮水(秋灌)与冬水(冬灌)之说。为保证上、中、下游均衡受益,每轮水无论干渠、支渠均需坚持封俵轮灌制度,不得紊乱,违者严究。

三、引黄灌区农业发展的展望

宁夏引黄灌区农业发展有着非常广阔的前景。只要合理开发水利资源,就可以再造一个河套灌区,让"塞上江南、再放异彩"。但是,要实现几代人的美好梦想,其关键是尽快启动黄河大柳树水利枢纽工程。

大柳树水利枢纽工程选址黄河干流黑山峡段。黑山峡河段位于甘、宁两省区交界处、全长7千米,是黄河上游最后一个可建高坝水库的峡谷河段。大柳树水利工程最佳选址地点位于黄河干流黑山峡出口以上2千米处、宁夏中卫市境内,坝址处控制流域面积25.2万平方公里,占黄河流域总面积的33.6%;多年平均径流量336亿立方米,占黄河总径流量的58%;多年平均输沙量16亿吨,约为黄河总输沙量的十分之一。水多沙少,水资源开发条件十分优越。大柳树水利枢纽工程拦河大坝采用面板堆石坝预计建成后最大坝高163.5米,坝顶长674米。水库正常蓄水位1380米,总库容110亿立方米,经水库冲淤平衡,50年后可永久保留调节库容56.08亿立方米。枢纽电站装机容量可达200万千瓦、年发电量预计达78亿千瓦·时。枢纽建筑物由拦河大坝、一条深孔排沙洞、两条深孔泄洪洞、一条表孔溢洪洞、五条引水发电洞和电站厂房组成。

大柳树水利枢纽工程的开发任务是优化配置黄河水资源,灌溉并改善生态环境,发电以及宁蒙河段防洪防凌等。其主要作用有:通过径流调节,在保证内蒙古河口镇以上工农业用水127亿立方米和河口镇下泄流量不小于250立方米/秒的前提下,非汛期拦蓄上游梯级下泄水量,等5—7月灌溉高峰期再集中放水,每年可为下游增供水量30亿~40亿立方米,缓解用水矛盾,减轻下游断流。在中游主要来沙期集中放水,改善水沙条件,减轻河道淤积萎缩。利用枢纽抬高的水位在不多引黄河水的前提下,发展绿洲生态农业,种草种树,遏制荒漠化改善生态环境。规划中的大柳树灌区近期开发面积600万亩,其中宁夏300万亩,陕西、甘肃、内蒙古各100万亩。远期可发展灌溉面积2020万亩,相当于再造了一个新的河套灌区。大柳树水利枢纽工程一旦建成,包括宁夏南部山区及中部干旱带的水位较高耕地,都可以实现自流灌溉,不必再进行梯级扬水工程建设,可谓是功在千秋的伟大工程。大柳树水利枢纽工程本级装机200万千瓦,年发电量将达到78亿千瓦·时,并对黄河上游梯级电站起反调节作用、使上游各梯级电站按最优方式运行,为"西电东送"创造条件。遇50年一遇洪水时控制下泄流量不超过5000立方米/秒,将宁蒙河段防洪标准由10年一遇提高到50年一遇,并有效防止冰凌灾害。南水北调西线工程实施后,对引江引黄和本流域水量进行调节,满足黄河上、中游地区灌溉、生态、流域城市和能源基地用水增长的需求。

大柳树水利枢纽工程对西北地区的生态面貌也将产生巨大的作用。大柳树灌区毗邻腾格里沙漠、乌兰布和沙漠和毛乌素沙地，属干旱、半干旱地区。这一地区降雨稀少、蒸发强烈，气候干旱、风大沙多。由于风沙和人为不合理活动，致使本地区土地沙化、生态失调，自然环境十分恶劣。灌区中的不少地区还是氟中毒重病区，饮水含氟量超标很多、群众长期饮用、会导致氟骨病，对人民群众的身体健康和生产活动都有相当大的影响。而这一地区也是少数民族的聚居区。引黄河水发展这一地区的绿洲生态农业，种草种树，可有效遏制草原退化、并使荒漠变成绿洲，控制腾格里沙漠、乌兰布和沙漠向东、南方向的移动及毛乌素沙地的南侵，减轻风沙危害，遏制土地沙化，极大改善宁夏、甘肃、内蒙古、陕西干旱带的生态环境，大大提高本地区的环境容量。同时解决人畜饮水。这对推动西北地区的社会经济发展，促进少数民族地区贫困人口脱贫致富，提高群众健康水平，增强民族团结都将产生重大而深远的影响。

预计大柳树水利枢纽工程建成后，可以惠及宁夏、甘肃、内蒙古、陕西四省区近2000万人口，据测算，依靠黄河上游水资源量和陆续增加的西线南水北调水量，通过现代科学技术，完全有可能将本地区现有的大约3.5万平方公里粗放式灌溉农业绿洲区，逐步扩展提高为7万平方公里高效、节水型现代绿洲区。将现有的以农村居民、小农生产、粗放地面灌溉为主体的绿洲模式，改造提升为以现代城镇和现代化二、三产业为主体，以节水型城镇为核心、节水型农业为基础、节水型生态体系为屏障的新世纪绿洲。黄河大柳树坝址至内蒙古的河口镇、干流长度约1000公里，沿河宽度100公里左右的区间，是历史上有名的河套平原灌区，总面积约29万平方公里，都可视为大柳树生态经济区。

这一地区不仅农业发展条件优越，而且蕴藏着国内少有的地下煤海和天然气田、又有多种矿藏相匹配，有人工绿洲和天然草原改善生态，有我国北方少有的光、热、水、土条件匹配良好的巨型农林牧业基地为依托，有不宜垦殖的荒地可建设工厂、发展城镇，将建成长达千里的沿黄煤、气、电力、化工、冶金、建材、生物制药、家畜产品深加工经济带，对21世纪中国的经济发展，作出突出贡献。大柳树水利枢纽工程的建设，不仅可与秦皇汉武开发宁夏农业、水利，建设"新秦中"的丰功伟绩相媲美，还可以实现1991年时任中共中央总书记江泽民视察宁夏时题写的"塞上江南，再放异彩"的殷切期望和宏伟目标。

选自《未名斋存稿》 作者：吴忠礼、王晓华、吴晓红

元代大科学家郭守敬与宁夏

郭守敬（1231—1316），字若思，邢州（今河北省邢台）人。少年时曾在家乡跟随博学多才的同乡刘秉忠和张文谦等求学。21岁时，就曾在家乡邢台县指挥完成了一项河道改造工程。元世祖中统三年（1262年），32岁的郭守敬因中书左丞张文谦的推荐，被元世祖忽必烈召见，他面陈

发展农田水利的6条建议,甚得世祖赞赏,当即任命郭守敬为提举诸路河渠,专职负责各路河渠的整修和管理事务。

13世纪初,成吉思汗自1205年起,先后发动6次征讨西夏的战事,历时23年,曾遭到西夏军民的顽强抵抗,战争的激烈程度几乎是蒙古建国以来未曾遇到过的。因此,蒙古军对西夏军民施以极其残酷的屠戮。西夏灭亡后,又征调大批西夏人随军出征,昔日塞上沃野,因水利设施破坏,田园荒芜,几乎成了千里赤地,百姓流离失所。忽必烈继承大汗位后,阿里不哥等又发动叛乱,企图夺取汗位,这里又一次成为烽火连天的战场,中兴府等处遭"浑都海之乱,民间相恐动,窜匿山谷"使"塞北江南"变得满目疮痍,到处一片破败景象。由于这里没有建立系统有效的行政管理体制,生产秩序遭到破坏,盗匪遍地,社会问题十分严重。显然,西夏故地的状况引起了忽必烈的重视,他任命以才干著称的张文谦等主政其地,希望通过他们的努力来改变西夏故地的状况。元初名臣董文用,也任职西夏中兴等路行省郎中。

至元元年(1264年)五月,郭守敬也奉命西行视察西夏河渠。中书左丞行省西夏中兴等路的张文谦在朝时,十分重视社会经济的恢复和发展,主张取民有所节制。主政宁夏后,他十分重视兴修水利,恢复农业生产。而兴修水利的工作是在他的主持下,具体由郭守敬负责其事。郭守敬来到宁夏后,沿黄河两岸踏勘地势水情,对引黄灌区平原的干渠、支渠的数量、长度、灌田亩数等进行了详细调查,并深入了解当地地势、水渠流程、水利灌溉历史和治水、治淤的经验。在张文谦的支持下,由郭守敬亲自指挥的大规模水利修复工程开始了。当时有人提出废弃旧渠,另开新渠的主张。郭守敬经过调查研究后,提出"因旧谋新"的方案,否定了另开新渠的主张。他认为重筑新渠既费工又费财,重点应放在修复疏通旧有渠道上。经过实地勘察和求教民间老农他又提出建滚水坝以减弱水势,又在渠道引水处筑堰以提高水位,建渠首进水闸以保证渠道有充足水量,建退水闸以调节流量等技术方案。在他的指导下,在宁夏地区的水利建设中,普遍采用了新的工程技术,修筑渠、堰、陂、塘,大都使用了调节水量的"闸堰",即水坝和水闸(斗门)。水坝和水闸,起到了控制水流、水量的作用,旱则开闸放水入田以收灌溉之利;涝则关闭闸门,以避泛滥之灾,使整个灌溉系统工程具有很好的灌溉和防洪效益。

在各地官民的热心支持下,仅用不到一年的时间,郭守敬就完成了对唐徕、汉延两大古渠的疏浚工程。接着又将灵州、应理(今中卫)、鸣沙等地的其他10条干渠以及黄河两岸所有大大小小支渠计68条,统统进行一次彻底整治。从此,可以灌溉耕地万余顷。郭守敬以其丰富的水利知识,整修旧渠,修建闸、坝,使境内大小渠系都恢复了功用,于是招徕流民,垦辟荒地,宁夏平原的农业生产开始得到恢复。

据郭守敬的学生齐履谦《知太史院事郭公行状》载,郭守敬在宁夏期间,还向元世祖忽必烈提出开发黄河水运,探询黄河河源的建议。他"尝挽舟溯流而上,究所谓河源者"。至元二年(1265年),他从中兴(今银川市)乘舟,"顺河而下,四昼夜至东胜(今内蒙古托克托)"。经过实地勘察后,他认为这段黄河可以通航。他向忽必烈提出建议:在黄河宁夏段可以办漕运(水道运输)。忽必烈采纳了他的建议,还下令建立自应理州至东胜的水运驿站(站赤)。从此,宁夏的黄

河运输便又开展了起来。

至元二年(1265年),郭守敬完成使命,返回中都(今北京市)。宁夏人民感激他,怀念他,崇敬这位年轻的水利官员为人民办的实事、好事,在他走后为他建立生祠,进行祭祀。

回京后,郭守敬先后升任都水少监、都水监、工部郎中,都主管水利。他在天文学、数学、地理学和机械工程等方面都做出了巨大贡献,最后以86岁高龄逝于知太史院事任上。

张文谦、郭守敬在西夏中兴路任职的时间不长,由于他们的努力,使得饱经战乱的夏地,很快得到一定恢复。元朝在这里的行政机构健全了,人们也安定下来,这有利于元朝对西北的统治。他们对大西北的开发是功不可没的。

选自《未名斋存稿》 作者:吴忠礼

运用"互联网+"手段构建宁夏城乡供水一体化新格局

朱 云

2020年以来,在水利部的大力支持下,宁夏在全国先行试点开展"互联网+城乡供水"示范区建设,充分运用"互联网+"手段,着力提升城乡供水领域数字治水的能力和水平,使供水工程"全域覆盖、全网共享、全时可用、全程可控"成为可能,打造了城乡供水统筹谋划、一体推进、均等服务、全民受益的高质量发展新格局。

一、牢固树立创新驱动城乡供水高质量发展的理念

宁夏气候干旱、缺水严重,水是经济社会发展的最大瓶颈,尤其地处西北干旱内陆的西海固地区条件恶劣,十年九旱,广大群众喝水难题由来已久,党和国家始终牵挂在心。自治区坚持蓄引提调相互结合、库坝窖池综合运用,供水工程从无到有、从小到大,经过坚寺不懈、艰苦卓绝的努力,老百姓千百年来的"喝水梦"变成了现实。特别是党的十八大后,自治区聚焦打赢脱贫攻坚战,按照全面实现"两不愁三保障"的要求,把解决农村饮水安全问题作为民生首要任务,全力推进大水源、大水厂、大水网建设,通过北扬黄河水、南引泾河水,接通'大水源"、连通供水网,全面优化水资源配置格局,为从根本上解决宁夏饮水安全问题、确保与全国同步全面建成小康社会奠定了坚实基础。截至2021年年底,全区农村集中供水率达到98.5%,自来水普及率达到96%,现有252.4万农村居民饮水安全水平得到持续巩固提升,总体实现了从喝水难到有水喝的历史性转变。

2016年7月,习近平总书记在视察宁夏时指出,"越是欠发达地区,越需要实施创新驱动发展战略。"为深入贯彻总书记重要指示精神,着眼打赢农村饮水安全脱贫攻坚战,围绕解决农村供水工程运行管理能力不足、工程效益发挥不到位、人民群众饮水安全需求得不到充分满足等问题,宁夏在彭阳县先行开展了"互联网+人饮"试点工作,通过应用信息化技术,发挥数字

关键作用,实现了贫困山区群众"从毛驴驮水到手机买水"的革命性转变,当地老百姓真正用上了安全水、放心水。2020年9月11日人民日报头版头条文章《"云"解塬上渴》报道了"彭阳模式",得到水利部肯定,激发了宁夏全域推进"彭阳模式"的工作理念和思路。在水利部的大力支持下,2020年9月,宁夏"互联网+城乡供水"示范区建设全面启动,自治区政府印发示范区建设实施方案,确立了"一个平台、两大产业、三张网、四个体系、五个示范区"的总体建设目标任务。从喝不上水到有水喝,从喝不上安全洁净水到喝上优质水,全面提升城乡供水保障能力和水平。

二、有效运用"互联网+"助力城乡供水高质量发展

"互联网+城乡供水"示范区建设是一场全新的探索,必须遵循发展规律,突出问题导向,注重改革创新。按照《宁夏"互联网+城乡供水"示范区建设实施方案(2021—2025年)》确定的总体目标任务,我们突出工作重点,强化工作措施,狠抓工作落实,着力打造政务云应用、技术创新、政策机制、产业培育、均衡服务"五个示范区",确保全区城乡居民喝上安全水、放心水,明白水。

1. 抓住"互联网+"这个关键

实施"互联网+城乡供水",项目建设是前提,"互联网+"是关键。我们坚持在信息化建设方面谋在先、走在前,全区各级水利部门紧盯信息荷载、信息服务,信息传输三个重点,抓紧实施水利云升级、管理服务平台建设和供水网络提升工程,高效提供云储存、云应用、云安全等各类云上服务,打造多样便捷的惠民服务端口,为设备接入、应用管理、数据联通等提供强力支撑,努力实现从源头到龙头的全程信息化控制,充分发挥工程效益。

2. 建好"三张网"这个基础

围绕自治区"十四五"重大水利项目,不断完善城乡供水工程网、信息网、服务网,着力构建大水源、大水厂、大水网、大服务工作格局。加快水源工程建设,开展水厂达标行动,实施管网、入户工程改造提升,分步连通已建、在建和拟建城乡供水工程网,提高供水保障能力,降低水资源损耗,建好城乡供水工程网。依托"水利云""宁政通"平台,加快实施水源—水厂—水池—水管—入户全流程数字采集工程,加大供水监管、生产、服务应用系统整合力度,不断增强政府、市场、用户数据交互能力,提高城乡供水管理服务数字化应用水平,建好城乡供水信息网。立足提供高质量水利公共服务产品,加强网上营业厅和应急信息中心建设,让群众少跑腿、数据多跑路,吃"放心水"、缴"明白费",建好城乡供水服务网。

3. 强化制度约束这个保证

建立完善水价形成机制,出台配套水价政策,加大水费收缴力度,有效落实财政水价补贴政策和工程维修养护资金,保障工程良性运行。制定完善城乡供水行政管理、运行管理和服务标准等相关制度办法,明确实施主体,厘清职能职责,接受社会和群众监督。探索建立全区"放心水"评价标准体系,统一供水工程建设、监督管理和制水生产标准,严格技术工艺,规范操作规程,建立第三方评估机制,开展城乡供水全过程监管,保障群众喝水安心放心。

4. 筑牢安全这个底线

建设和保护好水源地,合理统筹饮用水水源空间布局和供水格局,开展水源地保护专项行动,从根本上保障饮用水水源水量、水质,守护水源安全。围绕自治区"十四五"期间十大工程项目建设和九大产业高质量发展供水需求,提前布局、超前谋划,加快实施银川都市圈、清水河流域等城乡供水"主动脉"工程和一批中小型配套工程,持续提高城乡供水建设标准和管护水平,守好供水安全。树牢安全发展理念,加强安全生产监管,强化隐患排查和风险防控,从根本上消除事故隐患,守住生产安全。统筹建立项目信息安全领导和管理体制,提升信息平台监测预警能力,加强关键信息基础设施保护,定期开展信息安全评估,建立完善应急处置机制,守卫信息安全。

三、"互联网＋城乡供水"建设带来的经验启示

在2021年5月21日自治区领导赴水利部对接有关工作座谈会上,李国英部长指出,宁夏"互联网＋城乡供水"建设完全符合总书记要求和以人民为中心的发展思想,要认真研究总结教科书式经验,在全区、全国进行推广,切实发挥示范引领作用。自示范区建设启动以来,我们坚持以推进城乡涉水服务均等化为根本方向,以数据为关键要素和核心驱动,加快构建数字城乡供水集约承载体系、全面感知体系、网络传输体系和智能应用体系,通过在示范先行市固原市一年多的实践探索,推动当地供水管理和服务方式发生了根本性的改变。

1. 一体化增动能,解决了"多头管"的弊端

实施"互联网＋"为打破饮水安全传统管理体制机制弊端、实施城乡供水一体化综合改革提供了可能和空间。通过将城乡供水职责统一划归水务局,实行"技术＋改革＋工程"综合配套措施,统筹考虑制约农村供水的各种要素实施系统治理,打破了部门壁垒、城乡界限。

2. 自动化提效益,解决了"缺人管"的难点

依托宁夏"水利云"和"宁政通"公共平台,运用水联网核心技术,对城乡供水流量、水位、压力、水质等数据进行全程采集,实现城乡供水主管网和全部工程设施24小时自动运行、精准管控,管理人员大幅度减少,供水保证率显著提升。

3. 数字化强监管,解决了"跑冒漏"的痛点

建成集调度、运行、监控、维养、缴费、应急于一体的全区城乡供水管理服务数字化平台,对供用水和生产数据实时采集、传递、分析和处理,实现了多级泵站和水池智能联调、水质在线监测、事故精准判断和及时处置,工程事故率、管网漏失率大幅度下降。

4. 智慧化优服务,解决了"收缴难"的问题

按照"让数据多跑路,让群众少跑腿"的便民服务理念,改变传统下井抄表、上门收费的水费收缴方式,接入"我的宁夏"App,群众足不出户就可以通过手机缴费购水、查看用水信息、申请停用水,让群众吃上了明白水、安全水、放心水,水费收缴率由60%提高到99%。

四、宁夏示范区建设的发展方向

1. 实现权责一体化

明晰城乡供水保障工作相关方的权责，做到分工明确、各司其职，进而形成合力。建立健全"政府主导、水利牵头、部门负责、市场运营、社会参与"的城乡供水一体化管理体制，消除城乡分割、部门分割的原有管理体制弊端，实行各部门信息共享、联席会议、应急保障等工作机制，确保各项监管工作高效落实。

2. 实现运营一体化

建立城乡供水质量控制机制，在制水系统的前端、中端等中间过程充分考虑安全裕度，加强对原水、净水厂各工艺段、出厂水、输配管网、龙头水等各关键环节的水质检测和质量检验，确保用户水龙头水质优良、水量充沛、水压稳定。统一制水生产标准体系，强化生产管理，规范工艺流程，确保制水生产全面达标。

3. 实现服务一体化

建立城乡供水系统风险评估机制，树牢底线思维，增强忧患意识，明确规定、定期全面评估"从源头到龙头"饮用水安全保障体系中各环节的风险，分析研判各类风险的危害程度，从源头治理风险，将风险关口前移。建立统一的"放心水"评价标准体系，均衡配置城乡供水资源，不断缩小城乡居民在均等享有供水服务方面存在的差距，实现城乡供水均衡协调高质量发展。

计划到2025年年底，全面建成"互联网+城乡供水"示范区，全区年城乡生活总供水量达到4.62亿立方米，自来水普及率达到99%，城乡供水一体化率达到100%，受益总人口780万人。全区城乡供水保障能力和服务水平得到全面提升，形成在全国可复制可推广的成功经验。

原载于：《中国水利》2022第3期

第三节 碑 记

汉唐二坝记

明·孙汝汇

黄河由昆仑、积石入峡口，绕宁夏东西，直流而北。东作渠引流曰汉渠，汉之西曰唐徕，自董文用、郭守敬开导授民，其利远矣。迄今渠久浸淤，岁发千夫浚之，木植劳费，不啻万计。昔谓黄河独利于夏，兹困也孰甚？

隆庆壬申，宪大夫汪公恫念民隐，登览流渠，怃然叹曰："是闸也木也，洪涛冲溢，非木可支，盍易石为砥柱乎？"乃议于中丞抑庵张公，总督晋庵戴公，奏请改筑，报曰可。公沾沾喜，谓可以殚厥谋也。爰画方略，审势绘图，每坝设闸六，闸用石若干，授工人试之。无何公擢尚宝，督抚公各迁去。工将兴而未就，众议纷然，事几寝。

万历癸酉，中丞念山罗公抚夏，先忧首询厥役，亟闻之督府毅庵石公矣。会甲戌宪大夫解公至，檄总其事。解公曰："汪之加志于民，若此前功弗举，其责在我。"乃以协同刘君济、沈君吉、都司杨恩、守备朱三省统理，通判王鈗、薛侃司计会，经历李耀、千户刘楫司公务。役出于军夫，石取诸金积山。甃砌惟坚，二闸矻然。

经始，公谕役者，是用为式，可次第举之。诸执事任劳益淬，民亦欣欣相慰，孰不争先而趋赴也！

丙子秋，唐坝落成。迨丁丑四月，汉坝亦相继告竣。坝之旁置减闸凡十。中塘、底塘及东西厢、南北厢，各覆以石。上跨以桥，桥之上穿廊轩宇，豁然耸瞻，临流而溯源，诚塞北奇观矣。

夏人兴禹功河洛之思，谋勒碣以记数公之永永。刘君等以请于越东孙子，孙子曰："事每相待而有成，为民事者，终始相乘，乃克有济。故萧曹丙魏，自古称之，以其画一而同乃心也。"

是役也，汪公创之，其施未竟，天将启其机以有待乎？使后相龃龉於其间，一道旁之室耳。今共怀永图，一殚力而万姓损劳，百千年攸赖，岂云厥功甚钜，盖君子苟有利於生民，不必谋自己始，功自己出。彼数公者，心同而量弘，度越古今万万矣！其天为夏民，俾相待而共济之，君是耶？休风协美，用诏将来。

若筹略壮猷，数公更仆未易举，兹特述其水利云。

选自《（万历）朔方新志》

作者简介：孙汝汇，浙江余姚人，明隆庆二年（1568年）戊辰科进士，明万历三年（1575年）任宁夏庆王府长史，其余不详。

汪文辉去思碑记

明·王继祖

汪公都山受命分臬夏镇之明年,继祖时以请告归里中。接公言议,常耿耿于衷。无何公晋卿尚宝去任,镇人谛思不置,欲即公之德政镌诸碑,以比《甘棠》。

其言曰:"宁夏苦屯田之害久矣,赋重而督严,丁耗而役剧。往臬非不悯恻,顾常课不可损,独付之无可奈何。公至乃虚心资访,不遑寝席者一稔。斟酌损益,探本成书。请于督抚,闻于庙堂,凡无影河崩,诸田尽以豁免。报至日,镇人欢声载道。于是逃者复,疲者苏,边民始有更生之乐矣。公巡省所部也,以闸口岁费不赀,欲驱石为之。虽土人亦以为难,然朗见独识,自必可成。濒行犹悉心指划,以属后人"。

逮今功将告竣,且渠流疏通,视昔有加,屹然不拔,信可垂诸永久,人始服其神智。

公尝曰:"屯田颜料,用民财买,共该三千余两。闸支费岁以三分之二。而大木百金之值,千夫半月之劳,犹在其外。自今观之,石闸若百年无毁,省民财力当不知其几万倍矣,厥利不亦溥哉!"夫豁田创闸,皆公政之大者,他若监市而廒人输诚,决狱而宿冤平反,筹兵划农,疏商课士,皆深谋闳议,务建经国长规,边人历历能言之,兹在所不载。

继祖曰:"天下无不可革之弊,无不可兴之利。患在官不任事耳。继祖生长镇城中,地方利弊,闻其概矣。公至,乃革之兴之,利民而无妨于国,恤公而不害于私,诚古之遗爱、世之伟才也!"

去之日,边人引领啼呼如失父母,已而欲肖公之像祠之。父老谋之缙绅,缙绅请于抚台,乃听民竖碑,而俾继祖书其事,于此见公之惠镇人者为独至,镇人之德公者为最深。要之下非有所冀,而上非有所徇也。

公讳文辉,别号都山,徽之婺源人,登乙丑进士。

选自《(万历)朔方新志》

作者简介:王继祖,明代,宁夏人,进士,兵部郎中,升山西副使,其余不详。

灵州张公堤记

明·崔尔进

灵在宁夏镇河以东,刘综所谓"西陲巨屏"。居人三时农作,寄命於河。有渠曰汉延、曰唐徕,俱西为镇城所有。其在东者,秦家一渠,古称光禄等三渠,百家等八渠,今湮灭。意当时兼东、西渠名之,或曰即秦家支渠,皆不可考。渠故有堤,土薪间筑,旋筑旋圮,久之益废,不复治,岁屡不登。

观察张公既下车,亮采惠畴,大猷允迪。数问民所恫苦,得此,毅然谓:"非石碾无以集事。"于是相度鸠工,躬为激督综核,不半载告竣。延袤四百余丈,高厚坚致,亘如长虹,水无壅滞泛滥，顿成有年。畚锸之费出公，捐俸及搜括赎锾，不以劳民，民大悦。营参戎马君载道，并乡绅县尹戴君任等，即以张公名堤，如姑苏之白公堤，武林之苏公堤，而介郡二守沈君道隆求余为记。

余按河出昆仑墟，历注蒲昌，出积石，入敦煌诸境，以至朔方，此即其地也。河从高趋下，最善溃。至是为青铜峡约束，渐就平衍，稍潴泻以资稼穑。世谓天下多苦河害，惟朔方收河之利，良然。而关西诸镇，九原、张掖，左右遏虏，此居其中，形虽鼎峙，实衿喉焉。自昔置材官，挽飞数万，甲仗粮刍之需，仰给帑金不及四万缗，其余民运而外，一切取足屯田，又何约也！持筹而划者，毋亦曰滨河为利，徼灵於天实甚奢。俾半食其力，以舒县官急。而天何可常则，亦利不利之，灼然者矣。

公清修介节，伟略真心，盘错所至，剖决若神。日加意元元，绸缪其制作，永逸规模，成以指顾。塍位相接，可导可鄣，无荡无涸无淤。天若不自以旱干水溢为政而获畚，惟斥卤之场芃芃桑麻，无论家给赋足，陈稑我庾，而市价不骤腾涌。荷戈辈宿饱以养直前之气，纵天骄百万，敢南向发一矢耶？即不然狡焉以逞，阡陌蜿蜒，险阻绣错，我以投石拔距之余，遏飘风骤雨之众，扼吭制撑，犁孤死命，砺萧斧伐朝菌耳。

然则是役也，自金积而南，周索自我，入保出遮，虏绝瓯脱之迹。尽神皋奥区之域，惟公之所保厘而乂安之。而余窃谓此并画之遗也，赵营平行之金城而效矣。今大司徒所仰屋而叹，必曰："辽饷加派南亩，三倍原额。监司二千石而下，且以此定殿最。新饷日急，旧饷日逋。急者终付尾间，逋者致各塞，有庚癸之呼。何如推公此法于蓟门通津间，芟黄蓁芜，严葺其圩奈旱坊，且耕且战，不愈于水陆飞挽数千钟致一钟乎？"

公堤筑既成，则有见于河渐内徙，怀襄之势啮及城趾，复切犹溺之视，条画石碛便宜，上之台使者。兴作伊始，民之室宇，靡所不奠居以无至昏垫，徼塞始有金汤。至夫肃宪章，贞百度，严刁斗，明烽燧，饬将吏，课博士弟子，董正盐法，詟服援兵，芳施闾泽，奕世利赖，则境以内藉藉有口碑在。圣主眷眄，公且埤遗有加，行且授以大中丞节，若圻父专九法，筹饷命旅，余与灵人又拭目廓清，浃肤藏髓，不区区北地阐熙间矣。

公讳九德，号曙海，浙江慈溪人，万历辛丑进士。

选自《（万历）朔方新志》

作者简介：崔尔进，明代太仆寺少卿，其余不详。

重修暗洞记

清·王全臣

渠之有暗洞也，古所设以泄水者也。

河流自南而北，各渠引之西北行，以溉民田。溉田之余水，散注于各湖。湖与湖递相注，而仍东泄于河。其所由泄之路，则穿汉渠之底而出。汉渠南北流于上，而穴其下若桥洞然。虽高止数

尺,广止丈余,而渠与两岸之堤宽至十有余丈,洞之长亦如之。深藏地中,潜渡伏流,望之幽邃杳冥,故曰暗洞也。厥洞惟三,在魏信堡者曰上洞,在张政堡者曰中洞,在王澄堡者曰下洞。古人之於渠工,计其蓄,复计其泄,良法美意,亦至详且尽矣。

予莅宁夏之初,巡历郊原,第见夫各渠率多壅塞,民田强半荒芜。每经过暗洞,或告予曰:"水满则溢,此乃泄之也。"予虽目击其崩溃填淤,忽焉不介于心。盖环顾阡陌之间,求消滴以润涸辙,尚戛戛乎难之,焉用泄为?意谓古人为此,似亦过计。迨其后创开新渠,疏通唐、汉,水于是乎有余,田间水满,乃注于各湖。湖不能容,遂潴焉而为害。夫乃叹古人之良法,皆毁于后人之忽,不究心耳。

呜呼!靡不有初,鲜克有终,伊谁之咎欤?苟不早为之所,倘一倾颓,汉渠且截然中断矣。奚可哉?乃日夜思,所以修葺之,无如工大费繁,计无所出,未敢遽宣诸口。

辛卯冬,诏蠲次年租赋,予欣然曰:"暗洞可修矣。"正供中有所谓麦馈者,岁赋七百余金,往例不赋之于地丁,而赋之于渠夫,每岁於额夫万有二千之中,轮抽五百人免其力役,俾纳麦馈。今租赋既蠲,则此五百人者,例仍归诸渠,向者渠工浩大,尚可少此五百人,兹渠已垂成,又焉用之?竟以助修暗洞可也。

张政之洞,原甃石为之,第岁久敝损耳。魏信、王澄较张政之洞为更大,乃尽系木植,易于敝坏,若俱易之以石,更足垂诸久远。爰综核而量度之,三洞之中为补葺,为更易,应用石几何,木几何,工匠几何。

会计既定,乃即壬辰春浚之。先于麦馈五百人中以三百人措置一切物料,以二百人采石于山,示以尺寸。而检罚去岁春工之误工者数百人,使运之。其或不足,则拔额夫以助之。罚工惟重,他则较浚渠稍轻,盖使小民易於趋事也。春浚工兴,众役毕集,不越月而告成。魏信、王澄之间,伟然两石洞,直与在张政者并垂诸久远矣。

由是于各湖上下,水所由行之路,尽疏之使通,以导其流。夏秋之际,田间水满如故,而各湖之滨且涸而为田。泛溢之害,吾知免矣。古人之制可复,予亦可告无罪矣。或曰:"不费不劳,而使水有所蓄,复有所泄,皆司马之功也。"或曰:"水利自有专司,君何越俎以任劳怨,且不惮烦也?"

嗟乎!今日暗洞修,而渠之事功始毕,予之志愿乃毕。予何功焉,特复古之制云尔。若夫身任民牧,则民事宜亟,越俎之讥,予固不辞也。后之君子,实用心於蓄泄之间,而不使古人之良法美意,湮没於忽不究心者流,斯予之愿也。

以是为记。

选自《(乾隆)宁夏府志》

作者简介:王全臣,字仲山,湖北钟祥人。清康熙三十三年(1694年)进士,任汲县知县、河州知府、宁夏水利同知、平凉知府、安西兵备道。任职宁夏时,主持开凿大清渠,广灌田亩,建造汉延渠魏信、王澄、唐铎涵洞,并对各渠道普遍进行疏通,改革春工用人办法,宁夏府城绅民感其业绩,建生祠以祀之,其余不详。

修大清渠碑记

清·涂觐颜

汉延、唐来两渠之间，新开渠一道，阔五六丈，延袤七十余里，东引黄流奔腾而下，其势汹涌，奋迅可与唐、汉鼎立而为三者，我司马王公所创大清渠也。

公历任始于戊子之春，而兹渠即创开于是年之秋。当其开渠时，请命于观察使鞠公。鞠公深悉公才，即委公往营之，并今水利都阃王公共襄厥事。公规模素定，一若行所无事者，安间指授，七日而渠成，水利不崇朝而遍注万顷。於戏盛矣！

夫自河势东徙以后，唐口壅遏，距今已数十年。其职守兹土暨专司水利者，不知凡几也。岂遂无殚心民事，而久於此者，然俱不克营此。公受事甫数月，即洞悉其情形，而力为之。於以知非常之举，必待非常之人。公之大有造于宁也，岂偶然哉？

稽之于志，明大中丞焦公之改修七星渠也，三月而始毕；河东观察使张公之筑河堤也，二年而始竣。沿而上之，如汉、唐诸渠，其创作虽不可考，然决非旦夕而成者。即我公初发议时，众口纷若，咸谓费不数千金，功不二三年，当无以底厥绩也，公乃不及旬日，开渠数十里，非常之举，其速如此。此诚绝代才人之所为，非拘牵庸算者之所可到也。

兹渠一开，而九堡之荒田俱成沃壤。其食公之利泽者，不知几万家。且九堡不借润於汉，而兹渠复大有助於唐。是食公之利泽者，又不知几千万家矣。渠成於今已七年矣，吾宁人左飧右粥，亦习以为常耳。去秋西鄙旱荒，所在流离饥饿，试思今日之饱食嬉游，得享升平而歌乐土者，其谁赐焉？而顾可忘耶？宁人咸谋勒诸石以记其事，而属文於余。

余不文，愧无以扬厉公德，然缘此得挂名石上，自托不腐，是则余之大幸也，其又奚辞？至若仿汉、唐之制，建立闸坝，与夫造过水笕、筑迎水堤，一切良法美意，悉载公《上舒抚军书》中，宁人已刊刻成帙，家传而户诵矣，兹不具载。

是为记。

选自《(乾隆)宁夏府志》

作者简介：涂觐颜，清康熙年间人，其余不详。

宁夏司马王公生祠记

清·杜森

渠之有唐、汉，夫人而知之也。唐、汉之始于何代，创于何人，夫人而未必知之也。说者谓开导授民，肇自董文用、郭守敬，又谓虞诩、郭璜浚於东汉，李听、杨琼浚于唐、宋。率多摭拾附会，疑信相参。

嗟乎！以利在斯民，功及百世者，曾不一识其姓名，君子憾之。闸坝之设，与渠相为表里者也。宁夏之氓，咸知闸坝之建于汪公，而不知汉、唐之浚於谁氏？岂非以汪公建竖有祠可记，有碑可摩，故民於今称之耶？

今我王公开渠七十余里，筑堤数百余丈，建闸坝，修桥亭，且相地亩之高下而渡之木筧，仿积水之横流而消之暗洞，以一身而兼汉、唐，汪公古今之事，综而成之，不三载而底绩。

宁氓欲报之德，爰於大清闸之东偏构数椽，立片石，仿荀杜于郑诸故事，生而祠之。其不嫌湫隘，必欲建之于闸右亭台之间者，则又仿立汪公祠之意，每岁春浚，连类而修葺之也。

宁氓报德之心，直期于汪公祠并垂不朽。岂仅识厥姓名，使千百世下，夫人而知之已哉！是为记。

选自《(乾隆)宁夏府志》

作者简介：杜森，清康熙年间人，其余不详。

修唐徕渠碑记

清·通智

我皇上御极以来，宵衣旰食，轸恤民隐。以万民衣食之源在于水利，于雍正四年六月间，特命侍郎臣通智与原任侍郎臣单畴书，在宁夏查汉托护地方开惠农、昌润二渠，筑新渠、宝丰二县，招徕户口，安插垦种。大工将竣，于雍正八年五月间，荷蒙圣恩，复念唐徕、汉延等渠，灌溉地亩，宁郡民食攸关，其闸道埽岸，废弛损坏，若不补修，将来难以经理。以臣通智在宁开浚渠道，自然明悉，着会同臣史在甲，即行查议。臣等钦奉上谕，详勘确估，三渠工程难以并举，奏请先修唐渠。奉旨依议，钦此钦遵。

伏查唐渠自始，莫可考究。观其形势，自青铜峡百八塔寺下，分河流为进水口。由大坝绕宁城，逾平罗，入于西河，绵亘三百零八里。沿贺兰山一带田地，均资灌溉，遍稽志乘，名曰"唐来渠"。元时行省郎中董文用、河渠提举郭守敬，曾加疏导，而闸座犹系木植。至明隆庆间，督储河西道汪文辉始易木为石。后一百六十余年，虽例设岁修，而司其事者，多因循苟且，遂至闸座倾坏，渠身淤澄。臣等遵旨浚修。爰于雍正九年二月二十日，率领效力文武官弁等四十员，并协办宁夏道、府、厅、县分布兴工。起自进水口，其迎水埽甚低，且多冲坏。船运峡口石块，杂以麦草，直分河流，帮砌石埽，兼内外码头，共长三里零十丈。倒流河决口，宽百余丈，每年用草滚埽，一遇大水仍行冲决，水势既下，难以挽之使上。且安澜闸底高水背，又被冲刷倾坏，仍循旧迹，自上流另开渠身一百八十余丈，顺引而下，扼顶冲处，造滚水石坝三十丈。水小则束之入渠，水大则从坝出，以杀急湍。

又将安澜闸移下，迎溜展造四墩五空石闸一座，以退余水。其大小双闸，底高空窄，出水不畅,乃稍移而南,合造三墩四空石闸一座,易名汇畅。宁安闸底既高,而南码头又突,乃落底展修三墩四空闸一座。关边闸虽出水甚利,并正闸、贴渠、底塘、梭墩、石墙,俱多损坏,皆添石重修,并展造桥房十三间,以及碑亭、廊房数楹。正闸之北为龙王庙,因旧制而恢广之。

凡退水尾俱短,水出即折激湍之势,淘坑冲刷以致闸座不坚,因势疏浚,顺引归河。且退水归入倒流河,反与大流河漾水会射刷垾,不但大垾日险薄,而田地时遭淹泡,因于来水口厚加修筑,使水顺流而下。垾岸既坚,旁地俱可耕种。自进水口抵正闸前,计九里三分零八丈,皆沙石淤塞,分为一工。自正闸后抵月牙湖脑三十二里八分,抵玉泉桥又二十二里一分,抵宁化桥又二十三里二分零十一丈,抵大渡口又二十一里七分零一十七丈,抵和硕墩又二十一里八分零二丈。渠西浮沙弥漫,渠内淤澄甚厚,垾岸低薄,分为五工。自和硕墩抵三渠湾二十四里三分,抵保安桥又二十一里七分,抵满达喇桥又二十三里一分零一十一丈,抵站马桥又二十五里六分。虽有垾岸而偏坡、转嘴甚多,分为四工。自站马桥抵张明桥二十六里一分零八丈,抵张贵桥又二十四里一分,抵李市桥又三十八里七分。渠身太窄,淤嘴亦多,分为三工。渠尾淤塞,余水即泄入诺素湖,一遇水大则漾漫田亩,因循旧迹,越废边十二里九分,分为一工,俱派拨文武员弁,督夫浚修。不但淤者去之使平,薄者加之使厚,低者培之使高,窄者展之使宽。即渠内大波,约下三四尺以至丈许,且将尾稍引入西河,水有攸归,地亦可垦。凡渠内水缓沙壅,则多淤澄,因对偏坡、转嘴相度斜射冲刷之势,布设码头,使沙不停留,则水自无阻滞。又一切受水险垾,加帮柴柳土堡。梳背长垾码头,背土培厚,内外相兼,可免冲决。桥座一十有七,皆添木补修。新开渠尾,架桥二座以通往来。又于正闸梭墩尾,及西门桥柱刻划分数形势,兼察淤澄。渠底布埋准底石十二块,使后来疏浚,知所则效。于四月十四日,工竣放水。

是役也,皆仰体皇上爱养斯民之至意,而竭蹶从事,不遗余力。即在工文武员弁,协办宁夏道、府、厅、县,亦莫不欢欣鼓舞,不遑宁处。计其添运物料,雇觅夫匠,总需一万八千余金。自兴工以至放水,为时五十三日。民不觉劳,而大工以济。落成之后,规模一新,渠流充畅,高下地亩,优渥沾足,万姓欢腾,群歌帝德。惟愿后之司其事者,毋怠忽以从事,勿肥已以病民,则渠水无匮乏之虞,而亿万斯年,宁民得享盈宁之庆矣。是为记。

选自《(乾隆)宁夏府志》

大修大清渠碑记

清·钮廷彩

昉稽宁夏,乃古朔方地,贺兰环其西,黄河亘於东,诚为边徼雄胜之区。其中膏腴沃壤,不一而足。凡民间树艺稼穑,惟引黄水以资灌溉。

考自昔日开有汉、唐二渠,此水利之滥觞兴也,伏自我朝定鼎以来,生聚日蕃,开辟益广。

汉、唐二渠之水，支分远注，疏引渐多，而水势因浸乎微矣。恭蒙圣祖仁皇帝远筹民计，于汉、唐二渠之中复开大清渠一道，袤延百余里，引黄入唐，联贯而下，水源充畅，岁事丰登。天时、地利、人和，三者咸备，是皆圣帝仁君，湛恩汪濊之所及也。

乃历今数十余年，虽岁修不时，而工作颇钜。沮洳淤壅，日积月盈，向之所谓，广者狭矣，深者浅矣，通纳流行者倾圮漏矣。恭逢我皇上继统绍述，时以重农敦本为念。大修之举已廑圣怀，时因查汉托护地方，招徕屯垦，钦差部院大臣司帑建兴。新开惠农、昌润二渠，斯时匠作、夫役咸集，工所以臻其要。继以用武西塞，飞刍挽粟，均资民力，此又当舒徐从事也。

及插汉托护工成，而汉、唐二渠已历千百余年之久，葺废崇新，俱宜循次而举。钦奉谕旨，颁发帑金，令将汉、唐、大清三渠，加意修整。当即先修唐渠，旋即告竣。臣廷彩继任监司，有统辖水利之责。踵修汉渠，亦复庆成。由此而大清渠之大修，不可以稍缓矣。

爰于雍正十一年冬，鸠集工匠，炼灰采石，办料庀材，先期预备。择吉于雍正十三年上巳之辰，兴工建修，恢宏旧制，畚锸咸施，淤者浚之，窒者疏之，坚其堋岸，固其闸座。龙神庙貌，巍然灿然。

不一月，而诸事毕举，凡向之所谓狭者、浅者、倾圮泡漏者，莫不整然改观矣。且其源洋洋，其流汤汤，询诸父老，佥称水利之盛，未有如斯者也。今而后，平畴绿野，何须望杏瞻蒲；阡陌青芜，不必锄云犁雨。盈宁叶庆，何莫非圣天子溥博宏仁，垂乐利於亿万斯年也哉！

是役也，司其事者水利同知石礼图，公其事者宁夏府知府顾尔昌，趋其事者宁夏县知县武梓，宁朔县知县李鋐。

臣延彩欣睹其盛，敬拜手赓扬以颂。

选自《(乾隆)宁夏府志》

新建峡口龙神庙碑记

清·张金城

古者祀典，咸秩群神。凡有功于其土之民者，则祀于其土，食其利者享其报，理固然也。

宁夏四渠，各有龙神庙。而建于唐来渠者凡三：一在峡口，为河渠之源，修浚时，祈祀于此。一在西门桥，开水后于此报谢焉。而正闸上之龙神庙则专主唐来者也。然向皆专祀龙神，未有议以他神从祀者。

乾隆丙申，辽海王公来守是邦，患渠淤淀，非倍增工夫，大加修治，日久且塞。时方入觐，力陈疾苦，奏请借帑八万五千两，遂厘章别弊，谋大举修浚。

未几，晋位本道观察使，专司其事，不辞劳瘁，周历渠干，竭虑殚精，不遑暇食。而频年河流出峡，势折东趋，遇甚涨溆，漫波入唐来渠口，水只数尺，稍减则渠涸。又自正闸以下数十里，渠皆濒山,白沙浩浩,随风转徙,常以千夫之力,旬日之功,一夕颠霾平衍复故。

公筹划焦劳,几用成疾。每祷于上下神祇,唏吁涕零,默神庇佑。已而兴工逾月,清和开霁,暴风不作,沉沙不扬,而且黄流洞泚,改折而西。若或导之,适与唐来口相注。民吏争睹,欢腾踊跃。工绩用成,渠流普畅,此皆我公视民事如己事,至诚感乎神之相佑,其应如响也。

公曰:"是宜增作龙神庙,以昭报祀。然考六壬十二将,日躔降娄曰"河魁"。清明犹二月中气,用事修浚必始,此一岁之利胥赖焉,应与龙神并祀。又风神旧列祀典,而河图云"辰星主沙",是沙亦有主者,皆宜从祀左右,使继自今有事斯渠,因河之利而天时相之,风恬沙静,用力省而成功多,不亦美乎?"佥曰:"善"。乃择于峡口上,去旧庙十里许,鸠工庀材,刻期兴作。庙未就,而公开藩本省,去时犹至工所,周视谆嘱。

余窃幸嗣公后典此郡,追随渠畔,勷理有日,凡百麻佑与有庆焉,是用仰体公意,敬慎厥事。不逾月,庙成,正殿三楹,配殿六楹,旁置游廊、耳房,以为岁修憩宿之所。门庭垣墉,既饬既备,严严翼翼,规模宏敞。诚可以栖灵爽而迓神贶矣。猗欤休哉!

神人之感召以诚,幽明之好生无二,公体君心以爱边民,神亦鉴公心以佐盛治,两相感应,降福无疆,丰年穰穰。斯主之民,世虔报赛,永怀公仁,亦用溥圣天子之湛恩于勿替也。

是为记。

选自《(民国)朔方道志》

作者简介:张金城,清代直隶渤海(今河北河间县)人。乾隆四十一年(1776年)任宁夏知府。于乾隆四十三年至四十五年(1778—1780年)主持修纂了《宁夏府志》,该志为明清以来宁夏地区最详备的志书,全书约五十万字。

大方伯王公修渠记

清·张金城

天地自然之利,非得人以开导之,则不为功;前人制法之美,非得人以经理之,亦不能久。前世若杜南阳复信臣之迹,何汝南修鲷阳之旧,史称其美,民颂其惠,善作善承,其烈相等也。

宁夏之有渠,肇自汉、唐,至前明而其法渐备。我朝增开大清、惠农、昌润各渠,而其利益溥。然河水一石,其泥六斗,每岁疏浚,期只一月。以浊流终岁之淤澄,欲于一月中尽举之,恒苦不能胜。滞积既久,为功倍难。渠日浅涸,受水无多,灌溉且不周。考之碑记,自乾隆四年大修后,至于乙未、丙申,已三十余年。渠流之不能普畅,盖可知矣。

维时我大方伯辽阳王公,方授宁夏知府入觐,天子之公在甘肃年最久,问民疾苦,公极陈无隐,因及宁夏渠道废湮状,请动帑大修,天子允其请,即命公筹之。本省制军借发帑项资疏浚,务通利无所惜。圣主之爱民肫切若此,可谓至矣。公莅事未几,迁甘凉道。制宪以宁夏渠务,非公

不能理,复奏请即调补宁夏道,专以渠事委公。公亦以此自任。

丙申之冬,首议厥事,公躬行五渠间,相度其闸坝淤孰要害,渠底淀淤孰深浅,堤岸孰卑薄,注为籍。乃令郡人悉渠务者,各条其便宜而采择焉。又令乡堡举能督浚者数人,无问绅士、农民,公悉延接,察其能,书其名于册。开局於署,筹计增料若干,增夫若干,费若干,贮项于府库,毫厘出纳,皆公自支给,不以假吏胥手。及收来桩料,必择廉干绅士董其事,役不得蠹焉。其先事经划之详如此。

明年春,将兴工,公曰:"五渠之工,大且难者莫若唐徕。吾请自肩之。"以余四渠委金城等分理焉,而悉秉程于公,于是各渠之中,浅者浚,滞者瀹,狭者展。其堤岸薄者培,卑者增。闸坝石工损者补,甚者撤。而新分段课工,酌工济料,因事任人,人吏恪勤,工夫踊跃,一月之间,数十年之湮淤堕坏,靡不修举。而公所理唐徕渠,其最难者盖自大坝下杜家嘴至玉泉沙漠数十里,向尤漫衍不治,渠与地平。

是岁兴工,天日清霁,风霾不作。排滞沙,开水道,两岸垒叠如山。此邦之人,尤以为昔所未睹。河流频年东徙,唐徕之口入水不数尺。公尝用土,人议增叠迎水拼数十丈,卒无效。已而知口外积沙为埂,横亘若阈而沉伏水底,人力无所施。公深用为忧,至不遑假寐,或中夜起步于庭,唏嘘涕零,吁天祷神,泥首罪责,谓此患不去,渠虽深通,流必不畅,民何以济。既而工竣,决埽放溜,河流潜引,直注渠口,积沙自徙,乃大通利。观者莫不惊叹,谓非公精诚格天,莫能致也。其当事之忧勤又如此。

是役也,夫之数倍增于常,而民不扰;料之数数倍于常,而民不累。通中卫美利各渠,共借用帑银八万五千两。在官之物,无束草片石之渗漏;在工之人,无一民一吏之惰偷,皆出于公之综理。盖自始事以迄于成功,数旬之间,而公之须鬓尽白。

夫自汉、唐以来,有功斯渠者具在史册,即我朝若司马王公全臣开大清渠,侍郎通公智开惠农、昌润渠,至今皆称颂不衰。然则公之斯举,踵美二公,后先鼎峙,小民口碑,不朽百世,其必然也。

顾金城追随左右,亲承公之指授,深悉公经理措置之宜,精诚感孚之应。窃欲记其梗概,使后之从事者,法公之法,心公之心,庶足宣播圣天子之德意,惠养斯民,而河渠美利可永赖勿替也,岂徒为公颂美哉。

公讳廷赞,字翼公,由郡守迁观察,遂晋位方伯。在宁仅一岁,善政不可殚述,水利其最大者云。

选自《(乾隆)宁夏府志》

作者简介:张金城,直隶(今河北)人。清乾隆四十一年(1776年)任宁夏知府,主持修纂《(乾隆)宁夏府志》。

改修新济渠记

清·徐保字

新济渠者,镇朔堡民田四十二顷养命之源也。

先是,镇朔、洪广皆受水于唐来之大罗渠,以沙压不得水,开新济渠灌之,被其泽者,四十年矣。无何渠之侧旧有沙窝,始而渠东,忽转而渠南。渠十余里横亘沙碛,由是断源绝流。

夫镇朔孤悬贺兰之尾,村墟寥落,滩地荒远。当封俵时有常信以截上游,有洪广以堵中段。岁修甫竣,即深通一律,尚难达水到稍,况以沙山限之,势更不能。然或冬水不得则得夏水,夏水不得则得冬水,未有灾黎受旱,困苦流离如今日者也。

嘉庆年间,议者移渠西北,因岁歉,事遂浸。兹据镇民王殿元等呈请改修,意欲避沙窝而占用洪广之田。于是,洪广人民纷纷叠控,或谓断命脉,或谓害民生,或谓浇荒田,或谓霸水路,百计阻挠,争讼不息。余怫然曰:"镇之民望泽久矣。今有田莫之灌溉,譬有病莫之救援,立而视其死,仁人所不为也。"遂命驾於洪广之原,相乃小民,各持一铫一锸以开挖。

其间,越三日工成。其占改黄姓田亩,断价四十千,岁纳夏秋粮一石三斗六升。所斩杨、沙二渠,令搭盖飞槽,以通水泽。建桥三座,以通行旅。

维时两造允服,渠开流畅,永享其利,乃援笔而为之记。

选自《(道光)平罗记略》

作者简介:徐保字,字阮邻,浙江归安(今浙江省湖州市吴兴区)人。清道光四至五年(1824—1825年)和道光八年(1828年)先后两次出任宁夏府平罗县知县,在任期间,编修了平罗县第一部地方志书《(道光)平罗纪略》,其余不详。

峡口禹庙碑

清·佚名

原夫统系承于五帝,敷土之烈独隆,随刊遍于九州,鬃河之功,最大盖溯阳纡之巨派。探板桐之遥源,枝流之并千渠。悬水之高,万仞嘘吸则转旋,星宿蓄泄则鼓荡风雷。而龙门未开,吕梁尚阻,元气滃濯,百脉沸腾。异聚灰之可埋,岂捧土之能塞!使非神奇特起,圣睿挺生,何以奠坼副之黄舆,拯沈灾之赤子乎?

溯自石纽,降精玉斗表,贶千夫之盘,分帝之忧。灵龟呈括象之图,神龙献导川之画。丈人之称九潦,将军之号百虫,五伯宣力,八神受命,咸禀指麾而助顺,并宣劳勤以奏功。遂使霍蒲之地悉返耕桑,巢窟之氓尽登柞席。非天下之至神,其孰能与于此。

峡口者,黄流之险阨,紫塞之巨防也。旧称铜口,亦曰青山。岩嵝对峙,似重楼之百常;突兀

相望,伴圆阙之双起。奔湍为之缚束,碣石为之整落。下通伊阙,旁带流沙。宵崖辟鸟兽之门,骇水集蛟鼍之窟。

上有禹庙,由来已久。飞榍虚构,浮柱相承,像设崇严,仪卫森列,所以资呵护、妥神灵也。或者谓神功广运,灵迹遐宣,是以东造绝迹,西延积石,南逾赤岸,北达寒门。降云华于清都,锁支祈于恶浪。夷岳封青泥之检,洮水受黑玉之书。共知九野之平成,何待一方之尸祝!祀典得无近亵,明神方且弗歆。殊不知其用力深者,其感人也远。睹洪澜之湍悍,识底定之艰难。疏凿居四渎之先,勤劳分九载之半。胼手胝足,绩用最多,驭气乘风,魂魄犹眷。

囊日,北阿之享归,成功于上穹,今兹朔塞之祠,垂明禋于万祀。亦民之不忘旧德也,而何疑哉?惟是丹青岁久,霜露年侵,栋干庸疼,宋瘤疼剥。徒袭卑宫之旧,未抒崇德之忱。制府福嘉勇公因巡阅之余,行朝谒之礼,悯摧残之落构,察隐嶙之余基,鸠工庀材,凝工度木,测景经始,剋日葳功。

金爵承云,璇题纳月,千寻桂柱,峙鳌背以巍峨;百尺梅梁,化龙鳞而飞动,冕旒肃穆,宝光腾宛委之珪;椒苣氤氲,香气覆昆吾之鼎;将镌乐石,远命辄生。知圣德之莫名,如天容之难绘。探秘文于岳渎,敢摹岣嵝之碑;囿浅见于方隅,仅记昆仑之派云尔。

选自《宁夏水利历代艺文集》

修唐徕渠碑附记

此碑建于清朝雍正年间,历二百三十余年,原在唐徕渠与贴渠的分水墩上,并建有碑亭和小庭院,与龙王庙相对,后毁于一九六七年。今依《宁夏府志》所载碑记原文,请陕西省西安市玉石雕刻厂,按原碑字体格式,重新刻制,并将原碑残片一并保存,以供参证。

唐徕渠是宁夏引黄河水灌溉的古老干渠之一,创始年代久远,因唐代大修延长,招徕耕种,故名唐徕渠。历经北宋、西夏、元、明、清、中华民国各代的经营到中华人民共和国成立前夕,干渠全长一百一十二公里,正闸最大进水流量每秒六十五立方米,有桥、闸三十三座,斗口五百五十一个,灌地四十六万余亩。

中华人民共和国成立后,全面扩整,裁弯取顺,合并斗口,使渠身缩短,水流畅利,渠不再淤。一九六〇年二月青铜峡枢纽截流后,唐徕渠由坝下河西总干渠引水,提高了供水保证率,解除了黄河大水和冰凌对渠首的威胁,减除了历史上岁修的卷埽、堵口和渠道清淤等繁重负担。自一九八三年改习用已久的按亩征费为计量收费,负担合理,节约用水,诚为水利管理上一大改进。

今日唐徕渠由闸起,干渠全长一百五十四点六公里,现有闸、桥、涵洞、跌水等九十一座,斗口三百一十九个,渠口最大进水流量每秒一百五十立方米,灌溉青铜峡、永宁、银川、贺兰、平罗、石嘴山等六县市土地一百一十余万亩,为宁夏引黄灌区引水量与灌溉面积最大的干渠,被誉为"塞上乳管"。

宁夏水利厅渠首管理处
一九八六年九月五日

仿制镇河铁牛

公元一九五〇年春,青铜峡大坝原二闸湾清理唐徕渠时,出土一铁牛,耳下镌有"铁牛铁牛水向东流"字样,虽经岁月侵蚀,锈迹斑驳,仍见安逸准致,栩栩如生。铁牛身畔尚得铜币百余公斤,内多有"五铢钱"。据考为唐人防止黄河河床改道而铸,乃镇河"宝牛"。翌年秋,宁夏省宣传部运抵银川中山公园珍藏。一九六六年被损毁。一九七八年仿铸被毁"宝牛"立于中山公园中湖西畔以维游人。

二〇〇三年深秋,宁夏水利厅改造大坝风景区,渠首管理处仿铸原铁牛立于唐渠畔,寓意河渠安澜,造福百姓。

第四节 诗 词

送卢藩尚书之灵武

唐·韦蟾

贺兰山下果园成,塞北江南旧有名。水木万家朱户暗,弓刀千队铁衣鸣。
心源落落堪为将,胆气堂堂合用兵。却使六番诸子弟,马前不信是书生。

选自《(宣德)宁夏志》

作者简介:韦蟾,公元?—约873年,唐代诗人。又作韦瞻、韦禅,字隐珪,下杜(今陕西省西安市)人,一说为福建人。唐宣宗大中年间进士。初为徐商掌书记,咸通末,终尚书左丞。善诗,与李商隐、罗隐等唱和。《全唐诗》存其诗十首。

贺兰九歌之三

明·潘元凯

汉唐渠水流瀰瀰,冬则涸兮夏则溢。不知何代兴屯田,千载人劳至今日。

独怜贫户无牛耕,纳税输官卖家室。呜呼三歌兮歌声哀,轮台之诏几时来!

选自《(弘治)宁夏新志》

作者简介:潘元凯,字俊民,明代嘉禾(今福建建阳县)人。洪武初年,任知县,后来被谪戍宁夏。工诗文。

汉渠春涨

明·朱栴

神河浩浩来天际,别络分流号汉渠。万顷腴田凭灌溉,千家禾黍足耕锄。

三春雪水桃花泛,二月和风柳眼舒。追忆前人疏凿后,於今利泽福吾居。

选自《(宣德)宁夏志》

作者简介:朱㮵,公元1378—1438年,号凝真、凝真子,汉族,安徽凤阳人,明太祖朱元璋的第十六子,生母是余妃。洪武二十四年(1391年)封庆王,洪武二十六年就藩宁夏,谥号靖,故又称庆靖王。天性英敏,问学博洽,长於诗文书法,著作有《宁夏志》《凝真稿》《集句闺情》等。

官桥柳色

明·朱栴

桥北桥南千百树,绿烟金穗映清流。青闺娟眼窥人过,翠染柔丝带雨稠。

没幸章台成别恨,有情灞岸管离愁。塞垣多少思归客,留着长条赠远游。

选自《宁夏通志·艺文卷2013》

月湖夕照

明·朱栴

万顷清波映夕阳,晚风时骤漾晴光。暝烟低接渔村近,远水高连碧汉长。

两两忘机鸥戏浴,双双照水鹭游翔。北来南客添乡思,仿佛江南水国乡。

选自《宁夏通志·艺文卷2013》

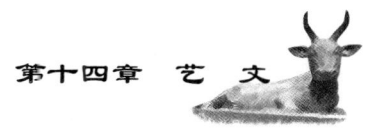

渠上良田

明·朱秩炅

天堑分流引作渠,一方擅利溉膏腴。鱼游浅碧东风细,花涨残红暮雨余。
千顷良田凭富足,万家编户获安居。亢阳任尔为骄虐,稔岁何妨史氏书。

选自《宁夏通志·艺文卷2013》

作者简介:朱秩炅(？—1473年),号樗斋。庆王朱㮵第三子,正统九年(1444)封安塞王。著有《樗斋随笔录》二十卷。

宁夏阅边

明·王琼

仗钺褰帷入夏州,塞垣风景豁双眸。田开沃野千渠润,屯列平原万井稠。
西北蜿蜒崇岭峙,东南缥缈大河流。深沟划断通胡路,不用穷兵瀚海头。

选自《宁夏通志·艺文卷2013》

作者简介:王琼(1459—1532年),字德华,号晋溪,太原(今山西太原)人。明成化二十年(1434年)进士。嘉靖八年(1529年),以兵部尚书兼右都御史总督陕西三边军务,驻节固原。著有《晋溪奏议》。

高桥望宁夏

明·王弘

匹马行行此极边,依稀风物似中天。东西处处人栽树,远近家家水灌田。
雨露一般唐郡县,乾坤万里汉山川。平生倘有安邦略,谁肯忠良秘莫传。

选自《宁夏通志·艺文卷2013》

作者简介:王弘,字叔毅,南京光洋卫人。明弘治六年(1493年)进士。

行台视事

明·王珣

皇皇宠命重安边,宪节春风路五千。灵武山河多险隘,贺兰云石共钩连。
渠分唐汉江南景,地镇华夷塞北天。韩范功名青史在,肯将实学付徒然。

选自《(弘治)宁夏新志》

作者简介:王珣,公元1440—1508年,山东曹县(今山东曹县)人,字德润。明成化五年(1469年)

进士,授太康知县,擢御史,巡按苏州、松江。明弘治十一年(1498年)以副都御史巡抚宁夏。编修《湖州府志》《宁夏新志》《南轩诗稿》等书。

宁 夏

明·孟逵

百万貔貅善攻守,胡尘靖扫草茸蒙。威加朔漠龙沙外,人在春台玉烛中。
山限华夷天地设,渠分唐汉古今同。圣君贤相调元日,塞北江南文教通。

选自《(弘治)宁夏新志》

作者简介:孟逵,玉田县(今属河北省)人,一说顺天府(今北京市)人,弘治十四年(1501年)以按察佥事督储宁夏,其余不详。

两坝重修

明·冯清

东风两坝喜重修,一脉滔滔接上流。原隰利分均上下,汉唐泽溥自春秋。
四时谢绝商霖梼,万代评将禹绩传。杆御足兵缘足食,凶余千古志应酬。

选自《(弘治)宁夏新志》

望贺兰山

明·徐健

华夷天限有斯峰,万仞巍巍障碧空。芳草绿杨新塞堡,野花黄蝶旧离宫。
裔裾地古千年镇,唐汉渠分一水通。几度政余闲眺处,翠屏高照夕阳红。

选自《(弘治)宁夏新志》

作者简介:徐健,明代建安(今福建省建瓯市)人,其余不详。

拟造石坝

明·王珣

河流两派绕边城,保障平当一半兵。不为板桥频建置,肯将石闸创经营。
百年敢信居民逸,此日应知水患平。渠道汉唐依旧是,山川形胜总生成。

选自《(嘉靖)宁夏新志》

夏城漫兴

明·李梦阳

行尽沙陲又见河,贺兰西望碧嵯峨。名存异代唐渠古,云镞空山夏寺多。

万里君恩劳馈饷,三边封事重干戈。朔方今难汾阳老,谁向军门奏凯歌?

选自《(嘉靖)宁夏新志》

作者简介:李梦阳,公元 1473—1530 年,明文学家。字天赐,又字献吉,号空司,庆阳(今甘肃庆阳)人,后徙河南扶沟。弘治七年(1494 年)进士,曾任户部郎中,因反对宦官刘瑾下狱。后刘瑾被判凌迟,复任江西提学副使。

别夏城亲友

明·骆用卿

邂逅寻春遍朔方,兴州原是旧名疆。山形西限今夷夏,渠利中分古汉唐。

花木惊情留客驻,衣冠骨肉许人狂。对廷期了经纶债,回首来酬第几觞。

选自《(嘉靖)宁夏新志》

作者简介:骆用卿,字龙山,明代宁夏卫(今银川市)人。弘治辛酉(1501 年)举人,正德戊辰(1508 年)进士,官至兵部员外郎,其余不详。

观两坝

明·杨守礼

闸分天上水,工自古人奇。农亩沾春阔,渔舟待月迟。

汉唐能保障,天地亦何私。惭愧观风客,年年注意时。

选自《(嘉靖)宁夏新志》

作者简介:杨守礼,公元?—1555 年,字秉节,明代宁夏巡抚、三边总督,山西蒲州(今山西省永济市)人。正德六年(1511 年)进士。历任湖广佥事、叙州通判、右副都御史巡抚四川、河南参政。嘉靖十八年(1539 年)再擢右副都御史巡抚宁夏。次年升右都御史总督陕西三边军务。以战功先后加兵部尚书和太子少保。二十二年(1544 年)丁忧免职。三十四年(1556 年)卒於家中。主持纂修《(嘉靖)宁夏新志》。

青铜禹迹

清·栗尔璋

铜峡中间两壁蹲,何年禹庙建山根。随刊八载标新迹,疏凿千秋有旧痕。

凭溯源流推远德,采风作述识高门。黄河永著安澜颂,留取丰功万古存。

选自《宁夏通志·艺文卷2013》

作者简介:栗尔璋,宁夏人。其余不详。

横城堡渡黄河

清·康熙

历尽边山再渡河,沙平岸阔水无波。

汤汤南去劳疏筑,唯此分渠利赖多。

选自《宁夏通志·艺文卷2013》

作者简介:康熙,清圣祖仁皇帝,爱新觉罗·玄烨,公元1654—1722年,清朝第四位皇帝,年号康熙,在位61年,是中国在位时间最长的君主。

过大清闸

清·俞益谟

唐汉平分万里流,中添一道入青畴。沿堤柳浪村村密,刺水秧针处处稠。

长笕涛翻桥闸外,虚亭额映塞垣秋。春风策马频来往,几度低回去复留。

选自《(乾隆)中卫县志》

作者简介:俞益谟,公元1653年—1713年,清初将领。字嘉言,号澹庵,别号青铜。清代宁夏中卫广武营(今宁夏青铜峡市青铜峡镇)人。康熙十二年(1673年)武进士。后参加赵良栋提标营伍,初授陕西柳树涧堡守备。随赵良栋征讨四川,历任四川达州游击、广西郁林参将、两江督标中军副将、山西大同镇总兵、湖广提督。康熙四十八年(1709年)因与湖北巡抚赵申乔相互参劾而被处休致,次年返回宁夏广武。曾捐资为家乡修筑千金渠,办义学、置义田发展教育事业。并主修《朔方广武志》,著有《道统归宗》《青铜自考》《办苗纪略》等。

连湖渔歌

清·杨润

平湖如镜水清涵,山翠天光荡蔚蓝。雪点低空翔鹭净,银刀映日跃鱼憨。

桃花春远闭红坞,香阁秋澄出赭龛。几听鸣榔归唱晚,浮家有客梦江南。

选自《宁夏通志·艺文卷2013》

作者简介:杨润,宁夏府(今银川市)廪生,宁夏人。曾参与编写《宁夏府志》。

唐渠口迎水堤告成

清·王全臣

欲引滔滔用不穷,先将百丈筑河中。频移巨石填包匦,顿使天吴徙水宫。
白塔矶前标砥柱,青铜峡内卧长虹。从今万顷桑麻足,可是区区一障功。
洪流出峡走奔雷,一道长堤筑水隈。只为矶头排浪去,漫将人力挽他回。
雪涛即看层层入,田鼓应闻处处催。利导曾无奇异策,惟教渠口有唇腮。

选自《(乾隆)宁夏府志》

作者简介:王全臣,字仲山,湖北钟祥人。清康熙三十三年(1694年)进士,任汲县知县、河州知府、宁夏水利同知、平凉知府、安西兵备道。任职宁夏时,主持开凿大清渠,广灌田亩,建造汉延渠魏信、王澄、唐铎涵洞,并对各渠道普遍进行疏通,改革春工用人办法,宁夏府城绅民感其业绩,建生祠以祀之,其余不详。

大渠工竣其十

清·刘庶

田舍伊何,万年世业。外护长堤,永无冲决。
疏滞通淤,余波又泄。巩固疆域,内安外悦。

选自《(乾隆)宁夏府志》

作者简介:刘庶,清朝雍正年间人,其余不详。

渔家傲·大渠工竣调

清·沈鸿俊

凿口导河吞泄利,大渠膏泽浓如醴。
闸敞薰风波错绮。
东渡水,交流穿过蟠龙尾。
灌沃原田三百里,边氓乐业如归市。
上下命官分抚字。

舆图启,银疆奏绩天颜喜。

选自《(乾隆)宁夏府志》

作者简介:沈鸿俊,宁夏人。清康熙丁酉科(1717年)武举,宁夏守备,其余不详。

书王司马渠图碑阴后

清·朱轼

奔腾浩瀚出毫端,唐汉新渠次第安。三闸平分均水势,长堤突兀挽狂澜。
城倚东壁知灵武,云锁西山识贺兰。自是韩陵石一片,行人莫作画图看。

选自《(乾隆)宁夏府志》

作者简介:朱轼,公元1665—1736年,字若瞻,号可亭,谥文端,江西高安(今江西省高安市)人,康熙三十三年(1694年)进士。选庶吉士,历任湖北潜江知县、刑部主事、郎中、光禄寺少卿、奉天府尹、浙江巡抚、左都御史、累官文华殿大学士。著有《易春秋详解》《礼记纂言》《周礼注释》《历代名臣名儒循吏传》《仪礼节要》《史传三编》等。

昌润渠工竣恭纪

清·通智

黄河别派六羊通,石闸巍然跨彩虹。激起众流增浪力,引开曲水灌田功。
川辉原润千村聚,野绿禾青一望同。从此遐荒欢鼓腹,群歌大有慰宸衷。

选自《(乾隆)宁夏府志》

作者简介:通智,满洲正黄旗,马佳氏。任内阁侍读学士,雍正四年授大理寺卿迁盛京工部侍郎,后历任礼部、兵部侍郎。雍正四年奉旨来宁夏开惠农、昌润渠,并陆续整修唐徕、汉延、大清渠等。雍正十三年八月升兵部尚书。乾隆元年八月,解职十月革职。乾隆二十二年卒,其余不详。

长渠流润

清·杨浣雨

汉宣昔有言:河润及九里。良吏福我民,美泽差方比。
塞垣一望但飞埃,黄蒿灭没沙崔嵬。大河遥徙积石回,到此衍漾堪浮杯。
遂有磊落掀天才,转从屈注声如雷。汉曰汉延唐唐来,大清惠农今代开。
天潢倒吸怒龙口,浊浪急喷长鲸鳃。虹桥历历明水树,蜃气霭霭浮楼台。
平畴散入花万井,山郭斜带青千堆。

马迁《河渠书》，道元《水经注》，当时疏凿人，可惜不能具。

史称虞诩与郭璜，唐宋嗣者推李杨，古迹漫汗不可详。

元有董郭明有汪，驱石筑堰绩用康。王司马、通侍郎，圣朝伟业相辉光。

察汗弃壤通理疆，绣畦北尽省嵬旁。岁粟十万输天仓，嗟哉美利何洋洋！

长渠之润於斯长，万古所怙惟循良。浚淤泄涨高其防，俾我农人孙子乐未央。

君不见，南阳纵横旧畎亩，召杜至今歌父母。

选自《(乾隆)宁夏府志》

作者简介：杨浣雨，字紫瀛，清乾隆年间宁夏府宁夏县(今宁夏银川市)人，清乾隆辛卯(1771 年)进士，曾参与《(乾隆)宁夏府志》的编纂，其余不详。

长渠流润

清·王都赋

长渠活活泻苍波，塞北风光果若何。畎浍自分星汉水，人家齐饭玉山禾。

春村野甸鸣鸠唤，夏色凉畦浴鹭过。漫道汉唐遗迹远，由来膏泽圣朝多。

选自《(乾隆)宁夏府志》

作者简介：王都赋，清朝乾隆年间宁夏(今宁夏银川市)人，其余不详。

长渠流润

清·杨润

万井绣苍烟，长渠吸巨川。桔槔声不动，启闸雨盈田。

选自《(乾隆)宁夏府志》

西桥柳色

清·张映梓

西桥架横渠，风水盘纡处。柳影日毵毵，行人自来去。

选自《(乾隆)宁夏府志》

作者简介：张映梓，清乾隆年间宁夏府(今银川市)人，曾参加《(乾隆)宁夏府志》的编修，其余不详。

西桥柳色

清·许德溥

渠畔龙宫枕大堤,春风夹岸柳梢齐。羊肠白道穿云出,雁齿红桥亚水低。

沽酒清阴时系马,招凉短槛几留题。更添蜡屐游山兴,为问平湖西复西。

选自《(乾隆)宁夏府志》

作者简介:许德溥,清朝宁夏府(今宁夏银川市)人,其余不详。

西桥柳色

清·胡琏

何处春风淑景饶,依依杨柳荫西桥。绿云齐染青丝障,紫水斜穿锦带条。

雉堞晴光开画阁,龙宫禊宴簇琼箫。游人络绎增佳赏,日暮踟蹰步马骄。

选自《(乾隆)宁夏府志》

作者简介:胡琏,清朝宁夏府(今宁夏银川市)人,其余不详。

官桥烟柳

清·张梯

跨岸虹通砥道平,绿杨苒苒水盈盈。轮蹄来往南北路,都在山城画里行。

桥上轩楹带画栏,林阴迷离嫩于烟。余情也爱渊明柳,不在门边在水边。

选自《宁夏通志·艺文卷 2013》

作者简介:张梯,字濒园,河南鹿邑县人。清道光二十一年(1841 年)任平罗县知县。任职其间,修纂《续增平罗纪略》。

登贺兰山

清·谢威凤

西夏言民利,渠流冠古今。汉唐垂法久,清惠比功深。

买犊钦贤哲,烹鲜有澍霖。我来惭作郡,事事费沉吟。

选自《宁夏通志·艺文卷 2013》

作者简介:谢威凤(生卒年不详),湖南宁乡(长沙市西北)人。光绪十八至十九年(1892—1893 年),任宁夏知府。

西桥柳色

清·王德荣

选胜不须远,横桥青郭西。画栏春水漫,柳桁绿烟齐。

去马香尘暗,回轩风絮迷。亚夫营垒静,山外夕鸦啼。

选自《(乾隆)宁夏府志》

作者简介:王德荣,宁夏府(今银川市)人,乾隆甲午科(乾隆三十九年,1774年)优贡,曾任蓝田县(今陕西蓝田县)教谕,其余不详。

春日书怀

民国·吴复安

茅庐常扫静尘缘,理乱无关祗独眠。门外一渠春水绿,年年流润到田间。

选自《(民国)朔方道志》

作者简介:吴复安,公元1872—1920年,晚清民初宁夏学者,字心斋,号静安。宁夏府宁朔县大坝堡(今宁夏青铜峡市大坝镇)人。光绪十九年(1893年)举人,积极倡导新学,光绪三十二年(1906年)参与创办宁夏府中学堂(今银川一中前身),担任学堂监督。民国二年(1913年),被推举为宁朔县议会议长,后因意见不合,居家赋闲。民国六年(1917年)秋,开始主修《朔方道志》。民国九年(1920年)因病殁於志馆奎星楼,有手稿《集虚斋草编》传世。

修宁夏北门城楼告成

民国·黄国华

俯看黄河槛外流,万家阡陌望中收。天生石峡富宁夏,地接金汤卜有秋。

渠业尚遗唐汉迹,涛声应洗古今愁。关山不尽征人感,惆怅临风一倚楼。

选自《(民国)朔方道志》

作者简介:黄国华,字菊僊,湖南岳阳人。民国十二年(1923年),任中卫县知事。其余不详。

过青铜峡

白 夜

青铜一峡束黄河,水入平原见大波。秦汉唐渠分左右,拦洪闸坝立中阿。

长堤不尽垂杨远,沃土有情稻谷多。行到峰头水一览,纵情我欲放高歌。

《宁夏日报》1962年3月25日

作者简介:白夜,作家、《人民日报》高级记者。

游青铜峡

董必武

青铜峡扼黄河喉,约束水从峡里流。导引分渠资灌溉,下游千里保丰收。
兴建大坝自需工,发电无妨灌溉功。跃进开头难不倒,任他泥铁笑东风。

《宁夏日报》1963 年 10 月 23 日

作者简介:董必武(1886—1975),原名贤琮,又名用威,字洁畲,号璧伍。董必武是中国共产党的创始人之一,中国无产阶级革命家,中华人民共和国领导人。

乙丑八月参观青铜峡水电站

甄载明

一

稻香千里泻秋风,细雨轻车过吴忠。天下黄河富宁夏,而今水利数青铜。

二

青铜峡里水声隆,一片光明造化穷。烛照银川千里绿,而今人定胜天工。

三

人定从来可胜天,秦唐渠利已千年。山河改造资群力,历史今朝改续编。

四

塞上江南鱼米鲜,胜名久已著银川。自从电站新成后,宁夏工农别有天。

选自《长渠流润》

作者简介:甄载明,甘肃省政协委员。此诗是 1985 年 8 月的观后之作。

观黄河有感

吴尚贤

自有黄河有中原,东延入海年复年,河身既长坡自缓,水面高悬势必然。
引黄淤灌宜稻麦,培肥改土出良田,洪泥为害论已多,泥水之利从头说。
当今治黄复三策,改道就低损失多,机械人工高筑堤,约束洪泥东海去。
分洪引灌用泥沙,保持水土勿离家,有朝一日黄河清,泥沙功罪当别论。

古往今来不尽同,江河入海岂有终,今是昨非乃正道,沧桑几变不离新。

选自《宁夏水利志》

美哉！宁夏川

吴尚贤

宁夏川,好河山。
长城连朔漠。
黄河来天间。
屏障自有贺兰山。
展目望：
绿洲横眼前。
树荫遮村屋,
道旁柳相属。
沟渠纵横阡陌连,
无旱无涝,
稻麦尽高产,西北冠。
米味胜江南。
春迟秋早半高寒,
夏无溽暑免摇扇,
冬有香煤暖房间。
风多雨少日照长,
昼暖夜凉瓜果甜。
人人都说家乡好,
我亦然。
仙境谁曾见？
美哉！宁夏川！
不似江南,
胜似江南。
君其看！

选自《宁夏水利志》

沁园春·游唐徕渠（新韵）

刘德祥

　　大地回春,舒面和风,灿烂艳阳。看唐渠阔阔,玉栏绵岸,黄流漫漫,绿树成行,龙啸出峡,角须起舞,游客前来览胜忙。观翠柳,那畔间幽景,更喜家乡。蓦来常忆昔时光,壮小伙,青春血气刚,总严遵纪律,细心维护,协调灌溉,风雨无妨。今靓厦迎宾,甘泉诱客,桥上鲜花放净芳。逢吉日,约友朋重赏、水道春光。

选自《宁夏风物吟》

作者简介：刘德祥,祖籍河北交河,1946年3月生于宁夏平罗县。宁夏唐徕渠管理处退休干部。曾任宁夏诗词学会理事,宁夏毛泽东诗词研究会会员、宁夏老干部诗联学会会员,宁夏老年大学诗词学会副会长,《堂下集》诗刊副主编。出版诗集《宁夏风物吟》。

西大滩变了样

王林智

黄河流水弯又弯,贺兰东麓西大滩。山洪风沙既盐碱,黄羊驰骋无人烟。

机鸣夯歌闹生产,杨柳阡陌格条田。开沟种稻变了样,鱼肥谷香似江南。

选自《长渠流润》

作者简介:王林智,1974年至1985年7月任唐徕渠管理处生产科副科长、副总工程师。

唐徕赋

王正伟

浩浩兮,挟清风而飘逸,润草木以茂长;荡荡兮,布万物以恩泽,施百卉而流芳。两岸田畴锦绣,稻菽溢香;渔歌唱晚,千村望同;春花秋实,五谷归生;谷稼殷积,百鸟飞春;八方清晏,四序和平,遂成华夏之一名语:黄河百害,唯富一套。临此境而叹:春风又绿,岂只江南。

水光天接,一碧万顷;杂花生树,垂柳蒙蒙;晨辉夕照,一抹嫣红。衍生"河带晴光""长渠流润""西桥柳色""连湖渔歌"之风韵,自明清始,声誉盛隆。临其境也,江南之柔媚、塞北之豪放,民族之风情、西夏之遗韵尽收眼底,塞上凤城堪与江南名城相提而并论!

其银川境内,楼宇参差,勾栏瓦肆,笙歌彻夜,三季有花、四季常青,老少互携,情侣相偎,闲闲其态,楚楚其容,人居环境,无可拟比。遂囊"中国人居环境范例奖"于怀内,揽"最适宜居住之城市"于一身。居渠畔而尽享田园之风光,临其境也,风香兮水媚,气畅兮心怡。

盖千万功绩,赖于一渠。是为何渠?唐徕也!

宁夏平原,天地形胜,沃野千里,山水共盛,黄河穿境,赖以盛民。唐徕一渠,大汉开凿,盛唐修浚,自青铜峡百塔寺下引天河之水,出青铜峡,经永宁,穿银川,过贺兰,越平罗,达于惠农,全长六百四十余华里,成主支渠五百余支条,泽数百万之苍生。无坝引水,开华夏水利之先河;建闸筑坝,开控水灌溉之先例。水利大师郭守敬,名显塞上。先人之功,百世感念。夫唐徕渠,银川流淌之历史,文化之见证。

寒暑轮转,春秋章回,其后数百年间,虽有修浚,却经年战乱频生,天灾人患,虽有医头医脚之功,却无建章立制之效,渠岸闸道,千疮百孔,因地成形,渠走龙蛇,灾患时生,民生多艰。唐徕一渠,垂垂老矣,水利之不利存患,沿岸百姓多存怨言。

中华人民共和国成立,大兴水利,以科学之发展观,求人水之和谐,立生态之文明。宁夏水利人畅言纳荐,群贤毕至,积专家之慧,纳学者之智。破旧体制之弊,倡新水利之风,成节水之绩效,建高产之农田。自20世纪60年代中叶始,裁弯取直,裁数十弯以畅其脉;增扩旧制,增支干渠而扩规模。闸、桥、槽、涵统一设计,渠、沟、田、村综合布局,开跃进、西干、东干三条干渠,兴提灌、排水、蓄水之功能,整治大水淹滩、小水塌岸、无水干渴之痼疾,校正大水漫灌、纵水入沟、昼灌夜息之陋习,挑流丁坝,防冲防塌,改曲弯高低老灌区之旧貌,展社会主义新水利之新颜。河渠浩浩,沟道潺潺,有灌溉之利,无灾害之虞。灌溉近百万亩之农田,泽惠数百万之民众,塞北江南,遂名至实归。

宁夏水利人,怀爱民之心,存高远之志,与时俱进,荣辱与共,数十年裁弯取直之艰辛,几代人劳心砺志之执著,可歌可泣,可敬可羡。年头岁尾,千村万户动员;寒来暑往,机关单位响应,全民治水,盛况空前。以数十年之功,唐徕一渠,集农田水利、防洪设施、文化生态、游览休闲功能为一体,安澜于千载,防洪于百年,风起大漠,云生贺兰,凤城忧患除焉。嗟乎!宁夏农业之文明,由此渠而传承发扬。

风萧萧兮云生,水苍苍兮景盛,盖唐徕,宁夏平原之血脉也,通西湖、东湖、沙湖、星海湖,串镇朔湖、流芳湖、宁大湖、鸣翠湖、鹤泉湖,造阅海气概,成典农风光,调银川气象,现湖城壮美,舟楫穿梭,丛苇弄影,鸟和鸣以翔集,鱼跃群而迷津。游人慕盛名而纷至,因感怀而吟诵。

观夫唐徕,太平诗画,盛世文章。沿岸百姓,无不感念党恩。临唐徕聆天籁之和声,观自然之胜景,仰以察古,思古人之丰功,俯以观今,常怀效绩之心;心有北斗,浩气长存。为政一任,当求政通而人和,业兴而事成,心系于民,功必垂成。

(原载于2009年6月30日人民日报)

唐徕渠记

季栋梁

分黄河之甘乳兮,哺芸芸之万物;生云碱之地而成膏壤,泽戈壁之滩而成沃野。其功其德,系于一渠——唐徕也!

夫唐徕一渠,汉开唐浚,引水灌溉,领先华夏,乃民生之福祉,百姓之幸事。其后历朝历代,多有修浚。先人之功,霓于塞上兮,成银川之大气。日光流年,岁承月载,浩浩荡荡,六百余里,润盐述记竹帛,先师守敬,名垂四海。水利之人,附趋其后,竞望项背。然则唐徕一渠,风雨千秋,历纷争而经乱世,因旧政而遭遗毁;斗折蛇行,经络断续;颓岸废坝,水走地失。长渠过处,弊患存焉,水利不利,民怨时生。

中华人民共和国立,民生为本,党委政府,高瞻远瞩,治水利民,攸关荣辱。宁夏几代水利人,肩为民谋利之职,造福桑梓之责,其情撼动五岳,其志坚比昆仑。历时数十载,不弃寒暑,不舍秋春,精诚团结,众志成城。效前贤之功绩,开今人之新政,倡科学之发展,求人水之和谐。裁弯取直,孕节水之意识;废淹除漏,增排蓄之功能;规划决策,集科学之智慧;创新旧制,倡水利之新风。更蒙各级政府之大局为重,鼎力以助;承数万千群之肝胆相照义务献奉。至新世纪,唐徕一渠遂衍生主、支、干、沟五百余支条,集灌、蓄、防、排功能于一身。呜呼,唐徕终畅其脉,功效倍增。沿岸百姓,感党恩德政于心怀,无不称颂。

呜呼,今日之唐徕,千里潺声,合天籁之音;万顷碧波,润柔媚之色。因此一渠,宁夏平原,芳草萋萋,良田历历;平畴万里,物阜民殷;千村入画,屋舍俨然;蛙鸣有致,五谷溢彩;阡陌锦织,杨花柳絮争春色;稻菽生香,莺飞雁翔舒长空。农夫荷锄兮,稼穑相长;渔人垂钓兮,渔歌互答;其情逸,其态闲也。嗟夫,泛舟其上,放眼尽望,心旷神怡,好一派江南风光矣。至于银川境内,唐徕两岸,杂花生树,烟柳画桥,繁华竞逐。借长渠以流润兮,假田园而悦性;僻嚣闹于市内兮,寄宁静于繁华。因此一渠,华雁湖、南塘湖、丽景湖、荷花湖、银湖、宝湖、东湖、西湖、沙湖、镇朔湖、高庙湖、星海湖、七十二连湖,风生水起,涟漪相吻,芦荷与春风偕舞,莺燕共秋水和鸣,以阅海而名世,因典农而至景。"河带晴光",共长天一色;"长渠流润",逐细浪相欢;"连湖渔歌",与佳人互答,"西桥柳色",因云水生烟。撷"中国人居环境范例"之大奖,囊"最适宜居住之城市"之荣誉。银川之大,在其魅力,在其气概也!因此一渠,银川休于闲适、娱以乐趣。他乡之客,流连忘返,文人墨客,多著华章。悠悠兮亘古,舒舒兮今朝。观唐徕一渠之前世今生,彰显党委爱民之心,政府为民之本,德被苍生,功在治世,利在千秋。其功德,必载史册,垂名千古。

选自《长渠流润》

作者简介:季栋梁(1963—)宁夏银川人。中共党员。大学学历。曾任宁夏灵武市新华桥中学教师。1989年起任灵武市委宣传部副部长,1999年起主编《宁夏日报》文艺副刊,现为宁夏日报报业集团《华兴时报》副总。1985年开始发表作品。2006年加入中国作家协会。作品先后获宁夏文艺评奖一等奖、二等奖,《和木头说话》入围2004年鲁迅文学奖。

唐徕春韵

宁夏·韩长征

一川秀色流明月,万亩良田润盛唐。柳翠堤新织锦绣,波柔水美送清凉。
民居鹊唱人欢笑,草长莺飞花绽香。塞上桃源何处觅,古渠盛世好风光。

选自《长渠流韵》

唐正闸门

宁夏·钱守桐

长渠气血惠桑田,淑景开怀福地间。唐正闸门提日月,乾坤一指庆丰年。

选自《长渠流韵》

第十四章 艺 文

题唐徕渠

江苏·承浩

高峡分流百里行,犹叹渠道任纵横。碧波灌垄生春色,玉带含烟绕凤城。
欲借中原潘谷墨,来题塞外水乡名。稻花香里开图画,闲倚栏杆听鹭声。

选自《长渠流韵》

咏唐徕渠

宁夏·陈斌

一渠流水千家分,玉带如身润万民。桥架长虹游日月,车行两岸载昏晨。
垂杨傍地姿容美,闸站凌空紫电亲。花鸟缤纷清影弄,稻香蓬勃四方春。

选自《长渠流韵》

浪淘沙 题唐徕渠

山东·张鹏

渠凿汉家施,复浚唐时。招徕民众垦荒移,岁月峥嵘凭记取,名字堪知。
魂梦几相思,过客痴迷。遥遥百里沃田滋,塞上风光无限美,如画如诗。

选自《长渠流韵》

唐渠赋

宁夏·邹慧萍

天下黄河富一方,唐渠自古水流长。千湖万亩郯郯秀,旷野高天隐隐香。
阅海湖中鱼跃浪,凤凰城里鸟呈祥。自然生态年年好,遥祭龙神万古芳。

选自《长渠流韵》

唐徕渠怀古

宁夏·何红

稻花千里莫疑猜,塞北江南水利开。夹岸荫荫垂汉柳,低天飒飒立唐槐。
黄河独富风云地,白鸟齐飞烽火台。思尽古渠家国事,贺兰山下凤凰来。

选自《长渠流韵》

— 545 —

唐徕渠

北京·马建勋

良田沃野茂青葱,渠水流歌咏郭公。借得春风催柳绿,携来枸酒焕颜红。
复疏乃见仁心举,引灌方兴庶众丰。谁誉江南移塞上,尽迷宁夏景冲融。

选自《长渠流韵》

唐徕古渠

宁夏·于秀萍

玉带拖蓝迤逦行,穿乡过市壮农耕。绕堤垂柳斜阳古,满垅青禾细浪轻。
几代劬劳兴水利,千秋富足泽民生。平添七十二湖梦,塞上明珠耀凤城。

选自《长渠流韵》

唐徕渠情韵

宁夏·邹鹏

唐渠浓墨写湖城,妙笔丹青水韵生。网径绿荫闻鸟语,画桥细浪望舟行。
平湖楼影霞光照,杨柳花丛瑞气盈。源远流长传晟典,金波更叙古时情。

选自《长渠流韵》

作者简介:邹鹏,甘常静宁人。中国《新国风》诗会会员,宁夏老年大学诗词学会理事。

宁夏古渠

宁夏·祁飞龙

黄河涌乳滋天下,塞上江南四季宜。沃土稻花香彻宇,美渠闸口势开犁。
唐徕灌溉桑田碧,水利丰泽草木萋。宁夏人文今古颂,千秋万代绿洲奇。

选自《长渠流韵》

作者简介:祁飞龙,宁夏彭阳人。宁夏作家协会,宁夏诗词学会会员。

览胜塞上古渠

陕西·华芳

天光云影照流河,一脉清风向客多。织网埽工盈灌溉,引黄渠坝足消磨。

泽被塞上柳开眼,景比江南春载波。最是铁牛闲适卧,把头昂起似吟歌。

选自《长渠流韵》

作者简介: 华芳,系陕西省诗词学会诗教部副主任,北京西山诗社刊物副主编,白雀奖评委、编辑。

题唐徕渠

湖南·李光前

十四渠中首,千秋塞上横。潺潺流汉韵,汩汩济苍生。

育彼梗楠出,滋其稻麦荣。波摇如目闪,顾盼总含情。

选自《长渠流韵》

作者简介: 李光前,湖南浏阳人。中华诗词学会,中国楹联学会,中华辞赋学会会员,浏阳市诗词学会副会长。著有《学堂窝人集》。

夏日唐渠

宁夏·李刚军

唐徕汩汩诉衷情,玉带盈盈绕凤城。两岸浓阴消夏去,欢心劲舞踏歌声。

选自《长渠流韵》

作者简介: 李刚军,陕西泾阳人。曾长期在宁夏水利部门工作。作品见于《宁夏日报》《宁夏水利》等多家报刊及网络平台。

青铜峡市各界人民首次祭拜黄河赋

吴忠礼

黄河乃中华民族母亲河,发源于青海省,汇聚"星宿海"的汩汩细流,壮大为与日月比肩的天河,遂义无反顾地迎着太阳,昂首向东,浩浩荡荡,斩山辟谷,无坚不摧,冲破重重险阻,高歌猛进,流经宁夏等九省(区),由山东省投入大海的怀抱。总行程5464公里,流域面积75.24万平方公里。

黄河初无定名,先秦间曾以河、大河、河水呼之。至秦朝,始皇帝首冠以"德水"之名。"黄河"

之名,肇于汉朝。《汉书》曰:"使黄河如带,泰山若厉。"何谓黄河?因河水泥沙含量大,"斗水泥三升"并呈黄色故名。

黄河穿行宁夏北部中卫、吴忠、银川、石嘴山4市及所辖8个县(区),流长397公里。黄河从宁夏青铜峡大峡谷流出,至内蒙古托克托县之间的"几"字形大湾,称为"河套",为独得黄河水利的膏腴之地,其中宁夏平原更是得天独厚,素有"天下黄河富宁夏"赞誉。故从秦汉起,先后有"新秦中""塞北江南""新天府"等褒扬。宁夏引黄灌区,自古以来是汉族和少数民族共同开发、保卫的一片热土,农耕文化与草原文化相互交汇、学习,衍生出丰富多彩的地域文化,从而为中华民族文化宝库增添了一枝奇葩。忆往昔,荣誉归功于伟大的黄河。

宁夏各族人民将永远纪念黄河母亲,亘古不忘,祭而颂之,以告子孙。

敬献颂辞曰:

伟哉黄河,华夏母亲。慈爱无疆,九州安邦。
禹王治水,圣迹"河上"。青铜神斧,"北河"畅流。
黄河九省,唯富河套。"陆海"膏腴,引黄筑渠。
举锸行云,决渠化雨。塞北江南,冠盖相望。
丝路要径,商贾云集。辉煌历史,源远流长。
宁夏形胜,国之岩疆。黄河天堑,兰山屏峙。
长城环卫,烽举燧燔。地灵人杰,才俊辈出。
重文尚武,保家卫国。番汉友好,各族一家。
辛亥革命,结束帝制。民国肇造,五族共和。
多元一体,百花齐放。携手奋斗,振兴宁夏。
九月廿三,宁夏解放。党的领导,康庄大道。
改革开放,新的长征。两个"百年",全面小康。
不忘初心,重圆新梦。不到"长城",妄称"好汉"。
黄河精神,永放光芒。人民公祭,世代传承。
大河有灵,尚克祐乡。永赐福社,国泰民安。

选自《未名斋存稿》

灌区谚语

一九二九不出手,三九四九冰上走,五九六九开门大走,七九河冻开,八九燕子来,九九加一九,耕牛遍地走。

三九三冻得狐狸没处钻。

谷雨前后,种瓜种豆。

清明前后,长淌直漏。

惊蛰不在家,入伏不在地(蒜),立夏不起尘。

处暑不出穗,白露不低头,寒露喂老牛。

深犁浅种,薄地上粪。

针扎的胡麻,卧牛的谷,背上干粮找秫秫(高粱)。

深谷子,浅糜子,胡麻种的串皮子。

不育五月苗,不插六月秧,不追七月肥(水稻,阳历)。

九成熟十成收,十成熟两成丢。

种子年年选,没肥也增产。

庄家是枝花,全靠粪当家。

人哄地一时,地哄人一年。

一年庄稼二年做。

歇田胜过放帐。

春打六九头,种地早下手。

宁和有钱的赛着种田,不和有钱的赛着过年。

麦苗冻黄秧,粮食涨破仓。

人治水,水利人,人不治水,水害人。

种地没有鬼,全靠水和肥。

稻薅九,饿死狗,稻薅十,有米吃。

麦是胎里富,基肥要施足。

选自 1995 年《永宁县志》

出门观天色,进门观眼色。

二月雨卖儿女,三月雨赛金子(农历)。

大旱不过五月十三(农历)。

早看东南,晚看西北。

云朝东,一溜风。云朝西,淋死鸡。云朝南,雨连连。云朝北,大雨下。

早雨不多,一天的啰唆。

白露的雷,不空回。

燕子低飞蛇过道,大雨马上就来到。

星星布满天,明日好晴天。

东虹日头,西虹雨,起了南虹下大雨。

早起观天,晚夕观山。

春打寒,冷半年。

早霞不出门,晚霞行千里。
雪下高山,霜打洼地。

选自 1995 年《永宁县志》

早上放霞,等水烧茶;下午放霞,干死青蛙。
春雾晴,秋雾雨。天黄有雨,人黄有病。
燕子朝天蛇当道,大雨不久就来到。
风是雨的头,风狂雨速收。
水缸穿袍山戴帽,蚂蚁搬家蛤蟆叫。燕子低飞蛇过道,必定大雨要来到。
一场秋雨一场寒,十场秋雨穿上棉。
下雪不冷消雪冷,冬天干冷春季寒。
响冰不烂,烂冰不响。

选自 2020 年《青铜峡市志》

秋夏水汪汪,冬春白茫茫,灌排不并举,年年闹饥荒。
头水饱,二水赶,三水洗个脸。
大暑小暑,灌死老鼠。
一条渠,一条沟,麦向囤里流。
沟渠修得好,田地淹不了。
灌溉先整地,省水又省力。

选自 1988 年《惠农县水利志》

谷雨前后,种瓜点豆。
过了谷雨种二秋,十种九不收。
三九不冷夏不收,三伏不热秋不收。
端午插不上秧,稻子泡了汤。
麦要好,茬要倒。
谷要稀,麦要稠,棒子地里卧小牛。
一九一生芽,九九遍地麻。
云朝东,一溜风;云朝南,雨团团。
黑云白云对着跑,这场冷子小不了。

选自 1998 年《银川市志》

第五节 轶事传说

一、轶事

朱府台吞金自杀

陈铭伊　李景牧

唐徕渠进水闸以上,位于腰坝(溢流侧堰)和第三退水闸之间的大拜弯道,紧临西河,俗称大弯拜,外河里渠,险工迭出,是该渠咽喉要地,也是历史上的险工。经受外河里渠水流冲淘,每年维修加固,耗费大量工料,遇到汛期大水,仍难保证渠道输水安全。

据传清朝末年的宁夏府台朱某,决心要根治这段险工,他曾亲临现场,勘察选定改移渠线,远离原弯道约200米,向西裁弯取顺,新裁顺长约500米。可省去每年护岸的巨额工料,又能增强渠道安全。这一良策,不意遭到当时唐徕渠总绅(局长)张某等的不满。当时,朱府台对张总绅等利用修做大弯坝工程从中渔利肥己的阴谋,事前未能察觉,意将裁顺工程重任,委派张总绅等主持。而张等阳奉阴违,暗中阻扰,延误工期,在深度、宽度均未挖够的情况下,迫于农田急待灌溉,遂即放水。由于裁顺渠段输水不畅,流量不够,影响全渠适时放水,农民埋怨,上司追究,张总绅等藉此诬陷,委过于朱府台儿戏民命攸关的水利事业。这时,朱府台有口难辩,在气愤之下,吞金自杀。

选自《宁夏水利志》

崔桐选整顿宁夏水利,给平罗人民办了三件好事

1926年冬,西北边防督办冯玉祥将军在内蒙古五原誓师后,率师入陕,途经平罗,看见大片农田荒芜,乡村景象萧条。冯将军在宁夏城住了20多天,访询得知当地水利为豪绅所霸,贪污成风,渠道失修,农田灌溉困难,渠梢各乡逃户甚多,认为宁夏政治的整顿,首先应以整顿水利为当务之急。后到兰州,即令甘肃省主席刘郁芬选派贤能,整顿宁夏水利,刘遂派崔桐选并委以宁夏道水利专员之职,于1927年春来宁。在崔来宁前,刘向崔传达冯的指示:"打倒土豪劣绅,铲除贪官污吏,整顿宁夏水利。"又面示:"对于把持水利,罪大恶极的人员,可以就地正法,先斩后奏。"

崔为人清廉正直,不徇私情,处事果断。在宁夏主持水利不到2年,却为宁夏水利开创了新

的局面,对河西各大干渠严督修浚,宽辟深挖,加高培厚,一时雷厉风行,始将多年淤塞之渠道,疏浚通畅,灌溉适时,渠梢各乡逃民重归故土。单说崔桐选整顿宁夏水利给平罗人民办的 3 件好事。

一、枪毙水霸黄厚坤和贪官蔡乐善

崔到宁夏,四处访查,很快就掌握了宁夏水利因官督民办,以渠养渠,形成了豪绅、污吏操纵渠政的弊病所在。对工程则以成法不可改,粗估冒算,坐地分肥,反对创新,排挤贤能。1927 年浇灌二轮水时,崔沿唐徕渠上段到渠梢平罗视察,返回到四道罗渠口(老罗渠、边罗渠、新济渠、复兴渠,四道大支渠相距五六十米,并列开口)时,恰逢新济渠梢段镇朔堡的周万华(新济渠的支渠长)告状要水。周向崔面诉,镇朔堡赖以淌水的新济渠,长 60 多里,被中段洪广营的豪绅从上面截断霸水,不给镇朔堡放水,渠梢的农民为了及时淌上水,常向上游常信堡的贡生张国栋(别名腾甲)、中游洪广营的黄厚坤(人称黄先生)送礼求告,年年如此,为了要水,把鞋都跑烂了,人们给编了个顺口溜:"常信堡的爷爷,洪广营的爹,镇朔堡的孙子要水跑烂靴。"崔问周:"为什么不找你们水利局局长蔡乐善要水呢?"周万华又说:"黄先生给蔡局长送了五十两大烟(鸦片烟),他们俩关系很好,蔡局长不理此事,找也无用。"崔经调查,此情况属实,即将黄、蔡二人逮捕,常信堡的贡生张国栋闻风逃跑。崔以黄行贿霸水,蔡受贿枉法的罪名,判处枪决。当时宁夏道尹(官名)邵遇芝认为这样的小事,够不上枪决,出面干预,但崔为了铲除积弊,有利于整顿水利工作,必须立法从严。过了不久,遂将蔡乐善枪决于银川市西门桥(唐徕渠桥),将黄厚坤押到洪广营当众枪决,以儆效尤。黄、蔡二人正法时,宁夏道尹公署曾将其罪状公布,布告还在平罗县城南北二门张贴过。从此,卖水行贿之风大减,渠梢人民灌水及时,无不称颂。

二、彻底扒打唐、汉两大干渠首段的石结子工程

青铜峡河西灌区的唐、汉两大干渠首段的石结子工程,春工岁修时,扒打挑挖得深浅与干渠全年引进水量关系甚大。过去,每岁春修,往往不认真深挖,敷衍了事。前清侍郎通智详察此弊,因制料石,凿刻"准底"字样 12 块,布埋于渠底设计深度,名曰底石,疏浚时总以挑见此石为准。此法年久,至民国年间奉行不彻底。崔桐选访查得知,于 1928 年春工时,严令督工人员对唐、汉渠口的石结子工程必须要扒打到"底石"上,加之全渠宽辟深挖,因此,这年唐徕渠进水通畅,立夏时水到渠梢。平罗地处唐徕渠梢段,这年三轮两补,水量充足,灌溉及时,人民称赞崔专员治水就是好。

三、高荣裁弯

1928 年头轮水时,崔桐选沿唐徕渠口自青铜峡到平罗梢闸亲自视察,发现平罗梢段输水不畅,是天子桥高荣以上,弯弯曲曲的三道大转弯淤积严重,影响输水。崔向老水利人员征询意见,决定裁弯,于 1928 年秋灌停水后,征调唐徕渠受水民工 2000 余人,共分 10 个工段,每工段 200 余人,并选派富有施工经验的人士 1 名担任技术员负责施工。崔亲自定线,进行裁弯,修筑了 1 道新埂,全长 4 华里(今 2 公里),他坐镇工地,检查指导,为期 1 月竣工,冬灌时放水安全无事故。传说,此工程结束后,崔即被调走,调走的原因,据说有人在冯玉祥面前告状,说崔在宁

夏压制民主,过重罚办和擅杀局长及绅士多人等情未知确否？但崔为人民办了好事,他的事迹至今还流传在民间。

选自《宁夏通志》

马周堂治水

马周堂,贺兰县丁义堡人,名荫庠,字周堂,甘肃第八师范毕业,曾任宁夏省城教育巷小学校长多年,于1935年至1945年任唐徕渠水利局局长（常务委员）。在任职期间,对渠务认真负责,年年加固青铜峡引水坝,认真挑挖渠首石结子,清淤培埝,护岸等工程。施工中马总是跑上跑下,亲自督工指导,严格要求。由于工程质量好,养护严勤,因而放大水时间长,灌得快,群众称"马大胆"。开水后,马随水沿渠将该封闭的斗口严封实闸,驱水到梢后,才让上段配合俵灌,梢段灌完又往上段巡视。

梢段在马任局长的十一年中,年年都灌上及时水,有时麦田能灌上3次水,庄稼获得好收成。农民感激马的功绩,在平罗城南唐徕渠桥亭子悬挂"泽及梢民"的匾额。1953年扩整渠道时拆除。

平罗的大地主、乡长高自超,土地多,有5条斗渠淌水。高雇工刁口抢灌,马痛加训斥,高说："他的庄稼需灌水。"马说："渠梢庄稼更旱,都像你乱了灌水秩序,岂能按期灌完？"高知无礼,向马行贿,被拒绝,并上报建设厅。厅长李翰园将高拘押,罚500车石料,送唐渠工地。

为增加大清、汉延、惠农3渠进水,扩修西河口,加剧了唐渠正闸以上渠外堤的冲刷。马周堂加固外河工的主张与李翰园意见不合,马说："厅长能高升高转,我马周堂走不了！"这种敢于抗争,坚持正确主张的言行,一直传为佳话。

马对全渠工程、灌溉十分熟悉,如渠口引进若干"分"水,各段可开哪几条渠,给下段能交几分水,哪些弯埝有无问题,他都心中有数。为了便于管理和养护,马将干渠原4段改为6段,并由局里派两名事务员,各管3段。马还邀请梢段农民选代表数人,到上段监督灌溉,发挥大家的管水积极性。选派监理上、下各3段的事务员薛生华及段金奎,不但熟习渠务,而且吃苦能干,作风正派。解放后,薛与段还分别担任贺兰县及平罗县的水利局局长。

1942年冬灌,唐渠放大水适逢大风,在保伏桥附近决口,建设厅长李翰园要枪毙段长吴让,并在决口现场向1000多民工宣布,立即执行。马周堂挺身而出,抱住李翰园的腿说"决口责任主要由我负,要枪毙就枪毙我！"全体民工也都跑下请求,吴让得救。决口堵复后,时令已寒,西门桥结了冰坝,情况危及银川城,李翰园令人在宁城闸处（当时无闸）挖埝泄水,转危为安。次年,在挖埝处建起了宁城闸。李又责怪上段段长詹洪儒放了大水,将詹拘押,决定判重刑,马周堂多方奔走始获释放。

解放后,马周堂先后在宁朔县参加了唐渠的扩整,在银川市迁建了红花渠口,于1957年病

逝,甘肃省银川水利分局送挽帐悼念!

选自《长渠流润》

水手班长刘发兴

李景牧

刘发兴,原宁朔县大坝堡人。1874年生,1960年11月15日逝世,终年86岁。

生前担任唐徕渠水手班长10年。建国前渠首有水手40名,刘为班长,工作谨慎小心,人称"水手老总"。当时,无测水仪器,只以水位高低掌握水量大小。每年放水后,日夜不离看水亭子,按时观看渠内水位,黑夜里他常提着一盏油灯,察看水位的升降,数十年如一日,久之能以水声的洪亮有力和微弱沉细,断定黄河水位的上涨与下降。当知河水要下降时,他把规定的渠水位放高一点,俗称"放硬些";当河水已上涨时,他把水位调低些,即"放弱些"。这样在河水下降之际,仍可保证灌溉用水,河水上涨时又能防止超量河水入渠,发生漫堤决口事故。

选自《长渠流润》

支渠长郑广

毛震宇

郑广是唐徕渠支渠太子渠管委会副主任,从事太子渠管理工作二十多年,吃苦耐劳,责任心强,经验丰富,处理渠务有方,年年能灌上及时水,深受群众爱戴,多次被评为乡、县的劳动模范。

太子渠是唐徕渠贺兰县境内的一条大支渠,灌区部位较高,长18公里,进口最大流量4.7立方米/秒。有高洼、大小斗渠121条,灌溉2个乡、10个自然村的土地3.5万亩。淌水单位由1980年的80多个生产队,到1985年的2000多农户,历来灌水困难。

管委会由立岗乡一名副乡长任主任,受益村的村长为委员,推选郑广为专职管水副主任。自1962年以来,他亲自领导4个段长,实行定人、定任务(包干修渠、灌水、养护、收费等)、定时间的责任制,并和养护员、支渠长都吃住在渠埂上,坚持先下后上,先难后易,先急后缓的灌水次序。加上他情况熟,经验多,指导得当,说话算数,各村都听他的话,叫开口就开,叫关口就关,灌水秩序好,进度快。灌水高峰,他总是在渠埂上巡回检查,发现险情和用水纠纷,不论白天黑夜,刮风下雨,都到现场处理,因而决口少,纠纷少。1985年小麦灌二水时,梢段兰光村几户农民争水,互不相让,将要打架。他了解情况后说:"保证你们都能灌完!"避免了一场殴斗事件。

1983年实行计量收费。1985年夏秋灌总用水量2039万立方米,比前两年少用20万立方米,按收费面积算,水、旱作物亩均用水975.3立方米,亩均水费0.99元。

由于郑广的努力,群众的支持,每年都获得好收成。1985年虽有严重的小麦黄锈病,仍获得亩产246.5公斤的产量。

太子渠管委员规定,为搞好渠道岁修,每3亩地出一个工日,用于清淤维修,不出工者出3~5元或小麦9公斤;每亩地出麦柴1.5公斤,用于抢险和护岸;每亩出渠道管理费0.03元,作为养护和照明等费用。由于郑广坚持工作,都能按规定收齐。

县、乡人民政府和农民对郑广的工作都很满意,立岗乡每年付给他600元的报酬。四十里店乡的光明、张亮两村有少部分土地受水,也主动给适量的报酬。郑广现在虽已逝世,但他管水的事迹,永留受益农民心间。

选自《长渠流闻》

四渠总龙王通智的传说

四渠总龙王是唐徕、汉延、大清、惠农四大干渠总龙王通智的故事,传说通智奉雍正皇帝之命来宁夏开惠农、昌润二渠后,修建堡寨,招徕垦户,由于以通字命名新建堡名,当时有人向雍正皇帝奏说:通智把开渠的功绩据为己有,新建各堡全以通字命名,图谋不轨。雍正听信谗言,把通智杀在惠农渠正闸桥处。有说通智蒙冤被杀尸身不倒,遂封通智为四渠总龙王。又说通智的冤案,直至乾隆年间,才得到昭雪,被封为四渠总龙王。在通智被杀的地方——惠农渠正闸桥旁,建庙塑像,规定四渠每年开水时,先祭奠总龙王,后再分别祭奠各渠龙王,并规定文官到此下轿,武官到此下马。以慰英魂。

在1928年宁夏建省前,每年岁修工竣开水时,道台衙门都要派大员率四渠水利渠长等到总龙王庙,设三牲奏鼓乐,进行祭奠。建省后,总龙王的香火日渐衰退。1949年解放前夕,虽然庙在像存,但无人祭奠。

据乾隆《宁夏府志》卷十二载:"通智,满洲人,兵部侍郎,雍正年间,奉旨开惠农、昌润二渠,有善政"。卷二十通智修唐徕渠碑记载:"于雍正四年六月间,特命臣通智与原侍郎臣单畴书,在宁夏查汉托护地方开惠农、昌润二渠,复念唐徕、汉延等渠,灌溉地亩,宁郡民食攸关,其间闸道堤岸废弛损坏,若不补修,将来难以经理……奏请先修唐徕渠,奉旨依议……于雍正九年二月二十日……分布兴工,……四月十四日竣工放水"。

又据《朔方道志》卷十五载:"通智,满洲人,兵部左侍郎,先是宁夏查汉托护荒地极多,惟苦无水,屡请修渠。雍正四年,发帑命公来宁督修,公相度形势,由夏县叶盛堡俞家嘴南开口,梢到平罗归入西河,长二百里,名曰惠农渠。外滨黄河,最虞冲刷,公又自夏县王泰堡起,筑堤数百里,以外护之……又奏修唐、汉二渠。绅民感其功德,因于新建堡寨桥梁命名,均加通字,如通昌、通贵、通成、通伏、通宁、通润等类,盖欲见其事,即如见其人也,盛德至善,公其有焉"。

以上记述说明,通智被杀应在雍正九年以后,通智的冤案,直到乾隆年间,始蒙昭雪,似近

情理。

选自《宁夏水利志》

二、传说

白马拉缰

相传汉代有一位地方官,为了造福当地百姓,立志开一条渠,他征集了成千上万的民工。因为风沙太大,白天挖开,黑夜一场大风沙就填平了。就这样,白天挖,夜里填,一连挖了好几天,渠连一尺也没有挖出来。

这位地方官看渠没有开出来,心里闷得慌,就一个人喝闷酒,酒醉后便昏昏入睡了。睡梦中一位神仙对他说:"明天上午,有一匹白马拉着缰绳从这里跑过,你们沿着白马跑过的地方挖这条渠,一定能够挖出来!"第二天上午,地方官骑着马带着随从,来到开渠的地方。等了快一上午,并没见什么白马,正准备打马回府,这里,只听一个随从大喊:"老爷,你看!"地方官顺着随从手指的地方看去,不觉大吃一惊,但见一匹壮实的白马,拉着一条棕色的缰绳从南向北狂奔而来,果然和梦里神人说的一样,于是赶紧吩咐手下骑快马追赶。谁知那匹白马越跑越快,随从追了几百里,追到今天平罗这个地方,白马忽然不见了。这些追马的随从,只好顺着马蹄印做好标记就回来了。

随从回来后,地方官又征集比原来多几倍的民工,不分昼夜顺着白马拉缰的标记开渠,一直开到今天的平罗县境内,这条渠就是今天的唐徕渠。

又听上辈老人说,那匹白马是玉皇大帝的御马。有一天见弼马温孙悟空不在,挣脱缰绳跑到了人间。

选自《青铜峡民间故事》

铁牛压水

从前,在大坝营一带,白水茫茫,寸草不生,河渠不分,引水灌溉非常困难,这一带不是旱就是涝,害得众百姓叫苦连天。于是,百姓在河岸边修了一座龙王庙,每逢旱涝季节,杀猪宰羊献河神,求龙王保佑淌好水。

可是,一个个猪羊投到河里,大渠还是缺水。渠口被沙石堵塞了,只好动员成千上万的民工挖渠打坝,而河水一涨,又把坝堤冲得精光,百姓们苦不堪言。有一个聪明的铁匠赵进忠,他提出在河水中用跳石压水,拦水入渠,当河水暴涨时,放水而过。从此,百姓淌水再也不发愁了,安安稳稳地淌了一年好水。但到了第二年,发了山洪,黄河水暴涨,把跳石冲垮了。渠口不再上水,活生生的庄稼晒蔫了,田地干得张开了嘴,快要出穗的稻子将要被旱死,百姓纷纷捐款买牛献牲。赵进忠看到把活牛一头一头投到河里,无情的洪水不但不退,反而把渠口刷得一马平川,气得对黄河大喊三声:"天啊!你若有灵,救救百姓吧!"

突然,空中出现了一位老寿星,蝇刷一甩,说:"铁匠兄!若要堵住河水,你需铸成三千斤的铁牛,投入河中。"

赵进忠听了,双膝跪地,一连磕了3个响头,说了一个"行"字,转身跑回家中,用积攒的旧铜废铁,铸了一头卧牛,双目圆睁,四蹄盘卧,大有压水之势。

当铁牛入水时,忽然,眼前一片昏暗,人们什么也看不清。不一会,河水中出现一道石坝,挡住了滚滚的黄河水,那黄河水顺着渠道流去了。

一晃几百年过去了。解放后,人们翻修唐徕渠退水闸时,从河中挖出一尊铁牛,可惜少了一只角,据说是被东海龙王打掉的。后来,铁牛被搬进中山公园,"文革"时被砸碎了,而今的铁牛是仿铸而成的。

选自《青铜峡民间故事》

瓜熟籽粒落,河干龙出现

康熙访宁夏,白天观光"黄河百害,唯富一套"的宁夏川的山山水水,晚间翻阅史料看到:在公元802年,唐对汉代开建但已荒塞的光禄渠进行了疏浚伸延,渠长三百二十里,灌田千顷,从此易名唐徕渠。公元1264年,忽必烈派张文谦和郭守敬来到宁夏,负责修复银川附近因长期战乱而被破坏淤塞的渠道。当时,有人主张废弃旧渠另开新渠,郭守敬是元代的大水利专家,他不同意这种意见,认为这样既费工又费时,经过实地勘察,他提出了在渠引水筑堰,提高水位,将原有渠道挖深,建造水闸,以保证渠道有充足的水量。用他的办法,第二年夏种前已将唐徕渠全部疏通,保证了灌溉。

唐徕渠两岸的垂柳婀娜多姿,红柳的点点小花红得醉人。此时的天子被这别致的风景迷住了,他慢悠悠地踱步,不料却绊了一跤。还未爬起来,就听见一阵嘻笑喧闹声,原来是正好和一个坐在渠堓上聚精会神拧草绳的娃娃碰上了,康熙拿起麦柴给娃娃递,娃娃拧得快了些。

当!当!当!散工了。民夫们在渠堓上挖好的锅头上,烧火做起饭来。康熙也跟着小孩到锅头前,替小孩烧火,小孩忙着下米。康熙问:"你姓啥?"小孩答:"我姓刘。"不大一会儿,小刘的米汤烧好了,问康熙:"老先生!你喝点米汤吧?"此时,康熙正渴,接过米汤喝得一干二净。康熙问:"你听说哪个官好,不贪赃枉法?"小刘精神抖擞地答:"听说康熙皇上是清官,明镜高悬,秉公正断。"康熙又问:"你见过康熙没有?""没见过,我们穷小子咋能见上他老人家呢?""你能见上康熙,见了他,向他要个乖媳妇。""我怎么能见上呢!"小刘唉声叹气地说。

"小刘!你给我圆个梦好吗?"娃娃好奇地追问康熙做了个啥梦?康熙打趣地说"西瓜烂了,瓜子落了,黄河就干了。"

小刘一个蹦子跳起来高兴地说:"瓜烂籽粒落,河干龙出现!"

康熙笑哈哈地说:"好,好,圆得好!"

康熙回京后,深有体会地对大臣们说:"凡居官贤否,惟舆论不爽,寻其贤也,问之于民,民自报上颂之,如其不具:问之于民,民必含糊应之。官之贤否。于此立刻乐矣。"下旨让宁夏府将小刘送到京城,小刘的爹妈害怕,当是出了什么大事,就把小刘藏了起来。

康熙一定要小刘,宁夏府就千方百计地找到小刘送到京城。

康熙坐在金銮宝殿,小刘跪在殿下,康熙问:"你见过我没有?"

小刘左思右想,怎么也想不出个眉目,我咋能见过皇上呢?这是天大的笑话?小刘抬头细细端详,眉头一皱,噢!想起来了,高兴地说:"你不是在唐徕渠埧上喝我米汤的老先生吗?"

康熙一本正经地说:"正是。你给我当个干儿子吧!"小刘连连叩头谢恩,康熙给了小刘一些金银,他回到宁夏城开了个商号,做了不到三年买卖,钱有余剩,娶了媳妇。

宁夏城里人都说:"小刘人穷心好,碰到皇上爷,又娶媳妇,又享荣华。"一时传为佳话。

选自《康熙访宁夏的传说》

唐大将开唐渠之传说

唐朝时期,突厥人经常越过边境到大唐境内烧杀抢掠,边境一带难民成群结队涌入内地,朝廷对此大为恼火,就派唐大将带兵到边境征伐突厥人。唐大将带兵征伐突厥的消息传出后,突厥人就不敢来犯了。

唐大将当时三十多岁,银盔银甲,白战袍,骑白马挂银枪,武艺高强,英俊威武,带兵有方,手下将士对他十分拥戴。唐大将带兵出征后杀入突厥境内三百余里,连一个敌人都没碰到就回兵到贺兰山下安营扎寨,以便随时出击敌人。

话说突厥人时间长不入大唐境内抢掠,他们的吃穿就发生困荒。一年后自认为唐大将守备松懈,就起兵两万多人又入大唐境内烧杀抢掠,其实这都是唐大将为迷惑敌人故意使用的外松内紧的战术。当探马报告说突厥人起兵杀来,唐大将立即将大军兵分三路设伏只留下一座空营。突厥人不知底细直奔大营,被唐大将的三路伏兵杀得丢盔卸甲,鬼哭狼嚎,除少部分逃窜外其余全被消灭。自此,突厥人也服了唐大将。服归服,但只要唐大将带兵往内地一撤,敌军马上就入境,唐大将带兵回头一追,敌军马上就无影无踪。当时边境距内地距离太远,粮食草料经常接济不上。这就让唐大将非常头疼,撤不能撤,守呢粮草又接济不上,怎么办?后来就想到了屯田军垦。虽说屯田军垦是个好主意,可西北地方雨水少,天常旱,靠天吃饭显然不行。唐大将想到了黄河。守着黄河靠天吃饭这不成笑话了吗?能不能开一条渠把黄河水引过来?拿定主意后他就带了几个将佐沿黄河寻找渠口,后来在青铜峡找到渠口,把唐大将高兴地不知说什么好。当晚他们几个就在青铜峡渠口休息,此时唐大将又发了愁,几百里长的一条大渠那得用多少人来挖呀？这里的老百姓被突厥人烧杀抢掠原本也不剩多少人，后来又向内地迁徙了不少人，能开渠的民工寥寥无几，光靠那些将士又要征战，又要开渠，这渠开到猴年马月去？想着愁着，愁着想着，不知不觉地就睡着了。睡梦中忽见一条白龙头北尾南，摇头摆尾，不大一会就开出一条又宽又大又长的渠来，那渠水淌得哗啦啦作响，把唐大将高兴地大喊一声："渠开成了！"醒来一看，明月当空，三星过午，渠口还是渠口，石头还是石头，原来刚才是一场美梦。唐大将叫醒大家连夜回营。渠口又有山又有石不便骑马，唐大将就把缰绳搭在马背上，信马由缰让马自己走着，他又想着梦中的情景。那匹白马走着走着缰绳就落到了地上，马就拖着缰绳一路走去。谁知白马缰绳拖过的地方转眼就成了一条大渠，那黄河里的水随即就灌入渠里。唐大将正感到奇怪，忽然想到刚才的梦立刻醒悟过来。白龙开渠？这白马不正是白龙吗？心里想着忙跪在地上对天叩首道："苍天圣主，各路神仙，本将在此为天下苍生谢过你们了。"起来后加快脚步跟着白马向北走去。那马走着走着忽然前面有个庄子一挡就拐了个弯，后来人们就把这个弯子叫陶家弯子。过了陶家弯子那马又走了不远被一团黑影一拦又拐了一个弯子，原来那团黑影是棵大树，后来人们把这个弯子叫钟家弯子。白马拖缰绳走了不远碰上了一块坟地又拐了一下，后来人们把这个弯子叫罗家弯子。走着走着碰上个寺庙白马一拐又拐出一个弯子，后来人们把它叫作马家弯子。这条渠开成后唐大将带兵屯垦驻守边境，当地百姓守着这条渠年种年收丰衣足食。后来人们为感谢唐大将之功就把这条渠叫作唐徕渠。

选自《青铜峡市志》

唐徕渠取"梢结"的由来

唐徕渠渠长梢远，上游种植水稻，是长流水；下游自贺兰县站马桥以下均种植旱作物，停水期长，行水有时限，梢段灌水困难。官府订立三轮水取梢结的制度：规定头轮水在立夏后，小满前；二轮水为大暑后，立秋前；三轮水（即冬灌）在立冬后，小雪前。开水后，将上段支斗渠严封实闸，赶水到梢，由梢向上依次轮灌。自三闸以下（今肆镇、惠威两村）灌水完毕，即由当地农民代表十余人出具证明，名曰："梢结"，签名盖章，交给管水人员上报。上司以此考核灌溉任务是否完成，如头轮水在小满以前梢结不能上报，即对段长与局长追查责任，严厉惩处。

相传康熙皇帝访宁夏到平罗，听农民说唐徕渠梢农民淌水困难，年年旱死庄稼，民不聊生。他便骑毛驴沿渠堤到威镇堡梢闸，一路边走边看。时值夏天，细看麦苗像浇水的样子，但长势不太好，乡村景象萧条。他想这些麦苗再浇一水该多好呀！但唐徕渠内已无水。走到涂家（今威镇村有涂家渠），涂奶奶正在家中，她是两鬓斑白的老太婆。康熙说是出门找朋友走错了路，请涂奶奶给他做一顿饭，他愿出一两银子。涂奶奶听他说话和气，有礼貌，就做了菠菜熬豆腐让他吃。康熙吃着很合口味，就问饭叫什么名称？涂奶奶说："这饭叫金镶白玉板，红嘴绿鹦哥。"康熙为此饭菜好吃，取名文雅而高兴。

康熙见涂奶奶家境贫穷,就又问:"人都说天下黄河富宁夏,年种年收水浇田。为什么你们的光景还不富裕呢?"涂奶奶说:"客官!你不知道底细,我们这里是水浇田,可就是淌水不及时,小麦在立夏后就要淌水,但过了小满还不见水,好不容易盼来了水,只能淌一二天,庄稼没淌完,渠水打个照面就交上官差,收成怎么能好呢?"康熙问:"你们按时灌不上水,为什么不告状呢?"涂奶奶说:"官官相护,皇上还在北京,小民何处告状?只有听天由命吧!"康熙已有几分同情,便说:"听你说的都是实情,唐渠梢的百姓灌水这样为难,我替你们想个办法,当今皇上是我的结拜大哥,宁夏知府是我的同乡。我回去和知府商量一下,每年三轮水渠梢农民能按时灌溉上水,就在梢结文书上由梢民盖上印押,逐级报宁夏府转奏朝廷,这个印就是灌足水的凭证。我打算做一块玉石鱼印,分为三截,鱼尾留给你,子子孙孙传下去;鱼腰留到宁夏知府手中,做为检查对证;鱼头我带回北京交给皇上老大哥。这三截要对成一条鱼,记住!如果按时灌不上水就不要盖,朝廷自有国法。商量好了,宁夏府就会给你送来一件东西。"说罢告辞。过了几天,果然宁夏府来差官到威镇堡找涂奶奶,说是奉皇上旨意,让送来鱼尾玉印。涂奶奶这才知道,那天在她家吃饭的人就是康熙皇帝,随即谢恩。这个消息很快传遍了渠梢威、惠两堡和平罗各地,百姓感激不尽,从此留下唐徕渠每年三轮水取梢结文书的制度。不知何时没有了鱼尾玉印,但有十多个农民代表在梢结文书上签名盖章的制度一直延续到解放前夕。

选自《平罗县志》

红花渠的传说

银川城的东边,有一条平缓的人工河,这就是银川平原上有名的红花渠。

关于红花渠,至今还流传着一个十分优美的传说哩!

很久很久以前,红花渠流过的地方,还是白茫茫的一片盐碱滩,荒无人烟。不知过了多少年,一伙穷苦的庄稼人在这里安下了家。他们从五十里之外的黄河挑水,开垦出了一块块的田地,又盖起了房,逐渐形成了一个村庄。

这个村里有个姑娘叫红花,她不仅有着鲜花一样的容貌,还有着一颗像金子一般亮的心。红花姑娘从小就看乡亲们艰难挑水的情景,难过得泪珠常常不知不觉落了下来。

距离这个村子五十里远的黄河岸边,有一个不大不小的村庄,十分富庶。村里有一个小伙子,名叫牛娃。他干起活来就像是初生的牛犊,浑身有使不完的劲,远近的乡邻没有不夸他的。牛娃已经二十五岁了,还没成家。许多乡邻都来作媒,可他都谢绝了。原来牛娃早就爱上了红花姑娘。

牛娃的媒人带着聘礼,来向红花求亲。红花说:"要我答应婚事可以,但他必须允诺我一件事。"媒人先是满口答应,然后才问是啥事。红花姑娘沉沉稳稳地说:"听我们这儿的老人讲,沿着黄河一直向西南方向走,便可走到黄河的源头,那里就是龙王的水晶宫殿。龙宫里有一把金子做的月牙铲,如能借到这件宝物,黄河的水流便能引到我的家乡。牛娃要是能够办成这件事,我就嫁给他。"

媒人回去,一五一十地告诉了牛娃。牛娃本来就有一副好心肠,又是个天不怕地不怕的小伙子,说走就走,第二天,他就背上干粮上路了。

牛娃沿着黄河,没日没夜地走,整整走了九十九天,终于来到了黄河的源头,昆仑山下。

龙王被小伙子的一片诚心感动了,十分乐意地拿出了月牙铲。

牛娃得到月牙铲,十分高兴。回到家乡后,他片刻也没有休息,就立即干了起来。这把金铲果然名不虚传,还不到半天的功夫,他已经挖完了一半工程。一想到很快就能和自己心爱的红花姑娘见上面,牛娃越干越兴奋,越干越上劲……

在太阳快要落山的时候,他终于望到了红花姑娘的村庄,望见了在村头呆呆地向远处眺望的红花姑娘。牛娃使出了全身的力气,朝着红花姑娘跑去,并高声喊道:"红花!我回来了!我回来了!"不料,由于他整整一天没吃没喝地劳动,再加上一连几个月的长途跋涉,身体亏虚了,话音刚落,竟一口气没上来,重重地扑倒在地上。

滚滚的黄河水顺着牛娃挖好的河道咆哮而来,刹那间把牛娃的身体冲得无影无踪。红花望着浑黄的河水,哭了七天七夜,最后也纵身跳进了这汹涌激荡的水中。

后来,人们便把这条来之不易的渠叫作红花渠,把红花姑娘住过的村庄叫红花村。

选自《银川名胜古迹故事传说选》

红花渠名考

红花渠,是宁夏唐徕渠的一条支渠。据史料记载:唐徕渠修筑于汉代,因唐代时重新整修而得名。红花渠的走向特征是"自西南转东北而去",即史书上称的"抱城而过"。与天然形成走向特征的大江大河不同,红花渠只是一条人工修筑的规模不算大的水渠,它的体量决定了只能由城池决定它的走向,而不能由它的走向决定城池的方位,红花渠的体量和走向特征决定了它的修建年代只能晚于而不可能早于银川城的修建年代。那么,银川城又修筑于何时呢?

据史料记载,北魏时在今银川东郊掌政乡范围内修建饮汗城,一直沿用到唐代,唐称为怀远县。据唐《元和郡县图志》记载,"怀远县,灵州西北,隔河一百二十里,本名饮汗城,赫连勃勃以此为丽子园。后立为怀远县,其城仪凤二年(公元677年)为河水汛损,三年(公元678年)于故城西更筑新城……"据专家考证,更筑的新城就在今银川老城的位置,也是在这个位置的建城之始,距今已有一千三百多年。由此可以得出结论,红花渠修筑的上限年代应该是公元678年,至于具体年代已无据可考。按照常理,随着一座城市的修建,为了满足城市周边居民的生活生产的需求,尽快修筑一条灌溉水渠是完全可能的,因此有理由认定:红花渠修筑于唐代。

红花渠这一名称最早出现在明宣德时编著的《宁夏志》中:"红花渠,在城外,自西南转东北

而去。""宁夏之渠,皆古之旧也,但其名异耳,以其无途径可考故也。"这段记述似乎说明"红花渠"这一名称始于明代,可是笔者却对这一观点有些怀疑,认为红花渠这一名称在元代已经有之,正如唐徕渠、汉延渠的名称也不是始于明代一样。据《元史·世祖纪》"至元二十九年(公元一二九二年)九月丁卯,以'宁夏户口繁多,而土田半艺红花,诏令尽种谷麦,以补民食'"。由此可以看出,在元代,宁夏的红花种植规模是非常庞大的,有近一半的农田都被用以种植红花,在这种环境下,有一条穿行于红花田之间的水渠被称为红花渠是极为正常的。

在元代被限制种植的红花,到了明代又得到较大的发展,翻开现存的几本宁夏志书可以看到,红花在明代,是宁夏进贡朝廷的第一贡品,地方官员对红花的种植和加工都极为重视,在城内分别设置"总兵官红花场"和"镇守太监红花场","惟红花,岁役数千夫始竟其事。所贡止五百斤,其织染之资故不籍此而足,人实不胜其困"。红花原生于埃及,是一种一年生菊科草本植物,花为橘红色,可作染料。

据史料记载,明代宁夏共有红花田六百七十二亩,鉴于地方官吏对种植、加工红花的高度重视,"红花田"肯定要选在既土地肥沃、又靠近城池、便于管理的地方。种植红花需要灌溉,"抱城而过"的红花渠刚好可以满足这一需求,如果原名"红花渠"延续了下来,则继续使用。如果这一古渠在明初的确已不知所名,那么给其命名为"红花渠",不仅使一条古渠有了名称,而且还反映了重视种植红花的这一社会现实。

选自《长渠流润》

青铜峡的传说

相传上古时候,黄河流入中卫境内,山阻水道,洪水四溢,到了峡口山,由于大山拦住水路,处处是一片汪洋大海,百姓叫苦连天。

大禹治水时,来到积石山一带,看到山石阻拦河水,于是率领民众数百人,住在峡北岸的古石洞里,每天挖石不止,想把大山凿一个水洞,放水过去。可是,山高石头硬,破它不动,大禹命令造窑烧炼青铜斧。那时,峡口山一带没有铜铁,只好从远方运来铁石,在窑中烧炼。经过七天七夜的烧炼,终于炼成一把青铜斧。那斧真快,削石如泥,不几天,就砍去了大半个山头。快劈到山腰时,突然冒了一股青烟,铜斧不翼而飞,但见那空中闪出一员天将,手持青铜斧,听得"咔嚓"声,像是打雷,"轰隆"的一声炸响,山崩地裂,裂出一道缝来,洪水顺着裂开的口子奔流而下。从此,平息了水患,大片的土地露了出来,形成了平原。

大禹看到滚滚而流的黄河水笑了,接着到下游察看水情,发现水患未止。又命令民夫开挖渠道,引横奔乱闯的洪水入渠道灌溉农田,发展农牧业。后来,人们在大禹开挖旧渠的基础上,又修建了艾山渠。由此,大禹治水修渠的功绩,世世代代广为传颂。后来,人们就在大禹住宿过的地方盖了一座庙,庙内塑有禹王神像,以示纪念,可惜后来被水淹没了。不过,在峡口西山尚有禹王洞。

选自《青铜峡市志》

牛首山的来历

传说古时候,青铜峡口这的黄河里有一条凶恶的蛟龙。这蛟龙性情残暴,它在河里把腰一躬,那黄河水就能掀起几丈高的恶浪来。那时候,黄河两岸都有了田地,住了人家。这恶龙逞凶,把什么都淹了。所以到后来,人就铸了一条大铁牛。重有十万八千六百斤,从峡口那搭放到了河里。

大铁牛放下河以后,得了李老君的点化,通了人性,有了灵气,而且力大无比。那条恶龙一作怪,大铁牛就和它打斗起来。直打得昏天黑地,恶浪腾空。后来那恶龙终于被大铁牛打败了,被大铁牛两只又尖又长的角顶成两截子。

打那以后,大铁牛就卧在峡口上游的黄河边上。变成了一座大山,日日夜夜守护着黄河。所以这山就叫"牛守山",慢慢就又叫成了"牛首山"。

选自《青铜峡市志》

七十二连湖的传说

在很古老的时候,贺兰山下是一片大草原,树木茂盛,牛羊成群,湖泊众多,百姓安居乐业,就连天上的神仙也看得眼红,都想下凡看一看,逛一逛。

有一天,瑶池的七十二个仙女在私下议论人间的事情,想乘王母外出之际到贺兰山下的大草原上听听人间的喜事,观观牛羊。刚刚走出瑶池,王母一听仙女要下凡,勃然大怒,审问一番后,手一甩,把七十二个仙女打到瑶池之外。顿时,狂风大作,姐妹们被风吹到人间。她们从中卫到平罗细细观看:烈日把大地烤得滚烫,水井干涸,庄稼旱死,大地没有一点生气。她们知道是王母施的法术,想找口水喝也难于上青天啊!

晚上,七十二个姐妹抱头睡在一起。突然,听到空中有人说话:"姐妹们,你们不用愁,过了黑夜就是白昼,分头去找水喝吧!"先是大姐在邵岗找到了一片晶亮的湖水,里面有野鸭,接着众姐妹们纷纷去找,一直到天明,各自都找到了一片水湖,清清汪汪,恰似天池一般。姐妹们高兴地跳下湖去洗澡,自由自在,洗个痛快。当姐妹们走到湖心时,听到"咕咚咕咚"的响声,可是姐妹们却不见了。到了中午,每个湖心盛开出朵朵莲花,光彩夺目,四周长满了芦苇。人们一数,不多不少,正好是七十二朵连成一线。据说,从中卫到平罗的七十二连湖是由七十二朵莲花得名。

而今,七十二连湖留下的不多了,大多变成农牧场和良田,国营连湖农场就是其中一湖。

选自《青铜峡市志》

第六节 纪实与回忆

火石墕决口修复纪实

李景牧　郑忠孝

唐渠上、中段有陡弯20多处,险工段达70处。1950年7月20日夜间,在距进水口70公里的永宁县火石墕大弯中部右岸决口。王全乡农民被水响声惊动,管水人员这才发现决口。当时进口流量50立方米/秒,决口处有30立方米/秒,决口已大,无法抢救。

省水利局接到电话后,通知进口立即减水,沿渠开口散水,并派李景牧、郑忠孝、吴汉三等连夜徒步前往,天亮到达现场,决口已宽达40多米。先后到达的有省人民政府建设厅厅长郝玉山,水利局局长张兴,永宁县县长刘俊谦,县水利局局长黄金镛及赵连璧、瞿光先,县人民政府委员马宝山(民主人士),老水利人员蒲少峰等。上午8时决口基本断流,决口宽达60米,冲垮渠长1.5公里,顶宽拉垮2/3到1/2。人民解放军驻王太堡部队首长闻讯赶到,要求参加修渠。

决口原因是夜间上段灌水人少,关闭斗口,大水下放,超过正常大水位,决口在填方段渠埂单薄,土质砂、草土护岸已腐朽的弯道险工处,养护人员麻痹大意未及时发现。正值夏收后复种、伏泡和水稻孕穗,秋作灌水的高峰,农民渴望早日修复灌水。这段急弯曲线2000米,弯弦只有400米,埂高3~4米。

下午,郝厅长主持修复决口会议,多数人主张在原弯道上用老办法(草土)修复,少数人主张裁弯取顺,形成两个方案。

(1)裁弯取顺。能节省大量柴草(当时无草),场地大可多上人,工期短,土质好(黏壤),新旧渠接头少,能增大输水能力,满足用水。土方量虽大但以后可节省维修费用,占有青苗30亩(稻子20亩,黄豆10亩),按规定给予补偿。

(2)在原决口处用草土修复方案。不占用青苗和农田,工程量小,但用柴多,进度慢,工期长。大填方草土工程又急于放水,沉陷、裂缝、滑坡在所难免,不能除险,不能满足今后增加水量之需要。

在两个方案的争议中,马宝山说:"我年纪不大,没见过也没听到老人说过干渠裁弯的事例,若裁弯放水后又决口,由谁负责?厅长你敢负责吗?"郝厅长感到马的意见有一定的代表性,便面带笑容地说:"在裁弯取顺的渠道上决口,由我负责,杀我的头!用老办法修复后,又决了口,你能负责吗?"当时,虽无其他人发言,但内心有疑虑者仍有人在。裁弯取顺的堵复方案决定后,工程技术人员测算出裁弯土方达4.5万立方米,每天按10小时,工效2.2立方米,得上2500人(解放军500人),必要时再增加200~300人突击。郝厅长要求9~10天全部竣工,第六天试渠,边放水边养护,边加高渠埂。

郝厅长宣布修复决口施工委员会由7人组成,分工负责。刘俊谦为主任,黄金镛、李景牧为副主任,黄金镛在现场全面领导,县水利局负责抽调民工和物料供应,李景牧负责工程安排和劳力调配,委员吴汉三、郑忠孝负责施工技术指导和质量检查,委员赵连璧负责旧渠上、下两座草土坝和新旧渠衔接工程,委员马宝山负责督促民工和检查验收工程。

严格要求质量、土质、铺土厚度和夯实(一窝四夯),新旧渠接头,要求犬牙交错,提高警惕,防止有人捣乱。

郝厅长和张兴局长再三叮咛李景牧、吴汉三、郑忠孝等说:"裁弯取顺是宁夏在建国后的首次,事关党在广大群众中的威信,一定要搞好,不能动摇和疏忽大意,要坚定信心,保质保量按时完成。"

施工委员会的同志们以身作则,坚守岗位,日夜奋战,发现质量问题及时纠正。试水后,放水考验,渠线短,水流平稳,渠坚固,无裂缝塌陷,数千军民欢欣鼓舞,干劲大增,背运的土多,走的步子快。

这次裁弯堵口胜利完成,为整治旧渠创出了经验。9月中旬,各渠停水后,永宁县人民政府召开总结会议,县长刘俊谦作总结发言:"这次修复火石埂决口,采用裁弯取顺的方案是正确的,经过放水考验是成功的,成绩是显著的,证明党和人民政府是能够领导人民建好、管好渠道的!"事实已作了总结,但一些思想守旧和青苗被毁的农民,仍在喋喋不休地说"不民主,独断专行,毁了丰收在望的青苗,是不应有的损失",并将意见反映到省府领导。

1950年年底,在全省水利工作会议上,省主席潘自力谈到水利工作时说:"永宁县唐渠决口修复工程,采取抛开旧渠,采用裁弯取顺的方案,从发展的眼光看是完全正确的,实践证明是成功的。独断专行的说法是错误的。"从此功在怨消,为以后裁弯取顺扩整旧渠,创设了先例。

选自《长渠流润》

回忆杨显台会议

李桂荣

1952年夏秋灌于8月31日停水(比往年早5天),计划9月份把唐渠裁弯及秋修的疏浚、加埂同时进行。冬灌10月5日试水,10日开灌(迟5天),要求保质保量,按时完成。9月9日,郝玉山厅长率施工负责人到各工段检查施工前准备。11日全面开工。9月28日,郝厅长骑自行车,带着警卫员到宁化桥上,看到3公里多的裁弯表示满意。我是宁化桥工地负责人,提出有两

个问题急需解决:"一是吴忠市民工人少,思想不安定,不能按时完成任务;二是按现时设计,渠水水位将降低1米左右,宁化桥上将有两万多亩高地浇不上水。"郝厅长沉思了片刻说:"马上派人到吴忠市叫负责人增加民工,并来工地做思想工作,误了工期要法办!"又派人通知(无电话):"一工地负责人麦思信、三工地负责人李茂唐即刻到杨显台指挥部开会!"

会议由郝厅长主持,有张兴、郝积厚、杜瑞、吴尚贤、麦思信、李桂荣、李茂唐、测量员李天合等人参加。我谈了发现的技术问题及其后果。经过讨论决定调整渠底设计比降。首先是核对实测纵横断面图,由杜瑞瑄和吴尚贤二人负责,下半夜发现两张相连的图纸,高程相差一米,问题便迎刃而解。会议结束已近黎明,一觉醒来旭日东升,迅速奔赴工地纠错,以免造成更大的浪费。

我到宁化桥,吴忠市市长薛池云正给民兵讲话,答应增加民工,按时完成任务。渠底高程抬高后,土方量减少,提前完成了任务。

选自《长渠流润》

西门桥决口的回忆

李景牧

1960年9月17日13时许,西门桥南右岸决口,虽已开口散水,但滔滔渠水夺口而出,直向城内奔流。解放西街老幼呼喊,纷纷乱跑。虽动员有数千名青壮年用草土抢修,因水流湍急,未能奏效,不久口宽十多米。为了减少损失,必须迅速截断来水,银川市委决定在保伏桥上左岸挖口子,泻水入湖。挖开口才断了流。

银川市西门外公路南、唐渠东是一片沼泽碱滩。自治区党委书记李景林想利用渠水泥沙淤平洼地,俾作扩大城建之用。告知银川市水电局,在西门桥南做一斗口,引水放淤。这一动机原本正确,市水电局随即备料开工。在开挖斗口地基时,干渠流量20立方米/秒,渠水位高出洼地地面4米左右。斗口处的渠虽较高厚,但多属沙土,填方渠道高若悬河,引水期间施工确实危险。施工人员曾向市水电局领导建议,要在斗口地基前打一箩圈(草土围堰)以策安全。但市水电局主要领导人体会不到危险性,既未与工程技术人员研究,又不采纳正确建议,即贸然施工,导致决口。淹没和浸倒房屋近千间,家具杂物损失惨重,市民怨声载道,政治影响很坏,当天市水电局和西门管理所的有关人员被逮捕。当天下午,自治区党委书记李景林、人民政府副主席郝玉山等召集区、市水电局负责人(我也参加)研究修复决口,决定:

(1)西门桥决口修复采用黄黏土壳包砂土心墙填筑,瑸内坡采用干砌石衬护,由我和顾良栋(区水电局科长)负责。

(2)保伏桥上的口子,由银川市水电局负责修复,内坡用柴草护岸,被冲刷的渠,全用黏土夯筑,所需人工、物料由银川市人民政府筹集。

（3）抽调区水电局水利工程处数名技术员协助施工。修复工程于9月18日开始，要求15天内全部完成。

（4）宣布纪律一条，斗口修复后，当年冬灌若在原处发生决口，李景林、顾良栋要被判刑，勿谓言之不预。

修复过程中对于上堋的土质、土层厚度、夯实质量、新旧渠接茬、砌石护坡等，均按技术要求，认真检查，按期完成。后经冬灌引水考验，未出现裂缝、沉陷等问题，新筑渠堋，坚实稳定。

这件事已过24年了，回忆当时惊心动魄的情景，犹历历在目，余悸尚存。晚年有幸，游西门桥唐徕公园之余，触景生情，特记述之。尚望城建及水利部门，对唐渠行经银川市西门桥上、下的填方段，除按时认真检查隐患，做好防护工程外，还须加强巡护，事关首府安全，切莫疏忽。借鉴历史，提高警惕，杞忧赘语，了我心愿！

选自《长渠流润》

重建大坝营古建筑

李茂林

建国前，大坝营唐徕渠正闸右堤上，建有"L"字形厅堂一座，砖木结构，四面出厦，扎柱走廊，名曰"接水厅"。每年春开闸放水时，政府官员及水利要员等在此举行隆重的放水仪式，祈求风调雨顺，五谷丰登。

头闸左边土台上，有两层六角亭台，角上挂有十二只铁铃，风吹铃响，颇为壮观。官员在此可观赏开闸放水的宏伟景象。

正闸前，唐徕渠与贴渠之间建有龙王庙一座，正殿、配房、四合大院，院门对正闸与古渠遥相呼应，别具特色。在唐徕渠与贴渠的分水墩上立有石碑，名曰"唐来渠大修碑记"。此碑建于清雍正年间，建有碑亭和小院，此碑与上述各建筑物均毁于1967年"文革"中，实为憾事。1982年，捞出残碑两块，重约300斤，运回管理处保存，以备将来恢复时参考。

为了恢复原有古建筑，美化环境，1986年，渠首管理处投资5万余元，请甘肃省古浪方古建筑队在唐正闸附近重建成六角、四角、三角亭各一座。1987年，宁夏回族自治区顾问委员会主任薛宏福将六角亭命名为惠风亭，四角亭命名为翠荫亭，三角亭命名为望月亭，并亲书题匾悬挂各亭，蔚为壮观。

1986年，渠首管理处依《宁夏府志》所载唐徕渠大修碑记原文，专程赴陕西，请西安市玉石雕刻厂按原碑字体及格式重新刻制，并在背面刻有附记，立于正闸下大清渠右岸，并建有碑亭，四周设有铁栅栏保护。

《宁夏青铜峡灌区渠首志》1992年9月

一桥一船话今昔

房希亚

岁月如流水,转眼已是自治区成立40周年。我是在银川生活和工作的。我经历和目睹了这个城市的变化。回想中华人民共和国成立初期,银川市内只有灰蒙蒙低矮的平房,到处是荒滩、水坑,人们大多穿着破旧,没有色彩。

数得过来的几条大街小巷的路面下雨是墨盒,刮风是香炉,春天潮水上来又成了似波浪般起伏的橡皮路。贫瘠荒凉的情景至今难忘。

人民政府成立后,尽管当时财政极为困难,政府还是千方百计筹措资金改建一些市政设施,改善人民生活条件。

1953年冬,先行施工建造西门桥。桥的设计者是原省水利厅马应杰工程师。我负责财务预算和现场施工管理。当时没有铁路,公路少而不畅,市政府只有一辆吉普车。钢筋、水泥、一砖一石来之不易。桥坡度大,垫土方量也大,全凭人力来干。桥于次年4月放水之前完工,至今仍是车水马龙川流不息。

1974年前,银川东边黄河横城渡口只有一条人工摆渡的木船。当时区上决定建造一套大型机动船。组织上又指派我具体负责牵头完成此项任务。船由自治区交通厅厉工程师设计。临时拼凑了一个施工队,严冬季节在黄河边的渡口管理所摆开阵势干起来。厉工曾留学外国,又是右派;我则是家庭出身不好,又有复杂的社会关系,大家都是战战兢兢如履薄冰,终于在黄河解冻时完工。船由一个装有两组发动机的机动船和一个能装载60吨的大渡船组成。这套船为黄河横城渡口两岸车来人往提供了很大方便。

改革开放以来银川发生了很大变化,尤其近两年更是日新月异,高楼大厦林立,交通四通八达,水电方便充足,环境清洁优美,一派现代化都市风貌。几乎找不到当年贫瘠窘迫的影子。唐徕渠上不知又建起了多少座更好的桥。黄河上昔日的那条船不知隐向何处,只见一座座气势宏伟的大桥如彩虹般飞架两岸,桥两端平整宽阔的柏油马路延伸向远方。

《宁夏日报》1998年11月6日

20世纪40年代银川印象记

杨应林

1943年夏,笔者从中宁县宁安完小毕业后,和同学4人去银川(时称宁夏城或省城)报考国立绥宁师范学校,有幸全都录取。在以后4年赴黄渠桥上学和寒暑假往返途中,宁夏城是必经之路。

宁夏城是当时宁夏省的首府,到1947年设市才定名银川市。城墙是砖砌的,破损严重。有东、西、南、北4个大城门,南北门附近还各有一个小门,叫小南门、小北门,小北门封闭长期不用。4个城门上均建有城楼。鼓楼是东西大街的分界处,南北大街与东西大街交会,4街笔直如线,还有新华、利群、前进、文化等多条街道。街中有巷,互相贯通,是市民的居住区。省政府在西大街,大门是城门洞式的,顶上有层小楼,门口有两只石狮守护,加之军人站岗,戒备森严。省政府对面是天主堂,高高的十字架矗立天空,教堂和花园显得十分和谐幽雅,可供人们参观。城东北有占地数百亩的东教场,驻有几千步骑兵。每日早晨、下午操练时,总是有人驻足围观。笔者和同学也去过几次,印象最深的莫过于骑兵的操练了。但见骑士们一个个跃身上马,马儿飞奔时,他们在马背上做出站立、倒立等马术动作,扣人心弦,很是精彩。

北街有座大公馆,也称"将军第",是宁夏省主席马鸿逵居住的地方。临街处立有一座木牌坊,听说是马鸿逵父亲马福祥任宁夏护军使时所建。大门有岗,戒备森严,平民莫入。门口有一对石狮威风八面。说起这对石狮的来历,据笔者老友俞跃广说,石狮原是他祖先清康熙年间任湖广提督的俞益谟死后埋葬在广武新田墓上的。"将军第"建成以后,按例在大门口要有石狮摆放,因宁夏买不到石狮,其下属称广武有此物,于是马福祥派军人把石狮强行拉走。与大公馆右侧相连的叫"五亩之宅",据说是依占地面积命名的,又说是取自"四书"某处。它是马鸿逵堂兄马鸿宾在银川的一处住所。

当时,宁夏有名的宁师、宁中、女师都在文化街。各街店铺林立,也夹杂着一些公有企业,如银行、邮电局等。店铺大多是砖木混合结构的平房,偶尔有几间木楼。1945年,抗战胜利后,马鸿逵命令修街道。不少平房被拆除,改建成为砖门面,院内旧式建筑未变。全城都是土路,不铺石子,风天尘土飞扬,雨天泥泞难行,没有电灯、下水道,更没有什么先进的交通工具,只有几辆黄包车为富人享用。商贸最繁华的街有西大街的米粮市(现名民生街),以粮食、杂货、餐饮业为主,每日上午车水马龙,客商云集,热闹非凡。鼓楼南街柳树巷以文具、刻印、照相闻名。新华街最热闹,有闻名遐迩的秦腔剧团"觉民学社"、马鸿逵为其父歌功颂德建的"云亭纪念堂"等。西面的老市坊(今称利群街)主要经营肉菜食品,顾客颇多。一些旧货地摊上,衣物用品很多,价钱便宜,穷人多有问津。

城内的名胜古迹很多,如西塔、鼓楼、玉皇阁等。这些地方多被驻军占用,不能进去观瞻,只能从外表看看而已,其貌如今。中山公园(俗称西马营)在西大街,紧靠城墙,开东南二门,门里有木牌坊,东牌坊上书"豁然开朗"四字,南牌坊则书"万物育焉",落款皆为马鸿逵题。"万物育焉"的焉字形似马字,故被以雷启霖为首的进步人士出的小报谑称为万物育"马",以示对马鸿逵暴政的不满。那时的公园不收费,任人随便出入。园内有亭台楼榭、花草树木、小桥流水、兽类禽鸟等。公园湖中长有芦苇,但不妨碍划船。西塔旁边有一大臭水坑,岸边建有多处纸坊。西塔牌白麻纸质量上乘,是当时办公学习用纸的佳品。

城外有家面粉厂。厂在南关,是马鸿逵以军需为由,霸占原官商合办的普利机器面粉厂后改建更名的。西门外的唐徕渠,水大水深可以行舟,偶尔有运料舟经过。两岸无砌护,岸边植有

护堤柳,因年代久远,树皆老态龙钟。树旁多有垂钓者,因为黄河水无污染、无拦河大堤,渠里鱼多,自然好钓,无人空手而归。两侧渠坡上的坟冢比比皆是,裸露的棺材、草席(穷人用席子埋葬)、白骨也不少,令人望而生畏。城外多有苇湖,一个连着一个,是七十二连湖的组成部分。湖中长着茂密的芦苇和蒲草,水中有鱼,以鲤鱼和鲫鱼居多,常有人驾小舟和设围捕捞。湖中小鱼和其他虫类是禽鸟的美味,每到春暖花开时,多种候鸟迁徙而来,筑巢生育,常见的有苍鹭、水鹳、麻喳喳、章鸡子、野鸭等。不过最使人讨厌的是夏秋季蚊子太多,那些蚊子不但多而且大、腿长、嘴长,嗡嗡的声也大,不但晚上叮人,就连白天从湖边经过的人也不放过。冬季湖水结冰,人们竞相采割苇柴,或用或卖,它也是建筑、造纸的原料。城外荒地很多,荒地上长着碱蒿之类的耐碱草类,到了冬季白茫茫一片,脚踏上去有松软感。荒地上常有野兔出没,是打猎的好去处。马鸿逵统治宁夏多年,连年抓兵逼粮,把原本美丽富饶的宁夏川变成了民不聊生、十室九空的人间地狱,加之文化科技落后,哪有力量去开垦荒地发展经济。

此外还有两件事使笔者难以忘却。

第一件事是城墙窑洞。那时宁夏城乞丐成群结伙,男多女少,个个面黄肌瘦,蓬头垢面,衣不蔽体,手持大棒(打狗用)、饭碗和米袋沿门讨要,早出晚归,挣扎在死亡线上。到了晚上,有的住在庙宇的空闲处,还有的住在自挖的城墙窑洞内。他们是被压榨得一无所有的农民,不得已在破烂城墙处挖个窑洞居住,以遮风挡雨。省城地势低洼潮湿,他们把窑洞挖在离地面几米处,辟有小径上下,出门时洞口堵一捆蒲草或挂上破布门帘。笔者一日和同学数人去南城墙内偷看过一孔窑洞,情形是:把封堵的蒲草搬去,洞口矮小,高不及1.6米,宽不超过0.8米,屈身低头方可入内。洞长约2.5米。可能是烟火熏的原因,洞壁黝黑,洞里空气污浊难闻。地上铺着麦草或烂毡片子,铺上乱放着破旧开洞的被子,摞着的砖块当枕头。洞角有用砖块支起的炉灶,上面放着砂锅,木马勺和筷子挂在洞壁上。洞壁上还挂着几个盛米面和干馍块的破旧袋子,可能是刮风下雨不能出去讨要的储备粮。见此情景,同学们异口同声地说,这哪是人居住的地方,和原始人居住的洞穴没有两样。出来时,我们小心翼翼地仍把洞门封堵好。这样的窑洞,据说其他城墙也有。

第二件事是城门挂捆草腰子(草绳)。1944年冬,在经过南城门时,见有两个军人站岗,他们衣帽整齐,荷枪实弹,来回走动,不时盘问着可疑的人,觉无问题方予放行。所谓可疑的人,不用问就是指共产党和进步人士。又一瞧,门洞外挂着一捆草腰子,不知何用。恰好一位穿老羊皮袄(不挂面子)的农民,袄襟敞开着甩甩搭搭(那时老羊皮袄一般都没有纽扣或系带)地走来,站岗的立即斥令他站住,吓得那人丈二和尚摸不着头脑。站岗的二话不说顺手抽下一根草腰子让其系在腰间再进城,并说总司令命令,衣帽不整者不准进城,下次不改还要重罚。马鸿逵这一举措的是非,笔者难下结论,不过,衣冠整洁倒是无可厚非。

《宁夏日报》2002年10月11日

真假西门桥

陈志国 雍 斌

某日,老少两位文友晚饭后漫步。路过西门桥时突发奇想,老友问小友:"天天从这儿过,咋就没见着桥上刻的'西门桥'三个字呀?今儿个咱们来找一找。"二人从桥面看到桥底,再从桥东看到桥西,就是不见桥名。晚风渐冷,两人只好悻悻作罢,各自返家。

忽一日,小友接到老友电话:"找到了!'西门桥'原来是假的!银川人稀里糊涂过了几十年!"小友不敢怠慢,火速赶往现场,鉴别真伪。

时下,银川人都认为,西门桥位于解放西街和银新南路交会处的唐徕渠上。殊不知正如老少二人的经历一样,在这座桥上,你看不到任何桥名。天天车来车往的"西门桥"原来是座无名桥。而从这座无名桥向北345米,有一座窄桥,5.7米宽,两头和唐徕渠边的小道相连。令人惊奇的是,桥梁面南的眉心处刻着鲜红的三行字:"唐徕渠西门桥——甘肃省水利分局建——一九五五年四月"。噢!最早的西门桥原来在这里。

一位步态龙钟、银须飘逸的84岁老人讲:"这桥年代久了,以前破败不堪,后来政府重建了一遍。旧社会,到每年放水的时候,要在桥边举行仪式,可热闹了。管事的人都要宰一只肥羊,省上的大官们也都要到现场祭祀、庆贺。当每年的第一股洪流滚过来的时候,岸上鞭炮齐鸣,人群沸腾。然后,大家就开始抢肉吃了,流落街头的叫花子最喜欢这一天,既有了宏大的场面又能开荤,抢起肉来更是奋不顾身,当年还有叫花子因为抢肉掉进渠里,凄惨地成了新年中葬身其中的第一人。"

故事听完,但考究工作还没结束。老少二人从真正的西门桥向北走了50米,来到唐徕渠西门桥管理所。所里的人说,中华人民共和国成立后,唐徕渠上的第一座混凝土桥就是门前的这一座。这座桥建得很有特色,它的桥面是混凝土和石板,桥梁是红松木。西门桥建成后立即成了银川一景,也成了连接兴庆区和金凤区的必经之处。3年后,政府才建了现在的西门桥。叫着叫着,西门桥的名称转移到了后建的大桥。这座名正言顺的西门桥偏安一隅,渐渐没了名堂。

由西门桥,自然想到了东门桥,于是老少二人又跑到红花渠上再度观桥,竟也看不到桥名。从西到东,从东到南,这才发现,天天喊惯了的南门桥也是东西两座,因为同样找不见文字标示,全城人都那么叫。不过,靠西边的那座南门桥桥头上,立着一块极不起眼的水泥碑,两面分别刻着如下文字:"郊区,国务院,1999""城区,国务院,1999"。界碑!哈,原来"郊区"与"城区"的分界线在这里。天天车来车往的银川西门桥,原来是座无名桥,真正的西门桥在……

《新消息报》2002年3月15日

最忆古渠日薄时

朱正安

我在平罗县城住了整整20年。20年里,从草青柳绿直至叶落塞上,几乎每天傍晚吃罢晚饭,我都是徜徉在唐徕渠上的。唐徕渠在平罗县城西北角向右拐了个弯,沿城南而城东而城北,最后从城西北角向北逶迤而去。城西又有一条支渠相阻,所以整个县城如一巨潭,城外的一切风景犹如隔世之遥。只有登上唐徕渠,城里的建筑一目了然,城外的一切也尽收耳目之中了。所以,那里就成了我20年生涯中的一片乐土,就是现在,也是常常心驰神往的一块圣地。

沿着渠漫步,身边有枯柳老树相伴,耳里是汩汩流淌的渠水,仿佛有人在跟你叙述世事沧桑,人间变幻,你的思绪一下子就会飞向一千多年前去,然后随着身边流逝的浑黄浊流,展现出一幕幕似曾相识又不相识、时而激烈时而和缓、模模糊糊而又真真切切的历史画面———狼烟与炊烟共舞,剑戟与镐锹相撞,战马与牛羊交鸣,胡笳与牧笛齐唱……然而,当你愣过神儿回到现实中时,见到眼前的一切还是刚才那个样儿,心中便觉格外的清朗:世事如斯,况区区之我乎?

沿着渠漫步,你就可以将一年四季的景物尽收眼底,尽情体验大自然变化无穷的魅力。初春,也许是由于渠高过田畴,那里的树木抢先迎着了春风,你在那里就可以首先得着春的信息;走着走着,忽觉眼前一亮,原来是谁家墙内探出几枝红杏,你的脉搏也就和着春的脚步激跳不已;再往前,麦子绿了,满世界都绿了,汩汩的渠水也来了,你就可以一直跟着它走进热火朝天的夏季。夏天的塞上到处是一派勃勃生机,渠左渠右,城内城外,处处绿树掩映,早晚人欢马叫,还有那沁人心脾的夏桂花香,还有那让人陶醉的瓜香麦香……早些年月,渠水停放时,去桥墩下或是水坑中摸几条黄河鲶鱼都不是什么稀罕的事儿。那个时候那种乐呀!后来污染严重了,却也常常可以在较深的渠床里清晰地见到河蚌游走留下的浅浅的印迹。秋天的渠畔虽说有些萧瑟,但也不乏情趣。踏着落叶和枯草,听金风从耳边掠过,鼻子里灌满了五谷之香和果香,再俯视四下,城池、村庄、桥梁、田野,甚至农民院中的驴马鸡狗都能一览无余,有时还能听到它们的叫声,一派喜气洋洋的农家景象,那才叫心旷神怡呢!

当然,作为一个游子,一个从水乡江南来的游子,最让我难以忘怀的是冬天日落西山时在古渠上徜徉时留下的印象了。那时,仿佛凝固了的天穹和大地,是那么纯净而又广袤,却空旷寥廓得出奇,还特别的沉静,似乎世界上就只我一个了——唔不,还有呢——这时,西天正呈橘红色,一轮红得让人眩晕的落日正被头顶白雪的贺兰山高高托起……而耳边却又似乎听见了身后不远处传来的黄河奔流声。那是多么动人心魄的时刻啊!所以,每每在这个时候,我便屏住了呼吸,脑海里浮想联翩:"大漠孤烟直,长河落日圆","白日依山尽,黄河入海流"……于是,烦恼尽抛,宠辱皆忘,恨不能把酒临风,高吟浅唱一番,以抒胸中万丈豪情。

如今,我已是一个被钢筋混凝土包裹了的城里人。我很后悔,却又无奈。我只有靠回忆

来领略那种真正意义上的塞上风光了。哦,那是一种多么令人神往的境界啊,尤其是古渠日薄时……

《宁夏日报》2003年5月20日

50年前银川的湖城风貌

马振寰

"城在湖中,湖在城中"是如今银川市政府努力达到的保护绿色生态环境的一个目标。据从小生活在银川的老辈人回忆,在20世纪五六十年代,银川人就生活在湖泊、湿地中,抓鱼、摸野鸭蛋、耍水是那个时代孩子的乐趣。那时银川的生态环境,真正体现了"城在湖中,湖在城中"的意蕴。

1949年,我十一二岁,非常喜欢在大自然中玩耍。那时的小学生,课程没现在那么紧,也没有作业,常和小伙伴们到城外去玩。尤其到了夏天的中午,我们在城外的湖水中抓鱼、摸野鸭蛋、耍水,这是我们这一代孩子的童年三部曲。因此,我对银川周围的大小湖泊、湿地印象非常深,当然只限于孩童时期的足迹所到、目光所及,而且对这些水系的名称当时也叫不上来。

在银川市东门外,红花渠自南向北静静流过,蜿蜒曲折,夹以古树,幽静而美丽。我家住在东城,我6岁多学会游泳,最早接触的就是东门外的红花渠。那时,从大东门出去,基本上没有人家,是4个城门外最荒凉的地方。除了高台寺周围住着二十几户人家外,这里是当时银川最主要的蔬菜种植地之一。红花渠两岸100米左右的地方土地肥沃,站在红花渠上向东看,就是一片波光粼粼的湖面,虽然这湖面断断续续地被分为几个湖,但远远看起来仍是一个整体。那时去金贵只有沿着红花渠旁的土路走到杏水桥向东才能到达,除此,没有别的办法通过。红花渠南面是民乐桥,那里有一条牛车路弯弯曲曲地通到掌政,红花渠西面有些稻田到城墙根,就在113厂以北。这里平时没有水,但到稻子快成熟,需要排水时,这里就是一片汪洋了,也就成了我们这些孩子抓鱼和老乡们罩鱼的好去处。

南门外,一出南薰门的瓮城,就见一条大约是古代防城河的水沟,在如今南门广场南面放置大屏幕电视的地方,本来有个桥,后来虽把水沟填了,但到"文革"时期,那座桥还在。水沟通向西面到现在的南关清真寺北面有一片湖泊湿地,向西断断续续到唐徕渠边,也是一片湿地,这里终年有水,随着降雨量的大小,水面时大时小。从南门红花渠桥上看,东南是一湾湖面,过了慕家桥,公路的东西两面,也是望不到边际的湿地,长着芦苇和蒲草。再向南,视野两边还是大大小小的湖泊。

出西门,是一条简易的公路向西北方向延伸,从龙王庙桥过了唐徕渠,路还是向西北通到现在的金凤区和老飞机场、小口子。为什么没有直路呢?因为唐徕渠西南是一大片湖面。据老人讲这里就是著名的七十二连湖的几个主要的湖之一,据说从青铜峡一直延伸到石嘴山市平罗县。直到20世纪60年代，开始向银新南路填土方，向湖中一车车地填土，我感到好像是在龙宫中修路，觉得不可思议。从银川兴庆区到金凤区的老路上，现在气象局的西南，有一座木桥，桥下水很清，水中有一两斤的鲤鱼在戏耍。我自小爱抓鱼，每次到这里玩，都久久不愿离去，从这里向北看去满眼望到的都是长满芦苇和蒲草的湿地，无边无际。

北门外，离城墙几十米就是一个大湖，由北面来的公路因为有湖都在北门外绕了个弯子。每年农历七月十五的北塔庙会，走旱路有两条，一条是出北门，快到八里桥再向西到北塔；另一条是出西门沿唐徕渠向北走，快到北塔时再向东拐。另有一条水路，就是出北门从湖面上坐小船直达北塔。

当时的银川市内也有几处水面，中山公园内的荷花池就是一片湖水，另外的水面都长着芦苇，只有文昌阁前的玉带桥处，放了一排木板，权当木桥，两面长着高高的芦苇，路过那里，总感到阴森森的。大约到了20世纪50年代初期，政府在公园内外建了3座玉带桥，一座就在荷花池北，一座在文昌阁前，一座在公园东墙外，那本是一条路。我感到奇怪的是，路的四面没有水，修什么桥呢？后来才知道，公园将两个芦苇湖挖出一圈水道连通两个湖，又把东面桥下挖出一水道，连通了外湖，外湖是很大的一片湖面，湖北面长着芦苇。后来不知什么原因，公园内湖面上的芦苇都被挖掉了，又在外湖的东面拖配厂后面，挖了七八米宽的水道，直挖到城墙根，原来计划把城墙挖通了，这样从公园坐船，就可以通过外湖，一直通到北塔。后来挖到北塔湖边，才知道外湖与北塔湖水落差有1米多，如挖通了，公园内湖与外湖的湖水就流干了，这项工程才算终止了。

除此之外，银川城内还有几个水面，都不能算是湖面，一片水在如今的自治区体育馆到西门城墙根；另在西塔周围也有几片水面，记得是1954年，连下了几天雨，连西塔里的和尚进出都要用小船。1954年后，银川东面先后挖了第二排水沟，后来又开挖了三一支沟和四二干沟，通过排水，银川周边一些沼泽湿地都慢慢变成了良田，而且银川周边土地的盐碱化状况也得到了改善。一些湖泊变得越来越小，也慢慢远离了城市。银川市区的规划和规模越来越大，也越来越现代化，慢慢形成了钢筋水泥的建筑，人们又开始回忆那些美丽的湖泊湿地。我有个想法，在设计规划"塞上湖城"中，不要搞盆景化和规格化的景致，要多保留些自然的东西，尽量多给人们留点野趣。

《新消息报》2004年7月7月

保伏桥的景

王志厚

保伏桥是银川老城西南角唐徕渠上的一座桥。20世纪50年代，保伏桥是一座木质小桥，是郊外农民进城的必经之路。那时，保伏桥是这方圆数里的制高点。伫立桥头，保伏桥东西秀美景色尽收眼底。桥东沃田千里，渠道纵横。金秋季节，稻香鱼肥，渠水潺潺，小道弯弯。远处，海宝塔耸立,成群的紫燕绕塔飞鸣。尤其在暮色降临时,阵风拂过,宝塔铃铎悠悠,银川古城沉浸在祥和静谧之中。远眺桥西,湖泊相连,芦絮纷飞,野鸭悠闲戏水,鱼鸥潇洒悬空,湖里时有小船出没,咿呀声声。远近农舍相望,鸡犬相闻,炊烟袅袅。极目远望,天畔流云半绕,贺兰山静卧在地平线处。那尚未完全开发的略带蛮荒的原始风韵,那万类霜天竞自由的古朴格调,充满了诗情画意,令人流连忘返。今日的保伏桥,木质小桥已变成了水泥大桥。站立桥头,环顾四周,但见高楼林立,街市纵横。东寻,不见海宝古塔顶天立地的雄姿;西望,不见七十二连湖碧波荡漾的倩影,银川城已是一个初具现代规模的城市。城市的拓展和繁荣带给人们更多的是现代的物质和精神享受,让银川人看到了宁夏以外的世界的模样,但城市的现代化脚步也以不可阻挡之势埋葬了芦苇、蒲草、湖泊。站在保伏桥头,我努力寻找着记忆中的保伏桥景,心想,难道我们只需要如林的高楼,而不需要高楼般的树林?只需要宽畅的大道,不需要宽阔的湖泊?那时,如果将那正在埋葬的湖泊开发成街心公园或水上公园,也许会使今天的城市更添些许妩媚。

昔日的保伏桥景已荡然无存了,不知道我们的城市还有没有类似的景正渐渐消失?

《宁夏日报》1999年6月5日

郭守敬修复唐徕渠

闻海霞

郭守敬,字若思,顺德邢台(今河北邢台)人,蒙元时代最著名的水利专家和天文学家。今人认为,郭守敬是与张衡、祖冲之等人齐名的我国古代八大科学家之一,是13世纪末登上世界科学高峰的杰出人物。2003年2月,银川市西门桥头的唐徕渠畔矗立起一尊高大的郭守敬塑像。只见他手执罗盘举目远眺,古铜色的身躯昂首挺立,一袭朴素的长衫将塑像点化得灵动飘逸,栩栩如生。

郭守敬的塑像为何会出现在唐徕渠畔呢?这还得从他脚下这条黄河水流淌了两千多年的古灌渠——唐徕渠说起。

除黄河以外,宁夏绝少较大河流,因此种植灌溉完全仰赖黄河。人们在此地开发利用黄河的历史可以追溯到很久以前(从秦代开始,就已经有了文字记载),而一些著名的渠道,历经千年后,至今仍在造福当地,唐徕渠就是其中之一。唐徕渠又名唐梁渠(又习称"唐渠"),确切建设年代目前还无法考证,但在修订于明代万历年间的《朔方新志》中有这样的记载:"唐来渠亦汉故渠而复浚于唐者。"民间亦有"汉开唐修"之说——相传唐时对汉代旧渠大加疏浚、延长,并招徕户民垦种,遂易名唐徕渠。

自汉至今,唐徕渠一直是银川平原主要的引黄灌溉渠,在农业生产中起着非常重要的作用。直到现在,唐徕渠还是宁夏引黄灌区最大的一条渠道,担负百万亩农田灌溉和生态补水任

务,灌区粮食产量占到了宁夏全区粮食产量的近五分之一。

唐徕渠能够跨越多个世纪依然发挥作用造福于民,郭守敬功不可没。

今天,在位于唐徕渠渠首的唐正闸的右下角,可以看到一块雍正九年(公元1731年)的碑刻(原立于唐正闸与贴渠口分水的墩台上,建有碑亭及厢房,"文化大革命"时被拆毁,残碑数块收藏于渠首管理处。公元1986年复制重新立于唐正闸右下角)。在提及关于唐徕渠的修浚情况时,碑文有这样的记载:"元时行省郎中董文用、河渠提举郭守敬,曾加疏导。而闸座犹系木植。"据专家考证,这段记载始见于《元史》,这也是唐徕渠最早的修浚记载。

郭守敬与水利结缘还有一段小故事。郭守敬从小对自然科学就有浓厚的兴趣。稍微长大一些后,他拜当时著名的"邢台学派"代表人物刘秉忠为师,潜心学习数学、地理和水利。郭守敬20岁那年,邢台城北的小河被泥沙淤塞,石桥也被埋没。他运用学到的知识,组织民工勘测地形、制订方案,很快就挖出了石桥,疏浚了河道,在工程设计和施工方面初显才干。元中统三年(公元1262年),中书左丞张文谦向元世祖忽必烈推荐31岁的郭守敬主持水利,称赞他"习知水利,且巧思绝人"。忽必烈很快就召见了郭守敬。

在觐见忽必烈时,郭守敬提出了关于开发华北水利的6项建议。这些建议体现了他对水资源综合利用的思想,得到忽必烈的称赞,他本人随即被任命为"提举诸路河渠",受命负责河流与渠道的整修、管理事务。中统四年(1263年),郭守敬因兴修水利有功,升任副河渠使。

至元元年(公元1264年),曾举荐过郭守敬的张文谦巡察西夏。一方面要整顿地方行政,另一方面也想重兴水利,恢复农业生产,所以他带了擅长水利的郭守敬同行。那时沿着黄河两岸早已修筑了不少水渠,其中今银川一带的唐徕、汉延两渠都是长达几百里的古渠,且分渠纵横,灌溉田地的面积很大,是西北重要的农业基地之一。但由于当年成吉思汗征服西夏的时候,不知道保护农业生产,兵马到达的地方,水闸水坝都被毁坏,渠道都被填塞了。由于田毁渠淤,人民纷纷逃匿于山谷之中,城乡经济衰落。根据忽必烈的指示,郭守敬全面巡视了西夏的河渠,并将结果绘成示意图报告给了皇帝。在张文谦的支持下,郭守敬当年即着手整顿西夏的河渠,先后治理主干渠12条,全长约2650里,支渠大小68条,并修建了许多闸坝,总受水面积达1.5万余顷,同时,又对青铜峡以上灌区(今称卫宁灌区)的应理州(今中卫市)渠系进行整治,并新开美利渠一条,灌溉农田3000余亩。久旱望水,河渠修复工程得到了当地群众的全力支持。

由于军民一起动手,几个月内就疏通了唐徕、汉延、秦家等几条大渠。由于西夏等州地区传统农业区的水利得到修复,逃亡的饥民纷纷返回故土,加上官府移民屯垦,很快就使得"塞上江南"的面貌得到恢复,成为北方向外输出余粮和安排省外灾民就食的地区。修完了渠,郭守敬就离开了西夏。西夏之于郭守敬,也许只是其人生履历中不经意的一笔,但郭守敬之于宁夏,其功德却是无量的。

2002年年底,主体落成的银川唐徕公园依渠而建,渠中水光潋滟,渠畔绿树成荫,繁花点点,扮靓了美丽的凤凰城。

《新消息报》2005年5月24日

附　录

附录一　重要文件

宁夏省大清渠并唐徕渠工程计划书

一、缘由：大清渠并唐徕渠工程系 1952 年内计划的工程，后因结合机耕农场的建立，临时增加了疏浚唐徕渠的任务，致未能按期施工，但大清渠系河西区四大干渠之一，位于唐汉二干渠之间，直接由黄河引水，旧有的渠首工程艰巨，计有溢洪道（旧名跳水）三道，退水闸三处，每年岁修费用浩大，约二亿余万元，又因渠首西傍临黄河，一遇黄河洪水，堤岸常被冲毁，修补尤为困难，所费尚不止此数，但灌溉的良田，则仅有宁朔县境内的 8 万多亩。按工程养护费用和效益对比，另行整修改由唐徕渠建闸分水是极其必要的，因此拟本年度内整修完竣。

二、规划设计：自唐徕渠进水闸以下六公里半处建分水闸一座，另开一条新渠长六公里又二百公尺，连接旧渠，使以上的旧渠及渠首全部废弃。全渠共长三十七公里，共分四段，第一段六公里又二百公尺，比降规定为四千分之一，断面底宽六公尺，深二公尺，边坡 2∶1，流量 11.08 秒公方。第二段二十五公里又八百公尺，沿用旧渠比降为五千分之一，断面底宽为七公尺，深二公尺，边坡 2∶1，流量 10 秒公方。第三段九公里又二百公尺，比降为五千分之一，底宽为七公尺，深二公尺，边坡 2∶1，流量为 5.5 秒公方，最后一段为渠尾二公里，比降仍为五千分之一，底宽四公尺，深 1.5 公尺，边坡 2∶1，流量为 4 秒公方，渠尾接入第一排水沟的西沙沟中。在分水闸以下，为了调节比降在 0+900 附近修筑跌水一座，新开渠道修筑木桥二座，旧渠上修筑木桥六座，全渠共修筑斗门十四座，安装铁斗门，以管制水量。全灌区的作物主要是水稻，约占灌区面积的三分之二以上，需用水量较多，同时第一排水沟排出的湖田和一部分未开垦的荒地须由大清渠负担水量，因此设计的流量也较高。

三、施工计划：新开的六公里又二百公尺，计共一十万零二千八百二十五点三公方，内填方三万八千七百九十二点九一公方，挖方六万四千零三十二点三九公方。拟将分水闸、跌水和二座木桥同时在第二季度修筑。物料拟趁春闲第一季度备齐，至第一轮水开水时期以前完工放水，保证作物的适时用水，其余旧渠的整修疏浚裁弯土方，则利用春修时的民工合并春工内修

筑,旧渠上的木桥和斗门工程,准备在第三季度七月以后开始备料,利用九月一个月的停水时期,突击施工,于冬灌前完工。

四、工程预算:全部工程的工料费是按西水局本年西北区水利会议决定的定额和本年省财委核定的运输单价及现时市价计算,计全部工程费共十一亿四千万元,分水闸、跌水二座木桥的材料须于第一季度筹备,第一季度需工款三亿零七百五十万元,第二季度施工需工款四亿三十八百五十七万元,第三季度筹备木桥和斗门的材料和施工须工款三亿八千四百万元,第四季度清理工地需公款九百九十三万元,全部工程费除五二年业已领到贷款一十亿元外,其不足的一亿四千万元,拟由水费项下自行筹措。

五、效益:本工程完成后,每年可节省春修工程费用二亿至三亿元,节省劳动力一万余工。所有闸斗修竣后,即可大量节省用水,以供给新垦湖田及荒地的水量,减轻唐徕渠的负担。

宁夏省水利局　编印
一九五二年

宁夏省一九五三年整修唐徕渠工程计划书

1. 规划设计

唐徕渠原有灌溉面积53万市亩,是宁夏灌地最多的一个渠道,因为它最靠近贺兰山,春冬停水期间泥沙刮入渠道最多,又因弯多渠高槽宽水浅造成了易决善淤的灾害,同时,闸斗简陋,管制困难,造成了浪费水量的严重现象,53年农一师劳改队决定在平罗西滩建立大规模的机耕农场,所以在1952年就整修了唐徕渠上中段的工程(由大坝闸至西门桥),1953年决定第二农场渠工程(即满达桥工程)以供给机耕农场的用水,因此满达桥至西门桥的一段渠道也就决定了彻底整修,又因唐徕渠灌溉的发展很大,计划有灌溉面积53万市亩,大清渠灌溉约八万市亩,平罗西滩新开机耕农场约52万市亩,河西排水系统完成后约可涸出湖田60万市亩,这些湖田估计在唐徕渠灌溉的最低也有30万市亩,所以在最近三五年间唐徕渠负担的灌溉面积将要达到141万市亩,旧的进水闸在五月放水期间,进水量48秒公方,在黄河流量达1000秒公方(五月以及一般黄河流量)左右时,进水量可达72秒公方,闸孔内流速2.5公尺以上,根据新的灌溉面积以及再会限制的扩大稻田面积(稻田面积最低也能达到一半)则经常70公方的流量绝不足用,即便进水闸以上水位发生足够水头使进水量达到100秒公方,而闸孔内流速即达到四公尺左右,不但发生闸上游的淤淀下游的冲刷,即旧有的闸墩下游的护坡(旧闸墩外砌条石内填胶泥,护坡仅单层条石)也要发生危险,况用圆木直插开闭,一遇洪水开闭很难及时,可能发生决口灾害,旧有开闭闸的人员一再紧缩,经常为35人,每人每月工资25万元,计全年即用工资 7500 万元，这是我们对进水闸决定做的主要原因，新闸的修做只要闸上游水头达到 4 公寸以上进水量可达百秒公方，闸孔流速不满三公尺，西门桥至满达桥一段渠道长 10 公里又 800 公尺，共裁弯五个，输水量为 46.5 秒公方，流量为 0.98 公尺，以及加强管制足够第二农场渠及西门桥以下的新旧农田的需用。

2. 投资预算

全部工程费用贷款 45 亿元，第一季度全部材料工具均要备齐及拆完，旧闸计需款 113000 万元，第二季度要完成全部工程计需款 324902 万元，第三季度 6116 万元，第四季度 5982 万元，全部用现金，主要物料为水泥，按西安价，每吨 80 万元，用胶轮大车运宁，再分转各工地。运费单价完全按照省财委核定的宁夏运输公司价格计。共用普通水泥 66.8 公吨，石灰是根据省财委核定的场价及运价，树木系零星购的，平均单价料石 200 公方系采用旧闸料石加工，170 公方系采用彰恩堡料石，因为这料石系 1951 年开的平均单价，由水费垫付的，无法做单价分析，因为土方工作的集中及洋灰等物工地的保存，购置帐篷 40 顶，在裁弯土方工程中估计占青苗地 200 市亩，每亩赔偿费 20 万元，计共青苗赔偿费 4000 万元。

3. 施工计划

因为我们的干部少质量差，1953 年的投资贷款工程，除防洪工程由各县水利局负责施工外，其他四项工程，组织河西工程处统一负责施工，以便集中使用人力所以斟酌干部劳动力情况及施工季节的限制决定。施工的次序所用的材料，因为桥殃及道路及购置困难，均于第一季度运到工地，进退水闸因为放水的限制，必须在四五两月内完工，其他斗门木桥工程，与春工突击任务完成及陆续开工，预计于六月底全部完工，土方工程全系裁弯的填堤工程，计普通填方共 713.422 公方，需工约 22 万工，在五月份一月内完成。裁弯工程大都是湖泊地带，因此在插秧前后必须突击完成，以免地下水升高及影响施工。

4. 效益

本工程结合 1952 年唐徕渠上中段整修工程，保证了第二农场渠及新并入的大清渠和涠出的湖田及旧有灌溉面积的足够用水，减少了每年的岁修及开关进退水闸的费用，并且为管制水量和经济用水打下了良好的基础。

5. 节约

全部工程中建筑物的材料和劳动力，须依照西水局西北区水利会议核定的定额编制计划，根据过去实际情况，在技术干部和技工普工的能力限制下，按核定的定额已再能提高至材料的运输又按照规定统一的单价编拟无法节约，惟有土方工程按 1952 年实际情况在合理的劳动组合下可能酌有提高，全部土方的运距估计平均 80 公尺，工作效率上年系 3.48 公方，本年提高至 3.83 公方，及每工可多做土方 0.35 公方。全部工数以 20 万工计共可多做土方 70000 工方，每工方单价 3.520 元，计可节约工程费 24640 万元。

宁夏省人民政府农林厅水利局
1953 年 2 月

水利部对宁夏省1953年养修唐徕渠工程之审核意见

1953年3月27日

一、同意举办

二、规划设计方面

(一)裁弯工程

1. 本年度唐徕渠整修工程,全部预算为45亿元,其中裁弯工程费为31.1亿元,占全部工费的69%,应考虑裁弯之效益是否能够相抵,并在原则上提请考虑一下两点:

(1)原渠线行水已久的渠道,一般说来已具有稳定性,应尽量利用旧有渠线,减少裁弯土方。

(2)结合渠线弯道中心线半径,除急弯妨碍行水部分外,应尽量少裁,并参考中央水利部所指定值"灌溉系统设计暂行规范"规定办理。

其公式如下:

$B_1 \geqslant 5B$

B——正常流量的渠水面宽度,

B_1——渠中心线的弯道半径。

2. 第18级19号裁弯,没有必要将原来之渠道完全废除,而采用一直线形的渠线,应依据上述两个原则修改渠线。

3. 第21号裁弯,由图上量得最高填方在8.0公尺以上,渠底宽在80公尺以上,长约800公尺,这样在施工技术上与裁弯渠道的安全和作用,均需考虑,因此建议裁去三个强弯和培厚原来可能发生险工的堤岸,来代替原来设计。

4. 在裁弯工程中由地形图上看及已有资料推测,第20号裁弯科仍通过"新桥"节省另建木桥9.626.9万元工程费。

5. 裁弯工程之后断面图不与地形图吻合,也不能说明问题,应于更正。

(二)改建进退水闸工程

1. 应实测现有之进水与退水设备,是否尚可应用,如加以修整仍可应用时,可暂不改建,留待将来整修设计举办。如已拆除,则应注意正闸与退水闸之布置。就平面图上看,可能由水流之流线,对退水闸的排水量影响甚大。应在地基与其他条件许可下,适当前移以发挥其排水效能。

2. 在改建之退水闸上所附之木桥,其结构用料及桥面宽度可较进水闸上所附之木桥减少,并可建设闸墩之长度,因为进水闸为公路桥而退水闸则为大车桥。

3. 进水闸及退水闸均应在正式闸槽前加附闸槽。

(三)斗门出口之消能作用,亦应注意加消力设备,以防冲刷53号斗。若与实际情况符合,则必须作一消力塘。

三、定额

（一）1∶3洋灰沙浆勾缝之定额，每平方公尺需技工0.01，普工0.01共合工资485元，恐不能达到此项标准，希参考技工以0.03，普工0.12计算，因此1∶3洋灰砂浆项目予以更正。

（二）1∶6灰土使用之白灰定额260公斤，较一般应用之定额为最高，如简单计算为：

$$白灰 = V_w \times \frac{1}{(1+M)O}$$

$$= 600 \frac{1}{(1+6) \times 0.7} = 120 公斤$$

V_w = 白灰每立方公尺重 = 600公斤

M = 土占之比

O = 每平方公尺白灰与土经打实后体积 = 0.70公方，应结合工地之实际情况，作出试验，确定今后较为正确定额。

宁夏省一九五四年唐徕渠头轮水试行配水计划

（一）配水计划的需要和可能——本省由于浪费水量及大水深灌，致使湖泊充溢，地下水位升高，土壤普遍盐碱化。这种落后的灌溉状态，若不予改变，土壤将会继续恶化，使产量日渐减少，甚至有些地方不能耕种。在总路线的指引下，为了逐步积极改进灌溉技术，达到土壤改良，单位面积产量提高的目的，有计划地改进配水工作是迫切需要的。因此决定于一九五四年在河西灌区的唐徕渠，（河东的秦渠）试行计划配水。但配水工作是极其复杂细致的科学工作，以本省现有渠道情况看来，是有着很大困难的，即以条件较好的唐徕渠来说，渠道仍未完全脱离破烂的状态，水文资料既贫乏又不正确，灌溉定额无可靠根据，干部业务水平不高，经验也不够，作物面积还不确实，加上在小农经济的基础上，灌溉户零星分散，和有着大水深灌的积习等，使配水计划很难切合实际，其他如气候、雨量等方面更属无法掌握。因此，严格地讲要做到有计划，适时适量的配水，不是简而易举的事，但若等待渠道、资料、人员等条件完全足够后，再来计划配水，恐怕最少还要经过五至十年，也就是说，在这五至十年中，依然还是糊涂灌溉，任意跑水，大水深浇，继续加重土壤盐碱化，不但不能提高产量，相反的还要减低产量，这样做是有罪的，愚蠢的，人民不能允许的。但在迫切需要和客观困难存在矛盾的情况下，我们还有有利的方面：第一，本省水利特点在现在灌溉面积的情况下，不是水小，而是水大，除了去年头轮水正在枯水期的特殊情况外，唐徕渠一般的引水量在40秒公方以上，这就是说，有着足够的河源供水量。第二，河源水的含沙量一般为百分之一、二，最大也不过百分之七、八，不影响灌溉用水，（这也是他省渠道利用黄河灌溉所未有的优点）。第三，有各级党政的领导重视和协助，及全体水利干部的热心努力。第四，关于资料方面：已有初步水文记载，主要作物小麦需水量，根据省农业试验场三年来实验的结果，灌水定额初步可确定为二百四十公方水。第五，根据五三年向枯水做斗争及过去灌溉的经验，一般的，说各县局基本上掌握了本县市渠道灌溉情况。这些有利的条件，就给实行计划配水造成很大的可能性，因此，只要我们缜密细心，精确计算，共同努力，困难可以克服，配水计划是可以试行的。

(二)唐徕渠配水计划概要——根据以上迫切需要和可能，本年度唐徕渠的灌溉，拟初步试以作物面积需水量，各县界过水量等，做较有计划的配水，以求达到不浪费水量，把作物灌好的目的。根据各县市初步调查，夏灌面积共三一七六三一市亩作为真正的灌溉对象。克服过去心中无数，糊涂给水的偏向。依据过去群众用水习惯，暂定西门桥以下浇两次水，以上浇三次水。（大新、良田、新开三大支渠中下段县配给二次水）。并以省农业试验场三年取得的资料及本局五三年枯水期的灌溉记载，暂定灌二次水者，每次给水深度一公寸三五（即每亩九十公方水）。灌三次者每次给水深度一公分二（即每亩八十公方）。灌期：第一次水在五月二十一日以前结束，（小满）前二次水在五月底以前结束（芒种前），三次水争取芒种前灌完一部分，剩余部分配合种稻时期补灌中以符合灌浆期需水（六月十日）各县将各次水需用总水量，逐日配合水量，与逐日灌溉面积及浇完日期。以过去的记载，全年平均雨量，在二五〇公厘左右，且多集中于七八九三个月。故头轮水中暂不考虑。输水损耗过去并未测定，现在只能粗略估计，考虑到干、支、斗渠都还破烂的情况下，暂订干渠损耗为34%，支渠损耗为各县段留用水量十分之三。地下水、土壤湿度等，根本无资料，也不拟考虑。因一切配水条件都不成熟，并要保证按期浇完。不迟农时起见，决定运用渠首段全部储备水量，来机动补给，保证作物按时灌完。配水的职权范围，省局做总的调配，各县段根据本县境渠道情况，配到各支斗渠，县级、段级水利干部及灌境区、乡、村行政干部、支灌会等，依县局计划领导协助群众灌溉。水量分配顺序，及灌溉顺序，仍本过去，由上而下的保证交水；由下而上，先高后低，集中水量，间断配水的灌溉制度，来贯彻执行。若在黄河水位降低，不足配用时，如（五三年）上县段得延后灌期，继续供给下县段水量，下县段得依照临时指示，减少用水量，以求得公平合理的灌溉。

(三)计划的补助办法——配水计划对我们来说，是完全新的而又生疏的工作。计划是否精确，与能否顺利执行，牵涉的因素极多，如水文、渠道情况、灌水定额、水源供水量、气象、土壤湿度、作物面积、灌溉户是否执行、灌期中意外问题等，都因资料不正确直接影响到计划的正确性和执行中难免要遇到困难。这些方面的因素，我们掌握得既不全面又不确实，因计划的不精确性也就随之增大，为了保证农作物的灌溉，必须订出补助办法。这个办法在我们初步实行计划配水时，主要是根据灌溉中实际情况变化，临时用电话或文字来指示通知，上下互通情况，共同处理问题，这是有特别重要的作用的，故不能死板地认为计划是百分之百的正确，一点不变；上下县水分与灌溉日期，分寸不能活动等都是不对的。我们必须一方面重视计划，按照计划来执行，同时还要爱护这个计划，对其缺点，随时提出意见。以便补充修正。为此，我们计划的表格皆为双份，一份为计划表，一份为空格表，空格表是实际灌溉中的记载表。灌溉中必须认真的、确

实的、详细的记载,以便灌完后,校正原计划的错误,并给下一年度配水准备条件。

(四)一般制度与注意事项的规定:

(1)坚决反对本位主义、主观主义、不团结、各自为政互不协调、闹意见的不正确思想,建立起上下县互相照顾、互通情况、彼此了解、共同处理问题的工作作风。

(2)贯彻执行由上而下的浇水和由梢向上,先高后低,集中用水,间断轮灌制度与配水制度。

(3)各县界之输水量与原计划不符(多余或不够)及各县段灌溉日期之延长或缩短时,必须及时报告省局,以便研究处理。若由此而影响上县段水量(不够用)与灌期时,上县段水量由渠首段储备水补给。下县段提前灌完时,上县段得随之提前开灌。不能放过冒水,浪费水量。若黄河水不足配用时,上县得延后灌期,继续供给下县段灌溉,下县区得依照临时指示,减少用水量。

(4)遇有大雨影响渠堤安全时,在高水位的县段,可自动酌情开斗灌溉,减低水位二至三市寸。雨后随即开斗,继续保证下县段水位。

(5)各县段灌溉水分配如下:正闸到新开渠口,由宁朔水利局负责,新开渠口到西门桥由永宁水利局负责,西门桥到天字桥由贺兰水利局负责,天字桥到梢由平罗水利局负责。在各县段间的各县市灌溉户,须遵照该段水量管制的水利局的计划日期与水量,进行灌溉(当地行政须负责)。

(6)各县界的水位流量记载,每天最少两次(日出与日落),若有变化时,务须随时记载,记载时,除依照本计划表式记载外,并按流动水文站装设的水尺逐日将水位计入所处表格内,以便下年度依照配水。为做好这一工作,首先要对负责记载人员进行思想教育,使其彻底认识记载工作的重要意义。不允许有漏记和误记事件发生。

(7)万一发生跑水事件时,除紧急堵修外,必须将跑水数量记明(估计或者测量)。

(8)各县段灌溉地亩,规定每三天报告一次,同时将三天灌溉面积填入空格表内。

(9)养护工作最为重要,各县段务须加强领导和检查,保证渠道不生事故。

(10)所有情况反映,资料记载等,必须实事求是,坚决反对说谎话,捏造假报致使处理错误和影响材料的正确性。

(五)配水计划实行的保证条件——本省水利工作,不论朋工备料、春工、征水费、开沟、挖渠、向枯水作斗争等,都是在各级党政领导和重视下,取得重大成绩的。配水计划的实行,同样是要在各级党政负责领导及各级干部共同努力下,才能获得保证的。因此,水利干部必须在各级党政领导下进行工作,并要多请示,多报告,共同研究解决问题。各级党政领导和工作同志,也要主动地给予水利干部应以有力的协助,为完成配水计划而努力。同时更重要的是,要共同教育群众,多组织淌水组,依照县局配水计划,按时灌溉。任何浪费水量,淌自由水,随意扯口,当灌但不灌,淌水不管水的行为,都须严厉制止。某条渠进行灌溉时,某渠所在区乡村行政干部,须把领导灌溉作为当时的中心工作,协助群众把地灌好,又不浪费水量。以达到农产丰收,

土壤逐渐改善的目的。

省水利局并拟组织检查组,巡回检查,必要时,并抽派干部进行抽查和具体协助灌溉工作。

宁夏省农林厅水利局印
一九五四年四月十九日

关于引黄灌区以渠系设置水利管理机构的请示报告

区革委会：

为了加强引黄灌区的水利管理工作,充分发挥各条干渠、干沟的灌排效能,以适应农业生产新跃进的需要,现根据中央有关指示精神,结合我区实际情况,提出引黄灌区以渠系设置水利管理机构的意见如下：

一、以渠系设置水利管理机构的原则是：凡灌溉排水受益在两县(市)以上的干渠、干沟,由区设立管理机构统一管理；凡灌溉排水受益在一县(市)、社、队以内的渠道,由所在县(市)、社、队分别负责组织管理。各渠渠口作为分界(渠口由上级管理)。

二、河西灌区成立唐徕渠管理处、汉延渠管理处、惠农渠管理处(编制表附后),分别负责本渠的工程修建、灌溉管理及跨县排水干沟和电排站的修建、管理。各管理处均成立革命委员会,受自治区农业局领导。各渠吸收该渠受益单位参加渠道管理委员会,实行民主管理。原各干渠、支干渠管理所的职工及财产,分别全部移交各管理处统一调配使用。

三、成立渠首管理处,负责青铜峡枢纽两侧各渠口之上段共用渠道的管理,以及与青铜峡水电站联系放水和水量调剂等业务。管理处成立革命委员会,受自治区农业局领导。并组织各渠管理处、水电厂等有关单位参加渠首管理委员会,实行民主管理。原各大口的水文站测流人员和设备,全部移交渠首管理处。

四、秦汉渠、二农场渠,已设立统一管理机构。西干渠已由兰州军区生产建设兵团第五师按现行体制实行管理。

五、中卫、中宁、陶乐三县境内的渠道,仍由各所在县设立水利机构负责管理(青铜峡广武管理所及整个跃进渠由中宁统一管理),实行以渠核算,提高管理水平,保证农业用水。

六、各干渠管理体制改变后,各县(市)应酌情设立精悍的水利事业机构,切实做好本县(市)内的农田水利、防洪、电排、电灌工程及管理工作,并协助有关干渠管理处做好灌溉排水管理工作。

七、各渠管理处每年征收的水费,除上缴百分之二十统一调剂使用外,其余应本着以渠养渠、不断发展的原则,由各自统筹安排使用。

以上报告,如无不妥,请批转各有关县(市)贯彻执行。

区革委会生产指挥部
一九七〇年二月五日

抄送:兰州军区生产建设兵团农建五师,水文总站,盐碱办公室,水利工程处,秦汉渠管理处,第二农场渠,区革委会三部一室。

(共印四十份)

宁夏回族自治区革委会办公室
一九七〇年二月十三日印发

名称	管理处编制干部(人)	下设管理所(个)	管理所现有职工(人)	管理所现有长期临时工(人)	管理的干渠	管理的支干渠	管理的排水干沟
唐徕渠管理处	20	8	143	80	唐徕渠	良田、大清、大新	第一排水干沟
汉延渠管理处	15	4	64	41	汉延渠	—	第二排水干沟
惠农渠管理处	20	7	93	102	惠农渠	昌滂、民生、农场渠	第四、五排水干沟
渠首管理处	47	1	15	3	唐、汉延、惠、西、秦、汉、渠首以上及泰民渠		
秦汉渠管理处	保持现有人数暂不变				秦渠、汉渠	第一农场渠	清水干沟
第二农场渠管理处					第二农场渠	东一支渠	第三排水干沟
西干渠管理处	由生产建设兵团第五师管理				西干渠	—	四二干沟

说明:1. 各管理所现有职工和长期临时工暂不变;
2. 未列的支渠以下渠沟,由所在县管理,跨两县的支渠、沟以下由主要受益县管理;
3. 银北跨两县以上电排站由惠农渠管理处派人协助指导。

宁夏回族自治区革命委员会文件

宁发〔70〕12号

最高指示

备战、备荒、为人民。

水利是农业的命脉,我们也应予以极大的注意。

**批转区革委会生产指挥部关于
引黄灌区以渠系设置水利管理机构的请示报告**

银川、石嘴山市、青铜峡、吴忠、中卫、中宁、永宁、贺兰、平罗、陶乐、灵武县革委会:

区革委会原则同意区生产指挥部《关于引黄灌区以渠系设置水利管理机构的请示报告》。现转发给你们,望即研究执行,并注意做好下列几项工作:

一、区生产指挥部应加紧唐徕渠、汉延渠、惠农渠及渠首等四个管理处机构的筹建工作,务于五月一日前组建起来。在新的管理机构建立就绪之前,各市、县仍应积极做好"五·一"放水的一切准备工作,保证适时灌溉。

二、干渠、干沟由新建机构管理之后,各县的水利机构,一要相应精减人员;二要主动配合有关干渠管理处加强本县的水利管理工作。

三、区生产指挥部对此报告中拟制的各水利管理处(所)的编制人员、工作职责范围、管理制度等,待新的管理机构开始工作之后,须广泛征求水利职工及受签地区社、队干部和社员群众的意见,进一步加以研究改进,使机构编制更加合理,工作职责更加明确,管理制度更加完善。

宁夏回族自治区革命委员会
一九七○年二月十二日

中共宁夏回族自治区水利电力局核心小组文件

宁水电党发(72)17号

关于"唐徕渠管理处建立党组织的请示报告"的批复

唐徕渠管理处:

经局党的核心小组72年8月31日会议研究:唐徕渠管理处虽然党员分布较散,但人数尚

少,故不同意建立党总支。党的组织仍以建立一个支部,各管理所建立党的小组为宜。

特此批复。

中共区水电局核心小组
一九七二年九月一日

中共宁夏回族自治区水利电力局核心小组文件

宁水电党发(72)18号

关于唐徕渠管理处机构改革和干部配备的通知

唐徕渠管理处：

经局党的核心小组1972年8月31日会议研究决定：

一、撤销原政工组、生产组、总务组；设立政工科、生产科、行政科。

二、撤销原各管理所革命领导小组,各管理所设正、副所主任。

三、任命：

由革委会副主任吴启元同志兼任政工科科长；

廖芳来同志为政工科副科长；

沈也民同志为生产科科长；

李宗唐同志为生产科副科长；

由革委会副主任林选同志兼任行政科科长；

周生德同志为行政科副科长。

中共区水电局核心小组
一九七二年九月二日

中共宁夏回族自治区革命委员会水利电力局核心小组文件

宁水电党发(72)32号

关于中共唐徕渠支部成立的复函

中共唐徕渠管理处支部：

同意你处支部委员会由刘生耀、吴启元、林选、朱光泰、赵文章五同志组成。刘生耀同志任支部书记,吴启元同志任支部副书记。希你们高举马克思主义、列宁主义、毛泽东思想伟大红

旗,发扬党的三大作风,努力完成党的各项任务。

区水电局党的核心小组
一九七二年十月十二日

抄报:区党委政治部,生产指挥部核心小组。

宁夏回族自治区水利电力局 唐徕渠管理处

关于下达一九七三年第三季度工资计划的通知

宁水唐发(73)11号

处属各单位:

根据宁革水电综字(73)38号通知。安排了我处一九七三年第三季度工资基金计划。现发给你们,请按计划执行。

唐徕渠管理处
七三年七月二十三

抄报:自治区水电局。

抄送:青铜峡县小坝银行;瞿靖营业所;永宁县人民银行;李俊营业所;银川市支行;银川新城办事处;贺兰县人民银行;平罗县姚伏营业所。

一九七三年第三季度职工人数与工资总额计划表

单位	职工人数						工资总额							
	七月末		八月末		九月末		全部	其中临时	七月份		八月份		九月份	
	全部	临时	全部	临时	全部	临时			全部	临时	全部	临时	全部	临时
总计	162	10	162	10	162	10	26088	1350	8696	450	8696	450	8696	450
处机关(包括西门桥管理所)	51	5	51	5	51	5	9048	675	3016	225	3016	225	3016	225
跃进桥管理所	17	1	17	1	17	1	2610	135	870	45	870	45	870	45
大清渠管理所	13	1	13	1	13	1	1917	135	639	45	639	45	639	45
宁化桥渠管所	15	1	15	1	15	1	2169	135	723	45	723	45	723	45
北全渠管所	15	1	15	1	15	1	2322	135	774	45	774	45	774	45
良田渠管理所	17	1	17	1	17	1	2643	135	881	45	881	45	881	45
满达桥管理开	17		17		17		2760		920		920		920	
周城管理所	17		17		17		2619		873		873		873	

单位负责人:　　　劳动工资负责人:　　　经办人:　　　填报日期:七三年七月

中国共产党宁夏回族自治区水利局党组文件

宁水党发〔80〕74号

关于中共唐徕渠管理处总支委员会的批复

唐徕渠管理处党总支：

经局党组一九八〇年五月十二日会议研究，同意中共唐徕渠管理处总支委员会由林选、魏祥、李发奎、马学仁、李宗唐、赵文章、陈光祖等七同志组成。

林选同志任党总支书记，魏祥同志任党总支付书记。

此复

中共宁夏回族自治区水利局党组

一九八〇年五月十五日

抄送：局属各单位党委、总支、支部。

中国共产党宁夏回族自治区水利厅委员会文件

宁水党发〔84〕24号

关于唐徕渠管理处机构设置及人员编制的批复

唐徕渠党总支：

你处关于机构设置及人员编制的报告悉。经厅党委一九八四年二月八日会议研究，同意你处设置以下机构：

一、处机关设办公室、政工科、财务器材科、水利管理科；

二、处属机构设跃进桥管理所、宁化管理所、杨显管理所、西门桥管理所、满达桥管理所、周城管理所、良田管理所、南梁管理所、崇岗管理所、大武口管理所。

全处职工控制在220人以内，处机关人员不得超过职工总数的18%。此复。

中共宁夏区水利厅委员会

一九八四年二月十日

抄送：厅党委成员、本厅正副厅长、正副总工程师、各处室。

中国共产党宁夏回族自治区水利厅委员会文件

宁水党发〔84〕55号

关于唐徕渠管理处党总支组成人员的通知

唐徕渠管理处党总支：

经厅党委一九八四年三月二十四日会议研究，同意你处党总支由张安福、蒙毓秀、穆志俊、李宗唐、陈光祖五同志组成，张安福同志任党总支书记。

一九八四年三月二十七日

抄送：厅党委成员、组宣处。

中国共产主义青年团宁夏水利局委员会文件

宁水团发〔84〕02号

关于对唐徕渠管理处成立团总支报告的批复

唐徕渠管理处团支部：

你们报来关于成立团总支的报告收悉，根据团章第五章第二十四条规定，经研究，同意成立唐徕渠管理处团总支，总支部委员会由刘德祥、刘贤、王卫静、万国平、吴建新五同志组成，刘德祥同志任书记，刘贤同志任副书记。

此复

一九八四年四月五日

抄报：厅党委苏尚礼副书记。

抄送：厅组宣处、唐徕渠管理处党总支、厅属各单位团组织。

中国共产党宁夏回族自治区水利厅委员会文件

宁水党发〔84〕89号

关于唐徕渠管理处科、室、所干部配备的通知

唐徕渠管理处：

现将你处各科、室、各管理所干部配备通知如下：

唐徕渠管理处副总工程师	王林智（正科级）
办公室副主任	梁振武
政工科科长	穆志俊
副科长	刘新英
水利管理科科长	李宗唐
财务器材科科长	段旭如
副科长	贾瑞刚
跃进桥管理所所长	哈　科
宁化桥管理所所长	范光玉
杨显管理所所长	师仰珏
协理员	张士贤（正科级）
西门桥管理所所长	黄海龙
满达桥管理所所长	陈光祖
副所长	王宗师
协理员	徐兆成（副科级）
良田管理所所长	马永其
副所长	王银成
周城管理所所长	赵文章
副所长	卫志高
协理员	王伏林（副科级）
南梁管理所所长	许东升
副所长	肖光明
协理员	杨永才（正科级）
崇岗管理所所长	王万金
副所长	李心荣
大武口管理所所长	吴国清

除上述同志原任职务同时免除外,原各科、室、所主任、副主任、科长、副科长职务一律免除,不再办理免职手续。

一九八四年五月二十日

抄送:厅党委成员、本厅正副总工程师,各处室。

中国共产党宁夏回族自治区水利厅委员会文件

宁水党发〔86〕3号

关于唐徕渠管理处等单位设立党委、总支的批复

唐徕渠、惠农渠管理处党总支、水文总站、水利学校党支部:

经研究,同意唐徕渠管理处、惠农渠管理处设立党的基层委员会;同意水文总站、水利学校设立党的总支部委员会。此复。

中共宁夏区水利厅委员会
一九八六年元月十五日

抄送:厅党委各成员,厅纪委、组宣处、厅属各单位党委、总支、支部。

中国共产党宁夏回族自治区水利厅委员会文件

宁水党发〔86〕24号

关于唐徕渠管理处党委、纪律检查委员会人员组成的批复

唐徕渠管理处党委:

宁水唐党字〔86〕1号报告收悉。经研究同意你处党委由张安福、刘柏章、徐凤文、穆志俊、李宗唐五人组成,张安福任书记;纪律检查委员会由穆志俊、陈光祖、马学仁三人组成,穆志俊任书记。

此复

中共宁夏区水利厅委员会
一九八六年三月十日

抄送:厅党委成员、厅纪委、组宣处。

中国共产主义青年团宁夏水利厅委员会文件

宁水团发〔1990〕20号

关于共青团唐徕渠管理处第一届总支委员会组成人员的批复

唐徕渠管理处团总支：

十一月二十日报来"关于共青团唐徕渠管理处总支委员会组成人员的报告"收悉，同意共青团唐徕渠管理处第一届总支委员会由尤金萍、李学军、胡银萍、吴国万等四人组成。

尤金萍任团总支书记。

一九九〇年一月二十一日

抄送：唐徕渠管理处党委、厅组宣处。
发：厅属各单位团委（总支、支部）、厅机关团支部。

宁夏回族自治区机构编制委员会文件

宁编发〔2006〕369号

自治区机构编制委员会关于印发自治区唐徕渠管理处机构编制方案的通知

自治区水利厅：

《宁夏回族自治区唐徕渠管理处机构编制方案》已经自治区编办审核，自治区编委同意，现予印发。

二〇〇六年六月二十八日

附件：宁夏回族自治区唐徕渠管理处机构编制方案

主题词：机构编制 通知
送：自治区编委主任、副主任、各委员。
抄：自治区党委组织部，自治区财政厅、人事厅。

宁夏回族自治区唐徕渠管理处机构编制方案

根据《自治区党委办公厅人民政府办公厅关于全区事业单位机构编制清理整顿工作的意见》(宁党办〔2005〕39号)精神和《宁夏回族自治区事业机构编制管理规定》(自治区人民政府令第47号),确定自治区唐徕渠管理处机构编制方案。

一、机构设置

"宁夏回族自治区唐徕渠管理处"为自治区水利厅所属正处级事业单位。内设办公室、组织人事科、计划财务科、灌溉管理科、防汛工程科、水政科、监察审计室和11个管理所共18个科级机构。

二、主要职责

(一)负责唐徕渠干渠、支干渠的工程管理、维修养护和防汛安全工作。

(二)负责唐徕渠灌区的灌溉管理及水费稽收工作。

(三)完成自治区水利厅交办的与其业务相关的其他工作任务。

三、人员编制和领导职数

自治区唐徕渠管理处核定自收自支事业编制264名。其中配备专业技术人员编制不少于198名,配备工勤人员的编制不得多于26名。

领导职数:党委书记1名(正处级)、处长1名(正处级),副处长2名(副处级),纪委书记1名(副处级),总工程师1名(副处级);科级领导职数18正30副。

四、其他事项

原加挂的"宁夏回族自治区唐徕渠管理处水政监察支队"牌子不再保留。

宁夏回族自治区机构编制委员会办公室文件

宁编办发〔2016〕184号

关于自治区水利厅所属事业单位分类的通知

自治区水利厅:

根据《自治区党委 人民政府关于分类推进事业单位改革的实施意见》(宁党发〔2012〕34号)和《自治区党委办公厅人民政府办公厅印发〈关于全区事业单位分类的实施意见〉的通知》(宁党厅字〔2014〕11号)精神,经研究,自治区水利厅所属事业单位的类别划分如下:

一、公益类事业单位

（一）公益一类

1. 自治区水文水资源勘测局（自治区水环境监测中心）
2. 自治区水利厅水土保持局（自治区水土保持生态环境监测总站）
3. 自治区水资源管理局（自治区节约用水办公室）
4. 自治区防汛抗旱指挥部办公室（自治区黄河整治工程指挥部）
5. 自治区水利信息中心
6. 自治区农村水利建设管理中心（自治区农田水利基本建设指挥部办公室）
7. 宁夏水利科学研究院
8. 自治区水利安全生产与质量监督管理局（宁夏水利水电建设工程定额站）
9. 自治区大柳树水利枢纽工程前期工作办公室
10. 自治区水库移民管理办公室
11. 宁夏水利博物馆

（二）公益二类

1. 自治区七星渠管理处
2. 自治区渠首管理处
3. 自治区西干渠管理处
4. 自治区惠农渠管理处
5. 自治区汉延渠管理处
6. 自治区秦汉渠管理处
7. 自治区唐徕渠管理处
8. 自治区固海扬水管理处
9. 自治区红寺堡扬水管理处
10. 自治区盐环定扬水管理处
11. 宁夏水利电力工程学校
12. 宁夏水利工程建设管理局

二、暂不分类事业单位

自治区水利厅机关服务中心，结合后勤服务体制改革统筹考虑。

宁夏回族自治区机构编制委员会办公室
2016 年 6 月 27 日

抄送：自治区党委组织部，自治区财政厅、人力资源和社会保障厅。

中共宁夏回族自治区委员会机构编制委员会办公室文件

宁编办发〔2021〕39号

关于核减自治区水利厅部分所属事业单位编制的通知

自治区水利厅党委：

报来《水利厅党委关于调整自治区直属水管单位编制事宜的函》（宁水函发〔2021〕41号）收悉。经研究，同意核减自治区渠首管理处4名、自治区七星渠管理处4名、自治区西干渠管理处4名、自治区惠农渠管理处4名、自治区汉延渠管理处3名、自治区秦汉渠管理处5名、自治区唐徕渠管理处7名自收自支事业编制和自治区红寺堡扬水管理处22名、自治区盐环定扬水管理处7名、自治区固海扬水管理处27名定额补助事业编制。

调整后，自治区渠首管理处自收自支事业编制160名；自治区七星渠管理处自收自支事业编制131名；自治区西干渠管理处自收自支事业编制170名、聘用编制1名；自治区惠农渠管理处自收自支事业编制243名、聘用编制6名；自治区汉延渠管理处自收自支事业编制166名、聘用编制3名；自治区秦汉渠管理处自收自支事业编制250名、聘用编制1名；自治区唐徕渠管理处自收自支事业编制275名、聘用编制2名；自治区红寺堡扬水管理处定额补助事业编制408名、聘用编制8名；自治区盐环定扬水管理处定额补助事业编制365名、聘用编制7名；自治区固海扬水管理处定额补助事业编制842名、聘用编制6名。

中共宁夏区委机构编制委员会办公室
2021年4月26日

抄送：自治区党委组织部，自治区财政厅、人力资源和社会保障厅。

附录二 历代唐徕渠相关资料选辑

1.（北宋，宁夏属兴、定、怀和灵等州）其地饶五谷，尤宜稻麦。甘、凉之间，则以诸河为溉，兴、灵则有古渠曰唐来，曰汉源，皆支引黄河。故灌溉之利，岁无旱涝之虞。

（《宋史·外国二》卷四百八十六）

2.（金时，西夏国）兴州有汉、唐二渠，甘、凉亦各有灌溉，土境虽小，能以富强，地势然也。

（《金史·外国上》卷一百三十四）

3.元至元元年，郭守敬从张文谦行省西夏。先是，古渠在中兴者，一名唐来，其长四百里，一名汉延，长二百五十里，它州正渠十，皆长二百里，支渠大小六十八，灌田九万余顷。兵乱以来，废坏淤浅。守敬更立闸堰，皆复其旧。　（《元史·郭守敬》卷一百六十四）

4.（元世祖忽必烈）至元元年五月乙亥，诏遣唆脱颜、郭守敬行视西夏河渠，俾具图来上。

（《元史·本纪第五·世祖二》卷五）

5.元世祖至元三年五月丙午，浚西夏中兴汉延、唐来等渠。凡良田为僧所据者，听蒙古人分垦。　（《元史·本纪第六·世祖三》卷六）

6.（董文用）至元改元，召为西夏中兴等路行省郎中。中兴自浑都海之乱，民间相恐动，窜匿山谷。文用至，镇之以静，乃为书置通衢谕之，民乃安。始开唐来、汉延、秦家等渠，垦中兴、西凉、甘、肃、瓜、沙等州之土为水田若干，于是民之归者户四五万，悉授田种，颁农具；更造舟置黄河中，受诸部落及溃叛之来降者。　（《元史·列传三十五董俊》卷一百四十八）

7.元至元元年，诏文谦以中书左丞行省西夏中兴等路。浚唐来、汉延二渠，溉田十数万顷，人蒙其利。　（《元史·列传张文谦》卷一百五十七）

8.宋嘉祐六年、夏奲都五年六月，灵、夏二州大水。黄河环绕灵州，其古渠五：一秦家渠，相传创始于秦，因河水南入渠口。一汉伯渠，相传创始于汉，其渠口在秦渠上流。一艾山渠，《后魏书》：刁雍为薄骨律镇将，请自富平西三十里，凿艾山通河，作渠溉田，今在灵州南。一七级渠，《唐书》：吐蕃寇灵州，郭子仪败之七级渠，今在灵州南。一特进渠，《唐书》：长庆四年开，今在灵州西。与夏州汉源、唐梁两渠毗接，余支渠数十，相与蓄泄河水。又有贺兰、长乐、铎落诸山为之堤障，向无水患。是时，七级渠泛溢，灵、夏间庐舍、居民漂没甚众。

（《西夏书事校证》235页）

9.为使水利设施发挥应有的效益，西夏建立了系统的水利管理体制。《天盛律令》规定："大都督府至定远县沿诸渠干当为渠水巡检、渠主百五十人。"另外，每年还从"节亲、议判、大小臣僚、租户家主、诸寺庙所属及官农主等受水户"；"诸沿渠干察水渠头、渠主、渠水巡检、夫事小监等，于所属地界当沿线巡行，检视渠口等，当小心为之。渠口垫板、闸口等有不牢而需修治处，当依次由局分立即修治坚固。若粗心大意而不细察，有不牢而不告于局分，不为修治之事而渠破水断时，所损失官私家主房舍、地苗、粮食、寺庙、场路等及佣草、笨工等一并计价，罪依所定判断"；"唐来、汉延及诸大渠等上，渠水巡检、渠主诸人等不时于家主无理相争、决水，损坏垫板，

有官私所属地苗、家主房舍等进水损坏者,诸人告举时,其决者之罪及得举赏、偿修属者畜物法等,与蓄意放火罪之举赏、偿畜物法相同";宰相及他有位富贵人等若殴打渠头,令其畏势力而不依次放水,渠断破时,所损失畜物、财产、地苗、佣草之数,量其价,与渠头渎职不好好监察,致渠口破水断,依钱数承罪法相同。……若行贿徇情,不告管事处,则当比无理放水者之罪减二等。又诸人予渠头贿赂,未轮至而索水,至渠断时,本罪由渠头承之,未轮至而索水者以从犯法判断。渠头或睡,或远行不在,然后诸人放水断破者,是日期内则本罪由放水者承之,渠头以从犯法判断。若逾日,则本罪当由渠头承之"。 （《天盛改旧新定律令》第 499～503 页）

10. 移民就宽乡,或召募或罪徙者为民屯,皆领之有司。而军屯则领之卫所。边地,三分守城,七分屯种。内地,二分守城,八分屯种。每军受田五十亩为一分,给耕牛、农具,教树植,复租赋,遣官劝输,诛侵暴之吏。初亩税一斗。三十五年定科则:军田一分,正粮十二石,贮屯仓,听本军自支,余粮为本卫所官军俸粮。永乐初,定屯田官军赏罚例:岁食米十二石外余六石为率,多者赏钞,缺者罚俸。又以田肥瘠不同,法宜有别,命官军各种样田,以其岁收之数相考较。太原左卫千户陈淮所种样田,每军余粮二十三石。帝命重赏之。宁夏总兵何福积谷尤多,赐敕褒美。

（《明史·食货一》卷七十七）

11. 巡抚都御史王珣言:"宁夏古渠三道,东汉、中唐并通。惟西一渠傍山,长三百余里,广二十余丈,两岸危峻,汉、唐旧迹俱堙。宜发卒浚凿,引水下流。即以土筑东岸,建营堡屯兵以遏寇冲。请帑银三万两,并灵州六年盐课,以给其费。"又请于灵州金积山河口,开渠灌田,给军民佃种。并从之。 （《明史·河渠六》卷八十八）

12. 洪武二十五年二月,户部尚书赵免(广本、抱本、中本免作勉,是也。)言:陕西临洮、岷州、宁夏等卫军士屯田每岁所收谷种外,余粮请以十之二上仓,以给士卒之城守者。上从之。因命天下卫所军卒自今以十之七屯种,十之三城守,务尽力开垦,以足军食。

（《明实录》卷二百一十六第 4 页）

13. 洪武十二年,宁正兼领宁夏卫事,至则修筑汉唐旧渠,令军士屯田,引河水灌田数万余顷,兵食以足。 （《明实录》卷二百四十五第 51 页）

14. 永乐元年二月,宁夏总兵官左都督何福言:宁夏四卫马步旗军二万四百一十三人,见拨马步三千一百七十三(抱本三作一)人操练,其余宁城正军并纪录幼小之属不置(广本、抱本置作计,是也。)外,实用一万四千一百八十四人,耕田八千三百三十七顷有奇,据汉延、唐来二渠,人当用耕牛一,今缺牛四千一百有奇。宁夏四卫见有粮料三十万二千一百石有奇,而官军月支八千六百石有奇。 （《明实录》卷十七第 7～8 页）

15. 永乐三年正月,上以天下屯田积谷宁夏最多,盖总兵官都督何福勤于用心,又以福请更定屯田赏罚为经久之计,降敕奖谕之。 （《明实录》卷三十八第 1～2 页）

16. 宣德六年九月,行在工部侍郎罗汝敬言:宁夏等卫屯军旧种田一顷,纳屯粮一十八石。然一顷之中地多沙碱,有名无实,今请开豁。所种田皆肥饶,每五十亩仍令纳粮一十八石。又,宁夏、甘州田土资水灌溉,有势力者占据水道,军民莫敢与争,多误耕种。请增除六部或都察院堂上官二员往来巡视。宁夏、甘州皆请置提举司。宁夏正提举一员,副提举四员,吏目一员,司吏四名,典吏八名,支掌水利,兼收仓粮,俱属部院官提督,则屯田不废,边储有积。

(《明实录》卷八十三第5~6页)

17. 宣德六年九月,设陕西宁夏、甘州二河渠提举司。置提举各一员,从五品;副提举各二员,从六品;吏目各一员,从九品。隶陕西布政司,支掌水利。从侍郎罗汝敬所奏也。

(《明实录》卷八十三第8页)

18. 正统二年六月,今贼又犯唐来渠,纵横劫掠,实尔等之咎。

(《明实录》卷三十一第2页)

19. 元《西夏河渠图》。《元·世祖纪》:"至元元年五月乙亥,诏遣唆脱颜、郭守敬行视西夏河渠,俾具图来上。"

20. 元唐来、汉延二渠。《张文谦传》:"至元元年,诏文谦以中书左丞行省西夏中兴等路,浚唐来、汉延二渠。溉田十数万顷,人蒙其利。"《郭守敬传》:世祖中统三年,"加授提举诸路河渠。四年,郭守敬为银符、副河渠使。至元元年,从张文谦行省西夏。濒河五州皆有古渠。在中兴者,一名唐来,其长四百里,一名汉延,长二百五十里。其余四州又有正渠十,皆长二百里,支渠大小六十八,灌田九万余顷。兵乱以来,废坏淤浅。守敬更立堨堰,皆复其旧,夏人共为立生祠於渠上。二年,授都水少监。"宁夏之渠皆古之旧也,但其名异耳,以其无图经可考故也。

21. 唐来渠,黄河西。自闸口至渠尾,长四百里,支水灌田四千七百一十八顷七十三亩。以上二渠在宁夏地方。红花渠,在城外,自西南转东北而去。

22. 铁渠、良田渠、满答刺渠、新渠、五道渠,皆唐来、汉延之支渠也。

23. 宁夏城以其历年既远地碱,居人病之。永东甲申,何福始引红花渠水,由城东垣开宝,以入城中,俾人日用。然缘其循遶人家,长六里余,水甚不洁。福后得罪,此亦一事也。朝廷以其擅鑿城垣,不先奏闻也。

24. 景泰五年二月,省宁夏河渠提举司副提举二员、司典三名。先是,以宁夏屯田水利豪强兼并,置提举司以理之。至是,言者谓自有管屯官当理,其提举司官皆袖手高座,虚糜(旧校改作糜。)廪禄,故省之。

(《明实录》卷二百三十八第4页)

25. 成化元年九月,革宁夏河渠提举司。从巡抚都御史陈价等言,以宁夏水利有各卫管屯武官掌其挑修均放,而镇守等官又便宜措料修理,本司官实无所事故也。

(《明实录》卷二十一第6页)

26. 成化六年四月,巡抚宁夏右副都御史张鏊言:宁夏屯守之资,全赖黄河水利。前人创立唐、汉二坝,引黄河之水分为二渠以资灌溉,启闭蓄泄,专人掌之。先以边警,展筑唐(广本作塘)坝关堡,独汉坝城堡未立,累被抢掠,欲得如例修筑。且请易二坝之木以石,环以周垣,庶便屯守。事下,工部以为须待覆实乃报。从之。

(《明实录》卷七十八第5~6页)

27. 弘治十三年二月,巡抚宁夏都御史王珣等奏:宁夏地方孤悬河西,密迩房巢,所赖贺兰山、黄河为之险阻,山下隘口房所出没,正当设兵按伏。然苦于无水,军马多在僻处就水,贼入不知,比得报追截,贼已出境。故边民常被寇钞,不敢耕收。臣闻本边旧有古渠三道,东为汉渠,中为唐渠,今见通水利,可为守御。惟西一渠逼在山下,首尾三百余里,渠两岸高峻,中广二十余丈,相传亦汉、唐旧渠,故道虽存,已多淤塞。请发卒相地势,循故渠疏凿成河,引水下流,修筑东岸,积土如山,斩削如墙,山口要害各设营堡,即挈各军马于沿河堡内按伏,以遏贼冲,保障地方,令军民耕种其中,稍赋之,以益边储。请出京帑银三万两并借支灵州盐司五、六年盐课之直以给其费。兵部覆奏:请以来年二八(本无八字)月兴役。从之。

(《明实录》卷一百五十七第 12 页)

28. 隆庆六年十一月,陕西三边总督戴才……又条议宁镇屯盐利害四事:本镇田少粮多,军丁逃耗,勘果不堪耕种及原系差写无影之数,将应征赋税奏请保(广本、本作除,是也)豁。一、建石闸以省繁差。汉、唐二渠,节年挑扒,既已劳民,渠口岁修本(广本、本作木,是也)闸,费尤不资。乞将抚道赃罚及大小二池盐课暂停动用,创建石闸一十二座,务期坚固,以垂永久。二、慎选官以修屯政。民情利弊,非本土之官莫可详悉。乞将宁夏屯田水利都司惟以本镇武职曾经保荐者择选(广本作选择)推补。如一时无荐,督抚官得坐名咨升管理。

(《明实录》卷七第 6~8 页)

29. 万历十一年十月,起原任陕西都司掌印署都指挥佥事姜河为宁夏屯田水利都司。

(《明实录》卷一百四十二第 4 页)

30. 唐来渠,在城西南,汉渠口之西凿引黄河,绕城西北而流,余波入黄河。长四百里,支流、陡口三百八处,灌左、右、前、中屯四卫之田。其创立之由,修治分灌之法,与汉延渠同。新渠,在城南,东北流。铁渠,城西南,北流。良田渠,在城西,北流。满答剌渠,城西北,东北流。红花渠,抱城南门、东门而流。五道渠,城东,汉延渠支渠也。东南小渠,引红花渠飞槽跨壕入城,旧城内资其灌汲。西南小渠,引唐来渠飞槽跨壕入城,新城西南一方资其灌汲。西北小渠,引唐来渠飞槽跨壕入城,新城西北一方资灌。靖虏渠。　　(《弘治宁夏新志·水利》卷一第 36 页)

31. (郭守敬整治宁夏水利有效)夏人共为立生祠于渠上。　　(《宁夏志·河渠》卷上)

32. 唐来渠,黄河西。自闸口至渠尾,长四百里,支水灌田四千七百一十八顷七十三亩。

(《宁夏志·河渠》卷上)

33. 红花渠,在城外。自西南转东北而去。　　(《宁夏志·河渠》卷上)

34. 铁渠、良田渠、满答剌渠、新渠、五道渠,皆唐来、汉延之支渠也。

(《宁夏志·河渠》卷上)

35. 水利:宁夏汉延渠、唐来渠。自峡口东,凿河引流数里许,有闸以泄蓄水。唐来,流绕镇西,逶迤而北,延长四百里。支流、陡口大小八百有八。余波皆入于河。四月间水浇灌,自下而上官为封禁,少不如法,则田涸民困,公私无倚此。宁夏恃以为重者,惟二渠也。唐汉二坝,黄河由昆仑、积石入峡口,绕宁夏东,直流而北,河口东曰汉,西曰唐。肇自董文用、郭守敬开导,授民其利远矣。顾新木力后,岁费不赀。自隆庆六年,佥事汪公文辉洞识造征,始奏驱石以易制式,授工功巧备至,甫成汉坝二闸。即擢尚宝,卿以去。万历元年,巡抚罗公凤翔檄河西佥事解学礼、周有光竟其事,六载始完。迄今两坝安于磐石,岁省诸费,实汪公之始谋,真可继董、郭之美矣。

宁夏河渠凡十一,惟汉、唐二渠最著,余特其支流耳。不详其自始。按河渠书:自宣房后,用事者争言水利,朔方、西河、河西皆引河以灌田。匈奴传云:骠骑封狼居胥山,汉度河自朔方以西至今居,往往通渠置田官、吏卒。是汉武时夏已有渠矣,时未详其人。及观西羌传:虞诩奏复朔方、河西、上郡,使谒者郭璜激河浚渠为屯田,如知浚汉渠者虞诩郭璜也。唐渠意亦汉故渠而复浚于唐者。宁夏于唐为怀远县,隶灵州,故凡唐言灵州即谓兹镇。唐书:李听为灵州大都督长史,境内有故光禄渠废久,听复开决以灌田。是李听所开亦汉故渠也。汉光禄勋徐自为,于五原筑光禄塞五原。今榆林镇近夏,则夏之光禄渠,意亦自为所浚。吐蕃传载:虏酋马重英寇灵州,塞汉、御史、尚书、光禄三渠,皆为汉渠。惟地理志云:灵州有特进渠,长庆四年诏开,此似开于唐者,而无其人。又北魏刁雍为薄骨律镇将表请:自富平西三十里,有艾山凿以通河,似禹旧迹。按富平,宁夏城也。西三十里今废渠,疑即艾渠。唐吐蕃寇灵州,郭子仪败之七级渠。宋刘昌祚围西夏城,夏人决黄河七级渠以灌营。元和志言:千金陂在灵武县北四十二里,汉渠在县南五十里。从汉渠北流四十余里始为千金陂,其左右又有胡渠、御史、百家等八渠,此亦唐时所有者。及宋杨琼史称,其开渠溉田,今皆不知其处,大都代远湮浚不常,名氏莫悉。惟虞、郭浚于东汉,李、杨浚于唐、宋,则史有可考所当崇报。贴渠,在城西南而流北,与唐坝同口异闸。新渠,在城南绕东而流北。红花渠,抱城东南而流北。良田渠,在城西而流北。满答剌渠,在城西北转流东北,俱唐来之支渠。东南小渠,引红花渠水飞槽跨壕入城。西北南小渠二,引唐来渠水飞槽跨壕入城,永乐甲申,总兵官何福以城中地碱水咸,开窦引渠入城灌园,周流汲饮。汉唐正闸二。

(《明万历朔方新志·水利》卷一)

36.(河西)渠道……唐渠,口开宁朔县大坝堡青铜峡,经府城西,而北至平罗县上宝闸堡,归入西河,长三百二十里七分一十三丈。大小陡口共四百四十六,浇灌宁夏、宁朔、平罗三县田五千七百六十三分。(自正闸至站马桥,陡口一百四十五道,灌宁夏、宁朔二县田三千二百三十五分。自站马桥起至梢,陡口三百零一道,灌平罗县田二千五百二十八分。)顺治十五年巡抚黄图安奏请重修。雍正九年发帑重修,督修官:侍郎通智、御史史在甲、宁夏道鄂昌、宁夏府知府顾尔昌、水利同知石礼图。乾隆四年发帑重修,承修官宁夏道钮廷彩。乾隆四十二年,宁夏道王廷赞奏请借帑大修。

旧贴渠,由大坝唐渠正闸旁另开一闸,自南迤北至汉坝堡,梢入汉渠,长二十四里。陡口三十一道,溉大坝、陈俊二堡田一百二十二分。

新贴渠,由旧贴渠分水,自南迤北至清渠沿梢,长五十六里,陡口二十八道,溉大坝、陈俊、蒋鼎、瞿靖、玉泉等堡田三百九十七分半。

城东南小渠一,飞槽引红花渠水跨壕入城。

城西北、南小渠二,飞槽引唐来渠水跨壕入城。明永乐甲申,总兵何福以城中地碱水咸,开窦引渠水入城灌园,周流汲饮。

唐渠20条大支渠:

大新渠,在城南,绕东而北,长七十六里。

红花渠,在城东南,北流,长二十八里。

良田渠,在城西,北流,长九十九里。

满答剌渠,在城西北,转东北流,长六十里。

白塔渠,在桂文堡,长二十九里三分。

新济渠,在镇朔堡,长六十五里。

大罗渠,在洪广堡,长二十五里。

小罗渠,在常信堡,长二十里。

果子渠,在高荣堡,长二十三里五分。

和集渠,在周澄堡,长十七里。

柳新渠,在平罗城,长九里。

黑沿渠,在平罗城,长十五里。

亦的小新渠,在张亮堡,长二十里。

柳郎渠,在平罗城,长二十里半。

曹李渠,在平罗城,长十里。

杨招渠,在平罗城,长二里半。

他他渠,在靖益堡,长十五里。

掠米渠,在丰登堡,长十八里。

罗哥渠,在常信堡,长六十里。

高荣渠,在高荣堡,长二十里。

(《乾隆宁夏府志·水利》卷八)

37. 唐徕渠在河西,现溉夏、朔、平罗三县田一十七万九千三亩八分八厘。

唐徕渠不见开凿原始,然唐书载:李听复故光禄废渠,今不见此渠,或由汉旧渠而复浚于唐,因名为唐渠未可知耳。渠口开在宁朔县大坝堡青铜峡口,终郡城西而北至平罗县上宝闸堡归入西河。长三百二十里七分一十三丈,大小陡口共四百四十六道。浇灌宁夏、宁朔、平罗三县田五千七百六十三分。自正闸起至站马桥,陡口一百四十五道,溉宁夏、宁朔二县田三千二百三十五分;自站马桥起至梢陡口三百零一道,溉平罗县田二千五百二十八分。新采访现溉田十七万九千零三亩。清顺治十五年,巡抚黄图安奏请重修。雍正九年侍郎通智、御史史在甲、宁夏道鄂昌、宁夏知府顾尔昌、水利同知石礼图领帑重修。乾隆四年,宁夏道钮廷彩请帑重修。乾隆四十二年,宁夏道王廷赞借帑大修。宣统元年,宁夏都统志锐,请帑由宁朔县靖益堡,在唐渠西塝旧开渠口,接筑渠堤引水分注沿贺兰山坡一带新垦之地,长百余里,以便旗民学习农业,名之曰湛恩渠,究属唐渠之大支渠也。宣统以下续增。

按:新采访唐来渠俗呼唐渠,在汉延渠之上,距汉渠二十五里,由宁朔县西大坝堡青铜峡口直接黄流,天然渠口也。口宽十八丈,深七尺,筑迎水堋长三里零十丈。旧尚有贾家河沟堋、窄津塀、大湾塀、马神庙塀、王祥塀、张贵塀、城墙塀等今半废。明佥事汪文辉于距口二十里大坝堡地方建石正闸一座，计六空，上筑桥房十三间，碑亭一座，旁房三间，退水闸四道：曰关边闸，四空在堡。曰汇畅闸，四空有旧名，平头在堡。曰安澜闸，五空在堡。曰宁安闸，四空在堡。滚水坝一道，今名跳水在堡。尾闸一道，在堡。大支渠二十二道，支渠名详后。陡口四百四十六道，桥十二道，桥名详关梁。底石三处，一在正闸下，一在大渡口，一在西门桥。飞槽四道。从口起至平罗县属上宝闸堡归入西河。长三百二十里七分一十三丈，现溉宁夏、宁朔、平罗三县三十三堡田一十七万九千零零三亩八分八厘。旧志原额田五千七百六十三分。每岁修浚，按田六十亩出夫一名，旧志六十亩名为一分。共出夫二千九百八十三名零一十一日三晌。又唐来渠从正闸口分贴渠一道，口宽三丈五尺，深六尺，至郭家寺地方分为两梢，一至汉坝堡地方，梢长二十四里，名曰旧贴渠。因梢远被清渠隔断，于清渠正闸下架飞槽四道，引之至蒋顶堡地方，梢长五十里，名曰新贴渠。此因唐来渠正闸之东岸地土甚高，故别引此渠。虽闸分两派，实与唐来渠同口。又唐来渠西塀靖益堡地方，旧有满营开口一道，一墩二空。宣统三年，都统志锐请帑，接长渠身，引水以溉沿贺兰山坡一带新垦之地，系满营马场地所开。以便旗民学习农业，名曰湛恩渠。长百余里，亦与唐渠同口，其实皆唐来渠之大支渠也。

按：黄流由昆仑、积石，历石门大小峡以入中卫，两岸紧束，水不散漫，故中卫之得水利为最多。自出青铜峡口，唐、秦两渠直迎水势，亦天然渠口也。但唐来渠身不宽，中段多沙易于淤滞。秦渠沿河二十余里，被动冲刷。金积汉渠，虽与秦渠并列，而地势略高，迎水不易，故迎水塀常垒石至二十余里。峡口以下水势平铺，又时东时西，以故汉、惠、大清各渠口并无一定地点，小民终岁勤动，其耗于渠之岁修者已不啻去其大半焉。或有为久远计者，谓于峡口下之数里修一铁桥，设闸堵水，将河西唐渠开阔，汉、惠、大清分接其水，而汉、惠、大清岁修之费可免。河东将秦渠开阔，下溉河中堡及灵武下段荒地，可新增沃壤十余万亩。其费即于新垦项下取值弥补绰有裕余。其言似迂，其策实善，惟凡事易于图成，难于创始，筑室道旁，中人通病。

支渠按：支渠系正渠之分流。旧志以唐来贴渠另为一渠。新采访又以湛恩另为一渠。头外安头，徒炫人目。兹以凡沿河开口者则为独立之渠。如唐、汉、清、惠等渠是也。由各渠分流者，则为各渠之支渠。如贴渠、湛恩、大新、三官等渠是也。由各支渠分流者，则为各支渠之小支渠。如城东南，城西北，南飞槽，穿窦引唐渠红花支渠之水入城以便汲饮。光绪二十九年，拔贡张昉倡修白雀寺渠，接用满答剌支渠水，诸小支渠是也。各有统属庶得一目了然。

唐徕渠支渠二十二道：曰贴渠，（旧贴渠由唐渠正闸旁开口，自南迤北至汉坝堡。长二十四里，溉大坝、陈俊二堡；新贴渠由旧贴渠分水，自南迤北至清渠沿，梢长五十六里，溉大坝、陈俊、蒋顶、瞿靖、玉泉等堡。）曰湛恩渠，（原满营在靖益堡。唐渠西塀开口以溉满营田，清宣统元年，志都统接长渠堤以溉满营贺兰山边一带新垦之地，长百余里。）曰大新渠，（在城南，绕东而北，长七十六里。）曰红花渠，（在城东南，北流，长二十八里。明总兵何福由此渠引水入城周流汲饮。）曰良田渠，（在城西，北流，长九十九里。）曰满达喇渠，（在城西北，转东北流，长六十里。光绪二十八年，拔贡张昉由此渠接开白雀寺渠，长五里。）曰他他渠，（在靖益堡，长十五里。）曰掠米渠,(在丰登堡,长十八里。)曰亦的小新渠,(在张亮堡,长二十里。)曰白塔渠,(在桂文堡,长二十九里三分。)曰大罗渠,(在红广堡,长二十五里。)曰小罗渠,(在常信堡,长二十里。)曰罗哥渠,(在常信堡,长六十里。)曰新济渠,(在镇朔堡,长六十五里。)曰高荣渠,(在高荣堡,长二十里。)曰菓子渠,(在高荣堡,长二十三里五分。)曰和集渠,(在周澄堡,长十七里。)曰柳新渠,(在平罗城,长九里。)曰黑沿渠,(在平罗城,长十五里。)曰柳郎渠,(在平罗城,长二十里五分。)曰曹李渠,(在平罗城,长十里。)曰杨招渠,(在平罗城,长二里半。)

(《朔方道志·水利志上》卷六)

38. 唐徕渠

(1)沿革

唐徕渠,又名唐渠,未悉开凿原始;惟汉有御史、尚书、光禄三渠。按唐书载李听复故光禄废渠,今不见此渠,或由汉旧渠而复浚于唐,故名唐渠,未知确否?元时行省郎中董文用河渠提举郭守敬,曾修复此渠,更立木制插堰。至明隆庆间,河西道汪文辉于距渠口二十里之唐坝堡,(即宁朔县大坝乡)建石正闸一座,退水闸二座,并定正闸入渠之水,以五寸为一分,止以十五分为率,此为改建石闸之始。清初顺治十五年,巡抚黄图安奏请重修。康熙四十八年,水利同知王全臣本其开凿大清渠用夫挖方之法,大事挑浚,以去淤塞。又自观音堂起,至石灰窑至,逆流而上,筑长四百五十余丈之迎水瓣一道,劈黄河五分之一以为渠口,口宽至二十余丈,受水始畅,今犹利赖之。至雍正九年,侍郎通智、御史史在甲奉旨勘估工程,发帑大修,督修官宁夏道鄂昌,宁夏府知府顾尔昌,水利同知石礼图,率领文武官弁四十员,在工效力,由口至梢,挖淤培瓣,共分十三工。是役也,展长迎水瓣至三里零十丈,于进口扼顶冲处倒流河之下,造滚水石坝三十丈,即今之大跳也。又增建三墩四空石闸一座,以泄余水;并正闸附近之碑亭庙宇,亦加修葺。工竣后,复于渠底布埋准底石十二块,使后来疏浚者有所遵循,虽此法早已湮没,然从此规模已备,至今无稍变动。乾隆四年及四十二年,又经宁夏道钮廷彩王廷赞先后奏请借帑大修。嗣后虽例应岁修,无大记载。本渠自清初以来,特设水利同知,专司其事。至光绪年间裁同知,归宁夏府监理,而修渠料款,仍由受水农民,按亩均摊。宣统元年,宁夏都统志锐,为旗民学习农业计,请帑由宁朔县靖益堡唐渠之西瓣,开湛恩渠一道,引水分注沿贺兰山坡一带新垦镇朔堡之地,惜上段为沙所淤,无力复修,今已等于废渠矣。及民国初年,府缺裁撤,归宁夏道管理。至十七年道缺又裁,改设水利总局,设总办一,甫经数月。至十八年改建行省,全省渠务,归建设厅兼办,由厅委局长一员,段长四员,总段长一员,以专责成。至二十四年,举行二次省政大会,对水利制度,详加讨论,遂改局长制为委员制,由本渠受水农民选举委员九人,内选常务委员一人,至勘估工料及一切应行兴革事项,仍有建设厅监督之。从此官督民修之精神,为之实现矣。

(2)流域概况

唐渠开口于青铜峡内一百零八塔寺之旁,沿西山之麓,经过石灰窑、龙王庙、观音堂,而至石子梁;(沙野滩南端)再北流经过大跳水,及头二三退水闸,直抵大坝之正闸前,无大屈折,左为荒滩,右为倒流河(及收容跳水及各退水闸之小河),河外隔以迎门滩,即黄河之西河也。渠口

宽四十八丈,由渠口至正闸前,长约十一公里三(合二十三市里),为全渠之咽喉,每岁春工,以此段为最要焉。

由正闸起,微向西北流至玉泉桥,再曲折向东北流至大东方桥止,为本渠第一段,计长六十五公里半(合一百三十一市里余),宽十余丈,深三五尺不等,灌溉宁朔县十一乡之田地。此段西堤靠山及沙漠,支渠多在东堤开口,计大坝乡十四,陈俊乡一,蒋顶乡十五,瞿靖乡九,玉泉乡十九,西邵岗乡七,宁化乡十三,李俊乡一,宋澄乡十四,曾刚(今增岗)乡五,靖益乡十三。各乡地多湖滩,除大坝乡外,十九为浪稻之水田。

由大东方桥起,微向东北流至大新渠口,复转北至省城西门桥止,为本渠第二段,计长四十三公里(合八十六市里),宽七丈上下,深五六尺,灌溉宁夏、宁朔两县十一乡之田地,而在大渠堤之乡有七,余皆受支流之水也。此段西堤外多连湖,东堤外上段为退水沟,下段亦属湖滩,因各乡田地低洼,泄水容易,浪稻水田,几占十分之九。本段东西堤两支渠相等,内有良田,大新,红花三渠,为本渠著名八大支渠之数也。计杨显乡有支渠十三,王全乡六,许旺乡五,魏信乡八,盈上乡六(丰盈乡甚大,分为盈上盈下),宁城乡十三,前城乡十。

由省城西门桥起,微向东北流至站马桥以北之老罗渠口止为本渠第三段,计长三十六公里六(合七十三市里余),宽五六丈,深六七尺,灌溉宁夏县十三乡之田地。在渠堤之乡有十,余如李刚(今立岗)、镇朔、洪广三乡,系受太子、新济支渠之水。此段地势稍高,两岸外多湖,多属碱滩,故各乡田地,率多旱田,能浪稻之水田,未及十分之一。东西两堤之支渠亦相称,内东堤之太子渠(又名亦的渠,八大支渠贴、良、新、红、满、亦、罗、菓之亦字,即指此渠),西堤之满达渠、罗渠,亦本渠八大支流之数也。计中前城乡有支渠六,丰登南乡五,西左乡四,谢堡乡十八,丰登北乡七(丰登甚大,分为南北两乡),玉祥营乡一,徐和乡五,桂文乡五,张亮乡八,常信南乡四,北乡七,丁义乡二十三。

自老罗渠口起,北至镇威乡梢坝止,为本渠第四段,计长五十五公里四百五十公尺(合一百一十余里),宽三丈上下,深三四尺,灌溉平罗县七乡之田地。此段地势愈下,距水愈高,全是旱田,无大支流。西堤较东堤渠口虽密,而各口灌田无几,堤外支流多无湖滩,而西堤外上段,尤多沙漠,致将昔日著名之菓子渠,亦被沙压失其效力矣。梢坝往北直至边墙,尚开退水渠一道,为退渠中之余水。当时渠梢,可至上宝闸乡归入西河(此西河是古人所凿专为退汉唐等渠之余水),今西河早已湮没,即泄入惠威一带之湖滩,然近来梢末渠口林立,名为一窝蜂,而水量常患不足,亦无余水可泄矣。本段支流,计高荣乡西甲五,东甲十七,姚伏乡三十七,周城东乡四十六,西乡五十四,本城乡所管之头二闸,各有十六,三闸十七,梢末威镇惠威两乡共二十。

总计本渠共长二百一十一公里又八百二十九公尺,合市制中里四百二十三里又九十八丈七尺(一百五十丈为一里),合旧制三百五十三里又八丈七尺(一百八十丈为一里),共有大小支渠五百五十一道,除首末两端各有十余平口外,余皆石造大陡口及木石小灌洞也。共灌宁、朔、平三县四十二乡之田四十六万七千八百余亩。倘清末所开之湛恩渠不为沙压,则灌田亩数更有可观,乃西北第一大渠也。

(3)闸坝

宁夏各渠,春水常患不足,夏秋唯恐泛滥,故春工时,先于进水口,修补迎水长堰,以期多噬洪流,唐渠长堰至五里有余,直分黄河正流五分之二,其进水之多,来势之猛,可以想见矣。幸元郭守敬有闸坝之设,流传于今,其法引水入渠后,于能泄水地点,布钉木桩为底,上有毛石(即大块片石)草束,砌成滚水坝(又名跳水)一道,水小则束之入渠,水大则从坝顶滚出,如此则渠内水泽,永无不足与泛滥之患矣。唐渠大跳水长四十五丈,底宽一丈八尺,顶宽一丈,高约八尺,滚出之水,入倒流河至清渠口,仍归于黄河。此种设备,已属至善,然犹恐渠水进退,不能自如,故过跳水后,又有退水闸三道,名曰头闸(即关边闸),二闸(即宁安闸),三闸(即汇昌闸),水小则闭之,使入于渠;水大则开之,以泄于河,俱系三墩四空,上架一无栏桥梁,桥长十九米四,宽三米六,石墩长十米,高四米,宽三米三,泄水孔,北三孔,宽皆三米二,南一孔,宽三米五。闸底有石坎,上置木梁,用司启闭,各闸退水,皆入倒流河。过退水闸即是正闸,为全渠进水之咽喉,亦三墩四孔,上架一有栏桥梁,一切尺寸,与退水闸同。惟进水孔,中两孔宽皆三米二,边两孔宽皆三米四。又正闸下八字墙,附有木标尺一,尺以五寸为一分,以十五分为止。本渠进水量最大分数,头三两轮水(即春冬水),不得过十三分三,二轮水(即夏水)以十四分二为最。

正闸之东,为贴渠口,进水口宽三米五,与唐渠口并列,原系一礅两孔,渠分东西两岔。于乾隆年间,折西岔归唐,惟留东岔,梢入清渠之减水闸。因渠长只二十余里,中又有退水闸两道,渠口进水量,不论分数矣。

正闸以上,淤淀甚速,故于渠水有余时,即开退水闸,利其向下冲刷之力,以拉淤泥,此退水闸之又一用途也。

正闸以下,因大陡口甚多,拉淤亦易,故唐渠正身无退水闸之设,为一特点。及至平罗县周城乡,因地势高亢,于县城东北两方,筑有头二三提水闸三道。闸制极简,仅依两面渠堰,砌石墙两道,上架一大横梁,梁底砌有石坎,用以安放闸木。各闸石墙长十米,高二米,头闸为四米七,二三闸皆为四米。水到梢时,依次由下向上,闭闸提水,以资灌溉。

渠梢有尾闸一道,近因荒地日垦,需水较多,梢闸无启闭必要,现已变为土埂,名称亦呼为梢坝矣。坝长七米,高一米五,宽约一米,可见渠水到此,已微小无力矣。

(4)堰

凡渠身两岸之堤,及迎水堵水之坝,俱名曰堰。唐渠,渠堰都有名称,是其特点;其原因不外堰上工多,而欲知工之所在,故名亦多焉。

渠口迎水长堰,长二千七百余米,底宽五丈,顶宽一丈,高约六尺,用石块麦草垒砌之。不遇洪水,每年尚加毛石七八十船(每船重一万二千斤),而积年甚久,可知此堰之雄厚矣。

进口后,三闸有大湾堰,二闸有新工罗圈堰,内防本渠,外防退水之冲刷,头闸有张贵、苏武、马神三堰(旧志称王砚、张贵、城墙三堰),每年补修,亦属要堰。

由正闸起,至宋澄乡四方堰子止,长约九十里。东堰均系沙土,质甚松散,易为风移。每岁春工,沿堰险要处,多用麦柴合沙土打成。然一遇西风,为浪冲刷,倾倒更速,故临时又多赖挂柳。

西堳属沙土,植柳维难;况堳外湖滩较低,尤易出险。西堳全靠山边,有山水沟十数道,每逢暴雨,亦有冲决堳岸之患。此本渠上段沿堳工多之原因。

自宋澄乡邹家庄迆下黄沙垛堳起,至末梢止,则全属黄土堳,间有沙堳,亦不如上段之甚。因堳土坚固,顶宽有减至三五尺者;然单薄如此,一遇后有水湖,即立成险堳矣。况本渠渠道,极形弯曲,以第一二段之间,及老罗渠以下尤甚。凡渠之湾处,一面淤积,一面冲刷;而受冲刷之一面,不得不加帮柴柳,布设码头,以抵御之。此本渠中下段沿堳工多之原因。

由以上两大病,而去沙既非人力所能去,截弯亦不胜其截,遂致沿堳皆有险工;且以险堳之名色,即为估工之目标矣。至各乡险要之堳,另详表册,兹不赘及。

（5）桥梁

唐渠直贯宁、朔、平三县,除第一段沿贺兰山坡为去定远营要道,平时无大交通外,余皆经过繁盛之区,故桥梁甚为重要;然以偌大之渠,而大小桥梁,只有二十六座。且不能通车者四,离桥较远之乡,往来诸多困难,现拟积极添修,以利交通。兹将各桥名称构制,由上而下,依次开列：

太白桥,即邵利桥,在蒋定乡,六孔,石柱桥腿,木梁铺土桥面,长三十一米,宽五米,为通山后之大路。

玉泉桥,在玉泉乡,五孔,石柱桥腿,木梁盖土桥面,长二十米五,宽四米半,为至西蒙王爷府要道。

宁化桥,在宁化乡,此桥立有木标尺,最大水,不过十五分二,七孔,石柱桥腿,木梁桥面,长二十二米半,宽五米,为经王家铺大井头关,至山后要道。

新桥,在宋澄乡,七孔,石柱腿,土木面,长二十八米六,宽四米四,为去山后及新城之大道。

大东方桥,在曾刚(今增岗)乡,八孔,完全木桥,长二十一米半,宽四米二,为去任家寨子之道,并由此寨可去后山及新城。

杨显桥,在杨显乡,此桥附水标尺,最大水量,不过十六分,七孔,石柱桥腿,木梁盖土桥面,长二十六米,宽四米八,去向同大东方桥。

社稷桥,在前城乡,六大孔,两小孔,共八孔,完全木桥,长二十七米三,宽四米六,为上前城宁城之东西大道,交通不繁。

保安桥,在前城乡,七孔,长二十米,宽四米六,完全木桥,为由省城往西南乡之要道。

西门桥,在中前城乡,省城西门外,此桥有标尺,最大不过十五分三,五孔,石柱腿,土木面,有栏杆,长十六米二,宽六米六,为出省往西要道。

新桥,在丰登南乡,五孔,石柱及木柱桥腿,长十五米六,宽四米六,为由省城往西北要道。

满达桥,在丰登北乡,五孔,石柱腿,长十六米五,宽五米,为由省城至玉祥、洪广两营一带之要道。

灌洞台独木桥,在谢堡乡,五孔,长五丈五,宽四尺,桥腿用两根木柱架一横梁,上铺柴土,仅能走人畜。

站马桥,在常信乡,此桥附有标尺,最大水分数,不过十四分二,三孔,中间石柱腿,两边木柱腿，长四丈三尺，宽一丈三，为谢保、张亮、李岗各乡去西山要道。

独木桥，在北常信乡，三孔，长四丈，宽四尺，亦用两木柱架一梁，再铺柴土而成，仅走人畜。

天字桥，又名张明桥，在高荣乡，三孔，木桥，长二丈七，宽一丈二，为李岗及姚伏二堡往来大道。

闫贵桥，在姚伏堡，两孔，附有标尺，最大水不过十分，石柱腿，有栏杆，长二丈五，宽一丈八，为姚伏东门外之要道。

上桥，在周城乡，两孔木桥，长二丈五，宽一丈二尺，由马家墩去西滩要道，交通不繁。

白龙王庙桥，在周城东乡，两孔木桥，长二丈五，宽一丈二，为周城乡去西滩大道。

下桥，又名张贵桥，在周城西乡，两孔木桥，长二丈五，宽一丈二，去西滩大道。

风神庙独木桥，在周城风神庙前，两孔小木桥，长两丈，宽三尺，仅能走人。

徐家桥，在周城乡，两孔，由三道石墙上架大梁，铺木板盖土而成，长二丈二，宽一丈二，由大兴墩去西滩大道。

闫家步口桥，在周城乡，两孔，中间石桥，两边木腿，桥面长二丈二二，宽一丈，为去西滩之道。

南门桥，又名太平桥，在平罗南门外，附有标尺，最大水不过八分，三孔，石漩洞，桥上建出廊房三间，桥长三丈五，宽四丈，高一丈，为平罗来省之大道。

东门桥，又名沙干桥，两孔，由三道石墙架大梁，铺木板，板上又盖石条，长二丈，宽一丈二，为经通平桥去宝丰大道。

龚家桥，在头闸乡，两孔，完全木桥，长一丈七，宽一丈二，为渠之东西种地往来桥。

北门桥，又名龙凤桥，两孔，由三道石墙架大木梁，铺木板沙土而成，长一丈七，宽一丈，高五尺，渠水至此，已只三尺深，为去黄渠桥之大道。

(6)渠工事项

谚云："天下黄河富宁夏。"人但知宁夏河渠之利，而不知渠工之难，但知年种年收，而不知岁需修浚。一因河水含沙最富，入渠澄淀，以致一岁所挖，不敌一岁所淤。一因渠口受水虽多，而闸埧稍有疏忽，农民立即告旱。故物料夫役之有备，规例时间之严格，皆经古人千百年之经验，方有今日之效果。兹将本渠工程事项，择其要者，略述于此：

①施工步骤　每年于冬至节后，由本渠负责者（昔为局长，现为委员），召集全渠受水而富有渠务经验之耆绅，由口到梢，详为勘查，查毕，即开会讨论次年春工之办法，依工大小，计划坝料，估计民夫，名曰估工。将工估定，一切夫料，皆按亩均摊，呈省建设厅核准，呈报省府备案后，即开始征草束；并采办各种坝料，运至应需地点，以备来春之用。本渠长有三百余里，上段自曾刚乡以上十乡，因距渠口甚近，运输便利，所出民夫草束，名曰本色。每田一分（按六十亩为一分），出夫一名，役工一月。每田一亩，出草一束，重十二斤。田少者，数家朋一夫，名为朋夫。下段各乡，距渠口甚远，送草不便，则出民夫坝料，所谓坝料者，即采购各项材料（如条石、毛石、木椽、石灰及公费等），所需之款也，名曰折色。每田一亩，出坝料洋一角三，此估工征料之情形也。

每岁于春分节，先上渠口埽夫半月，名为卷埽。即系用柴土堵塞渠口，使春融时，河水不能入渠，以便挑挖也。本渠卷埽，法用散柴（他渠用捆柴，各渠情形不同），即于两岸以竿拨草，草上压土，步步向前推进，以至合龙为止。长八十四丈，宽二丈八，高因河底不平，由五尺至一丈不等。又大跳北面，尚有腰坝一道，长三十五丈，宽一丈五，高五尺。埽坝与腰坝间之积水，由大跳开口放出，因本渠口内，有打石结子工作，故多此一坝也。

至清明日，即上正夫，至立夏日止，为期一月，名为春工。自正闸以下，约分四十段，全渠受水户民，皆按亩出夫，赴指定工所，每段用夫一百五六十人。因本渠险瓣甚多，凡大弯水冲之处，上段之沙瓣，下段之薄瓣，均用土草筑一码头，外钉木桩围护之；且因弯处太多，每弯所淤沙墩（沙墩是宁夏渠工语，即弯内所淤之沙堆）甚大，去之尤为费力，至平直处，则无工矣。渠内桥梁，亦于此时补修完善，此正闸以下春浚之情形也。至正闸以上渠口以下一段，以打结子（即挑去所淤之石子）工为最大，关系亦最重要。从前春水，每患不足，经十七年水利专员崔桐选，先将渠口石子，大加挑挖，进水方得畅旺。此工分为四段，头结子由龙王庙门至观音堂；二结子至公子沟；三结子至杜家嘴；四结子至三闸前。此外尚有压大跳水代挑石子一段，每段用夫，至少一百五十余名，工作一月。至所用器具，不似他渠用犁铧，乃用二人拉，一人扶之钢铁尖锄，每次犁起二三寸，且消耗甚快，故春工渠口用铁匠最多，亦是本渠特点。至加长渠瓣，压大跳，及修理各闸之工，皆于此时告竣。

春工已毕，至立夏日，则用挠钩板锄，抉去所卷之埽，放水入渠，名曰开水。以后各段民夫，即行解散矣。

②物料用途　春工民夫逾二十万，每岁坝料亦需五万元上下，其数可谓巨矣。民夫之用途，已如前述，而物料之用途，数额最多者为草束（即稻草麦柴）；费款最巨者为石料。草之用途，仅渠口至正闸一段，每年额需五万余束；而渠身内之码头，及筑瓣所需之草，年虽不一，总计亦逾数万也。至石料分为条石、毛石两种，条石用于闸上龙墩及八字墙，应需之数，年不一定，多则二百块，少则一百块。毛石之用，首在加高迎水长瓣，多则用一百六十船；若无洪水时，八十船足矣。次修大跳，年用四十船，此为定额。又防冬水不足，大跳须用毛石加高，数亦不定。他如石灰、胶泥、柳木、木梁、茨栝等项，每年视工大小，临时估定外，尚有松椽一千五百根（上段为尖锄把、挠钩把，及搭工人住棚，约七百余根，正闸下为打桩、坐瓣及筑码头，约八百余根），闸木二百五十根，至锄钩铁锨绳缆等类，更须年年添补也。

③督工点料　春工最为紧要，建设厅为防偷工减料，卖放民夫等弊，事先加派委员若干名，逐段点查夫料，以昭慎重，而期窍实。复由水委会保荐本渠受水而富有经验之绅民一百零二名，呈请建设厅加给委状，名曰委管。以八十四名各率民夫，分赴指定工段，监工一月，每名津贴公费洋十元。余十八名为封水委管，在封三轮水时，亦有津贴。

④支流春工　以上所述，皆干渠工作之概括。至八大支流，关系亦重，故每年春工，由公家按该渠之大小工，拨给额夫若干名补助之。至各小支渠，即归该渠会首集合本渠受水人民，按亩出夫，自行挑挖，公家惟随时抽查指挥工作而已。

(7)委员会之组织及经费

本渠设委员九人，内选常委一人，月薪七十元。其余委员无薪，仅以封水督工时，共估出差费一千元。段长四人，每人月薪十五元。文牍会计各一人，书记四人，水警四十五名，马警四名，薪资不赘。段长之下，每乡每年由人民公举渠长一人（系轮流充当性质），管一乡之支渠埧岸，兼催征坝料。每一支渠，又由本渠受水人民，推举会首一人，经理本渠摊派夫料，挑挖做口，并察看该渠口左右，及干渠之埧岸。大支渠用有看丁者，与小支渠会首之责同。渠长、会首、看丁皆无一定工资，惟受民众之酬劳而已。至委管员额与责任，前节已述，此外干渠口，尚有水手四十名，专司各闸启闭，呈报水量，并负渠口各要工用柴方法，及看守料厂等责。此项水手，率皆世袭，每名公家给额田一分（六十亩），免征银粮坝料地亩杂差，足见古人对水手之重视也。本年建设厅为促进水利，统筹计划，及革除积弊起见，又于小坝设一水利办公处，委视察长一员，每干渠委视察员一员。自此官督民修，各尽其力，收效之溥，已非昔比。

(8)支渠口

人但知唐渠进水之口，建筑甚善；而不知支渠之口，修法亦有研究，否则不能应付下列两种情况：

①唐渠之埧皆甚高亢也凡高埧之口，出水皆猛，拉刷之力，因亦甚大，往往由口冲决，为患甚深。惟本渠各陡口，筑法合理，不但冲决患少，犹能得两种利益：一、西埧外靠沙之段，约占一百五十余里，每年沙为风吹水刷，侵入西埧渠内之量，不知凡几，结果渠不为沙所淤，能维持一年灌溉者，因其所入之沙，全被东埧各陡口泄水之力拉去矣。二、凡各陡口，皆有归宿，故无减水闸之设，每届夏季水大，下段渠水，亦能平稳，是其特点。

②唐渠最长封俵困难也何谓封俵？立夏开水，例先迫水到梢，所有上游各支口，严为封闭，其名为封。封时大陡口，须留水几分；或遇天变河涨时，亦酌量开泄几分，此谓之俵。待末梢灌遍，依次向上开放，三轮水泽，均不误期，要皆封俵得法，渠口封闭极难之效能也。

(9)灌溉时期

查宁省农产无干旱之患者，惟恃水利；然水利尤贵浇灌及时，否则百弊丛生，收成歉薄，故灌溉时期，诚水利上极严重之问题也。兹将用水时候，略述于下：立夏开水，谓之头轮水，浇大小麦豌扁豆等夏禾，至忙种时，上段浪稻子，下段种糜谷，皆用此轮水，故封水到梢，最迟不能过芒种。然上段大支渠，尤须先俵后封，否则亦难及时下种：如良田渠，非过二十天不能到梢，大新渠亦须十天，红花渠五天等类是也。

二轮水于夏至节后开放，谓之伏水，夏秋田皆须灌溉，惟上中段之稻禾，于大小暑用水要紧，下段之糜谷高粱等秋禾，于大暑立秋时用水最急。俟田禾溉足，而淌麦茬子沤麻及种菜蔬等，亦于此时需水紧急。直至白露节前后，二轮水即无必要矣。

三轮水在霜降节前开放谓之冬水，全渠均需灌足，为明春下种之根本。况宁夏地土质胶，碱性过大，如伏水淌茬子，即为去碱气，再淌冬水，经冬冻春融之变化，土即疏散。惟下段之冬水，由寒露到霜降，必须灌足，中上段亦不能迟至立冬后五天，一遇天变，即行退水，迟则即恐结冰，而渠有溢决之患。此宁夏用水节候之大略情形也。

(10)结论

查唐渠灌溉夏朔平三县之田,几占全省亩数三分之一。(全省十大干渠,共灌田一百六十余万,而唐渠即占四十六万余亩。)自渠口石结子工程,年加修浚,进水即行顺利,则全奂似乎无大问题矣。然如上段堋不坚,堋西之渠,为沙所压,致镇朔一带,荒田渐多;而改进方法,宜先筹划。兹将本渠应行兴革事项,罗列于此:

①上段沙堋宜多下木桩也　查上段沙堋,几成整个倒塌,虽因浪击,实由春工敷衍,而底不打桩之过也。自后春工,无论帮堋,或筑码头,务先清理底盘,挖去浮沙淤泥,然后密排打桩;再用麦柴合土,层层筑起,外护树枝,自不易倾倒矣。如此虽觉多费,但桩在渠底,不易腐朽,一年打好,可保数年之用。

②凡险要堋岸宜多造林也　查渠堋愈险要处,树木愈少,其故皆为人砍用挂柳,以御临时之险也。既知树枝可以抢险,自于险堋之外,多植柳林,况唐渠上段西堋外,有山水沟十余道,每当夏秋之季,山洪暴发,以该处极弱之沙堋,势难抗御,尤应于堋外对山沟之空地,多挖沟洫,广为造林,则山洪来势之凶猛即杀,渠堋自易维护矣。或谓本渠上段沙堋,植树不活,实是欺人之谈!不然,何现在犹有古柳成行耶?至沿堋某处有树若干株,某处宜植若干株,另列表册,兹不赘述。

③渠堋宜严禁取土及畜牧也　查本渠极高之段,十居其八,全赖两堋以束水,堋土愈高,险要愈甚,一般人不察,多取堋土应用,危险孰甚?尤以省城东门外之红花渠堋,西门外之干渠堋为尤甚焉。至本渠东堋外,湖滩甚多,最宜牧畜,每届夏秋,牛马成群,岂知沙堋性松,不堪践踏?况堋上之草,护堋最力,培植不暇,何可伤损?皆宜严禁,以防不测。

④老罗渠口上宜添提水闸也　查老罗渠,紧接复兴、新济、边罗三大支流,灌溉镇朔、洪广、常信等乡之田。每因渠口进水不利,灌溉难周,以致荒田日多;且镇朔一带,土地肥沃,只因缺水,多未垦辟,故清末所开之湛恩渠,目的亦在此地,但久已无力复修。况且三渠原有之田,现因地荒夫少,春工不及挑挖,恐将来愈趋愈下,不堪收拾矣。今拟于老罗渠口外,由公家筑一提水闸;并严令该三渠负责人员,大加修浚。如此则水高渠低,进水自畅,不但原有之田,可得水泽;即未垦之荒,亦易开辟,一举两得,获益良多。惟修闸之先,务要注意迤上之渠堋,查曰站马桥至罗渠口一段之堋,尚不薄弱,且渠身弯曲,古柳甚多,只将南渠以下一段之西堋,稍为加高即可,况此长未三里之地,所费亦无几耳。

⑤末段三闸各支渠口宜速移位也　查三闸上之张、徐、董、李各家大支渠,长皆七八里,灌田各逾千亩。惟因地势高亢,进水困难,浇灌不易普遍,其故全在渠口甚窄,而每年挖出之土,积累如山,一经水侵下崩,以致咽喉壅塞。宜将渠口上移,重新开口,既免挖渠出土之难,亦可畅受水泽。至新勘渠道,如有占用他人田亩时,可设法购买,其费有限,其利无穷矣。

⑥沿堋宜添设水房并宜常备抢险物料也　查本渠在宁化桥、大新、良田、满达桥等处,设有水房,已较他渠称便。维至玉泉、曾刚、邵刚一带险堋之处,及离村舍较远之地,水房少,一遇出险,立决数丈;且往往上段出险数日,而下段尚不知出自何处,及至夫料齐备,损失之量,已不堪

闻问矣。拟在该处添设水房；并常备抢险物料，一遇有险，即免因物料不备，坐视扩大也。

⑦以后渠工应改用洋灰也　查洋灰最利于河渠工程之用，一则施工迅速；再则经久不朽。宁夏各大桥闸，俱有条石、胶泥、石灰。条石有山价，工价，每块以六立方尺之体积，以离山甚近之本渠，亦需四元之多。石灰粘力薄弱，年年修补，所费实大。今后宜渐渐试用洋灰，虽不敢断言年省几何，然绝无年年修补之烦累也。

⑧沙压之渠宜筑阴沟以接济也　查渠最大之病，为吹入干渠之沙，若春浚得法，水力即可冲刷。惟支渠之沙，因水不利，往往将渠压塞。如下段子渠，仅中段沙压数里，致下梢极广之肥壤，不能开垦，殊甚可惜！拟仿都市马路下之洋灰管阴沟，修筑接济，既能免沙，又可经久；至出水顺利，更非渠道可比。不过费用较大，事难创举，今姑志之，用资参考。

(11)唐徕渠支渠

周家渠，由二闸斜对岸经过大坝乡至周家寨子长三里灌田一百余亩；

贴渠，由大坝村经过大坝乡陈俊乡至清渠减水闸长二十余里灌田一万三千余亩；

张家渠，由大坝城根至大坝乡之西滩长一里灌田二十三亩；

金家渠，由金家埠至大坝乡之西滩长三里灌田二百三十亩；

陈家渠，由马家步口至大坝乡之西滩长二里灌田一百五十亩；

马家渠，由马家埠经过马家寨至韦家滩长一里半灌田八十二亩；

韦家渠，由马家步口至西滩长一里灌田一百三十五亩；

余家渠，由余家湾经吴家庙前至马寨子后长一里灌田八十亩；

俞家渠，由周家步口至西滩长二里灌田三百四十亩；

周家渠，由吴家步口经吴家庙后至常家湖长二里灌田一百亩；

沙家渠，由吴家步口至常家湖长二里灌田一百亩；

吴家渠，由吴家步口经吴家寨子至常家湖长二里灌田三百亩；

张家渠，由葫芦蓆湾经吴家寨子至车路长二里灌田二百亩；

毛家渠，由沙家步口至沙家庙长三里灌田五百二十亩；

沈家渠，由郁家埠经过郁家寨至大沟长六里灌田六百三十亩；

卫渠，由孙家埠经曹家寨子至谢家湖长八里灌田一千七百八十五亩；

沙渠，由张家埠经南家寨子至谢家湖长八里灌田一千六百六十五亩；

张家渠，由桑家埠经张家寨前至官路长四里灌田三百六十五亩；

周家灌洞，由南沙边经西滩至西边长十二里灌田三百四十亩；

罗渠，由蒋家埠经渠南有王家湖大沟长七里灌田二千一百八十六亩；

姚渠，由姚家埠经白龙王庙至大清渠长十二里灌田一千七百五十六亩；

黄家灌洞子，由曹家西埠经西滩至西沙边长八里灌田四百六十亩；

长流渠，由曹家埠经大路坑庙李家寨马羊湖等地入大清渠长十五里灌田二千六百五十四亩；

康家灌洞子，由张家㘵经胡家寨至西沙滩长八里灌田三百五十亩；

陈渠，由张家㘵经蒋顶村闫家滩张家㘵至王家湖长十里灌田二千六百三十亩；

闫渠，由闫家㘵经蝗虫庙闫家滩至东湖长七里灌田一千一百四十五亩；

新渠，由花家㘵经月牙湖流域滩及王家庄八官湖长六里灌田九百八十五亩；

倒水渠，由太平桥起入官湖长二里灌田四百六十五亩；

胡家灌洞，由刘家西㘵经西滩至保家圈长七里灌田三百四十亩；

唐家灌洞，由西㘵起经胡王两庄至西山坡长四里灌田二百八十亩；

官渠，由刘家㘵经刘家滩至王家湖长四里灌田一千三百亩；

丁叶渠，由福福㘵经刘家滩入清渠长六里灌田三千三百亩；

王家小渠子，在李家寨子长二里半灌田二百二十亩；

王家灌洞，在王家庄经西滩至西山边长三里灌田三百一十亩；

李家灌洞，由唐家㘵入大山水沟长五里灌田二百六十亩；

罗殷渠，由史家㘵经李家寨子后入敬家湖长五里灌田一千三百五十亩；

桑叶渠，由马龙㘵入叶家湖长六里灌田二千二百五十亩；

鲁叶渠，由姜龙㘵经夏家湖入董家湖长六里灌田二千五百亩；

板木渠，由姜家㘵入长湖长三里灌田六亩；

坦坦渠，由黄家㘵经长湖边至武家高庙长六里灌田二千八百亩；

陈家渠，由陈家㘵经陈庄至西山坡长一里灌田一百九十亩；

郭家灌洞，由顾家㘵经郭庄至西山坡长二里灌田三百五十亩；

萧家渠，由萧家㘵经萧家庄至三道湖长一里半灌田二百三十亩；

甘露渠，由黄家㘵经新营古灵台长五里灌田三千一百亩；

王家灌洞，由王家㘵经王家庄入碱湖长一里灌田二百五十亩；

南家灌洞，由南家㘵入碱湖长一里灌田二百五十亩；

丁家渠，由倪家㘵经玉泉桥入清水沟长二里灌田五百亩；

强家渠，由强家㘵入清水沟长三里灌田二百亩；

汤家灌洞，由汤家㘵经老营至山边长一里灌田四百亩；

罗家渠，由罗家㘵入清水沟长三里灌田五百亩；

汤家小渠，由汤家㘵入献明湖长二里半灌田五百亩；

五道渠，由何家㘵入献明湖长四里灌田一千三百亩；

张家小渠，由何家㘵经沙滩入清水沟长一里灌田二百亩；

沙渠，由沙家㘵入清水沟长三里灌田二百六十亩；

孟家渠，由何家㘵经何家湖入清水沟长三里灌田四百五十亩；

新渠，由何家㘵入清水沟长四里灌田五百五十亩；

叶渠，由叶家㘵经玉泉村入清水沟长二里灌田五百五十亩；

李家渠，由李家捭经山水沟玉泉村入杨家湖长三里灌田六百三十亩；

潘家渠，由贺家捭经三旗村入清水沟长三里灌田二百亩；

海万渠，由柳李捭经三旗村入清水沟长四里灌田一千三百二十亩；

吴渠，由本捭经西邵刚至朱家湖长三里灌田二百六十亩；

姜渠，由吴渠捭经西邵刚入清水沟长四里灌田一千二百五十亩；

大渠口，由大渠捭经西邵刚入清水沟长四里灌田一千四百五十亩；

樊渠，由樊渠捭经火石坝入西长湖长二里灌田二百二十亩；

大湖渠，由沙石捭经吴家庄入齐庙湖长三里灌田三百二十亩；

罗家土渠，在罗家洼树园子灌田三十亩；

王家渠，在乔家捭长一里灌田三百余亩；

新渠，在宁化渠西至山根长四里灌田五百二十亩；

石渠，由乔家捭北头起经齐庙湖入沙湖长五里灌田一千三百亩；

吴渠，长半里灌田一百一十亩；

杜渠，由柳李捭经宁化乡至清水沟入沙湖长二里灌田三百八十亩；

西杜渠，长一里灌田一百二十亩；

王家渠，在山边长一里半灌田三百七十亩；

上毛渠，由下毛渠捭经宁化桥入沙湖长三里灌田六百二十亩；

翁家渠，长一里灌田四百六十亩；

宋渠，在山边长一里灌田一百六十亩；

吴家小口，沿东捭外长五十丈灌田一百亩；

下毛渠，由下毛渠捭入沙湖长三里灌田五百八十亩；

落龙渠，由王家捭入清渠长三里灌田一千六百六十亩；

李家小沙渠，由王家捭经宋澄乡入田长一里灌田一百亩；

和尚渠，由牌坊捭经宋澄乡入大沟长五里灌田一千六百亩；

吴家灌洞，由马立捭经宋澄乡至黑沟湖长二里灌田四百亩；

代士渠，由车路捭经宋澄乡入沟过王洪洞长七里灌田一千四百亩；

罗士渠，由车路捭经宋澄乡入大沟长十里灌田二千二百亩；

本士渠，由车路捭经宋澄乡入大沟长十一里灌田三千零七十亩；

小申渠，由牛舌湾入宋澄湖长四里灌田六百亩；

甘渠，由牛舌湾入宋澄湖长三里灌田三百亩；

曹家渠，由新桥北经张家寨子入宋澄湖长四里灌田四百亩；

浦家灌洞，长二里灌田三百亩；

新渠（即湛恩渠），由新桥马家捭经靖益乡之陈家沙滩任家寨子沿西沙滩边向北至海子湖下任家寨子现长二十里灌田六百二十余亩；

何家渠,由四方垾起入田长一里灌田二百亩;

南渠,由王家垾经邹家寨至小沟长三里灌田一千二百亩;

北渠,由王家垾入西城湖长三里灌田一千二百亩;

新口子,由次五垾至沙滩长一里灌田二百亩;

张母渠,由杏子垾入杏子湖长半里灌田一百五十亩;

姚登口,在静益乡长半里灌田一百五十亩;

曹家口,在静益乡由曹家垾入退水沟长一里灌田二百亩;

张家口,在静益乡由张家垾入退水沟长一里灌田一百五十亩;

姜家口,在静益乡由刘家垾入退水沟长一里灌田三百五十亩;

小湾口,在静益乡由小湾垾入退水沟长半里灌田二百亩;

四合渠,由庞家垾经曾刚乡入大沟长六里灌田二千一百亩;

姚家小口,长一里灌田一百亩;

朱渠,由陈家垾入退水沟长半里灌田二百亩;

高渠,由陆家垾经马大湖及曹家庄长七里灌田一千九百亩;

塔塔渠,由塔塔垾经靖益乡入海子湖长四里灌田一千五百亩;

五母渠,由下闸垾经靖益乡入湾子湖长一里灌田二百一十亩;

余家口,由余家垾经大东方入湾子湖长一里灌田二百亩;

黄家口,由黄家垾经大东方入湾子湖长一里灌田二百三十亩;

徐家口,由徐家垾经大东方入庙子湖长一里灌田二百八十亩;

庙家灌洞,在大东方庙子湖长一里灌田一百二十亩;

踏踏渠,由郭家垾经杨显乡入大湖长五里灌田一千三百五十亩;

小中渠,由郭家垾经杨显乡入李家湖长二里灌田三百二十亩;

五渠,由郭家垾经杨显乡入大湖长五里灌田一千二百八十亩;

小湾渠,由小湾起入胶泥湖长二里灌田八百六十一亩;

大河湾,由船路垾入田长一里灌田一百亩;

叶渠,由姚家垾入大沟长三里灌田一千一百亩;

甘渠,由钱家垾经钱家庄入大沟长三里灌田一千四百二十亩;

红渠,由蒲湖垾经家庄入大沟长三里灌田五百九十亩;

长渠,由月湖垾经杨家庄入大沟长三里半灌田七百三十亩;

雷渠,由黄家垾入大湖长三里灌田九十一亩;

段渠,由芝麻湖湾经芝麻湾入长渠沟长二里灌田四百八十亩;

黄自渠,由黄家垾入大湖长二里半灌田五百九十八亩;

火石渠,由张家垾经张家庙南入施家沟长三里半灌田一千一百零六亩;

张连渠,由张家垾经张家庄入施家湾长三里半灌田一千一百零三亩;

九渠,由九渠㘰经进湖湾入大沟长五里灌田六百一十亩;

小八渠,由九渠㘰入大沟长五里灌田七百余亩;

大八渠,在大八庄南长四里灌田七百余亩;

杨家渠,由杨显桥上西㘰入大沟长一里灌田二百二十亩;

蒯家渠,由王家㘰经杨显桥北入大沟长四里灌田二百余亩;

沙渠,由杨显庙后入大湖长二里灌田八百八十六亩;

大张渠,由朱家㘰经廖家湖至湾子湖长四里灌田六百五十亩;

七渠,由七渠㘰经北湖之南入大沟长七里灌田八百余亩;

小意渠,由杨家渠经廖家湖北入湾子湖长二里灌田二百三十五亩;

六渠,由蒯家㘰经蒯家庄至大沟长七里灌田一千二百零八亩;

闫渠,由王家庄入西湖长三里灌田七百五十亩;

蒯家渠,由蒯家㘰入蒯家湖长一里灌田五十亩;

五渠,由陈家㘰经许家湖及蒯家庄至大沟长六里半灌田一千零五十九亩;

新渠,入西湖长一里半灌田四百五十亩;

陆家房渠,入西沙湖长二里灌田一百五十亩;

良田渠,由家湾经夏朔两县之丰盈上宁城盈南盈北杨信五乡至牛家沟长八十七里余灌田五万四千七百六十八亩;

头渠,由耒家㘰经夏家湖北至大沟长七里半灌田一千零二十亩;

二渠,由王家㘰经夏家湖至干沟长五里半灌田九百三十三亩;

曹家渠,由曹家㘰经连湖之东韩湖之西入姜家湖长六里灌田五百亩;

张家小口,由张家㘰经张家庄入七子连湖长三里灌田二百五十亩;

小三渠,由陆家㘰经小学湖之西至小学湖长三里灌田二百七十三亩;

大三渠,由陆家㘰经王之桥至干沟长六里灌田九百一十七亩;

唐家口,由唐家㘰经高庙台子入七子湖长一里灌田二百三十亩;

小四渠,由张家㘰至四渠湖长二里半灌田五百三十二亩;

正福渠,由高庙台子入七子连湖长七里灌田八百一十亩;

张家小口,由张家㘰入湖长一里半灌田八十亩;

大新渠,由王元桥西王家㘰经上前城谢谷俊邵心张腾更名下前城等乡至暗洞庙长三十九里灌田四万二千五百五十余亩;

王家灌洞,由王家㘰经王元桥长半里灌田二百亩;

王家灌洞,由王家㘰入王家光湖长一里灌田一百五十亩;

徐家灌洞,由徐家㘰入吴家小湖长半里灌田六百五十亩;

胜家渠,由胜家㘰入夏家湖长一里灌田二百一十亩;

毛家渠,由毛家㘰至砂湖长一里灌田二百三十亩;

沈家渠,由沈家埧入咯哒湖长一里半灌田二百五十亩;

高渠,由高家埧经连湖入蒋家湖长三里灌田六百亩;

葆家渠,由葆家埧入蒲柴湖长一里灌田七百亩;

李家渠,由杨家湾入吴家湖长一里灌田二百三十亩;

大砂渠,由杨家埧经杨家庄礼拜寺入吴家湖长一里灌田七百三十亩;

贾家渠,由贾家埧经蒲柴湖入贾家小湖长半里灌田六十亩;

小爷渠,由沈家埧经杨家庄入路东湖沟长二里半灌田一百二十亩;

老爷渠,由李家埧经杨家庄入赵家湖长四里灌田八百一十亩;

张家渠,由张家埧经连湖入河水湖长二里半灌田三百二十亩;

张家渠,由洪湖渠入闫家湖长二里灌田二百三十亩;

洪湖渠,由前城乡经宁夏省城大南门绕东城壕至八里桥之马家湖长十八里灌日一万九千余亩;

张家小口,由樊家埧经省城南入城壕沟长三里灌田一百五十亩;

倪家口,由倪家埧入宝湖长二里灌田二百六十亩;

冰家渠,由冰家埧入蒲湖长三里灌田一百八十亩;

沙渠,由鲍家桥入沟湖长二里灌田五百五十亩;

倪家小口,在省城西门外长一里灌田七十亩;

代湖渠,由西门外桥下入蒲湖长一里灌田二百亩;

杨昭渠,由西门外桥南西埧至西湖长十里灌田四千八百亩;

王营渠,由西门桥北东埧至城内西马营长五里灌田三百余亩;

荫家渠,由潘家埧经丰登南乡至吴家湖长六里灌田一千五百亩;

张家渠,由马家埧至城北教场滩长三里灌田二百亩;

马家渠,由马家埧北头至城北教场滩长四里灌田三百亩;

低渠,由胡家埧经陆家湖之东至陈家湖长三里灌田四百亩;

塔渠,由赵家埧经北塔入塔湖长四里灌田九百亩;

大达子渠,由新桥南西经大小礼拜寺入柏家湖长十四里灌田七千五百亩;

小达子渠,由新桥南李家埧入西湖长二十里灌田三千五百亩;

木门渠,由上老窊咀埧经老窊滩入孙家湖长三里灌田四百亩;

砂渠,由罗家经蔡家沙滩入城北马家湖长十里灌田一千四百亩;

许家渠,由罗家埧经得胜墩入朱家湖长二里灌田五百亩;

土渠,由下家老窊咀黄家埧经柏家湖边入刘家小湖长三里灌田四百二十亩;

朱家渠,由朱家埧经得胜墩入马家湖长四里灌田二百七十亩;

南双渠,由柏家埧经西左乡入孟家湖长五里灌田一千一百亩;

北双渠,由柏家埧经西左乡入姜家湖长七里灌田一千三百亩;

三号渠,由寨家圳经得胜墩之北入营盘后马家湖长五里灌田四百一十亩;

孙家渠,在渠西孙家湖之东长二里灌田三百亩;

五号渠,由马家圳经礼拜寺入夏家湖长三里灌田四百亩;

小红花渠,由王家圳经礼拜寺八里桥入马家湖长七里灌田二千七百三十亩;

小牛渠,由牛王庙经高家庄入暗洞庙东至盐湖长九里灌田一千四百七十亩;

大牛渠,由牛王庙经马家滩东高庙桥前入刘家湖长八里灌田七百七十亩;

马家小口,由马家圳入小湖长一里灌田一百七十亩;

倪家小口,由倪家圳至倪家湾长一里灌田二百亩;

吕米渠,由倪家圳经丰登北乡入徐家湖长十八里灌田一千九百余亩;

桂家渠,在韩家圳长半里灌田九十余亩;

崔家小口,由花家圳入内滩长一里灌田二百四十亩;

老满达渠,由韩家圳经满达桥至新家沙窝长十里灌田二千二百四十二亩;

新满达渠,由满达桥经玉祥营至洪广营长四十三里灌田一万二千余亩;

北达渠,由满达桥周家圳经徐和堡至桂文杨家湖长十二里灌田一千三百二十亩;

一乎渠,由马家圳经殷家湖以西之地至殷家湖长五里灌田五百六十亩;

梁家渠,由梁家圳至小湖长二里灌田二百三十亩;

头渠,由刘家圳经徐和堡之东至李家湖长四里灌田六百三十亩;

二乎渠,由马家圳经谢保堡至荫家湖长四里灌田七百八十亩;

三乎渠,由马家圳经郑家庄至荫家湖长六里灌田一千二百八十亩;

鲁高渠,由李家圳经高庙桥即今宁夏县至大池湖长十二里灌田一千八百五十亩;

二道渠,由徐家圳经徐和堡至北湖长三里灌田五百一十亩;

四乎渠,由季家圳至毛家湖长六里灌田九百五十亩;

白水渠,由季家圳至毛家湖长六里灌田三百八十亩;

三道渠,由曹家圳至黑姑兹湖长二里半灌田六百五十亩;

保围渠,由赵家圳经张亮堡至王家湖长三里半灌田七百一十亩;

枪子渠,由陈家圳经张亮光湖至王家湖长四里灌田八百四十亩;

金家口,由金家圳入田长半里灌田五十三亩;

王家渠,由张家圳至马家湖长三里半灌田六百五十亩;

宋家渠,由王家圳至马家湖长三里灌田六百亩;

营后渠,由郑家圳经郑家庄至张李悗湖长八里灌田二千七百六十六亩;

太子渠,由郑家圳经张亮李岗二堡至清水堡惠渠支流长三十里灌田一万二千六百二十七亩;

上郑家渠,由郑家圳经沈家庄至太子渠长一里灌田二百三十五亩;

下郑家渠,由郑家圳至郑家滩长二里灌田三百五十六亩;

马过渠，由王家塄经桂文堡至史家湖长八里灌田二千一百六十亩；

过家渠，由王家塄至王家湖长三里灌田六百四十亩；

吴家二号渠，由吴家塄经郑家滩至北湖长三里灌田一千七百二十五亩；

新甘渠，由桂家塄经桂文堡至黄家湖长十二里灌田二千四百七十亩；

季李渠，由凤家塄经桂文堡至盖家湖长六里灌田一千七百三十亩；

王家三号渠，由王家塄至王家湖长二里灌田五百九十九亩；

蒋家四号渠，由蒋家塄经四十里店子至窊家湖长五里灌田七百零八亩；

李家小口，由李家塄入田长一里灌田二百三十亩；

大晒渠，由站马桥经晒业湖至李刚堡长七里灌田一千八百八十九亩；

小晒业渠，由赵家塄经晒业湖至李刚堡长十里灌田八百余亩；

刘家渠，由赵家塄经晒业湖至李刚堡长十里灌田二千五百亩；

杨家渠，由杨家塄入田长一里灌田一百七十亩；

西安子渠，由李家塄经常信堡至南渠长七里半灌田三千七百亩；

马家小口，由马家塄经马家湾子至马家湖长二里灌田三百七十亩；

东安子渠，由马家塄经马家滩至南湖长三里灌田八百五十亩；

吴家小口，由吴家塄入田长一里灌田一百四十亩；

南渠，由张家塄经常信堡至马家湖长九里半灌田三千六百八十一亩；

卫渠，由黄家塄至白雀寺前长五里灌田一千一百五十亩；

北渠，由李家塄经徐家庄至仓湖长三里灌田五百一十四亩；

黄家小口，由黄家塄至滩内长二里半灌田二百一十亩；

边罗渠，由罗家湾经常信堡至牛尾沟长二十五里灌田三千五百余亩；

新济渠，由独木桥经常信堡至镇朔堡长六十三里灌田八千零五十三亩；

复兴渠，由新济渠经洪广营至新济渠东塄长三十二里灌田七千三百余亩；

老罗渠，有复兴渠口下经沙漠西至沙窝长十里灌田三千四百余亩；

兴湖渠，由郑家湾经胡家庄入田长三里灌田四百七十三亩；

营前渠，由赵家塄经丁义堡至东湖长八里半灌田二千五百五十亩；

鲍家渠，由郑家湾经胡家庄长二里灌田三百五十二亩；

营后渠，由吴家塄经丁义堡至北湖长八里灌田二千五百亩；

中渠，由蒋家塄经丁义堡至谭家湖长二里半灌田二百二十五亩；

孙家渠，由孙家塄至张家湖长三里灌田一百四十亩；

孝渠，有谭家塄经渠东大滩至谭家湖长三里半灌田三百二十五亩；

吴家渠，由陆家塄经渠西地至张家湖长三里半灌田一百六十亩；

兴胡渠，由杨家塄入田长一里灌田一百一十亩；

大高渠，由徐家塄经高荣堡至沙窝长十一里灌田二千三百三十五亩；

徐家灌洞，由徐家塝入田长一里灌田二百三十五亩；
二渠，有谭家塝经丁义乡至谭家湖长三里灌田二百五十亩；
徐家渠，由徐家塝入田长二里灌田二百四十亩；
三渠，由张家塝入田长二里半灌田二百三十五亩；
汪家灌洞，由汪家塝入田长一里半灌田二百三十五亩；
汪家渠，由汪家塝至东湖长五里灌田三百五十亩；
汪家小口，由汪家塝入田长二里灌田一百五十亩；
子渠，由孙家塝经高荣乡至沙窝长七里半灌田一千二百亩；
杨家渠，由杨家塝经李岗堡至北湖长四里半灌田四百一十亩；
六渠，由王家塝经李岗堡至北湖长五里灌田八百零四亩；
新渠，由孙家塝至孙家小湖长二里半灌田一百五十亩；
包家渠，由包家塝至北湖长三里半灌田一百亩；
西方渠，由杨家塝经高荣乡至北湖长五里灌田八百二十四亩；
东双渠，由姚家塝经高荣至北湖长五里灌田九百一十亩；
李家渠，由李家塝至李岗堡北湖长四里半灌田一百八十亩；
中渠，由天子桥下入北湖长六里半灌田一千一百七十亩；
刘渠，由刘家塝至北湖长一里半灌田一百五十亩；
吴渠，由郑家塝入田长半里灌田一百五十二亩；
段渠，由段家塝至东南湖长一里半灌田一百二十亩；
新渠，由张家塝经高荣乡至北湖长七里灌田一千一百五十亩；
沙渠，由王家塝经渠南大滩至南湖长六里灌田一千零四十亩；
王渠，由徐家塝至北湖长五里灌田七百一十亩；
许渠，由申家塝入田长一里灌田九十二亩；
王渠，由王家塝经渠南之滩至王家湖长一里半灌田一百零六亩；
申家灌洞，由申家塝入田长一里半灌田六十三亩；
周渠，由周家塝至周家湖长一里半灌田一百零三亩；
申渠，由申家塝入田长半里灌田五十二亩；
刘渠，由刘家塝至闫家湖长一里灌田一百零三亩；
申三渠，由申家塝入田长数十步灌田十二亩；
孙渠，由申家塝入田长一里灌田一百一十亩；
闫渠，由闫家塝至闫家湖长二里灌田一百二十一亩；
李渠，由李家塝入田长半里灌田五十三亩；
朱渠，由杨家塝经高荣东甲至北湖长五里灌田九百二十一亩；
杨家灌洞，由杨家塝入田长半里灌田四十二亩；

头渠,由蒋家埠至北湖长四里半灌田四百八十二亩;

二渠附属灌洞,在二渠上五十米之处长半里灌田六十四亩;

二渠,由王家埠至西湖长四里半灌田四百二十五亩;

干渠,由马家埠入田长一里半灌田一百零四亩;

银渠,由闫家埠至闫家湖长一里半灌田一百一十四亩;

李渠,由李家埠经姚伏堡至西湖长四里半灌田一百六十三亩;

张一渠,由郑家埠至西湖长四里半灌田二百八十六亩;

王高渠,由刘家埠至西湖长三里灌田一百零五亩;

花渠,由陈家埠至西河沟长一里半灌田一百零五亩;

治渠,由杜家埠至西湖长五里灌田三百二十四亩;

陈渠,由孙家埠至西湖长四里半灌田三百二十二亩;

吴渠,由孙家埠至西湖长四里半灌田三百六十三亩;

孙家渠,由孙家埠入田长一里灌田八十四亩;

姚渠,由赵家埠至姚渠长二里灌田一百零七亩;

何渠,由刘家埠至西河沟长一里灌田九十三亩;

姚渠,由赵家埠经姚伏堡至西湖长四里灌田四百六十五亩;

阮渠,由朱家埠至蒋家湖长一里灌田一百二十二亩;

王渠,由杨家埠经姚伏堡至西湖长五里灌田五百零七亩;

李渠,由李家埠入田长半里灌田六十亩;

田渠,由贾家埠入田长半里灌田四十三亩;

沙渠,由李家埠至蒋家湖长一里灌田一百三十四亩;

谭渠,由李家埠入田长一里灌田九十三亩;

福渠,由杨家埠经田洲塔至小湖长五里灌田一千二百一十四亩;

王高渠,由樊家埠至闫家湖长一里灌田一百三十五亩;

樊高渠,由樊家埠无梢长一里灌田五十四亩;

头渠,由王家埠经姚伏堡至西湖长五里灌田四百八十五亩;

支渠,由郑家埠经姚伏堡至西湖长四里半灌田三百三十二亩;

郑渠,由郑家埠经姚伏堡至西湖长四里灌田二百零五亩;

周渠,由樊家埠入田长一里灌田一百零三亩;

中渠,由芦家埠入西湖长三里半灌田一百一十四亩;

三渠,由芦家埠至西湖长三里半灌田一百三十二亩;

卢渠,由卢家埠入西湖长三里灌田二百一十五亩;

蒋渠,由蒋家埠入田长半里灌田二十亩;

王渠,由王家埠至蔡湖长三里灌田三百八十七亩;

张渠，由王家塝至蔡家湖长三里灌田五百七十四亩；

史家渠，由史家塝经周成西乡入田长半里灌田二十亩；

新渠，由王家塝至蔡家湖长四里灌田五百四十八亩；

刘渠，由耿家塝至西湖长三里半灌田三百四十五亩；

李家小口，由李家塝入田长半里灌田二十亩；

李小口，由李家塝入田长一百余步灌田二十亩；

朱渠，由李家塝入田长一里灌田一百二十亩；

李小口，由李家塝入田长半里灌田二十亩；

旧口，由史家塝至西湖长三里半灌田三百三十三亩；

新渠，由余家塝至西湖长四里灌田二百八十七亩；

田家小口，由李家塝入田长一里灌田一百五十亩；

吴家小口，由李家塝入田长半里灌田二十亩；

和渠，由丁家塝至古湖塘长三里半灌田六百五十一亩；

丁家小口，由丁家塝入田长一里灌田三十亩；

冯家小口，有全家塝入田长一里灌田八十五亩；

罗渠，由冯家塝入西湖长四里灌田二百九十九亩；

余家灌洞，由冯家塝至西湖长一里灌田五十亩；

头渠，由冯家塝至西湖长三里半灌田三百一十六亩；

闸渠，由闫家塝入田长二里灌田七十八亩；

余家小口，由方家塝入田长半里灌田三十亩；

方渠，由方家塝至小湖长二里半灌田二百三十五亩；

孟渠，由谢家塝至西湖长三里半灌田三百三十六亩；

谢家小口，由谢家塝经上桥入田长一里灌田六十六亩；

邓家小口，由上桥下入田长一里灌田四十六亩；

周渠，由童家塝至西滩长四里半灌田三百三十五亩；

余家小口，由余家塝入田长半里灌田二十亩；

小口灌洞，由余家塝经周正堡长二里灌田一百三十亩；

余家小口，由余家塝入田长半里灌田三十亩；

吴渠，由刘家塝至小湖长二里半灌田二百一十五亩；

贾渠，由余家塝至小湖长二里灌田二百零五亩；

地卧渠，由杨家塝入田长二里灌田七十亩；

柴小口，由余家塝入田长半里灌田一十八亩；

千渠，由杨家塝至荣家小湖长四里灌田八百一十亩；

杨家灌洞，由杨家塝入田长五十步灌田一十八亩；

冯家灌洞,由冯家㘭入田长半里灌田二十亩;
小浮水,长数十步灌田十亩;
余渠,由冯家㘭至湖长一里半灌田一百五十五亩;
双渠,由孙家㘭至千渠湖长三里半灌田一百五十亩;
杨家灌洞,由杨家㘭入田长半里灌田六十亩;
路渠,由许家㘭入田长一里半灌田一百二十亩;
杨家小口,由许家㘭入田长半里灌田十七亩;
王家灌洞,由王家㘭入田长半里灌田二十亩;
曹渠,由周家㘭入田长一里半灌田二百一十亩;
林渠,由王家㘭至小湖长二里半灌田二百九十三亩;
姜家灌洞,由王家㘭入田灌田二十亩;
美渠,由周家㘭至小湖长四里灌田五百二十亩;
沈渠,由姜家㘭至西滩长五里半灌田五百五十四亩;
姜家灌洞,由姜家㘭入田长半里灌田十五亩;
小坝渠,由姜家㘭至姜家湖长三里半灌田三百三十五亩;
童渠,由童家㘭入田长半里灌田八十二亩;
姜家小口,由庙南入田长半里灌田六十四亩;
童家小口,由庙南经白龙王庙桥入田长半里灌田五十二亩;
新孟渠,由孟家㘭至小湖长二里半灌田三百二十亩;
张家灌洞,由桥北入田长半里灌田一十五亩;
斗渠,由任家㘭入西滩长三里半灌田三百五十五亩;
旧孟渠,由孟家㘭入田长一里半灌田二百五十亩;
王渠,由王家㘭入田长半里灌田五十亩;
徐家小口,由王家㘭入田长半里灌田十亩;
王家渠,由王家㘭入田长半里灌田二十亩;
老张渠,由余家㘭至北湖长二里灌田二百八十亩;
小张渠,由余家㘭入田长一里余灌田二十亩;
多益渠,由余家㘭入田长四里半灌田五百二十亩;
孙家小口,由杨家㘭至小湖长一里半灌田四十亩;
郭家小口,由杨家㘭入田长半里灌田三十亩;
王家小口,由王家㘭入田长一百步灌田十五亩;
前渠,由蔡家㘭至西滩长三里半灌田三百五十五亩;
蔡家小口,由蔡家㘭入田长半里灌田二十亩;
后渠,由蔡家㘭经南营至西滩长三里半灌田三百五十五亩;

徐渠，由徐家㘵经下桥至小湖长一里灌田二十亩；

柳呼渠，由王家㘵入田长二里半灌田二百亩；

头渠，由王家㘵至西滩长三里灌田三百三十五亩；

王家小口，由王家㘵入田长半里灌田十五亩；

中渠，由王家㘵至西滩长三里半灌田三百一十五亩；

高家渠，由杨家㘵入田长三里半灌田三百七十五亩；

双渠，由张家㘵经北营至西滩长三里灌田二百四十亩；

姜家灌洞，由姜家㘵入田长半里灌田十五亩；

王小口，由张家㘵入田长半里灌田十五亩；

王家渠，由王家㘵入田长半里灌田六十五亩；

南长渠，由张家㘵经北营至西滩长三里灌田三百二十五亩；

高渠，由李家㘵入田长一里半灌田六十亩；

正兴渠，由高家㘵入田长三里半灌田三百一十五亩；

高家小口，由郑家㘵入田长半里灌田三十亩；

北长渠，由王家㘵至西滩长二里半灌田二百五十五亩；

朱家灌洞，由高家㘵入田长半里灌田八十亩；

新口渠，由王家㘵至西滩长二里半灌田三百三十亩；

谢家灌洞，由谢家㘵入田长一里灌田八十亩；

史家灌洞，由史家㘵入田长八十步灌田一十五亩；

赵兴渠，由史家㘵经郑家㲼湖至赵家水湖长三里半灌田四百五十亩；

柏家灌洞，在郑家㘵长一里灌田六十亩；

刘渠，由张家㘵至西滩长二里半灌田三百零五亩；

蒋家渠，在张家㘵长一里灌田一百四十亩；

张家浮水，在张家㘵长一百余步灌田二十亩；

小闸渠，由张家㘵至西滩长三里灌田四百二十五亩；

高家灌洞，在高家㘵长半里灌田五十五亩；

郑家灌洞，由郑家㘵至郑家㲼湖长一里灌田九十亩；

童家灌洞，由童家㘵至郑家㲼湖长一里灌田九十亩；

庙家渠，由张家㘵经风神庙至西滩长三里灌田四百二十五亩；

沙口渠，由风神庙经张家墩之西滩长二里灌田一百八十亩；

邓家灌洞，在郑家㘵长半里灌田三十五亩；

中渠，在张家㘵长半里灌田四十三亩；

任渠，由任家㘵至大兴墩滩长四里半灌田四百九十四亩；

北边渠，在张家㘵长二里半灌田二百八十五亩；

老安渠,在徐家埠长二里灌田三百一十亩;

高家灌洞,在杨家埠长半里灌田四十五亩;

大徐儿口,由岳家埠至大兴墩长四里灌田五百七十五亩;

大徐儿附属口;

老安渠附属口;

庙前渠,由徐家埠经徐家桥至西滩长三里灌田三百五十五亩;

小徐儿口,由闫家埠至大兴墩长四里灌田五百零六亩;

毛家小渠,在毛家埠长二里半灌田三百五十四亩;

张大灌洞,在张家埠长一里半灌田二百五十亩;

张小灌洞,在张家埠长半里灌田六十亩;

上王小口,在王家埠长三里半灌田三百二十亩;

刘双渠,在刘家埠长四里半灌田八百七十三亩;

陈边渠,由刘家埠至小兴墩长三里半灌田四百零五亩;

李高渠,由李家埠至西滩长四里灌田四百五十亩;

李家灌洞,在李家埠长半里灌田五十五亩;

艾家灌洞,在艾家埠长半里灌田三十五亩;

陆家渠,在陆家埠长二里灌田二百亩;

营前渠,由王家埠经小兴墩至汽车路长六里半灌田一千七百一十五亩;

陈家灌洞,在陆家埠长半里灌田三十五亩;

营后渠,由王家埠经胡家墩至汽车路长七里灌田一千五百五十亩;

闫刚渠,在闫家埠长一里灌田二百五十二亩;

贾老渠,在贾家埠长二里灌田二百五十亩;

张兴渠,由张家埠至西滩长四里灌田二百五十亩;

高家灌洞,在高家埠长半里灌田二十亩;

高家小口,在高家埠长一百步灌田十五亩;

李毛渠,由李家埠至西滩长四里灌田三百五十亩;

张子渠,由包家埠经闫家桥至包家湖长二里灌田二百三十二亩;

贾家小口,在贾家埠长二里灌田二百一十亩;

柳树渠,由高家埠至西滩长四里灌田二百五十亩;

冯新渠,由冯家埠至西滩长二里灌田二百五十亩;

李家灌洞,在李家埠长半里灌田二十亩;

下李家灌洞,在李家埠长半里灌田一百一十亩;

赵高渠,由刘家埠入西滩长三里灌田二百五十亩;

虎尾渠,由李家埠至包家湖长六里灌田一千二百九十五亩;

- 625 -

莫家小口,长半里灌田一百八十七亩;

下王家小口,在王家瓶长二里半灌田二百二十亩;

杨高渠,由杨家瓶入西滩长二里灌田一百八十亩;

杨高附属灌洞,长一百余步;

小官渠,由杨家瓶入西滩长九里灌田一千一百五十亩;

江干渠,在秦家瓶长一里余灌田三百零五亩;

江干渠附属灌洞,长百余步;

曹仁渠,由曹家瓶经康熙湖之南至汽车路长七里半灌田一千七百七十亩;

郁家灌洞,在李家瓶长一里灌田一百五十亩;

大官渠,由杨家瓶入西滩经小盐湖之南长十二里灌田一千五百七十亩;

柳浪渠,在张家瓶长四里灌田一千零一十六亩;

张家小口,在张家瓶长二里灌田四百三十五亩;

庙渠,在党家瓶长七里灌田七百亩;

姚浪渠,在张家瓶长四里灌田六百五十亩;

大化沿渠,由闫家瓶经平罗城西南长三里半灌田一千二百四十亩;

大黑义渠,由闫家瓶经平罗城西至陈家湖长七里半灌田七百五十亩;

闫家灌洞,在闫家瓶长半里灌田一百一十五亩;

小黑义渠,由闫家瓶入西滩长十里灌田一千五百亩;

汪家灌洞,由戴家瓶入田长半里灌田七十五亩;

朱家小口,由朱家瓶入城河沟长半里灌田四十二亩;

小化沿渠,由鲁家瓶至南教场长七里半灌田一千六百亩;

贾家灌洞,由贾家灌洞经平罗城之南门桥入城河沟长一百余步灌田二十亩;

单渠,在毛家瓶长四里半灌田八百亩;

许家灌洞,在城河沟长半里灌田二十亩;

吴家灌洞,长一里灌田一百二十亩;

和尚渠,在吴家瓶长四里灌田六百亩;

官渠,在吴家瓶长五里灌田七百亩;

岳家灌洞,在周家瓶长半里灌田二十亩;

王孝渠,在周家瓶长二里灌田二百二十亩;

边渠,在周家瓶长四里灌田七百亩;

李老渠,在周家瓶长五里灌田七百五十亩;

孔家渠,在孔家瓶长二里灌田二百亩;

大红花渠,在孔家瓶长四里灌田六百亩;

西红花渠,由朱家瓶入城河沟长半里灌田二十亩;

小红花渠,在孔家埧长一里半灌田二百亩;

施家小口,由朱家埧入城河沟长一里灌田八十亩;

朱家小口,在朱家埧长半里灌田二十亩;

贺家渠,在朱家埧长三里半灌田六百亩;

吴家灌洞,在吴家埧长一里灌田二十五亩;

陈家灌洞,在陈家埧长一里半灌田三十五亩;

郭家渠,在龚家桥长五里灌田八百八十四亩;

夏家渠,在龚家桥长五里灌田三百八十四亩;

庙前渠,在龚家桥长二里半灌田一百八十三亩;

庙后渠,在桥北长一里灌田七十五亩;

龚家小口,由桥北至玉皇阁长一里半灌田二十亩;

龚家园子渠,在龚家埧长一里半灌田一百二十亩;

贾家渠,在贾家埧长三里半灌田五百七十亩;

枣子渠,在贾家埧长六里灌田七百五十五亩;

龚家弯子渠,由埧入田长一里半灌田五十五亩;

胡家小口,由埧入田长一里灌田五十五亩;

徐家小口,由埧入田长一里灌田五十五亩;

龚新渠,由埧入田长一里灌田五十五亩;

张家小口,由埧入田长一里灌田五十五亩;

沈家渠,由二闸入田长六里灌田九百八十八亩;

杨孟家渠,由北门桥至西通平长七里灌田五百亩;

许家灌洞,在北门桥长一里灌田六十亩;

张家小口,在北门桥长二里灌田一百亩;

顾家灌洞,在顾家埧长二里灌田二百亩;

吴家渠,由吴家埧至威镇长七里灌田一千亩;

夏家小口,在夏家埧长二里灌田一百五十亩;

杨孟渠,在杨家埧长六里灌田五百亩;

周家渠,由周家埧至惠威镇长六里灌田四百三十亩;

沈渠,在周家埧长四里灌田四百三十亩;

张家渠,由董家埧至内红岗长七里灌田六百亩;

许渠,在董家埧长四里灌田一百五十亩;

董家渠,在董家埧长五里灌田五百亩;

徐家渠,由三闸至惠威镇长八里灌田一千一百亩;

李家渠,由三闸至惠威镇长八里灌田一千一百亩;

万家渠,由万家埧至汽车路长二里灌田三十亩;

张家小灌洞,由何家埧入吴家渠;

吴家渠,由吴家埧至汽车路长三里灌田四百亩;

夏家灌洞,长一里灌田三十亩;

拓家渠,在拓家埧长一里半灌田一百五十亩;

季家渠,由季家埧至季家庄长五里灌田四百五十亩;

许家渠,由许家埧至汽车路长五里灌田三百亩;

周家渠,在许家埧长二里灌田一百五十亩;

张家渠,在周家埧长二里灌田七十亩;

陈家渠,由陈家埧至西滩之湛恩渠长七里灌田一千零三十亩;

周家渠,在周家埧长一里半灌田五十八亩;

芦家渠,在芦家埧长三里灌田三百五十亩;

金家渠,在金家埧长三里灌田一百五十亩;

董家渠,由董家埧到威镇堡南长五里灌田二百八十亩;

贺家渠,在贺家埧长二里灌田五十亩;

钱家渠,在贺家埧长二里灌田二十亩;

张家渠,在梢坝长五里灌田三百五十亩;

钱家渠,由梢坝入沙边长三里灌田二百八十亩;

土家渠,由梢坝至沙窝长五里灌田二百亩;

王家渠,由梢坝至汽车路边长五里灌田二百亩;

孙家渠,在梢坝长半里灌田三十亩;

王家渠,在梢坝长三里灌田二百七十亩;

孟家渠,由梢坝至汽车路长四里灌田一千亩。

(《宁夏省水利专刊·各渠考述·唐来渠》民国二十五年)

39. 渠工名词释义

闸坝说　各渠既引河水入口,其旁则有滚水坝(今名跳水坝),用碎石桩柴镶砌,水涨任从上溢出,以消其势。过此有退水闸,或二或三,水小则闭之,使尽入渠;水大则酌量启之,使泄入河。又过此为正闸,则渠之咽喉也。唐汉二渠闸坝,皆元郭守敬、董文用旧制,向皆用木,岁久易朽,劳费不赀。明隆庆六年,佥事汪文辉,始易以石,工巧备至,甫成汉闸,即擢尚宝卿去。万历元年,巡抚罗凤翔,檄佥事解学礼,周有光竟其事,六年始竣。各渠皆仿其制。

堤埧说　渠逼河岸,恐河水泛涨,渠被冲决,沿河筑埂以护之,名曰堤。渠口闸坝,恐被河水冲刷,相险要处筑堤以障之,名曰埧。

(按:埧各渠均有,有迎水者,有护闸坝者,今人统呼渠堤曰渠埧堤埂,惟惠渠最大,旧堤自王泰堡至平罗石嘴山;新堤自王泰堡至平罗县北贺兰山坡,长数百里,今半废。又灵武自渠口

起,筑至漕河,明张公九德创筑,灵武之得免再徙者,赖有此堤及猪嘴码头耳。)

暗洞说 渠势横亘,堤高于岸,则上段之水,必不能向下段流去。前人因于渠底穿洞石以输泄之。如汉渠西各湖之水,阻汉渠不能达西河;河西寨以上湖水,阻惠渠不能入西河;金积汉渠之水,阻秦渠不能入大河者是也。暗洞之建,可谓巧夺天工。

飞槽说 各渠分布,东西阻隔,往往由此渠之地,而因势乘便接引彼渠之水以接济者,则用木槽跨渠上以通之,名曰飞槽。

陡口说 于渠之两岸堤摊,开口导引支渠,建筑洞式之闸道,名曰陡口。

底石说 底石何名呼?以制石埋于渠底而名之也。每岁春浚而民之狡猾者、懒惰者,往往不肯深挑,敷衍了事。前清侍郎通智洞悉此弊,因制石上镌准底字样,埋于渠底,疏浚时,总以挑见此石为准。各渠多师其法。

物料说(旧名颜料) 物料者:草、桩、茨、绥苫等类是也。和土筑摊堵塞渠口,非草不行,钉摊固土,非桩不行。绥苫则为绳缆,柳茨则为铺垫闸底,固护堤摊者,皆为渠工必需之物,故曰物料。旧例每田一分,出草四十八束(每束重十六斤),沙桩十五根(每根长三尺),于先年冬月征贮,以备来春工用。红柳、白茨、绥苫,则令民完纳,抵其应交之草。需用石灰,则于草内折银购买(每草一束,折银一分)。需用石块,亦于先年仲冬估计采办;并在折色开销。嗣以柴料过多,议请减半;(每田一分,减草二十四束)后又议以六本四折征收(本色六成,折色四成),近交本色,远交折色(每草一分,折钱三百五十文,沙桩一分,折钱六十文),以供各项采买之用。惟清渠物料无多,全征本色。清乾隆二十六年,巡抚明以每年积弊包折夫料,无济实用,令议减征,经前宁夏道尹估勘,以各渠工料不敷,全征本色,其需用采买钱文,于汉惠二渠人夫折价充用。二十七年,又议定七本三折征收,折夫之例,永行停止。同治乱后,旧例为之一变。唐汉两渠,分上中下段以工之大小估计,上段征收本色(以草近而易交也),中下段折收钱文(以草远而难运也);例如上段每亩征草一束,中段则折收钱三十文;下段则以七成折收钱二十一文。清渠征草若干,折钱若干,视工程大小估计,一律征收,不分上中下段。惠渠亦酌量工程,均征钱文,不征本色,所需物料,俱行采买,亦不分上中下段,惟分额田马场田。例如额田每亩征钱一百文,马场田则征钱五十文,以此类推。各渠料款,由渠长催征。唐汉两渠渠长经费,于征款内除给一成。清渠除给五分,惠渠则由民间酌给,不除分数。各渠办法,大致相类。

夫役说 每年冬至后,各渠绅耆来城,各就内择派熟悉渠务数人,赴渠踏勘工程大小,估计夫料;并各举廉勘绅者,管理银钱工料,曰首士。分段督修,曰委管。催派夫料,曰渠长。专司各闸启闭;并呈报水势消长,曰水手(唐汉渠各四十名,每名给额田一分,惠渠四十四名,每名给灵州营滩敞地一分,昌润二名,每名给额田五十亩,均不征银两草束),于来年清明,率作兴事(夫择精壮,各带锹笼),旧例每田一分,出夫一名(唐渠额夫五千七百六十三名,汉渠额夫五千六百九十二名,清渠额夫一千九十六名,惠渠额夫四千九百二十九名,昌润额夫一千六百九十七名),清明日上工,立夏日竣工,共挑浚一月。田半分者,挑十五日,又有零夫挑一二日者,皆计亩分挑。冬日卷埽,例拨半分田人夫,抵其次年春工之夫。春工后,又挑挖西河。(自夏县河西寨起,至平罗县北东入于河,长三百五十里,曰西河,唐汉各渠剩水泄于群湖,群湖之水汇而泄于西河以入黄河)派夫曰热夫,岁有定额。西河虽在宁夏平罗地,而朔县田亩宿水,皆由之出,故派三县夫协挑。(旧例夏县夫二百二十名,朔县四十名,平罗六百零一名)其各渠正夫,皆出自本渠受水各堡。到工迟延或有逃避者,皆计日倍罚。(以免效尤夫不上渠之弊)同治乱后,奸民希免夫料,匿田不报,夫役仅得三分之一(近年夫数已详,各渠按语兹不重赘),渠之废弛,有自来矣。(今渠之弊,半在匿田希免夫料,夫多则工倍,故欲渠之修,非复夫额不可,欲夫料之足,非复田额不可,夫役既足,而又策之以勤廉,严之以赏罚,欲渠之废弛,不可得也。)

卷埽说　每岁冬水既毕,河水结冻,于十一月时,用柴土堵塞渠口,名曰卷埽。使春融时,河水不能溢入,渠身干涸,乃可修浚。至立夏工竣,则决去所卷之埽,开水入渠。

开水说　春工至清明上工,择其工程关紧之处,赶为修理。渠口固要,而渠身疏浚,亦不可缓。各处坝,先须踏看清楚,何者宜培?何者宜补?各工既毕,即择日祭告龙神,决去卷埽,开水浇灌,大约以立夏前三日为准。开水之后,宜督率水手夫役,沿渠梭巡,以防穿漏。水宜先灌梢段,自下而上,不可紊乱。

测水说　渠水既开,则于正闸立一木杆,以测水势,五寸为一分,以十二分半为率(王全臣渠务书,以十二分为率),水小则闭退水闸,逼水尽入正闸;水大则开退水闸,使水分泄入河。唐渠之西门桥,汉渠之张政桥,惠渠之永固桥,皆有测水木尺(西门、张政、永固桥水,以十四分为率,少则为不及,多则为太过);盖三桥居三渠之中,测水分数,可知到梢早晚(各渠官桥,皆有测水尺寸)。又旧例,峡口水过八尺,由宁夏官飞报南河防护河工。(各渠皆严定测水分数,以防水小不能到梢,水大涨裂渠身之弊,最为关紧。)

封俵说　每岁立夏开水,列委员封水,将上游各支渠陡口闸闭,逼水至梢,取梢民得水结状以为验,名曰封水。封水之时,于各支渠酌留水二三分不等,名曰俵水。到梢后,自下而上,依次开放头水、二水,以至冬水皆如是。然因时酌剂,往来稽查,惟在司其事者,若徒循成例,仅委衙役,则偷水卖水之弊,悉由此生焉。

用水节候说　各渠长百余里,或数百里不等,欲使渠流三时给足,令民间自酌物候,随意浇灌,势必不能。故有头轮水、二轮水、三轮水之说,皆官为封俵(民自修理者,则由各渠首士督率封俵),上下始给。初开水为头轮水,浇大小麦、豌豆、扁豆,名曰夏田,其次胡麻、青豆、高粱、蚕豆及瓜菜,各渠下段,又多种早糜谷,亦须浇灌。立夏后十日内外得水者为及时,半月后得水即减分数,二十日或一月不得水,虽有获,仅二三分矣。小满后种谷子,芒种前后种稻,夏至种糜子、绿豆,曰秋田。秋田年前不浇冬水,俟新水浇灌,乃可下种,过期便少获,故二轮水最要。秋夏田皆须灌三轮水,亦添灌夏秋田。小暑大暑时,稻田尤不可一日绝水。立秋后沤麻。末伏种冬菜,唯白露前后,夏田已收,秋田皆熟,此时水可稍退,然亦须酌留四五分,浇荞麦、迟糜子及冬菜。冬水霜降后封俵,至立冬后须遍,此为来岁夏田根本,须灌足,及春方可下种,此后水无所用。然往往有浸灌道途者,亦须禁。大抵各色麦豆,得水四次大获,三次者亦丰收,二次减半,一次或过迟,皆无济矣。种稻须水最多,夏朔二县,地多低下,易生碱,种麦豆三四年,必轮种稻一次,藉水浸以消碱气,亦出于不得已。

(《朔方道志·水利志下·渠工则例》卷七
刘山:《宁夏水利概况》宁夏日报1950年6月4日二版)

附录三　宁夏引黄灌溉历史年表

朝代(年份)	记事概要	资料来源
一、秦(公元前221—207年)	1. 始皇三十二年(前215年)使将军蒙恬,发兵三十万人,北击胡,略取河南地。(《史记·正义》:今灵、夏、胜等州,秦略取之。)	《史记·秦始皇本纪》
	2. 三十三年,西北斥逐匈奴,自榆中并河以东,属之阴山,以为三十四县(汉书作四十四县),城河上为塞,徙谪实之初县,三十六年(前211年)迁北河榆中三万家。	《史记·秦始皇本纪》
二、西汉(公元前206年—公元24年)	1. 武帝元朔二年(前127年)使大将卫青、李息等击胡之楼烦、白羊王于河南得胡首虏数千,牛羊百余万,于是汉遂取河南地,筑朔方,复缮蒙恬所为塞,因河而为固,并采纳主父偃的建议,立朔方郡,募民徙者十万口,从事屯垦,以省转输。	《史记·主父偃列传》《汉书·武帝纪及匈奴传》
	2. 元狩四年(前119年)又徙山东贫民于关以西,及充朔方以南新秦中七十余万口,衣食皆仰给县官。	《史记·平准书》
	3. 元鼎六年(前111年)上郡,朔方,西河,河西开田官,斥塞卒,六十万人戍田之。	《史记·平准书》
	4. 汉渡河自朔方以西,以至令居,往往开渠置田官,吏卒五六万人。	《史记·匈奴传》
	5. 自武帝元封二年(前109年)率群臣百姓,堵塞黄河瓠子决口之后,用事者争言水利,朔方、西河、河西、酒泉,皆引河及川谷以溉田。	《史记·匈奴传》《汉书·沟洫志》
	6. 朐卷县河水别出为河沟,东至富平北入河。	《汉书·地理志》
	7. 光禄渠在灵州守御千户所东,志云,渠在灵州,本汉时导河溉田处也。	《读史方舆纪要》陕西·宁夏镇
	8. 《史记》河渠书,卒塞瓠子,导河北行,二渠复禹旧迹,自是之后,用事者争言水利,朔方、西河、河西,酒泉皆引河及川谷以溉田,按府境水利最大,而河渠书独无此地者,盖河西、酒泉则自河以西统言之,而府境在其中。	《方舆考证》甘肃·宁夏府
	9. 汉之有斯渠,殆元封太初间,与顾姓氏淹没,不与蜀水郑国焜耀先后,怀古者惜焉,历数千百年至于今,人事迁易,淹没不常。	《宁夏府志》卷二十六,汉渠碑记
三、东汉(公元25—220年)	顺帝永建四年(129年)尚书仆射虞诩,请复三郡疏曰:"禹贡雍州之域,厥田惟上,且沃野千里,谷稼殷积……因渠以溉,水舂河漕,用功省少,而军粮饶足,故孝武皇帝及光武帝筑朔方,开西河,置上郡皆为此也",书奏帝乃复三郡(安定、北地、上郡)使谒者郭璜督促徙者各归本县,缮城郭,置候驿,既而激河浚渠为屯田,省内郡费岁以亿计。	《后汉书·西羌传》
四、魏晋南北朝(公元220—589年)	1. 北魏太平真君五年(444年)薄骨律镇将刁雍凿艾山渠表曰:以今年四月末到镇,时已夏中,不及冬作,念彼农夫,虽复布野,官渠乏水,不得广殖……夫欲民丰国,事须大田,此土乏雨,正以引河为用,观旧渠堰,乃上古所制,非近代也,富平西南三十里,有艾山,凿以通河…今艾山北,河中有洲诸,水分为二,西河小狭,水广百四十步,臣今求来年正月于河西高渠之北八里,分河之下五里,平地凿渠,广十五步,深五尺,筑其两岸,令高一丈,北行四十里,还入古高渠即循高渠而北,复八十里,合百二十里,大有良田,小河之水,尽入新渠,水则充足,溉官私田四万余顷。一旬之间则水一遍,谷凡四溉,谷得成实,官课常充,民亦丰赡。	《魏书·刁雍传》

续表

朝代(年份)	记事概要	资料来源
四、魏晋南北朝(公元220—589年)	2. 河侧有两山相对,水出其间,即上河峡也,世谓之为青山峡,河水历峡北注,枝分东出……水受大河,东北迳富平城,所在分裂以溉田圃,北流入河,今无水。	《水经注·河水三》
	3. 今灵州汉伯渠,自青铜峡之麓,酾河东出,相传为汉时所凿,下流数改,在郦氏时已无水,则今渠亦非旧迹矣。	《水经注疏·河水三》
	4. 灵州回乐县,有薄骨律渠在县南六十里,溉田一千余顷。	《元和郡县志》关内道、灵州
五、隋唐五代(公元581—960年)	1. 李听任灵盐节度使时,境内有光禄渠,久厥废,听始复屯田,以省转饷,即引渠溉塞下地千顷,后赖其饶。	《新唐书·李晟列传》
	2. 唐代宗大历八年(773年)八月已未,吐番寇灵武,郭子仪败之于七级渠。	《新唐书·代宗本纪》
	3. 代宗大历十三年(778年)房酋马重英以四万骑寇灵州,塞汉、御史、尚书三渠以扰屯田,为朔方留后常谦光所逐。	《新唐书·吐番传》
	4. 元和志,汉渠在灵武县南五十里,从汉渠北流四十里,始为千斤大陂,其左右又有胡渠、御史、百家等渠,溉田五百余顷。	《水经注疏·河水三》
	5. 灵武郡回乐县有特进渠,溉田六百顷,长庆四年(824年)诏开(又一说是疏浚)。	《新唐书》地理一,关内道
	6. 御史渠在镇东北,黄河外,唐史郭子仪请开丰宁军御史渠,溉田二千顷,又尚书渠在卫东,亦唐所开。	《读史方舆纪要》陕西、宁夏镇
	7. 唐渠亦汉故渠而复浚于唐者……唐书李听为灵州大都督长史、境内有故光禄渠,废久,听复开决以溉田,是听所开亦汉故渠也。	《朔方新志》卷一,水利
	8. 五代唐明宗时,张希崇为朔方节度使,为政有恩信,兴屯田以省漕运。	《宁夏新志》卷二,宦迹
六、宋夏(公元960—1279年)	1. 宋至道初(995年)杨琼为灵庆路副都部署,导黄河溉田数千顷,增户口,益课利,时号富强。	《宁夏新志》卷二,宦迹,《宋史》列传第三十九,杨琼
	2. 其地饶五谷,尤宜稻麦,兴灵则有古渠曰唐徕,曰汉源,皆支引黄河故有灌溉之利,岁无旱涝之虞。	《宋史》夏国传
	3. 西夏濒河五州,皆有古渠,其在中兴州者,一名唐徕,长四百里,一名汉延,长二百五十里,其余四州,又有古渠十,各长二百里,支渠大小六十八,计溉田九万余顷。	《西夏书》卷九,地理考
	4. 北宋咸平五年(1002年)夏州旱,保吉(继迁)令民筑堤防引河水以溉田,八月大雨,河防决,雨九昼夜不止,河水暴涨,防四决,蕃汉漂溺无数。	《西夏书事》卷七
	5. 北宋政和元年(1111年)秋八月夏州大水,大风雨,河水暴涨,汉源渠溢,陷长堤入城,坏军营五所,仓库民舍千余区。	《西夏书事》卷三十二
	6. 元昊废渠旧曰李王渠,疑即古之艾渠。	《朔方新志》卷一,水利
	7. 宋元丰四年(1081年)高遵裕,刘昌祚奉诏讨夏国,兵围灵州城十八日不能下,夏人决黄河七级渠,灌遵裕师,军遂溃。	《宋史·高遵裕及刘昌祚传》
七、元(公元1271—1368年)	1. 至元元年(1264年)五月,诏唆脱颜,郭守敬,行视西夏河渠俾俱图来上,三年五月浚西夏中兴,汉延、唐徕等渠,七月诏令西夏避乱之民还本籍。二十三年三月浚治中兴路河渠。二十六年四月(1289年),复立营田司于宁夏府。	《元史·世祖本记》
	2. 郭守敬授副河渠使,至元元年从张文谦行省西夏,先是古渠在中兴者,一名唐徕长四百里,一名汉延长二百五十里,它州正渠十,皆长二百里,支渠大小六十八,溉田九万余顷,兵乱以来,废坏淤浅,守敬更立闸堰,皆复其旧。	《元史·郭守敬及张文谦传》

续表

朝代(年份)	记事概要	资料来源
七、元(公元 1271—1368年)	3. 董文用至元改元召为西夏中兴等路行省郎中，……始开唐徕、汉延、秦家等渠，垦中兴、西凉、甘、肃、瓜、沙等州之土，为水田若干，于是民之归者户四五万，悉受田种，颁农具，更造舟置黄河中，受诸部落及溃叛之来降者。	《元史·董俊传》
	4. 武宗至大二年(1309年)八月，宁夏立河渠司，管理屯田水利。	《元史·武宗本纪》
	5. 至正十一年(1351年)贾鲁任总治河防使，堵塞黄河白茅堤决口，两岸埽堤并行，作西埽者，夏人水工，征自灵武，作东埽者汉人水工，征自近畿。	《元史·至正河防记》
八、明(公元 1368—1644年)	1. 洪武三年(1370年)宁正授河州卫指挥使，兼领宁夏卫事，修筑汉唐旧渠，引河水溉田，开屯数万顷，兵食饶足。	《明史·宁正传》
	2. 正统四年(1439年)宁夏巡抚都御史金廉言："镇有五渠，资以引溉，今鸣沙州、七星、汉伯、石灰三渠久塞，请用夫四万疏浚，溉芜田千三百余顷"，并从之。十三年筑宁夏汉、唐坝决口。	《明史·直省水利及金廉传》
	3. 弘治七年(1494年)巡抚都御史王珣言：宁夏古渠三道，东汉中唐并通，惟西一渠傍山，长三百余里，广二十余丈，两岸危峻，旧迹俱埋，宜发卒浚凿，引水下流，即以土筑东岸，过营堡屯兵以遏冲，请帑银三万两，并灵州六年盐课以给其费。又请于灵州金积山河口，开渠溉田，给军民佃耕，并以之。	《明史·直省水利》河渠六
	4. 嘉靖四十一年(1562年)中丞毛鹏见中卫蜘蛛渠，因黄河背北趋南，不能上水，于旧渠口之西六里处另作新口，设进水闸一座六孔，其傍又凿减水闸一座五孔，并开新渠七里接入旧渠，月余而成，易名美利，取乾始美利之乙。	《中卫县志》卷九，美利渠记
	5. 隆庆六年(1572年)佥事汪文辉，将汉唐二坝，易木为石，坝之傍置减水闸凡十，中塘、底塘、及东西厢之复以石，上跨以桥，桥上穿廊轩宇，豁然耸瞻，诚塞上奇观矣!	《朔方新志》卷四，汉唐二坝记
	6. 万历十九年(1591年)尚宝丞、周弘礿言："宁夏河东有秦汉二坝，请依河西汉唐坝筑以石，于渠外疏大渠一道，北大鸳鸯湖"。诏可。	《明史·直省水利及周弘礿传》
	7. 通济渠在中卫张恩堡，万历四十年(1612年)付朝宇自堡之西南三道湖开口引水绕堡，东流至高家嘴子入河，延长四十里，灌溉二千四百二十亩。	《朔方道志》卷六，水利志上
	8. 张九德为河东兵备，天启二年(1622年)灵州河大决，德建石堤御河，岁省工役无数。秦家渠常苦涸，汉伯渠常苦涨，德筑长堋以护秦，开芦洞以泄汉，计复芜田数百顷，号张公堤。	《宁夏府志》卷十二，宦迹
	9. 天启七年(1627年)韩洪珍任西路同知，威宁旧有七星渠，岁久荒淤，洪珍与守备王光先，条例疏筑之法，上诸巡抚焦馨，以百户李国柱，刘宰分督之，而专任洪珍综其事。	《宁夏府志》卷十二，宦迹
	10. 嘉靖时已有大小正渠十八条，全长一千四百余里，灌田一百五十六万亩。	《宁夏新志》水利
	11. 每岁春三月发军丁修治闸、坝、渠道，四月初开水，其分灌分法，自下而上，官为封禁。	《宁夏新志》卷一，水利
九、清(公元 1644—1911年)	1. 康熙四十五年(1706年)西路同知高士铎，扩整中卫美利渠引水段，比旧加深三尺，广阔一丈，南岸砌石为堋，从此进水充畅，以前荒废地垦种五百余顷皆成稻田。康熙年间，高公督修七星渠口，创修思流、盐池二闸，挑浚肖家、冯城两暗洞，使七星渠水通畅，无山水之患。	《朔方道志》卷一，水利
	2. 康熙四十七年(1708年)水利同知王全臣，开大清渠，口在宁朔县大坝堡马关嵯，至宋澄堡归入唐渠，渠介汉唐二渠间，以济二渠高田不能均灌者，长七十二里，大小陡口一百二十九道，灌溉宁朔田一千零九十六分(每分六十亩)，雍正十二年重修，乾隆四十二年又大修。	《宁夏府志》卷八，水利及大清渠碑文

续表

朝代(年份)	记事概要	资料来源
九、清(公元1644—1911年)	3. 康熙四十八年,在青铜峡大山嘴,设立报讯水尺,并建立报讯制度,宁夏黄河报水自此始。	《河渠纪闻》卷十八
	4. 侍郎通智、单畴书等奉旨开惠农渠,口初在宁朔县俞家嘴花家湾,并汉渠而北,至平罗县西河堡,归入西河,长二百里。乾隆三年,经地震复修,乾隆十年(1745年)又改口于宁朔县林皋堡朱家河。乾隆三十九年因河流东注,又改口于汉坝堡刚家嘴,至平罗县尾闸入黄河,共长二百六十二里,大小陡口一百三十六道,浇灌宁夏、平罗二县田四千五百二十九分半(每分六十亩)。雍正四年(1726年)七月兴工,七年五月告竣,费帑银十六万两,乾隆四十二年重修。	《宁夏府志》卷八,水利及惠农渠碑记
	5. 昌润渠与惠农渠同时开,原接引惠农渠之水,后因二渠一口不敷分灌,乾隆三十年(1765年)另由宁夏县通吉堡溜山嘴子开口,至永屏堡归入黄河,长一百三十六里,大小陡口一百一十三道,浇灌平罗县埂外田一千六百九十七分半(每分六十亩)。	《宁夏府志》卷八,水利及昌润渠碑
	6. 雍正九年(1731年)侍郎通智,大修唐徕渠,不但淤者去之使平,薄者加之使厚,低者培之使高,窄者展之使宽,且将尾梢引入西河,使水有攸归,地亦可垦,又于正闸墩及西门桥柱,刻划分数,测量水位,兼察淤澄,渠底布埋准底石十二块,使后来疏浚知所遵循,二月二十日兴工,四月十四日竣工放水。	《宁夏府志》卷二十六,修唐徕渠碑记
	7. 雍正十二年(1734年)宁夏道观察使纽廷彩,建中宁七星渠红柳沟石环洞以通山水,上架飞槽,横渡渠流,三载而成,失业者皆复乡里。	《宁夏府志》卷十二,宦迹纽廷彩
	8. 乾隆四十二年(1777年)借帑银八万五千两,大修唐徕、汉延、大清、惠农及中卫美利诸渠。	《宁夏府志》卷二十,王公修渠记
	9. 制定浚渠条款,规定岁修时间,要求,灌溉封俵制度等。	《宁夏府志》卷八,言渠务书及浚渠条款
	10. 直接由黄河开口引水的大小干渠二十三道,全长二千余里,灌田二百一十万三千亩。	嘉庆重修《大清一统志》
	11. 道光二十九年(1849年)黄河水涨,冲圮猪嘴码头。	《朔方道志》猪嘴码头记
	12. 光绪三十年(1904年)七月宁夏黄河溢,四渠均决,淹没农田庐舍无数,平罗石嘴山尤甚。	《朔方道志》卷一
	13. 光绪三十一年(1905年)陈必淮任灵州知州修复猪嘴码头,四十日工成,计码头长八十丈,高四丈,顶宽四丈,里外护石,中填柴土,斜插河中,工竣而河复故道,秦渠河患乃除。	《朔方道志》卷二十七,艺文志,规复秦渠猪嘴码头碑记
	14. 光绪三十四年(1908年)宁夏知府赵维熙接引汉渠退水清水沟开天水渠,长八公里,灌田万余亩。又在靖益堡唐渠西琲开湛恩渠,灌贺兰山边荒地万亩。	《甘肃新通志》卷十,宁夏府《朔方道志》卷十五,宦迹赵维熙
十、中华民国(公元1911—1949年)	1. 民国16年(1927年)崔桐选任宁夏水利专员,在整顿水利中工作认真,处事果断,言出法随,不徇私情,18年春工中亲赴各渠督工,使清淤较往年彻底,当年渠水充足,灌溉普及。	崔桐选整顿宁夏水利
	2. 民国23年(1934年)9月26日,李仪祉在视察兰州铁桥上下之黄河,水车灌溉及水文站工作后,乘飞机抵银川。27日至30日在宁夏建设厅余介彝厅长陪同下,视察了汉延、唐徕、秦、汉等渠口及青铜峡古城湾,10月2日乘舟下行,沿途视察石嘴山、磴口、三盛公等处黄河。4日达临河视察内蒙古河渠,这次视察后,提出"黄河上游视察报告"。	李仪祉著《黄河水利》

续表

朝代(年份)	记事概要	资料来源
十、中华民国(公元1911—1949年)	3. 23年(1934年)开云亭渠,将惠农渠从渠口以上至龙门桥进水闸两岸各宽劈一丈八尺,作为惠、云二渠之引水总渠,北流至平罗县之通吉乡境内入于河,全长约60公里,用军工开掘,历时2年,可灌地数万亩。	《宁夏省水利专刊》云亭渠
	4. 湛恩渠开口于靖益堡唐徕渠左岸,后因沙压过甚,水不畅流,居民迁徙,经于28年(1939年)春,复于渠口下五里处另开新口,并将渠身宽劈深挖之,遂更名曰:新开渠,从此水流通畅,垦辟田亩,日见增加。	《十年来宁夏省政述要》第五册,建设篇
	5. 陶乐县惠民渠开于民国5年(1916年),原名东渠,民国6年延伸扩大,定名惠民渠,民国24年延长,建国前渠长30公里,灌地近万亩。利民渠开于清乾隆年间,原名五堆子渠,光绪十一年(1885年)渠口上移,渠身扩整后更名曹家渠,民国31年(1942年)渠口又移到青沙窝,定名利民渠,长20公里,灌地4000亩。	《陶乐县水利志》
	6. 民国25年(1936年)刊印出《宁夏省水利专刊》是为宁夏有水利专著之始。	
	7. 由于黄河主流逐渐东趋,西河水量日减,民国27年(1938年)夏灌时汉延、惠农、大清三渠缺水受旱,建设厅长李翰园及时召集各渠局长和地方士绅,亲履各渠口勘查,采纳众意,决定将三大干渠向上延伸,合并于西河口一处引水,28年春工时三渠合力卷埽封堵西河,清除多年淤积的卵石(打石结子),修筑引水长堰,并将西河口以下的夏家四河同时疏通,加大西河来水量,为防止卵石流进西河,后将夏家四河关堵。	李翰园整顿宁夏水利的措施
	8. 民国28年春(1939年)黄委会在青铜峡设立水文站,黄河水开始有了实测资料(1942年秋又在石嘴山设立水文站)。	《宁夏水文手册》
	9. 民国30年(1941年)永宁县望洪乡黄河塌岸不止,7年来已塌毁农田近万亩,村庄数十处,危及惠农渠及宁兰公路,年年防护,耗资巨万,收效甚微。30年春调兵2000余人,从仁存渡口下游东岸挖壕一道,当年伏汛期利用水冲,河道东趋,原河槽水小流缓,落淤成滩,该处河患消除。	李翰园整顿宁夏水利的措施
	10. 民国34、35两年,由前黄委会测量并绘制灌区万分之一地形图83幅,测图面积6631平方公里,还测量黄河大断面567个,渠道断面1337个,至此宁夏灌区有了精确的地形图。并制订青铜峡闸坝引水枢纽与河东河西灌区规划。	黄委宁绥工作总队报告
	11. 民国35年(1946年)9月15日青铜峡洪峰流量6230秒每立方米,是宁夏有水文记载以来最大的洪水,沿河两岸农田受淹面积20多万亩,卫宁灌区的羚羊寿渠,青铜峡灌区的秦渠、汉延渠均遭决口。	
	12. 民国36年由张含英率领的黄河视察团,乘汽车来宁,在建设厅长马如龙陪同下,看了云亭渠口、惠农渠口方家巷以上左岸刘家湾子的塌岸、西河口、唐徕渠口等,肯定了宁夏历史及今之水利成就,提出盐碱危害应注意观测地下水,同年秋天肖某率领的黄河视察团乘飞机来宁,同来的有美国工程师葛娄同萨凡奇,中国工程师黄育贤、严恺、谢家泽等,看了青铜峡、西河、唐徕渠口等。	
	13. 民国38年8月宁夏解放时,引黄灌区有大小干渠39条,灌溉面积192万亩,实灌面积不及此数。	

附录四 水利法规

濬（同浚）渠条款

清·杨应琚

维甘省之宁夏一郡，古之朔方。其地乃不毛之区，缘有黄河环绕於东南，可资其利，昔人相其形势，开渠引流，以灌田亩，遂能变斥卤为沃壤，而俗以饶裕，此其所以有塞北江南之称也。

考其渠道，如汉延、唐徕二渠，由来旧矣。顾水之利已与，而其泽犹未周，唐、汉两渠而外，尚有灌溉不及之地，我朝制度维新，百废俱举，於是复有大清渠肇条於前，而惠农、昌润二渠继之，由是宁夏、宁朔、平罗等县，无不灌溉之田亩，而水泽周遍矣。

然每岁之中，尤以春浚为首务，旧例按田出备夫料，於清明日开工，立夏日放水，竭此一月之勤劳，以收终岁之利济，成规俱在，班班可考，倘其草率从事，必致贻误渠工，或埧岸不能修筑坚厚，或渠身不能挑挖深通，非引灌不及，即冲决为患，从於夏秋之间，复行竭力修治，已后而失其时，无能为也已。

今皇上御极之乾隆十六年，余奉命巡抚甘肃，次年壬申二月，正值春浚之期，因念渠工之关系民生者重，不遑宁处，减从轻骑，亲历其地，将各渠道，自口至尾，详勘形势；并与工员讲求春浚事宜，不惟在工各员，均能悉心经理，即宁民之在工应役者，亦因余之来，莫不踊跃争先，共勤其事，越一月而春工毕，开闸放水，处处流通，灌溉即遍，冲决无虞。又展挖西河尾闸五十余里，直达黄河，增建昌润渠退水闸。是年，麦秋遂获大有，西成亦属有庆，益信一年之计在春，诚未可忽也。使嗣后春浚，岁岁依此而行，屡丰之兆，当如操左券。然时杨副使灏，往来各渠，指示工员，督率兴修，整剔诸弊，可谓叹绝心力矣。爰与之共相参酌，思垂永久，於工竣后，定春浚规条十二则，堪为法守，因勒之石，以告后之官斯土者。

——分塘需五丈为定，以便查点也。查每岁春工，分塘一丈，派夫二十五名，地窄人稠，难以查点，因而移星换斗，以小报多，百必业生。嗣后每塘以五丈为定式，五丈之内，定夫二十五名，用锹用笼，判若列眉，官到点工，一目了然，无需停止候点，以致延缓。其背土人夫，重笼者由左，空笼来者由右，不许拥挤碍路，违则监工官是问。

——民夫不许影折代充，以免虚旷也。查每岁上工，多有字识、锹头、堡长、火头等名色，暗行折夫肥已，更有本工夫役原少，贿嘱附近闲人，代为充点之弊。嗣后塘夫二十五名之内，止许派火头一名，与众夫做饭，每官一员及委管，共派夫火头一名，伺候茶饭，其余名色，尽行革除，敢有仍行包折及代替充点之弊，查出一并枷示工所。

——锹锹背笼，不许破坏碎小也。查每岁有一等巧诈之夫，故用破坏锹锹，碎小背笼，以图省力偷懒，所背之土，随路渗漏，是一锹无一锹之用，一笼无一笼之益，监工官宜细加查点，如有小笼坏锹，立谕更换，不得徇默；更须酌量远近，以均劳逸，埧岸有高低之不同，运土有远近之各

别,须计其工程,令锹笼相配,总之一锹可供五笼,若以锹待笼,则加笼夫,以笼待锹,则加锹夫,庶远近劳逸,均得其平矣。

——堆土宜相度埧岸形势也。凡挑挖之土,必须先行相度埧岸形势,如左埧高厚,即将所挖之土,堆於右埧,如右埧高厚,即将所挖之土,堆於左埧,务须两岸高厚相均,不得听其偷懒,近左则堆於左,近右则堆於右,以图省事;更须留岸六尺,务令在六尺之外,堆成平顶,以免松土塌入渠内,违者监修委管是问。

——各工料宜留心稽查也。凡用料之处,皆系险工,全赖物料宽裕,镶垫高厚坚实,方足以资抵御。而水手人等,先存偷料之心,有挂甲带冒名色,用少报多,任其开销,及至水涨被冲,无可查考,即使查出,而贻害已多。嗣后凡长埧码头各工务,务须细加确查,工完之日,水利厅仍抽段刨验,真假立见,监工官目击镶垫,责任繁重,尤不可不顶为察查,自干赔罚也。

——挖高垫低,遇冻重修之弊宜除也。查渠内有转嘴沙敝高阜之处,必须深挖一律,然后水行无阻,乃有巧诈之夫,故将挖去高出之土,就势垫於凹处,以致渠身不能宽平,水流旁趋,每致疏虞,贻害实深。嗣后春工,务加严察,不许将凸处之土,垫填凹处,如遇转嘴沙敝,必挖取与凹处相等,庶渠身自然通畅;再间有冻处,一时不能挑挖,先改做他处,俟开冻后,再为宣修,原系历年相沿办理,及至工程将满,冻处仍未挖,因放水在通,无暇重修,不得不任其草率,遂有本未遇冻,挖不及尺寸,籍名冻尚未开,即去此而就彼,此皆系巧诈渠长伙同书役影射之弊。嗣后凡遇此等工程,监工官务须亲验,报明尺寸,插出牌记,必俟冻开,重修如式,立夏前五日验明,方许放水,如此则影射巧诈之弊可除也。

——上下工必须相照应也。查分工之后,监工者各管各段,彼此不相照顾,每致上段浅而下段深,或有上段深而下段浅,不能上下一律,以致放水之后,间断阻隔,停留淤澄,皆由於此。嗣后春工,务须上下接连,一律深通,如第一段深二尺者,二段必须挖至二尺二寸,使渠身渐次而下,自无停淤阻隔之虞矣。

——支渠陡口,宜严督修理坚固也。查支渠陡口,官多不为经理,民间自为修作,巧诈之徒,每以减省工料为得计,遇有损坏之处,并不用料经理,或以草塞,或以土填,苟且了事,乃至放水之后,昼夜淘刷,不能抵御,甚至陡口冲去,往往淹损田庐,贻患匪浅。嗣后务须严加督责,其各陡口,必用板片椿木,修整坚固,此系各渠长看丁之专责,宜留心察查。

——挑浚宜复旧制也。查通侍郎复修唐、汉、大清各渠每工较准上下地形,各安藏底石一块,石上有准底二字,每岁自应挑见底石,依势深挖。乃日久弊生,稀图省事,略加疏浚,便为合式,以致年复一年,竟致底石於不问,无怪每岁夏秋,争水告水,官民俱累,不知渠本未深,水本未足,春工潦草,未见底石之故也。嗣后务须将上下渠,挑挖舆底石一律深平,方为完竣,如有抗违不遵者,一体实治,则旧制可复,渠水充足,自无争告之纷扰矣。

——渠口下石子,急宜挖除净尽,以清水口也。查坝口捲埽,自冬至春,水势荡漾,河内石子,随水而滚至埽下停滞,春工放水,但知拆埽,初不知埽下石子,暗积犹如门槛,若不乘时挖出净尽,河水稍减,渠流即缓,水缓沙停,於澄甚速,此乃通渠之咽喉,不可不慎。嗣后春工,凡遇

埽下石子,务须挖除净尽,以清水路,不可稍有苟简,水利同知当亲诣督查,切勿轻信水手谎报为要。

——各工人夫,宜详查变通也。查工程有平险难易之分,渠道有越日变迁之异,清明前,渠内结冻未化,其工程之难易,不能确定;况渠身迂回绵长,其转嘴沙敝,每年原无定所,若执定上年之难工,仍估难工,多派人夫,上年之平工,仍估平工,少派人夫,不特劳逸不均,亦且平险失宜,全赖监工者按册按段,再加详查。如本工本系平易,已估难工而夫多者,即商酌水利同知,抽拨他处,如本工实系险要之段,已估平工,人夫不敷应用,亦即商酌水利同知,於平易工段,抽拨协帮,务须权宜变通,已收实效,以均劳逸,慎勿因循故习,观望缄默也。

——各处桥闸飞槽暗洞,宜严督修整坚固也。查各渠多以桥作闸,而飞槽即驾於桥上,桥闸木料细小,自春至秋,水势激物。每见椿歪桥斜者,或以绳紧,或以草填,希冀侥幸於一时,乃至紧要须水之际,而桥塌槽折,引用无及,须逐一查明,凡有损坏之处,严加料理修整坚固;至暗洞乃是各湖出水之咽喉,安藏於大渠之下,稍至壅滞破漏,不特漫淹田亩,更恐有害大渠,如林阜暗洞,是其明验也。春工宜急刨挖验看,不妥即修补完整,以泄湖水,以保大渠,万无疏忽,致贻事后之悔。

选自《宁夏水利历代艺文集》

作者简介:杨应琚,字佩之,号松门,汉军正白旗人,乾隆十四年授甘肃按察使,迁布政使,十六年八月授甘肃巡抚,十七年十月改任山东巡抚,十九年四月署两广总督。二十二年改闽浙总督,二十三年加太子太保,二十四年四月改任甘肃总督,二十五年十二月改任陕甘总督,二十八年十一月监管甘肃巡抚,二十九年授东阁大学士,三十一年改云贵总督,三十二年闰七月以"办理缅人入侵事,失机偾事"罪,命于北京自尽。

摘自《(乾隆)宁夏府志》,为乾隆十七年(1752年)甘肃巡抚扬应琚制定春浚规条十二则,堪为守法,因勒之石。

宁夏省各县渠管制水量暂行办法

(1950年5月20日宁夏省人民政府颁发)

第一条 为管制各渠水量,保证所有受水农田,均能按时浇灌满足起见,制定本办法。

第二条 各渠放水季节及主要受水作物:

(一)头轮水由立夏开水至小满,浇灌夏禾头水及未灌冬水田地;由小满至芒种,浇灌夏禾补水;由芒种至夏至,供给播种稻田用水。

(二)二轮水由夏至后三天起至大暑,先尽秋禾浇灌再灌夏田茬子地,由大暑至白露浇灌秋禾补水及沤麻水。

(三)三轮水由霜降前五天起至小雪节令以前淌封地水(即冬水)。

第三条 每轮水浇灌次序：

(一)各渠每次开水后,河西区宁朔县中心水利局督导组会同各县水利局负责,按实际情况酌予开闭;唐徕渠永宁县属之新开、良田、大新、红花四渠,贺兰县属之新满达渠、太子渠、四道罗渠(老罗、边罗、复兴、新济);汉延渠宁朔县属之果子渠、散水渠;永宁县属之丁字渠、小牛渠、苜蓿渠、杨家渠、西北渠、南高渠、北高渠、新渠;惠农渠永宁属之民生渠,其他各支渠ㄧ,在适当调剂本县各渠水原则下,自行决定封俵,赶水达梢,先尽梢段浇灌。

(二)各渠梢段头轮水浇灌日期规定：唐徕渠于小满前五天淌完,汉延渠于小满前六天淌完,惠农渠于小满前七天淌完。各渠梢段农田,如因支渠未挖,水到不淌以至受旱者,水利局不负责任。

(三)各干渠梢段必须在规定时间内浇灌满足后,依照惯例,逆鳞逐段向上移浇,农次灌足。

(四)河西各县水利局对于唐、汉、惠三渠各渠道规定之水量分数,须负责放足;农宁朔、永宁、贺兰、平罗、惠农之次序,上县对于下县须负放足水量之责任。

(五)永、贺、平、惠四县水利局对水量管制事宜,须受中心水利局督导组之领导,督导组须随时向中心水利局及省水利局报告各县管制水量实际情况。

(六)唐、汉、惠三渠各县段渠道水量分数及各支渠灌水日期,须按规定执行。

(七)以(上)列六项只限于唐、汉、惠三渠适用之,卫宁河东自行规定。

第四条 在灌水期间,各县水利局及段级干部必须按照各渠道进水闸及各段渠道规定水量分数适当掌握,并领导养护队负责巡护干渠堤岸,分俵灌派并指定各支渠养护小组组长专负管理支渠口道。

第五条 在干渠两岸严禁挖堤放水,如有必要另开新口时,必须呈报省水利局勘查批准,方得开口。不遵者以破坏水利处分。

第六条 各县渠得按供水实况,分别规定禁种稻区域。

第七条 各级水利干部,对于干、支渠分配水量,必须遵照规定办理,不得循情舞弊,违者严惩不贷。

第八条 受水人民及部队、机关农场,必须遵守灌水次序,听从水利人员指挥,严禁应灌不灌,不应抢灌,及在禁止种稻地区种稻。

第九条 凡纵水灌湖,淹滩漫路,及撤清澄浑等浪费渠水者,应按情节轻重,分别予以罚工罚料,其情节重大者,得交司法机关法办。

第十条 本办法自公布日起施行,如有未尽事宜,得经省政府修正之。

宁夏回族自治区水利厅灌溉管理局文件

宁水灌发〔2000〕31号

关于印发《引黄灌区灌溉管理办法(试行)》的通知

引黄灌区各市县水利局、各渠道管理处：

现将《引黄灌区灌溉管理办法(试行)》印发给你们,请遵照执行。

二〇〇〇年四月二十日

第一章 总则

第一条 为了进一步加强和规范引黄灌区灌溉用水管理工作,提高灌区灌溉管理水平,充分发挥水资源的灌溉效益,更好地为灌区农业生产服务,特制定本办法。

第二条 引黄灌区内的大、中型自流灌区、扬水灌区的灌溉用水管理应遵守本办法。

第三条 引黄灌区各级水利主管部门、各水管单位应按照本办法规定,切实加强对灌区灌溉管理工作的领导,进一步建立健全管理机构,规范灌溉用水程序和管理制度,科学管理,科学灌溉,合理配置、节约和保护水资源。

第四条 加快灌区灌溉用水管理的新科技应用和人才培养步伐,增加灌溉管理的科技含量,改善管理手段,提高管理水平。

第二章 管理组织及职责划分

第五条 引黄灌区灌溉用水实行统一领导,分级管理。即干渠、支干渠以上供水管理由各大干渠管理处负责,干渠、支干渠以上的直开渠口(以下简称直开口)以下灌溉用水由受益市、县、乡负责,实行专管与群管相结合。

水利厅灌溉管理局负责全引黄灌区灌溉管理工作,统一调配水量,制定并组织实施灌区灌溉发展规划和用水计划,负责灌区节水、测水、量水等技术的推广和应用,协调灌区灌溉用水矛盾。

各渠道管理处负责本渠系灌溉供水服务工作,统一调配本渠系水量,编制渠系引用水计划,配合市县水利部门做好基层灌溉用水管理工作,总结灌溉供水经验,提供优质服务。

各市县水利部门负责本市县所辖区域的灌溉管理工作,按照各管理处的供水计划,组织、指导直开口以下灌溉用水管理工作。负责本市县灌溉发展规划和用水计划的制定和实施,制定灌溉用水管理制度和办法,推行科学灌水方法,节约用水,降低灌溉用水成本。

各乡(镇)、村的灌溉管理委员会(或管水领导小组)负责本乡(镇)、村直开渠以下灌溉用水管理工作,执行水管单位的供水计划,制定支斗农渠及农田灌溉用水制度,实行"一把锹"灌水。协调解决村与村、户与户之间的灌溉矛盾。

第六条 加强基层群众管水组织的建设,完善管理办法和制度,落实人员报酬,充分发挥乡水管站及群管组织和群管人员的工作积极性,搞好灌溉用水管理。

第三章 用水管理

第七条 引黄灌区农业灌溉实行计划用水、节约用水,各级供用水管理组织和用水户必须大力推行科学灌溉、节水灌溉。

第八条 引黄灌区引配水的原则是:"以亩定量,计划供水,超引超用不补"。具体办法是根据水源状况,按照水旱作物种植面积、灌溉定额、渠系利用系数分配水量。

第九条 严格供用水计划的编制和执行。水利厅灌溉管理局负责全灌区用水计划的编制;各渠道管理处负责本渠系用水计划的编制;各用水单位要向水管单位编报灌溉面积、作物种植比例及用水申请(计划)。用水计划的编制程序和要求是:

1. 用水单位向水管单位编报用水计划和用水申请;

2. 水管单位根据用水单位的计划和申请,编制渠系引供水计划,报水利厅灌溉管理局审核;

3. 水利厅灌溉管理局根据水源预报对用水计划综合平衡,编制并下达年度用水计划和引水、用水指标;

4. 水管单位根据批准的用水计划和指标,编制本渠系最终配水计划;

5. 用水计划确需调整的,必须提前二日提出申请并经原批准机关核准;

6. 用水单位根据水管单位分配下达的用水指标和供水计划,制定本单位的灌溉用水计划,合理安排生产布局,调整产业结构,按计划用水,节水灌溉,提高用水效益;

7. 为确保供用水计划编制的科学性、合理性,确保农业灌溉,各水管单位的夏秋灌和冬灌用水计划,必须于3月15日前和10月10日前上报灌溉管理局。

第十条 为维护供用水计划的严肃性,明确供用水各方的职责,严格奖惩,每年开灌前,水利厅要与各市、县水利部门、各渠道管理单位签订供用水合同,严格按合同引水、供水、用水。正常情况下,按计划供不够水由供水单位负责,按计划供够水量仍灌不上的,由用水单位负责。各渠道管理单位也要与受益单位签订供水合同,明确职责。

第十一条 严格控制引水、供水指标。严禁超计划、超指标引水,水管单位超计划引水所收水费70%上交水利厅,建立节水奖励基金,市、县超指标用水受罚,节水受奖。

第十二条 水管单位要改进工作作风,提高服务质量,以优质的服务为群众淌好水、浇好地。切实做好"三服务",即灌前服务到乡村,做好灌前准备工作,确保灌溉计划的实施;灌中服务到田间,现场掌握灌溉进度,及时发现问题,解决问题;灌后服务到农户,进行回访服务,虚心听取群众意见,总结灌溉经验。

第十三条 水管单位要加强内部供水管理,严格斗口配水制度,减少无效弃水,杜绝跑、冒、漏浪费水量现象,对因防汛斗口散水不得计量收费。

第十四条 各市县要加强直开渠口以下用水管理,严格按照水管单位的安排,有计划、有组织地开口灌溉,不得无故开启斗口。

任何单位和个人,不得私自开口放水、抢水,扰乱用水秩序,禁止大水漫灌、串灌、纵水入沟、入湖、淹滩漫路,浪费水量。违者水管单位有权限制或停止供水,对私自开口放水、抢水者视情节给予经济处罚,造成责任事故和重大经济损失的,追究其法律责任。

第十五条 用水单位要如实上报配水面积,争取计划内用水指标,统一供用水双方统计及计算口径。新开发的农田灌溉用水指标必须向水管单位提出申请,报水利厅灌溉局审批。

第十六条 各级供用水管理单位要大力推行节水灌溉,有计划、有步骤地推广渠道衬砌和管道输水、喷灌、滴灌、井灌、沟灌、控灌等适合本灌区的灌水技术和措施,提高水的利用率。

第十七条 加大灌溉用水管理体制改革,建立灌区良性运行机制,积极推广用水户参与灌区管理的新经验,加强农民用水协会建设,充分调动广大用水户参与灌区灌溉管理的积极性。

第四章 水量调度

第十八条 引黄灌区的水量调度,实行"统一领导、分级负责、水权集中、专职调配"的原则。

水利厅灌溉管理局负责引黄灌区各大干渠及大型扬水灌区的水量调配工作;各干渠的水量调配权集中在管理处,配水到所(站);直开渠口水量调配权集中到所(站),配水到段点,段点分水到用水单位。支渠内的水量调配由受益乡村管水组织负责实施。

第十九条 引黄灌区各水管单位必须建立健全水量调度组织和调度体系,落实调度人员,制定调度规则和办法。调度人员必须由熟悉业务知识和有实际工作经验的专业技术人员担任,通过岗前培训,执证上岗。

第二十条 严格水量调度程序和工作纪律,树立调度的权威性,水量调度指令和信息的上报下达必须由调度人员发布实施,下级调度必须服从上级调度,下达指令要准确,执行要及时,非调度人员不得干涉调度正常工作。

第二十一条 引黄灌区的各大干渠、扬水渠首泵站等开停水及间停必须经水利厅灌溉局审批。

第二十二条 引黄灌区各大干渠(含卫宁无坝引水各渠道,大型扬水首级泵站)的加减水或增减机组须征得灌溉局的同意,并坚持四小时报水制度。

第二十三条 严禁超警戒水位和限定流量运行,若需调整警戒水位和限定流量,须报水利厅灌溉局审批后实施。

第二十四条 水量调配制度

(一)引黄灌区水量调度,根据黄河来水情况和渠道供水能力及灌区需水情况,灵活调配,应遵循以下原则:

1. 当上级水源供水有保障时,按计划分配,按需要调节。

2. 当上级水源供水不能满足需要时,根据配水计划按比例分配,多用者扣,少用者补,自误者不补。

3. 当水源供水不足需水的80%,且持续时间在三天以上时,实行编组轮灌或按预定的应急方案执行。

(二)水量调配要按照"先下游后上游,先扬水后自流,先高口后低口,先难后易,先急后缓,控近送远"的原则进行合理调配。

(三)同一渠系内部的水量调配,要遵循"上送下接,先交后用,交够再用"的制度,保证上下游均衡受益。

第二十五条 特殊情况下的水量调配

1. 渠道发生决口时,调度人员有权迅速做出旨在减轻损失的处置措施,并及时了解详情,迅速上报上级调度部门。

2. 渠道发生重大险情时,沿渠各支斗渠有承担散水的义务,散水指令一经下达,各支斗渠必须开口执行,不得拖延。

3. 制定防汛调度预案,主汛期以防汛为主,灌溉服从防汛,防汛兼顾灌溉。

4. 高含沙量引水必须因渠制宜,按各渠输沙能力配水,采取集中配水,以水攻沙;连续用水,清水冲沙;及时关口,避开沙峰等措施灵活调度,防止渠道淤积,影响正常灌溉。

第五章 测量水及用水计量管理

第二十六条 水管单位要严格按《水文规范》测流量水和计算水量,努力提高测量水精度,保证测量水的公平、公正。

第二十七条 各大干渠进水口水量以水文局及渠首管理处整编资料为准。

第二十八条 干渠上所与所之间设测水断面,用流速仪每日测流二次,夜间观测水位,按水位流量关系曲线推求流量。段与段之间设立水尺,每四小时观测上报一次水位。干渠水位变幅较大,可由调度人员通知加测加报。

第二十九条 要积极引进先进实用的量水设备,对干渠、支干渠上的直开渠必须用流速仪测流,建立标准测水断面,规范测水程序。直开渠引水每4小时观测一次,干渠水位变幅较大及斗口启闭高度变化时,增加观测次数。

第三十条 水管单位每年都要对流速仪进行校检一次,暂时不能用流速仪测流的直开渠要测绘测流断面,校正水尺零点高程,根据渠道变化情况及时校核流量系数。对不具备测量水条件的大断面供水要扣减干渠输水损失。

干渠、支干渠直开口测水量水以水管单位为主,各用水单位和用水户有权对水管单位测量水进行监督和校测,对水量有异议,可要求水管单位复测。每次供水必须由用水单位在供水证上签字认可。

水管单位对直开渠量水必须做到日清、旬结、月公布,基层所段每10日核算对口率,确保对口率在合理值范围内。

第三十一条 加大测量水工作的考核与奖罚,对测流过程中不负责任、弄虚作假、伪造记录者给予纪律处分,对渠道对口率超出合理值的单位要进行处罚,并责令退还不合理收费。

第三十二条 各市县要加强直开口以下用水计量工作,逐步划小水量核算单位,在支渠以下增加量水点,对跨乡跨村的大支渠都要进行量测水。

第六章 水费计收和管理使用

第三十三条 加强和规范引黄灌区水费计收和管理使用工作,保证灌区水利工程管理维修等必需的各项费用,维护水利工程供水经营管理单位和用水户的合法权益。

第三十四条 水管单位要以行政区划和受益的支渠为单位,按核定认可的灌溉面积和实际供水量结算水费和征工款。

第三十五条 水管单位可在年初一次下达当年水费、征工款收缴计划,也可与用水单位签订供水与缴费合同,分期分批收缴,收费进度与供水进度一致。4月底前收清征工款,10月底收清全年水费,冬灌水费以上一年度冬灌实用水量为本年度的收费依据。

直开渠口以下水利工程维修管理费的收缴(简称维管费)可参照干渠水费执行,收取的费用不能满足当年支斗渠管理维修开支的,由劳动积累工解决,不得再增加收费标准,更不得以任何形式"搭车"收费。

第三十六条 干渠水费与维管费应分别征收,分别结算,统一使用财政专用票据,不得用其他票据代替。

第三十七条 维管费40%由县(市、区)水利主管部门掌握调剂使用;60%按照"谁管理、谁使用"的原则,由相应的乡镇水管站或管水组织管理使用。专项用于直开口以下水利工程设施的日常管理、维护和改造,不得挪作它用。

第三十八条 水管单位要每月定期向用水单位和用水户公布水量账和水费账,公开接受群众监督,秋灌结束后,对全年用水进行统一结算,并将结果通知用水户或公布于众。

各乡、村要做到水务公开、年终一次性向群众公布水费收缴和开支情况,农户有权对水费以外的任何以水费名义的收费拒交。

第三十九条 各级水行政主管部门,物价部门和财政、审计部门要加大检查审核力度,对搭车收费,增加农民负担的单位和个人进行查处。

第七章 科技引进、开发与应用

第四十条 为适应新形势下灌区灌溉管理工作的需要,各级水利部门要不断加强先进技术的引进和应用,增加灌溉管理科技含量,完善管理设施,提高管理手段。

第四十一条 加快灌区水位遥测、遥控系统的建设,实现对渠道运行状态的实时动态监测和控制,满足生产调度和安全的需要。

第八章 奖与罚

第四十二条 对认真执行本办法,在灌溉用水管理上取得显著成绩的单位和个人,由主管单位给予表彰和奖励。

第四十三条 对违反本办法,徇私舞弊,造成重大损失或影响灌溉的,给予经济处罚或纪律处分,构成犯罪的由司法机关追究其法律责任。

第九章 附则

第四十四条 各市县水利部门、各水管单位可根据本办法,结合本单位、本灌域的实际情况,制定实施细则。

第四十五条 本办法由水利厅灌溉管理局负责解释。

第四十六条 本办法自下发之日起执行。

宁夏回族自治区水工程管理条例

(2002年11月7日宁夏回族自治区第八届人民代表大会常务委员会第二十九次会议通过)

第一章 总则

第一条 为了加强水工程管理与保护,保障水工程安全运行,发挥水工程综合效益,实现水资源高效利用,推进水生态文明建设,促进经济社会高质量发展,根据《中华人民共和国水法》《中华人民共和国防洪法》等有关法律法规,结合自治区实际,制定本条例。

第二条 本条例适用于自治区行政区域内的水工程及其附属设施的建设、管理与保护。

本条例所称水工程包括河道、灌溉渠道、排水沟道、行洪道、堤防、水库、蓄滞洪区、塘坝、机井、水窖、灌排站、湖泊、供用水等水工程及其通讯、供电、防护林、交通、水文监测、管理房等附属设施。

第三条 县级以上人民政府水行政主管部门按照规定的权限负责本行政区域内水工程的统一管理与监督。

第四条 县级以上人民政府应当将水工程建设纳入本行政区域国民经济和社会发展规划。

鼓励多渠道投资建设水工程,建立政府、企业、金融机构等多元投入机制。实行国家所有、集体所有、个人所有、股份制和股份合作制等多种所有制形式。各级人民政府应加大公益性水利项目投资力度,加强与金融机构合作,鼓励社会资本参与水利工程投资建设运营。

第五条 水工程受法律保护,任何单位或者个人有保护的义务;对侵占、损坏水工程的行为有权制止、检举和控告。

第六条 在水工程管理与保护工作中做出显著成绩的单位或者个人,由县级以上人民政府或者水行政主管部门给予表彰奖励。

第二章 水工程建设

第七条 县级以上人民政府应鼓励、支持引导水工程建设和管理采用先进技术和措施,提升标准化、信息化、现代化水平。

第八条 水工程建设必须坚持"以水定城、以水定地、以水定人、以水定产"原则,符合国土空间、流域综合规划和区域水安全保障规划要求,遵守基本建设程序,符合工程建设的有关规定。

县级以上人民政府及有关部门编制各类综合和专项规划时,凡涉及水工程的,应当征求水行政主管部门意见。建设跨行政区域或者跨行业的水工程,建设单位应当事先征求有关地区和

部门的意见，并报上级人民政府或者有关主管部门批准，依法依规履行涉水建设项目许可手续。水工程建设单位应当做好水工程范围内水土保持和绿化工作。

第九条 水工程附属设施、安全防护设施及其水土保持措施，应当与主体工程同时设计、同时施工、同时投入生产和使用。

水工程建设单位应当做好水工程范围内水土保持和环境保护工作。

第十条 水工程建设项目应当按照国家有关规定，实行项目法人责任制、招标投标制、监理制和合同制，遵守安全生产法律法规，落实质量终身责任制。从事水工程勘测、设计、施工、监理、监测、质量检测等单位应具备相应资质。

第十一条 水工程项目建成后，应当按照有关规定进行验收，验收合格的，方可投入使用。工程管理单位或者个人应当持有关资料到水行政主管部门办理登记。

第三章 水工程管理与保护

第十二条 水工程管理范围与三条控制线出现范围重叠交叉时，应确保生态功能、农田数量质量不下降，合理开展水工程重建、改建环境评估，并报相关部门审批。

生态保护红线内，自然保护地核心保护区内，必须且无法避让、符合县级以上国土空间规划的水利工程，可依法开展建设与运行维护。对先有水工程，后划定三条控制线范围的，水行政主管部门应依法依规加强对工程的管理与维护，不得影响水工程原有职能的有效发挥。

第十三条 各级人民政府或者水行政主管部门应当确定辖区内水工程管理的责任主体。

取得水工程所有权或者经营权的单位和个人，是水工程管理的责任主体。

第十四条 自治区水行政主管部门所属的灌溉渠道、排水沟道、水文水资源等国有水工程管理机构负责所辖范围内水工程管理范围和保护范围的水行政监督检查工作，维护水事秩序。

第十五条 上级水行政主管部门管理的河道、排水沟道、行洪道，可以根据规划和管理要求委托下级水行政主管部门管理。

第十六条 国家和自治区投资兴建的大中型水工程管理权发生变更的，应当报自治区人民政府批准。

水工程上已建和新建的交通设施，由产权单位管理。

第十七条 中、小型水工程可以依法转让、拍卖、租赁和承包。以转让、租赁、拍卖、承包等形式合法取得水工程所有权、经营权的单位或者个人，有保障水工程安全和正常运行的义务。未经水行政主管部门批准不得改变水工程原设计和功能。

中、小型水工程的转让、拍卖、租赁和承包，必须坚持公开、公正、公平合理的原则。

第十八条 从事工程建设，占用农业灌溉水源、灌排工程设施或者对原有灌溉用水、供水水源有不利影响的，建设单位应当采取相应的补救措施；造成损失的，依法给予补偿。

第十九条 禁止在饮用水水源保护区内设置排污口。

在河道、灌溉渠道、排水沟道等水工程上新建、改建或者扩大排污口的，应当经过有管辖权的水行政主管部门同意，由生态环境行政主管部门负责对该项目的环境影响报告书进行审批。

第二十条 在河道、灌溉渠道、排水沟道管理范围内修建桥梁、码头或者其他建筑物、构筑物,铺设管道、电缆,应当符合国家规定的防洪标准和有关技术要求,工程建设方案应当报经有关水行政主管部门审查同意。

因修建前款工程设施,扩建、改建、拆除或者损坏原有水工程设施的,建设单位应当负担扩建、改建、拆除的费用和损失补偿费用。但是,原有工程设施属于违法工程的除外。

第二十一条 在公共供水管道及其附属设施的地面和地下的安全保护范围内,不得从事挖坑取土或者修建建筑物、构筑物等危害供水设施安全的活动。

第二十二条 水工程管理机构和个人必须服从县级以上人民政府防汛抗旱指挥机构的防洪、抗旱调度。

水力发电、供水、灌溉等与防洪发生冲突时,应当服从防洪调度。

第二十三条 蓄滞洪区范围在防洪规划或者防御洪水方案中划定,并报请自治区人民政府批准后予以公告。

第二十四条 退水沟道、蓄水塘洼,由县级以上人民政府水行政主管部门划定。

任何单位和个人不得占用行水、蓄水区域。

第二十五条 汛期内行洪沟道禁止通行,任何单位和个人不得因生产、集市贸易或者其他活动使行洪沟道成为通行道。

因紧急情况作为通行道时,应当经应急管理部门或者防汛指挥机构批准,并采取防汛安全措施。

第二十六条 对可能影响防洪、行洪安全的行为,应急管理部门或者防汛指挥机构在必要时,可以采取应急防洪避险措施,公安、交通等部门应当给予配合。

第二十七条 县级以上地方人民政府负责水工程管理与保护范围划定,县级以上地方水行政主管部门与相关部门开展具体划定工作。

水工程具体管理、运行部门根据相关标准依法配合开展水工程管理与保护范围划定工作,划定成果应报县级以上地方人民政府批准并向社会公告。

水工程所有者、管理者或者经营者应当在水工程管理范围和保护范围的边界依法埋设永久界桩。对有可能造成人身安全危险的水库大坝、水电站、输水渠道、主要建筑物等工程设施,水工程管理单位或者水工程经营管理者应当设立明显的警示标志。

任何单位和个人不得擅自移动和破坏水工程标志。

第二十八条 根据水工程类型、规模和安全管理的需要,水工程管理范围按照下列标准划定(正在开展管理与保护范围划定标准专项研究)。

已划定并公告管理范围的水工程,由各级人民政府水行政主管部门依据本条例新明确的划定标准开展复核,依法依规进行调整。

第二十九条 水库类型的确定,按照国务院水行政主管部门规定的标准划定。

干渠、干沟、支干渠、支干沟、支渠、支沟,由自治区水行政主管部门划定。

— 647 —

斗渠、斗沟由乡级以上人民政府划定管理范围。

第三十条 水工程管理范围内,禁止下列活动:

(一)扒口、爆破、建窑、筑坟、打井、开矿,修建房屋或者从事其他建筑活动;

(二)弃置砂石淤泥、存放物料,倾倒垃圾、废渣、尾矿,掩埋污染水体的物体;

(三)损毁水工程及其观测、通讯、供电、照明、交通、消防等附属设施;

(四)在库区、蓄滞洪区、湖泊、堤坝或者渠堤上从事影响蓄洪、行洪活动;

(五)向水域排放超过国家标准的污水,以爆炸、投毒、电击或者打坝等方式的捕捞活动;

(六)在水闸工作桥、测水桥、渡槽、无路面的坝顶、堤顶上行驶车辆。但是维护水工程的车辆除外;

(七)擅自操作水工程设备或者取用水;

(八)其他妨碍水工程运行或者危及水工程安全的行为。

第三十一条 未经县级以上人民政府水行政主管部门批准,在水工程管理范围内,不得从事下列活动:

(一)钻探、采石、采砂、取土、淘金;

(二)设置取用水设施、向水域排水、挖筑鱼池、水塘;

(三)开采地下资源或者进行考古发掘;

(四)在坝、渠、沟堤上修路;

(五)砍伐水工程防护林木;

(六)在通讯、供电等水利专用线路上搭接其他线路。

第三十二条 县级以上人民政府水行政主管部门应当按照自治区人民政府有关规定,在水工程管理范围相邻地域划定水工程保护范围,并确定保护职责。

在水工程保护范围内,禁止从事影响水工程运行和危害水工程安全的爆破、打井、采石、采砂、取土等活动。

第三十三条 水工程出现重大险情或者造成灾害时,当地人民政府应当立即组织抢修,抢险救灾。

第四章 水工程供用水管理

第三十四条 水工程供水应当首先满足城乡居民生活用水,兼顾农业、工业、生态环境及其他用水。水工程管理单位应当按照水工程设计要求和安全输水能力,保障供水。

第三十五条 各级人民政府应当推广节约用水技术,提高用水效率。对居民生活、工业、农业用水的蓄水、输水工程采取必要的防渗漏措施。

第三十六条 对需要不间断供水的,供水单位应当保证供水,因工程施工、设备维修等原因确需停止供水的,应当经供水行政主管部门批准并提前二十四小时通知用水单位和个人;因发生灾害或者紧急事故,不能提前通知的,应当在抢修的同时通知用水单位和个人,尽快恢复正常供水,并报告供水行政主管部门。

第三十七条　农业灌溉用水实行总量控制和定额管理相结合的制度。水工程管理机构根据年度用水计划、用水定额和单位用水需求等进行总量平衡,编制年度供用水计划,报有管辖权的水行政主管部门批准后实施。

用水户年度内用水过程发生变化,确需调整用水指标的,由用水户向有管辖权的水工程管理机构提出申请。

水工程管理机构应当与农业用水户签订计划供用水协议,明确双方的责任以及权利、义务。

第三十八条　对超水资源管控指标的,水行政主管部门应编制区域取用水压减方案,合理配置工业、农业、生态用水。对超许可、超计划取水的,水行政主管部门应责令取水单位或个人限期依法整改;确需增加取水规模的,对增加取水规模较小,且准予取水许可所依据的客观条件未发生变化,不影响原取水审批结论的,取水单位或个人可向取水审批机关提出变更申请,否则应重新申请取水。

因水源或气象等原因,水工程管理机构可以变更供水计划,并应当及时告知用水户,报上级主管部门备案。

因自然灾害等特殊情况确需变更供水计划的,基层水工程管理组织有权作出减轻灾害的紧急措施。

第三十九条　用水责任人不明的,或者在县级以上人民政府规定的禁稻地区种稻的,水工程管理机构不予供水。

第四十条　水工程管理机构实行计量供水,按用水量收费。水工程管理机构应当改进用水计量设备和方法,建立严格的计量管理制度。用水户对用水量提出异议的,有管辖权的水行政主管部门应当及时调查处理。

第四十一条　用水户应当按规定缴纳水费,逾期不缴纳的,可以加收滞纳金。超计划或者超定额取水的,对超计划或者超定额部分累进收取水资源费。

逾期不缴纳水费和滞纳金的,供水单位可以限制供水,直至停止供水;因限制供水或者停止供水给用水户造成损失的,由用水户承担责任。

水费征收标准及征收办法按照自治区人民政府的有关规定执行。

第四十二条　水工程管理机构收取的水费,应当用于工程运行、管理、维护,不得用于水工程管理以外开支,其他部门不得截留或者挪用。

第四十三条　单位和个人依照相关法律、法规的规定,在确保水利工程安全、生态安全、水质不降低、主要功能不改变、服从防汛抗旱指挥调度和水资源调度的前提下,可以开展供水、旅游、科普、文化教育等综合利用活动。

利用水利工程开展经营活动,不得危害水利工程安全,不得污染水源、破坏生态环境。

第四十四条　违反本条例第八条规定的,规划不符合区域流域及水利专项规划,未落实"以水四定"要求,且未经水行政主管部门签署规划同意书,擅自开工建设的,对严重影响防洪,责令限期拆除,违反规划同意书的要求,影响防洪但尚可采取补救措施的,责令限期采取补救措施,可以处一万元以上十万元以下的罚款。

未批先建的建设工程主体纳入失信惩戒系统。

第五章 法律责任

第四十五条 违反本条例第十一条规定,将未经验收或者验收不合格的水工程投入使用的,由县级以上人民政府水行政主管部门责令停止使用,并责令原建设单位采取补救措施,限期验收,对建设单位处以工程合同款百分之二以上百分之四以下罚款;造成损失的,依法承担赔偿责任。

第四十六条 违反本条例十九条规定的,在饮用水水源保护区内设置排污口的,由生态环境主管部门责令限期拆除,处十万元以上五十万元以下的罚款;逾期不拆除的,强制拆除,所需费用由违法者承担,处五十万元以上一百万元以下的罚款,并可以责令停产整治。

未经水行政主管部门审查同意,在灌溉渠道、排水沟道等水工程上新建、改建或者扩大排污口的,由生态环境主管部门依据职权,责令停止违法行为,限期恢复原状,处五万元以上十万元以下罚款。

第四十七条 违反本条例第十八条第一款规定,未经有关水行政主管部门审查同意,擅自在河道、灌溉渠道、排水沟道管理范围内修建桥梁、码头或者其他建筑物、构筑物,铺设管道、电缆,且其他法律、行政法规未作规定的,由县级以上人民政府水行政主管部门或者自治区水行政主管部门所属的水工程管理机构依据职权责令停止违法行为,限期补办有关手续;逾期不补办或者补办未批准的,责令限期拆除违法建筑物、构筑物,逾期不拆除的,强行拆除,所需费用由违法单位或者个人承担,并处一万元以上十万元以下罚款。

第四十八条 违反本条例第二十四条第二款、第二十五条第一款规定的,由县级以上人民政府水行政主管部门或者自治区水行政主管部门所属的水工程管理机构依据职权责令纠正违法行为,可以处一万元以上五万元以下罚款。

第四十九条 违反本条例第二十二条第二款、第二十三条第一款规定的,由县级以上人民政府水行政主管部门或者自治区水行政主管部门所属的水工程管理机构依据职权责令纠正违法行为,可以处一万元以上五万元以下罚款。

第五十条 违反本条例第二十七条、第二十八条、第二十九条第二款规定的,由县级以上人民政府水行政主管部门或者自治区水行政主管部门所属的水工程管理机构依据职权责令纠正违法行为,采取补救措施,没收违法所得,可以并处五万元以下罚款。

第五十一条 违反本条例规定,擅自改变供水计划或者不按计划供水,给用水户造成损失,应当赔偿损失。

第五十二条 违反本条例第三十条、第三十一条、第三十二条第二款规定的,由县级以上人民政府水行政主管部门或者自治区水行政主管部门所属的水工程管理机构依据职权责令纠正违法行为,采取补救措施,没收违法所得,可以并处五万元以下罚款。

第五十三条 当事人对行政处罚决定不服的,可以依法申请行政复议或者提起行政诉讼;

当事人逾期不申请行政复议,也不提起行政诉讼,又不履行行政处罚决定的,由作出行政处罚决定的机关申请人民法院强制执行。

第五十四条 水行政主管部门和水工程管理机构及其工作人员玩忽职守,滥用职权,徇私舞弊的,由其所在单位或者上级主管部门给予行政处分;构成犯罪的,依法追究刑事责任。

第六章 附则

第五十五条 本条例自2003年1月1日起施行。1983年2月26日宁夏回族自治区第四届人民代表大会常务委员会第十八次会议通过的《宁夏回族自治区水利管理条例》同时废止。

第五十六条 2002年11月7日宁夏回族自治区第八届人民代表大会常务委员会第二十九次会议通过的《宁夏回族自治区水工程管理条例》同时废止。

银川市人民代表大会常务委员会关于加强唐徕渠银川段生态保护的决定

(2014年8月27日银川市第十四届人民代表大会常务委员会第十四次会议通过)

为加强唐徕渠银川段生态保护,改善生态环境,建设美丽银川,根据有关法律法规,作出如下决定:

一、对唐徕渠银川段(南起永宁县李俊镇西邵村,北至贺兰县常信乡丁北村,全长75公里)及其两岸外侧100米范围内区域进行保护。

二、保护区域为公共用地,所建项目为公共设施,由市民共享。在保护范围内,除规划审批的水利、防洪、道路、桥梁、景观、园林绿化、运动休闲等设施外,禁止建设其他项目。

三、在保护区域周边进行规划建设,应当由内向外渐次增高,突出层次性、亲水性,与周围环境相协调,保证视野通透。

四、市、县(区)人民政府应当加强规划和管理,有关部门应当依法履行职责,加强监督管理,共同做好唐徕渠银川段生态环境保护工作。

宁夏回族自治区引黄古灌区世界灌溉工程遗产保护条例

(2020年7月28日宁夏回族自治区第十二届人民代表大会常务委员会第二十一次会议通过,自2020年9月1日起施行)

第一条 为了传承黄河文明,弘扬黄河文化,加强对宁夏引黄古灌区世界灌溉工程遗产的保护,根据有关法律、行政法规的规定,结合自治区实际,制定本条例。

第二条 自治区行政区域内引黄古灌区世界灌溉工程遗产的保护、传承和利用活动,适用本条例。

第三条 本条例所称引黄古灌区世界灌溉工程遗产(以下简称引黄古灌区遗产),是指传承延续历史一百年以上,由国际灌溉排水委员会列入《世界灌溉工程遗产名录》的"宁夏引黄古灌区"灌溉工程遗产,包括:

(一)在用类古灌溉工程:仍然发挥灌溉功能的秦渠、汉渠、东干渠、西干渠、唐徕渠、汉延渠、惠农渠、大清渠、泰民渠、七星渠、跃进渠、美利渠、羚羊寿渠、羚羊角渠等古渠干渠及其支渠渠道以及水闸、涵洞、渡槽、水车等古灌溉工程;

(二)遗址类古灌溉工程:已经不能发挥灌溉功能但具有历史价值的昊王渠、天水渠等古渠渠道以及水闸、涵洞、渡槽等古灌溉工程;

(三)由古灌溉工程伴生的桥梁、碑刻等历史文化遗存,以及灌溉技术、民俗活动、表演艺术和实物、文献资料等与引黄灌溉相关的非物质文化遗产。

第四条 引黄古灌区遗产中依法被认定为文物的,应当依照文物保护相关法律、法规的规定进行保护。

第五条 引黄古灌区遗产保护应当坚持依法保护、科学规划、稳定功能、统筹协调的原则,保持引黄古灌区遗产的真实性和完整性。

第六条 自治区人民政府应当建立和完善引黄古灌区遗产保护协调机制,统筹解决引黄古灌区遗产保护工作中的重大问题。

引黄古灌区遗产所在地设区的市、县(市、区)人民政府应当加强本行政区域内引黄古灌区遗产的保护,组织、协调引黄古灌区遗产保护工作。

第七条 自治区人民政府水行政主管部门及其所属的水工程管理机构和引黄古灌区遗产所在地设区的市、县(市、区)人民政府水行政主管部门按照管理权限,具体负责引黄古灌区遗产的保护工作。

发展改革、财政、文化和旅游、自然资源、生态环境、住房和城乡建设、农业农村、交通运输、林业和草原等部门应当按照职责分工,做好引黄古灌区遗产保护的相关工作。

引黄古灌区遗产所在地乡镇人民政府、村民委员会应当协助引黄古灌区遗产所在地县级以上人民政府及其有关部门做好引黄古灌区遗产保护的相关工作。

第八条 引黄古灌区遗产所在地县级以上人民政府应当将引黄古灌区遗产保护工作所需经费列入本级财政预算。

第九条 任何单位和个人有权对破坏和损毁引黄古灌区遗产的行为进行劝阻、投诉、检举和控告。接到投诉、检举和控告的部门应当及时受理,依法查处;不属于本部门职责的,应当及时移交有权处理的部门查处。

第十条 引黄古灌区遗产所在地县级以上人民政府及其有关部门应当加强引黄古灌区遗产保护的宣传教育,增强全社会对引黄古灌区遗产的保护意识,鼓励开展引黄古灌区遗产保护

志愿服务,引导公众参与引黄古灌区遗产保护,并对在引黄古灌区遗产保护工作中做出显著成绩的单位和个人给予表彰和奖励。

第十一条 自治区实行引黄古灌区遗产保护规划制度。

自治区人民政府水行政主管部门应当会同发展改革、文化和旅游、自然资源、生态环境、住房和城乡建设等部门编制引黄古灌区遗产保护规划,报请自治区人民政府批准后公布实施。

引黄古灌区遗产保护规划经批准后,不得擅自变更;确需变更的,应当按照原批准程序报请批准。

第十二条 自治区实行引黄古灌区遗产保护名录制度。

引黄古灌区遗产保护名录由自治区人民政府水行政主管部门依法编制,报请自治区人民政府批准后实施,并向社会公开。

引黄古灌区遗产保护名录经批准后,不得擅自变更;确需变更的,应当按照原批准程序报请批准。

编制引黄古灌区遗产保护名录,应当征求自治区人民政府有关部门和引黄古灌区遗产所在地设区的市、县(市、区)人民政府的意见,并采取论证会、听证会等方式征求专家和公众意见。

第十三条 自治区人民政府水行政主管部门及其所属的水工程管理机构和引黄古灌区遗产所在地设区的市、县(市、区)人民政府水行政主管部门应当建立引黄古灌区遗产监测网络和信息平台,对引黄古灌区遗产保护规划实施情况和引黄古灌区遗产安全状况等进行监测,定期编制监测评估报告。

第十四条 自治区人民政府水行政主管部门及其所属的水工程管理机构和引黄古灌区遗产所在地设区的市、县(市、区)人民政府水行政主管部门应当通过现场检查、自动监测和书面核查等方式,加强对引黄古灌区遗产保护措施落实情况的监督检查,定期排查安全隐患,防止破坏、损毁或者可能破坏、损毁引黄古灌区遗产事件的发生。

第十五条 发生破坏、损毁或者可能破坏、损毁引黄古灌区遗产事件的,应当及时启动应急预案,采取应急处置措施,并向本级人民政府报告。

第十六条 引黄古灌区遗产所在地县级以上人民政府水行政主管部门应当按照下列标准划定古灌溉工程及其伴生的历史文化遗存的管理范围:

(一)古渠干渠渠堤外坡脚向外三十米;

(二)古渠支渠渠堤外坡脚向外十五米;

(三)水闸、涵洞、渡槽、水车外沿向外二百米;

(四)由古灌溉工程伴生的桥梁、碑刻等历史文化遗存外沿向外十五米。

第十七条 引黄古灌区遗产所在地县级以上人民政府水行政主管部门按照自治区人民政府的规定,可以在古灌溉工程及其伴生的历史文化遗存的管理范围相连地域划定保护范围。

第十八条 引黄古灌区遗产所在地县级人民政府水行政主管部门应当按照划定的古灌溉

工程及其伴生的历史文化遗存的管理范围和保护范围标明界区，设立统一、规范的界碑（界桩），并在醒目位置设置引黄古灌区遗产标识或者世界灌溉工程遗产徽志。

任何单位和个人不得破坏或者擅自侵占、改变古灌溉工程及其伴生的历史文化遗存的界碑（界桩）以及引黄古灌区遗产标识、世界灌溉工程遗产徽志。

第十九条 禁止在古灌溉工程及其伴生的历史文化遗存的管理范围和保护范围内进行下列行为：

（一）在古灌溉工程及其伴生的历史文化遗存上刻划、涂污；

（二）盗窃或者破坏、损毁古灌溉工程及其伴生的历史文化遗存的附属设施、设备；

（三）倾倒垃圾、废渣、废料、尾矿或者丢弃动物尸体等固体废弃物；

（四）贮存易燃易爆、有毒有害以及放射性、腐蚀性物品；

（五）筑坟、砌筑围墙、搭建围栏（网）或者建造其他危及古灌溉工程及其伴生的历史文化遗存安全的建筑物、构筑物和设施；

（六）爆破、打井、钻探、挖筑鱼塘；

（七）采石、采砂、取土、弃置砂石或者淤泥；

（八）开采地下资源或者进行考古发掘；

（九）其他破坏、损毁古灌溉工程及其伴生的历史文化遗存的行为。

确需在古灌溉工程及其伴生的历史文化遗存的管理范围内进行前款第六项、第七项、第八项行为的，应当按照程序报请批准后实施。

第二十条 在古灌溉工程及其伴生的历史文化遗存的管理范围和保护范围内从事交通、通信、电力、供水、供热、供气等基本建设活动的，建设单位应当遵守引黄古灌区遗产保护规划要求，制定保护方案，采取保护措施，依法履行报批程序。

第二十一条 禁止擅自占用、填堵古渠渠道或者改道。

确需占用、填堵或者改道的，应当报请自治区人民政府批准后实施。

第二十二条 对在用类古灌溉工程进行维护修缮、更新改造的，应当按照引黄古灌区遗产保护规划的要求，保障在用类古灌溉工程的灌溉功能持续稳定发挥，保持其原有建筑特点和历史风貌，并按照程序报请批准后实施。

对遗址类古灌溉工程应当遵循修旧如旧的原则，采取维护修缮、加固或者整治等多种方式进行保护，发挥其历史价值和文化传播作用，并按照程序报请批准后实施。

第二十三条 引黄古灌区遗产所在地县级以上人民政府应当组织开展引黄古灌区遗产历史、文化、科学技术等方面的调查、研究，挖掘和发挥引黄古灌区遗产的功能作用、历史价值、文化内涵以及品牌效应。

第二十四条 鼓励依法开展下列有利于引黄古灌区遗产保护、传承黄河文明、弘扬黄河文化的活动：

（一）举办放水、交接水等传统灌溉文化活动；

(二)开发、推广引黄古灌区遗产特色旅游产品和项目;

(三)建设与引黄古灌区遗产保护相关的博物馆、展览馆、公园、参观游览区等;

(四)其他有利于引黄古灌区遗产保护、传承黄河文明、弘扬黄河文化的活动。

开展前款活动的,应当符合引黄古灌区遗产保护规划的要求,并与引黄古灌区遗产的历史、文化属性和景观环境相协调。

第二十五条 引黄古灌区遗产所在地县级以上人民政府水行政、文化和旅游主管部门应当组织开展与引黄灌溉相关的非物质文化遗产的普查、发掘和整理,采取下列措施对与引黄灌溉相关的非物质文化遗产进行保护和抢救:

(一)采用文字、图片、录音、录像、数字化多媒体等方式进行记录,建立档案和数据库;

(二)征集相关实物、文献资料,并予以妥善保管;

(三)其他保护和抢救与引黄灌溉相关的非物质文化遗产的措施。

图书馆、文化馆、博物馆、科技馆等公共文化机构应当配合做好与引黄灌溉相关的非物质文化遗产的展示和传播工作;有条件的公共文化机构可以设立专题展示中心。

第二十六条 违反本条例第十八条第二款或者第十九条第一项规定的,由引黄古灌区遗产所在地县级以上人民政府水行政主管部门或者有执法权的水工程管理机构依据职权责令停止违法行为、限期改正;逾期不改正的,处以五百元以上五千元以下的罚款;造成损失的,依法承担赔偿责任。

第二十七条 违反本条例第十九条第二项至第九项以及第二十一条第一款规定之一的,法律、法规已有处罚规定的,从其规定;法律、法规未作规定的,由引黄古灌区遗产所在地县级以上人民政府水行政主管部门或者有执法权的水工程管理机构依据职权责令停止违法行为、限期恢复原状或者采取其他补救措施,并处一万元以上十万元以下的罚款;造成损失的,依法承担赔偿责任。

第二十八条 水行政主管部门、水工程管理机构及其工作人员在引黄古灌区遗产保护工作中滥用职权、玩忽职守、徇私舞弊的,对直接负责的主管人员和其他直接责任人员依法给予处分;构成犯罪的,依法追究刑事责任。

第二十九条 本条例自 2020 年 9 月 1 日起施行。

自治区水利厅关于印发
《宁夏回族自治区大中型灌区工程标准化规范化管理实施办法(试行)》的通知

厅属相关单位,各市、县(区)水务局,宁西公司:

经水利厅会议研究,现将《宁夏回族自治区大中型灌区工程标准化规范化管理实施办法(试行)》和《宁夏回族自治区大中型泵站工程标准化规范化管理实施办法(试行)》印发给你们,

请结合各工作在执行中深化细化,并及时反馈意见建议。

宁夏回族自治区水利厅
2020 年 10 月 9 日

宁夏回族自治区大中型灌区工程标准化规范化管理实施办法

（试行）

第一章 总则

第一条 ［制定目的］为加强大中型灌区工程标准化规范化管理工作,根据水利部《大中型灌区标准化规范化管理指导意见（试行）》（办农水〔2019〕125 号）和《水利工程管理考核办法》（水运管〔2019〕53 号）等要求,结合宁夏回族自治区灌区工程建设与运行管理实际,制定本办法。

第二条 ［适用范围］本办法适用于全区大中型灌区工程开展标准化规范化管理工作。大型灌区工程为设计灌溉面积大于 30 万亩（20000hm²）的灌溉工程；中型灌区工程为设计灌溉面积大于 1 万亩（≈667hm²）、小于 30 万亩（20000hm²）的灌溉工程。

设计灌溉面积小于 5 万亩（≈3333hm²）的中型灌区工程标准化规范化管理内容等可根据实际情况适当简化。

第三条 ［指导思想］以习近平新时代中国特色社会主义思想为指导,全面贯彻落实"节水优先、空间均衡、系统治理、两手发力"的新时期治水方针,按照"水利工程补短板、水利行业强监管"的水利改革发展总基调,着力构建科学高效的灌区工程标准化规范化管理体系,加快推进灌区工程管理现代化进程,不断提升灌区工程管理能力和服务水平,努力建成"节水高效、设施完善、管理科学、生态良好"的现代化灌区工程,以保障灌区工程安全运行和持续发挥效益,更好地服务乡村振兴和经济社会发展。

第四条 ［基本原则］大中型灌区工程标准化规范化管理应坚持以下原则有序推进：

（1）政府主导、部门协作。大中型灌区工程标准化规范化管理创建应由各级地方政府主导,水行政主管部门与财政、发改等部门协作推进。

（2）落实责任、强化监管。灌区工程管理单位是标准化规范化管理创建的责任主体,上级水行政主管部门应强化监管,加强督促指导,确保取得管理实效。

（3）全面规划、稳步推进。各级地方政府及水行政主管部门应对所管辖的大中型灌区工程标准化规范化管理创建工作进行全面规划,开展试点示范,总结经验,稳步推进本地灌区工程标准化规范化管理工作。

（4）统一标准、分级实施。自治区水利厅制定全区统一的大中型灌区工程标准化规范化管理相关标准和考核标准等,各级水行政主管部门分级组织实施。

第五条 [实施原则]大中型灌区工程管理单位应坚持以下原则实施标准化规范化管理：

(1)健全管理机制。建立健全与灌区工程发展相适应的管理机制,实行分级分类管理。加强灌区工程组织、安全、工程、供用水、经济等方面的全流程管理,健全过程管控、绩效考核、应急处置、问责追责等机制。

(2)落实管理责任。灌区工程管理单位应明确各单位(部门)及各岗位的管理责任,建立完善的管理责任清单,补齐管理短板,形成横向到边、纵向到底的管理网格。

(3)依规依章管理。科学制定制度和标准,增强全体职工依规依章办事意识,规范管理行为,确保管理公平、公正、公开,做到及时、有力、有效。

(4)注重管理实效。坚持问题导向,聚焦薄弱环节,细化各项管理措施,抓早、抓小、抓苗头,把影响灌区工程组织、安全、工程、供用水、经济管理的各种风险隐患消灭在萌芽状态,确保取得管理实效。

(5)加强督促检查。加强制度和标准执行情况的日常检查、定期和不定期督促检查。规范检查行为,做好检查记录,发现问题及时制止并提出整改意见和措施,对严重问题启动问责追责机制。

第六条 [管理内容]大中型灌区工程管理单位应从组织管理、安全管理、工程管理、供用水管理、经济管理等五个方面扎实开展灌区工程标准化规范化建设与管理工作。灌区工程管理单位是指具有独立法人地位、管理灌区工程或以管理灌区工程为主的水利工程管理单位。

灌区工程管理单位管理的水库、堤防、低坝枢纽等其他工程标准化规范化管理内容按照相关规定及标准执行,应与灌区工程标准化规范化管理同步创建、同步考核。

第二章 管理与监管责任

第七条 [主体责任]灌区工程管理单位是灌区工程标准化规范化管理的责任主体,要强化主体意识,严格落实主体责任,大力推进标准化规范化管理体系建设,制定标准化规范化管理创建实施方案并组织实施,完善管理制度和标准,制定管理手册和管理责任清单,明确单位(部门)及岗位的管理责任,加强督促检查,实现灌区工程组织、安全、工程、供用水、经济等方面的全过程管控。灌区工程标准化规范化管理达标后要长期坚持和持续改进,不断提升管理能力和服务水平。

第八条 [监管责任]各级水行政主管部门要依法依规对本级所管辖灌区工程的标准化规范化管理工作进行组织、指导和监管。有序组织和指导大中型灌区工程开展标准化规范化管理创建工作;及时组织对灌区工程标准化规范化管理工作进行相应考核。完善监管制度,制定监管手册及监管责任清单,明确监管主体、内容、范围、措施、依据和程序,规范监管行为,按照过程考核与结果考核相结合的原则,加强灌区工程标准化规范化管理的全过程监管。

第三章 具体管理内容

第一节 组织管理

第九条 [管理体制和运行机制改革]灌区工程管理单位要根据灌区工程职能和批复的管

理体制改革方案或机构编制调整意见,健全组织机构,明确划分职能职责,落实管理人员编制,按有关规定完成岗位设置工作,进行竞争上岗。结合灌区工程实际,合理确定管理职责范围,确保职责界限清晰,不遗漏、不重叠,确立统一管理、分级负责、分级实施等灌区工程管理模式,推行事企分开、管养分离和物业化管理等多种形式,建立职能清晰、权责明确的灌区工程管理体制和运行机制。

第十条 [制度建设及执行]灌区工程管理单位要根据灌区工程管理需要,建立健全组织、安全、工程、供用水、经济等方面的管理制度体系,理清事项–岗位–人员对应关系,明确岗位责任主体和管理人员工作职责,做到事项不遗漏不交叉,事项有岗位,岗位有人员,岗位有制度,操作有规程。做好具体督促检查、考核等管理工作,确保责任落实到位、制度执行有力。

第十一条 [人才队伍建设]灌区工程管理单位要进一步优化管理人员结构,不断创新人才激励机制;制定专业技术和职业技能培训计划并积极组织实施,实行培训上岗,特种岗位持证上岗。职工年培训时间达到 90 学时以上,确保灌区工程管理人员素质满足岗位管理需求。

第十二条 [基层用水组织建设与监管]灌区工程管理单位要落实对基层用水组织的监管责任,加强指导,定期举办培训和召开例会及年度总结会等,经常性听取基层用水组织的意见和建议,充分发挥基层用水组织的作用。

第十三条 [精神文明及宣传教育]灌区工程管理单位要重视党的组织建设,党的各项工作依规正常开展。加强党风廉政建设教育,干部职工廉洁奉公。精神文明建设扎实推进,职工文明素质好,敬业爱岗。水文化建设有序推进,具有地方特色。工青妇组织健全,各项工作有计划开展。离退休干部职工工作有人管理和服务。加强国家及地方相关法律法规、工程保护和安全知识等宣传教育。

第二节　安全管理

第十四条 [安全管理体系建设]灌区工程管理单位应依法建立健全安全生产管理体系,安全生产组织机构健全、职责明确、责任落实,建立健全工程安全巡查、隐患排查及登记建档、安全风险管控等制度,建立事故应急报告和应急响应机制,完善安全生产应急预案。按要求开展工程安全巡查,定期进行隐患排查、危险源(含险工险段)辨识和风险评估并实施有效管控,有关记录及资料齐全;在工程安全隐患消除前,应落实相应的安全保障措施。杜绝造成人员死亡、重伤 3 人以上或直接经济损失超过 100 万元以上的生产安全事故,防范和遏制一般性的生产安全责任事故。

第十五条 [防汛抗旱和应急管理]灌区工程管理单位应建立健全防汛抗旱和应急管理责任制,明确机构及岗位职责,落实防汛抗旱抢险和应急救援队伍。根据工程实际和有关法律法规及标准,制定防汛抗旱、重要险工险段抢险、事故处理等应急预案;防汛抗旱和应急救援器材、物料储备和人员配备应满足应急抢险等需求;定期按要求开展应急救援、防汛抢险、抗旱救灾等培训和演练。

第十六条 [安全设施管理和工程评估]灌区工程管理单位要定期对安全和检测设施进行

检查、检修和校验或率定,确保工程安全设施及装置齐备、完好。劳动保护用品配备应满足安全生产要求。特种设备、计量装置要按国家有关规定管理和检定。要依据有关水利工程安全鉴定等规程规范要求,定期对工程状况进行评估,对影响工程安全运行的重要建筑物和设备进行安全鉴定。

第十七条 [安全标志管理与工程安全]灌区工程管理单位要在重要工程设施、重要保护地段、危险区域(含险工险段、调蓄水池)等部位设置醒目的禁止事项告示牌、安全警示标志和水法、规章、制度等宣传标语、标牌,并依法依规对工程及安全标志等进行管理和巡查,对在工程管理和保护范围内的其他活动依法进行管理,确保工程安全和设施完好、功能正常。

第十八条 [安全生产管理]灌区工程管理单位要积极开展水利工程安全生产标准化达标工作,制定并实现安全生产总体目标及年度目标,安全生产投入满足灌区工程安全生产需要,安全生产的法律法规与安全管理制度齐全,定期开展安全生产培训,保证工程运行操作、巡视检查、观测和维修检修等作业安全、职业健康,安全生产事故调查和处理、绩效评价符合有关规定,持续改进安全生产工作。

<h3 style="text-align:center">第三节 工程管理</h3>

(一)泵站工程

第十九条 [运行及技术管理]灌区工程管理单位要建立健全泵站工程日常管理、运行操作、巡查检查、观测及维修养护制度和规程,加强泵站运行及技术管理。运行人员组织图、管理制度、操作规程,泵站平立剖面图、电气主接线图、油气水系统图、主要技术指标表和主要设备规格、检修情况表等齐全,并在适宜位置明示主要制度、规程和技术图表。严格执行调度指令,调度运用规范,按要求进行设备运行和操作。按规定开展工程经常性巡查和检查;每年汛期或灌溉供水期前、后,对泵站各部位进行全面检查和观测;当泵站遭受特大洪水、地震等自然灾害或发生重大工程事故时,及时进行特别(专项)检查。检查和观测内容全面,记录详细、规范;及时分析、总结、上报、归档有关运行、检查观测、维修检修、工程改造等技术资料,技术资料和工程大事记等齐全、规范。

第二十条 [设备管理及维护]灌区工程管理单位要加强泵站工程设备管理及维护工作。所有设备均应建档挂卡,记录责任人、设备评定等级、评定日期等情况;设备标志、标牌齐全,检查保养全面,技术状态良好,无漏油、漏水、漏气等现象,表面清洁且无锈蚀、破损等。按《泵站技术管理规程》(GB/T 30948)的要求对各类设备进行定期检查和维护。

第二十一条 [建筑物管理]灌区工程管理单位要加强泵站工程建筑物管理。建筑物应完整无损,及时消除安全隐患;主要建筑物无明显的不均匀沉陷;主泵房建筑物无严重裂缝、严重变形、剥落、露筋、渗漏等现象;进出水流道、压力箱涵、压力管道等建筑物无断裂、严重变形、剥落、露筋、渗漏等现象;进出水池等无严重冲刷、淤积,护坡、挡土墙无坍塌(倒塌)、破损、严重变形,砌体完好;必要的建筑物观测设施齐全、规范。

第二十二条 [工程维修检修管理]灌区工程管理单位要加强泵站工程维修检修管理,及

时、全面编报工程维修检修计划;按批复预算落实维修检修经费;按时、保质、保量完成维修检修项目,严格控制项目经费,项目调整严格执行报批程序,及时上报维修项目进度;维修检修项目完工后及时办理验收手续,维修检修及验收资料及时归档。

第二十三条 [泵房及周边环境管理]灌区工程管理单位要加强泵房及周边环境管理。泵房内整洁卫生,地面无积水、房顶及墙壁无漏雨,门窗完整、明亮,金属构件无锈蚀;工具、物件等摆放整齐;消防设施齐全;照明灯具齐全、完好;泵房周边场地清洁、整齐,无杂草、杂物;进出水池水面无漂浮物。

第二十四条 [技术经济指标考核]灌区工程管理单位要加强泵站技术经济指标考核。泵站建筑物完好率、设备完好率、泵站效率、能源单耗、安全运行率等技术经济指标符合自治区有关规程规范的规定。

(二)水闸工程

第二十五条 [运行及技术管理]灌区工程管理单位要建立健全水闸工程日常管理、运行操作、巡查检查、观测及维修养护制度和规程,加强水闸工程运行及技术管理。运行人员组织图、管理制度、操作规程,水闸平立剖面图、主要技术指标表和主要设备规格、检修情况表等齐全,并在适宜位置明示主要制度、规程和技术图表。严格执行调度指令,调度运用规范,按要求进行设备运行和操作。按规定开展工程经常性巡查和检查;每年汛期或灌溉供水期前、后,对工程各部位进行全面检查和观测;当工程遭受特大洪水、地震等自然灾害或发生重大工程事故时,及时进行特别(专项)检查。检查和观测内容全面,记录详细、规范。

及时分析、总结、上报、归档有关运行、检查观测、维修检修、工程改造等技术资料,技术资料和工程大事记等齐全、规范。

第二十六条 [设备管理及维护]灌区工程管理单位要加强水闸工程设备管理及维护工作。所有设备均应建档挂卡,记录责任人、设备评定等级、评定日期等情况;设备标志、标牌齐全,检查保养全面,技术状态良好,表面清洁且无锈蚀、破损等,闸门止水良好,启闭机无漏油现象。按《水闸技术管理规程》(SL 75)的要求对各类设备进行定期检查和维护。

第二十七条 [建筑物管理]灌区工程管理单位要加强水闸工程建筑物管理。建筑物应完整无损,及时消除安全隐患;主要建筑物无明显的不均匀沉陷,无严重裂缝、严重变形、剥落、露筋等现象;上下游护坡、挡土墙无坍塌(倒塌)、破损、严重变形,砌体完好;必要的建筑物观测设施齐全、规范。

第二十八条 [工程维修检修管理]灌区工程管理单位要加强水闸工程维修检修管理,及时、全面编报工程维修检修计划;按批复预算落实维修检修经费;按时、保质、保量完成维修检修项目,严格控制项目经费,项目调整严格执行报批程序,及时上报维修项目进度;维修检修项目完工后及时办理验收手续,维修检修及验收资料及时归档。

第二十九条 [水闸及周边环境管理]灌区工程管理单位要加强水闸及周边环境管理。启闭机房内整洁卫生,房顶及墙壁无漏雨,门窗完整、明亮,金属构件无锈蚀;工具、物件等摆放整齐；防火设施齐全；照明灯具齐全、完好；水闸周边场地清洁、整齐，无杂草、杂物；上下游水面无漂浮物。

（三）灌区工程

第三十条 ［工程管理范围］灌区工程管理单位要积极推进灌区工程确权划界工作，明确工程管理和保护范围，办理土地使用手续。设置界碑、界桩、保护标志，各类工程管理标志、标牌齐全、醒目。管理运行配套道路通畅安全。工程管理范围内水土保持良好、绿化程度高，水生态环境良好；工程管理单位及基层管理段所庭院整洁、环境优美，管理用房及配套设施完善，管理有序，在适宜位置明示工程主要制度、规程和技术图表。

第三十一条 ［工程日常管理］灌区工程管理单位要建立健全灌区工程日常管理、巡查检查、观测及维修养护制度，落实工程设施及设备的管理与维修养护责任主体，筹措落实管护经费。

严格按有关要求开展日常巡查、定期检查、特别检查和工程观测，检查和观测内容全面，记录详细规范，发现缺陷或异常及时报告和处理，确保工程设施与设备功能正常、外观整洁。

第三十二条 ［渠道及渠系建筑物运行管理］灌区工程管理单位要建立健全渠道及渠系建筑物（包括渡槽、涵洞、隧洞、倒虹吸、跌水、跨渠农桥、调蓄水池、小型水闸、小型泵站、斗口等）运行管理制度和操作规程等。渠道及渠系建筑物和各类机电设备、金属结构有专人管理，技术状态良好，按有关要求操作和运行巡视，记录齐全、规范；按规定及时上报有关运行情况及报表。

第三十三条 ［工程维修养护］灌区工程管理单位要建立健全渠道及渠系建筑物等工程维修养护制度，及时、全面编报工程维修计划，按批复预算落实维修经费；按时、保质、保量完成维修项目，确保工程设施与设备技术状态良好、功能正常，达到设计标准；严格控制项目经费，项目调整严格执行报批程序，及时上报维修项目完成进度；维修项目完工后及时办理验收手续，维修及验收资料及时归档。

第三十四条 ［信息化管理］灌区工程管理单位要积极推进灌区工程管理现代化建设，依据工程管理需求，制定管理现代化发展相关规划和实施计划，积极引进、推广使用管理新技术，开展信息化基础设施、业务应用系统和信息化保障环境建设，改善管理手段，增加管理科技含量，做到工程管理信息系统运行可靠、设备管理完好，利用率高，不断提升工程管理信息化水平。

第三十五条 ［田间配套工程管理］灌区工程管理单位要落实对基层用水组织的监管责任，实现田间配套工程维护责任落实、巡护有专人；指导田间配套工程年（季）整修到位、管理规范，工程形象好。

第三十六条 ［建设项目管理］灌区工程管理单位要按照流域规划、地区国民经济与社会发展规划建设（改造）工程；灌区工程范围内建设项目主要技术指标要与实际运行情况相符；依法对管理范围内批准的建设项目进行监督管理；建设项目审查、审批及竣工验收资料齐全。

第三十七条 [技术档案管理] 灌区工程管理单位要建立健全灌区工程档案管理规章制度,按照水利部《水利工程建设项目档案管理规定》和宁夏回族自治区有关工程档案管理与验收办法,建立完整、规范的技术档案。灌区工程建设与运行管理资料及工程分布图、骨干渠道纵横断面图、主要建筑物平立剖面图、闸站电气主接线图、主要设备控制图、主要技术指标表、主要设备规格及检修情况表等齐全,逐步实现技术档案管理数字化。

第四节 供用水管理

第三十八条 [用水管理] 灌区工程管理单位要建立灌区用水管理制度,编制灌区水量调度方案(计划),水量指标符合自治区水行政主管部门依据水利部和黄委会下达的取水指标要求,统筹兼顾灌区范围内生活、生产和生态用水需求,科学合理调配供水,做到水量调度及时、准确。

第三十九条 [取水许可] 灌区工程管理单位应严格执行国务院《取水许可制度实施办法》的有关规定,取水许可手续规范完善,按照取水许可申请办理取水指标。推行总量控制与定额管理,编制年度(取)供水计划,农业用水总量指标细化分解到用水主体。灌区水量调配涉及防汛、抗旱等内容应按规定报备或报批。

第四十条 [规范供用水管理] 灌区工程管理单位要成立灌溉管理组织机构,明确管理职责,规范供水、用水、收费等行为,灌溉服务良好,灌溉用水效率测算分析及时、准确。灌区水量调配调度指令畅通,水量调配及时、准确,记录完整。建立供用水监督制度体系,实行灌溉水量、水价、水费公开公示,收费开票到户。年度供水前后及时统计和核算灌溉面积、作物种植结构、灌溉用水量等,并做好相应分析;灌溉年度总结全面、客观、详实。

第四十一条 [水量计量管理] 灌区工程管理单位要根据需要设置用水计量设施设备,配备量测水技术人员,渠首、重要断面和各级取水口要全部实现取(供)水计量,推广使用自动监测设备和在线监测。要制定用水计量系统管护制度与标准,定期检测或率定水量计量设施设备,确保工作可靠、精度满足要求。

第四十二条 [水质管理] 灌区工程管理单位要根据需要按要求开展水质监测工作,检测基本项目符合有关规定,制定防治水污染事故的应急预案和应急措施,定期开展水污染防治知识宣传活动。

第四十三条 [灌溉试验和技术推广] 灌区工程管理单位要结合灌区生产实际,积极开展灌溉试验和用水管理、工程管理等相关科学研究,推进科研成果转化。积极推广应用新技术、新设备、新材料、新工艺,逐步实现工程运行自动化和供用水管理信息化。

第四十四条 [节约用水] 灌区工程管理单位应建立健全灌区工程节水管理制度,积极推广应用节水技术和工艺,每年制定灌区工程节水技术推广计划和节水宣传活动,积极配合推进农业水价综合改革,建立健全节水激励机制,提高灌区供用水效率和效益,推进节水型灌区创建工作,灌溉供水商品率达到上级水行政主管部门当年下达的目标值。

第四十五条 [提高管理能力和服务水平] 灌区工程管理单位要每年开展用水户服务满意

度调查,针对用水主体对管理单位供(用)水管理工作,包括用水计划、用水次序、用水时间、用水量、用水效益、配水、用水的公平程度等提出的意见应及时整改,不断提高管理能力和服务水平。

第五节 经济管理

第四十六条 [财务与资产管理]灌区工程管理单位要建立健全财务管理和资产管理等制度,并严格执行。人员基本支出和工程运行维修养护费等经费使用及管理符合相关规定,杜绝违规违纪行为。全额落实核定的公益性人员基本支出和工程维修养护财政补贴经费。

第四十七条 [职工待遇管理]灌区工程管理单位要按现行政策及时足额兑现管理人员工资、福利待遇,按规定落实职工养老、失业、医疗等各种社会保险。

第四十八条 [供水成本核定]灌区工程管理单位要及时科学核定年度供水成本,配合主管部门和财政、发改等部门做好水价调整工作。完善灌溉水费计取管理办法,按有关规定收取水费和国有资源有偿使用收益。

第四十九条 [灌区基层用水组织费用监督]灌区工程管理单位要监督基层用水组织按规定标准收取水费、计提管理及田间工程维修养护等经费;指导田间工程维修养护等经费支出,协调相关补助经费。

第五十条 [国有资源利用]灌区工程管理单位要在确保防洪、供水和生态安全的前提下,合理利用管理范围内的国有资源,充分发挥综合效益,保障国有资产保值增值。

第四章 健全管理机制

第五十一条 [制度和标准形成机制]灌区工程管理单位要依据国家及地方现行法律法规、政策和标准,在充分调研和广泛征求意见的基础上,结合实际制定管理制度和标准,并经过相应的组织程序讨论或表决通过后印发执行,形成科学合理的制度和标准。

第五十二条 [日常督促检查机制]灌区工程管理单位要建立制度和标准执行过程的日常督促检查机制,督促管理人员在各项管理工作中规范执行制度和标准,发现问题及时整改,发现制度和标准缺陷及时完善。

第五十三条 [全过程追溯机制]灌区工程管理单位要根据管理制度和标准的规定,加强工程检查观测和设备检查、操作、运行巡视、维护检修、事故处理等环节的全过程、全方位管理,建立信息共享和可追溯机制,实现工程运行和供用水全程管理。

第五十四条 [管理绩效考核机制]灌区工程管理单位要进一步深化分配制度改革,不断强化内部管理,完善绩效考核分配体系,建立健全激励和约束并重的绩效考核分配机制,充分发挥绩效分配的杠杆作用,激发全体管理人员干事创业的内生动力。

第五十五条 [应急处置机制]灌区工程管理单位要建立健全防汛抗旱、工程运行及供用水、安全生产、水事件处理等领域的应急处置工作机制。完善应急预案,落实应急预案定期修订和备案管理制度,加强应急知识培训和预案演练。落实应急物资储备,加强应急队伍建设,提高突发事件处置能力。

第五十六条 [信息公开机制]灌区工程管理单位要建立完善科学的信息发布机制,明确信息发布时机、方式、内容,积极引导社会舆论,防止敏感和负面信息叠加,影响稳定。

第五十七条 [问责追责机制]灌区工程管理单位要制定问责追责办法,强化巡查督查,聚焦灌区工程管理制度和标准执行不力等突出问题,对责任落实不到位、失职渎职、失责失察等问题,采取约谈问责、挂牌督办、通报批评等方式督促落实。

第五十八条 [持续改进机制]灌区工程管理单位要根据自检结果以及上级水行政主管部门给出的考核结论等,客观分析灌区工程标准化规范化管理体系的运行质量,及时调整和完善相关管理制度、标准和过程管控措施,持续改进,不断提高管理效能。

第五章 管理考核

第五十九条 [考核标准]灌区工程管理单位和各级水行政主管部门要依照《宁夏回族自治区大中型灌区工程标准化规范化管理考核标准》(以下简称《考核标准》)对灌区工程标准化规范化管理状况进行自检或考核赋分。灌区工程标准化规范化管理考核实行千分制,经灌区工程上级水行政主管部门考核结果为800分以上的,为标准化规范化管理合格灌区工程;经自治区水行政主管部门考核结果为850分以上、且各类考核得分均不低于该类总分80%的,为自治区级标准化规范化管理达标灌区工程(以下简称"自治区级达标工程"),其中考核结果达到《水利工程管理考核办法》(水运管〔2019〕53号)有关申报水利部考核验收标准及应具备条件的,可自愿申报水利部考核验收。

第六十条 [考核分类]灌区工程标准化规范化管理考核分为灌区工程管理单位自检和水行政主管部门考核两个阶段。考核分为创建验收考核、自治区级达标考核、自治区级达标复核等三类。自治区直管灌区工程创建验收考核可与自治区级达标考核合并进行。

第六十一条 [考核工作程序]灌区工程标准化规范化管理考核工作程序、内容及要求等按《考核标准》的规定执行。按照《考核标准》的有关要求,灌区工程管理单位完成自检,并将自检结果报水行政主管部门;水行政主管部门应及时组织相应的考核,将考核结果报上一级水行政主管部门备案,并将考核结果及整改意见建议反馈给灌区工程管理单位,同时督促灌区工程管理单位采取相应措施,加强整改,努力提高管理水平。考核结果达到自治区级达标考核标准的大中型灌区工程,应积极向自治区水行政主管部门申报自治区级达标考核。

第六十二条 [申报条件]申报自治区级达标考核的,应具备以下条件:

(1)灌区工程管理单位的管理体制符合水利工程管理体制改革的要求,按照要求配备水利工程相关专业技术人员;

(2)工程按要求通过竣工验收或单位工程投入使用验收并办理交接手续(包括新建工程、除险加固工程、更新改造工程和续建配套工程等);

(3)灌区工程管理单位管理的大中型水闸、泵站工程按《水闸安全鉴定管理办法》或《泵站安全鉴定规程》进行安全鉴定,鉴定结果达到二类及以上标准或完成了除险加固、更新改造,灌区工程基本达到设计标准;

(4)灌区工程管理单位管理的工程管理范围和保护范围已划定；

(5)近三年内未发生造成人员死亡、重伤3人以上或直接经济损失超过100万元以上的生产安全事故。

第六十三条 ［自治区级达标考核申报］地市级水行政主管部门负责本辖区大中型灌区工程标准化规范化管理的自治区级达标申报工作。对自检或县（市、区）考核结果符合自治区级验收考核标准的组织初验；对初验符合自治区级达标考核标准的，向自治区水行政主管部门申报自治区级达标考核。

自治区直管灌区工程自检结果符合自治区级考核标准的，直接向自治区水行政主管部门申报自治区级达标考核。

第六十四条 ［自治区级达标考核］自治区级达标考核由自治区水行政主管部门组织有关专家开展，自治区水行政主管部门相关职能部门（单位）可派人参加。采取现场抽查及查阅佐证资料等方式，对照《考核标准》逐项进行打分，并提出考核意见。

第六十五条 ［自治区级达标复核］自治区水行政主管部门每三年对自治区级达标灌区工程组织一次复核。采取现场抽查及查阅佐证资料和核实问题整改情况等方式，对照《考核标准》逐项进行打分，并提出复核意见。

对复核结果，自治区水行政主管部门予以通报。复核结果达不到自治区级达标考核标准的，取消自治区级标准化规范化管理达标工程资格，且一年内不得再次申报。

第六十六条 ［自治区级达标资格取消］自治区级达标工程，除第六十五条规定的资格取消情形外，凡出现以下情况之一的，取消自治区级达标工程资格，且一年内不得再次申报。

(1)未开展年度自检工作；

(2)考核发现的重大问题未按期整改；

(3)对影响工程安全运行的重要建筑物（含大中型水闸、泵站），经有关部门组织评估达不到设计标准或安全鉴定综合安全类别为三类及以下（不可抗力造成的险情除外）；

(4)发生造成人员死亡、重伤3人以上或直接经济损失超过100万元以上的生产安全事故；

(5)发生其他造成社会不良影响的重大事件。

第六章 管理保障

第六十七条 ［组织保障］各级水行政主管部门要高度重视大中型灌区工程标准化规范化管理工作，加强组织领导，积极争取地方党委、政府及财政、发改等相关部门的支持，建立部门协同推进机制，组织本地大中型灌区工程按本办法的要求开展标准化规范化管理工作，完成标准化规范化管理创建任务。大中型灌区工程管理单位应按本办法和相关规程规范的要求，结合实际，制定标准化规范化管理创建实施方案，制定或修改完善管理制度和标准，扎实推进本单位标准化规范化管理工作。

第六十八条 ［经费保障］各地要加强部门协调，多渠道筹措资金，为开展灌区工程标准化

规范化管理工作提供经费保障。

自治区水利工程维修养护资金分配时，将充分考虑灌区工程标准化规范化管理的开展情况及实际绩效。要按照《国务院办公厅转发国务院体改办关于水利工程管理体制改革实施意见的通知》（国办发〔2002〕45号）的要求，将灌区工程管理公益性人员基本支出及公益性工程运行、维修养护经费按隶属关系纳入同级公共财政预算。工程老化严重、存在重大安全隐患或建设未达到设计标准的，要加大投入尽快达到有关标准要求。

第六十九条　［管理改革保障］各级党委、政府及水行政主管部门、灌区工程管理单位要按照专业化、物业化管理的思路，不断深化管理改革，大力推行事企分开、工程管养分离、政府购买服务等形式，积极培育发展工程养护维修、物业管理等市场主体，鼓励发展不同形式的物业管理。引导和鼓励具有较强专业力量的工程设计、设备制造、施工安装、维修养护等企业和行业协会、中介机构参与灌区工程标准化规范化管理。

第七十条　［培训与指导保障］各级水行政主管部门及灌区工程管理单位要制定大中型灌区工程标准化规范化管理培训计划，落实培训经费，对大中型灌区工程标准化规范化管理的相关法律法规、管理制度、技术标准、管理标准、工作标准、考核标准以及实施方案编制等内容有计划地组织培训和指导。

第七十一条　［坚持稳步推进］各地要根据本地经济社会发展和灌区工程管理现状，明确灌区工程标准化规范化管理总体目标、主要任务、分阶段实施计划和主要措施，有计划、分步骤地组织实施。可根据实际，按照典型示范、重点突破、以点带面的原则，对管理水平较高、基础条件较好的灌区工程可先行先试，在总结经验的基础上稳步推进。

第七十二条　［考核与监督保障］各级水行政主管部门要根据本办法及《考核标准》的要求，开展创建验收考核和自治区级达标考核、自治区级达标复核等工作，规范灌区工程管理，提升管理能力和服务水平。自治区及地市水行政主管部门要加强监督检查，发现问题要限期整改到位；没有整改到位的，要给予严肃问责追责，确保各项管理措施落实到位。

第七十三条　［其他保障］对通过自治区级达标考核的灌区工程管理单位，自治区水行政主管部门颁发"宁夏回族自治区标准化规范化管理达标工程"证书和牌匾；地市、县级所管辖大中型灌区工程创建验收考核通过后，由地市、县级水行政主管部门颁发相应证书和牌匾。各级水行政主管部门对标准化规范化管理工作推进效果明显的灌区工程，在项目和资金安排时，应给予倾斜支持；在对灌区工程管理单位进行年度考核时，应作为重要依据。

第七章　附则

第七十四条　［解释权］本办法执行中的具体问题由自治区水利厅负责解释。

第七十五条　［执行时间］本办法自公布之日起实行。

自治区水利厅关于印发
《宁夏回族自治区直属水管单位水利工程维修养护项目管理办法》的通知

厅属有关单位：

为进一步加强自治区直属水管单位水利工程维修养护项目管理，规范维修养护资金使用，确保水利工程安全运行和效益发挥，水利厅根据有关规定制定了《宁夏回族自治区直属水管单位水利工程维修养护项目管理办法》，现印发你们，请遵照执行。

宁夏回族自治区水利厅
2021 年 11 月 15 日

第一章 总则

第一条 为进一步加强自治区直属水管单位水利工程维修养护项目管理，规范维修养护资金使用，确保水利工程安全运行和效益发挥，依据《中华人民共和国政府采购法》《中华人民共和国招标投标法》《宁夏回族自治区招投标管理办法》《宁夏回族自治区财政水利发展资金使用管理实施细则》（宁财规发〔2017〕15 号），《宁夏回族自治区水利工程维修养护预算定额（试行）》等办法和规定，制定本办法。

第二条 本办法适用于自治区直属水管单位（以下简称水管单位）利用中央、自治区财政预算资金或其他资金对所辖水利工程及附属设施实施的日常维修养护、更新改造和按照标准化规范化管理要求提升安全运行水平等活动。

第三条 水利工程及附属设施包括：渠道、建筑物、调蓄工程、泵站、机电设备、量测水设施、金属结构、自动化、信息化管理系统及网络安全、安全生产设施、生态绿化工程、生产管理设施等。

第四条 维修养护项目实行分类管理。主要分为日常维修养护、集中更新改造。其中，日常维修养护是指工程设施通过日常保养、维护和基础性维修工作，使之满足持续保持良好运行状态的一系列活动；集中更新改造项目是针对影响安全运行的工程设施实施加固、更新改造或标准化、信息化等建设管理行为。

第五条 水管单位对工程维修养护项目负总责，确保维修养护项目建设任务按期完成和资金使用安全、有效。

第二章 方案编制

第六条 日常维修养护项目。水管单位组织对各类工程设施进行检查、评估，拟定日常维修养护工作内容，依据维修养护定额核算维护费用，编制日常维修养护实施方案。

第七条 集中更新改造项目。水管单位定期检查检测工程设施运行状况，对拟实施的集中更新改造项目建立动态项目库，当年实施项目以分类打捆方式编制年度项目实施方案（以下简称实施方案)。对涉及工程结构安全、专业性较强、技术要求高的项目,其勘察设计可委托具有相应资质的勘测设计单位承担。

第八条　水管单位负责维修养护项目相关规划或实施方案编制,组织对实施方案进行技术论证、审查等,并报水利厅备案。

第三章　资金分配

第九条　水利厅依据财政年度预算安排资金情况,综合考虑水管单位工程运行状况,按照维修养护定额测算资金需求分配年度资金。

第十条　水管单位依据水利厅资金分配计划,做好预算执行、绩效评价等工作。如工程危及安全运行的应急项目,经报水利厅批准后实施,资金超出部分列入次年度资金分配计划。

第十一条　资金分配计划由水利厅、财政厅依据本办法商定,适时分批次下达。

第四章　组织实施

第十二条　水管单位严格按照报备的实施方案项目清单组织实施,不得擅自变更或调整,确需变更或调整的,应编制变更报告重新报备。

第十三条　日常维修养护项目推行"管养分离"。水管单位作为采购(招标)主体,通过采购(招标)等方式,确定维修养护项目服务(供货)企业,签订服务(供货)合同。

第十四条　集中更新改造项目参照工程建设项目管理程序。水管单位按照招投标有关法律法规规定选择承建企业,签订建设合同。对同一类型项目实行集中打捆招标。

第十五条　水管单位及维修养护项目参建单位应当建立健全安全生产责任制,建立组织机构,配备安全人员,落实安全责任,保证安全生产。

第五章　项目验收

第十六条　年度维修养护项目完成后,由水管单位负责组织验收。日常维修养护按照专项验收评价标准验收。集中更新改造项目参照建设项目验收规定。验收不合格的,限期整改。

第十七条　水管单位按年度、分项目对维修养护项目资料进行整编归档,作为检查、考核的依据。

第六章　监督检查

第十八条　水管单位应加强维修养护资金使用管理,严格执行专项资金使用管理办法等有关规定。

第十九条　强化维修养护项目资金预算绩效管理,当年预算当年完成,不得结转。确因特殊情况造成项目无法实施导致资金结转的,由水管单位提出申请,按原程序申报调整。

第二十条　维修养护资金使用管理要公开透明,实施方案、采购(招标)方案、变更或调整内容、决算等要经水管单位会议集体决策,及时进行公开公示。

第二十一条　水管单位负责维修养护项目实施情况和资金使用绩效评价,并报水利厅备案。

第二十二条　加强维修养护项目监督检查,检查结果与年度考核挂钩。对检查中发现的违纪违法问题,按照有关法律法规处理。

第二十三条 有下列情况之一的,核减次年度维修养护资金:

(一)资金使用不规范、管理不到位的;

(二)上年度维修养护项目验收不合格,且整改不到位的;

(三)弄虚作假、重复上报项目套取资金的;

(四)资金支付滞后、未达到资金支付进度要求的;

(五)发现其他违反规定的。

第七章 附则

第二十四条 本办法由水利厅负责解释,自发布之日起施行。《宁夏回族自治区直属水管单位水利工程维修养护项目管理实施细则》(宁水财发〔2018〕38号)同时废止。

关于印发《宁夏跨(临)水利骨干工程项目建设管理办法》(试行)的通知

各市、县(区)水务局,厅属有关单位、机关各处室,宁西公司:

《宁夏跨(临)水利骨干工程项目建设管理办法》(试行)已经水利厅厅务会议审议通过,现印发给你们,请遵照执行。

宁夏回族自治区水利厅
2021年12月22日

(此件公开发布)

宁夏跨(临)水利骨干工程项目建设管理办法(试行)

第一章 总则

第一条 为加强宁夏跨(临)水利骨干工程项目建设管理,保障水利工程运行安全,根据《中华人民共和国水法》《中华人民共和国防洪法》《水行政许可实施办法》《宁夏回族自治区水工程管理条例》等法律法规,结合水利工程实际,制定本办法。

第二条 本办法所指跨(临)水利骨干项目是指在宁夏水利骨干工程(包括骨干渠道、沟道(典农河)、大中型泵站、水库(池)、输水管线等水利工程基础设施)管理范围内,新建、重建或改(扩)建取水排水建筑物、构筑物(包括跨越、穿越及平行(伴行)水利骨干工程的桥梁、涵洞、管道、道路、缆线、塔杆等)及其他非水利建设项目。

第三条 凡在宁夏引黄灌区水利骨干工程管理范围内实施跨(临)水利骨干项目建设,均适用本办法。水利骨干工程管理单位及项目建设单位在项目申报、审查、审批、建设、运维、管理

等工作中都应遵守本办法。

第四条 水利骨干工程管理单位是项目建设管理的监管责任主体，对项目建设的申请受理、合规性审查、安全和技术审查、申报审批指导、建设期现场监管、工程运行期维护管理负主体责任；水利厅职能处室负责项目的建设方案复核、行政审批和监督管理。

第五条 项目建设管理坚持"依法依规、权责明晰、安全可靠、互利互助"的原则。水利骨干工程管理单位进行项目的申请受理、方案审查、实施监管等管理工作时，严格按程序合法合规办理。

第六条 拟申报审批的跨（临）水利骨干项目，应有相关政府部门的立项批复、相关规划或纳入其他项目的整体规划和批复，并与水利骨干工程的建设规划和运行管理要求相一致。

第二章 申报审查审批

第七条 拟建项目在规划立项阶段，项目建设单位应事先征求水利骨干工程管理单位的意见，在符合水利工程建设规划和运行管理相关法规、规范的前提下，进行拟建项目的规划设计。

第八条 项目实施单位提交申请后，由自治区水利厅业务主管部门按照权责分工，转水利骨干工程管理单位对工程设计方案（初步设计）及相关支持性文件进行合规性、安全和技术审查。

主要审查申报资料的内容是否齐全，设计等单位资质等级、跨（临）水利骨干工程选址及布置方式、方案设计深度等是否符合相关规划及法规要求，重点对跨（临）水利骨干建设项目涉水部分安全保障和工程技术措施进行安全可靠性审查。其他部分的安全性审查由项目建设单位负责。

第九条 审查通过后，水利骨干工程管理单位应出具标准文式的审查意见。内容包括：工程建设内容，布置形式，涉水部分工程建设方案、关键技术要素，安全生产和安全运行措施和相关要求，生产管理道路和周边环保措施，建设工期及运行维护管理要求等内容。审查未通过，项目建设单位应修改补充完善后，提请复核。水利厅依据水利骨干工程管理单位出具的审查意见，按审批办文程序，通过自治区政务服务网在规定时限内办结。

第十条 跨（临）水利骨干建设项目必须经自治区水利厅行政审批后方可实施，如批复后遇建设方案发生调整变更，对水工程安全运行和管理存在隐患的，需进行方案论证并按程序重新报送审查、申报审批。

第三章 实施监管

第十一条 跨（临）水利骨干建设项目在取得行政审批后，方可实施。工程开工前，水利骨干工程管理单位应会同项目建设单位共同核对行政批复、审查意见和设计文件资料的一致性，签订建设安全运行管护协议（参照范本），明确双方责任，协定履约保证，并办理现场管理监督手续。

第十二条 项目建设单位履行建设质量安全责任主体职责，水利骨干工程管理单位履行建设期监督职责。工程项目建设期间，水利骨干工程管理单位要依据行政批复、设计资料和建

设安全运行管护协议等文件,重点对项目跨(临)水利骨干工程部分的建设行为、施工进度、施工质量、工程验收和现场安全管理等环节进行监管,提出监管整改意见并督促项目建设单位改进落实。

第十三条 项目跨(临)水利骨干工程部分的建设管理参照现行水利工程建设管理相关法律、法规、技术规范和标准执行。

第十四条 项目跨(临)水利骨干工程部分的咨询、设计、施工等相关工作承担单位必须具备水利行业相应资质和条件。担任监理任务的现场人员必须具备水利工程监理职业资格并在水行政建设管理系统中注册备案。

第十五条 擅自在水工程管理范围内进行跨(临)水利骨干工程项目建设的,由水利骨干工程管理单位依据相关法律、法规、规章进行处理。

第十六条 跨(临)水利骨干工程建设项目施工期必须服从水利工程灌溉周期、安全行水等生产运行要求。水利骨干工程管理单位在技术方案审查意见及建设安全运行管护协议中,应明确具体要求。

第十七条 项目建设单位应接受水利骨干工程管理单位现场监督管理,服从和配合水行政主管部门、水利工程质量安全监督机构和水利工程管理单位等部门的监督检查并积极整改。

第十八条 项目建设单位对工程建设和运行管理负主要责任,必须严格履行涉水部分工程的建设质量和运行管理责任。项目建设单位必须依据国家和水利行业有关工程建设法规、技术规程和标准及设计文件、双方协议要求进行施工建设。水利骨干工程管理单位必须参加涉水部分隐蔽工程、关键部位的施工和验收等现场监管,并提出明确意见。

第十九条 跨(临)水利骨干工程建设项目完工后,应当依据现行水利工程有关验收技术标准进行质量评定和验收,形成完整的施工管理资料并及时报备。经验收合格后,方可投入使用。

第二十条 跨(临)水利骨干工程建设项目缺陷责任期为一个行水周期。缺陷责任期满后,项目建设单位将涉水部分工程的管理工作移交水利骨干工程管理单位,办理移交手续同时解除相关履约保证。

第四章 运行管理

第二十一条 跨(临)水利骨干工程建设项目产权归项目建设单位或投资方所有,其中跨(临)水利骨干工程部分产权可移交水利骨干工程管理单位,移交事宜由产权方与水利工程管理单位协商确定并按照法定程序进行。水利工程管理单位要建立专门的项目台账和档案,保证技术可查询,责任可追溯。

跨(临)水利骨干工程寿命期运行管理和维护责任义务由项目建设单位与水利工程管理单位协商后在双方签订的建设安全运行管护协议中明确。

第二十二条 跨(临)水利骨干工程建设项目应当服从水利工程运行管理要求,及时清理、疏浚工程管理范围内淤积物及障碍物,及时维修养护,确保不影响水利工程正常运行。因项目建设造成水利工程新增的管护、维修、清淤等额外费用,由项目建设单位承担。

第二十三条 跨(临)水利骨干工程建设项目产权单位应建立并落实风险防控措施,定期开展必要的安全考核和安全鉴定,确保工程管护投入到位、维养及时、运行安全。否则,造成的损失由项目产权单位承担。

第五章 附则

第二十四条 各市、县(区)水行政主管部门可参照本《办法》制定本辖区内引黄灌区水利工程跨(临)水利项目建设管理细则。

第二十五条 本《办法》自发布之日起施行。原《宁夏水利骨干工程涉外建设项目建设管理办法》(试行)(宁水规发〔2020〕1号)同时废止。

自治区水利厅关于印发《宁夏引黄灌区骨干渠道测控闸门建设运行管理办法》(试行)的通知

各市、县(区)水务局,厅属有关单位,宁西供水公司:

现将《宁夏引黄灌区骨干渠道测控闸门建设运行管理办法》(试行)印发给你们,请遵照执行。

宁夏回族自治区水利厅
2022年1月4日

宁夏引黄灌区骨干渠道测控闸门建设运行管理办法(试行)

第一条 为进一步加强骨干渠道测控闸门设备建设运行管理,推动用水权改革和现代化灌区建设,根据《中华人民共和国水法》《关键信息基础设施安全保护条例》《宁夏回族自治区水工程管理条例》《宁夏回族自治区小型水利工程管理办法》等法律法规及相关规定,结合我区实际,制定本办法。

第二条 本办法适用于宁夏引黄灌区骨干渠道(干渠、支干渠及支渠)测控闸门设备的建设管理、验收移交、运行维护、安全管理等。

第三条 测控闸门选型时应严格按照控制面积、设计流量,依据《宁夏测控一体化闸门应用技术规程》合理选取闸门型号及安装形式。

第四条 测控闸门应具备相应的质量检验认证,并配套提供产品使用说明书或技术手册,满足安全、可靠、稳定的运行要求。

第五条 测控闸门安装时应在设备厂家的现场指导下,严格按照设计要求进行安装。

第六条 测控闸门投入试运行时,建设单位应组织进行测试,测试合格后可通过验收。测试内容包括闸门开度、启闭速度、灵敏度、水量计量、数据传输等,并遵照运行管理单位调度指令进行。

第七条 水量计量精度由建设单位组织设备供货厂家和运行管理单位进行现场比测,如对数据存在争议可委托第三方进行验证。

第八条 工程竣工验收后,建设单位应及时办理固定资产和档案资料移交手续,由运行管理单位统一管理。

第九条 各运行管理单位严格落实管护主体责任,按照大中型灌区工程标准化、规范化管理要求,明确管理岗位职责,编制测控闸门操作规程,健全运行管护机制和绩效考核评价,规范运行管理。

第十条 各运行管理单位应加强对操作人员的专业培训,培训考评合格后方可上岗。

第十一条 各运行管理单位应采取日常检查、定期检查、专项检查相结合的方式,在每年运行起始、汛期、遭遇自然灾害、超设计水位运行或发现重大隐患时,及时进行检查。检查内容包含闸门结构、控制操作、供电、视频监控、测流及数据传输等。

每次检查应规范记录,发现问题及时处理,编制检查报告,定期组织对测控闸门的运行工况进行校准。

第十二条 测控闸门的维修应坚持经常养护、及时维修、养修并重,保持设备状态良好、管理范围环境整洁。

第十三条 各运行管理单位应按照标准化、规范化管理和安全生产管理有关规定,在测控闸门管护范围内设立工程信息、管理责任、工程保护等标识标牌及安全防护设施。

第十四条 各运行管理单位应定期组织对闸门、启闭机、测箱等设备及数据、网络、系统进行安全检查和等级评定,并及时消除缺陷和隐患,确保设施设备安全。

第十五条 建设及运行单位应遵循宁夏水利云有关数据接入、存储、传输、共享及安全等规定开展测控一体化闸的建设与运行。建设及运行单位要与系统集成商、设施设备供立商等签订安全协议落实网络和数据安全责任。

第十六条 支渠以下渠道测控闸门设施设备运行管理参照本办法执行。

第十七条 本办法由宁夏水利厅负责解释,自发布之日起施行。

附录五 宁夏引黄灌区习用水利名词释义

1. 正闸:即渠道进水闸。

2. 减水闸:即退水闸,或泄水闸,用以调节渠道水量或拉沙泄洪。

3. 陡口:俗称渠口子,又叫口子,即今之支、斗渠口。

4. 芦洞、暗洞、沟沿、环洞:即涵洞,是高低水道分流的交叉建筑物。

5. 跳：各引黄干渠，均于引水口下适当地段，用块石堆筑成滚水坝，俗称跳水，唐徕渠叫腰坝，即溢流侧堰。堰顶略高于正常水位，以泄除过量的水进入干渠。

6. 垾：渠堤的俗称。有石垾、土垾、草石垾、草土垾之分。石垾和草石垾多用于渠首迎水（又叫拦水垾），宁夏对河、渠堤岸习称为垾。

7. 埽坝：把柳枝、柴草、小石块或纯以草土用草绳捆卷或圆柱形的草土体叫埽。埽坝是草土和埽做成的截流工程。历史上在无坝引水的情况下，每年春季维修时用草土封堵渠口，当地叫埽坝。春工完竣放水灌溉时要拆除埽坝，称斩埽。

8. 底石：即准底石。清朝雍正年间，侍郎通智创立。是用一平正石块，上刻"底石"二字，埋置于渠道进水闸下和各段有代表性的桥柱处，作为渠道清淤的标准，每年清淤以见到底石为准。

9. 插堰：是古代控制水流的设施，类似现在的闸坝或溢流堰。

10. 埽夫、正夫、热夫、罚夫：每年于3月下旬（春分）开始，到5月初止（立夏前）历时45天的岁修工程，前半月（春分节前后）先上部分民工，用草土卷埽，习称埽夫，封堵渠口，涸干渠水，以便清淤和整修建筑物。从4月5日（清明节）到5月初，全渠进行清淤、整修建筑物等岁修工程，这一月做工的民工习称"正夫"，还有渠道临时抢险等工程，因为急需，就近征集的民工，因带有强制性，群众叫"抓热夫"。在岁修中应出的民夫，有误工不到者，倍加罚处，叫作"罚夫"。

11. 物料：渠道岁修应用草、木椿、红柳、白茨、芨芨、块石等，总称为料，亦叫物料。旧称"颜料"。

12. 本色：受益户民就近将应出物料直接送到工地的，称为"本色"。

13. 折色：是将应出物料折收现金，多征自距工地较远的户民，有"六本四折"或"七本三折"的计征方式。

14. 水手：各干渠首编制有技术的工人称"水手"，专司各闸的启用，掌握水情，看管物料等工作。因启闭闸木有一定的技术并有危险性，故水手有军田待遇。

15. 军田：青铜峡灌区各渠水手，每人拨给额田100亩或60亩，作为水手一年的劳动报酬和因公伤残的抚恤。此项额田称为"军田"，又叫"均田"，不纳粮款，不负担水费等差事。

16. 封俵渠水：为渠道灌溉均衡受水，每次放水后，须先将上中游和下游上半部分的支渠斗口封闭，逼水到梢，叫"封水"。在封的同时根据干渠进水量情况，对于中上游灌溉多和田高灌水较难的支斗渠，酌情分配给适当的水量，使与梢段同时灌溉叫"俵水"。每轮水的封俵工作十分重要，稍有失误，即水泽难周，故有"封俵如号脉"之说。

17. 印封：防止上游斗口偷水，在给梢段封口送水时即将支斗渠口用沙土堵塞，管水人员在沙土上用刻有封水字样的木板印盖字迹，称之为"印封"。为防止印字消失，群众有用铁锅扣覆保护字迹，免被诬告偷水而遭罚款。

18. 梢结：干渠梢段头轮水在按时灌完后，由受益村、堡绅民书写灌完水的结果，称为"梢结"。取得梢结后，上中游才得全面开灌。

19. 石碛子：习称石结子，河道、渠道及闸口上下游泥沙、石子淤积成的浅滩，影响水流。

参考文献

1. 宁夏省政府建设厅.水利专刊[M].宁夏:宁夏省政府建设厅,中华民国廿五年十二月.
2. 《永宁县水利志》编写组.永宁县水利志[M].永宁:出版者不详,1988.
3. 《惠农县水利志》编写组.惠农县水利志[M].惠农:出版者不详,1988.
4. 《贺兰县水利志》编纂委员会.贺兰县水利志[M].贺兰县:出版者不详,1988.
5. 唐徕渠管理处.唐徕渠志[M].银川:出版者不详,1990.
6. 《宁夏水利志》编委会.宁夏水利志[M].银川:宁夏人民出版社,1992.
7. 吴尚贤.中华人民共和国地名词典——宁夏回族自治区[M].北京:商务印书馆,1993.
8. 《永宁县志》编审委员会.永宁县志[M].银川:宁夏人民出版社,1995.
9. 《银川市志》编纂委员会.银川市志(上下册)[M].银川:宁夏人民出版社,1998.
10. 《宁夏水利新志》编纂委员会.宁夏水利新志[M].银川:宁夏人民出版社,2004.
11. 《宁夏农垦志》编纂委员会.宁夏农垦志[M].银川:宁夏人民出版社,2006.
12. 《当代宁夏日史》编审委员会.当代宁夏日史(第一卷)[M].银川:宁夏人民出版社,2006.
13. 《当代宁夏日史》编审委员会.当代宁夏日史(第二卷)[M].银川:宁夏人民出版社,2007.
14. 《宁夏通志》编纂委员会.宁夏通志·经济管理卷(上下册)[M].北京:方志出版社,2007.
15. 宁夏回族自治区水利厅,宁夏政协文史和学习委员会.黄河与宁夏水利(上下卷)[M].银川:宁夏人民出版社,2007.
16. 《长渠流润》编委会.长渠流润[M].银川:宁夏人民出版社,2008.
17. 吴洪相.宁夏水利五十年(第三卷)[M].银川:宁夏人民出版社,2008.
18. 吴洪相.宁夏水利五十年(第四卷)[M].银川:宁夏人民出版社,2008.
19. 青铜峡市志编纂委员会办公室.青铜峡年鉴(2008)[M].银川:宁夏人民出版社,2008.
20. 《永宁县志》编审委员会.永宁县志(上下册)[M].银川:宁夏人民出版社,2009.
21. 《平罗县水利志》编纂委员会.平罗县水利志[M].银川:宁夏人民出版社,2009.
22. 《宁夏水利年鉴》编纂委员会.宁夏水利年鉴(2009)[M].西安:陕西人民教育出版社,2010.

23.《宁夏水利年鉴》编纂委员会.宁夏水利年鉴(2008)[M].西安:陕西人民教育出版社,2011.

24.《宁夏水利年鉴》编纂委员会.宁夏水利年鉴(2010)[M].西安:陕西人民教育出版社,2011.

25.贺兰县史志编纂委员会.贺兰县志(上下册)[M].银川:阳光出版社,2012.

26.《宁夏水利年鉴》编纂委员会.宁夏水利年鉴(2012)[M].银川:宁夏人民出版社,2012.

27.银川市兴庆区地方志编审委员会办公室.兴庆年鉴(2012)[M].西安:三秦出版社,2013.

28.胡玉冰,孙瑜校注.(正统)宁夏志[M].北京:中国社会科学出版社,2015.

29.胡玉冰校注.(万历)朔方新志[M].北京:中国社会科学出版社,2015.

30.邵敏校注.(嘉庆)宁夏新志[M].北京:中国社会科学出版社,2015.

31.胡玉冰,韩超校注.(乾隆)宁夏府志[M].北京:中国社会科学出版社,2015.

32.银川市兴庆区地方编审委员会办公室.兴庆年鉴(2016)[M].北京:方志出版社,2018.

33.《陕甘宁盐环定扬黄工程志》编纂委员会.陕甘宁盐环定扬黄工程志[M].银川:宁夏人民出版社,2018.

34.《宁夏水利历代艺文集》编委会.宁夏水利历代艺文集[M].郑州:黄河水利出版社,2018.

35.《青铜峡市志》编纂委员会.青铜峡市志(上中下)[M].北京:方志出版社,2020.

36.永宁县档案馆.永宁年鉴2020[M].银川:宁夏人民出版社,2020.

37.《宁夏西干渠志》编纂委员会.宁夏西干渠志[M].银川:宁夏人民教育出版社,2020.

38.《宁夏回族自治区固海扬水工程志》编纂委员会.宁夏回族自治区固海扬水工程志[M].银川:宁夏人民出版社,2020.

39.中共青铜峡市委党史和地方志研究室.青铜峡年鉴(2020)[M].银川:宁夏人民出版社,2020.

40.吴忠礼.未名斋存稿(上下册)[M].银川:宁夏人民教育出版社,2020.

41.《宁夏惠农渠志》编纂委员会.宁夏惠农渠志[M].银川:阳光出版社,2021.

后　记

　　《唐徕渠志》由宁夏回族自治区唐徕渠管理处组织编纂。2021年5月，管理处提出修志意向并开始收集资料做准备工作，9月召开修志工作座谈会，确定目录大纲，成立由管理处党委领导班子和各职能科室负责人组成的编纂委员会，并组建志书编纂工作组，正式决定启动修志工作。本次修志重点补充完善1950年至1970年唐徕渠县管时期的水利工作资料，详细记述1990年以后的唐徕渠建设发展，系统补充大事记、治水人物、重要文件、重要报道，广泛收集渠道工程历史资料、灌区水利艺文，力求志书内容详实丰富，既成为业务学习的工具书，又有较高的存史价值。

　　《唐徕渠志》编纂工作在管理处党委领导下，编委会精心组织，对各章节内容按业务类别和科室职能进行任务分解，编纂工作任务和责任落实到科室和编写人员，自治区地方志办公室副主任张明鹏对志书编纂进行了专题培训并多次指导。在编纂工作中，编委会先后组织召开6次工作推进会，适时对专门章节内容进行讨论和指导，2021年12月上旬完成主要章节内容编纂。2021年12月24日，管理处召开《唐徕渠志》编纂工作座谈会，邀请自治区社科院原副院长吴忠礼、地方志办公室副主任张明鹏到会指导，中国水利报宁夏记者站、灌区各水务局、农垦系统代表、志书编委会和编纂组成员、退休职工代表等参会，广泛征求志书编纂意见。2022年2月完成初稿整理，4月完成志书初稿。2022年5月19日，《唐徕渠志》送审稿经自治区水利厅史志办审查通过。宁夏社会科学院原副院长、地方史志专家吴忠礼，自治区地方志编审委员会办公室主任、副编审负有强，自治区地方志办公室副主任、副编审张明鹏，宁夏黄河出版传媒集团阳光出版社社长、总编辑唐晴，水利厅原巡视员郭浩，水利厅二级巡视员邸涌权，水利厅组织人事与老干部处处长王文刚，水利厅农村水利处处长高宏，水利厅办公室太鸿泽等专家和领导及本志书编纂委员会部分成员参加审查会。水利厅原党委书记、厅长吴洪相，水利厅办公室主任宋正宏，水利博物馆原馆长刘建勇等向会议提交了书面意见。评委会认为志书《唐徕渠志》政治观点正确，凡例制定详细规范，篇目结构合理，体裁运用得当，脉络清晰，内容丰富，符合志书基本要求。编委会和编纂组根据审查会的意见对全书内容修改完善后，于2022年7月将书稿同时交自治区地方志办公室和出版社审定出版。

　　本志书共十四章内容，目录大纲和凡例由陶东起草、张明鹏校定。概述由陶东编写，大事记由王丽宇、付中华、陶东等编写；第一章地理环境，由马方园、马志峰、陶东等编写；第二章工程沿革，由朱悦发、徐辉、陶东等编写；第三章工程建设，由朱悦发、康婷、徐辉、孙立国、陶东等编写；第四章渠道管理，由朱悦发、徐辉、孙立国、陶东等编写；第五章灌溉管理，由黄镇坪、苏笑曦、姚丽芝、陶东等编写；第六章安全生产，由张园、徐辉等编写；第七章依法治水，由姚海玲、王莉等编写；第八章科技应用与水利信息化，由薛里图、高学义、陶东等编写；第九章经营管理，由万珊珊、张剑兰、范燕云等编写；第十章灌溉效益，由张前瑞、李永兵、陶东等编写；第十一章组织建设，由刘嘉琪、田文娟、朱珠、周源、付中华、高学义、桑淑娟等编写，第十二章人物，由高学义、付中华、陶东等编写；第十三章水文化，由牛晓丽、马志峰、陶东等编写；第十四章艺文，由牛晓丽、马志峰、陶东等收集整理；附录，由牛晓丽、马志峰、王丽宇、王锋等收集整理。图片主要由马志峰、张建军、杨少波、孟砚岷、张海亮、陶东等提供。全书由陶东、孙立国、付中华、马志峰、牛晓丽等统稿定稿，张明鹏编审，鲍旺勤校定。

　　本志书在编纂过程中得到自治区水利厅办公室、组织人事与老干部处、农村水利处和自治区档案馆、宁夏水利博览馆、宁夏日报社、中国水利报社宁夏记者站、宁夏渠首管理处、宁夏水利水电工程局有限公司、宁夏博亚文化传媒有限公司及灌区各县区水务局等单位的支持与帮助，在此表示感谢。

　　编纂《唐徕渠志》是一项艰巨而繁重的工作，由于我们资料考证和工作水平有限，疏误之处在所难免，敬请读者批评指正。

《唐徕渠志》编纂委员会
2022年11月